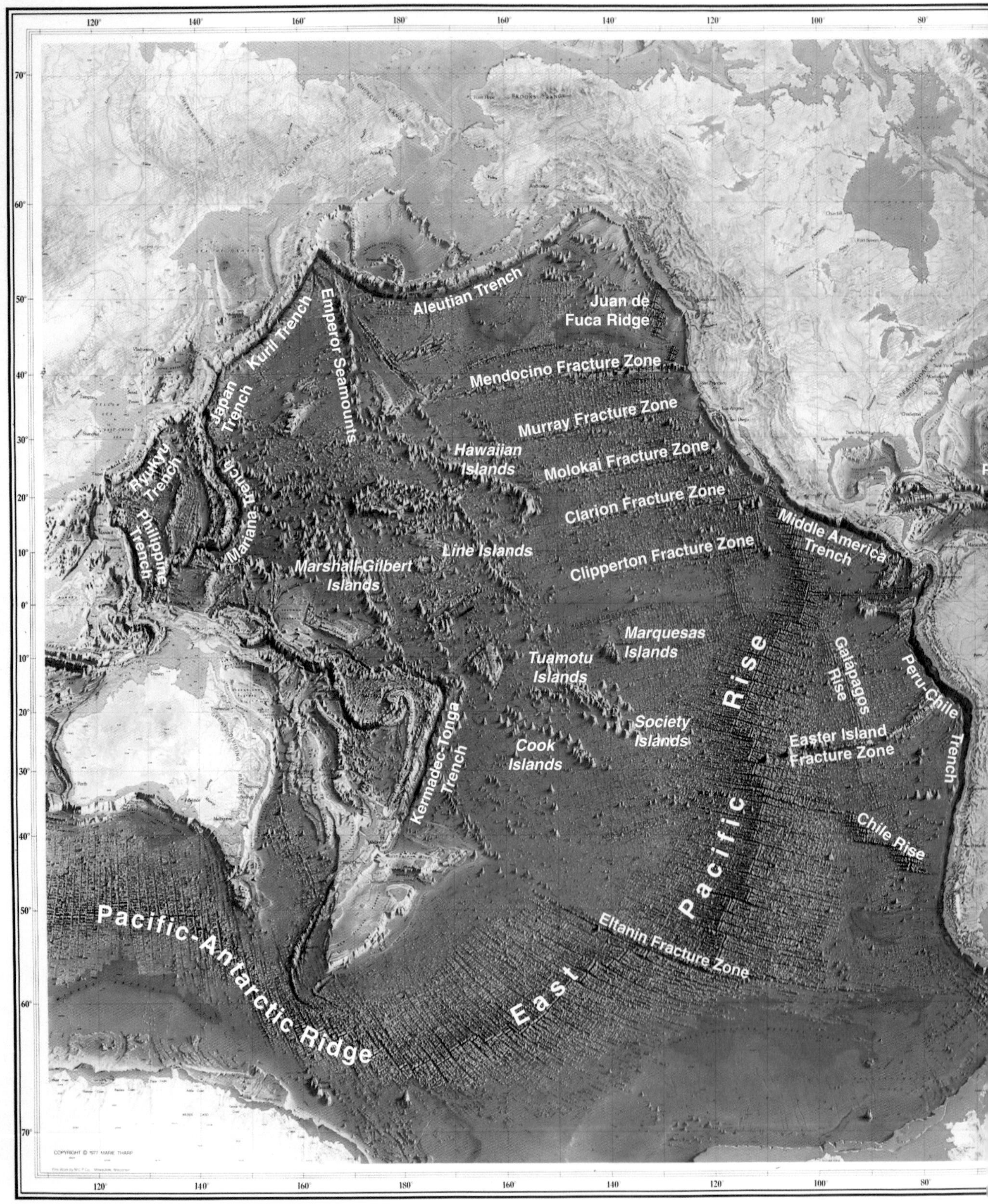
Aleutian Trench
Juan de Fuca Ridge
Kuril Trench
Emperor Seamounts
Mendocino Fracture Zone
Japan Trench
Murray Fracture Zone
Hawaiian Islands
Molokai Fracture Zone
Ryukyu Trench
Mariana Trench
Clarion Fracture Zone
Philippine Trench
Middle America Trench
Line Islands
Clipperton Fracture Zone
Marshall-Gilbert Islands
Marquesas Islands
Tuamotu Islands
Galapagos Rise
Peru-Chile Trench
Society Islands
Easter Island Fracture Zone
Cook Islands
Kermadec-Tonga Trench
Chile Rise
East Pacific Rise
Eltanin Fracture Zone
Pacific-Antarctic Ridge

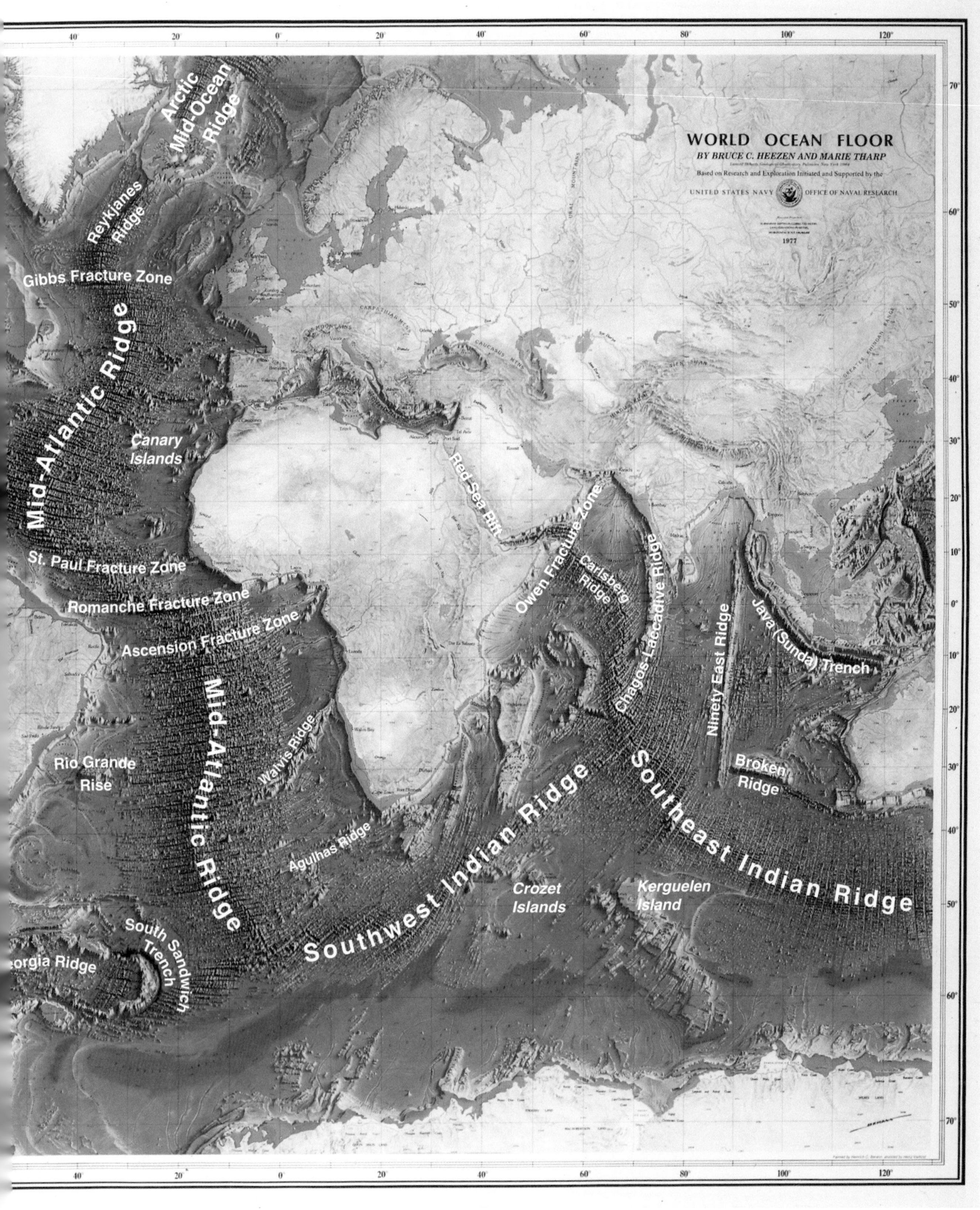

세상을 바꾼 지도. 바닷물을 제거한 상태의 지구 표면을 보여주는 지도로 1977년 지질학자 브루스 히젠(Bruce Heezen)과 지도제작자 마리 타프(Marie Tharp)가 선박의 음향측심기와 소나 자료를 기반으로 제작한 것이다. 해저지형을 좀 더 명확하게 보여주기 위하여 연직 방향으로 약 20배 정도 과장시킨 것으로, 해저지형도 관측할 수 있다는 사실과 해저에는 다양한 형태의 지형이 있다는 것을 역사상 처음 보인 것이다.

최신 해양과학 제12판

Alan P. Trujillo · Harold V. Thurman 지음

이상룡 · 김대철 · 김석윤 · 이동섭 · 이재철 · 정익교 · 허성회 옮김

Σ 시그마프레스

최신 해양과학, 제12판

발행일 | 2017년 8월 25일 1쇄 발행
2021년 3월 25일 2쇄 발행
2022년 1월 20일 3쇄 발행

저 자 | Alan P. Trujillo, Harold V. Thurman
역 자 | 이상룡, 김대철, 김석윤, 이동섭, 이재철, 정익교, 허성회
발행인 | 강학경
발행처 | (주)시그마프레스
디자인 | 김정하
편 집 | 이호선

등록번호 | 제10-2642호
주소 | 서울특별시 영등포구 양평로 22길 21 선유도코오롱디지털타워 A401~402호
전자우편 | sigma@spress.co.kr
홈페이지 | http://www.sigmapress.co.kr
전화 | (02)323-4845, (02)2062-5184~8
팩스 | (02)323-4197

ISBN | 978-89-6866-944-6

Essentials of Oceanography, 12th Edition

Authorized translation from the English language edition, entitled ESSENTIALS OF OCEANOGRAPHY, 12th Edition, 9780134073545 by TRUJILLO, ALAN P.; THURMAN, HAROLD V., published by Pearson Education, Inc., publishing as Pearson, Copyright © 2017

* 책값은 책 뒤표지에 있습니다.

* 이 도서의 국립중앙도서관 출판시도서목록(CIP)은 서지정보유통지원시스템 홈페이지(http://seoji.nl.go.kr)와 국가자료공동목록시스템(http://www.nl.go.kr/kolisnet)에서 이용하실 수 있습니다.(CIP제어번호: CIP2017019163)

역자 서문

번역을 시작하기까지…

출판사로부터 *Essentials of Oceanography*, 12판이 발간되었다는 소식과 함께 출판 제의를 받은 것은 2016년 말경이었다. 10판의 번역판을 내놓은 것이 엊그제 같은데 벌써 판을 두 번이나 바꾼 저자 Trujillo 교수의 부지런함에 놀라며 오랫동안 호흡을 맞춰왔던 번역진이 모여 새 책을 검토하였다. 검토 결과 이번 12판에서는 전에 비해 새로운 자료와 사진이 대폭 포함되었음은 물론, 체제도 상당히 바뀌었고, 장의 구성도 최근의 학문 추세에 맞추어 해양오염과 해양환경 보전의 중요성(제11장)과 기후변동에 대한 해양의 역할(제16장) 등 많은 부분이 새로워졌다는 것을 발견하였다. 최종적으로 새로 번역할 가치가 있다는 결론을 얻고 번역 작업을 시작한 것이 금년 1월 초였다. 함께 해양학 소개 책을 번역해온 지 15년이 넘는 번역진도 세월의 흐름과 함께 몇 가지 변동이 있었다. 본 대표역자를 포함하여 두 명의 역자가 정년퇴직을 하였고, 그중 한 분은 본인의 강력한 고사로 이번 번역에서 빠지고 대신 새로운 번역자를 맞이하였다.

번역을 하면서 …

이번 12판은 이전의 10판에 비해 체제나 구성의 변화가 너무 많아 오랫동안 함께 일을 해왔던 팀이었지만 여러 가지 조정해야 할 일들이 많았다. 번역 시작과 함께 현재 시중에 이전 10판의 재고가 거의 없어 이 책의 출판은 다음 학기 시작 이전에 했으면 좋겠다는 출판사의 요청이 있었다. 해양학 개론서가 그리 많지 않은 우리나라 해양학계의 형편을 잘 아는 번역진의 생각에도 다음 학기의 강의에 지장이 없으려면 최대한 서두를 수밖에 없었다. 늦지 않게 초벌 번역 원고를 넘기고 교정지를 받아 교정을 보면서, 조금만 더 여유를 갖고 한 번이라도 더 교정을 보고 좀 더 완성도 높였으면 하는 아쉬움이 남는다. 나름대로는 최선을 다했다고 자부는 하지만 결과가 어떨지 약간의 두려움이 없지는 않다. 독자 여러분들의 도움으로 이 책이 좀 더 나은 것으로 거듭날 수 있기를 바라며 우리 번역진도 계속 노력할 것을 약속드린다.

이 책은…

전판에서도 그랬지만 저자들이 강조하는 "독자들에게 단순히 해양학적 지식을 전달하려고 하는 것이 아니다. 해양이 어떻게 작용하고, 또 왜 해양이 그렇게 작용할 수밖에 없었는가에 대해 독자 스스로 이해하도록 안내하는 역할을 하고자 한다."는 생각이 여러 곳에서 엿보인다. 앞에서도 잠시 언급했었지만 전판에 비해 많은 자료와 사진들이 새로워졌다는 점 외에도 매우 많은 발전적 특징을 가지고 있다.

우선 눈에 띄는 점은 체계적으로 많은 시도를 하고 있다는 것이다. 과학 서적, 특히 과학 교재를 읽는 것은 신문, 잡지나 소설 읽는 것과는 분명 다른 것이다. 60년대 초반에 처음 제시되어 최근까지 여러 학자들이 추천하는 과학 학습 방법, 이른바 SQ4R(Survey, Question, Read, Recite, wRite, Review)을 시도하고 있다는 점이다. 요약하면 (1) Survey : 각 장의 서두에 제시되는 소개글을 통해 장의 주제를 파악하고 (2) Question : 능동적으로 장의 주제에 해당하는 문제를 제기해보고(만약 스스로의 문제 제기가 어렵다면 각 장에서 제시하고 있는 질문의 도움을 받을 수 있을 것이다) (3) Read : 제기된 문제를 염두에 두면서 차근히 읽어 보고 (4) Recite 또는 Respond : 질문의 답을 자신의 문장으로 말해보고 노트해두며 (5) Record 또는 wRite : 읽은 것들의 요약과 함께 질문의 답을 정리하고 자신의 문장으로 기록해 두고 (6) Review : 복습으로 마무리 한다. 이 책을 읽는 동안 곳곳에서 발견하는 개념 점검, 요약, 핵심 개념 점검 등은 얼핏 보기에는 군더더기의 중복처럼 보일수도 있으나 SQ4R을 고려하여—전체 볼륨이 늘어나는 핸디캡을 감수하고—치밀하게 배치된 것이다. 잘 이용하면 학습효과를 높이는 데 도움이 될 것이다.

지구와 해양환경에 대한 배려도 주목할 만하다. 인간의 활동은 필연적으로 지구시스템에 영향을 미치며, 그 영향은 여러 형태로 나타날 뿐 아니라, 해양을 포함한 지구시스템이 인간에게 미치는 영향 역시 무시 못 할 주제 중의 하나이다. 전판의 제10장과 제11장을 합치고 새롭게 해양오염이란 주제로 제11장을 구성한 것은 그중에서도 해양오염 문제가 주요 이슈로 제기되고 있음을 반영한 것이다. 현재 지구 시스템의 가장 뜨거운 주제 중의 하나인 기후변동 역시 강조되고 있다. 기후변동에서의 해양의 역할을 강조한 제16장에서 IPCC의 보고서를 비롯한 여러 가지 최신 정보의 업데이트 흔적을 볼 수 있으며, 다른 장에서도 기후변동과 관련된 주제를 많이 다루고 있으며, 읽는 도중 보이는 Climate Connection 아이콘은 서술 내용이 기후변동과 관련성이 많다는 표시이다.

이번 판에서 특히 눈에 띄는 것은 인터넷을 통한 보충자료의 제공이다. 영상으로 연결되는 Web Animation과 Web Video, 웃음 짓게 하는 Squidtoon, 스마트 그림과 스마트 표들이 수시로 제공되어 독자들의 이해를 돕는 데 한 몫을 할 것이다. 모든 인터넷 연결은 QR코드를 통해 모바일로도 볼 수 있게 처리되어 필요할 때는 어디서나 찾아볼 수 있게 되어 있는 점도 주목할 만하다.

지구 시스템에서의 해양의 역할이 단순하지 않고 지구 시스템의 여러 요소들은 상호 작용으로 얽혀있음은 해양학이 하나의 단순한 학문이 아니라 다학제적 학문임을 뜻한다. 본문의 구성에서 해양학의 이 특징을 고려하여 곳곳에 관련 있는 다른 분야의 주제를 소개하고 있다. 예를 들면 생물해양학 분야의 장에서 화학해양학 분야의 주제를 소개하기도 하며, 물리해양학 관련 장에서 생물해양학과 관련된 주제를 깊이 있게 다루기도 한다. 읽는 도중에 보이는 아이콘은 서술 내용이 다른 장의 주제와 관련 있다는 표시이다. 아이콘의 왼쪽 위부터 시계방향으로 지질, 생물, 화학, 물리 영역을 나타내는 표시이며 이 중에서 컬러로 표시된 항목이 서로 관련성이 있다는 뜻이다.

본문 자체도 방대한 주제를 함축성 있게 다루고 있지만 각 장에서 두서너 개씩 제공하는 심층탐구는 역사적인 고찰, 해양학의 방법론, 해양과 인간과의 관계, 환경 문제 등 여러 주제에 걸쳐 다양한 읽을거리를 제공함으로써 해양학 탐구의 깊이를 더해줌은 물론 상식의 범위를 넓혀 폭넓은 대화의 소재로도 손색이 없을 것이다. 이 책은 일차적으로 해양학 입문 수업의 교재로 사용됨을 목표로 출판된 것이기는 하지만, 이 책에서 다루는 내용, 구성, 서술체계 또 12판이라는 판수가 말해주는 책의 완성도는 해양학 관련자들의 자습서로도 손색이 없을 것이다.

번역을 마치며 그리고 바라는 마음…

우리 역자들은 이 책을 읽어주는 독자들에게 고마움을 전하면서 당부를 하나 드리고자 한다.

바다가 없는 지구는 태양계의 다른 행성들과 무엇이 다르겠는가? 지구의 생명이 바다에서 출발했음은 우리 모두 알고 있는 과학적 사실로 바다는 바로 생명을 뜻한다. 지구의 특성은 바다로 대표할 수 있으며 바다는 인간의 활동과 서로 뗄 수 없는 우리의 안식처이다. 우리의 안식처 바다를 사랑하자. 알면 사랑하게 된다. 바다에 대해서는 알고 있는 것보다 아직 알려지지 않은 미지의 곳이 아주 많다. 좀 더 깊이 좀 더 넓게 바다를 배워 보자. 즐겁게!

나름대로는 할 만큼 했다고는 하지만 짧은 시간 동안에 번역을 강행하다 보니 체계의 통일성 유지와 교정에서 미진함이 보여 아쉬움이 남는다. 이 책이 바다를 사랑하고 바다를 알고자 하는 해양학도들에게 조금이라도 도움이 된다면 더 바랄 나위 없겠다.

그리고…

번역자 일곱 명의 원고를 깔끔하게 편집하여 좋은 책으로 만들어준 (주) 시그마프레스의 강학경 사장님, 편집 실무 이호선 씨 그리고 관계자 여러분께 감사드린다.

2017년 8월

대표역자 이 상 룡

요약 차례

1 행성 지구 3

2 판구조운동과 대양저 39

3 해저지형 79

4 해양퇴적물 103

5 물과 바닷물 135

6 대기-해양 상호작용 169

7 해양순환 205

8 파랑-해파 245

9 조석 279

10 해빈, 해안선 작용과 연안해 305

11 해양오염 347

12 해양생물과 해양환경 375

13 생물 생산력과 에너지 전달 403

14 표영계 동물 445

15 저서계 동물 481

16 해양과 기후변화 515

차례

01 행성 지구

1.1 바다는 지구에만 있는가? 3

지구의 놀라운 바다 4 • 지구의 바다는 몇 개인가? 4
4대양과 하나 더 5 • 대양과 해 6

1.2 초창기의 해양 탐사 9

초기 역사 9

심층 탐구 1.1 역사적 사건 바다에서 위치 알아내기 : 막대 해도에서 위성으로 10
중세 13 • 유럽의 대항해 시대 13
과학 탐사의 시작 15 • 새로 쓰는 해양학사 15

1.3 해양학이란 무엇인가? 16

1.4 과학 탐구의 본질 17

관찰과 관측 17 • 가설 18 • 검증 18
이론 18 • 이론과 진실 19

1.5 지구와 태양계는 어떻게 만들어졌는가? 19

성운설 20 • 원시지구 20
밀도와 밀도 성층화 21 • 지구의 내부구조 22

1.6 지구의 대기와 해양은 어떻게 만들어졌는가? 25

지구 대기의 기원 25 • 해양의 기원 26

1.7 생명은 해양에서 시작되었는가? 27

산소가 생명에 미치는 중요성 27 • 밀러의 실험 28
진화와 자연선택 29 • 식물과 동물의 진화 29

심층 탐구 1.2 역사적 사건 비글호 항해 : 다윈은 어떻게 진화론을 떠올리게 되었을까? 30

1.8 지구의 나이는 얼마나 되었는가? 33

방사성 연대측정 33 • 지질연대표 33

핵심 개념 정리 35

02 판구조운동과 대양저

2.1 대륙이동설의 증거 40

대륙 외양 짜 맞추기 40 • 암층과 산맥들의 일치 40
빙하기와 다른 기후 증거 41 • 생물분포 42
대륙이동모델에 대한 반론 43

2.2 판구조론의 증거 44

지자기장과 고지자기 44 • 해저확장설과 대양저의 모양 46

심층 탐구 2.1 해양학 연구 방법 이동하는 대륙 때문에 생긴 문제 : 과거 지구에 자북이 두 군데였던 적이 있었는가? 47
대양저에서 얻어진 다른 증거 49
인공위성을 이용한 판운동 측정 52 • 판구조론의 인정 52

2.3 판 경계부의 특징 53

확장형 판 경계부의 특징 54 • 수렴형 판 경계부의 특징 59
변환형 판 경계부의 특징 61

2.4 모델 검증 : 판구조론이 유용한 모델이 될 수 있는가? 65

열점과 맨틀플룸 65 • 해산과 평정해산 68

산호초의 발달 68

2.5 지구는 과거에 어떤 변화를 겪었고 미래는 어떻게 되겠는가? 71

과거 : 고해양학 71 • 미래 : 과감한 예측들 72

미래예측모델 : 윌슨윤회설 72

핵심 개념 정리 76

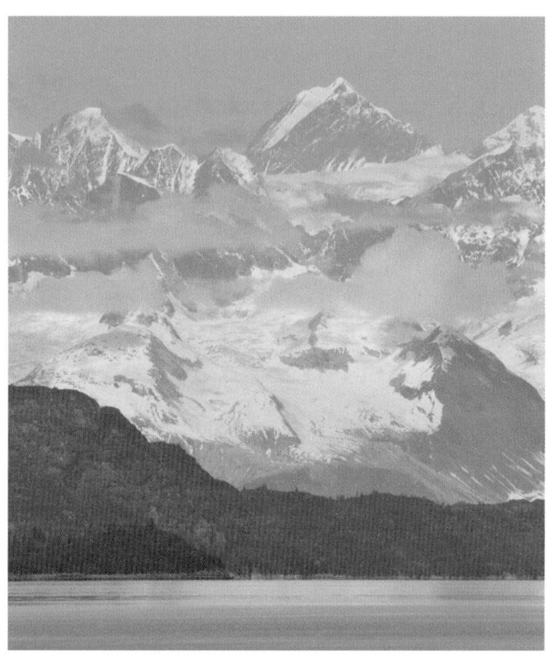

3.4 대양저산맥에는 어떤 지형들이 있는가? 93

화산지형들 94 • 열수공 94

심층 탐구 3.1 해양학 연구 방법 지구의 고도분포 곡선 : 해양과 대륙에 관해 알아야 할 거의 모든 것을 하나로 담고 있는 도표 95

심층 탐구 3.2 해양학 연구 방법 용암 속에 갇힌 해양장비의 회수 96

단열대와 변환단층 98 • 바다의 섬들 100

핵심 개념 정리 100

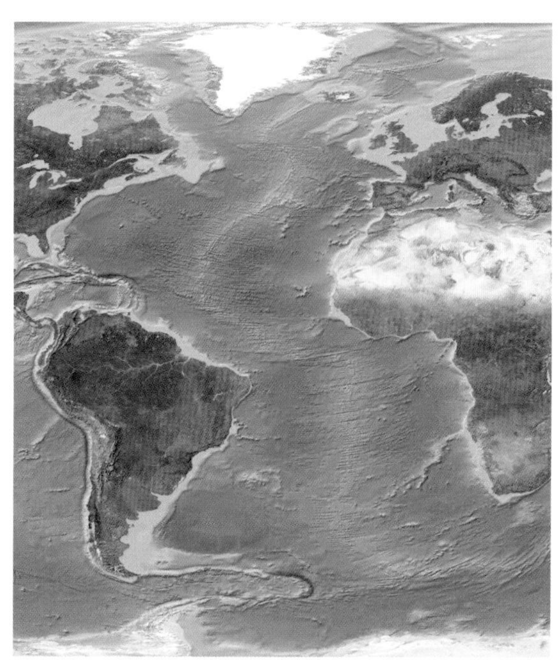

03 해저지형

3.1 해양의 수심측량에는 어떤 기술이 사용되는가? 79

수심측량 80 • 음향측심 80

인공위성을 이용한 해양특성 조사 82 • 지진파 반사 단면 83

3.2 대륙주변부에는 어떤 지형들이 있는가? 85

비활성 대 활성 대륙주변부 85 • 대륙붕 86 • 대륙사면 87

해저협곡과 저탁류 87 • 대륙대 88

3.3 심해분지에는 어떤 지형들이 있는가? 90

심해평원 90 • 심해평원의 화산 봉우리들 91

해구와 호상화산 92

04 해양퇴적물

4.1 해양퇴적물은 어떻게 채취하며 퇴적물에는 과거의 어떤 정보가 담겨 있는가? 104

해양퇴적물 채취 104 • 해양퇴적물로 알 수 있는 환경정보 106

고해양학 106

4.2 육성기원퇴적물 특성 107

육성기원퇴적물의 기원 107 • 육성기원퇴적물 조성 107

퇴적물 조직 108 • 육성기원퇴적물 분포 109

4.3 생물기원퇴적물 특성 111

생물기원퇴적물의 기원 111 • 생물기원퇴적물 조성 112

규산염 112

심층 탐구 4.1 해양과 사람들 규조류 : 이 정도로 중요한 것이었을 줄이야 113

생물기원퇴적물 분포 115

4.4 수성기원퇴적물 특성 119

수성기원퇴적물의 기원 119 • 수성기원퇴적물의 조성과 분포 120

4.5 우주기원퇴적물 특성 122

우주기원퇴적물의 기원, 조성, 분포 122

4.6 원양퇴적물과 연안퇴적물 분포 123

해양퇴적물의 혼합 123 • 연안퇴적물 124

원양퇴적물 124 • 해저퇴적물이 표층의 환경을 반영한다 125

해양퇴적물의 두께 126

4.7 해양퇴적물에 포함된 자원 127

에너지 자원 127 • 다른 자원들 128

핵심 개념 정리 131

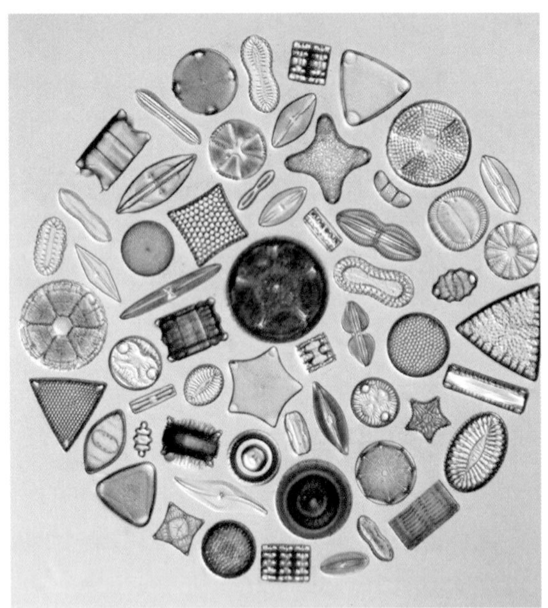

05 물과 바닷물

5.1 물은 왜 특이한 화학적 속성을 지니는가? 135

원자구조 135 • 물 분자 136

5.2 물이 지닌 중요한 물성은 무엇인가? 138

물의 열 속성 138 • 열 수축 결과에 따른 물의 밀도 143

5.3 해수엔 염이 얼마나 들어있는가? 145

염분 145 • 염분 측정 147

심층 탐구 5.1 해양과 사람들 갑상선종 예방법 147

순수한 물과 해수 비교 148

5.4 해수의 염분은 왜 달라지는가? 149

염분 변동 149 • 해수의 염분에 영향을 주는 과정들 150

해수에서 가감되는 용존 성분 152

5.5 해수는 산성인가 염기성인가? 154

pH 척도 154 • 탄산염 완충 시스템 155

5.6 해수의 염분이 표층에서 그리고 수심에 따라 어떻게 달라지는가? 157

표면의 염분 변동 157 • 염분의 수심 변동 157

염분약층 158

5.7 해수의 밀도는 수심에 따라 어떻게 달라지는가? 159

해수 밀도에 영향을 주는 요인들 159

온도와 밀도의 수심 변동 160 • 수온약층과 밀도약층 161

5.8 해수 담수화에는 어떤 방식이 있는가? 162

증류 163 • 막 분리공정 163 • 기타 담수화 방식 164

핵심 개념 정리 165

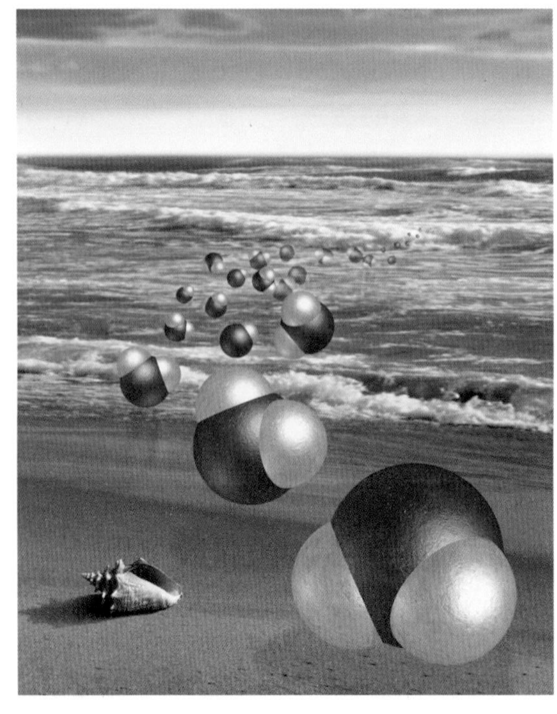

06 대기-해양 상호작용

6.1 무엇이 태양복사의 변화를 일으키는가? 170

계절 변화의 원인은 무엇인가? 170

위도에 따른 태양복사의 분포 171 • 해양의 열 흐름 173

6.2 대기는 어떤 물리적 성질을 가지고 있는가? 173

대기의 조성 173 • 대기의 온도변화 174

대기의 밀도변화 174 • 대기의 수증기 양 174

대기압 175 • 대기의 운동 175 • 예 : 자전하지 않는 지구 176

6.3 코리올리 효과는 어떻게 움직이는 물체에 영향을 주는가? 176

예 1 : 관점과 회전목마의 좌표 177 • 예 2 : 두 미사일 이야기 178

코리올리 효과의 위도에 따른 변화 179

6.4 전 지구적인 대기순환의 패턴은 무엇인가? 179

순환세포 180 • 기압 181 • 풍대 181 • 경계 181

순환세포 : 실제로 그런가, 아니면 이상화된 것인가? 182

6.5 해양은 어떻게 지구의 기상 현상과 기후 패턴에 영향을 주는가? 183

기상과 기후 183 • 바람 183

심층 탐구 6.1 역사적 사건 왜 콜럼버스는 북아메리카에 닿지 않았는가? 185

폭풍과 전선 186 • 열대저기압(태풍) 187

해양의 기후패턴 195

6.6 바다얼음과 빙산은 어떻게 생기는가? 196

바다얼음(해빙)의 형성 196 • 빙산의 형성 198

6.7 풍력은 에너지원으로 이용될 수 있는가? 199

핵심 개념 정리 200

07 해양순환

7.1 해류는 어떻게 측정하는가? 205

표층해류의 측정 205

심층 탐구 7.1 해양과 사람들 표류계로서의 운동화 207

심층해류의 측정 208

7.2 표층해류는 무엇이 일으키고 어떻게 구성되는가? 209

표층해류의 기원 209 • 해양 표층순환의 주요 성분 209

해양 표층순환의 기본적인 요인들 212 • 해류와 기후 216

7.3 무엇이 용승과 침강을 일으키는가? 218

표층 해수의 발산 218 • 표층 해수의 수렴 219

연안용승과 연안침강 219

7.4 각 해양의 주요 표층순환 패턴은 어떠한가? 220

남극 순환 220 • 대서양의 순환 221

심층 탐구 7.2 역사적 사건 벤저민 프랭클린 : 세계에서 가장 유명한 물리해양학자 224

인도양의 순환 225 • 태평양의 순환 228

7.5 심층해류는 어떻게 만들어지는가? 235

열염순환의 기원 235 • 심층수의 기원 235

세계의 심층순환 237

7.6 해류는 에너지원으로 이용될 수 있을까? 239

핵심 개념 정리 241

08 파랑-해파

8.1 파랑은 어떻게 발생하고 전파하는가? 245

교란이 해파를 일으킨다 245 • 파의 전파 247

8.2 파랑의 특성은 어떠한가? 248

파에 관한 용어들 248 • 원궤도 운동 249 • 심해파 250
천해파 251 • 중간 수심파 251

8.3 풍파의 발달 과정은? 252

풍파의 발생 252 • 파의 간섭 유형 256 • 돌발중첩파 256

8.4 파랑은 쇄파대에서 어떻게 변하는가? 258

해안에 접근하는 파랑의 변형 259
깨지는 파도와 파도타기 260
파의 굴절 261 • 파의 반사 262

8.5 쓰나미는 어떻게 발생하나? 263

해안 효과 264 • 쓰나미 기록 266

심층 탐구 8.1 해양과 사람들 파멸의 파도 : 2011년 일본 쓰나미 270

쓰나미 경보 시스템 271

8.6 파력을 에너지 자원으로 이용할 수 있을까? 272

파력발전소와 파력발전장 272 • 전 세계의 파력에너지 자원 274

핵심 개념 정리 275

09 조석

9.1 조석을 일으키는 힘은? 279

기조력 279 • 달에 의한 조석해면 283
태양에 의한 조석해면 284 • 지구자전과 조석 284

9.2 월조 주기 동안 조석은 어떻게 변하는가? 285

월조 주기 285 • 복합 요소 287 • 이론적 조석 예보 289

9.3 대양에서의 조석 291

무조점과 등조시선 291 • 대륙의 영향 291 • 또 다른 요소들 292

9.4 조석의 형태 292

일주조형 조석 292 • 반일주조형 조석 292
혼합형 조석 292

9.5 연안 조석 294

조석의 결정판 : 펀디만 294

심층 탐구 9.1 해양학 연구 방법 조석보어 295

연안 조류 296 • 소용돌이 : 사실 또는 허구? 296
색줄기멸치 : 무엇이 이들을 해안으로 오게 하나? 297

9.6 조력 에너지를 이용할 수 있을까? 299

조력발전소 299

핵심 개념 정리 301

10 해빈, 해안선 작용과 연안해

10.1 연안 지역은 어떻게 정의되는가? 305

해빈 용어 306 • 해빈의 물질조성 306

10.2 해빈에서 모래는 어떻게 움직이는가? 307

해안선에 수직한 방향의 이동 307 • 해안선에 평행한 이동 309

10.3 침식해안과 퇴적해안에는 어떤 지형들이 있는가? 310

침식해안의 지형 310

심층 탐구 10.1 해양과 사람들 경고 : 이안류, 어떻게 해야 할지 알고 있는가? 312

퇴적해안의 지형 312

10.4 해수면 변화가 어떻게 노출해안선과 침수해안선을 만드는가? 319

노출해안선의 지형 319 • 침수해안선의 지형 319

해수면 변동 319

10.5 경성 안정화는 해안선에 어떤 영향을 미치는가? 322

방사제와 방사제 구역 322 • 돌제 323 • 방파제 324

호안 326 • 경성 안정에 대한 대안 326

10.6 연안 수역의 특성은 무엇이며 어떤 형태가 있는가? 328

연안 수역의 특징 328 • 하구만 331

석호 335 • 연해 336

10.7 연안 습지의 당면 과제는 무엇인가? 338

연안 습지의 형태 338 • 연안 습지의 특징들 339

소중한 습지의 심각한 손실 340

핵심 개념 정리 342

11 해양오염

11.1 오염이란 무엇인가? 347

해양오염 : 정의 348 • 환경 생물학적 정량 348

해양 투기 쟁점 349

11.2 유류 오염과 관련된 해양환경 문제로는 어떤 것이 있는가? 349

1989년도 엑슨 발데즈호 유류 유출 사고 349

기타 유류 유출 사고 350

심층 탐구 11.1 환경특보 2010년 멕시코만 딥워터 호라이즌 유류 유출 사고 352

11.3 비유류 오염과 관련된 해양환경 문제로는 어떤 것이 있는가? 356

하수 오니 357 • DDT와 PCBs 358

수은과 미나마타 병 359 • 기타 유형의 화학적 오염물질 362

11.4 쓰레기를 포함하여 비점원오염과 관련된 해양환경 문제로는 어떤 것이 있는가? 362

비점원오염과 쓰레기 362 • 해양의 부스러기 플라스틱 363

11.5 생물학적 오염과 관련된 해양환경 문제로는 어떤 것이 있는가? 367

옥덩굴 속 해조 *Caulerpa taxifolia* 367

얼룩줄무늬 담치 368 • 기타 생물학적 오염 사례 368

11.6 어떤 법이 해양의 소유권을 판정하는가? 368

공해와 영해 368 • 해양법 369

핵심 개념 정리 371

12 해양생물과 해양환경

12.1 생명체란 무엇이며, 어떻게 분류되는가? 375

생명의 실용(실질) 정의 375 • 생명체의 세 영역 376
생물의 6계 분류체계 377 • 린네와 분류 378

12.2 해양생물은 어떻게 분류되는가? 380

플랑크톤(부유생물, 떠살이) 380 • 유영동물(헤엄살이) 382
저서생물(바닥살이) 382

12.3 얼마나 많은 해양생물이 존재하는가? 384

왜 해양생물의 수가 적은가? 385
표영계 및 저서계 생물 385

12.4 어떻게 해양생물은 해양의 물리 조건에 적응하는가? 385

물리적 지지의 필요성 386 • 물의 점성 386
온도 388 • 염분 390 • 용존기체 392
물의 투명도 393 • 수압 395

12.5 해양환경의 주요 구분은 무엇인가? 395

표영계(외양) 환경 395
심층 탐구 12.1 역사적 사건 해양환경 다이빙 396
저서계(해저 바닥) 환경 398
핵심 개념 정리 400

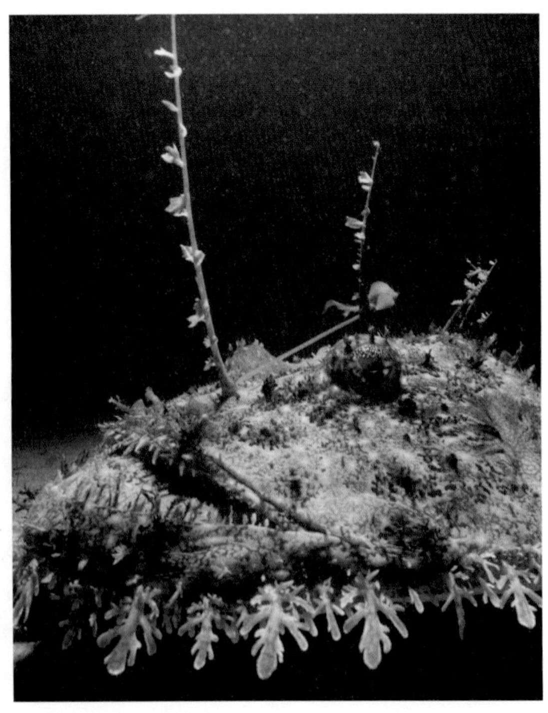

13 생물 생산력과 에너지 전달

13.1 일차생산력이란 무엇인가? 403

일차생산력의 측정 404 • 일차생산력에 영향을 미치는 요인 404
해수의 빛 투과 406 • 해양의 주변부에 해양생물이 풍부한 이유 408

13.2 광합성을 하는 해양생물에는 어떤 것들이 있는가? 411

종자식물 411 • 대형 조류 411 • 미세조류 413
해양 부영양화와 사해 구역(죽음의 바다) 416
광합성 세균 418

13.3 해역별 일차생산력은 어떻게 다른가? 419

극지(고위도) 해역 생산력 : 남북위 60~90° 420
열대 해역 생산력 : 저위도 남북위 0~30° 421
온대(중위도) 해역 생산력 : 남북위 30~60° 422
해역 간 생산력 비교 424

13.4 해양 생태계에서 에너지와 영양염은 어떻게 전달되는가? 424

해양생태계 내 에너지 흐름 424
해양생태계의 영양염 흐름 425 • 해양 섭식 연관성 426

13.5 어떤 쟁점들이 해양 수산업에 영향을 주는가? 430

해양생태계와 수산업 430 • 남획 430
심층 탐구 13.1 환경특보 하위 단계 먹이그물 어획 : 보는 것이 믿는 것이다. 433
부수어획 434 • 수산업 관리 436
전 지구 기후변화가 해양 수산업에 미치는 영향 439
해산물 선택 440
핵심 개념 정리 441

14 표영계 동물

14.1 해양생물은 어떻게 해수 중에 머물 수 있는가? 445

기체용기의 사용 445 • 부유 능력 446

유영능력 447 • 동물플랑크톤의 다양성 447

14.2 표영계 생물은 먹이를 찾기 위해 어떤 적응을 보이는가? 452

이동성 : 돌진형과 순항형 452 • 유영 속도 453

심층 탐구 14.1 해양과 사람들 상어에 관한 신화(와 사실) 454

심해 유영동물의 적응 455

14.3 표영계 생물은 포식당하는 것을 피하기 위해 어떤 적응을 보이는가? 457

떼 짓기 행동 457 • 공생 458 • 다른 적응들 459

14.4 해양포유류는 어떤 특성을 지녔는가? 459

포유류의 특징 460 • 식육목 460

해우목 463 • 고래목 463

14.5 회유의 예 : 회색고래는 왜 회유하는가? 473

회유 경로 473 • 회유 이유 474 • 회유 시점 474

회색고래는 멸종위기종인가? 475

포경과 국제포경위원회 476

핵심 개념 정리 477

15 저서계 동물

15.1 암반해안을 따라 어떤 군집이 존재하는가? 481

조간대 482 • 조상대(비말대) : 생물과 그들의 적응 483

상부 조간대 : 생물과 그들의 적응 486

중부 조간대 : 생물과 그들의 적응 486

하부 조간대 : 생물과 그들의 적응 488

15.2 퇴적물로 덮인 해안을 따라 어떤 군집이 존재하는가? 489

퇴적물의 물리적 환경 489 • 조간대 대상구조 490

모래해빈 : 생물과 그들의 적응 490

갯벌 : 생물과 그들의 적응 492

15.3 얕은 해저에 어떤 해양생물군집이 존재하는가? 492

암반 조하대 : 생물과 그들의 적응 493

산호초 : 생물과 그들의 적응 495

15.4 심해저에는 어떤 군집이 존재할까? 502

심해의 물리적 환경 조건 502 • 먹이의 원천 및 종다양도 503

심해 열수공 생물군집 : 생물과 그들의 적응 503

심층 탐구 15.1 해양학 연구 방법 얼마나 오랫동안 사람의 사체가 해저에 남아 있을까? 504

낮은 온도의 분출공 생물군집 : 생물과 그들의 적응 509

깊은 곳 생물권 : 새로운 프론티어 511

핵심 개념 정리 512

16 해양과 기후변화

16.1 지구 기후계의 구성원은 무엇인가? 515

16.2 최근 지구의 기후변화 : 자연 변동인가 인간의 영향 때문인가? 518

고기후 판독 : 방증 자료와 고기후학 518
기후변화의 자연적인 요인 518
유엔정부간기후변화협의체(IPCC) : 인류로 비롯된 기후변화 기록물 제작 523

16.3 대기의 온실효과 유발 원인은 무엇인가? 525

지구의 열 수지와 파장 변환 526 • 온실기체의 종류 526

심층 탐구 16.1 해양학 연구 방법 아버지와 아들의 대를 이은 대기의 이산화탄소 측정으로 시대의 상징이 된 키일링 곡선 529

기타 고려 사항 : 에어로졸 532 • 지구온난화로 비롯된 변화들 532

16.4 지구온난화로 인해 해양에서는 어떤 변화가 일어나는가? 534

해양 온도 상승 534 • 심해수 순환의 변화 536
녹고 있는 극지 얼음 536 • 해양산성화 538
해수면 상승 541 • 기타 예상되거나 관측된 변화 544

16.5 온실기체를 줄이기 위해서 어떤 조치를 취해야 하는가? 545

지구온난화를 줄이는 해양의 역할 546 • 온실기체 감축 방안 547
교토의정서 : 온실기체 배출 규제 549

핵심 개념 정리 551

맺는말 554

부록 559

용어해설 571

크레디트 600

찾아보기 604

스마트 그림

1.2 지구의 대양 5

1.15 과학적 방법 17

1.19 태양계 생성에 대한 성운설 21

1.21 지구의 화학적 조성과 물리적 성질의 비교 22

1.27 광합성과 호흡은 생명체의 가장 근본적인 과정으로서, 순환적이며 상호보완적인 과정이다. 31

2.10 해저확장의 지자기 증거 49

2.12 지진과 판 경계 51

2.19 해저융기부와 해저산맥의 비교 58

2.20 수렴형 판 경계부 세 종류와 형태 60

2.25 맨틀플룸과 열점의 기원과 발달 66

2.33 윌슨윤회설에 의한 대양저 진화 75

3.2 다중빔 음향측심기 81

3.9 비활성 대륙주변부와 활성 대륙주변부 85

3.12 해저협곡과 저탁류 88

3A 지구의 고도분포 곡선 95

3.24 변환단층과 단열대 99

4.13 규질연니의 퇴적 117

4.15 해저확장과 퇴적 118

4.20 수동형 대륙주변부의 퇴적물 분포 123

4.21 연안퇴적물과 원양퇴적물 분포도 124

5.8 잠열과 물의 상태 변화 140

5.9 물 안의 수소결합과 세 가지 상태 141

5.12 온도와 얼음의 형성의 함수인 물의 밀도 144

5.21 pH 눈금과 일상적인 물질의 pH 값 155

5.26 수심에 따른 염분 변동 158

5.27 고위도와 저위도에서 수온과 밀도 수심 단면의 비교 160

6.2 지구의 궤도 : 지구에 왜 계절이 있는가 170

6.10 위에서 볼 때 반시계 방향으로 도는 회전목마를 통해서 코리올리 효과에 대한 개념을 이해할 수 있다 177

6.14 북반구에서 고기압과 저기압 지역에 의한 기류 184

6.20 전형적인 북대서양 허리케인의 경로와 내부구조 190

7.5 바람에 의해 구동되는 표층해류 211

7.7 에크만 나선이 에크만 수송을 만든다 213

7.12 연안용승과 연안침강 219

7.22 정상적인 조건과 엘니뇨, 라니냐의 조건 229

7.28 대서양의 수괴 237

8.5 원궤도 운동을 보여주는 장난감 오리 249

8.15 생성간섭과 소멸간섭 그리고 복합간섭으로 여러 가지 형태의 파도가 형성된다 257

8.21 파의 굴절 261

8.25 쓰나미의 발생, 전파, 피해 265

8.32 파력발전 방식 273

9.6 합력 282

9.9 태음일 284

9.11 지구-달-태양의 상대적 위치에 따른 조석 286

9.16 가상적인 조석곡선 290

9.21 만에서의 왕복성 조류 296

10.4 연안류와 연안수송 308

10.14 울타리섬의 지형적 특성과 해수면 상승에 따른 울타리섬의 이동 316

10.16 해빈 구획 318

10.20 모래 이동의 방해 323

10.30 연안해역의 염분 변화 329

10.34 혼합에 의한 하구만의 분류 333

11.3 선별된 유류 유출 사고 비교 그림 351

11.9 유출된 유류에 작용하는 과정들 355

11.16 생물증폭이 상위단계 생물에 독성물질을 농축시키는 과정 360

11.17 어류의 메틸수은 농도와 여러 집단별 어류 섭취율 그리고 수은에 중독될 위험 수준 361

11.20 미국 수역 안에서의 해양 투기를 규제하는 국제법 363

12.1 생명체의 세 영역과 생물의 여섯 계 분류 체제 376

12.12 크기가 다른 정육면체(큐브)의 표면적 대 부피 비율 387

12.18 담수어와 해수어의 염분 적응 392

12.26 수심에 따른 용존산소와 영양염 농도 분포 398

13.1 광합성과 호흡은 지구상 생명체의 근본이 되는 순환적이며 보완적 과정이다 404

13.3 전자기 스펙트럼과 해수 내 가시광선의 투과 407

13.6 연안 용승 410
13.14 사해 구역의 형성 417
13.28 생태계 에너지 흐름 및 효율성 429
13.30 해양생물량 피라미드 430
13.36 수산업 어획에 사용하는 어구 어법 435
14.2 부레 446
14.9 어류의 지느러미 450
14.17 해양포유류의 주요 그룹 460
14.19 물범류와 바다사자류의 골격과 형태학적 차이점 462
14.24 향유고래와 돌고래의 음향탐지 시스템을 보여주는 내부 구조 469
15.1 해양의 저서생물 생물량 482
15.2 암반 조간대의 대상분포와 흔한 생물들 484
15.20 산호초 대상분포 498
15.28 화학합성과 광합성의 비교 506
16.1 지구 기후계의 주요 구성원 516
16.2 기후 되먹임고리의 예 517
16A 키일링 곡선 529
16.17 대기의 조성과 전 지구 온도에 대한 얼음기둥 자료 530
16.18 미래의 대기 중 이산화탄소 수준과 이에 상응하는 전 지구 온도 상승 시나리오 531
16.26 해양 산성화로 영향을 받는 생물의 예 540
16.34 철 가설 548

스마트 표

1.1 해양지각과 대륙지각의 비교 24
2.1 판 경계부의 특징, 판운동과정, 지각형태, 예 54
3.1 변환단층과 단열대의 비교 99
4.3 표층퇴적물 중 규질과 석회질연니의 환경 비교 119
5.2 순수한 물과 해수의 몇 가지 속성 비교 148
5.3 해수의 염분에 영향을 주는 프로세스들 150
6.2 풍대와 경계의 특징 182
6.3 태풍의 사피르-심프슨 등급 188
7.1 아열대환류와 표층해류들 211
7.2 아열대환류에 있는 서안경계류 및 동안경계류의 특징 216
8.1 보퍼트 풍력계급과 해상상태 253
12.1 선택된 생물의 분류학적 구분 379
13.1 다양한 생태계의 순일차생산력 생산성 값 419
15.1 암반 조간대의 불리한 조건과 생물 적응 483
16.1 인위적인 온실기체와 강화된 온실효과에 대한 이들의 기여도 527

최신 해양과학 제12판

차세대 블루마블. 위성자료를 합성한 이 영상은 대기, 해양, 그리고 인간의 존재를 포함한 대지가 서로 얽혀 있음을 보여준다. 영상은 지표, 해빙, 해양, 구름, 도시의 불빛, 대기의 희미한 경계 등 여러 층으로 되어 있다.

1

성운 밀도 대륙지각 원시지구 암석권 위도 가설 점도 해양지각 약권 밀도 성층화 진화 바다 지각 평형 조절 현무암질 화성암 대양 맨틀 핵 대기방출 이론

이 장을 읽기 전에 위에 있는 용어들 중에서 아직 알고 있지 못한 것들의 뜻을 이 책 마지막 부분에 있는 용어해설을 통해 확인하라.[1]

행성 지구

핵심 개념

이 장을 학습한 후 다음 사항을 해결할 수 있어야 한다.

1.1 각 해양의 특성들을 비교하라.
1.2 초기의 해양 탐사가 어떻게 이루어졌는지에 대해 토론하라.
1.3 왜 해양학은 다학제 간 학문인지 설명하라.
1.4 과학적 탐구의 본질을 설명하라.
1.5 지구와 태양계가 어떻게 형성되었는지를 설명하라.
1.6 지구의 대기와 해양이 어떻게 형성되었는지를 설명하라.
1.7 왜 생명이 바다에서 탄생하였다고 생각하는지에 대해 토론하라.
1.8 지구의 나이가 얼마나 되는지를 보여라.

"When you're circling the Earth every 90 minutes, what becomes clearest is that it's mostly water; the continents look like they're floating objects."

—Loren Shriver, NASA astronaut (2008)

바다는 지구에서 가장 넓은 면적을 차지할 뿐 아니라 지구의 특징을 잘 나타내는 존재이다. 사실 바다야말로 우리의 행성 지구를 가장 잘 대표하는 얼굴이라 할 수 있다. 우주에서 지구를 보면 파란색, 하얀색, 갈색을 띤 아름다운 공으로 보인다(이 장의 첫 페이지 그림 참조). 태양계에서 지구를 돋보이게 하는 것이 바로 액체의 물로 가득 찬 바다이다.

하지만 표면의 70.8%가 바다로 덮여있는 우리 행성을 '지구(Earth)'라고 부르는 것은 참 난처한 일이다. 지중해(Mediterranean Sea: *medi* = middle, *terra* = land) 주변에 발달한 초기 문명기의 인간들은 세상이 땅덩어리로 구성되어 있고 주변에 약간의 물이 있는 것으로 생각했었다. 그들의 관점으로는 지구 표면은 바다가 아니라 땅덩어리로 구성되어 있다고 본 것이다. 아마도 그들이 큰 바다를 만났을 때 엄청 놀랐을 것이다. 우리 행성이 지구라고 잘못 이름 지어진 것은 우리가 이 행성의 육지 부분에 살기 때문이었을 것이다. 만약 우리가 해양 동물이라면 아마도 바다나 물이라는 뜻을 가진 'Ocean', 'Water', 'Hydro', 'Aqua' 등을 포함하여 이름 지었을 수도 있을 것이며 더 나아가 지구상에 바다가 많음을 뜻하는 'Oceanus(수구)'라고 명명했을지도 모른다. 바다 세계의 독특한 지리학적인 특성을 검토하는 것으로 바다에 대한 탐구를 시작해보자.

1.1 바다는 지구에만 있는가?

태양계의 모든 행성과 위성 중에서 표면에 액체인 물을 가진 개체로는 지구가 유일하다. 태양계 내에서 확실하게 물을 가진 개체는 지구 외에는 없다고 보지만, 최근의 인공위성 탐사에 따르면 다른 행성에 물이 있을 가능성이 약간 있어 보인다. 예를 들어 목성의 위성인 유로파(Europa, **그림 1.1**)의 표면에 보이는 액체로 채워진 거미줄 같은 틈새 모양은 거의 틀림없이 얼음 표면 아래에 액체의 바다가 있음을 보이는 흔적이라고 생각된다. 다른 두 위성인 가니메데(Ganymede)와 칼리스토(Callisto)에도 표면의 얼음 지각 아래에 액체의 바다가 있을 것으로 추정된다. 또 관심이 가는 곳은 토성의 위성인 엔셀라두스(Enceladus)로 최근의 연구에서 간헐적으로 뿜어져 나오는 수증기와 얼

1 이 장에서 가장 많이 사용되는 용어는 찾기 쉽게 또 중요성을 강조하기 위하여 용어구름에 큰 글자로 표시했다. 각 장에 나오는 중요한 용어들은 각 장의 첫 페이지의 **용어구름**에서 찾아볼 수 있다.

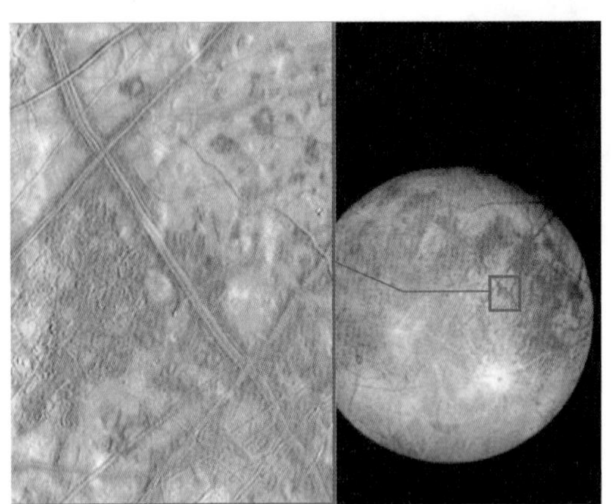

그림 1.1 목성의 위성인 유로파. 액체로 채워져 진하게 보이는 크랙의 집합은 얼음으로 덮인 표면 아래에 바다가 있음을 시사한다.

음이 확인되었고 특히 소금이 있는 것으로 보아 표면의 차가운 얼음 지각 아래에 액상의 바다가 있을 것으로 보인다. 엔셀라두스의 중력장에 대한 최근의 분석 결과를 보면 표면의 두꺼운 얼음 층 아래에 10km 깊이의 염분이 있는 바다가 있음을 보이고 있다. 간헐적으로 분출하는 얼음 물보라에 섞여 있는 작은 광물 조각에 대한 2015년 연구결과 이 광물 조각들은 암석질인 이 위성의 내부로부터 광물질이 포함된 뜨거운 물이 위로 솟구치다 찬 물을 만나면서 먼지 크기의 알갱이가 형성된 것으로 나타났다. 이러한 표면 아래의 열수 작용의 증거는 지구에서 생명의 기원지라고 생각되는 심해저의 열수온천을 연상시킨다. 태양계 내에서 지구 외에 표면에 안정된 액체를 가진 유일한 개체로 토성의 거대 위성인 타이탄(Titan)에는 자그마하지만 액체의 탄화수소 바다가 있다는 증거도 있다. 이러한 위성들은 지구 밖에서의 생명의 흔적을 찾으려는 우주탐사에 있어서의 매력적인 표적이 되고 있다. 아직까지 태양계에서 **액체 상태의 물**을 많이 갖고 있는 행성은 지구가 유일하다.

지구의 놀라운 바다

과거에도 바다는 지구에 엄청난 영향을 미쳐왔으며 앞으로도 계속 심각한 영향을 줄 것이다. 바다는 생명체들이 성장할 수 있는 안정된 환경으로 지구상의 모든 생명체에게 없어서는 안 될 필수 요소이기도 하며 진화 과정에서 중요한 역할을 하고 있다. 오늘날 바다에는 아주 미세한 박테리아나 조류에서부터 현재 알려진 가장 큰 생명체(청고래)까지 수많은 생명체가 살고 있다. 흥미롭게도 물은 지구상의 거의 모든 생명체를 이루는 주성분이며 또 놀랍게도 우리 몸 안에서 일어나는 유체 화학적인 과정은 바닷물의 화학 과정과 매우 유사하다.

바다는 복잡하게 얽혀 있는 해류와 해양-대기 간의 가열과 냉각 과정을 통해 해안 가까이는 물론 내륙 깊숙이 전 지구의 기후와 기상에 많은 영향을 주고 있다는 사실과 그 과정이 이제 겨우 조금씩 과학자들에 의해 밝혀지고 있다. 바다는 대기에 뿜어져 나오는 이산화탄소를 흡수하고 대신 산소를 내놓는 지구의 허파 역할도 하고 있다. 어떤 과학자들은 인류의 호흡에 필요한 산소의 70%는 바다에서 나온다고 주장하기도 한다.

바다는 바로 대륙의 끝이 되며 정치와 인류 역사를 결정짓는 중요한 요소이기도 하다. 바다 속에는 많은 해저지형들이 감추어져 있다. 지표상에 나타나는 지형의 대부분은 바다 밑바닥에서도 볼 수 있다. 놀랍게도 달의 표면에 대해서 아는 것이 바다 밑바닥에 대해 아는 것보다 더 많다. 다행스러운 것은 지난 몇십 년 동안 달이나 바다에 대한 지식이 어마어마하게 늘어났다는 점이다.

바다 속에는 발견되기를 기다리는 많은 비밀들이 숨겨져 있으며 오늘날 거의 매일 새로운 발견들이 줄을 잇고 있다. 바다는 대부분 아직 미개발 상태인 식량, 광물자원, 에너지의 보고이다. 인류의 반 이상이 바다가 주는 온화한 기후나 교통의 편리함 또는 다양한 레저 활동을 즐기기 위해 해안가에서 산다. 한편으로는 불행하게도 많은 나라의 폐기물 처리장으로도 사용되고 있다. 사실 현재 바다는 공해, 수산자원의 남획, 외래종의 침입, 기후변화 등 여러 가지 요인들로 인해 몸살을 앓고 있다는 경종을 울리고 있다. 이 책에는 이러한 주제는 물론 그 외의 많은 주제에 관한 내용들이 포함되어 있다.

지구의 바다는 몇 개인가?

바다라는 말은 광대함이라는 뜻과 상통한다. 세계지도(**그림 1.2**)를 들여다보면 바다가

학생들이 자주 하는 질문

태양계 밖에서 행성들이 발견되었다고 들었습니다. 그들 중 생물이 있는 행성이 있을까요?

태양계 밖에서 각기 다른 별들을 공전하는 2,000개 이상의 외계 행성이 발견되었으며 그들 중 몇몇은 지구와 비슷한 크기의 암석질로 구성되어 있으며 태양과 비슷한 별 주위를 물이 액체 상태로 존재할 수 있는 거리를 두고 공전하여 생명을 유지할 수 있는 것으로 보인다. 천문학자들은 빛의 특정 주파수를 분석하여 외계행성에 물이 존재하는지를 알아낼 수 있다. 외계행성은 비교적 자주 발견되는데, 이는 이 은하가 광대하며 지구와 비슷한 행성이 수십억 개나 존재할 수 있다는 점을 시사하는 것이다. 하지만 모든 외계행성은 몇 광년 이상 멀리 있어 그 행성에 생물이 있는지는 알 수 없다.

1.1 Squidtoons

Squidtoons

취가오리는 어떻게 섭식하나?

이건 무엇인가?

https://goo.gl/xwUwNX

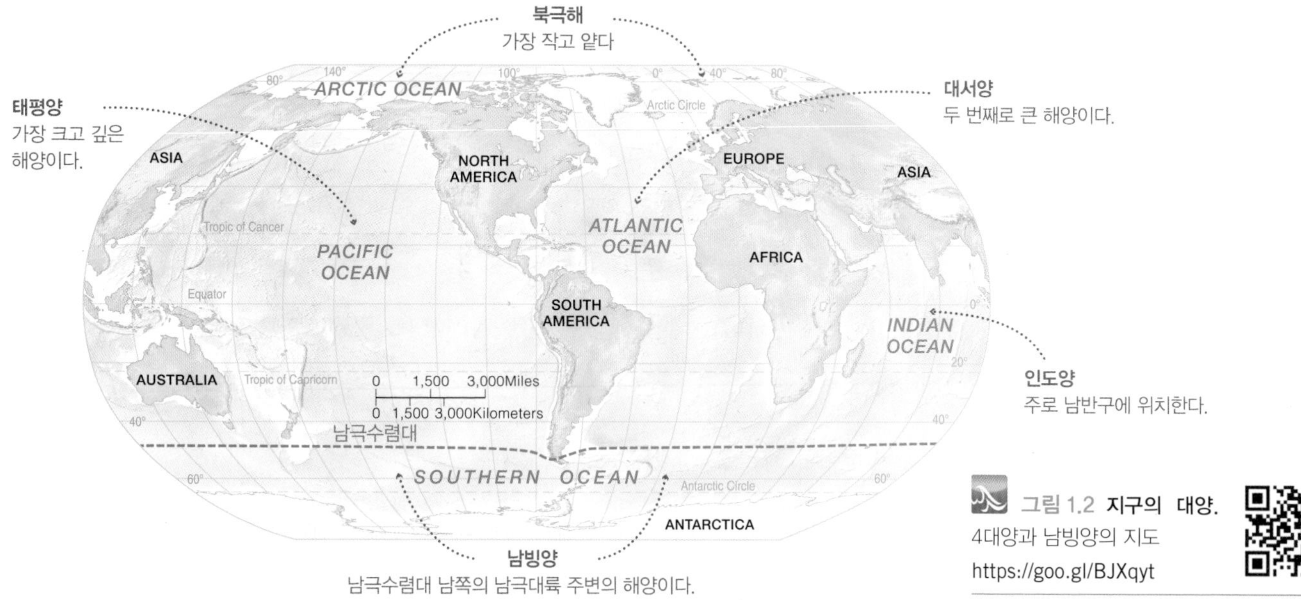

그림 1.2 **지구의 대양.** 4대양과 남빙양의 지도 https://goo.gl/BJXqyt

아주 인상적으로 펼쳐져 있는 것을 쉽게 볼 수 있다. 지구 표면은 바다가 지배하고 있음을 주의해보라. 배로 바다를 가로질러 항해하는 사람(혹은 비행기로 바다 위를 가로질러 날아가는 사람)들은 바다가 광대하다는 것을 금방 알아챌 것이다. 그리고 바다는 모두 서로 연결되어 하나의 바다 물 덩어리로 되어 있음도 유의해 보아야할 것이다. 그래서 통상 'world ocean'이라 불리는데 복수가 아니고 단수형임을 유의해야 한다. 예컨대 배로는 온 바다를 누빌 수 있지만 바다를 건너지 않고 대륙을 다 돌아볼 수는 없다. 게다가 바다의 부피는 엄청나다. 바다는 지구에서 가장 큰 생육장이기도하며 지표 가까이에 있는 물의 97.2%를 담고 있다(**그림 1.3**).

그림 1.3 **지구상에 존재하는 물의 비교.** 지구상에 존재하는 물의 양을 푸른색 공의 상대적 크기로 비교한 그림. 큰 공은 지구상 존재하는 모든 물로 97%가 바다에 있다. 다음 크기의 공은 가장 큰 공의 일부로 호수, 늪지, 강 등에 포함되어 있는 모든 담수를 뜻한다. 가장 작은 공은 호수와 강에 있는 담수를 나타낸 것이다.

4대양과 하나 더

전 대양은 해저 분지의 모양과 대륙의 위치에 기초하여 4개의 대양에 더하여 하나의 해(바다)로 이루어져 있다(그림 1.2).

태평양(Pacific Ocean) 전체 해양의 절반이 넘는 면적을 지닌 가장 큰 대양이다(**그림 1.4b**). 지구 표면의 1/3 이상을 차지하는 지구에서 가장 큰 지형이기도 하다. 대륙을 전부 넣고도 남을 만큼 크다! 가장 깊은 바다이면서도(**그림 1.4c**) 한편으로는 적도 부근에는 섬이 여러 개 있다. 태평양이란 이름은 페르디난드 마젤란 일행이 1520년에 횡단하면서 날씨가 너무 좋아 이를 기려 붙여준 것이다(*paci* = peace).

대서양(Atlantic Ocean) 태평양의 절반 크기이며 깊이도 그에 못 미친다(그림 1.4c). 대서양은 구대륙(유럽, 아시아와 아프리카)과 신대륙(남북미)을 갈라놓고 있다. Atlantic이란 이름은 그리스 신화에 등장하는 거인들 가운데 한 명인 Atlas에서 따온 것이다.

인도양(Indian Ocean) 대서양보다 조금 작고 수심은 엇비슷하다(그림 1.4c). 대부분이 남반구(적도의 남쪽, 그림 1.2에서 0° 아래쪽)에 위치한다. 인도 대륙에 가까이 있어서 인도양이라 불린다.

요약

일반적으로 태평양, 대서양, 인도양, 북극해를 4대양이라 하며, 여기에 남빙양을 더하기도 한다.

그림 1.4 해양의 크기와 깊이. (a) 지표에서 해양과 대륙의 상대적인 조성 (b) 4대양의 상대적인 크기 (c) 해양의 평균 깊이 (d) 육지와 해양 사이의 최대와 평균 고도(수심) 비교.

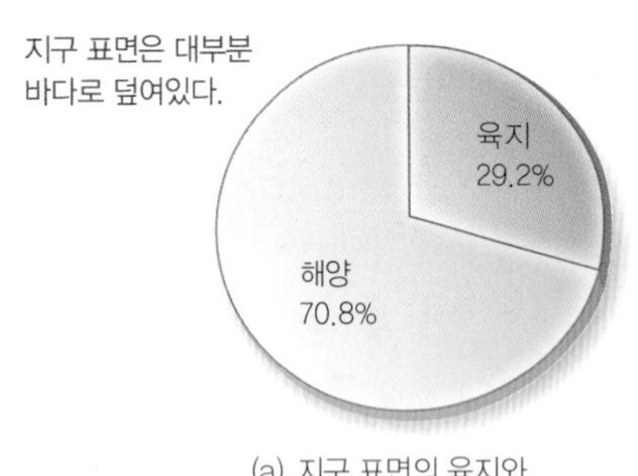

(a) 지구 표면의 육지와 바다 분포

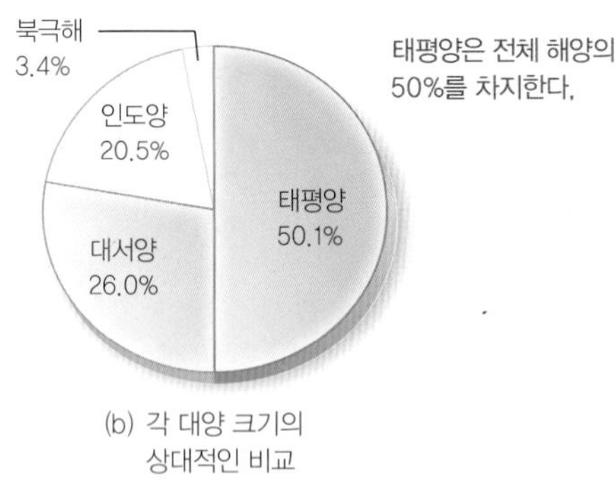

(b) 각 대양 크기의 상대적인 비교

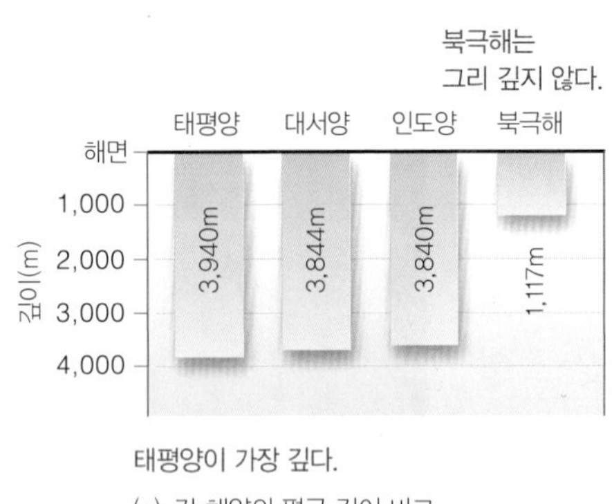

(c) 각 해양의 평균 깊이 비교

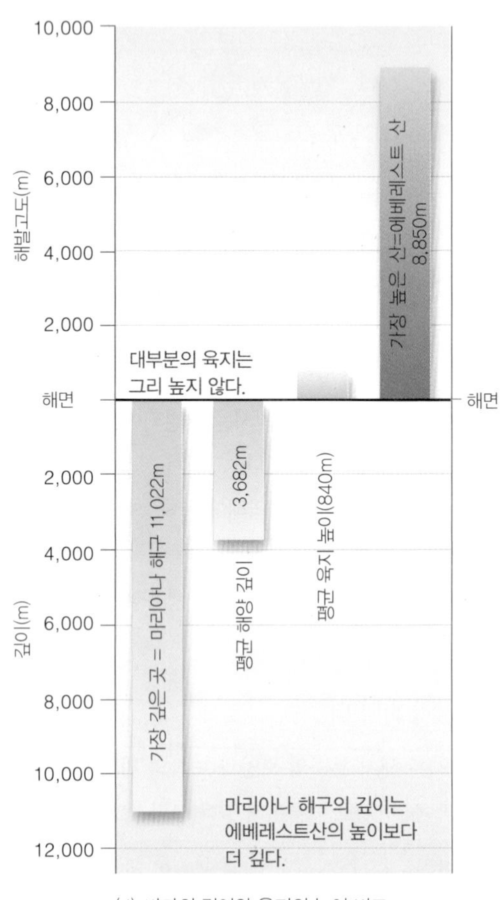

(d) 바다의 깊이와 육지의 높이 비교

Web Animation
지구의 물의 순환
http://goo.gl/kAo8FC

북극해(Arctic Ocean) 태평양 면적의 7%에 불과하며 수심은 절반을 조금 넘는다(그림 1.4c). 영구 해빙층이 표면을 덮고는 있지만 두께는 몇 m에 지나지 않는다. 큰곰자리(때로는 Big Dipper 또는 Bear, 북두칠성이라고도 함)를 마주한 북극권에 있어서 북극해라 부르는데 *arktos*의 뜻은 곰이다.

남빙양(Southern Ocean 또는 Antarctic Ocean) 해양학자들은 남극대륙 주변의 바다도 또 하나의 대양으로 인식한다(그림 1.2). 해류들이 모이는 남극수렴대를 경계로 삼는데, 실제로는 남위 50° 이남의 태평양, 대서양, 인도양의 일부분이다. 이름은 남반구에 존재하는 위치에서 비롯되었다.

대양과 해

대양(ocean)과 해(sea)의 차이는 무엇인가? 영어에서 *ocean*과 *sea*는 혼용되기도 한다. 예를 들어 대양

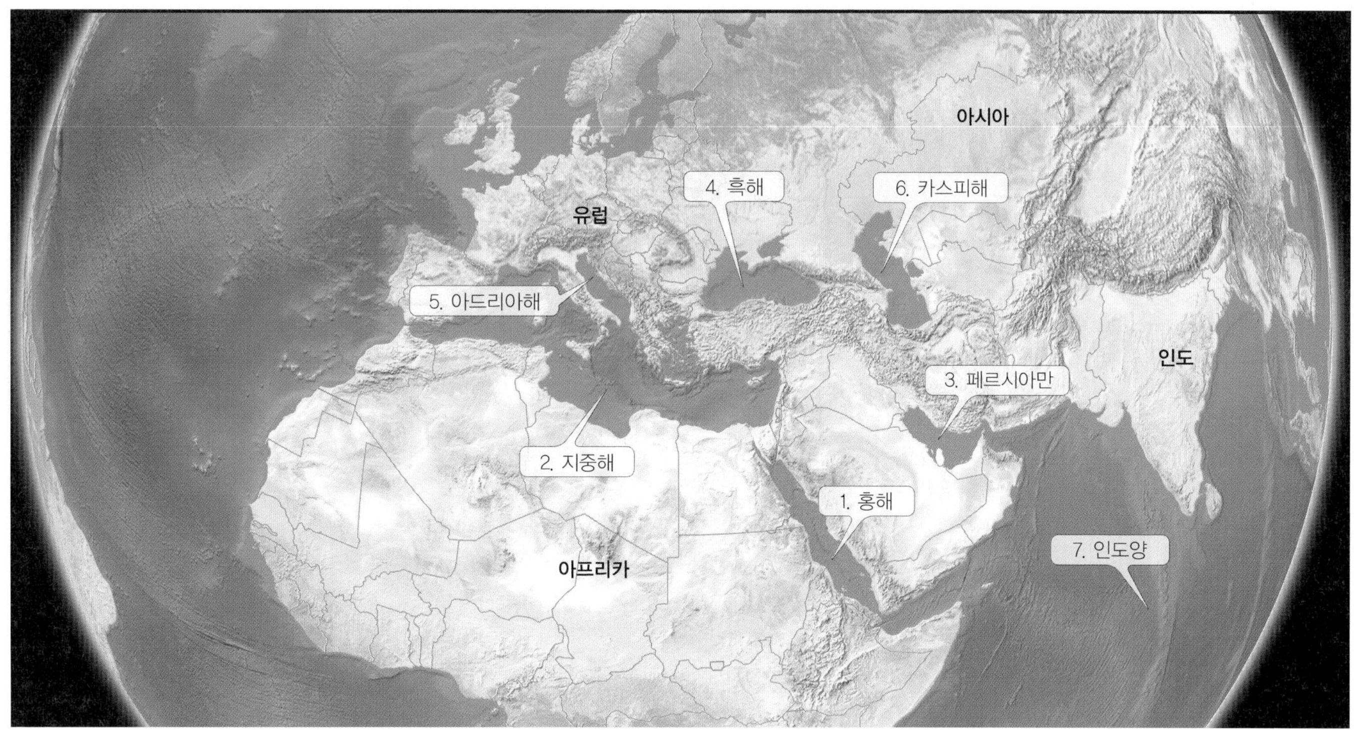

그림 1.5 고대의 일곱 바다. 15세기 이전의 유럽인들이 생각한 세계

(ocean)에도 seastar(불가사리)가 서식하며, 대양(ocean)은 해수(sea water)로 채워져 있다. 또 해빙(sea ice)은 대양(ocean)에서 형성되며, 대양(ocean)의 언저리에 거주하면서도 해변(sea shore)을 거닐 수 있다. 하지만 전문용어로서의 해(sea)는 다음과 같이 규정되어 있다.

- 대양보다 작고 얕다(이런 관점에서 북양보다는 북극해란 표현이 적절함).
- 소금물로 채워져야 한다(카스피해 같은 내륙해는 실제로는 염분이 꽤 높은 큰 호수임).
- 어느 정도 육지로 둘러싸여야 한다(하지만 대서양의 사르가소해의 경우는 육지가 아니라 강한 해류로 규정되었음).
- 대양과 직접 연결되어 있어야 한다.

대륙과 대양의 비교 그림 1.4d는 전 해양의 평균 수심이 3,682m임을 보여준다.[2] 이는 연안의 얕은 수심을 만회하는 아주 깊은 곳이 일부 있음을 뜻한다. 그림 1.4d는 또한 가장 깊은 곳은 마리아나 해구의 챌린저 해연(괌 근처)으로 해수면에서 무려 11,022m 아래에 있다.

대륙을 해양에 비교하면 어떠할까? 그림 1.4d는 대륙의 평균 높이가 고작 840m로 해수면에서 그리 높지 않음을 보여준다. 가장 높은 에베레스트의 높이도 8,850m에 불과해서 마리아나 해구의 깊이에 2,172m나 못 미친다. 기슭부터 재서 가장 높은 산은 하와이의 마우나케아 산으로 해수면 위로 4,206m 그 아래로 5,426m여서 합치면 9,632m에 이른다. 에베레스트 봉우리보다는 782m 높지만 여전히 마리아나 해구의 챌린저 해연보다는 1,390m 모자란다. 핵심은 산은 해구보다 낮다는 것이다.

학생들이 자주 하는 질문

일곱 바다(seven sea)는 어디인가요?

글이나 노래에 등장해서 '일곱 바다를 누비며(sailing the seven seas)'는 친근한데, 근원은 분명하지 않다. 고대인에게 7이란 그저 여럿을 나타내는 의미로도 자주 쓰였으며 15세기 이전에 유럽인들은 세상의 큰 바다를 다음과 같이 여겼었다(**그림 1.5**). ocean과 sea가 혼용되고 있음을 유의하라.

1. 홍해(The Red Sea)
2. 지중해(The Mediterranean Sea)
3. 페르시아만(The Persian Gulf)
4. 흑해(The Black Sea)
5. 아드리아해(The Adriatic Sea)
6. 카스피해(The Caspian Sea)
7. 인도양(The Indian Ocean)

하지만 오늘날에는 100개 이상의 해(sea)와 만(bay, gulf)들이 확인되고 있으며, 이들의 대부분은 거대한 대양에 연결된 작은 부분이다.

2 이 책에서는 일관되게 m 단위가 사용된다. 부록 I에 m 단위와 ft 단위의 비교표가 제시되어 있다.

학생들이 자주 하는 질문

인간이 가장 깊은 해구를 탐사한 적이 있나요? 그곳에 생물이 살 수 있나요?

인간은 이미 반세기 전에 높은 수압으로 짓눌리며, 칠흑같이 어두우며, 얼음처럼 찬물로 채워진 지구 표면에서 가장 깊은 곳을 다녀왔다. 1960년 1월에 미 해군 대위 돈 월쉬와 탐험가 자크 피카르가 심해 잠수정 Trieste[3](그림 1.6)를 타고 마리아나 해구 챌린저 해연의 바닥까지 내려갔다. 수심 9,906m에서는 동체를 뒤흔드는 커다란 파열음이 들렸다. 7.6cm 두께의 아크릴 창이 파손되어 밖을 볼 수 없었으나 기적적으로 구멍이 나지는 않았다. 내려가기 시작한 지 다섯 시간도 더 지나서 그 이후로 깨어지지 않을 10,912m 잠수 기록을 세웠다. 이들은 작은 넙치, 새우 그리고 몇 종류의 해파리처럼 심해에 적응해서 살고 있는 생물들을 보았다.

2012년 제임스 카메론이 잠수정 DEEPSEA CHALLENGER호를 타고 마리아나 해구까지 역사적인 단독 탐사에 성공했다(그림 1.7). 총 일곱 시간에 걸친 탐사 중 가장 깊은 곳에서는 세 시간 동안 머물면서 사진 촬영과 과학 연구를 위한 표본 채집을 했다.

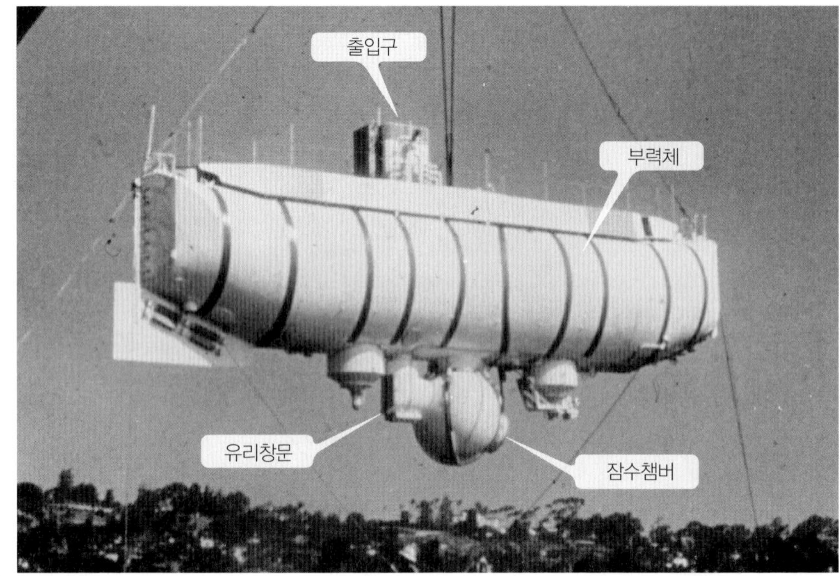

그림 1.6 미 해군 소유 심해잠수정 Trieste. Trieste가 1960년도 기록을 세우는 잠수를 하기 전에 크레인으로 들어올려진 광경. 지름 1.8m인 잠수챔버(부력체 아래의 둥근 공)에 두 명이 들어 갈 수 있고 철판 두께는 7.6cm이다.

그림 1.7 잠수정 DEEPSEA CHALLENGER호를 타고 단독 심해 탐사를 마친 후 나오는 제임스 카메론. 영상 제작자로 유명한 제임스 카메론은 2012년에 마리아나 해구 바닥까지의 기록적인 단독 탐사를 성공적으로 수행하여 지구상에서 가장 깊은 곳을 탐사한 세 번째 사람이 되었다.

요약

바다에서 가장 깊은 곳은 태평양의 마리아나 해구이다. 깊이는 11,022m이며, 사람이 그곳까지 가 본 것은 1960년과 2012년에 각각 한 번씩 모두 두 번뿐이다.

개념 점검 1.1 | 각 해양의 특성을 비교하라.

1 초기 지중해 문명대의 사람들의 관념은 행성 지구의 이름을 정하는 데 어떤 영향을 주었는가?
2 대양과 해는 자주 혼용되지만 학술적으로는 어떻게 구분하는가?
3 바다에서 가장 깊은 곳은 어디이며 얼마나 깊은가? 지상에서 가장 높은 곳과 비교하면 어떠한가?

3 역주 : Trieste는 이 잠수정이 건조된 이탈리아 동북부 Trieste라는 지명에서 따온 것이다.

1.2 초창기의 해양 탐사

해양의 광활함도 인간의 탐사를 막지는 못했다. 문명의 초기부터 먼 바다를 가로지를 기술을 개발하기 시작했다. 오늘날 우리는 하루 안에 비행기로 태평양을 가로지를 수 있다. 그렇지만 심해는 사람의 손이 닿지 않은 곳이 대부분이다. 실제로 달 표면이 해저보다 훨씬 상세히 알려져 있다. 요즘에는 인공위성을 띄워 물로 덮인 우리들의 집에 대한 지식을 고공에서 수집하고 있다.

초기 역사

인류는 아마도 처음에는 바다를 식량원으로 보았음 직하다. 고고학적 증거들을 보면 약 4만 년 전에 작은 배들이 만들어졌고, 사람들은 바로 바다로 나간 것으로 추정된다. 아마도 사람들은 이 배들을 이용하여 어장을 찾아 나섰을 것이다. 바다는 또한 크고 무거운 짐을 저렴하고 효율적으로 운반하게 하여 문명 간 교역을 활성화시켰다.

태평양의 항해자들 태평양의 섬(오세아니아)들에 처음 이주한 사람들은 이들 섬에는 사람이 거주한 흔적이 없었기에 약간 당황스러웠을 것이다. 그 사람들은 아마도 이중카누, 덧댄 카누, 삼나무 뗏목과 같은 당시의 배와 놀라운 항해술로 대륙에서 수백 또는 수천 km를 항해하여 이주해왔을 것이다(**심층 탐구 1.1**). 태평양의 섬들은 멀리 흩어져 있어서 운 좋은 소수만 섬에 당도하고 대다수는 도중에 낙오되었을 것이다. **그림 1.8**은 태평양의 유인도에는 세 부류가 있음을 보여준다. 작은 섬들이란 뜻을 지닌 마이크로네시아(Micronesia: *micro* = small, *nesia* = islands), 검은 섬들이란 뜻을 지닌 멜라네시아(Melanesia: *mela* = black), 그리고 여러 섬들이란 뜻을 지닌 폴리네시아(Polynesia: *poly* = many)가 가장 넓다.

16세기에 유럽인이 찾을 때까지 태평양의 인류사는 글로 남겨지지 않았다. 그렇지만 섬 사이의 거리가 짧으므로 아시아 사람들이 마이크로네시아나 멜라네시아로 옮겨갔을 것이라고 상상하기는 어렵지 않다. 하지만 폴리네시아에서는 섬 무리들 사이의 거리가 아주 멀어서 원거리 항해라는 모험을 해야 한다. 예컨대 폴리네시아 섬 무리가 이루는 삼각형의 남동 모퉁이에 위치한 이스터 섬(Easter Island)은 가장 가까운 핏케언 섬(Pitcairn Island)에서 1,600km나 떨어져 있다. 하와이는 가장 가까운 섬인 마르키즈제도(Marquesas Islands)에서 3,000km 이상 떨어져 있으므로 최고난도 항해였음이 거의 틀림없다(그림 1.8).

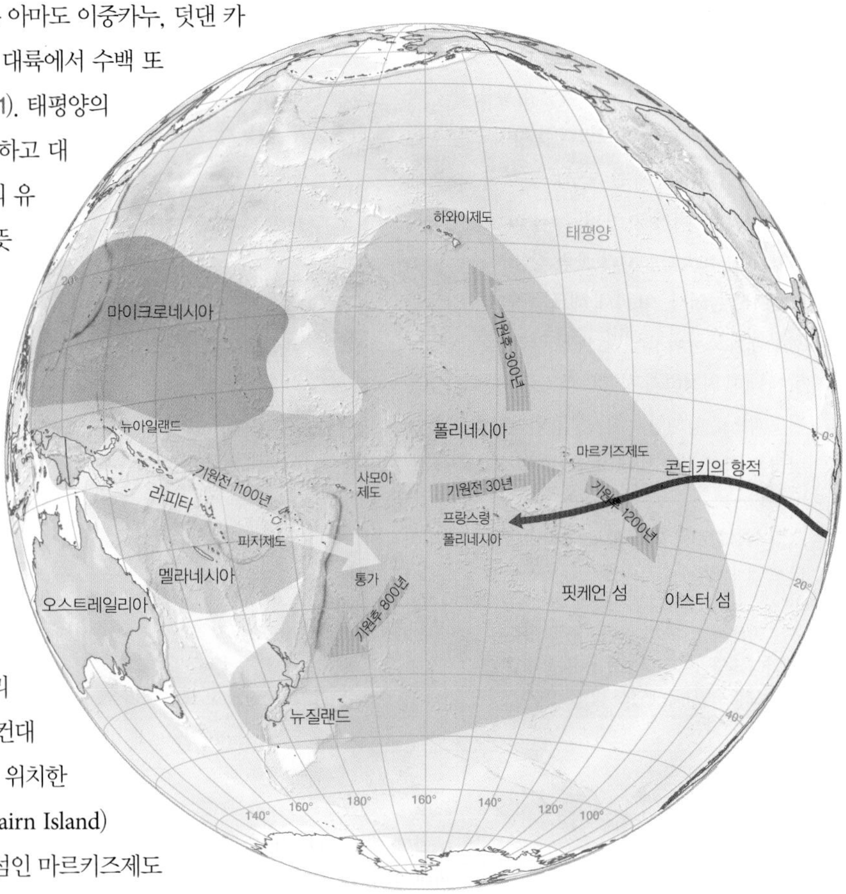

그림 1.8 태평양 섬의 이주 역사. 태평양의 주요 섬 무리는 마이크로네시아(갈색), 멜라네시아(분홍색)와 폴리네시아(푸른색)의 세 부류가 있다. 기원전 4~5천 년경에 뉴아일랜드에 살던 라피타인들은 기원전 1100년 무렵에 피지, 통가, 사모아로 이주했다(노란색 화살표). 녹색 화살표는 보다 멀리 떨어진 폴리네시아에 정착하는 과정을 보여준다. 헤위에르달의 삼나무 뗏목 콘티키의 항적은 빨간색 화살표로 나타냈다.

고고학적 증거로 보면 기원전 4~5천 년 사이에 뉴기니 주민이 뉴아일랜드에 이주했다. 그러나 이후 기원전 1100년까지 태평양을 항해한 기록이 없다. 서남아시아 섬 주민 부족인 라피타(Lapita)족[4]은 독특한 도자기를 제작하였는데, 이

4 유전학적 · 언어학적 · 고고학적 증거들을 종합한 최근의 연구결과를 보면 라피타족과 폴리네시아인들은 타이완에서 왔다고 한다.

바다에서 위치 알아내기 : 막대 해도에서 위성으로

길도 없고 표지판도 없고 뭍도 보이지 않을 때 바다에서 자신의 위치를 어떻게 알아낼까? 목적지까지의 거리를 어떻게 결정할까? 좋은 낚시터나 침몰한 보물선 자리를 어떻게 다시 찾아갈까? 항해자들은 해상에서 자기의 좌표를 알아내고자 여러 가지 방법을 동원한다.

초기 항해자들 가운데 폴리네시아인들이 있었다. 이들은 놀랍게도 태평양에 아주 멀찍이 흩어져 있는 작은 섬들을 성공적으로 찾아내었다. 이들 초기 항해자들은 해양 상황을 잘 간파하였고 바다와 하늘의 조그마한 차이도 잘 짚어냈다. 이들이 항해에 쓴 도구로는 해와 달, 밤의 별, 해양 생물의 행동, 여러 가지 해양의 속성과 막대 해도(stick chart)라 불린 창의적인 발명품(그림 1A) 들이다. 이 막대 해도는 해파의 양상을 정확하게 묘사하고 있다. 배를 알려진 파도의 방향에 대해 일정하게 정렬시킴으로써 항해자들은 성공적으로 항해할 수 있었다. 휘어진 파의 진행 방향은 섬이 수평선 너머에 있어도 가까이에 있음을 알려주는 것이었다.

해상 좌표를 아는 것의 중요성은 1707년의 비극적 사고에서 알 수 있다. 영국 함대는 항로를 160km 넘게 벗어나 시실리 제도 주변에서 좌초하여 네 척을 잃고 사망한 병사의 수가 2,000명에 이르렀다. 남북 위치를 말하는 **위도**(latitude)는 바다 위에서도 **육분의**(sextant, *sextant* =sixth, **그림 1B**)를 써서 해와 별의 위치를 가지고 비교적 쉽게 알아낼 수 있다.

사고는 선원이 동서 방향 위치를 알려주는 **경도**(longitude)를 추적하지 못하는 데서 발생했다(부록 III '경위도' 참조). 경도는 시간에 따르므로 경도를 결정하려면 자기 배에서 해가 가장 높게 비칠 때(현지의 정오) 기준 자오선과의 시간차를 알 필요가 있다. 1700년대 초반의 추시계는 배가 흔들리기 시작하면 제대로 시간을 읽지 못했다. 영국 의회는 1714년에 2만 파운드(현재 약 $20,000,000)를 상금으로 걸고 서인도 제도까지 갔을 때 30해리 또는 0.5° 이내로 경도를 맞출 수 있는 장비를 공모하였다.

영국 링컨셔에 사는 캐비닛 제작자 **존 해리슨**(John Harrison)은 1728년에 시계라는 뜻을 지닌 **시간기록계**(chronometer)를 제작하였다. 그의 첫 작품 H-1은 1736년 시험에 통과했지만 상금은 겨우 500파운드만 지불되었다. 기구가 너무 복잡하고, 비싸며, 내구성이 의심된다는 이유를 달았다. 조금 커다란 주머니 시계 모습을 한 그의 네 번째 간결한 제품 H-4(**그림 1C**)가 1761년에 대서양 횡단 항해에서 다시 시험대에 올랐다. 자메이카에 도착했을 때 이 시계는 얼마

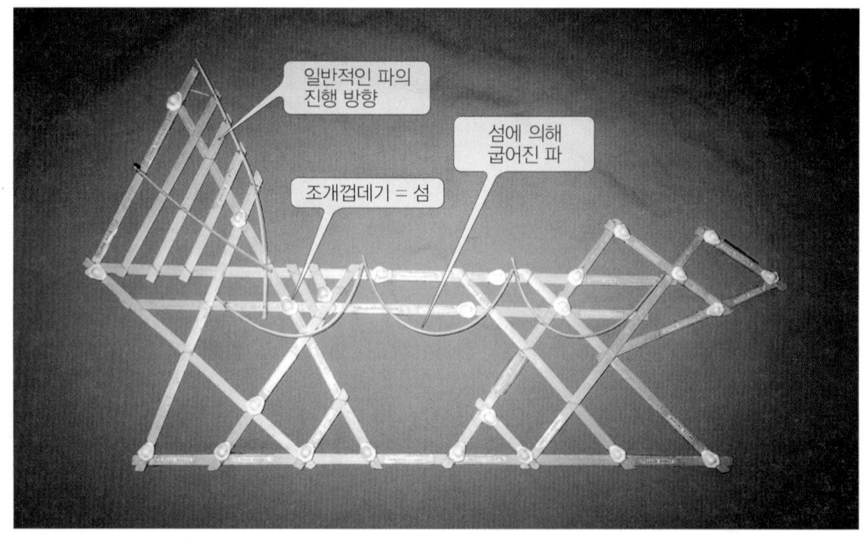

그림 1A 항해용 막대 해도. 마이크로네시아의 마샬 섬에 대한 대나무 막대기 해도에서 섬은 막대가 만나는 곳에 조개껍데기로, 일반 파의 진행 방향은 곧은 막대로 섬 가까이에서 굽은 파도는 굽은 막대로 나타냈다. 초기 폴리네시아 항해자들도 이와 비슷한 해도를 사용했었다.

무렵에 이 부족이 피지, 통가, 사모아로 이주하였다(그림 1.8의 **노란색 화살표**). 이곳에서부터 폴리네시아인들이 기원전 30년에 마르키즈로 건너가고, 이 섬이 하와이(서기 300년 무렵)와 뉴질랜드(서기 800년 무렵)를 포함하여 태평양의 멀리 떨어진 섬으로 가는(그림 1.8의 **푸른색 화살표**) 기지가 되었다. 유전자 검사 결과 놀랍게도 이스터섬의 폴리네시아인은 비교적 가까운 서기 1200년 무렵부터 거주하기 시작했다.

생물학자이자 인류학자인 **토르 헤위에르달**(Thor Heyerdahl)은 하와이 주민, 뉴질랜드의 마오리 부족, 이스터섬 주민이 모두 폴리네시아인에 뿌리를 두고 있음은 분명하지만 남미의 항해자들이 폴리네시아인에 앞서 남태평양으로 이주했었다고 주장하였다. 이를 입증해 보이려고 1947년에 삼나무 뗏목(유럽인이 남미를 찾았을 당시의 남미인들의 배를 본뜬 것임)인 **콘티키호**(Kon Tiki, **그림 1.9**)를 타고 남미에서 투아

역사적 사건

심층 탐구 1.1

나 정확했는지 겨우 5초(0.02° 오차 또는 1.2해리 오차)만 늦었다. 해리슨의 크로노미터는 정부 제안서를 훨씬 능가하였지만 별을 측정해서 답을 구하기 바랐던 천문학자 위원들 때문에 상금 지불이 유예되었다. 위원회는 추가 실험의 성공 없이는 상금 지불을 거절하였다. 두 번째 실험이 1764년에 실시되었는데 이 실험에서도 어김없이 성공하였다. 마지못해 일만 파운드가 지불되었고 1773년이 되어서야 조지 3세의 개입으로 나머지를 받을 수 있었다. 이때 나이가 80세로 일생을 바친 공로의 대가였다.

오늘날엔 1970년대에 미국 국방성이 개발했던 위성항법장치(Global Positioning System, GPS)에 의존해서 항해를 한다. 애초에는 군사적인 목적으로 쓰이던 것인데, 민간 사용이 허용되었다. 위성 24개가 지속적으로 지표로 보내주는 전파 신호에 따르게 된다. 선상(육상) 수신기는 적어도 위성 4개로부터 전파 발신에서 수신까지 걸린 시간을 정확하게 분석해서 위치를 결정한다. 따라서 선박은 수 m(대체로 선박 길이의 몇 분의 일) 이내로 자신의 위치를 찾아낼 수 있다. 구시대 항해자들은 눈 깜짝할 사이에 위치를 정확하게 알아내는 것을 본다면 깜짝 놀랄 것이다. 하지만 항해의 참맛을 잃게 되었노라고 탓할지도 모른다.

생각해보기

1. 왜 경도의 측정이 어려운가?
2. 해리슨이 해상에서 정확한 경도 측정이 가능한 수단을 발명하였는데도 상금의 일부밖에 받지 못한 이유는 무엇인가?

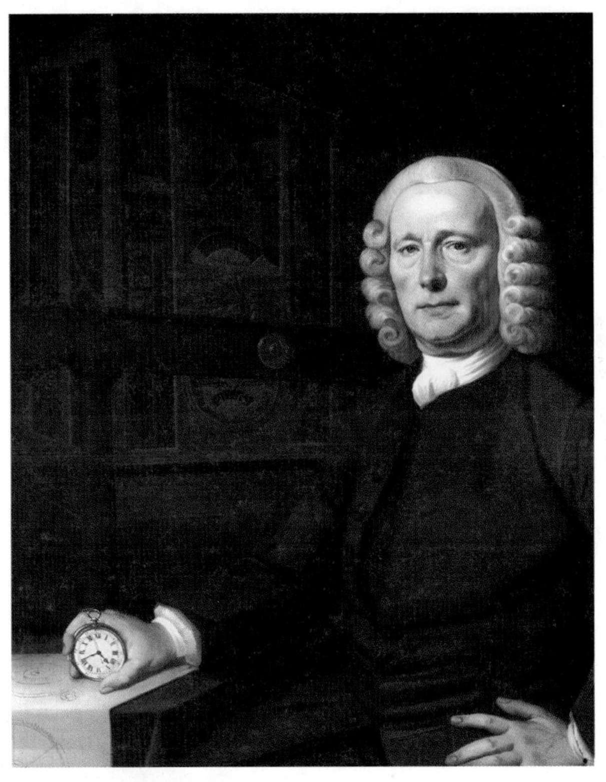

그림 1C 존 해리슨과 그의 시계 H-4. 1735년도에 그린 것으로 추정되는 그림으로 해리슨이 그의 일생일대의 업적인 H-4를 쥐고 있다. 시간기록계 H-4는 해상에서 경도를 결정하는 데 일대 혁신을 일으켰으며 경도 문제를 풀어낸 대가로 상금을 거머쥐었다.

그림 1B 휴대용 육분의 사용 장면. 이 육분의는 초기 항해자들이 위도를 찾을 때 쓰던 것과 닮았다.

모투 섬으로 항해하였는데, 이는 11,300km에 달하는 항해였다(그림 1.8의 빨간색 화살표). 이 뛰어난 항해가 초기 아시아 문명과 동시대에 남미인들도 폴리네시아로 갈 수 있었음을 보여주기는 하였으나 고고학적 증거는 찾지 못했다. 게다가 유전자 검사로 이스터 주민이 폴리네시아인과는 핏줄이 가깝지만 남북미해안 거주민과는 혈연관계가 없는 것으로 드러났다.

유럽의 항해자들 서구에서 항해기술에 기여한 첫 번째 사람들은 지중해의 동쪽 끝자락—지금의 이집트, 시리아, 레바논, 이스라엘 등지에 살던 **페니키아인**(Phoenicians)들이었다. 이르게는 기원전 2000년 무렵에 이들은 지중해, 홍해, 인도양을 탐사하기 시작하였다. 아프리카를 일주하는 항해에 대한 첫 기록은 기원전 590년에 페니키아인이 세웠는데, 이들은 북으로는 영국까지 갔었다.

그림 1.9 삼나무 뗏목 콘티키호. 1947년 헤위에르달이 남아메리카 문명의 전파 경로를 보여주기 위하여 그럴듯한 삼나무 뗏목 콘티키호를 타고 남아메리카에서 폴리네시아로 항해했다.

그리스의 천문학자이자 지리학자인 **피테아스**(Pytheas)는 기원전 325년에 북반구에서 간단하지만 영리하게 위도를 측정하는 방법을 써서 북쪽으로 항해했다. 그의 방식은 북극성을 바라보는 선과 북쪽 수평선이 이루는 각도를 이용하는 것이었다.[5] 그러나 경도(동서 방향 좌표)를 정확하게 재는 것은 여전히 불가능했다.

당시 과학 지식을 모아 두던 주요 장소 가운데 하나가 기원전 3세기에 이집트 세워진 **알렉산드리아 도서관**(Library of Alexandria)이었다. 여기에 소장된 방대한 규모의 문헌은 당시 학문을 연구하던 과학자, 시인, 철학자, 예술가, 저술가들의 관심을 끌었다. 이 도서관은 고대 문헌을 집대성해서 곧 세계의 지적 중심으로 떠올랐다.

기원전 450년경에 그리스의 학자들이 배가 수평선 너머로 사라질 때의 모습이나 월식 때 지구의 둥그런 그림자와 같은 증거를 가지고 지구가 둥글다고 믿게 되었다. 이 사실은 2대 알렉산드리아 도서관장을 지낸 그리스의 **에라토스테네스**(Eratosthenes, 기원전 276~192)가 장대의 그림자와 기초적인 기하학만을 써서 아주 영리하게 지구의 둘레를 측정하는 계기가 되었다. 그의 측정값은 40,000km[6]로 오늘날에 알려진 40,032km에 근접했다.

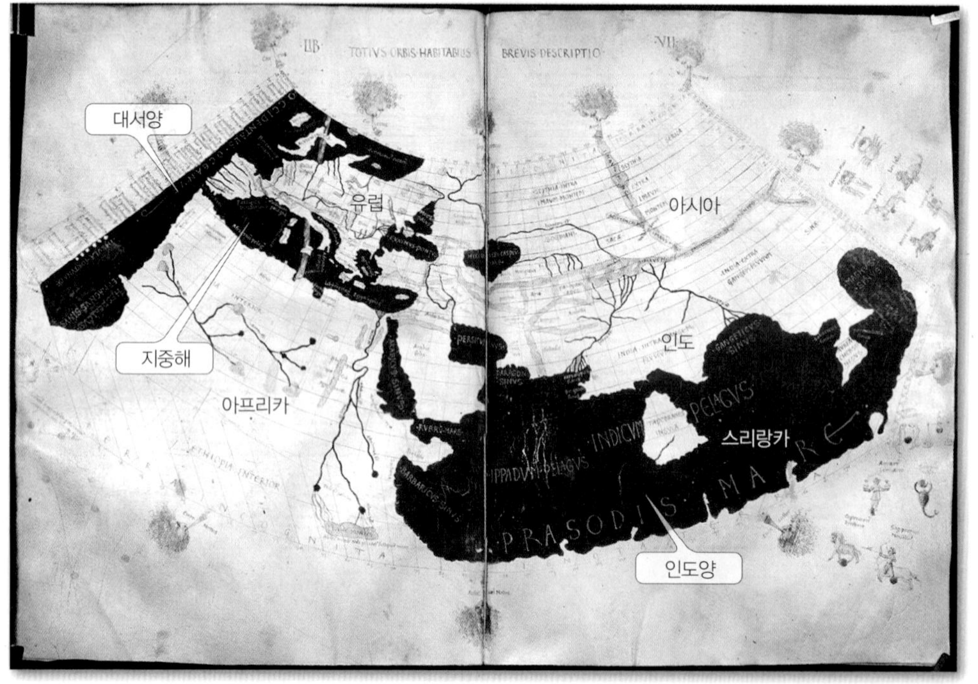

그림 1.10 톨레미의 세계지도. 기원후 150년경 고대 그리스 지리학자 클라우디우스 톨레미가 세계지도를 작성하였다. 이 지도에서 당시 로마인들의 지리학적 인식을 엿볼 수 있다. 현대 경위도와 같은 개념의 좌표계를 도입한 것을 유의해보라.

이집트 태생 그리스인인 **톨레미**(Claudius Ptolemy, 추정 생몰연도 서기 85~165)는 서기 150년 무렵에 당시 로마 제국에 알려진 지식을 두루 모아 지도를 만들었다(**그림 1.10**). 지도는 그리스의 지도와 마찬가지로 유럽과 아시아, 아프리카를 포함하고 있고 알렉산드리아 도서관 학자들이 고안한 위도와 경도의 수직선이 그어져 있다. 그런데 톨레미는 바다를 당시에는 아직 알려지지도 않은 육지로 둘러싸여 아주 좁은 것으로 표시하였는데, 이는 많은 탐험가들이 쉽게 바다로 나갈 엄두를 내는 계기가 되었다.

톨레미는 놀랍도록 정확했던 에라토스테네스의 지구 둘레를 새로 고쳤는데, 유감스럽게도 틀린 값을 제시하고 말았다. 엉터리 계산에다 아시아의 크기를 지나치게 크게 고려해서 둘레를 29,000km라 하였는데, 이는 28%나 작은 값이다. 놀랍게도 이 값은 1500년 뒤에 콜럼버스로 하여금 신대륙이 아니라 아시아에 당도한 것으로 믿게 만들어버렸다.

5 위도를 측정하는 피테아스의 방법은 부록 III '경위도'에 나와 있다.

6 역주 : 당시의 측지 단위 Stadia를 어떻게 평가하느냐에 따라 37,000~40,000km로 차이가 많이 난다.

중세

서기 415년 알렉산드리아 도서관이 소장 자료와 함께 전소되고 로마 제국이 476년에 멸망함에 따라 페니키아, 그리스, 로마가 이룬 성취도 대부분 사라졌다. 지식의 일부는 당시에 북아프리카와 스페인을 지배하던 아랍에 의해 전승되었다. 아랍은 이 지식을 활용해서 지중해 해운을 장악하였으며 동아시아, 인도, 서남아시아와 활발하게 교역을 하였다. 아랍인들은 몬순의 계절적 양상을 터득하였기 때문에 인도양을 가로질러 교역을 할 수 있었다. 여름철에 남서풍이 불면 짐을 가득 싣고 아라비아 반도의 항구를 출발해 동쪽으로 인도양을 건너갔다. 겨울이 되어 북동무역풍이 불면 서쪽의 고향으로 되돌아왔다.[7]

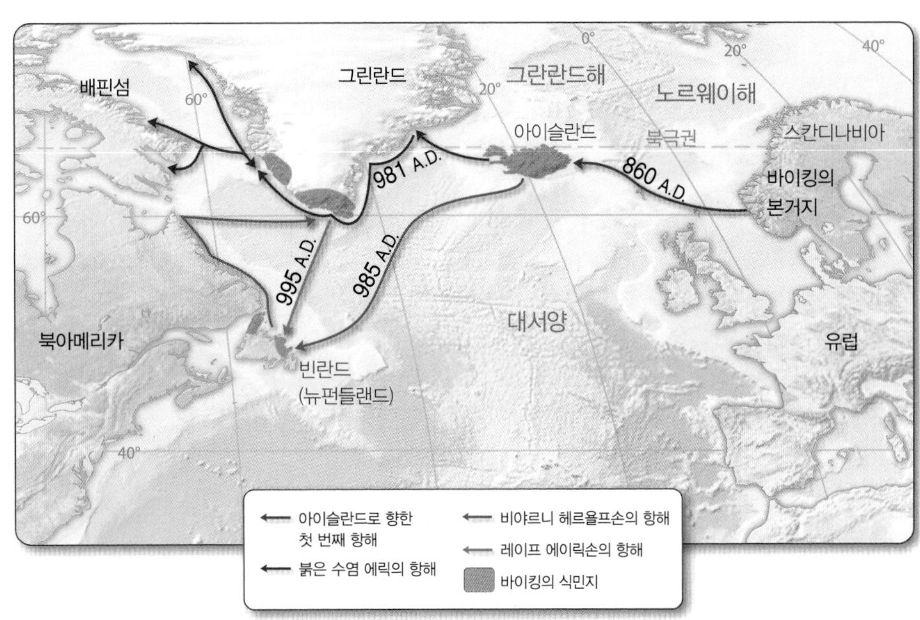

그림 1.11 북대서양에서의 바이킹 식민지. 바이킹이 아이슬란드, 그린란드, 북아메리카에 건설한 식민지와 정벌 항로 및 시기를 보여주는 지도.

한편, 유럽의 동부와 남부에서는 기독교가 흥하기 시작했다. 종교적 가르침에 반하는 과학적 질의는 강력하게 탄압받게 되었고 이전 문명의 지식은 버려지거나 무시되었다. 그 결과로 소위 **암흑기**에 서구인의 세계지리의 지식은 크게 퇴보되는 길을 걷게 된다. 예를 들면 이 세상은 원반 위에 있으며 그 중심은 예루살렘이라는 사상이 퍼졌었다.

북유럽에서는 아주 우수한 배와 항해술을 겸비한 스칸디나비아 반도의 **바이킹**(Vikings)들이 대서양을 열심히 탐사하였다(**그림 1.11**). 10세기 후반에는 전 세계적인 온난화에 힘입어서 바이킹들이 아이슬란드에 정착하였으며, 981년 무렵에는 **붉은 수염 에릭**(Erik 'the Red' Thorvalson)이 아이슬란드에서 서쪽으로 항해해서 그린란드를 발견하였다. 아마도 그는 더 서쪽으로 나아가 배핀섬에도 가본 듯하다. 그는 아이슬란드로 돌아와서 985년에 1차 그린란드 이민팀을 꾸려 떠난다. **비야르니 헤르욜프손**(Bjarni Herjólfsson)은 그린란드 정착촌을 찾아가다가 남서쪽으로 지나가는 바람에 현재 뉴펀들랜드를 발견한 첫 번째 바이킹이 되었다. 그는 상륙하지는 않고 그린란드로 향했다. 붉은 수염 에릭의 아들 레이프 에이릭손(Leif Eriksson)은 헤르욜프손의 말에 귀가 솔깃해져서 995년에 그의 배를 사들여 남서쪽을 향해 항해하였다. 그는 북미의 한 지역에서 겨울을 지냈는데, 그곳에서 발견한 포도를 보고 빈란드(Vinland, 현재 뉴펀들랜드)라 이름 지었다. 기후가 추워지고 농사가 잘되지 않게 되면서 그린란드와 빈란드의 정착촌은 1450년 무렵에 이르러서는 모두 폐기되었다.

유럽의 대항해 시대

서기 1492~1522년까지 30년은 **대항해 시대**(Age of Discovery)라고 알려져 있다. 이 기간에 유럽인들은 남아메리카와 북아메리카를 찾아내고 지구 일주 항해를 하였다. 그 결과 유럽인은 대양의 실제 크기를 알게 되었고 새로 찾은 대륙과 섬의 어디든 유럽의 문화와는 뿌리가 다른 문명을 가진 주민이 살고 있는 것을 발견했다.

이 시기에 앞다투어 해양을 탐험한 이유가 무엇일까? 이유 가운데 하나는 술탄 모하메드 2세가 1453

---

7 인도양 몬순에 대해서는 제7장에 자세히 언급되어 있다.

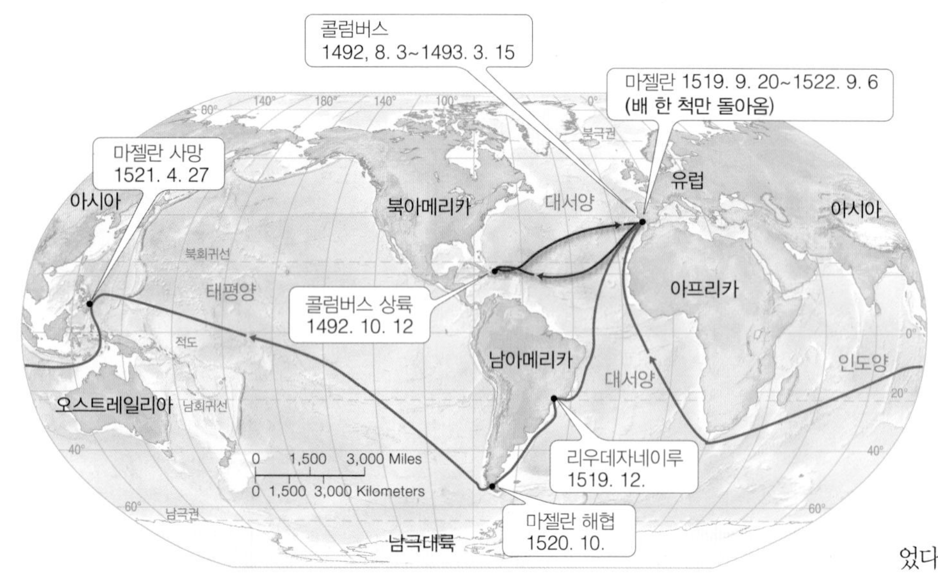

그림 1.12 콜럼버스와 마젤란의 항해. 콜럼버스의 첫 번째 항해와 마젤란의 최초의 대양 일주의 일정과 항적도

년에 콘스탄티노플을 점거해서 인도, 아시아, 동인도(현재의 인도네시아)로 향하는 지중해의 항구들과 도시들을 고립시킨 데 있다. 그 결과 서구인들은 바다로 가는 동방 무역로를 개척해야만 했다.

포르투갈의 **항해자 엔리케 왕자**(Prince Henry the Navigator, 1392~1460)의 지휘 아래 유럽 바깥에 대한 탐험이 재개되었다. 왕자는 포르투갈의 항해술을 향상시키고자 사그레스에 해양연구소를 설립하였다. 대체 항로 개척에서 아프리카 남단의 험한 바다는 가장 큰 걸림돌이었다. 아굴라스곶은 1486년에 **바르톨로뮤 디아스**(Bartholomeu Diaz)가 처음으로 지나가는 데 성공했다. 이어서 1498년에는 **바스코 다 가마**(Vasco da Gama)가 아프리카 남단을 돌아 인도를 다녀옴으로써 동방 항로가 열렸다.

한편 이탈리아의 항해자이자 탐험가인 **크리스토퍼 콜럼버스**(Christopher Columbus)는 스페인 왕실의 재정 지원을 받아 대서양을 가로질러 동인도로 가는 길을 찾고자 하였다. 1492년의 첫 번째 항해에서 스페인을 떠난 지 두 달 만에 뭍에 올랐다(**그림 1.12**). 그는 인도 근처의 동인도에 도착했다고 믿었다. 하지만 지구의 둘레가 형편없이 작게 예측되는 바람에 지도에 나와 있지 않은 카리브해 섬에 도착했다는 것을 알아차리지 못했다. 스페인으로 돌아가서 그의 발견을 보고하고 재차 항해 준비에 들어갔다. 그 후로 10년 동안에 세 차례 더 대서양을 건넜었다.

콜럼버스는 북미의 발견자라고 널리 알려져 있지만 실제 대륙에 발을 디딘 적은 없다.[8] 그러나 그의 항해는 신세계를 탐험하는 촉진제가 되었다. 예컨대 콜럼버스 항해가 시작된 지 채 5년이 지나지 않은 1497년에 영국인 **존 캐벗**(John Cabot)은 북미의 북동 해안 어딘가에 상륙했다. 그 뒤 1513년 **바스코 누예스 데 발보아**(Vasco Núñez de Balboa)가 파나마 지협을 횡단하다가 산 위에서 너른 바다를 보게 되면서 유럽인으로서는 처음으로 태평양을 보게 되었다.

대항해 시대는 **페르디난드 마젤란**(Ferdinand Magellan)의 대양 일주로 절정에 이르게 된다(그림 1.12). 그는 1519년 9월에 280명의 승조원을 태운 다섯 척의 배로 스페인을 떠난다. 대서양을 건너서는 남미 대륙의 동해안을 따라 내려가서 남위 52°에 있는 해협(현재 그를 기려 마젤란 해협이라 부름)을 건너 태평양으로 나아간다. 1521년 3월 15일에 필리핀에 정박한 다음, 섬 주민과의 싸움에서 마젤란은 전사한다. **후안 세바스티안 델카노**(Juan Sebastian del Caño)가 마지막 남은 한 척의 배 빅토리아호로 인도양과 아프리카를 돌아 스페인으로 귀환함으로써 1522년에 일주를 마감한다. 단지 한 척의 배와 18명의 선원만이 3년간의 항해를 완수했다.

이를 시점으로 스페인은 멕시코와 남미의 원시 문명인 잉카와 아즈텍의 금을 약탈하고자 여러 차례 항해를 시도한다. 한편 영국과 네덜란드는 작고 다루기 쉬운 배로 스페인의 크고 굼뜬 갤리온 선에서 금을 탈취하면서 곳곳에서 충돌이 빚어진다. 스페인의 해상 장악은 1588년에 무적함대가 영국에게 격파되면서 막을 내린다. 해상을 장악한 영국은 초강대국으로 떠오르는데, 이는 20세기 초반까지 이어진다.

---

8 콜럼버스의 항해에 대해서는 제6장 '대기-해양 상호작용'의 심층 탐구 6.1에 자세히 나와 있다.

과학 탐사의 시작

영국은 해양에 대한 과학적 지식을 넓히는 것이 해양의 주도권을 확보하는 데 도움이 된다는 것을 깨달았다. 이런 연유로 영국의 항해자이자 뛰어난 탐험가인 **제임스 쿡**(James Cook, 1728~1779) 선장은 인데버, 레졸루션, 어드벤처호를 동원해서 1768년에서 1779년 사이에 세 차례 과학 탐사를 수행하였다(**그림 1.13**). 그는 Terra Australis(남극대륙)를 찾고자 시도하였으며, 만약 있다면 남빙양의 거대한 유빙을 지나서 또는 그 아래에 있을 것이라 결론을 내렸다. 쿡 선장은 이제까지 알려지지 않았던 많은 섬들을 해도에 올렸다. 여기에는 사우스조지아섬, 사우스샌드위치제도, 하와이제도가 포함된다. 쿡은 태평양에서 대서양으로 가는 상상 속의 북서항로를 찾아 나섰다가 하와이에 정박하게 되고 원주민과의 싸움에서 사망함으로써 그의 대항해는 막을 내린다.

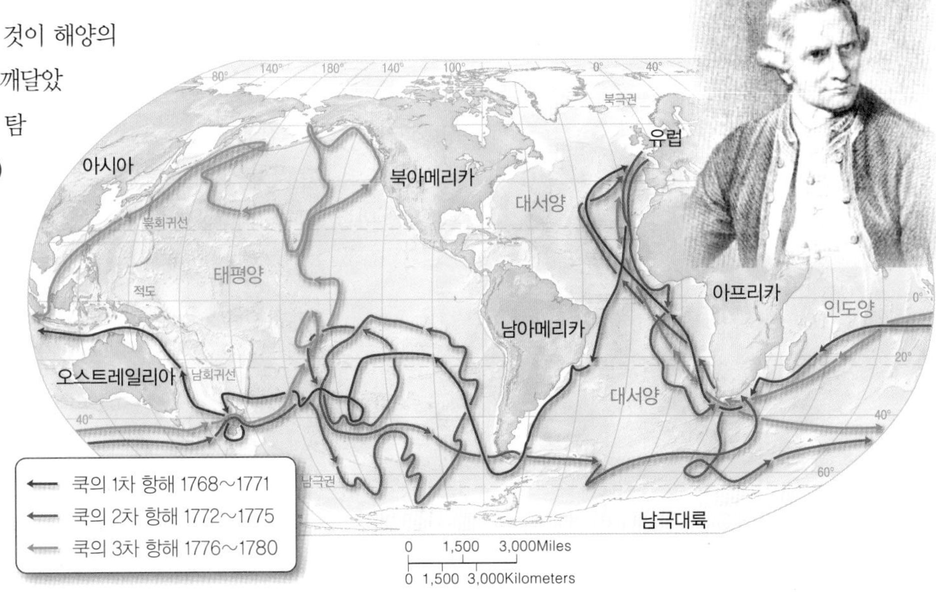

그림 1.13 쿡 선장과 그의 탐사항해. 그의 세 번에 걸친 탐사항로. 이 탐사는 해양과학 조사의 새로운 장을 열었다. 쿡은 1779년 항해 도중에 하와이에서 사망했다.

쿡의 탐사는 해양에 대한 과학적 지식에 크게 보탬이 되었다. 그는 태평양의 윤곽을 분명히 하였으며 남극대륙을 찾아 그 주위를 일주한 첫 인물이 되었다. 그는 체계적으로 표층 아래의 수온, 풍향과 유속, 수심(당시에는 추를 단 줄을 내려서 쟀음)을 측정하는 것을 시작하였으며 산호초에 대한 정보를 수집했다. 그는 선원들을 무력화시키는 괴혈병이 독일식 양배추 절임을 식단에 올리면 예방되는 것을 발견했다. 괴혈병은 비타민 C 결핍증으로 양배추에는 비타민 C가 풍부하다. 이 처방전이 알려지기 전까지 이 만성 질환은 전염병, 전투, 좌초 등 그 어떤 것보다 더 많은 선원들의 목숨을 앗아갔다. 이 밖에도 해리슨의 크로노미터를 제공받아 경도를 쟀기 때문에(심층 탐구 1.1 참조) 쿡은 처음으로 정확한 해도를 만들 수 있었으며 일부는 지금도 쓰이고 있다.

새로 쓰는 해양학사

지금은 바다 아래로 물통과 그물 또는 밧줄을 내려 해양을 조사하던 옛날과는 크게 달라졌지만, 해양학을 위해서는 배를 타고 바다로 나가야 한다. 또 바다를 모니터링하는 데 정교한 방법을 동원하고 많은 노력을 들이고는 있지만 아직도 바다에 대해 모르는 부분이 매우 많다.

오늘날의 해양학자들은 소나(sonar)로 해저를 척척 그려내는 첨단 연구선, 원격으로 자료를 수집하는 장비, 로봇, 해저 관측망, 정교한 컴퓨터 모델, 지구 감시 위성 등 첨단 기술을 활용한다. 이들 대부분은 이 책 전반에 걸쳐 등장한다. 이 밖에 해양학사에서 특기할 만한 사건들은 후속 장에서 그 장의 내용에 맞추어 글상자 '역사적 사건'란에 소개하였다.

개념 점검 1.2 | 초기의 해양 탐사가 어떻게 이루어졌는지에 대해 토론하라.

1 중세 지중해의 맹주가 아랍이었을 때 북유럽에서는 해양 관련으로 어떤 일들이 일어났는가?

2 유럽의 대항해 시대에 일어났던 중요한 해양학적 사건들을 설명해보라.

3 쿡 선장의 주요 업적을 정리해보라.

요약

바다가 크다는 것이 탐험가의 탐사, 무역 또는 정복을 위한 원정 항해 등을 막지는 못하였다. 해양학을 위한 항해는 비교적 최근에 시작되었으며, 아직도 바다의 많은 부분이 알려지지 않고 있다.

1.3 해양학이란 무엇인가?

Oceanography(해양학: *ocean* = the marine environment, *graphy* = the name of a descriptive science)의 문자적 의미는 해양환경의 서술이다. 해양에 대한 과학적 탐구가 막 시작된 1870년대에 Oceanography란 용어가 처음 생겨났는데, 현재의 해양학이 가지고 있는 넓은 분야를 충분히 나타내지는 못하고 있다. 해양학은 단순한 해양환경의 서술을 훨씬 넘는 학문이다. 해양학을 좀 더 정확히 정의하자면 해양환경에서 일어나는 모든 현상에 대한 과학적인 연구라고 할 수 있다. 따라서 Oceanography라기보다는 Oceanology(*ocean* = the marine environment, *ology* = the study of)로 불러야 할 것이다. 하지만 전통적으로 해양학을 *Oceanography*로 써 왔다. 해양과학(marine science)이란 용어도 사용하며 바닷물 자체와 그 속의 생명체 또 그 아래의 고체 지구와 그 위의 대기를 연구 대상으로 포함하고 있다.

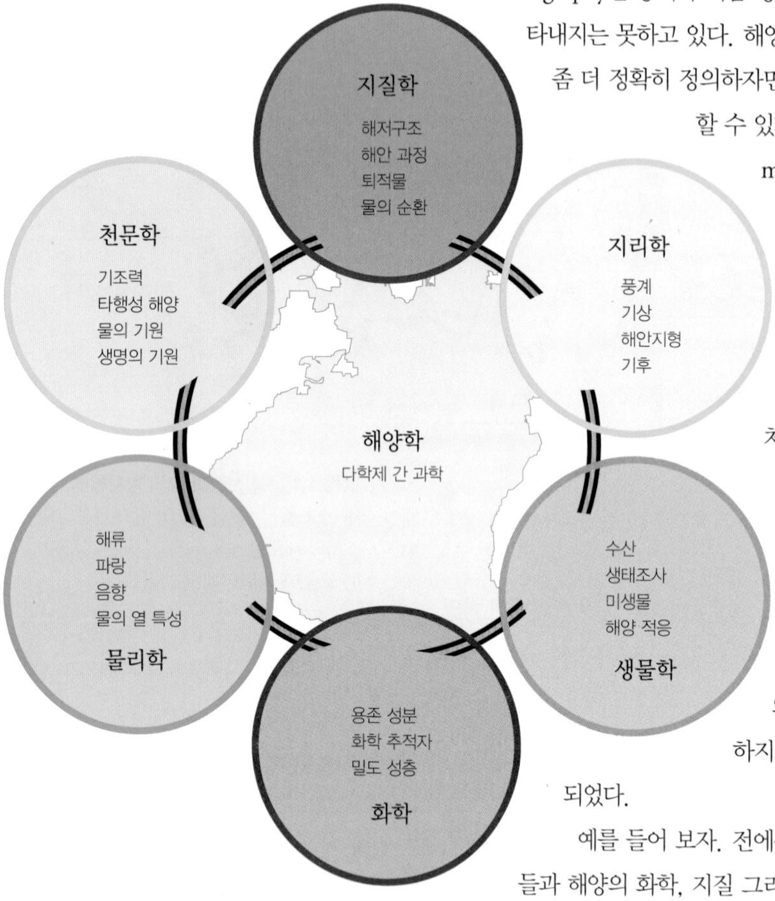

유사 이전부터 사람들은 바다를 이동 수단과 음식물 공급처로 사용해왔지만 해양에서 일어나는 과정의 중요성에 대해 과학적으로 또 기술적으로 연구한 것은 1930년대 해양 석유 탐사가 시작되고 난 이후이며 2차 대전 중 해군의 역할이 중요해지면서 더욱 확장되었다. 해양 문제에 대한 대비의 중요성을 각국 정부가 깨닫게 됨에 따라 해양 연구에 투자하는 자금이 늘어났고 해양을 연구하는 학자들도 많이 늘어났으며 장비와 기기도 매우 정교해지고 개선되었다. 이에 따라 전에는 가능하지도 꿈도 꾸지 못하던 복잡하고도 넓은 분야의 연구도 가능하게 되었다.

그림 1.14 해양학의 다학제적 특성을 보이는 도표. 해양학은 여러 학문 분야가 겹치는 다학제적 과학이다.

예를 들어 보자. 전에는 어부들은 물리적 환경이 좋은 곳으로 출어하였다. 해양생물들과 해양의 화학, 지질 그리고 물리적 요소들과의 관계가 어떻게 좋은 어장을 형성하는지를 최근의 새로운 연구로 밝혀내기까지는 많은 부분이 미스테리였었다. 이 연구에서 얻은 중요한 결론 중 하나는 인간이 바다에 얼마나 많은 영향을 미치고 있는지를 깨달았다는 것이다. 그 결과 최근에는 인간이 바다에 어떤 영향을 주는가를 밝혀내는 것이 주요 연구 주제로 떠오르고 있다.

해양학은 전통적으로 여러 학문 분야별로 나뉘는데, 이 책에서는 다음과 같이 네 가지 주요 분야로 나누었다.

- 지질해양학(geological oceanography) : 해저의 구조와 해저의 시대적 변화 과정, 해저지형의 형성, 해저퇴적물의 역사 등을 연구한다.
- 화학해양학(chemical oceanography) : 해수의 화학적 조성과 특성, 해수로부터 특정 성분의 추출, 오염 등이 연구 분야이다.
- 물리해양학(physical oceanography) : 파랑, 조석, 해류, 기상과 기후에 영향을 주는 해양-대기 상호관계, 수중 음향학과 광학 등의 분야를 연구한다.
- 생물해양학(biological oceanography) : 여러 해양생물들의 상호관계, 해양환경에의 적응, 지속 가능한 수산 기술 등의 분야를 연구한다.

이외에도 해양공학, 해양고고학, 해양정책 등 여러 분야가 있다. 해양의 연구는 여러 학문 분야에 걸쳐 진행되므로 학제 간 과학(interdisciplinary science)이라고 하며, 해양연구에 여러 학문 분야가 집중되기도 한다(그림 1.14). 한마디로 해양학은 바다의 모든 것을 다루는 학문이라 볼 수 있다.

이 책을 읽어가는 도중에 옆에 보이는 것과 같은 학제 간(Interdisciplinary) 컬러 아이콘을 볼 수 있을 것이다. 이 섹션에서 어떤 학문 분야를 깊이 생각해보아야 하는지 둘 또는 그 이상의 아이콘—지질학, 화학, 물리학, 생물학—이 컬러로 강조되어 보일 것이다.

요약

해양학을 연구하는 데는 지질학, 화학, 물리학, 생물학 등 여러 분야의 학문을 망라하는 다학제 간 주제들이 다 포함된다.

개념 점검 1.3 | 왜 해양학은 다학제 간 학문인지 설명하라.

1 해양의 어떤 문제가 해양과학을 크게 확대시킨 것인가?
2 해양학의 네 가지 주요 분야는 무엇인가? 다른 어떤 학문 분야가 해양과 관련되어 있는가?
3 해양학을 다학제 간 과학이라고 하는 것은 어떤 의미인가?

1.4 과학 탐구의 본질

현대 사회에서 과학적인 연구 방법은 각종 조치의 객관성을 확보하고자 점점 더 자주 쓰이고 있다. 하지만 과학이 어떻게 작동되는지에 대해서는 별로 알고 있지 못하다. 예컨대 우리는 특정 과학 이론을 얼마나 확신하고 있는가? 사실과 이론은 얼마나 다른가?

과학의 궁극적인 목표는 자연계에 감추어진 질서를 발견하고 이들 지식을 활용해서 주어진 상황에서 어떤 것은 분명히 일어나고 또 어떤 것은 확실하게 그렇지 않을 것을 예측해내는 것이다. 과학자들은 여러 가지 자연 현상에 대한 원인과 영향에 대해 설명을 시도한다(예를 들면 왜 지구에 계절이 있는가라든가 물질의 구조는 어떻게 되어 있는가? 등). 이런 작업은 모든 자연 현상은 이해가 가능한 물리적 과정의 지배를 받으며 현재의 물리적 과정이 과거에도 작동해왔다는 가정에 근거를 두고 있다. 결과적으로 과학은 과학자로 하여금 자연계를 정확하게 설명하고, 그 배경에 있는 원인을 식별하고, 자연 과정에 따라 미래에 일어날 현상들을 좀 더 정확하게 예측할 수 있게 하는 막강한 힘을 쥐어 주었다.

과학은 관측된 자연계의 모든 현상을 가장 잘 풀어낼 수 있는 설명을 찾으려는 것이다. 과학적 탐구는 **과학적 방법**(scientific method, 그림1.15)이라고 알려진 단계를 거쳐서 과학적 이론을 만들어내며, 과학과 사실을 가짜과학과 허구로부터 분리해낸다.

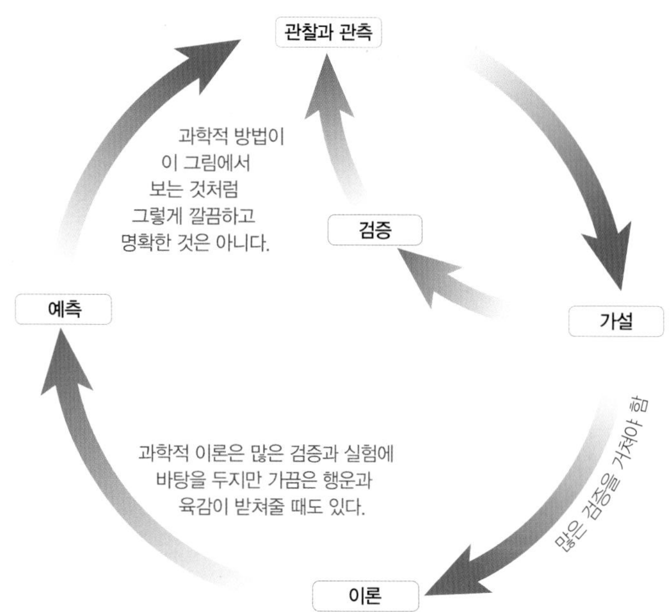

그림 1.15 과학적 방법. 과학적 방법이 작동하는 과정을 보이는 도표
https://goo.gl/QPQ9Vz

관찰과 관측

과학적 방법의 첫 단계는 탐구의 대상인 자연을 우리의 감각으로 측정하는 관찰과 관측(observation)[9]으로부터 시작한다. 탐구 대상인 자연에 대해 우리가 직접 조작해보기, 보기, 만지기, 듣기, 맛보기 등을 통하거나 아니면 복잡한 장치(예 : 현미경, 망원경)를 통해 보다 정교한 관측을 하거나 실험을 한다. 관측 결과가 여러 차례 확인되면, 즉 확신이 서면 과학적 사실로 받아들여진다.

9 역주 : 관찰은 주의 깊게 자세히 살펴보는 행위이며, 관측은 관찰하여 측정하는 행위이다. 즉, 관측은 관찰로부터 시작한다고 볼 수 있으며 많은 경우 관찰은 관측으로 이어진다.

그림 1.16 뛰어오르는 혹등고래(*Megaptera novaeangliae*).

가설

관찰과 관측이 이루어지고 나면 인간의 사고는 물체나 현상의 숨겨진 질서나 양상에 따라 분별을 하고자 한다. 시행착오를 여러 번 겪게 되는 분별 과정은 인간이 세상을 이해하고자 하는 원천적인 욕구에서 비롯되는 것으로 보인다. 이 때문에 **가설**(hypotheses: *hypo* = under, *thesis* = an arranging)이 생겨난다. 가설에는 식견이 높고 교육받은 사람들의 추측이란 딱지가 붙여져 있기도 하지만 사실은 그 이상이다. 가설은 관측된 현상의 보편적 속성에 대한 잠정적이지만 검정 가능한 진술이다. 달리 말해 가설은 어째서 왜 이런 일들이 벌어지는지에 대한 일차적인 착상이다.

고래가 왜 물 밖으로 솟구치는지를 이해하고 싶다고 가상하자(즉, 왜 고래는 가끔씩 완전히 물 밖으로 뛰어오르는가, 그림 1.16). 과학자들은 고래의 솟구침을 여러 차례 관찰한 다음에 관찰을 가정으로 구상한다. 예를 들어 몸에 붙은 기생충을 털어내려는 시도라고 가설을 세울 수 있다. 과학자들은 종종 몇 가지 임시 가설을 제시하기도 한다(예를 들어 솟구침은 동료와의 대화이다). 그런데 만일 가설이 시험에 통과하지 못한다면 아무리 흥미롭더라도 과학적으로는 쓸모가 없다.

검증

가정은 어떤 일이 일어날 것임을 예측하는 데 쓰이기도 하고, 그에 따라 가설에 대한 추가적인 연구나 세밀화가 뒤따르게 된다. 예컨대 기생충을 떼어 내려고 고래가 솟구친다는 가설은 솟구치지 않는 고래보다 기생충이 많다고 알려주는 셈이다. 두 부류의 고래에 대해 기생충을 세어보면 이 가설이 지지를 받거나 아니면 처음으로 되돌아가서 재검토되고 수정되어야 하는지를 알 수 있다. 만약 관찰의 결과가 가설이 명백하게 틀렸다고 알려 줄 경우에는 가설은 기각되고 사실에 대한 대체 설명이 반드시 고려되어야 한다.

과학에서 설명의 유효성은 자연계에서의 관측과의 합치 정도와 재관측을 통한 예측력에 달려 있다. 여러 차례에 걸친 다양한 시험과 실험을 거친 다음에야 가설은 옳다는 판정을 받게 되고 다음 단계로 승격한다.

이론

만약 가설이 부차적인 관측으로 입지가 강화되고 다른 현상을 예측하게 되면 이론 또는 **정설**(theory: *theoria* = a looking at)로 승격된다. 이론은 자연계의 어느 현상에 대해 잘 갖추어진 설명으로 사실, 법칙(자연계 속성의 거동을 일반화시킨 것), 논리적 추론, 그리고 이미 검증된 가설들을 망라한다. 이론은 추측이나 육감이 아니다. 그보다는 폭넓은 관찰과 관측, 실험과 창의적인 숙고의 산물이다.

과학에서 이론은 오랜 기간에 걸친 검증과 예측을 통한 증명을 거쳐 구체화된다. 따라서 과학적 이론은 대다수의 과학자들이 관측된 사실에 대해서라면 가장 훌륭한 설명이라고 동의를 할 정도로 엄격한 시험을 거친 것이다. 아주 탁월하며 널리 인정을 받으면서 신뢰도가 높은 이론의 예로서 이 책에서도 다루게 되는 생물학의 진화론(이 장의 다음 절에서 다룬다)과 지질학의 판 구조론(다음 장에서 다룬다)을 들만하다.

학생들이 자주 하는 질문

과학적인 아이디어가 단지 이론에 불과하다면 어떻게 받아들일 수 있나요?

일상에서 이론이란 말이 쓰일 때는 보통 아이디어나 추측을 의미하는데 과학에서는 전혀 다르게 쓰인다. 과학에서 이론은 추측이나 감이 아니라 자연계에서 일어나는 현상의 관찰 결과에 대해 구체적이고 많은 지지를 받는 잘 정리된 설명이다. 이론은 어떤 현상에 대한 사실들을 한데 엮어 놓으며, 관찰된 사실을 모두 설명할 수 있으며 심지어는 예측을 하는 데 쓰일 수 있다. 과학에서 이론은 최종 목표이며 세상이 어떻게 운용되는지에 대한 엄격한 증명을 거친 설명이다. 과학에서도 일단 이론이 증명되고 나면 법칙이 될 것이란 오해도 있다. 그러나 이는 과학에서는 허용되지 않는다. 과학에서는 자료를 모으거나 관찰하고, 법칙을 이용해서 기재하며, 이론으로 설명한다. 예를 들어 중력의 법칙은 힘에 대해 기재한 것으로 거기에는 왜 힘이 있는지에 대해 만유인력이론이 등장한다. 이론은 증거가 많다고 해서 법칙으로 승급되지는 않는다. 따라서 이론은 절대로 법칙이 되지 않는다. 물론 과학자들이 이론을 불신한다는 것은 아니다. 실제로는 이론은 과학에서 거의 증명된 것이나 다름이 없다. 그러니까 과학적 아이디어가 단지 이론이라고 해서 얕잡아 보아서는 안 된다.

이론은 예측의 능력이 있다. 즉, 어떤 특정 상황에서 어떤 일이 일어날 것인지 예측하는 데 유용하다. 이론이 예측을 하지 못한다면 과학적으로 가치는 없다고 봐야 한다. 종종 그렇듯이 예측은 새로운 관찰과 새로운 과학으로 연결된다.

이론과 진실

지금까지 우리는 과학적 절차를 거치며 이론으로 발전되어가는 과정을 보았다. 그런데 과학이 반박할 수 없는 진실에 도달한 적이 있을까? 과학은 절대로 진리에 도달하지 못한다. 왜냐? 우리가 제대로 관측했다고 장담할 수 없기 때문이다. 새로운 기술이 개발되면 우리는 현상을 지금과는 다른 측면에서 바라볼 수도 있다. 새로운 관측은 늘 가능하며 따라서 과학적 사실도 바뀔 수 있다. 그러므로 과학은 지금까지 가능했던 관측으로 보았을 때 아마도 진실에 가까이 와 있다고 말하는 편이 나아 보인다.

관측이 쌓여감에 따라 과학적인 아이디어가 바뀌어 가는 것이 과학의 약점은 아니다. 사실은 그 반대이다. 과학은 새로운 관측이 이루어질 때마다 아이디어를 재검토하는 과정이다. 그래서 새 관측이 새 가설과 이론의 수정을 가져올 때 과학은 진보한다. 과학은 새 관측에 더 잘 들어맞는 새로운 설명 때문에 버려진 가설들로 아수라장이다. 가장 잘 알려진 것 가운데 하나가 천동설로, 매일 눈으로 보면 해와 달과 별이 지구를 도는 것처럼 보인다.

과학적 선언을 최종 진리로 받아들이면 안 된다. 그렇기는 하지만 과학적 이론들은 시간이 흐르면서 점점 더 정확도를 더해간다. 이론은 과학에서는 종착지이지만, 증거를 더 쌓는다고 진실이 되지는 않는다. 하지만 자료의 신빙성이 너무 높아서 이론의 정확성에 의문을 달지 않는 지위에 오를 수는 있다. 예컨대 **지동설**(heliocentric theory, *helios* = sun, *centric* = center)은 지구가 태양을 돌지 그 반대가 아니라고 말한다. 이런 개념은 다수의 관찰과 실험적 증거를 가지고 있어서 과학에서는 더 이상 논쟁거리가 아니다.

그러면 현장에서 과학적 절차가 까다롭게 지켜지고 있을까? 실제로 과학적 행위는 늘 정식 절차를 따르지는 않는다. 범죄를 수사하는 형사처럼 과학자들도 자연의 신비를 푸는 데 있어서 창의력, 행운, 시각화 때로는 육감까지 동원한다.

마지막으로, 과학적인 아이디어를 검증하는 핵심 요소는 동료 과학자들에 의한 검증이다. 과학자들이 어떤 발견을 했다면, 첫 번째 목표는 학회에 발표하는 것이다. 이는 자신의 발견에 대한 논문 초안을 학회에 제출하여 자신의 연구 과정이 과학적 규범에 벗어나지 않는지 또 결론이 적절한지 등을 다른 전문가들의 검정을 거쳐 논문의 발행으로 진행된다. 이 과정이 바로 과학 공동체의 힘이며 부정확하거나 또는 적절하지 않은 아이디어를 걸러내는 데 도움이 된다.

학생들이 자주 하는 질문

이론이 계속 증명된다면 법칙이 되나요?

아니다. 잘못된 개념이다. 과학에서는 사실을 수집하고 수집된 사실은 자연의 법칙(자주 수학을 이용한다)과 다른 이론을 이용하여 설명한다. 자연의 법칙이란 오랜 기간에 걸친 무수한 실험과 관측을 통하여 과학계에서 널리 인정된 합리적인 결론이다. 예를 들면 왜 인력이 존재하는지에 대한 설명인 만유인력에 대한 이론이 있는데, 이것이 바로 힘에 대해 설명하는 중력의 법칙이다. 이론이 증명만 많이 한다고 해서 법칙이 되지는 않는다. 이론과 법칙은 별개의 것이다.

요약

과학은 관측된 자연현상을 가장 잘 설명하는 과정이다. 새로운 관측은 기존 이론을 수정함으로써 나날이 발전하고 있다.

개념 점검 1.4 | 과학적 탐구의 본질을 설명하라.

1 과학적 방법의 과정을 설명하라.
2 가설과 이론은 어떻게 다른가?
3 '과학적 확실성(scientific certainty)'에 대해 간단히 설명해보라. '과학적 이론은 절대 진실이다.'라고 생각하는 것과 다른 말인가?
4 이론이 잘 확립되어 진실이 된 적이 있었는가? 먼 곳의 별의 밝기가 약간 변하는 것을 행성이 그 앞을 지나간 것인지 설명해보라.

1.5 지구와 태양계는 어떻게 만들어졌는가?

지구는 **태양계**(solar system)의 8개[10]의 주 행성 중 세 번째 행성이다(**그림 1.17**). 증거에 따르면 태양과 그 주위의 태양계 행성들은 약 50억 년 전에 **성운**(nebular, 가스와 우주 먼지로 된 거대한 구름)으로부터 만들어졌다고 한다. 천문학자들이 이런 가설을 택한 이유는 태양계가 질서정연하며 운석들(초기 태양계의 조각들)의 나이가 같다는 데 근거를 두고 있다. 정교한 망원경을 통해 천문학자들은 멀리서 별을 만들고 있는 다양한 단계의 성운을 관찰할 수 있었다(**그림 1.18**). 또한 우리 태양계의 바깥에서 2,000개 이상의 행

---

10 우리 태양계의 아홉 번째 행성으로 인정받던 명왕성은 국제천문학연맹이 2006년도에 비슷한 다른 무리들과 함께, '왜소행성(dwarf planet)'으로 재분류하면서 퇴출되었다.

성을 발견하였는데, 그중에는 지구와 비슷한 크기의 행성들도 있었다. 행성이 별의 앞을 지날 때 지구에서 보이는 별빛이 미세하게 흔들리거나 밝기가 감소하기 때문에 행성의 존재를 인지할 수 있다.

성운설

성운설(nebular hypothesis, **그림 1.19**)에 따르면 태양계의 모든 물체는 소량의 무거운 원소들을 포함하기도 하지만 대부분이 수소와 헬륨으로 이루어진 거대한 성운에서 만들어졌다. 이 거대한 가스와 먼지의 덩어리는 그 중심을 공전하면서 자체 중력으로 인해 수축하기 시작하였으며 점점 더 뜨거워지고 밀도가 커져서 마침내 태양을 형성하게 되었다.

회전하는 성운의 대부분은 태양으로 응축되고 일부만이 소용돌이에 남겨졌는데, 이는 마치 흐르는 물줄기에서 발견되는 작은 소용돌이들을 닮았다. 각 소용돌이는 **원시행성**(protoplanet)의 모체가 되어 주위를 돌던 물질을 흡수하여 오늘날의 행성과 위성이 되었다.

원시지구

원시지구(proto-earth)의 모습은 지금과는 사뭇 달랐다. 크기는 지금보다 컸으며 바다도 생명체도 없었다. 또한 원시지구의 내부구조는 균질했던 것으로 여겨진다. 즉, 성분이 어느 깊이에서나 같았다. 그러나 무거운 원소들이 중심부로 가라앉으면서 원시지구의 구조는 달라진다.

초기 단계의 지구는 많은 운석 및 혜성들과 충돌하였다(**그림 1.20**). 실제로 달의 탄생에 관한 가장 설득력 있는 가설은 원시지구와 테이아(Theia)라 이름 붙여진 화성 크기의 행성과의 엄청난 충돌의 결과물이라는 주장이다. 테이아의 대부분은 충돌로 만들어진 용암 바다에 흡수되었지만 또한 적지 않은 양의 증기와 용암을 궤도로 뿜어냈다. 시간이 흐르면서 파편들이 공 모양으로 뭉쳐져 지구의 이웃인 달이 만들어졌다.

원시행성과 위성이 만들어지던 초창기에 엄청난 질량으로 응축된 태양은 높은 온도와 내부 압력으로 인해 **열핵융합 반응**(thermonucler fusion)을 시작했다. 열핵융합은 수천만 도의 고온에서 수소원자가 결합하여 헬륨원자를 형성할 때 엄청난 양의 에너지를 방출하며 발생한다.[11] 태양은 빛뿐만 아니라 **전하**를 띤 입자를 방출하며 **태양풍**을 만들어낸다. 태양계 생성 초기에 태양

그림 1.17 태양계. 태양과 8개의 행성을 포함하고 있는 태양계의 개략도

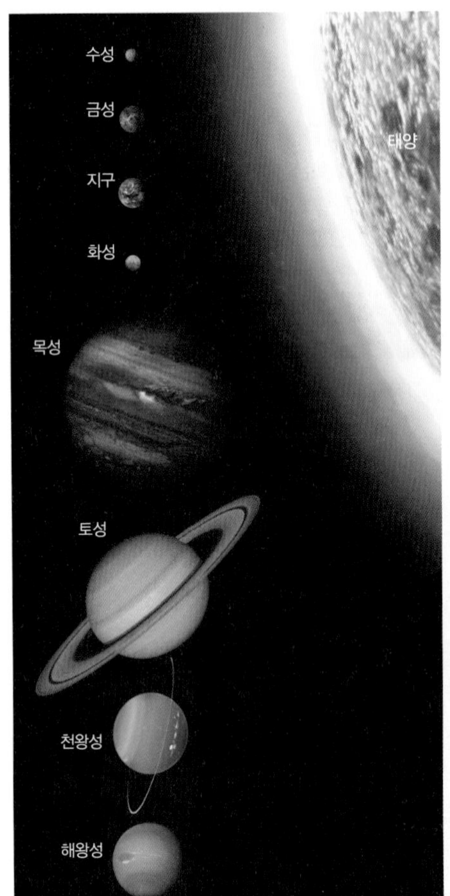

(a) 태양과 여덟 행성의 특징과 상대적인 크기

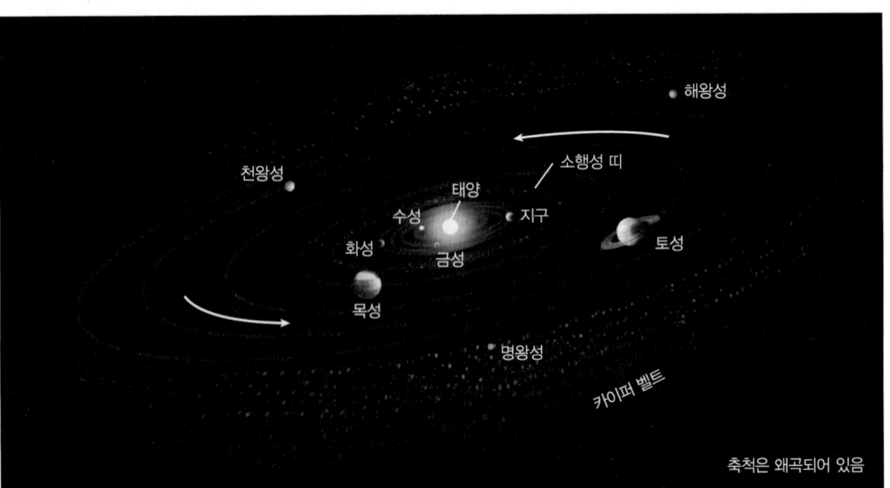

(b) 태양계의 행성들과 몇 가지 특성들의 궤도와 상대적 위치

11 별들의 내부에서 일어나는 열핵융합 반응은 탄소와 같이 훨씬 크고 복잡한 원소들도 만들어낸다. 결과적으로 우리 몸을 포함하여 모든 물질은 먼 옛날에 있었던 별의 잔해에서 비롯된 것이다.

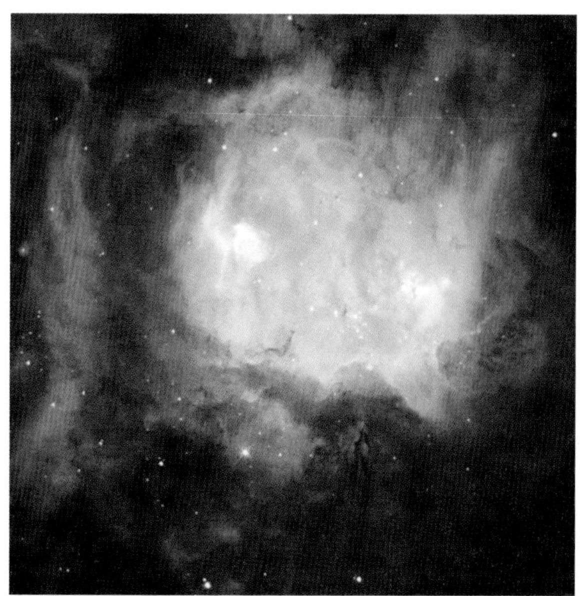

그림 1.18 유령머리 성운. 미항공우주국의 허블천체망원경이 찍은 사진(NGC 2080)으로 현재 별이 활발하게 만들어지고 있는 곳이다.

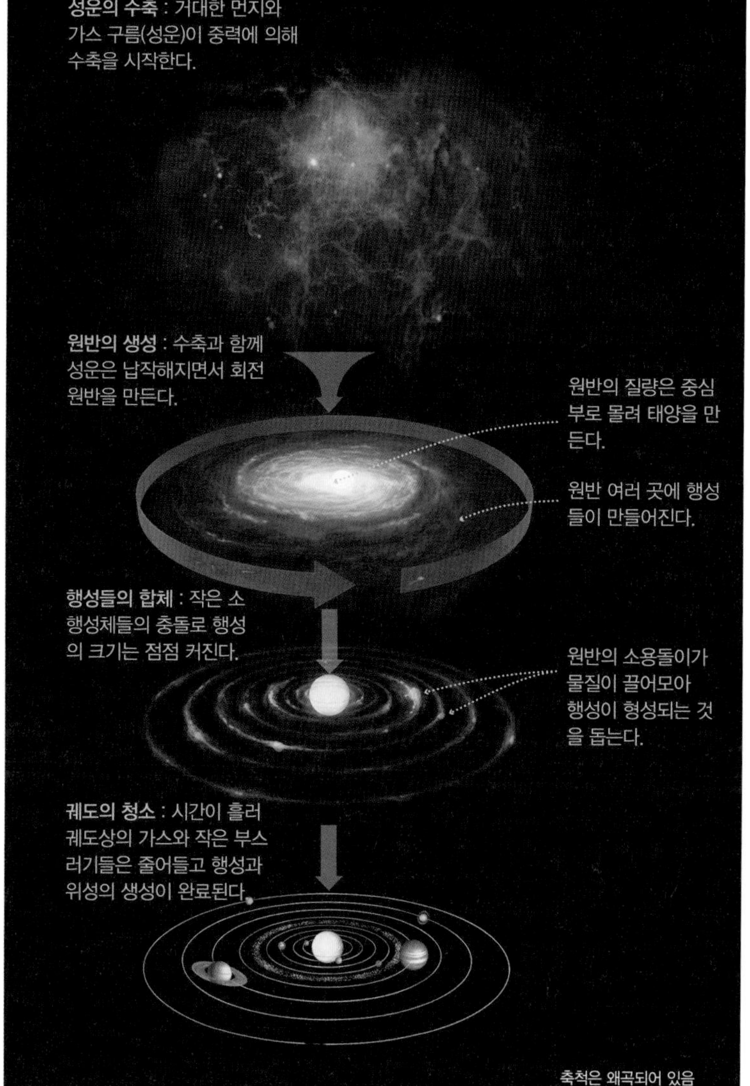

그림 1.19 태양계 생성에 대한 성운설. 성운설에 의하면 태양계는 성운이라 불리는 성간 구름과 우주먼지들이 중력에 의해 수축하여 만들어졌다. https://goo.gl/FoY7Yt

그림 1.20 원시지구. 화폭에 담은 지구 초기의 모습

Web Animation
태양계 생성에 관한 성운설
http://goo.gl/KObsRK

풍은 행성과 위성을 만들고 남은 성운의 가스를 태양계 밖으로 날려버렸다.

지구를 포함하여 태양에 가까운 원시행성들 역시 태양풍에 의한 폭격으로 초기 대기(주로 수소와 헬륨)를 잃어버렸다. 동시에 이 암석질의 원시행성들은 냉각되면서 점차 수축하여 크기가 현저하게 줄어들었다. 수축이 계속되는 동안 원시행성의 내부 깊은 곳에서는 원자의 자발적 분열(방사성 붕괴, radioactivity)이 일어나면서 추가적인 열이 발생하게 되었다.

밀도와 밀도 성층화

물질의 가장 중요한 속성 중 하나인 **밀도**(density)는 단위 부피당 질량으로 정의되어 있다. 일상에서 밀도는 크기에 비해 얼마나 무거운가를 가늠하는 척도이다. 예컨대 밀도가 낮은 물체는 크기에 비해 가볍고(예 : 마

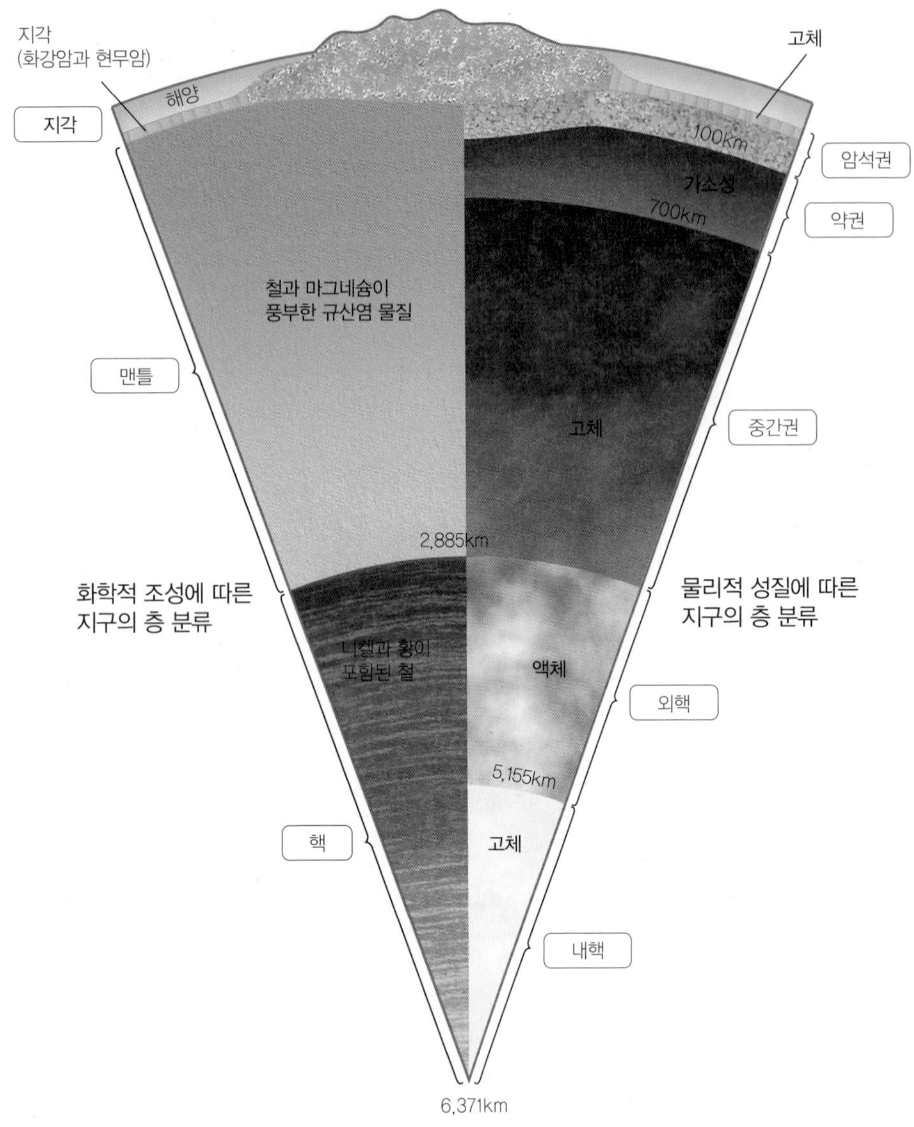

그림 1.21 **지구의 화학적 조성과 물리적 성질의 비교.** 지구 단면도는 그림의 왼쪽처럼 화학적 조성에 따라 구분할 수도 있고 오른쪽처럼 물리적 성질에 따라 구분할 수도 있다. https://goo.gl/JjglcZ

른 스펀지, 포장용 발포제), 밀도가 높은 물체는 무겁다(예 : 시멘트, 금속). 밀도는 물체의 두께와는 무관함에 유의할 필요가 있다. 발포 포장재(스티로폼)를 쌓아 두면 두꺼워지지만 밀도가 증가하지는 않는다. 실제로 밀도는 분자들이 얼마나 치밀하게 쌓여 있는가에 달려 있다. 같은 공간에 분자를 많이 넣으면 밀도는 커진다. 다음 장에서 살펴보겠지만 지구의 층별 밀도에 따라 지구 내부에서의 위치(깊이)가 결정된다(제2장). 제6장에서는 공기 덩어리의 밀도가 공기의 성질에 어떻게 영향을 주는지, 그리고 제7장에서는 물의 밀도가 수괴의 위치와 이동에 어떻게 영향을 주는지에 대해 살펴보게 될 것이다.

원시지구는 운석의 폭격에 의한 엄청난 양의 충돌열과 내부 방사성 물질의 붕괴로 인한 방출열로 인해 지표면이 녹게 된다. 일단 지구가 암석이 녹은 공과 같은 상태가 되면 원소는 중력 분리의 원리로 일어나는 **밀도 성층화**(density stratification : *strati* = a layer, *fication* = making) 과정에 따라 분리가 가능해진다. 밀도가 가장 큰 물질(아마도 철과 니켈)은 핵에 농축되는 반면에 밀도가 낮은 성분(주로 암석 물질)은 핵 주위의 동심층을 이룬다. 기름과 식초로 된 샐러드 드레싱이 낮은 밀도층(기름)과 높은 밀도층(식초)으로 나뉘는 것을 본 적이 있다면 밀도 성층화를 목격한 셈이다.

지구의 내부구조

밀도 성층화의 결과로 지구는 층상구조를 가지게 되어 밀도가 가장 높은 층은 지구 중심에, 밀도가 가장 낮은 층은 지표에 자리잡게 되었다. 지구의 내부구조와 층들의 특성을 살펴보자.

화학적 조성과 물리적 성질 그림 1.21의 지구 단면도는 지구의 내부구조를 화학적 조성(어떤 성분으로 이루어졌는가) 또는 물리적 성질(깊이에 따른 온도와 압력 상승에 대한 암석의 반응)에 따라 나눌 수 있음을 보여준다.

화학적 조성 성분에 따라서 지구는 **지각**(crust), **맨틀**(mantle), **핵**(core)의 세 층으로 나뉜다(그림 1.21). 만약에 지구를 사과 크기로 줄인다면 지각은 껍질에 해당된다. 지각은 지표에서 평균 30km 두께를 차지한다. 지각은 상대적으로 밀도가 낮은 암석으로 이루어져 있는데 **규산염 광물**(규소와 산소로 이루어진 흔한 조암 광물)이 주류를 이룬다. 지각은 해양지각과 대륙지각의 두 종류가 있는데, 이에 대해서는 곧 살펴보도록 한다.

지각 바로 아래는 맨틀이다. 세 층 가운데 가장 큰 부피를 차지하고 있으며 하부 경계는 2,885km에 이른다. 맨틀은 밀도가 비교적 높은 철과 마그네슘-규질 암석으로 이루어져 있다.

맨틀 아래에 핵이 있다. 깊이 2,885km부터 6,371km에 있는 중심까지 걸쳐 있어서 매우 크다. 핵은 밀도가 더욱 높은 금속(주로 철과 니켈)으로 이루어져 있다.

물리적 성질 물리적 성질에 따르면 지구를 **내핵**(inner core), **외핵**(outer core), **중간권**(mesosphere: *mesos* = middle, *sphere* = ball), **약권**(asthenosphere: *asthenos* = weak), **암석권**(lithosphere: *lithos* = rock)의 다섯 층으로 나누어볼 수 있다(그림 1.21)

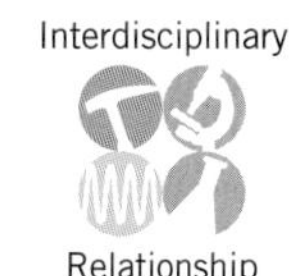

암석권은 지구의 가장 바깥의 차갑고 딱딱한 층이다. 지표 아래 평균 100km 깊이까지의 층으로 지각과 맨틀의 최상층을 포함한다. 암석권은 깨지기 쉬워서 힘이 가해지면 금이 간다. 제2장 '판구조운동과 해저면'에서 언급하는 판은 암석권의 조각이다.

암석권 아래에 약권이 있다. 약권은 가소성이어서 힘이 천천히 가해지면 흐르게 된다. 이 층은 지하 100km에서부터 상부맨틀의 하부 경계인 700km 사이에 있으며, 이 깊이는 거의 모든 암석이 부분적으로 녹아 있을 만큼 뜨겁다.

약권 아래에 중간권이 놓여 있다. 중간권의 하부 경계는 2,885km이며 중간 맨틀과 하부 맨틀을 이룬다. 약권은 변형이 일어날 수 있지만 중간권은 아마도 높은 압력 때문에 단단하다.

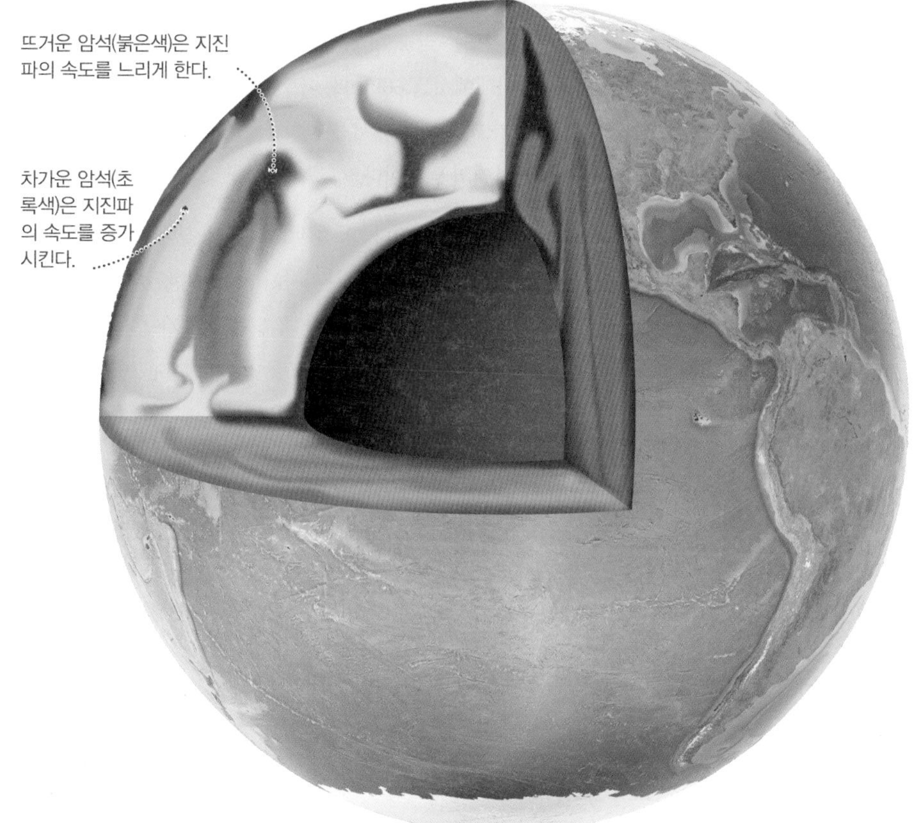

그림 1.22 지구 내부구조를 파악하는 법. 지구 내부를 통과하는 지진파의 특성을 분석하여 복잡한 내부구조를 파악할 수 있다.

Web Animation
지진파와 지구 내부의 성층구조
http://goo.gl/Kx4DtO

학생들이 자주 하는 질문

지구의 내부구조를 어떻게 알 수 있나요?

지구의 내부구조는 아마도 직접 시료를 채취해서 알아냈으려니 추측했을지 모르겠다. 그러나 인간은 아직 지각 아래까지 뚫은 적이 없다. 지구의 내부구조는 내부를 전파해 가는 지진의 진동을 분석함으로써 알게 되었다. 이러한 진동을 지진파라고 하는데, 지진파는 물성이 달라지는 곳에 이르면 진행속도가 바뀌고 파가 휘거나 반사된다. 예를 들어, 뜨거운 암석은 느리게 차가운 암석은 빠르게 진행한다. 전 세계에 산재한 광범위한 관측망에서 감지된 지진파 자료를 분석하여 지구 내부의 구조와 특징을 알아내며, 반복적인 분석을 통해 지구 내부의 상세한 3차원 모델을 만들어내기도 하였다. 이는 마치 의료 기술의 MRI와 유사하게 지구 내부의 작동을 보여준다(**그림 1.22**).

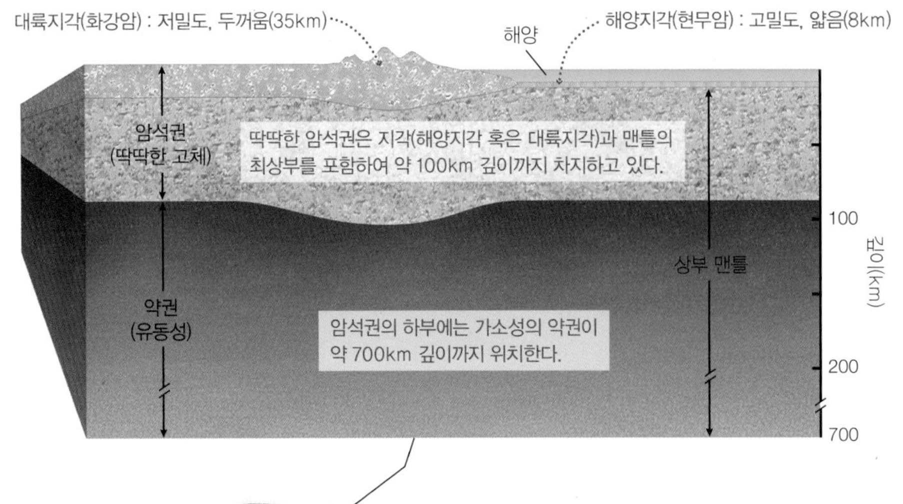

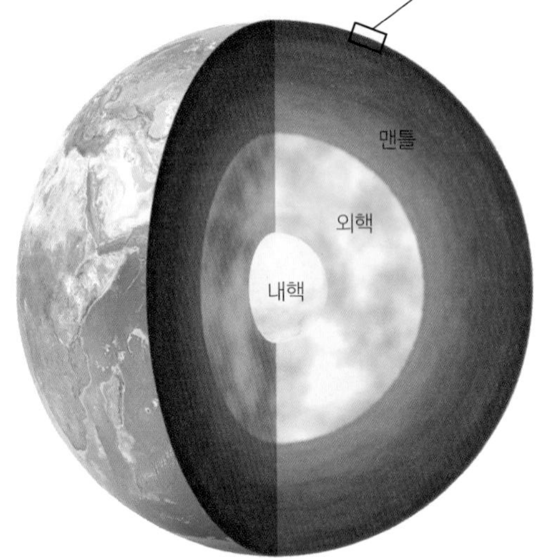

그림 1.23 **지구 내부구조.** 지표 근처의 층을 확대해서 보여주고 있다.

중간권 아래에 핵이 있다. 핵은 액체처럼 흐를 수 있는 외핵과 단단하여 흐르지 않는 내핵으로 이루어져 있다. 여기서도 커진 압력이 내핵을 흐르지 못하게 만들어 놓고 있다.

지표 부근 그림 1.23의 윗부분은 지표 근처의 층들을 확대한 것이다.

암석권 암석권은 지각 전체와 맨틀의 최상부를 포함하는 상대적으로 차갑고 딱딱한 지구의 껍질에 해당한다. 중요한 점은 맨틀의 최상부가 지각에 들러붙어 둘이 하나처럼 행동한다는 것으로 두께는 약 100km이다. 그림 1.23의 확대된 부분에서 보는 것처럼 암석권의 지각 부분은 해양지각과 대륙지각으로 더 나뉘는데 이들은 표 1.1에 비교되어 있다.

해양지각과 대륙지각 **해양지각**(oceanic crust)은 해저 아래에 있으며 색이 진하고 밀도가 상대적으로 높은 3.0g/cm³ 정도인 **현무암질 화성암**(basalt)으로 이루어져 있다.[12] 해양지각의 두께는 겨우 8km에 지나지 않는다. 현무암은 지각의 아래(주로 맨틀)에 위치한 마그마에서 기원하여, 일부는 해저에서 화산 분출이 있을 때 해저면 밖으로 올라온 것이다.

대륙지각(continental crust)은 색이 옅고 가벼운 **화강암질 화성암**(granite)으로 주로 이루어져 있다.[13] 밀도는 약 2.7g/cm³이다. 대륙지각의 평균 두께는 약 35km이지만 높은 산맥 아래에서는 60km에 이르기도 한다. 대부분의 화강암은 지표면 아래의 마그마가 지각 내부에서 천천히 식어서 굳은 것이다. 지각은 유형에 관계없이 모두 암석권의 일부이다.

요약

지구의 화학적 조성과 물리적 성질의 차이가 층이 지게 해서, 깨지기 쉬운 암석권과 아주 천천히 흘러서 모양이 바뀌는 약권 등을 만들어놓았다.

약권 약권은 암석권 아래에 있는 상대적으로 뜨겁고 무른 층이다. 암석권 바닥에서 깊이 700km까지에 이르며 전부 상부 맨틀에 속한다. 힘이 천천히 가해질 경우에 약권은 부서지지 않고 변형된다. 이는 약권이 흐르기는 하나 **점도**(viscosity: *viscosus* = sticky)가 매우 높다는 말이다. 점도는 물체가 흐름에 저항하는 성질을 잰 것이다.[14] 연구 결과에 따르면 점도가 높은 약권은 시간을 두고 천천히 흐른다. 이 특성은 암석권 판의 움직임과 깊이 관련되어 있다.

표 1.1 해양지각과 대륙지각의 비교
https://goo.gl/EneJOl

표 1.1 해양지각과 대륙지각의 비교

	해양지각	대륙지각
주요 암석 유형	현무암(어두운색을 띤 화성암)	화강암(밝은색을 띤 화성암)
밀도(g/cm³)	3.0	2.7
평균 두께	8km	35km

12 물의 밀도는 1.0 g/cm³이다. 따라서 현무암은 물보다 밀도가 3배 높다.

13 대륙지각의 표면은 대개 상대적으로 얇은 표층퇴적물로 덮여 있다. 화강암은 그 아래에서 발견된다.

14 점도가 높은 (잘 흐르지 않는) 물질에는 치약, 꿀, 타르 및 진흙 등이 있다. 점도가 낮은 물질로는 물을 들 수 있다. 물질의 점도는 온도에 따라 달라진다. 예를 들어, 데운 꿀은 훨씬 잘 흐른다.

지각 평형 조절 지각의 상하 움직임에 의한 **지각 평형 조절**(isostatic adjustment: *iso* = equal, *stasis* = standing)은 지각이 보다 무겁고 무른 약권 위에 떠 있기 때문에 비롯된 부력의 결과이다. **그림 1.24**는 물 위에 떠 있는 컨테이너선을 이용하여 평형 조절의 예를 잘 보여준다. 빈 배는 물 위로 높이 떠 있게 되지만 짐을 싣고 나면 평형 조절 때문에 수면 아래쪽으로 내려앉게 된다. 다시 짐을 내리고 나면 평형 조절에 의해 수면 위로 더 떠오르게 된다.

그림 1.24 평형 조절을 받는 컨테이너선. 빈 컨테이너선은 물 위로 높이 떠 있고 짐을 실으면 수면 아래쪽으로 내려앉는다. 지각 평형의 원리를 잘 보여준다.

마찬가지로 대륙지각과 해양지각은 보다 밀도가 높은 맨틀에 떠 있다. 해양지각은 대륙지각보다 비중이 크기 때문에 지각 평형 조절을 거쳐도 낮게 떠 있다. 해양지각은 또한 얇기 때문에 저지대를 이루어 해양이 만들어지도록 해준다. 대륙지각이 두꺼운 지역(산맥이 발달한 곳)은 지각 평형에 의해 보통 두께의 대륙지각보다 높이 뜨기 마련이다. 산은 빙산의 꼭대기와 닮았다. 산들이 높이 솟은 이유는 그 아래에 엄청난 양의 지각물질이 약권 속으로 깊이 박혀 있기 때문이다. 그래서 지구의 높은 산맥들은 흔히 '지각의 뿌리'로도 일컬어지는 두꺼운 지각물질로 떠 받쳐져 있어서 계속 높이 솟아 있는 것이다.

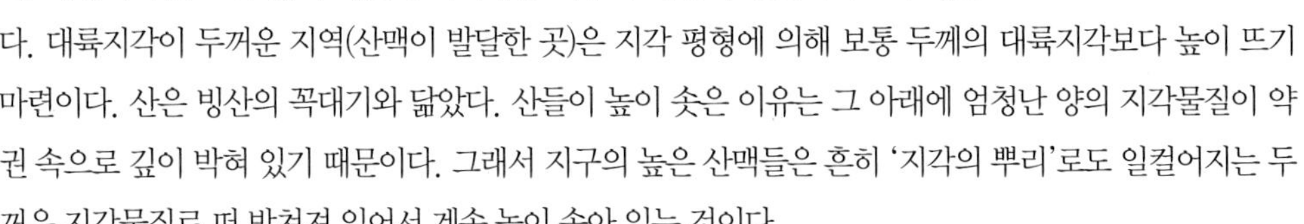

Web Animation
지각 평형 조절
https://goo.gl/esrK8U

노출된 지표면 위에 하중이 늘어나거나 줄어들게 되면 지각 평형에 따라 조절을 받게 된다. 예를 들어서 가장 최근의 빙하 시대(180만 년 전부터 만 년 전까지의 플라이스토세) 동안 고위도에 위치한 스칸디나비아 반도나 캐나다 북부는 두꺼운 얼음으로 덮였다가 노출되기를 반복하였다. 수 km 두께의 얼음이 짓누르면 지각 평형에 의해 맨틀 속으로 가라앉게 된다. 빙하기 말에 얼음이 녹아 무게가 줄면 대지는 떠올라 **지각 반등**(isostatic rebound)을 일으키게 되고 지금까지 계속되고 있다. 지각 반등이 진행되는 속도는 과학자들에게 상부 맨틀의 속성에 대해 중요한 정보를 제공한다.

이 밖에도 지각 평형에 따른 조절은 지판들의 움직임에 대해 부차적인 증거가 된다. 지각 평형으로 말미암아 대륙이 **수직**으로 움직이기 때문에 그 위치는 엄격하게 고정되어 있지 않다. 이것이 사실이라면 대륙을 포함하고 있는 지판들이 **수평** 방향으로도 움직이지 못할 이유가 없다. 이 놀라운 아이디어는 다음 장에서 자세히 다룰 것이다.

개념 점검 1.5 | 지구와 태양계가 어떻게 형성되었는지를 설명하라.

1 성운설에 입각하여 태양계의 기원을 논하라.
2 원시지구는 오늘날의 지구와 어떻게 다른가?
3 밀도 성층화란 무엇인가? 이것이 원시지구를 어떻게 바꾸어 놓았나?
4 암석권과 약권의 차이점들은 무엇인가?

1.6 지구의 대기와 해양은 어떻게 만들어졌는가?

대기가 만들어진 것은 해양이 만들어진 것과 연관이 있는데, 둘 다 밀도 성층의 직접적인 결과이다.

지구 대기의 기원

대기는 어디서 왔을까? 앞서 말했듯이 지구 초기의 대기는 성운이 천체를 만들고 남은 가스로 이루어졌는데, 이들은 태양풍에 쓸려서 사라졌다. 그 이후에 **대기방출**(outgassing)이라 불리는 과정, 즉 지구 내부에서 뿜어져 나온 것들이 이차 대기를 만들었을 가능성이 높다. 밀도 성층 과정에서 지구 내부에서 밀도가 가장 낮은 물질은 각종 가스로 되어 있었다. 이들 가스가 지표 밖으로 방출되어 초기 지구의 대기를 만들었다.

그림 1.25 **해양의 생성.**

Web Animation
해양의 생성
https://goo.gl/gCXrDg

요약

태초에 지구에는 해양이 없었으나, 대기방출의 결과 해양과 대기가 만들어진 것은 적어도 40억 년 전이다.

이때 대기의 기체 조성은 어땠을까? 이들은 오늘날의 화산이나 간헐천, 열수에서 방출되는 가스와 닮았다고 본다. 뜨거운 수증기가 대부분이며 약간의 이산화탄소와 수소 그리고 몇 가지 다른 기체가 들어 있다. 그러나 과거의 대기는 오늘날과는 달랐다. 오랜 기간에 걸친 생물의 영향(곧이어 논의될 것임)과 맨틀 물질과의 교환으로 인해 대기의 조성은 바뀌어왔다.

해양의 기원

바닷물은 어디서 왔을까? 그 기원은 대기의 기원과 맥을 같이한다. 대기분출의 대부분은 수증기였기 때문에 이것이 해양뿐 아니라 지구상 모든 물의 주공급원이었다. **그림 1.25**는 지구가 식으면서 대기방출된 수증기가 응결되어 지표로 떨어진 다음 저지대에 축적되었음을 보여준다. 증거를 살펴보면 적어도 40억 년 전에는 대기방출된 수증기의 대부분이 모여서 이후로 지구에 계속 존재하게 되는 해양을 처음으로 만들어냈다.

그러나 최근 연구에 따르면 모든 물이 지구 내부에서 온 것은 아니라고 한다. 반은 물로 된 혜성들이 지구에 해양을 선사했다고 한동안 여겨졌었다. 지구 탄생 초기에는 태양계를 만들고 남은 부스러기들이 어린 지구를 마구 두들겨댔는데, 이때 상당한 양의 물이 지구에 공급되었을 수도 있다. 그러나 1986, 1996, 1997년에 각각 지구 곁을 지나갔던 핼리, 하쿠타케, 헤일밥 혜성의 흔적을 분광분석(spectral analysis) 하여 화학적 성분을 조사해보니 지구의 물과 혜성의 얼음에 든 수소의 동위원소 조성이 매우 달랐다. 2014년에는 유럽 우주국(European Space Agency)의 로제타(Rosetta) 우주선이 얼음에 대한 자료를 수집하기 위해 혜성의 궤도에 도달했다. 비록 혜성 표면의 착륙선으로부터 자료를 받는 데는 실패했지만 궤도를 선회하는 인공위성은 혜성의 얼음을 분석할 수 있었는데 지구의 해수와는 화학적으로 일치하지 않는다는 걸 밝혀냈다. 혜성들로부터 공급된 물의 양이 많다면 수소의 유형이 혜성들에서 확인된 유형과 상당히 유사해야 할 것이다.

비록 혜성의 얼음이 지구의 물의 화학적 특성과 일치하지 않지만 태양계에는 지구에 물을 공급할 수 있었던 다양한 작은 물체들이 많이 있다. 예를 들어, 최근에 밝혀진 바로는 카이퍼 벨트(Kuiper Belt, 명왕성을 포함하는 태양계의 바깥쪽 궤도를 돌고 있는 얼음 조각들)에서 온 혜성은 지구와 거의 같은 유형의 수소를 가진 물을 포함하고 있으며, 소행성대(화성과 목성 사이의 공간에서 궤도를 이루고 있는 얼음을 포함한 암석질 물체들)에도 지구와 비슷한 유형의 수소가 있어 생성 초기의 지구에 물을 공급할 수 있었을 것이다. 이러한 발견들은 원시태양계의 복잡하고 역동적인 진화과정의 새로운 면모를 보여준다. 비록 대부분의 해수는 대기방출에 의해 공급되었지만 다른 공급원들에 의한 기여도 있을 것이다.

해수 염분의 발생 지속적으로 지표면에 떨어진 빗물은 암석으로부터 여러 원소와 화합물을 녹여내어 새로 만들어진 바다로 운반했다. 해양은 지구의 초기부터 존속해왔지만 해수의 성분은 바뀌어왔음에 틀림이 없다. 왜냐하면 초기 지구의 대기에 들어 있던 이산화탄소와 이산화황이 강한 산성비를 만들어 지금보다 훨씬 지각을 잘 녹일 수 있었기 때문이다. 게다가 염소와 같은 화산가스도 대기에 염산으로 녹아들었다. 빗물이 바다로 들어갈 때 일부 용존물질을 함께 가지고 가 새로이 생긴 해양에 누적시켰다.[15] 결국에는 유입과 유출 사이에 균형이 이루어져 오늘날과 유사한 화학적 조성을 갖게 되었다. 해수의 염분에 대해서는 제5장 '물과 바닷물'에서 상세하게 다룬다.

학생들이 자주 하는 질문

바닷물은 예전에도 소금물이었나요? 그리고 앞으로 점점 더 짜질까요?

지표의 암석과 물이 만나면 광물의 일부가 녹아나오기 때문에 바닷물은 항상 짠맛이었을 것이라 본다. 바닷물의 소금의 기원은 광물이 녹은 것으로서 강물에 실려 들어오거나 해저에서 직접 녹아나오기도 한다. 현재 해저에서는 용존물질이 해양에 더해지는 것과 같은 속도로 새로운 광물이 만들어지고 있다. 따라서 해수의 염분은 정상 상태에 놓여 있다. 다시 말해 늘거나 줄지 않는다.

흥미롭게도 이러한 특성은 오래된 해저 암석의 수증기 대 염소이온(Cl^-)의 비를 조사하면 답이 나온다. 염소는 해수의 염(소금, 염화포타슘, 염화마그네슘)을 만들어내는 주요 성분이다. 염소는 또한 바다를 만든 수증기처럼 대기방출의 산물이다. 현재까지 수증기 대 염소이온의 비가 요동쳤다는 증거가 없다. 그러니까 해수의 염분은 지질시대를 통해 비교적 안정적이었다고 보는 것이 합리적일 것이다.

개념 점검 1.6 | 지구의 대기와 해양이 어떻게 형성되었는지를 설명하라.

1 지구 해양의 기원을 설명하라.
2 지구 대기의 기원을 설명하라. 해양의 기원과 대기의 기원은 어떤 관련이 있는지 설명하라.
3 바닷물은 항상 짠맛이었나? 왜 그런가 혹은 왜 그렇지 않은가?

1.7 생명은 해양에서 시작되었는가?

지구 생명체의 기원에 관한 의문은 오랜 수수께끼로서 최근에 집중 조명을 받은 과학 연구 분야이다. 생명체 탄생 이전의 지구환경과 그로부터 생명의 탄생을 끌어낸 사건들을 이해하기 위해 필요한 증거는 적을 뿐더러 그 해석도 어렵다. 아직도 생명의 기원에 대한 여러 상반된 견해들이 엇갈리고 있다. 최근에는 생명에 필요한 물질이 운석, 혜성, 우주 먼지로 공급되었다는 주장도 나왔다. 어떤 학자는 심해의 열수에서 비롯되었다고 주장한다. 더 나아가 지구 깊은 곳의 암석에서 일부 광물이 화학적 촉매 작용을 해서 생명이 탄생했다는 주장도 있다.

화석 기록에 따르면 가장 오래된 생명체는 35억 년 전에 해저 암석에 살던 원시세균이다. 불행히도 이렇게 오래된 암석은 아주 희귀한 데다 지질작용에 의해 심하게 변형되어서 생명의 선구물질에 대해 전혀 알려주지 않는다. 게다가 생명 출현 당시 지구의 환경 조건에 대한 직접 증거(온도, 해수의 산성도, 대기의 정확한 성분)도 없다. 하지만 생명의 출현에 필요한 물질은 이미 지구에 있었던 것이 분명하다. 그리고 이들 물질이 상호작용을 해서 생명을 탄생시키기에는 해양이 가장 적합한 장소로 꼽힌다.

산소가 생명에 미치는 중요성

대기의 21%를 차지하는 산소는 두 가지 이유로 인간의 생명에 필수적이다. 음식을 산화시켜 세포에 에너지를 공급하는 것과 성층권에서 오존(*ozone* = to smell)[16]을 만들어내어 태양에서 오는 유해 자외선의 대부분을 지표에 이르지 못하게 차단하는 일이다(그래서 남극 상공의 오존 구멍이 큰 걱정거리였음).

15 용존물질 가운데 일부는 해수와 해저 암석 사이의 화학작용에 의해 제거되거나 바뀌기도 한다.
16 ozone의 어원은 '냄새난다'로서, 오존이란 이름은 코를 찌르는 자극적인 냄새 때문에 붙여졌다.

그림 1.26 유기물 창조.

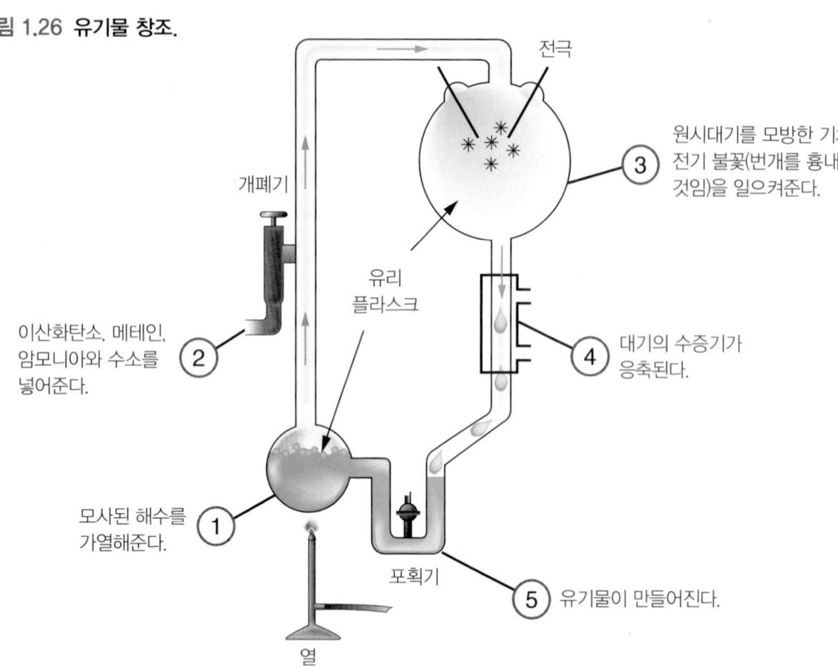

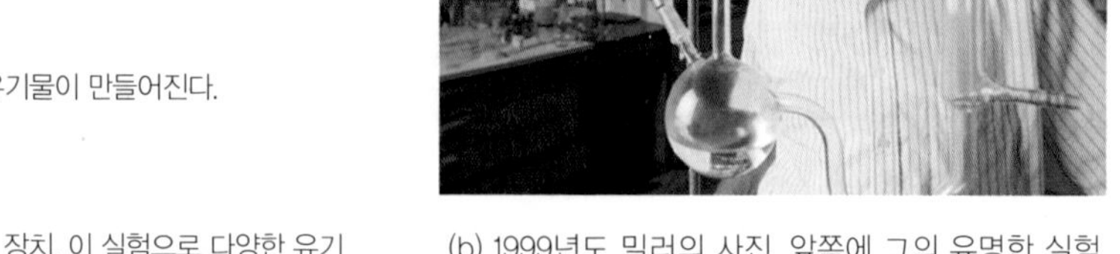

(a) 초기 대기와 해양의 조건을 모사하기 위해 스탠리 밀러가 사용한 실험 장치. 이 실험으로 다양한 유기물이 만들어졌으며 해양의 '생명의 수프' 안에서 생명의 기본물질들이 만들어졌을 것이라 제안했다.

(b) 1999년도 밀러의 사진. 앞쪽에 그의 유명한 실험 기구가 보인다.

대기방출의 산물인 지구의 초기 대기는 태초의 수소—헬륨 대기는 물론 현재의 질소—산소 대기와도 크게 달랐다. 당시에는 주로 수증기와 이산화탄소에다가 수소, 메테인, 암모니아가 약간 들어 있고 자유 산소(다른 원자와 결합하지 않은 산소)는 아주 조금이었다. 초기 대기에 산소가 아주 적은 이유는 무엇인가? 산소도 대기방출되었을 것으로 보이지만 철과 결합하기를 아주 좋아해서[17] 분출되자마자 지각의 철과 결합했을 것으로 보인다. 그 결과 지구의 지각은 분출된 산소를 즉시 제거했을 것이다.

산소가 없었기 때문에 태양의 유해한 자외선을 막아줄 오존도 없었다. 오존 방패막이 없었던 사실은 생명의 출현 과정에서 아주 중요한 역할을 했을 것으로 보인다.

밀러의 실험

시카고대학교의 화학자 해럴드 유리(Harold Urey) 교수의 22살짜리 대학원생 **스탠리 밀러**(Stanley Miller, **그림 1.26b**)는 1952년에 지구 생명체의 창발에 관해 지대한 의미를 지닌 실험을 수행하였다. 밀러는 이산화탄소, 메테인, 암모니아, 수소를 섞은 기체를 자외선(태양광을 흉내 낸 것)과 전기 불꽃(번개를 흉내 낸 것)에 노출시켰다(**그림 1.26a**). 하루가 지날 무렵에 혼합물은 핑크빛으로 바뀌었고 일주일이 지나자 암갈색을 띠며 각양각색의 유기물이 만들어졌다. 이 안에는 생명의 기본요소인 아미노산과 기타 생물학적으로 중요한 성분들이 들어 있었다.

유리병 안에 초기의 지구 상황을 모사했던 이 유명한 실험은 이후로도 여러 번 반복되어서 지구의 초기 해양에서 아주 다양한 유기물이 합성될 수 있었음을 보여주었다. 이런 해수를 종종 '생명의 수프(prebiotic soup)'라 부른다. 아마도 이 수프 속에는 혜성이나 운석 또는 성간 먼지를 타고 온 외계 분자가 양념으로 들어 있었을 것이며, 화산이나 해저 열수분출공에서 나온 물질들 또는 해저 암석의 특정 광물에

17 일상에서 흔히 보는 녹슨 철과 산소가 지표에서 잘 결합하는 좋은 예가 된다.

서 나온 물질들로 인해 반응이 촉진되었을 것이다. 초기 지구에서 이 혼합물은 번개, 우주선, 지구 자체의 내부열로부터 에너지를 공급받아 40억 년 전쯤에는 생명의 선구물질들이 만들어졌다고 본다.

이러한 '생명의 수프' 안의 간단한 유기물이 정확히 어떻게 조립되어 단백질이나 DNA처럼 보다 복잡한 분자가 되고 또 첫 번째 생명이 되었는지는 여전히 가장 궁금한 숙제로 남아 있다. 연구에 따르면, '생명의 수프' 안의 유기물들 간의 수많은 배열들 중에서 몇몇 화학반응들은 점차적으로 정교한 분자구조를 만들어낸다고 한다. 즉, 작고 단순한 분자들의 산파(molecular midwife) 역할로 유전자 물질의 기본단위들이 고리로 연결되어 더 길고 정교한 복합분자가 만들어진다는 것이다. 이들 복합물 중 일부가 생명의 기본적인 물질로서의 기능을 수행하게 되었다. 한 세대의 산물이 다음 세대 반응의 원료로 쓰이는 과정이 계속되면서, 보다 복잡한 화합물이나 중합체가 출현하여 정보를 저장하고 운반하게 되었다. 이러한 유전정보를 담은 중합체는 결국에는 역시 원시 수프 속에 들어 있던 유사세포막에 싸이게 되었다. 결과물인 유사세포 복합체는 자가복제 물질, 즉 스스로 복제하며 진화하는 유전정보를 담게 되었다. 여러 전문가들은 유전 복제 방식의 출현을 진정한 생명의 기원으로 보고 있다.

요약

지구의 초기 대기와 해양의 모사를 통하여 실험실에서 유기물이 만들어졌으며, 이는 생명이 해양에서 기원했을 것이라고 여기도록 해주었다.

진화와 자연선택

지구에 거주하는 모든 생물은 탄생한 이래 지금까지 거듭해온 **자연선택**(natural selection)에 의한 **진화**(evolution)의 산물이다. 진화론은 한 무리의 생물은 적응을 하며 시간이 흐르면서 바뀌어서 후손들은 형태나 생리가 조상과 달라지게 된다고 말한다(**심층 탐구** 1.2). 몇몇 유리한 형질은 선택되어 다음 세대로 전해진다. 진화를 거듭하면서 점점 더 지구의 여러 곳에 다양한 **생물종**(*species* = a kind)이 살 수 있게 되었다.

앞으로 살펴보겠지만 생물종이 지구의 다양한 환경에 적응하고 나면 서식 환경을 바꾸어놓는다. 바꾸어놓는 정도는 지역에 국한되기도 하고 거의 지구 전체 규모일 수도 있다. 예를 들어 식물이 바다에서 뭍으로 올라왔을 때 달처럼 황량한 풍경을 지금처럼 푸르고 우거지게 만들어놓았다.

식물과 동물의 진화

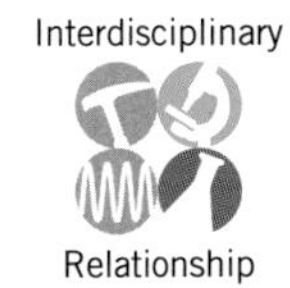

최초의 생명체는 아마도 **종속영양생물**(heterotroph: *hetero* = different, *tropho* = nourishment)이었을 것이다. 이들은 외부에서 먹이를 구해야 하는데 주위 바다에서 무생물 유기물의 형태로 쉽사리 구할 수 있었을 것이다. 스스로 먹이를 만들어내는 **독립영양생물**(autotroph: *auto* = self, *trophos* = nourishment)은 나중에 진화했다. 첫 번째 독립영양생물은 아마도 오늘날의 무산소 환경에서 사는 **혐기성**(anaerobic: *an* = without, *aero* = air) 세균과 닮았을 것이다. 이들은 추측컨대 심해의 열수에서 나오는 무기물의 **화학합성**(chemosynthesis: *chemo* = chemistry, *syn* = with, *thesis* = an arranging)[18]을 통해 에너지를 꺼내 썼을 것이다. 실제로 최근에 해양지각 깊은 곳에서 미생물을 찾아낸 것이나 심해 해저 암석에서 32억 년 전 세균의 미세화석을 찾아낸 것은 생명이 심해의 어두운 곳에서 탄생했을 것이라는 추측을 뒷받침한다.

광합성과 호흡 뒤따라 보다 복잡한 단세포 독립영양생물이 진화했다. 이들은 **엽록소**(chlorophyll: *chloro* = green, *phyll* = leaf)라 불리는 색소를 만들어서 **광합성**(photosynthesis: *photo* = light)을 일으켜 태양에너지를 포획하였다. 광합성은 빛 에너지를 붙잡아 당(sugar)에다 저장한다(**그림 1.27**의 위). 세포 **호흡**(respiration: *respire* = to breathe, 그림 1.27의 가운데)에서는 당을 산소로 산화시켜서 저장된 에너지를 꺼내어 생명을 유지시키는 데 필요한 과정에 쓴다.

---

18 화학합성에 대해서는 제15장 '저서계 동물'에서 자세히 다룬다.

역사적 사건

심층 탐구 1.2

비글호(HMS Beagle) 항해 : 다윈은 어떻게 진화론을 떠올리게 되었을까?

"Nothing in biology makes sense except in the light of evolution."
—이론유전학자, Theodosius Dobzhansky (1973)

지구상에 이렇게 다양하고 놀라운 생물종들이 존재하게 된 것은 어떤 생물학적 과정 때문인가? 이를 설명하기 위해 영국의 박물학자 **찰스 다윈**(Charles Darwin, 1809~1882)은 자연 선택에 따른 진화론을 제안했다. 이 설이 근거한 많은 관찰은 1831~1836년에 걸쳐 지구를 일주한 **비글호**를 탔을 때 이루어졌다(**그림 1D**).

다윈은 목사가 되기 위해 케임브리지대학교를 다닐 때부터 자연사에 흥미를 갖게 되었다. 식물학 교수였던 존 헨슬로의 추천으로 비글호의 무보수 박물학자로 선발되었다. 비글호는 1821년 12월 27일에 선장 로버트 피츠로이의 지휘 아래 영국의 데본포트를 출항했다. 항해의 주 임무는 파타고니아(아르헨티나) 해안을 철저히 조사하고 시간을 재는 일이었다. 뱃멀미에 시달리던 22살의 다윈은 항해 도중 여러 곳에서 뭍에 내려 지역 동식물을 연구할 수 있었다. 진화론을 떠올리게 만든 직접적인 원인은 남미에서 발견한 화석, 갈라파고스 제도의 여러 섬들에서 본 거북이들, 그리고 14종의 서로 밀접한 핀치(되새)들이었다. 핀치의 부리는 다양한 먹이 습성에 따라 서로 크게 달랐다(그림 1D의 왼쪽 삽화). 영국으로 돌아온 후 다윈은 다른 서식지에 사는 생물이나 핀치는 각각 다르게 적응했다는 사실을 알아차리고 모든 생물은 각각의 환경에 맞추어 시간을 두고 천천히 달라진다고 결론을 내렸다.

다윈은 조류와 포유류 사이의 유사점을 찾아내어 이들이 모두 파충류로부터 진화했을 것이라고 유추했다. 수십 년간 끈질긴 관찰을 통해 다윈은 박쥐, 말, 기린, 코끼리, 돌고래, 인간의 골격 구조가 닮았음에 주목하고 여러 무리 사이의 관련도를 만들어냈다. 다윈은 종들 간의 차이는 오랜 시간을 두고 각기 다른 환경에 적응하면서 사는 방식이 달라진 결과라고 제안하였다.

1858년, 다윈은 서둘러 자연선택에 관한 자신의 견해를 정리하여 출간하였다. 당시 지구 반대편의 인도네시아에서 연구 중이던 박물학자 앨프리드 러셀 윌리스도 독자적으로 그와 같은 견해를 갖게 되었기 때문이다. 1년 후, 불후의 명작 **종의 기원**(*On the Origin of Species by Means of Natural Selection*, 그림 1D의 오른쪽 사진)을 발표하면서 인간을 포함하여 모든 생물이 공통 조상에서 진화하였음을 보여주는 방대하고 확고한 증거들을 제시하였다. 당시 다윈의 생각은 일반인들이 인류의 기원에 대해 믿고 있던 것과는 정면으로 배치되는 것이어서 뜨거운 논쟁거리였다. 다윈은 이 밖에도 따개비의 생물학, 식충 식물 그리고 산호초의 형성 등 다양한 주제에 관한 중요한 저술을 남겼다.

150년이 지난 지금, 다윈의 진화론은 많은 증거와 재현 실험을 거쳐 어떤 학문적 이론보다 잘 정립되어 있으며, 자연에서 작동하고 있는 근본적인 생물 과정을 과학적으로 이해하는 데 획기적인 계기가 되었다고 평가된다. 다윈 이후의 발견들(유전과 DNA구조)은 진화가 어떻게 일어나는지 확실히 알게 해주었다. 예를 들어, 다윈이 언급한 15종의 핀치들의 유전자 염기서열이 2015년에 모두 밝혀짐으로써 진화역사에 대한 다윈의 생각을 확인시켜주었다.

다윈의 생각의 대부분은 철저하게 받아들여져 현대생물학의 근간을 이루고 있다. 그래서 다윈이라는 이름이 곧 진화론과 동의어로 쓰이고 있다. 2009년도에는 다윈의 탄생과 업적을 기리고자 영국 교회조차 공식적으로 다윈에게 사과문을 발표하였다. "영국 성공회는 그대를 오해하여 잘못된 반응을 먼저 보임으로써 아직도 많은 사람들이 오해하도록 부추킨 점을 사과한다."

생각해보기

1. 비글호 탐사 동안 찰스 다윈이 관찰한 생물 중에서 그의 진화론에 영향을 준 세 가지 생물에 관해 설명하라.

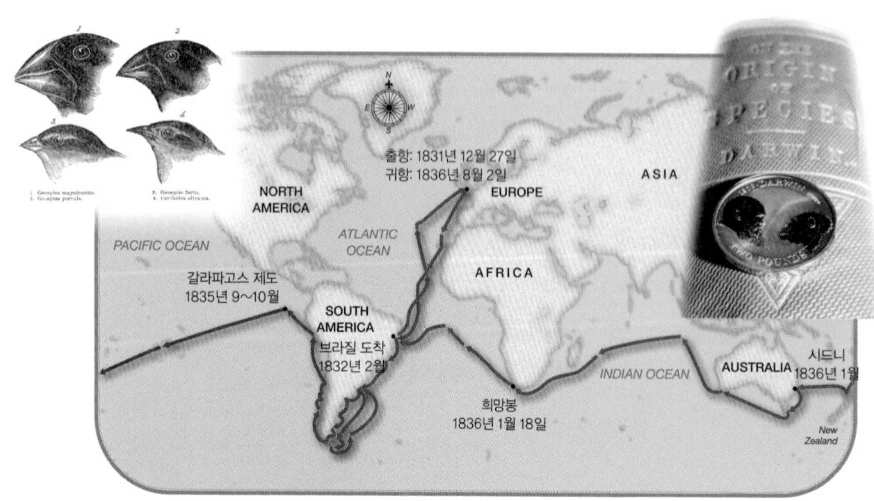

그림 1D 찰스 다윈 : 갈라파고스 핀치, 비글호의 항적, 종의 기원. 지도는 비글호의 항적을 보여준다. 왼쪽 삽화의 핀치 부리 모양의 차이는 다윈에게 큰 영향을 주었으며, 영국은 다윈과 그의 걸작 '종의 기원'을 기념하는 2파운드짜리 동전을 주조하였다(오른쪽 사진).

광합성과 호흡은 화학적으로 정반대 과정이지만 상호보완적이기도 하다. 광합성의 산물(당과 산소)이 호흡에 쓰이고, 호흡의 산물(물과 이산화탄소)이 광합성에 쓰이기 때문이다(그림 1.27의 아래). 그래서 독립영양생물(식물과 조류)과 종속영양생물(세균 대다수와 동물)은 상호 의존적이다.

생물의 가장 오래된 화석은 약 35억 년 전에 해저에서 만들어진 암석에서 발견된 원시적인 광합성 세균이다. 그렇지만 산화철을 포함하는 암석(대기에 산소가 풍부함을 알려주는 지시자)은 24억 5천만 년 전에야 나타나기 시작했다. 이는 광합성 생물이 대기에 산소를 주입하기까지 10억 년이 걸렸음을 말해준다. 한편, 맨틀 바닥까지 가라앉은 산소를 풍부하게 함유한 철이 핵에 의해 가열된 후 맨틀플룸의 형태로 솟아올라 약 25억 년 전에는 대량의 산소가 대기방출되었다는 시나리오도 있다.

그림 1.27 **광합성과 호흡은 생명체의 가장 근본적인 과정으로서, 순환적이며 상호보완적인 과정이다.**
https://goo.gl/SsyVda

대형 산화 사건/산소 위기 특정 암석의 화학 조성을 살펴보면 24억 5천만 년 전에 갑자기 산소가 많아졌는데, 이를 대형 산화 사건(great oxidation event)이라 부른다. 이 사건은 지구의 생명 부양 능력을 크게 바꾸어놓았다. 특히 산소가 없는 세상에서 번성했던 혐기성 세균에게는 재앙이었다. 대기에 산소가 불어나면서 성층권에 오존층이 만들어져서 자외선이 차단되자, 자외선이 만들어주던 유기물 공급(밀러의 실험을 상기할 것)이 끊겨 버렸기 때문이다. 게다가 산소는 특히 빛이 있을 때 유기물과 반응을 잘 일으킨다. 혐기성 세균은 밝은 데서 산소에 노출되면 바로 죽는다. 18억 년 전쯤에 이르자 산소의 농도는 혐기성 세균을 몰사시킬 수준으로 올라갔다. 하지만 이들의 후손은 지구의 어둡고 산소가 없는, 예를 들자면 땅속 깊이, 암석 내부, 쓰레기 속, 그리고 다른 생물 몸 안과 같은 외진 곳에 살아남아 있다.

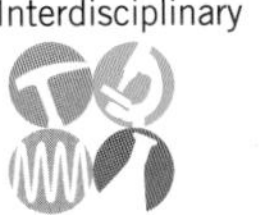

비록 산소는 유기물을 파괴하고 심지어 독성을 띠기도 하지만 무기호흡에 비해 20배가 넘는 에너지를 발생시키며 이를 이용하는 생물도 있다. 예를 들어 사이아노박테리아(또는 남조류라 부름)는 새로운 산화 환경에 적응하여 번성하였다. 그리하여 이들은 대기의 성분을 확 바꾸어놓게 된다.

대기의 변화 광합성 생물의 출현과 번성이 지금과 같은 세상을 만든 일등공신이다(**그림 1.28**). 무수히 많은 미세한 생물들이 광합성의 폐기물로 내놓은 산소가 지구를 바꾸어 놓은 것이다. 이 과정에서 한때 많았던 대기의 이산화탄소가 줄어들고 천천히 자유 산소로 대체되었다. 이렇게 해서 세 번째 대기이자 산소가 풍부한(21%) 현재의 대기가 만들어졌다. 작은 광합성 생물들이 차츰 호흡이 가능한 대기로 바꾸어줌

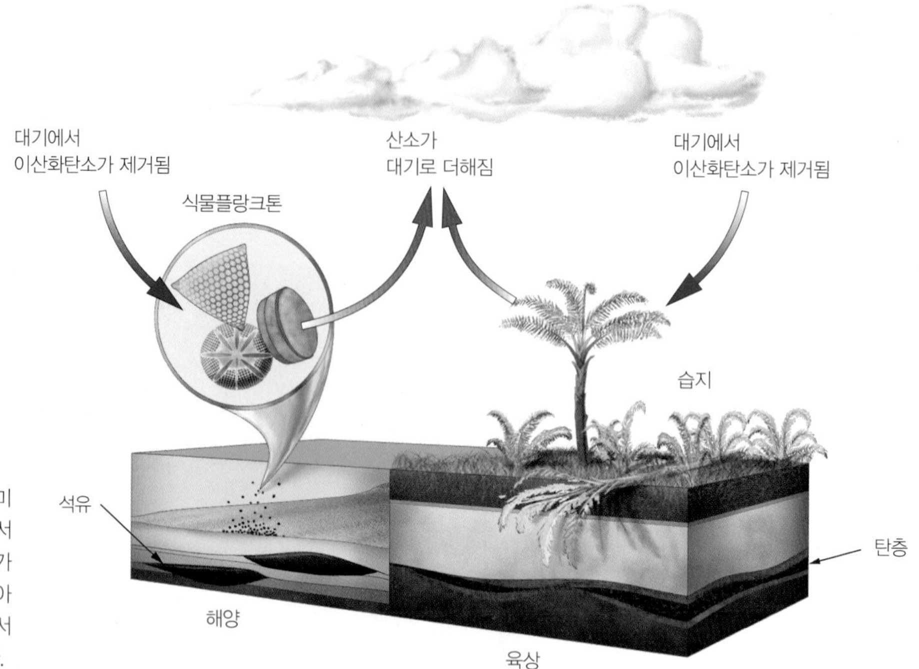

그림 1.28 지구 환경에 미치는 식물의 영향. 미세광합성세포(동그라미 안)가 해양을 장악하면서 지구의 대기는 산소가 풍부해지고 이산화탄소가 줄어들게 되었다. 생물이 죽어 해저에 가라앉아서 일부는 석유와 천연가스가 되었다. 육상에서도 같은 과정이 일어나 석탄이 되기도 하였다.

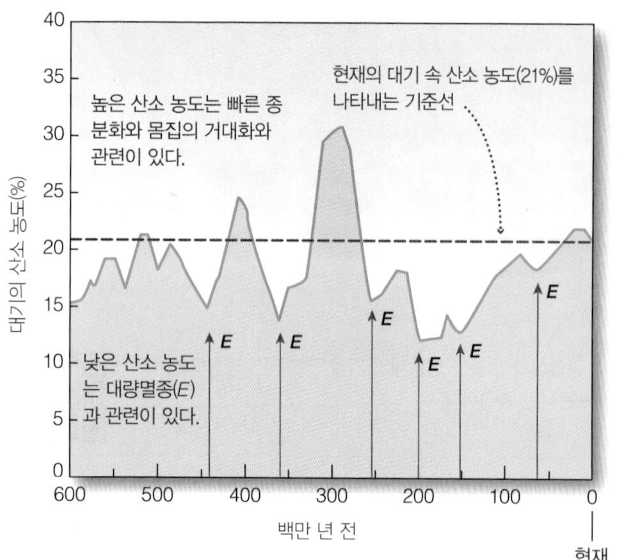

그림 1.29 대기의 산소 농도. 지난 6억 년 동안의 지구 대기 속 산소 농도의 변화를 보여주는 도표. 'E'는 대량멸종기를 나타낸다.

으로써 뒤따라 다양한 생물들이 출현할 수 있는 길을 터 주었다.

그림 1.29는 지난 6억 년간 대기의 산소 농도가 어떻게 변동해왔는지 보여준다. 산소 농도가 높은 시기에 생물은 번성하고 종의 분화가 빠르게 일어났다. 곤충은 덩치가 커졌고 파충류는 공중을 날았으며, 젖먹이 동물의 선조는 항온대사법을 찾아냈다. 해양에는 산소가 더 많이 녹아들어서 해양 생물도 번성했다. 대기의 산소 농도가 뚝 떨어졌을 때에 생물다양성은 줄어들었다. 실제로 최악의 대량 멸종 사건은 대기의 산소 농도가 급작스레 떨어진 것과 관련이 있다.

무산소 환경에 묻힌 과거의 동식물은 오늘날의 석유, 천연가스와 석탄이 되었다. 이들을 통틀어 **화석연료**라 부르는데, 인류 사회의 유지에 필요한 에너지의 90% 이상을 차지하고 있다. 인류는 현재 살아 있는 식물이 저장한 에너지를 식량으로 의존할 뿐만 아니라 먼 옛날에 살았던 식물이 저장한 에너지도 화석연료의 형태로 의존하고 있다.

산업시대 동안 주택난방, 산업, 전력 생산, 운송을 위해 화석연료의 사용이 점차 늘어남에 따라 대기 속의 이산화탄소와 기타 온실기체 농도가 또한 증가했다. 과학자들은 머지않아 **지구온난화**와 심각한 환경 문제가 빚어질 것으로 예측하고 있다. 대기의 온실효과 현상은 제16장 '해양과 기후변화'에서 다룬다.

요약

생명은 오랫동안 진화하면서 지구의 환경을 바꾸어 놓았다. 예를 들어, 수많은 광합성생물은 현재처럼 산소가 풍부한 대기를 탄생시켰다.

개념 점검 1.7 | 왜 생명이 바다에서 탄생하였다고 생각하는지에 대해 토론하라.

1 대기 속의 산소가 지구 표면에 도달하는 자외선의 양을 줄이는 데 어떤 작용을 하는가?

2 밀러의 실험의 내용은 무엇이며, 실험으로 입증된 것은 무엇인가?

3 지구의 대기는 3단계(원시, 초기, 현재)를 거쳐 형성되었다. 각각의 성분과 기원에 관해 설명하라.

1.8 지구의 나이는 얼마나 되었는가?

지구과학자는 암석의 나이를 어떻게 알아낼까? 암석 속에 나이를 가늠할 수 있는 화석이 없었다면 나이를 찾기 어려웠을 것이다. 지구과학자는 암석에 들어 있는 방사성 물질로 나이를 결정한다. 기술의 핵심은 암석 속에 들어 있는 '시계'를 읽는 것이다.

방사성 연대측정

대부분의 암석은 우라늄, 토륨, 포타슘과 같은 방사성 물질을 조금이라도 가지고 있다. 이는 외계에서 온 암석도 마찬가지이다. 방사성 핵종은 스스로 쪼개져서 다른 원소의 핵이 된다. 방사성 핵종은 고유한 **반감기**(half-life)를 지녀 이 시간 동안에 반이 다른 원소로 바뀐다. 암석이 오래되었을수록 붕괴가 많이 진행되어 붕괴 산물로 많이 바뀌게 된다. 분석 장비는 방사성 물질과 붕괴 산물의 양을 정확히 잴 수 있다. 이 두 가지 양의 비율로 나이를 결정할 수 있다. 이런 방법을 **방사성 연대측정법**(radiometric age dating: *radio* = radioactivity, *metri* = measure)이라 부르는데, 암석의 나이를 가장 정확하게 잴 수 있다.

그림 1.30은 방사성 연대측정의 원리를 보여준다. 여기서 우라늄-235가 납-207로 바뀌는 반감기는 7억 4백만 년이다. 암석 시료에서 두 원자의 수를 헤아려 보면 방사능 붕괴의 진행 정도를 알게 된다. 우라늄 또는 다른 방사성 원소에도 같은 원리를 적용하여 전 세계적으로 수십만 개 암석의 나이를 측정하였다.

지질연대표

암석의 나이를 지질시대를 기준으로 나타낸 것을 **지질연대표**(geologic time scale)라 한다(**그림 1.31**). 여기에는 지질시대의 이름과 주요 생물군의 등장도 함께 기재되어 있다. 대단위의 지질시대는 화석에 기록된 대멸종 사건을 기준으로 구분하기 시작하였다. 방사성 연대측정이 가능해지면서 정확한 연령이 지질연대표에 포함되었다. 지금까지 발견된 가장 오래된 지구 암석의 나이는 43억 년 정도이고 가장 오래된 광물의 결정은 44억 년 정도이다.[19] 생성 초기의 지구는 운석의 폭격으로 인하여 지표 암석은 대부분 녹아버렸을 것이므로 이보다 더 오래된 암석이 발견되지 않는다. 그러나 태양계를 만들고 남은 운석들을 방사성 연대측정한 결과, 지구의 나이는 46억년 정도임이 밝혀졌다.

요약

지구과학자들은 암석에 포함된 방사성 물질을 분석함으로써 암석의 나이를 정확하게 결정할 수 있다. 이로부터 지구의 나이가 46억 년으로 추정되었다.

Web Video
방사성 붕괴
http://goo.gl/iMQIID

우라늄-235 원자의 수	1,000,000	500,000	250,000	125,000	62,500	31,250	15,625
납-207 원자의 수	0	500,000	750,000	875,000	937,500	968,750	984,375
반감기	0	1	2	3	4	5	6
(수는 읽기 쉽게 절삭한 것임)	42억 년 전	35억 년 전	28억 년 전	21억 년 전	14억 년 전	7억 년 전	현재

그림 1.30 방사성 연대측정법. 반감기가 지나면 우라늄-235의 반이 납-207로 붕괴한다. 반감기를 지날 때마다 나머지의 반씩 납으로 바뀌는 과정이 반복된다. 우라늄-235와 납-207의 원자 수를 세어봄으로써 암석의 나이를 결정할 수 있다.

19 아마 45억 년 전에는 대륙지각이 형성되었을 것이다.

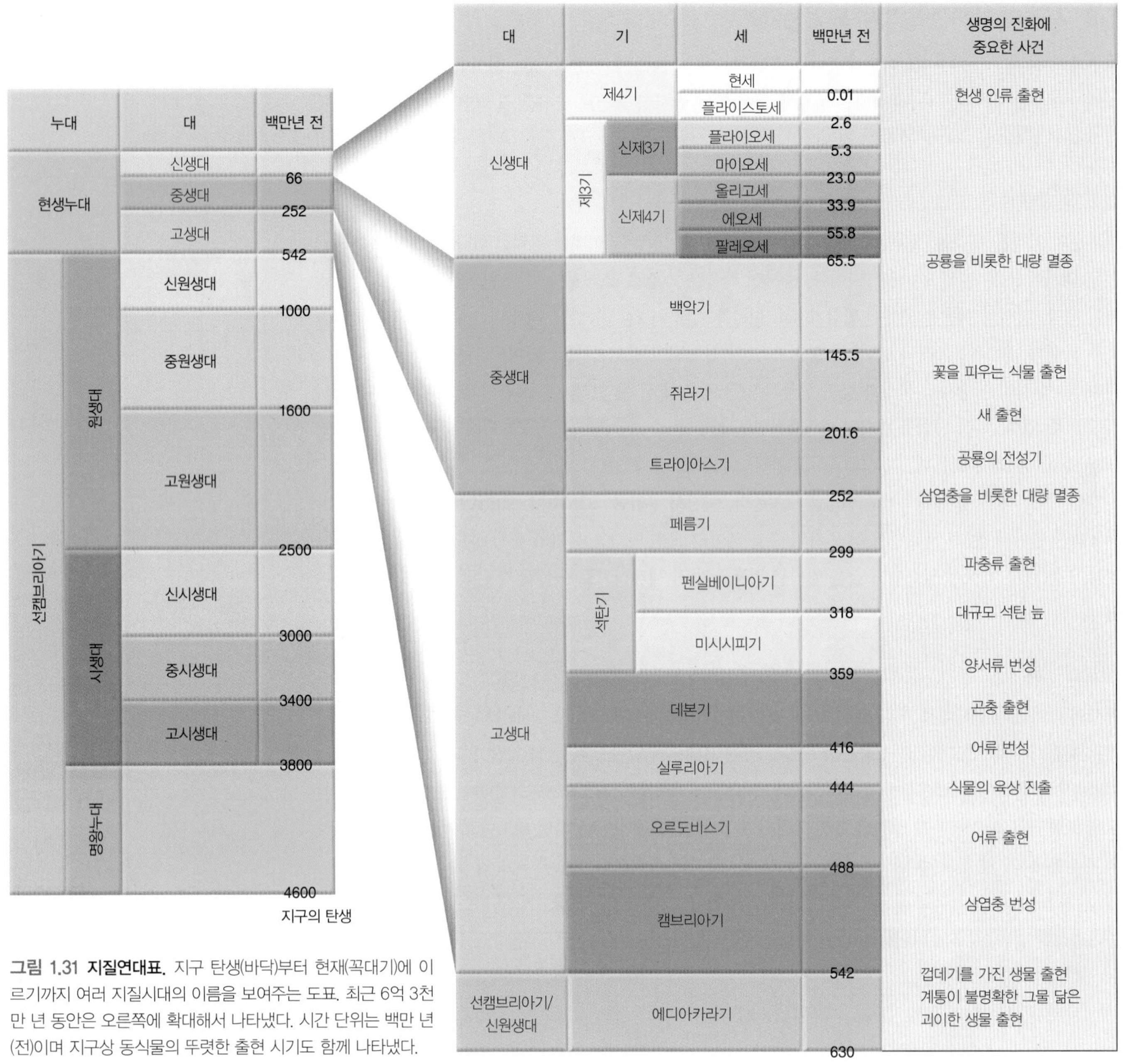

그림 1.31 지질연대표. 지구 탄생(바닥)부터 현재(꼭대기)에 이르기까지 여러 지질시대의 이름을 보여주는 도표. 최근 6억 3천만 년 동안은 오른쪽에 확대해서 나타냈다. 시간 단위는 백만 년(전)이며 지구상 동식물의 뚜렷한 출현 시기도 함께 나타냈다.

개념 점검 1.8 | 지구의 나이가 얼마나 되는지를 보여라.

1 방사성 물질의 반감기로 암석의 나이를 재는 원리에 대해 설명하라.

2 지구의 나이는 얼마나 되었는가? 다음 시기들의 경계를 구분짓는 주요 사건들에 관해 말해보아라. (a) 선캠브리아기/원생대 (b) 고생대/중생대 (c) 중생대/신생대

핵심 개념 정리

1.1 바다는 지구에만 있는가?

▶ 지구 표면의 70.8%가 물로 덮여 있다. 모든 바다는 하나로 연결되어 엄청난 부피를 가진 하나의 물 덩어리이다. 지구상의 바다는 4개의 대양(태평양, 대서양, 인도양, 북극해)과 또 하나 남빙양으로 나누어 부른다. 대양과 해라는 용어는 가끔 혼용되기도 하지만 이 둘은 다른 의미로 사용된다. 육지의 평균 높이는 그리 높지 않으며, 가장 높은 산도 바다의 가장 깊은 곳보다 더 높지는 않다.

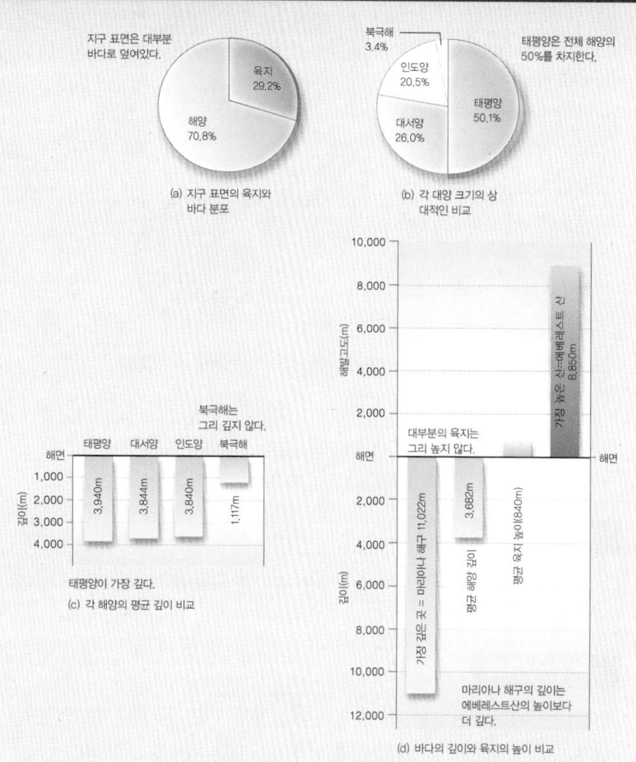

심화 학습 문제

NASA에서 바다가 있는 새로운 행성을 발견했다. 당신은 요즈음의 기술을 다 이용할 수 있다고 가정하고, 바다 속에 포함된 모든 것과 바닥을 포함하여 이들 바다를 종합적으로 연구하는 계획을 세워보라. 제한 없이 필요한 예산 계획도 세워보라.

능동 학습 훈련

지구상의 모든 빙하가 다 녹는다면 해수면은 약 70m 정도 상승할 것이다. 육지의 평균 높이는 840m에 불과하기 때문에 이 정도의 해면 상승은 인간 특히 저지대의 인간 활동에 큰 심각한 영향을 줄 것이다. 당신의 세계지리에 대한 상식에 근거하여 어느 지역이 가장 위험한지 검토해보라. 어떤 인구 밀집 지역이 수면 아래로 잠길지 검토해보라. 이 주제에 대해 조별로 토론해보라.

1.2 초창기의 해양 탐사

▶ 바다를 처음 탐험한 사람들은 태평양 해역에서는 섬 지역 거주민들이었을 것이며, 서구에서는 페니키아인들이었을 것이다. 뒤에 그리스, 로마 그리고 아랍인들의 항해가 해양학 지식을 더하는 데 큰 역할을 하였다. 중세에는 바이킹들이 아이슬란드와 그린란드에 식민지를 건설하였으며 북미 대륙까지 진출하였다.

▶ 유럽의 대항해 시대의 서구사람들은 미지의 세계를 탐험하는 데 관심이 많았다. 1492년 콜럼버스의 항해를 시작으로 1522년 마젤란의 지구 일주 항해까지 이어진다. 제임스 쿡 선장의 항해는 과학적 목적을 가진 첫 항해로 꼽힌다.

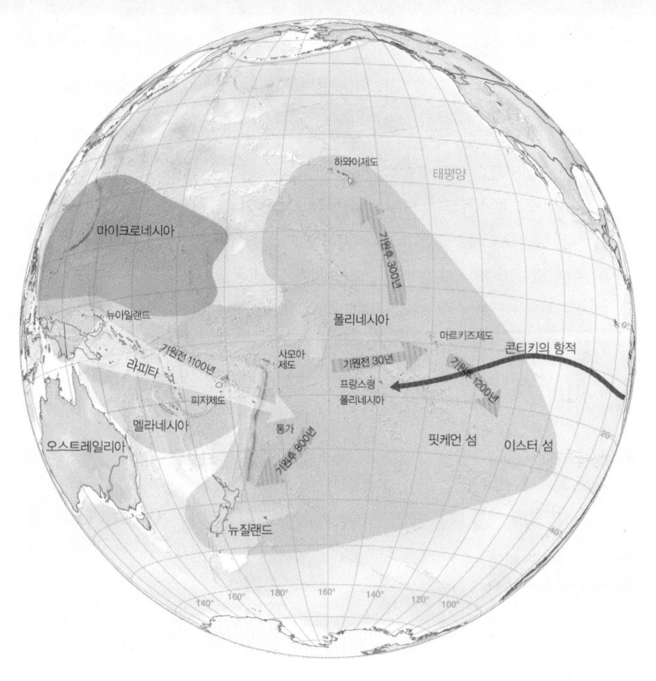

심화 학습 문제

중세 아랍인들이 지중해 지역을 석권하고 동아프리카와 인도 그리고 동남아시아와의 통상을 가능하게 한 기술적 요소들에 대해 토론해보라.

능동 학습 훈련

해양학 연구를 위해 한 달간의 항해를 계획한다면—옷, 식량 그리고 개인적인 물건들은 제외하고—꼭 챙겨야 할 것들 10개를 꼽아보고, 학급의 다른 동료들이 챙긴 것들을 비교해보라. 또 지금 당신이 챙긴 물품들과 당신이 1700년대 초기에 항해를 계획한다고 가정했을 때 챙길 물품들이 어떻게 다를 것 같은가?

1.3 해양학이란 무엇인가?

▶ 해양학 또는 해양과학이란 해양환경에서 일어나는 모든 사항들에 대해 탐구하는 과학이다. 제2차 세계대전 동안 기술의 발전, 관측 능력의 상승에 따라 해양을 더욱 세밀하게 탐사할 수 있게 되었으며 이를 바탕으로 한 해양에서의 과정 연구를 통하여 많은 해양학의 발전이 이루어졌다. 오늘날에는 인간의 활동이 바다에 어떤 영향을 미치는지에 대한 연구가 관심을 끌고 있다.

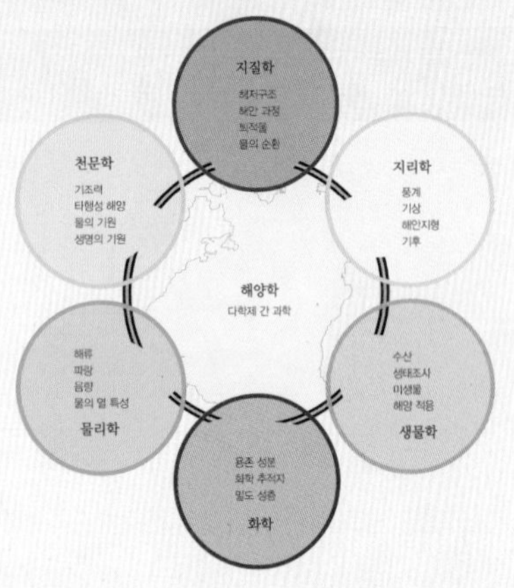

▶ 전통적으로 해양학은 연구 분야를 (1) 지질해양학 (2) 화학해양학 (3) 물리해양학 (4) 생물해양학의 네 분야로 나눈다. 해양학은 다른 많은 학문 분야들을 해양에 적용해야 하기 때문에 자주 다학제 간 과학이라고 불린다.

심화 학습 문제

근래의 해양 문제 중 적어도 두 가지 이상의 다른 학문 분야가 관련된 것들을 들어보라.

능동 학습 훈련

해양학 연구에 관련된 학위 과정을 밟는 데 도움이 되는 다른 학문 분야의 경력 사항을 모두 들어보라. 여러분들에게 강의하는 교수님들을 생각해보라.

1.4 과학 탐구의 본질

▶ 자연에서 일어나는 사건이나 현상들은 과학적 방법을 통하여 이해하게 된다. 그리고 과학은 자연계에서의 관측 결과를 가장 잘 설명하는 학문이라 할 수 있다. 과학의 과정은 관측을 통한 사실 확인, 하나 또는 여러 개의 가설(관측된 현상에 대한 임시의 검증할 수 있는 서술) 수립, 가설에 대한 광범위한 검증 그리고 이론(자연계의 어떤 사항에 대한 확실한 설명으로 사실, 법칙, 논리적 추론, 검증된 가설 등이 포함된다)의 정립으로 이루어진다. 과학으로는 절대적 진실에 도달할 수는 없다. 과학으로는 끊임없는 관측으로 낡은 것을 대신하여 진리라고 믿는 것에 가까이 다가갈 뿐이다.

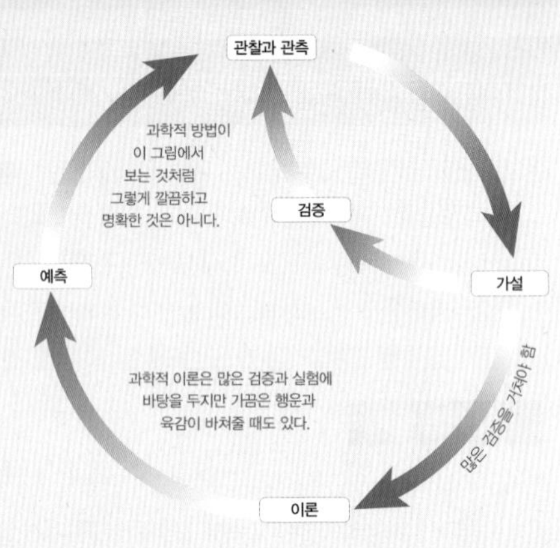

심화 학습 문제

사실과 이론은 어떻게 다른가? 이들은 수정될 수 있는가?

능동 학습 훈련

학급의 동료들과 자연은 인간이 완전히 이해할 수 있는 지에 대해 토론해보라. 가능 또는 불가능한 이유를 들어보라. 불가능하다해도 과학자들의 연구가 합리적이라고 생각하는가?

1.5 지구와 태양계는 어떻게 만들어졌는가?

▶ 태양과 8개의 행성으로 이루어진 태양계는 성운이라는 거대한 가스와 우주 먼지 덩어리에서 만들어졌을 것이다. 성운설에 따르면 성운 물질이 뭉쳐져서 태양이 만들어졌고 나머지 소용돌이에서 행성이 만들어졌다. 수소와 헬륨 덩이인 태양은 충분히 무겁고 압축되어서 핵융합반응을 일으켜 에너지를 방출한다. 태양은 또한 이온화된 입자를 쏘아서 행성과 위성을 만들고 남은 성운 가스를 쓸어내 버렸다.

▶ 지금보다 크고 무거웠던 원시지구는 녹아서 균질했었다. 초기의 대기는 수소와 헬륨으로 구성되어 있었는데 얼마 지나지 않아 강한 태양풍에 쓸려 나가 버렸다. 원시지구는 밀도 성층화를 거치며 재정돈되어 밀도에 따른 내부 층구조를 형성하게 되었다. 그 결과 지각, 맨틀, 핵으로 분화되었다. 지구 내부 구조를 탐사한 결과 부서지기 쉬운 암석권은 무르고 점성이 높은 약권 위에 놓여 있음을 알게 되었다. 표층 가까이에 있는 암석권은 해양지각과 대륙지각으로 이루어져 있다. 대륙지각과 해양지각은 각각 화강암과 현무암이 주를 이루고 있다. 대륙지각은 해양지각보다 덜 무겁고, 색이 옅으며 두껍다. 둘 모두 아래에 밀도가 더 높은 맨틀 위에 지각 평형을 이루면서 떠 있다.

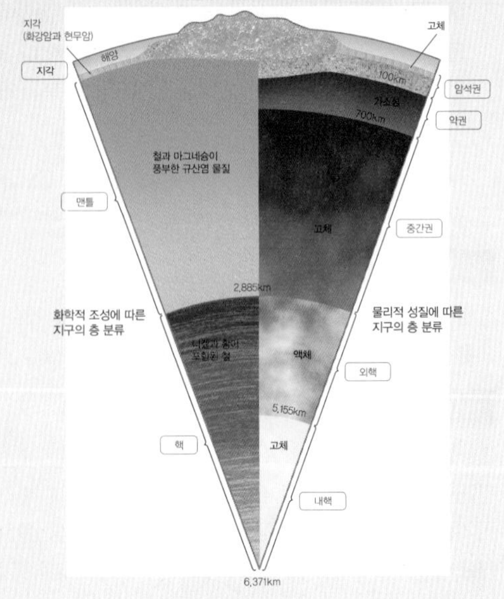

심화 학습 문제

지구 내부의 화학적 성분은 물리적 특성과 어떻게 다른지 생각해보고, 구체적인 예를 들어보라.

능동 학습 훈련

태양계 형성에 관한 성운설은 과학적 가설이다. 귀하가 이해하고 있는 과학적 방법에 근거하여, 과학자들이 이 가설에 대하여 얼마나 확신하고 있다고 생각하는지 서로 얘기해보라.

1.6 지구 대기와 해양은 어떻게 만들어졌는가?

▶ 수증기와 이산화탄소가 주성분이었던 초기 대기는 대기방출에 의해 만들어졌다. 지표가 충분히 식은 후에 수증기가 응결되어 지표에 모여 해양을 만들었다. 지표에 떨어진 빗물이 녹인 물질이 바다로 운반되어 짠맛을 갖게 되었다.

심화 학습 문제

바다를 만들 만큼 많은 양의 물을 공급해준 두 가지 기원을 비교하라. 지구의 대부분의 물은 어디서 왔다고 생각하는가?

능동 학습 훈련

바닷물이 짜게 된 과정을 각자의 표현으로 서로 이야기해보라.

1.8 지구의 나이는 얼마나 되었는가?

▶ 암석의 나이는 주로 방사성 연대측정법으로 잰다. 생물의 멸종 정보와 측정된 암석의 나이를 합쳐서 지질연대표가 만들어졌다. 지구는 46억 년 전에 태어나 장구한 변화의 역사를 겪었다.

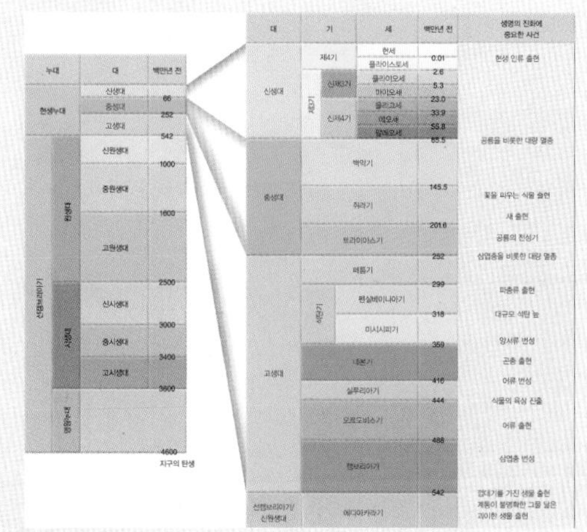

심화 학습 문제

방사성 연대측정법의 원리에 대해 설명하라.

능동 학습 훈련

적당한 재료를 사용하여 지질연대표를 만들고, 지구가 탄생한 후 겪은 주요 사건들을 표기하라.

1.7 생명은 해양에서 시작되었는가?

▶ 생명은 해양에서 기원한 것으로 보인다. 밀러의 실험은 태양의 자외선과 수소, 이산화탄소, 메테인, 암모니아와 해양의 무기물이 반응하여 아미노산과 같은 유기물을 만들어내었다. 유기물의 특정 조합이 결국에는 오늘날의 혐기성 세균과 닮은 종속영양생물(먹이를 스스로 만들지 못하는 생물)을 만들어냈다. 그 후 화학합성을 통해 스스로 먹이를 만들어내는 독립영양생물이 진화되었다. 일부 세포들이 엽록소를 만들고 광합성이 시작되면서 식물의 세계를 열어주었다.

▶ 광합성 생물은 대기에서 이산화탄소를 추출하는 대신 자유 산소를 내놓아서 오늘날과 같이 산소가 풍부한 대기를 창조하였다. 마침내 식물과 동물은 육상에서 살 수 있는 형태로 진화하였다.

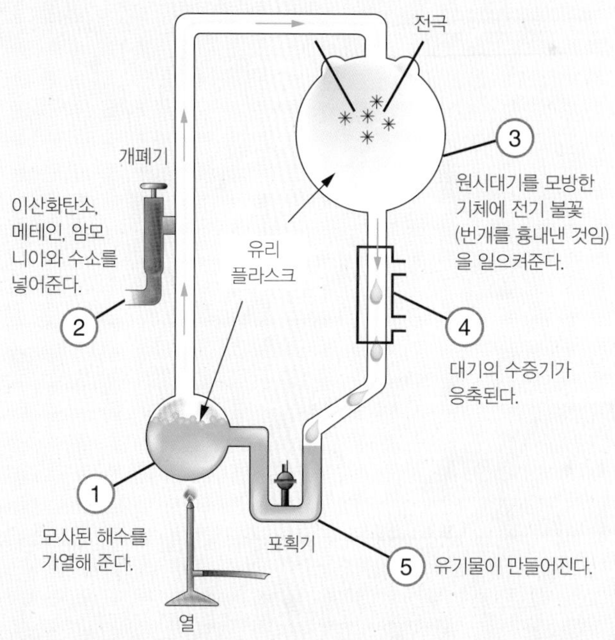

심화 학습 문제

생명의 기원에 관한 밀러의 실험과 같은 과학적 이론은 아무도 목격하지 못한 역사적 사건이기 때문에 태생적으로 빈약한 이론이라는 일부 종교계의 비판에 대해 당신은 어떻게 대응하겠는가? 상세하게 설명해보라.

능동 학습 훈련

다음 두 진술 중, 보다 신빙성이 있는 것은 어느 것인지 서로 토론해보라.

(1) 지구 역사상 가장 큰 환경 재앙은 대기 속에 유독한 산소가 축적된 사건이었다.

(2) 온 시대를 통틀어 가장 큰 환경재앙은 인간이 일으키고 있다.

지각융기에 의해 만들어진 높은 산맥. 연안산맥의 심한 기복은 판구조운동에 따른 융기에 의한 것이며 알래스카 동남부에 위치한 글래이셔만 국립공원이 좋은 예이다. 융기된 암석의 일부는 먼 곳에서 이동된 것이며 과거 해저의 일부였던 것도 있다.

2

판구조운동과 대양저

대륙환 대륙이동설 섭입 화산호 판게아 수렴형 판 경계부 약권 변환단층 해구 판구조론 열점확장형 판 경계부 해저확장설 판탈라사 니메타스 암석권 변환형 판 경계부 환초 대양저산맥

이 장을 읽기 전에 위에 있는 용어들 중에서 아직 알고 있지 못한 것들의 뜻을 이 책 마지막 부분에 있는 용어해설을 통해 확인하라.

매년 전 세계 여러 곳에서 수천 번의 지진과 수십 차례의 화산분출이 일어나는데, 이는 지구가 얼마나 역동적인 행성인가를 말해주고 있다. 이런 현상들은 과거에도 일어났으며 지구 표면을 지속적으로 변화시키고 있다. 불과 수십 년 전만 해도 대부분의 과학자들은 지질시대 동안 대륙이 고정되어 있었다고 생각했다. 그 후 새롭고 과감한 이론의 도입으로 지구 표면에서 일어나는 현상들을 설명할 수 있었는데 이를 열거하면 다음과 같다.

- 전 세계의 화산, 단층, 지진, 조산운동
- 산맥들이 침식되어 사라지지 않은 이유
- 대부분의 대륙과 대양저를 이루는 지형의 기원
- 대륙과 대양저의 형성과정과 이들이 서로 다른 이유
- 지표면의 끊임없는 변화
- 과거와 현재의 생명체 분포

이러한 혁명적인 새로운 이론을 **판구조론**(plate tectonics: *plate* = plates of the lithosphere, *tekton* = to build) 혹은 '새로운 전 지구적 지질학'이라 한다. 판구조론에 의하면 지구 최외곽은 얇고 단단한 판[1]으로 되어있으며 이 판들은 마치 빙산이 떠 다니듯이 각자가 수평이동을 한다. 그 결과 대륙은 유동성을 갖게 되며 지구 깊은 곳에서 나오는 힘에 의하여 지표면을 이동한다.

판의 이동에 의해 지각에 산맥, 화산, 대양저 같은 여러 지형이 만들어진다. 예를 들어보자. 지구상에서 가장 높은 히말라야 산맥은 인도, 네팔, 부탄에 걸쳐 뻗어 있다. 히말라야의 암석은 수백 만 년 된 천해퇴적물로 된 것인데 이는 판구조운동의 힘과 지속성을 입증하는 증거이다.

판구조론은 지질학, 물리학, 화학, 생물학 같은 다양한 다른 분야의 자료에서 광범위하게 입증되고 있다. 이는 과학 발전의 고전적인 예로서 처음에는 많은 과학자들의 배척을 받았다. 원래 별로 인기 없었던 가설이 훌륭한 증거가 확보되면서 지구가 겪어온 과정을 근본적으로 설명할 수 있게 되었다.

핵심 개념

이 장을 학습한 후 다음 사항을 해결할 수 있어야 한다.

2.1 대륙이동의 증거를 요약하라.
2.2 판구조론의 증거를 요약하라.
2.3 판 경계부에서 나타나는 현상의 기원과 특징을 설명하라.
2.4 판구조론이 실용모델로 어떻게 활용되는가?
2.5 지구의 과거가 어떻게 변화했고 미래는 어떻게 될 것인지 예측하라.

"It is just as if we were to refit the torn pieces of a newspaper by matching their edges and then check whether the lines of print run smoothly across. If they do, there is nothing left but to conclude that the pieces were in fact joined in this way."

—Alfred Wegener, The Origins of Continents and Oceans (1915)

1 이러한 얇고 단단한 판은 암석권의 일부로서 지구의 최외곽에 위치하며 대륙 · 해양 지각을 포함한다. 제1장을 참조하라.

2.1 대륙이동설의 증거

1912년 독일의 기상학자이자 지구물리학자인 **알프레드 베게너**(Alfred Wegener)는 최초로 대륙이 이동한다고 생각하였다(**그림 2.1**). 그는 대륙이 천천히 지구 전체를 이동한다는 **대륙이동설**(continental drift)을 창안하였다. 이제부터 베게너가 대륙이 이동한다고 생각한 증거를 살펴보자.

대륙 외양 짜 맞추기

남아메리카와 아프리카처럼 대륙 간의 조각그림 맞추기가 가능하게 된 것은 비교적 정확해진 세계지도 때문이었다. 그보다 오래 전인 1620년에 프란시스 베이컨 경이 대륙들이 서로 잘 일치한다는 주장을 한 적은 있었다. 그러나 1912년에 베게너가 각 대륙의 해안선이 서로 일치하는 것을 바탕으로 대륙이동설을 주장할 때까지 거의 아무도 베이컨의 주장에 대해 관심이 없었다.

베게너는 과거에 대륙이 서로 충돌하여 모여서 **판게아**(Pangaea: *pan* = all, *gaea* = Earth)라는 거대한 땅덩어리로 존재했다고 주장하였다(**그림 2.2**). 판게아는 **판탈라사**(Panthalassa: *pan* = all, *thalassa* = sea)라는 거대한 바다로 둘러싸여 있었다. 판탈라사에는 **테티스해**(Tethys Sea: *Tethys* = a Greek sea goddess) 같은 몇 개의 바다가 존재했다. 베게너는 판게아가 분리되어 여러 대륙들이 현재의 위치로 이동하기 시작하였다는 증거를 제시하였다.

베게너는 해안선을 서로 일치시켜보는 작업을 시도하였는데, 그 결과 여러 곳에서 중첩과 공백이 나타났다. 그중의 일부는 강에 의한 퇴적이나 해안선 침식 때문인 것으로 설명할 수 있었다. 그 당시 베게너가 몰랐던 것은 해안선에 가까운 얕은 해저가 대륙 하부의 물질과 유사하다는 사실이었다. 1960년대 초에 에드워드 블러드 경과 2명의 동료가 컴퓨터를 이용하여 대륙 외양을 짜 맞추었다(**그림 2.3**). 그들은 베게너와는 달리 해안선 대신에 수심 2,000m까지의 자료를 이용하였다. 이 위치는 해안선과 심해저분지의 중간쯤 되었는데 이 깊이가 대륙의 실제 외곽에 해당하였다. 이 수심에서 대륙들이 아주 잘 일치하였다.

암층과 산맥들의 일치

베게너의 가설이 옳다면 서로 연결되었던 암층들이 먼 거리로 격리되었다는 증거가 있어야 했다. 지질학자들은 대륙이동의 증거를 찾기 위해 건너편 대륙 끝부근의 암석들을 비교하기 시작하였다. 그들이 찾으려 했던 것은 암석 간의 유사성, 나이, 구조(형태와 변형의 정도) 등이었다. 일부 지역에서는 대륙이 분리된 후 과거의 역사를 밝힐 중요한 암석 위에 새로운 암석이 퇴적되어 매몰된 곳도 있었다. 반대로 침식으로 사라진 암석도 있었지만 광범위한 지역에서 대륙이동의 열쇠를 쥐고 있는 암석들이 발견되었다.

연구가 진행됨에 따라 바다로 분리된 여러 종류의 암층들이 건너편 대륙으로 연결되어 있음을 알게 되었다. 또한 해안에서 갑자기 사라진 산맥이 건너편 대륙에서 암석 종류, 나이, 구조 등의 유사성을 가진 암층으로 연결됨을 발견하였다. 예를 들어 **그림 2.4**를 보면 북아메리카의 애팔래치아 산맥의 암석이 건너편 유럽에 위치한 영국과 유럽의 칼레도니아 산맥의 암석과 같은 것을 알 수 있다.

그림 2.1 알프레드 베게너(1912~1913년 무렵). 알프레드 베게너(1880~1930)의 그린란드 연구실 사진. 그는 최초로 대륙이 이동한다는 아이디어를 발표하고 여러 증거를 제시한 과학자이다.

베게너는 대서양 양쪽 해안 암석의 유사성에 주목하였고 이를 대륙이동의 증거 중 하나로 제시하였다. 그는 대서양 맞은 편에 위치한 산맥들이 판게아가 충돌로 형성될 때 만들어진 것으로 생각하였고 그 후 대륙의 분리에 따라 산맥들도 떨어져 나간 것으로 해석하였다. 이러한 생각은 남아메리카에서 남극대륙을 지나 오스트레일리아를 관통하는 산맥의 유사성으로도 입증되었다.

빙하기와 다른 기후 증거

베게너는 과거 빙하지대였던 곳이 열대지방으로 바뀐 점을 대륙이동의 또 다른 증거로 제시하였다. 현재 두꺼운 육상빙하가 존재하는 곳은 그린란드 극지대와 남극뿐이다. 하지만 남아메리카, 아프리카, 인도, 오스트레일리아의 저위도 지역에도 과거의 빙하층이 존재한다.

3억 년이 넘은 이러한 빙하층은 다음의 두 가지 가능성을 제시한다. (1) 그 당시 **빙하기**(ice age)가 전 세계적으로 발달해서 열대지방까지 빙하로 덮였거나 (2) 현재 열대에 위치한 일부 대륙이 과거에 극지방 부근에 있었다는 것이다. 3억 년 전에 지구 전체가 빙하로 덮였을 가능성은 거의 없는데 그 시기에 북아메리카와 유럽에서는 광대한 아열대 늪지대에서 만들어진 석탄층이 존재하기 때문이다. 결국 일부 대륙이 그 시기에 극 부근에 위치했었다는 설이 그럴듯하다.

빙하는 또한 지난 3억 년에 걸쳐 일부 대륙이 극 부근에서 이동하였다는 증거를 제시하고 있다. 빙하가 흐르면 하부에 있는 암석을 침식하여 흐른 방향을 지시하는 홈을 만들게 된다. **그림 2.5a**에 그려진 화살표는 3억 년 전 판게아 남극에서의 빙하의 이동 방향을 나타내고 있다. 빙하의 이동 방향은 최근 여러 대륙에서 발견된 홈과 일치하며 이 또한 대륙이동의 증거이다(**그림 2.5b**).

여러 동식물 화석들도 기후가 현재와는 다르다는 것을 시사한다. 북극 스피츠베르겐의 야자수 화석과 남극의 석탄층 같은 것이 좋은 예이다. 식물과 동물은 서식하기 위한 특별한 환경이 필요하기 때문에 이러한 암석들로 지구의 고환경을 알 수 있다. 예를 들면 산호는 해수 온도가 18°C 이상이어야 생존할 수 있다. 현재 추운 지역에서 산호화석이 발견된 경우 두 가지 설명이 가능한데, (1) 지구 전체 기후가 극적으로 변했거나 (2) 이 암석들이 원래의 위치에서 이동했다는 것이다.

'해양과 기후변화'를 다룬 제16장을 보면 과거 지질시대에는 자연적으로 기후변화가 초래되었다. 현재의 기후환경과 맞지 않는 화석분포를 극적인 기후변화의 결과로 생각할 수도 있겠지만, 대륙이동의 결과로 해석할 수도 있다. 베게너는 현재 지구과학자들이 알고 있는 과거 기후변화를 몰랐다. 그러나 그는 현재의 기후대에서 벗어난 이런 화석분포를 다른 기후 증거와 마찬가지로 대륙이 서서히 이동했다는 증거의 하나로서 보강하였다.

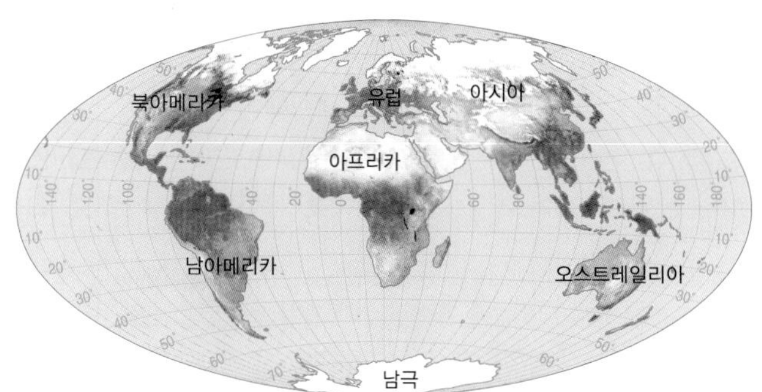

(a) 현재의 대륙 위치

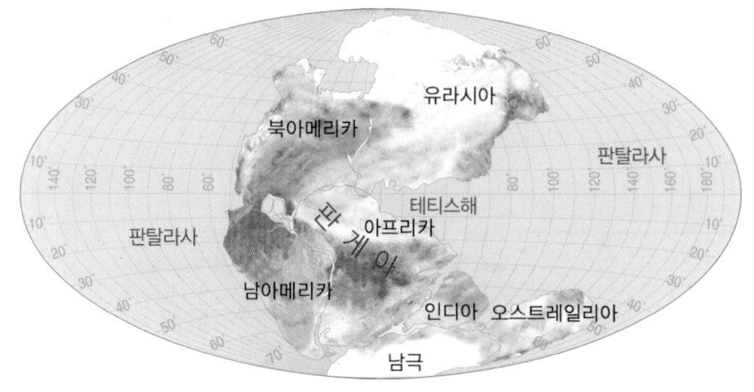

(b) 약 2억 년 전 대륙 분포. 초대륙 판게아와 초해양 판탈라사가 보인다.

그림 2.2 판게아 재구성.

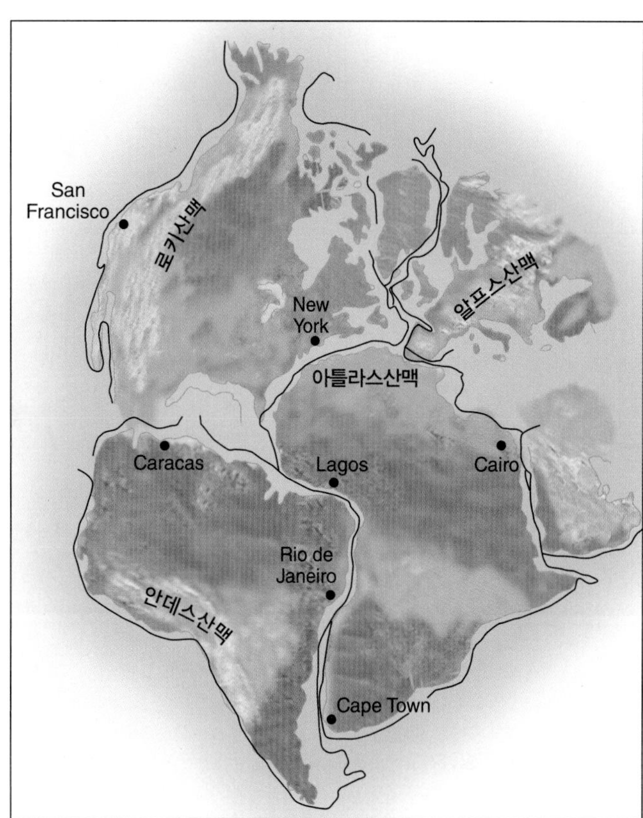

그림 2.3 초창기 컴퓨터를 이용한 대륙 외양 짜 맞추기. 대양저의 실제 경계에 해당하는 수심 2,000m(검은색 실선)에서 대륙 외양을 짜 맞춘 1960년대의 지도. 약간의 중복과 빈틈이 있기는 하지만 놀라울 정도로 잘 들어맞는다. 오늘날 대륙의 경계선은 파란색으로 표기하였다.

그림 2.4 **대서양 맞은편 산맥 짜 맞추기.**

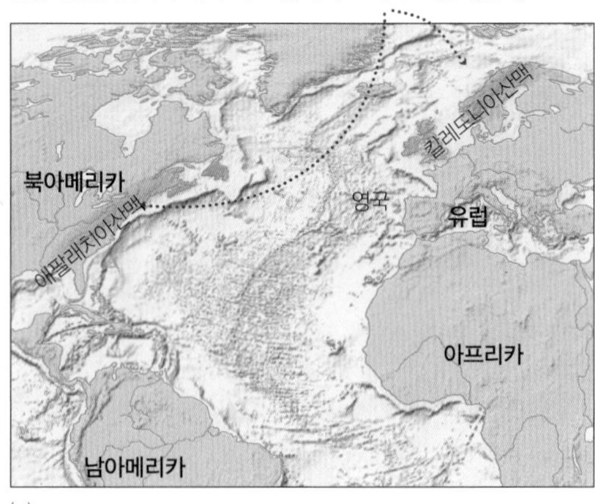

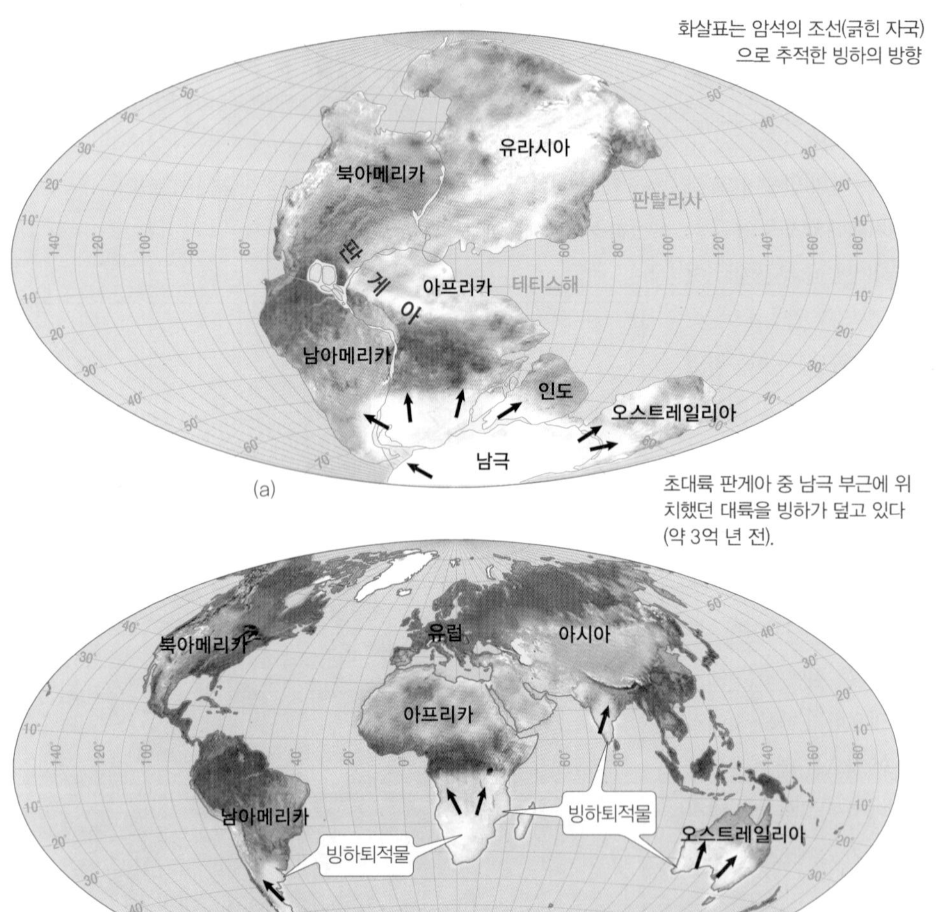

그림 2.5 **판게아의 빙하기.**

생물분포

베게너는 초대륙 판게아의 존재를 증명하기 위하여 지금처럼 대륙이 분리된 상황에서는 거대한 바다를 건너 분포할 수 없는 몇 종류의 생물화석을 예로 들었다. 예를 들면 지금은 멸종된 약 2억 5천만 년 전의 수생 파충류인 **메소사우루스**(Mesosaurus: *meso* = middle, *saurus* = lizard)의 화석은 오직 남아메리카 동부와 아프리카 서부에서만 발견된다(**그림 2.6**). 만약 메소사우루스가 바다를 헤엄쳐 건널 만큼 강했다면 왜 다른 곳에서는 화석이 분포하지 않는가?

베게너의 대륙이동설은 이 문제를 현명하게 해결할 수 있었다. 그의 견해에 의하면 과거 지질시대에는 대륙이 서로 가까이 있었기 때문에 메소사우루스가 대륙 사이를 헤엄쳐 다닐 필요가 없었다. 메소사우루스가 멸종된 후 대륙이 현 위치로 이동하였고 과거에 연결되었던 대륙은 지금의 거대한 바다로 분리되었다. 또 다른 예로는 다른 대륙에 분포한 동일 식물의 화석도 있는데, 이것 역시 거대한 바다를 횡단했다고 믿기는 어렵다.

Web Animation
판게아 분리
http://goo.gl/egACqz

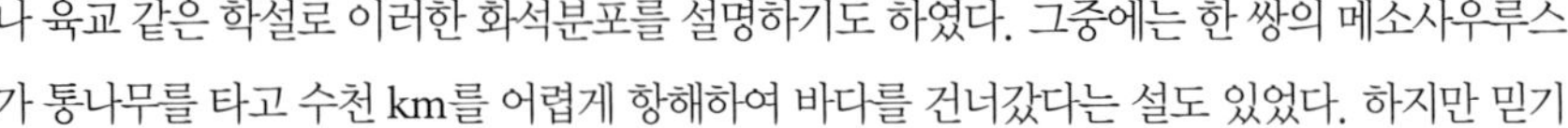

대륙이동설 이전에는 섬들의 징검다리나 육교 같은 학설로 이러한 화석분포를 설명하기도 하였다. 그중에는 한 쌍의 메소사우루스가 통나무를 타고 수천 km를 어렵게 항해하여 바다를 건너갔다는 설도 있었다. 하지만 믿기 어려운 이런 설들에 대한 증거는 없었다.

베게너는 현재의 생물분포를 대륙이동의 증거로 제시하기도 하였다. 과거 수백만 년간 격리된 유사한 조상을 가진 생물의 명백한 진화의 예가 있다. 가장 명확한 예가 오스트레일리아 유대류(캥거루, 코알라, 웜뱃)로서 아메리카의 유대류인 주머니쥐와 구분된다.

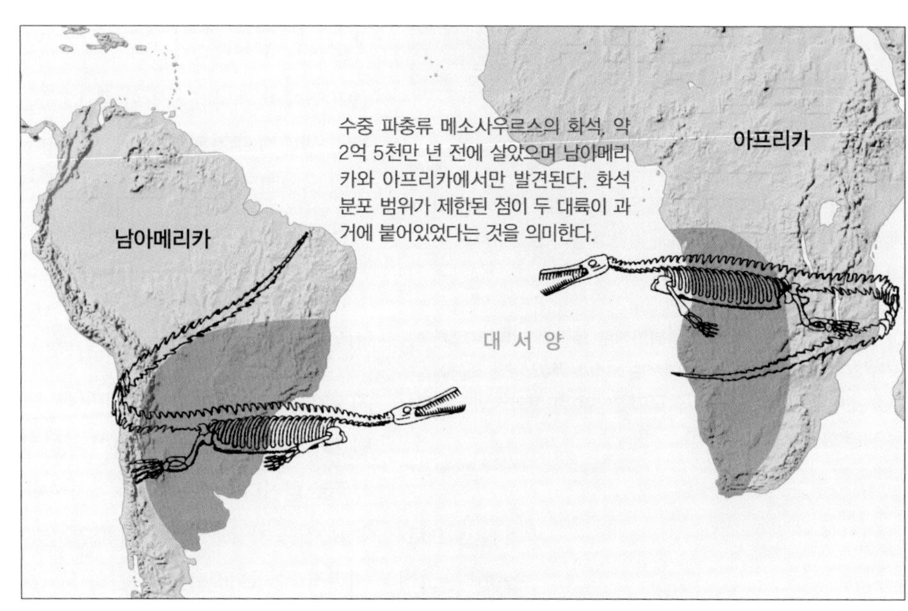

그림 2.6 메소사우르스 화석.

대륙이동모델에 대한 반론

베게너는 1915년에 *The Origins of Continents and Oceans*이라는 책에 최초로 그의 새로운 생각을 주장하였으나 그 책은 1924년 영어, 프랑스어, 스페인어, 러시아어로 번역될 때까지 별로 관심을 끌지 못하였다. 그때부터 그가 1930년에 사망할 때까지[2] 그의 대륙이동 가설은 과학계로부터 혹독한 비판과 조롱에 시달렸는데, 그 이유는 그가 제시한 대륙이동의 메커니즘 때문이었다. 그는 대륙이 대양저 위를 이동해 현재의 위치에 도달했고 맨 앞 부분이 해저암석을 긁고 지나간 결과로 산맥으로 변형되었다고 주장하였다. 또한 더 볼록한 적도지역의 중력과 태양과 달에 의한 조석이 합쳐진 힘이 대륙이동을 일으켰다고 생각하였다.

과학자들은 그의 이런 견해를 너무 엉뚱하고 물리학의 법칙에 위배된다고 생각하였다. 대륙이동 메커니즘에 관한 논쟁의 주안점은 장기간에 걸친 접촉면(해저면)과의 문제와 대륙의 수평이동을 가능하게 하는 힘의 존재 여부였다. 암석의 강도계산 결과 해저암석은 그 위를 대륙암석이 접촉 · 이동하기에는 너무 강한 것으로 나타났다. 중력과 조석도 거대한 대륙을 이동시키기에는 미약한 것으로 계산되었다. 하지만 이동 메커니즘은 설명할 수 없어도 남아메리카와 아프리카의 암석을 연구했던 많은 지질학자들은 대륙이동설을 받아들였는데, 그 이유는 지층의 연속성 때문이었다. 그러나 남반구 암석에 문외한인 북아메리카의 지질학자들은 베게너의 생각에 아주 회의적이었다.

오늘날엔 그가 제시한 증거를 부인할 수 없지만, 베게너는 학계에 그의 생각에 대한 전반적인 지지를 얻을 수 없었다. 그의 가설이 원론적으로는 맞지만 대륙이동의 힘과 대륙이 어떻게 대양저를 이동하였는가와 같은 틀린 내용도 포함되어 있었다. 특정 과학적인 견해에 대해 광범위한 지지를 받으려면 모든 관찰된 결과를 설명할 수 있어야 하고 여러 분야에서 증거를 확보해야 한다. 해저의 자세한 형태가 밝혀지고 암석의 원래 위치를 추적하는 새로운 연구방법이 개발됨으로써 대륙이동의 증거들이 확보되었다.

요약

알프레드 베게너는 대륙이동을 설명하기 위하여 다양한 지구과학 자료를 이용하였다. 그러나 합리적인 메커니즘 제시나 대양저에 대한 정보가 없었다. 그 결과 그의 새로운 생각은 비판을 많이 받았다.

개념 점검 2.1 | 대륙이동의 증거를 요약하라.

1 초대륙 판게아는 언제 존재했는가? 그 초대륙을 둘러싸고 있던 바다 이름은?

2 3억 년 전 빙하기에 세상 모두가 얼음으로 덮히지 않았을 것이라 생각되는 이유는?

3 베게너가 대륙이동의 증거로 제시한 내용을 열거하라. 그 당시 학자들이 그 이론에 회의적이었던 이유는?

2 베게너는 대륙이동 증거자료를 수집하기 위한 1930년의 그린란드 빙하 탐사 도중 사망하였다.

학생들이 자주 하는 질문

지자기장은 어떻게 만들어지나요?

지자기장과 자기역학의 연구결과 철과 니켈로 구성된 외핵의 유체 대류가 지자기의 원인으로 밝혀졌다. 외핵의 액체유동에 의한 발전작용에 의해 강한 전류가 만들어지고 이 결과 자장이 형성된다는 설이 가장 지지를 많이 받는 학설이다. 지자기장은 매우 복잡해서 최근에야 강력한 컴퓨터의 도움을 받아 모델을 만들 수 있었다. 흥미롭게도 태양과 대부분 다른 행성들(각 행성의 위성도 포함)에서도 자장이 존재한다. 최근에 남아프리카의 오래된 암석에서 34억 5천만 년 전의 지자기 역전을 발견했다.

2.2 판구조론의 증거

1930년에 베게너가 사망한 후 1950년대 초까지 그의 대륙이동설에 대하여 새롭게 추가된 정보는 거의 없었다. 그러나 제2차 세계대전과 그 후에 이어진 소나를 이용한 해저면 연구가 대륙이동에 대한 중요한 증거를 제시하기 시작하였다. 더욱이 과학자들은 베게너 시대에는 불가능했던 암석에 기록된 **지자기장**(magnetic field)을 분석하는 방법을 개발하였다.

지자기장과 고지자기

지자기는 항해에 필수적일 뿐만 아니라 지구의 생명체를 태양풍에서 보호하기도 한다(그림 2.7). 눈에 보이지 않는 자기는 마치 거대한 막대자석이 만든 자장처럼 지구 내부에서 우주로 나간다.[3] 지자기장과 유사하게 막대자석의 끝은 다른 극(+나 −, 혹은 북쪽, 남쪽의 N, S)으로서 자성물질을 자장과 평행하게 배열시키는 역할을 한다. 그러나 지리적 북극(회전축)과 자기의 북극(자북)이 일치하는 것은 아니다(그림 2.7b, 2.7c의 설명 참조).

암석에 미치는 지자기장의 영향 **화성암**(igneous rock: *igne* = fire, *ous* = full of)은 용융된 마그마(*magma* = a mass)가 지하에서나 혹은 화산분출 후 표면에서 **용암**(lava: *lavare* = to wash)으로 고체화된 것이다. **자철석**(magnetite)은 거의 대부분의 화성암에 있는데 자연적으로 자화된 철광물이다. 마그마와 용암이 액체이기 때문에 마그마에 포함된 자철석 입자들은 지자기장에 따라 배열된다. 용암이 식어서 특정

Web Animation
지자기장
http://goo.gl/2SpTZ1

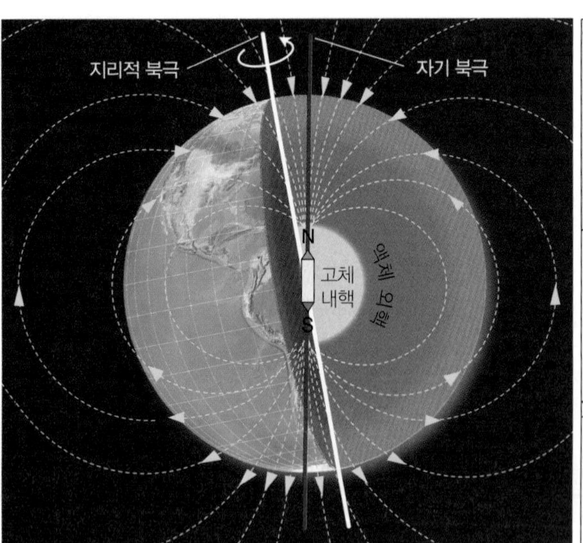

(a) 거대한 막대자석처럼 지자기장이 눈에는 보이지 않는 선으로 된 자력을 만든다. 자기의 북극과 지리적인 북극이 정확히 일치하지는 않는다.

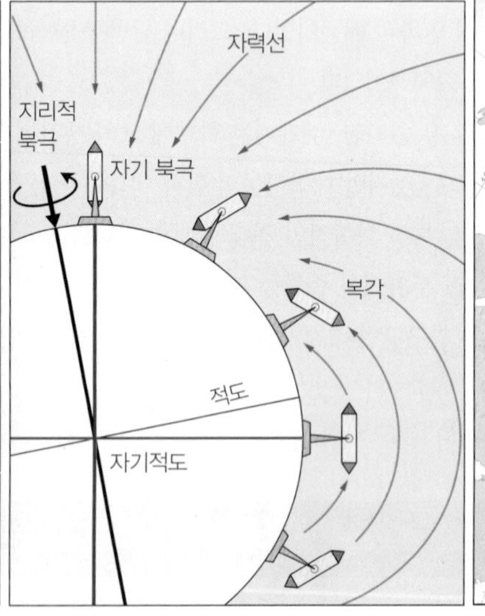

(b) 자장 때문에 자침은 자력선과 평행하게 되고 위도의 증가에 따라 방향이 바뀐다. 그러므로 복각을 측정하면 대략의 위도를 알 수 있다.

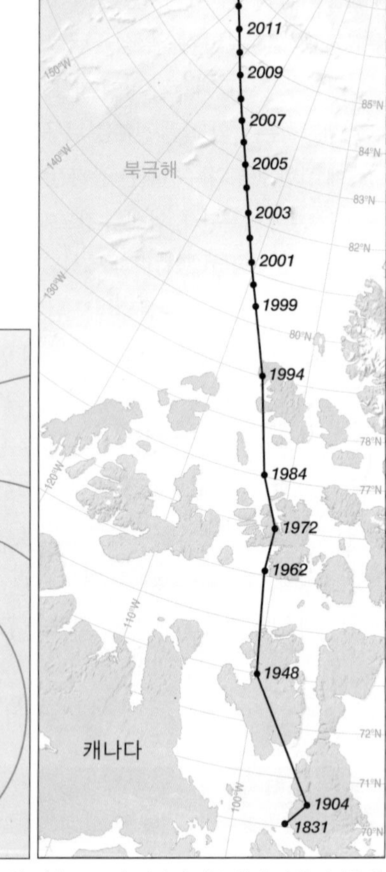

(c) 1831년 이래의 자북 위치 변화도(검은색 선). 미래의 위치도 나와 있다(녹색).

그림 2.7 지자기장.

3 지구자장의 특성은 막대자석과 쇳가루를 이용하여 쉽게 알 수 있다. 쇳가루를 책상 위에 놓고 막대자석을 주변에 놓는다. 자석의 강도에 따라 그림 2.7a에 나타나는 무늬를 관찰할 수 있다.

온도가 되면[4] 내부의 자철석 입자들은 고정이 되어 고화된 장소와 시간을 나타내는 지자기 각도를 갖게 된다. 다시 말하면 자철석 입자들은 지자기장의 강도와 방향을 지시하는 작은 나침반 역할을 하게 된다. 이 자철석을 다시 유동시킬 만큼 열을 가하지 않는 이상 암석이 어떻게 이동하든 상관없이 이 입자는 암석이 최초로 만들어진 곳의 자장 정보를 기록하게 된다.

https://goo.gl/utFcXO

자철석은 침강하여 퇴적물이 되기도 한다. 퇴적물이 물속에 있는 동안에는 자철석 입자는 지자기장에 따라 배열되게 된다. 퇴적물이 매몰되어 고화되면 **퇴적암**(sedimentary rock: *sedimentum* = settling)이 되어 이동하더라도 입자들은 재배열되지는 않는다. 그러므로 퇴적암에 있는 자철석 입자 역시 암석이 만들어진 곳에 대한 정보를 제공한다. 다른 종류의 암석들도 과거 지구자장 연구에 활용되기는 하지만 가장 확실한 것은 해양지각을 이루는 **현무암**(basalt)처럼 자철석이 많이 포함된 화성암이다.

고지자기 **고지자기학**(paleomagnetism: *paleo* = ancient)은 과거 지구의 자장을 연구하는 학문이다. 고지자기학자들은 암석 중의 자철석을 이용해 자기의 극 방향은 물론이고 지표면과 이루는 각도도 연구한다. 자철석 입자가 수평면과 이루는 각도를 **복각**(magnetic dip, magnetic inclination)이라 한다.

복각은 위도를 지시한다. 복각은 지자기 적도에서는 지표면과 평행하다(그림 2.7b). 지자기 북극에서는 지표면에 연직으로 입사한다. 반면에 지자기 남극에서는 연직방향으로 튀어나간다. 그러므로 복각은 위도에 따라 증가하는데 지자기 적도에서는 0°이고 극에서는 90°이다. 자성을 가진 암석에는 복각이 기록되므로 이 각도를 측정하면 이 암석이 만들어진 원래의 위도를 알아낼 수 있다. 주의 깊게 연구하면 고지자기는 암석이 처음에 형성된 곳의 정보를 알아내는 데 아주 유용하다. 고지자기를 연구함으로써 대륙이 서로 이동하였다는 것이 확인되었다(**심층 탐구 2.1**).

지자기 역전 현재의 나침반 방향은 현재의 자력선을 따라 자북 방향을 지시한다. 그러나 자장의 남북 방향을 나타내는 지자기의 **극**(polarity)은 지질시대를 통하여 주기적으로 역전되어왔다. 즉 자기의 북극과 남극이 바뀌었다는 뜻이다. 시대에 따른 지자기의 극 변화가 오래된 암석에 기록된다(**그림 2.8**).

지자기장은 왜 바뀌는가? 지자기의 극 변화에 대하여 아직까지 다 알아내지는 못했지만 전도체인 철 성분으로 된 액체 상태인 외핵이 스스로 지속 가능한 자장을 만들어낸다고 생각하고 있다. 가끔씩 외핵 일부의 유동이 교란되면 자장이 부분적으로 역방향이 되어 약해지게 된다. 교란의 원인은 잘 모르지만 유체의 난류이거나 지구 고유의 자연적인 혼돈의 결과로 생각된다. 지구의 핵에 대한 모의 실험에 의하면 지자기장은 자주 바뀐다

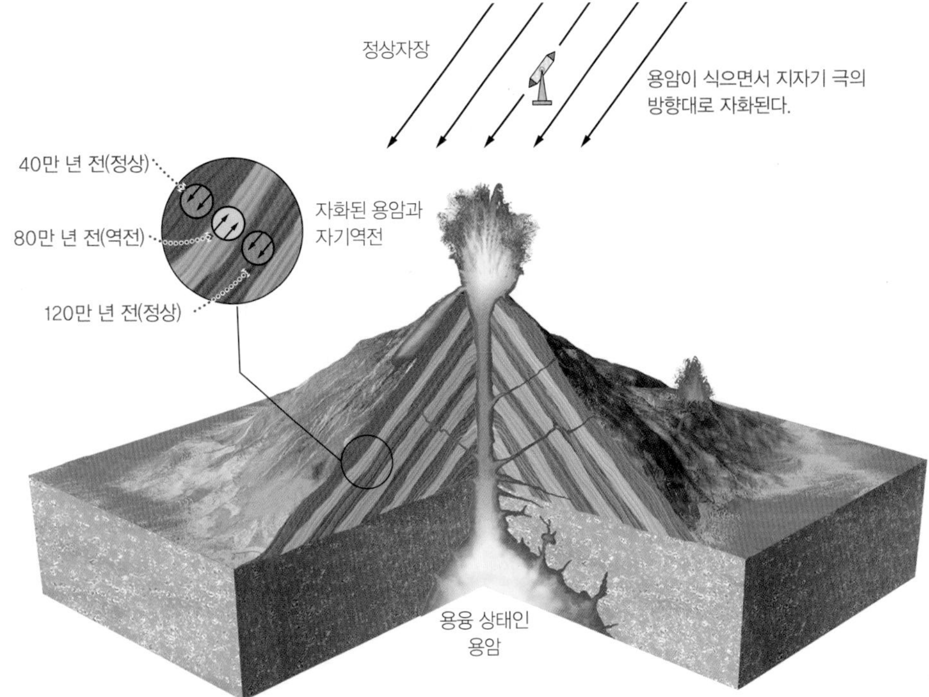

그림 2.8 암석의 고지자기. 시대별 지자기의 극역전은 화산에서 지속적으로 만들어진 용암 등에서 보존된다.

4 이 온도는 프랑스 물리학자인 피에르 퀴리의 이름을 따서 퀴리온도(Curie Point)라고 한다(보통 암석은 약 550°C).

학생들이 자주 하는 질문

지자기 역전이 일어나면 지구환경에 어떤 변화가 있나요?

역전기에는 나침반이 오작동하게 될 것이고 사람들은 길을 찾는 데 문제가 생길 것이다. 회유하는 데 자장의 도움을 받는 물고기, 새, 포유류들도 마찬가지일 것이다. 자장이 약해지면 우주선과 태양입자 등으로부터 지구 생명을 보호하는 기능이 약해지고 저고도 위성과 통신망에 혼란이 올 가능성이 있다. 남북 극지방에서 보이는 오로라도 훨씬 저위도에서도 나타날 가능성이 있다. 하지만 긍정적으로 보면 지구 생명체는 과거의 지자기 역전기에도 살아남았기 때문에 자기역전이 생각만큼 위험하지 않을 수도 있다(예를 들어 2003년 개봉된 공상과학영화인 '코어'가 있는데 이 영화는 과학적으로 엉터리이다).

는 흥미 있는 연구도 있다.

고지자기 연구결과로 지난 8천 3백만 년에 걸쳐 약 184회의 주요 역전이 있었음이 밝혀졌다. 지구 자장의 변화는 아주 불규칙하지만 약 2만 5천 년에서 3천만 년 이상 되는 기간마다 바뀐다. 변화 양상은 일정하지 않지만 평균 45만 년 마다 역전이 일어난다. 자장의 변화는 약 5천 년마다 발생하는데 빠르면 천 년, 느릴 땐 2만 년 후에 나타나기도 한다. 자장의 변화는 암층에 기록되는데 때로는 자기의 극이 서서히 약해지면 반대의 극이 점진적으로 강해지는 형태로 나타난다. 하지만 자장이 약해진다고 해서 꼭 완전한 역전으로 이어지지 않는다는 연구 결과가 많이 있다.

자북은 지리적 북극과는 일치하지 않지만 1831년 캐나다 북극 방향인 부시아 반도에서 처음 기록된 후 매년 북서쪽으로 약 50km씩 이동하고 있다(그림 2.7c). 이 속도라면 자북은 2018년에 지리적 북극 400km 부근을 통과하여 2050년에는 시베리아에 위치할 것으로 예상된다. 지자기장은 지난 2,000년간 계속 감소한 상태이다. 인공위성을 이용한 새로운 자료에 의하면 지자기장은 매 10년마다 약 5%씩 약해지는데 이는 원래 예상했던 속도보다 빠르다. 이것이 자기의 역전 증상일 수도 있다. 실제로 마지막 주요 역전이 78만 년 전에 있었기 때문에 이미 시기가 지났다고도 볼 수 있다.

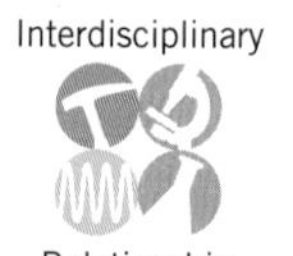

고지자기와 대양저 고지자기는 유용한 연구 수단이었으나 1950년대까지는 대륙암석에만 적용되었다. 대양저에도 자기 극의 변화가 기록되어 있을까? 이 생각을 확인하기 위하여 1955년에 U.S. Coast and Geodetic Survey가 스크립스 해양연구소 과학자들과 함께 오리건과 워싱턴 앞에서 광범위한 심해 해도 작성 작업을 하였다. 연구선에서 견인하는 고성능의 **자력계**(magnetometer: *magneto* = magnetism, *meter* = measure)를 이용하여 과학자들은 수 주 동안 측정한 지자기가 대양저 암석의 자기특성에 어떤 영향을 주었는가를 연구하였다.

과학자들은 수집한 자료에서 놀랍게도 지자기 값이 평균 이하와 이상이 규칙적으로 바뀌는 남북 방향의 줄무늬 형태를 발견하였다. 더욱 놀라운 것은 줄무늬가 그들이 연구해역 중앙부에서 운좋게 발견한 긴 산맥과 대칭적이라는 점이었다.

정밀조사 결과 이 해역 외 다른 해역에서도 유사한 형태가 발견되었다. 이러한 줄무늬를 **자기이상**(magnetic anomalies: *a* = without, *nomo* = law, 이상이란 정상이 아니라는 의미)이라 한다. 대륙과는 달리 해저에는 지자기 줄무늬가 규칙적으로 배열되어 있었다.

과학자들은 이러한 규칙적인 자기이상 무늬를 설명하는 데 어려움이 있었다. 게다가 줄무늬가 산맥 양쪽에 마치 거울에 비친 것처럼 대칭적으로 나타나는 현상도 설명할 수가 없었다. 이를 이해하기 위해서는 대양저의 특징과 기원에 관한 더 많은 정보가 필요하게 되었다.

해저확장설과 대양저의 모양

지질학자인 **헤리 헤스**(Herry Hess, 1906~1969)는 제2차 세계대전에 미 해군 함장으로 참전하였는데 함정에 항상 음향측심기를 켜 두는 습관이 있었다. 전후에 수집된 이 자료를 포함한 많은 수심자료에는 대양저 중앙부에 길게 연장된 산맥과 주변부에 좁고, 깊은 해구의 존재를 지시하고 있었다. 1962년에 헤스는 *History of Ocean Basins*를 출간하였는데 이 책에서 암석이 맨틀에서 회전한다는 **해저확장설**(sea floor spreading)과 확장을 일으키는 힘으로 맨틀 **대류환**(convection cell: *con* = with, *vect* = carried)을 주장하였다(**그림 2.9**). 그의 이론은 이 산맥에서 새로운 해양지각이 만들어지고 분리된 후 멀리 이동되어 해구에서 지구 내부로 사라진다는 것이었다. 대륙이동설에 반대하는 북아메리카 과학자들을 의식해 그는 이 생각을 '지구의 시(geopoetry)'라고 하였다.

Web Animation
해저확장과 판 경계부
http://goo.gl/9iEcQD

이동하는 대륙 때문에 생긴 문제 : 과거 지구에 자북이 두 군데였던 적이 있었는가?

판구조론은 지구 과거를 알아내는 데 아주 유용하다. 암석의 지자기를 이용해 각 대륙의 과거 위치를 측정하면서 문제가 발생했다. 자료 분석 결과 자북이 이리저리 이동했던 것으로 나타났다. 더욱이 각기 다른 대륙에서 측정한 결과에 의하면 같은 시기에 자북이 두 군데인 것으로 보였다.

그림 2A(a)는 북아메리카와 유라시아에서 측정한 **자극이동경로**(polar wandering path)이다. 경로가 유사한 듯 보이지만 7천만 년보다 오래된 북아메리카 암석의 경로는 유라시아 암석으로 만든 경로의 서쪽에 위치한다. 이 자료에 의하면 과거 지질시대에는 자북이 한 곳인 지금과는 아주 다르게 두 곳이었다고 생각할 수 있다. 지구물리학적으로는 자북은 한 곳이고 위치도 많이 이동할 수 없다. 왜냐하면 자기의 극은 지구회전축 부근에 있기 때문이다. 과학자들이 초기에 가졌던 이런 의문은 자극은 하나이며 비교적 고정되어 있고 북아메리카와 유럽이 상대적으로 이동했다는 사실로 풀렸다. 결론은 자극이 이동한 것이 아니고 대륙이 이동한 것이다. 그래서 자극이동경로를 겉보기자극이동경로라고 부른다.

그림 2A(b) 대륙을 판게아 위치로 옮기면 두 곳의 경로가 잘 일치하고 자북이 둘이 아니라는 것을 알 수 있다. 판구조론 이론에 의해 설명하면 대륙이 상대적으로 이동한 결과이다.

생각해보기

1. 지자기에 관한 문제는 어떤 것이었고 이 문제를 어떻게 해결했는가?

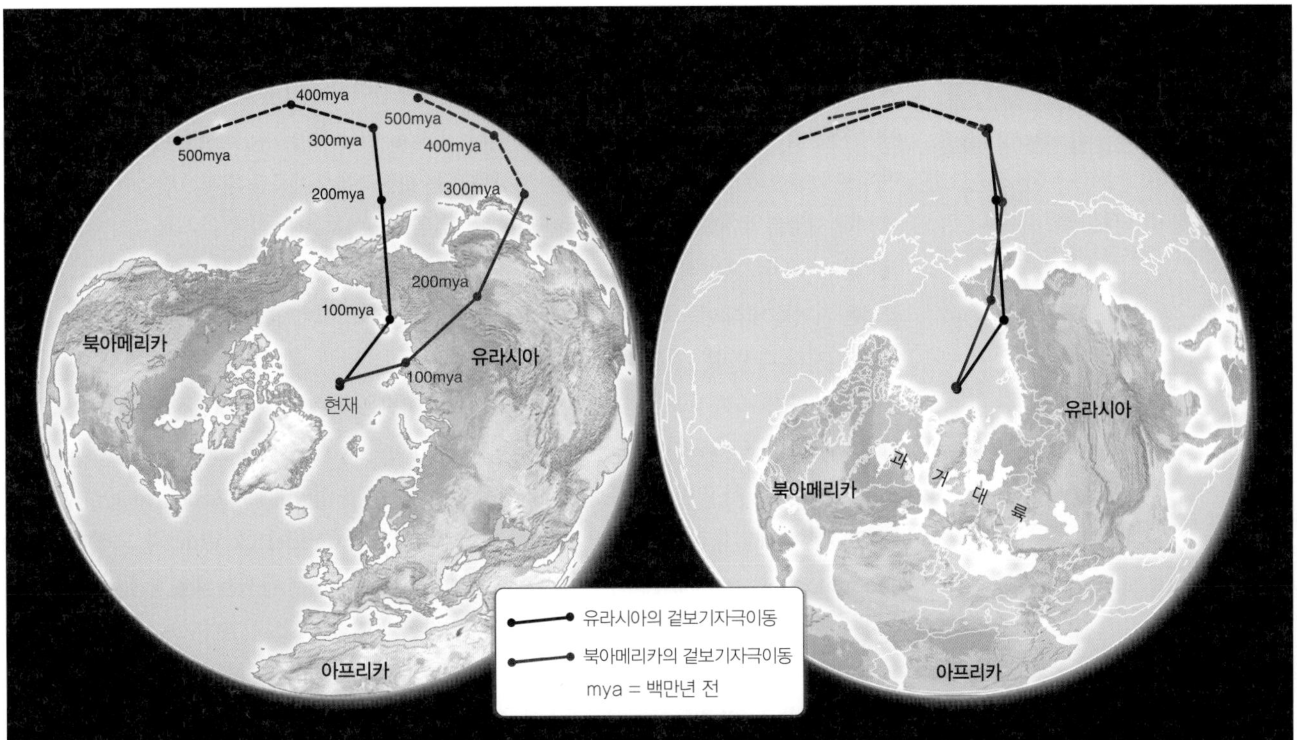

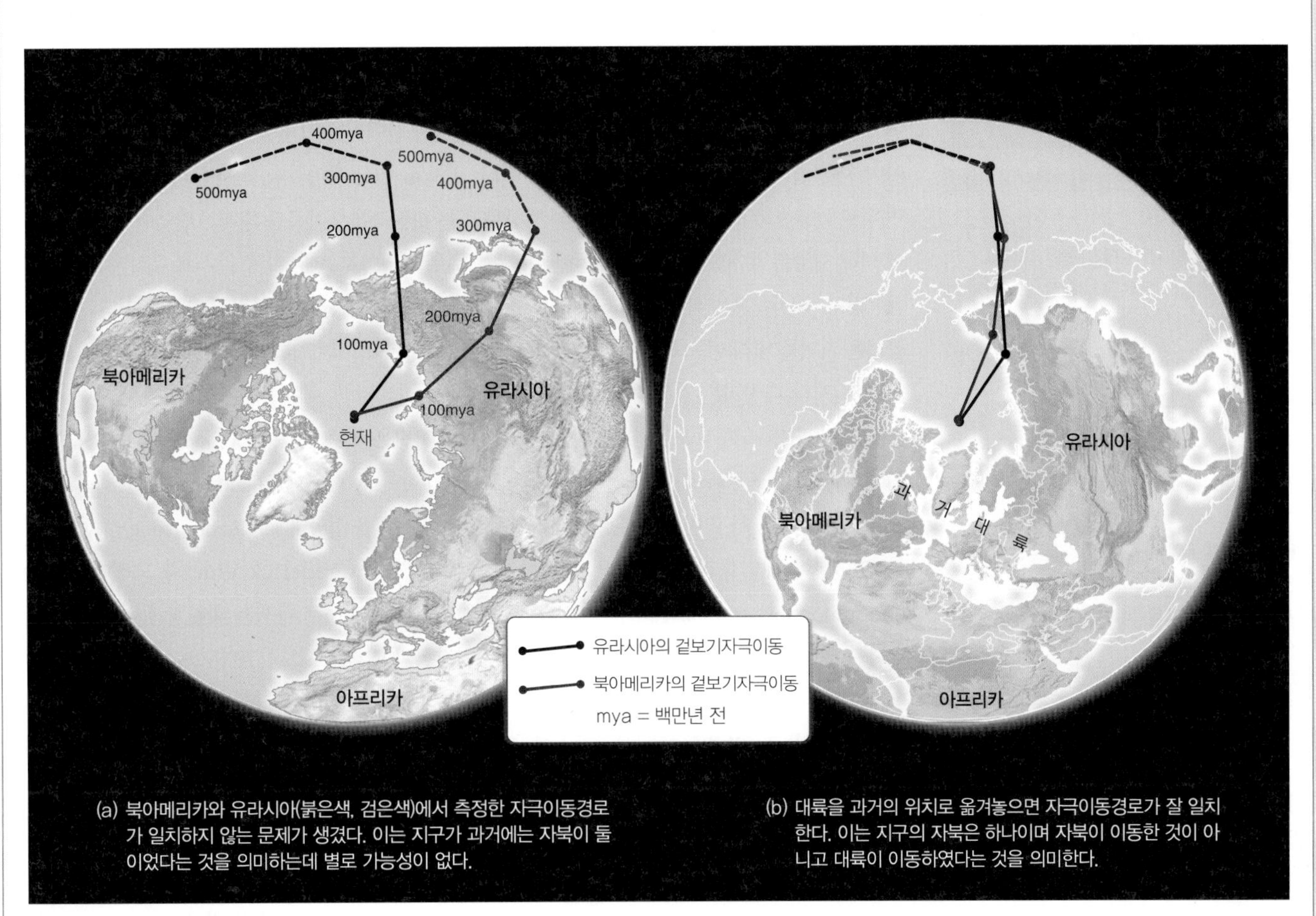

(a) 북아메리카와 유라시아(붉은색, 검은색)에서 측정한 자극이동경로가 일치하지 않는 문제가 생겼다. 이는 지구가 과거에는 자북이 둘이었다는 것을 의미하는데 별로 가능성이 없다.

(b) 대륙을 과거의 위치로 옮겨놓으면 자극이동경로가 잘 일치한다. 이는 지구의 자북은 하나이며 자북이 이동한 것이 아니고 대륙이 이동하였다는 것을 의미한다.

그림 2A 겉보기자극이동경로.

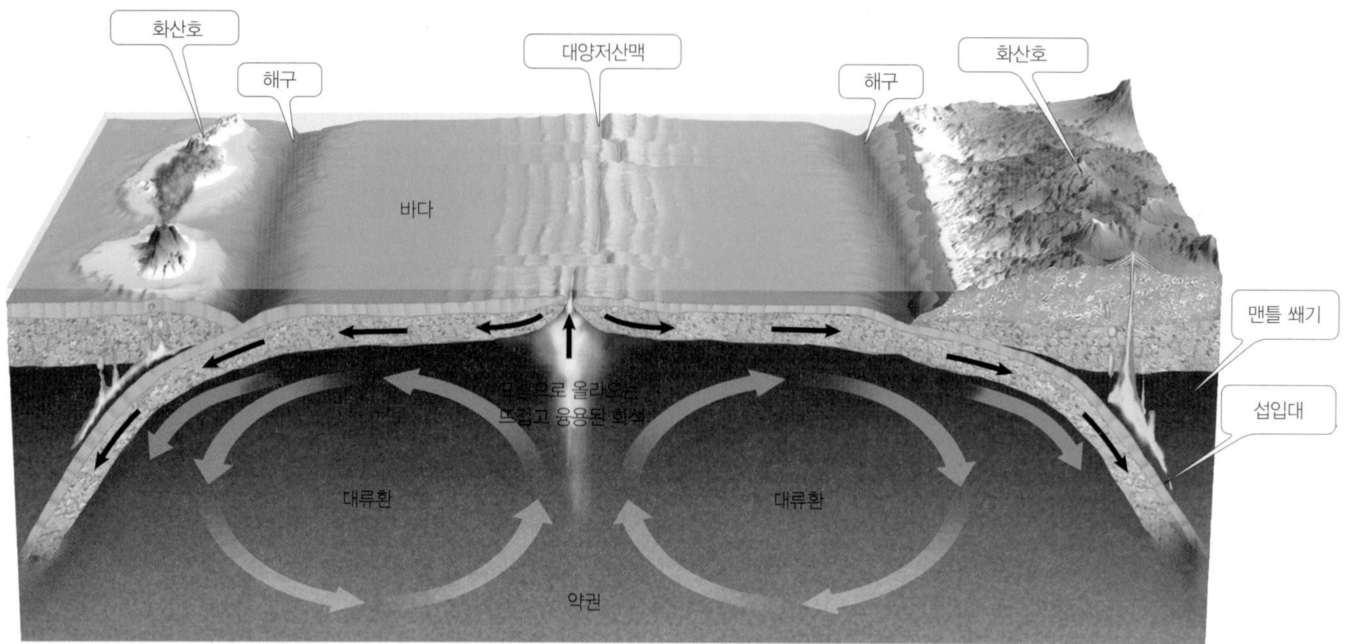

그림 2.9 **판구조운동의 과정과 결과.**

학생들이 자주 하는 질문

그림 2.9에서 보이는 것처럼 맨틀이 거대한 회전운동을 하나요?

아니다. 맨틀대류를 일반적인 대류로 생각해서 맨틀이 용융된 상태로 오해하기 때문이다. 탄성파 탐사 결과는 맨틀의 99% 이상이 고체로 되어 있다. 물론 아주 느리게 유동하기는 하니까 그림에서 보듯이 화살표로 표시하기는 한다. 부분 용융된 맨틀이 존재하는 곳은 (1) 대양저산맥(맨틀의 깊이가 얕아져 압력이 감소하면 용융점이 낮아져 녹게 됨) (2) 섭입판 상부의 쐐기형 맨틀(섭입되는 해양판의 수분 때문에 용융) (3) 격리된 맨틀플룸이다. 다시 강조하지만 맨틀 대부분은 고온의 고체이다. 하지만 충분한 힘이 가해지면 유동한다. 대장장이가 고체의 철을 벼려서 원하는 형태를 만드는 것과 같다. 지구 내부의 압력에 의해 고온의 고체 암석이 유동하게 되는 것을 상상해보라!

Web Animation
용암의 대류
p://goo.gl/dacqQL

요약

판구조론 모델에 의하면 대양저산맥에서 새로운 해저가 만들어지고 해저확장에 의해 외곽으로 이동되어 해구로 섭입되어 파괴된다.

해저가 확장한다는 헤스의 생각은 결국 확정되었다. **대양저산맥**(mid-ocean ridge)은 야구공 실밥이 서로 연결된 것처럼 모든 대양저를 관통하여 연결된 산맥이다(그림 2.9). 이 산맥은 전부 화산기원이며 지구 둘레의 1.5배에 이르고 주변 해저에서 2.5km 이상 솟아있다. 하지만 아이슬란드처럼 해수면 위로 돌출한 것도 있다. 대양저산맥의 정상부 또는 확장축에서 새로운 해저가 만들어진다. 해저확장에 의해 새로운 해저면이 둘로 분리되어 확장축으로부터 멀어지는데, 이 축은 새로 올라온 화산물질로 채워진다. 해저확장은 **확장대**(spreading center)라 하는 대양저산맥 중심축을 따라 일어난다. 대양저산맥은 지퍼를 내려 여는 곳으로 생각할 수도 있다. 그래서 지구의 지퍼(대양저산맥)는 여는 곳이다.

같은 시각 대양저는 **깊은 해구**(ocean trench)에서 파괴된다. 해구는 대양저의 가장 깊은 곳으로 좁은 주름 또는 골짜기 모양이다(그림 2.9). 일부 대지진은 이런 해구에서 발생하는데, 판이 아래로 휘며 서서히 지구 내부로 밀려 들어가는 과정에서 일어난다. 이를 **섭입**(subduction: *sub* = under, *duct* = lead)이라 하고 판이 하부로 들어가면서 만든 경사면을 **섭입대**(subduction zone)라 한다.

1963년에 케임브리지대학교의 지질학자 **프레더릭 바인**(Frederick Vine)과 **드러먼드 매슈스**(Drummond Matthews)는 대양저에 혼란스럽게 나타나고 교대로 바뀌는 대칭적인 지자기 띠를 설명하기 위하여 서로 별로 관련 없어 보였던 해저확장설과 연결을 시도하였다(**그림 2.10**). 그들은 대양저 암석에서 지자기 값이 평균 이상과 이하의 형태를 보이는 이유는 지자기장이 '정상(현재처럼 자북이 북쪽 위치)'과 '역전(극이 남쪽 위치)'이 교대로 일어나기 때문으로 해석하였다. 즉 대양저산맥에서 암석이 만들어질 때 그 당시 지자기장 방향대로 배열된 결과로 생각하였다. 이 암석이 대양저산맥 정상부에서 서서히 이동함에 따라 주기적으로 바뀌는 지자기 띠를 갖게 되고 그 결과 지자기가 대양저산맥을 중심으로 대칭성을 보인다고 하였다.

해저면에 기록된 이러한 지자기의 반복되는 역전은 해저확장설의 가장 강력한 증거가 되었고 동시에 대륙이동의 증거도 되었다. 그러나 베게너가 상상했던 것처럼 대륙이 대양저를 헤치고 이동하는 것은 아니었다. 사실은 해저면은 대양저산맥에서 끊임없이 만들어지고 해구에서 소멸되는 컨베이어 벨트이고 대륙은 그 위에 실려서 이동되는 것이었다. 1960년대 후반에는 이러한 새로운 증거들로 인해 대륙이동설에 대한 대부분의 지질학자들의 생각이 바뀌었다.

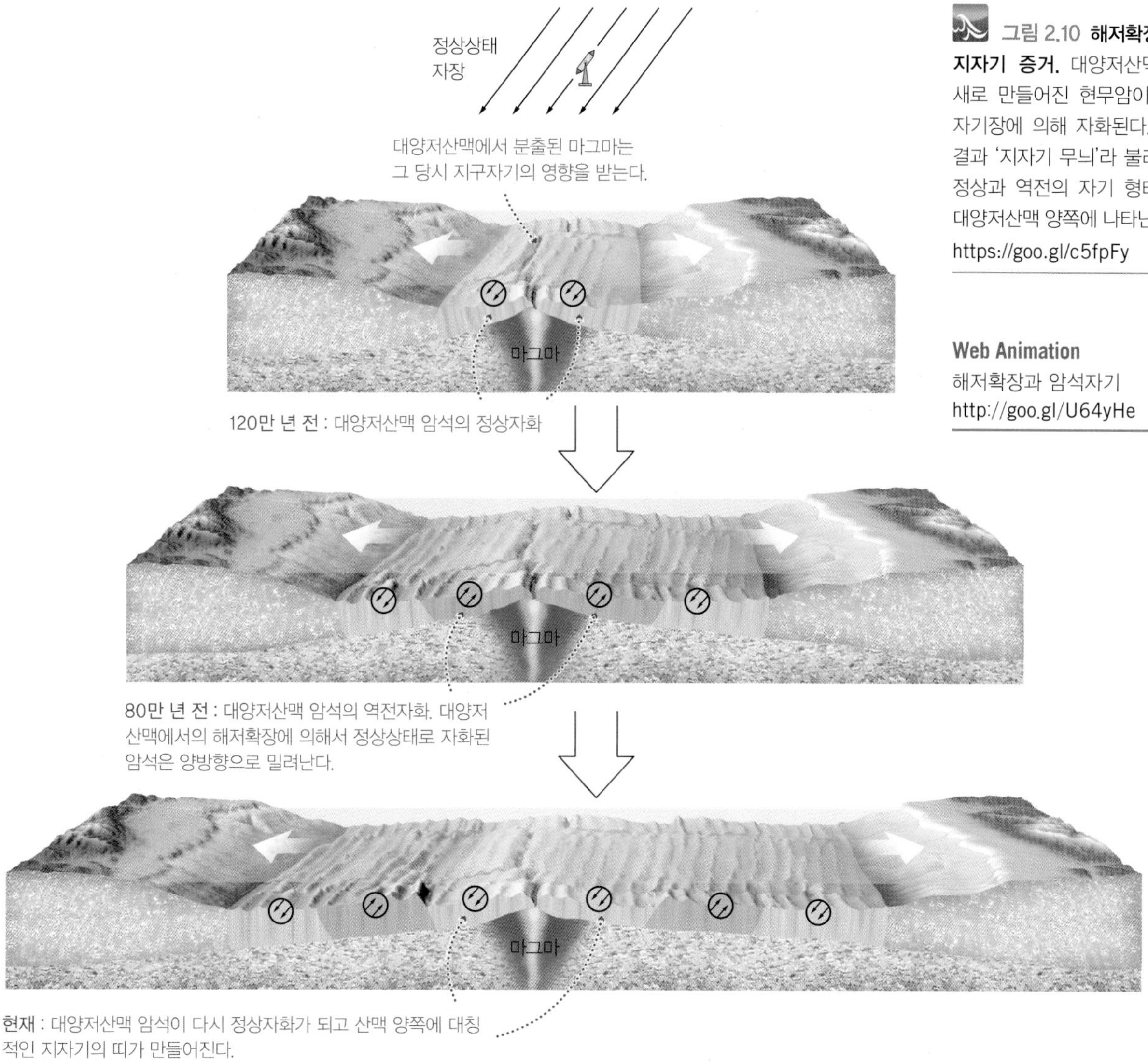

정상상태
자장

대양저산맥에서 분출된 마그마는
그 당시 지구자기의 영향을 받는다.

마그마

120만 년 전 : 대양저산맥 암석의 정상자화

마그마

80만 년 전 : 대양저산맥 암석의 역전자화. 대양저 산맥에서의 해저확장에 의해서 정상상태로 자화된 암석은 양방향으로 밀려난다.

마그마

현재 : 대양저산맥 암석이 다시 정상자화가 되고 산맥 양쪽에 대칭적인 지자기의 띠가 만들어진다.

그림 2.10 **해저확장의 지자기 증거.** 대양저산맥에 새로 만들어진 현무암이 지자기장에 의해 자화된다. 이 결과 '지자기 무늬'라 불리는 정상과 역전의 자기 형태가 대양저산맥 양쪽에 나타난다. https://goo.gl/c5fpFy

Web Animation
해저확장과 암석자기
http://goo.gl/U64yHe

대양저에서 얻어진 다른 증거

대부분의 과학자들의 생각이 지구가 유동한다는 것으로 바뀌기는 했지만 해저에서 얻어진 다른 증거들로 인해 대륙이동과 해저 확장은 더 명확해졌다.

해저의 나이 1960년대 후반 해저확장의 증거를 찾기 위해 심해시추가 시작되었다. 이 사업의 주요 목적 중 하나는 시추한 해저 암석의 방사성 동위원소를 이용한 연대측정이었다. 만약에 해저확장이 사실이라면 대양저산맥에 가장 젊은 암석이 있고 산맥 양쪽으로 나이가 대칭적으로 증가해야 할 것이었다.

그림 2.11은 해저퇴적층 하부 대양저의 나이 분포도인데 지자기의 띠를 이용하여 작성하였고 이를 방사성 동위원소법으로 측정한 수천 개의 자료로 입증한 것이다. 대양저의 나이는 새로운 해저가 만들어지는 대양저산맥 주변이 가장 어리고 산맥의 축을 중심으로 양방향으로 멀어지는 방향으로 증가한다. 또한 대칭적인 연령 분포가 해저확장이 실제로 일어났음을 입증하고 있다.

해저의 나이는 대서양에서 가장 단순하고 대칭적으로 잘 발달하고 있다(그림 2.11). 이는 판게아를 분리시킨 중앙대서양산맥의 형성의 결과이다. 태평양은 주변에 섭입대가 발달한 관계로 대칭성이 가장 약

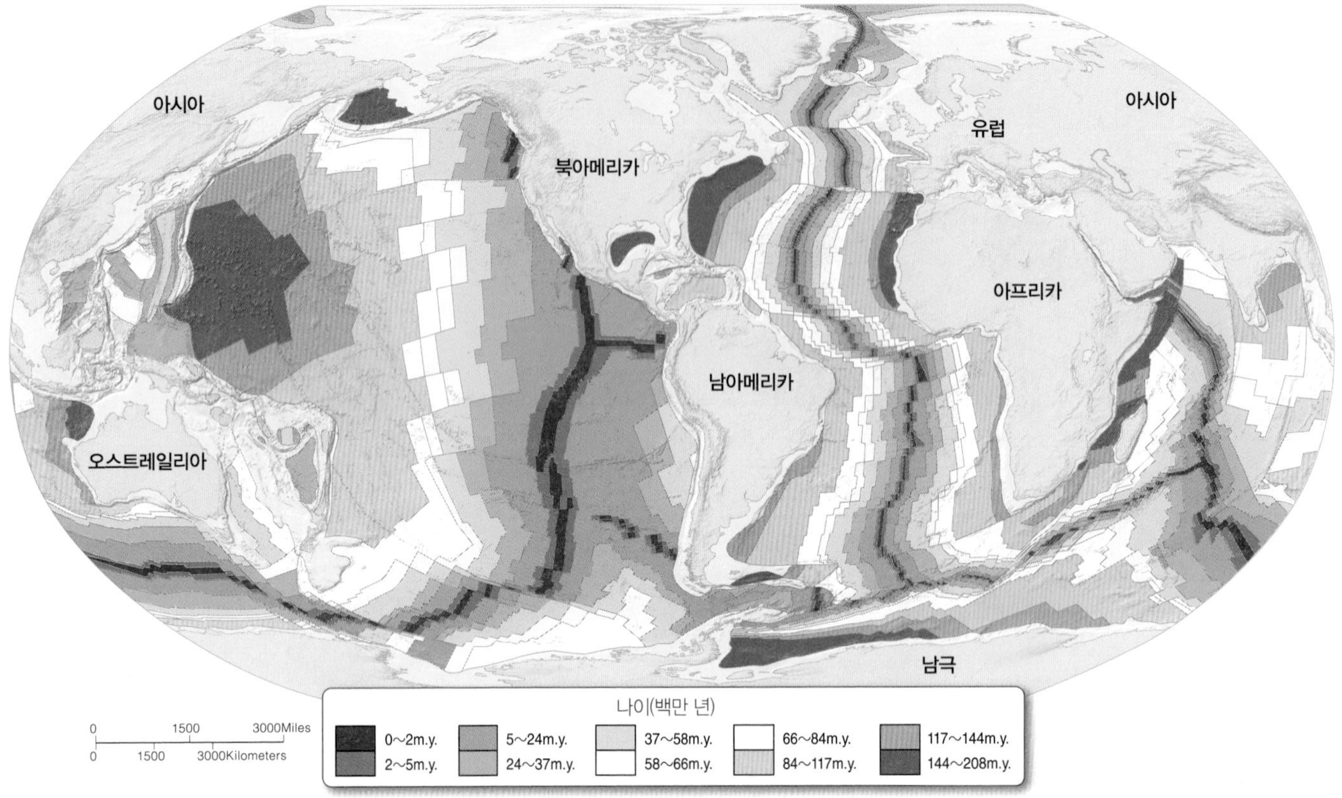

그림 2.11 **심해퇴적물 하부의 해양지각 나이.** 가장 젊은 암석(밝은 붉은색)은 대양저산맥을 따라서 분포한다. 대양저산맥에서 멀어질수록 양방향으로 연령이 증가한다. 나이는 백만 년 단위이다.

하다. 일례로 동태평양해저융기부 동쪽의 4천만 년 이상 된 해저는 이미 섭입되었다. 반면에 북서태평양에는 1억 8천만 년 된 해저도 존재한다. 동태평양해저융기부 일부는 북아메리카로 섭입되어 사라지고 있다. 태평양의 연령 띠의 폭은 대서양이나 인도양에 비해 넓은데, 이는 해저확장 속도가 태평양이 가장 크다는 것을 의미한다.

제1장에서 바다는 40억 년 이상 되었다고 했으나 가장 오래된 해저는 불과 1억 8천만 년이고 대부분의 해저는 이 나이의 절반도 안된다(그림 2.11 참조). 어째서 대양저의 나이는 그렇게 젊은가? 판구조론에 의하면 대양저산맥에서 새로 만들어진 해저면은 확장 · 이동되어 궁극적으로 섭입된 후 맨틀에서 재용융된다. 이런 과정을 거쳐 해저가 재생된다. 지금의 해저면은 40억 년 전 것과는 다르다.

대양저가 그렇게 젊다면 대륙 암석의 나이가 오래된 이유는 무엇일까? 방사성동위원소를 이용한 연령 측정 결과 대륙에서 가장 오래 된 암석의 나이는 약 40억 년으로 밝혀졌다. 다른 대륙 암석들도 이와 유사한데, 이는 계속해서 새로운 해저를 만드는 작업이 대륙에서는 일어나지 않았다는 것을 의미한다. 대륙 암석은 밀도가 낮아서 해저확장에 의해 재순환되지 않고 지표면에 오랜 기간 머물러 있었다는 증거가 있다.

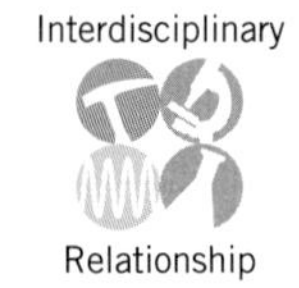

지열류량 지표로 올라오는 지구 내부의 열을 **지열류량**(heat flow)라 한다. 이 열은 대류하는 마그마와 함께 지표로 올라온다고 생각된다. 대부분의 열은 대양저산맥의 확장대로부터 올라온다(그림 2.9 참조). 회전하는 대류환 한쪽에서는 냉각된 맨틀이 섭입대를 따라 침강하고 있다.

대양저산맥에서의 지열류량은 지각 평균의 8배에 달한다. 또한 해저가 섭입하는 해구에서는 평균값의 1/10에 불과하다. 지각의 두께가 대양저산맥에서 얇고 해구에서 2배에 달하는 것으로 보아 지열류량이 대양저산맥에서 증가하고 섭입대에서 감소하는 것을 짐작할 수 있다(그림 2.9 참조).

지진 지진은 단층운동이나 화산분출에 의해 갑자기 방출된 에너지에 의해 발생한다. 대부분의 지진은 해구를 따라 일어나는데, 이는 섭입과정 중에 에너지가 배출됨을 시사한다(**그림 2.12a**). 일부는 대양저산맥을 따라 발생하기도 하는데, 이는 해저확장에 의한 것이다. 해양과 대륙의 주요 단층선을 따라 발생하는 지진은 판들이 접촉하는 곳에서 힘이 방출된다는 것을 보여준다. 그림 2.12를 보면 전 세계 지진의 분포가 판의 경계부와 잘 일치함을 알 수 있는데, 이는 판 경계부에서의 상호작용 때문이다.

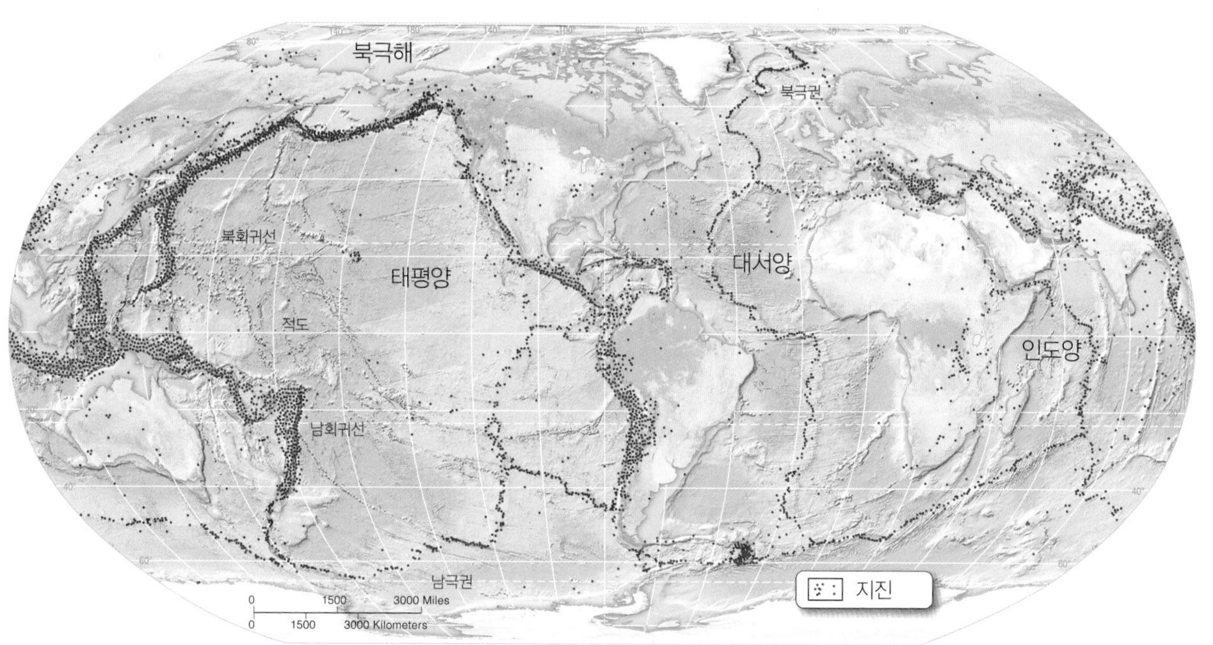

(a) 1980~1990년 사이에 발생한 규모 5.0 이상의 지진 분포도

Web Animation
판 경계부에 따른 지형
https://goo.gl/6tCtfQ

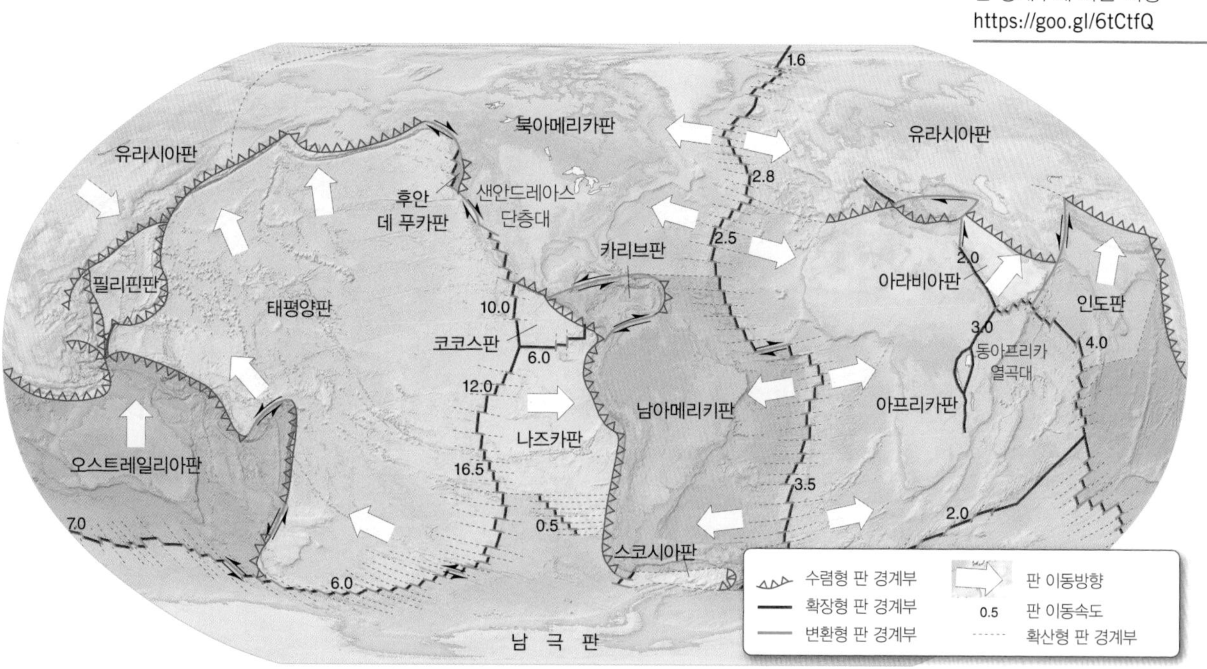

(b) 주요 판 경계부(어두운 곳). 화살표는 이동방향, 숫자는 이동속도(cm/y)이다.

그림 2.12 지진과 판 경계. (a) 지진 분포도 (b) 판 분포도. 지진과 판 경계부 위치가 아주 유사하다.
https://goo.gl/aYGmK9

학생들이 자주 하는 질문

판은 어느 속도로 이동하며 속도는 항상 일정한가요?

현재 판 이동속도는 2~12cm/y인데 이는 손톱이 자라는 속도와 같다. 인간의 손톱 성장속도는 가계, 성, 섭생, 운동량 같은 많은 요소에 좌우되지만 평균적으로 8cm/y이다. 이 속도가 별로 빠르지 않다고 느낄지 모르지만 판은 수백만 년에 걸쳐 이동하고 있다. 아무리 속도가 느리더라도 시간이 오래 경과되면 장거리 이동이 가능하다. 만약에 8cm/y 속도로 자라는 손톱도 백만 년 후에는 80km가 된다.

수백만 년 전에는 판 이동속도가 지금보다 더 빨랐다. 빠르게 확장하는 곳에는 해저암석이 더 많이 만들어지기 때문에 지질학자들은 해저확장으로 만들어진 해양지각의 너비를 이용하여 판 이동속도를 계산할 수 있다(관계식과 그림 2.11을 이용하면 태평양과 대서양 중 어느 곳의 확장속도가 더 빠른지를 알 수 있다). 같은 방식으로 얻은 최근의 결과에 의하면 약 5천만 년 전의 인도의 이동속도는 19cm/y이었다. 또 다른 연구에 의하면 약 5억 3천만 년 전의 판 이동속도는 무려 30cm/y에 도달한다! 왜 이렇게 속도가 빨랐을까? 지질학자들은 과거에 판이 왜 이렇게 빠르게 이동했는지 자세히는 모르지만 지구 내부에서 방출된 열이 증가한 것을 원인으로 짐작하고 있다.

인공위성을 이용한 판운동 측정

1970년대 후반부터 궤도위성을 이용한 정밀한 위치측정이 가능하게 되었다(배의 항해에도 이용된다, 심층 탐구 1.1 참조). 판이 이동한다면 위성이 시간에 따른 움직임을 알아낼 수 있다. 지구상 여러 곳에 관측점을 설치했고 그 결과 판이 이동했으며 속도와 방향도 판구조론으로 예측한 대로였다는 사실이 밝혀졌다(그림 2.13). 이러한 정확한 위치 예측으로 판이 상대적으로 이동한다는 판구조론이 확인되었다.

판구조론의 인정

과학자들은 대륙이 이동한다는 기존의 증거 외에 위에서 열거한 증거들에 의해 대륙이동을 확신하게 되었다. 지구 최외곽 층의 이동과 대륙과 해저에서 형성된 지형을 바탕으로 1960년대 후반부터는 학설이 대륙이동설과 해저확장설을 합친 판구조론으로 귀착되었다. 판이란 유연한 성질을 가진 **약권**(asthenosphere: *asthenos* = weak, *sphere* = ball) 위에 떠 있는 **암석권**(lithosphere: *lithos* = rock) 조각을 의미한다.[5]

판은 무슨 힘에 의해 이동할까? 운동을 일으키는 힘에 대해 몇 가지 설이 있지만 판운동의 힘에 대한 정설은 없다. 최근의 암석권과 맨틀의 상호작용에 관한 간단한 모델에 의하면 크게 두 가지의 힘이 섭입판(slab)의 끝에서 작용하는 것으로

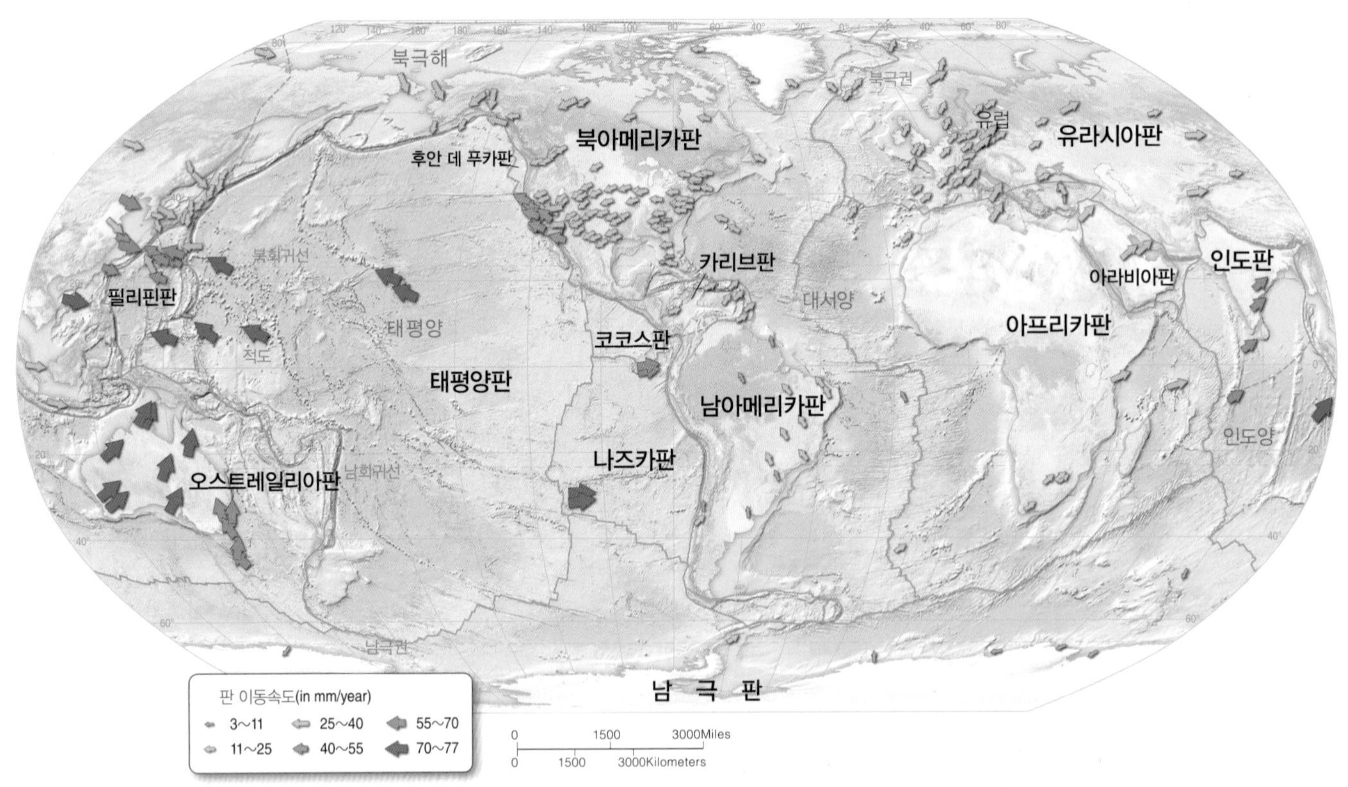

그림 2.13 위성으로 측정한 각 지형 위치. 위성으로 지속적인 측량을 하여 이동방향을 알아낸다. 판의 이동속도(mm/y)는 화살표 색으로 표기하였다. 판의 경계는 파란색으로 표시하였고 점선은 경계가 명확하지 않은 곳이다.

5 암석권(암권)과 약권의 특징 설명은 제1장에 있다.

생각되고 있다. (1) 당기는 힘(slab pull), 섭입되는 판의 무게가 상부의 판보다 무거워 가라 앉으면서 나머지 부분을 당김 (2) 빨아들이는 힘(slab suction), 섭입판이 점성이 높은 맨틀을 끌고 들어가 맨틀을 섭입대로 유동시켜 그 결과 마치 마개 열린 욕조 위의 부유물이 그 방향으로 이동하듯 주변 판들을 빨아들인다. 고해상도 탄성파 연구에 의하면 암석권 하부에 부분 용융된 층이 있고 이 때문에 섭입이 쉽게 일어나는 것으로 보인다. 상부 맨틀의 점성도 차이에 의해 맨틀 유동성이 달라지고 그 결과 판운동의 강약이 조절된다는 모델도 있다. 과학자들이 판운동을 일으키는 힘에 대해 열심히 연구하고 있지만 맨틀의 접근성과 복잡성에 대한 어려움이 있다.

판구조론이 인정된 후 연구의 주 관점은 대륙과 해양의 판 경계부에서 나타나는 여러 현상을 이해하는 것으로 옮겨갔다.

요약

위성을 이용한 판 이동 측정 같은 독립적인 증거들이 판구조론의 강력한 증거이다.

개념 점검 2.2 | 판구조론의 증거를 요약하라.

1 지자기장의 형태와 변화양상은?
2 해저확장설을 설명하라. 그 학설이 판구조론의 중요한 토대가 된 이유는?
3 전 세계 지진 분포도가 판 경계부와 잘 일치하는 이유는?

Web Animation
판 경계부의 운동
http://goo.gl/LNnG80

2.3 판 경계부의 특징

판들이 상호작용하는 판 경계부는 조산운동, 화산, 지진 같은 지각운동이 활발한 지역이다. 판 경계부의 위치에 대한 단서는 그곳에서 일어나는 지각운동에 있다. 그림 2.12에서 보듯이 지진대와 판 경계부는 거의 일치한다. 지구 표면에는 7개의 주요 판과 다른 작은 판들이 있다(그림 2.12b). 이 그림을 더 자세히 살펴보면 판 경계부와 해안선은 항상 일치하는 것은 아니며 대부분의 판이 해양지각과 대륙지각을 모두 포함하고 있다.[6] 또한 판 경계부의 약 90%는 바다에 위치한다.

판 경계부는 세 가지 형태가 있다(그림 2.14). **확장형 판 경계부**(divergent boundary: *di* = apart, *vergere* = to incline)는 새롭게 만들어진 암석권이 더해지는 곳인 대양저산맥이다. **수렴형 판 경계부**(convergent boundary: *con* = together)는 판이 함께 이동하는 곳이며 한 판이 다른 판 하부로 섭입하는 곳이다. **변환형 판 경계부**(transform boundary: *trans* = across, *form* = shape)는 판이 다른 판을 천천히 비껴가는 운동이 일어나는 곳이다. 판 경계부의 특징, 판운동 과정, 지형, 예 등을 표 2.1에 수록하였다.

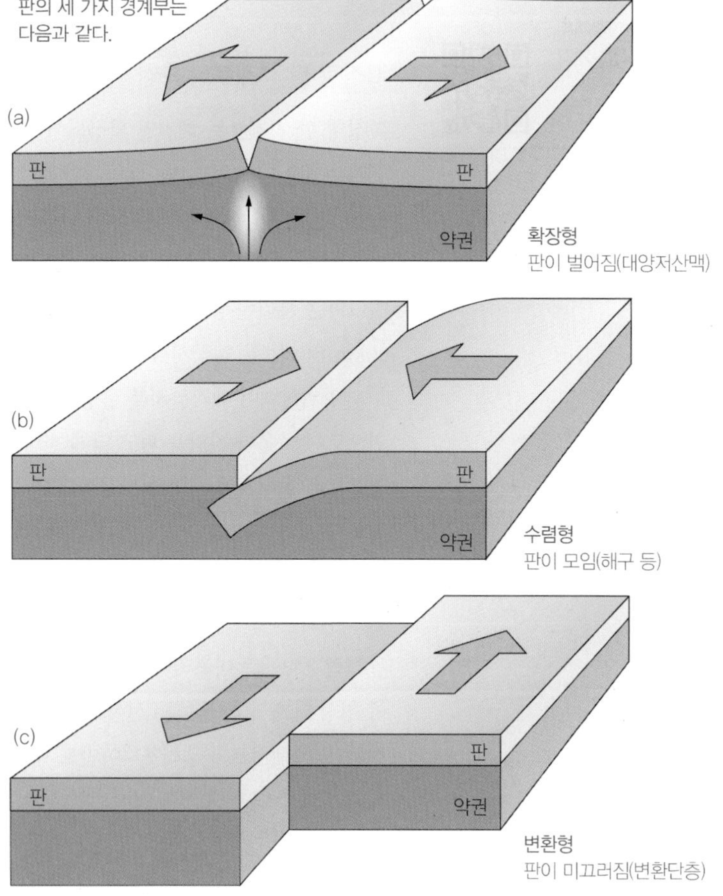

그림 2.14 판 경계부의 세 가지 형태.

6 제1장에 현무암질 해양지각과 화강암질 대륙지각의 차이점을 설명하였다.

표 2.1 판 경계부의 특징, 판운동과정, 지각형태, 예

판 경계부	판운동	지각형태	해저면(생성, 소멸)	판운동종류	해저면형태	지역(예)
확장형	벌어짐	해양-해양	새 해저면 형성	해저확장	대양저산맥, 화산, 새로운 용암	중앙대서양산맥 동태평양해저융기부
		대륙-대륙	대륙분리에 의해 새 해저면 형성	대륙열개	열곡, 화산, 새로운 용암	동아프리카지구대 홍해, 캘리포니아만
수렴형	모임	해양-대륙	오래된 해저면 소멸	섭입	해구, 호상화산	안데스산맥 페루-칠레해구
		해양-해양	오래된 해저면 소멸	섭입	해구, 호상열도	알류산열도 마리아나제도
		대륙-대륙	N/A	충돌	높은 산맥	히말라야산맥 알프스산맥
변환형	서로 엇갈림	해양	N/A	변환단층	단층	멘도시노단층 엘타닌단층(대양저산맥 사이)
		대륙	N/A	변환단층	단층	샌안드레아스단층 알파인단층(뉴질랜드)

표 2.1 **판 경계부의 특징, 판운동과정, 지각형태, 예**
https://goo.gl/Lj7TyM

확장형 판 경계부의 특징

확장형 판 경계부는 해저가 확장되어 새로운 해양암석권이 만들어지는 대양저산맥처럼 2개의 판이 벌어지는 곳이다(**그림 2.15**). 대양저산맥 정상부의 **열곡**(rift valley)은 중앙부에 길게 함몰된 지형이다(**그림 2.16**). 열곡 중앙부의 장력에 의한 단층의 존재로 보아 판이 솟아오르는 대양저산맥에서 용출한 물질에 밀려 갈라져 나간 것이 아니고 연속적으로 잡아당겨져서 벌어졌음을 시사한다. 대양저산맥 하부에 용출한 마그마는 분리된 암석판에 의해 벌어진 틈을 메운 것에 불과하다. 해저확장에 의해 전 세계에서 매년 약 20km^{3}의 새로운 해양지각이 만들어진다.

대양저산맥이 해저분지를 형성하는 과정에 대한 설명이 **그림 2.17**에 나와 있다. 처음에 용융물질이 표면으로 솟아올라 지각을 펴고 얇게 한다. 화산활동에 의해 엄청난 양의 고밀도 현무암이 공급된다. 판이 양쪽으로 벌어지기 시작하면 선형의 열곡이 만들어지고 화산활동은 계속된다. **열개**(rifting)라 불리는 대륙의 절개와 확장이 진행됨에 따라 이 지역은 해수면 아래로 침강한다. 그 결과 마침내 열곡에 바닷물이 침범하여 기다란 선형의 바다가 만들어진다. 해저확장이 수백만 년 지속되면 2개의 대륙 중간에 대양저산맥이 위치한 새로운 해저분지가 형성된다.

그림 2.18에 동아프리카에서의 2단계 해저분지 발달을 도시하였다. 첫째는 장력으로 열곡이 열리는 열곡 형성 단계이다. 둘째는 선형의 바다 형성 단계인 홍해이다. 홍해는 열개되어 육지가 해수면 이하로 침강하였다. 멕시코의 캘리포니아만도 역시 같은 형태의 바다이다. 캘리포니아만과 홍해는 가장 젊은 바다이며 불과 수백만 년 전에 형성되었다. 이 지역에 열개가 계속되면 궁극적으로 거대한 바다가 될 것이다.

해저융기부와 대양저산맥 해저확장속도는 대양저산맥마다 다르며 산맥 형태에 지대한 영향을 미친다. 확장속도가 빠른 곳은 산맥이 넓고 굴곡이 작은데, 그 이유는 확장속도가 빠른 지역에서는 새로 만들어진 거대한 양의 암석이 확장축에서 빠른 속도로 이동하므로 확장속도가 느린 지역보다 열에 의한 수축과 침강이 작기 때문이다. 확장속도가 빠른 대양저산맥은 암석이 냉각, 수축, **침강**(subsidence, 침하운동) 등에

그림 2.16 아이슬란드의 열곡. 중앙대서양산맥 위에 위치한 아이슬란드 라키화산 남쪽에서 바라본 열곡(붉은색 원). 사진을 반분하는 열곡은 아래쪽에서 지평선 방향으로 연장된 화산줄기로 나타난다. 붉은 원 안의 버스를 이용하면 사진 크기를 짐작할 수 있다.

그림 2.15 대양저산맥의 확장형 판 경계부.

소요되는 시간이 확장속도가 느린 것이 비해 짧다. 그 결과 확장속도가 빠른 곳은 느린 곳에 비해 경사가 더 완만해진다. 또한 느리게 확장하는 산맥의 중앙열곡부는 더 크고 잘 발달되어 있다(**그림 2.19**).

경사가 완만하고 확장속도가 빠른 대양저산맥을 **해저융기부**(oceanic rise)라 한다. 태평양판과 나즈카판 사이에 위치한 **동태평양 해저융기부**(East Pacific Rise)는 넓고, 낮고, 해저로부터 완만하게 융기한 형태로 중앙열곡이 작고 희미하며 확장속도는 무려 16.5cm/y에 달한다(**그림 2.19b**).[7] 반대로 경사가 급하고 느린 확장대의 대양저산맥을 **해저산맥**(oceanic ridge)이라 한다. 남아메리카와 아프리카판 사이에 위치한 **중앙대서양산맥**(Mid-Atlantic Ridge)은 높고, 경사가 급하고, 주름이 많은 해저산맥으로서 평균 확장속도가 2.5cm/y이고 주변 해저로부터 3,000m 정도 솟아 있다(**그림 2.19a**). 중앙열곡의 폭은 무려 32km이고 깊이는 2km에 달한다. 그림 2.19에 표시한 해저산맥과 융기부는 같은 축척을 사용하였다. 확장속도가

7 확장속도는 확장축에서 멀어지는 양쪽 판의 이동으로 대양저가 벌어지는 속도이다.

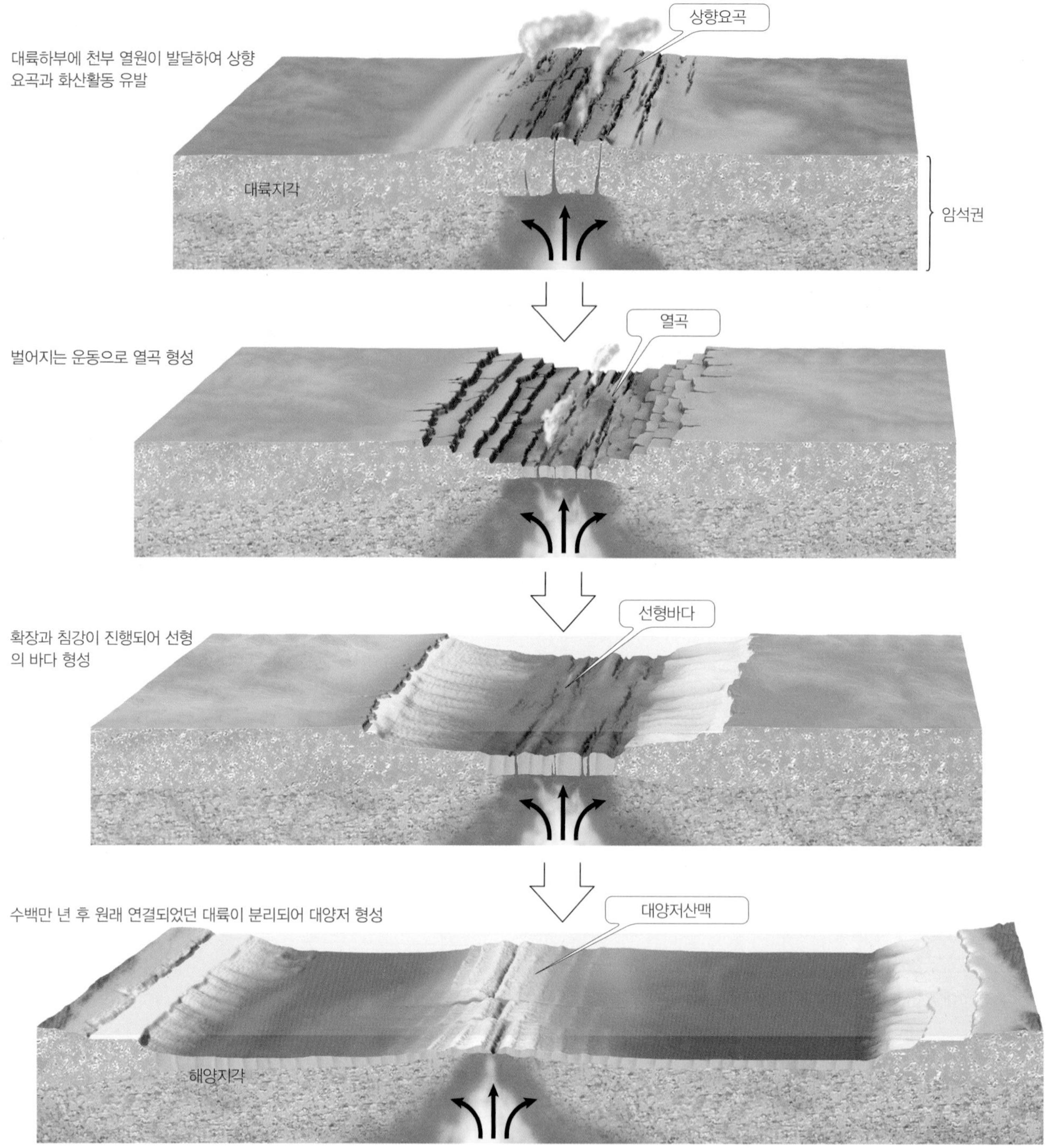

대륙하부에 천부 열원이 발달하여 상향 요곡과 화산활동 유발

상향요곡

대륙지각

암석권

벌어지는 운동으로 열곡 형성

열곡

확장과 침강이 진행되어 선형의 바다 형성

선형바다

수백만 년 후 원래 연결되었던 대륙이 분리되어 대양저 형성

대양저산맥

해양지각

그림 2.17 **해저확장에 의한 대양저 형성.**

Web Animation
해저확장에 의한 대양저 형성
http://goo.gl/jiMit1

빠른 동태평양해저융기부(그림 2.19b)가 확장속도가 느린 중앙대서양산맥(그림 2.19a)에 비해 5천만 년 동안에 얼마나 더 확장되었는가에 주목하라.

최근 들어 **초저속확장대**(ultra-slow spreading centers)라 불리는 새로운 등급의 확장대가 알려졌다. 이 확장대는 남서인도양과 북극해 일부의 대양저산맥에서 발견되었는데, 확장속도는 2cm/y 이하이고 열곡은 깊으며 화산이 드물게 분포하는 것이 특징이다. 확장속도가 너무 느려 맨틀이 판형으로 화산 사이에 노출되어 있다.

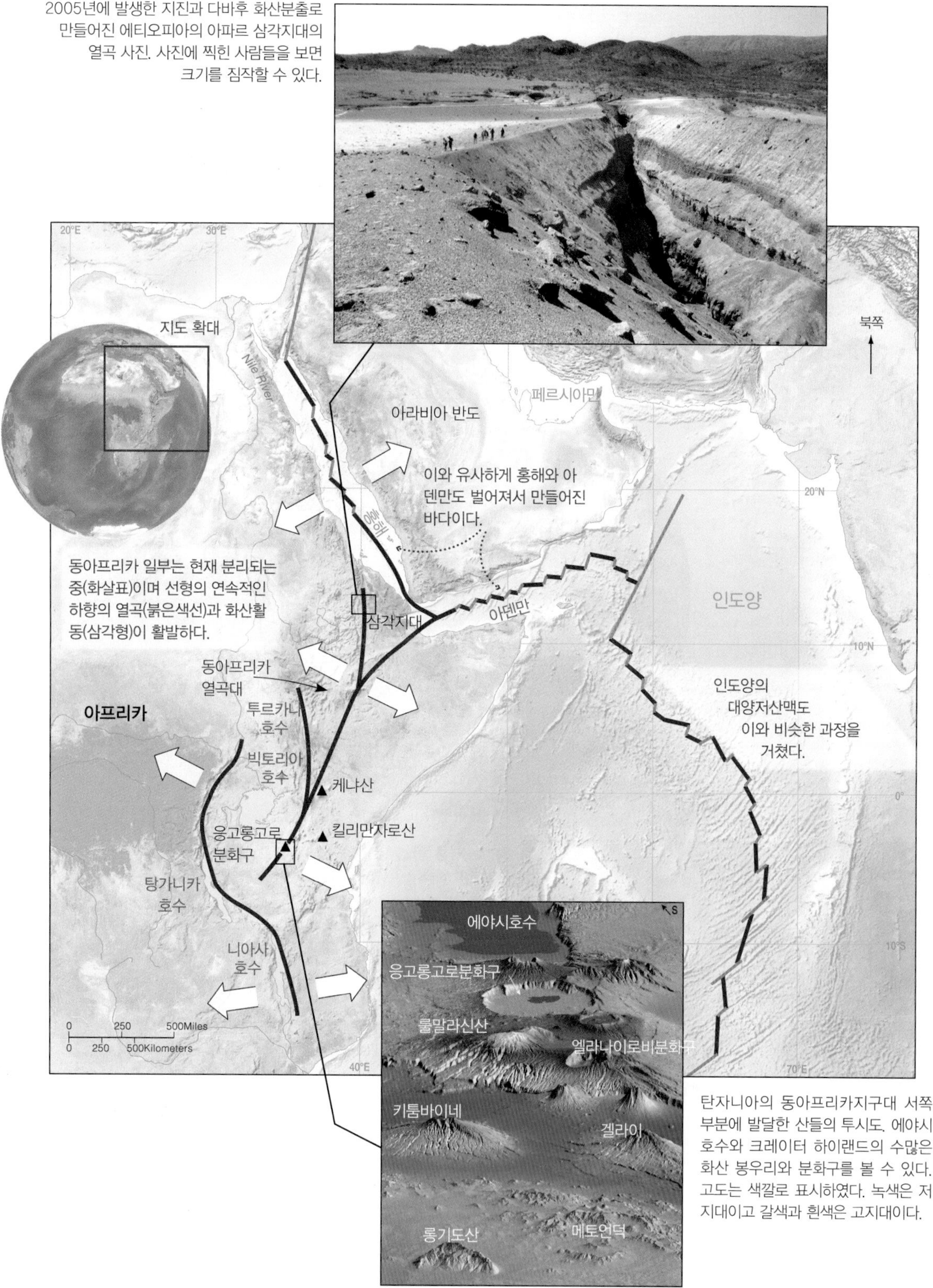

그림 2.18 **동아프리카열곡대와 주변 지형.**

확장이 느린 중앙대서양산맥은 높고, 급경사이며 울퉁불퉁하고 열곡이 잘 발달되어 있다.

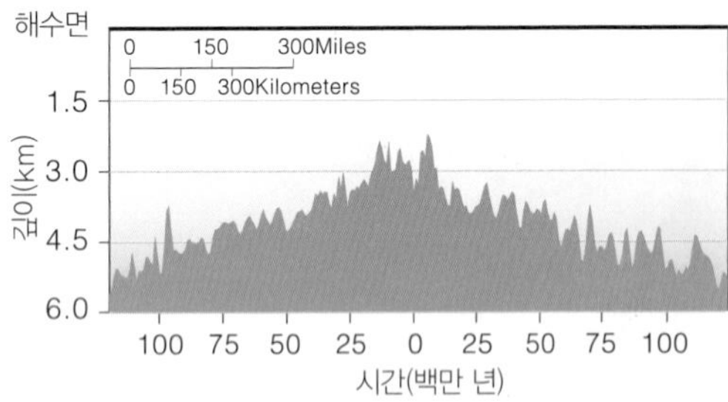

(a) 해저산맥 단면도

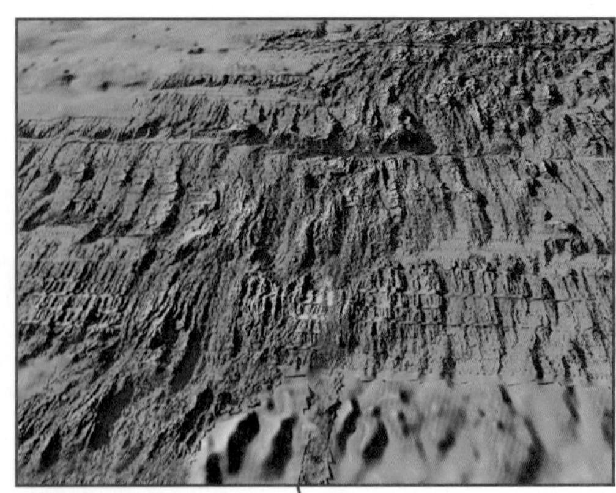

중앙대서양산맥

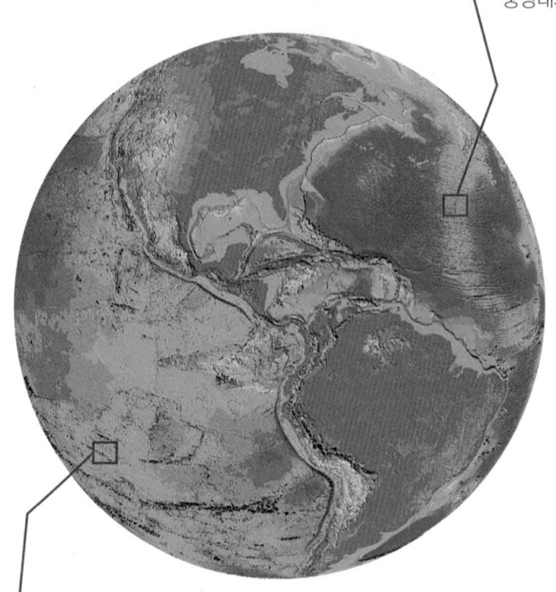

동태평양해저융기부

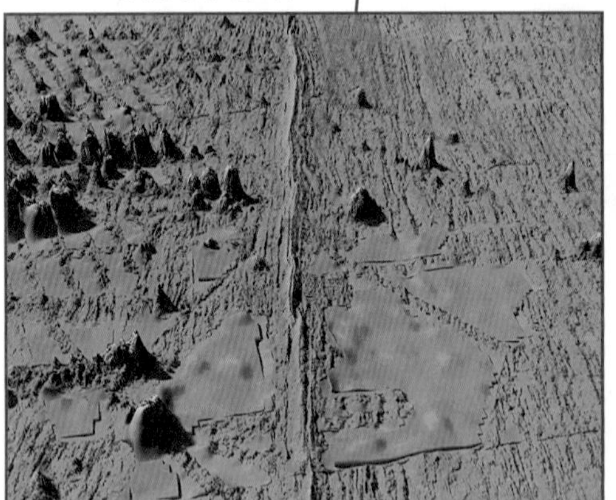

확장이 빠른 동태평양해저융기부는 넓고, 낮고 완만하며 열곡이 뚜렷하지 않다.

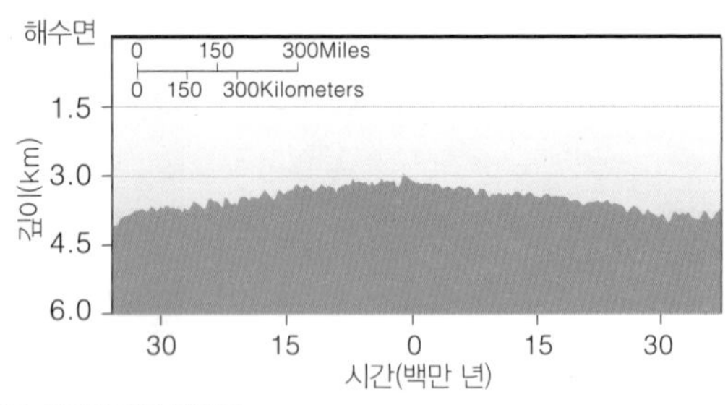

(b) 해저융기부 단면도

그림 2.19 **해저융기부와 해저산맥의 비교.** 인공위성을 이용한 해저지형 투시도. 해저산맥(a)과 해저융기부(b)의 차이를 알 수 있다. 두 그림의 축척은 같다.

https://goo.gl/Zh9QSS

확장형 판 경계부의 지진 확장형 판 경계부를 따라 발생하는 지진의 에너지는 확장속도와 관계 있다. 확장속도가 빠르면 각각의 지진에서 방출되는 에너지는 감소한다. **지진규모**(seismic moment magnitude, Mw)는 지진발생으로 방출된 주기가 긴 지진파의 에너지 크기이다. 더 큰 규모의 지진을 기록하기 위한 이 등급은 이미 잘 알려진 **리히터 규모**(Richter scale)보다 더 많이 사용되고 있으며 Mw로 표기한다. 확장속도가 느린 중앙대서양산맥 열곡의 지진규모는 최대 약 $M_w = 6.0$인 반면에 확장이 빠른 동태평양해저융기부는 대부분 $M_w = 4.5$ 이하이다.[8]

수렴형 판 경계부의 특징

판이 모이고 충돌하는 수렴형 판 경계부에서는 일반적으로 한 판이 다른 판 하부로 밀려들어가 해양지각이 파괴되고 맨틀에서 재용융된다. 이와 관련된 흔한 지형이 대부분 심해 해구이며 이곳은 섭입이 시작되는 깊고, 좁은 침하대이다. 또 다른 특징은 **화산호**(volcanic arc)라 불리는 화산활동이 아주 활발한 활 모양의 화산대로서 해구와 평행하고 섭입대 상부에 위치한다. 화산기원 호상열도는 섭입되는 쐐기모양의 판 상부가 가열되어 방출된 초고온의 가스로부터 만들어지는데 물이 주 성분으로서 상부의 맨틀을 부분용융시킨다. 가열된 암석은 주위 암석보다 가벼워 서서히 상승하여 활화산이 된다.

그림 2.20은 2개의 각기 다른 지각(해양과 대륙)이 만나서 만들 수 있는 세 가지 형태의 수렴형 판 경계부의 모식도이다.

해양판-대륙판의 수렴 해양판과 대륙판이 만나면 더 무거운 해양판이 섭입된다(**그림 2.20a**). 해양판이 약권으로 섭입되고 가열되어 방출된 초고온의 가스에 의해 부분 용융된 상부의 맨틀은 위를 덮은 대륙판을 통과하여 표면으로 융기한다. 융기하는 현무암질 마그마는 대륙지각의 **화강암**(granite)과 혼합되어 현무암과 화강암 중간 정도의 성분을 갖는 화산으로 분출한다. 이러한 성분의 화산암 종류 중 하나가 **안산암**(andesite)인데, 이 명칭은 이 암석이 흔한 남아메리카 안데스산맥에서 온 것이다. 현무암질 마그마에 비해 안산암질 마그마가 점성이 더 크고 가스 함량도 더 높아서 안산암질 화산이 폭발력이 훨씬 더 크고 파괴적이다. 섭입대 상부의 대륙에서의 이러한 화산활동의 결과로 만들어지는 화산호를 **호상화산**(continental arc)이라 한다. 호상화산은 안산암질 화산분출물과 판의 충돌로 야기된 습곡과 융기의 결과이다.

섭입판을 만드는 확장대가 섭입대에서 충분히 먼 곳에 위치하는 경우, 해구는 대륙 주변을 따라 잘 발달한다. 페루-칠레 해구가 좋은 예이며 섭입판 상부맨틀의 부분용융으로 만들어진 호상화산이 안데스산맥이다. 확장대가 섭입대에 가깝게 위치할 경우에는 해구가 잘 발달하지 않는다. 워싱턴과 오리건 해안 외측의 북아메리카 하부로 섭입하여 캐스케이드산맥 호상화산을 만든 후안 데 푸카판이 이에 해당한다(**그림 2.21**). 후안 데 푸카 해저산맥은 북아메리카판과 너무 가까워 섭입되는 암석권 나이가 천만 년 이하여서 충분이 깊어질 만큼 냉각되지 못했다. 게다가 컬럼비아강이 운반한 다량의 퇴적물이 해구를 채우고 있다. 캐스케이드 화산 여러 곳이 지난 100년 이내에 분출하였다. 가장 최근인 1980년 5월에 폭발한 세인트헬렌스 화산 때문에 62명이 희생되었다.

해양판-해양판의 수렴 해양판이 서로 수렴하게 되면 더 무거운 판이 섭입된다(**그림 2.20b**). 일반적으로 판이 오래될수록 더 무거운데 더 오랫동안 냉각과 수축이 진행되었기 때문이다. 이 경우 아주 깊은 해구를 만드는데 서태평양의 마리아나해구가 이에 해당한다. 해양-대륙의 수렴의 경우와 유사하게 섭입판에 가열, 초고온 가스 방출, 상부의 맨틀에서 부분용융이 일어

학생들이 자주 하는 질문

'화산호'라고 부르는 이유가 뭔가요?

지구가 구체가 아니고 평면이라면 섭입대 상부의 화산은 활 모양이 아니고 직선 형태일 것이다. 그러나 지구는 구체여서 활의 형태를 보이게 된다. 탁구공을 손가락으로 찌그리면 이런 활 모양이 나타난다. 마찬가지로 판이 맨틀로 섭입할 때도 같은 현상이 나타난다.

8 지진규모가 1단계 커지면 에너지는 약 30배 증가한다.

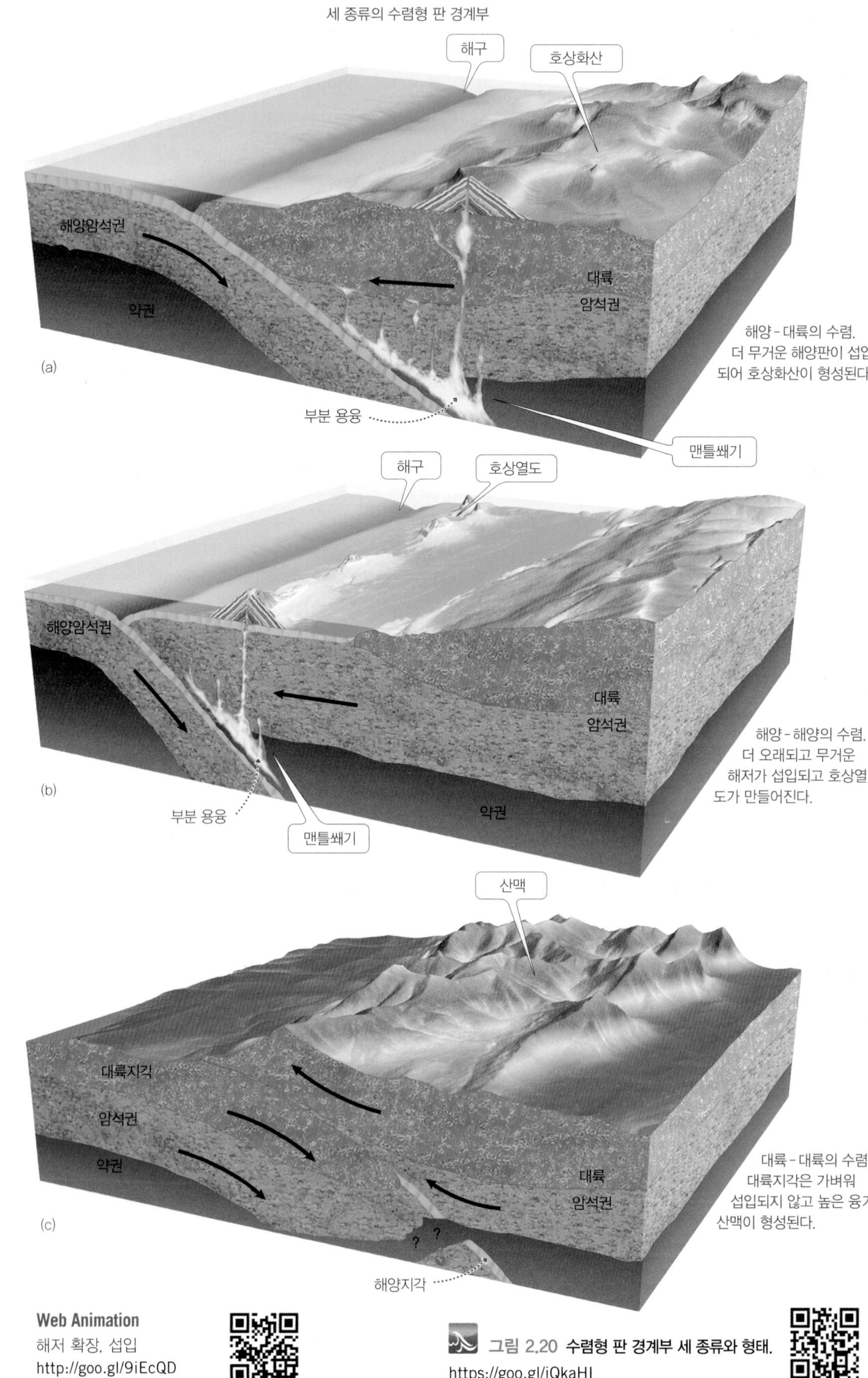

Web Animation
해저 확장, 섭입
http://goo.gl/9iEcQD

그림 2.20 **수렴형 판 경계부 세 종류와 형태.**
https://goo.gl/iQkaHI

난다. 용융된 가벼운 마그마는 표층으로 상승하여 활화산이 되어 활 모양의 화산군도를 형성하는데, 이를 **호상열도**(island arc)라 한다. 대륙의 화강암질 암석과 혼합될 일이 없으므로 대부분 현무암질로 되어 있어서 분출이 별로 파괴적이지 않다. 이들의 예는 서인도양의 리워드 앤드 윈드워드 섬, 카리브해의 푸에르토리코섬, 북태평양의 알류샨해구와 알류샨 섬이 있다.

대륙판-대륙판의 수렴 대륙판끼리 수렴할 경우 어느 쪽이 섭입될까? 아무래도 더 오래된 판(더 무거울 것으로 생각되는)이 섭입되리라고 예상할 것이다. 그러나 대륙성 암석권은 해양성과는 달리 더 오래되었다고 해서 더 무거워지지 않는다. 다시 말하면 두 판 모두 섭입되지 않는데, 그 이유는 맨틀 속으로 가라앉기에는 밀도가 너무 낮기 때문이다. 그 결과 2개의 판의 충돌로 높은 산맥이 융기하게 된다(**그림 2.20c**). 이러한 산맥은 과거에 각각의 대륙판이 분리되었던 해저에 퇴적된 퇴적물이 습곡작용과 변형을 받아 만들어진 퇴적암으로 되어 있다. 해양지각은 이 산맥 하부에 섭입되어 있을 것이다. 이러한 대륙과 대륙 수렴의 가장 좋은 예가 인도와 아시아의 충돌이다(**그림 2.22**). 충돌은 4천 5백만 년 전에 시작되었고 그 결과 지구상에서 가장 높은 히말라야 산맥이 형성되었다.

수렴형 판 경계부와 지진 지진은 확장대와 해구 모두에서 나타나는데, 양상은 다르다. 확장대에서는 천발지진이 발생하며 진원은 10km 이내이다. 반면에 해구에서는 표층에서부터 지구에서 일어난 지진 중 가장 깊은 670km에 이르기까지 다양하게 발생한다. 이러한 지진들은 약 20km 폭의 범위 안에서 집중 발생하는데, 이는 섭입대와 일치한다. 수렴형 판 경계부의 섭입판의 형태는 해구로부터 연속되는 지진을 추적하여 알아낸 것이다.

수렴형 판 경계부의 대지진은 여러 요소가 결합된 결과이다. 판의 수렴에 따른 충돌에 의한 힘은 엄청난 것이다. 거대한 암석권은 서로 강하게 충돌하고 섭입판은 표면에서 침강할 때 휘어지게 된다. 더욱이 수렴형 판 경계부의 두꺼운 지각은 확장형 판 경계부의 얇은 지각보다 에너지를 더 비축하게 된다. 또한 지하 깊은 곳의 고압으로 인한 광물구조의 변화가 가져온 체적변화가 아주 강력한 지진을 유발한다. 일례로 1960년 페루-칠레해구 부근에서 발생한 칠레지진은 $M_w = 9.5$의 가장 강력한 지진으로 기록되었다!

변환형 판 경계부의 특징

세계 해저지형도를 보면 대양저산맥에는 산맥에서 연직방향으로 잘려져 나간 구조들이 나타난다. 왜 이런 현상이 나타날까? 그 이유는 대양저산맥에서의 해저확장이 판의 모든 부분에서 산맥의 축에 연직방향으로 일어나기 때문이다. 구체의 지구에서 선형의 산맥이 확장하게 되면 그 산맥의 연직방향으로 서로 평행하게 갈라지게 된다. 이런 작용에 의해 대양저산맥의 각 부분별로 다른 속도로 확장하는 것이 가능해진다. **변환단층**(transform fault)이라고 불리는 이 운동으로 대양저산맥이 지그재그 형태를 갖게 된다. 크기의 차이는 있지만 대양저산맥을 절단하는 변환단층은 수천 개가 있다. 숫자는 많지 않지만 대륙에도 변환단층이 있다.

해양성-대륙성 변환단층 변환단층은 2종류가 있다. 첫째는 가장 흔한 형태로 해저에만 분포하는 **해양성 변환단층**(oceanic transform fault)이다. 둘째는 대륙을 절단하는 **대륙성 변환단층**(continental transform fault)이다. 그러나 종류에 관계없이 변환단층은 대양저산맥을 절단한다(**그림 2.23**).

학생들이 자주 하는 질문

캘리포니아는 언제 바다 속으로 침강하나요?

최근에 개봉된 '샌 안드레아스' 같은 영화나 캘리포니아에서 주기적으로 발생하는 강력한 지진 등의 영향으로 샌안드레아스 단층에 대지진이 발생하면 캘리포니아가 바다로 침강한다고 잘못 알고 있는 사람들이 많다. 이런 지진들은 태평양판이 북아메리카판을 매년 5cm의 속도로 북서쪽으로 미끄러지는 이동의 결과이다. 이 정도 속도라면 태평양판에 위치한 LA는 북아메리카판에 놓인 샌프란시스코를 1,200만 년 후에나 통과하게 된다. 캘리포니아가 바다로 침강하는 일은 없겠지만 이 단층대 주변에 사는 사람들은 자신들의 생애에 강력한 지진을 경험할 가능성이 있다.

변환형 판 경계부와 지진 **변환단층운동**(transform faulting)이라 불리는 판 경계부에서의 운동으로 천발이지만 강력한 지진이 발생한다. 해양성 변환단층에서 규모 $M_w = 7.0$의 지진이 기록되었다. 가장 잘 알

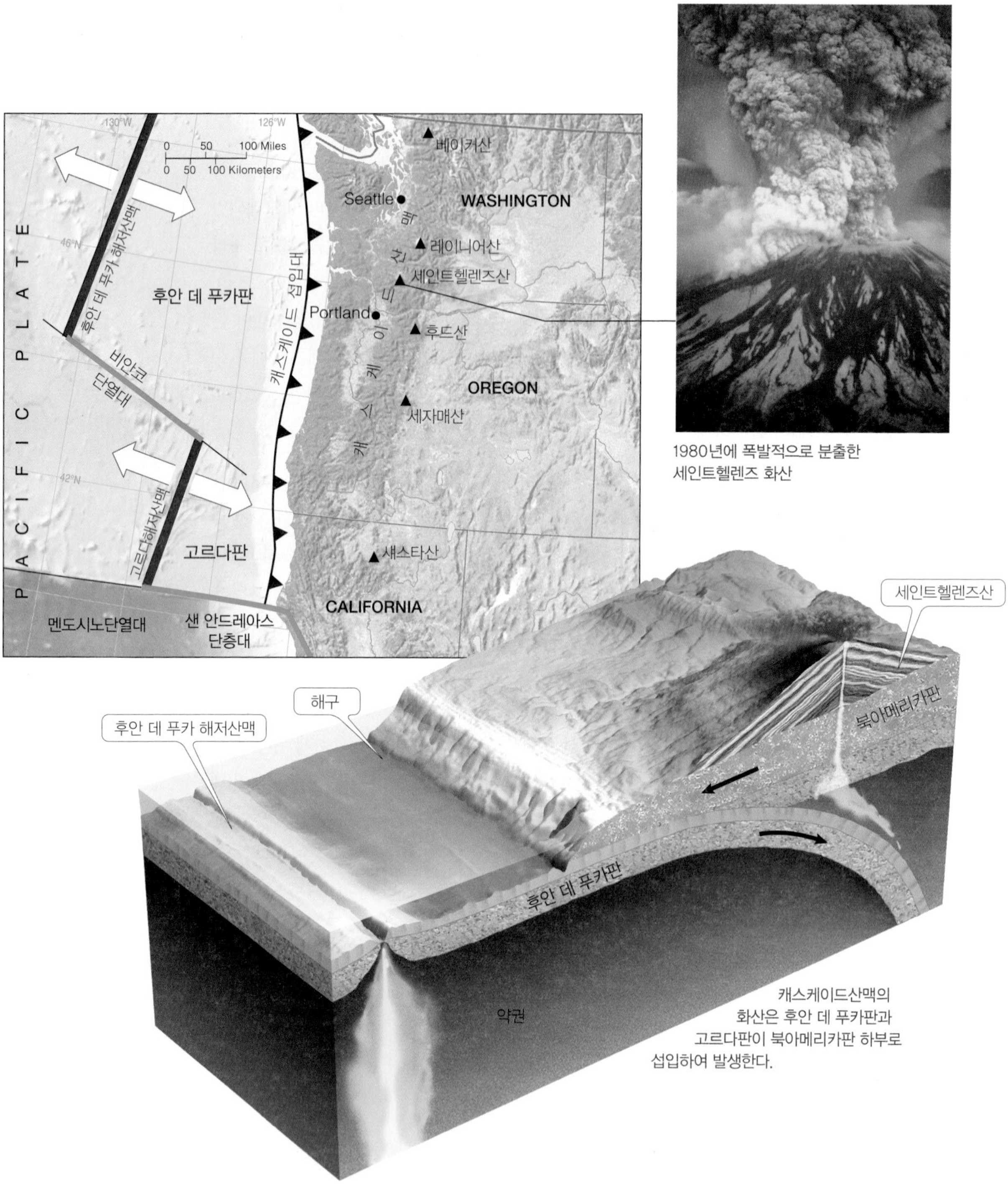

1980년에 폭발적으로 분출한 세인트헬렌즈 화산

캐스케이드산맥의 화산은 후안 데 푸카판과 고르다판이 북아메리카판 하부로 섭입하여 발생한다.

Web Animation
세인트헬렌즈 화산에 의한 붕괴
goo.gl/IKVQpP

그림 2.21 **수렴형 판운동으로 형성된 캐스케이드산맥.**

Web Animation
수렴형 대륙주변부 : 인도-아시아 충돌
http://goo.gl/UJhh6H

그림 2.22 **인도와 아시아의 충돌.**

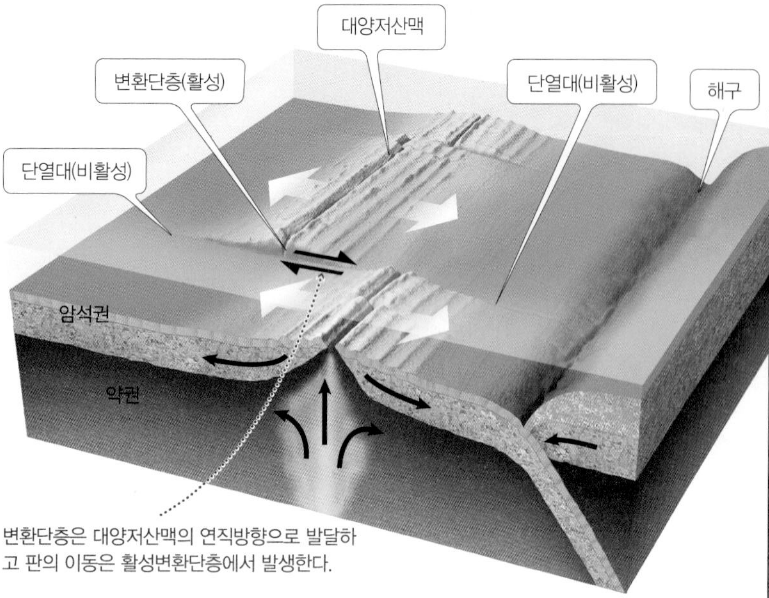

대양저산맥
변환단층(활성)
단열대(비활성)
해구
단열대(비활성)
암석권
약권

변환단층은 대양저산맥의 연직방향으로 발달하고 판의 이동은 활성변환단층에서 발생한다.

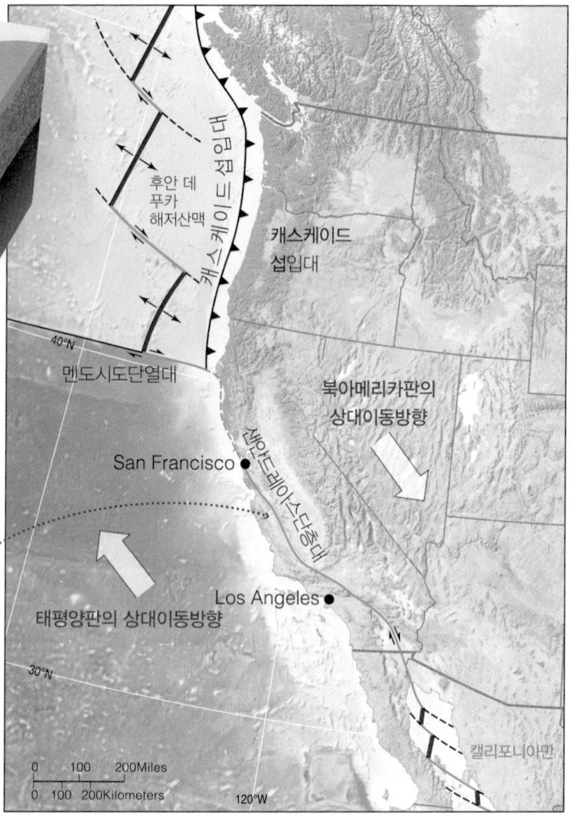

후안 데 푸카 해저산맥
캐스케이드 섭입대
캐스케이드 섭입대
40°N
멘도시노단열대
북아메리카판의 상대이동방향
San Francisco
샌안드레아스단층대
Los Angeles
태평양판의 상대이동방향
30°N
캘리포니아만
0 100 200Miles
0 100 200Kilometers
120°W

대륙성변환단층인 샌안드레아스단층은 후안 데 푸카 해저산맥과 동태평양해저융기부(확장축은 캘리포니아만에 위치)와 연결되어 있다.

Web Animation
변환단층
http://goo.gl/B6rQRH

그림 2.23 변환단층.

그림 2.24 캘리포니아 샌안드레아스단층대 항공사진. 샌안드레아스단층은 캘리포니아 남부 해안과 중부지역을 관통하면서 많은 지진을 일으킨다. 이 항공사진은 캘리포니아 중부 카리조 평원에서 촬영한 것인데 선형으로 갈라진 선이 잘 나타나 있다. 화살표는 판의 상대 이동방향을 나타낸다.

려진 것은 캘리포니아 반도로부터 남캘리포니아 해안과 샌프란시스코 중앙부를 지나 북캘리포니아 해안선을 가로지르는 **샌안드레아스단층대**(San Andreas Fault)이다(**그림 2.24**). 샌안드레아스단층이 해양지각보다 훨씬 두꺼운 대륙지각을 절단하기 때문에 해양성 변환단층보다 훨씬 강력한 $M_w = 8.5$짜리 지진이 발생하기도 한다.

요약

판 경계부는 확장형(대양저산맥처럼 판이 벌어지는 곳), 수렴형(해구같이 판이 모이는 곳), 변환형(변환단층처럼 판이 미끄러지는 곳)의 세 종류가 있다.

개념 점검 2.3 | 판 경계부에서 나타나는 현상의 기원과 특징을 설명하라.

1 대부분의 판에는 해양지각과 대륙지각이 포함되어 있다. 판 경계부를 이용하여 왜 그런지를 설명하라.

2 해저산맥과 해저융기부의 차이를 요약하고 그 이유를 설명하라.

3 그림 2.19a의 중앙대서양산맥의 단면도를 이용하여 지난 5천만 년간의 확장속도를 계산하라(거리를 시간으로 나누면 됨). 같은 방법으로 동태평양해저융기부(그림 2.19b)의 확장속도를 계산하고 둘을 비교하라.

4 수렴형 판 경계부는 서로 충돌하는 판의 지각에 따라 세 종류로 분류할 수 있다. 판의 종류별로 충돌할 때 나타나는 양상을 비교하라.

5 판 경계부에 따라 지진규모는 어떻게 다르며 그 이유는 무엇인가?

2.4 모델 검증 : 판구조론이 유용한 모델이 될 수 있는가?

판구조론의 강점 중의 하나는 이 이론이 각기 다른 것으로 생각되었던 지질학적 과정이나 지형 등을 하나로 묶는 역할을 했다는 점이다. 지금부터 판구조론이 받아들여지기 전까지 설명하기 어려웠던 일들에 대한 몇 가지 예를 들어보기로 하자.

열점과 맨틀플룸

판구조론은 판 경계부 부근에서 일어나는 많은 현상들을 설명할 수 있었지만 판 경계부에서 멀리 떨어진 **판내부**(intraplate features: *intra* = within, *plate* = plate of the lithosphere)의 특성들에 대하여는 설명이 미약했다. 예를 들어 판의 가운데에 위치한 화산 군도를 판구조론으로 어떻게 설명할 수 있겠는가? 비교적 같은 장소에서 오랫동안 격렬한 화산활동이 있지만 판 경계부가 아닌 지역을 **열점**(hotspots)[9]이라고 한다. 옐로스톤 국립공원과 하와이 화산 같은 것이 이에 해당한다.

열점에는 왜 화산활동이 활발한가? 판구조론 모델에 의하면 열점의 화산활동은 **맨틀플룸**(mantle plume: *pluma* = a soft feather)과 연관되어 있는데, 맨틀 깊은 곳에서 용융된 뜨거운 암석이 기둥형태로 올라오는 곳이다(**그림 2.25**). 맨틀플룸은 지진이 발생했을 때 지진파의 전달속도로 알게 되었다. 차가운 것에 비해 뜨거운 암석의 지진파 속도가 느려지기 때문이다. 지진파 연구결과 여러 종류의 맨틀플룸의 존재가 알려졌다. 핵-맨틀의 경계부는 단순하거나 매끈하지 않고 지역적으로 불규칙한데 이는 맨틀플룸의 존재를 시사한다. 최근의 연구결과에 의하면 약권이 핵-맨틀 경계부에 비해 열점을 만드는 데 더 큰 역할을 하는 것으로 생각되고 있다. 맨틀플룸을 직접 채취할 수도 없고 얇은 플룸은 지진파로 알아내기도 어렵기 때문에 존재를 증명하기가 힘들다. 그래서 맨틀플룸과 열점에 관해 논쟁이 활발하다.[10] 새로운 연구결과는 열점이 과거의 플룸모델에서 제시한 것처럼 깊거나 지질시대를 통해 고정된 것이 아니라는 점을 시사한다.

9 화산활동이 활발하다는 점은 같지만 열점은 화산호 또는 대양저산맥(두 가지 모두 판 경계부에 해당)과는 다르다.

10 www.MantlePlumes.org/를 참조하라.

고온의 부유성 물질인 플룸이 맨틀 심부 또는 핵-맨틀 경계부에서 올라온다

점성이 큰 맨틀을 통과해야 하는 머리 부분보다 기둥을 타고 올라온 플룸이 상승속도가 빠르다. 그 결과 머리 부분이 부풀게 되어 지표면이 상승한다.

표면 부근에서의 압력감소로 머리 부분에 부분용융이 일어나 표면으로 올라와 열점화산을 만든다.

판의 이동에 따라 화산이 운반되고 플룸이 계속 화산을 만들어 화산줄기가 형성된다.

열점화산
열점자취
암석권
맨틀
핵
판 이동방향

(a) (b) (c) (d)

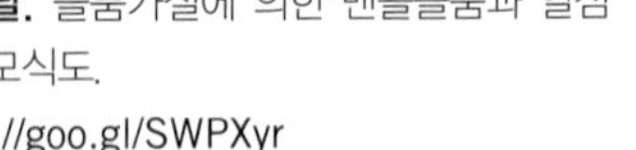

그림 2.25 맨틀플룸과 열점의 기원과 발달. 플룸가설에 의한 맨틀플룸과 열점 발달 모식도.
https://goo.gl/SWPXyr

Web Animation
화산활동과 판구조운동
http://goo.gl/biEtMN

전 세계적으로 지난 천만 년 간 100개 이상의 열점이 활동하고 있다. **그림 2.26**에 현재 활성 열점 위치가 도시되어 있다. 일반적으로 열점은 판 경계부와 일치하지 않는다. 갈라파고스 제도와 아이슬란드처럼 암석권이 얇은 확장형 판 경계부 부근은 예외이다. 실제로 아이슬란드는 확장형 판 경계부인 중앙대서양산맥에 위치한다. 이 섬은 폭이 150km가 넘는 맨틀플룸 위에 있으며 그로 인해 화산활동이 아주 활발하다. 아이슬란드는 대양저산맥이 바다 위로 솟은 지구상에 몇 안되는 지역이다.

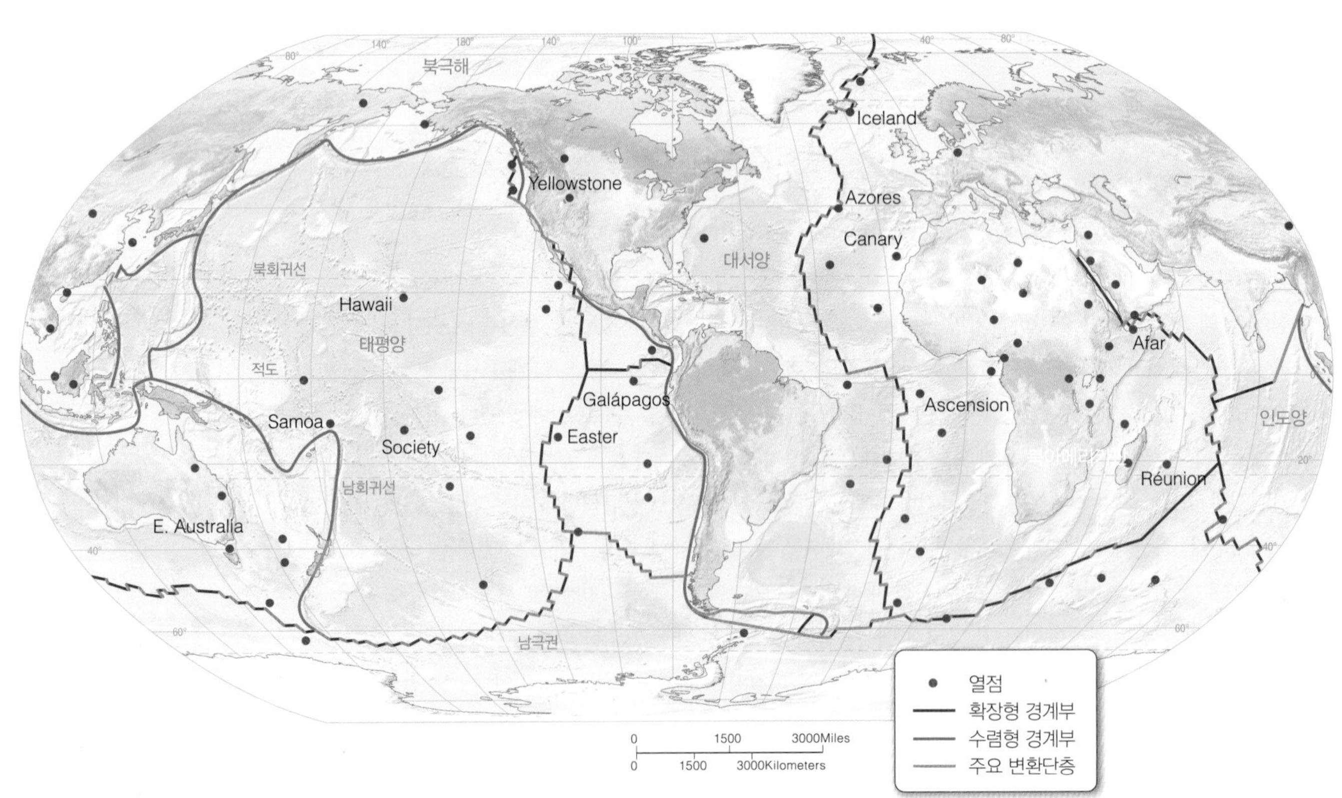

그림 2.26 주요 열점 분포도. 열점 위치는 붉은 점으로 표시되어 있고 판 경계부도 나타나 있다. 열점은 판 경계부와는 별 관계는 없으나 암석권이 얇은 확장형 판 경계부를 따라 분포하는 경향이 있다.

태평양판에는 많은 화산열도가 북서-남동 방향으로 배열되어 있다. 이 중 가장 연구가 활발한 곳이 북태평양에 위치한 **하와이제도-엠페러해산군도**(Hawaiian Islands-Emperor Seamount Chain)이다(그림 2.27). 판 안쪽에 100개가 넘는 화산이 5,800km에 걸쳐 연결되어 있는 이유는 무엇일까? 또한 이 열도의 중간에서 방향이 왜 바뀌었을까?

이 질문에 답변하기 위하여는 화산열도에 포함된 화산들의 나이를 알 필요가 있다. 열도의 모든 화산은 오래되어 사화산이 되었는데 예외는 열도의 남동쪽 끝에 위치한 하와이 섬의 킬라우에아 화산이다(그림 2.27). 화산의 나이는 북서방향인 스이코 해산(6천 5백만 년)에서 알류산해구 부근의 디트로이트 해산(8천백만 년) 방향으로 증가한다.

이러한 연령분포는 태평양판이 꾸준히 북서방향으로 이동하고 하부의 플룸은 비교적 고정되어 있었음을 시사한다. 하와이 열점에서 이 열도의 화산들이 만들어졌다. 판의 이동에 따라 활화산이 열점에서 멀어지고 새롭고 젊은 화산이 앞의 위치에 형성된다. 열점에서 멀어져 점진적으로 사화산이 된 화산줄기를 **니메타스**(nematath: *nema* = thread, *tath* = dung or manure) 또는 **열점진로**(hotspot track)라고 한다. 약 4천 7백만 년 전에 태평양판은 북에서 북서로 방향을 바꾸었다. 이러한 판 이동 방향의 변화 결과로 그림 2.27에서 보듯이 열도의 중간이 꺾여서 하와이제도와 엠페러해산이 분리되었다. 이 이론이 옳다면 태평양판에 위치한 다른 열도들도 비슷한 시기에 꺾였어야 하지만 대부분의 경우 그렇지 않다.

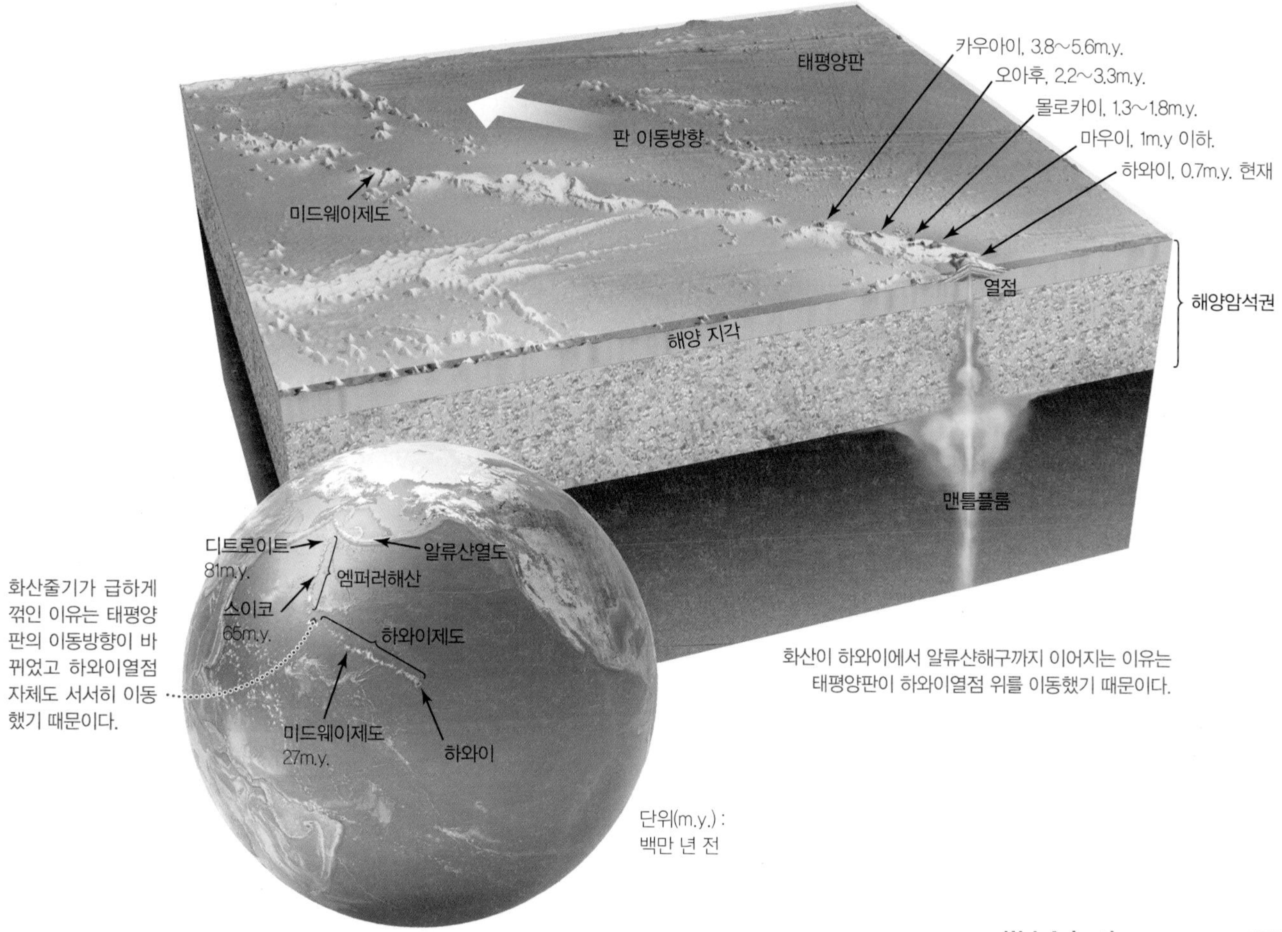

태평양판
판 이동방향
카우아이, 3.8~5.6m.y.
오아후, 2.2~3.3m.y.
몰로카이, 1.3~1.8m.y.
마우이, 1m.y 이하.
하와이, 0.7m.y. 현재
미드웨이제도
열점
해양 지각
해양암석권
맨틀플룸
디트로이트 81m.y.
알류샨열도
엠퍼러해산
스이코 65m.y.
하와이제도
미드웨이제도 27m.y.
하와이
단위(m.y.) : 백만 년 전

화산줄기가 급하게 꺾인 이유는 태평양판의 이동방향이 바뀌었고 하와이열점 자체도 서서히 이동했기 때문이다.

화산이 하와이에서 알류샨해구까지 이어지는 이유는 태평양판이 하와이열점 위를 이동했기 때문이다.

그림 2.27 하와이제도-엠퍼러해산. 태평양판이 하와이 열점을 지나면서 알류샨해구까지 이동하면서 하와이제도와 엠퍼러 군도를 만든 과정을 보여주는 모식도. 숫자는 방사성동위원소에 의한 나이(단위 : 백만 년)이다.

Web Animation
열점화산진로
http://goo.gl/3tpkab

열점이 완전히 고정되어 있지 않았다는 최근의 연구결과가 이 모순의 설명을 가능하게 할지도 모른다. 실제로 여러 연구 결과 열점이 1cm/y 이하로 이동한다고 밝혀졌으나 하와이를 포함한 일부의 경우는 과거에 이동속도가 더 빨랐을 것으로 생각되고 있다. 그러나 하와이 열점이 과거에 더 빨리 이동했다 하더라도 그림 2.27에서 나타난 하와이-엠페러의 경우처럼 크게 꺾기기 어렵다. 최근에 재구성한 판의 모양에 의하면 그 곡각점은 태평양판의 방향변화(주로 주변의 오스트레일리아와 남극판의 방향변화에 기인함), 수백만 년 전 북서태평양에 위치한 판이 아시아 하부로 섭입하여 맨틀대류 방향이 바뀐 점 그리고 하와이 열점 자체의 느린 이동이 합쳐진 결과이다. 다른 열점들의 경로도 열점의 자체 이동이 일부 원인일 것으로 보인다. 열점은 명백하게 판의 이동방향과 반대로 나타나는 것으로 보이기 때문에 판운동을 추적하는 데 여전히 유용한 수단이다.

현재 열점 위에 위치한 하와이섬의 미래는 어찌될 것인가? 열점 모델에 의하면 북쪽에 위치한 화산열도와 마찬가지로 하와이는 북서쪽으로 이동하고, 화산활동이 끝나게 되며, 궁극적으로 알류산해구 밑으로 사라진다. 현재 하와이 남동쪽 32km 떨어진 곳에 **로이히**(Loihi) 화산이 해저에서 3,500m 솟아 있다. 아직 해수면까지 1km 더 올라와야 하지만 로이히의 화산활동이 활발하여 계산에 의하면 3만 년 내지 10만 년 후에는 물 위로 나오게 된다. 해수면 위로 노출되면 하와이 열점이 만든 열도 중 가장 새로운 섬이 될 것이다.

해산과 평정해산

대양저 여러 곳(주로 태평양판)에는 대륙에 있는 화산처럼 화산에 의해 높게 돌출된 지형이 많다. 그중에 아이스크림 콘을 뒤집어 놓은 모양인 꼭대기가 원뿔 형태를 가진 대형 화산을 **해산**(seamount)이라 한다. 그중 일부는 대륙에서는 볼 수 없는 꼭대기가 평평한 형태인데 이를 **평정해산**(tablemount) 혹은 **기요**(guyot)라 한다. 기요는 프린스턴대학교 최초의 지질학과 교수인 아놀드 기요(Arnold Guyot)[11] 이름을 딴 것이다. 판구조론이 나오기 전에는 해산과 기요의 형성과정이 불명확했었다. 판구조론은 기요의 꼭대기가 왜 평평한지 또 일부 심해에 위치한 기요에서 어떻게 천해성 퇴적물이 발견되는지를 설명할 수 있다.

많은 해산과 기요의 기원은 열점의 화산활동과 관련이 있고 일부는 대양저산맥에서 만들어진 것이다(**그림 2.28**). 해저확장으로 인해 화산활동(해산)이 대양저산맥의 정상을 따라 발생한다. 그중 일부는 해수면 위로 높이 솟아 섬이 되는데 이때 파도에 의해 침식이 일어난다. 대양저산맥 또는 열점과 상관없이 해저확장에 의해 해산이 마그마 공급원에서 멀어지면 수백만 년 후 해산의 정상은 파도의 침식에 의해 평탄해진다. 평탄해진 해산(평정해산 또는 기요)은 계속해서 마그마 공급원에서 멀어져 가고 수백만 년이 더 흐르면 바다 밑으로 침강한다. 기요의 정상에는 그 곳이 천해였다가 깊은 곳으로 이동한 증거가 많다(과거의 산호초 등).

산호초의 발달

저명한 박물학자인 **찰스 다윈**(Charles Darwin)[12]은 비글호(HMS Beagle)의 탐험 중에 **산호초**(coral reef) 발달단계를 제시하였다. 그는 산호초의 발달은 화산도의 침강에 달려 있다는 가설을 1842년에 출간한 *The Structure and Distribution of Coral Reefs*에 수록하였다(**그림 2.29**). 그의 가설에서 부족했던 부분은 섬이 어떻게 가라앉는가에 대한 설명이었다. 오랜 세월이 흘러 판구조론이 나오고 산호초의 구조가 연구된 후 다윈의 가설이 증명되었다.

---

11 Guyot는 기요로 발음한다.

12 찰스 다윈과 비글호의 항해에 관한 내용은 제1장 심층 탐구 1.2를 참조하라.

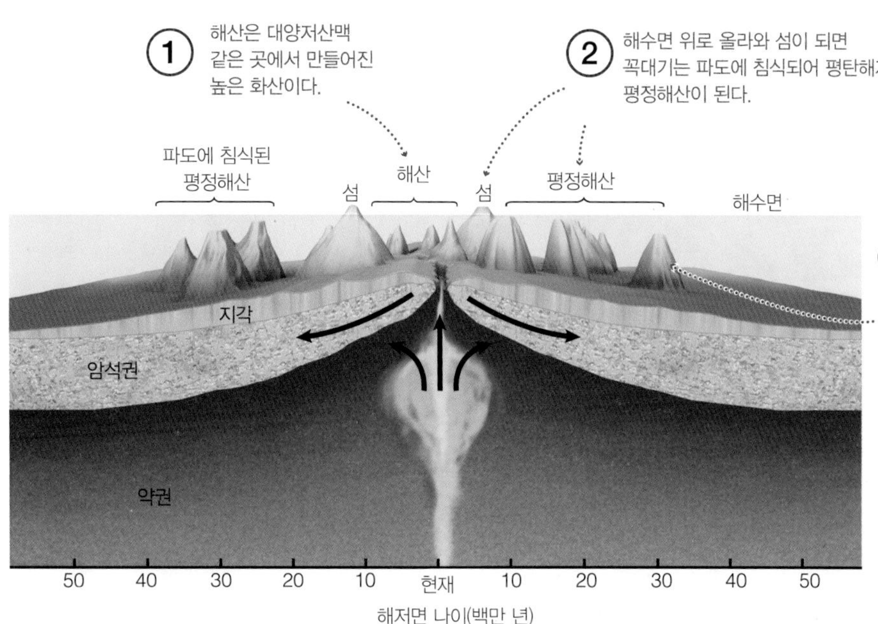

그림 2.28 **대양저산맥에서의 해산과 평정해산의 형성.**

Web Animation
해산, 평정해산, 산호초 발달단계
http://goo.gl/YltBIQ

초를 만드는 산호는 군집을 이루는 동물로서 얕고, 따뜻한 열대 해역에 서식하며 그 골격은 단단한 석회암을 만든다. 산호는 성장이 가능한 해역에 자리를 잡은 후 각 세대마다 층(골격)을 만들어 위로 성장한다. 서식환경이 유지되면 수백만 년 후 두꺼운 산호초 층이 발달한다.

산호초는 거초, 보초, 환초의 3단계로 발달한다. **거초**(fringing reefs)는 온도, 염분, 탁도 등이 초형성 산호의 성장에 적합한 육지 변두리(대륙 또는 섬)에서 발달한다(그림 2.29a). 일부 활화산 지대에 발달한 거초의 경우 용암에 의해 산호가 죽기도 한다. 그래서 거초는 별로 두껍지도 않고 잘 발달하지도 않는다. 육지와도 가까워서 육지에서 이동된 퇴적물에 의해 매몰되기도 한다. 산호의 개체 수는 일반적으로 적은 편이고 퇴적물의 유입이 적고 염분 변화가 없는 곳에서 가장 많이 서식한다. 해수면이 상승하지 않거나 땅이 침강하지 않으면 거초 단계에서 진행이 멈춘다.

거초 단계가 지나면 **보초**(barrier reef)로 된다. 보초는 선형 또는 환형의 산호초로서 잘 발달된 초호에 의해 육지와 분리된다(그림 2.29b). 육지가 침강하면 산호가 해수면을 향해 위로 성장함으로써 원래의 위치를 유지한다. 최근의 지질시대 동안의 성장속도는 대부분 3~5m/1000y이다. 카리브해의 일부 고속성장 하는 초들은 10m/1000y 이상 되기도 한다. 하지만 산호가 위로 성장하는 속도보다도 더 빠르게 육지가 침강하면 산호초는 물에 깊이 잠겨 더 이상 살아남을 수 없다.

오스트레일리아의 **대보초**(Great Barrier Reef)는 세계에서 가장 큰 보초로서 3,000개 이상의 초 군집이 모여서 형성되었으며 수백 종의 산호와 수천 개의 산호 기생생물이 살고 있다. 대보초는 오스트레일리아의 동북해안 얕은 곳에 위치하고 있으며 해안에서의 거리는 40km 이상, 평균 너비 150km, 길이는 2,000km 이상이다. 인도-오스트레일리아판이 차가운 남극 바다에서 적도를 향해 북진한 결과가 이 대보초의 나이와 구조에 잘 나타나 있다(그림 2.30). 북쪽 끝 부분이 가장 오래되고(약 2천 5백만 년) 두꺼운데 북쪽이 남쪽보다 먼저 산호 성장에 적합한 따뜻한 해역에 도착했기 때문이다. 태평양, 인도양, 대서양의 다른 해역에서는 열대 섬을 형성한 화산 주변에 더 작은 규모의 보초들이 발달되어 있다.

보초 단계를 지나면 **환초**(atoll: *atar* = crowed together)가 된다(그림 2.29c). 화산 주변에 위치한 보초가 계속해서 침강하면 산호는 위를 향해 계속 성장한다. 수백만 년 후에 화산도는 완전히 가라앉지만 산

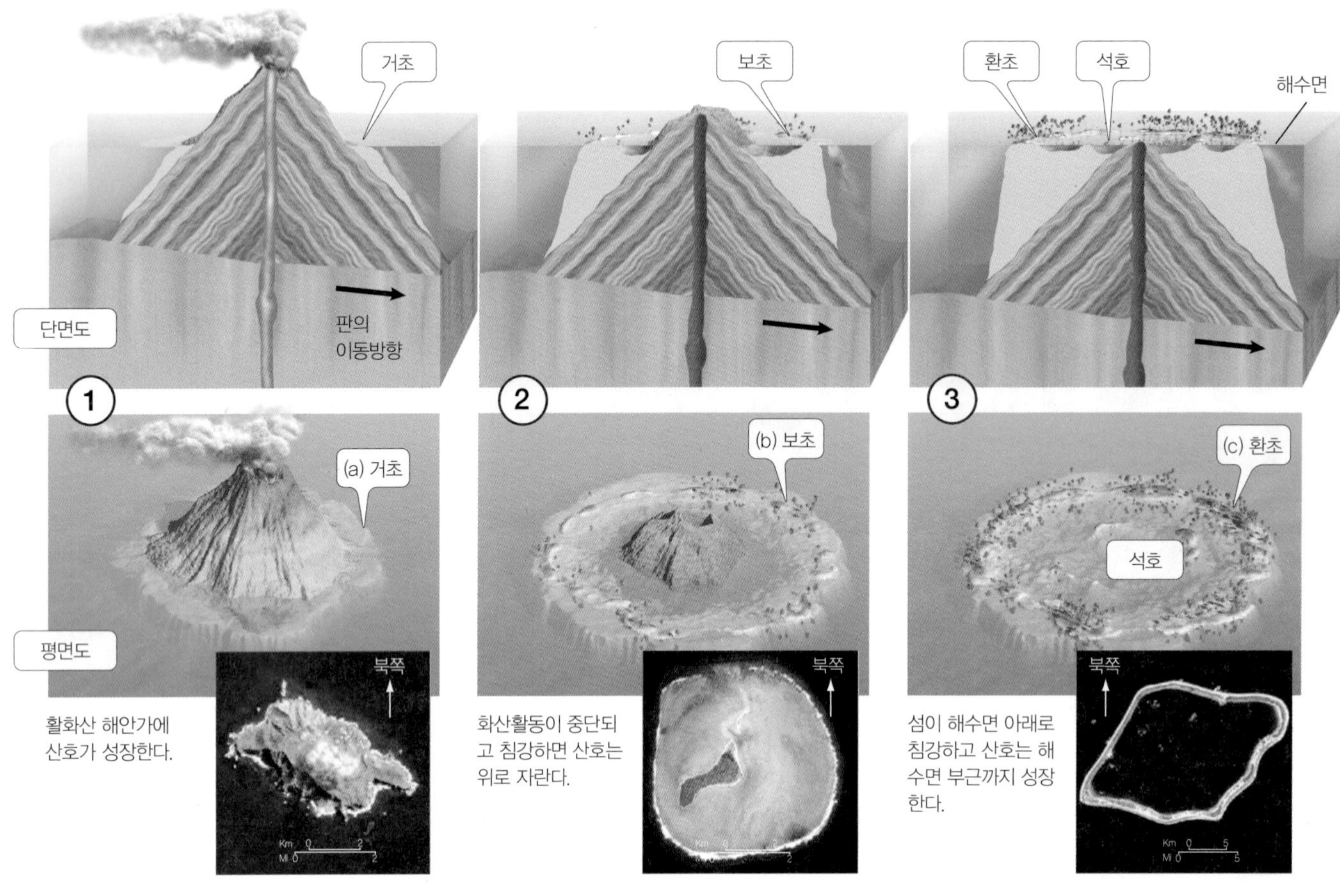

그림 2.29 산호초 발달단계. 산호초의 단면도(위)와 평면도(아래). (a) 거초 (b) 보초 (c) 환초. 산호성장에 적합한 환경이 되면 산호초는 시간이 지남에 따라 거초, 보초, 환초의 순으로 바뀐다.

호초는 계속 성장한다. 침강속도가 느려 산호가 성장할 시간이 충분하면 환초라고 불리는 환형의 산호초가 만들어진다. 환초는 보통 수심 30~50m의 초호를 둘러싸고 있다. 환초 주위에는 수로가 많아 초호와 외부 바다는 순환이 가능하게 된다. 초호를 중심으로 부서진 산호조각들이 모여서 형성된 좁은 섬들에 사람들이 살기도 한다

환초의 형성에 대한 다른 이론도 있다. 이 이론에 의하면 빙하주기가 해수면 변동을 가져오는데, 빙하기에는 해수면이 낮아져 산호초가 노출되고 분해되며 간빙기에 해수면이 상승하면 산호초가 침수되고 퇴적된다는 것이다. 이는 반지 형태의 산호초가 침강하는 화산섬 위로 서서히 성장하는 것이 아니라 빙하주기에 의해 환초가 형성된다는 학설이다. 해수면 변화에 대한 내용은 제10장의 '해빈, 해안선 작용과 연안해'와 제16장 '해양과 기후변화'에 나와 있다.

요약

맨틀플룸으로 지구 표면에 열점이 만들어지고 이 결과 판의 이동방향과 일치하는 니메타스라는 화산줄기가 형성된다.

개념 점검 2.4 | 판구조론이 실용모델로 어떻게 활용되는가?

1 하와이제도-엠페러해산군도의 연령분포로 하와이 열점 위치에 관한 설명이 가능한가? 중간에 꺾인 이유는?

2 대양저산맥과 열점의 차이점은?

3 판구조론으로 해산과 기요를 설명하라.

4 산호초 발달의 세 단계를 그려보고 각 단계를 설명하라. 이 발달단계가 판구조론과 어떤 관계가 있는가?

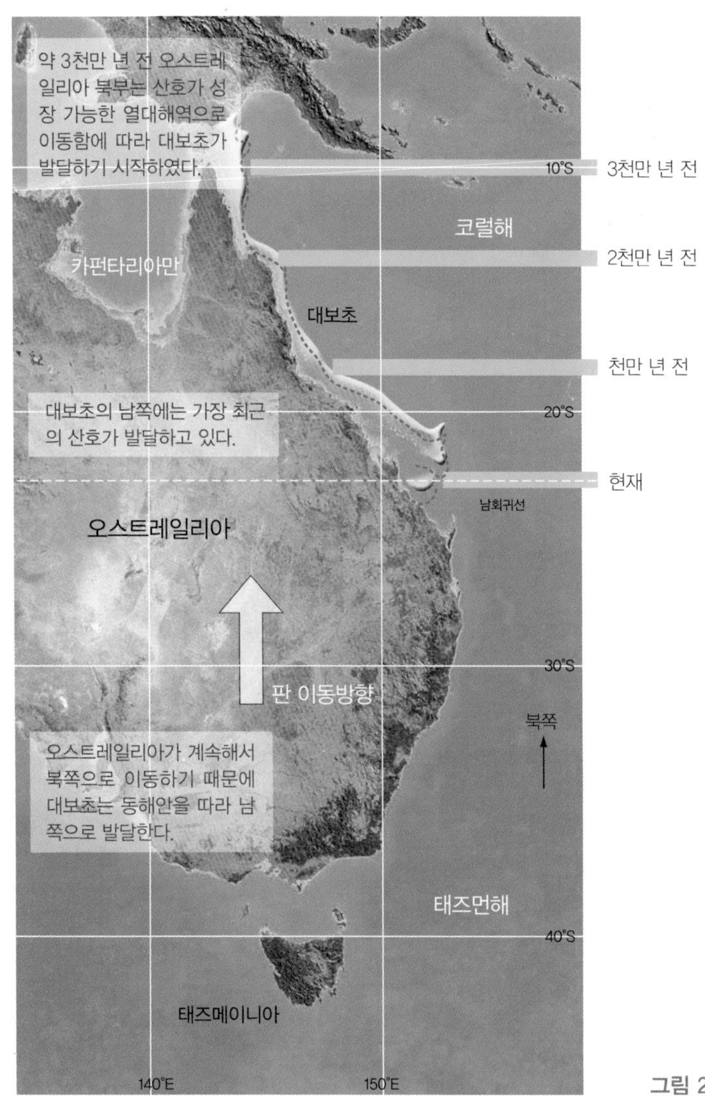

그림 2.30 **판이동이 기록된 오스트레일리아의 대보초.**

2.5 지구는 과거에 어떤 변화를 겪었고 미래는 어떻게 되겠는가?

과학이론의 가장 큰 강점 중 하나는 예측능력이다. 판구조론으로 과거의 대륙과 해양의 위치를 어떻게 추적할 수 있고 같은 맥락으로 이들의 미래에 대한 예측도 가능한가에 대한 공부를 해보자.

과거 : 고해양학

대륙의 모양과 위치변화를 연구하는 분야를 **고해양학**(paleoceanography: *paleo* = ancient, *geo* = earth, *graphy* = description of)이라 한다. 고지리학적 변화의 결과로 대양저의 크기와 형태도 변하게 된다.

고지리학적 복원에 의한 과거의 연속적인 세계지도(6천만 년 간격)가 **그림 2.31**에 수록되어 있다. 5억 4천만 년 전에는 현재의 대륙은 거의 보이지 않는다. 북아메리카 대륙은 적도에 있었고 시계방향으로 90° 회전하였다. 남극도 적도에 있었고 다른 대륙들과 연결되어 있었다.

5억 4천만 년에서 3억년 전 사이에 대륙들이 서로 뭉쳐 판게아를 형성하였다. 알래스카는 아직 만들어지지 않았다. **대륙부가성장**(continental accretion: *ad* = toward, *crescere* = to grow)에 의해 대륙이 커졌다. 눈 덩어리가 커지듯이 대륙조각, 섬, 화산 같은 것들이 대륙 외곽에 달라붙어 땅덩어리로 성장했다.

학생들이 자주 하는 질문

판구조운동은 얼마나 오래 지속되었나요? 멈출 수도 있나요?

지구는 초창기부터 너무 역동적이어서 주기적으로 대부분의 지각이 재순환되었기 때문에 판구조운동이 얼마나 오래 지속되었는지는 확실하게는 모른다. 그러나 그린란드에 최근에 발견된 오래전에 융기된 화산암층에서 최소한 지난 38억 년간 판운동이 있었다는 증거가 밝혀졌다.

새로운 해저가 만들어지고 오래된 해저를 소멸시키는 판운동은 역동적이며 연속적인 것으로 간주되어 왔다. 그러나 최근의 연구결과에 의하면 판은 때에 따라 활발히 운동하기도 하고 이동속도가 느려지거나 멈추기도 하다가 다시 운동을 시작하기도 한다. 판이 이렇듯이 간헐적인 운동을 하는 이유는 판의 분포와 지구 내부에서 방출하는 열의 변화에 기인한 것으로 생각되고 있다.

미래에는 판을 이동시키는 힘이 감소하여 판은 움직이지 않게 될 것이다. 그 이유는 판운동을 일으키는 지구 내부의 열이 유한하기 때문이다. 그러나 물은 지표면을 계속해서 침식시킬 것이다. 그러면 세상은 어떻게 변할 것인가? 즉 지진, 화산, 산맥도 없어지게 되어 전반적으로 평탄하게 될 것이다!

1억 8천만 년 전부터 현재 사이에는 판게아가 분리되고 대륙들은 현재 위치를 향하여 이동하였다. 남북아메리카는 아프리카와 유럽에서 분리되고 대서양이 만들어졌다. 남반구에서는 남아메리카와 그리고 인도, 오스트레일리아, 남극을 포함한 대륙이 아프리카로부터 분리되기 시작하였다.

1억 2천만 년 전에 이르러 남아메리카와 아프리카는 완전히 분리되었으며 인도는 남극점을 향해 이동하기 시작한 오스트레일리아–남극 대륙에서 분리되었으며, 북쪽으로 이동하였다. 대서양은 지속적으로 확장하고 인도는 빠른 속도로 북상하여 약 4천 5백만 년 전에 아시아와 충돌하였다. 오스트레일리아 역시 남극대륙에서 분리된 후 빠른 속도로 북상하기 시작하였다.

지난 1억 8천만 년간의 판구조운동 중 가장 큰 사건은 대서양의 형성이다. 대서양은 중앙대서양산맥을 중심으로 계속 확장 중이다. 반면에 태평양은 주변을 둘러싼 해구와 해구에 연결된 대륙으로의 섭입으로 계속 축소되고 있다.

미래 : 과감한 예측들

판이 현재와 유사한 방향과 속도로 이동한다고 가정하면 판구조론을 기반으로 미래의 지구 모양을 예측할 수 있다. 이러한 가정이 전적으로 맞지는 않더라도 대략적인 미래의 대륙의 위치와 지형에 대한 유추는 할 수 있다.

요약

대륙과 대양저의 지리학적 위치는 고정되어 있지 않은데 이들은 과거에도 변했었고 미래에도 변하게 될 것이다.

5천만 년 후의 지구 모습을 보면 현재와 많이 다르다는 것을 알 수 있다(**그림 2.32**). 예를 들면, 동아프리카열곡대는 확장되어 새로운 선형의 바다가 만들어지고 홍해는 더 확장될 것이다. 인도는 아시아 대륙 동쪽 방향으로 계속 밀고 들어가서 히말라야 산맥은 더 높아진다. 오스트레일리아는 아시아 방향으로 북향 이동하고 그 결과 마치 제설기에 눈이 달라붙듯이 뉴기니아에 여러 섬들이 달라붙게 될 것이다. 남북아메리카는 계속 서진하여 대서양은 확장되고 태평양은 축소될 것이다. 새로운 내해들이 만들어지고 이는 전 세계 해류순환 양상을 엄청나게 변화시킬 것이다. 새로 만들어진 육교가 북아메리카에서 중앙아메리카를 거쳐 남극까지 연결되고 그 결과 해양순환은 극적으로 변화될 것이다.

깨진 대륙의 조각들이 다른 대륙에 달라붙거나 봉합되는 현상인 **부가대**(terranes: *terranus* = land)가 만드는 형상은 각 부가대의 지질작용에 따라 주변 지질과 명확하게 구분된다. 알래스카를 예로 들면 3억 년 전 적도 부근에서 이동하여 형성된 부가대로 열대지방에서 이동했다는 증거가 있다. 오스트레일리아 역시 북쪽으로 이동하면서 부가대를 형성하여 점점 더 커질 것이다. 샌안드레아스단층대 서쪽의 **캘리포니아부가대**는 북쪽으로 계속 이동하여 알래스카 남쪽에 달라붙게 될 것이다(그림 2.32).

미래예측모델 : 윌슨윤회설

약 백 년 전 베게너의 아이디어에 기초한 판구조론은 많은 과학적인 증거를 확보하였고 그중의 일부를 이 장에서 소개하였다. 운동 메커니즘처럼 아직까지도 밝혀야 할 것들이 많지만 이 학설로 지구에서 일어나는 많은 현상들을 설명할 수 있기 때문에 지구과학자들의 전폭적인 지지를 받고 있다. 판구조론을 바탕으로 한 지구예측모델들도 출현하게 되었다. 그중의 하나가 **윌슨윤회설**(Wilson cycle)인데 이 명칭은 판구조론을 제안한 지구물리학자 존 투조 윌슨을 기리기 위한 것이다(**그림 2.33**). 윌슨윤회설은 수백만 년에 걸친 대양저의 형성 · 성장 · 소멸의 순환을 판구조운동으로 설명한 것이다.

배아기에는 암석권 하부의 열이 융기하여 대륙이 분리되기 시작한다. 유아기에는 확장이 더욱 진행되어 침강된 좁고 긴 바다가 형성된다. 성숙기에는 대양저가 완전히 발달하고 중심부에는 대양저산맥이 위

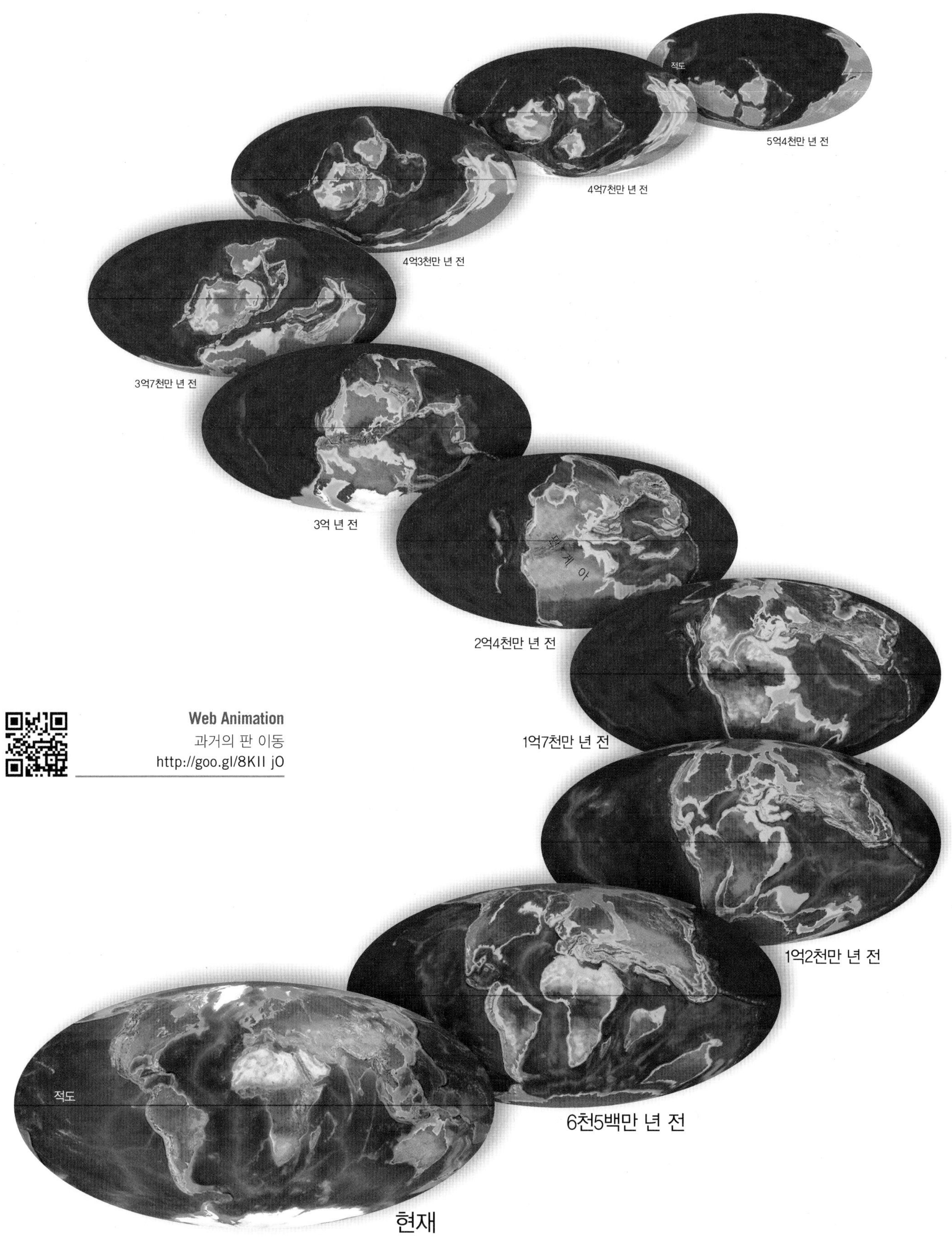

Web Animation
과거의 판 이동
http://goo.gl/8KII jO

그림 2.31 **지구의 고지리학적 재구성.** 5억 4천만 년 전(위)과 현재(아래)의 대륙 위치.

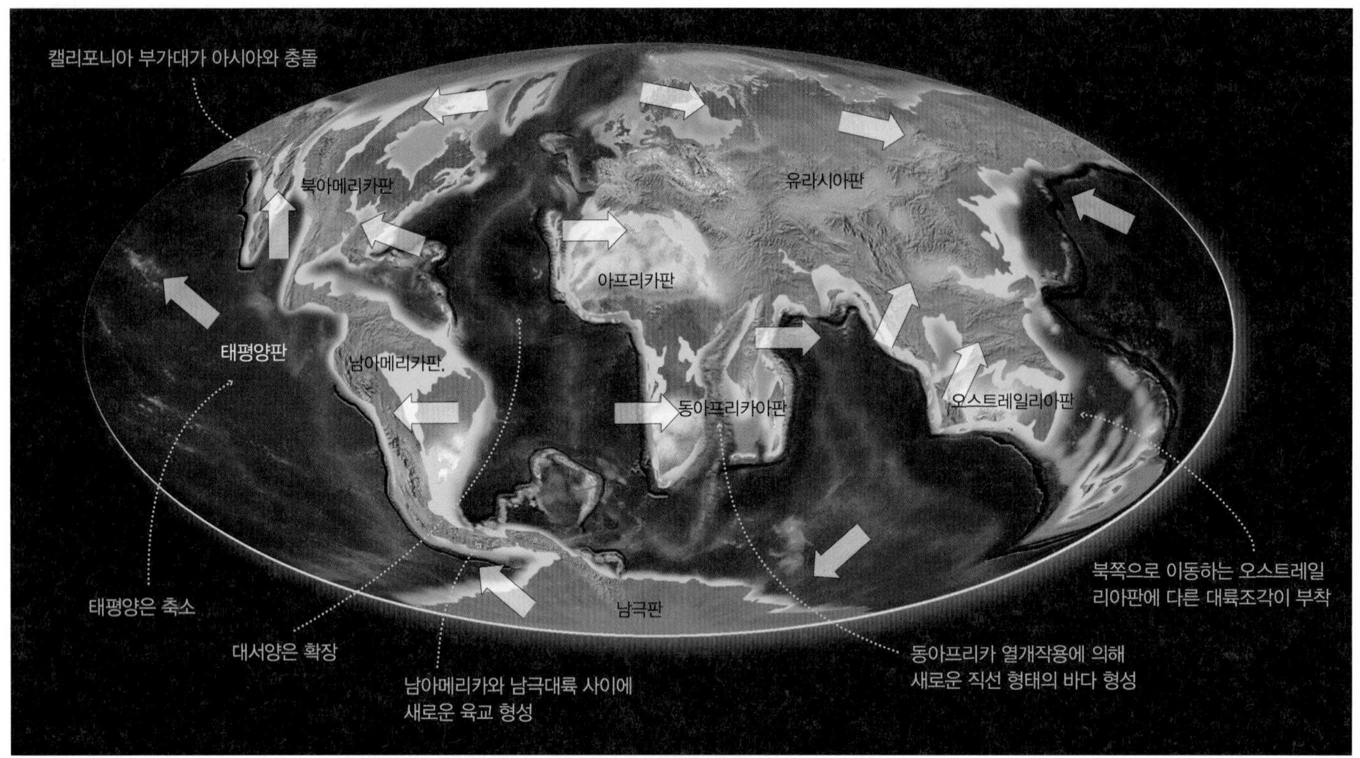

그림 2.32 5천만 년 후의 지구. 판의 이동을 이용하여 예상한 5천만 년 후의 세계이다. 화살표는 판 이동방향을 나타낸다.

Web Animation
부가대 형성
http://goo.gl/GQKTXO

치한다. 쇠퇴기에는 대륙주변부에 섭입대가 만들어져 판이 섭입되어 소멸되고 대양저는 축소된다. 말기에는 판이 모여 합쳐지면서 좁은 바다를 만든다. 봉합기는 마지막 단계로서 바다는 사라지고 대륙은 충돌하여 높게 융기된 산맥이 형성된다. 오랜 시간이 지나 융기된 산맥이 침식되면 순환이 다시 시작된다.

판구조운동은 대륙형성뿐만 아니라 대양저를 만드는 데도 중요한 역할을 했으며, 이 이야기는 다음 장에서 다루게 될 것이다. 여러분은 이 장에서 공부한 판구조론의 지식을 바탕으로 해저의 형성 · 발달 과정과 여러 형태에 대해 더 쉽게 이해하게 되었을 것이다.

학생들이 자주 하는 질문

가까운 장래에 대륙이 다시 모여 하나의 대륙으로 될까요?

대륙이 함께 모이게 될 가능성은 높지만 가까운 장래는 아니다. 모든 대륙이 같은 행성에 위치하기 때문에 특정 대륙이 다른 대륙들과 충돌하기 전까지 이동할 수는 있다. 최근 연구에 의하면 5억 년이나 그보다 더 긴 기간마다 대륙이 하나의 초대륙으로 모인다고 한다. 판게아가 분리된 지 2억 년이 지났으므로 약 3억 년 후에 다시 모일 것이다. 물론 먼 장래의 일이긴 하지만 과학자들은 새로운 초대륙 이름을 아마시아(Amasia)라고 미리 지어 놓았다!

개념 점검 2.5 | 지구의 과거가 어떻게 변화했고 미래는 어떻게 될 것인지 예측하라.

1 고지리학적 재구성(그림 2.3)을 이용하여 다음에 열거한 사건이 일어난 시기를 추적하라.
   a. 북아메리카가 적도에 위치
   b. 대륙이 판게아로 모여 있음
   c. 북대서양 열림
   d. 인도가 남극에서 분리
2 윌슨윤회설을 이용하여 다음에 열거하는 지형의 단계를 제시하라. 또 그렇게 생각하는 이유를 밝히라.
   a. 대서양
   b. 태평양
   c. 홍해
   d. 동아프리카열곡대
   e. 바하캘리포니아(캘리포니아 반도)

   그리고 윌슨윤회설을 이용하여 가능하면 자세하게 위에 열거한 곳에서 미래에 발생할 사건을 설명하라.
3 그림 2.31과 2.33을 자세히 관찰한 후 가장 오래된 해저가 분포하는 곳을 찾고 그 이유를 설명하라.

요약

윌슨윤회설은 수백만 년 동안의 대양저의 연속적인 진화(형성, 성장, 파괴)를 설명할 수 있다.

각 단계 단면도	운동	지형특성	예
배아기 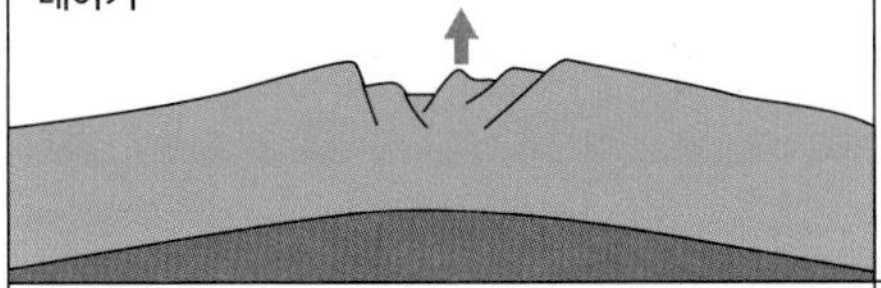	융기	대륙에 복잡한 형태의 선형 열곡	동아프리카열곡
유아기 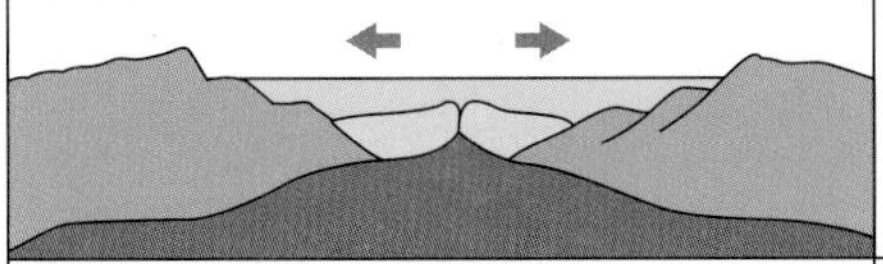	확장(해저확장)	해안선 형태가 일치하는 좁은 바다	홍해
성숙기 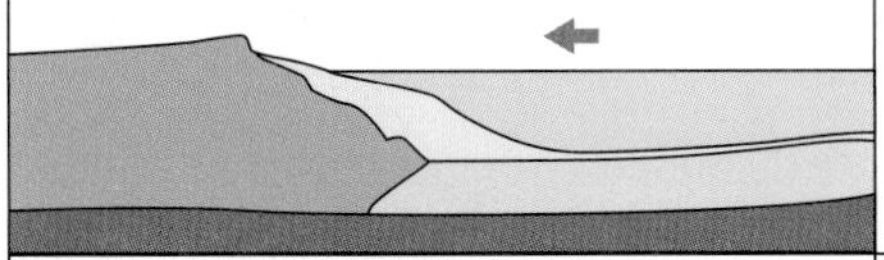	확장(해저확장)	대륙주변부가 발달한 대양저	대서양, 북극해
쇠퇴기 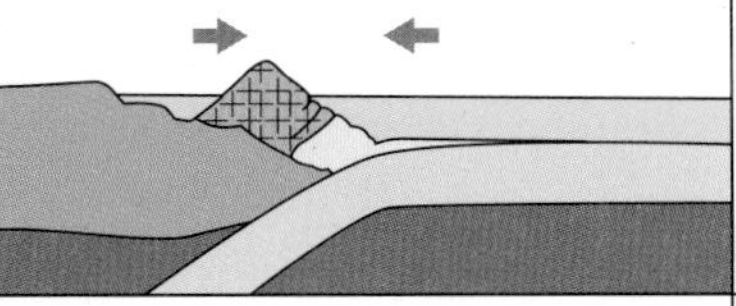	수렴(섭입)	대양저 주변의 호상열도와 해구	태평양
말기 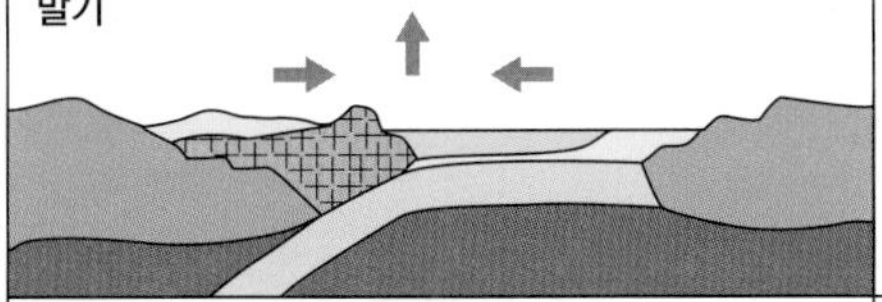	수렴(충돌)과 융기	좁고 불규칙한 바다와 새로운 산맥	지중해
봉합기 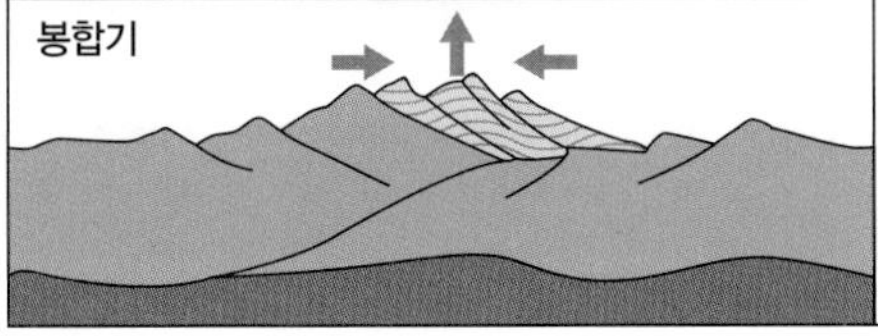	수렴과 융기	초기단계부터 성숙단계의 산맥군	히말라야산맥

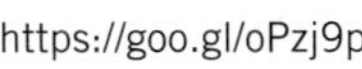

그림 2.33 **윌슨윤회설에 의한 대양저 진화.** 윌슨윤회설로 분지가 배아기에 형성되고 대륙과 충돌하여 봉합기에 이르는 단계를 나타낼 수 있다.
https://goo.gl/oPzj9p

핵심 개념 정리

2.1 대륙이동설의 증거

- 판구조론에 의하면 지구의 최외곽 층은 서로 수평 방향으로 이동하는 얇고, 단단한 암석권의 판으로 되어 있다. 이 아이디어는 20세기 초 알프레드 베게너의 대륙이동설이라는 가설로부터 나온 것이다. 베게너는 약 2억 년 전에는 지구가 거대한 하나의 바다(판탈라사)와 대륙(판게아)으로 되어 있었다고 주장하였다.
- 대륙이동의 증거는 많다. 예를 들면 대륙형태의 유사성, 암석과 산맥의 일치, 빙하와 다른 기후변화의 증거, 화석과 현생생물의 분포 등이다. 이러한 증거에도 불구하고 메커니즘에 대한 부정확한 가정들 때문에 20세기 초반에 여러 지질학, 지구물리학자들이 이 가설을 인정하지 않았다.

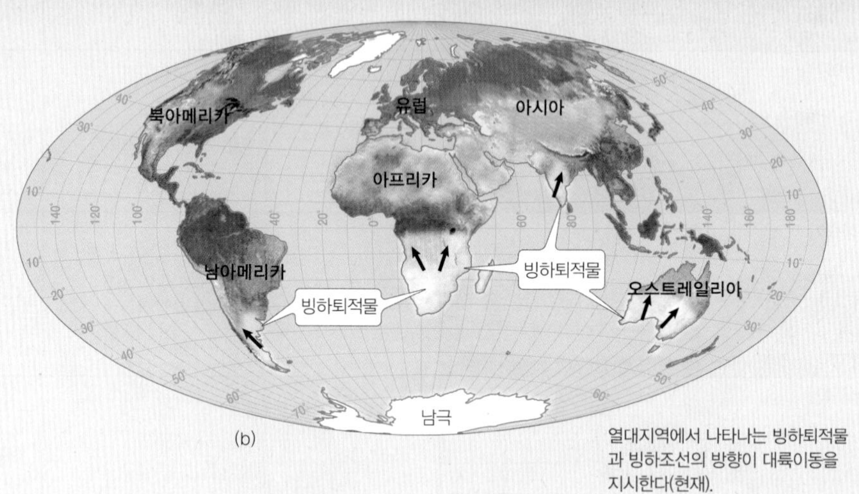

열대지역에서 나타나는 빙하퇴적물과 빙하조선의 방향이 대륙이동을 지시한다(현재).

심화 학습 문제

만약 당신이 베게너의 시대로 돌아가서 이 장에 나와 있는 3개의 그림을 이용하여 그를 도와서 대륙이동이 실제로 있었다는 것을 그 당시 과학자들에게 설명하려 한다면 그들의 반응은 어떻겠는가? 또한 그런 반응의 이유는?

능동 학습 훈련

팀을 둘로 나누어서 대륙이동의 증거와 반대증거를 토론하게 한다. 단 1930년대 이전의 지식만을 이용한다.

2.2 판구조론의 증거

- 1960년대에 이르러 도입된 과거 지구의 자기를 연구하는 고지자기학과 해저지형에 대한 더 자세한 지식으로 대륙이동의 증거는 보강되었다. 해저면의 고지자기는 해양지각에 영구적으로 기록되며 대양저산맥을 중심으로 정상과 역전의 지자기 무늬가 대칭적으로 배열되게 된다.
- 해저확장의 아이디어는 헤리 헤스로부터 나왔다. 대양저산맥 정상부에서 만들어진 새로운 해저는 서로 반대 방향으로 이동한 후 궁극적으로 해구에서 섭입되어 소멸된다. 이 이론으로 해저면의 자기무늬와 대양저산맥을 축으로 해저암석의 나이가 양방향으로 증가하는 현상을 설명할 수 있게 되었다.
- 판구조론의 다른 증거는 지열과 지진분포이다. 최근에는 인공위성을 이용한 정밀한 측량으로 위치 측정이 가능해졌다. 이러한 증거들을 바탕으로 지질학자들은 지구가 역동적임을 알게 되었고 대륙이동설을 더욱 발전된 판구조론으로 진전시킬 수 있었다.

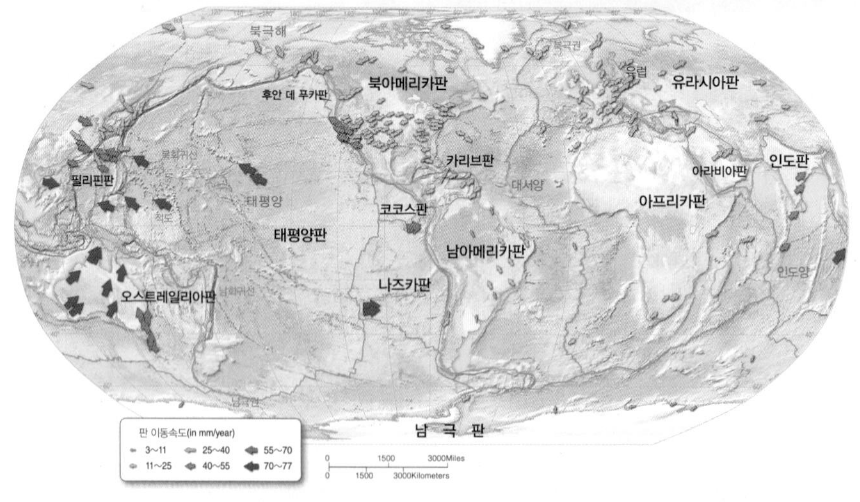

심화 학습 문제

만약 해저에 지자기역전의 증거가 없다면 이것이 대양저의 과거에 어떤 영향을 미치겠는가?

능동 학습 훈련

최근 연구결과에 의하면 목성 위성인 유로파에 마치 지구의 암석판처럼 얇고 깨지기 쉬운 얼음판의 존재 가능성을 발견했다 인터넷에서 이 연구결과를 찾아서 유로파에 판구조운동의 증거를 제시하라.

2.3 판 경계부의 특징

▶ 대양저산맥(판이 벌어지는 확장형 판 경계부)에서 새로운 지각이 만들어짐에 따라 판의 반대쪽은 해구에서 맨틀로 섭입되거나 혹은 히말라야산맥(판이 모이는 수렴형 판 경계부)처럼 대륙 하부로 밀려들어 가게 된다. 대양저산맥은 절단되어 변환단층(판이 서서히 반대방향으로 이동하는 변환형 판 경계부)을 따라 판이 미끄러진다.

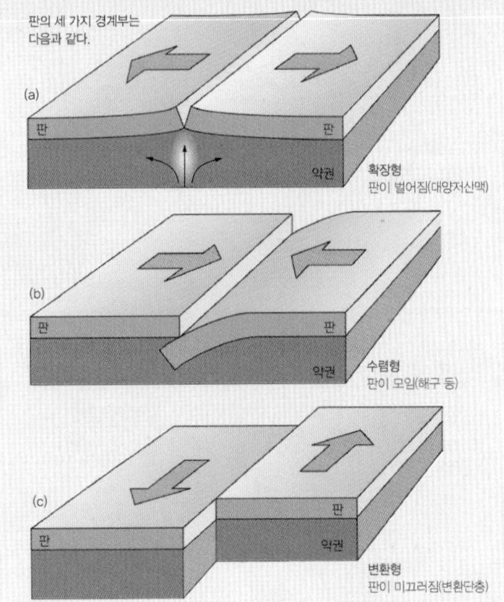

심화 학습 문제

그림 2.12를 이용하여 판구조운동에 의한 다음의 자연재해를 설명하라. (1) 인도네시아 크라카타우 화산 분출(1883년), (2) 아이티 지진(2010년), (3) 일본 북동부의 지진과 쓰나미(2011년)

능동 학습 훈련

세 종류의 판 경계부를 설명하라. 각 경계부와 연관된 해저지형을 설명하라. 투시도와 단면도를 이용하여 판의 이동과 그 결과 발생하는 사건을 설명하라.

2.5 지구는 과거에 어떤 변화를 겪었고 미래는 어떻게 되겠는가?

▶ 대양저와 대륙의 특성은 과거로부터 현재까지 변해왔으며 미래에도 크게 다르지 않을 것이다.

▶ 판구조론의 응용 가능한 예측 모델은 윌슨윤회설이다. 이 모델은 수백만 년에 걸쳐 형성 · 성장 · 소멸 과정을 담은 대양저의 진화를 설명한다

심화 학습 문제

당신이 빠르게 이동하는 대륙(10cm/y)의 속도로 이동한다고 가정하고 주변의 대도시로 이동하는 데 걸리는 시간을 계산해보라. 미국 동부에서 서부로 횡단하는 데 걸리는 시간은 얼마인가?

능동 학습 훈련

당신과 다른 두 명의 친구가 지구 크기의 도달 가능한 거리의 행성 식민지에 산다고 가정하자. 다음 (1) 아주 활발한 판구조운동 (2) 지구와 유사한 정도의 판구조운동 (3) 판구조운동이 없는 곳 중에서 자신의 행성을 선택한다. 그다음 각자 선택한 행성의 판구조운동 정도에 따라 각자의 행성의 모습(구체적인 지형 등)을 설명해보라.

2.4 모델 검증 : 판구조론이 유용한 모델이 될 수 있는가?

▶ 판구조운동 모델에 의하면 판의 변화 증거를 지형과 각종 현상 등에서 찾을 수 있다. 이 중에는 판의 과거 운동을 알 수 있는 맨틀플룸과 열점, 꼭대기가 평평한 평정해산, 산호초의 발달, 위성을 이용한 정밀한 판의 이동방향 추적 등이 있다.

심화 학습 문제

알류샨열도와 하와이제도 기원의 차이점을 설명하라. 그 설명을 뒷받침할 증거를 제시하라.

능동 학습 훈련

옐로스톤국립공원 밑에 있는 맨틀플룸을 조사하라. 또한 증거를 제시하라. 판구조론 지식을 활용하여 이 곳의 미래를 설명해보라.

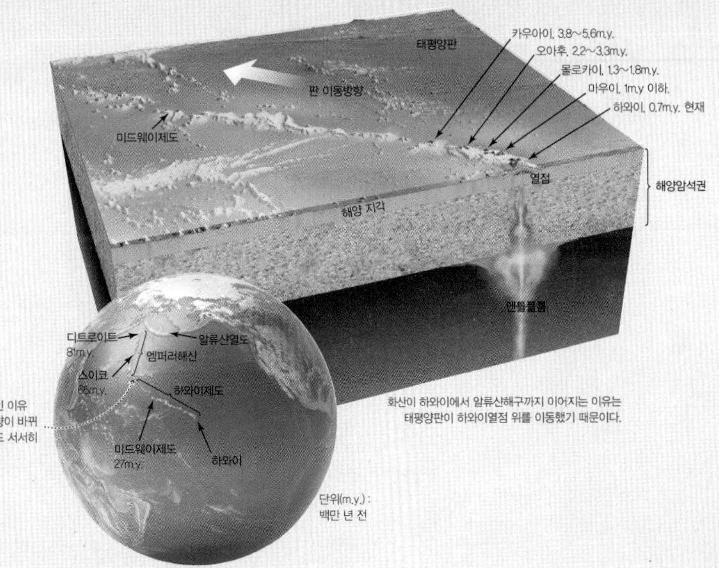

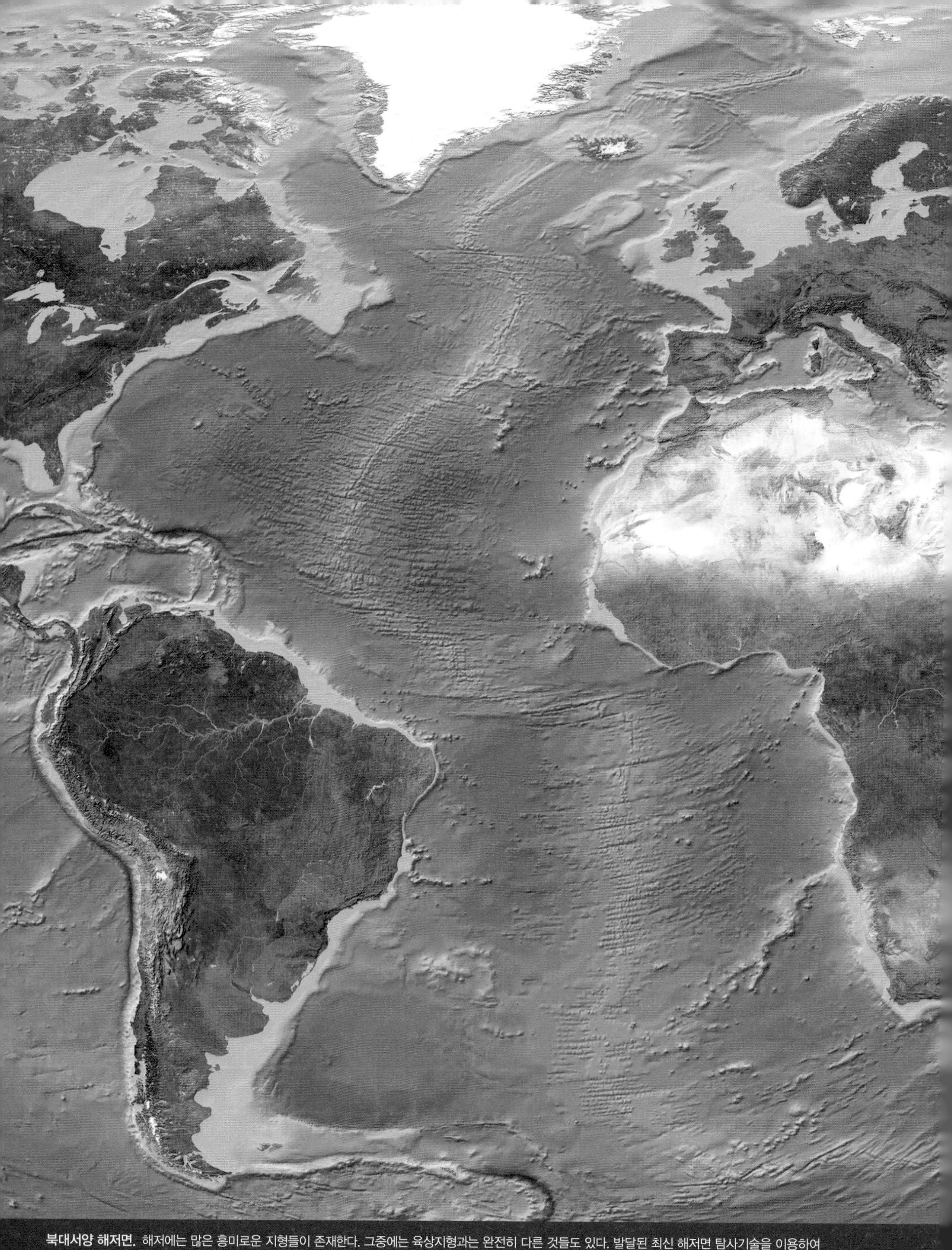

북대서양 해저면. 해저에는 많은 흥미로운 지형들이 존재한다. 그중에는 육상지형과는 완전히 다른 것들도 있다. 발달된 최신 해저면 탐사기술을 이용하여 이와 같은 놀라운 해상도의 중앙대서양 산맥의 영상을 얻을 수 있게 되었다.

3

해저지형

호상화산 해산 평정해산
대륙붕 해저선상지 소나
해구 대양저산맥
비활성 주변부 해저협곡 심해평원
대륙대 활성 주변부 저탁류
열수공 대륙사면 베개용암
변환단층

이 장을 읽기 전에 위에 있는 용어들 중에서 아직 알고 있지 못한 것들의 뜻을 이 책 마지막 부분에 있는 용어해설을 통해 확인하라.

바다 밑은 어떤 모양일까? 바다를 연구해온 대부분의 기간 동안 심해저에 대해서는 거의 알려진 바가 없었다. 해양탐험의 초기, 대부분의 과학자들은 바다 밑은 완전히 평평하며 과학적인 관심을 별로 끌지 못하는 두꺼운 뻘로 뒤덮여있을 것이라고 믿었다. 또한 가장 깊은 곳은 해저분지의 중앙 어디쯤일 것으로 믿었다. 그러나 점점 더 많은 배들이 바다를 누비고 다니며 지형을 조사하게 되면서 해저에는 깊은 해구와 오래된 화산, 해저협곡, 거대한 산맥 등 다양한 지형들이 존재한다는 것을 알게 되었다. 예를 들어, 해저에는 지구상에서 가장 큰 산맥이 있어 요세미티의 유명한 암벽보다 세 배나 높이 솟은 곳도 있으며, 태양계에서 가장 큰 화산 중의 하나인 그랜드 캐니언보다 훨씬 더 거대한 해저협곡들이 존재한다, 해저지형은 육상의 어떤 지형과도 다르며, 바다에서 가장 깊은 곳은 육지에 무척 가까운 곳에서 나타나기도 한다. 과학기술이 발전한 오늘날에도 해저지형의 약 80% 정도는 자세한 조사가 되어 있지 않다는 사실은 놀라운 일이다. 해저에는 여전히 많은 미지의 지형들이 숨어 있다.

해양지질학자들과 해양학자들이 해저의 모양을 분석하면서 어떤 모양은 해저의 역사뿐만 아니라 지구의 역사를 나타낸다는 것도 알게 되었다. 이 놀라운 지형들은 어떻게 만들어졌으며, 또 그 기원은 어떻게 설명할 수 있을 것인가? 오랜 기간에 걸쳐서 해저의 모양은 바뀌어왔고 대륙은 지구 내부의 힘에 의해 육중하게 지구의 표면을 가로지르며 이동해왔다. 현재의 해양분지는 해저지형의 기원을 설명할 수 있는 판구조 운동(앞 장의 내용)의 결과이다.

언뜻 보기에 해저는 3개의 주요 지역으로 구분할 수 있다(이 장 첫 페이지의 그림 참조). (1) 얕고 육지에 가까운 대륙주변부(그림에서 밝은 보라색) (2) 대륙에서 멀리 떨어진 심해분지(진한 파란색, 대부분 평탄한 지역) (3) 거대한 화산 산맥인 대양저산맥(연한 파란색, 해저분지의 중앙을 지그재그로 가로지르는 얕은 지역). 이 장에서는 수심측량에 사용되는 기술에 대해 논의하고 위에서 언급한 세 가지 주요 지역의 특징을 살펴볼 것이다.

핵심 개념

이 장을 학습한 후 다음 사항을 해결할 수 있어야 한다.

3.1 해양의 수심측량에 사용되는 방법들을 논의하라.
3.2 대륙주변부에 나타나는 지형 특성을 설명하라.
3.3 심해분지에 나타나는 해저 지형을 기술하라.
3.4 대양저산맥을 따라 나타나는 해저 지형을 설명하라.

"Could the waters of the Atlantic be drawn off so as to expose to view this great sea-gash which separates the continents, and extends from the Arctic to the Antarctic, it would present a scene most rugged, grand, and imposing."

—Matthew Fontaine Maury (1854), the "father of oceanography," commenting about the Mid-Atlantic Ridge

3.1 해양의 수심측량에는 어떤 기술이 사용되는가?

수심측량(bathymetry: *bathos* = depth, *metry* = measurement)은 해양의 깊이를 측정하고 해저의 모양, 혹은 지형(topography: *topos* = place, *graphy* = description of)을 지도로 만드는 것이다. 수심측량을 위해서는 수면에서부터 해저의 산, 계곡, 평원 등까지의 수직거리를 재야 한다.

수심측량

해저의 깊이를 재기 위한 역사상 첫 번째 시도는 기원전 85년경에 그리스인 포시도니우스에 의해 지중해에서 이루어졌다. 그의 임무는 바다는 얼마나 깊은가 하는 오랜 의문에 답하는 것이었다. 포시도니우스의 선원들은 줄 끝에 매단 무거운 추가 바닥에 닿을 때까지 거의 약 2km를 줄을 풀어 내려 **측심**(sounding)[1]을 하였다. 측심 밧줄은 그 후 약 2,000년 동안 뱃사람들이 바다의 깊이를 재는 데 사용되었다. 수심의 표준 단위는 **fathom**(*fathme* = outstretched arms)[2]으로, 약 1.8m와 같다.

최초의 체계적인 측심은 1872년부터 3년 반 동안 수행된 챌린저호의 역사적인 항해 중에 이루어졌다. 챌린저호의 선원들은 배가 멈출 때마다 여러 해양 특성들과 함께 수심을 측정했다. 그 결과, 심해저가 평탄하지 않고 육지와 마찬가지로 뚜렷한 굴곡(고도의 변화)이 있다는 것을 알게 되었다. 그러나 군데군데 수심을 재어서 측량을 하는 것만으로는 해저의 완전한 모양을 알아내기가 대단히 어렵다. 비유해 보자면, 안개 낀 밤에 소형 비행선을 타고 수 km 상공을 날면서 추를 매단 긴 줄을 사용해 고도를 재고 지표면의 모양을 측정한다고 상상해보라. 배에서 밧줄을 내려 수심측량 자료를 모으는 것도 이와 같은 방법이다.

Web Animation
소나와 반향위치 측정
http://goo.gl/sGFcIJ

음향측심

해저의 중앙에 산맥이 있다는 것은 오래전부터 알려져 있었지만, 그것이 전 지구적으로 연결된 시스템이라는 것은 1900년대 초기에 **음향측심기**(echo sounder), 혹은 **측심기**(fathometer)가 발명된 후였다. 음향측심기에서 **음향신호**(ping이라고 함)를 해저로 내려 보내면 그 신호는 해양생물이나 해저면처럼 밀도 차이가 있는 곳에서는 반향으로 되돌아오게 된다(**그림 3.1**). 음향이 되돌아 나오는 시간[3]을 측정해서 깊이와 그에 따른 해저의 모양을 결정하게 된다. 예를 들어, 1925년에 독일 조사선 Meteor호는 음향측심을 이용하여 남대서양의 중앙을 가로지르는 해저 산맥을 식별하였다.

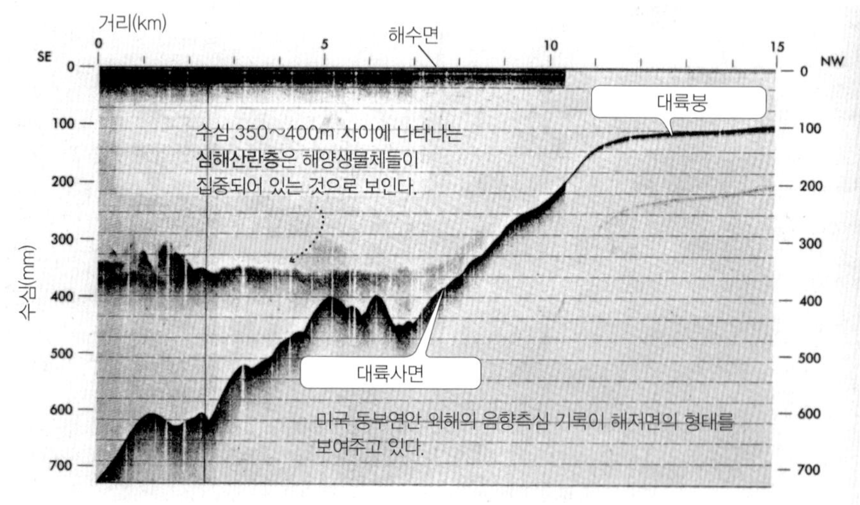

그림 3.1 음향측심 기록. 수직확대율(수직 축척의 확장비율)은 12배이다.

그러나 음향측심으로는 세세한 곳이 빠지기도 하고, 종종 해저의 모양이 부정확하게 나타나기도 한다. 예를 들어, 해저에서 4,000m 위에 있는 배에서 내보낸 음파는 바닥에서는 직경 약 4,600m 정도로 넓게 퍼지게 된다. 결과적으로 바닥에서 가장 먼저 되돌아오는 반향은 일반적으로 이 넓은 곳 중에서 가장 가까운(높은) 봉우리로부터이다. 그럼에도 불구하고 해저지형에 관한 대부분의 지식은 음향측심기로 얻은 것이다.

음향측심기에서 발사된 음향은 밀도 차이가 있는 곳에서 되돌아오기 때문에 음향측심기는 잠수함을 탐지하고 추적하는 데 사용되기도 했

1 측심을 뜻하는 'sounding'이라는 말은 과학적 관찰을 위해 환경을 측정하는 탐침을 말하는데, 대기 중에 'sounding'이라는 탐침을 풀어놓던 대기과학자들에게서 차용해온 것이다. 역설적으로 이 용어는 실제로 음파(sound)를 말하는 것은 아니고, 해양의 수심을 측량하는 데 음파를 사용한 것은 그 후의 일이다.

2 이 용어는 배에서 수심측량 줄을 손으로 끌어올리던 방법에서 나왔다. 줄을 끌어올리는 동안 선원들은 줄의 길이를 팔 길이로 계산하였다. 1fathom이 정확히 6feet(1.8m)로 표준화된 것은 한참 후의 일이다.

3 이 기술은 물속에서의 음파의 속도를 이용한 것이며, 물속에서의 음속은 염분, 수압, 수온에 따라 변하지만 평균 속도는 초속 약 1,507m 정도이다.

다. 제2차 세계대전 중에는 대 잠수함 무기들 덕분에 음향을 이용해서 바닷속을 들여다보는 기술이 발전하기 시작하였다.

제2차 세계대전을 거치는 동안 음향 기술은 크게 발전하였다. 예를 들어, 1950년대에 개발된 **정밀음향측심기**(Precision Depth Recorder, PDR)는 집중된 고주파 음파를 사용해서 1m 정도의 정밀도로 수심을 측정하였다. 1960년대에는 PDR이 널리 사용되면서 해저의 모양을 꽤 자세히 알게 되었으며, 수천 척의 조사선들의 항해로 믿을 만한 전 세계 해저지형도들이 처음으로 만들어졌다. 이런 지도들은 해저확장과 판구조론의 아이디어를 확인하는 데 도움을 주었다.

해저지도 작성에 사용되는 최신 **음향**(acoustic: *akouein* = to hear) 장비로는 **다중빔 음향측심기**(mulibeam echo sounders: 여러 개의 음파 주파수를 동시에 사용)와 사이드스캔 **소나**(sonar: sound and navigation and ranging의 약어) 등이 있다. 최초의 다중빔 음향측심기인 **Seabeam**은 약 60km 정도의 폭을 따라 해저지형을 조사할 수 있다. 다중빔 음향기기들은 여러 줄기의 음파를 발신하며, 해저에서 반사되어 되돌아온 각각의 음파들은 각기 강도와 시간이 다르기 때문에 컴퓨터를 이용해서 수심과 해저지형뿐 아니라, 바닥이 암반인지 모래인지 혹은 뻘인지 등을 분석할 수 있다(**그림 3.2**). 이런 방법으로 다중빔 음향측심을 사용해서 믿기 어려울 정도로 자세한 해저의 모양을 알 수 있다. 그러나 수심이 깊어질수록 음파의 줄기가 넓게 퍼지기 때문에 심해에서는 정밀도에 한계가 있다.

심해나 혹은 자세한 조사가 필요한 곳에서는 사이드스캔 소나로 좀 더 뚜렷한 해저의 모양을 알 수 있다. 사이드스캔 소나는 조사선의 뒤쪽에 끌고 가면서 해저에 가까이 내릴 수 있으므로 자세한 띠 형태의 해저지도를 작성할 수 있다

그림 3.2 다중빔 음향측심기. 해저 지형도를 작성하기 위해 다중빔 음향측심기를 어떻게 사용하는지 보여주는 그림. 해저면의 색깔은 다양한 수심을 나타낸다.
https://goo.gl/2oMV73

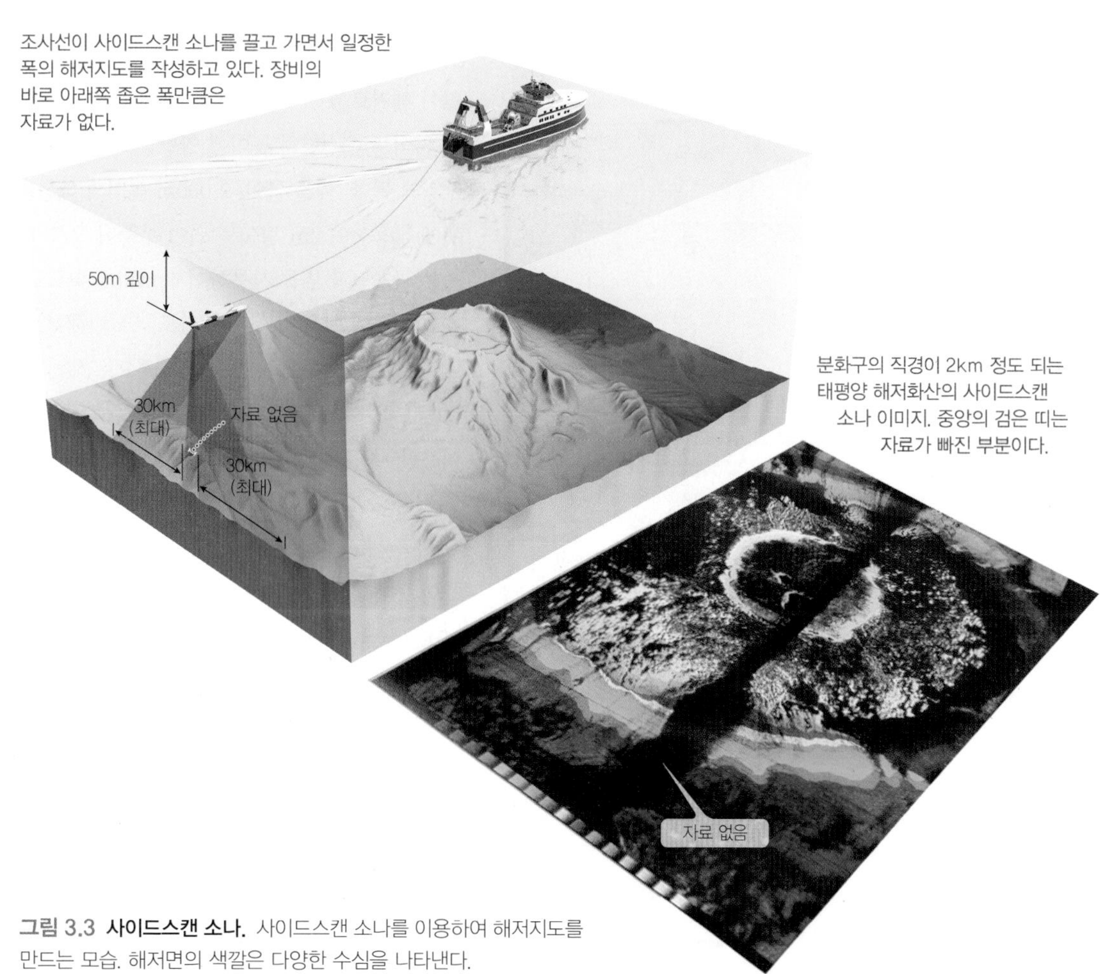

그림 3.3 사이드스캔 소나. 사이드스캔 소나를 이용하여 해저지도를 만드는 모습. 해저면의 색깔은 다양한 수심을 나타낸다.

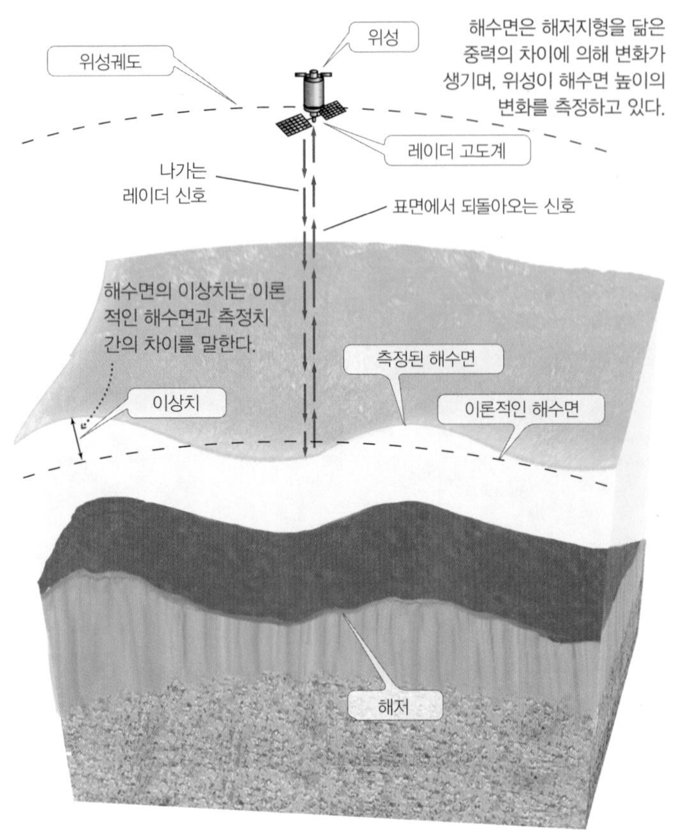

그림 3.4 **인공위성의 해수면 측정.**

(**그림 3.3**). 분해능을 최대한으로 하기 위해서는 사이드스캔 소나를 최대한 바닥 가까이 유지하면서 끌고 가면 된다. 사이드스캔 소나를 무인잠수정에 장착하면 조사선과의 연결없이 스스로 해저를 이동해 다니면서 해저지형을 조사할 수 있다.

인공위성을 이용한 해양특성 조사

비록 다중빔 음향측심기나 사이드스캔 소나 등으로 자세한 수심도를 작성할 수 있지만 배로 해저지도를 작성하는 것은 비용과 시간이 많이 소요되는 작업이다. 정확한 지형도를 작성하기 위해서는 조사선은 특정지역을 (마치 잔디를 깎는 것처럼) 지루하게 왕복해야 한다(그림 3.2 참조). 불행하게도 해저의 극히 일부만 이런 방법으로 지도가 작성되었다.

반면에 지구를 선회하는 인공위성은 한 번에 해양의 넓은 지역을 관찰할 수 있다. 결과적으로 위성을 이용하여 해양의 특성을 조사하는 일이 점점 늘어나고 있다. 놀랍게도, 위성에서 측정한 해양표면의 특성을 이용하여 해저면의 지도를 작성할 수도 있다. 높은 궤도를 선회하면서 해양의 표면밖에 볼 수 없는 위성이 해저의 모양을 어떻게 알 수 있을까?

그 대답은 해저지형이 지구의 중력장에 직접적인 영향을 미친다는 사실에 있다. 해구와 같이 깊은 곳은 낮은 중력을, **해산**(sea mount)과 같이 해저로 솟아오른 큰 화산체들은 추가적인 중력을 일으킨다. 이러한 중력의 차이는 해수면의 높이에 영향을 미쳐 해저의 기복을 닮은 해수면의 굴곡이 생기게 된다. 예를 들어, 2,000m 높이의 해산은 미세하지만 뚜렷한 중력을 주위에 작용하여 2m 정도 수면이 부풀어 오르게 된다. 이러한 해수면의 불규칙성은 극초단파 빔을 사용하여 4cm의 정확도로 해수면을 측정할 수 있는 인공위성에 의해 쉽게 감지된다. 파도, 조석, 해류 및 대기 효과에 대한 보정을 하고 나면, 해수면의 요철 양상은 결과적으로 해저지형을 간접적으로 나타내게 된다(**그림 3.4**). 예를 들어, **그림 3.5**는 동일한 해역에서 선박에서 측정한 수심자료를 이용한 지도(위)와 훨씬 높은 해상도의 위성자료를 이용한 지도(아래)를 비교하고 있다.

미국 해군의 Geosat과 같은 지구궤도위성이 1980년대에 수집한 해수면 자료들이 공개되자, 국립해양대기관리국(NOAA)의 월터 스미스와 스크립스 해양연구소(Scripps Institution of Oceanography)의 데이비드 샌드웰은 해수면의 모양을 기반으로 해저지도를 제작하기 시작했다. 해수면의 모양이 해저의 수심도와 정확히 일치하지는 않지만 해수면은 해저의 전반적인 모양과 흡사하다. 해수면의 고도 자료를 보정하기 위해 음향측심자료를 이용하기도 한다. 이들이 만든

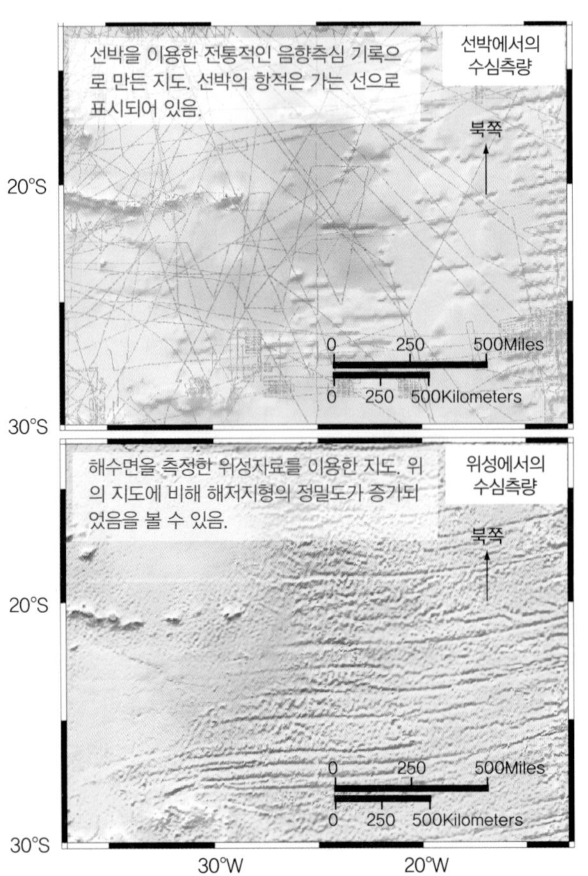

그림 3.5 **음향측심자료와 위성자료를 이용한 두 해저수심도의 비교.** 2개의 해저수심도 모두 남대서양 브라질 해분의 같은 부분을 보여주고 있다. 해저면의 색깔은 다양한 수심을 나타낸다.

해저지도는 마치 바닷물을 모두 빼 내었을 때 바닥을 드러내게 될 지구의 모습을 보여주고 있다. 2014년에 발표된 최신 고해상도 해수면 중력지도(**그림 3.6**)는 유럽항공우주국의 CryoSat-2와 미국의 NASA/프랑스국립우주센터(CNES) 공동주관의 Jason-1[4] 두 위성의 자료를 주로 사용하고 있다. 이 새로운 해저지형도는 중앙 해령과 해구, 해산, 열도 등 많은 해저지형의 대규모 세부 정보를 명확하게 보여준다. 실제로 이 지도에는 조사선이 한번도 수중음향조사를 한 적이 없는 지역의 수많은 새로운 해저지형들이 상세히 묘사되어 있다.

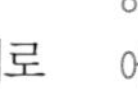

요약

음향신호를 바다 속으로 쏘아 보내는 방법(음향측심법)은 해저수심을 결정하기 위해 일반적으로 사용되는 기술이다. 최근에는 해저지형도 제작에 인공위성이 이용되고 있다.

지진파 반사 단면

해저면 아래의 내부 구조를 알기 위해서 해양학자들은 **그림 3.7**에서 보는 것처럼 수중 폭발이나 압축공기를 이용한 강력한 저주파 음파를 사용한다. 이 음파들은 해저면을 통과해서 서로 성질이 다른 암석이나 퇴적물 층의 경계에서 반사되어 **지진파 반사 단면**(seismic reflection profiles)을 만들어준다. 이러한 지진파 반사 단면들은 광물탐사나 석유탐사에 이용된다.

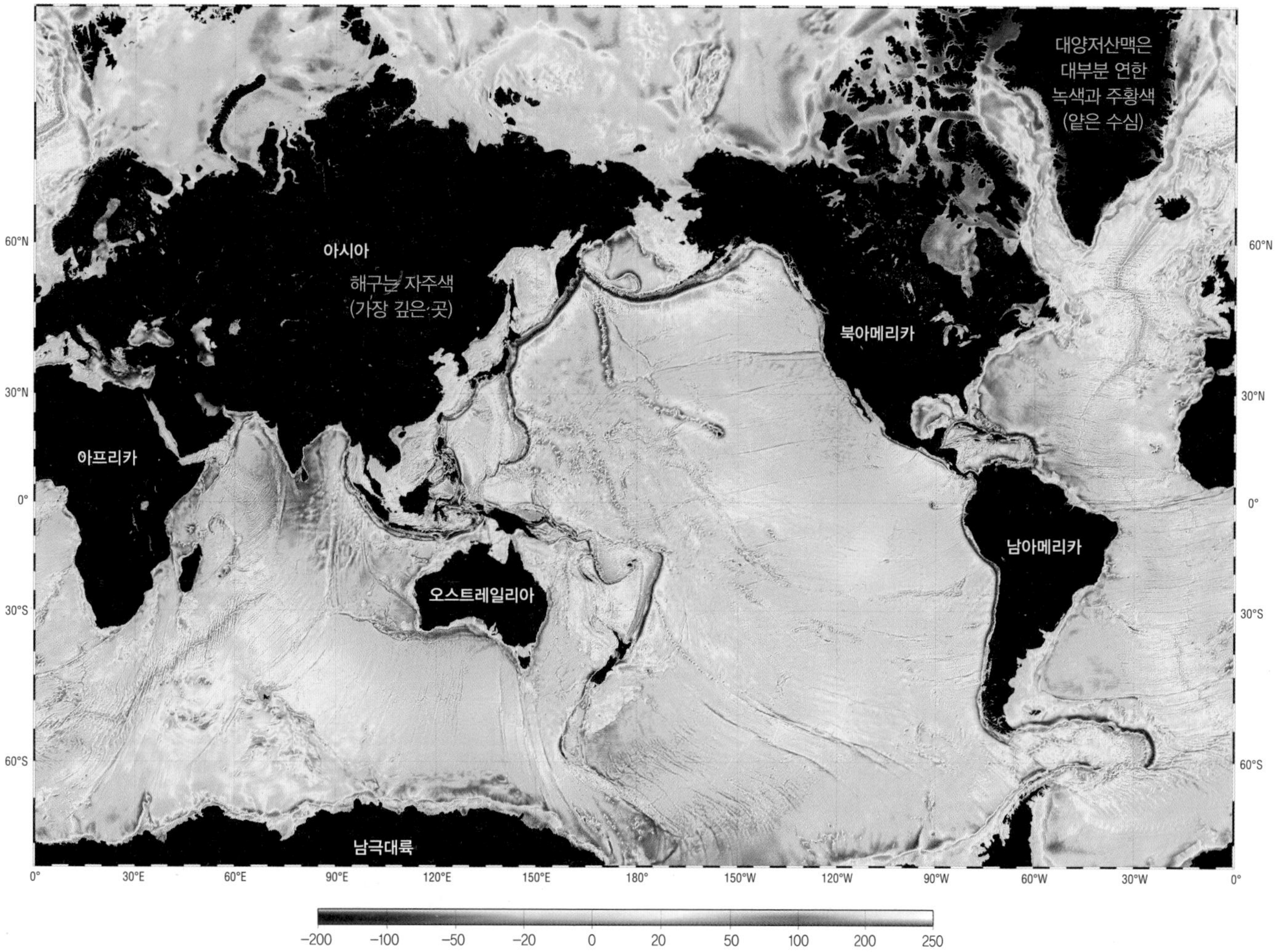

그림 3.6 위성자료를 이용한 전 지구의 해수면 고도 지도. 위성에서 측정한 지구의 중력장을 이용해 2014년에 새로이 제작된 고정밀 해저지도로서, 측정한 수심자료로 보정하면 실제 해저면의 수심과 아주 비슷하게 일치한다. 지도에 표시된 중력이상치의 단위는 mGal이다.

4 1992년부터 2005년까지 해수면 고도를 측정하던 TOPEX/Poseidon 위성은 2002년에 Jason-1으로 대체되었으며, 2013년에 다시 최신 장비를 탑재한 Jason-2로 교체되었다.

학생들이 자주 하는 질문

이륙 후 사라진 최근의 말레이시아 항공편은 도대체 어떻게 된 걸까요?

여전히 수수께끼로 남아 있다. 말레이시아 항공 MH370편은 2014년 3월 8일 말레이시아 쿠알라룸푸르에서 중국 베이징으로 비행하던 도중 갑자기 사라졌다. 위성통신 내용에 의하면, 항공기는 남쪽으로 방향을 바꾼 후 연료가 떨어져 호주 서쪽의 인도양에 추락한 것으로 추측된다. 불행히도 추락 예상지역은 육지에서 멀리 떨어진 광범위한 심해역이며 해저에 관한 조사가 거의 되어 있지 않은 곳으로서, 이 모든 조건들이 수색작업을 어렵게 했다. 사고 직후 며칠 동안은 추락한 기체의 잔해들로 오인된 대형 파편들이 떠다니는 게 발견되기도 했지만, 지금까지 항공기와 239명의 승객 전원에게 정확히 무슨 일이 일어났는지는 분명하지 않다. 2015년 7월, 인도양의 레위니옹 섬으로 쓸려온 날개 조각이 나중에 실종된 비행기의 잔해로 확인되기도 했다. 수중음파탐지기를 탑재한 선박과 무인 잠수로봇을 투입하고 해양학적 자료를 총동원하여 여전히 수색 중이지만 항공기의 나머지 잔해들은 아마 영원히 발견되지 않을지도 모른다.

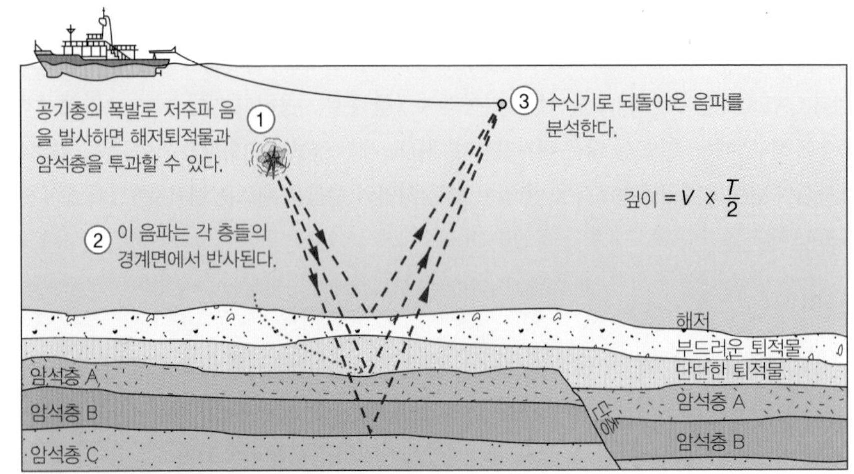

(a) 탄성파 반사단면 탐사과정. 수심(D)은 수중음속(V)과 음파의 주행시간(T)으로부터 계산할 수 있다.

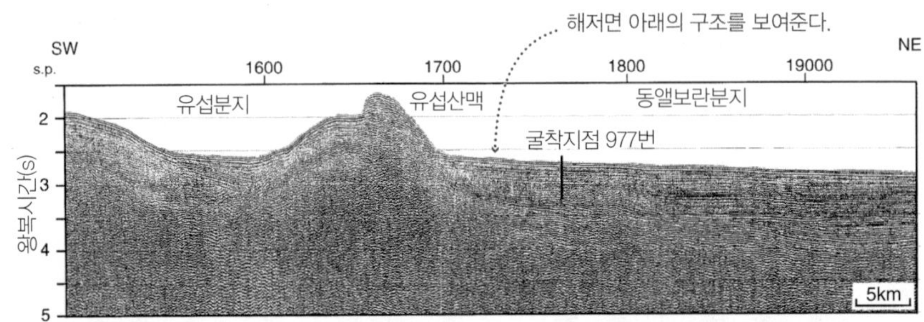

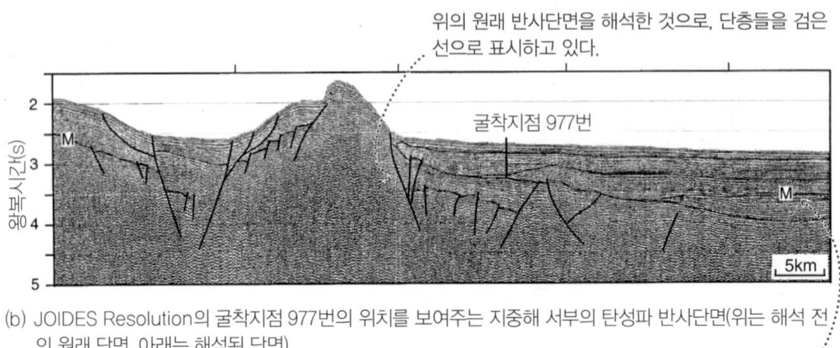

(b) JOIDES Resolution의 굴착지점 977번의 위치를 보여주는 지중해 서부의 탄성파 반사단면(위는 해석 전의 원래 단면, 아래는 해석된 단면).

M(= M-반사면)은 약 550만 년 전 지중해가 말랐을 때 생긴 증발암층(암염층)이다.

그림 3.7 **탄성파 반사단면 탐사과정.**

개념 점검 3.1 | 해양의 수심측량에 사용되는 방법들을 논의하라.

1 수심측량이란 무엇인가?

2 음향측심기의 원리를 설명하라.

3 측심법의 발달과정과 중요한 기술적 진보에 관해서 설명하라.

3.2 대륙주변부에는 어떤 지형들이 있는가?

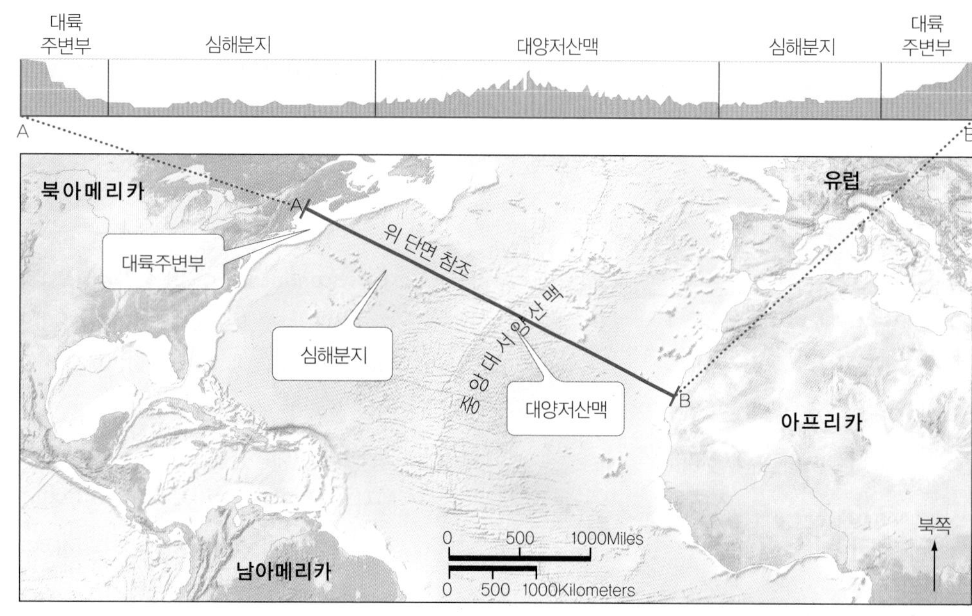

그림 3.8 북대서양 해저의 주요 부분들. 해저는 대륙주변부, 심해분지, 대양저산맥의 세 주요 부분으로 나눌 수 있다는 것을 보여주는 단면도(위)와 평면도(아래).

해저는 3개의 주요 지역으로 구분할 수 있다(그림 3.8). (1) **대륙주변부**(continental margin), 대륙에 가까운 얕은 바다 (2) **심해분지**(deep-ocean basin), 육지에서 멀리 떨어진 깊은 바다 그리고 (3) **대양저산맥**(mid-ocean ridge), 대양의 중앙 부근의 얕은 지역으로 이루어진 곳이다. 이런 지역들이 만들어진 데는 판구조작용(앞 장에서 다루어짐)이 필수적이다. 해저확장작용을 통해서 대양저산맥과 해구가 만들어지고, 대륙이 갈라져서 새로운 대륙주변부가 만들어지는 곳도 있다.

비활성 대 활성 대륙주변부

대륙주변부는 판의 경계부에 근접한 정도에 따라 비활성 혹은 활성으로 분류할 수 있다. **비활성 주변부**(passive margins, 그림 3.9, 왼쪽)는 암석권 판의 내부에 위치하고 있어서 판의 경계부에 가깝지 않다. 그러므로 비활성 주변부는 보통 대규모 지구조작용(tectonic activity, 지진, 화산폭발, 조산 작용 등)이 잘 생기지 않는다.

판의 경계부가 없는 미국의 동부해안은 비활성 대륙주변부의 예가 될 수 있다. 비활성 주변부는 보통 대륙의 땅덩어리가 갈라지고 오랜 지질학적 시간 동안 해저확장이 계속되어 만들어진다. 비활성 대륙주변부의 지형에는 대륙붕, 대륙사면, 심해분지로 이어지는 대륙대 등이 포함된다(그림 3.9, 그림 3.10).

활성 주변부(active margins, 그림 3.9, 오른쪽)는 암석권 판의 경계부에 근접해 있어 강한 지구조작용이 있는 것이 특징이다. 두 가지 형태의 활성 주변부가 있다. **수렴형 활성 주변부**(convergent active margins)는 해양-대륙 간 수렴하는 판의 경계부와 연관이 있다. 육지에서 바다 쪽으로 지형을 보면, 육지 쪽에 활모양으로 늘어선 활화산들, 그다음은 좁은 대륙붕, 급경사의 대륙사면 그리고 판의 경계를 나타내는 해구가 가장 외해 쪽에 있다. 나즈카판이 남미판 아래로 섭입하는 남미의 서부가 수렴형 활성 주변부의 예이다.

그림 3.9 비활성 대륙주변부와 활성 대륙주변부. 비활성 대륙주변부(왼쪽)와 수렴형 활성 대륙주변부(오른쪽)를 함께 보여주는 전형적인 해저 지형의 개념도. 수직확대율은 열 배이다. https://goo.gl/Ofnsb6

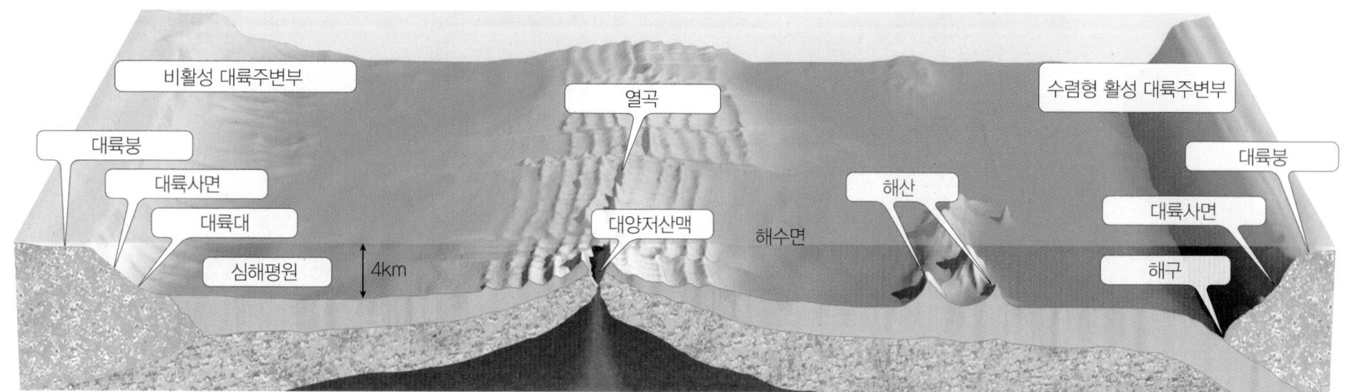

요약

비활성 대륙주변부에는 판의 경계가 없으며, 판의 경계(수렴형 또는 변환형)를 포함하고 있는 활성 대륙주변부와는 다른 지형적 특성을 가지고 있다.

변환형 활성 주변부(transform active margins)는 그리 흔하지 않으며 변환형 판의 경계부와 관련이 있다. 이런 곳에서는 변환단층과 평행한 외해의 단층들, 길게 배열된 섬들, 퇴(얕게 가라앉아 있는 지역), 해안에 가까운 곳에서는 깊은 분지가 존재한다. 샌안드레아스 단층을 따라 만들어진 캘리포니아 연안이 변환형 활성 주변부의 예이다.

3.1 Squidtoons

이게 내 알 주머니야.
비슷한 게 많지만
이게 바로 내 거야.

https://goo.gl/NBJ56M

대륙붕

대륙붕(continental shelf)은 일반적으로 해안에서 해수면 아래 쪽으로 경사각이 뚜렷이 커지는 곳(**붕단**, shelf break)까지 연장되는 평탄한 지역을 말한다(**그림 3.10**). 일반적으로 대륙붕은 해양 퇴적물로 인하여 평탄하고 비교적 단조로운 지형이지만 연안 섬이나 암초, 융기한 퇴 등을 포함하기도 한다. 기반암은 화강암질 대륙지각이고, 따라서 대륙붕은 지질학적으로 대륙의 일부이다. 대륙붕의 범위를 결정하기 위해서는 정확한 해저지도 작성이 필수적이다.

대륙붕의 지형은 주변 지역의 지질과 지형에 따라 다양하다. 대륙붕의 평균 폭은 약 70km 정도지만, 수십 m에서 1,500km 정도까지 변화가 심하다. 가장 넓은 대륙붕은 북극해의 시베리아와 북미의 북쪽 연안에 있다. 붕단이 나타나는 평균 깊이는 약 135m이지만, 남극대륙 주변에서는 약 350m 정도 수심에서 나타난다. 대륙붕의 평균 경사는 겨우 1/10° 정도인데, 이것은 주차장의 물이 빠지도록 만드는 경사와 비슷하다.

해수면의 높이는 지질시대 동안 여러 번 변동하면서 해안선이 대륙붕을 가로질러 왔다 갔다 이동하였다. 예를 들어, 가장 최근의 빙하기 동안 차가운 기후가 우세했을 때는 대부분은 육지 위에 빙하의 형태로 얼어붙어 있었고, 해수면은 오늘날보다 낮았으며, 대부분의 대륙붕은 노출되어 있었다.

대륙주변부의 유형에 따라 대륙붕의 모양이나 관련 지형들이 달라진다. 예를 들어, 남미의 동쪽 연안의 대륙붕은 서쪽보다 넓다. 동쪽 연안은 전형적으로 넓은 대륙붕을 가진 비활성 주변부이다. 반면에 남미의 서쪽 연안을 따라 나타나는 수렴형 활성 주변부는 좁은 대륙붕과 해안에 가까운 붕단이 특징이다.

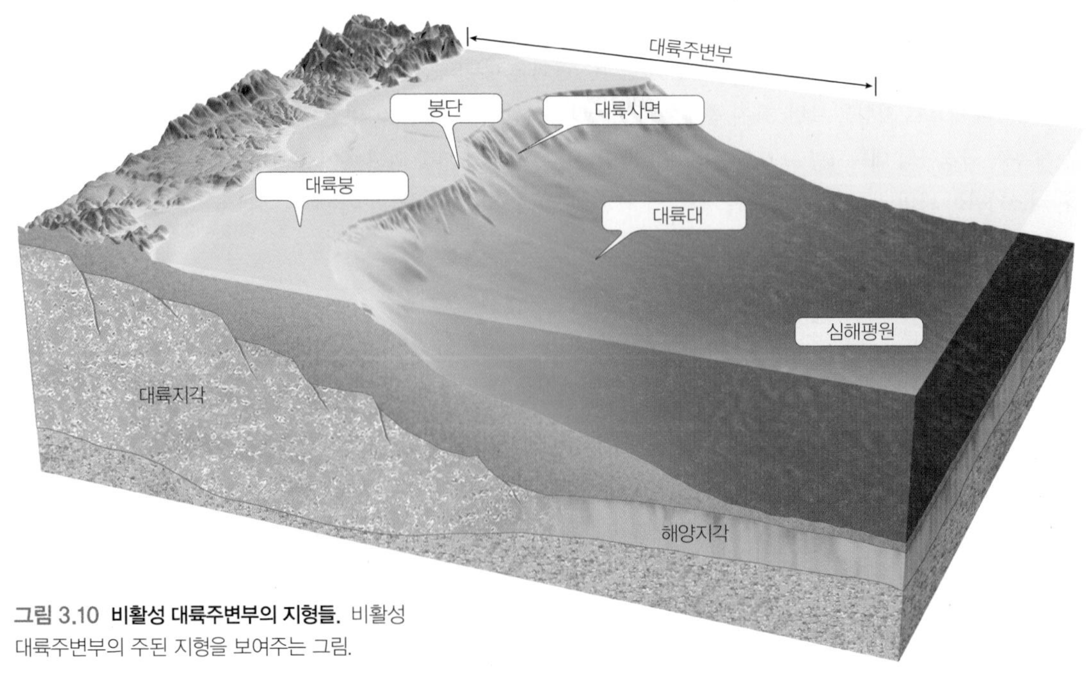

그림 3.10 비활성 대륙주변부의 지형들. 비활성 대륙주변부의 주된 지형을 보여주는 그림.

캘리포니아 연안 같은 변환형 활성 주변부는 단층들로 인해 대륙붕이 평탄하지 않고 오히려 **대륙연변지**(continental borderland)라고 불리는 대단히 기복이 심한(섬, 얕은 퇴, 깊은 분지 등) 지형적 특징을 보인다(**그림 3.11**).

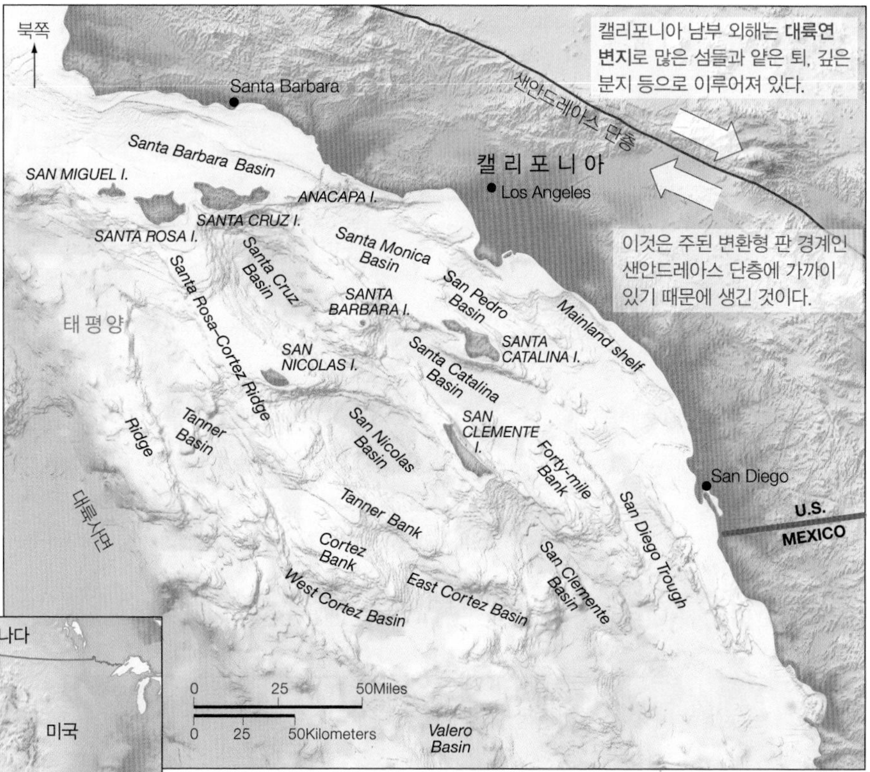

그림 3.11 **캘리포니아 남부의 대륙연변지.**

대륙사면

붕단을 지나면 **대륙사면**(continental slope)이 시작되고, 대륙사면의 기저부는 심해분지가 시작되는 곳이다. 대륙사면의 전체적인 기복은 육지의 산맥과 비슷하다. 사면의 꼭대기에 있는 붕단은 심해 바닥 위 약 1~5km에 있다. 사면이 해구로 이어지는 수렴형 활성 주변부를 따라서는 수직적 기복이 훨씬 커진다. 예를 들어 남미 서부연안의 외해에서는 안데스산맥에서 페루-칠레 해구의 바닥까지 총 기복은 약 15km에 달한다.

전 세계적으로 대륙사면의 경사는 평균 약 4° 정도이지만 약 1~25° 정도까지 매우 다양하다.[5] 미국의 여러 대륙사면을 비교한 연구에 의하면 평균 경사는 약 2°를 약간 넘는 정도로 나타났다. 태평양 주변의 대륙사면은 깊은 해구로 직접 떨어지는 수렴형 활성 주변부가 많기 때문에 평균 경사가 약 5° 이상이 된다. 반면에 대서양과 인도양은 판의 경계가 없는 비활성 주변부가 많기 때문에 기복의 정도도 낮고 평균 경사는 약 3° 정도이다.

Web Video
남 캘리포니아 해저면 위의 가상 수중비행
https://goo.gl/OzHnjM

해저협곡과 저탁류

대륙사면과 다소 덜하지만 대륙붕에서도 **해저협곡**(submarine canyons)이 나타난다. 이 해저협곡은 V자 형태의 단면을 가지는 좁고 깊은 해저의 계곡으로, 여러 갈래가 합쳐지거나 지류들로 나눠지기도 하며 벽면은 경사가 급하고 돌출되어 있기도 하다(**그림 3.12**). 이들은 강에 의해 깎여진 육상의 협곡들과 아주 유사하며 대단히 큰 것들도 있다. 실제로 캘리포니아 외해의 몬테레이 해저협곡은 그 크기가 애리조나의 그랜드 캐니언과 비교될 수 있을 정도이다(**그림 3.13**).

해저협곡은 어떻게 만들어지는가? 처음에 해저협곡은 과거 해수면이 낮아서 대륙붕이 노출되어 있을 때 강의 침식에 의해 만들어진 계곡으로 생각했다. 바다로 들어가는 강들의 바로 외해 쪽에 해저협곡들이 있기도 하지만 대부분은 그렇지 않다. 실제로 많은 협곡들은 대륙사면에 독자적으로 고립되어 있으며, 게다가 평균수심 약 3,500m 정도의 대륙사면의 바닥까지 이어져 있다. 그러나 해수면이 그렇게까지 낮았었다는 증거는 없다.

대서양 연안의 사이드스캔 소나 조사에 의하면 대륙사면은 뉴욕 근처의 허드슨 캐니언에서부터 메릴랜드의 볼티모어 캐니언까지 많은 해저협곡이 나타나고 있다. 대륙사면에만 한정되어 나타나는 협곡들은

Web Video
저탁류의 수중 영상
https://goo.gl/kNIDYJ

5 비교하자면, 매우 가파른 도로면의 경사는 8%, 또는 약 5° 정도이다.

Web Animation
저탁류와 점이층리의 생성
http://goo.gl/M3g7MT

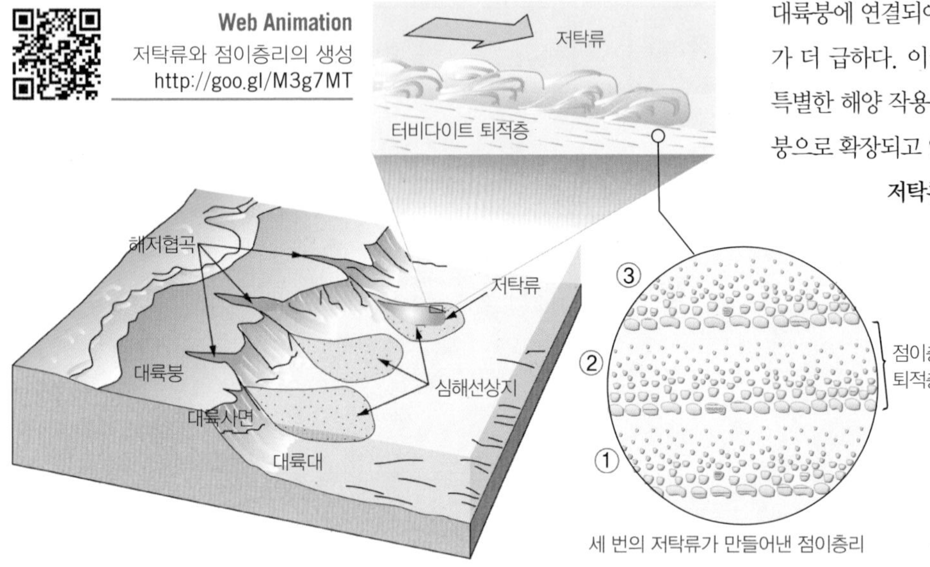

(a) 저탁류가 사면 아래로 흘러내려 가면서 대륙주변부를 깎아 해저협곡을 키운다. 심해선상지는 터비다이트(저탁류 퇴적물)로 이루어지며 반복적인 점이층리를 만든다(동그라미 안 삽화).

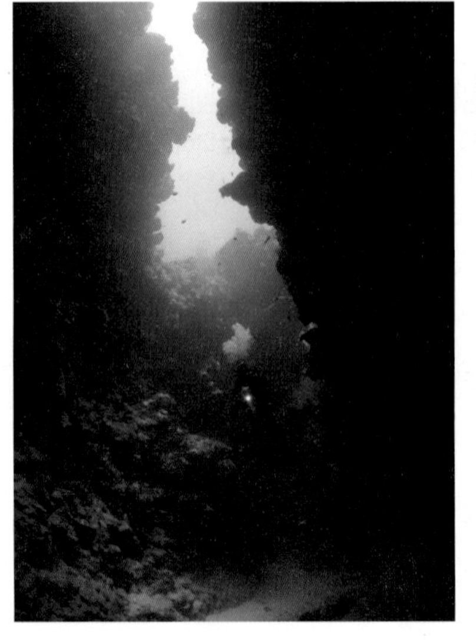

(b) 잠수부가 이집트 다합 근처, 홍해의 해저협곡을 내려가고 있다

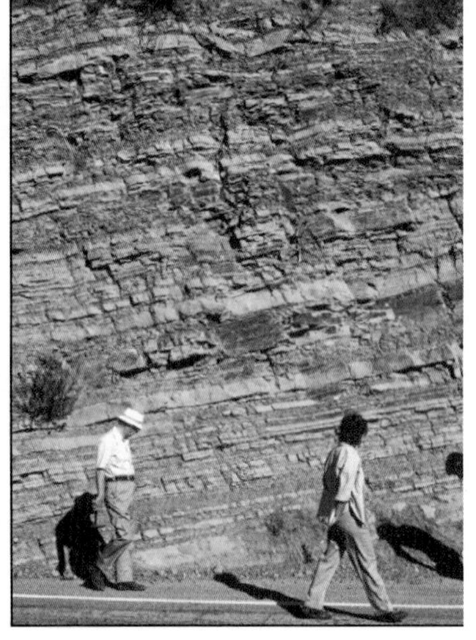

(c) 캘리포니아에 융기되어 있는 경사진 터비다이트 퇴적층의 노두. 밝은색의 층들은 점이층리 바닥의 굵은 사암층들이다.

그림 3.12 **해저협곡과 저탁류.**
https://goo.gl/BI6Vy3

학생들이 자주 하는 질문

저탁류에 휩쓸려 사망한 사람은 있나요?

실제로 그런 사람은 없다. 왜냐하면 저탁류는 대륙사면의 해저협곡을 따라 발생하는데, 아무리 심해잠수사라 할지라도 그렇게 깊이 내려가는 일은 없기 때문이다. 그러나 저탁류 해저협곡 바닥에 설치한 탐사장비가 저탁류의 강한 파괴력에 의해 훼손되거나 파괴되는 일은 빈번히 일어난다. 때로는 완전히 쓸려 가버려 다시 찾지 못하는 경우도 있다.

대륙붕에 연결되어 있는 협곡보다 좀 더 곧고 협곡 바닥의 경사가 더 급하다. 이러한 특징들은 협곡이 대륙사면 위에서 어떤 특별한 해양 작용에 의해 만들어지며 시간이 지남에 따라 대륙붕으로 확장되고 있음을 암시한다.

저탁류(turbidity current: *turbidus* = disordered) (**심층 탐구 3.3**)의 침식력을 직접 혹은 간접적으로 관찰한 바에 의하면 이것이 해저협곡을 깎아낸 주요 원인일 것으로 생각된다. 저탁류는 암석이나 다른 부스러기들이 섞인 탁한 물에 의한 해저사태이다. 저탁류의 퇴적물들은 대륙붕을 거쳐 해저협곡의 머리 부분에 와서 쌓인 물질들로서 저탁류의 초기 단계를 준비시킨다. 저탁류를 촉발시키는 작용으로는 지진, 대륙붕에 쌓인 물질들의 지나친 급경사, 그 지역 위를 지나가는 폭풍, 홍수로 인한 급격한 퇴적물의 유입 등이 있다. 일단 저탁류가 시작되면 마치 순식간에 일어나는 육지의 홍수처럼 고밀도의 물과 쇄설물의 혼합체가 중력에 의해 급격히 아래로 흘러내리면서 협곡을 깎아 내게 된다. 저탁류는 거대한 암석들을 해저협곡 아래로 운반할 수 있을 정도로 강력하며 시간이 지날수록 상당한 침식을 일으킨다.

대륙대

대륙대(continental rise)는 대륙사면과 심해저 사이의 전이적인 지역으로 엄청난 양의 퇴적물들이 쌓여 있는 곳이다. 이 퇴적물들은 모두 어디서 또 어떻게 이곳까지 오게 되었을까?

저탁류에 의해 운반된 퇴적물들이 대륙대를 만든 것으로 생각된다. 저탁류가 해저협곡을 침식하면서 통과해서 협곡의 출구로 빠져나갈 때, 사면의 경사는 완만해지고 저탁류는 느려진다. 이때 물속의 부유물질들은 침전하면서 입자의 크기가 위로 갈수록 작아지는 **점이층리**(graded bedding)라는 특징적인 층을 이룬다(그림 3.12a, 동그라미 안 삽화). 저탁류의 에너지가 소실되면서 큰 입자들은 먼저 침전하고 점차적으로 작은 조각들이 침전해서 수 주일 혹은 수 개월 후에는 결국 아주 작은 입자들까지도 침전하게 된다.

한 번의 저탁류는 하나의 점이층리를 만든다. 다

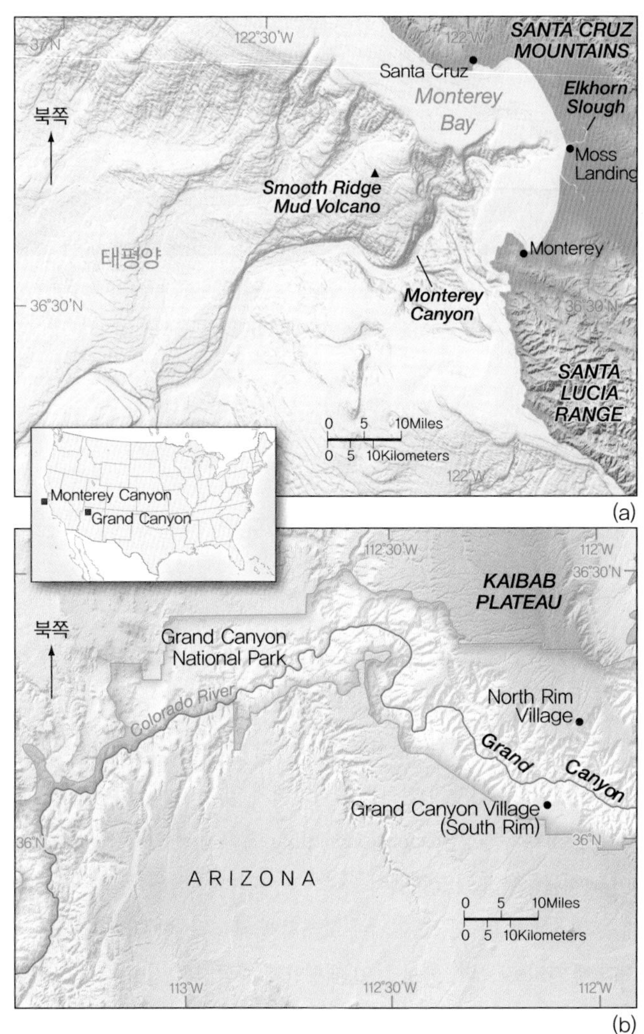

그림 3.13 몬테레이 해저협곡과 애리조나의 그랜드 캐니언의 비교. 같은 축척의 지도에서 볼 수 있는 것처럼 몬테레이 해저협곡(a)은 길이, 깊이, 폭, 경사도 등이 애리조나의 그랜드 캐니언(b)과 비견할 수 있다.

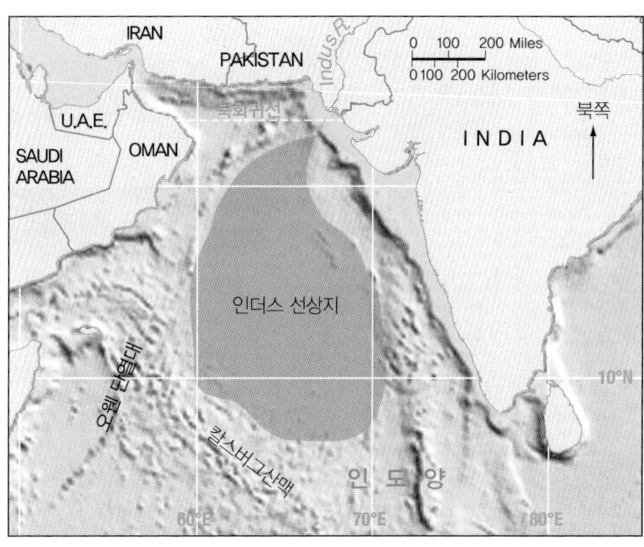

(a) 인더스 선상지의 지도. 크지만 비활성 주변부의 선상지의 전형적인 예이다.

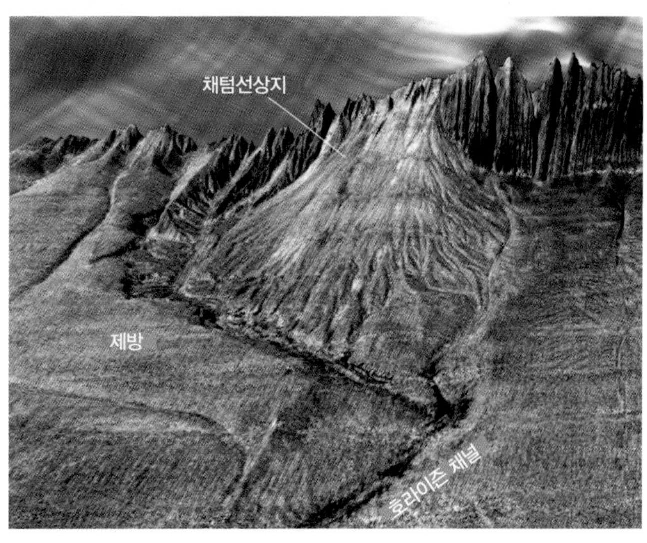

(b) 알래스카 남동쪽 채텀 선상지의 음향탐사 조감도로 주변 해저 위로 450m 정도 솟아 있다. 수직 확대율은 20배이고, 보는 방향은 북동쪽이다.

그림 3.14 심해(해저) 선상지의 예들.

음 저탁류는 이전의 퇴적층을 일부 침식할 수도 있고, 그 위에 새로운 다른 점이층리를 쌓기도 한다. 어느 정도 시간이 지나면 각각의 층 위에 다른 층이 쌓인 일련의 두꺼운 점이층리들이 발달한다. 이렇게 점이층리들이 쌓인 것을 **터비다이트 퇴적층**(turbidite deposit, 그림 3.12c)이라고 하고 이들이 대륙대를 이루고 있다.

해저협곡 출구의 퇴적층은 모양이 부채꼴, 나뭇잎형, 앞치마형 등으로 되어 있어서(그림 3.12a, 3.14) 이런 퇴적층을 **심해선상지**(deep-sea fan), 혹은 **해저선상지**(submarine fan)라 부른다. 심해선상지가 대륙사면의 아래에서 서로 합쳐져서 대륙대를 만들게 되는 것이다. 그러나 수렴형 활성 주변부에서는 사면의 급경사가 바로 심해 해구로 들어가게 되고 저탁류에 의한 퇴적물은 해구에 쌓이게 되어 대륙대가 없다.

세계의 심해선상지 중에서 가장 큰 것 중의 하나가 비활성 주변부의 선상지로 파키스탄 남쪽으로 1,800km까지 뻗어 있는 인더스 선상지이다(**그림 3.14a**). 인더스 강이 엄청난 양의 퇴적물을 히말라야 산맥에서 이 연안으로 운반해온다. 이 퇴적물은 결국 해저협곡을 따라 내려가게 되고 지역에 따라서는 두께가 10km 이상 되는 선상지를 만든다. 인더스 선상지는 주된 해저협곡의 계곡이 선상지 위에서 바다 쪽으로 연장되어 있지만 곧 몇 개의 지류로 나뉜다. 이 지류들은 하천의 입구에 만들어진 델타에서 나타나는

요약
저탁류는 퇴적물과 뒤섞인 혼탁한 물이 대륙사면을 쓸어내리는 해저사태이며, 이것이 해저협곡을 침식시키는 주요 원인이 된다.

것들과 유사하다. 선상지의 아래쪽은 표면의 경사가 아주 작아서 흐름은 계곡에 갇히지 않고 퍼져 나가서 선상지의 표면에 세립퇴적물 층을 만든다. 실제로 인더스 선상지는 퇴적물이 아주 많아서 지각운동이 활발한 칼스버그 산맥의 일부를 덮고 있다!

개념 점검 3.2 | 대륙주변부에 나타나는 지형 특성을 설명하라.

1 비활성 대륙주변부에 나타나는 주요 지형특성들(대륙붕, 대륙사면, 대륙대, 해저협곡, 심해선상지)에 관해 설명하라.

2 해저협곡은 어떻게 만들어지는가?

3 점이층리란 무엇이며, 어떻게 만들어지는가?

3.3 심해분지에는 어떤 지형들이 있는가?

심해저는 대륙주변부(대륙붕, 대륙사면, 대륙대) 너머에 놓여 있으며, 다양한 지형으로 형성되어 있다.

심해평원

대륙대의 바깥쪽에 펼쳐진 심해분지는 경사가 0.1° 미만인 평탄한 퇴적면이 대부분을 차지하고 있다. 이 **심해평원**(abyssal plain: *a* = without, *byssus* = bottom)의 평균 깊이는 4,500~6,000m 정도이다. 그 이름처럼 바닥이 없는 것은 아니지만, 지구에서 가장 깊은(그리고 평탄한) 지역의 일부이다(**그림 3.15**).

심해평원은 심해저에 천천히 가라앉아 쌓인 작은 입자의 퇴적물로 이루어져 있다. 수백만 년에 걸쳐서 작은 입자들('바다의 먼지'와 유사함)이 **부유 상태의 침강**(suspension settling)에 의해 쌓인 두꺼운 퇴적물로 덮여 있다. 충분한 시간이 지나면 이 퇴적물들은 **그림 3.16**에서 볼 수 있는 것처럼 심해의 대부분의 굴곡을 메워 버린다. 또한 저탁류에 의해 육지에서 온 퇴적물도 여기에 보태지게 된다.

심해평원의 분포는 대륙주변부의 형태에 따라 다르다. 예를 들어 태평양에는 심해평원이 별로 없고 대부분 대서양과 인도양에서 나타난다. 태평양의 수렴형 활성 주변부에 있는 심해해구가 대륙사면을 지나 이동하는 퇴적물을 막는다. 결국 해구는 육지로부터 저탁류에 의해 운반되는 퇴적물을 가두어버리는 홈

그림 3.15 대서양의 심해평원. 대서양 해저지형의 가상음영 조감도. 수직 확대율은 열 배이다.

통 역할을 하게 된다. 그러나 대서양과 인도양의 비활성 주변부에서는 저탁류가 대륙주변부에서 바로 흘러내려서 퇴적물을 심해평원에 퇴적시킨다. 또한 태평양에서는 대륙주변부에서 심해분지까지의 거리가 너무 멀어서 대부분의 부유 퇴적물이 이 먼 지역에 오기 전에 침전되어 버린다. 반대로 상대적으로 크기가 작은 대서양과 인도양에서는 부유 퇴적물이 심해분지에 쉽게 도달할 수 있다.

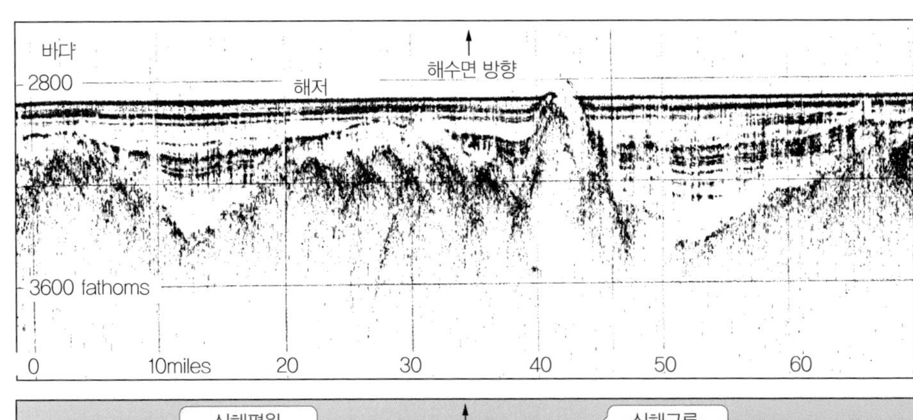

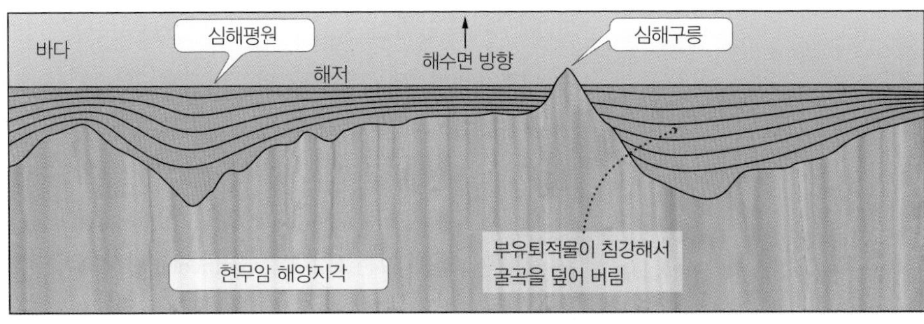

그림 3.16 부유물의 퇴적에 의해 덮인 심해평원. 대서양 동쪽의 마데이라 심해평원 일부의 탄성파 단면(위)과 그에 상응하는 도면(아래)으로, 불규칙한 화산지형이 퇴적물 아래에 묻혀 있는 모습을 보여준다.

심해평원의 화산 봉우리들

심해평원을 덮고 있는 퇴적물을 뚫고 나온 다양한 높이의 화산 봉우리들이 해저면 위로 솟아나 있다. 어떤 것들은 해수면 밖으로 올라와 섬이 되기도 하고 어떤 것들은 해수면 바로 아래에 있기도 하다. 해저에서 1km 이상의 높이로 솟아 있어 마치 아이스크림콘을 엎어 놓은 것처럼 꼭대기가 뾰족한 것들을 **해산**(seamount)이라고 한다. 전 세계적으로 12만 5천 개 이상의 해산이 있을 것으로 과학자들은 추산하고 있으며, 그중 많은 것들은 열점이나 대양저산맥과 같은 화산활동의 중심지에서 생겨난 것이다. 반면에 화산이 평평한 꼭대기를 갖고 있으면 그것은 **평정해산**(tablemount), 혹은 **기요**(guyot)라고 부른다. 해산이나 평정해산의 기원은 제2장에서 판구조론을 지지하는 증거의 하나로 논의되었다(그림 2.27 참조).

해저에서 높이가 1,000m—해산의 최소 높이—가 되지 않는 화산지형은 **심해구릉**(abyssal hill), 혹은 **해릉**(seaknoll)이라고 한다. 심해구릉은 지구상에서 가장 흔한(수십만 개가 발견되었다) 지형이고 전 해저면의 상당 부분을 차지하고 있다. 완만하게 둥근 모양을 하고 있는 것들이 많으며(**그림 3.17**) 평균 높이는 약 200m 정도이다. 대부분의 심해구릉들은 대양저산맥에서 새로운 해저가 생길 때 지각이 늘어나서 만들어진 것이다. 흥미롭게도 새로운 연구에 의하면, 빙하기와 심해구릉의 생성과는 밀접한 관련이 있다고 한다. 해수면이 낮았던 빙하기 동안에는 해수의 양이 적었고 대양저산맥을 누르는 해수의 무게가 작았다. 이러한 압

그림 3.17 심해구릉, 해산, 평정해산의 비교. 심해구릉과 해산, 평정해산의 상대적인 크기와 모양을 보여주는 그림.

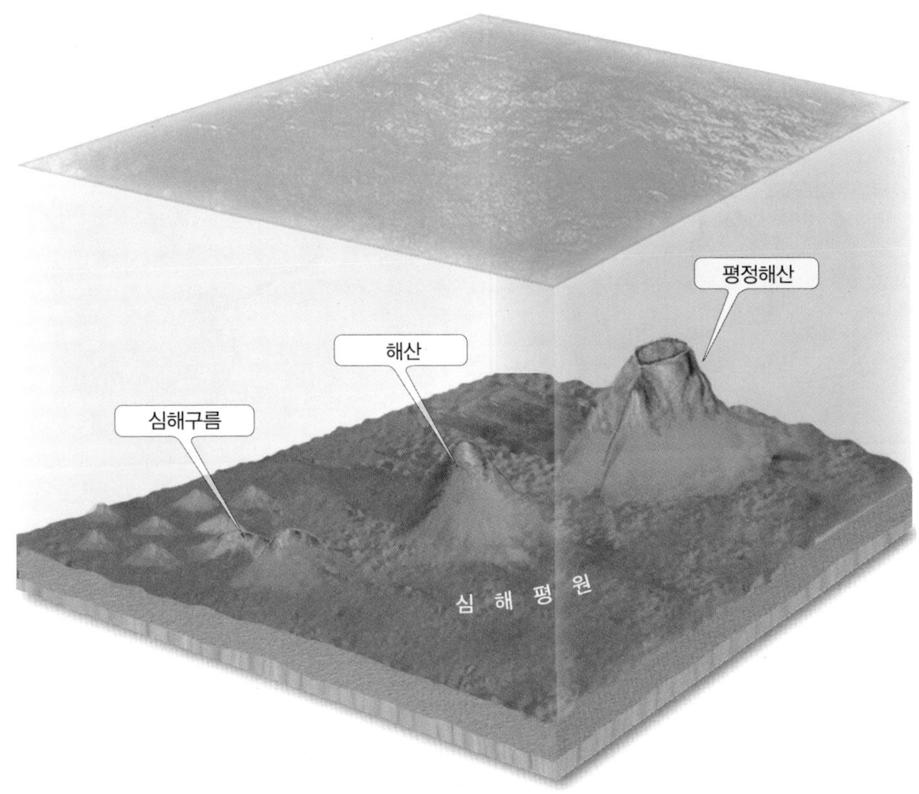

력의 감소 때문에 맨틀은 더 쉽게 녹아 마그마의 생성이 증가하여 결과적으로 심해구릉의 숫자가 늘어나게 되었다는 것이다.

대서양과 태평양에는 많은 심해구릉들이 심해평원의 퇴적물 아래에 묻혀 있다. 태평양에서는 활성 주변부들이 많아서 육지에서 온 퇴적물이 깊은 해구에 갇혀 퇴적률이 낮다. 결과적으로 많은 심해구릉이 분포하는 넓은 지역이 생기는데, 이런 지역을 **심해구릉대**(abyssal hill province)라고 한다. 특히 태평양 해저의 화산활동 증거는 아주 광범위하여 실제로 2만 개 이상의 화산 봉우리들이 태평양 해저에 존재하는 것으로 알려져 있다. 최근 태평양에서 발견된 타무 화산(Tamu Massif)은 지구상에서 가장 큰 단일 화산체로서, 태양계에서 가장 큰 화산으로 알려진 화성의 올림푸스 화산(Olympus Mons)과 견줄만한 크기이다.

해구와 호상화산

비활성 주변부에서는 대륙사면의 아래에 대륙대가 나타나고 자연스럽게 심해평원으로 이어진다. 그러나 수렴형 활성 주변부의 대륙사면은 좁고 길쭉한 급경사의 **해구**(ocean trench) 속으로 내려간다. 해구는(제2장에서 논의한 것처럼) 수렴형 판의 경계를 따라 두 판이 충돌하면서 생긴 해저의 깊은 선형의 자국이다. 해구의 육지 쪽에는 일본열도와 같은 **호상열도**(island arc)를 만들기도 하는 **호상화산**(volcanic arc)이나 대륙[(안데스산맥 같은 **호상대륙**(continental arc)]의 가장자리를 따라 화산산맥이 솟아 있다.

주요 태평양 해구

지명	깊이(km)	너비(km)	길이(km)
중미	6.7	40	2800
알류샨	7.7	50	3700
페루-칠레	8.0	100	5900
케르마데크-통가	10.0	50	2900
쿠릴	10.5	120	2200
마리아나	11.0	70	2550

대서양 해구

지명	깊이(km)	너비(km)	길이(km)
사우스샌드위치	8.4	90	1450
푸에르토리코	8.4	120	1550

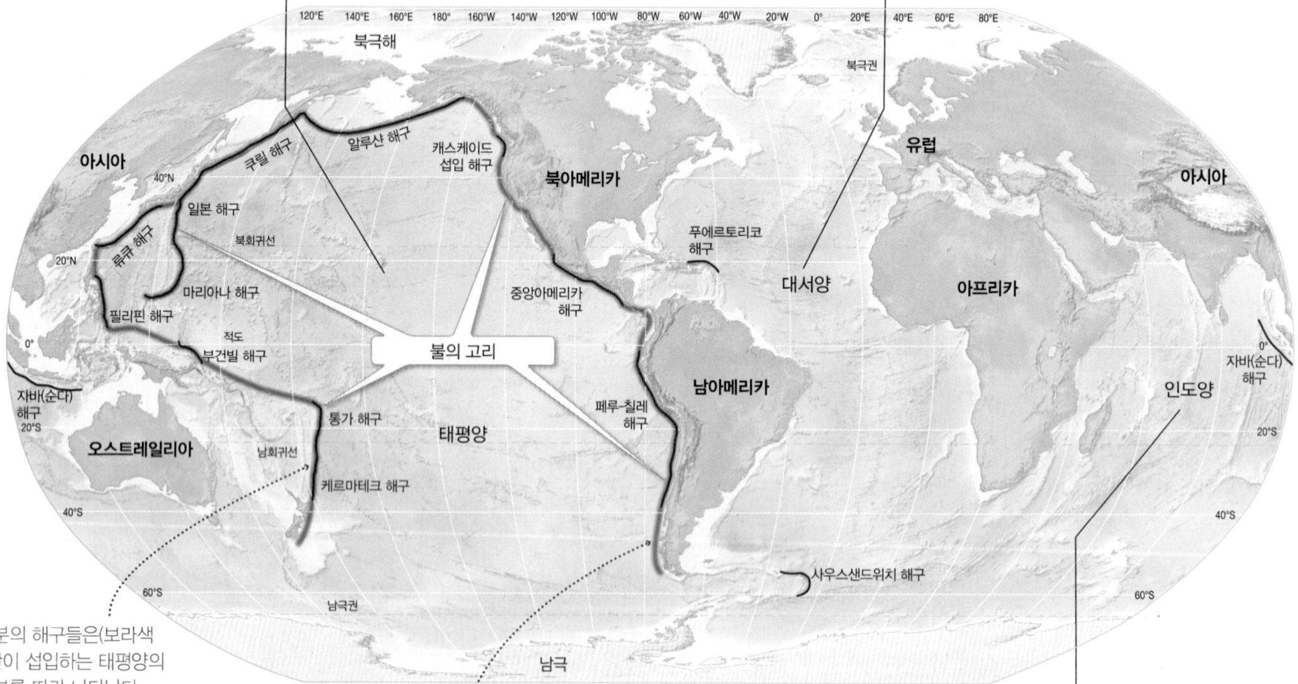

대부분의 해구들은(보라색 선) 판이 섭입하는 태평양의 주변부를 따라 나타난다.

세계적으로 대규모 지진(섭입으로 인해 발생)과 활화산(호상화산 등)의 대부분은 태평양 가장자리를 따라 발생하기 때문에 이 지역을 **태평양 불의 고리**라고 부른다.

인도양 해구

지명	깊이(km)	너비(km)	길이(km)
자바(순다)	7.5	80	4500

그림 3.18 해구의 위치와 규모.

전체 대양에서 가장 깊은 부분은 이런 해구에서 발견되고, 실제로 가장 깊은 곳—11,022m—은 마리아나 해구의 챌린저 해연에 있다. 대부분의 해구는 태평양의 주변에서 발견되고 대서양과 인도양에는 몇 개밖에 없다(**그림 3.18**).

태평양 불의 고리 **태평양 불의 고리**(Pacific Ring of Fire)는 태평양의 주변을 따라 나타난다. 여기서는 태평양 주위를 따라 수렴형 판의 경계가 우세하기 때문에 지구상의 대부분의 활화산과 대규모 지진이 발생한다. 페루-칠레 해구와 그와 연관된 안데스 산맥을 포함하는 남미의 서부연안은 태평양 불의 고리의 일부이다. **그림 3.19**는 이 지역의 단면을 보여주고 있으며 심해해구와 연관된 높은 호상화산이 있는 수렴형 판 경계의 엄청난 기복을 나타내고 있다.

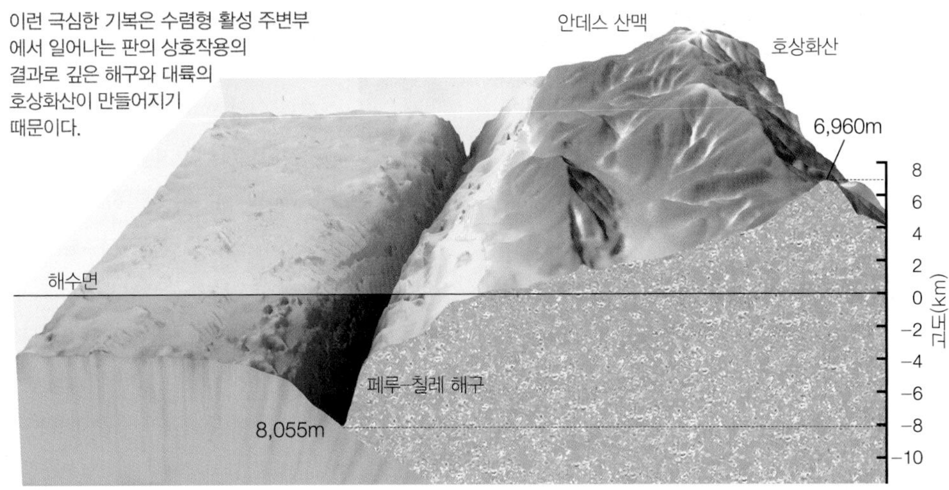

그림 3.19 페루-칠레 해구와 안데스 산맥의 투시도. 페루-칠레 해구에서 안데스 산맥까지 약 200km의 거리에서 고도는 약 14,900m의 극적인 변화가 있다. 수직 확대율은 열 배이다.

개념 점검 3.3 | 심해분지에 나타나는 해저 지형을 기술하라.

1 심해평원이 만들어지는 과정을 설명하라.
2 심해평원에 나타나는 다양한 화산봉우리들(해산, 평정해산, 심해구릉)의 기원을 설명하라.
3 해저 협곡과 해구는 어떻게 다른가?

요약

심해해구와 호상화산은 수렴형 판 경계부에서 2개의 판이 충돌한 결과 생긴 것으로 대부분이 태평양 주변부를 따라 나타난다(태평양 불의 고리).

3.4 대양저산맥에는 어떤 지형들이 있는가?

대양저산맥은 마치 해저분지를 쪼개고 있는 것처럼 연속적으로 전 지구에 뻗어 있는 해저의 화산산맥이다. 육지의 모든 산맥을 난쟁이처럼 보이게 하는 북대서양의 대양저산맥 부분을 중앙대서양 산맥이라고 한다(**그림 3.20**). 제2장에서 논의한 것처럼 대양저산맥은 발산형 판 경계부를 따라 해저가 확장되면서 만들어진다. 이 방대한 대양저산맥은 심해저의 약 75,000km 정도를 가로지르는 지구상의 가장 긴 산맥을 이루고 있다. 대양저산맥의 폭은 평균 약 1,000km 정도이며, 주변 해저에서 평균 약 2.5km 솟아 있는 높은 지형이다. 대양저산맥은 아이슬란드, 아조레스 등과 같이 수면 위로 솟아나와 있는 몇몇 섬들도 포함하고 있다. 대양저산맥은 지구 표면의 23%를 덮고 있다.

그림 3.20 북대서양의 해저 기복. 바닷물을 모두 퍼냈다고 가정했을 때의 북대서양 해저면 조감도.

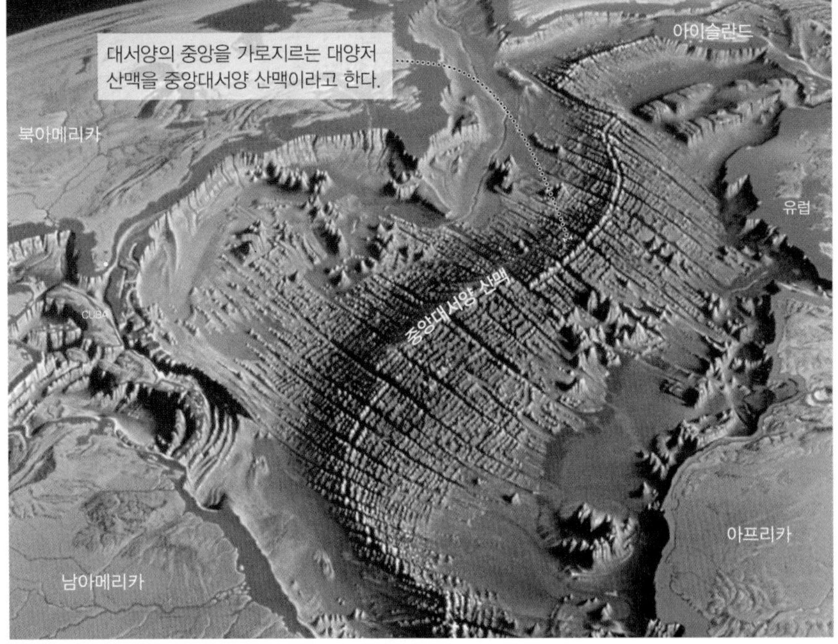

대양저산맥은 전체가 화산성으로 해양지각의 특징인 현무암 용암으로 이루어져 있다. 대부분 꼭대기를 따라서는 두 판의 발산 경계부에서 해저가 확장하면서 가운데가 푹 꺼진 **열곡**(rift valley)이 존재

(a) 동태평양 해저융기부(가운데)의 일부와 화산에 의한 해산(왼쪽)을 음파탐사한 가상색채 조감도. 수심은 m로 왼쪽에 색깔로 나타나 있고, 수직 확대율은 여섯 배이다.

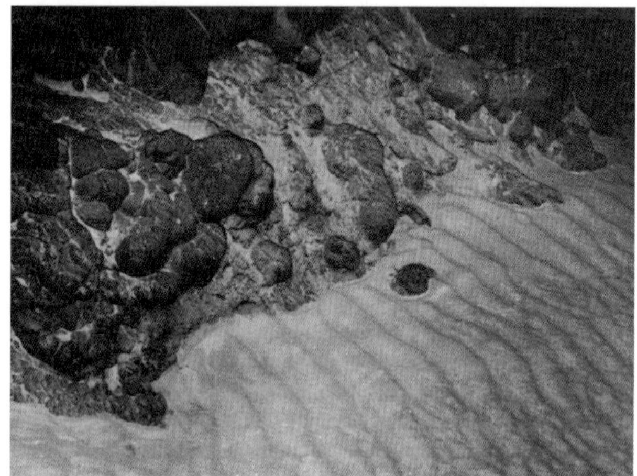

(b) 동태평양 해저융기부에 최근에 만들어진 베개용암. 사진에 보이는 해저의 면적은 가로 약 3m이며, 심층 해류에 의해 생긴 물결무늬도 볼 수 있다.

(c) 한때는 해저에 있었으나 캘리포니아의 포트 산 루이스의 육지로 융기한 베개용암. 사진 속 베개 1개의 최대 폭은 1m 정도이다.

그림 3.21 대양저산맥 화산과 베개용암.

한다(그림 2.14, 2.15 참조). 예를 들어 중앙대서양 산맥을 따라서는 중앙 열곡의 폭이 30km, 깊이가 3km에 달하기도 한다. 여기서는 녹은 암석이 해저를 위로 밀어 올려 지진을 일으키고 과열된 해수를 뿜어내고 결국은 굳어서 새로운 해양지각을 만든다. 중앙 열곡에서는 통상적으로 **열극**(fissures: *fissus* = split)이라고 하는 깨어진 틈들과 단층들이 관찰된다. 용암이 해저나 단층 틈으로 주입되면서 소규모 지진들이 중앙 열곡을 따라 발생한다.

대양저산맥 중에서 **해령**(oceanic ridge)이라 불리는 곳은 뚜렷한 열곡과 가파르고 울퉁불퉁한 사면을 가지고 있으며, **해저융기부**(oceanic rise)라 불리는 곳은 사면이 훨씬 완만하고 덜 울퉁불퉁하다. 제2장에서 설명한 것처럼, 전체적인 형태의 차이가 생긴 이유는 해령(예 : 중앙대서양 산맥)이 해저융기부(예 : 동태평양 해저융기부)보다 확장속도가 느리기 때문이다.

화산지형들

대양저산맥에 나타나는 화산지형들은 해산[6]이라 불리는 높은 화산들(**그림 3.21a**)과 최근에 생성된 수중 용암류 등이 있다. 뜨거운 현무암질 용암이 해저에 흘러나오면 차가운 해수에 노출되어 용암의 주변부는 차갑게 식는다. 이렇게 해서 베개처럼 생긴 매끈하고 둥그런 암석덩어리인 **베개용암**(pillow lava) 혹은 **베개 현무암**(pillow basalt)이 만들어진다(**그림 3.21b, 3.21c**).

대부분의 사람들은 잘 모르지만 대양저산맥에서는 화산활동이 빈번하다. 실제로 지구상의 화산활동의 80% 정도가 해저에서 일어나고 있고, 매년 $12km^3$의 녹은 암석이 해저에서 분출한다. 대양저산맥을 따라 분출한 용암의 양은 올림픽 규모의 수영장을 3초에 한 번씩 채우기에 충분하다. 예를 들어 워싱턴과 오리건의 외해에 있는 후안 데 푸카 해령의 지형을 조사한 결과, 1981년과 1987년 사이에 5천만m^3의 새로운 용암이 분출되었다는 것이 밝혀졌다. 그 지역의 후속 조사에 의하면 새로운 화산지형들, 최근에 분출한 용암류 그리고 37m에 달하는 수심의 변화 등 많은 변화가 일어났다. 후안 데 푸카 해령의 계속되는 화산활동에 대한 관심으로 그곳에 항구적인 관측 시스템을 설치하게 되었다. 동태평양 해저융기부와 같은 대양저산맥의 다른 곳들에서도 역시 빈번한 화산활동이 있다(**심층 탐구 3.2**).

열수공

중앙 열곡의 다른 지형으로 **열수공**(hydrothermal vents: *hydro* = water, *thermo* = heat)이 있다. 열수공은 해양지각의 틈이나 깨진 곳으로 스며든 차가운 해수가 지하 마그마방에 접근하여 뜨거워진 후 해저면 밖으로 뿜어져 나오는 해저 온천이다(**그림 3.22**). 열과 용존물질들을 받아들인 해수는 복잡한 경로를 통과하여 되돌아와 해저를 뚫고 나와 분출한다. 분출하는 물의 온도에 따라 열수공의 양상이 달라진다.

---

6 대양저산맥의 꼭대기에서 처음 생겼다가 판이 양쪽으로 갈라지면서 둘로 나누어진 해산들도 다수 발견되었다.

지구의 고도분포 곡선 : 해양과 대륙에 관해 알아야 할 거의 모든 것을 하나로 담고 있는 도표

지구의 **고도분포 곡선**(hypsographic curve: hypos=height, graphic=drawn, **그림 3A**)은 육지의 고도와 해양의 깊이의 관계를 보여주고 있다. 막대그래프(그림 3A, 왼쪽)는 지표면의 다양한 고도와 깊이의 백분율을 보여주고 있으며, 누적 곡선(그림 3A, 오른쪽)은 제일 높은 봉우리에서 바다의 제일 깊은 곳까지의 백분율을 보여주고 있다. 지구 표면의 70.8%가 해양으로 덮여 있으며 해양의 평균 깊이가 3,729m인 반면에 육지의 평균 고도는 840m에 불과하다는 것을 보여준다. 제1장의 지각평형론을 생각해보면 그 차이는 해양지각이 대륙지각에 비해서 밀도가 크고 두께가 얇기 때문이라는 것을 알 수 있다.

누적 고도분포 곡선(그림 3A, 오른쪽)에는 5개의 경사가 다른 부분이 있다. 육상에서 경사가 급한 부분은 높은 산들이고, 반면에 경사가 완만한 부분은 낮은 연안 평야를 나타낸다(이것은 얕은 대륙주변부로 연결된다). 해수면 아래의 첫 번째 경사는 대륙주변부의 경사가 급한 부분과 산이 많은 대양저산맥 부분을 포함하고 있다. 좀 더 외해 쪽으로 가장 길고 평탄한 부분은 심해분지이고, 해구를 나타내는 마지막 급경사 부분이 이어진다.

고도분포 곡선의 형태는 지구에 판구조 작용이 존재한다는 사실을 보여주고 있다. 구체적으로 곡선에서 2개의 평탄한 부분과 3개의 경사진 부분은 서로 다른 고도와 깊이에서 면적의 분포가 불균등하다는 것을 나타내고 있다. 만약 지구상에 이런 모양을 만드는 활발한 작용이 없다면, 막대그래프의 길이는 모두 다 거의 같을 것이고, 누적 곡선은 직선이 될 것이다. 그렇지 않고 곡선의 변화가 있다는 것은 판구조 작용이 활발하게 지구의 표면을 변화시키고 있다는 것을 암시한다. 곡선의 평탄한 부분은 육지와 바다 양쪽의 판들 사이의 다양한 고도를 나타내고 곡선의 경사진 부분들은 산맥, 대륙사면, 대양저산맥, 심해 해구 등을 나타내고 있으며 이것들은 모두 판구조 작용에 의해 만들어진 것들이다. 흥미롭게도 인공위성 자료를 이용해서 만든 달과 다른 행성의 고도분포 곡선은 그곳에서 판구조 작용이 표면을 활발하게 변화시키고 있는지를 알아보는 데 사용되고 있다.

생각해보기

1. 지구의 고도분포 곡선이 판구조작용의 존재를 어떻게 지지하는지 설명하라.
2. 판구조작용이 없는 행성에서는 고도분포 곡선이 어떤 모양일까?

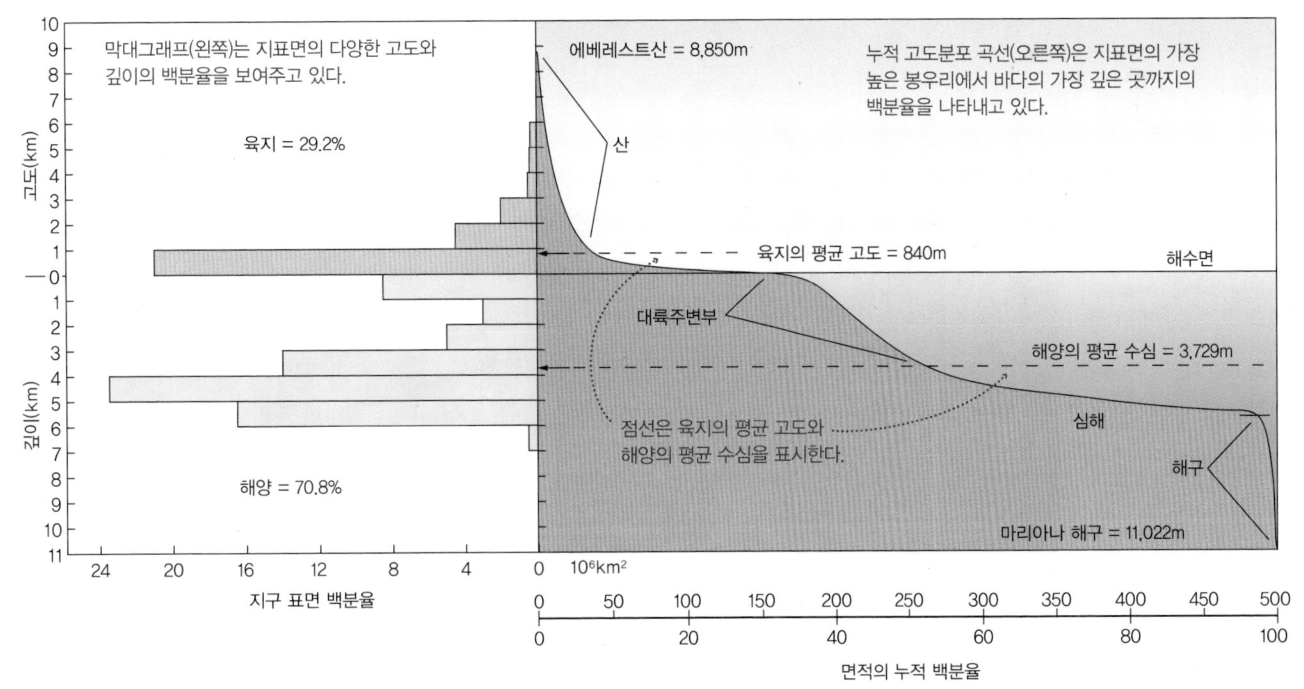

그림 3A 지구의 고도분포 곡선.
https://goo.gl/NBttvg

해양학 연구 방법

심층 탐구 3.2

용암 속에 갇힌 해양장비의 회수

대양저산맥은 지구상에서 가장 지각운동이 활발한 지형이며 엄청난 화산활동을 하고 있음에도 불구하고 아직 이곳의 해저 화산분출을 직접 목격한 사람은 없다. 그러나 2006년 동태평양 해저융기부 조사를 위한 항해에 참여한 해양학자 팀이 그 대단한 위업에 다가서게 되었다.

이 이야기는 2005년, 이들이 멕시코 아카풀코 남쪽 약 725km, 수심 2.5km에서 활발한 지각운동을 하는 수 평방 km의 해저면 위에 12개의 해저지진계(ocean-bottom seismometer, OBS)를 설치하면서 시작된다. 소형냉장고만 한 크기와 무게의 OBS는 해저에 1년 이상 머무르면서 지진 자료를 수집하도록 설계되었다. 2006년에 다시 돌아온 연구원들은 장비를 회수하고 새 장비를 투입할 생각이었다. 추를 제거하고 OBS가 수면 위로 떠오르게 하려고 조사선에서 음향신호를 보냈지만 올라온 것은 단지 4개뿐이었다. 그러자 과학자들은 화산 분출이 있었을 것이라고 의심했다. 다른 3개의 OBS는 신호에 응답했지만 표면으로 올라오지는 않았고 나머지 5개는 아마 용암 속에 묻혀 있어서 신호를 듣지 못했을 것이다. 두 달 후, 과학자들은 카메라를 장착한 썰매를 선박 뒤에 끌고 다닌 결과, 최근의 용암에 묻혀 있는 3개의 OBS를 찾을 수 있었다. 썰매를 이용해 느슨하게 해서 들어올리려 했지만 OBS는 꼼짝도 안했다. 용암에 갇혀 있는 OBS는 활동 중인 해저용암류에 실려가는 동안 기록한 지진 자료를 가지고 있을 것이라는 희망을 품고 과학자들은 이듬해 이들을 회수하기 위해 로봇 차량 Jason을 내려 보냈다. Jason에 장착된 비디오 카메라와 무선 조종이 가능한 로봇 팔을 이용하여 OBS를 붙잡고 있던 큰 용암 덩어리들을 뜯어낼 수 있었다. 마침내 2개의 OBS는 성공적으로 분리하여 표면으로 떠올랐으나 나머지 1개는 용암에 너무 단단히 붙어 있어서 결국 회수에 실패하였다.

회수된 OBS는 비록 뜨거운 용암에 심하게 그을리긴 했지만(**그림 3B**), 대양저산맥에서 일어나고 있는 화산활동에 관한 새로운 정보들을 얻을 수 있는 유용한 자료를 제공해주었다. 이 자료에 의하면, 여섯 시간 동안 지속적으로 분출한 새 용암이 주위의 물을 뜨겁게 또 검게 만들면서 산맥을 따라 16km 이상 퍼져 나갔다. 해양지각이 쪼개지고 있는 바로 그 순간을 우연히 포착하고, 또 해저지진의 징후를 기록하고 해양장비를 덮어버릴 수 있는 화산분출의 정점을 밝혀낸 연구원들은 자신들을 행운아라고 여기고 있다.

생각해보기

1. OBS란 무엇인가? 2006년 동태평양 해저융기부를 따라 설치한 OBS들은 어떤 사고를 당했는가? 어떻게 회수하였는가?

과학자들은 로봇 차량을 내려 보내 지진계를 덮고 있는 용암 덩어리들을 제거하고 장비를 회수하였다.

동태평양 해저융기부를 따라 분출한 2006년의 해저화산은 사진과 같은 여러 개의 해저지진계를 용암 속에 가두어버렸다. 노란색 플라스틱 보호구의 내부에는 장비를 표면으로 띄어 올릴 때 사용하는 유리공으로 부이가 들어있다. 장비의 윗쪽에는 또 다른 부이들이 케이블로 연결되어있다.

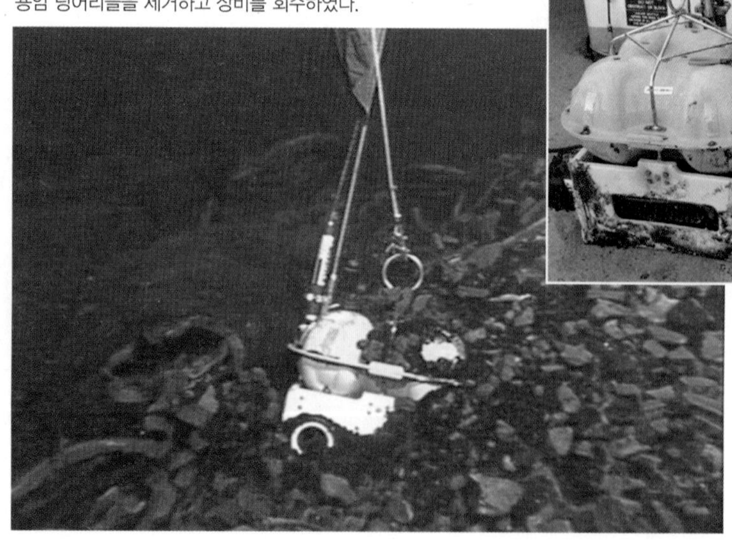

해양지질학자 Dan Fornari가 회수된 장비에서 최근에 해저화산에서 분출한 용암 조각들을 뜯어내고 있다.

그림 3B 용암 속에 갇힌 해저지진계.

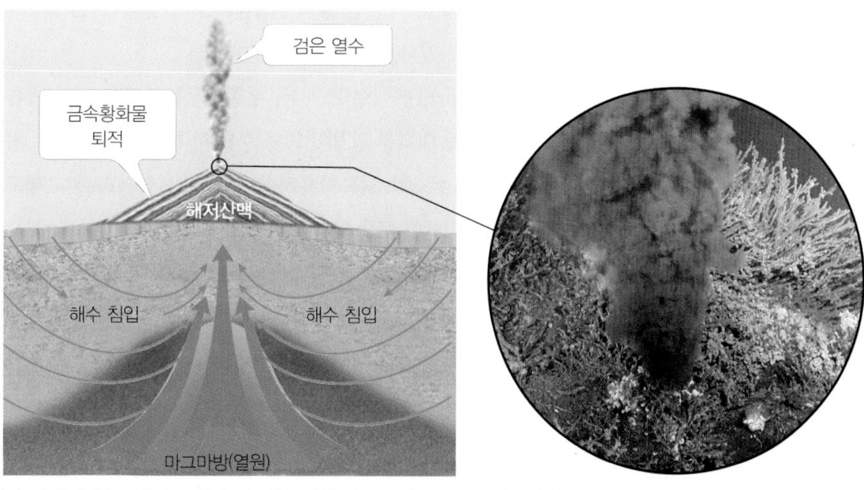

(a) 대양저산맥 주변에서 일어나는 열수 순환과정과 검은 열수가 만들어지는 모습을 보여주는 그림. 사진(동그라미 안)은 동태평양 해저융기부의 검은 열수공을 가까이서 보여준다.

(b) 태평양 서부, 마누스 섬 해분의 북쪽에서 활발히 활동 중인 Susu의 검은 열수 굴뚝과 열극. 굴뚝의 높이는 약 3m 정도이다.

그림 3.22 **열수공.**

학생들이 자주 하는 질문

대양저산맥을 따라 일어나는 모든 화산활동이 해양의 표면에는 어떤 영향을 미치나요?

해저화산의 분출이 충분히 클 경우, 메가플룸(megaplume)이라 부르는, 주변 해수 밀도보다 낮고 따뜻하며 미네랄이 풍부한 거대한 물기둥이 수면 위로 솟구칠 때가 있다. 놀랍게도, 분출하는 해저화산 바로 위에 떠 있던 몇몇 연구 선박들이 메가플룸의 효과를 경험했다고 보고한 바 있다. 승선 중이던 연구원들은 수면 위로 올라오는 가스와 수증기의 기포를 목격하였으며, 수온의 현저한 증가와 물이 탁해질 정도의 화산물질을 보고하였다. 해양을 따뜻하게 하는 측면에서, 대양저 산맥에서 해양으로 방출되는 열은 아마도 그리 중요하지 않은데, 그 이유는 열을 흡수하고 재분배하는 해양의 능력이 아주 뛰어나기 때문이다.

- **온수공**(warm-water vents)은 수온이 30°C 이하로 일반적으로 맑은 물을 분출한다.
- **흰 열수공**(white smoker)는 수온이 30~350°C 사이로 황화바륨을 포함한 다양한 밝은 색깔의 화합물들로 인해 흰색의 물을 분출한다.
- **검은 열수공**(black smoker)은 수온이 350°C 이상으로 철, 니켈, 구리, 아연 등을 포함한 어두운 색깔의 **금속황화물**(metal sulfides)들로 인해 검은색의 물을 분출한다.

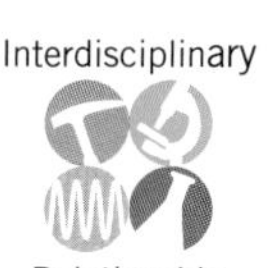

검은 열수공은 마치 공장의 굴뚝에서 구름처럼 솟아나오는 검은 연기와 닮아서 그런 이름이 붙여졌고(그림 3.22b), 경우에 따라서는 높이가 약 60m에 이르는 굴뚝에서 솟아나기도 한다. 열수 속의 용존 금속들은 차가운 해수와 섞이게 되면 용액 상태로부터 **침전**(precipitate)[7]되어 주변 암석의 표면에 금속의 막을

학생들이 자주 하는 질문

베개용암이 만들어지는 과정을 직접 본 사람이 있나요?

놀랍게도, 그렇다! 1960년대에 한 수중 촬영팀이 하와이의 킬라우에아 화산이 바다로 용암을 쏟아내고 있는 현장에 잠수하는 모험을 감행하였다. 그들은 용감하게도 뜨거운 수온을 견뎌내고 용암에 화상을 입을 위험을 감수하며 놀라운 장면을 촬영했다. 베개용암은 녹은 상태의 용암이 바다 속으로 직접 들어갈 때 수중에서 생성된다. 뜨거운 용암이 차가운 바닷물과 접촉하게 되면, 베개용암의 특징인 부드럽고 둥근 가장자리가 형성된다. 잠수 촬영팀은 또한 금방 만들어진 베개용암에 망치질을 하여 새로운 용암이 흘러나오게 할 수도 있었다.

Web Video
검은 열수공의 분출
https://goo.gl/FK88di

학생들이 자주 하는 질문

검은 열수공이 그렇게 뜨겁다면 왜 물 대신에 수증기를 뿜어내지 않나요?

실제로 검은 열수공이 뿜어내는 물의 온도는 대기압하에서 물이 끓는 온도의 네 배에 이르기도 하며 이는 납을 녹일 수 있을 정도이다. 그러나 열수공이 있는 깊이에서는 수압이 수면에서보다 훨씬 높기 때문에 물의 끓는 온도도 훨씬 높아진다. 따라서 열수공에서 분출되는 물은 수증기가 아닌 액체 상태로 유지된다.

7 화학적 침전물은 용존상태의 물질이 고체상태로 바뀔 때 생성된다.

요약

대양저산맥은 판의 확장에 의해 생기며 전형적으로 중앙 열곡, 단층과 균열, 해산, 베개용암, 열수공, 그리고 금속황화물의 침전물 등을 가지고 있다.

만들게 된다. 이 침전물들을 화학적으로 분석해보면 대부분 다양한 금속황화물들로 구성되어 있으며 때로는 금과 은 같은 경제적으로 중요한 금속들도 포함되어 있다.

또한 대부분의 열수공 주변에는 대형 관벌레(tubeworm), 대형 조개류, 홍합 군락 외에도 여러 종류의 생물들이 특이한 심해 생태계를 이루고 있으며, 이들 대부분은 발견되었을 당시 학계에 처음으로 알려진 것들이었다. 이 생물체들은 열수공에서 나온 황화수소가스를 이용하여 유기물을 합성하는 고세균(archaeons)[8]과 박테리아가 먹이원을 제공해주기 때문에 태양광이 없는 환경에서도 생존할 수 있다. 활동 중인 열수공에 대한 최근의 연구에 의하면 열수공의 수명은 수년에서 수십 년 정도에 불과하며, 이는 열수공에 의존해서 살고 있는 생물들에게는 중요한 의미를 가진다. 열수 생태계의 흥미로운 생물 군집에 관해서는 제15장 '저서계 동물'에서 다루고 있다.

단열대와 변환단층

대양저산맥은 확장 지역을 어긋나게 하는 수많은 **변환단층**(transform fault)에 의해 잘려져 있다. 그림 3.20에서 보는 것처럼 확장지역을 수직 방향으로 절단하고 있는 변환단층들로 인해 대양저산맥은 지그재그 형태를 나타내게 한다. 제2장에서 기술한 것처럼 변환단층은 두 가지 이유로 인해 생긴다. 첫째는 둥근 지구 위에서 직선의 산맥이 확장하고 있기 때문이며, 둘째는 대양저산맥의 서로 다른 부분들이 서로 다른 속도로 확장하기 때문이다.

태평양의 해저는 다른 대양에 비해 퇴적물에 의해 덮이는 속도가 빠르지 않기 때문에 변환단층들의 형태가 더욱 뚜렷하다(**그림 3.23**). 태평양에는 대양저산맥에서부터 수 천 km나 연장되고 폭은 약 200km 정도까지 되는 것들도 있다. 그러나 이렇게 연장된 부분들은 변환단층이 아니라 **단열대**(fracture zone)이다.

변환단층과 단열대의 차이는 무엇인가? **그림 3.24**를 보면 둘 다 지각의 약한 부분을 따라 같은 직선 위를 달리고 있다. 실제

Web Video
변환단층과 단열대
https://goo.gl/mMS9ei

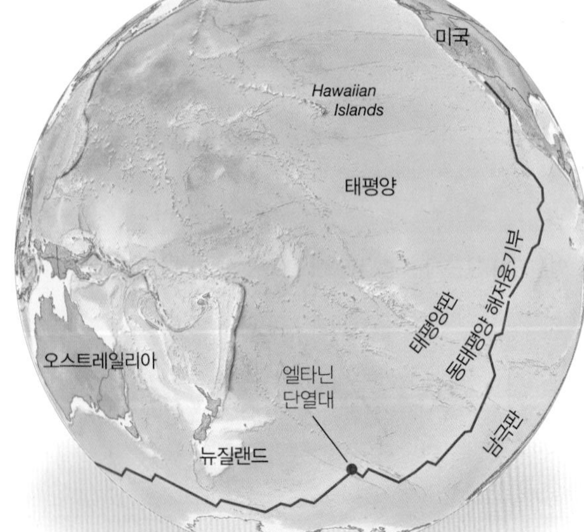

그림 3.23 엘타닌 단열대. 남태평양의 엘타닌(Eltanin) 단열대를 확대한 그림으로, 동태평양 해저융기부와의 관계를 보여주고 있으며, 엘타닌 단열대는 실제로 단열대와 변환단층 모두를 포함하고 있는데, 이는 판구조 작용에 대한 현재적 이해가 있기 전에 붙여진 이름이기 때문이다.

8 고세균은 현미경으로만 볼 수 있는 박테리아 같은 생물로서 최근에 발견된 생물 분류 영역이다.

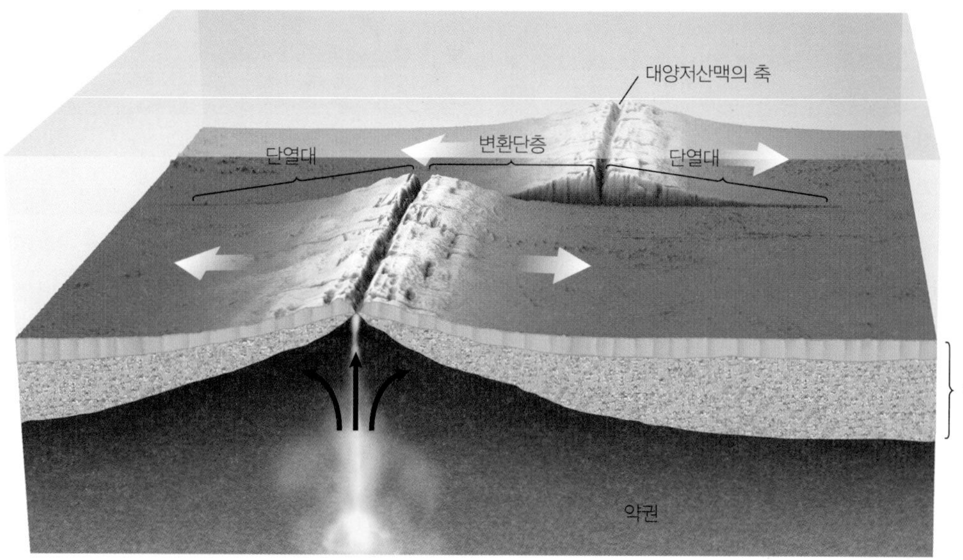

 **그림 3.24 변환단층과 단열대.** 변환단층은 활동적인 변환형 판 경계부로서, 대양저산맥의 잘린 부분들 사이에 나타난다. 단열대는 대양저산맥의 잘린 부분을 지나 나타나며 판의 내부에 있어 비활동적인 지형이다.
https://goo.gl/1EJnEg

Web Video
변환단층
http://goo.gl/OOR2Xw

로 한쪽 끝에서 다른 쪽 끝까지 약한 지대를 통과하면서 단열대는 변환단층으로 바뀌었다가 다시 단열대로 바뀌는 것을 알 수 있다. 변환단층은 대양저산맥의 축을 어긋나게 하는 지진활동이 일어나고 있는 곳이다. 반면에, 단열대는 과거의 변환단층 활동의 증거를 나타내는 곳으로 지진활동이 없는 곳이다. 차이를 쉽게 식별하자면 변환단층은 대양저산맥의 어긋난 부분 사이에 존재하고, 단열대는 대양저산맥의 어긋난 부분의 바깥쪽에 존재한다.

변환단층과 단열대는 그들의 양쪽에서 움직이는 판의 상대적인 이동방향에서 차이가 난다. 변환단층을 사이에 둔 암석판들은 서로 반대 방향으로 움직인다. 단열대(완전히 하나의 판 속에 존재함)에서는 단열대에 의해 잘린 암석판이 같은 방향으로 움직이기 때문에 상대 운동이 없다(그림 3.24). 변환단층은 실질적인 판의 경계 부분이지만 단열대는 그렇지 않다. 오히려 단열대는 하나의 판에 남아 있는 오래된 비활성 단층의 흔적이다.

요약
변환단층은 대양저산맥의 어긋난 부분 사이에 생기는 판의 경계부이다. 반면에 단열대는 대양저산백의 어긋난 부분 너머에서 생기는 판 속의 지형이다.

또한 변환단층과 단열대는 지진활동도 다르다. 판이 변환단층을 지나서 서로 반대 방향으로 이동할 때는 진원이 10km보다 얕은 지진이 흔하지만, 판이 같은 방향으로 이동하는 단열대를 따라서는 지진활동이 거의 없다. **표 3.1**이 변환단층과 단열대의 차이점을 요약해 보여주고 있다.

그림 3.25 새로운 화산섬의 분출. 잇따른 화산 분출과 용암류에 의해 일본 남쪽에 니시노 시마라는 조그만 화산섬이 탄생하였다. 현재 1.4km²의 이 작은 섬은 판의 수렴경계부에서의 섭입작용과 관련된 화산활동에 의해 계속 자라고 있다.

표 3.1 **변환단층과 단열대의 비교**
https://goo.gl/iMXqfI

표 3.1 변환단층과 단열대의 비교

	변환단층	단열대
판의 경계?	예(변환형 경계)	아니요(판 내부의 지형)
지형 양쪽의 상대적 운동	서로 반대방향으로 이동 → ―――― ←	같은 방향으로 이동 ← ―――― ←
지진?	많음	거의 없음
대양저산맥과의 관계	대양저산맥의 어긋난 부분에 생김	대양저산맥의 어긋난 부분 너머에 생김
지리적 예	샌안드레아스 단층, 사해 단층	멘도시노 단열대, 몰로카이 단열대

바다의 섬들

해저의 가장 흥미로운 지형 중의 하나가 섬들이다. 섬이란 해저에서 아주 높이 솟아올라 해수면 위로 나와 있는 지형이다. 해양의 섬들은 기본적으로 세 가지 형태가 있다. (1) 대양저산맥을 따라 발생하는 화산활동과 관련된 것(중앙대서양 산맥을 따라 나타나는 어센션 섬 등) (2) 열점과 관련된 것(태평양의 하와이 제도) (3) 호상열도로서 수렴형 판의 경계와 관련된 것(태평양의 알류샨열도 등) 등이다. 주목할 것은 세 가지 형태 모두가 화산 기원이라는 점이다. 덧붙여 또 한 가지, 네 번째 형태의 섬으로 대륙의 일부분(유럽의 영국 섬들)인 것이 있지만 이것들은 해안에 가까이 나타나고 심해에서는 나타나지 않는다.

요약
대부분의 해저 지형은 판구조작용의 결과이다.

개념 점검 3.4 | 대양저산맥을 따라 나타나는 해저 지형을 설명하라.

1 해령과 해저융기부의 차이를 포함해서 대양저산맥의 특징과 지형들을 기술하라.
2 열수공의 여러 형태를 열거하고 기술하라.
3 열수공 근처에서는 어떤 종류의 특이한 생물들이 발견되는가? 또 이들은 어떻게 살아가는가?
4 해양 섬의 세 가지 기본적인 형태의 기원을 기술하라.
5 변환단층과 단열대의 차이점들을 기술하라.

핵심 개념 정리

3.1 해양의 수심측량에는 어떤 기술이 사용되는가?

▶ 수심측량은 바다의 깊이를 재고 해저지형도를 작성하는 것이다. 최초의 해저 측량은 밧줄을 이용한 측심이었다. 후에 음향측심기의 개발로 해양학자들은 좀 더 자세한 해저의 모양을 알 수 있게 되었다.

▶ 오늘날 우리가 알고 있는 해저에 관한 많은 지식들은 다양한 다중빔 음향측심기나 사이드스캔 소나(해저의 좁은 지역의 자세한 지형도를 만들기 위한 것), 해면의 위성측정(전 세계 해저 지도를 만들기 위한 것), 지진파 반사 단면(해저 아래의 지구의 내부 구조를 조사하기 위한 것) 등을 이용해서 얻은 것들이다.

심화 학습 문제

인공위성이 측정한 해수면 자료가 해저 지도의 작성에 어떻게 이용될 수 있는지 설명하라.

능동 학습 훈련

'어군 탐지기'가 최신 낚시배에서 어떻게 이용되는지 인터넷 검색을 통해 알아보아라. 이 기술들과 이 장에서 언급한 음향장비는 어떻게 비교되는가?

3.2 대륙주변부에는 어떤 지형들이 있는가?

- 비활성 대륙주변부는 판의 경계부와 관련이 없으며, 해안에서 바다쪽으로 가면서 대륙붕, 대륙사면, 대륙대로 구성되어 있다. 해안선에서 연장된 부분은 일반적으로 얕고 기복이 적고 경사가 완만한 대륙붕이고, 여기에는 연안 섬, 암초, 퇴 등과 같은 다양한 지형이 포함되어 있다. 대륙사면과 대륙붕의 경계는 붕단에서 급격한 경사의 증가로 나타난다.
- 대륙사면에 깊이 파여 있는 해저협곡은 육지의 협곡과 닮았지만 저탁류의 침식에 의해 만들어진 것이다. 저탁류가 운반한 퇴적물이 대륙사면 아래쪽에 쌓여서 심해선상지를 이루고 이들이 합쳐져서 완만한 경사의 대륙대를 만든다. 저탁류에 의해 퇴적된 퇴적층(터비다이트 퇴적층)은 독특한 점이층리를 이룬다. 활성 주변부도 판 경계부에 의해 변형되었지만 이와 비슷한 지형을 갖는다.
- 활성 주변부는 연관된 판 경계부(수렴형 또는 변환형)에 의해 변형되었지만 비활성 주변부와 공통적인 지형들을 갖는다. 활성 주변부는 판구조 활동이 활발하여 지진, 화산, 높은 산들이 나타나며, 경우에 따라서는 해안 가까이에 깊은 해구가 나타나기도 한다.

심화 학습 문제

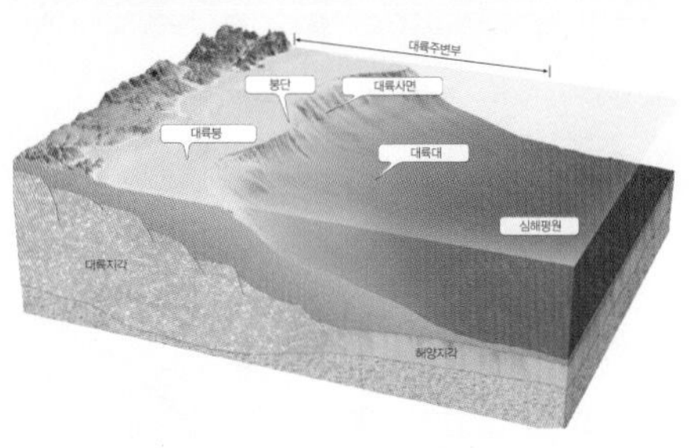

대륙주변부에 관해 배운 것을 더욱 다지기 위해 비활성 주변부와 활성 주변부의 차이를 기억해서 그림으로 그리고 기술하라. 각 유형의 실제 지구상의 예, 관련된 지형을 반드시 기재하고, 그 지형들이 판구조론과 어떤 관련이 있는지 설명하라.

능동 학습 훈련

고고학자들은 육지에서 50km 떨어진 수심 60m의 대륙붕에서 선사시대에 불을 피우기 위해 만든 화덕, 질그릇 파편과 같은 인간 정착의 증거를 발견했다. 어떻게 이것이 가능한지 다른 학생과 토론해보라.

3.3 심해분지에는 어떤 지형들이 있는가?

- 대륙대는 심해로 갈수록 차츰 평탄하고 넓은 심해평원으로 바뀐다. 심해평원은 세립퇴적물의 부유 상태의 침강에 의해 만들어진 것이다. 심해평원에서 퇴적물을 뚫고 나와 있는 것들은 화산 봉우리들로서, 화산섬, 해산, 평정해산, 심해구릉 등이 있다. 퇴적률이 낮은 태평양에서는 심해평원이 잘 발달하지 못하고 심해구릉대가 해저의 넓은 부분을 덮고 있다.
- 대륙의 주변을 따라서 – 특히 태평양 불의 고리 주위 – 수렴형 판 경계부와 호상화산과 관련된 해구라고 하는 선형으로 깊이 파인 지형이 있다.

심화 학습 문제

대부분의 해구는 어느 해저인가? 판 구조작용을 이용하여 그 이유를 설명하라.

능동 학습 훈련

남부 캘리포니아에서 약 170km 떨어진 곳에 코르테즈 뱅크(Cortez Bank)라는 유명한 파도타기 명소가 있다. 그림 3.11에서 코르테즈 뱅크를 찾아보고 그곳이 남부 캘리포니아 대륙붕의 일부인지 아닌지를 논의하라.

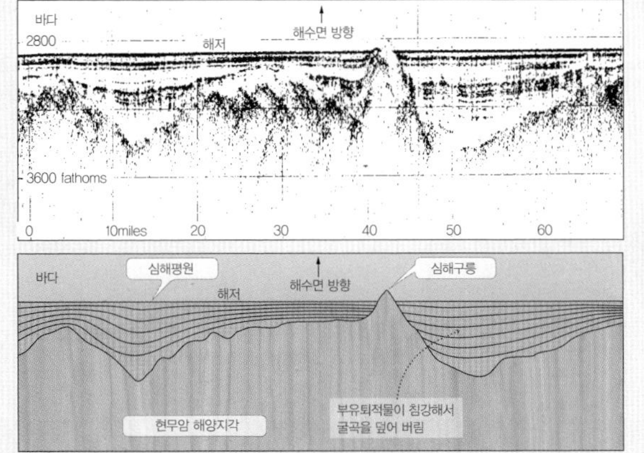

3.4 대양저산맥에는 어떤 지형들이 있는가?

- 대양저산맥은 모든 해저를 통과하는 연속적인 산맥으로 완전한 화산기원이다. 대양저산맥과 관련되어 통상적으로 나타나는 특징으로는 중앙 열곡, 단층과 열극, 해산, 베개 현무암, 열수공, 금속황화물의 퇴적, 이상한 생물들 등이 있다. 대양저산맥 중에서 경사가 급하고 울퉁불퉁하면(해저 확장이 느린 표시) 해령, 경사가 완만하고 기복이 덜 심하면(빠른 확장의 표시) 해저융기부이라고 한다.
- 해저의 약한 부분을 따라 길게 선형으로 발달해 있는 단열대와 변환단층은 방대한 거리의 해저를 절단하고 대양저산맥의 축을 어긋나게 한다. 단열대와 변환단층은 그 지형을 사이에 둔 양쪽의 이동방향에 의해 구별한다. 단열대(판 내부의 지형)는 같은 방향으로 이동하고, 변환단층(변환형 판 경계부)은 반대 방향으로 이동한다.

심화 학습 문제

단열대와 변환단층의 차이점을 그림을 그려 설명하라. 지진이 발생하기 쉬운 지형은 어느 것인가?

능동 학습 훈련

육상 화산과 대양저 산맥의 화산이 어떻게 다른지 다른 학생과 토론해보라.

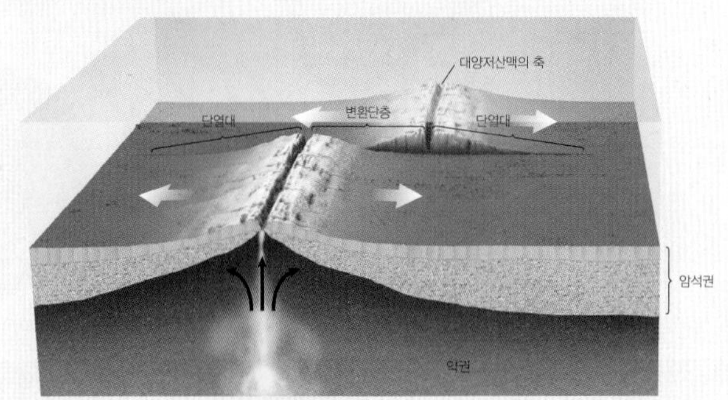

규조류의 현미경 사진. 규조류는 바다에 엄청나게 풍부하다. 이 사진은 여러 종류의 규조류를 주의 깊게 배열한 후 수백 배 확대한 것이다.

4

해양퇴적물

이 장을 읽기 전에 위에 있는 용어들 중에서 아직 알고 있지 못한 것들의 뜻을 이 책 마지막 부분에 있는 용어해설을 통해 확인하라.

해양학자들은 왜 **퇴적물**(sediment: *sedimentum* = settling)에 관심을 갖는가? 해양퇴적물은 입자, 먼지, 쇄설성 입자들이 부유하며 침강하는 과정(suspension settling)을 거쳐 해저에 침전된 것에 불과하지만(**그림 4.1**) 지구의 역사가 풍부하게 기록되어 있다. 예를 들면 수백만 년에 걸쳐 해저에 퇴적된 두꺼운 퇴적층에는 현미경으로 관찰해야 하는 작은 화석이 있는데, 그것들을 이용하여 과거 해양생물의 지리적 분포를 알 수 있다. 해양퇴적물은 또한 과거의 해수순환, 대양저의 이동, 대멸종의 규모와 시기를 아는 데도 유용하다. 더 나아가서 해양퇴적물을 이용하여 과거의 기후변동 역사를 자세히 연구할 수 있어서 현재의 기후변화를 예측하는 데도 도움이 된다. 특히 대륙과는 달리 해양퇴적물은 거의 연속적으로 쌓이기 때문에 교란되지 않은 지구의 과거를 품고 있다. 따라서 해양퇴적물은 지난 수백만 년 간의 지구역사를 보여주는 거대한 박물관이다.

퇴적물은 시간이 지나면 **암석화**(lithified: *lithos* = stone, *fic* = making)되어 **퇴적암**(sedimentary rock)이 된다. 대륙에 노출된 암석 중 반 이상이 퇴적암인데, 과거 바다에 퇴적되었던 것이 판구조운동으로 융기하여 육지가 된 것이다. 놀랍게도 바다에서 떨어진 곳에 위치한 육지의 가장 높은 산맥에도 해양생물 화석이 있는데, 이는 이 암석이 과거에 해저에서 형성되었음을 시사한다. 예를 들면 세상에서 가장 높은 산(히말라야산맥의 에베레스트산) 정상이 석회암으로 되어 있는데, 이 암석은 해저퇴적층에서 기원한 것이다.

Climate

Connection

퇴적물 입자는 암석의 침식, 생물체, 물에 용해된 광물, 그리고 우주에서도 올 수 있다. 퇴적물 기원에 관한 단서는 광물조성과 **조직**(texture: 입자의 크기와 형태)에 있다.

이 장에서는 먼저 간단히 해양퇴적물 채취방법과 지구역사를 연구하는 데 중요한 정보를 제공하는 역할을 소개한다. 그다음에는 네 종류의 주요 퇴적물의 특성, 기원, 분포에 대하여 공부한다(**표 4.1**). 표 4.1에는 이 장에서 소개하는 내용이 정리되어 있어서 해양퇴적물에 대한 체계적 학습의 길잡이가 된다. 이 장 마지막에서는 퇴적물에서 얻을 수 있는 자원에 대하여 학습한다.

표 4.1은 각 네 가지 주요 퇴적물(첫째 단), 조성(둘째 단), 기원(셋째 단), 분포(넷째 단)순으로 정리되어 있다.

핵심 개념

이 장을 학습한 후 다음 사항을 해결할 수 있어야 한다.

4.1 해양퇴적물 채취방법과 퇴적물을 이용한 지구역사 연구방법을 기술하라.
4.2 육성기원퇴적물의 특성을 설명하라.
4.3 생물기원퇴적물의 특성을 설명하라.
4.4 수성기원퇴적물의 특성을 설명하라.
4.5 우주기원퇴적물의 특성을 설명하라.
4.6 퇴적물 기원과 운반을 이용한 원양과 연안퇴적물 분포와의 연관성을 설명하라.
4.7 해양퇴적물에서 얻을 수 있는 자원을 확인하라.

"From the sediments the history of the ocean emerged with all its wonders . . . "

—*Wolf H. Berger, Oceans: Reflections on a Century of Exploration (2009)*

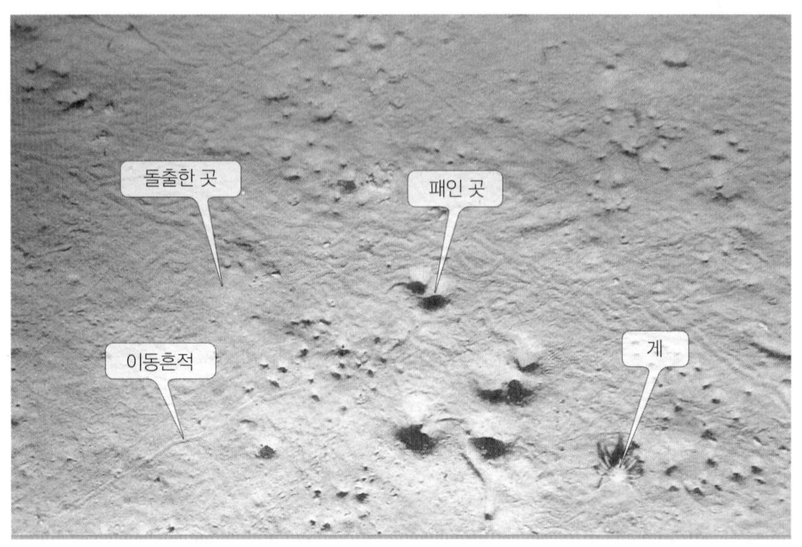

그림 4.1 해양퇴적물. 전형적인 심해저의 모습. 두꺼운 퇴적층은 위로부터 침강한 입자로 되어 있다. 움푹 패인 곳, 돌출한 곳, 무언가 이동한 흔적은 해저를 기어 다니는 생물에 의한 것이다. 오른쪽 하부에 있는 게는 직경이 약 10cm이다.

4.1 해양퇴적물은 어떻게 채취하며 퇴적물에는 과거의 어떤 정보가 담겨 있는가?

해양퇴적물 연구에 어려운 점 중 하나는 심해저에서 채집해야 하는 것이다. 최근까지도 심해저 표층 하부의 퇴적물 채취는 쉽지 않은 과제였다.

해양퇴적물 채취

연구를 위한 심해퇴적물 채취는 어려운 작업이다. 초기의 해양탐사에서는 드렛지(dredge)라 불리는 채집기를 이용해 심해퇴적물을 채취하였다. 그러나 이 방법은 문제가 있었다. 제대로 작동하지 않거나 채취가 되지 않기도 했다. 퇴적물 교란이 심하고 표층퇴적물만 채취하는 문제점도 있었다. 그 후에 속이 빈 강철관 위에 무거운 추를 달은 **중력시추기**(gravity corer)가 개발되어 **코어**(cores)라 불리는 관 형태의 퇴적물과 암석을 최초로 채집하였다. 중력시추기는 표층하부 시료 채취가 가능하기는 했지만 투과 깊이가 얼마 되지 않았다. 요즘에는 심해퇴적물 채취를 위하여 특수선박에서 **회전시추**(rotary drilling)를 한다.

표 4.1 해양퇴적물 분류

종류	조성		기원		분포/주 퇴적지
육성기원	**대륙주변부**	암편 석영모래 석영실트 점토	강, 연안침식, 사태		대륙붕
			빙하		고위도의 대륙붕
			저탁류		대륙사면과 대륙대, 대양저 주변
	외양	석영실트 점토	풍성먼지, 강		심해분지
		화산재	화산분출		
생물기원	**탄산칼슘 ($CaCO_3$)/방해석**	석회질연니(현미경관찰)	**따뜻한 표층수**	코콜리스(조류), 유공충(원생동물)	저위도지역, CCD 상부, 대양저산맥과 화산 정상부
		조개, 산호 파편(육안관찰)		껍데기가 있는 생물(육안관찰)	대륙붕, 해빈
				산호초	저위도 얕은 해역
	규산질 ($SiO_2.nH_2O$)	규질연니	**차가운 표층수**	규조류(조류), 방산충(원생동물)	고위도지역, CCD 하부, 차고 깊은 물이 상승하는 용승해역(특히 적도 부근같이 표층해류의 발산이 있는 곳)
수성기원	망가니즈단괴(망가니즈, 철, 구리, 니켈, 코발트)		화학반응에 의한 용존물질의 해수로부터 침강		심해저평원
	인회석(인)				대륙붕
	어란석($CaCO_3$)				저위도지역의 얕은 대륙붕
	금속황화물(철, 니켈, 구리, 아연, 은)				대양저산맥의 열수공
	증발암(석고, 암염, 기타 염류)				저위도의 얕은 폐쇄 해역(증발이 강함)
우주기원	철-니켈 소구체 텍타이트(규산질 유리체)		우주먼지		아주 소량으로서 전 해역에서 모든 종류의 퇴적물과 혼합됨
	철-니켈 운석(철질운석)		운석		운석충돌 구조가 있는 지역에 한정

1963년에 미국과학재단은 대양저 하부에서 긴 코어를 채취하기 위해 해저유전 업계의 시추기술을 빌리는 사업을 지원하기로 결정하였다. 이를 위해 굴지의 해양연구소(캘리포니아의 Scripps Institution of Oceanography, 마이애미대학교의 Rosentiel School of Atmospheric and Oceanic Studies, 매사추세츠의 Woods Hole Oceanographic Institution, 컬럼비아대학교의 Lamont-Doherty Earth Observatory) 네 곳이 연합하여 JOIDES(Joint Oceanographic Institutions for Deep Earth Sampling)를 결성하였다 그 후에 다른 유명 대학교의 해양연구기관이 JOIDES에 참여하였다.

1966년에 특수 제작된 시추선 글로마 챌린저호의 운항을 기점으로 **심해저시추계획**(Deep Sea Drilling Project, DSDP)이 시작되었다. 배에는 철탑 형태의 굴착 장치가 설치되어 있어서 수심 6,000m까지 시추가 가능하였다. 시추코어 연구결과 다음과 같은 해저확장설의 증거들이 확보되었다. (1) 해저의 나이는 대양저산맥에서 멀어질수록 점진적으로 증가한다(그림 2.11 참조). (2) 퇴적층 두께도 대양저산맥에서 멀어질수록 증가한다(그림 4.24 참조). (3) 지자기 극의 역전이 해저암석에 기록되어 있다(그림 2.10 참조).

이 프로그램은 미국 정부의 재정지원으로 시작되었으나 1975년에 이르러 서독, 프랑스, 일본, 영국, 소련 등이 재정과 과학 분야에 참여하는 국제프로그램으로 바뀌었다. 1983년에는 텍사스 A&M 대학교가 주관하고 20개국이 참여하는 **해저지각시추프로그램**(Ocean Drilling Program, ODP)으로 되었고 대륙주변부 부근의 두꺼운 퇴적층을 굴착하는 등 목적이 더욱 다양해졌다.

1985년에는 Glomar Challenger가 퇴역하고 새로운 시추선 JOIDES Resolution(**그림 4.2**)으로 대체되었다. 이 배 역시 **회전시추**를 하기 위한 금속의 높은 금속탑이 있다. 9.5m 길이의 시추 파이프를 최장 8,200m까지 연결할 수 있다(그림 4.2). 파이프 끝에 있는 시추날을 회전시켜 해저면 하부 2,100m까지 시추가 가능하다. 케이크에 빨대를 꽂는 것처럼 원통형의 암석(코어 시료)을 시추 파이프에 저장한다. 파이프에 채집된 코어를 배 위로 회수하여 반으로 절개한 후 최신장비를 이용해 분석한다. 전 세계적으로 2,000공 이상이 시추되었으며 이 코어는 과학자들에게 해양퇴적물에 기록된 지구역사 연구에 귀중한 자료가 되었다(**그림 4.3**).

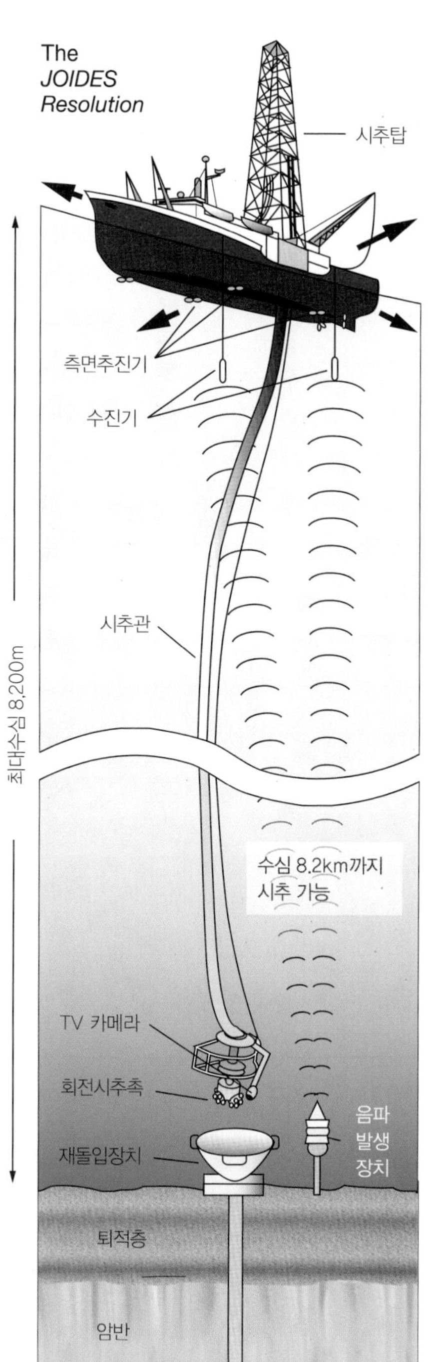

그림 4.2 JOIDES Resolution호의 회전시추. 배 주위에 설치된 측면추진기(thruster)를 이용하여 배를 고정시킬 수 있어 회전시추가 가능하다(모식도 참조).

2003년에 ODP는 **해저지각시추심화프로그램**(Integrated Ocean Drilling Program, IODP)으로 바뀌고 2013년에는 **국제공동해양시추탐사프로그램**(International Ocean Discovery Program, IODP)으로 변경되었다. 이러한 국제협력이 50년 이상 계속된 결과 해저면 하부의 지질학적 자료와 시료가 확보되어 지구의 역사와 역동성에 대한 연구가 가능해졌다. 또한 복수의 시추선을 운영할 수 있게 되었다. 그중의 하나가

그림 4.3 해양퇴적물 코어. 바다에서 채취한 원통형의 퇴적물과 암석 코어를 연구를 위하여 반으로 자른다. 하부에 있는 퇴적물이 가장 오래된 것이고 상부에 있는 것이 가장 새로운 것이다.

2007년에 일본이 건조한 **치큐**(Chikyu)인데 일본어로 '지구'라는 뜻이다. 이 배는 해저면 하부 7,000m까지 시추가 가능하며 새로운 시추기술을 접목하면 지각을 뚫고 맨틀까지 시추가 가능할 것이다. 이 프로그램의 주요 목적은 지구역사와 지구시스템을 이해할 수 있는 코어를 확보하는 것으로서 지각 특성, 심해저 미생물, 기후변화 양상, 지진 메커니즘 연구 등이 포함된다. 예를 들면 2011년의 토호쿠-오키 대지진과 쓰나미가 발생한 직후 지진이 발생한 일본해구의 단층대를 시추하여 자세한 온도를 측정하였으며 이를 이용하여 지진이 발생시킨 마찰열에 대한 연구를 실시하였다.

해양퇴적물로 알 수 있는 환경정보

해양퇴적물에는 과거 지구환경에 대한 많은 정보가 담겨 있다. 해저에 쌓이는 퇴적물에는 과거 바닷물에 함유되었던 환경을 진단할 수 있는 물질들이 들어있다. 지구과학자들은 이 채취된 원통형의 코어퇴적물을 조심스럽게 분석하여 과거의 해수표층온도, 영양염류공급, 해양생물군집, 바람, 해수순환양상, 화산분출, 대멸종, 기후변화, 판운동 등 환경을 알 수 있다(**그림 4.4**). 실제로 해양퇴적물 연구로 과거 지구의 지질, 기후, 생물 등을 알 수 있다.

고해양학

해양, 대기, 대륙 간의 상호작용이 어떻게 해양의 화학, 순환, 생물, 기후 등의 변화를 가져오는지를 연구하는 해양학의 한 분야를 **고해양학**(paleoceanography: *paleo* = ancient, *ocean* = the marine environment, *graphy* = description of)이라 하며, 과거 변화의 증거를 해양퇴적물에서 찾는다. 최근의 고해양학연구는 심층수 순환과 급격한 기후변화의 상관관계를 연구하기도 한다. **북대서양심층수**(North Atlantic Deep Water)는 북대서양의 차고 비교적 염분이 높은 물이 침강하여 만들어진다. 이 심층해류는 전 지구를 순환하는데 이 심층수 순환과 전 지구적인 열 이동이 지구기후에 영향을 준다. 북대서양은 지구 기후변화에 가장 예민한 지역 중의 하나로 알려져 있는데 해빙으로 인한 담수 유입으로 지난 수억 년간 해양-대기 사이에 급격한 변화가 있었음이 밝혀졌다. 이러한 급격한 기후변화가 언제, 어떻게, 왜 일어났는가를 연구하는 것이 현재 고해양학이 당면한 주요한 과제 중의 하나이다.

요약

해저에 쌓이는 해양퇴적물은 지구의 역사와 과거의 환경을 기록한다.

개념 점검 4.1 | 해양퇴적물 채취방법과 퇴적물을 이용한 지구역사 연구방법을 기술하라.

1. 표 4.1을 이용하여 네 종류의 주요 해양퇴적물을 분류하고 설명하라.
2. JOIDES Resolution 같은 시추선에서 심해퇴적물 코어를 획득하는 방법을 설명하라.
3. 퇴적물 코어를 이용하여 알 수 있는 과거의 환경은 어떤 것이 있는가?

4.2 육성기원퇴적물 특성

육성기원퇴적물(lithogenous sediment: *lithos* = stone, *generare* = to produce)은 대륙이나 섬의 암석의 침식, 화산분출, 바람에 의해 이동된 입자 등으로부터 기원한 퇴적물이다. 다른 용어로는 **terrigenous sediment**(*terra* = land, *generare* = to produce)[1]라고도 한다.

육성기원퇴적물의 기원

육성기원퇴적물은 대륙이나 섬의 암석에서 기원한다. 물, 급격한 온도변화, 화학작용에 의한 **풍화**(weathering)에 의해 암석은 작은 입자로 부서진다(**그림 4.5**). 암석이 작은 입자로 깨지면 **침식**(erosion)과 운반이 더 쉽게 일어난다. 이런 식으로 침식된 입자가 육성기원퇴적물의 기본적인 구성성분이다.

침식된 입자는 강, 바람, 빙하, 중력 등에 의해 대륙에서 바다로 이동된다(**그림 4.6**). 매년 약 200억 톤의 퇴적물이 강에 의해 대륙주변부로 이동되며 그중 약 40%는 아시아로부터 온 것이다.

운반된 퇴적물은 만이나 석호, 강하구의 삼각주, 연안의 해빈 혹은 대륙주변부를 건너 먼 바다에 퇴적된다. 제3장에 소개한 저탁류에 의해 대륙주변부를 지나 심해분지로 이동되기도 한다.

대부분의 육성기원퇴적물은 연안을 따라 흐르는 강한 에너지의 해류와 더 깊은 곳에 발생하는 저탁류에 의해 대륙 주변에 퇴적된다. 세립질 입자는 에너지가 약한 해류에 의해 심해분지로 이동되어 퇴적된다. 풍성기원 입자나 화산분출물 같은 극세립자는 바람에 의해 먼 바다 건너로 이동하기도 한다. 이러한 입자가 풍속이 감소하거나 빗방울이나 눈에 섞이게 되면 침강하여 세립질 퇴적층을 만든다.

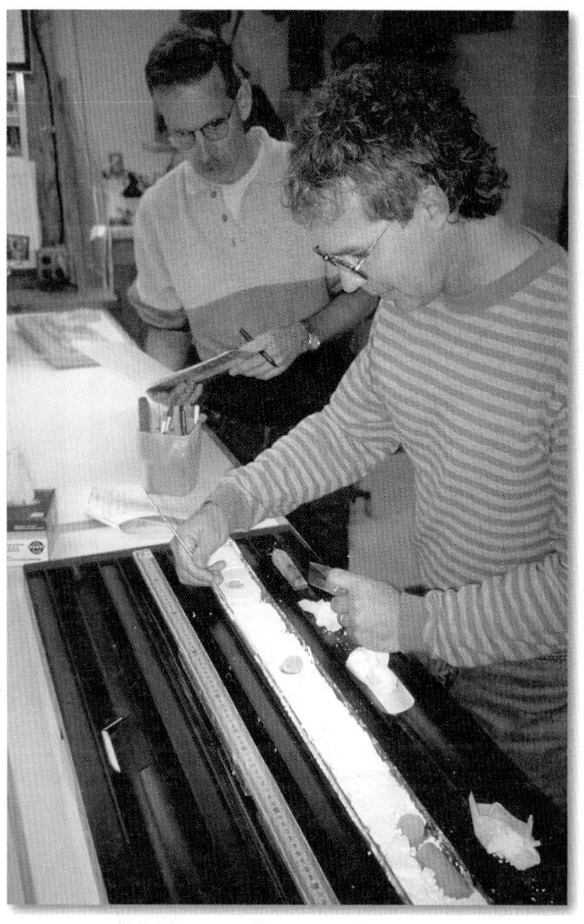

그림 4.4 심해퇴적물 코어 관찰. 심해퇴적물을 연구하면 과거 해양생물의 지리적 분포, 해수순환 변화, 대멸종, 기후변화 같은 지구의 역사를 밝힐 수 있다.

육성기원퇴적물 조성

육성기원퇴적물의 구성 성분으로 기원을 알 수 있다. 암석은 자연상태에서 만들어진 화합물인 **광물**(minerals)이라는 개별적인 결정으로 되어 있다. 지각에서 가장 흔하고 화학적으로 안정되고 내구성이 강한 광물이 **석영**(quartz)인데 성분은 일반 유리와 같은 실리콘과 산소이며 화학식은 SiO_2이다. 석영은 대부

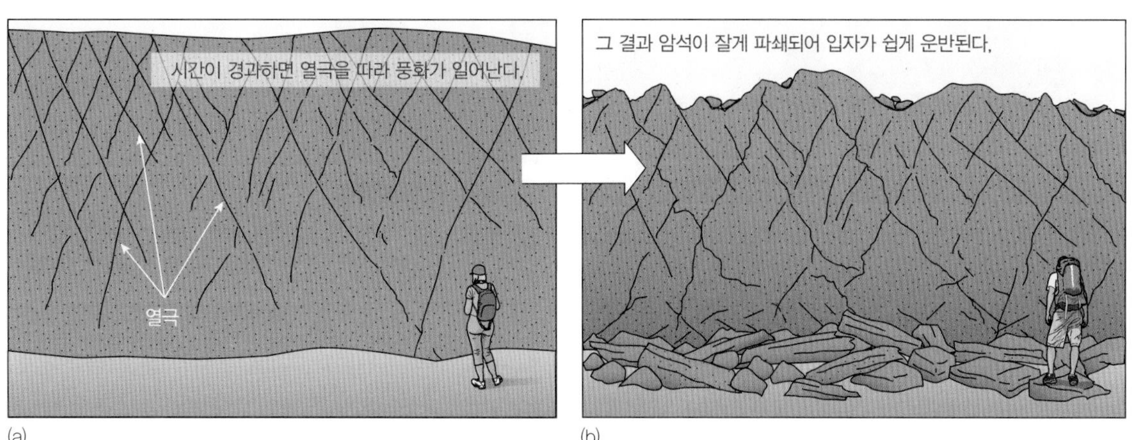

그림 4.5 암석의 풍화.

1 역주 : 일반적으로 terrigenous sediment가 더 많이 쓰인다.

(a) 강 : 이탈리아의 포강이 만든 델타와 퇴적물 풀름

(b) 바람 : 오스트레일리아 군부대를 덮친 먼지폭풍

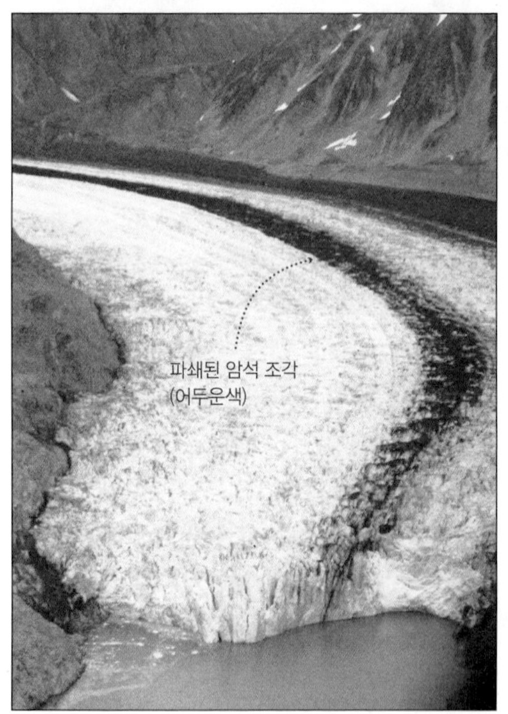

(c) 빙하 : 알래스카 글래이셔만 국립공원의 리그스 글래이셔, 가운데에 길고 어두운 색의 빙퇴석이 있다.

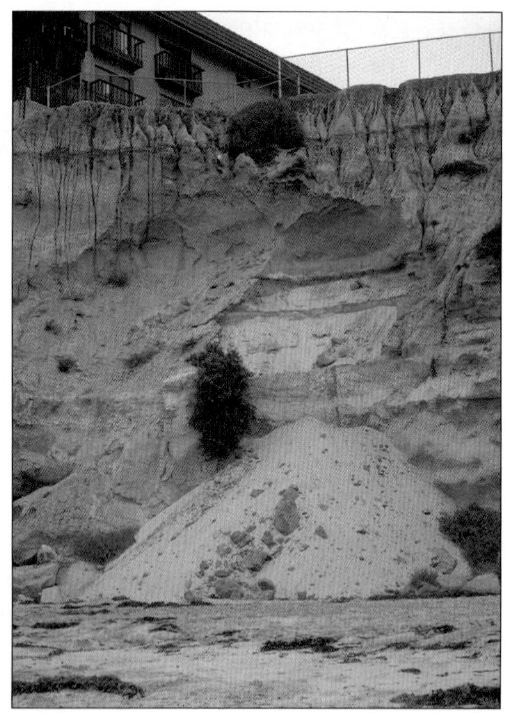

(d) 중력 : 캘리포니아 델 마의 중력에 의한 사태

그림 4.6 퇴적물 운반수단. 다양한 운반수단 사진. (a) 강 (b) 바람 (c) 빙하 (d) 중력

분 암석의 주요 성분이다. 석영은 마모에 강해서 원래 위치에서 장거리 이동하여 먼 곳에 퇴적되기도 한다. 해빈 모래 같은 육성기원퇴적물의 주성분은 석영이다(**그림 4.7**).

대륙에서 멀리 떨어진 심해퇴적지로 이동되는 육성기원퇴적물의 상당량은 대륙의 아열대 사막지역에서 바람에 의해 운반된 것이다. **그림 4.8**을 보면 대양저 표층퇴적물의 미세한 육성기원 석영입자와 아프리카, 아시아, 오스트레일리아 사막의 강한 바람과의 상관관계를 알 수 있다. 이 관계는 모래폭풍 위성사진에 잘 나타나 있다. 이 외에도 바이러스, 공해물질, 심지어는 살아 있는 곤충을 포함한 다양한 물질이 아프리카에서 대기를 타고 대서양을 건너 북아메리카까지 이동된 사례들이 보고되어 있다.

퇴적물 조직

육성기원퇴적물의 가장 중요한 특성의 하나가 **입도**(grain size)[2]를 포함한 조직이다. **웬트워스 입도척도**(Wenthworth scale of grain size)에 의하면 입자는 크기가 감소하는 순으로 암괴(boulder), 큰 자갈(cobble), 잔자갈(pebble), 가는 자갈(granule), 모래(sand), 실트(silt), 점토(clay)로 분류된다(**표 4.2**). 퇴적물 입자의 크기는 퇴적에너지와 비례한다. 파도가 강한 지역(강한 에너지)에는 주로 큰자갈이나 잔자갈처럼 조립질 입자가 퇴적된다. 반면에 세립질 입자는 에너지가 약하고 유속이 느린 곳에 퇴적된다. 대부분 납작한 형태의 점

2 퇴적물 입자를 particles, fragments, clasts(쇄설물)라고도 한다.

토 입자는 잘 응집되어 서로 붙어서 퇴적된다. 따라서 점토의 침식과 이동에는 생각보다 더 큰 에너지가 필요하다. 하지만 일반적으로는 연안에서 멀어질수록 육성기원퇴적물은 세립질화한다. 왜냐하면 퇴적물 이동의 에너지가 연안 가까운 곳에서는 강하고 심해분지에서는 약하기 때문이다.

육성기원퇴적물의 조직은 **분급**(sorting)에 의해서도 좌우된다. 분급이란 입자 크기 분포의 함수로서 선택적인 운반의 척도이다. 만약에 퇴적물 입자 크기가 같다면 분급이 양호한 퇴적물로 분류되는 연안모래 같은 것이 좋은 예이다. 왜냐하면 바람이 특정 크기의 입자를 이동시키기 때문이다. 반면에 분급이 불량한 퇴적물은 다양한 크기의 입자가 섞여 있어 암괴에서 점토까지 함께 운반이 되었음을 시사한다. 빙하가 이동시켜 녹아서 쌓인 퇴적물이 대표적인 분급불량 퇴적물이다.

그림 4.7 육성기원 해빈모래. 육성기원 해빈모래는 주로 흰색의 석영이고 일부 다른 종류의 광물이 포함되어 있다. 이 사진은 뉴햄프셔 햄프턴의 노스비치 모래를 약 23배로 확대한 것이다.

육성기원퇴적물 분포

해양퇴적물은 연안 혹은 원양으로 나눌 수 있다. **연안퇴적물**(neritic deposits: *neritos* = of the coast)은 대륙붕과 섬 부근의 천해에 분포하며 일반적으로 조립질이다. **원양퇴적물**(pelagic deposits: *pelagios* = of the sea)은 심해분지에 분포하며 주로 세립질이다. 육성기원퇴적물은 바다 여러 곳에 최소한 약간씩이라도 분포한다.

연안퇴적물 연안퇴적물은 주로 육성기원퇴적물이다. 육성기원퇴적물은 주변 육지의 암석으로부터 운반되었으며 조립질이고 대륙붕, 대륙사면, 대륙대에 급격하게 퇴적된다. 육성기원연안퇴적물에는 해빈퇴적물, 대륙붕퇴적물, 터비다이트, 빙하퇴적물 등이 있다.

해빈퇴적물 해빈은 주변 지역에서 공급 가능한 물질로 구성된다. 강에 의해 해안으로 밀려온 석영이 풍부한 모래가 주성분이지만 입자 크기와 조성은 다양하다. 입자는 파도에 의해 운반되어 해안선에서 부서지는데 폭풍이 있으면 더 심해진다.

대륙붕퇴적물 약 1만 년 전 마지막 빙하기가 끝날 무렵, 빙하가 녹아서 해수면이 상승했다. 그 결과 과거 지질시대에 그랬던 것처럼 전 세계의 많은 강 퇴적물이 대륙붕으로 이동되지 못하고 침강된 강 하구에 쌓였다. 이 때문에 현재의 강에 의해 이동된 퇴적물이 아닌 3,000~7,000년 전에 퇴적되어 현생퇴적물로 덮이지 않은 **잔류퇴적물**(relict sediments: *relict* = left behind)이 대륙붕 여러 곳에 분포하게 되었다. 이 잔류퇴적물이 전 세계 대륙붕의 약 70%를 피복하고 있다. 여러 대륙붕에 분포하는 모래등성이는 현생환경인 현재의 수심에서 퇴적된 것이다.

Climate

Connection

터비다이트 **저탁류**(turbidity currents)는 주기적으로 대륙사면을 따라 발생하여 해저협곡을 만드는 해저사태이다(제3장 참조). 저탁류에 의해 엄청난 양의 연안퇴적물이 이동된다. 퇴적물 입자는 대륙대의 심해저선상지로 퍼져나가 심해저평원 방향으로 점진적으로 얇게 퇴적된다. 이를 **터비다이트**(turbidite deposits)라 하며 **점이층리**(graded bedding)라고 불리는 특징적인 퇴적층을 형성한다(그림 3.12 참조).

학생들이 자주 하는 질문

퇴적물 이동에 바람의 역할은 어느 정도인가요?

대기권으로 이동된 어떤 물체이든지(먼지폭풍에 의한 먼지, 삼림화재에 의한 검댕, 공해입자, 화산재 등) 바람에 의해 이동되어 해저에 퇴적층으로 쌓인다. 매년 약 30억 톤의 입자가 바람에 의해 성층권으로 날라가 지구 전체로 운반된다. 대부분 먼지인 이런 입자의 3/4 정도가 아프리카의 사하라 사막에서 날려오며 일단 공중으로 날아 오르면 대서양을 횡단한다(그림 4.8 참조). 대부분 대서양에 떨어지기 때문에 그 지역을 횡단하는 배들에 먼지가 많이 내려앉는다. 일부는 카리브해(산호초에 병을 옮기기도 함), 버뮤다(적색 토양층), 아마존(양분이 부족한 땅에 철분과 인 공급)에 떨어지고 일부는 미국 남부를 횡단하여 뉴멕시코까지 운반되기도 한다. 그 안에는 박테리아와 살충제도 있으며 심지어는 강한 폭풍에 의해 아프리카 사막 메뚜기가 살아있는 상태로 대서양을 건너 이동하기도 한다.

그림 4.8 전 세계 해저표층퇴적물 중 육성기원 석영과 바람에 의한 이동.

Web Video

대서양을 횡단하는 사하라 사막 먼지 입자
https://goo.gl/1BXnDP

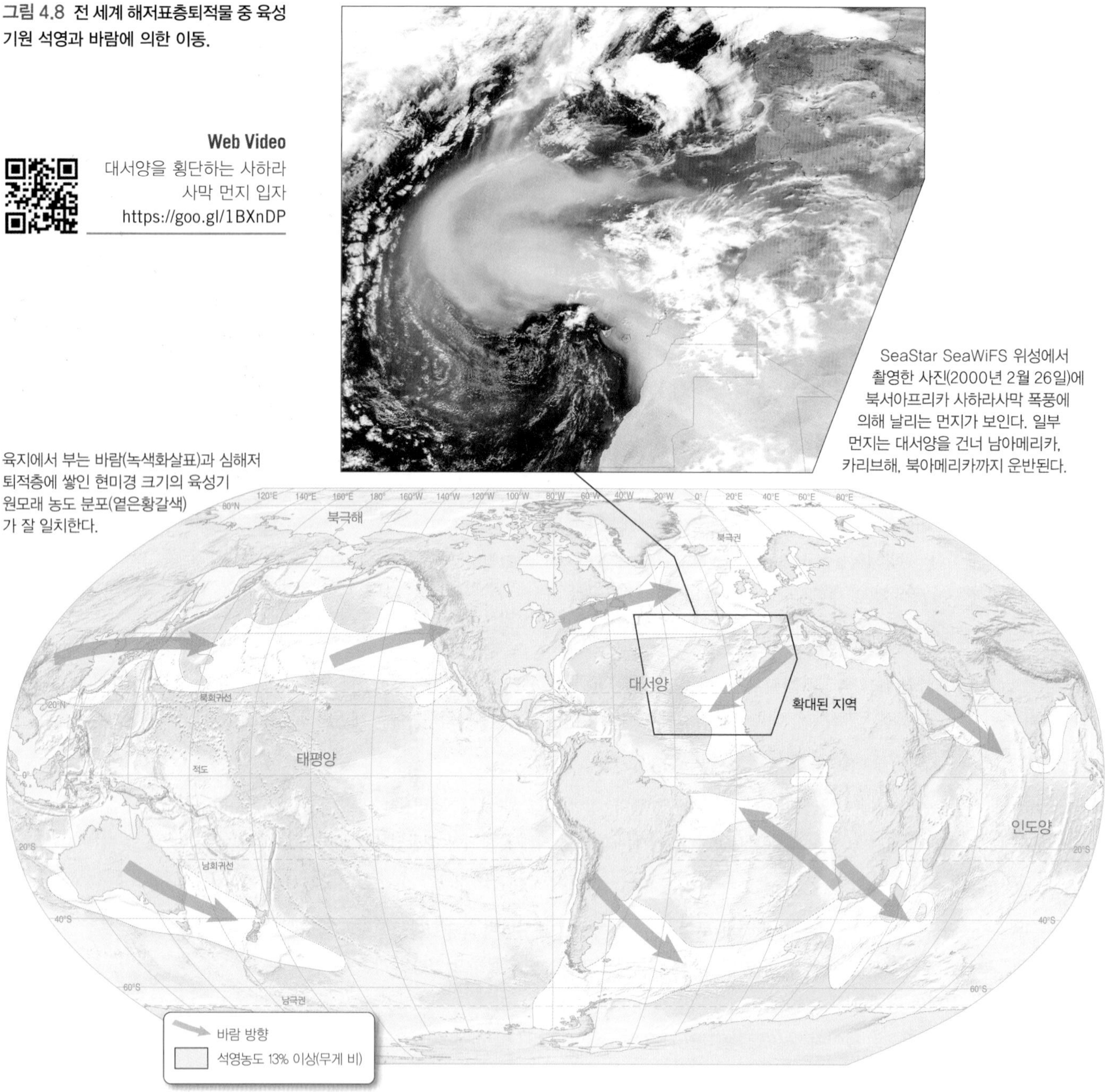

SeaStar SeaWiFS 위성에서 촬영한 사진(2000년 2월 26일)에 북서아프리카 사하라사막 폭풍에 의해 날리는 먼지가 보인다. 일부 먼지는 대서양을 건너 남아메리카, 카리브해, 북아메리카까지 운반된다.

육지에서 부는 바람(녹색화살표)과 심해저 퇴적층에 쌓인 현미경 크기의 육성기원모래 농도 분포(옅은황갈색)가 잘 일치한다.

북극해
북극권
대서양
확대된 지역
북회귀선
태평양
적도
인도양
남회귀선
남극권

바람 방향
석영농도 13% 이상(무게 비)

빙하퇴적물　고위도[3] 대륙붕에서는 크기가 암괴에서 점토까지 섞여 있는 분급이 불량한 퇴적층이 발견된다. 이러한 **빙하퇴적물**(glacial deposits)은 마지막 빙하기에 대륙붕을 덮고 있던 빙하가 녹아 퇴적된 것이다. 현재도 남극과 그린란드 주변에는 **부빙**(ice rafting)에 의해 빙하퇴적물이 퇴적된다. 연안에서 이동된 빙하에 박힌 암석 파편들이 바다로 운반된다. 빙산이 녹으면 다양한 크기의 육성기원 입자들이 침강하여 퇴적된다.

원양퇴적물　대륙대에 퇴적된 연안기원의 터비다이트도 심해로 이동될 수 있다. 그러나 대부분의 원양퇴적물은 세립질이며 심해저에 서서히 퇴적된 것이다. 원양 육성기원퇴적물에는 화산분출, 풍성기원, 심

3　고위도 지역이란 남, 북에 상관없이 적도에서 멀고 저위도는 적도에서 가깝다는 뜻이다.

표 4.2 퇴적물입자 분류(웬트워스 입도척도)

크기(mm)	명칭		크기	예	퇴적에너지
256 이상	암괴	↑	조립질	기원지 부근 강바닥과 일부 해빈의 조립질 물질	고에너지
64~256	큰 자갈	자갈	↑		↑
4~64	잔자갈				
2~4	가는 자갈	↓			
1/16~2	모래			해빈모래	
1/256~1/16	실트		↓	이에 씹히는 느낌	↓
1/4096~1/256	점토		세립질	현미경관찰, 점성이 큼	저에너지

0 10 20 30 40 50 60
크기(mm)

층해류에 의해 운반된 세립질 입자들이 포함되어 있다.

심해점토 **심해점토**(abyssal clay)에는 대륙기원 점토 크기의 세립질 입자가 최소한 70% 이상 포함되어 있다. 육지에서 멀리 떨어져 있지만 심해저평원에는 두꺼운 심해점토층이 있으며 바람, 해류에 의해 장거리 이동된 입자가 퇴적되어 있다. 심해점토에는 산화철이 포함되어 적갈색 또는 황갈색을 띄고 있어 **적점토**(red clay)라고 불리기도 한다. 심해저평원에 심해점토가 풍부한 이유는 점토가 많이 퇴적되기 때문이 아니라 다른 퇴적물이 거의 없기 때문이다.

요약

육성기원퇴적물은 암석에서 만들어지며 대부분의 해저에 분포하고 육지에 가까울수록 더 두껍다.

개념 점검 4.2 | 육성기원퇴적물의 특성을 설명하라.

1 육성기원퇴적물의 기원, 조성, 분포를 설명하라.

2 대부분의 육성기원퇴적물이 석영인 이유는? 석영의 화학 조성은?

3 연안퇴적물과 원양퇴적물은 어떻게 다른가? 각각에서 발견되는 육성기원퇴적물의 예를 들어라.

4.3 생물기원퇴적물 특성

생물기원퇴적물(biogenous sediment: *bio* = life, *generare* = to produce, biogenic sediment라고도 함)은 생물유해의 단단한 부분에서 기원한 퇴적물이다.

생물기원퇴적물의 기원

생물기원퇴적물은 미세조류, 원생동물, 물고기, 고래 등 다양한 생물의 경질부분(껍데기, 뼈, 치아)에서 기원한다. 경질부를 가진 생물이 죽으면 그 유해가 해저로 침강하여 생물기원퇴적물로 퇴적된다.

Interdisciplinary Relationship

생물기원퇴적물은 육안으로 식별이 가능한 것이거나 현미경적 종으로 분류된다. **거대생물기원퇴적물**(macroscopic biogenous sediment)은 현미경 없이도 식별이 가능하며 껍데기, 뼈, 치아 등이 포함된다. 조개나 산호가 풍부한 일부 열대해빈을 제외하고는 일반 해양환경에서는 드문 편이며 특히 생물이 거의 살지 않는 심해에서는 더욱 그러하다. 실제로 훨씬 더 흔한 것은 크기가 작아 현미경 관찰만이 가능한 **미세생물기원퇴적물**(microscopic biogenous sediment)이다. 미세생물의 **각**(test: *testa* = shell)이라고 하는 작은 껍데기는 생물이 죽은 후에 침강하게 되고 해저면에 계속 쌓인다. 이런 미세 껍데기가 심해저에 쌓인 퇴적물을 **연니**(ooze: *wose* = juice)라 한다. 이름에서 알 수 있듯이, 연니는 매우 세립질이며 무르다.[4] 실제로는 생물 유해 무게가 30% 이상이라야 연니로 분류할 수 있다. 그렇다면 나머지 70%에 상당하는 성분은 무엇일까? 일반적으로 심해에는 생물의 각 외에도 세립질의 육성기원점토가 퇴적된다. 해저에는 거대생물기원퇴적물보다는 미세생물기원퇴적물이 양적으로 훨씬 더 많다.

생물기원퇴적물의 주 구성생물은 **조류**(algae: *alga* = seaweed)와 **원생동물**(protozoans: *proto* = first, *zoa* = animal)이다. 조류는 주로 수생, 진핵[5], 광합성 생물이며 크기는 현미경이 필요한 미세조류에서 대형갈조류까지 다양하다. 원생동물은 대부분 단세포, 진핵, 미세생물이며 일반적으로 광합성을 하지 않는다.

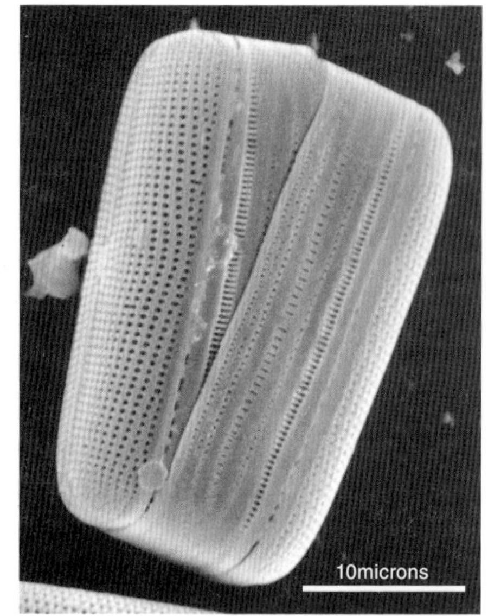

(a) 규조류. 2개의 껍데기가 잘 들어맞는다.

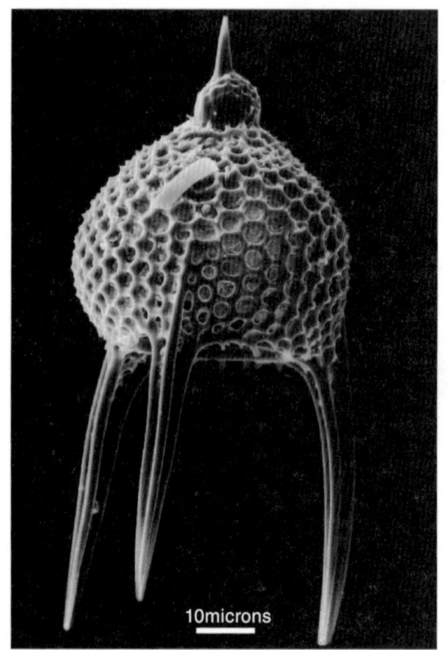

(b) 방산충

(c) 규질연니(대부분이 규조류 껍데기)

그림 4.9 미세 크기의 규질각(주사전자현미경 사진).

생물기원퇴적물 조성

가장 흔한 두 종류의 생물기원퇴적물의 화합물은 **탄산칼슘**(calcium carbonate, $CaCO_3$)과 **규산염**(silica)이다. 탄산칼슘은 **방해석**(calcite)이라는 광물을 만든다. 규소는 물과 결합하여 규소수화물($SiO_2 \cdot nH_2O$)인 **오팔**(opal)을 만들기도 한다.

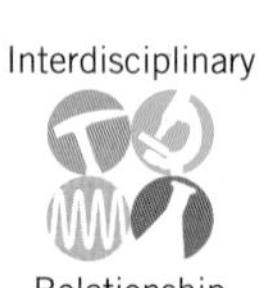

규산염

생물기원연니의 규소 대부분은 미세조류인 **규조류**(diatoms: *diatoma* = cut in half)와 **원생동물인 방산충**(radiolarians: *radio* = spoke or ray)에 포함되어 있다.

규조류는 광합성을 하기 때문에 강한 햇빛이 필요해서 광선이 도달하는 상부층에만 분포한다. 대부분의 규조류는 **부유성**(planktonic: *planktos* = wandering)이며 외부에 보호막 역할을 하는 유리질의 온실을 만들어서 살아간다. 대부분의 종은 마치 약통처럼 잘 들어맞는 2개의 껍데기로 되어있다(**그림 4.9a**). 작은 껍데기에는 복잡한 형태의 작은 구멍들이 있어서 영양염류는 통과시키고 폐기물은 방출시키는 역할을 한다. 해수 표면에 규조류가 많은 곳에서는 규조류가 풍부한 연니가 해저에 퇴적된다. 이 연니가 암석화된 것을 **규조토**(diatomaceous earth)[6]라 하는데 가볍고 흰색의 규조류 각과 점토로 구성된 암석이다(**심층 탐구 4.1**).

방산충은 단세포의 미세원생동물이며 이 역시 대부분이 부유성이다. 이름이 암시하듯이 규산질 껍데

4 연니는 치약과 물이 반씩 섞인 상태이다. 쉽게 이해하자면 심해저를 맨발로 걷는다면 발가락 사이에 끼는 세립질 퇴적물이 연니이다.

5 진핵세포는 핵이 세포막으로 둘러싸여 있다.

6 규조토는 diatomite, tripolite, kieselguhr라고도 한다.

해양과 사람들

심층 탐구 4.1

규조류 : 이 정도로 중요한 것이었을 줄이야

조그만 규조류의 규질 껍데기만큼 아름다운 것은 없다. 현미경 배율을 더 높이면 더 멋있을 것이다.

찰스 다윈(1872)

규조류는 현미경으로 관찰이 가능한 단세포의 광합성 생물이다. 규산질의 외각으로 싸여있으며 대부분이 마치 구두상자처럼 반으로 나뉘어서 합체된다. 1702년에 처음으로 현미경을 이용하여 구멍, 빗살, 방사형 돌기 등으로 아름답게 장식된 껍데기가 관찰되었다. 규조류 화석 연구 결과에 의하면 쥐라기(1억 8천만 년 전)부터 존재했으며 70,000종 이상이 분류되었다.

수일에서 1주일 정도 생존하며 유성 또는 무성생식을 하고 단독이나 긴 고리 형태로 존재하기도 한다. 바다와 특정 담수호에서 엄청나게 많이 부유 상태로 살고 있으며 극빙 하부, 고래의 피부, 토양, 온천 심지어는 벽돌에서도 발견된다.

규조류가 죽은 후 껍데기가 침강하여 해저에 퇴적된 것이 규질연니이다. 규질연니가 단단해진 것이 규조토(diatomaceous earth)로서 두께가 900m에 달하기도 한다. 규조토는 수십 억 개의 작은 규질 껍데기가 모인 것이다. 가볍고, 불활성 화학구조로 되어 있으며 고온에 강하고 여과특성이 뛰어나다. 규조토는 다양한 제품을 만드는 데 쓰인다(**그림 4A**). 주요 활용도는 다음과 같다.

- 필터(정제 설탕, 포도주 불순물 제거, 맥주효모 제거, 수영장물 여과)
- 부드러운 연마제(치약, 세안제, 성냥, 가구 세척과 광택제)
- 흡수제(화공약품 얼룩, 고양이 깔개, 토양 연화제)
- 화학첨가제(제약, 페인트, 심지어는 다이너마이트도 포함)

규조토는 또한 안경 제조가 가능한 광학유리(규조류에 규소함량이 높기 때문), 우주왕복선 타일(가볍고 차폐력이 좋음) 등에도 활용된다. 콘크리트 첨가제, 타이어 충전물, 자연 살충제, 집 짓는 돌에도 쓰인다.

모든 동물이 숨 쉬는 데 필요한 산소의 상당량이 규조류의 광합성으로 공급된다. 살아있는 규조류에는 약간의 기름이 있어서 죽어서 해저에 퇴적되면 석유의 원료가 된다.

생활에 널리 활용되기 때문에 규조류가 없는 세상은 상상하기 어렵다.

생각해보기

1. 규조류가 놀라운 이유는 무엇인가? 규조토가 포함되어 있거나 이를 활용한 제품을 열거해보라.

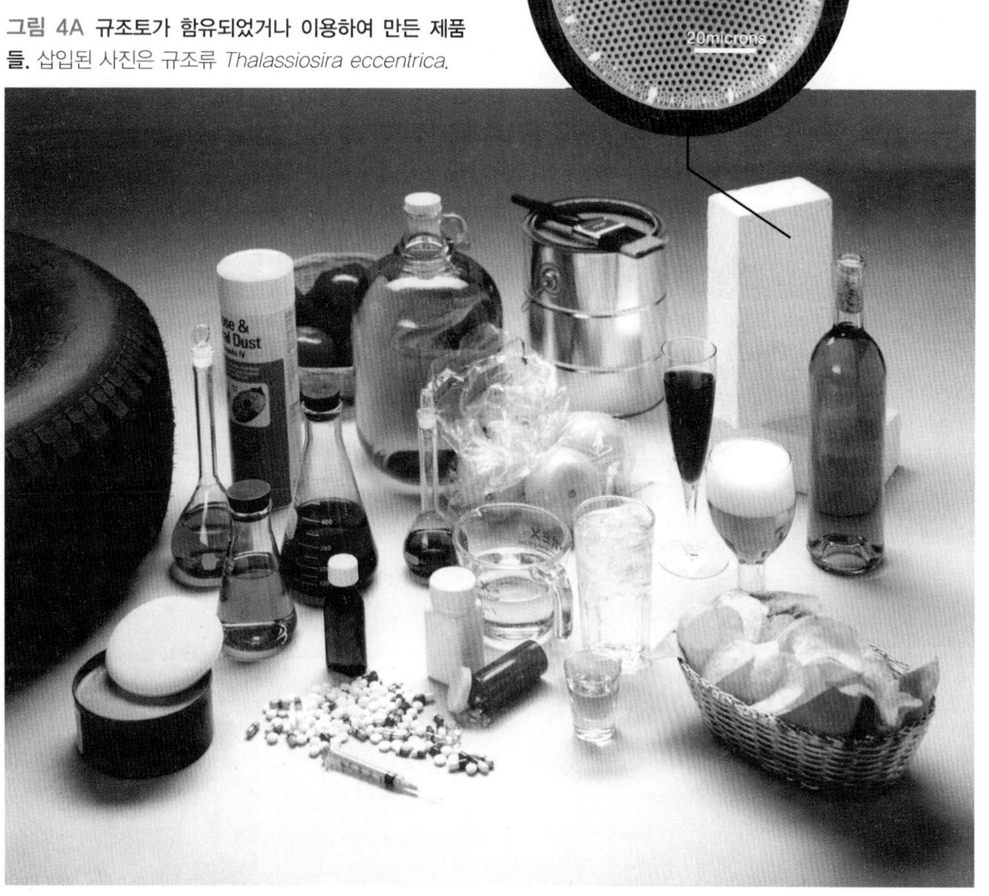

그림 4A 규조토가 함유되었거나 이용하여 만든 제품들. 삽입된 사진은 규조류 *Thalassiosira eccentrica*.

4.1 Squidtoons

https://goo.gl/RYtRi6

기에서 방사형태로 돌출된 규산질 돌기가 나와 있다(**그림 4.9b**). 광합성은 하지 않고 박테리아나 다른 플랑크톤을 먹고 산다. 방산충은 잘 발달된 전형적인 대칭형태로 되어 있는데 그 때문에 '바다의 살아있는 눈송이'로 불리기도 한다.

규질연니(siliceous ooze)는 규조류, 방산충 등 규질 껍데기가 쌓인 퇴적물이다(**그림 4.9c**).

탄산칼슘 방산충의 가까운 친척인 **유공충**(foraminifers: *foramen* = an opening)과 미세조류인 **코콜리스**(coccolithophores: *coccus* = berry, *lithos* = stone, *phorid* = carrying)가 탄산칼슘 성분의 생물기원 연니 중 가장 중요한 종류이다.

코콜리스는 단세포 조류로서 대부분 부유성이다. 탄산칼슘 성분의 얇은 판이나 방패 모양이며, 그중 20~30개가 겹쳐져서 구형의 각을 형성한다(**그림 4.10a**). 규조류처럼 광합성을 하기 때문에 햇빛이 필요하다. 규조류보다 10~100배 정도 작기 때문에 **미소플랑크톤**(nannoplankton: *nanno* = dwarf, *planktos* = wandering)으로 불리기도 한다(**그림 4.10b**).

코콜리스가 죽으면 코콜리스 **소판**(coccolith)이라 불리는 각각의 판이 분리되어 해저 면에 퇴적되어 코

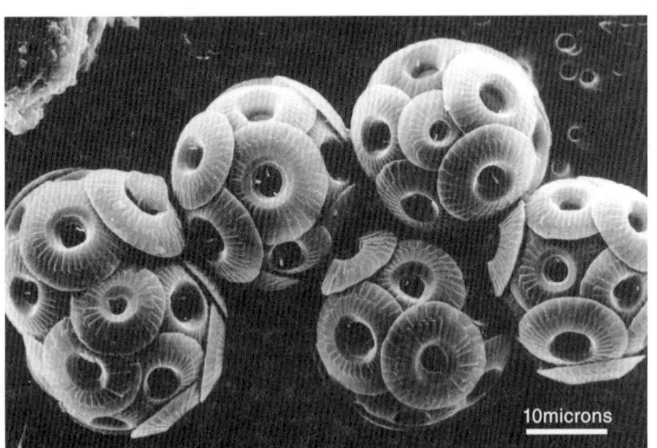

(a) 코콜리스(작은 구체 모양)

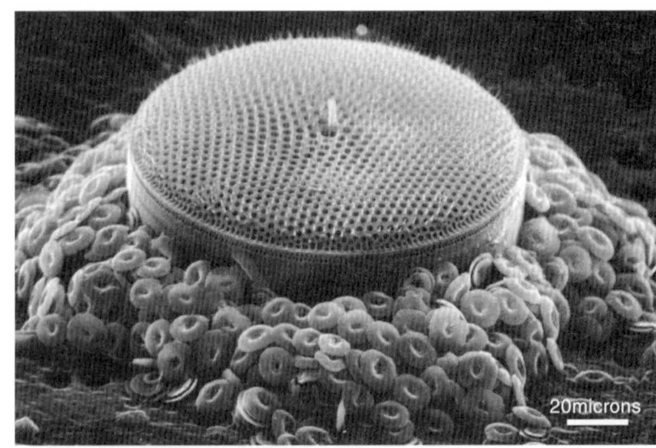

(b) 코콜리스(석회질)로 둘러싸인 규조류(규질)

(c) 유공충(해빈의 작은 조개와 유사)

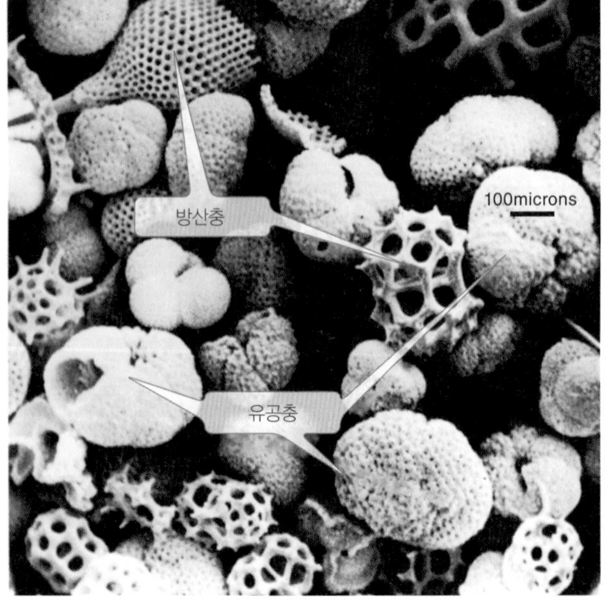

(d) 석회질연니(규산질의 방산충 껍데기 포함)

그림 4.10 미세한 석회질 껍데기. 상부는 주사전자현미경, 하부는 광학현미경 사진이다.

콜리스-풍부(coccolith-rich) 연니가 된다. 세월이 흘러 연니가 암석화된 것이 흰색의 **백악**(chalk)인데 칠판 백묵처럼 여러 용도로 쓰인다. 영국 남부의 화이트 클리프(White Cliffs)는 코콜리스가 풍부한 석회질연니가 굳어진 것이며 해저가 융기되어 육상으로 노출되어 형성된 것이다(**그림 4.11**). 이와 비슷한 시기에 형성된 백악층이 유럽, 북아메리카, 오스트레일리아, 중동 등에 흔한데 이 지질시대를 백악기(Cretaceous: *creta* = chalk)라 한다.

유공충은 단세포 원생동물이며 대부분 부유성이고 크기는 미세에서 거대까지 있다. 광합성을 하지 않으므로 다른 생물을 먹고 산다. 유공충은 단단한 탄산칼슘 각을 가지고 있다(**그림 4.10c**). 대부분의 유공충은 분리된 각을 가지고 있으며 모두 선명한 구멍이 있다. 크기는 작지만 해빈에서 관찰할 수 있는 조개껍데기와 생김새가 유사하다.

유공충, 코콜리스 그리고 다른 석회질로 된 생물껍데기가 주성분으로 퇴적된 것을 **석회질연니**(calcareous ooze)라 한다(**그림 4.10d**).

그림 4.11 영국 남부의 화이트 클리프. 영국 남부 도버에 있는 화이트 클리프는 백악으로 구성되어 있으며 코콜리스가 풍부한 석회질연니가 굳어진 것이다. 삽입된 사진은 코콜리스 종의 하나인 *Emiliana hexleyi*.

생물기원퇴적물 분포

생물기원퇴적물은 가장 흔한 원양퇴적물의 하나이다. 분포는 다음 세 가지의 과정(생산력, 파괴, 희석)에 의해 결정된다.

생산성은 바다 표층에 서식하는 개체수를 의미한다. 생물생산성이 높은 표층수가 개체수가 많아 생물기원퇴적물을 만드는 데 좋은 조건이 된다. 반대로 표층수의 생산성이 낮으면 생물기원퇴적물을 만들 수 있는 생물체가 너무 적게 된다.

파괴는 수심이 증가하여 생물의 각(껍데기)이 용해되는 것을 의미한다. 생물기원퇴적물이 아예 해저에 도달하기 전에 용해되는 경우도 있고 해저퇴적물로 축적되지 못하고 용해되기도 한다.

희석은 다른 종류의 퇴적물 때문에 생물기원퇴적물의 비율이 감소하는 것을 의미한다. 다른 퇴적물 때문에 생물 유해가 30% 이하가 되면 연니로 분류되지 못한다. 연안에서는 조립질의 육성기원퇴적물이 많아서 대륙주변부에는 생물기원연니가 별로 없다.

연안퇴적물 육성기원퇴적물이 연안 퇴적층에 가장 많기는 하지만 크고 작은 생물기원 물질들도 포함되어 있다. 일부 지역에서는 생물기원 탄산염퇴적층이 흔히 나타나기도 한다.

탄산염퇴적층 **탄산염**(carbonate) 광물은 화학식에 CO_3가 포함된 것으로 탄산칼슘이 그 중 하나이다. 주성분이 탄산칼슘인 바다기원 암석이 **석회암**(limestone)이다. 대부분의 석회암에 생물기원임을 시사하는 해양기원 화석이 포함되는 데 비해 일부는 생물체와 관계없이 해수에서 직접 형성되기도 한다. 현재 탄산칼슘이 퇴적되는 바다(바하마퇴, 오스

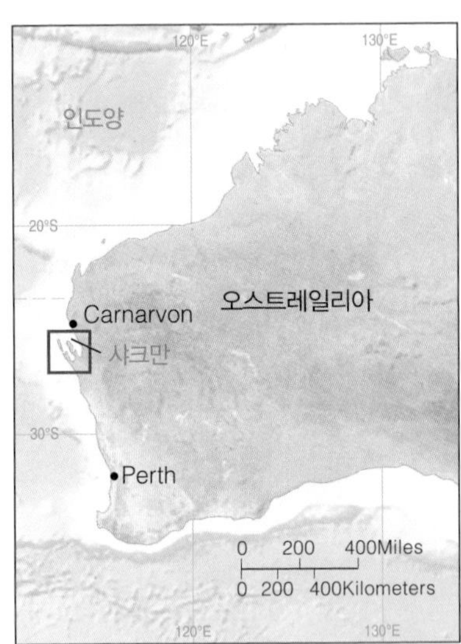

(a) 오스트레일리아 샤크만 위치

(b) 샤크만의 스트로마톨라이트. 고염의 조수웅덩이에서 만들어지며 최대 높이는 1m

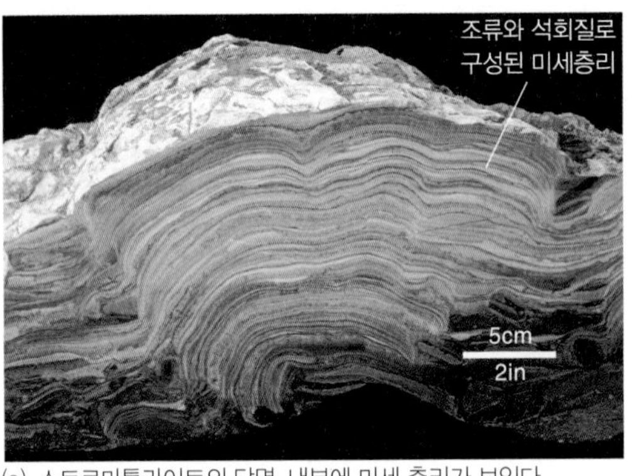

(c) 스트로마톨라이트의 단면. 내부에 미세 층리가 보인다.

그림 4.12 스트로마톨라이트. 조류가 집적된 볼록한 형태이며 오스트레일리아 샤크만같이 따뜻하고, 수심이 얕고, 염분이 높은 해역에서 성장한다.

트레일리아의 대보초, 페르시아만)에서는 탄산염층이 천해의 온난한 대륙붕과 섬 부근의 산호초와 해빈에서 성장한다.

해양성 탄산염퇴적층은 지각의 2%에 달하며 퇴적암의 25%에 해당한다. 실제로 해양기원 석회암은 플로리다의 기반암을 구성하기도 하고 미국 중서부의 여러 주(켄터키~미시간, 펜실베이니아~콜로라도)에도 분포한다. 지하수가 침투하여 석회암을 용해하면 용식함몰지 또는 웅장한 동굴이 형성되기도 한다.

스트로마톨라이트 **스트로마톨라이트**(stromatolites)는 잎사귀 모양의 얇은 탄산염층으로 되어 있으며 따뜻한 천해환경에서 형성되는데, 대표적인 곳이 서오스트레일리아 샤크만(Shark Bay)의 고염도 조수웅덩이 같은 곳이다(**그림 4.12**). 이 퇴적층은 점액질 기질에서 시아노박테리아[7]가 퇴적물을 포획해서 만들어진 것이다. 또한 다른 종류의 조류에서 나온 길고 가는 섬유질이 탄산염 입자들을 서로 묶는 역할을 한다. 이러한 조류의 활동에 의해 나무의 나이테처럼 층이 성장하여 볼록한 형태가 만들어진다. 과거 지질시대(특히 10~30억년 전)에는 스트로마톨라이트 성장에 적합한 환경이 조성되어 그 당시에 형성된 수백 m 크기의 스트로마톨라이트들이 발견된다.

원양퇴적물 심해저에는 미세한 생물기원퇴적물(연니)이 풍부한데, 그 이유는 육지에서 거리가 멀어서 육성기원퇴적물에 의한 희석이 거의 일어나지 않기 때문이다.

규질연니 규질연니는 최소 30% 이상의 규산질 골격이 포함된 퇴적물로 정의한다. 규질연니의 주성분이 규조류이면 **규조연니**(diatomaceous ooze), 방산충이면 **방산충연니**(radiolarian ooze)라 한다. 다른 종류의 원생동물인 규질편모류(silicoflagellates)가 주성분이면 **규질편모연니**(silicoflagellate ooze)라 한다.

규소는 바다의 전 수심에서 불포화되어 있기 때문에 규산질 생물기원 입자는 모든 수심에서 지속적으로 용해된다. 물론 살아 있는 규조류, 방산충과 규질편모류도 열심히 규질의 딱딱한 껍데기를 계속해서 만들지 않는다면 이들 역시 녹게 된다. 이와 유사하게 이미 죽어서 해저로 침강하는 규산질 생물기원 입자는 해수 중에서 지속적으로 천천히 녹게 될 것이다. 그렇다면 규질연니가 어떻게 해저에 퇴적될 수 있을까? 규산질 입자의 침강속도가 용해속도보다 더 빠를 경우 가능하다. 동시에 많은 양이 침강하는 경우 해저에 규질연니가 퇴적될 것이다(**그림 4.13**).[8] 일단 퇴적되어 묻히게 되면 해수에 용해되지 않게 된다. 일반적으로 규질연니는 표층생산성(규질 껍데기를 형성하는 생물)이 높은 해역에 주로 분포한다.

Web Animation
규질연니의 퇴적
https://goo.gl/2XEQww

7 시아노박테리아는 단순한 고대생물이며 조상은 최초의 광합성 생물의 하나이다.

8 이와 유사한 예는 뜨거운 커피잔 바닥에 설탕층을 만드는 것으로 생각할 수 있다. 컵에 약간의 설탕을 넣으면 설탕층은 만들어지지 않지만 엄청나게 쏟아 부으면 두꺼운 설탕층이 바닥에 생길 것이다.

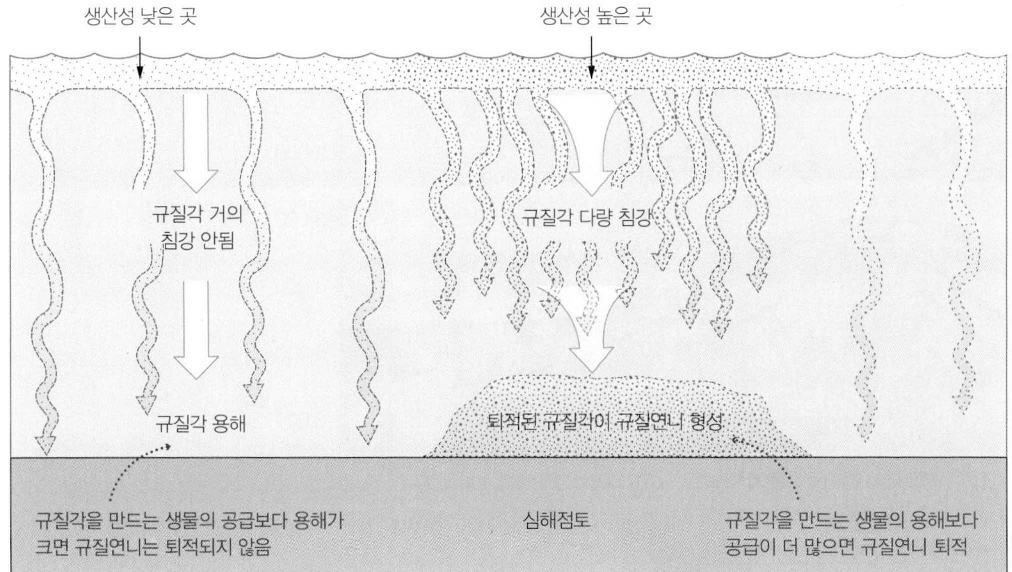

그림 4.13 **규질연니의 퇴적.**
https://goo.gl/4iUEf1

석회질연니와 CCD　석회질연니는 최소 30% 이상의 석회질 골격이 포함된 퇴적물로 정의한다. 주성분이 코콜리스이면 **코콜리스연니**(coccolith ooze), 유공충이면 **유공충연니**(foraminifer ooze)라 한다. 유공충연니 중 가장 흔한 종류가 **글로비게리나연니**(Globigerina ooze)인데 대서양과 남태평양에 널리 분포한다. 다른 종류의 석회질연니에는 **익족류연니**(pteropod ooze)와 **개형류연니**(ostracod ooze)가 있다.

탄산칼슘의 용해는 수심과 관계 있다. 일반적으로 따뜻한 표층수에는 탄산칼슘이 포화되어 있어 용해가 일어나지 않는다. 반면에 심층에서는 냉수에 풍부하게 함유된 이산화탄소가 탄산을 만들어 석회질을 용해시킨다. 또한 증가한 수압 때문에 탄산칼슘은 더 빨리 용해된다.

압력이 높아지고 이산화탄소가 충분히 많아져서 탄산칼슘이 녹기 시작하는 수심을 **용해비약수심**(lysocline: *lusis* = a loosening, *cline* = slope)이라 한다. 이 수심 하부에서는 수심 증가에 따라 탄산염 용해도가 증가하여 마침내 **방해석보상수심**(calcite compensation depth, CCD)[9]에 도달한다(**그림 4.14**). 용해가 쉽게 일어나므로 CCD나 그 이상의 깊은 수심에서는 일반적으로 퇴적물에 방해석이 별로 없고 두꺼운 껍데기를 가진 유공충도 하루나 이틀이면 녹는다. 실제로 방해석은 해저에서 지형적으로 높은 곳과 CCD보다 얕은 해저에 퇴적되고 그 보다 깊은 곳에서는 용해된다. 이는 마치 육지에서 빙하가 분포하는 설선(snow line) 같은 것인데 얼음 대신에 밝은 색의 방해석이 퇴적된 것이 다른 점이다.

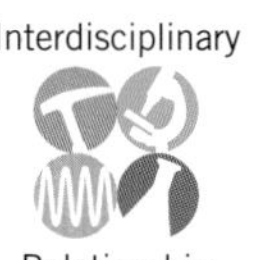

CCD 하부의 수압 증가와 특성 변화가 석회질의 용해와 퇴적에 영향을 미친다.

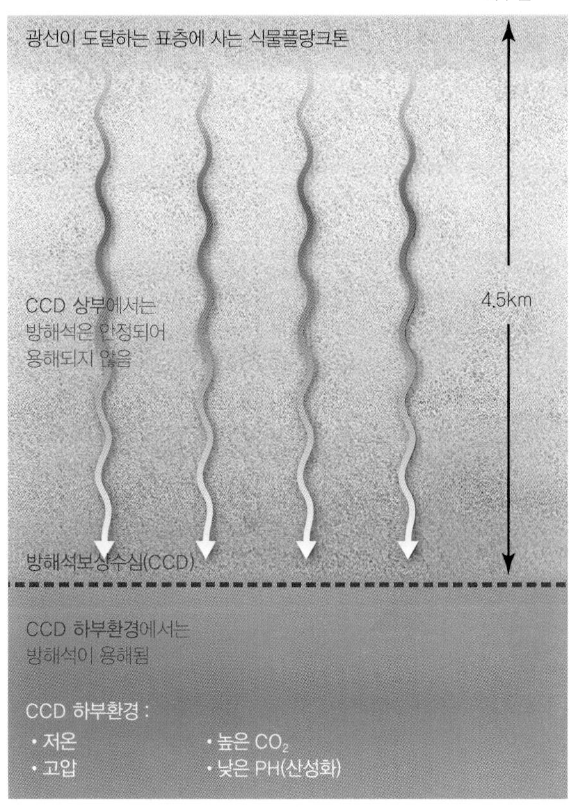

그림 4.14 **방해석보상수심(CCD) 상부와 하부 해수특성.**

9　방해석은 탄산칼슘으로 되어 있기 때문에 방해석보상수심이 **탄산칼슘보상수심**(calcium carbonate compensation depth) 혹은 **탄산염보상수심**(carbonate compensation depth)으로도 알려져 있다. 명칭에 상관없이 CCD라는 약자를 쓴다.

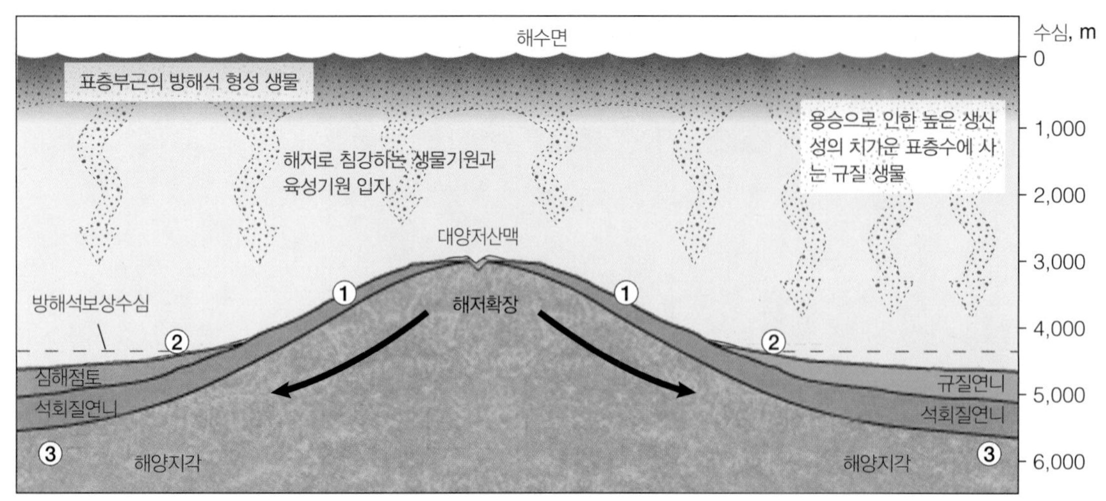

① 대양저산맥에 퇴적된 석회질연니 (CCD상부)
② 석회질연니 상부에 다른 퇴적물이 피복되어 보호
③ 해저확장에 의해 석회질연니가 CCD 하부로 이동

그림 4.15 해저확장과 퇴적. CCD 하부에도 석회질연니가 퇴적될 수 있게 하는 탄산염보상수심, 대양저산맥, 해저확장, 생산성, 소멸 간의 상관관계.
https://goo.gl/s9vIsw

Web Animation
석회질 연니가 CCD 하부에서 발견되는 이유
https://goo.gl/h3rDxA

CCD의 평균 수심은 약 4,500m이나 심해의 화학환경에 따라 달라서 대서양에서는 6,000m에 달하기도 하고 태평양에서는 3,500m 정도로 얕게 나타나기도 한다. 용해비약수심도 바다마다 다르기는 하지만 평균 약 4,000m 정도이다.

Climate Connection

과거 지질시대에 대기 중의 이산화탄소 농도가 높아져 바다에 녹은 이산화탄소가 증가하고 바다가 산성화되어 CCD가 상승했던 적이 있었다. 과학자들은 인간활동에 의한 대기의 이산화탄소 증가가 해양을 산성화시키고 있다고 주장하고 있다. 제16장 '해양과 기후변화'에 바다의 산성화가 해양생물에 미치는 영향에 대한 내용이 수록되어 있다.

고농도의 석회질 연니가 대부분 CCD 보다 상부에 위치한 대양저산맥을 따라 분포한다.

북극해
대서양
태평양
인도양

판경계부
확장형
수렴형
변환형

탄산염 함량(무게비)
50% 이하
50~80%
80% 이상

그림 4.16 현생표층퇴적물의 탄산염 분포.

표 4.3 표층퇴적물 중 규질과 석회질연니의 환경 비교

	규질연니	석회질연니
해저퇴적층 상부의 해수온도	차가운 물	따뜻한 물
주 퇴적지	고위도 해저(차가운 표층수)	저위도 해저(따뜻한 표층수)
기타 요소	용승에 의해 심층의 차갑고 영양염류가 풍부한 물의 표층이동	석회질연니 용해(CCD 하부)
기타 퇴적지	용승 해역 해저(적도 포함)	대양저산맥을 따라 위치한 저위도 해저(따뜻한 표층수)

표 4.3 **표층퇴적물 중 규질과 석회질연니의 환경 비교**
https://goo.gl/H5uBwg

CCD 때문에 5,000m보다 깊은 수심에서는 현생 석회질연니가 드물다. 하지만 오래된 석회질연니가 CCD 하부 수심에서도 발견된다. 어떻게 이런 현상이 가능할까? **그림 4.15**에 이것이 가능한 상황이 도시되어 있다. 대양저산맥은 해저에서 융기된 지형적으로 높은 곳이다. 주변 심해저는 CCD 이하이지만 대양저산맥은 그보다 위에 위치한다. 따라서 대양저산맥 정상부에 퇴적된 석회질연니는 용해되지 않는다. 해저확장으로 새로운 해저가 만들어지고 정상에 퇴적된 석회질퇴적물은 산맥에서 멀어짐에 따라 깊은 곳으로 이동되어 궁극적으로 CCD보다 깊은 곳으로 위치하게 되지만 상부에 CCD의 영향을 받지 않는 규질연니나 심해점토 등이 쌓여 있으면 하부의 석회질퇴적물은 용해되지 않는다.

그림 4.16은 전 세계 해양의 표층퇴적물의 탄산칼슘 함량비(무게비) 분포도이다. 대양저산맥을 따라 석회질연니 함량이 높게 나타나며(일부는 80% 이상) 심해분지에는 거의 없다. 예를 들어 가장 깊은 바다 중의 하나인 태평양 북부지역은 퇴적물에 탄산칼슘이 거의 없다. 탄산칼슘은 석회질 골격을 형성하는 생물이 비교적 적은 고위도 지역에서도 거의 분포하지 않는다.

표 4.3은 규질과 석회질연니를 형성하는 해양환경 비교표이다. 규질연니는 주로 표층수가 차가운 지역에 많은데 심층수가 표층에 영양염류를 공급하여 생물생산성이 높은 **용승**(upwelling)이 발생하는 해역도 포함된다. 반면에 석회질연니는 표층수가 따뜻하고 수심이 얕은 해역에서 발견된다.

요약

생물기원퇴적물은 과거 생물의 단단한 부분으로 되어 있다. 특히 미소생물기원퇴적물은 널리 분포하며 연니를 형성한다.

개념 점검 4.3 | 생물기원퇴적물의 특성을 설명하라.

1. 생물기원퇴적물의 기원, 조성, 분포를 설명하라.
2. 대부분의 생물기원퇴적물을 구성하는 두 종류의 화학조성은 무엇인가? 이 두 가지 미세생물의 예를 들고 스케치하고 이름을 쓰라.
3. 생물기원퇴적물 중 연니는 어떻게 분류하는가? 연니의 다른 성분은 어떤 것이 있는가?
4. 규질연니가 해수 중에서 서서히 지속적으로 용해된다면 해저에 규질연니가 어떻게 퇴적될 수 있는가?
5. CCD 하부에 존재하는 석회질연니가 만들어지는 과정을 설명하라.

4.4 수성기원퇴적물 특성

수성기원퇴적물(hydrogenous sediment: *hydro* = water, *generare* = to produce)[10]은 해수 용존물질에서 기원한 것이다.

수성기원퇴적물의 기원

해수에는 여러 종류의 용존물질이 있다. 해수에서의 화학작용에 의해 특정 물질이 **침전**(precipitate)되기도 한다. 일반적으로 침전은 온도나 압력변화 혹은 화학적 활성물질의

10 역주 : 자생기원퇴적물(authigenic sediment)이라고도 한다.

(a) 망가니즈단괴. 일부는 반으로 절개

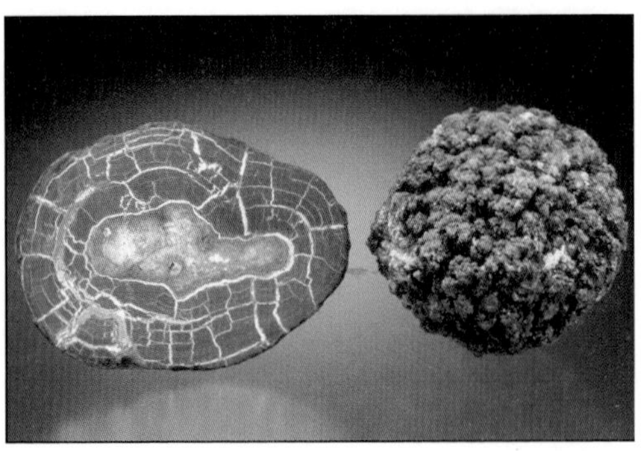

(b) 야구공 크기의 단괴와 반으로 절개한 사진. 중앙에 핵이 있고 층을 가진 내부구조가 보인다.

(c) 남태평양의 해저 사진. 망가니즈단괴가 풍부하게 분포한다(직경 4m).

그림 4.17 망가니즈단괴.

첨가 등 환경이 변하는 경우 발생한다. 예를 들어 사탕을 만들기 위해서는 팬의 데운 물에 설탕을 첨가해야 하는데 물이 뜨거우면 설탕은 녹지만 열을 제거하면 온도변화에 의해 과포화상태가 되어 침전한다. 온도가 내려가면 설탕은 팬 주변의 아무 데나 침전하기 시작한다.

수성기원퇴적물의 조성과 분포

수성기원퇴적물은 양적으로 적은 해양퇴적물이기는 하지만 조성이 각기 다르고 다양한 환경에 분포한다.

망가니즈단괴 망가니즈, 철 그리고 다른 금속들이 뭉쳐진 단단한 구체 형태인 **망가니즈단괴**(manganese nodules)는 직경은 보통 5cm 정도이고 아주 큰 것은 약 20cm에 달하는 것도 있다. 반으로 자르면 가운데 핵을 중심으로 침전으로 형성된 층상구조를 볼 수 있다(**그림 4.17a, b**). 핵이 될 수 있는 것은 육성기원퇴적물 파편, 산호, 화산암, 고기뼈, 상어 이빨 등이다. 망가니즈단괴는 심해저에 광범위하게 분포하는데, 수심 약 5km 심해저 평원의 60% 정도에 해당한다. 분포밀도는 약 100개/m^2 정도이고 일부 지역에서는 더 풍부해서 운동장에 골프공이나 야구공 크기의 단괴가 흩어져 있는 것처럼 분포한다(**그림 4.17c**). 망가니즈단괴는 퇴적속도가 아주 느려서 매몰되지 않는 곳에서 만들어진다.

주성분은 이산화망가니즈(무게로 30% 이상), 산화철(약 20%)이다. 망가니즈는 고강도 철합금에 필요하다. 다른 금속 원소로는 구리(전선, 파이프, 황동, 청동), 니켈(스테인스강), 코발트(강자성체, 공구) 등이 있다. 보통은 이러한 유용금속의 함량이 1% 이하이지만 2%가 넘는 것들은 유망한 미래의 자원이다.

1872년 챌린저 탐사 때 최초로 발견된 이래로 망가니즈단괴의 기원은 수수께끼였다. 단괴가 수성기원이고 해수에서 침전한 것이라면 어떻게 그렇게 고농도로 집적될 수 있을까? 실제로 해수 중 이들 원소의 함량은 너무 낮아 측정이 어려울 정도이다. 게다가 위에서 침강하는 퇴적물 입자에 매몰되지 않고 어떻게 해저에 노출될 수 있었을까?

이 의문점들에 대해 아무도 답을 하지 못하고 있다. 아마도 망가니즈단괴는 가장 느린 화학반응(성장속도 : 평균 5mm/m.y. 정도)의 하나로서 만들어지는 듯하다. 최근 연구결과에 의하면 단괴 형성에 박테리아가 관여하고 모종의 해양생물들이 단괴를 떠받들어 굴리는 것으로 생각되고 있다. 다른 견해는 단괴가 꾸준히 성장하는 것이 아니고 육성기원점토의 퇴적속도가 낮으면서 강

학생들이 자주 하는 질문

하와이에서 검은 모래 해빈을 본 적이 있습니다. 이 모래는 바다로 흘러 들어간 용암이 파도에 의해 부서져서 만들어진 것이므로 수성기원퇴적물이 아닐까요?

아니다. 전 세계의 많은 화산에서 검은 모래 해빈이 형성되는데 이는 파도가 검은색의 화산암을 파쇄해서 만들어진 것이다. 검은 모래를 만드는 물질은 대륙이나 섬에서 온 것이므로 육성기원퇴적물로 분류된다. 용암이 용융상태로 바다로 들어가서 만들어진 검은 모래도 수성기원퇴적물이 될 수 없는데 그 이유는 이 용암이 물에 용해되지 않았기 때문이다.

한 심층해류가 흐르는 곳 같은 특수 조건에서 급성장한다고 보고 있다. 확실한 것은 단괴가 클수록 성장속도가 빠르다는 것이다. 망가니즈단괴의 성인(origin)은 해양화학 분야의 가장 흥미 있는 미해결 과제로 생각되고 있다.

인산염 **인산염**(phosphates)은 인을 함유한 화합물로서 대륙붕과 수심 1,000m보다 얕은 퇴의 바위에 피복되거나 단괴 형태로 풍부히 나타난다. 이러한 퇴적층에서의 농도는 통상 무게비로 30%에 달하고 상부 해수표면에서 생물활동이 활발했음을 시사한다. 인산염은 비료로 활용가치가 높아서 대륙으로 융기된 고대의 인산염 층은 광산으로 개발되어 농업에 이용되었다.

그림 4.18 계절적인 홍수가 일어나는 곳의 증발염. 캘리포니아 데스벨리에 비가 온 후 강한 증발로 광범위하게 침전되는 염(흰색).

탄산염 해양퇴적물에서 가장 중요한 탄산염 광물은 방해석과 **아라고나이트**(aragonite)이다. 성분은 모두 탄산칼슘($CaCO_3$)이지만 아라고나이트는 결정구조가 달라 불안정하여 방해석으로 바뀐다. 탄산염은 광범위한 건축분야와 시멘트 생산 그리고 칼슘보충제나 제산제 같은 의약품 제조에도 쓰인다.

대부분의 탄산염 퇴적물은 생물기원이다. 그러나 열대 지방에서는 직경 2mm 이하의 아라고나이트 결정이 수성기원탄산염퇴적물로 침전될 수 있다. **어란석**(oolites: *oo* = egg, *lithos* = rock)은 작은 구형의 방해석으로서 직경 2mm 이하이고 양파처럼 층이 있으며 $CaCO_3$ 농도가 높은 천부 열대해역에서 형성된다. 어란석은 해수에서 침전된 물질이 해빈에서 파도에 의해 앞뒤로 구르면서 핵을 중심으로 성장하는 것으로 알려져 있으나 특정의 조류가 성장을 촉진시킨다는 연구결과도 있다.

금속황화물 **금속황화물**(metal sulfides)은 대양저산맥의 모든 열수공 그리고 검은열수공과 관계있다. 철, 니켈, 구리, 아연, 은 그리고 다른 금속이 다양하게 함유되어있다. 해저확장에 의해 대양저산맥에서 멀리 이동된 퇴적층이 대양저 전체는 물론 심지어는 융기에 의해 대륙에서도 발견된다.

증발암 **증발광물**(evaporite minerals)은 해수순환이 제한되어 증발률이 높은 곳에서 형성된다. 지중해를 예로 들면, 두꺼운 증발암 층들이 발견되는데 이는 과거 지질시대에 완전히 건조된 적이 있었다는 것을 시사한다. 이러한 지역에서 증발이 일어나면 해수 용존광물의 농도가 증가하여 고체의 침전물을 만들기 시작한다. 이 침전물은 해수보다 무겁기 때문에 바닥에 가라앉아 외곽에 흰색의 증발광물을 만든다(**그림 4.18**). 통상 염이라고 불리는 증발광물 중 흔한 **식탁염**(NaCl)인 **암염**(halite)은 짜지만 **경석고**(anhydrite: $CaSO_4$)나 **석고**(gypsum: $CaSO_4 \cdot H_2O$) 같은 칼슘황화물은 짜지 않다.

요약

수성기원퇴적물은 용해물질의 침전으로 만들어지며 해저의 특정 지역에 다양한 물질을 농축시킨다.

개념 점검 4.4 | 수성기원퇴적물의 특성을 설명하라.

1 수성기원퇴적물의 기원, 조성, 분포를 설명하라.

2 망가니즈단괴에 형성에 대한 현재까지 알려진 내용을 설명하라.

학생들이 자주 하는 질문

과학자들은 우주기원퇴적물을 어떻게 구분하지요? 다시 말해 외계에서 왔는지 어떻게 아나요?

우주기원퇴적물은 다른 종류의 퇴적물과 구조적으로도 구분되고 조성도 다르다. 규질이나 철 성분이 풍부한데, 이들은 육성기원퇴적물에도 풍부하다. 그렇지만 용융의 흔적인 유리질 파편(텍타이트)과 철질의 소구체는 우주기원퇴적물에만 있는 특성이다(그림 4.19 참조). 외계에서 온 우주기원퇴적물은 지구기원에 비해 니켈 함량이 더 높다. 지각에 있던 니켈 대부분은 초기 지구에서 밀도성층이 만들어질 때 아래(핵)로 침강했다.

4.5 우주기원퇴적물 특성

우주기원퇴적물(cosmogenous sediment: *cosmos* = universe, *generare* = to produce)은 외계에서 기원한 것이다.

우주기원퇴적물의 기원, 조성, 분포

우주기원퇴적물은 퇴적물 중 양적으로는 아주 적지만 중요한데 주로 현미경 크기의 **소구체**(spherules)와 육안관찰이 가능한 **유성체**(meteor) 두 가지 형태이다.

소구체는 소량으로 널리 분포한다. 일부는 규질 암석으로 되어 있으며 외계물질이 지구와 충돌 결과로 용융된 작은 지각파편이 우주로 방출되어 만들어진다. 이렇게 만들어진 **텍타이트**(tektites: *tektos* = molten)가 지구로 떨어져 **텍타이트밭**(tektite fields)을 만든다(**그림 4.19**). 다른 소구체들은 대부분 철과 니켈로 구성되어 있는데 화성과 목성 사이에 위치한 소행성들이 충돌하여 만들어진 것이다. 대기를 떠돌다가 지속적으로 중력에 의해 지구로 떨어지며 이들을 **우주먼지**(space dust) 또는 **미소운석**(micrometeorites)이라 한다. 미소운석의 90% 정도는 대기로 진입할 때 마찰열에 의해 타버리지만 매년 지구로 30만 톤 정도 떨어지며 이는 약 10kg/sec에 해당한다. 철분이 풍부한 우주먼지는 바다에 떨어져 해수에 녹기도 한다. 그러나 유리질의 텍타이트는 쉽게 용해되지 않고 해양퇴적물의 미량 성분이 된다.

유성체 입자의 양은 아주 적지만 일부는 충돌 현장 부근에서 발견되기도 한다. 과거 지질시대에 운석이 엄청난 속도로 지구와 충돌하였는데 일부 큰 것들은 대형 핵무기 여러 개와 맞먹는 에너지를 방출한 증거들이 남아있다. 지구상에는 약 200개의 운석충돌 구조가 발견되었는데 대부분 육지에 있지만 해저에서도 발견된다. **운석**(meteorite)이라 불리는 유성체 입자는 충돌지점에 가라앉게 되며 규질 성분의 암석[석질 또는 콘드라이트(chondrites)]이나 철과 니켈 성분(철질)으로 되어 있다.

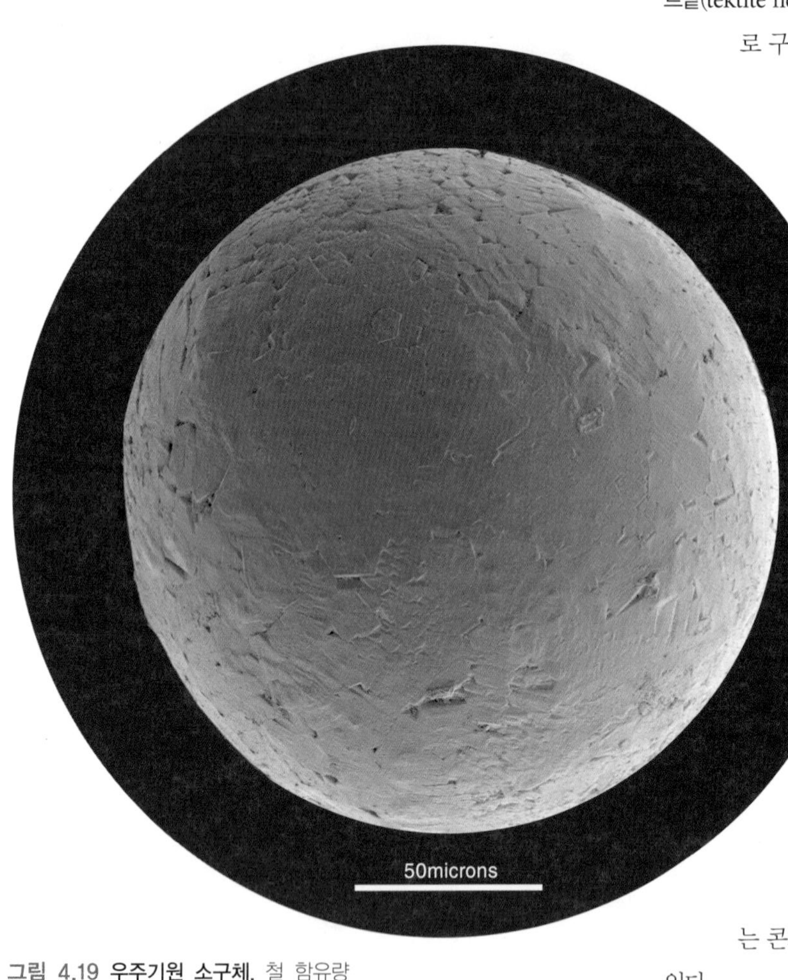

그림 4.19 우주기원 소구체. 철 함유량이 높은 우주기원 소구체의 주사전자현미경 사진.

요약

우주기원퇴적물은 외계물질로서 현미경 크기인 우주먼지와 육안으로 보이는 운석 등이다.

개념 점검 4.5 | 우주기원퇴적물의 특성을 설명하라.

1 우주기원퇴적물의 기원, 조성, 분포를 설명하라.

2 주요 우주기원퇴적물은 어떤 것이 있는가? 기원에 대하여 설명하라.

4.6 원양퇴적물과 연안퇴적물 분포

바다는 혼합이 활발한 곳이다. 완전히 순수한 육성기원퇴적물과 생물기원퇴적물은 존재하지 않는다. 따라서 해양퇴적물은 대부분 혼합된 형태로 분포한다.

해양퇴적물의 혼합

해양퇴적물의 혼합 형태는 다양하다. 예를 들어보자.

- 대부분의 석회질연니에는 규질 성분이 포함되어 있으며 그 역도 성립한다(그림 4.10d 참조).
- 점토 크기의 육성기원입자는 전 세계에 분포하며 바람과 해류에 의해 쉽게 이동되는데, 이는 결국 다른 종류의 퇴적물과 잘 섞인다는 뜻이다.
- 세립질의 육성기원점토가 생물기원퇴적물에 70%까지 포함될 수 있다.
- 대부분의 육성기원퇴적물에는 소량의 생물기원퇴적물이 포함되어 있다.
- 수성기원퇴적물의 종류는 다양하다.
- 양적으로는 작지만 우주기원퇴적물은 모든 다른 종류의 퇴적물과 혼합된다.

해저퇴적층은 일반적으로 다른 종류 퇴적물이 혼합된 것이다. **그림 4.20**에 수동형대륙주변부의 퇴적물 분포와 혼합의 모식도이다. 퇴적물의 주요 성분에 따라 육성기원, 생물기원, 수성기원, 우주기원으로 분류한다.

요약

해양퇴적물 대부분은 여러 종류가 혼합된 것이지만 일반적으로 육성기원, 생물기원과 수성기원 입자로 되어있다.

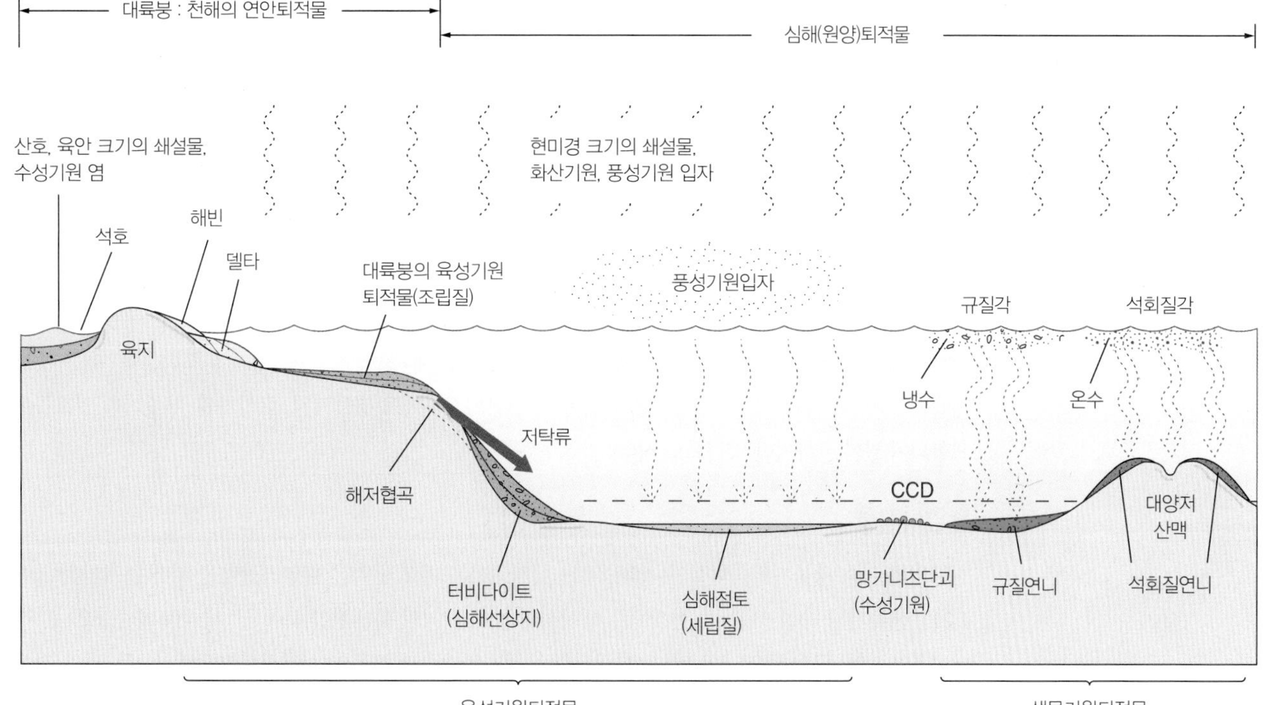

그림 4.20 수동형 대륙주변부의 퇴적물 분포. 이상적인 수동형 대륙주변부에서 대양저산맥까지의 퇴적물 종류와 분포 모식도.
https://goo.gl/O7cWpo

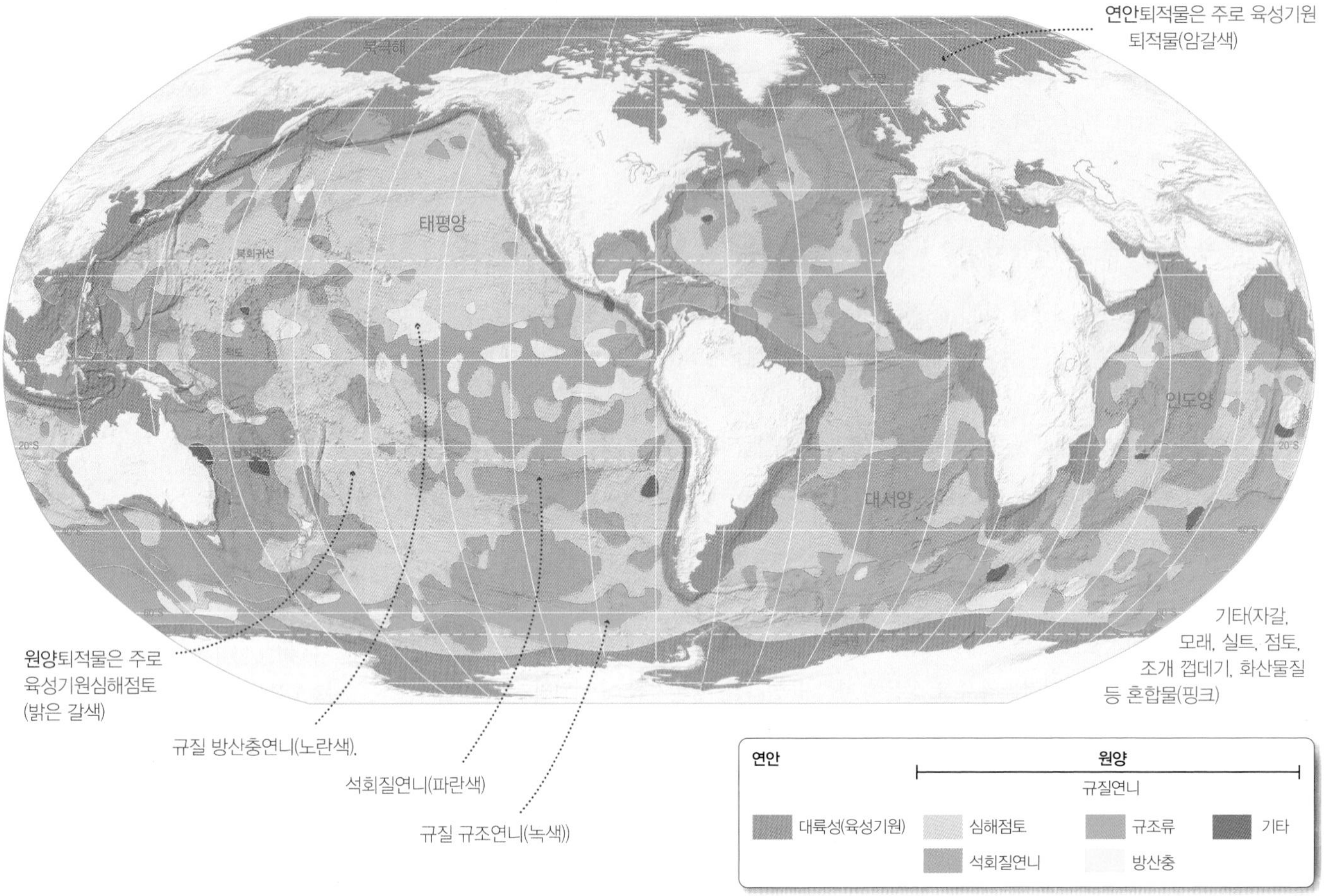

연안퇴적물은 주로 육성기원 퇴적물(암갈색)

원양퇴적물은 주로 육성기원심해점토 (밝은 갈색)

규질 방산충연니(노란색),

석회질연니(파란색)

규질 규조연니(녹색))

기타(자갈, 모래, 실트, 점토, 조개 껍데기, 화산물질 등 혼합물(핑크)

연안	원양		
		규질연니	
대륙성(육성기원)	심해점토	규조류	기타
	석회질연니	방산충	

그림 4.21 **연안퇴적물과 원양퇴적물 분포도.**
https://goo.gl/OsxYZs

연안퇴적물

바다의 1/4은 연안퇴적물이고 나머지 3/4은 원양퇴적물로 피복되어 있다. **그림 4.21**은 전 해양의 연안과 원양퇴적물 분포도이다. 세립질의 육성기원연안퇴적물이 대륙주변부(암갈색)에 분포하는데, 이는 주변 대륙에서 기원한 육성기원퇴적물임을 반영한다. 연안퇴적물에도 생물기원, 수성기원, 우주기원 입자들이 포함되어 있기는 하지만 양적으로 적다.

원양퇴적물

원양퇴적물 중 생물기원석회질연니(**파란색**)는 심해에서는 비교적 얕은 대양저산맥을 따라 분포한다(그림 4.21). 생물기원 규질연니는 일반적으로 생산성이 높은 지역인 북태평양 북쪽 끝, 남극(**녹색-규조연니**), 적도태평양(**노랑색-방산충연니**)에 많다. 세립질의 육성기원 원양퇴적물인 심해점토(**연갈색**)는 북태평양 같은 더 깊은 해역에 흔하다. 수성기원과 우주기원은 아주 적다.

그림 4.22에 각 대양 원양퇴적물의 심해점토, 석회질연니, 규질연니의 상대비가 도시되어 있다. 석회질연니가 가장 풍부해서 심해저의 45%를 피복하고 있다. 심해점토는 38%, 규질연니는 8%이다. 또한 심해저로 갈수록 CCD보다 깊어지기 때문에 석회질연니는 감소한다. 가장 깊은 태평양은 심해점토가 가장 흔

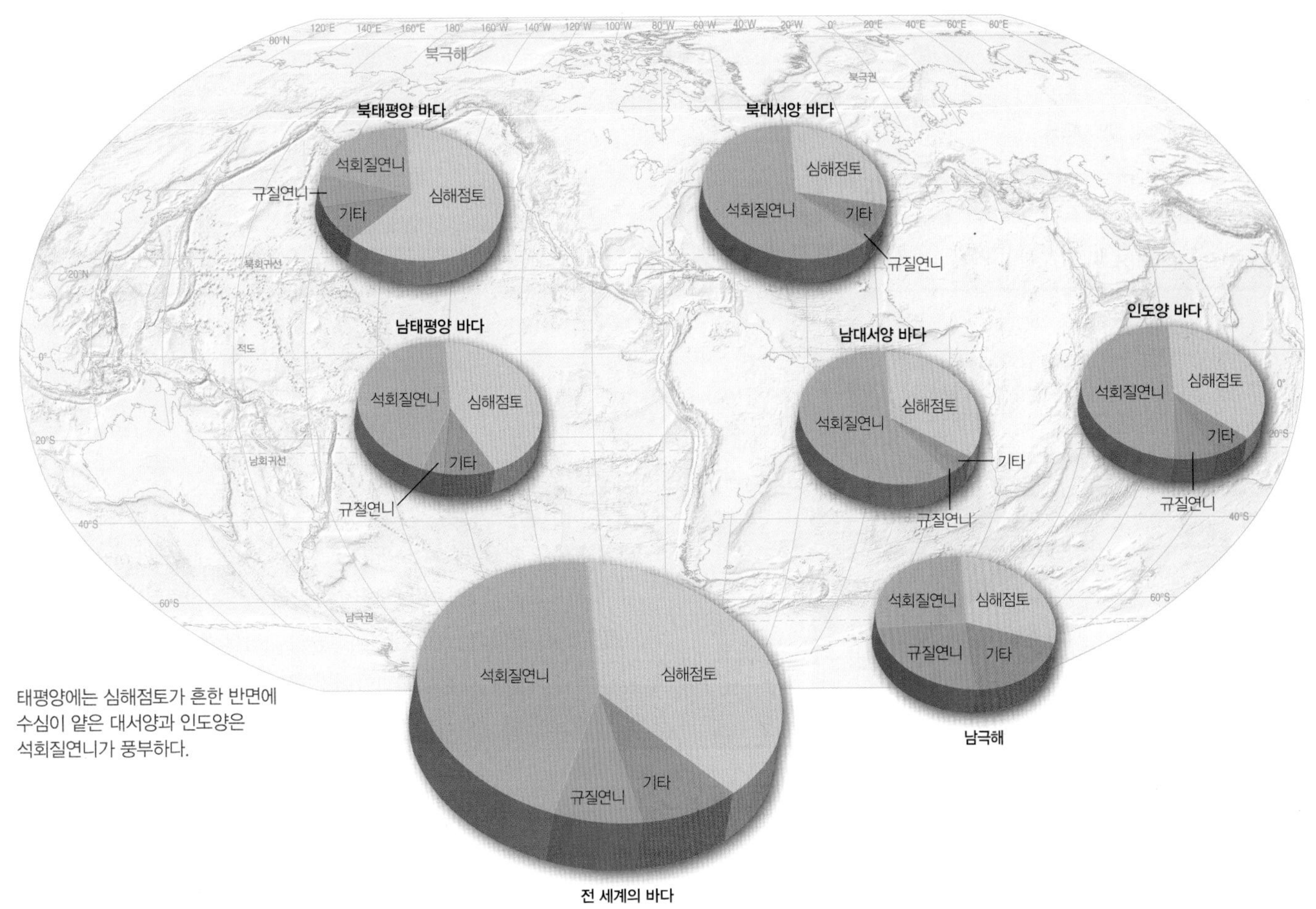

그림 4.22 원양퇴적물 : 각 대양별 분포. 각 대양별 세 종류의 원양퇴적물 분포도 : 심해점토, 규질연니, 석회질연니의 함량비 그림(하부)에는 전 세계 바다의 함량 분포를 표시하였다.

하다(그림 4.21 참조). 상대적으로 더 얕은 대서양과 인도양에서는 석회질연니가 광범위하게 분포한다. 규질연니는 모든 대양에서 제일 적은데 규산질을 형성하는 생물의 생산성이 일반적으로 적도(방산충)와 남극 부근이나 북태평양 북쪽 끝 같은 고위도(규조류)로 제한되기 때문이다. **표 4.4**에 연안과 원양퇴적물의 평균 퇴적속도가 수록되어 있다.

요약

연안퇴적물은 연안 부근에 퇴적되며 주로 조립질의 육성기원퇴적물이다. 원양퇴적물은 심해에 분포하며 주로 생물기원연니와 육성기원점토로 되어있다.

해저퇴적물이 표층의 환경을 반영한다

미세한 생물의 껍데기는 크기도 작고 해저까지의 거리도 멀기 때문에 심해저로 침강하여 퇴적되는 데 10~50년 정도 걸린다. 이 정도 시간이라면 유속이 0.05km/h로 느린 해류라도 껍데기가 해저에 도달하기 전에 약 22,000km 이동시킬 수 있다. 그렇다면 어떻게 해서 바로 위 표층에서 서식하는 생물과 심해저의 생물기원퇴적물이 밀접한 관계가 있는 것일까? 약 99%의 입자가 분립(fecal pellets) 형태로 침강하는데, 분립은 작은 동물들이 조류와 원생동물을 먹고 조직은 소화시키고 껍데기는 배출한 배설물이다. 분립은 표층에서 서식하는 조류와 원생동물의 껍데기로 가득 차 있으며 그리 크지 않지만 침강하는 데 겨우 10~15일 정도 걸린다(**그림 4.23**). 분립이 해저면에 닿으면 그 안의 유기물은 박테리아나 미생물에 의해 분해되고 무기물의 껍데기만 남아 퇴적물이 된다.

표 4.4 해양퇴적물 평균 퇴적 속도

퇴적물 종류/퇴적지	평균 퇴적 속도(1000년 단위)	1000년 후의 퇴적층 두께
조립질 육성기원퇴적물, 연안퇴적물	1m	1m 지팡이
생물기원연니, 원양퇴적물	1cm	10센트 동전 직경
심해점토, 원양퇴적물	1mm	10센트 동전 두께
망가니즈단괴, 원양퇴적물	0.001mm	먼지 입자(현미경 관찰)

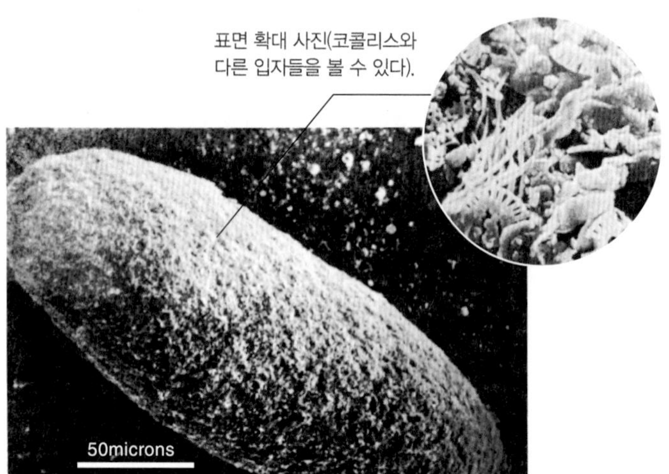

그림 4.23 분립. 분립 때문에 표층에서 해저까지 빨리 침강할 수 있다.

해양퇴적물의 두께

그림 4.24는 해양퇴적물 층후도이다. 대륙붕과 대륙대에 두꺼운 퇴적층이 분포하며 특히 큰 강 하구에 흔한데 육성기원퇴적물 공급지에서 가깝기 때문이다. 역으로 해양퇴적층이 가장 얇은 곳은 대양저산맥 정상부처럼 최근에 기반암이 만들어진 곳이다. 심해저는 퇴적속도가 느리고 새로운 해저가 끊임없이 만들어지기 때문에 퇴적물이 쌓일 시간이 충분하지 않다. 하지만 대양저산맥에서 멀어지게 되면 나이가 증가하게 되어 퇴적층이 두꺼워진다.

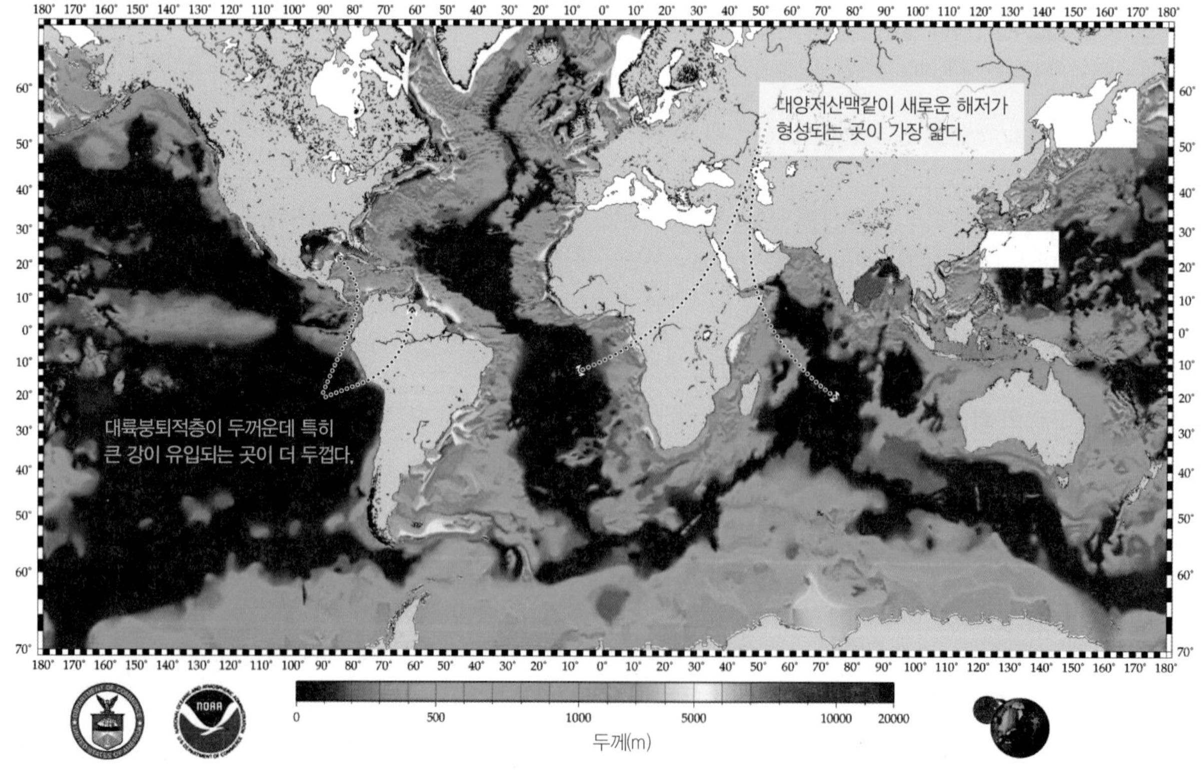

그림 4.24 해양퇴적물 두께. 해양과 연안해의 퇴적층 두께 분포도. 암청색은 가장 얇은 퇴적층이고 붉은색은 가장 두꺼운 퇴적층이다. 흰색은 자료가 없는 지역이다.

개념 점검 4.6 | 퇴적물 기원과 운반을 이용한 원양과 연안퇴적물 분포와의 연관성을 설명하라.

1 순수한 해양퇴적물이 흔하지 않은 이유는? 퇴적물 혼합에 대한 예를 들라.

2 연안퇴적층에서 육성기원퇴적물이 가장 많은 이유는? 생물기원의 연니가 원양퇴적층에 가장 흔한 이유는?

3 해저에 퇴적된 퇴적물 입자가 표층수에 있는 입자와 유사한 이유를 분립을 이용하여 설명하라. 이 결과가 우리가 생각했던 것과 다른 이유는?

4.7 해양퇴적물에 포함된 자원

해저에는 광물과 유기물 자원이 있다. 이러한 자원 대부분은 기술이나 비용문제 등으로 채취하기가 용이하지 않다. 가장 가능성 있는 자원들에 대해 살펴보기로 하자.

에너지 자원

해양퇴적물의 주요 에너지 자원은 석유(petroleum)와 가스하이드레이트(gas hydrates)이다.

석유 과거에 살던 미소한 생물유해가 분해되기 전에 해양퇴적물로 퇴적되면 **석유**(petroleum)나 천연가스의 원료가 될 수 있다. 바다에 존재하는 비생물자원 중 석유의 경제적 가치가 95% 이상이다.

상대적으로 미미했던 1930년대에 비해 현재의 해저유전 생산량은 30% 이상으로 증가했는데 이는 해저시추 플랫폼의 지속적인 기술발전에 의한 것이다(**그림 4.25**). 주요 생산 해역은 페르시아만, 멕시코만, 캘리포니아 남부, 북해, 인도 동부 등이다. 그 외에도 알래스카 북부해안, 캐나다령 북극, 아시아의 바다, 아프리카와 브라질이 유망한 곳이다. 육지에서는 더 이상 대규모 유전발굴 가능성이 거의 없지만 미래에는 해저유전탐사가 계속 증가하리라 예상되며 특히 대륙주변부의 심해저 같은 곳이 대상이다. 그러나 해저유전 개발을 위한 시추를 하는 과정에서 부주의에 의한 누출이나 폭발에 의한 석유유출을 피할 수 없다.

가스하이드레이트 **가스하이드레이트**(gas hydrates)는 **망상암**(clathrates: *clathri* = a lattice)으로도 알려져 있는데, 물과 천연가스로 된 치밀한 화학구조를 가지고 있다. 차가운 물과 천연가스 분자가 고압으로 압축되는 환경에서만 얼음 같은 고체로 바뀐다. 하이드레이트는 이산화탄소, 황화수소, 에테인과 프로페인 같은 탄화수소 등 다양한 가스가 포함되어 있지만 자연상태에서 가장 흔한 것은 **메테인하이드레이트**(methane hydrates)이다. 가스하이드레이트는 육지의 영구동토대와 해저퇴적층에서 1976년에 발견되었다.

압력이 높고 온도는 낮은 이상적인 환경에서 심해퇴적물의 물 분자 격자망 안에 가스가 갇히게 된다. 가스하이드레이트를 시추한 코어에 진흙과 가스하이드레이트 덩어리가 혼합되어 있는데, 배 위로 올라오면 압력

학생들이 자주 하는 질문

해저에 퇴적물이 없는 곳도 있나요?

집에 먼지가 여러 곳에 쌓이는 것(그래서 해양퇴적물을 바다먼지로 부르기도 함)과 마찬가지로 거의 대부분의 해저에 다양한 종류의 퇴적물이 퇴적된다. 육지에서 멀리 떨어진 심해저에도 소량의 바람에 의해 이동된 입자, 미소생물기원입자, 우주먼지 등이 있다. 그러나 퇴적물이 거의 퇴적되지 않은 곳도 있다. 예를 들면, (1) 뉴질랜드 동쪽의 남태평양 Bare Zone : 몇 가지 요인들에 의해 퇴적이 제한된다 (2) 대륙사면 : 저탁류와 심층해류에 의해 강한 침식이 일어난다 (3) 대양저산맥 : 해저확장에 의해 새로 만들어졌고 육지에서 멀고 퇴적속도가 너무 느려 퇴적이 일어날 충분한 시간이 부족하다.

그림 4.25 해상석유시추 플랫폼. 높은 지주 위에 만든 플랫폼에서 대륙붕의 석유를 채취한다.

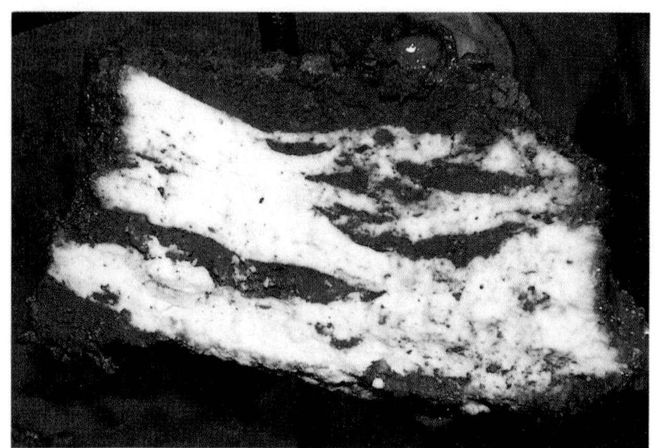

(a) 해저에서 채취한 시료. 흰색 층상구조 얼음 형태의 가스하이드레이트가 뻘과 혼합되어 있다.

(b) 표층으로 올라오면 분해되어 불이 붙는 천연가스를 방출한다.

그림 4.26 가스하이드레이트. 가스하이드레이트는 얼음 형태인데 심해에서 만들어지며 얼음과 혼합된 천연가스이다.

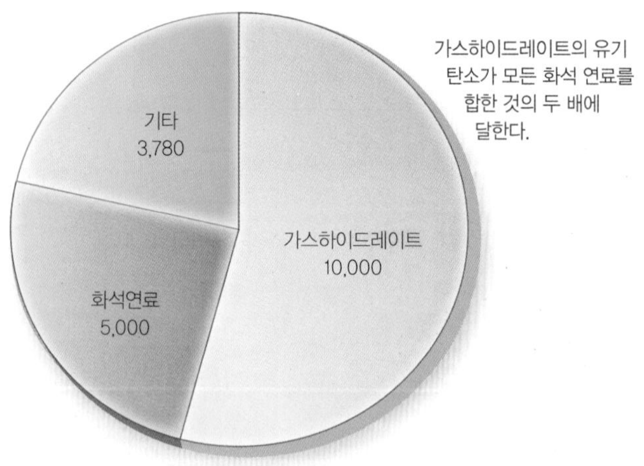

그림 4.27 지구의 유기탄소. 지구에 저장된 여러 형태의 유기탄소 총량. '기타'는 토양, 토탄, 생물체를 모두 합한 것이다.

감소와 온도 상승 때문에 쉽게 분해된다. 얼음덩어리처럼 보이지만 기화될 때 메테인과 다른 가연성 기체가 방출되기 때문에 화기에 노출되면 불이 붙는다(**그림 4.26**).

해양의 가스하이드레이트는 박테리아가 해저퇴적물의 유기물을 분해하여 만들어진 것이며 주성분은 메테인이고 에테인과 프로페인도 약간 포함된다. 이러한 가스는 압력이 높고 온도가 낮으면 가스하이드레이트 형태로 존재하게 된다. 해저면 525m 하부 대부분이 이 조건을 만족시키기는 하지만 가스하이드레이트는 대륙주변부에 주로 분포하는데, 그 이유는 표층생산성이 높아야 하부에 위치한 퇴적층에 유기물을 충분히 공급할 수 있기 때문이다.

심해저 연구결과 적어도 전 세계 50군데 이상에서 광범위한 가스하이드레이트 퇴적층이 있음이 밝혀졌다. 해저에서 새어 나오는 메테인에 의해 생물군집이 풍부하게 분포하는데, 이 중 많은 것이 새로운 종으로 밝혀졌다.

해저에서 메테인이 대기로 방출되면 지구 기후에 엄청한 영향을 미치게 된다. 과거 지질시대 여러 차례에 걸쳐 해수면 변화나 해저면 불안정성에 의해 메테인이 대량 방출되었는데, 이는 수증기와 이산화탄소 다음으로 중요한 온실가스 역할을 하였다. 노르웨이 앞바다의 해저퇴적물 연구결과에 의하면 5천 5백만 년 전의 급격한 지구 기온상승은 해저 가스하이드레이트의 폭발적인 방출에 의한 것으로 밝혀졌다. 현 기후변화의 결과로 따뜻해진 바닷물이 해저에서 메테인을 방출시켜 지구온난화를 가속시키는가에 대한 관심이 고조되고 있다. 급격한 방출에 의해 해저사태가 일어나면 쓰나미도 발생할 수 있다(제8장, '파랑과 수력학' 참조).

Climate Connection

가스하이드레이트 매장량이 2경(2×10^{12})m^3에 달한다는 보고도 있다. 이 양은 지구의 석탄, 석유, 가스 총량의 약 두 배에 해당되어 가장 큰 가용 에너지원으로 생각되고 있다(**그림 4.27**).

에너지원으로서 가능성은 크지만 가장 큰 문제점은 대기상태의 온도와 압력에서 급격하게 해리되는 점이다. 또 다른 문제점은 너무 얇게 퍼져 있어서 경제성이 약하다는 점이다. 개발과정에서 실수로 새어 나온 메테인이 지구온난화를 가속화시키게 되는 문제점도 있다. 이런 문제점들은 기술이 개발되면 해결되겠지만 상업적인 이용을 위해서는 과학적, 공학적 그리고 환경 문제들이 해결되어야 한다. 그럼에도 불구하고 최근 일본에서는 난카이해구 가스하이드레이트의 경제성 평가를 하여 빠르면 2016년부터 생산하기로 하였다.[11]

Climate Connection

다른 자원들

해양퇴적물에 포함된 다른 자원에는 **골재, 증발염, 인회석, 망가니즈단괴와 망가니즈각, 희토류** 등이 있다.

11 역주 : 일본도 아직 시험생산 단계이다.

골재 골재는 바다로 운반된 암편과 해양생물 껍데기인데 바지선을 이용하여 진공흡입으로 채굴하며 콘크리트나 해빈(양빈) 등에 쓰인다. 바다골재는 석유 다음으로 경제적 가치가 있다.

미국의 주 분포지는 뉴잉글랜드, 뉴욕, 멕시코만 등이다. 아이슬란드, 이스라엘, 레바논 같은 많은 유럽국가들도 바다골재 의존도가 크다.

바다골재에는 다른 유용광물도 포함되어 있다. 예를 들어 보석가치가 있는 다이아몬드가 남아프리카와 오스트레일리아 대륙붕 자갈층에서 발견되는데 해수면이 하강했을 때 파도에 의해 재동된 것이다. 타이에서 인도네시아에 이르는 동남아시아 해저퇴적물에서는 주석이 채굴된다. 전 세계 해저금광이 있는 퇴적층에서 백금과 금이 산출되며 플로리다 해빈사에는 티타늄이 풍부하다. 아마도 남아메리카 해양퇴적물에는 금속원소가 풍부할 것으로 생각되는데, 안데스산맥의 금속광물이 강에 의해 이동된 것으로 보이기 때문이다.

학생들이 자주 하는 질문

석유는 언제 고갈되나요?

조만간 고갈되지는 않는다. 그러나 석유가 완전히 고갈되는 것은 생산량이 감소하는 것과는 상황이 다르다. 생산량의 감소는 산업에 필요한 풍부하고 저렴한 석유는 동나게 된다는 의미이다. 미국이나 캐나다 같은 일부 석유생산국은 벌써 최대생산 단계(1972년)가 지났다. 향후 수십년 이내에 현재까지 알려진 것과 장래 발견될 매장량까지 포함한 석유의 절반 이상이 사라질 것이다. 석유 생산이 이미 정점에 도달했다고 주장하는 전문가도 있다. 그러나 최근 개발된 논란이 많은 압력파쇄공법의 영향으로 미국의 석유생산이 역전되어 다시 정점을 향해 가고 있다. 하지만 생산량이 감소하기 시작하면 소비가 적정비율로 감소하거나 또는 석탄, 초중질유, 타르샌드, 가스하이드레이트 같은 것의 활용이 가능해지지 않는다면 석유생산 경비는 증가하고 가격은 천정부지로 될 것이다.

증발염 해수가 증발하면 용존염이 침전하여 **염퇴적층**(salt deposits)을 만든다(**그림 4.28**). 해저에 널리 분포한 암염층은 지중해처럼 바다 전체가 과거 지질시대에 완전히 대기 중에 노출되었다는 증거이다.

이 중 가장 경제성이 높은 염은 석고(gypsum)와 암염(halite)이다. 석고는 파리에서 회반죽 주물 만드는 데도 이용되기도 하고 석고보드의 원료도 된다. 식탁염인 암염은 조미료, 의약, 식품 보관제로 널리 사용되며 제설제, 수첨가제, 농업, 염료로도 사용된다.

또한 수산화나트륨(비누 제조), 하이포아염소산나트륨(소독약, 표백제, PVC 배관), 염소산나트륨(제초제, 성냥, 화약), 염소 등을 만드는 데도 사용된다. 소금의 제조와 사용은 가장 오래된 화학산업의 하나이다.[12]

그림 4.28 바다소금 채취. 멕시코 바하캘리포니아 Scammon's Lagoon에서의 소금 채취. 석호 주변 저지대에 넘친 해수가 건조한 기후 때문에 증발하여 소금층을 만든다.

인회석(인산염 광물) **인회석**(phosphorite)은 여러 인산염 광물로 구성된 퇴적암이며 주요 비료 성분인 인을 포함하고 있다. 따라서 인산염 퇴적층은 인산비료를 만드는 데 쓰인다. 이제 더 이상 바다에서 채굴하지는 않지만 바다의 총매장량은 약 450억 톤에 달한다. 인회석은 용승과 표층생산성이 높은 대륙붕과 대륙사면 수심 300m보다 얕은 곳에 분포한다.

일부 천해의 모래와 펄에는 인회석이 18%까지 포함되어 있다. 인회석은 핵을 중심으로 형성된 단괴 형태로 분포하는 것이 많다. 단괴는 모래입자만큼 작은 것에서부터 직경 1m에 달하는 것도 있으며 인 함량이 25% 이상이다. 육지의 인회석 대부분은 지하수에 의해 여과되어 인 함량이 31% 이상이다. 플로리다에는 가장 큰 인회석 퇴적층이 있는데 전 세계 인의 약 1/4을 공급한다.

망가니즈단괴와 망가니즈각 망가니즈단괴(manganese nodules)는 둥글고, 단단하며, 크기는 골프 공에서 테니스 공 정도이고 망가니즈와 철이 주성분이며 구리, 니켈, 코발트 같은 경제적으로 유용한 금속원소가 들어있다. 1960년대 광산회사들이 심해저 망가니즈단괴의 채굴 가능성을 타진하였다(**그림 4.29**). 그

12 과거 로마군인의 월급 일부는 소금이었다. 이 일부분을 salarium이라고 했고 월급을 지칭하는 salary의 어원이다. 월급을 못 받는 군인은 소금도 없었다.

그림 4.29 망가니즈단괴 채취. 드렛지로 망가니즈단괴를 채취할 수 있다. 금속재질의 드렛지 입구를 열어 배 위에 망가니즈단괴를 쏟아 붓는다.

림 4.30을 보면 단괴가 특히 태평양을 중심으로 널리 분포함을 알 수 있다.

심해에서의 망가니즈단괴 채굴은 기술적으로는 가능하다. 그러나 육지에서 멀리 떨어진 자원에 대한 정치적인 문제가 있다. 또한 심해저에서 채굴에 따른 환경문제도 아직 해결된 것이 아니다. 망가니즈단괴의 형성에는 적어도 수백만 년에 걸친 특별한 물리화학적 환경이 유지되어야 한다. 이들은 재생 불가능한 자원으로서 한 번 채굴되면 보충되는 데 장구한 세월이 걸린다.

망가니즈단괴에 포함된 5개 금속원소 중 코발트만이 미국에서 전략광물(국가안보에 필요한)로 분류되어 있다. 밀도와 강도가 높은 합금 원료로서 고속도강, 강자성체, 제트엔진 부품 등에 사용된다. 미국은 현재 코발트를 전량 남부아프리카에서 수입하고 있다. 미국은 심해저 망가니즈단괴와 **망가니즈각**(manganese crust)을 코발트의 더 안정적인 공급원으로 생각하고 있다.

1980년대에 코발트가 풍부한 망가니즈각이 미국 연안에서 가까운 관할해역인 섬과 해산의 상부 대륙사면에서 발견되었다. 코발트 함량이 아프리카 최고 품위의 것보다 약 1.5배 이상이었으며 심해저 망가니즈단괴의 최소 두 배 이상이었다. 그러나 육상의 금속광물 가격이 더 낮아 관심에서 멀어졌다.

희토류 희토류(rare-earth elements)는 란타넘(La)이나 네오디뮴(Nd)같이 화학적으로 유사한 17개 금속원소의 집합체인데 전자, 광학, 촉매 등에 다양하게 활용된다. 예를 들어, 휴대전화와 텔레비전화면의 형광장치, 전기자동차의 배터리에도 쓰인다. 최근 들어 희토류의 수요가 급증했는데 중국이 전 세계 사용량의 90% 정도를 공급하고 있다.

지난 수백만 년간 대양저산맥에서 녹아 나와 해수로 방출된 희토류가 해저 점토 퇴적물에 침전되었다. 최근 연구결과에 의하면 태평양 해저 특정 해역에 희토류 함량이 높다는 사실이 밝혀졌다. 예를 들어, 하와이 부근 해저에 25,000톤/km²이 매장되어 있다. 바다의 매장량이 대륙보다 더 클 것으로 생각된다.

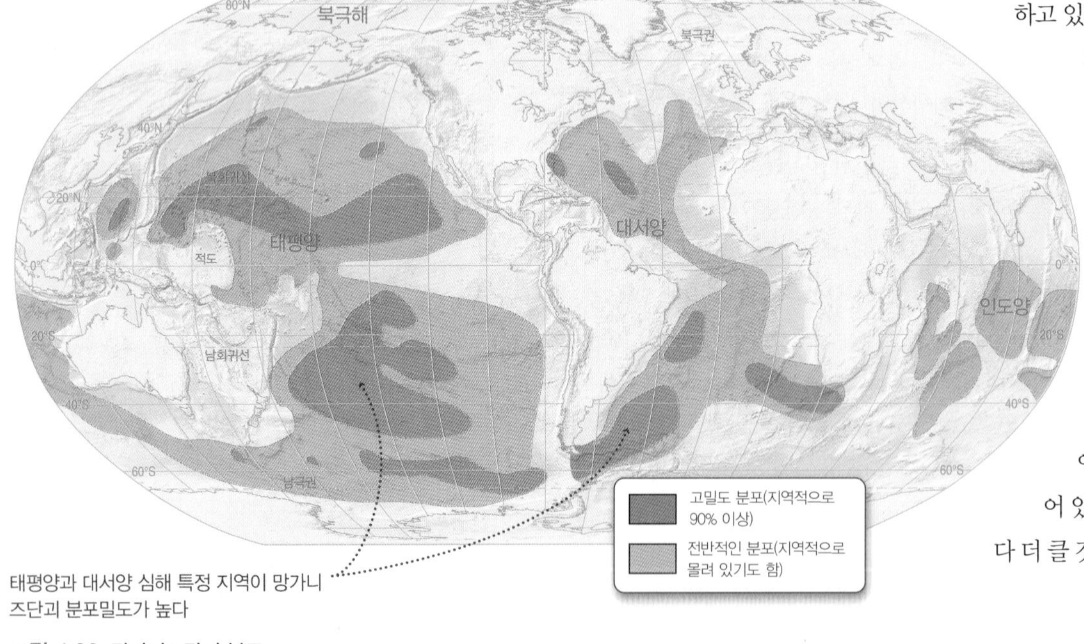

그림 4.30 망가니즈단괴 분포.

요약

해양퇴적물에는 석유, 가스, 골재, 증발염, 인회석, 망가니즈단괴와 망가니즈각, 희토류 같은 많은 자원이 있다.

개념 점검 4.7 | 해양퇴적물에서 얻을 수 있는 자원을 확인하라.

1. 석유, 골재자원, 인회석, 망가니즈단괴와 망가니즈각, 희토류의 현 단계에서의 중요성과 미래 전망에 대하여 설명하라.
2. 가스하이드레이트는 무엇이고 어느 곳에 분포하며 왜 중요한가?

핵심 개념 정리

4.1 해양퇴적물은 어떻게 채취하며 퇴적물에는 과거의 어떤 정보가 담겨 있는가?

- 해양퇴적물은 기원에 따라 육성기원(암석기원), 생물기원(유기물기원), 수성기원(해수용존물질기원), 우주기원(외계기원)으로 분류한다.
- 심해시추계획(DSDP)의 Glomar Challenger와 후속 프로그램인 해저굴착계획(ODP)의 JOIDES Resolution에 의한 해양퇴적물과 지각 시추를 통해 해저확장이 증명되었다.
- 해양퇴적물 분석 결과 지구는 대멸종, 전 해양의 건조, 기후변화, 판이동 등 흥미롭고 복잡한 역사가 있다는 것이 밝혀졌다.

심화 학습 문제

알류산열도 1,000km 남방, 수심 5,000m 되는 북태평양 중앙부에서 퇴적물을 시추하였다. 코어 퇴적물에는 얕고 따뜻한 바다에서만 발견되는 산호초 화석이 있다. 이를 설명할 수 있는 가설을 만들고 입증하라.

능동 학습 훈련

해양연구 초기에 등장한 드렛지를 이용한 퇴적물 채취 방법은 지상 수 km에서 풍선에 달린 버킷을 이용하여 육상시료를 채집하는 것과 유사하다. 이 과목을 선택한 다른 학생과 공동으로 이 방법의 효율성(예를 들어, 연구자가 원하는 시료 채취인가?)에 대하여 논하라.

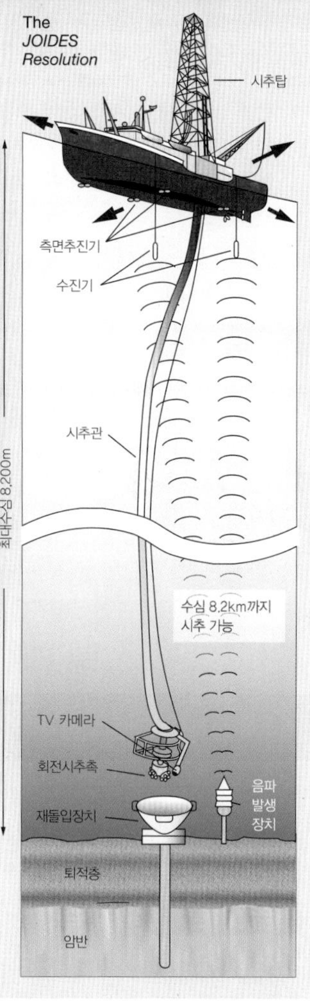

4.2 육성기원퇴적물 특성

- 육성기원퇴적물은 모암의 성분을 나타낸다. 입자 크기, 분급, 원마도 등으로 표기되는 퇴적물 조직은 운반수단(물, 바람, 얼음, 중력)과 퇴적지의 에너지 환경을 반영한다. 조립질의 육성기원물질은 연안퇴적층에 많고 대륙주변부에 급격히 퇴적되며 반면에 심해점토는 원양퇴적층에 분포한다.

심화 학습 문제

해안에서 멀어질수록 육성기원퇴적물이 세립화되는 이유를 설명하라.

능동 학습 훈련

이 과목을 선택한 다른 학생과 함께 조립질 입자가 퇴적되는 곳이 고에너지 환경인지 저에너지 환경인지를 토론하라. 이러한 퇴적층을 이룰 수 있는 운반수단의 예를 들어 보라.

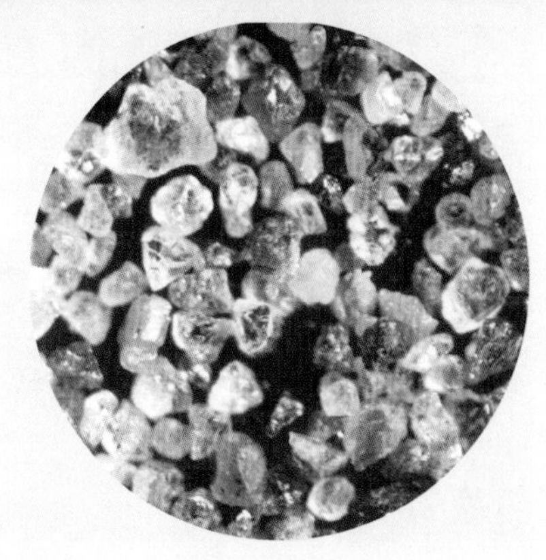

4.3 생물기원퇴적물 특성

▶ 생물기원퇴적물은 생물체의 단단한 각질부(껍데기, 뼈, 이빨)로 구성된다. 규조류나 방산충으로 된 규질(SiO_2) 또는 유공충이나 코콜리스로 구성된 탄산칼슘($CaCO_3$) 성분으로 되어 있다. 미세한 생물체의 각의 함량이 30% 이상이면 생물기원연니로 분류된다.

▶ 생물기원연니는 원양퇴적물의 주성분이다. 생물생산성과 용해와 희석과의 상대비에 의해 심해점토 또는 연니로 분류된다. 규질연니는 표층에서 규질성분의 생물체의 생산성이 높은 해역에서만 분포한다. 석회질연니는 탄산칼슘이 용해되는 방해석보상수심(CCD) 상부에서만 퇴적된다(해저확장에 의해 CCD 하부에도 분포한다).

심화 학습 문제

심해점토와 연니는 어떻게 다른가? 생산성, 용해, 희석효과 등을 고려하여 연니 혹은 심해점토가 심해에 퇴적될 수 있을지 여부를 논하라.

능동 학습 훈련

다른 학생과 합동으로 규질연니와 석회질연니를 만드는 생물 각각 두 종류를 그리고 이름을 밝혀보라.

4.4 수성기원퇴적물 특성

▶ 수성기원퇴적물에는 망가니즈단괴, 인회석, 탄산염, 금속황화물, 증발염 등이 있으며 해수에서 침강되거나 해저나 해수에 용존된 물질과의 상호작용에 의해 만들어진다. 양적으로는 비교적 작지만 다양한 환경에 분포한다.

심화 학습 문제

각종 수성기원퇴적물을 표로 만들고 각각의 기원과 자원활용 가능성을 설명하라.

능동 학습 훈련

다른 학생과 합동으로 망가니즈단괴 형성이 지속적인지 아니면 간헐적인지에 대한 가설을 세우고 증거를 수집하라.

4.5 우주기원퇴적물 특성

▶ 우주기원퇴적물은 큰 운석파편 혹은 미세한 철-니켈-규소로 구성된 소구체가 소행성의 충돌이나 외계 물질의 충격으로 만들어진다. 극소량이지만 거의 모든 해양퇴적물에 섞여 있다.

능동 학습 훈련

다른 학생과 합동으로 미세운석이 지구대기를 통하여 지속적으로 공급되지만 해저에 널리 분포하지 않는 이유를 토론하라.

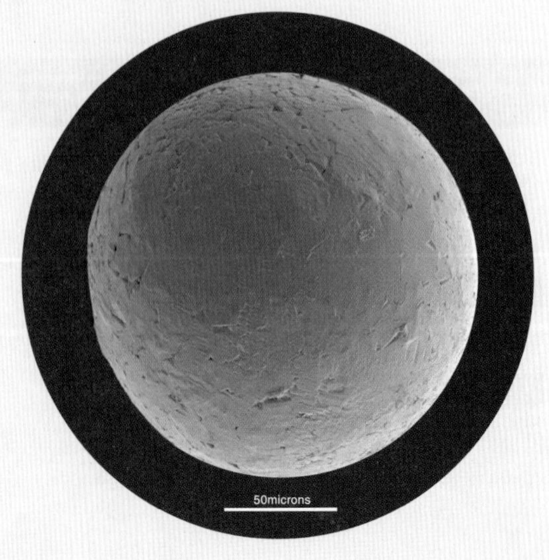

4.6 원양퇴적물과 연안퇴적물 분포

- 대부분 해양퇴적물은 여러 종류가 혼합되어 있지만 일반적으로 육성기원, 생물기원, 수성기원, 우주기원 퇴적물이 주성분이다.
- 연안과 원양퇴적물은 육성기원퇴적물 공급, 미세해양생물의 생산성, 수심, 해저지형 등 여러 요인에 의해 좌우된다. 분립에 의해 생물기원 입자가 해저에 빠르게 침강되기 때문에 해저퇴적물을 이용하면 표층 생물을 알 수 있다.

심화 학습 문제

표 4.4를 이용하여 생물기원연니 1m 퇴적에 소요되는 시간을 계산하라. 심해점토 1m 퇴적에 필요한 시간도 계산하라.

능동 학습 훈련

다른 학생과 합동으로 연안퇴적물과 원양퇴적물의 위치, 조성, 두께, 분포 등을 토론하라.

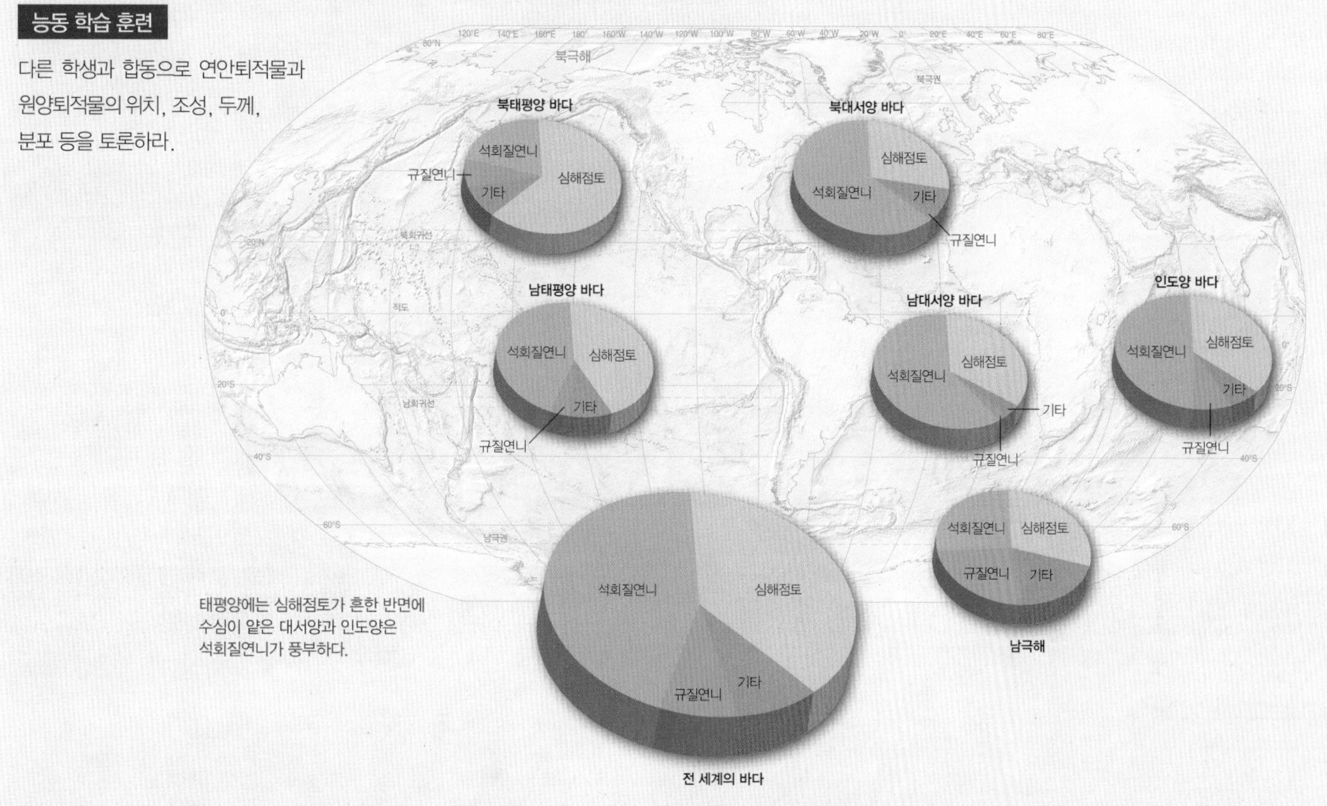

태평양에는 심해점토가 흔한 반면에 수심이 얕은 대서양과 인도양은 석회질연니가 풍부하다.

4.7 해양퇴적물에 포함된 자원

- 바다에서 가장 중요한 비생물자원은 석유이며 대륙붕에서 채굴된다. 얼음형태의 가스하이드레이트도 미래 에너지원이다. 골재(광물자원포함), 증발염, 인회석, 망가니즈단괴와 망가니즈각, 희토류 등도 중요한 자원이다.

심화 학습 문제

해저광산을 개발하려는 회사가 있다. 해저에서 광산개발에 필요한 기술은 어떤 것이 있겠는가? 그리고 그와 연관된 환경문제는 어떤 것이 있는가?

능동 학습 훈련

다른 학생과 합동으로 인터넷을 이용하여 우리에게 필요한 해저에서 얻을 수 있는 자원을 알아보라. 예 : (1) 망가니즈단괴와 망가니즈각 성분 (2) 희토류원소

물 분자와 해양. 이 그림에 보인 물체는 물 분자들로 아주 크게 확대한 것이다. 지구의 표층수는 거의 다 해양에 있다. 물 한 방울에는 넓은 해변에 있는 모래알보다 더 많은 수의 물 분자가 들어있다.

5

등밀도 극성 염분약층
증발 천분율(‰) 수온약층
갯물 분자 pH 척도 잠열 등온
염분측정기 일정 성분비의 원리 밀도약층
담수화
과염 강수 염분 열용량 수소결합

물과 바닷물

이 장을 읽기 전에 위에 있는 용어들 중에서 아직 알고 있지 못한 것들의 뜻을 이 책 마지막 부분에 있는 용어해설을 통해 확인하라.

왜 바다에서 멀리 떨어져 있는 곳에서는 극단적인 온도가 나타나는 데 반해서 바다에 가까운 곳에서는 심한 온도 변동을 아주 드물게 겪을까? 연안 지역에 나타나는 온화한 기후는 물의 독특한 열 속성 때문이다. 원자의 배열과 분자끼리 서로 들러붙어서 비롯된 물의 열 속성과 나머지 속성은 물에게 방대한 양의 열을 저장하고 거의 모든 것을 녹이는 능력을 갖게 한다.

물은 너무 흔한 나머지 우리는 종종 물의 속성을 당연시 여기지만 지구상에서 가장 특이한 물질 중 하나이다. 예를 들어서 거의 모든 다른 액체는 어는 온도에 가까워지면 수축하지만 물은 실제로 얼면서 팽창한다. 따라서 물은 얼면서 표면에 머물러서 얼음은 뜨게 되는데 이런 물질은 흔치 않다. 물의 속성이 유사한 화합물들의 양상을 따랐더라면 얼음은 가라앉고 모든 온대 지역의 호수, 연못, 강, 심지어 바다까지 결국에는 바닥부터 얼어붙게 되었을 텐데 이 시나리오대로라면 우리에게 친숙한 지구상의 생명체는 존재하지 못했을 것이다. 그와 달리 물 표면에 떠 있는 얼음의 피막은 그 아래 액체 물속에 사는 생물들을 보호하는 열 차단 덮개 역할을 한다.

물의 화학적 성질은 모든 생명의 유지에 필수적이다. 실제로 모든 생물에 가장 많이 들어있는 물질이 물이다. 예컨대 생물에서 물이 차지하는 비중은 65%(인간)에서 90%(식물) 심지어 95%(해파리)에 이른다. 물은 화학반응을 촉진하기 때문에 생물에게 이상적인 매체이다. 양분을 가져다주고 노폐물을 거두어 가는 우리 피의 83%는 물이다. 지구에 물이 있음으로 해서 생명이 가능했고 물의 놀라운 성질이 살기에 알맞게 해주었다.

핵심 개념

이 장을 학습한 후 다음 사항을 해결할 수 있어야 한다.

5.1 물의 독특한 화학적 속성을 구체적으로 쓰라.
5.2 물의 중요한 물리적 속성에 대해 설명하라.
5.3 염분이 무엇인지, 어떻게 염분이 측정되는지 설명하라.
5.4 해수의 염분이 왜 달라지는지 설명하라.
5.5 해수의 산성/염기성에 대해 토의하라.
5.6 해수의 염분이 표면에서 그리고 수심에 따라 어떻게 변하는지 구체적으로 설명하라.
5.7 해수의 밀도가 수심에 따라 어떻게 변하는지 구체적으로 설명하라.
5.8 해수 담수화 방법들을 비교하라.

"Chemistry ... is one of the broadest branches of science, if for no other reason that, when we think about it, everything is chemistry."

—Luciano Caglioti,
The Two Faces of Chemistry (1985)

5.1 물은 왜 특이한 화학적 속성을 지니는가?

물이 왜 특이한 속성을 가지게 되었는지를 이해하기 위해 물의 화학적 구조를 살펴보자.

원자구조

원자(atom: $a=$ not, $tomos=$ cut)는 만물을 이루는 기본 소재이다. 일상에서 마주하는 의자, 탁자, 책, 사람, 숨쉬는 공기 등 모든 물체는 원자로 이루어져 있다. 원자는 아주 작은 공을 닮았는데(**그림 5.1**), 처음에는 물질의 가장 작은 형태로 알려졌었다. 이제는 원자도 더 작은 아원자 입자로

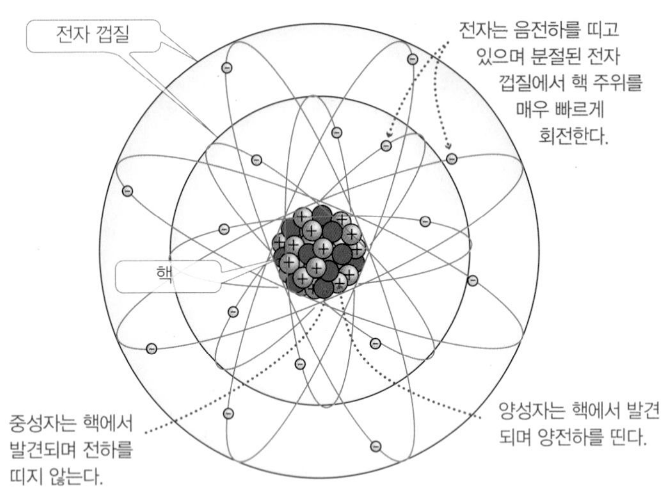

그림 5.1 단순한 원자 모형. 원자는 중앙에 중성자와 양성자로 이루어진 핵이 있고 이를 둘러싸고 전자가 고속으로 돌고 있다.

이루어져 있음이 밝혀졌다.[1] 그림 5.1에서 보듯이 원자의 **핵**(nucleus: *nucleos* = a little nut)은 **양성자**(proton: *protos* = first)와 **중성자**(neutron: *neutr* = neutral)로 이루어져 있는데, 이들은 강력으로 붙들려 있다. 양성자는 양전하를 띤 반면에 중성자는 전하를 띠지 않는다. 양성자와 중성자는 질량이 거의 같은데 극히 작다. 핵을 둘러싼 입자들은 전자(electron: *electro* = electricity)라 불리며 질량은 양성자나 중성자의 약 1/2000에 지나지 않는다. 양성자와 전자 사이의 전기적 끌림에 의해 전자는 핵 주위에 층(껍질)에 붙들려 있다.

원자는 전자와 양성자를 같은 수로 가지고 있어서 총체적으로 따지면 전기적으로 중성이다. 예를 들어 산소 원자는 양성자와 전자를 각각 8개씩 가지고 있다. 산소 원자 대부분은 중성자도 8개를 가지고 있지만 중성자는 전기적으로 중성이기 때문에 결과적으로 전하에는 관여하지 않는다. 양성자의 수는 118가지 알려진 원소를 구별하는 잣대이다. 예를 들어 양성자를 8개 가진 원소는 오로지 산소뿐이다. 양성자가 하나면(오직) 수소, 둘이면(오직) 헬륨 등과 같은 예를 들 수 있다(보다 자세한 내용은 **부록** Ⅳ '화학적 배경 지식 : 물 분자는 왜 수소 2개와 산소 하나로 되어 있을까?' 참조). 상황에 따라서 원자는 전자를 얻거나 잃을 수 있어서 총체적으로는 전하를 띠게 되는데 이런 원자를 이온(ion: *ienai* = to go)이라 부른다.

물 분자

분자(molecule: *molecula* = a mass)는 2개 이상의 원자가 전자를 상호 공유하면서 붙어 있는 것을 일컫는다. 분자는 고유한 물성을 지니고 있는 가장 작은 물체이다. 원자가 다른 원자와 결합하여 분자를 이룰 때에는 전자를 공유하거나 주고 받으며 화학결합을 이룬다. 예를 들어 물 분자의 화학식 H_2O는 수소 원자 2개가 산소 원자 하나에 화학적 결합을 하고 있음을 알려준다.

형태 원자는 여러 크기의 공으로 나타낼 수 있는데 대략 전자를 많이 가질수록 크다고 보면 된다. 전자를 8개 지닌 산소 원자는 하나만 가진 수소보다 두 배 크다. 물 분자는 가운데 산소 원자에 수소 원자 2개가 공유결합하고 있는데, 두 수소 원자가 이루는 각도는 약 105°(**그림 5.2a**)이다. 물 분자의 **공유결합**(covalent bond: *co* = with, *valere* = to be strong)은 산소와 각 수소가 전자를 공유하는 데서 비롯된다. 제법 강한 결합이어서 이를 끊으려면 에너지가 많이 든다.

물 분자의 모습을 좀 더 간결하게 나타낸 것이 **그림 5.2b**이고 원소 기호로 표기한 것이 **그림 5.2c**이다(*O*는 산소를 *H*는 수소를 나타낸다). 물의 원자들은 대다수의 다른 분자들처럼 일직선상에 놓인 것이 아니라 두 수소 원자는 산소의 한쪽 면에 몰려 있다. 물이 특이한 성질을 갖게 된 연유는 이런 흔치 않은 굽어진 모양새에서 비롯된다.

극성 물 분자의 굽은 모습 때문에 산소 쪽은 약한 음전하를 수소 쪽은 약한 양전하를 띤다(그림 5.2a). 전하가 약간 분리되는 바람에 분자 전체가 전기적 **극성**(polarity: *polus* = pole, *ity* = having the quality of)을 가지게 되어서 물은 쌍극자(dipolar: *di* = two, *polus* = pole)가 된다. 주변에 흔한 쌍극자의 예로 건전지, 자동차 배터리와 막대자석을 들 수 있다. 물 분자가

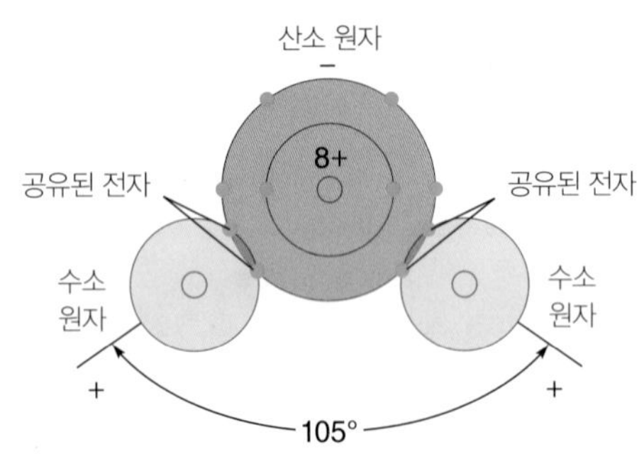

(a) 물 분자의 기하학적 모습. 분자의 산소 말단은 음전하를 띠고 수소 구역은 양전하를 띠고 있다. 산소와 수소 원자 2개가 전자를 공유하면서 공유 결합이 생긴다.

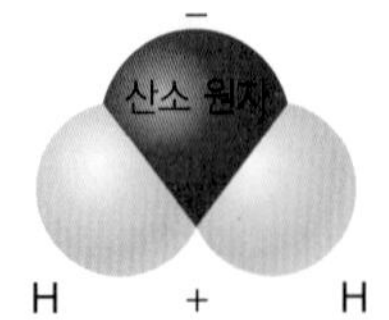

(b) 3차원으로 나타낸 물 분자

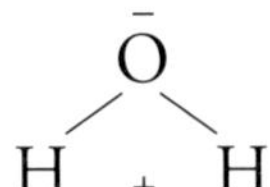

(c) 원소기호(*H* = 수소, *O* = 산소)로 나타낸 물 분자

그림 5.2 물 분자를 나타내는 방식.

1 아원자 입자 또한 **쿼크**, **렙톤**, **보손** 등 더 작은 입자로 되어있다.

마치 작은 약한 막대자석을 가진 것처럼 보는 것이 쌍극자를 시각화하는 괜찮은 방법이다.

분자끼리 연결 막대자석들로 실험해보았다면 극성을 띠며 서로 반대 극끼리 끌리게 정렬한다는 것을 알고 있을 것이다. 물도 극성을 띠어서 주변 물 분자의 극성에 맞추어 정렬한다. 한 물 분자의 양전하를 띤 수소 쪽은 가까이 있는 물 분자의 음전하를 띤 산소 쪽과 상호작용해서 **수소결합**(hydrogen bond)을 이룬다(**그림 5.3**). 수소결합은 물을 이루는 원소 사이의 공유결합보다 훨씬 약하다. 요점은 보다 강한 결합은 물 분자 안에, 더 약한 결합은 이웃한 물 분자 사이에 있다는 것이다.

수소결합은 공유결합보다 약하긴 해도 물 분자끼리 붙게 만들기엔 충분히 강해서 **응집**(cohesion: *cohaesus* = a clinging together)을 일으킨다. 물의 응집 성질은 새로 왁스를 바른 차처럼 매끈한 면에서는 물방울이 맺히게 만든다. 또한 응집은 **표면장력**(surface tension)을 발생시킨다. 물 표면은 얇은 '피부'를 가져서 잔의 가장자리보다 위로 물이 넘치지 않게 채울 수 있다. 표면장력은 물 분자의 가장 바깥 층과 바로 아래의 물 분자 사이에서 수소결합을 이룬 결과이다. 물의 표면장력은 액체 가운데 수은[2] 원소 다음으로 크다.

물 : 만능 용매 물 분자는 자기들뿐만 아니라 극성을 띤 다른 물질에도 들러붙는다. 그 과정에서 물 분자는 이온끼리 끄는 힘을 80배까지 약화시킬 수 있다. 예를 들어 식염(NaCl)은 양전하를 띤 소듐[3] 이온과 음전하를 띤 염소 이온이 번갈아 층을 이루고 있다(**그림 5.4a**). 반대 전하를 띤 이온 사이의 **정전기적 끌림**(electrostatic attraction: *electro* = electricity, *stasis* = standing)은 **이온결합**(ionic bond)을 만든다. 소금 알갱이를 물에 넣으면 소듐 이온과 염소 이온 사이의 정전기적 끌림(이온결합)은 80배나 약화된다. 그래서 두 이온을 쉽게 떼어놓을 수 있게 만든다. 이온들이 떨어져 나올 때 소듐 양이온은 물 분자의 음전하 부위로, 염소 음이온은 양전하 부위로 끌리게 된다(**그림 5.4b**). 이런 식으로 소금은 물에 녹는다. 물 분자가 이온을 둘러싸는 과정을 **수화**(hydration: *hydra* = water, *ation* = action or process)라고 한다.

물은 물 분자끼리 그리고 다른 극성 분자와도 상호작용을 하기 때문에 거의 모든 물질을 녹일 수 있다.[4] 시간이 충분히 주어지면 물은 다른 어떤 물질보다도 더 다양한 물질을 더 많이 녹여낼 수 있다. 그래서 물을 만능 용매라 부른다. 또한 바닷물에 5경 톤만큼의 염이 들어있게 해서 결국 짠맛이 나게 만들어 놓은 이유이기도 하다.

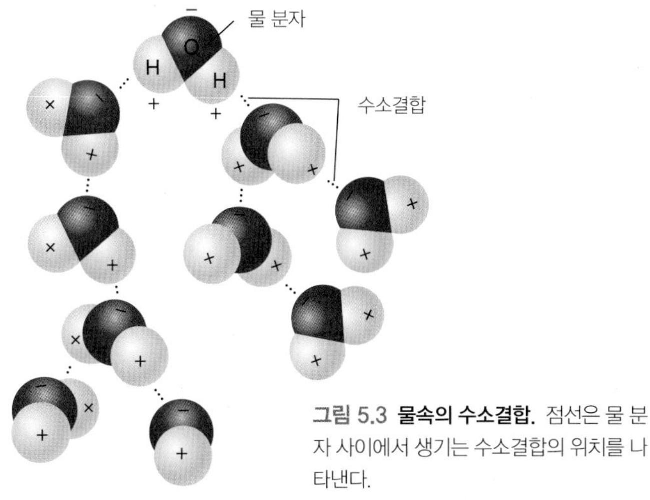

그림 5.3 물속의 수소결합. 점선은 물 분자 사이에서 생기는 수소결합의 위치를 나타낸다.

학생들이 자주 하는 질문

물 분자는 왜 별난 모습을 하고 있나요?

단순히 대칭을 이룰 것이라 여기고 전하가 서로 분리되어 있을 것이라는 데 기초하면 물 분자는 산소 원자의 반대편에 2개의 수소 원자를 가져서 많은 다른 분자의 형태와 같이 일직선 모양을 만들어내야 한다. 그러나 수소 원자가 산소 원자의 같은 면에 있는 물의 괴상한 모양은 산소가 산소 원자 주위에 고르게 이격된 4개의 결합 자리를 가지고 있다는 사실에서 기인한다. 수소 원자가 어느 두 결합 부위에 자리 잡든 간에 각 물 분자는 신기하게 굽은 모습을 갖게 된다.

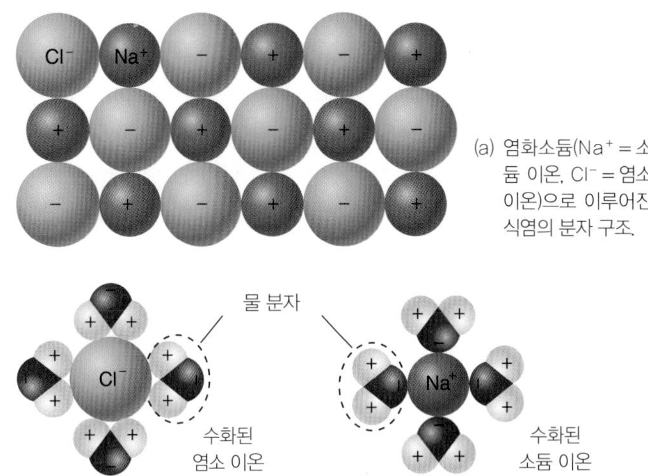

(a) 염화소듐(Na^+ = 소듐 이온, Cl^- = 염소 이온)으로 이루어진 식염의 분자 구조.

(b) 염화소듐이 용해되면서 물 분자의 양으로 하전된 말단은 음으로 하전된 Cl^- 이온에 끌리고, 음으로 하전된 말단은 양으로 하전된 Na^+ 이온에 끌린다.

그림 5.4 용매로서의 물.

2 수은은 유일하게 지표에서 평상 온도에서 액체인 금속이다. 그래서 온도계에 널리 쓰여왔다. 요즘에 수은 온도계는 독성이 없는 디지털 온도계로 대체되었다.

3 소듐의 원소 기호는 Na인데 소듐이 라틴어로는 *natrium*이기 때문이다.

4 물이 그토록 대단한 용매라면 그럼 기름은 왜 물에 녹지 않을까? 예상대로 기름의 화학적 구조가 철저하게 비극성이기 때문이다. 양이나 음전하를 띤 말단 부위들이 없기 때문에 기름은 물에 녹지 않는다.

Web Animation
소금은 어떻게 물에 녹을까?
https://goo.gl/IT8Sd3

요약

물 분자는 산소 원자의 한쪽에 두 수소 원자가 붙어서 굽어진 기하학적 모습을 하고 있다. 이 속성은 물로 하여금 극성을 띠게 해서 수소결합을 이루도록 해준다.

개념 점검 5.1 | 물의 독특한 화학적 속성을 구체적으로 쓰라.

1 아원자 입자인 양성자, 중성자, 전자의 위치를 표시한 원자의 모형을 스케치하라.
2 물 분자가 쌍극자가 되려면 어떤 조건이 필요한지 설명하라.
3 여러 개의 물 분자를 스케치하여 공유결합과 수소결합을 모두 표시하라. 각 물 분자의 극성을 분명하게 나타내도록 하라.
4 수소결합은 어떻게 물의 표면장력 현상을 일으키는지 설명하라.
5 물 분자의 쌍극성이 어떻게 이온 화합물에 대해 효과적인 용매로 작용하는지 토의하라.

학생들이 자주 하는 질문

실온에서 기체인 수소와 산소 둘을 결합시켰는데 어떻게 해서 실온에서 액체인 물이 만들어지나요?

수소 기체 둘에 산소 기체 하나를 결합시켜서 액체인 물을 만드는 것은 사실이다. 화학 실험으로 해볼 수 있는데 반응 도중에 에너지가 많이 방출되기 때문에 조심해야 한다(집에서는 하지 말 것!). 두 원소를 결합 시키면 종종 산물은 순수한 물질과 매우 다른 성질을 지니게 된다. 예를 들어 신경 독성 가스인 순수한 염소(Cl_2)와 반응성이 큰 원소인 소듐(Na)을 결합시키면 무해한 식염으로 된 정사면체들을 만들어낸다. 이것이 대다수의 사람들이 화학에 감탄하는 이유이다.

5.2 물이 지닌 중요한 물성은 무엇인가?

물의 중요한 물성으로는 열 속성(예컨대 어는점, 끓는점, 열용량, 잠열)과 물의 열 수축이 물의 밀도에 미치는 영향이 포함된다.

물의 열 속성

물은 지상에서 고체, 액체와 기체로 존재하면서 막대한 양의 열을 저장하거나 방출하는 능력을 지녔다. 물의 열 속성은 지구의 열 수지에 영향을 주어 열대성 저기압, 전 세계 바람대와 표층 해류가 만들어지는 데 얼마간 기여한다.

열, 온도 그리고 상태 변화 우리 주변의 물질은 대개 고체, 액체 또는 기체의 세 가지 상태 중 하나이다.[5] 화합물의 상태가 바뀌려면 무엇이 선행되어야 하는가? 물질의 상태가 고체에서 액체 또는 액체에서 기체로 바뀌려면 물질 내의 분자 또는 이온 사이의 인력을 떨쳐내야 한다. 이러한 인력으로 수소결합과 반데르발스 힘이 있다. 네덜란드의 물리학자 Johannes Diderik van der Waals(1837~1923)의 이름을 따른 **반데르발스 힘**(van der Waals forces)은 비교적 약한 힘으로(기체가 아니라) 고체나 액체처럼 분자끼리 근접했을 경우에만 발휘된다. 분자나 이온이 이러한 인력을 떨쳐 낼 정도로 빠르게 움직이게 하려면 에너지를 더해주어야 한다.

어떤 형태의 에너지가 물질의 상태를 바꾸어놓을까? 아주 단순해서, 열을 가하거나 제거하면 물질의 상태가 바뀐다. 예를 들어 얼음 조각에 열을 가하면 얼음이 녹고 물에서 열을 제거하면 얼음이 언다. 여기서 먼저 열과 온도의 차이에 대해 짚고 넘어가자.

- **열**(heat)은 온도 차이로 인해 한 물체에서 다른 곳으로 전달되는 에너지의 양으로 정의된다. 열은 물체 내의 분자의 평균 **운동에너지**(kinetic energy: *kinetos* = moving)에 비례한다. 예를 들어 물은 더해진 열의 양에 따라 고체, 액체 또는 기체로 존재할 수 있다. 열은 연소(일반적으로 태운다고 하는 화학 반응), 그 외의 화학 반응, 마찰 또는 방사능을 통해 발생하고 전도, 대류 또는 복사로 전달될 수 있다. **칼로리**(calorie: *color* = heat)는 1g의 물[6]의 온도를 1°C만큼 올리는 데 드는 열의 양이다. 식음료의 에너지 함량을 측정하는 데 친숙한 '칼로리'는 실제로는 1kcal 또는 1,000cal이다. 열에너지에 대한 미터법 단위는 줄(joule)이지만 칼로리는 다음 절에서 논의되는 것처럼 물의 열 속성 중 일부와 직결된다.
- **온도**(temperature)는 물질을 구성하는 분자의 평균 운동에너지를 직접 측정한 것이다. 온도가 높을수록 물질

5 플라즈마는 고체, 액체, 정상적인 기체와는 다른 네 번째 물질 상태로 널리 인정되고 있다. 플라즈마는 원자가 이온화되어 있는, 즉 전자를 벗겨낸 기체 물질이다. 플라즈마 텔레비전 화면은 플라즈마가 전류에 아주 민감한 것을 활용한다.

6 물방울 10개가 1g쯤 된다.

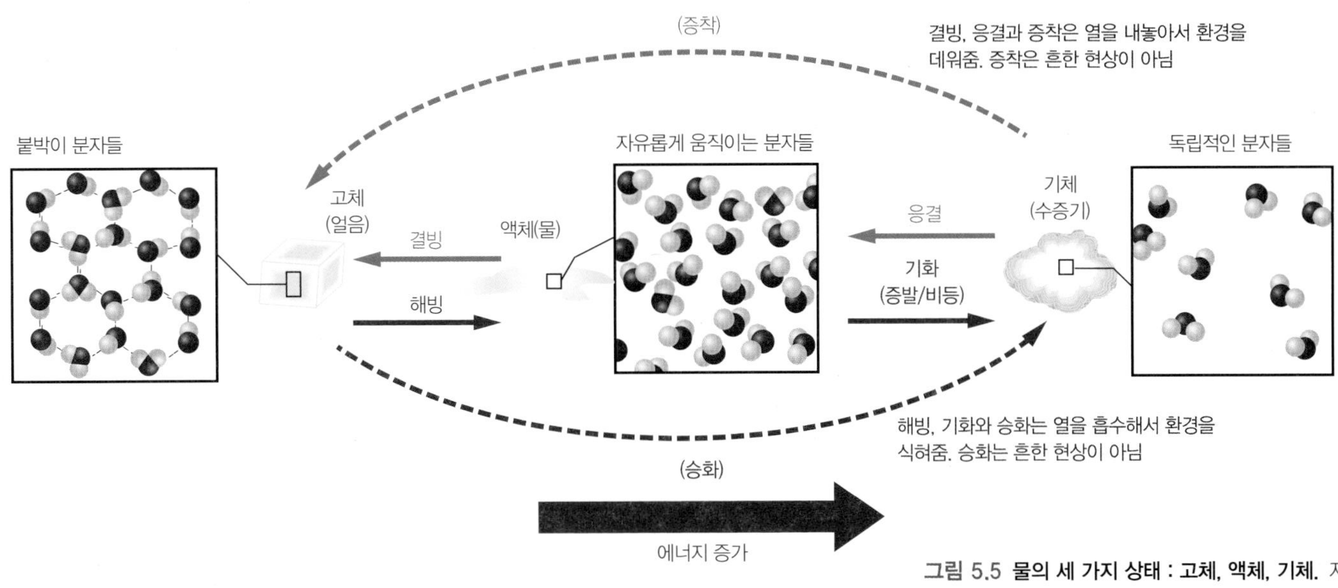

그림 5.5 물의 세 가지 상태 : 고체, 액체, 기체. 지구에서 발견되는 물의 세 가지 상태와 상태 변화와 관련된 작용을 나타낸 그림.

의 운동에너지가 커진다. 물질에 열에너지를 추가하거나 제거하면 온도가 변한다. 온도는 일반적으로 섭씨(°C) 또는 화씨(°F)로 측정된다.

그림 5.5는 고체, 액체와 기체 상태의 물 분자를 보여준다. **고체 상태**(얼음)에서는 물이 견고한 구조를 가지며 짧은 시간 규모에선 대체로 흐르지 않는다. 분자 사이 결합은 끊임없이 해체와 결합을 거듭하지만 분자는 꼼짝하지 않는 상태로 유지된다. 즉, 분자들은 에너지에 맞추어 떨고 있지만 비교적 고정된 자리에 머문다. 그 결과 고체는 용기의 모양을 따르지 않는다.

Web Animation
물의 상태 변화
http://goo.gl/gRT6NV

액체 상태(물)에서 물 분자는 여전히 상호 작용하지만 서로를 지나서 흐를 만큼 충분한 운동 에너지를 가지고 있으며 용기의 형태를 취할 수 있다. 분자 사이 결합은 고체 상태보다 훨씬 더 빠른 속도로 결합되고 끊어진다.

증기(vapor) 상태에서 물 분자는 제멋대로 충돌하는 것 말고는 서로 더 이상 상호작용하지 않는다. 수증기 분자는 매우 자유롭게 흘러 다니면서 들어있는 어떤 용기이든 빈 곳을 채운다.

물의 어는점과 끓는점 고체에 열에너지가 충분하게 추가되면 녹아서 액체로 된다. **녹는점**(melting point)은 물질이 녹기 시작하는 온도이다. 액체에서 열에너지가 충분히 제거되면 고체로 얼게 된다. 굳기 시작하는 온도가 물질의 **어는점**(freezing point)으로 녹는점과 동일한 온도이다(**그림 5.6**). 순수한 물의 경우에 0°C(32°F)에서 얼고 녹는다.[7]

충분한 열에너지가 액체에 더해지면 기체로 바뀐다. 끓는 온도는 물질의 **끓는점**(boiling point)이다. 기체에서 열에너지가 충분히 제거되면 액체로 맺힌다. 방울이 맺히는 가장 높은 온도가 물질의 **이슬점**(condensation point)이며 끓는점과 같은 온도이다(그림 5.6). 순수한 물의 경우 100°C에서 끓고 응결이 일어난다.

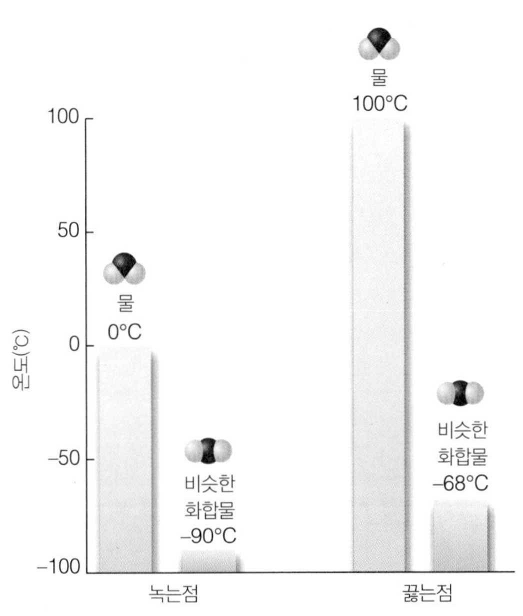

그림 5.6 물과 비슷한 화합물과의 녹는점과 끓는점 비교. 막대는 물과 비슷한 화합물의 녹는점과 끓는점을 비교한 것이다. 물 분자가 특이하게 생겨서 극성을 띠지 않았더라면 비슷한 화합물과 닮은 속성을 가졌을 것임에 주목하자.

물의 어는점과 끓는점은 비슷한 화학 물질들의 것과 비교하면 유별나게 높다. 그림 5.6에 보인 대로 만약에 물이 분자량이 비슷한 다른 화합물의 경향을 따랐다면 물은 −90°C에서 녹고 −68°C에서 끓어야 한다. 그것이 사실이라면 지구상의 모든 물은 기

7 이 장에서 논의된 모든 어는점/녹는점/끓는점은 표준 해수면 압력인 1기압에서의 값이다.

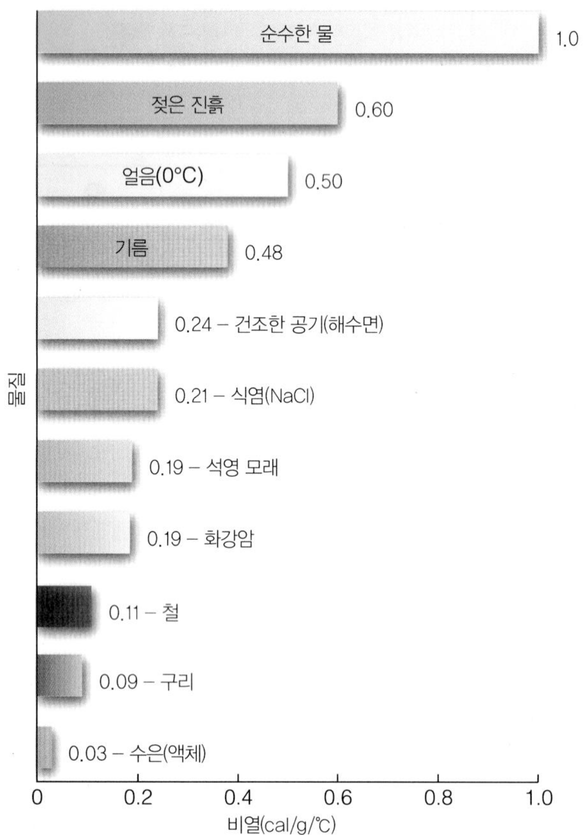

그림 5.7 흔한 물질의 비열. 흔히 접하는 물질의 20℃에서 비열을 막대 그래프로 나타낸 그림. 물의 비열이 특히 높은 것에 주목하자. 물의 온도를 올리려면 에너지가 많이 든다는 것을 뜻한다.

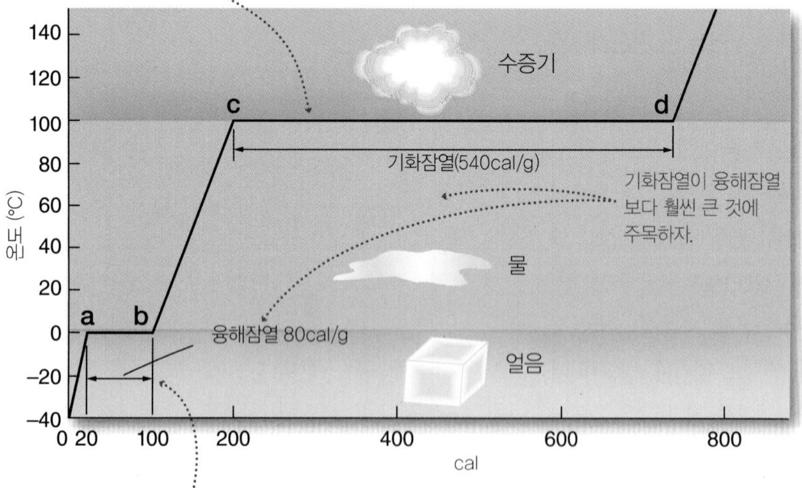

체 상태에 있게 될 것이다. 그렇지 않고 물은 수소결합과 반데르발스 힘을 이겨내기 위해 열에너지가 더 필요하기 때문에 비교적 높은 온도인 0°C 와 100°C에서 녹고 끓는다.[8] 따라서 물 분자의 특이한 모습과 그 결과인 극성이 없었더라면 지구상의 모든 물은 끓어서 날아가버렸을 것이고 우리가 알고 있는 생명체는 존재하지 않을 것이다.

물의 열용량과 비열 **열용량**(heat capacity)은 물질의 온도를 1°C만큼 올리는 데 필요한 열에너지의 양이다. 열용량이 큰 물질은 온도가 조금 변하면서도 열을 많이 흡수(또는 방출)할 수 있다. 반대로 열이 가해질 때 기름이나 금속처럼 온도가 빠르게 변하는 물질은 열용량이 낮다.

단위 질량의 열용량을 **비열용량**(specific heat capacity)이라 하는데, 줄여서 **비열**(specific heat)이라 하며 물질 사이의 열용량을 직접 비교하는 데 쓰인다. 예를 들면 **그림 5.7**에 보이는 것처럼 물은 비열이 매우 높아서 1g에 정확히 1cal인데,[9] 주변에 흔히 접하는 물질의 비열은 이보다 훨씬 낮다. 열을 가하면 금세 뜨거워지는 철이나 구리의 열용량은 물의 1/10 수준이다.

물의 열용량은 왜 그렇게 큰가? 그 이유는 분자 사이의 지배적인 상호 작용이 상대적으로 약한 반데르발스 힘인 물질들에 비교해서 수소결합 된 물 분자의 운동에너지를 증가시키는 데 드는 에너지가 더 많기 때문이다. 결과적으로 물은 똑같은 온도 변화를 겪는 동안에 주변의 물질보다 열을 훨씬 더 많이 얻거나 잃는다. 큰 냄비에 물을 넣고 끓여본 경험이 있다면 물의 온도가 쉽사리 오르지 않는다는 것을 알고 있을 것이다. 열용량이 작은 금속제 냄비는 가열하면 온도가 금세 올라간다. 하지만 냄비 안의 물의 온도는 더디게 올라간다(따라서 지켜보고 있는 냄비는 결코 끓지 않지만 깜빡한 냄비는 끓어 넘치는 법이다). 물을 끓이려면 수소결합을 모두 끊어내야 하므로 데울 때보다도 열이 더 필요하다. 열을 많이 흡수할 수 있는 물의 탁월한 열용량은 난방, 산업용 또는 차량 냉각, 요리에 왜 물이 쓰이는지를 이해하게 해준다.

물의 잠열 물이 상태의 변화를 겪을 때, 즉 얼음이 녹거나 물이 얼거나 물이 끓거나 수증기가 응결될 때 열이 대량으로 흡수되거나 방출된다. 흡수되거나 방출되는 열의 양은 물의 높은 잠열(*latent* = hidden)로 인한 것

그림 5.8 잠열과 물의 상태 변화. 융해잠열(80cal/g)이 기화잠열(540cal/g) 보다 훨씬 작음에 주목하라. 그림의 점 a, b, c, d에 대한 설명은 본문을 보기 바람.
https://goo.gl/18osWM

8 백분 온도 눈금(*centi* = 100, *grad* = 걸음)은 순수한 물의 녹는점과 끓는점 사이를 100눈금으로 등분한 것에 기반한다. 창시자 Celsius의 이름을 따서 섭씨 온도계라 부르기도 한다(부록 I '단위' 참조).

9 물의 비열을 칼로리로 표기했다. 물의 비열은 타 물체와의 비열의 비교에 있어 기준이다.

이며 물의 비정상적으로 큰 열용량과 밀접한 관련이 있다. 피부에서 물이 증발할 때에는 열을 흡수하여 몸을 식혀준다(이것이 땀이 몸을 식히는 이유이다). 반대로 증기에 데여 본 사람은 이슬이 되면서 열을 많이 내놓는 것을 알 수 있었을 것이다.

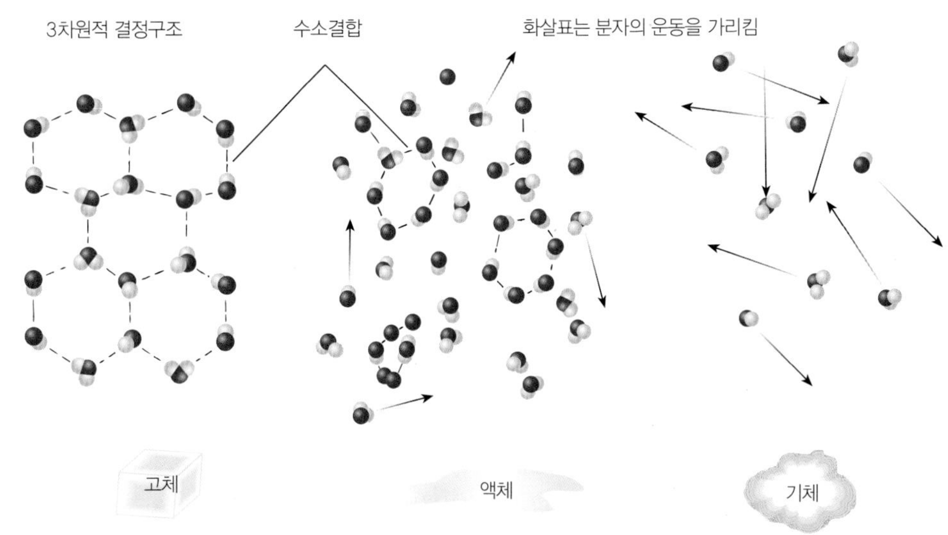

(a) 고체 상태에서 물은 얼음으로 존재하고 모든 물 분자 사이에 수소결합이 있다.

(b) 액체 상태에서 물 분자 사이에 수소결합이 몇몇 있다.

(c) 기체 상태에서 수소결합은 없고 물 분자는 빠르고 독립적으로 움직인다.

그림 5.9 물속의 수소결합과 세 가지 상태. https://goo.gl/Gp5JK5

융해잠열 **그림 5.8**은 물의 온도를 올리거나 상태를 바꾸어 놓는 데 드는 에너지에 대한 잠열의 효과를 알려준다. 1g의 얼음에서 시작해서(왼쪽 아래) 20cal의 열을 주면 얼음의 온도가 −40°C에서 0°C까지 40°C 상승한다(그래프상의 점 *a*). 그래프에서 점 *a*와 *b* 사이가 마루로 표시된 것처럼 열이 계속 더해지더라도 온도는 0°C로 유지된다. 물의 온도는 80cal 이상의 열량이 추가될 때까지 변하지 않는다. **융해잠열**(latent heat of melting)은 얼음 결정에서 물 분자들을 제자리에 강하게 붙들고 놓고 있는 분자 사이 결합을 끊는 데 필요한 에너지이다. 결합이 거의 풀리고 얼음과 물의 범벅이 완전히 1g의 물로 변할 때까지 온도는 그대로 멈춰 있다.

얼음이 0°C에서 물로 바뀌고 나면 그다음에 더해진 열은 그림 5.8의 점 *b*에서 점 *c*로 수온을 상승시킨다. 이 구간에서는 물 1g의 온도를 1°C씩 올리는 데 1cal가 든다. 따라서 1g의 물이 100°C의 끓는점에 도달하려면 100cal를 더해주어야 한다. 점 *c*까지 가는 데 들어간 열은 총 200cal이다

기화잠열 그림 5.8의 그래프는 점 *c*와 점 *d* 구간에서 100°C에서 다시 평평하다. 이 마루는 **기화잠열**(latent heat of vaporization)을 나타내며 물의 경우 그램마다 540cal이다. 이것은 1g의 물체가 끓는 온도에서 분자 사이의 결합을 떼어놓아 액체가 증기(기체)로 상태가 완전히 바뀌는 데 반드시 투입해주어야 하는 에너지이다.

그림 5.9의 고체, 액체, 기체 상태에서의 물의 구조를 보면 융해잠열보다 기화잠열이 훨씬 큰 이유를 알 수 있다. 고체가 액체로 되려면 물 분자끼리 서로 미끄러져 지나갈 정도로 수소결합이 풀리기만 하면 된다(**그림 5.9b**). 그러나 액체에서 기체가 되려면 수소결합이 모두 끊겨서 물 분자가 자유롭게 돌아다닐 수 있어야만 한다(**그림 5.9c** 참조).

증발잠열 표층해수의 온도는 평균 20°C를 넘지 않는다. 그런데 어떻게 물이 바다 표면에서 수증기로 될까? 끓는점 아래에서 액체가 기체로 바뀌는 것을 **증발**(evaporation)이라 한다. 표층해수의 온도에서 액체에서 기체로 바뀐 분자의 에너지는 100°C에서 바뀐 물 분자만 못하다. 주위를 둘러 싼 물 분자들을 헤치고 나오는 데 필요한 에너지를 추가로 얻으려면 주위에서 에너지를 빼앗아야 한다. 달리 말해 남은 물 분자는 증발한 물 분자에게 에너지를 잃은 것들로서 이는 증발의 냉각 효과를 설명한다.

100°C 미만인 해수에서 물 1g을 증발시키는 데에는 540cal보다 더 든다. 예를 들어 20°C에서 **증발잠열**(latent heat of evaporation)은 1g에 585cal이다. 열이 더 필요한 이유는 끊어내야 할 수소결합이 더 많기 때문이다. 온도가 높은 물에서 물 분자가 더 심하게 들썩이고 밀쳐대기 때문에 수소결합의 수가 적다.

응결잠열 수증기가 적당히 식으면 이슬이 맺히면서 주위로 **응결잠열**(latent heat of condensation)을 내놓는다. 작은 규모로 방출된 열은 음식을 익히는 데 충분하다. 이것이 찜기의 원리이다. 큰 규모에선 이 열은 커다란 폭풍 심지어 태풍을 일으킨다(제6장 '대기-해양 상호작용' 참조).

결빙잠열 물이 얼 때도 열이 나온다. 물이 얼 때 방출되는 열의 양은 물이 처음 녹을 때 흡수한 것과 같은 양이다. 따라서 **결빙잠열**(latent heat of freezing)은 융해잠열과 똑같다. 마찬가지로 기화와 응결의 잠열은 동일하다.

전 지구 온도제어 효과 대다수의 사람들은 가정용 자동온도조절기가 집 안의 온도를 유지하는 방식에 익숙하다. 지구 또한 자연적인 자동온도조절 장치를 가지고 있으며, 이는 주로 물의 속성에 의해 제어된다. 이러한 **온도제어 효과**(thermostatic effect: *thermos* = heat, *stasis* = standing)에는 지구의 기후에 영향을 미치는 전 지구 온도의 변동을 완화시키는 물의 고유한 특성이 포함된다. 예를 들어 증발-응결 순환에서 교환되는 엄청난 양의 열에너지는 지구에서 생물이 살도록 도와준다. 태양은 지구에 에너지를 복사하며 일부는 해양에 저장된다. 증발은 이 열에너지를 해양에서 제거해서 상층 대기로 전달한다. 온도가 더 낮은 상층 대기에서는 수증기가 구름으로 응결되어 **강수**(precipitation, 주로 비와 눈)의 공급원이 된다. 강수가 일어나면 물이 응결잠열을 내놓는다. **그림 5.10**의 지도는 이러한 증발과 응결 순환이 어떻게 저위도 해양으로부터 엄청난 양의 열에너지를 제거해서 열이 부족한 고위도에 그만한 양의 열에너지를 더해주는지를 보여준다. 여기에 더해서 해빙이 얼 때 방출되는 열은 지구의 극 근방 고위도 지역의 날씨를 온화하게 해준다.

Climate  Connection

해양과 대기 사이의 잠열 교환은 매우 효율적이다. 서늘한 위도에서 물이 응결될 때마다 방출하는 열량은 이들 지역을 따뜻하게 해주는 데 내놓는 열의 양은 그 양의 물이 애초에 증발할 때 열대 해양에서 제거한 열의 양과 같다. 최종 결과는 물의 열 속성이 지구의 기온이 크게 요동치는 것을 막아 지구의 기후를 완화시킨다는 것이다. 급속한 환경 변화는 종종 많

그림 5.10 저위도의 남아도는 열을 고위도의 열 부족 지역으로 옮기는 대기의 수송.

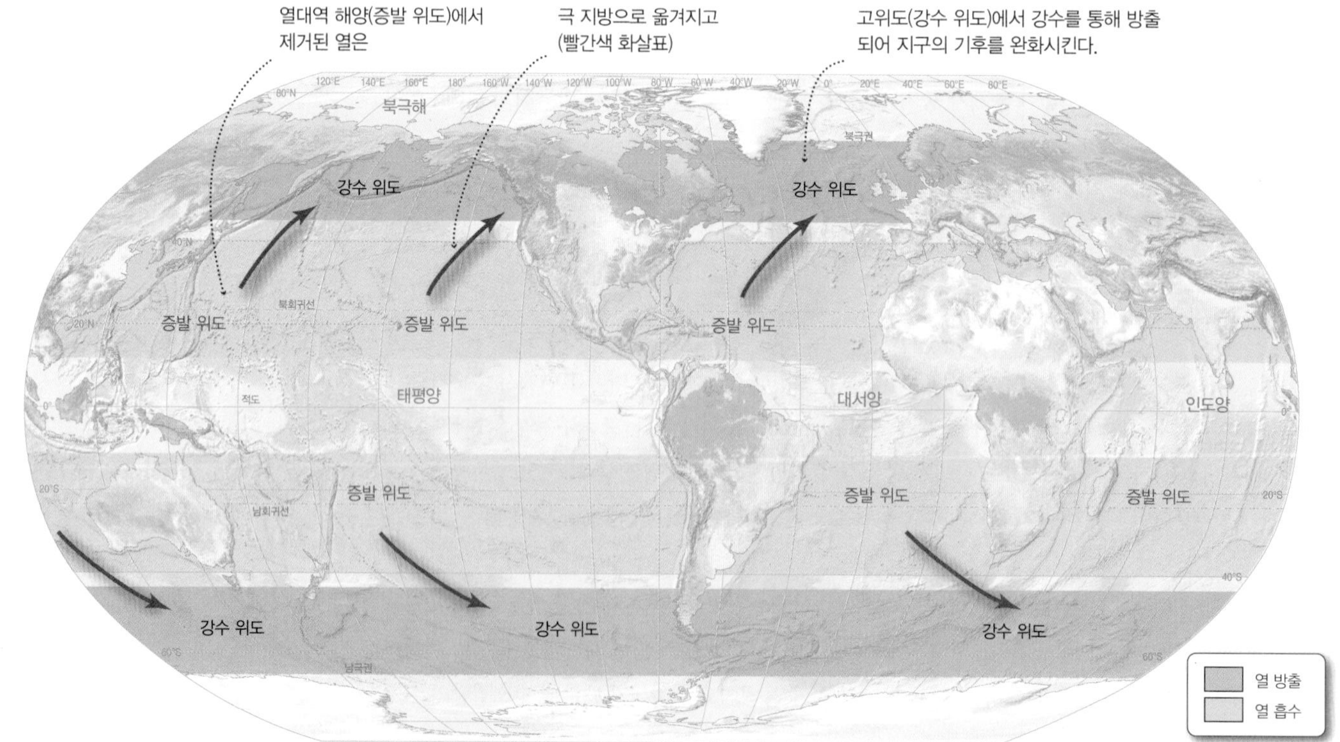

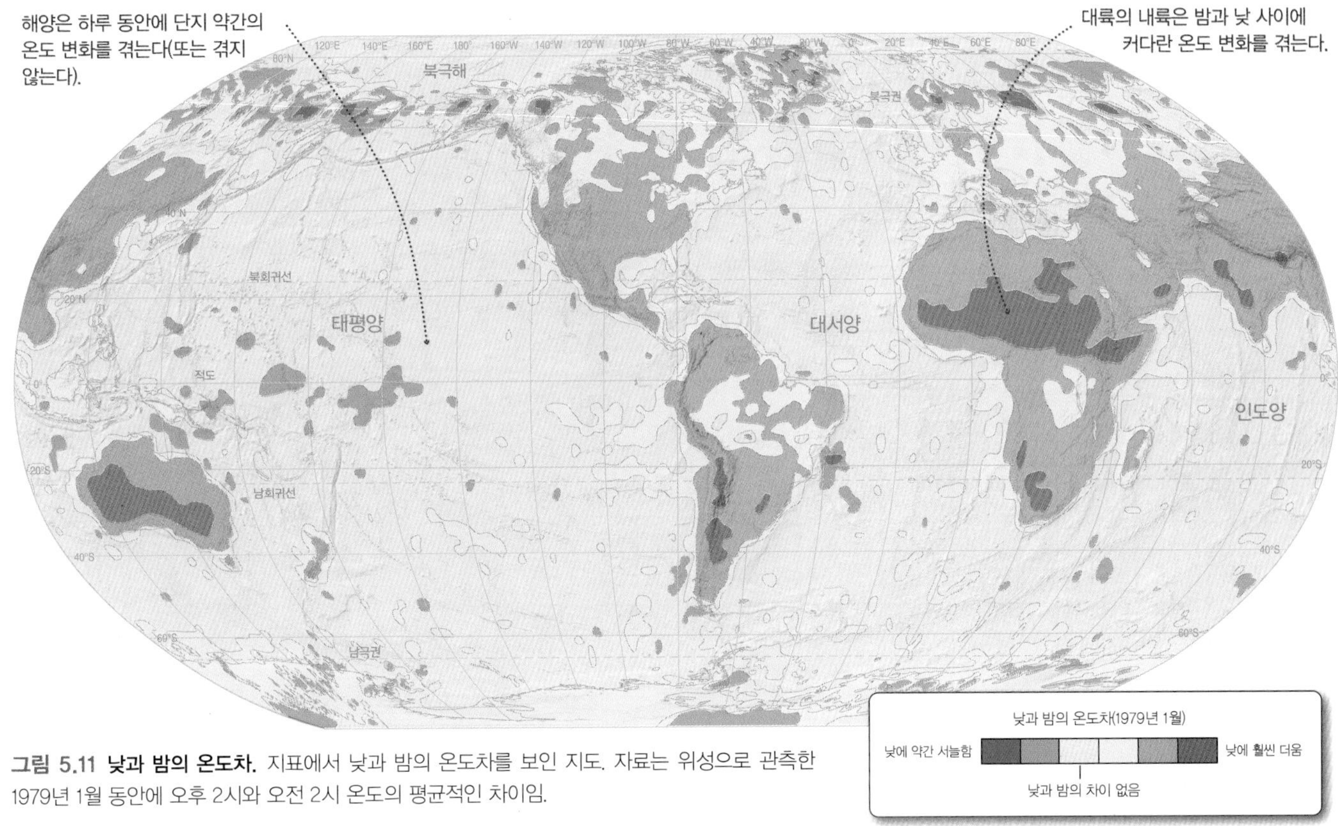

그림 5.11 낮과 밤의 온도차. 지표에서 낮과 밤의 온도차를 보인 지도. 자료는 위성으로 관측한 1979년 1월 동안에 오후 2시와 오전 2시 온도의 평균적인 차이임.

은 생명체를 죽음으로 내몰기 때문에 우리 행성의 온화한 기후는 지구상에 생명체가 존재하는 주된 이유 중 하나이다.

주야간 온도 차이를 보여주는 **그림 5.11**에서 해양의 또 다른 온도 제어 효과를 볼 수 있다. 지도를 보면 해양에서는 밤과 낮 사이에 온도 차가 거의 없는 데 반해 육지에서는 훨씬 더 크다. 해양과 육지의 이러한 차이는 물의 열용량이 큰 것에서 비롯되는데, 이로 인해 육지의 흙과 암석보다 물이 훨씬 쉽게 하룻동안 남아도는 열을 흡수하고 잃는 것을 최소화하는 능력을 갖게 되었기 때문이다. 해안선과 섬을 따라 온도를 완화시켜주는 해양의 능력을 **해양성 효과**(marine effect)라고 한다. 이와 달리 바다의 혜택을 덜 받아서 하루 또는 연중 더 큰 온도 차이 범위를 갖는 지역은 **대륙성 효과**(continental effect)를 겪는다고 말한다.

열 수축 결과에 따른 물의 밀도

제1장에서 밀도는 단위 부피당 질량이며, 물체가 크기에 대비해서 얼마나 무거운지로 여길 수 있다고 하였다. 궁극적으로 밀도는 물질의 분자 또는 이온이 얼마나 밀집되어 있는지와 관련이 있다. 전형적인 밀도 단위는 $g cm^{-3}$이다. 예를 들어 순수한 물의 밀도는 $1.0 g cm^{-3}$이다. 온도, 염분과 압력은 모두 물의 밀도에 영향을 준다는 점에 주목하자.

대다수의 물질의 밀도는 온도가 낮을수록 커진다. 예를 들어 차가운 공기가 따뜻한 공기보다 밀도가 높기 때문에 차가운 공기는 가라앉고 따뜻한 공기는 떠오른다. 온도가 낮아짐에 따라 분자가 에너지를 잃고 속도가 느려지기 때문에 같은 수의 분자가 공간을 덜 차지하므로 밀도가 증가한다. 낮은 온도 때문에 부피가 줄어든 것을 **열 수축**(thermal contraction)이라 하는데, 물에서도 일어나지만 특정 온도까지만 발생한다. 순수한 물은 4°C까지는 냉각되면 밀도가 높아진다. 그러나 4°C에서 0°C까지는 밀도가 낮아진다. 다시 말해 물은 수축을 멈추고 실제로 팽창하는데, 이런 것은 지구의 수많은 물질들 사이에서도 매우 드물다. 결과는 얼음이 액체인 물보다 밀도가 낮아서 얼음이 물 위에 뜨는 것이다. 대부분의 다른 물질의 경우에는 고체 상태가 액체 상태보다 밀도가 높으므로 고체는 가라앉는다.

왜 얼음은 액체인 물보다 밀도가 낮을까? **그림 5.12**는 물이 어는점에 접근함에 따라 분자의 정돈이 어떻게 변하는지를 보여준다. 그림의 점 *a*에서 점 *c* 사이에서 온도가 20°C에서 4°C로 내려가면서 밀도는 0.9982 g/cm³에서 1.0000 g/cm³로 높아진다. 밀도가 높아지는 이유는 물 분자의 운동이 점점 둔해져서 물 분자가 차지하는 공간이 줄기 때문이다. 결과적으로 점 *c*의 창에는 점 *a* 또는 *b*의 창보다 물 분자가 많이 들어간다. 온도가 4°C 아래로 내려가면 얼음 결정이 만들어지게끔 물 분자가 정렬하기 때문에 전체 부피가 다시 커진다. 얼음 결정은 물 분자가 넓게 자리를 차지하고 있는 큰 덩어리로 된 개방된 육면체 구조이다. 이들의 특징적인 육각형 모양(**그림 5.13**)은 물 분자 사이의 수소결합으로 인한 육각형 분자 구조를 닮았다(그림 5.9a 참조). 물이 완전히 얼게 될 즈음에는(점 *e*) 얼음의 밀도는 물이 최대 밀도에 이르는 온도인 4°C에서의 밀도보다 훨씬 낮다.

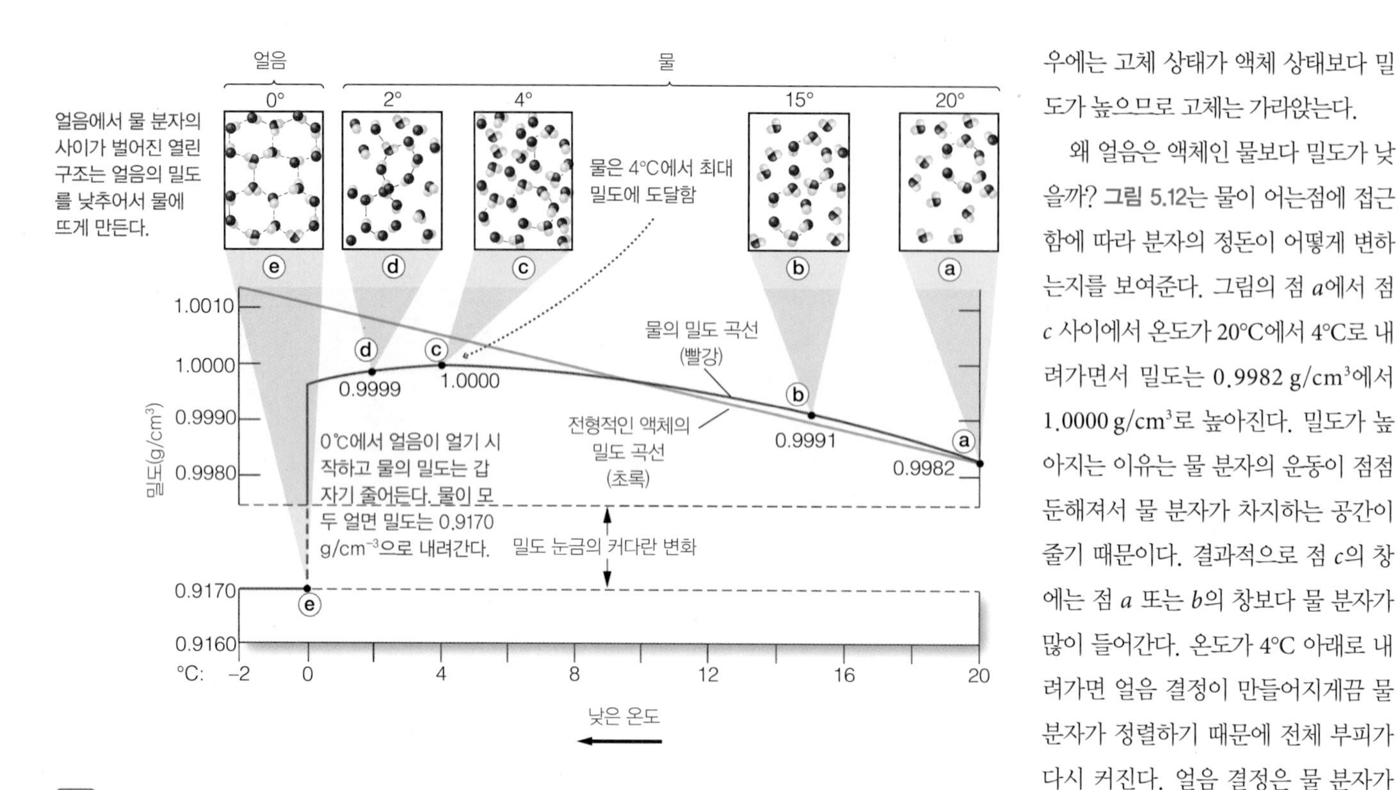

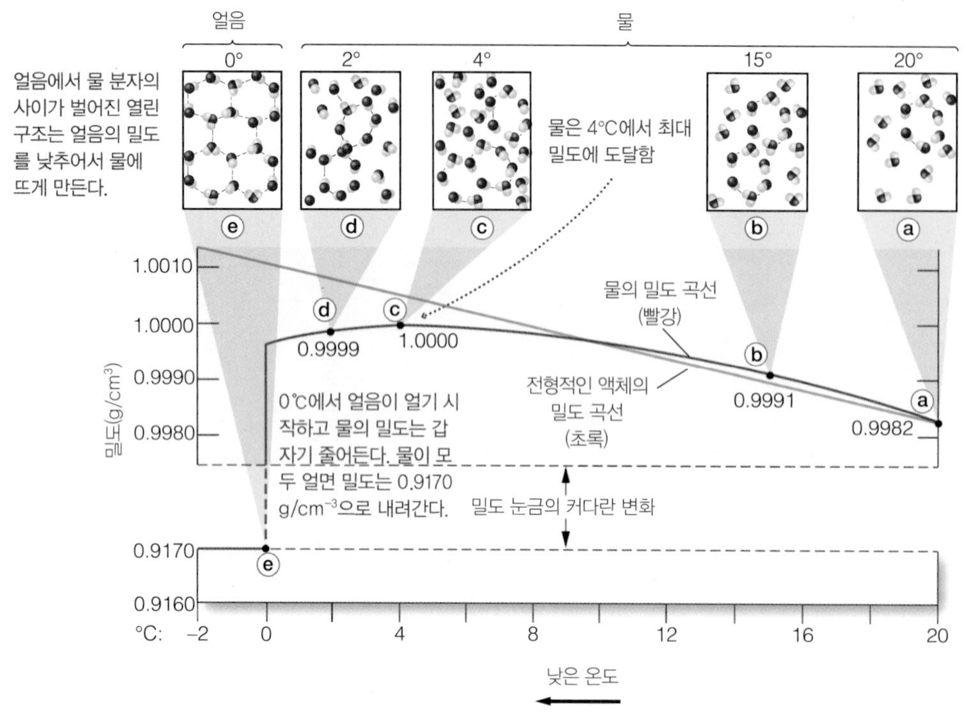

그림 5.12 온도와 얼음의 형성의 함수인 물의 밀도. 곡선들은 얼 때 담수의 밀도(빨간색 선)와 전형적인 액체의 밀도(초록색 선)를 나타낸다. 삽입된 물 분자 그림은 상태별 밀도를 보여준다. 점 a, b, c, d, e에 대한 설명은 본문을 보기 바람.
https://goo.gl/rAbRNc

Web Animation
물이 어는것
https://goo.gl/8IIRu1

물이 얼면 부피는 약 9%만큼 늘어난다. 냉동실에 음료를 '잠깐' 넣어놓으려다 깜빡 잊어버렸던 사람은 물이 얼면서 팽창하는 바람에 부피가 커지는 현상을 경험했을 것이다. 대개는 음료 용기가 깨진다(**그림 5.14**). 얼음이 팽창할 때 가해지는 힘은 암석을 쪼개고, 도로와 보도의 포장에 금이 가게하고, 수도관을 동파시킬 만큼 강력하다.

그림 5.13 눈송이. 실제 눈송이를 500배가량 확대하여 찍은 주사현미경 사진. 육각형은 수소결합에 따라 물 분자가 이룬 내부 구조를 반영한다.

담수에 압력을 가하거나 용해된 물질을 첨가하면 둘 다 얼음이 어는 것을 방해하기 때문에 물의 최대 밀도에 이르는 온도가 낮아진다. 예를 들어서 압력을 높이면 할당된 부피 안에서 물 분자의 수가 많아져서 분자들이 밀집되므로 부피가 큰 얼음 결정이 만들어지는 데 쓰일 공간이 줄어든다. 한편으로 용해된 물질의 양을 늘리면 얼음 결정 구조를 이루는 데 필요한 수소결합의 형성을 억제한다. 두 경우 모두 정상 압력에서 담수를 얼렸을 때와 같은 양의 얼음 결정을 만들려면 더 많은 에너지가 제거되어야 하므로 물이 어는 온도를 낮춘다.

용해된 고형물은 물의 빙점을 낮추기 때문에 이는 지구의 아주 추운 극지역(그리고 그곳에서도 표면에만) 말고는 대부분의 해수가 거의 얼지 않는 이유 중 하나이다. 추운 기후대에서 겨울 동안에 도로와 보도에 염을 뿌리는 이유도 같은 원리가 바탕에 있다. 염은 물의 어는 온도를 낮추어 도로와 보도가 평소에 어는 온도보다 몇 도나 낮은 온도에서도 얼음이 없게 해준다.

개념 점검 5.2 | 물의 중요한 물리적 속성에 대해 설명하라.

1 물이 분자 조성만으로 예상되는 화합물보다 어는점과 끓는점이 높은 이유가 무엇인가?
2 물의 비열을 다른 물질과 비교하면 어떤 차이가 있는가? 이것이 기후에 주는 영향을 설명하라.
3 기화잠열이 융해잠열보다 월등하게 큰 이유가 무엇인가?
4 지구의 저위도 지방에서 남아도는 열이 물의 증발잠열이 가담하는 과정을 통해 열이 부족한 고위도 지방으로 어떻게 전달되는지를 설명하라.
5 물이 식을 때 물 분자의 거동 측면에서 서로 상반된 것처럼 보이는 변화가 나타난다. (1) 천천히 움직이는 것은 물의 밀도를 높이고 (2) 팽창한 얼음 결정이 만들어지는 것은 물의 밀도를 낮춘다. 이 두 요인이 합작해서 어떻게 순수한 물이 4°C에서 밀도가 최대가 되는지를 설명하라.
6 평상시에 쓰는 말로 왜 얼음의 밀도가 액체인 물보다 낮은지 설명하라. 화학적 관점에서 이것이 뭐가 그렇게 특별한가?

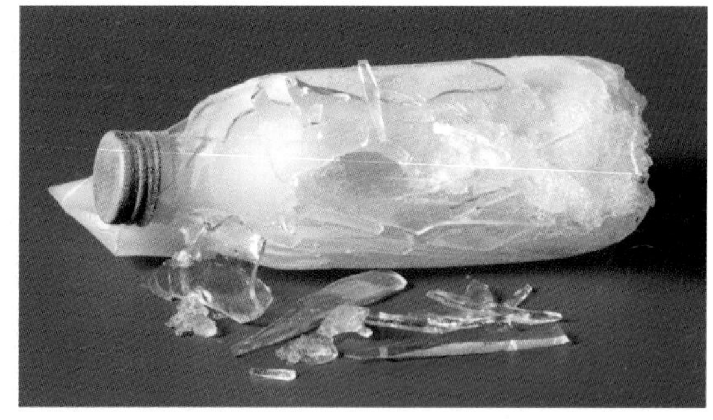

그림 5.14 물이 얼어서 깨진 유리병. 물을 채워 마개를 닫아 냉동실에서 얼린 유리병. 물은 얼면서 수소결합을 이루며 구멍이 숭숭 뚫린 격자 구조로 정렬해서 부피가 9%가량 늘어난다. 이러한 분자 팽창이 내부 압력을 증가시켜서 병을 깨트린다.

요약

물의 특이한 열 속성에는 잠열과 커다란 열용량이 포함되는데 이들이 지구의 열을 재분배해서 기후를 온화하게 해준다.

5.3 해수엔 염이 얼마나 들어있는가?

순수한 물과 바닷물의 차이점은 무엇일까? 가장 뚜렷한 차이 중 하나는 해수에 짠맛이 나게 하는 물질이 녹아 있다는 것이다. 이러한 용해된 물질은 단지 염화소듐(식염)만이 아니고 다양한 다른 염, 금속, 그리고 용존 기체를 포함한다. 실제로 해양에는 지구 전체를 150 m 넘는 두께(50층짜리 고층건물 높이 정도)로 덮을 수 있을 만큼 염이 들어있다. 불행하게도 해수의 염 함량은 마시거나 대부분의 농작물에게 물을 대주는 데 부적합하며 여러 물질을 쉽게 부식시킨다.

염분

염분(salinity: *salinus* = salt)은 물에 녹은 기체를 포함하여 물에 용해된 고형 물질의 총량이다(심지어 기체도 충분히 낮은 온도에서는 고체가 되기 때문임). 그러나 용해된 유기물질은 제외된다. 염분은 현탁 상태로 들어있는 미세한 입자(탁도) 또는 물과 접촉한 고체 물질은 포함하지 않는데, 그 이유는 이들 물질이 용해되지 않기 때문이다. 염분은 액체 시료의 질량에 대한 용해된 물질의 질량의 비율이다.

해수의 염도는 전형적으로 담수보다 약 220배 더 높은 3.5%이다. 염도가 3.5%인 해수는 **그림 5.15**에 보인 바와 같이 또한 96.5%의 순수한 물을 포함하고 있음을 나타낸다. 해수는 대부분이 순수한 물이기 때문에 물리적 성질은 순수한 물의 성질과 매우 닮았고 단지 조금 다를 뿐이다.

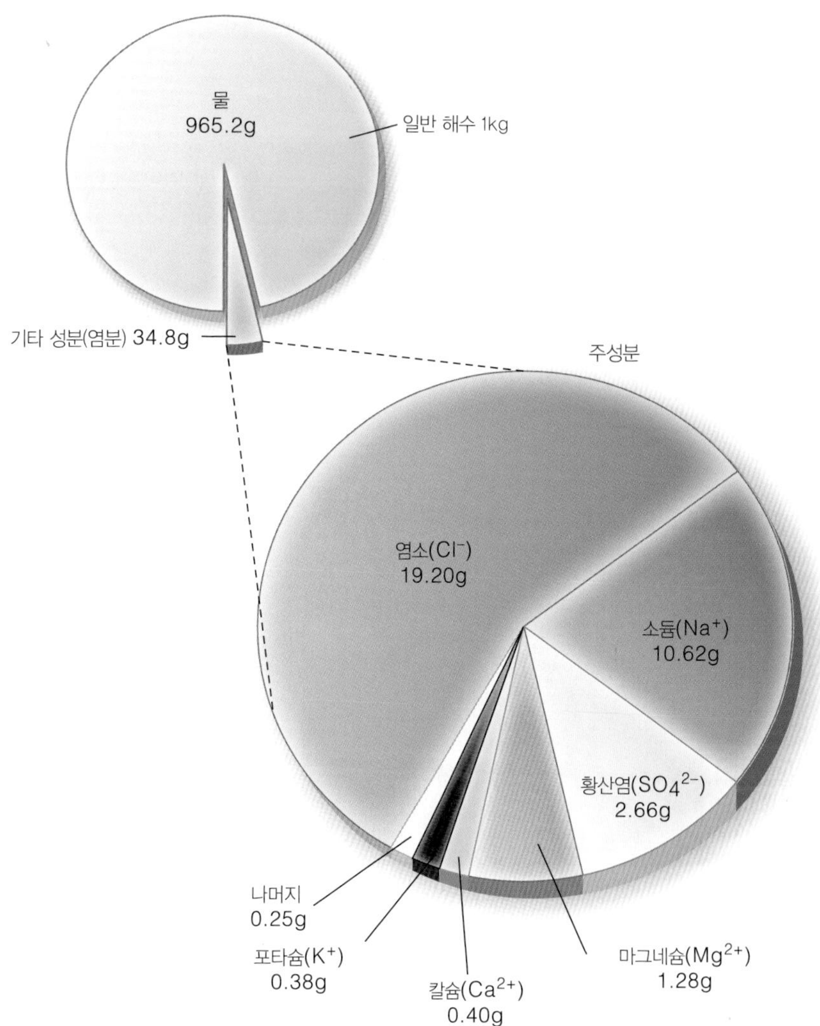

그림 5.15 해수의 용존 주성분. 염분이 35‰인 해수 1kg의 주성분을 나타낸 도표. 성분들은 kg당 g으로 표시했는데, 이는 천분율인 ‰과 같은 것이다.

표 5.1 염분 35‰인 해수에 들어있는 대표적인 용존물질

1. 주성분(ppt, ‰)

성분	농도(‰)	조성비(%)
염소(Cl^-)	19.2	55.04
소듐(Na^+)	10.6	30.61
황산염 (SO_4^{2-})	2.7	7.68
마그네슘(Mg^{2+})	1.3	3.69
칼슘(Ca^{2+})	0.40	1.16
포타슘(K^+)	0.38	1.10
총계	**34.58‰**	**99.28%**

2. 부성분(ppm[a])

기체		영양염		기타	
성분	농도(ppm)	성분	농도(ppm)	성분	농도(ppm)
이산화탄소(CO_2)	90	규소(Si)	3.0	브로민(Br^-)	65.0
질소(N_2)	14	질소(N)	0.5	탄소(C)	28.0
산소(O_2)	6	인(P)	0.07	스트론튬(Sr)	8.0
		철(Fe)	0.002	붕소(B)	4.6

3. 미량 성분(ppb[b])

성분	농도(ppb)	성분	농도(ppb)	성분	농도(ppb)
리튬(Li)	185	아연(Zn)	10	납(Pb)	0.03
루비듐(Rb)	120	알루미늄(Al)	2	수은(Hg)	0.03
아이오딘(I)	60	망가니즈(Mn)	2	금(Au)	0.005

[a] 1,000ppm = 1‰
[b] 1,000ppb = 1ppm

5.1 Squidtoons

https://goo.gl/kbHv7K

그림 5.15와 **표 5.1**은 해수에서 염소, 소듐, 황(황산염 이온으로), 마그네슘, 칼슘과 포타슘 원소가 용해된 고형물의 99% 이상을 차지함을 보여준다. 80가지가 넘는 다른 화학 원소가 극히 작은 양으로 해수에서 발견되었으며 아마도 지구상의 모든 천연 원소가 바다에 있을 것으로 여겨진다. 놀랍게도 해수 중의 미량 성분이 인간의 생존에 필수적이다(**심층 탐구 5.1**).

염분은 종종 **천분율**(parts per thousand: ‰)로 표시된다. 예를 들어 1%가 1/100이므로 1‰은 1/1000이다. 백분율에서 천분율로 변환하려면 간단히 소수점을 오른쪽으로 한 자리 이동하면 된다. 예를 들어서 3.5%인 전형적인 해수 염도는 염분 35‰와 같다. 천분율로 염분을 표시할 때의 장점은 종종 소수점을 피하고 값이 해수 1 kg당 염 몇 g으로 직접 변환된다는 것이다. 예를 들어 35‰인 해수에는 1,000g마다 염이 35g 들어있다.[10]

10 '천분율' 단위는 실제로는 무게로 따진 것이다. 그러나 염분 값은 물 시료의 염분이 표준 물질의 전기 전도도에 대한 시료의 전기 전도도의 비율로 결정되기 때문에 단위가 없다. 따라서 염분 값은 때로는 psu, 즉 실용 염분 단위로 보고되며 이는 천분율에 상응한다.

해양과 사람들

심층 탐구 5.1

갑상선종 예방법

소금 병에 적힌 영양성분표에서 '필요한 영양분 아이오딘을 함유한 제품임'이라 적힌 것을 자주 보았을 것이다. 왜 아이오딘 섭취가 필요할까? 아이오딘이 결핍되면 생명을 위협할 수도 있는 **갑상선종**(goiters: *guttur*=throat)에 걸리는 것으로 밝혀졌다(**그림 5A**).

아이오딘은 갑상선이 필요로 하는 원소이다. 갑상선은 목의 앞부분과 기관지(성대)의 양옆에 걸쳐 있으며 나비 모양을 하고 있다. 갑상선은 세포의 대사를 조절하는 호르몬을 분비해서 심신의 발달과 성장을 주관한다. 식품을 통한 아이오딘 섭취가 부족하면 갑상선의 기능이 저하된다. 자주 나타나는 증세는 갑상선이 붓는 것이다. 심하면 피부 건조증, 탈모, 얼굴이 붓고, 근육 위축, 과체중, 탈진, 의욕상실, 목이 붓는 갑상선종 증세가 나타난다. 적절히 치료하지 않으면 암으로 진행되기도 한다. 아이오딘을 정기적으로 섭취하면 증세가 호전된다. 증세가 심각하면 수술로 선종을 제거하거나 방사선을 쪼이는 도리밖에 없다.

그림 5A 갑상선종에 걸린 여인.

갑상선종을 예방하는 방법은 무엇인가? 다행히도 갑상선종은 아이오딘을 아주 조금만 섭취해도 예방할 수 있다. 어떤 식품에 아이오딘이 들어있을까? 바닷물에 아이오딘이 녹아 있기 때문에 해산물은 모두 작은 양이나마 아이오딘을 가지고 있다. 천일염, 해산물, 해조나 기타 해산물은 갑상선종을 예방하기에 충분한 아이오딘을 함유하고 있다. 갑상선종은 선진국에서는 드물지만 개발도상국에서 특히 바다에서 멀리 떨어진 나라에서는 건강에 심각한 위협이 되고 있다. 미국에선 아이오딘 과다 섭취로 인한 갑상선 항진이 문제가 되고 있다. 그래서 식품점에서 아이오딘이 든 소금과 그렇지 않은 소금을 함께 팔고 있다. 갑상선 항진 증세가 있는 사람에게 아이오딘 섭취를 절제시키기 위함이다.

생각해보기

1. 갑상선종은 어떤 병인가? 어떻게 예방할 수 있는가?

염분 측정

초창기에 해수의 염분은 무게를 잰 해수를 조심스럽게 증발시키고 이로부터 침전된 염의 무게를 측정하는 방법으로 쟀다. 그러나 이런 시간이 많이 걸리는 방법의 정확도는 제한적이었는데, 이는 물의 일부가 침전되는 염에 결합된 상태로 머무르고, 일부 물질은 물과 함께 증발할 수 있기 때문이다.

염분을 측정하는 다른 방법은 화학자 William Dittmar(1859~1951)가 챌린저호 탐사 기간 동안 채집한 물 시료를 분석하면서 확고히 정립한 **일정 성분비의 원리**(principle of constant proportions)를 활용하는 것이다. 일정 성분비의 원리는 해수 염분의 주체인 주 용존 성분이 염분과 무관하게 정확히 같은 비율로 해양의 거의 모든 곳에서 나타난다고 말해준다. 그러니까 해양은 잘 섞여 있다는 말이다. 또한 염분이 바뀔 때 염은 바다를 떠나지(들어오지) 않지만 물 분자는 들락거린다. 해수는 조성이 일정하므로 주성분의 농도 단 한 가지를 측정해서 가진 물 시료의 총염분을 결정할 수 있다. 가장 양이 많고 정확하게 측정하기 쉬운 성분은 염소이온, Cl^-이다. 물 시료에서 염소이온의 무게는 물의 **염소도**(chlorinity)이다.

전 세계 해양의 어느 표본을 막론하고 염소이온은 전체 용존 고형물의 55.04%를 차지한다(그림 5.15과 표 5.1). 따라서 단지 염소이온 농도를 측정함으로써 해수 시료의 총염분을 다음 관계식을 사용하여 결정할 수 있다.

학생들이 자주 하는 질문

파스타를 삶을 때 소금을 넣는 이유가 뭔가요? 물이 빨리 끓게 되나요?

물에 소금을 넣는다고 해서 빨리 끓지는 않는다. 반대로 용존 물질이 끓는점을 올리기(어는점은 낮춤, 표 5.2 참조) 때문에 약간 높은 온도에서 끓게 된다. 그래서 파스타의 조리 시간이 조금 줄어든다. 게다가 소금은 파스타에 간이 배어들게 해서 맛이 더 좋을 수도 있다. 그런데 물이 끓을 즈음해서 소금을 넣도록 하자. 먼저 넣으면 끓기까지 시간이 오래 걸린다. 이것은 화학의 원리를 요리에 멋지게 적용한 예이다.

전극
순수한 물은 전기가 통하지 않는다. 그래서 전구에 불이 들어오지 않는다.
소금을 물에 넣어주고 녹이면 전기 전도도가 좋아져서 전구에 불이 들어온다.
순수한 물
소금을 많이 녹일수록 전구가 밝게 빛을 낸다.
소금물

그림 5.16 염분은 물의 전기 전도도에 영향을 준다.

그림 5.17 달걀은 소금물에서는 뜨지만 민물에서는 가라앉는다.

$$\text{염분}(‰) = 1.80655 \times \text{염소도}(‰)^{11} \qquad (5.1)$$

예를 들어, 바다의 평균 염소도는 19.2‰이므로, 평균 염분은 1.80655 × 19.2‰이며, 값을 반올림하면 34.7‰가 된다. 다시 말해, 평균적으로 해수 1,000분량에 34.7분량의 용해된 물질이 들어있다.

표준 해수는 영국 웜리 소재 Institute of Oceanographic Services에서 천분율의 일만분의 1에 가장 가깝게 염소이온 함량을 분석한 해수로 만든다. 분석한 다음에는 앰플이라 불리는 작은 유리 병에 봉인되어 전 세계의 실험실로 보내져 분석 장비의 보정에 표준물질로 쓰인다.

해수 염분은 **염분측정기**(salinometer: *salinus* = salt, *meter* = measure)와 같은 현대 해양 장비로 매우 정확하게 측정할 수 있다. 대부분의 염분측정기는 해수의 전기 전도도(물질이 전류를 통과시키는 능력)를 측정한다. 전기 전도도는 물에 물질이 더 많이 용해될수록 향상된다(그림 5.16). 염분측정기는 염분을 0.003‰보다 더 나은 분해능으로 측정할 수 있다.

순수한 물과 해수 비교

표 5.2에서 순수한 물과 해수의 여러 가지 성질을 비교하였다. 해수는 96.5%가 물이기 때문에 대부분의 물리적 속성은 순수한 물의 속성과 매우 닮았다. 예를 들어 물에 소량의 용해된 염을 첨가해도 투명도가 변하지 않으므로 순수한 물과 바닷물의 색이 같다.

그러나 해수의 용해된 물질은 순수한 물과 비교하여 약간 다르면서도 중요한 물리적 속성을 부여한다. 한 예로 용해된 물질이 순수한 물의 상태 변화를 방해함을 상기하자. 표 5.2는 용존물질이 물의 어는점을 낮추고 끓는점을 높이는 것을 보여준다. 따라서 해수는 순수한 물의 어는점

표 5.2 순수한 물과 해수의 몇 가지 속성 비교

속성		순수한 물	해수(35‰)
색 (빛 투과)	소량	맑음(투과율 높음)	순수한 물과 같음
	대량	청록색(물이 가장 많이 산란시키는 파장임)	순수한 물과 같음
냄새		없음	갯냄새
맛		무미	짠맛
산도		pH : 7.0(중성)	표층 pH : 8.0~8.3, 평균 8.1(약알칼리성)
어는점		0℃	−1.9℃
끓는점		100℃	100.6℃
밀도(4℃)		1.000 g/cm³	1.028 g/cm³

표 5.2 **순수한 물과 해수의 몇 가지 속성 비교.**
https://goo.gl/qecylF

11 1.80655는 1을 0.5504로 나눈 값(해수 중 염소 이온의 비율은 55.04%임)이다. 그러나 실제로 나누어 보면 1.81686이 나오는데, 이는 원래 값과 0.57%만큼 다르다. 경험적으로 해양학자들은 바닷물의 조성의 일관성이 근사값에 불과함을 발견했고 1.80655를 사용하기로 동의했는데, 이 값이 해수의 총염분을 보다 정확하게 산출하기 때문이다.

(0°C)보다 낮은 온도인 −1.9°C에서 언다. 마찬가지로 해수는 100.6°C에서 끓으며 이는 순수한 물의 끓는점(100°C)보다 높다. 결과적으로 해수의 염은 물이 액체로 존재하는 온도 범위를 확장시킨다. 자동차 방열판에 사용되는 부동액에도 동일한 원칙이 적용된다. 부동액은 방열판에서 물의 빙점을 낮추고 비등점을 높이므로 물이 액체 상태로 유지되는 범위가 확장된다. 따라서 부동액은 겨울철에 어는 것과 여름에 끓는 것을 방지한다.

밀도는 순수한 물과 바닷물 사이의 작지만 현저한 차이를 나타내는 또 다른 속성이다. 밀도는 단위 부피당 질량으로 정의된다. 물질이 물에 첨가되어 용해될 때 단위 부피당 더 많은 질량이 추가되므로 물의 밀도가 커진다. 순수한 물과 해수 사이의 밀도 차이는 무시해도 될 것처럼 보이지만(표 5.2는 단지 0.028g/cm³의 증가를 보여줌), 물 잔 2개에 달걀을 띄운 간단한 실험은 밀도의 작은 차이가 부유하는 대상에게 아주 극적인 영향을 준다는 것을 보여준다(**그림 5.17**).

해수의 다른 중요한 성질(예컨대 pH와 해수 밀도의 수심에 따른 변화)은 이 장의 뒷부분에서 다룬다.

요약

해수의 염분은 염분측정기로 잴 수 있으며 평균은 35‰이다. 해수에 녹아 있는 성분은 해수로 하여금 순수한 물과 비교해서 차이가 나며 중요한 물리적 속성을 갖도록 해준다.

개념 점검 5.3 | 염분이 무엇인지, 어떻게 염분이 측정되는지 설명하라.

1 해수의 염분 평균값은 얼마인가? 통상 어떤 단위를 쓰는가 그리고 왜 이 단위가 쓰기 편한가?
2 염분의 어떤 조건이 해수의 총염분을 오직 한 가지 성분, 염소이온만 재서 결정하는 것을 가능케 해주는가?
3 어떤 측면에서 담수와 해수가 비슷한가? 이 둘은 어떻게 다른가?

학생들이 자주 하는 질문

전선에 가전제품을 물 근처에서 사용하지 말 것이라고 쓴 표지를 본 적 있습니다. 물의 극성이 전기가 흐르게 할 것이라서 경고한 것인가요?

그렇기도 하고 아니기도 하다. 물 분자는 극성을 띠어서 전기를 잘 통할 것이라 예상할 수 있다. 하지만 순수한 물에선 전기가 거의 통하지 않는다. 물은 전체로서는 전기적으로 중성이어서 음극과 양극으로 몰리지 않는다. 만일 가전제품을 극도로 순수한 물속에 떨어트린다면 전기가 흐르지 않을 것이다. 다만 물 분자는 정렬을 할 뿐이다. 수소 쪽은 음극 쪽으로 산소 쪽은 양극으로 향할 것이며 전기장은 중성화될 것이다. 흥미롭게도 전기를 통하게 하는 것은 물에 녹아 있는 물질들이다(그림 5.16 참조). 수돗물에서처럼 아주 조금만 들어있어도 전기가 통한다. 그래서 욕실에서 쓰는 가전제품(헤어 드라이어, 전기 면도기, 히터 등)에 경고 표지를 붙이게 된 것이다. 또한 번개가 칠 때 욕조나 샤워 등 일단 물을 피하라고 권고하는 이유이기도 하다.

5.4 해수의 염분은 왜 달라지는가?

염분측정기와 다른 기술을 사용하여 해양학자들은 염분이 해양의 지역에 따라 다르다는 결론을 내렸다. 해수 염분 분포의 양상은 어떻고, 그리 된 원인은 무엇일까?

염분 변동

육상에서 멀리 떨어진 먼바다에서 염분은 약 33~38‰ 사이로 변한다. 연안역에서는 염분 변화가 극단적일 수 있다. 예를 들어서 발트해에서는 염분의 평균은 10‰에 불과하다. 물리적인 조건들이 **갯물**(brackish water: *brak* = salt, *ish* = somewaht)을 만들기 때문이다. 갯물은 담수(강과 높은 강우량)와 해수가 섞이는 곳에서 만들어진다. 반면에 홍해에서는 염분이 평균 42‰에 이른다. 왜냐하면 물리적 조건이 **과염**(hypersaline: *hyper* = excessive, *salinus* = salt)인 물을 만들기 때문이다. 과염수는 전형적으로 증발률이 높고 외해와 소통이 제한적인 바다와 육지에서 나타난다.

세계에서 가장 과염한 물은 내륙의 호수에서 발견된다. 내륙의 호수는 매우 짜서 종종 바다라고 불린다. 예를 들어서 유타 주의 그레이트 솔트 레이크는 염분이 280‰나 되며, 이스라엘과 요르단 국경의 사해는 330‰나 된다. 따라서 사해의 물은 용존 고형물을 33%나 함유하고 있으며 해수보다 거의 **열 배 더 염분이 높다**. 결과적으로 과염수는 매우 밀도가 높고 부력이 커서 사람이 쉽게 뜰 수 있는데, 심지어 팔과 다리가 수면 위로 나오게 할 수 있다(**그림 5.18**)! 또한 과염수는 바닷물보다 훨씬 더 맛이 짜다.

연안 해역의 염분은 또한 계절에 따라 달라진다. 예컨대 플로리다 주 마이애미 비치에 있는 해수의 염분은 10월에 약 34.8‰에서 증발이 활발한 5월과 6월에는 36.4‰까지 달라진다. 오리건 주 애스토리아 외해역의 해수 염분은 컬럼비아강에서 유입된 막대한 양의 담수 때문에 늘 아주 낮다. 여기서 4월과 5월(컬럼비아강이 최대 유량일 때)의 표면 해수 염분은 0.3‰까지 낮아지고 10월에는(담수 유입이 줄어든 건기) 2.6‰이다.

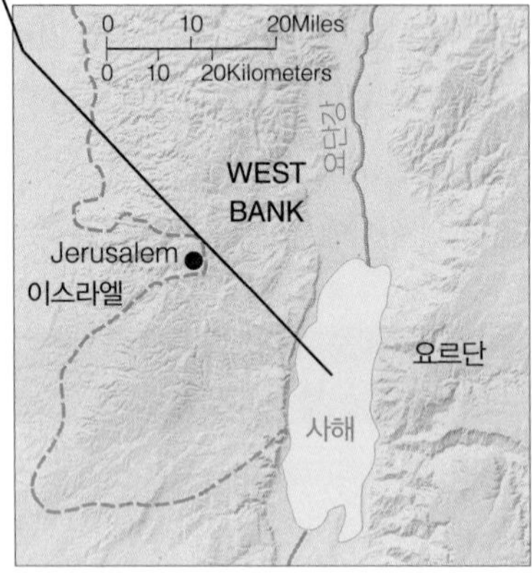

그림 5.18 **사해의 과염수가 수영객의 몸을 쉽게 뜨게 한다.** 보통 바닷물보다 염분이 열 배(330‰)나 되는 사해의 물은 밀도가 높다. 그 결과로 부력이 커서 수영객이 물에 쉽게 뜨게 해준다.

다른 부류의 물은 염분이 훨씬 낮다. 예를 들어서 수돗물은 0.8‰ 미만의 염분을 가지고 있으며, 맛이 좋은 수돗물은 보통 0.6‰ 이하이다. 고급 생수의 염분은 0.3‰ 수준이며 염분은 종종 라벨에 눈에 잘 띄게 통상 총용존고형분(total dissolved solids, TDS)이라 쓰고 ppm(parts per million) 단위로 표기하며 이 경우 1,000ppm은 1‰에 해당된다.

학생들이 자주 하는 질문

사람이 바닷물을 마시면 어떻게 되나요?

양에 따라 다르다. 바닷물의 염분은 우리의 체액보다 네 배가량 높다. 몸 안에서는 바닷물은 삼투현상에 따라 물의 농도가 높은 곳(정상 체액)에서 낮은 곳(바닷물이 든 소화관)으로 이동하게 된다. 따라서 평상시 체액이 소화관으로 몰리게 되고 결국 몸 밖으로 빠져나가므로 탈수 증세를 보이게 된다.

하지만 뜻하지 않게 바닷물을 조금 마셨다면 크게 걱정할 필요는 없다. 영양 측면에서 바닷물은 일곱 가지 주요 영양소를 공급할 수 있고 지방, 콜레스테롤, 열량은 전혀 없다. 어떤 이는 심지어 바닷물을 조금 마시는 것이 건강에 좋다고 주장한다. 그러나 해수에 어떤 때엔 바이러스나 세균이 엄청 많이 들어있으니 미생물 감염에 주의해야 한다.

표 5.3 **해수의 염분에 영향을 주는 프로세스들**
https://goo.gl/fZpUXm

해수의 염분에 영향을 주는 과정들

해수 염분에 영향을 미치는 프로세스들은 물(H_2O 분자)의 양 또는 물에 용해된 물질의 양을 바꾸어놓는다. 예를 들어 물을 더하면 용해된 성분이 희석되고 시료의 염분이 낮아진다. 반대로 물을 제거하면 염분이 올라간다. 이러한 방식으로 염분을 바꾸어놓아도 용해된 성분의 양이나 조성에는 영향을 미치지 않으므로 일정 성분비는 유지된다. 용해된 성분에 영향을 미치는 과정을 살펴보기 앞서 해수의 물의 양에 영향을 미치는 과정을 먼저 살펴보자.

해수 염분을 낮추는 과정들 표 5.3은 해수 염분에 영향을 미치는 과정을 요약한 것이다. 강수, **유수**(runoff, 하천 유출량), 빙산의 녹음과 해빙의 녹음은 바다에 담수를 더해주어서 해수 염분을 떨군다. 강수는 대기 중의 물이 비, 눈, 진눈깨비와 우박으로 지표로 되돌아오는 방식이다. 전 세계적으로 강수량의 약 3/4이 해양에 직접 떨어지고 1/4이 육지로 떨어진다. 해양으로 바로 내리는 강수는 담수를 더해주어서 해수의 염분을 낮춘다.

육지에 내린 강수의 대부분은 하천 유수로서 간접적으로 해양으로 되돌아온다. 이

표 5.3 해수의 염분에 영향을 주는 프로세스들

프로세스	구현 방식	가감되는 물질	해수의 염분에 주는 영향	해수의 물에 주는 영향	염분 증감	담수 자원 획득 가능성
강수	해상에 내리는 비, 진눈깨비, 우박, 눈	고순도 담수를 더해줌	없음	더해줌	낮춤	관련 없음
유수	하천을 따라 흐름	주로 담수를 더해줌	염을 극미량 더해줌	더해줌	낮춤	관련 없음
빙산의 녹음	빙하가 깨져 바다에서 녹음	고순도 담수를 더해줌	없음	더해줌	낮춤	남극 빙산을 남미로 예인한 적 있음
해빙의 녹음	바다에서 녹음	주로 담수와 약간의 염을 더해줌	염을 미량 더해줌	더해줌	낮춤	해빙을 녹인 물은 수돗물보다 우수함
해빙의 결빙	추운 곳에서 바닷물이 얼음	주로 담수를 빼내감	해수의 염의 30%가 얼음에 포함됨	빼내감	높임	결빙 분리를 통해 가능함
증발	더운 곳에서 증발함	아주 순수한 물을 빼내감	없음(염은 해수에 거의 남음)	빼내감	높임	수증기를 증류시키면 가능함

표 5.4 해수와 유수의 주요 용존 성분 비교

성분	하천수의 농도(ppm)	해수의 농도(ppm)
중탄산이온(HCO_3^-)	58.4	미량
칼슘이온(Ca^{2+})	15.0	400
실리카(SiO_2)	13.1	3
황산이온(SO_4^{2-})	11.2	2700
염소이온(Cl^-)	7.8	19,200
소듐이온(Na^+)	6.3	10,600
마그네슘이온(Mg^{2+})	4.1	1300
포타슘이온(K^+)	2.3	380
총량(ppm)	119.2ppm	34,793ppm
총량(‰)	0.1192‰	34.8‰

학생들이 자주 하는 질문

바닷물이 얼면 염분이 10‰가량인 해빙이 만들어진다고 한 바 있는데 이것을 녹여서 마셔도 괜찮은가요?

초기 북극 탐험가들이 물이 궁하다 보니 이 질문의 답을 찾아냈다. 배를 타고 고위도로 향했던 탐험가 가운데 몇몇은 실수로 또는 고의로 얼음에 갇히게 되었다. 선택의 여지가 없던 이들은 얼음을 녹인 물을 쓸 수 밖에 없었다. 새로 언 해빙에는 소금은 거의 들어있지 않지만 (짠) 바닷물 방울은 상당량 끼어 있다. 어는 속도에 따라 해빙의 염분은 4~15‰에 이른다. 빨리 얼수록 바닷물이 많이 갇히게 된다. 이런 얼음을 녹인 물의 염분은 상당해서 물맛도 나쁘고 35‰짜리 바닷물에 비해서는 느리지만 갈증을 일으키게 된다. 시간이 흐르면 바닷물 방울은 해빙의 성긴 조직 틈새를 타고 흘러내려서 염분이 낮아진다. 한 살쯤 된 얼음은 꽤나 순수한 물처럼 된다. 이런 얼음을 녹인 물이 초기 탐험가의 생존을 도와주었다.

물이 육지의 광물을 녹이긴 해도 **표 5.4**에서 볼 수 있듯이 유수는 비교적 순수한 물에 가깝다. 따라서 유수는 주로 해양에 물을 추가하므로 해수의 염분을 낮춘다.

빙산은 빙하가 해양이나 또는 대륙 주변해로 흘러들어 녹기 시작하면서 쪼개져 나와 자유롭게 떠도는 얼음 덩어리이다. 빙하의 얼음은 고산지에 내린 눈에서 비롯되었으므로 빙산은 담수이다. 빙산이 바다에서 녹을 때, 담수를 더해주므로 이는 해수의 염분이 감소되는 또 다른 방법이다.

해빙은 고위도 지역에서 해수가 얼어서 생긴 것으로 주로 담수로 되어 있다. 고위도 지역에 여름이 돌아와서 날씨가 따뜻해지면 해빙이 바다에서 녹아서 바다에 소금기가 적은 담수가 첨가된다. 따라서 해수 염분은 낮아진다.

해수 염분을 높이는 과정들 해빙의 생성과 증발은 해양에서 물을 제거함으로써 해수 염분을 높인다(표 5.3). 해수가 얼면 해빙이 만들어진다. 해수의 염분과 어는 속도에 따라 해수에서 용해된 성분의 약 30%가 해빙에 남게 된다. 이는 35‰인 해수를 얼리면 염분 약 10‰짜리(35‰의 30%) 해빙이 만들어짐을 뜻한다. 해빙이 얼면 결과적으로는 물을 선택적으로 제거한 셈이므로 남겨진 해수의 염분이 높아진다. 염분이 높은 물은 밀도도 높기 때문에 해수는 표면 아래로 가라앉는다.

증발은 끓는점보다 낮은 온도에서 물 분자가 액체 상태에서 증기 상태로 바뀌는 현상임을 상기하자. 증발은 바다에서 물을 제거하고 용해된 물질은 남긴다. 따라서 증발은 해수 염분을 증가시킨다. 전 세계적으로 증발의 86%가 바다에서 일어난다.

수문학적 순환 그림 5.19는 수면과 그 위 그리고 지하에서 물이 끊임없이 움직이는 것을 설명하는 **수문학적 순환**(hydrologic cycle, hydrology: *hydro* = water, *logos* = study of)을 보여준다. 수문학적 순환의 여러 구성원을 통한 물의 이동은 해양, 대기, 대륙 사이에서 물을 재순환시키는 과정들을 포함하며, 이는 물이 여러 다른 수문학적 순환의 구성원들(또는 저장고들) 사이로 쉼없이 드나들고 있음을 보여준다. 수문학적 순환의 여러 과정들이 해수의 염분에 영향을 준다는 점에 주목하자. 예를 들어서 해양으로 흘러드는 유수는 그 지역의 해수의 염분을 바꾸어 놓는다. 이 그림은 또한 지구의 저장고를 보여주며, 지표면 또는 그 근처의 물의 대부분이 해양에 있다는 것을 알려준다.

Interdisciplinary

Relationship

또한 그림 5.19에는 다양한 저장소 사이의 연평균 물의 이동량속 또는 **플럭스**도 표기되어 있다.

요약

지표에서 일어나는 여러 프로세스는 해수의 염분을 낮추거나(강수, 유출, 빙산과 해빙의 녹음) 높인다(해빙의 결빙과 증발).

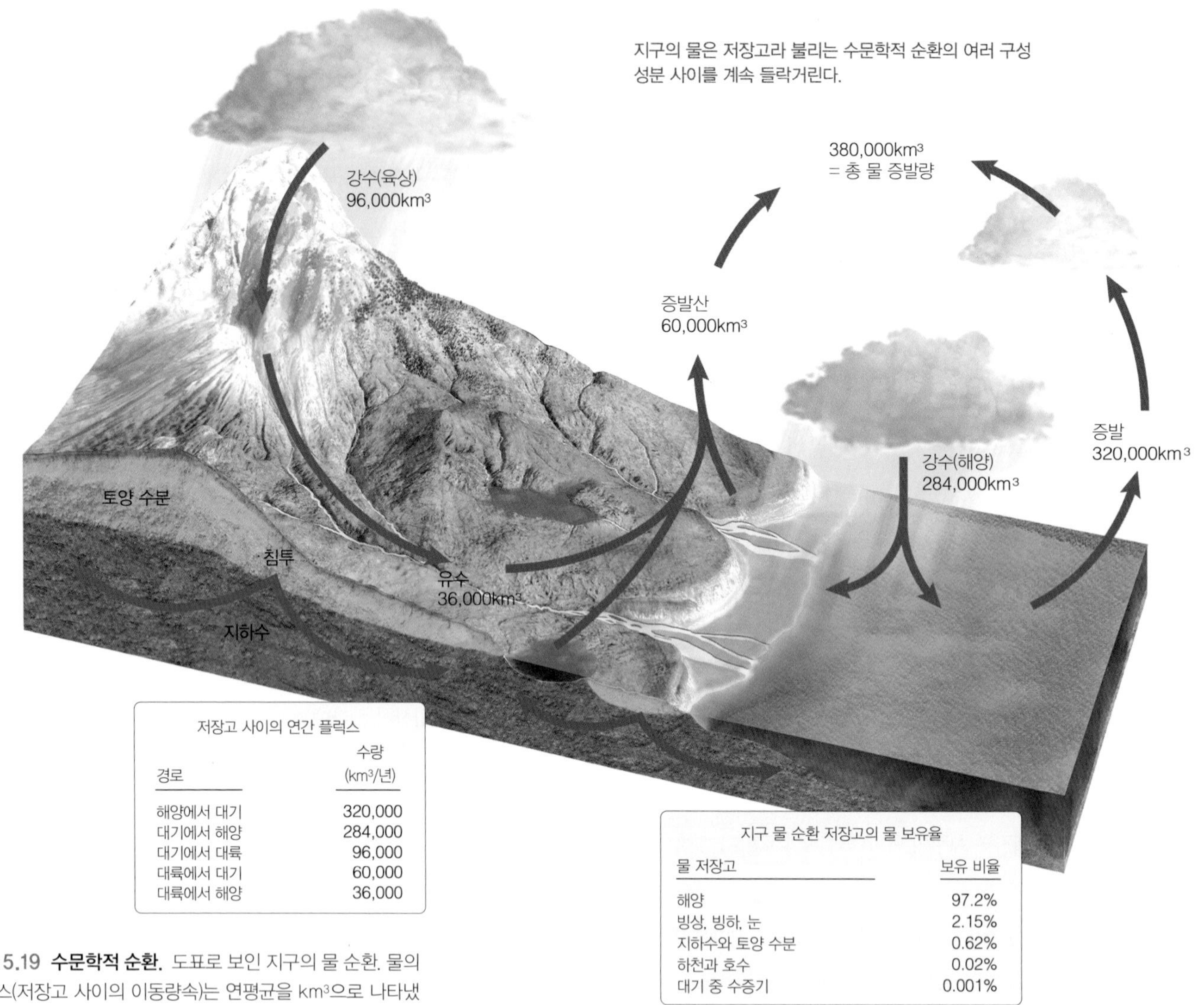

저장고 사이의 연간 플럭스

경로	수량 (km³/년)
해양에서 대기	320,000
대기에서 해양	284,000
대기에서 대륙	96,000
대륙에서 대기	60,000
대륙에서 해양	36,000

지구 물 순환 저장고의 물 보유율

물 저장고	보유 비율
해양	97.2%
빙상, 빙하, 눈	2.15%
지하수와 토양 수분	0.62%
하천과 호수	0.02%
대기 중 수증기	0.001%

그림 5.19 수문학적 순환. 도표로 보인 지구의 물 순환. 물의 플럭스(저장고 사이의 이동량속)는 연평균을 km³으로 나타냈음. 왼쪽 표는 저장고 사이의 플럭스를 오른쪽 표는 각 저장고가 지구의 물의 양에 차지하는 백분률을 보였음.

Web Animation
지구의 물과 물의 순환
http://goo.gl/3Ra4I2

해수에서 가감되는 용존 성분

해수의 염분은 용해된 성분의 양에 따라 달라진다. 흥미롭게도 용해된 성분은 바다에 영원히 머무르지 않는다. 그 대신에 **그림 5.20**에 보인 과정을 따라 해수에서 들락거리며 순환한다. 관련된 과정들은 하천 유수, 즉 하천이 대륙 암석을 이온으로 용해시켜 바다로 나른 것과, 육상과 해저 화산 분출을 포함한다. 다른 기원으로는 대기(기체에 기여함)와 생물학적 상호 작용이 있다.

하천 유출수는 용존된 물질이 해양에 더해지는 가장 중요한 방법이다. 표 5.4는 하천수와 해수에 용해된 주성분을 비교한 것이다. 이는 하천은 해수와 비교해서 염분이 훨씬 낮으며 용존 물질의 조성이 크게 다르다는 것을 보여준다. 예를 들어서 중탄산이온(HCO_3^-)은 하천수에 가장 풍부하게 용해된 성분이지만 해수에서 미량으로 발견된다. 그와 반대로 해수에 가장 많이 용해된 성분은 염소이온(Cl^-)인데 하천에서는 매우 낮은 농도로 들어있다.

만일 하천수가 해수에 용해된 물질의 주공급원이라면 왜 둘의 성분이 서로 더 가깝게 일치하지 않을까? 이유 중 하나는 일부 용해된 물질이 해양에 머물면서 시간이 지남에 따라 축적되기 때문이다. **체류시간**(residence time)은 물질이 해양에 머문 평균 시간이다. 긴 체류시간은 용존 물질의 농도를 높인다. 예

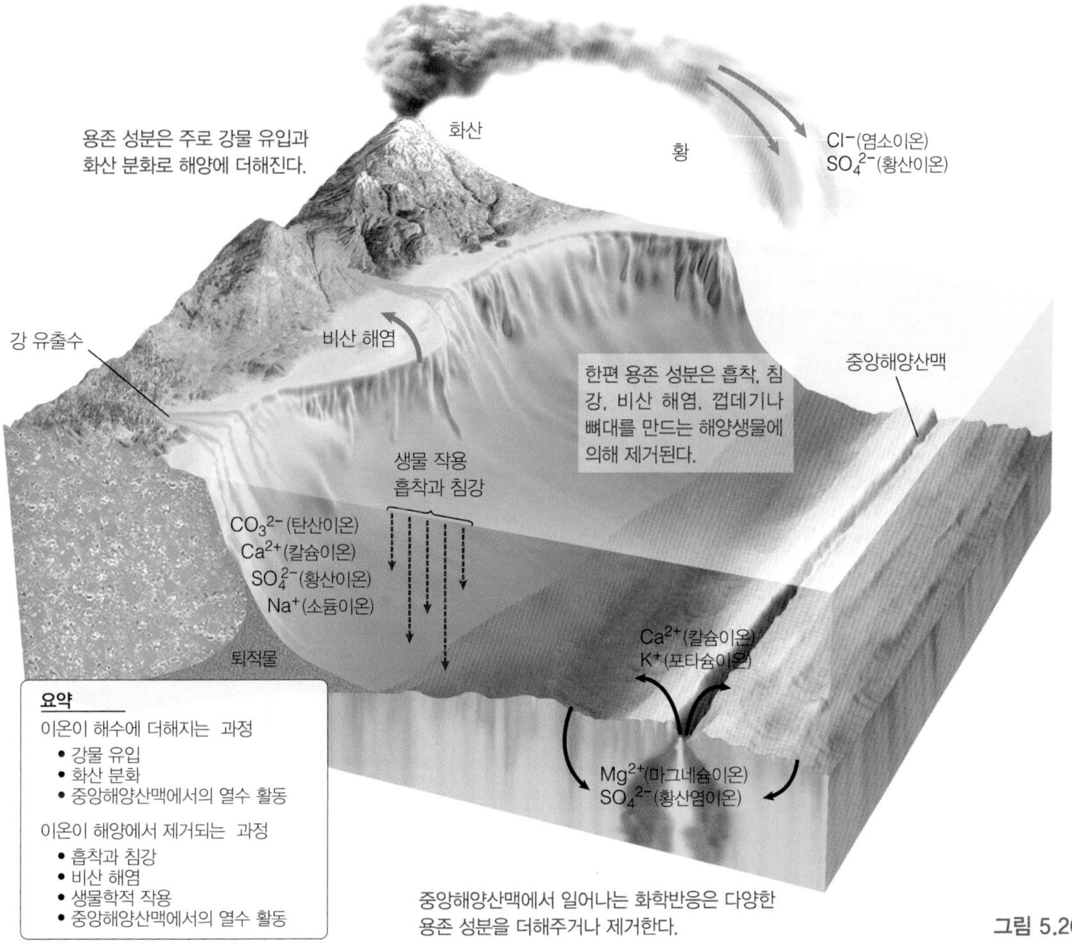

용존 성분은 주로 강물 유입과 화산 분화로 해양에 더해진다.

화산

황

Cl^-(염소이온)
SO_4^{2-}(황산이온)

강 유출수

비산 해염

한편 용존 성분은 흡착, 침강, 비산 해염, 껍데기나 뼈대를 만드는 해양생물에 의해 제거된다.

중앙해양산맥

생물 작용
흡착과 침강

CO_3^{2-}(탄산이온)
Ca^{2+}(칼슘이온)
SO_4^{2-}(황산이온)
Na^+(소듐이온)

퇴적물

Ca^{2+}(칼슘이온)
K^+(포타슘이온)

Mg^{2+}(마그네슘이온)
SO_4^{2-}(황산염이온)

요약

이온이 해수에 더해지는 과정
- 강물 유입
- 화산 분화
- 중앙해양산맥에서의 열수 활동

이온이 해양에서 제거되는 과정
- 흡착과 침강
- 비산 해염
- 생물학적 작용
- 중앙해양산맥에서의 열수 활동

중앙해양산맥에서 일어나는 화학반응은 다양한 용존 성분을 더해주거나 제거한다.

그림 5.20 **해수 용존 성분의 순환.**

를 들어 소듐이온(Na^+)은 체류시간이 2억 6천만 년이나 되어서 결과적으로 해양에서 농도가 높다. 알루미늄과 같은 다른 원소는 체류시간이 기껏해야 100년 남짓해서 해수에서 농도가 극히 낮다.

시간이 가면 해수는 더 짜질까? 바다로 새 용존 물질이 계속 들어가고 염의 대부분이 체류시간이 길어서 그렇게 될 것이라고 답하는 것이 논리적이라 들린다. 그러나 고대 해양 생물과 해저 퇴적물을 분석한 결과는 시간이 지남에 따라 해양의 염분이 늘지 않았다고 제시한다. 그렇다면 바다에 더해지는 속도로 제거되었음이 분명하다. 그 결과로 여러 원소의 평균적인 양은 일정하게 유지되었기 때문일 것이다(이를 **정상상태** 조건이라고 함).

해양으로 더해지는 과정들은 해양에서 제거하는 몇 가지 과정으로 상쇄된다. 예를 들어 파도가 깨질 때 물보라는 작은 염 입자를 대기로 내보내고 일부는 육지로 날아가서 씻겨서 해양으로 되돌아올 때까지 육상의 이곳 저곳으로 날리게 된다. 이런 식으로 해양에서 나가는 양은 어마어마하다. 최근 연구에 따르면 33억 톤이나 되는 염이 매년 날리는 염 입자로 대기로 유입되고 있다. 다른 예는 중앙해저산맥을 따라 열수공 부근(그림 5.20 참조)에서 해수가 걸러지는 것이다. 이때 마그네슘이온과 황산이온은 해저에서 광물로 침적된다. 실제로 해수의 화학성분 연구 결과에 따르면 해양의 모든 해수가 중앙해저산맥의 열수공을 통해 3백만 년에 한 번 꼴로 걸러지고 있다. 그 결과로 해수와 현무암 지각 사이의 원소 교환은 해수의 조성에 중요한 영향을 미친다.

용존 물질은 해수에서 다른 방법으로도 제거된다. 칼슘, 탄산이온, 황산이온, 소듐과 규소는 죽은 미소 생물의 껍데기나 배설물로서 해저퇴적물로 침적한다. 바다 가운데 육지로 막힌 곳이 말라붙으면 **증발진류암**이 만들어지면서 엄청난 양의 용존 물질이 제거된

다(예를 들면 지중해 지하의 증발잔류암). 그에 더해 해수에 녹아 있던 이온은 침강하는 점토나 생물 입자의 표면에 흡착(물리적으로 들러붙음)되어 제거된다.

개념 점검 5.4 | 해수의 염분이 왜 달라지는지 설명하라.

1 어떤 물리적 조건이 발트해의 갯물과 홍해의 과염 해수를 만드는가?

2 용존 성분이 해수에 더해지고 제거되는 경로를 설명하라.

3 지구의 물을 보관하는 수문학적 순환의 구성원(저장고)과 보유율을 열거하라. 물이 이들 저장고 사이로 움직이는 과정을 설명하라.

5.5 해수는 산성인가 염기성인가?

산(acid)은 물에 녹였을 때 수소이온(H^+)을 내놓는 물질이다. 산을 녹인 용액은 산성이라고 말한다. 강산은 물에 녹였을 때 가지고 있는 수소이온을 모두 내놓으려는 성질이 있다. **염기**(alkali 또는 base)는 물에 녹였을 때 수산화이온(OH^-)을 내놓는 물질이다. 염기를 녹인 용액을 염기성이라고 말한다. 강염기는 물에 녹였을 때 가지고 있는 수산화이온을 모두 내놓으려는 성질이 있다.

물 분자는 해리했다가 다시 결합하는 것을 반복하기 때문에 물에는 언제나 수소이온과 수산화이온이 아주 적은 양으로 들어있다. 화학식으로는 다음과 같이 표기한다.

$$H_2O \underset{\text{재결합}}{\overset{\text{해리}}{\rightleftharpoons}} H^+ + OH^- \quad (5.2)$$

만약 수소이온과 수산화이온이 모두 물 분자의 해리에서 비롯된 것이라면 이들의 농도는 언제나 같아서 결과적으로 물은 중성임을 주목하자.

물질이 물속에서 해리되면 용액을 산성 또는 염기성으로 만들 수 있다. 예를 들어 물에 염산(HCl)을 첨가하면 HCl 분자의 해리로 인해 과량의 수소이온이 나오기 때문에 용액은 산성이 된다. 반대로 베이킹 소다(중탄산 소듐, $NaHCO_3$)와 같은 염기가 물에 첨가되면, $NaHCO_3$ 분자의 해리로부터 과량의 수산화이온(OH^-)이 나오게 되어 생성된 용액은 염기성이 될 것이다.

학생들이 자주 하는 질문

물이 만능 용매라면서 어떻게 순수한 물의 pH는 중성인 7.0인가요?

사실 물이 물질을 정말 잘 녹이는데도 중성이라는 점은 놀라운 일이다. 직관적으로는 물이 산성일 것으로 그러니까 pH가 낮을 것으로 생각된다. 그러나 pH는 용액의 수소 이온(H^+)의 양을 재는 것이지(물처럼) 수소결합을 이루어 물질을 녹이는 능력을 재는 것이 아니다.

pH 척도

그림 5.21은 용액의 수소이온 농도를 재는 **pH**(power of hydrogen) **척도**를 보여준다. pH 값은 0(강산성)에서 14(강알칼리성 또는 강염기성)의 범위이며, 순수한 물과 같은 **중성**(neutral) 용액의 pH는 7.0이다.[12] pH척도는 선형이 아니다 — pH 단위 1.0 감소는 수소이온의 농도가 열배 증가한 것에 해당해서 물을 더 산성으로 만들고, 반면 1.0 단위만큼 커지면 1/10로 주는 것에 상응해서 물을 보다 염기성으로 만든다.

해양 표층수의 평균 pH는 약 8.1이고 범위는 약 8.0~8.3이므로 해수는 약염기성이다. 심층 해수의 pH는 일반적으로 표층수보다 낮다(**그림 5.22**). 해수는 이산화탄소와 결합하여 탄산(H_2CO_3)[13]이라 불리는 약산을 만들고, 탄산은 해리해서 수소이온(H^+)을 방출한다.

$$H_2O + CO_2 \rightarrow H_2CO_3 \rightarrow H^+ + HCO_3^- \quad (5.3)$$

12 역주 : pH 값은 0보다 작을 수도 있고 14보다 클 수도 있다.

13 역주 : 탄산은 그 자체로는 더 센 산이다(탄산 음료를 연상해볼 것). 책에서 말하는 탄산은 진짜 탄산과 물에 녹은 이산화탄소를 합한 것으로 이 경우에는 약산에 해당한다.

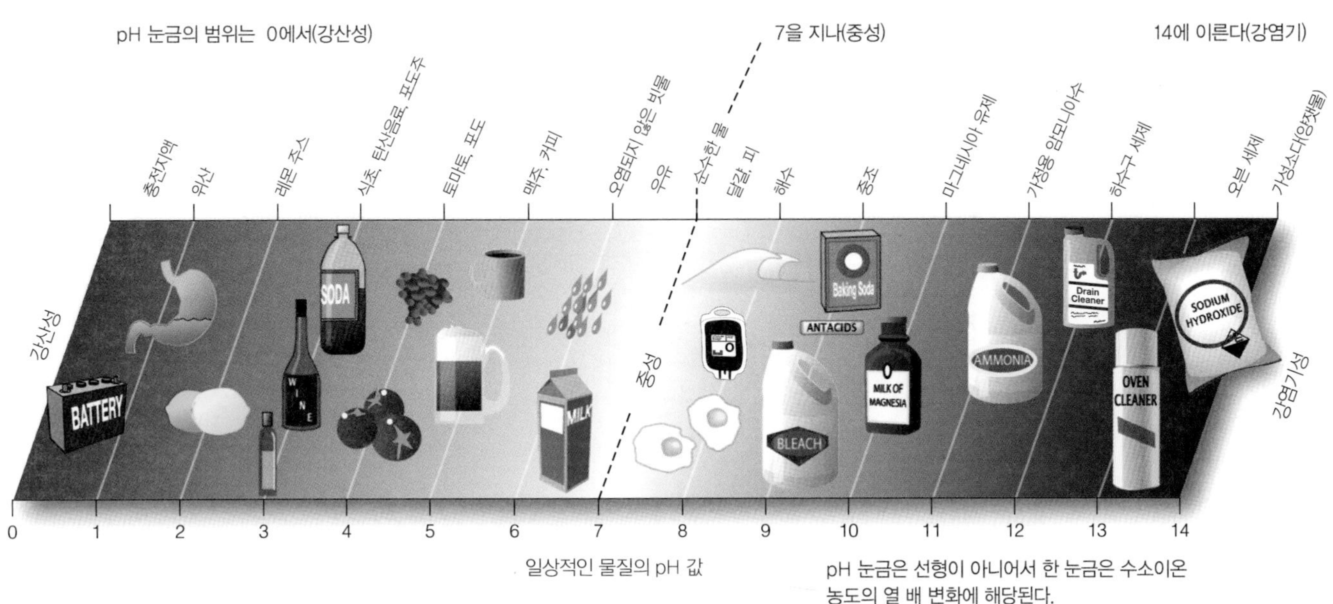

그림 5.21 pH 눈금과 일상적인 물질의 pH 값.
https://goo.gl/58UuLh

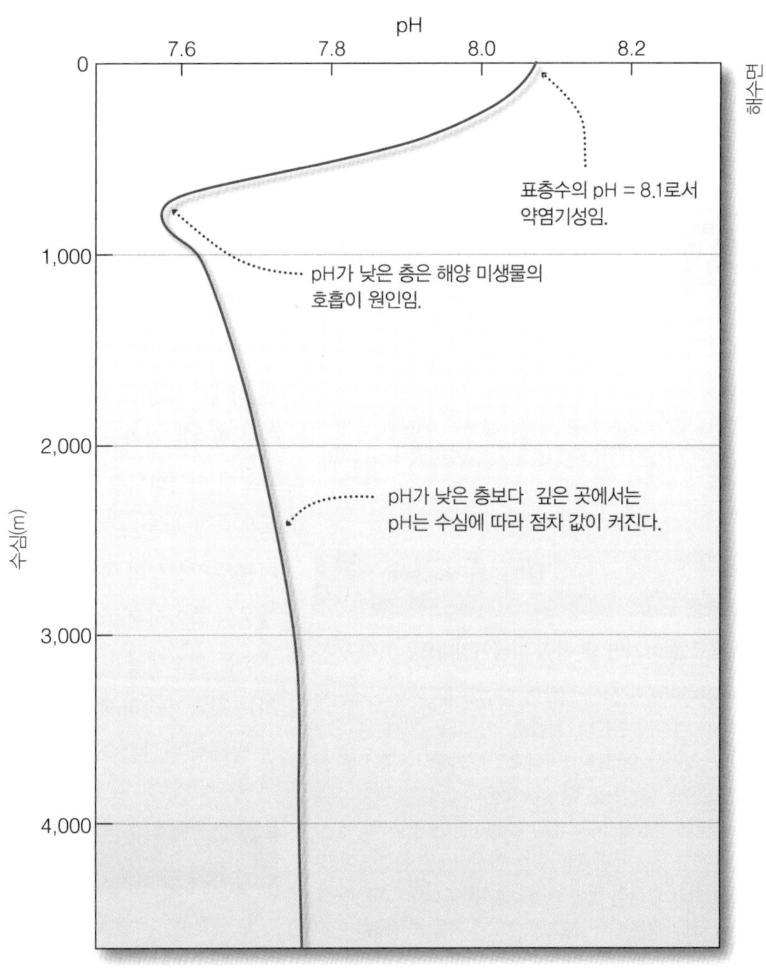

그림 5.22 해수의 pH는 수심에 따라 달라진다.

이 반응은 해양을 약간 산성으로 만들어놓을 것처럼 보인다. 그러나 탄산은 **완충**이라 불리는 과정을 통해 해양을 약염기성으로 유지시킨다.

탄산염 완충 시스템

그림 5.23의 화학 반응은 이산화탄소(CO_2)가 물(H_2O)과 결합하여 탄산(H_2CO_3)을 만드는 것을 보여준다. 그다음에 탄산은 수소이온(H^+)을 내놓고 음전기를 띤 중탄산이온(HCO_3^-)이 될 수 있다. 중탄산이온도 수소이온을 내놓을 수 있는데 탄산보다는 미온적이다. 중탄산이온이 수소이온을 내놓으면 −2가인 탄산이온(CO_3^{2-})이 되며 이 중 일부는 칼슘이온과 결합하여 탄산칼슘($CaCO_3$)을 형성한다. 탄산칼슘 중 일부는 다양한 유 · 무기적 수단에 의해 침전되고 그 뒤에 가라앉아 심해에서 용해되어 해수로 되돌아 나온다.

그림 5.23의 아래에 있는 방정식들은 탄산이 관여하는 일련의 화학 반응이 어떻게 **완충 작용**(buffering)이라고 불리는 과정을 통해서 해양의 pH 변화를 줄이는지를 보여준다. 완충된 아스피린이 민감한 위장을 보호하는 것과 마찬가지로 완충은 해양이 너무 산성이나 염기성이 되는 것을 막아준다. 예를 들어서 해양의 pH가 높아지면(지나치게 염기성이 됨) H_2CO_3가 H^+를 방출해서 pH가 낮아진다. 반대로 해양의 pH가 낮으면(지나치게 산성이 됨), HCO_3^-

그림 5.23 탄산염 완충 시스템. 대기의 이산화탄소(CO_2)가 해양에 들어와서 화학반응을 일으킨다.

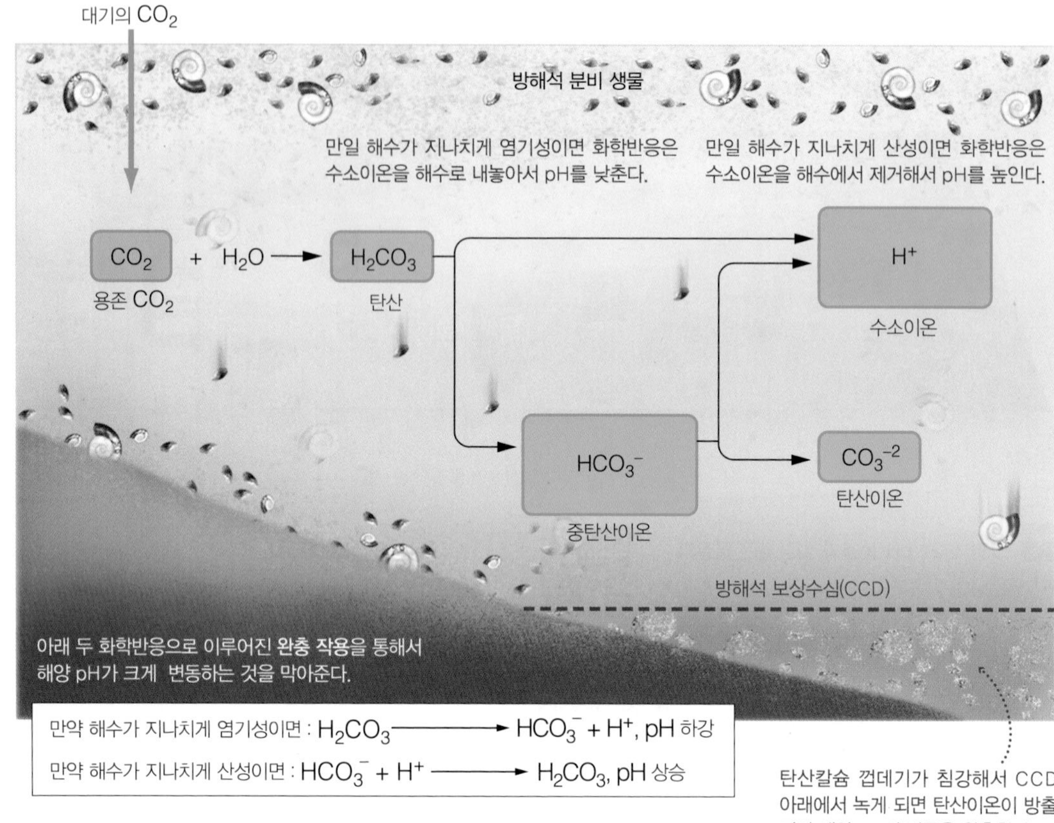

Web Animation
탄산 완충계
https://goo.gl/ZsCngq

요약

탄산 화학종이 관여하는 화학반응들은 해양을 완충시켜서 평균 pH가 8.1(약염기성)로 유지되도록 도와준다.

학생들이 자주 하는 질문

탄산 음료를 마시면 왜 목이 따끔거리나요?

이산화탄소가 물에 녹으면 일부가 물 분자와 결합해서 탄산을 만든다. 탄산은 약산이라 대부분은 그대로 있다. 하지만 일부는 자연적으로 해리해서 음전하를 띤 중탄산이온과 양전하를 띤 수소이온의 둘로 갈린다. 수소이온 때문에 산성을 띠게 된다. 수소이온이 많을수록 산성은 강해진다. 탄산수에 들어있는 탄산이온은 음료에 신맛이 나게 하고 탄산이 많이 들어있을수록 더 시다. 탄산음료를 마실 때 감각은 중간 정도의 산도가 목을 자극해서 느끼게 되는 것이다.

는 H^+와 결합하면서 제거하여 pH를 높여준다. 이러한 방식으로 완충작용은 해수의 pH가 크게 요동치는 것을 방지하고 해양이 제한된 pH 범위 내에 머무르도록 한다. 그러나 최근에 인간이 배출하는 이산화탄소의 양이 늘어나면서 해양에 침투해서 해양의 pH를 산성화시키고 있다. 이 과정에 대한 자세한 내용은 제16장 '해양과 기후 변화'를 참조하라.

Climate Connection

Interdisciplinary Relationship

심해수는 차가워서 기체를 더 많이 녹일 수 있기 때문에 심해수에는 표층수보다 이산화탄소가 더 들어있다. 또한 심해의 높은 압력이 해수에 기체가 녹는 것을 돕는다. 이산화탄소가 물과 결합하여 탄산을 만든다면 왜 심해의 찬물은 강산성이 아닐까? 탄산칼슘(방해석)으로 껍데기를 만드는 해양미소생물이 죽어서 가라앉게 되면 완충작용을 통해 산을 중화시킨다. 본질적으로 탄산칼슘을 분비하는 미소생물은 약국에서 파는 제산제가 과도한 위산을 중화하기 위해 탄산칼슘을 사용하는 것과 비슷하게 심해에 대한 '제산제' 역할을 한다. 제4장에서 설명한 것처럼, 이 껍데기는 방해석(탄산칼슘) 보상수심(CCD) 아래에서 쉽게 용해된다.

개념 점검 5.5 | 해수의 산성/염기성에 대해 토의하라.

1 산성과 염기성 물질의 차이를 설명하라.
2 해양의 완충 시스템은 어떻게 작동하는지 설명하라.

5.6 해수의 염분이 표층에서 그리고 수심에 따라 어떻게 달라지는가?

해수면에서 심층까지 염분, 온도와 밀도가 달라진 결과로 층이 진 해양이 만들어진다. 성층은 해수의 혼합, 해류의 움직임과 해양 생물의 분포에 영향을 준다. 이번과 다음 절에서는 해양이 층으로 나뉘게 만든 표면과 수심에 따른 속성 변화를 살펴보자.

표면의 염분 변동

표면 해수의 염분은 평균값은 35‰이지만 위도에 따라 다르다(**그림 5.24**). 그림 5.24의 빨간색 선은 온도로서 고위도에서는 낮지만 적도에 이르기까지 위도에 따라 꾸준히 높아진다. 그림의 초록색 선은 염분으로서 고위도에서 가장 낮고, 남북회귀선 부근에서 가장 높았다가 적도 근방에서 살짝 낮아진다.

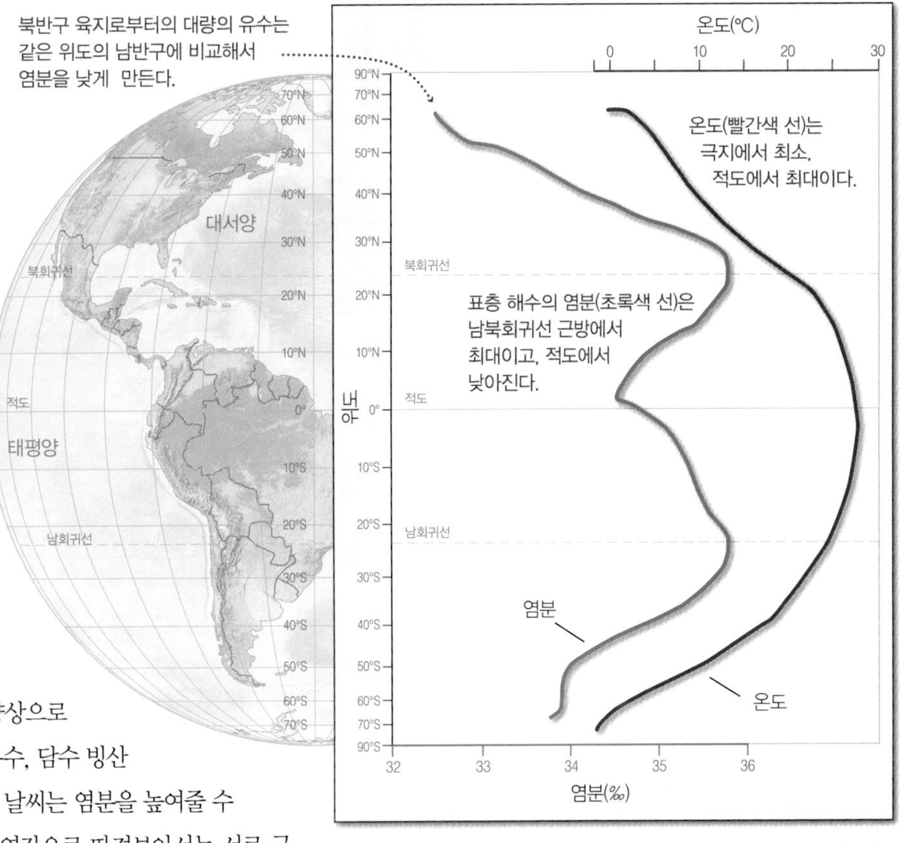

그림 5.24 표층. 해수의 염분과 온도의 위도에 따른 변동. 표층 해수의 염분 변동(초록색 선)을 해수 표면 온도(빨간색 선)와 함께 보였음.

표면 해수의 염분은 왜 그림 5.24와 같은 양상으로 달라질까? 고위도 지역에서 풍부한 강수량과 유수, 담수 빙산이 녹는 것은 모두 염분을 낮춘다. 게다가 추운 날씨는 염분을 높여줄 수 있는 증발을 억제한다. 해빙이 얼고 녹는 것은 연간으로 따져보아서는 서로 균형을 이루어서 염분 변화 요인이 되지 않는다.

저위도에서는 지구의 대기 순환 양상(제6장 '대기-해양 상호 작용' 참조)에 따라 따뜻하고 건조한 공기가 하강하는 남북회귀선 근방에선 증발 속도가 빨라서 염분이 높다. 또한 염분을 낮춰줄 강수와 강물 유입이 적다. 그 결과 남북회귀선 부근은 대륙성이건 해양성이건 이 세상의 사막이다.

적도 부근에서는 온도가 따뜻해서 증발률은 염분을 높이기에 충분하게 높다. 하지만 강수와 강물 유입이 늘어서 부분적으로 높은 염분을 상쇄시킨다. 예를 들면 적도를 따라 스콜이 일상적이어서 해양에 더해진 물이 염분을 떨어뜨린다.

그림 5.25는 전 세계적으로 해양 표면의 염분이 어떻게 변하는지를 보여주는 위성으로 수집한 자료의 지도이다. 위성 영상의 전반적인 패턴이 그림 5.24의 그래프와 일치하는 정도를 주목하여 보기 바란다. 예를 들어 그래프와 위성 영상은 둘 다 아열대 지역(그림 5.25, **주황색**)의 높은 염분과 비가 잦은 극 지역과 적도대의 낮은 염분(그림 5.25, **파란색**)을 보여준다. 또한 대서양은 태평양보다 염분이 높다. 대서양의 염분이 대체로 높은 것은 육지에 가까이 있는 것과 그에 따른 대륙 효과로 인해 발생한다. 이것은 비교적 좁은 대서양에서, 특히 열대역에서, 증발 속도를 높여준다. 위성 영상은 또한 아마존 강에서 나온 강물로 인한 저염수의 확장 범위를 보여준다(그림 5.25 **보라색**).

염분의 수심 변동

그림 5.26은 수심에 따른 염분 변동을 보여준다. 그림은 먼바다에서 각각 고위도 지역과 저위도 지역의 자료를 보여주고 있다.

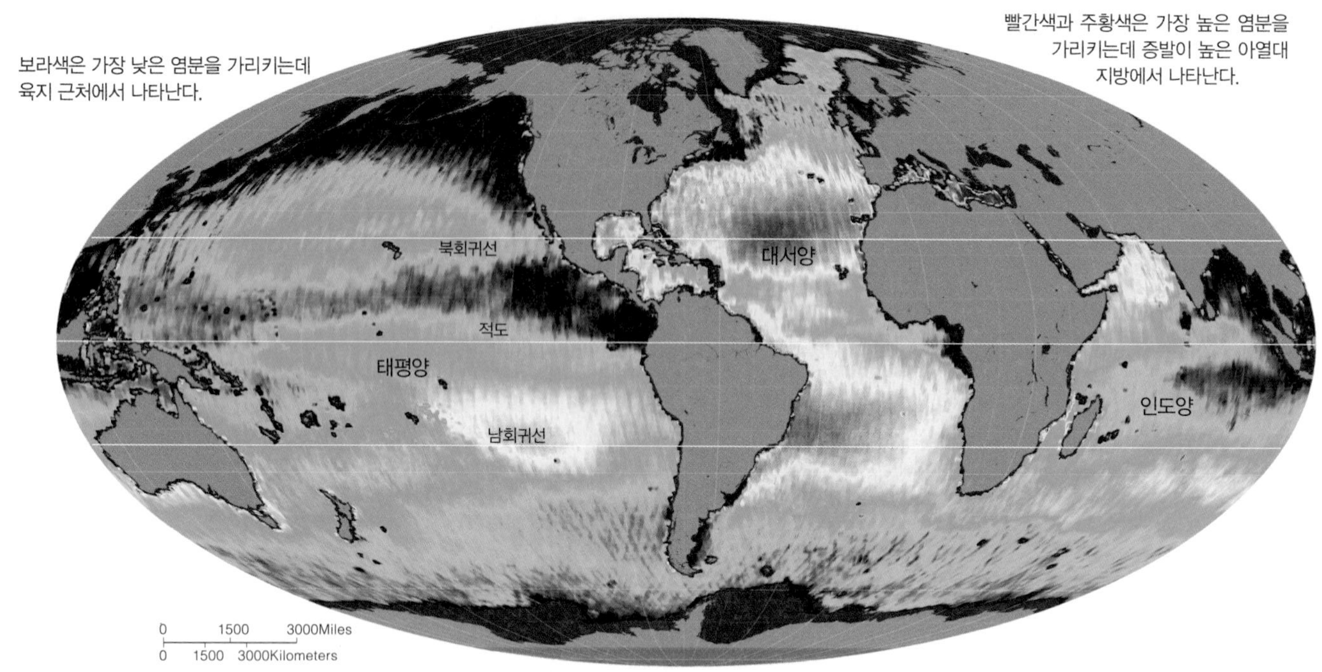

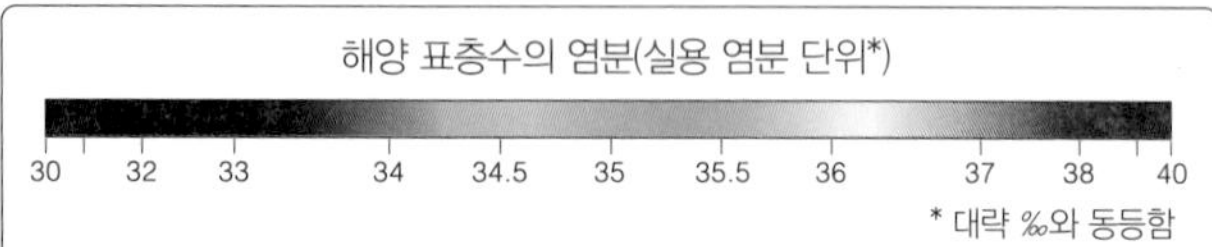

그림 5.25 위성 자료로 도출한 표층 해수의 염분. 아쿠아리우스 위성이 2015년 1월에 수집한 자료로 그린 표층 해수의 염분 지도. 값은 실용 염분 단위로서 대략 ‰와 동등함. 검정색 구역은 자료가 없는 곳임. 남북 방향의 줄은 위성이 지나간 궤적에 의한 허상임.

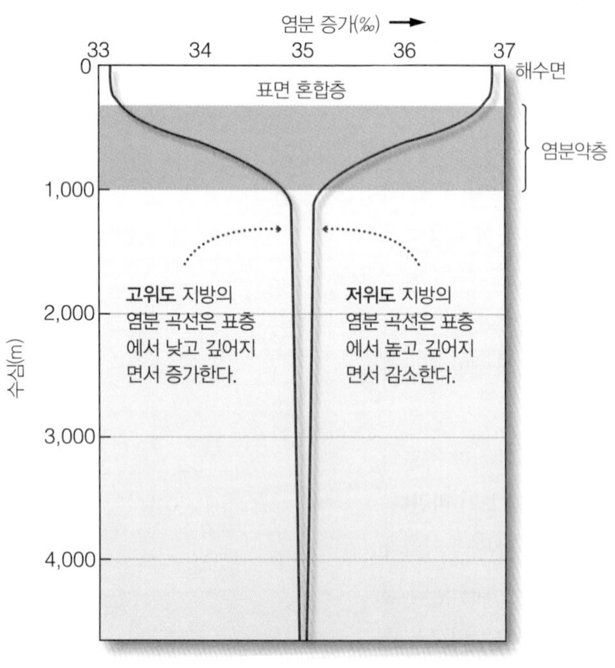

그림 5.26 수심에 따른 염분 변동. 수심에 따른 고위도와 저위도 지방의 염분 변동을 보인 그림. 가로축의 단위는 ‰, 세로 축은 수심으로 단위는 m이고, 꼭대기가 해수면임. 염분이 가파르게 변하는 층을 염분약층이라 부른다. https://goo.gl/9b1dP7

그림 5.26의 오른쪽 선은 열대 지방과 같은 저위도 지역의 수심에 따른 염분 변동을 보여준다. 이 곡선은 앞 절에서 논의된 이유 때문에 표면에서 높은 염분을 보인다. 표면의 염분이 적도대를 따라 비록 골이 패이긴 했지만(그림 5.24) 염분은 여전히 비교적 높다. 그런 다음에 수심이 깊어짐에 따라 곡선은 바닥까지 점점 더 낮은 염분으로 바뀌어간다.

그림 5.26의 왼쪽 선은 고위도 지역(남극 부근 또는 알래스카만)의 수심에 대한 염분 변동을 보여준다. 이 곡선은 앞 절에서 논의된 이유들로 해서 표면에서 낮은 염분을 보인다. 그런 다음에 수심이 깊어짐에 따라 곡선은 바닥까지 점점 더 높은 염분으로 바뀌어간다. 그래프의 두 곡선 모두 위도에 관계없이 심해에 값이 비슷한 염분 중간 값이 있음을 보여준다.

이 두 곡선은 합치면 볼이 넓은 샴페인 잔의 윤곽선을 닮았는데, 이는 염분은 표면에서는 크게 요동치지만 심해에서는 거의 바뀌지 않는다는 것을 보여준다. 그런 이유가 뭘까? 이는 해수 염분에 영향을 미치는 모든 과정(강수, 강물 유입, 빙산이 녹음, 해빙이 얼고 녹음, 증발)이 표면에 집중되어 발생하기 때문에 아래쪽 심해에는 영향을 주지 않기 때문이다.

염분약층

그림 5.26의 두 선들은 약 300m와 1,000m 사이에서 염분이 급하게 변하는 것을 보여준다. 저위도 곡선의 경우엔 염분 변동은 감소이다. 고위도 곡선의 경우엔 염분 변화는 증가이다. 두 경우 모두 염분이 깊이에 따라 급격

하게 변하는 층을 **염분약층**(halocline: *halo* = salt, *cline* = slope)이라고 한다. 염분약층은 해양에서 염분이 서로 다른 층을 분리시킨다.

요약

염분약층은 염분이 가파르게 변하는 층으로서 고위도와 저위도에 모두 나타난다.

개념 점검 5.6 | 해수의 염분이 표면에서 그리고 수심에 따라 어떻게 변하는지 구체적으로 설명하라.

1 고위도와 저위도 표면 해수의 염분은 왜 각기 낮고 높은지 설명하라.
2 그림 5.24에 보이는 적도 부근 표면 해수에 염분의 골이 나타나는 이유를 설명하라.
3 염분약층에 대해 어디서 나타나는지를 포함하여 설명하라.

5.7 해수의 밀도는 수심에 따라 어떻게 달라지는가?

순수한 물의 밀도는 4°C에서 1.000g/cm³이다. 이 값은 다른 물질의 밀도를 측정하는 데 기준이 된다. 해수에는 밀도를 높이는 여러 가지 용존 물질이 들어있다. 외양 해수의 밀도는 염분에 따라 1.022~1.030g/cm³을 보인다. 그러니까 해수의 밀도는 물보다 2~3% 높다. 민물과는 달리 해수는 −1.9°C에서 얼 때까지 밀도가 계속 커진다. 담수는 4°C보다 내려가면 밀도가 줄었음을 상기하자(그림 5.12 참조). 그러나 어는점에서 해수의 거동은 담수와 닮았다. 밀도가 극적으로 줄어들어서 역시 해빙이 물에 뜬다.

해수에서 밀도는 중요한 속성이다. 밀도에 따라 해수가 있게 될 수심이 정해져서 해수 덩어리가 뜨거나 가라앉기 때문이다. 그래서 심해에서 해류가 흐르게 된다. 예를 들어 밀도가 1.030g/cm³인 해수를 밀도가 1.000g/cm³인 담수에 더해주면 보다 무거운 해수는 담수 아래로 가라앉으면서 심해 해류를 일으킨다.

해수 밀도에 영향을 주는 요인들

해양도 지구의 내부처럼 밀도에 따라 층이 져 있다. 저밀도수는 표층에 있고 보다 고밀도인 물은 그 아래에 있다. 육지에 갇혀서 증발이 심해 고염수를 가진 얕은 내륙의 바다를 제외하면 최고밀도수는 대양의 가장 깊은 곳에 있다. 화살표를 사용해서 온도, 염분, 압력이 밀도에 미치는 영향을 살펴보자(위쪽 화살표 = 증가, 아래쪽 화살표 = 감소).

- 온도(↑), 밀도(↓)[14] : 열 팽창으로 인해
- 염분(↑), 밀도(↑) : 용해된 물질이 많아짐으로 인해
- 압력(↑), 밀도(↑) : 압력의 압축 효과로 인해

이 세 가지 요소 중 온도와 염분만이 표층수의 밀도에 영향을 미친다. 해구에서처럼 압력이 엄청 높을 때만 압력이 밀도에 영향을 준다. 그래도 심해의 해수 밀도는 표층수보다 5%가량만 더 크며, 1cm³당 수 톤의 압력이 가해져도 물은 거의 압축되지 않는다. 스쿠버 다이빙에 쓰려고 압축시켜 탱크에 넣을 수 있는 공기와 달리 액상의 물속에 있는 분자는 이미 서로 가까이 있어서 압축이 잘 되지 않는다. 따라서 압력은 표층수의 밀도에 거의 영향을 미치지 않으므로 대개 무시할 수 있다.

반면에 온도는 표층 해수 온도의 범위가 염분의 범위보다 넓기 때문에 표층 해수 밀도에 가장 큰 영향을 미친다. 실제로 염분은 온도가 낮고 비교적 일정하게 유지되는 바로 극지방에서만 밀도에 실질적인 영향을 미친다. 염분이 높은 찬물이 세계에서 가장 고밀도인 물 축에 낀다. 염분과 온도의 결과인 해수의 밀도는 고밀도의 물이 저밀도의 물 아래로 가라앉기 때문에 심해의 해류에 영향을 준다.

요약

해양에서 밀도의 차이는 층을 이루게 한다. 해수의 밀도는 온도가 내려가거나, 염분과 압력이 올라가면 커진다. 온도는 해수의 밀도에 가장 큰 영향을 준다.

14 어느 변수가 줄 때 그 결과로 다른 변수가 늘면 이는 역상관 관계에 있으며 이때 두 변수는 반비례한다.

온도와 밀도의 수심 변동

그림 5.27의 4개의 그래프는 저위도와 고위도 지역의 온도와 밀도에 대한 수심 단면 곡선을 비교한 것이다. 각 그래프를 하나씩 살펴보도록 하자.

그림 5.27a는 태양 고도각이 높고 낮의 길이가 일정한 저위도 지역에서 깊이에 따라 온도가 어떻게 변하는지를 보여준다. 그런데 태양에너지는 깊이 침투하지 못한다. 표층 수온은 약 300m 깊이까지는 표층

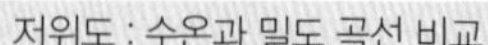

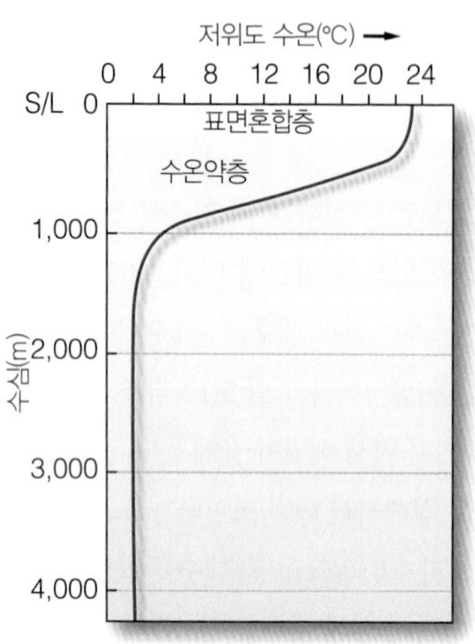

(a) 저위도 지방의 수심에 따른 수온 변동. 수온이 가파르게 변하는 층이 수온약층임

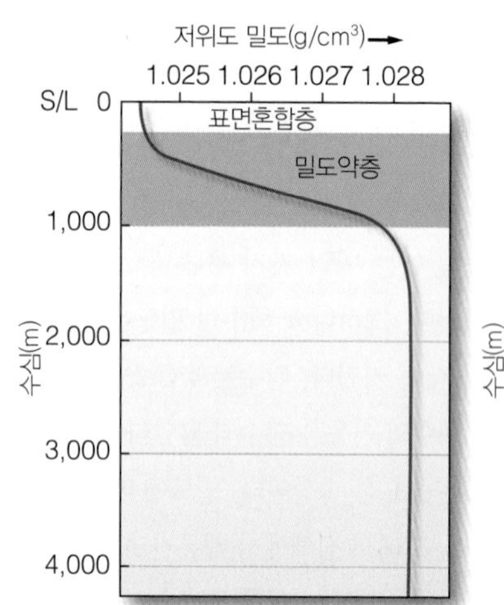

(b) 저위도 지방의 수심에 따른 밀도 변동. 밀도가 가파르게 변하는 층이 밀도약층임

이 그림 쌍은 서로 거울상 대칭을 이룸. 밀도가 온도에 대해 반비례 관계를 갖기 때문임

거울 대칭선(접는 선)

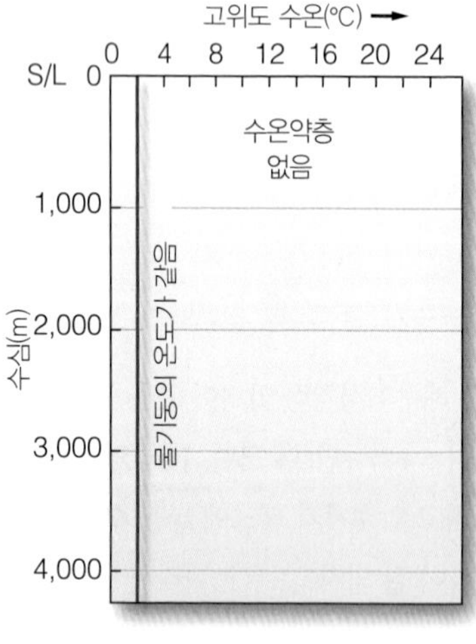

(c) 고위도 지방의 수심에 따른 수온 변동. 물기둥이 등온이므로 수온약층이 없음

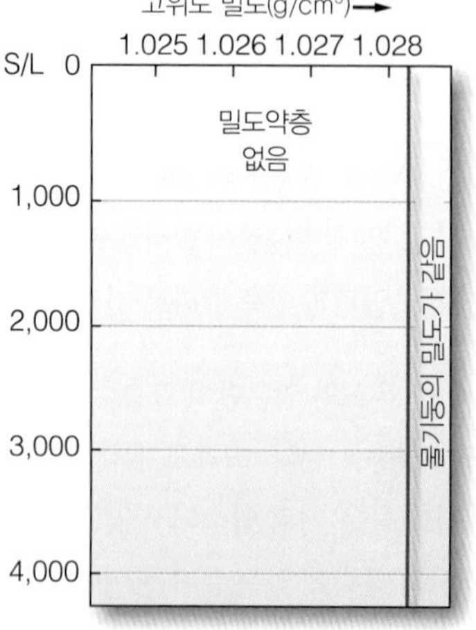

(d) 고위도 지방의 수심에 따른 밀도 변동. 물기둥이 등밀도이므로 밀도약층이 없음

수온약층과 밀도약층은 저위도 지방에만 있음

고위도 : 수온과 밀도 곡선 비교

그림 5.27 **고위도와 저위도에서 수온과 밀도 수심 단면의 비교.** 수온과 밀도 수심 단면도 비교 : 저위도(위의 a와 b), 고위도(아래의 c와 d).
https://goo.gl/1zC18l

해류, 파랑과 조석과 같은 표면 혼합 메커니즘이 탁월하기 때문에 비교적 일정하다. 수온은 약 300m 아래에서 약 1,000m까지 급하게 내려간다. 1,000m 아래에서는 낮은 수온이 해저까지 다시 일정하게 유지된다.

그림 5.27b의 저위도 지역에 대한 밀도 곡선은 밀도가 표면에서 비교적 낮다는 것을 보여준다. 표면 수온이 높기 때문에 밀도가 낮다(온도는 밀도에 가장 큰 영향을 미치고 온도는 밀도에 반비례한다는 것을 기억하자). 표면 아래에서 밀도는 탁월한 표면 혼합 때문에 약 300m의 깊이까지 일정하다. 밀도는 약 300m 아래에서 약 1,000m까지 급격히 높아진다. 1,000m 아래에서 물의 높은 밀도는 해저까지 다시 일정하게 유지된다.

그림 5.27c는 고위도 지역에서 수온이 깊이에 따라 달라지는 모습을 보여주는데, 표층수는 연중 차가운 상태로 있고 심층수의 수온은 표층수와 거의 같다. 따라서 고위도 지역의 온도 곡선은 연직 직선으로 표층이나 심층이나 균일한 조건임을 내비친다.

고위도 지역의 밀도 곡선(**그림 5.27d**)도 깊이에 대한 변화를 거의 보이지 않는다. 표면 수온이 낮기 때문에 밀도가 표면에서 비교적 높다. 표층 아래의 물 또한 수온이 낮기 때문에 밀도가 표면 아래에서도 높다. 따라서 고위도 지역의 밀도 곡선은 표층과 심층에서 균일한 조건을 나타내는 연직 방향의 직선으로 표시된다. 이런 상태는 차갑고 고밀도인 해수가 표층에서 만들어지면 가라앉으면서 심층 해류를 일으키도록 해준다.

그림 5.27에서 주목해야 할 가장 중요한 것 중 하나는 위쪽의 두 그래프와 아래쪽의 두 그래프가 끼리끼리 서로 관련되어 있다는 것이다. 그림 5.27을 수직 점선에 따라 접어서 두 세트의 그래프를 겹쳐 본 것을 상상해 본다면 이들은 서로 동일한 거울상이라는 것을 눈치챌 수 있을 것이다. 예를 들어서 저위도 온도 그래프(그림 5.27a)는 해당 밀도 그래프(그림 5.27b)의 거울상이다. 마찬가지로 고위도 온도 그래프(그림 5.27c)는 해당 밀도 그래프(그림 5.27d)의 거울상이다. 왜 곡선들은 서로의 거울상일까? 앞서 논의한 바와 같이 온도는 해수 밀도에 영향을 미치는 가장 중요한 요인이며 반비례 관계에 있다. 정확히 두 세트의 그래프의 거울상이 보여주는 것이 바로 반비례 관계이다.

수온약층과 밀도약층

염분약층(그림 5.26에 보이는 염분이 급격히 변하는 층)과 비슷하게 그림 5.27a의 저위도 수온 그래프는 온도가 가파르게 변하는 층을 말하는 **수온약층**(thermocline: *thermo* = heat, *cline* = slope)을 가리키는 곡선을 보여준다. 이와 비슷하게 저위도 밀도 그래프인 그림 5.27b에서는 밀도가 빠르게 바뀌는 층인 **밀도약층**(pycnocline: *pycno* = density, *cline* = slope)을 지시하는 곡선이 보인다. 고위도에서는 온도(그림 5.27c)와 밀도의 곡선(그림 5.27d)이 일정한 값을 보여(휘지 않는 선으로 나타나므로) 수온약층과 밀도약층이 둘 다 없다는 점을 눈여겨보아 두자. 염분약층처럼 수온약층과 밀도약층은 전형적으로 표면 아래 약 300m에서 1,000m 사이에 나타난다. 수온약층의 위아래 온도차는 발전에 이용될 수 있다.

어느 장소에 밀도약층이 자리잡게 되면 그 위의 저밀도인 물과 그 아래의 고밀도인 물의 혼합을 거의 불가능하게 만드는 장벽이 생긴다. 밀도약층은 중력에 대해 안정성이 높기 때문에 맞닿은 수층을 물리적으로 격리시킨다.[15] 밀도약층은 온도와 염분이 밀도에 영향을 주기 때문에 수온약층과 염분약층의 복합적인 결과로 비롯된다. 이 3개의 층의 상호관계는 상층수와 심층수 사이가 분리되는 정도를 결정한다.

해양은 밀도에 따라 3개의 뚜렷이 다른 수괴로 층을 이룬다. **표면혼합층**(mixed surface layer)은 강력한 영구 수온약층(그리고 이에 상응하는 밀도약층, 그림 5.27 참조) 위에 나타난다. 물은 표층 해류, 파랑

15 이것은 찬 공기(고밀도)가 따뜻한 공기(저밀도) 아래에 갇히게 되는 대기의 온도역전층과 닮았다.

과 조석에 의해 잘 혼합되어 균질하다. 수온약층과 밀도약층은 저위도와 중위도에서 잘 발달하는 **상층수**(upper water)라 불리는 비교적 저밀도의 층에서 나타난다. 밀도가 높고 차가운 **심층수**(deep water)는 수온약층/밀도약층 아래에서 심해저까지 이어진다.

수온약층(그리고 이에 상응하는 밀도약층)은 다른 장소에서도 나타날 수 있다. 예를 들어 스쿠버 다이버는 하강하면서 약한 수온약층을 종종 경험한다. 수온약층은 수영장이나 연못과 호수에서도 만들어진다. 봄가을에는 밤에는 서늘해도 낮에는 웬만큼 따뜻해서 수영장의 표층은 데워 놓지만 그 아래는 매우 차가울 수가 있다. 만약 풀의 수영장을 잘 섞지 놓지 않았다면 수온약층은 따뜻한 표층수와 차가운 저층수를 잘 격리시켜 놓는다. 수온약층 아래의 찬물은 풀로 뛰어든 사람을 기겁하게 만들 수 있다!

고위도 지방에서 표면 온도는 연중 차가워서 그 아래 심층의 물과 차이가 미미하다. 그래서 수온약층과 이로 비롯되는 밀도약층이 거의 나타나지 않는다. 짧은 여름 동안에만 긴 해가 표층을 물을 데워준다. 하지만 그 기간에도 물은 많이 데워지지 않는다(얼음을 녹이기 때문에). 그래서 고위도 지역에서는 거의 1년 내내 물기둥이 **등온도**(isothermal: *iso* = same, *thermo* = heat)이면서 **등밀도**(isopycnal: *iso* = same, *pycno* = density)여서 표층과 심층의 물이 잘 섞인다.

요약

염분약층은 염분이 빠르게 바뀌는 구간, 온도약층은 온도가 빠르게 바뀌는 구간, 밀도약층은 밀도가 빠르게 바뀌는 구간을 일컫는다.

개념 점검 5.7 | 해수의 밀도가 수심에 따라 어떻게 변하는지 구체적으로 설명하라.

1 해수의 밀도에 영향을 미치는 세 요인은 무엇인가? 이들 요인이 각각 어떻게 밀도에 영향을 주는지 그리고 무엇이 가장 중요한지 설명하라.

2 수온약층을 나타나는 장소와 함께 설명하라.

3 염분약층을 나타나는 장소와 함께 설명하라.

4 해양에서 밀도와 수온의 수심 단면도에서 두 선이 왜 밀접한 관계를 보이는지 설명하라.

5.8 해수 담수화에는 어떤 방식이 있는가?

전 세계 인구의 1/3 이상이 이미 식수 부족으로 어려움을 겪고 있으며 2025년에 이르면 50%까지 늘어날 것으로 예상된다. 물 공급은 줄고 있는 데 비해 소비는 늘고 있어서 몇몇 국가에서는 바닷물을 민물 공급원으로 쓰기 시작했다. 해수 **담수화**(desaliniation) 또는 탈염은 기업과 가정 그리고 농사에 담수를 제공할 수 있다.

해수의 대부분은 물 분자이지만 수소결합을 이루고, 여러 가지 물질을 쉽게 녹이며, 온도나 상태의 변화에 저항하기 때문에 해수 담수화는 어렵다. 그래서 담수화는 에너지가 많이 들고 비용이 높다. 하지만 비용은 여러 가지 문제 가운데 하나일 뿐이다. 최근의 연구에서 해수 담수화는 취수관에 생물이 걸리고, 거르고 난 진한 소금물을 바다로 다시 내보내는 것이 해양 생물에게 해를 끼칠 수 있다고 보고했다. 그래도 달리 기댈 곳이 없는 연안 거주자에게 해수는 매력적인 담수 공급원이다.

현재 전 세계에 13,000기가 넘는 담수화 플랜트가 있으며 대부분은 영세한 규모로 중동, 카리브해 연안, 지중해 등 건조한 지역에 집중되어 있다. 이들 플랜트는 하루에 450억 리터가 넘게 물을 생산한다. 현재 미국의 담수화는 전 세계의 겨우 10% 수준으로 플로리다 주에 몰려 있다. 캘리포니아 연안을 따라서는 몇 안되는 담수화 플랜트가 있을 뿐인데, 다른 대체 물 공급 수단(예컨대 물을 끌어오기나 지하수 퍼올리기)보다 비싼 것이 원인이다. 설치 허가 절차가 복잡한 것 또한 사유로 지목된다. 그렇지만 가뭄이 발생하고 수자원 고갈에 대한 우려가 높아지면서 여러 지역에서 담수화 계획이 세워지고 있다.

담수화에는 에너지가 많이 들기 때문에 생산 비용이 비싸서 대다수가 소규모로 운영된다. 실상 담수화가 공급하는 양은 인간 수요의 0.5%에도 채 못 미친다. 절반이 넘는 공장이 **증류** 방식을 쓰고 나머지는 막

분리공정을 쓴다.

증류

증류(distillation: *distillare* = to trickle) 과정은 **그림 5.28**에 개략적으로 보였다. 증류 방식은 해수를 끓여 나온 수증기를 냉각 응결기에 이슬이 맺히게 하여 모으는 것이다. 간단하지만 해수를 정화하는 효율이 아주 높다. 예를 들어 염분이 35‰인 해수를 증류하면 0.03‰밖에 안되는 담수가 나온다. 이것은 병에 담아 파는 물의 염분보다 열 배나 낮은 것이다. 그래서 물맛을 내려면 오히려 다른 물과 섞어 주어야 한다. 하지만 비용이 많이 든다. 물을 끓이는 데 에너지가 많이 들기 때문이다. 물의 기화잠열이 아주 크기 때문에 물 1g을 기화시키는 데 무려 540cal가 든다.[16] 대규모 공장을 가동하려면 발전소의 폐열을 이용하는 등 효율을 높이는 방책이 필요하다.

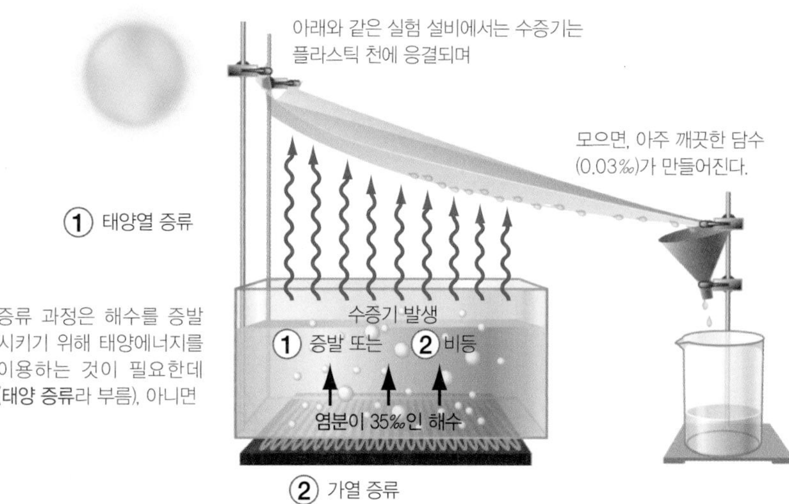

그림 5.28 해수를 담수로 증류하는 과정.

태양열 증기화(solar humidification)라고도 알려진 **태양열 증류**(solar distillation)는 추가적인 가열이 필요하지 않으며 이스라엘, 서아프리카, 페루와 같은 건조한 지역의 소규모 농업 실험에 성공적으로 사용되었다. 태양열 증기화는 폐쇄 용기에서 염수가 증발한다는 점에서 증류와 비슷하지만 대신 직사 광선으로 물이 가열된다(그림 5.28). 용기 안의 해수는 증발하고, 뚜껑에 응결된 수증기가 수거통으로 흘러내린다. 이 방식의 주된 걸림돌은 증발이 빠르게 일어나게끔 햇빛을 좁은 장소에 효과적으로 모아주는 데 있다.

막 분리공정

해수 담수화에 **전기투석법**(electrolysis)도 쓸 수 있다. 이 방식에서는 해수가 담긴 용기에 양극과 음극 두 전극을 설치한다. 전극에 전류를 흘려주면 소듐이온과 같은 양이온이 음전극에 끌리고 염소이온과 같은 음이온이 양전극에 끌어당겨진다. 그런 다음에는 막을 사용하여 이온을 잡아둔다. 곧바로 이온이 충분히 제거되어 해수가 담수로 바뀐다. 전기투석 방식의 가장 큰 걸림돌은 에너지가 많이 든다는 것이므로 이 방법은 해수보다 갯물을 담수화하는 데 더 적합하다.

역삼투(reverse osmosis: *osmos* = to push) 방식은 대규모 담수화의 잠재력을 지니고 있다. 삼투가 일어나면 물 분자는 자연적으로 반투과막을 통과하여 민물에서 염수로 이동한다. 역삼투는 염수에 높은 압력이 가해서 물 분자는 민물 쪽으로 빠져나가되 염과 나머지 불순물은 걸러내는 방식이다(**그림 5.29**). 역삼투의 심각한 문제점은 막이 약하고 막혀서 막을 자주 교체해야 한다는 것이다. 고급 복합 재료는 더 튼튼하고 여과 기능을 향상시켜서 최장 10년까지 쓸 수 있으므로 이러한 문제를 해결하는 데 도움이 될 수 있다.

전 세계적으로 최소한 30개국에서 역삼투 설비를 가동하고 있다. 석유에서 얻는 에너지는 싸지만 물은 부족한 사우디아라비아는 세계에서 가장 큰 역삼투 설비를 가지고 있으며 매일 4억 8,500만 리터의 담수화된 물을 생산한다. 미국 최대 규모의 공장은 2008년에 플로리다 주 탬파 베이에서 가동되었으며 담수를

16 담수 1ℓ를 만들려면 효율이 100%라 해도 무려 54만 cal의 열에너지가 든다.

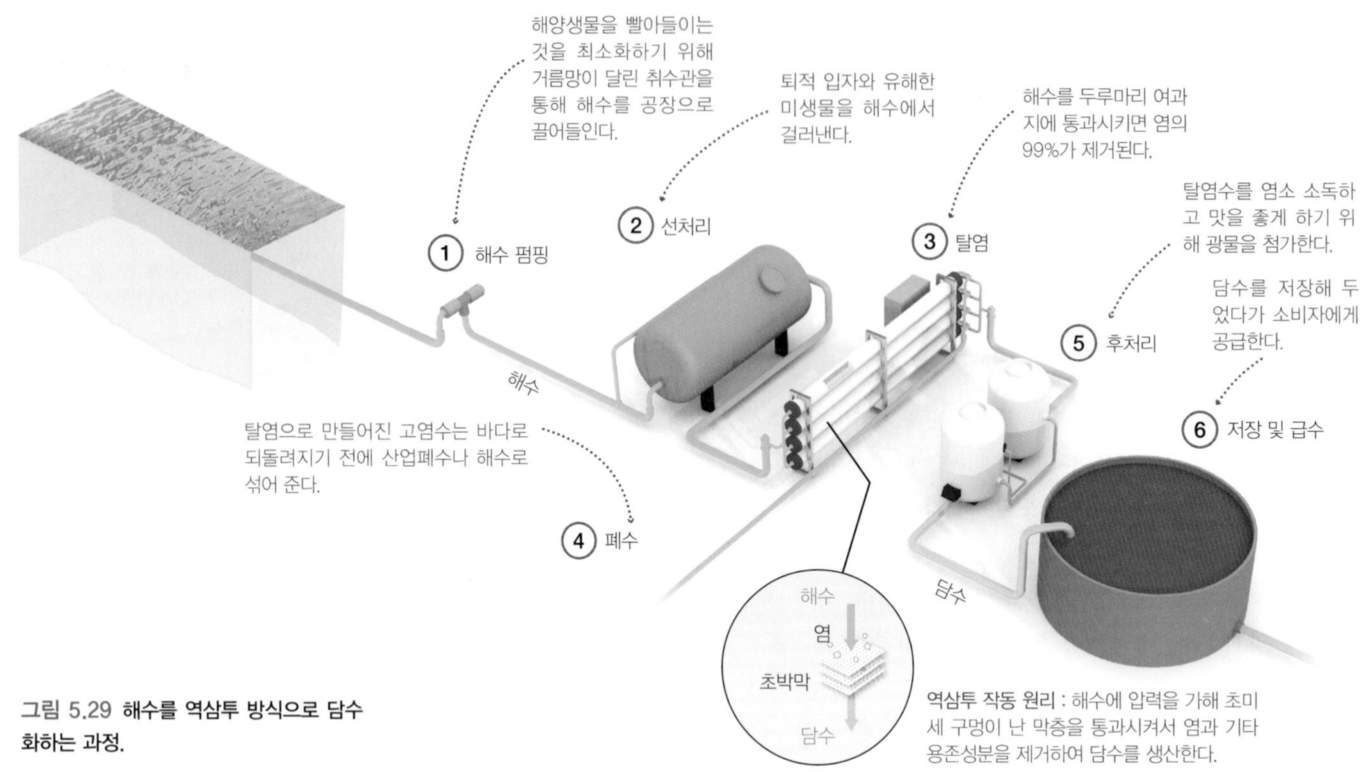

그림 5.29 **해수를 역삼투 방식으로 담수화하는 과정.**

하루 평균 9,500만 ℓ 생산하며 이 지역 식수의 약 10%를 공급한다. 일단 허가가 나면 캘리포니아 주 칼즈배드에 있는 새로운 시설은 탬파 베이 공장보다 두 배 규모의 담수를 생산하도록 설계되어 있다. 역삼투는 또한 많은 가정용 정수기와 수족관에 쓰이고 있다.

기타 담수화 방식

해수는 얼면서 용해된 물질을 선택적으로 축출하는데, 이를 **결빙분리**(freeze separation)라고 한다. 결과적으로 해빙의 염분(일단 녹이게 되면)은 일반적으로 해수보다 70% 더 낮다. 하지만 이것이 효과적인 담수화 기술이 되려면 물을 여러 번 얼리고 녹이는 것을 거듭하면서 소금을 씻어내야 한다. 전기투석 방식과 마찬가지로 결빙분리에도 에너지가 많이 들기 때문에 소규모 말고는 실용적이지 않을 수 있다.

담수를 얻는 또 다른 방법은 천연적으로 만들어진 얼음을 녹이는 것이다. 담수가 부족한 국가의 연안으로 거대한 빙산을 끌어다 녹이자는 제안도 나온 바 있다. 녹은 물은 가두어서 펌프로 육지로 보내면 된다. 연구 결과는 커다란 남극 빙산을 메마른 지역으로 끌어오는 것이 기술적으로 가능하며 몇몇 남반구 지역에 대해선 경제성도 있다고 보고하였다.

담수화에 대한 다른 참신한 제안으로 해수에서 바로 용존 물질을 결정으로 만들기, 화학촉매를 이용한 용매 탈염법과 심지어 염을 먹는 박테리아를 이용하기 등이 제안되었다!

요약

해수 담수화는 비용이 많이 들지만 탈염 플랜트는 증류법, 태양열 증류법, 전기투석법, 결빙분리법, 역삼투법을 써서 가정용 담수를 생산하고 있다.

개념 점검 5.8 | 해수 담수화 방법들을 비교하라.

1 해수 담수화에는 왜 비용이 많이 드는지 설명하라. **2** 해수 담수화의 두 가지 주요 방식을 쓰고 설명하라.

핵심 개념 정리

5.1 물은 왜 특이한 화학적 속성을 지니는가?

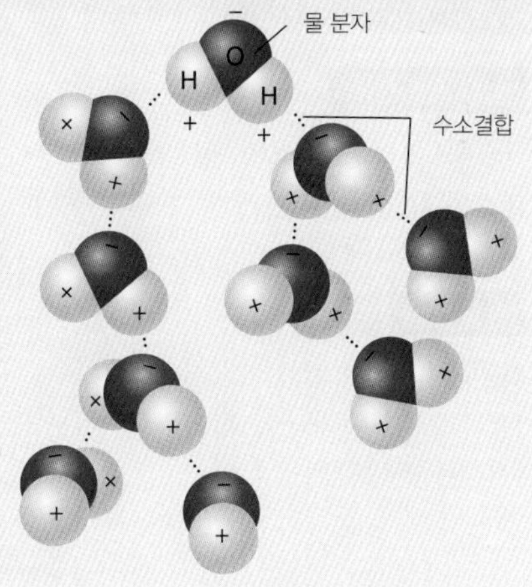

- 물의 괄목할만한 속성이 지구에 생명이 깃들게 해주었다. 주목해야 할 성질로 원자의 배치, 분자 사이의 결합 방식, 발군의 용해력과 열을 저장하는 능력이다.
- 물 분자(H_2O)는 산소 원자 하나와 수소 원자 2개로 이루어져 있다. 산소 원자와 공유결합을 하고 있는 두 수소 원자는 산소의 한쪽에 몰려 붙어 있어서 물 분자는 굽은 모양을 하고 있다. 이런 생김새는 물 분자로 하여금 극성을 띠게 해서 물 분자나 다른 분자와 수소결합을 이루게 하여 물로 하여금 놀라운 성질을 갖게 만든다. 예를 들어 물은 만능 용매인데, 그런 이유는 전하를 띤 입자들을 수화시켜 용해시키기 때문이다.

심화 학습 문제

화학의 원리를 사용해서 물이 만능 용매인 이유를 설명하라.

능동 학습 훈련

물 분자는 극성을 띤다. 다른 학생과 함께 극성이 무엇인지 토의하고, 극성을 띠는 일반적인 가정용품을 열거해보라.

5.2 물이 지닌 중요한 물성은 무엇인가?

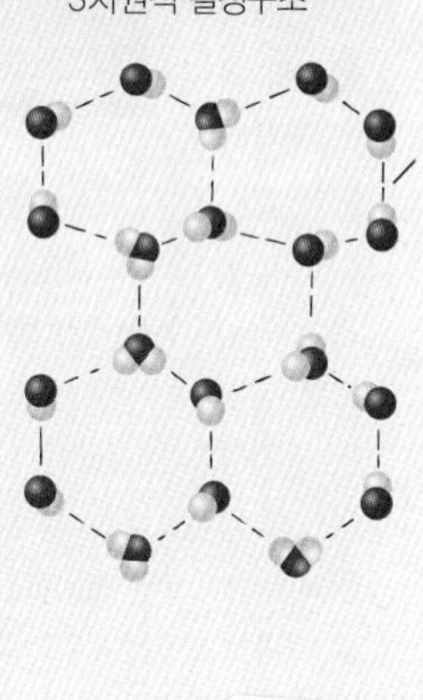

- 물은 지표에서 세 가지 상태(고체, 액체, 기체) 모두로 존재하는 몇 안 되는 물질 가운데 하나이다. 수소결합은 물이 높은 녹는점(0°C)과 끓는점(100°C), 높은 열용량과 높은 비열(1g에 1cal), 높은 융해잠열(1g에 80cal), 높은 기화잠열(1g에 540cal)과 같은 특출한 열속성을 지니게 한다. 물의 커다란 열용량과 잠열은 지구의 온도 제어에 중요한 의미를 갖는다.
- 다른 물질과 마찬가지로 물의 밀도는 온도가 내려가면 커져서 4°C에서 최대를 보인다. 그러나 온도가 더 내려가면 물의 밀도는 줄어든다. 덩치가 큰 얼음 결정이 만들어지기 때문이다. 물은 얼면서 부피가 약 9%나 팽창하여 결과적으로 얼음은 물 위에 뜬다.

심화 학습 문제

물 분자의 배열과 수소결합을 가지고 물질의 세 가지 상태 사이의 차이를 설명하라.

능동 학습 훈련

다른 학생과 함께 액체인 물보다 얼음이 더 가벼운 비상식적인 사실을 설명하라. 설명에 열 수축, 물 분자, 수소결합을 반드시 포함하라.

5.3 해수엔 염이 얼마나 들어있는가?

- 해수의 염분은 해수에 녹아 있는 고형물의 양이다. 해수 1kg에는 평균적으로 고체가 35g이 녹아 있다(35ppm[‰]). 하지만 염분은 갯물에서 과염수의 범위를 가진다. 해수에서 여섯 가지 이온—염소이온, 소듐이온, 황산이온, 마그네슘이온, 칼슘이온, 포타슘이온—이 염분의 99%를 넘게 차지한다. 어떤 해수 시료이든 이 여섯 가지 이온은 일정 비율로 나타나서 한 가지의 농도를 알면(주로 염소이온) 염분을 결정할 수 있다.
- 몇 가지만 빼면 순수한 물과 해수의 물리적 성질은 놀라우리만치 비슷하다. 해수는 민물에 비해 pH, 밀도, 끓는점이 높다(반면에 어는점은 낮음).

심화 학습 문제

일정성분비의 원리를 써서 어떻게 단 한 종류의 성분을 측정함으로써 염분을 측정하는지를 자세히 설명하라.

능동 학습 훈련

다른 학생과 함께 부가가치세율을 천분률로 환산해보라.

5.4 해수의 염분은 왜 달라지는가?

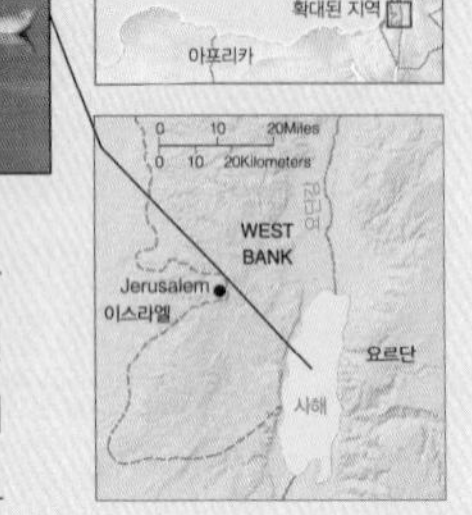

▶ 해수에 녹아있는 물질은 여러 가지 과정을 통해 더해지거나 제거된다. 강수, 유수, 빙산과 해빙의 녹음은 민물을 더해주므로 염분을 낮춘다. 해수가 얼거나 증발이 일어나면 해수에서 물만 제거되므로 염분은 높아진다. 물 순환에는 지구의 모든 물 저장고가 참여하는데, 당연히 지표 물의 97%를 가지고 있는 해양도 포함된다. 여러 원소의 체류시간은 이들이 해양에 얼마나 오래 머무르는지를 알려주는데, 해양의 염분이 시대에 따라 별로 바뀌지 않았음도 알려준다.

심화 학습 문제

해양의 염분이 역사적으로 거의 일정했었다는 주장을 지지하는 증거로는 어떤 것이 있는가?

능동 학습 훈련

학생들을 둘로 나눈다. 둘 모두에게 해양의 염분 수준이 달라질 수 있음을 알려준다. 첫 번째 그룹 학생들은 북미의 특정 지역을 예로 들면서 염분이 어떻게 오를 수 있는지 한 가지 예를 들게 한다. 다른 쪽 그룹에 대해서는 북미의 특정 지역을 예로 들면서 염분이 어떻게 낮아질 수 있는지 한 가지 예를 들게 한다. 그런 다음에 그룹에 속한 학생의 짝을 바꾸고 해양의 염분이 어떻게 줄거나 늘지에 대한 예를 비교하도록 한다.

5.5 해수는 산성인가 염기성인가?

▶ 해양 표층수의 평균 pH는 8.1로서 약염기성이지만 해수의 pH는 표층수와 심층수에서 달라진다. 해양은 이산화탄소의 화학반응에 의한 천연적인 완충 시스템을 갖추고 있다. 이 완충 시스템은 pH의 변동을 제어해서 안정한 해양환경을 만들어준다.

심화 학습 문제

표층 해수의 pH는 얼마인가? 이 값은 강산성, 약산성, 약염기성, 강염기성 가운데 어디에 해당하는가? 그리고 수심에 따라 pH가 어떻게 달라지는지 이유를 들면서 설명하라.

능동 학습 훈련

다른 학생과 함께 일반적인 생필품을 예로 들어 pH의 값에 대해 알아보라.

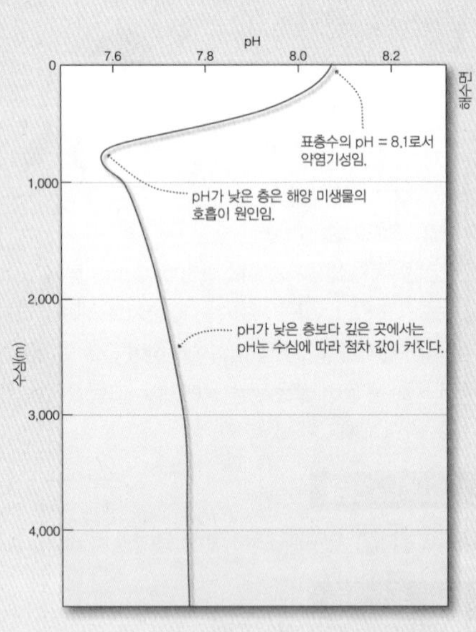

5.6 해수의 염분이 표층에서 그리고 수심에 따라 어떻게 달라지는가?

▶ 표층 해수의 염분은 표층에서 일어나는 과정에 따라 크게 달라진다. 최고염분은 남북회귀선 부근에서, 최저염분은 고위도 지역에서 발견된다. 염분은 깊이 1,000m까지 변동을 보이는 반면에, 더 깊은 곳에서는 아주 일정하다. 염분약층은 염분이 급하게 바뀌는 구간이다.

심화 학습 문제

해수의 염분에 영향을 미치는 과정들을 가지고 표층 해수에서는 염분에 커다란 변동이 있는 데 반해서 심층에서는 변동이 적은 이유를 설명하라.

능동 학습 훈련

다른 학생과 함께 어떤 프로세스가 염분을 증가시키고 감소시키는지 판정해보라. 분자 수준에서 각 프로세스가 어떻게 작용하는지 설명하라.

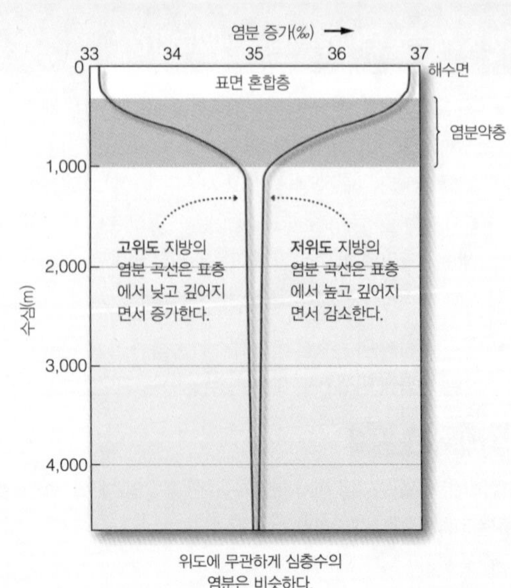

위도에 무관하게 심층수의 염분은 비슷하다.

5.7 해수의 밀도는 수심에 따라 어떻게 달라지는가?

▶ 해수의 밀도는 온도가 낮아지거나 염분이 높아지면 커진다. 표층에서 온도의 영향력은 염분보다 훨씬 크다(압력의 영향은 무시해도 될 정도임). 저위도 해역에서 온도와 밀도는 깊이에 따라 상당히 달라져서 수온약층(온도 변화가 급격한 구간)과 이에 상응하는 밀도약층(밀도 변화가 급격한 구간)을 만들어내는데, 고위도 해역에는 이런 것들이 존재하지 않는다.

심화 학습 문제

해수의 밀도는 온도에 의해 주로 조절되며 온도에 대해 반비례한다. 알아듣기 쉽게 이 말의 의미를 설명하라.

능동 학습 훈련

다른 학생과 함께 고위도와 저위도 해역에 대해 다음 질문에 대해 토의하라.

1. 그곳에 밀도약층이 있는가? 있거나 없는 이유는 무엇인가?
2. 그곳에 온도약층이 있는가? 있거나 없는 이유는 무엇인가?
3. 그곳에 염분약층이 있는가? 있거나 없는 이유는 무엇인가?

저위도 : 수온과 밀도 곡선 비교

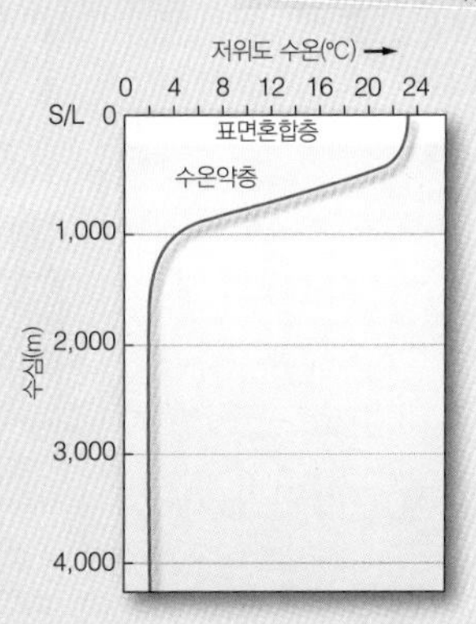

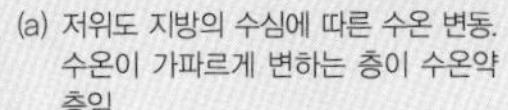
(a) 저위도 지방의 수심에 따른 수온 변동. 수온이 가파르게 변하는 층이 수온약층임

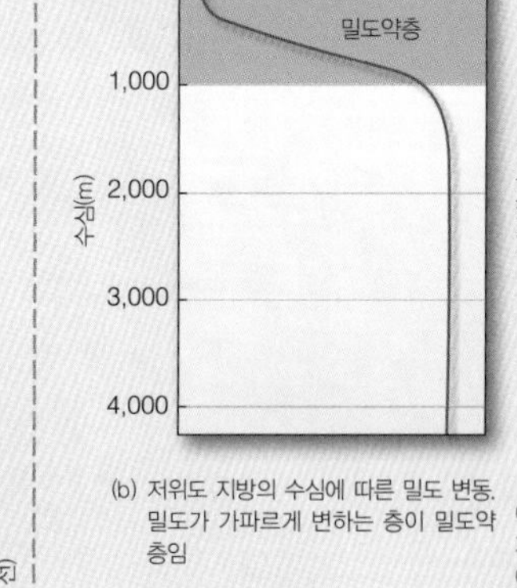

(b) 저위도 지방의 수심에 따른 밀도 변동. 밀도가 가파르게 변하는 층이 밀도약층임

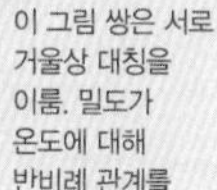

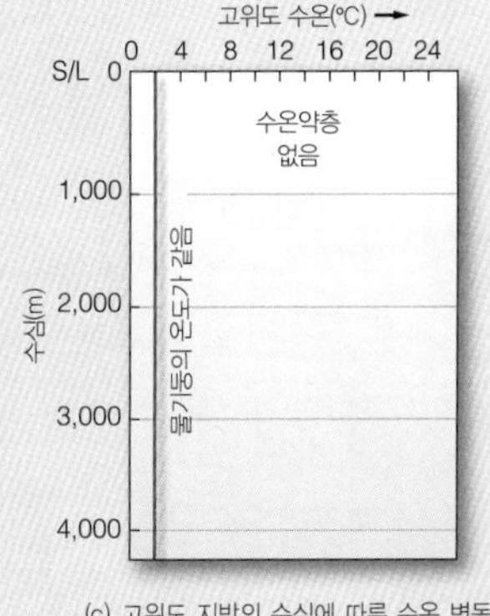

(c) 고위도 지방의 수심에 따른 수온 변동. 물기둥이 등온이므로 수온약층이 없음

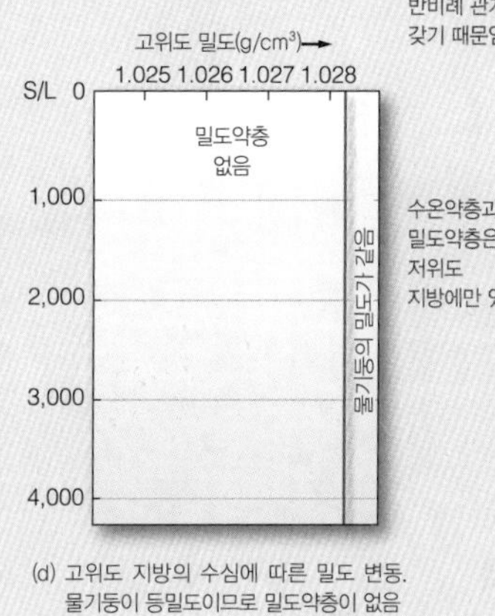

(d) 고위도 지방의 수심에 따른 밀도 변동. 물기둥이 등밀도이므로 밀도약층이 없음

고위도 : 수온과 밀도 곡선 비교

5.8 해수 담수화에는 어떤 방식이 있는가?

▶ 해수의 담수화에는 비용이 많이 들지만 기업체, 가정, 농경지에 민물을 공급해준다. 증류법, 태양열 증류법, 전기투석법, 결빙분리법과 역삼투법이 현재 해수 담수화에 쓰이는 방법들이다.

심화 학습 문제

해수의 담수화에 적용되는 증류법, 태양열 증류법, 전기투석법, 역삼투법을 대비하여 비교하라.

능동 학습 훈련

해수 담수화와 관련된 중요한 골칫거리 가운데 하나가 비싼 비용이다. 또 하나는 담수화 처리 후 뒤에 남은 과염 해수를 바다에 다시 버리는 것이다. 다른 학생과 함께 이 두 가지 걸림돌이 마실 물 공급원으로 해수 담수화를 보급하는 것을 금지해야 할 것인지에 대해 토론하라.

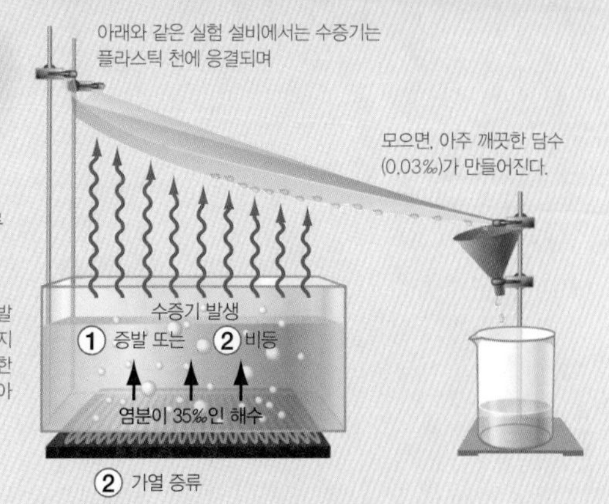

수면 위와 아래의 빙산. 대다수 빙산은 질량의 90%가 물속에 있다. 해빙, 해양, 대기 사이의 상호작용은 지구의 기후를 조절하는 데 큰 역할을 한다.

6

대기-해양 상호작용

무역풍 기상 아열대무풍대 극전선 기단 편서풍대 분점 열대저기압 적도무풍대 극동풍대 허리케인 기후 대류환 폭풍해일 코리올리 효과 열대수렴대 대류권

이 장을 읽기 전에 위에 있는 용어들 중에서 아직 알고 있지 못한 것들의 뜻을 이 책 마지막 부분에 있는 용어해설을 통해 확인하라.

지구에서 가장 주목할만한 점 하나는 대기와 해양이 하나의 상호의존적인 시스템이라는 것이다. 대기-해양 시스템의 관측 결과는 어느 한쪽의 변화가 다른 쪽의 변화를 야기한다는 것을 보여준다. 더구나 이 시스템의 양쪽은 복잡한 피드백 관계로 연결되어 있어서 그중의 어떤 것이 변화를 일으키면 다른 것이 그 변화를 상쇄시키기도 한다. 한 예로 해양의 표층해류는 바람의 직접적인 결과지만, 반대로 해류의 변화는 기상현상에 반영되어 나타난다. 대기와 해양의 역할을 이해하려면 그들의 관계와 상호작용을 검토해야만 한다.

태양에너지는 지표면을 데워서 대기의 순환을 일으키고, 이는 다시 해양에서 대부분의 해류와 파랑을 만든다. 그러므로 대기와 해양의 운동은 태양의 복사에너지 때문이다. 실제로 태양복사의 변동은 지구의 해양-대기 엔진을 움직이고 압력과 밀도의 차이를 야기함으로써 대기와 해양 모두에서 흐름과 파동을 일으킨다. 대기와 해양이 물의 큰 열용량을 이용해서 끊임없이 에너지를 교환함으로써 지구 전체의 기상 패턴을 만들어간다는 제5장의 내용을 기억하자.

가뭄이나 엄청난 홍수와 같이 주기적으로 나타나는 극단적인 기상 현상은 해양의 주기적인 변화와 관련이 있다. 예를 들면 해양 현상인 엘니뇨가 세계 여러 곳에 나타나는 기상 재앙과 연관되었다는 것을 이미 1920년대에 인식하고 있었다. 그렇지만 해양의 어떤 변화가 대기의 변화를 일으켜서 엘니뇨를 유발하며 그 반대는 어떠한지 아직 분명하지 않다. 엘니뇨-남방진동은 제7장 '해양순환'에서 다룰 것이다.

대기-해양 상호작용은 지구온난화와도 중요한 관계가 있다. 최근의 많은 연구는 인간에 의한 이산화탄소 및 다른 온실기체들의 배출로 인해서 대기가 많은 열을 흡수하고 가둠으로써 전례가 없는 온난화를 겪고 있다는 것을 입증했다. 이 대기의 열은 해양에 전달되어 광범위한 생태계 변화를 일으킬 잠재력을 가지고 있다. 이 문제에 대해서는 제16장 '해양과 기후변화'에서 다룰 것이다.

Climate

Connection

이 장에서는 대기에 의한 태양열의 재분포 및 그것이 해양에 미치는 영향에 대해서 알아볼 것이다. 첫째로 대기-해양 상호작용에 영향을 주는 대규모 현상을 공부하고, 다음에는 더 작은 규모의 현상들을 검토한다.

핵심 개념

이 장을 학습한 후 다음 사항을 해결할 수 있어야 한다.

- **6.1** 계절의 원인을 포함해서 태양복사의 변동을 설명하라.
- **6.2** 대기의 물리적 성질을 설명하라.
- **6.3** 코리올리 효과를 이해했다는 것을 보여라.
- **6.4** 지구의 대기순환 패턴을 설명하라.
- **6.5** 해양이 어떻게 지구의 기상 현상과 기후 패턴에 영향을 주는지 서술하라.
- **6.6** 바다얼음과 빙산이 어떻게 만들어지는지 설명하라.
- **6.7** 바람을 에너지원으로 이용하는 방법의 장점과 단점을 평가하라.

Down dropt the breeze, the sails dropt down,
'Twas sad as sad could be;
And we did speak only to break
The silence of the sea!

Day after day, day after day,
We stuck, nor breath nor motion;
As idle as a painted ship
Upon a painted ocean.

—Samuel Taylor Coleridge, about ships getting stuck in the horse latitudes, Rime of the Ancient Mariner (1798)

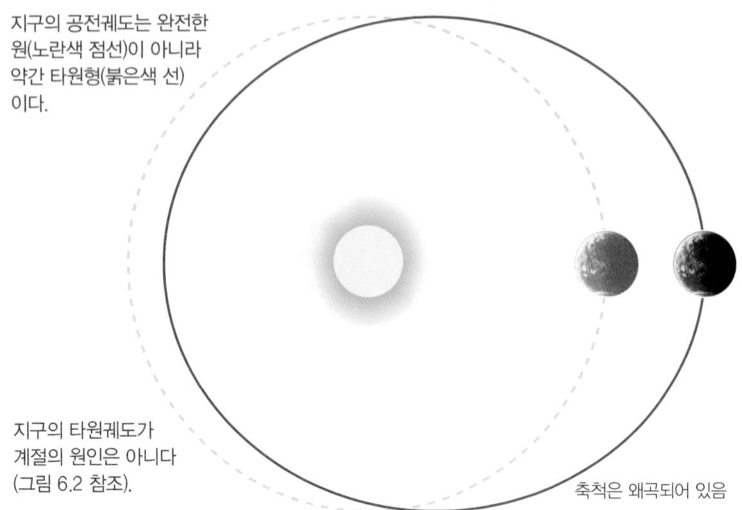

그림 6.1 지구가 타원 궤도를 돌지만 이것이 계절의 원인은 아니다. 약간의 타원 궤도(붉은색)와 완전한 원 궤도(노란색 점선)의 비교. 지구의 황도면 바로 위에서 내려다 본 그림. 지구의 타원 궤도가 분명하게 보이도록 과장되게 그렸다. 지구의 타원 궤도가 계절의 원인이 아니라는 것을 명심하자.

6.1 무엇이 태양복사의 변화를 일으키는가?

여러 가지 요인들이 지구가 받아들이는 태양복사(태양에너지)의 양을 변화시킨다. 가장 뚜렷한 것은 낮과 밤의 변화로서 태양을 바라보는 쪽(낮 동안)은 강력한 태양복사를 엄청나게 받는 반면에 밤에 해당하는 쪽은 전혀 받지 못한다. 이러한 차이가 장주기로 나타나는 한 예가 계절 변화이다.

계절 변화의 원인은 무엇인가?

이렇게 간단해 보이는 질문은 평범한 오해를 낳기도 한다 — 비록 지구가 완전한 원으로부터 약간 벗어난 타원궤도를 공전하지만(**그림 6.1**) 지구의 계절은 태양과의 거리 변화 때문은 아니다. 다음에서 설명하듯이 지구의 계절은 실제로는 자전축의 경사 때문이다.

지구 궤도의 모든 점들을 연결한 평면을 **황도면**(plane of the ecliptic)이라고 한다(**그림 6.2**). 더 중요한 것은 그림 6.2에 지

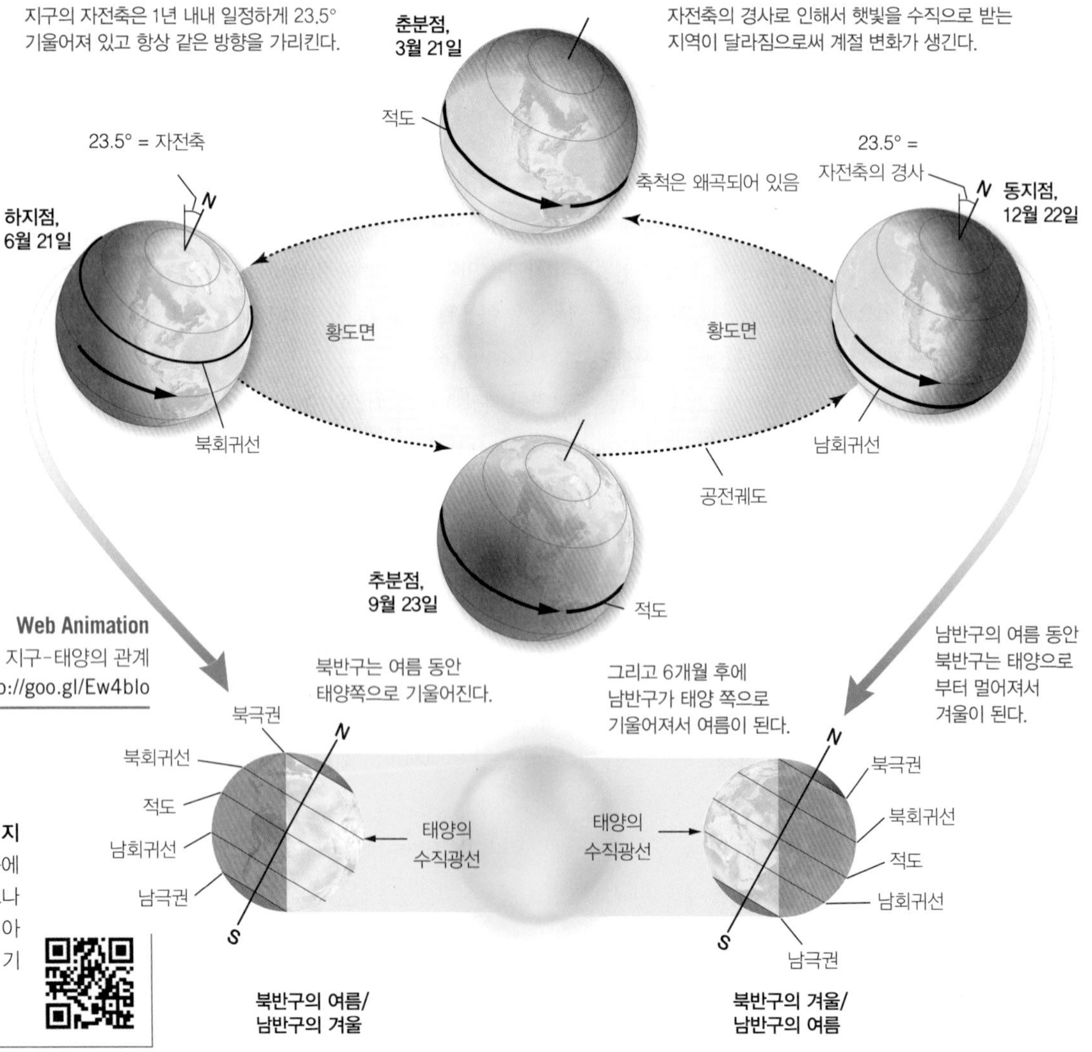

Web Animation
지구-태양의 관계
http://goo.gl/Ew4blo

그림 6.2 지구의 궤도 : 지구에 왜 계절이 있는가. 지구에 계절이 있는 원인은 타원 궤도나 태양으로부터의 거리 변화가 아니다. 그것은 지구의 자전축이 기울어져 있기 때문이다.
https://goo.gl/x9o96g

구의 자전축이 황도면에 수직이 아니라 23.5°만큼 기울어져 있다는 것이다. 그 결과 지구가 공전하는 동안 각 반구는 태양 쪽으로, 혹은 멀어지는 방향으로 기울어져서(그림 6.2의 아래 부분), 이것이 계절 변화를 일으킨다(지구의 타원 궤도가 아니다). 흥미로운 결과 하나는 자전축이 기울어진 상태에서 1년 내내 같은 방향, 즉 북극성을 가리킨다는 것이다.

타원 궤도가 아닌, 자전축의 경사가 지구에 계절이 생기게 하는데 봄, 여름, 가을, 겨울로 변화하는 과정을 알아보자.

- **춘분점**(vernal equinox: *vernus* = spring, *equi* = equal, *noct* = night)은 3월 21일경이 되며, 태양은 바로 적도 위에 있게 된다. 이때 모든 곳에서 밤과 낮의 길이가 같아진다(그래서 equinox라고 함). 북반구에서 'vernal equinox'는 'spring equinox'로도 알려져 있다.
- **하지점**(summer solstice: *sol* = the Sun, *stitium* = a stoppage)은 6월 21일경이 되며, 태양은 가장 북쪽까지 올라와서 북위 23.5°인 **북회귀선**(Tropic of Cancer)에서 머리 위를 비춘다(그림 6.2의 왼쪽 부분). 지구의 관측자에게 정오의 태양은 가장 북쪽 혹은 남쪽까지 도달해서 멈추는 것으로 보이므로 'solstice'라는 용어를 쓰는 것이며 그다음 6개월의 과정이 이어진다.
- **추분점**(autumnal equinox: *autumnus* = fall)은 9월 23일경이 되며, 태양은 다시 적도에서 머리 위를 비춘다. 북반구에서 'autumnal equinox'는 'fall equinox'로도 알려져 있다.
- **동지점**(winter solstice)은 12월 22일경이 되며, 태양은 남위 23.5°인 **남회귀선**(Tropic of Capricorn)에서 머리 위를 비춘다(그림 6.2의 오른쪽 부분). 남반구에서는 계절이 반대가 되므로 동지점은 남반구가 태양을 가장 직접 바라보며 남반구의 여름이 시작되는 때이다.

지구의 자전축이 23.5° 기울어져 있으므로 태양의 **적위**(declination, 적도면과 이루는 각도)는 1년 동안에 북위 23.5°에서 남위 23.5°까지 변한다. 그 결과 이 위도 사이에 있는 소위 **열대지방**(tropics)은 극지방에 비해서 훨씬 많은 복사량을 받아들이게 된다.

계절에 따라 태양의 각도와 낮의 길이가 변함에 따라 지구의 기후는 매우 크게 영향을 받는다. 북반구의 예를 들면, 낮은 하지점에 가장 길고 동지점에 가장 짧다.

대부분의 지역에서 기후는 지구가 매일 받는 열의 영향을 받는다. 그러나 이러한 패턴이 나타나지 않는, 예외인 곳이 있다. 북위 66.5°인 **북극권**(Arctic Circle)의 이북 지역과 남위 66.5°인 **남극권**(Antarctic Circle)의 이남 지역이다. 이곳은 밤과 낮이 매일 교차하지는 않는다. 다시 말해서 북반구의 겨울 동안에는 북극 지역에서는 6개월 동안 밤이 계속되어 태양복사를 전혀 받지 못한다. 같은 기간에 남극 지역은 6개월 동안 낮이 지속되어('한밤의 태양') 계속해서 복사에너지를 받는다. 반년 뒤에 북반구의 여름(남반구의 겨울)에는 상황이 반대로 된다.

요약

지구의 자전축은 23.5° 기울어져서 북반구와 남반구는 교대로 태양을 향하기 때문에 계절 변화가 생긴다.

위도에 따른 태양복사의 분포

만일 지구가 평면이고 태양을 직접 향한다면 햇빛은 어디에서나 똑같이 내리쬘 것이다. 하지만 지구는 둥글어서 고위도에서 받는 태양복사의 세기와 양은 저위도에 비해서 훨씬 적다. 다음의 요인들이 저위도와 고위도에서 받아들이는 복사량에 영향을 준다.

- **햇빛의 범위.** 적도 지역에서는 태양이 대개 바로 머리 위에 있기 때문에 저위도에서 햇빛은 높은 각도로 들어온다. 이것은 햇빛이 상대적으로 작은 면적에 집중됨을 뜻한다(**그림 6.3**의 면적 *A*). 극지방 가까이에는 햇빛이 낮은 각도로 들어오므로 고위도에서 같은 양의 복사는 넓은 면적에 퍼진다(그림 6.3의 면적 *B*).

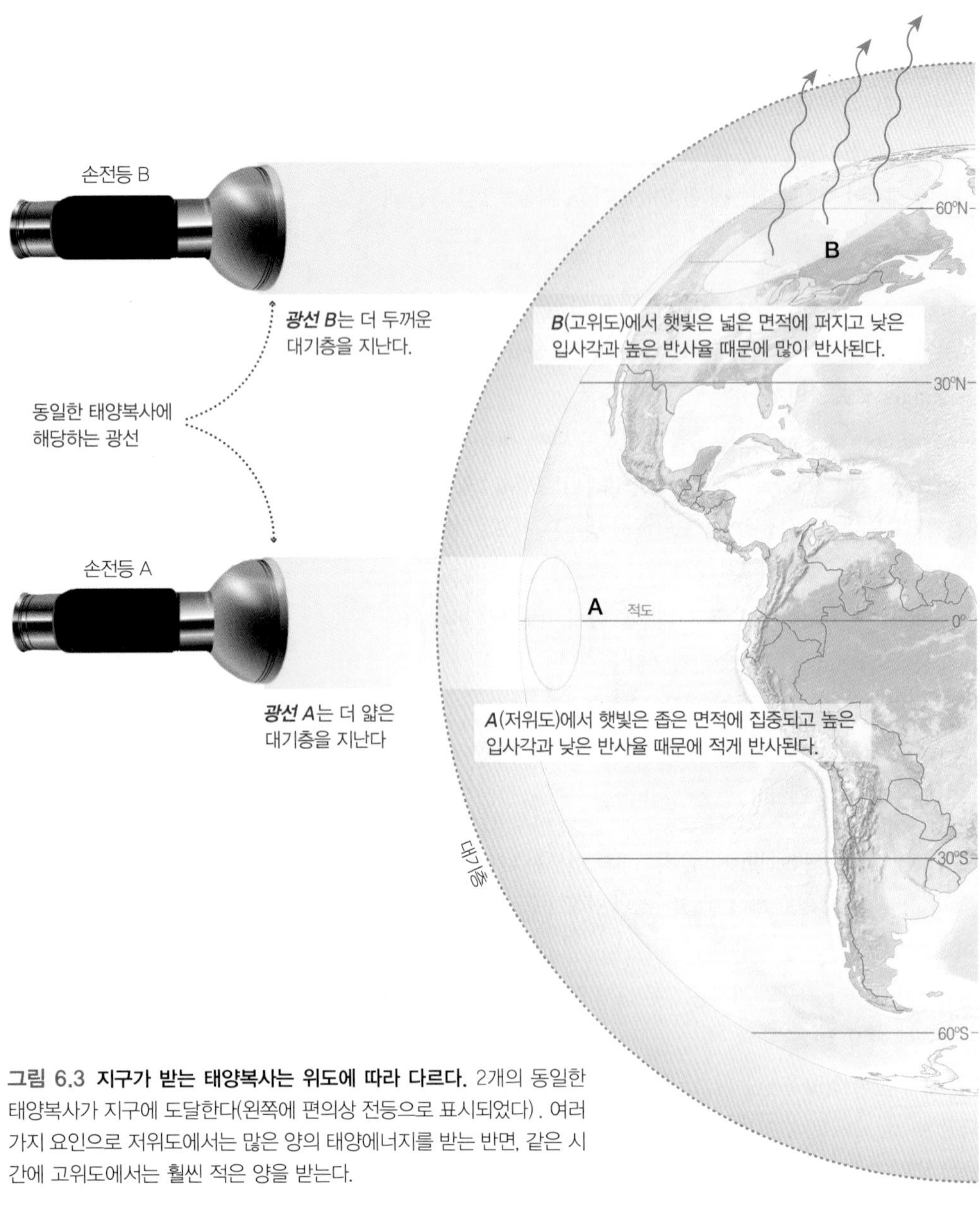

그림 6.3 지구가 받는 태양복사는 위도에 따라 다르다. 2개의 동일한 태양복사가 지구에 도달한다(왼쪽에 편의상 전등으로 표시되었다). 여러 가지 요인으로 저위도에서는 많은 양의 태양에너지를 받는 반면, 같은 시간에 고위도에서는 훨씬 적은 양을 받는다.

- **대기의 흡수.** 지구의 대기는 복사를 약간 흡수하는데, 고위도에서 햇빛은 더 많은 대기층을 통과해야 하므로 저위도에 비해서 적은 양의 복사가 도달한다.
- **반사율.** **반사율**(albedo: *albus* = white)은 지표의 다양한 물질들이 태양복사를 외계로 반사하는 비율(%)을 말한다. 반사율은 구성 물질에 따라 달라지는데, 예를 들면 눈으로 덮인 두꺼운 얼음은 태양복사의 90% 가까이를 외계로 반사하기 때문에 반사율이 높다. 이것은 얼음이 기본적으로 부족한 저위도에 비해 눈 덮인 고위도에서 복사의 더 많은 부분을 반사시키는 요인들 중 하나가 된다. 해양, 토양, 식생, 모래, 암석과 같은 지구의 다른 물질들은 얼음보다 훨씬 낮은 반사율을 갖기 때문에 지구 전체 표면의 평균 반사율은 약 30%이다.
- **해수면에서의 반사.** 해수면에 들어오는 햇빛의 입사각은 얼마나 흡수 또는 반사되는지를 결정한다. 태양이 매끈한 해수면을 머리 위에서 비추면 복사량의 2%만 반사되지만 수평선 위 5° 각도에서 비추면 40%가 대기로 반사된다(**표 6.1**). 그래서 해양은 고위도에서 더 많이 반사한다.

이러한 이유들 때문에 고위도의 복사 강도는 적도 지역에 비해서 크게 감소하는 것이다. 다른 요인들도 도달하는 태양에너지의 양에 영향을 주는데, 예를 들면 지구가 자전하여 낮과 밤이 매일 교차하므로 복사량은 매일 변한다. 게다가 복사량은 이미 설명했듯이 계절에 따른 연변화도 한다.

표 6.1 입사각에 따라 해수면에서 반사-흡수되는 태양에너지

태양의 고도	90°	60°	30°	15°	5°
반사된 복사(%)	2	3	6	20	40
흡수된 복사(%)	98	97	94	80	60

해양의 열 흐름

극지방에서는 태양복사가 낮은 각도에서 들어오므로 얼음의 반사율이 높아서 흡수되는 양보다 많은 에너지가 외계로 반사된다. 이와는 대조적으로 북위 35°와 남위 40° 사이에서는[1] 태양의 고도가 높아서 외계로 반사되는 양보다 많은 에너지가 흡수된다. **그림 6.4**의 그래프는 입사 에너지와 방출되는 에너지가 어떻게 결합되어 저위도에서는 열이 축적되고 고위도에서 열 손실이 일어나는지를 보여준다.

그림 6.4에 의하면 적도 지역은 꾸준히 더워지고 극지방은 점점 추워질 것으로 예상할 수 있다. 극지방은 항상 적도 지역보다 춥기는 하지만 그 온도 차는 일정하게 유지되는데, 이는 적도 지역의 남는 열이 극지방으로 이동되기 때문이다. 어떻게 이런 일이 이루어질까? 바로 해양과 대기의 순환이 열을 운반하는 것이다.

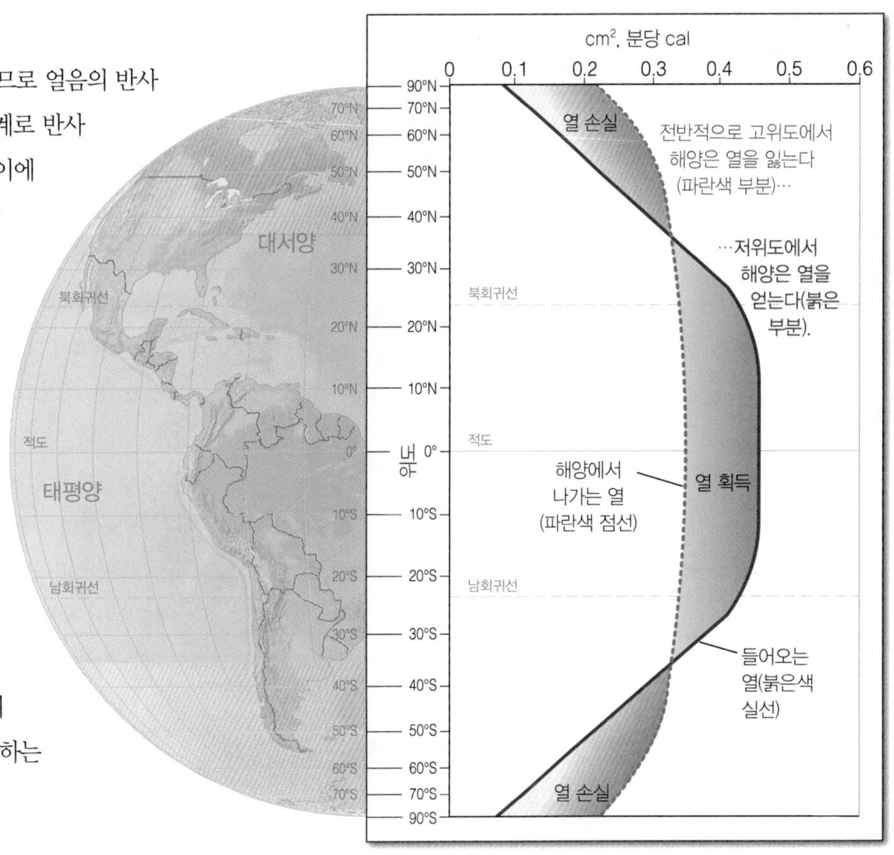

그림 6.4 위도에 따른 열 획득과 열 손실의 균형을 보여주는 그래프. 지구 규모로 볼 때 평균적으로는 해양 전체에서 얻는 열과 잃는 열은 서로 균형을 이루는데, 저위도에서 초과된 열은 해양과 대기의 순환에 의해서 열이 부족한 고위도로 운반된다.

개념 점검 6.1 | 계절의 원인을 포함해서 태양복사의 변동을 설명하라.

1. 지구의 계절을 설명하는 그림을 그려보라.
2. 동지와 하지 동안에 태양은 북극권을 따라서 어떻게 나타날까?
3. 고위도에서 열 손실이, 저위도에서는 열 획득이 지속된다면 두 지역의 온도 차이는 왜 커지지 않을까?

요약

저위도는 고위도보다 더 많은 태양복사를 받지만 해양과 대기의 순환이 열을 이동시킨다.

6.2 대기는 어떤 물리적 성질을 가지고 있는가?

대기는 열과 수증기를 여기저기로 옮긴다. 대기의 조성, 온도, 밀도, 수증기양, 기압 사이에는 복잡한 관계가 있다. 이 관계들을 적용하기 전에 우선 대기의 조성과 물리적 성질을 알아보자.

대기의 조성

그림 6.5는 건조 대기의 조성인데 거의 전적으로 질소와 산소로 이루어졌음을 알 수 있다. 다른 기체로는 아르곤(비활성 기체), 이산화탄소, 그리고 기타 미량 기체들이다. 비록 이 기체들이 양은 매우 적어도 대기 중에서 상당한 양의 열을 붙잡을 수 있다. 이 기체들이 어떻게 열을 가두는지는 제16장 '해양과 기후변화'에서 다룬다.

Climate Connection

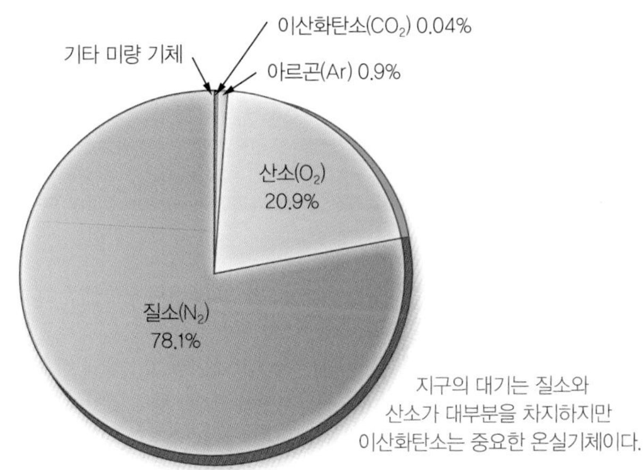

그림 6.5 건조 대기의 조성. 건조 대기(수증기 없는)의 부피 조성을 보여주는 파이차트. 질소와 산소가 대기의 99%를 차지한다.

1 위도의 범위가 남반구에서 확장되는 이유는 남반구가 북반구보다 중위도의 해양 면적이 더 넓기 때문이다.

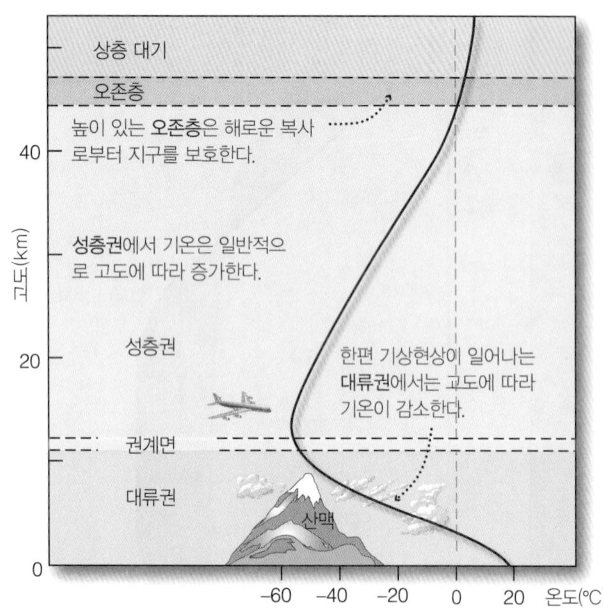

그림 6.6 대기층의 이름과 대기의 온도 구조.

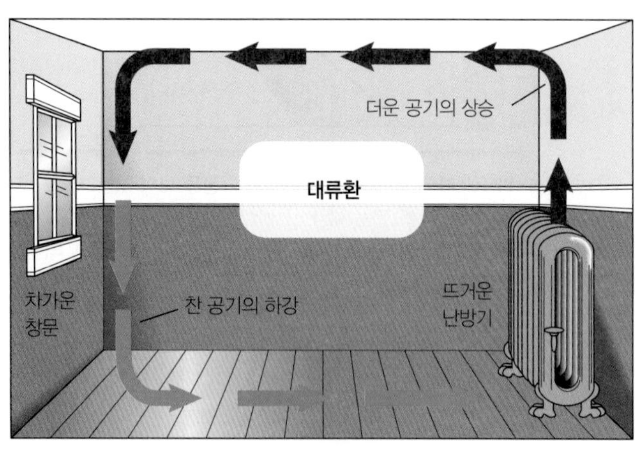

실내에 더운 공기의 상승과 찬 공기의 하강으로 대기의 순환 고리(**대류환**)가 만들어진다.

그림 6.7 난방기와 창문에 의해서 방 안의 대류가 발생하는 과정

학생들이 자주 하는 질문

왜 공기 중에 질소가 많은가요?

대기 중에 질소가 많은 이유를 이해하려면 그다음으로 풍부한 산소와 비교해보는 것이 좋다. 한 예로, 그림 6.5는 질소가 산소의 약 네 배로 풍부하다는 것을 보여준다. 그렇지만 지구의 내부와 외부 전체에 있는 양을 비교하면 산소가 10,000배 더 풍부하다. 이것은 지구가 처음 형성될 때의 물질 조성 및 강착 과정을 반영한다. 산소는 규소, 그리고 마그네슘, 칼슘, 소듐과 함께 딱딱한 지구를 구성하는 주 성분이다. 질소는 고체 지구를 만드는 이러한 원소들과 반응을 쉽게 하지 않는다. 이것이 산소에 비해서 질소가 공기 중에 많은 이유들 중의 하나이다. 다른 주요한 이유는, 산소와는 달리 질소는 대기 속에서 매우 안정하기 때문에 화학 반응에 거의 개입되지 않는다. 그래서 지질 시대를 통해서 산소보다 훨씬 많이 대기 중에 축적되어왔다.

대기의 온도변화

직관적으로는 대기층 높이 올라갈수록 태양과 가까워지기 때문에 더워지는 것이 논리적으로 보인다. 그러나 특이하게도 대기는 **밑에서부터** 더워진다. 이것은 태양에너지가 대기를 그대로 통과하여 지구 표면의 땅과 물 모두를 가열한 다음, 이들이 에너지를 대기로 다시 복사하는 것을 받아서 대기가 더워지기 때문이다. 이 과정은 온실효과(greenhouse effect) 원리의 하나인데, 제16장 '해양과 기후변화'에서 더 자세히 알아보겠다.

Climate

Connection

그림 6.6은 대기의 연직 온도 구조이다. 대기의 최하층은 지표로부터 약 12km까지인 **대류권**(troposphere: *tropo* = turn, *sphere* = a ball)으로 모든 기상변화가 일어나는 곳이다. 대류권이라는 이름이 붙은 것은 대부분 밑으로부터 가열되어 혼합이 활발하게 일어나기 때문이다. 대류권에서는 고도에 따라 기온이 감소하여 높은 곳에서는 빙점 아래로 떨어진다. 예를 들어 제트 비행기를 타면 매우 높은 고도에서 날개나 창문에 얼음이 어는 것을 볼 수 있다.

대기의 밀도변화

공기가 무게를 가지고 있다는 것이 놀랍지만 공기는 분자로 이루어져 있기 때문에 확실히 그렇다. 온도는 공기의 밀도에 엄청난 영향을 준다. 높은 온도에서 공기 분자들은 더 빨리 움직여서 더 많은 공간을 차지하므로 밀도는 감소한다. 그래서 밀도와 온도의 일반적인 관계는 다음과 같다.

- 더운 공기는 밀도가 더 작아서 상승한다.
- 찬 공기는 밀도가 더 크므로 하강한다.

그림 6.7은 난방기가 어떻게 대류를 이용하는지 보여준다. 난방기는 부근의 공기를 가열하여 팽창시킨다. 이 팽창으로 인하여 밀도는 감소하고 상승하게 된다. 반대로 차가운 창문 쪽은 부근의 공기가 냉각 · 수축되어 밀도가 커져서 가라앉는다. 그래서 **대류환**(convection cell: *con* = with, *vect* = carried)이 만들어지는데, 상승 · 하강하는 공기가 원형으로 움직이는 구조를 만드는 것으로 제2장에서 다룬 맨틀의 대류와 비슷하다.

대기의 수증기 양

공기 중의 수증기 양은 부분적으로 공기의 온도에 좌우된다. 예를 들어, 더운 공기 분자는 찬 공기보다 더 빨리 움직이므로 더 많은 수증기와 접촉할 수 있기 때문에 더 많은 수증기를 함유할 수 있다. 그래서 더운 공기는 대개 습하고 반대로 찬 공기는 건조하다. 그 결과 밖에 널어놓은 빨래는 기온이 높고 바람이 부는 날에 증발이 촉진되어 빨리 마른다.

수증기는 공기의 밀도에 영향을 준다. 수증기가 증가하면 공기의 밀도는 감소하는데, 수증기는 공기보다 밀도가 작기 때문이다. 그래서 습윤 대기는 건조한 대기보다 밀도가 작다.

대기압

대기압은 해수면에서 1.0기압이고[2] 고도에 따라 감소한다. 대기압은 그 위에 쌓여 있는 공기기둥의 무게이다. 예를 들어 두꺼운 공기기둥은 얇은 공기기둥보다 기압이 크다. 수영장의 수압도 이와 비슷해서 물기둥이 두꺼울수록 수압이 커진다. 그래서 수압은 수영장의 맨 바닥에서 가장 크다.

이와 같이 두꺼운 대기의 기둥은 기압이 해수면에서 가장 높고 고도에 따라 감소한다는 것을 뜻한다. 밀봉된 감자 칩이나 과자 봉지를 높은 곳으로 가져가면 그 위의 공기기둥이 얇아져서 기압이 매우 낮아짐으로써 부풀어 오르다가 가끔 터지기도 한다. 아마 비행기가 이륙 혹은 착륙할 때, 그리고 경사가 급한 산길을 운전할 때 귀가 멍해지는 것을 경험했을 것이다.

대기압의 변화는 공기의 밀도를 변화시켜서 운동을 일으킨다. 일반적인 관계는 **그림 6.8**에 나타나 있으며 다음의 사항들을 알려준다.

- 차고 밀도가 큰 공기의 기둥은 바닥에서 기압을 높이고 공기가 하강하도록 만든다(지면을 향해 움직이고 수축된다).
- 덥고 가벼운 공기의 기둥은 바닥에서 기압을 낮추고 공기가 상승하도록 만든다(지면에서 멀어지며 팽창한다).

추가적으로, 하강하는 공기는 수축되면서 더워지는 반면에 상승하는 공기는 팽창하기 때문에 냉각된다. 여기에는 공기의 조성, 온도, 밀도, 수증기 양, 기압 사이에 복잡한 관계가 있음을 알아두자.

대기의 운동

공기는 항상 고압 지역에서 저압 지역 쪽으로 움직인다. 이런 대기의 움직임을 **바람**(wind)이라고 부른다. 만일 풍선을 부풀려서 놓아주면 그 안의 공기는 어떻게 될까? 풍선 내부의 고압부에서(풍선이 내부의 공기를 밀어내어) 밖의 저압부로 빠르게 빠져나갈 것이다.

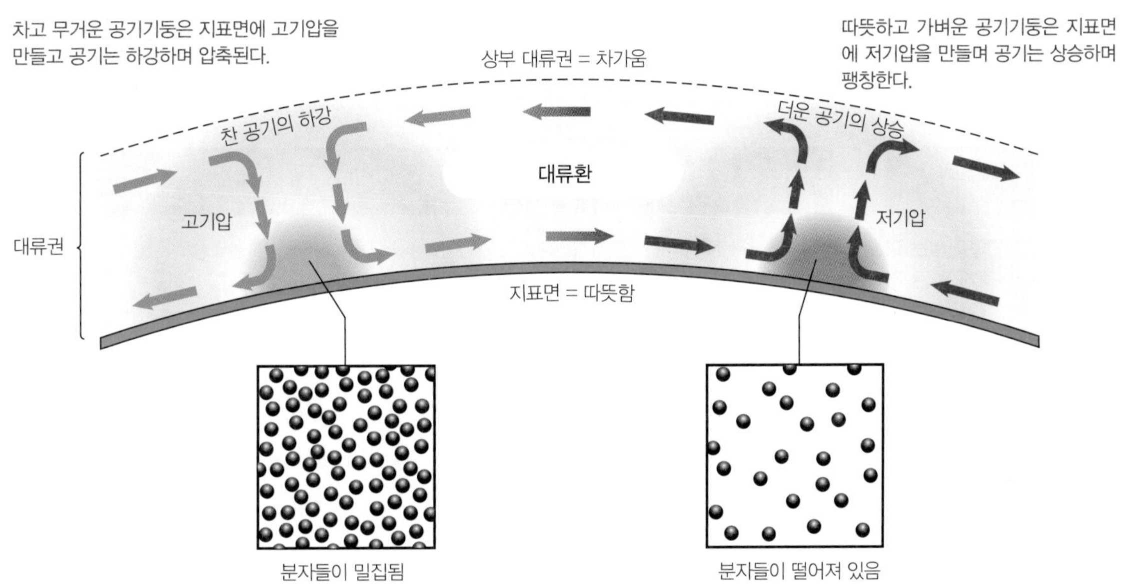

그림 6.8 고기압대와 저기압대의 특성.

---

2 기압은 압력의 단위로 사용되기도 하는데, 1.0기압은 해수면 위의 대기가 작용하는 평균 압력이 수은주 760mm, 혹은 1,013hPa (=1,013millibar)에 해당한다.

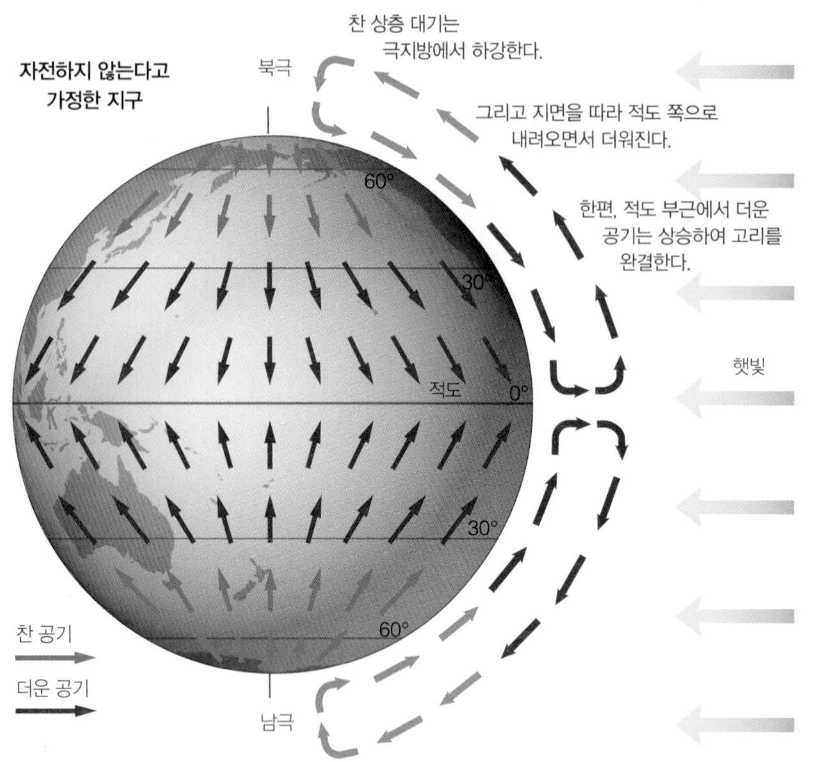

그림 6.9 자전하지 않는 지구에서의 가상적인 대기 순환. 자전하지 않고 태양이 적도를 직접 비추는 것으로 가정한 지구의 대기 순환 모식도. 화살표는 불균일 가열에 의해서 발생할 것으로 예상되는 바람의 패턴을 나타낸다(오른쪽의 화살표는 바람의 연직 단면 분포). 각 반구에서 적도에서 양 극에 이르는 커다란 대류환이 발달함을 주목하라.

예 : 자전하지 않는 지구

지구가 자전하지 않는 대신에 태양이 항상 적도 위를 비추면서 지구 주위를 돌고 있다고 잠깐 상상해보자(**그림 6.9**). 적도에서는 고위도보다 더 많은 태양복사를 받으므로 대기는 더워질 것이고 이 덥고 습한 공기는 상승하며 저기압을 형성할 것이다. 이렇게 상승하는 공기는 냉각되고(그림 6.6 참조) 수증기가 비의 형태로 방출된다. 그래서 적도를 따라 저기압의 띠가 생기고 많은 비가 내린다.

적도에서 상승하는 공기는 대류권 상부에 도달한 후에 극지방을 향해 움직인다. 높은 고도에서 온도는 매우 낮으므로 공기는 냉각되고 밀도는 증가한다. 이 차고 무거운 공기는 극지방에서 하강하고 지면에서 고기압을 만든다. 침강하는 찬 공기는 수증기를 많이 함유할 수 없으므로 매우 건조하다. 그래서 극지방에서는 고기압과 맑고 건조한 날씨를 경험하게 된다.

자전하지 않는 지구의 표면에서 바람은 어떻게 불까? 공기는 항상 고기압에서 저기압으로 움직이니까 기압이 높은 극지방에서 기압이 낮은 적도 쪽으로 이동하게 된다. 그러므로 북반구에서는 강한 북풍이 불 것이고 남반구에서는 강한 남풍이 불 것이다.[3] 적도를 향해 움직이는 공기는 더워지면서 **대류환**(convection cell, 그림 6.7 참조)이란 이름의 순환 고리를 만들 것이다.

이 가상적인 경우가 실제로 지구에서 일어나는 현상과 잘 맞을까? 공기를 물리적으로 움직이게 하는 원리는 지구가 자전하든 않든 상관없이 같지만 실제로는 그렇지 않다. 이제 지구의 자전이 대기의 순환에 어떻게 영향을 주는지 알아보자.

요약

대기는 밑으로부터 가열된다. 기온, 밀도, 수증기 양, 기압의 변화는 바람이라고 부르는 대기의 운동을 일으킨다.

학생들이 자주 하는 질문

코리올리 효과가 욕조의 물이 빠질 때 북반구에서는 어느 한쪽으로, 남반구에서는 다른 쪽으로 돌게 하는 것이 사실인가요?

대부분 아니다. 이론적으로 물은 너무 느리게 움직이고 코리올리 효과가 소용돌이를 만들기에는 집 안의 욕조는 너무 작다. 그러나 다른 효과가 모두 없다면 코리올리 효과는 작용을 해서 북반구에서는 반시계 방향으로, 남반구에서는 시계방향으로 돌면서 물이 빠진다. 그러나 욕조같이 작은 곳에서 코리올리 효과는 극히 작다. 그릇의 불규칙한 형태나 바닥의 경사 혹은 어떤 외부의 운동은 쉽사리 코리올리 효과를 능가해버린다.

개념 점검 6.2 | 대기의 물리적 성질을 설명하라.

1 대기의 성분, 기온, 밀도, 수증기 양, 기압, 운동을 포함하는 대기의 물리적 성질들을 설명하라.
2 지구의 대기는 위에서부터 가열될까 아니면 밑에서부터 가열될까? 설명해보라.

6.3 코리올리 효과는 어떻게 움직이는 물체에 영향을 주는가?

지구의 자전 때문에 움직이는 물체의 운동방향을 편향시키는 힘이 작용하는데, 이 힘을 1835년에 처음 이론적으로 설명한 프랑스의 과학자 구스타브 코리올리의 이름을 따서 코리올리 힘(Coriolis force)이라고 부른다. 코리올리 힘은 운동의 방향에만 영향을 주므로 전향력(deflecting force)이라고도 한다. 물체의 운동에 전향력이 지속적으로 작용한 결과가 **코리올리 효과**(Coriolis effect) 또는 전향효과이다.

3 바람은 불어오는 방향에 따라서 이름을 붙인다는 것에 유의하자.

코리올리 효과는 지구상의 움직이는 물체가 곡선 경로를 따라 움직이도록 한다. 북반구에서 물체는 예정된 방향의 오른쪽으로 편향시키고 남반구에서는 왼쪽으로 편향시킨다. 오른쪽 혹은 왼쪽 방향이라는 것은 **움직이는 물체를 바라보는 관측자의 관점**이다. 예를 들어 코리올리 효과는 두 사람이 주고받는 공의 운동에도 매우 조금 영향을 주는데, 북반구에서 공은 **던진 사람의 관점에서** 볼 때 오른쪽으로 약간 휘어진다.

코리올리 힘은 모든 움직이는 물체에 지속적으로 작용한다. 그러므로 운동하는 시간이 짧으면 그 효과가 작고 같은 방향으로 오래 움직일수록 코리올리 효과가 커진다. 이것이 대기 순환과 해류의 운동에 극적인 효과가 나타나는 이유이다.

코리올리 효과는 지구가 동쪽으로 자전하는 결과인데, 더 정확하게는 위도에 따라 지구 자전의 선속도가 달라지는 것이 코리올리 효과의 원인이다. 실제로는 물체가 직선을 따라 움직이더라도[4] 지구가 그 밑에서 자전하기 때문에 곡선 운동을 하는 것처럼 보이는 것이다. 이해를 돕기 위해서 두 가지 예를 들어보자.

Web Video
회전목마에 작용하는 코리올리 효과
http://goo.gl/x3i0eX

예 1 : 관점과 회전목마의 좌표

회전목마는 코리올리 효과의 개념을 테스트하기에 유용한 실험 도구이다. 회전목마는 커다란 회전 원반이고 **그림 6.10**과 같이 회전할 때에 사람들이 붙잡도록 가로 막대가 설치되어 있다.

위에서 볼 때 반시계 방향으로 도는 회전목마에 당신이 타고 있다고 상상해보자(그림 6.10). 회전하는 동안에 막대를 놓아 버린다면 어떤 일이 생길까? 회전목마의 바깥 방향으로 똑바로(그림 6.10의 경로 A) 날아갈 것이라고 생각한다면 오산이다. 각운동량은 회전목마의 원형 경로의 접선에 평행하게(그림 6.10의 경로 B) 움직이도록 할 것이다. 관성의 법칙에 따라 움직이는 물체는 다른 힘의 작용을 받지 않는 한 직선운동을 계속한다. 그러므로 당신은 땅바닥이나 다른 물체에 부딪칠 때까지 직선으로(경로 B) 날아갈 것이다. 회전목마에 탄 다른 사람의 관점에서는 경로 B를 따라가는 당신이 회전목마의 회전력 때문에 오른쪽으로 휘는 것으로 보일 것이다.

이번에는 당신의 맞은편에 다른 사람이 있다고 상상하자. 그 사람에게 공을 던져 준다면 어떻게 날아갈까? 당신이 비록 직선으로 던졌다고 하더라도(그림 6.10, 경로 C) 당신의 관점에서 공은 오른쪽(경로 D)으로 굽는 것으로 보인다. 그것은 공이 다른 사람에게 날아가는 동안 좌표계(여기서는 회전목마)가 회전했기 때문이다(그림 6.10). 그러나 바로 위에서 보는 사람은 회전속도(경로 B)의 방향과 공을 던진(경로 C) 방향이 합쳐진 방향으로 직선운동하는 것을 관측할 것이다. 이처럼 자전하는 지구에서의 관점은 물체가 곡선을

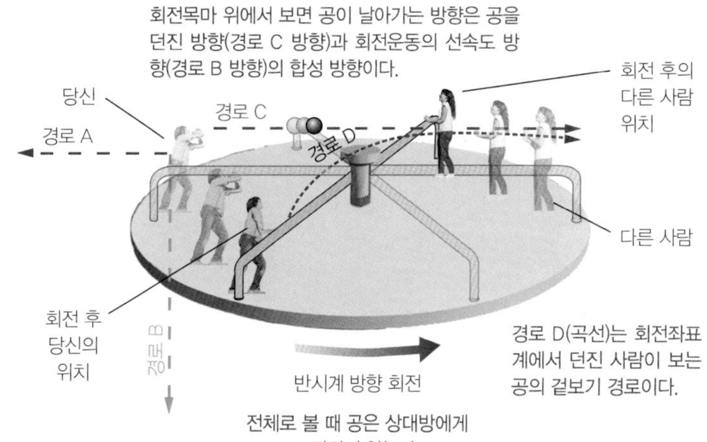

그림 6.10 위에서 볼 때 반시계 방향으로 도는 회전목마를 통해서 코리올리 효과에 대한 개념을 이해할 수 있다. 경로 A, B, C, D에 대해서는 본문의 설명을 참조할 것.
http://goo.gl/UE3t03

학생들이 자주 하는 질문

지구가 그렇게 빨리 돈다면 왜 우리는 그것을 느끼지 못할까요?

지구가 일정한 속도로 자전하지만 우리는 지구가 정지해 있다고 착각하는데, 우리가 느끼지 못하는 이유는 지구가 매우 부드럽게 조용히 돌고 대기도 우리와 함께 따라 돌기 때문이다. 그래서 우리가 받아들이는 모든 감각은 아무 움직임도 없고 땅은 완전하게 정지해 있다고 알려준다 — 비록 미국의 대부분이 시속 800km 이상의 속도로 계속 움직임에도 불구하고 말이다!

4 뉴턴의 제1법칙(관성의 법칙)은 다른 힘이 작용하지 않는 한 정지해 있는 물체는 정지 상태를 유지하고 일정한 속도로 움직이는 그 운동을 지속한다는 것을 설명한다.

학생들이 자주 하는 질문

왜 우주선은 저위도 지역에서 발사하나요?

미국이 우주선을 플로리다에서 발사하는 것은 저위도에서 빠른 자전 선속도를 이용하기 위함이다(그림 6.11a의 화살표 참조). 거기에서 우주선이 일단 외계로 나갈 때 더 많은 운동량을 받는다. 사실 적도 쪽으로 가까이 갈수록 로켓은 자연적으로 더 많은 운동량을 얻는다. 그래서 프랑스 같은 나라는 열대 지방의 섬에 있는 영토에서 로켓을 발사한다. 실제로 다국적 기업인 시런치(Sea Launch)는 현재 하와이에서 남쪽으로 1,600km 떨어진 적도상에서 부유식 발사대를 운영하고 있다.

Web Animation
코리올리 효과
http://goo.gl/xRrpCv

따라 움직이는 것으로 보이게 한다. 이것이 코리올리 효과이다. 반시계 방향으로 도는 회전목마는 북반구에 해당되는데, 그것은 북극에서 보면 지구는 반시계 방향으로 자전하기 때문이다. 그래서 북반구에서는 예정된 경로에 대해 오른쪽으로 곡선 운동을 하는 것으로 나타난다.

만약 반대편 사람이 당신에게 공을 던진다면 그 경로 또한 굽어지게 보일 것이다. 당신이 던진 공이 오른쪽으로 휘었던 것처럼 그 사람의 관점에서도 오른쪽으로 편향되는 것으로 보일 것이다. 그렇지만 당신의 관점에서 보면 당신에게 향하는 공이 왼쪽으로 편향되는 것으로 나타난다. 코리올리 효과를 생각할 때 기억해야 할 관점은 **물체가 움직이는 방향을 바라본다**는 것이다.

남반구 또는 남극에 있는 사람의 관점에서 볼 때 지구는 시계 방향으로 자전한다. 그래서 남반구에서는 움직이는 물체가 예정된 경로에 대해 왼쪽으로 편향되는 것으로 나타난다.

예 2 : 두 미사일 이야기

자전하는 지구상의 한 점이 하루 동안 이동하는 거리는 위도가 증가할수록 짧아진다. 예를 들어, 극지방 근처에 있는 사람은 적도 부근에 있는 사람보다 작은 원을 그리며 이동한다. 두 지점의 사람들은 하루 동안 각자의 거리를 이동하므로 그들이 있는 두 지점의 속도는 같을 수가 없다. **그림 6.11a**는 지구의 자전에 의해서 선속도가 적도의 1,600km/h에서 양극의 0km/h까지 위도에 따라 감소함을 보여준다. **이러한 위도에 따른 선속도의 변화가 코리올리 효과의 진짜 원인이다.** 다음의 예들은 속도가 어떻게 위도에 따라 달라지는지를 보여준다.

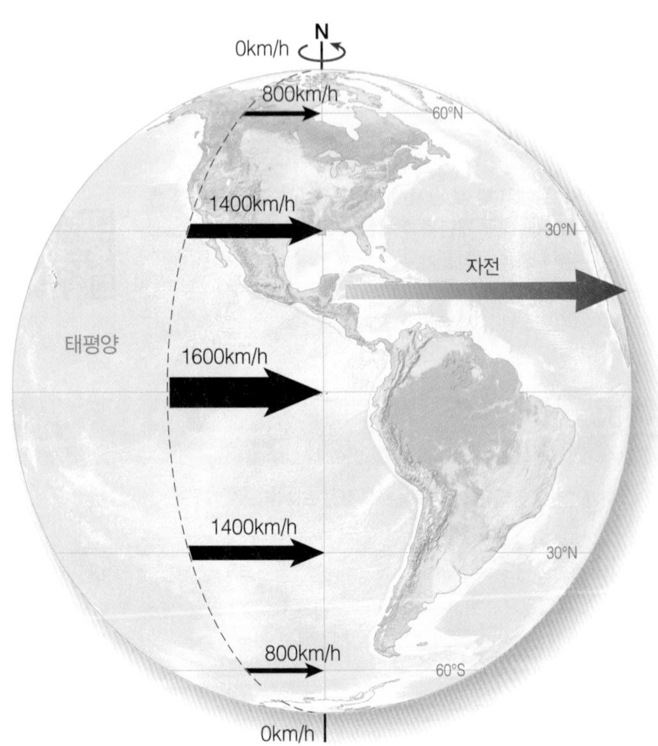

(a) 지구의 자전 선속도는 적도의 1,600km/h에서 양 극의 0km/h까지 위도에 따라 달라진다.

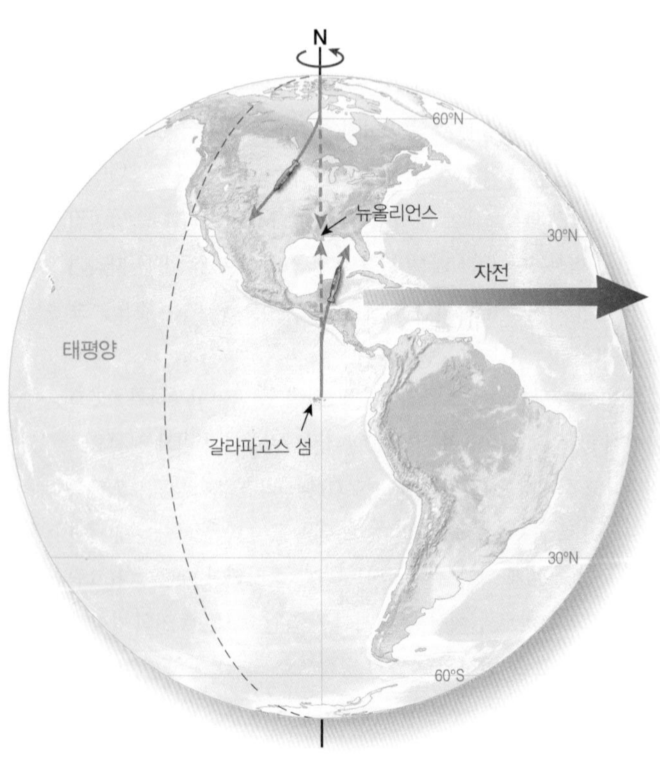

(b) 북극과 적도상의 갈라파고스 섬에서 뉴올리언스를 향해 발사된 미사일의 경로. 점선은 목표 경로이고 실선은 지표면에서 봤을 때의 실제 경로이다.

그림 6.11 코리올리 효과와 미사일의 경로.

목표를 향해 직선으로 날아가는 두 미사일을 상상해보자. 편의상 각 미사일은 거리에 상관없이 한 시간 동안 날아간다고 가정한다. 첫 미사일은 북극에서 발사되어 북위 30°인 루이지애나 주의 뉴올리언스를 향한다(**그림 6.11b**). 이 미사일은 뉴올리언스에 도달할까? 실제로는 그렇지 않다. 지구는 북위 30°에서 한 시간 동안에 1,400km를 동쪽으로 자전하므로(**그림 6.11a**) 미사일은 목표에서 1,400km 서쪽에 위치한 텍사스 주의 엘파소 근처에 떨어질 것이다. 북극에 있는 당신의 관점에서 본다면 미사일의 경로는 코리올리 효과에 따라서 **오른쪽**으로 구부러지는 것으로 보인다. 실제로 뉴올리언스는 지구 자전 때문에 미사일의 경로에서 벗어나 있다.

두 번째 미사일은 뉴올리언스 바로 남쪽의 적도에 위치한 갈라파고스 섬에서 뉴올리언스를 향해 발사된다(**그림 6.11b**). 갈라파고스 섬은 1,600km/h의 속도로 동진하므로 뉴올리언스보다 200km/h 더 빠르다. 그러므로 발사 순간에 미사일은 뉴올리언스보다 200km/h 더 빠르게 동쪽으로 움직이고 있는 것이다(**그림 6.11a**). 따라서 미사일이 한 시간 뒤에 땅에 떨어질 때에는 뉴올리언스보다 200km 동쪽에 있는 앨라바마 해역에 도달한다. 갈라파고스 섬에 있는 당신의 관점에서 미사일은 또 다시 **오른쪽으로** 편향하는 것으로 나타난다. 두 경우 모두 마찰력은 무시했음을 기억하자. 마찰력은 미사일의 편향 거리를 상당히 감소시킬 것이다.

학생들이 자주 하는 질문

코리올리 효과가 실제로 작용하는 힘이라고 들었지만 가끔 가짜 힘으로 표현되기도 합니다. 가짜 힘이란 무엇인가요?

차가 움직일 때 느끼는 힘, 즉 가속될 때 뒤로 밀리거나 커브를 돌 때 옆으로 쏠리는 현상이 가짜 힘의 일상적인 예들이다. 일반적으로 이런 영향들은 자동차와 같은 특정 상황의 좌표계 자체가 가속되기 때문에 나타난다.

이런 겉보기 힘의 고전적인 예는 코리올리 '힘'과 푸코 진자다. 북극에서 왕복운동을 하는 진자가 있다고 생각해보자. 지구 위에 있는 관측자는 진동면이 하루에 한 바퀴 회전하기 때문에 옆으로(진동면과 직각 방향으로) 힘이 작용하는 것으로 보인다. 그러나 이 진자의 운동을 외계의 고정된 위치에서 본다면 진자는 고정된 위치에서 왕복운동을 하고 그 밑에서 지구가 회전할 뿐이라는 것을 알게 된다. 이렇듯 외계의 관점에서 보면 진자의 진동을 편향시키는 힘은 없다. 이것이 경멸적인 가짜라는 말이 붙은 이유이고 진짜 힘이 아닌 효과라는 용어가 더 적절한 이유이다. 이와 유사하게 차 안에서는 실제 힘이 뒤로 미는 것이 아닌데도 불구하고 우리는 그것을 느낀다 – 우리가 느끼는 것은 단지 차의 가속에 의한 좌표계의 이동인 것이다.

코리올리 효과의 위도에 따른 변화

북극에서 발사된 첫 번째 미사일은 목표에서 무려 1,600km 벗어나고 갈라파고스 섬에서 발사된 두 번째 미사일은 200km밖에 벗어나지 않는다. 왜 그럴까? 자전 속도가 북극의 0km/h에서 적도의 1,600km/h까지 변하는 것은 물론, 자전 선속도의 **변화율**(위도 1°당) 또한 극지방에 가까울수록 증가하기 때문이다.

예를 들면 적도에서 북위 30° 사이에는 선속도의 차이가 200km/h지만 30~60° 사이에는 600km/h로 증가하며, 마지막으로 60°에서 자전 선속도가 0인 북극 사이에는 800km/h 이상으로 커진다.

코리올리 힘은 적도에서 0이고 위도가 높아질수록 증가하여 극지방에서 최대가 된다. 더구나 코리올리 효과의 크기는 기단의 운동이나 해류와 같이 물체가 움직이는 시간의 길이에 훨씬 많이 좌우된다. 코리올리 효과가 작은 저위도에서조차 물체가 오래 움직이면 많이 편향될 수 있다. 미사일의 예는 코리올리 힘의 원인을 이해하기 쉽도록 설명한 것으로서 실제로는 동-서 방향을 포함한 모든 방향의 운동을 편향시키며 적도에서만 작용되지 않는다.

요약

코리올리 효과는 움직이는 물체에 대해서 북반구에서는 오른쪽으로, 남반구에서는 왼쪽으로 편향되게 한다. 이 효과는 적도에서는 0이고 양 극에서 최대이다.

개념 점검 6.3 | 코리올리 효과를 이해했다는 것을 보여라.

1 북반구와 남반구의 코리올리 효과를 묘사하라.

2 코리올리 효과에 깔려 있는 원인은 무엇인가?

3 코리올리 효과의 크기가 위도에 따라 어떻게 변하는지 설명하라.

6.4 전 지구적인 대기순환의 패턴은 무엇인가?

그림 6.12는 자전하는 지구의 대기순환과 그에 따른 풍대를 나타낸 것인데, 자전하지 않는 경우를 가정한 것(그림 6.9)보다 훨씬 복잡한 패턴을 보여준다.

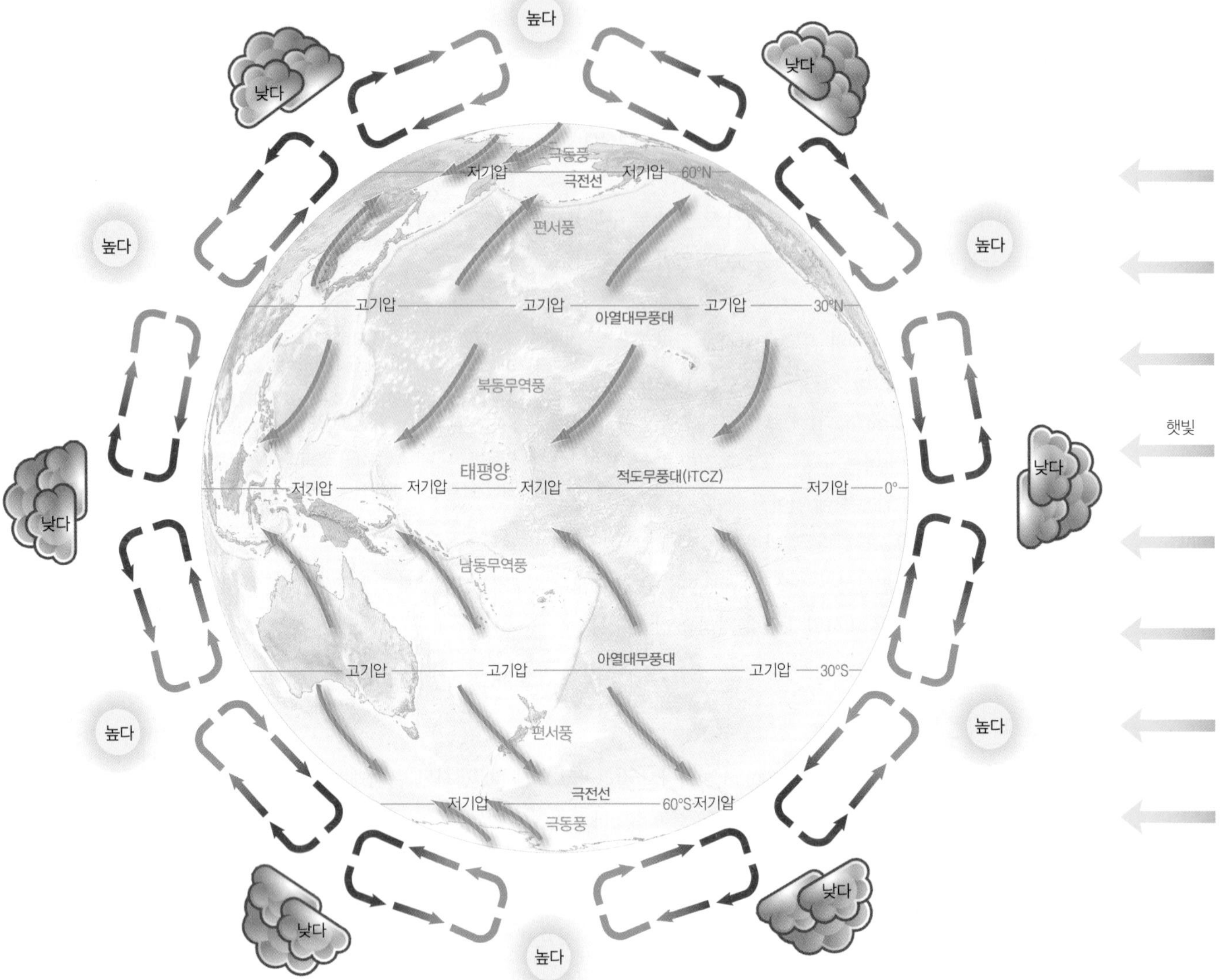

그림 6.12 대기순환과 세계의 풍대. 대기순환의 3-세포 모델은 세계의 주요 풍대를 만드는데, 지구상에 녹색 화살표와 녹색 명칭으로 표시했다. 대기순환 세포의 단면도는 지구의 둘레를 따라 붉은색과 파란색의 화살표로 나타냈다. 또한 풍대 경계의 명칭(파란색 글씨), 해면기압(고기압 혹은 저기압), 그리고 전형적인 날씨(태양 혹은 구름)도 표시되어 있다.

Web Animation
지구 바람 패턴
http://goo.gl/kW1MCv

순환세포

적도 지역에서 대기가 더 많이 가열되므로 팽창하고 밀도가 감소해서 상승하게 된다. 공기가 상승하면서 기압이 낮아지므로 팽창에 의해 냉각되고, 포함된 수증기는 응결하여 비가 된다. 그 결과로 건조해진 공기 덩어리는 고위도를 향해서 이동한다. 남 · 북위 30° 부근에서 공기는 주위보다 큰 밀도를 가질 정도로 냉각되고, 그에 따라 하강하여 순환고리를 완성한다(그림 6.12). 이 순환세포를 영국의 기상학자 조지 해들리(1685~1768)의 이름을 따서 **해들리세포**(Hadley cell)라 한다.

해들리세포 말고도 각 반구의 30~60° 사이에는 **페렐세포**(Ferrel cell), 60~90° 사이에는 **극세포**(polar cell)가 더 있다. 대기 순환의 3-세포 모델을 제안한 미국의 기상학자 윌리엄 페렐(1817~1891)의 이름을 딴 페렐세포는 순전히 태양 가열의 차이에 의해서만 구동되는 것이 아니다—만약 그렇다면 반대 방향으로 순환해야 한다. 맞물린 톱니바퀴처럼 페렐세포는 두 인접 순환세포의 운동과 일치하는 방향으로 움직이는 것이다.

기압

차고 무거운 공기의 기둥은 지면으로 하강하며 고기압을 형성한다. 위도 30° 부근에서 하강하는 공기는 **아열대고기압**(subtropical high) 지대를 만든다. 비슷하게 극지방에서 침강하는 공기는 **한대고기압**(polar high) 지역을 만든다.

이 고기압 지역에서는 어떤 종류의 기상을 경험하게 될까? 하강하는 공기는 기압의 증가로 매우 건조하고 더워지는 경향을 띠므로 이들 지역에서는 전형적으로 건조하고, 맑고, 온화한 조건을 경험한다. 그렇다고 반드시 더운 것은 아니며 단지 건조하고 맑은 하늘이 조성된다(극지방처럼).

덥고 가벼운 공기는 지면에서 멀리 위로 올라가며 저기압을 만든다. 그래서 상승하는 공기는 적도에서 **적도저기압**(equatorial low)을, 위도 60° 부근에서는 **아한대저기압**(subpolar low)을 만든다. 저기압 지역의 기상은 상승하는 공기가 수증기를 유지할 수 없으므로 많은 강수량과 함께 구름 낀 조건이 지배적이다.

풍대

순환세포의 가장 아래 부분, 즉 지면에 가장 가까운 부분들은 세계의 주요 풍대를 만든다. 아열대고압대에서 적도저기압대로 움직이는 공기덩어리는 **무역풍**(trade winds)을 만든다. 이 지속적인 바람은 일정한 방향으로 분다는 의미에서 이름이 붙었다. 만약 지구가 자전하지 않는다면 이 바람은 북–남 방향으로 불어야 할 것이다. 그러나 북반구에서 **북동무역풍**(northeast trade winds)은 코리올리 효과 때문에 오른쪽으로 편향되므로 북동쪽에서 남서쪽으로 불게 된다. 반면에 남반구에서는 코리올리 효과 때문에 왼쪽으로 휘어서 **남동무역풍**(southeast trade winds)이 남동쪽에서 북서쪽으로 분다.

6.1 Squidtoons

Squidtoons

차가워지기 전에
바다를 건너고 있었지.

https://goo.gl/pb9ydB

아열대 지역에서 하강하는 공기의 일부는 표면을 따라 고위도 쪽으로 이동하면서 **편서풍대**(prevailing westerly wind belts)를 만든다. 코리올리 효과 때문에 편서풍은 북반구에서 남서쪽으로부터 북동쪽으로, 남반구에서는 북서쪽으로부터 남동쪽으로 분다.

극지방에서 멀어지는 방향으로 움직이는 공기는 역시 **극동풍대**(polar easterly wind belts)를 만든다. 코리올리 효과는 고위도에서 최대가 되므로 바람은 심하게 편향된다. 극동풍은 북반구에서는 북동쪽으로부터, 남반구에는 남동쪽으로부터 분다. 극동풍이 위도 60° 부근의 아한대저기압대에서 편서풍과 접하게 되면 편서풍의 덥고 가벼운 공기가 차고 무거운 극동풍의 위로 타고 올라가게 된다.

경계

적도를 따라 형성되는 두 무역풍 사이의 경계는 **적도무풍대**(doldrums: *doldrum* = dull)로 알려져 있는데, 그 이유는 오래 전에 범선들이 그곳에서 바람이 안 불어서 움직이지 못했기 때문이다. 때로는 며칠에서 몇 주 동안 갇혀 있었는데 상황이 불운하기는 해도 매일 내리는 비로 물은 풍부했기 때문에 생명이 위험한 정도는 아니었다. 이 지역이 2개의 무역풍이 수렴하는 열대지역이므로 오늘날 기상학자들은 **열대수렴대**(Intertropical Convergence Zone, ITCZ)라고 부른다(그림 6.12).

위도 30°를 중심으로 하는 무역풍과 편서풍의 경계는 **아열대무풍대**(horse latitudes)로 알려져 있다. 이 지역에서 하강하는 공기는 고기압을 만들며(아열대고기압과 관련됨) 맑고 건조하며 온화한 조건을 만든다. 하강하는 공기 때문에 바람은 약하고 변화가 많다.

위도 60° 부근에서 형성되는 편서풍과 극동풍의 경계는 **극전선**(polar front)으로 알려져 있다. 이곳은 상이한 기단 사이의 전쟁터로서 구름이 많이 끼고 강수가 흔하다.

맑고 건조한 조건은 극지방에서 고기압과 관련된 것이므로 강수는 극히 적다. 극지방을 가끔 한대 사막

학생들이 자주 하는 질문

'Horse latitude'의 어원은 무엇인가?

'Horse latitude'라는 용어는 스페인의 범선이 대서양을 건너 서인도제도로 말을 운반하던 시대에 유래한 것으로 추측된다. 범선들은 가끔 이 해역에서 바람이 없어 갇히게 되면 항해 기간이 심하게 길어지고 물이 부족해져서 선원들이 말을 바다에 버릴 수밖에 없게 되었던 것이다(이 장의 머리에 인용된 글 참조).

으로 분류하는 것도 연 강수량이 그만큼 적기 때문이다.

표 6.2에 지구의 풍대와 경계들의 특징을 요약하였다.

순환세포 : 실제로 그런가, 아니면 이상화된 것인가?

페렐이 주장한 대기순환의 3-세포 모델은 대순환 패턴을 단순하게 만든 것이다. 이 순환모델은 이상화된 것이므로 관측되는 복잡한 현상과 항상 부합되는 것은 아닌데, 특히 페렐세포와 극세포의 위치나 운동 방향이 그렇다. 그럼에도 불구하고 세계의 주요 풍계의 패턴과는 전반적으로 일치하고 왜 그것들이 존재하는지를 이해하기 위한 기본적인 토대가 된다.

더구나 다음의 요인들은 이상화된 바람, 기압, 대기순환 패턴을 그림 6.12와는 상당히 다르게 만든다.

1. 지구의 기울어진 자전축 때문에 계절변화가 생긴다.
2. 대륙 암석의 열용량이 해수에 비해 작아서[5] 그 위의 공기는 인근 해양에 비해서 겨울에 더 춥고 여름에 더 덥다.
3. 대륙과 해양의 불균일한 분포는 특히 북반구의 패턴에 영향을 준다.

Web Animation
기압과 강우 패턴의 계절 변동
http://goo.gl/zVaUTq

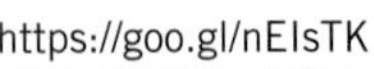
표 6.2 풍대와 경계의 특징
https://goo.gl/nEIsTK

그러므로 겨울 동안 대륙에서는 찬 공기의 무게 때문에 대개 고기압이 발달하고 여름 동안에는 저기압이 발달한다(**그림 6.13**). 실제로 아시아의 계절적인 기압 이동이 **계절풍**(monsoon winds)을 일으켜서 인도양의 해류에 극적인 효과를 주는데, 이에 대해서는 제7장 '해양순환'에서 다룬다. 그렇지만 일반적으로 그림 6.13의 고기압-저기압의 패턴은 그림 6.12와 매우 유사하다.

지구의 풍대는 해양 탐사에 심대한 영향을 끼쳤다(**심층 탐구 6.1**). 세계의 풍대는 또한 제7장 '해양순환'에서 다룰 표층해류의 패턴과 상당히 일치한다.

표 6.2 풍대와 경계의 특징

지역(북위 혹은 남위)	풍대의 이름 혹은 경계	대기압	특징
적도(0~5°)	적도무풍대(경계)	저기압	가볍고 변화 심한 바람. 구름과 비가 많음. 태풍의 발생지
5~30°	무역풍(풍대)	–	강하고 지속적인 바람이 동쪽으로부터 분다
30°	아열대무풍대(경계)	고기압	가볍고 변화 심한 바람. 건조하고 맑은 날씨. 강수가 거의 없어 주요 사막지역
30~60°	편서풍(풍대)	–	서쪽으로부터 부는 바람. 폭풍들이 기상에 영향을 준다
60°	극전선(경계)	저기압	변화 심한 바람. 구름과 폭풍이 많은 기상
60~90°	극동풍(풍대)	–	차고 건조한 바람이 동쪽으로부터 분다
극(90°)	한대고기압(경계)	고기압	변화 심한 바람. 맑고 건조한 조건. 낮은 온도와 최소의 강수로 추운 사막임

요약

각 반구의 주요 풍대는 무역풍, 편서풍, 극동풍이다. 풍대의 경계는 적도무풍대, 아열대무풍대, 극전선을 포함한다.

개념 점검 6.4 | 지구의 대기순환 패턴을 설명하라.

1 지구의 풍대를 그림으로 나타내고 대기의 순환세포, 고기압대와 저기압대, 풍대의 이름, 풍대 경계의 명칭들을 표시하라.

2 왜 극지방에는 고기압이, 적도 지역에는 저기압대가 있는가?

3 그림 6.12와 표 6.2에 있는 지구의 풍대와 경계에 대해서 알게 된 패턴이나 경향을 설명하라.

5 열용량이 작은 물체는 열에너지가 가해질 때 빨리 가열된다. 그림 5.7에서 물의 비열이 가장 크다는 것을 배웠다.

기압대와 풍대는 북반구와 남반구에서 서로 거울을 보는 것과 유사하다.

전반적인 기압과 풍대의 분포가 어떻게 그림 6.12와 잘 맞는지 주목하라.

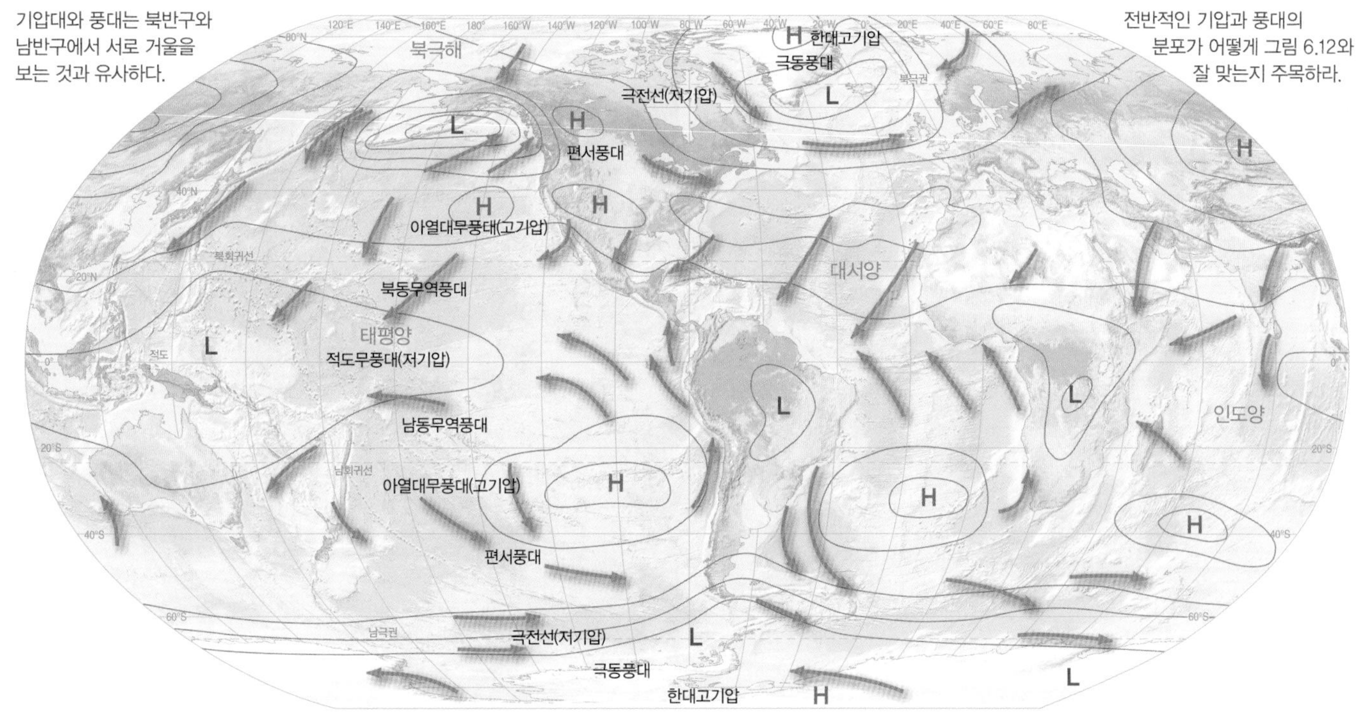

그림 6.13 **1월의 해면기압과 세계의 바람.** 1월의 평균기압 패턴. 고기압(*H*)과 저기압(*L*) 지역은 그림 6.12와 밀접하게 상응하지만 계절 변화와 대륙의 분포 때문에 변형된다. 녹색 화살표는 바람의 방향으로, 고기압 지역에서 저기압 지역으로 불지만 코리올리 효과 때문에 변형된다.

6.5 해양은 어떻게 지구의 기상 현상과 기후 패턴에 영향을 주는가?

해양이 차지하는 엄청난 면적과 물의 특이한 열적 성질로 인해 해양은 지구의 기상 현상과 기후 패턴에 극적인 영향을 끼친다.

기상과 기후

Climate

Connection

기상(weather)은 특정 시간과 장소에서의 대기 상태를 말한다. **기후**(climate)는 기상의 장기간 평균이다. 우리가 한 장소에서 오랫동안 기상 조건을 관측하면 기후에 대한 어떤 결론을 끌어내기 시작할 수가 있다. 예를 들어, 한 지역에서 몇 년 동안 건조했다면 그 지역은 건조기후를 가졌다고 말할 수 있다.

바람

공기는 항상 기압이 높은 곳에서 낮은 곳으로 움직이며 공기의 움직임을 **바람**이라 부른다는 것을 기억하자. 그렇지만 공기가 고기압에서 저기압으로 움직이는 동안 코리올리 효과는 그 방향을 바꾸어준다. 북반구에서는 고압부에서 저압부로 움직일 때 오른쪽으로 편향시켜서 저기압을 중심으로 한 반시계 방향[6]의 흐름을 야기한다[**저기압성**(cyclonic: *kyklon* = moving in a circle) 흐름이라 부른다]. 유사하게 공기가 고압부에서 퍼져나갈 때 오른쪽으로 편향해서 고압부를 중심으로 시계방향의 흐름을 만든다[**고기압성 흐름**(anticyclonic flow)이라 한다]. **그림 6.14**는 고압부와 저압부를 중심으로 공기가 어떻게 움직이는지를 기억하는 데 스크루드라이버가 도움을 준다 — 고기압은 나사못을 들어가도록 조이는 것과 유사해서 시계방향으로 돌고 저기압은 나사못을 푸는 것과 유사해서 반시계 방향으로 돈다. 게다가 그림 6.14에는 고기압이 대개 온화하고 건조한 날씨와 연관되어 있어서 **태양**을 표시한 반면에 저기압은 대개 구름 끼고 비 오는 날씨와 관련되므로 **구름** 표시를 첨가했다.

6 이 방향들은 남반구에서 반대로 된다.

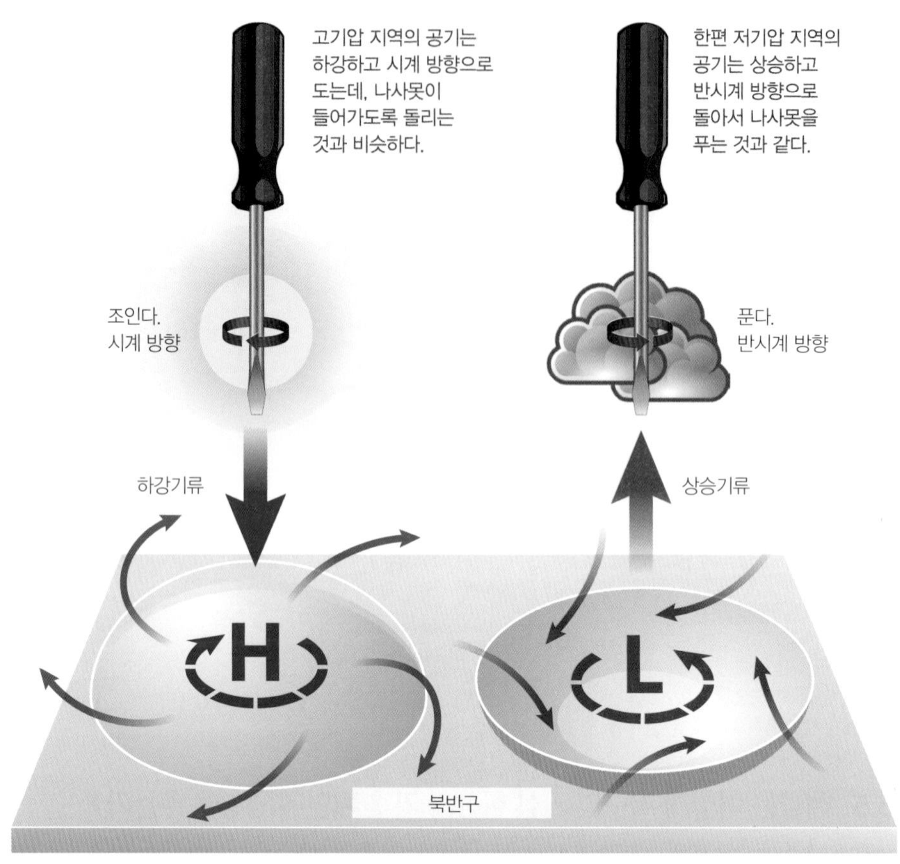

그림 6.14 **북반구에서 고기압과 저기압 지역에 따른 기류.** https://goo.gl/BwyVus

Web Animation
저기압과 고기압
http://goo.gl/oKHd3E

일기도는 고기압과 저기압 지역에 따라 바람이 부는 패턴을 보여준다. **그림 6.15**는 단순화된 미국의 일기도로서 기압을 헥토파스칼(hPa) 단위로 표시한 **등압선**(isobars; *iso* = same, *baros* = weight)과 녹색 화살표로 표시된 바람을 보여준다. 일반적으로 바람은 등압선의 경사가 나타내는 **기압경도**(pressure gradient)에 반응하여 고기압 지역에서 저기압 지역으로 움직인다. 그러나 바람은 코리올리 효과에 의해 변형되어 결국 등압선에 거의 평행하게 불게 된다. 그림 6.15를 그림 6.14와 비교해서 두 그림의 바람 패턴이 어떻게 잘 맞는지 확인해보자. 대륙에서는 겨울의 고기압이 여름에는 저기압으로 바뀌므로 바람의 패턴은 계절적으로 변하게 된다.

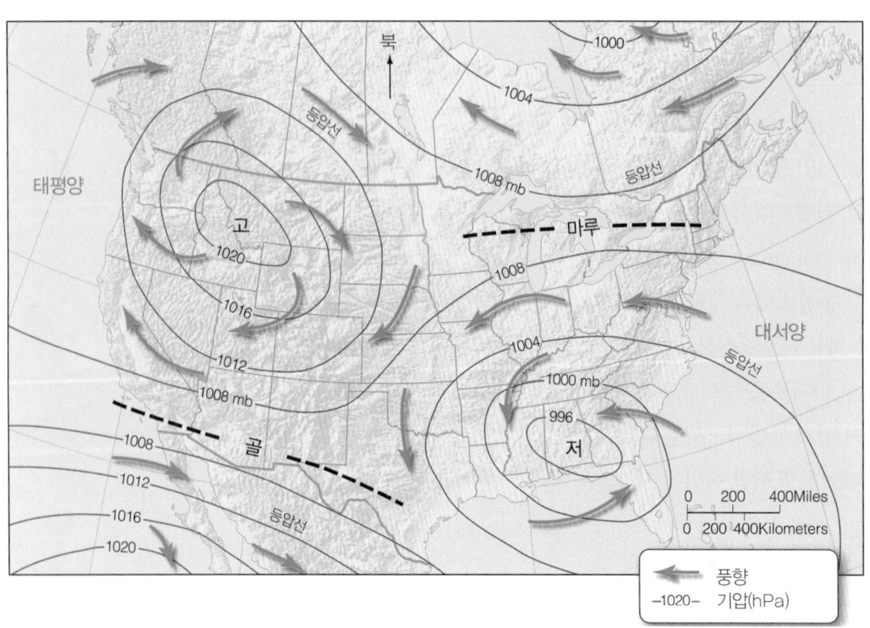

그림 6.15 기압 분포와 그에 따른 바람을 보여주는 미국의 일기도. 단순하게 만든 미국의 일기도는 hPa 단위의 기압, 등압선이라 부르는 같은 기압의 곡선과 그에 관련된 바람(녹색 화살표)을 보여준다. 일반적으로 바람은 고기압에서 저기압 지역으로 불지만 코리올리 효과 때문에 변형되어서 거의 등압선에 평행하게 분다. 두 고기압 사이에는 골짜기가 두 저기압 사이에는 기압마루가 있음을 주목하라.

역사적 사건

심층 탐구 6.1

왜 콜럼버스는 북아메리카에 닿지 않았는가?

이탈리아의 항해가이자 탐험가인 **크리스토퍼 콜럼버스**(Christopher Columbus)는 1492년에 북아메리카를 발견한 것으로 유럽 사람들에 의해 널리 알려졌다. 그러나 아메리카에는 이미 많은 원주민들이 살고 있었고 바이킹의 항해는 콜럼버스보다 약 500년 앞서 있었다. 진실은 네 번에 걸친 항해 동안에 주요 풍대의 바람 패턴은 그의 범선이 북아메리카 대륙에 도달하는 것을 방해했기 때문에 결코 북아메리카에 발을 디딘 적이 없다는 것이다.

콜럼버스는 동쪽으로 항해하는 것보다 대서양을 가로질러 서쪽으로 항해하여 오늘날의 인도네시아에 해당하는 동인도에 닿기로 결정하였다. 이탈리아 플로렌스의 천문학자인 토스카넬리는 포르투갈의 왕에게 편지를 써서 그러한 경로를 제안했던 것이다. 콜럼버스는 나중에 토스카넬리를 만나 얼마나 먼 항해를 해야 하는지를 들었다. 오늘날 우리는 토스카넬리가 말한 거리는 단지 아메리카 서해안까지일 뿐임을 알고있다.

항해를 위한 여러 해 동안의 어려움 끝에 콜럼버스는 스페인의 군주 페르디난드 5세와 이사벨라 1세의 재정 지원을 얻었다. 그는 88명의 선원과 배 세 척(니냐, 핀타, 그리고 산타마리아)으로 1492년 8월 3일 스페인을 떠나 항해를 시작했고 물자의 재공급을 위해서 아프리카의 카나리 섬을 들렀다(**그림 6A**). 카나리 섬은 북위 28°에 있어서 북동무역풍대에 속하기 때문에 바람이 북동쪽에서 남서쪽으로 꾸준히 분다. 플로리다 중부에 닿을 수 있도록 서쪽으로 똑바로 가는 대신에 그림 6A의 지도는 콜럼버스가 더 남쪽의 경로로 항해했음을 보여준다.

1492년 10월 12일 아침에 처음으로 육지가 보였는데 이것은 플로리다 남동쪽에 있는 바하마 군도의 와틀링 섬이었던 것으로 대개 믿고 있다. 그가 받은 부정확한 정보 때문에 콜럼버스는 동인도에 도착해서 인도 근처 어딘가에 있다고 확신하였다. 따라서 그는 원주민들을 '인디안'이라 불렀고 그 지역이 오늘날 서인도로 알려졌다. 이 항해의 후반에 그는 쿠바와 히스파니올라(요즈음의 아이티와 도미니카 공화국으로 구성된 섬)를 탐험하였다.

돌아오는 항해에서 그는 탁월한 편서풍을 타기 위해 북동쪽으로 항해했는데, 이것은 아메리카로부터 더 멀리, 스페인에 가까워지도록 실어다주었다. 스페인에 돌아오자 그는 그의 발견을 공표하고 다음 항해를 계획했다. 그는 유사한 경로로 대서양 횡단 항해를 세 차례 더 했다. 따라서 그의 배는 갈 때는 무역풍에, 돌아올 때는 편서풍에 의존했다. 1493년의 다음 항해에서 콜럼버스는 푸에르토리코와 리워드 군도를 탐험하였고 히스파니올라에 식민지를 세웠다. 1498년에 그는 베네수엘라를 탐험하고 남아메리카에 상륙했는데, 그것이 유럽인들에게는 신대륙이라는 것을 몰랐다. 1502년의 마지막 항해에 그는 중앙아메리카에 닿았다.

비록 오늘날 항해 전문가로 알려졌지만 그는 1506년에 여전히 인도 근처의 섬들을 탐험했다고 확신하면서 죽었다. 비록 그는 북아메리카 본토에 발을 들여놓지는 않았지만 그의 항해는 스페인과 포르투갈의 다른 항해가들을 자극하여 남-북 아메리카 해안을 포함하는 '신대륙'을 탐험하도록 만들었다.

생각해보기

1. 어떤 독특한 대기의 조건이 콜럼버스로 하여금 북미 대륙에 상륙하는 것을 방해했는가?

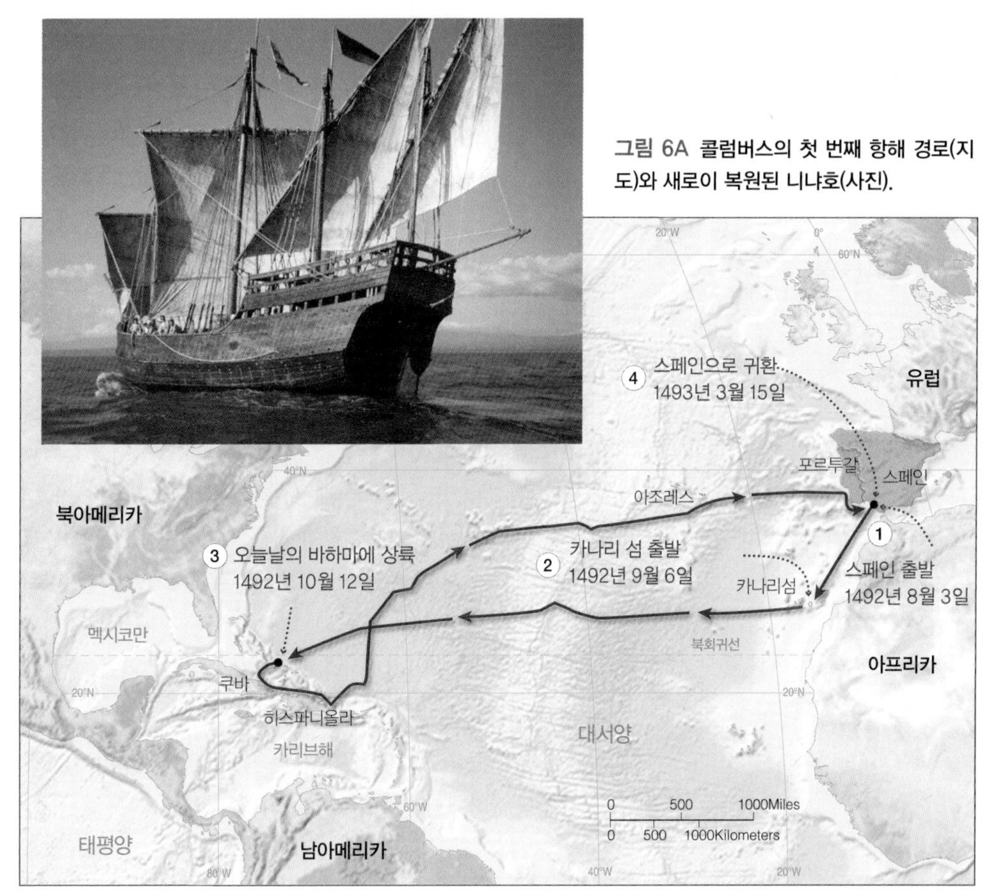

그림 6A 콜럼버스의 첫 번째 항해 경로(지도)와 새로이 복원된 니냐호(사진).

(a) 해풍

(b) 육풍

그림 6.16 해풍과 육풍.

해풍과 육풍 국지적인 바람에 영향을 주는 다른 요인들은, 특히 해안 지역에는 **해풍**(sea breeze)과 **육풍**(land breeze)이다(**그림 6.16**). 똑같은 양의 태양에너지가 육지와 바람에 공급된다면 육지는 열용량이 작아서 약 다섯 배 빨리 더워진다. 육지는 주위의 공기를 덥게 만들어서 오후에는 덥고 가벼운 공기가 상승한다. 상승하는 공기는 육지에 저기압을 만들어서 해양의 시원한 공기를 끌어옴으로써 **해풍**을 만든다. 밤에는 육지가 해양보다 다섯 배 빨리 냉각되고 그 위의 공기를 차게 만든다. 이 차고 무거운 공기는 고기압을 형성하여 바람이 육지에서 바다 쪽으로 불어가도록 한다. **육풍**으로 알려진 이 바람은 늦은 저녁이나 새벽에 가장 두드러진다.

폭풍과 전선

매우 높은 위도와 매우 낮은 위도에는 기상의 일변화가 거의 없고 계절 변화는 부수적이다.[7] 적도 지역은 대개 덥고 습하며 전형적으로 조용한데, 이것은 적도무풍대의 공기가 주로 상승하기 때문이다. 한낮의 비가 보통이며 심지어 건기에도 그러하다. 폭풍이 흔한 곳은 위도 30°와 60° 사이의 중위도 지역이다.

폭풍(storm)은 강한 바람, 강수 그리고 가끔 천둥과 번개가 특징인 대기의 교란이다. 대륙에서 기압체계의 계절변화 때문에 고위도와 저위도의 기단들이 중위도 지역으로 들어와 만나서 극심한 폭풍을 만들어낸다. **기단**(air mass)들은 고유의 형성 지역과 특징적인 성질을 갖는 거대한 부피의 공기 덩어리다. 몇 개의 기단들이 미국에 영향을 주는데, 한대기단과 열대기단이 포함된다(**그림 6.17**). 어떤 기단들은 육상에서 만들어져서(c = continental) 건조하지만 대부분은 해양에서 기원하기 때문에(m = maritime) 습윤하다. 찬 기단(P = polar, A = arctic)도 있고 더운 기단(T = tropical)도 있다. 대표적으로 미국은 겨울 동안 한대기단 그리고 여름에는 열대기단의 영향을 많이 받는다.

한대기단과 열대기단이 중위도로 들어오면서 서서히 동쪽으로 움직인다. **온난전선**(warm front)은 찬 공기 지역으로 더운 기단이 들어와서 생기고 **한랭전선**(cold front)은 더운 공기 지역으로 찬 기단이 들어와서 만들어진다(**그림 6.18**).

이러한 맞닥뜨림은 좁고 빠르게 동쪽으로 흐르는 **제트기류**(jet stream)의 운동에 의해서 일어난다. 제트기류는 중위도에서 약 10km 높이에 중심을 둔 대류권 상층부에 위치하며 대개 파동 형태의 경로를 따라 흐르면서 한대기단을 훨씬 남쪽으로, 혹은 열대기단을 훨씬 북쪽으로 이동시킴으로써 기상 변화를 일으킨다.

날씨와 관계없이 온난전선이나 한랭전선은 만들어지고, 덥고 가벼운 공기는 언제나 차고 무거운 공기 위로 올라간다. 더운 공기는 상승하면서 냉각되고 수증기는 응결하여 비나 눈이 된다. 한랭전선은 대개 온난전선에 비해 경사가 가파르고 기온 차이가 크다. 따라서 한랭전선에서는 온난전선에서보다 비가 짧은 시간 동안 심하게 내린다.

---

7 사실 인도네시아의 적도 지역에는 계절이라는 말이 존재하지 않는다.

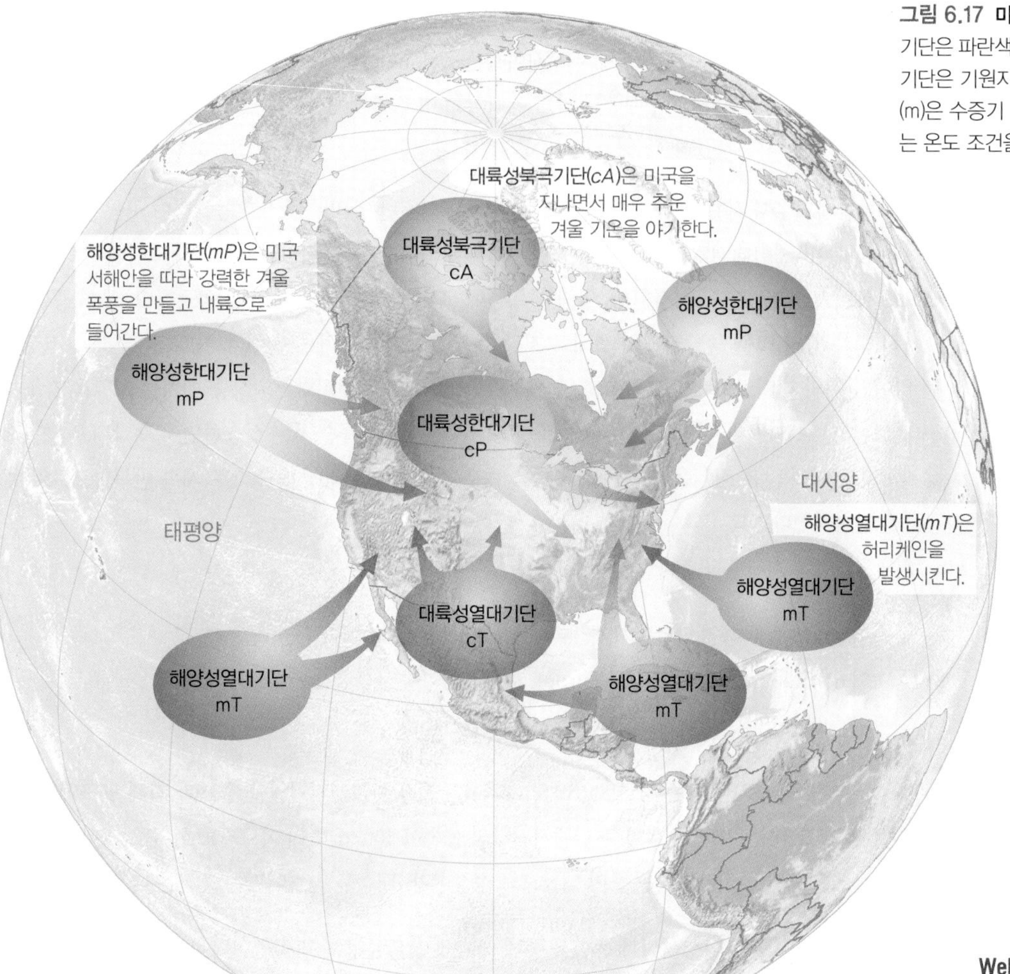

그림 6.17 미국의 기상에 영향을 주는 기단들. 한대기단은 파란색으로, 열대기단은 붉은색으로 표시했다. 기단은 기원지에 따라 분류된다 : 대륙성(c)과 해양성(m)은 수증기 양을, 한대(P)와 북극(A) 그리고 열대(T)는 온도 조건을 나타낸다.

Web Animation
한랭전선과 온난전선
http://goo.gl/Xp8y0D

열대저기압(태풍)

열대저기압(tropical cyclone: *kyklon* = moving in a circle)은 거대한 저기압의 소용돌이로서 강한 바람과 엄청난 비가 특징이다. 이것은 전선과는 관련이 없지만 지구에서 가장 큰 폭풍이다. 남-북 아메리카에서

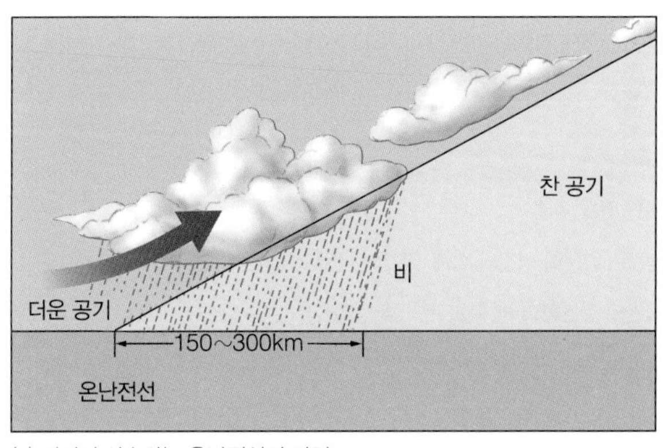

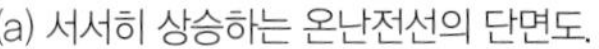
(a) 서서히 상승하는 온난전선의 단면도.

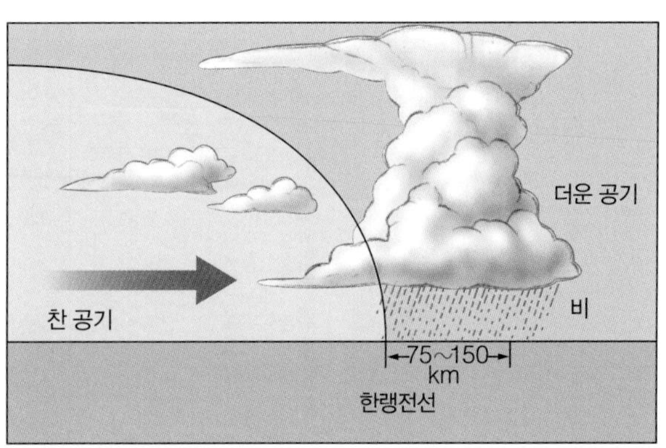

(b) 급경사의 한랭전선 단면도.

그림 6.18 온난전선과 한랭전선의 단면도. 서서히 상승하는 온난전선(a)과 급경사의 한랭전선(b)의 단면도. 두 전선에서 더운 공기는 상승하면서 비가 만들어진다.

는 **허리케인**(hurricane: *Huracan* = Taino god of wind)이라 하고 북서 태평양에서서는 **태풍**(typhoon: *tai-fung* = great wind), 그리고 인도양에서는 **사이클론**(cyclone)이라 부른다. 이름이야 어떻든 간에 열대저기압은 매우 파괴적인데, 하나의 태풍이 가진 에너지는 미국 전체에서 지난 20년간 사용한 모든 에너지보다 많다.

기원 놀랍게도 열대저기압의 힘은 그 안에 들어 있는 엄청난 양의 수증기가 응결하여 구름으로 될 때 방출하는 **잠열**[8]이다. 열대저기압은 적도의 저압대에서 분리된 조그만 저기압에서 시작되며 다음과 같은 방법으로 에너지를 얻으면서 성장한다. 바람은 폭풍에 (수증기의 형태로) 습기를 공급한다. 물이 증발할 때 굉장히 많은 양의 열을 증발잠열의 형태로 저장한다. 수증기가 액체(구름이나 비)로 응결할 때 저장되었던 열이 주위의 대기로 방출되면 공기를 덥게 하고 상승시키는 것이다. 이 상승 대기는 기압을 감소시키고 덥고 습한 표면의 대기를 더 많이 폭풍 속으로 끌어들인다. 이 공기는 상승하면서 냉각되고 구름으로 응결하면서 더욱 많은 잠열을 방출하고 폭풍을 더욱 강화시키는 과정을 스스로 계속 반복함으로써 매번 폭풍을 강화시킨다.

열대저기압은 최대풍속에 따라 분류된다.

- 풍속이 61km/h 이하일 때는 **열대저압부**(tropical depression)이다.
- 풍속이 61~120km/h일 때 **열대폭풍**(tropical storm)이다.
- 풍속이 120km/h 이상일 때 **열대저기압**(tropical cyclone)이다.

태풍 세기의 **사피르-심프슨 등급**(Saffir-Simpson Scale)은 열대저기압을 풍속과 피해 규모에 따라 더 세분한다(**표 6.3**). 사실 어떤 경우에는 열대저기압의 풍속이 400km/h에 이르기도 한다!

세계적으로 매년 약 100개의 폭풍이 태풍으로 성장한다. 태풍을 만들어지는 조건은 다음과 같다.

- 해양의 수온이 25°C 이상이어야 증발을 통해 대기에 많은 수증기를 공급한다.
- 덥고 습한 공기는 수증기에 의한 엄청난 양의 잠열을 공급함으로써 폭풍에 연료를 공급한다.
- 코리올리 효과는 태풍이 북반구에서 반시계 방향으로 돌게 만든다. 일반적으로 적도에서는 코리올리 효과가 없기 때문에 태풍이 직접 발생할 수 없다.

이러한 조건들은 열대 및 아열대 해역의 수온이 가장 높아지는 늦여름에서 초가을에 충족된다. 이것이 대서양의 공식적인 태풍 기간이 매년 6월 1일부터 11월 30일인 이유이지만, 드물게는 더 일찍 혹은 더 늦게 생기기도 한다.

표 6.3 **태풍의 사피르-심프슨 등급.** https://goo.gl/FICvaJ

표 6.3 태풍의 사피르-심프슨 등급

등급	풍속 (km/hr)	해일의 높이 (meters)	피해
1	120~153	1.2~1.5	최소 : 경비한 건물 피해
2	154~177	1.8~2.4	중간 : 지붕, 문, 창문에 약간의 피해, 약간의 나무가 넘어짐
3	178~209	2.7~3.7	광범위 : 약간의 구조물과 벽 붕괴, 큰 나무 넘어짐
4	210~249	4.0~5.5	극심 : 더욱 광범위한 구조물과 벽의 붕괴, 대부분의 관목, 나무, 표지판이 넘어짐
5	>250	>5.8	재앙 : 지붕과 빌딩의 붕괴, 모든 관목, 나무, 표지판이 날아감, 낮은 해안 구조물의 침수

8 물의 잠열에 대해서는 제5장의 5.2절을 참조하라.

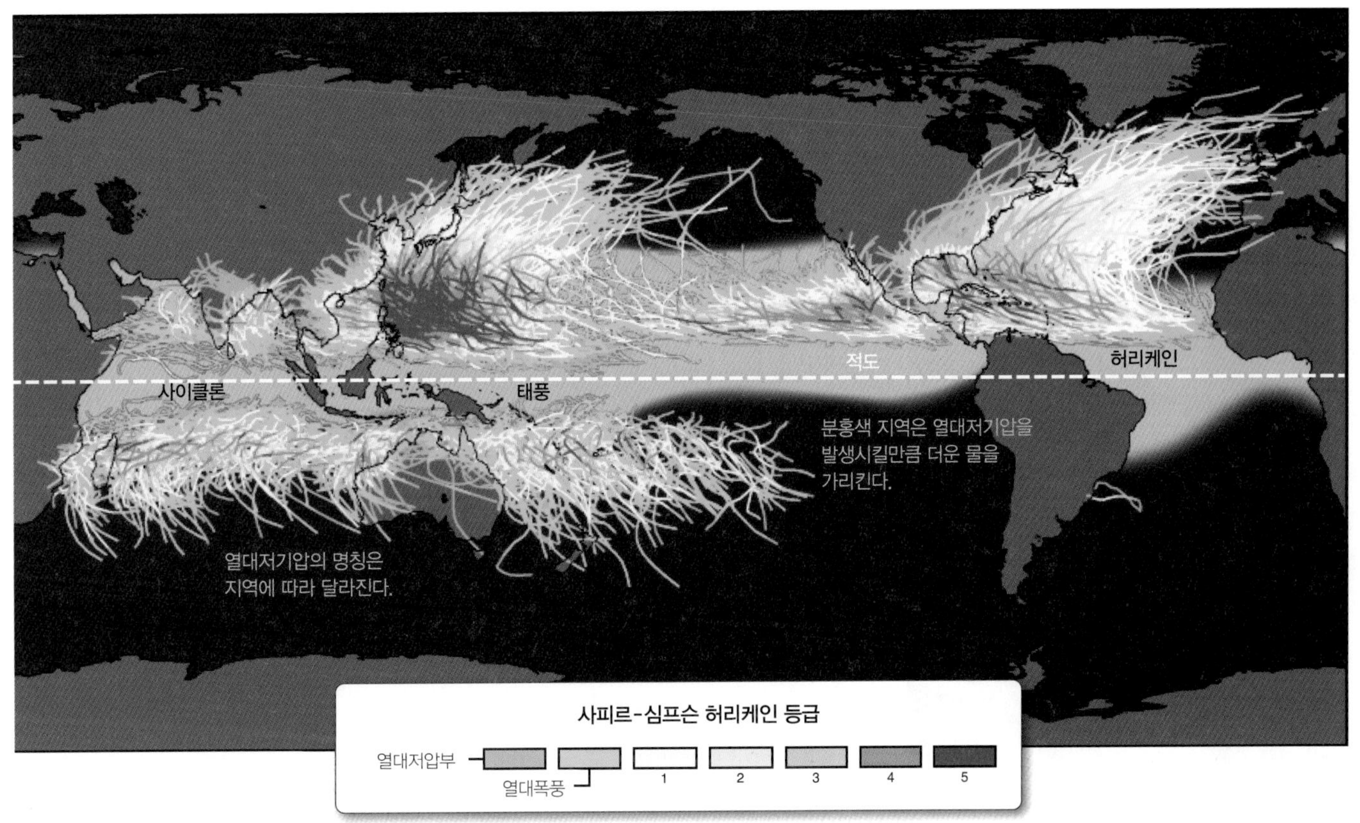

그림 6.19 지난 150년간 발생한 역사적인 열대저기압들의 경로. 역사적인 열대저기압(지역에 따라 허리케인이나 태풍으로 부른다)의 세기와 경로를 보여주는 지도. 저기압은 표면수온이 높은 해역(분홍색으로 덮인 부분)에서 발생해서 처음에는 동쪽에서 서쪽으로 이동하지만 코리올리 효과 때문에 고위도 쪽으로 선회한다. 적도를 따라 열대저기압이 없는 점을 주목하라.

이동 태풍이 저위도에서 시작될 때 무역풍의 영향을 받아 일반적으로 서쪽으로 움직인다. 태풍은 대개 5~10일 동안 지속되며 가끔 중위도 지역으로도 이동한다(**그림 6.19**). 드문 경우에 허리케인은 미국 북동부에도 상당한 피해를 입히고 심지어 캐나다의 노바스코샤에도 영향을 준다. 그림 6.19는 또한 태풍이 어떻게 코리올리 효과의 영향을 받는지 보여준다—북반구에서 오른쪽으로, 남반구에서 왼쪽으로 선회한다. 더구나 태풍이 열대해역을 빠져 나와서 중위도로 들어오도록 도와주기도 하며, 거기에서 탁월한 편서풍에 의해서 동쪽으로 방향을 바꾼다(**그림 6.20b**). 태풍이 일단 육지나 수온이 낮은 해역에 도착하면 에너지 공급이 중단되어 결국에는 약해진다.

전형적인 태풍의 지름은 200km 이하지만(**그림 6.20a**) 지극히 큰 태풍은 800km를 넘기도 한다. 바다에서 공기가 저기압의 중심으로 모이면서 **태풍의 눈**(eye of the hurricane) 주변으로 빨려 올라간다(**그림 6.20c**). 태풍의 눈 근처에서는 공기가 상승하기 때문에 수평 풍속은 15km/h보다 작다. 그러므로 태풍의 눈은 대개 고요하다. 태풍은 회전하는 강우대를 가지는데, 그곳에서는 극심한 폭풍우에 의해 시간당 수십 cm의 많은 비가 온다.

학생들이 자주 하는 질문

그림 6.19를 보면 적도를 따라 공백이 눈에 띄는데, 태풍은 적도에서 발생한 적이 없나요?

확실히 없다. 2001년에 특이한 기상 조건의 합류에 의해서 처음으로 열대저기압이 동태평양에서 거의 적도에 있었던 경우로 기록되었다. 열대폭풍 와메이가 북쪽으로부터 떠밀려와서 적도에서 잠시 머물다 회전력을 잃기 시작했고(코리올리 효과가 적도에서는 없다는 것을 기억하자), 곧 북쪽으로 벗어나자 다시 회전이 빨라졌다. 통계모델에 의하면 그러한 일은 300~400년에 한 번 일어날 뿐이다.

다른 요인들의 영향 태풍의 발달과 세기에는 수많은 요인들이 영향을 준다. 예를 들면, 높은 해수면 온도는 태풍의 발달을 도와주는 반면에, 상층 대기의 강한 바람은 열을 빨리 제거함으로써 태풍의 형성을 방해한다. 태풍의 발달과 강화를 촉진 혹은 억제하는 다른 요인들에는 대기의 대류 불안정, 습도, 돌아가는 바람의 회전속도 그리고 심지어 엘니뇨/라니냐(제7장의 '해양순환'에서 다루게 됨)도 포함된다.

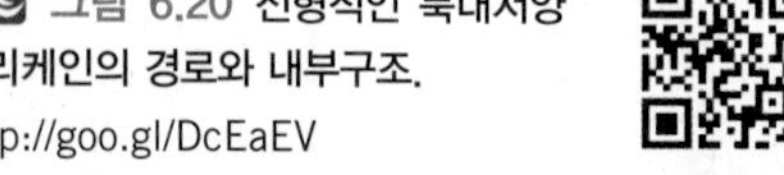

그림 6.20 전형적인 북대서양 허리케인의 경로와 내부구조.
http://goo.gl/DcEaEV

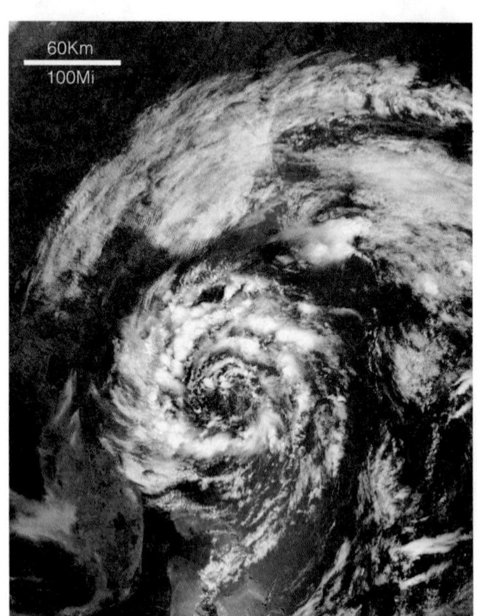

(a) 2007년에 미국 동쪽에 있던 허리케인 안드레아의 인공위성 사진.

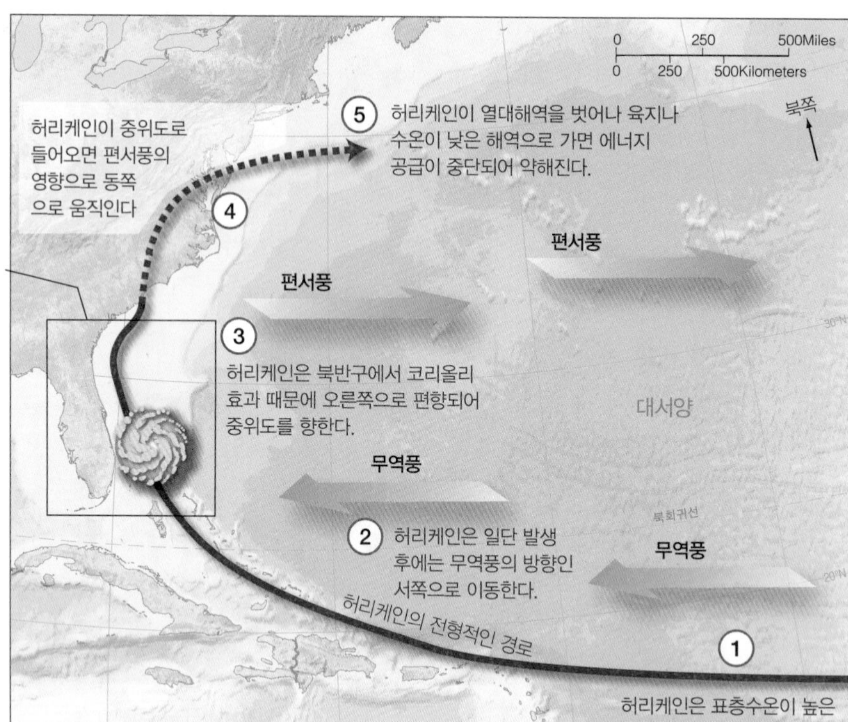

(b) 허리케인의 전형적인 경로에 대한 지도로서 발생 · 이동 · 소멸의 단계를 보여준다.

Web Animation
허리케인
http://goo.gl/99HYop

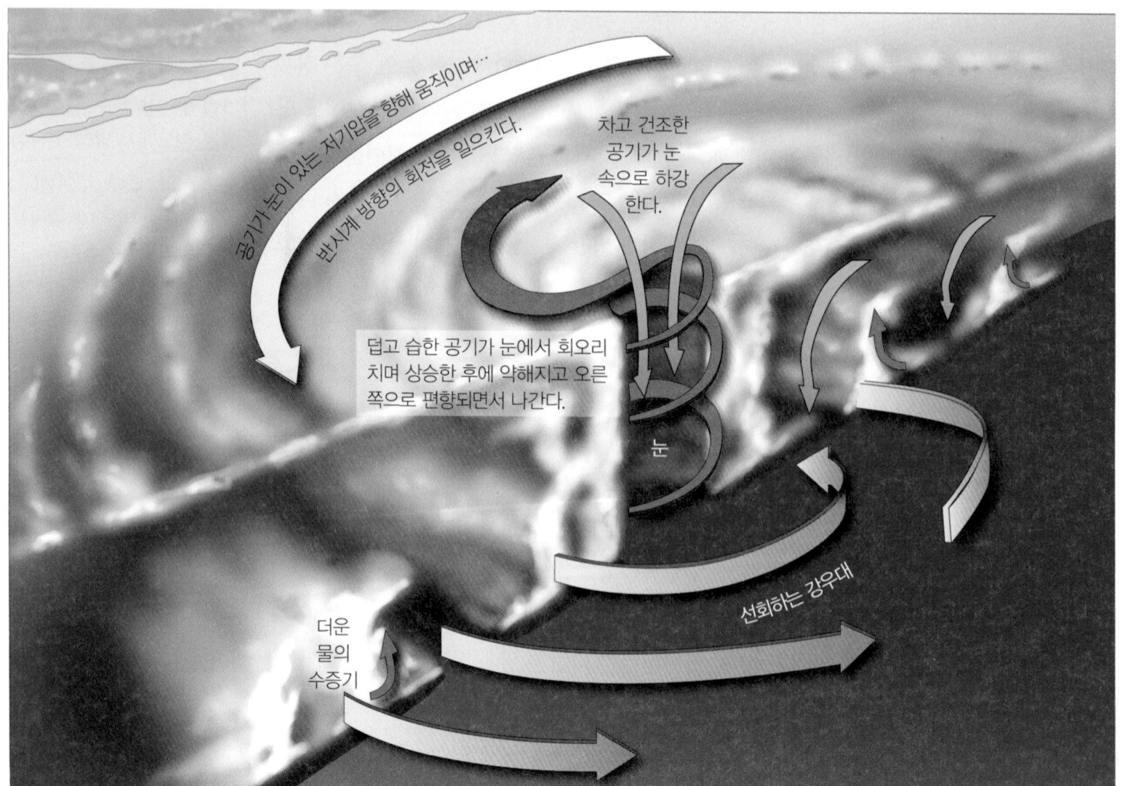

(c) 허리케인의 성분, 내부 구조 그리고 바람을 보여주는 확대된 해부도.

역사적인 자료의 세심한 분석과 결합된 새로운 연구는 북대서양의 열대저기압 변동과 북태평양 동부와의 사이에 반대 위상관계를 보여주는데, 이것은 한 곳에서 폭풍의 발생이 많으면 다른 곳의 발생이 낮아짐을 뜻한다. 이러한 패턴을 인식하면 태풍의 예측을 개선하는 데 도움이 된다.

사람에 의한 기후변화는 기록된 해양 표면 온도의 상승과 관련이 있고 태풍에 연료를 공급한다. 그 결과, 최근의 몇몇 연구들은 태풍이 강해질 것으로 예상된다는 것을 보여준다. 사실 기후모델들은 대표적인 열대폭풍의 수는 줄어들 것 같지만 4~5등급의 위험이 오히려 증가할 것을 제시한다. 기후변화와 태풍에 주는 영향에 대한 더 자세한 것은 제16장 '해양과 기후변화'를 참조하라.

Climate Connection

(b) 2012년 코네티컷 주의 밀포드에서에서 허리케인 샌디에 의해 발생한 폭풍해일의 사진.

피해의 유형 태풍의 피해는 강한 바람과 많은 비에 의한 홍수 때문에 생긴다. 그렇지만 해안 지역 피해의 주요 원인은 **폭풍해일**(storm surge)이다. 실제로 폭풍해일은 태풍에 의한 사망 사고의 90%를 차지한다.

태풍이 해양에서 발생할 때 저기압의 중심에는 물의 낮은 언덕이 만들어진다(**그림 6.21**). 태풍이 외해에서 이동할 때 이 언덕도 같이 움직인다. 태풍이 해안에 접근하면 언덕 중에서 바람이 해안 쪽으로 부는 부분에서는 바람이 밀고 온 물로 수위가 상승한다. 폭풍해일인 이 물 덩어리는 12m까지 높아질 수 있으며 해안에서 극적으로 증가하여 커다란 폭풍파를 만들어 해안가 저지대를 엄청나게 파괴한다(특히 만조 시에 발생하면 피해가 더 커진다). 더구나 해안이 태풍의 오른쪽 위험반원 내에 속하면 해안 쪽으로 부는 바람이 물을 더욱 쌓이게 만들어서 가장 극심한 폭풍해일을 겪게 된다(그림 6.21). 표 6.3에는 대표적인 폭풍해일의 높이가 사피르-심프슨 등급과 함께 나와 있다.

허리케인의 오른쪽 전방 사분원 지역(주황색 지역)은 가장 극심한 폭풍해일을 겪는다.

허리케인의 경로
오른쪽전방 사분원
바람
L
저기압
육지
북반구
바다

(a) 북반구에서 열대저기압이 해안으로 올 때 저기압의 중심 부근에는 해안 쪽으로 부는 강한 바람과 결합하여 높은 수위의 해일을 만들어서 해안을 침수시킨다.

그림 6.21 해안을 강타하는 폭풍해일.

미국 본토의 역사적인 재해 미국 동해안과 멕시코만 지역에서는 태풍의 피해가 주기적으로 발생한다. 사실 미국 역사상 가장 대규모의 인명 피해는 1900년 9월에 텍사스의 갤버스턴 섬을 강타한 허리케인에 의한 것이었다. 갤버스턴 섬은 멕시코만에 위치한 얇은 띠 형태의 모래섬이다(**그림 6.22**). 1900년에 그곳은 평균 높이가 1.5m에 불과한 인기 있는 해안 휴양지였다. 많은 비와 160km/h의 바람과 함께 높이 6m의 폭풍해일이 섬을 침수시켰을 때 적어도 6,000명이 목숨을 잃었다

1900년에 갤버스턴에 상륙했던 4등급 허리케인을 능가한 것은 단 세 번이었다—(1) 1935년에 플로리다를 휩쓴 이름 없는 태풍[9] (2) 1969년에 미시시피를 때린 카미유 (3) 1992년에 플로리다 남부에 상륙하여 258km/h의 속도로 지나는 경로 상의 나무를 모두 쓰러뜨린 앤드루는 플로리다와 멕시코만 해안에 265억 달러 이상의 피해를 입혔다. 그 후유증으로 25만 명 이상이 집을 잃었고 대부분의 주민이 경고를 듣고 대피하였지만 54명이 죽었다.

---

9 1950년 이전까지는 대서양의 허리케인에 이름을 붙이지 않았지만 이 경우는 가끔 '노동절 허리케인'이라 부르는데, 그때 상륙했기 때문이다. 오늘날 허리케인은 예보자들이 여성과 남성의 이름들을 알파벳 순으로 붙인다.

그림 6.22 1900년 갤버스턴 허리케인에 의한 파괴. 1900년의 허리케인에 의해 파괴된 텍사스 주 갤버스턴의 사진과 지도. 갤버스턴이 완전히 침수되고 적어도 6,000명이 사망하여 미국의 자연재해로는 아직 가장 큰 인명피해로 남아있다.

1998년 10월에는 허리케인 미치가 서반구에서 가장 파괴적인 태풍의 하나였음이 입증되었다. 정점에서의 풍속은 290km/h로 추정되었고 5등급에 해당되었다. 이것이 중앙아메리카를 덮칠 때 160km/h의 풍속과 130cm의 강우량으로 광범위한 홍수와 산사태를 일으켜서 온두라스와 니카라과의 도시 전체를 파괴했다. 11,000명 이상이 사망하고 2백만 명이 집을 잃었으며 100억 달러 이상의 재산피해가 있었다.

2008년 9월에는 멕시코만에서 4등급이었던 허리케인 아이크가 갤버스턴 근처에 2등급인 상태로 상륙해서 146명이 죽고 240억 달러의 피해가 나서 역대 세 번째로 큰 피해였는데, 이는 카트리나(2005)와 앤드루(1992) 다음이었다. 2011년 8월에 허리케인 아이린은 카리브해에서 3등급이 되었고 플로리다에서 뉴잉글랜드의 동해안을 따라 참혹한 피해를 주었다. 결국 아이린의 피해는 56명의 사망과 100억 달러 이상에 달했다.

2012년 10월 허리케인 샌디는 커다란 1등급 폭풍으로, 카리브해와 플로리다에서 메인 주의 동해안에 영향을 주었다. 샌디는 가장 큰 대서양의 허리케인으로 기록되어서 바람 부는 영역의 폭이 1,800km 이상으로 막대하였다. 샌디가 미국 해안에 접근했을 때 폭풍해일과 파도의 최고 높이는 가장 높은 조석과 일치하여 인구가 밀집된 뉴욕과 뉴저지에 집중되었다. 샌디는 광범위한 파도의 피해(**그림 6.23**), 극심한 해안 침식, 극도의 홍수를 일으켜 수천 채의 집을 파괴함으로써 수백만 명이 전기 공급이 끊긴 채로 남겨졌다. 폭풍은 총 233명의 사망과 680억 달러의 피해를 일으키고 미국 역사상 카트리나 다음으로 두 번째로 큰 피해를 입힌 허리케인이 되었다.

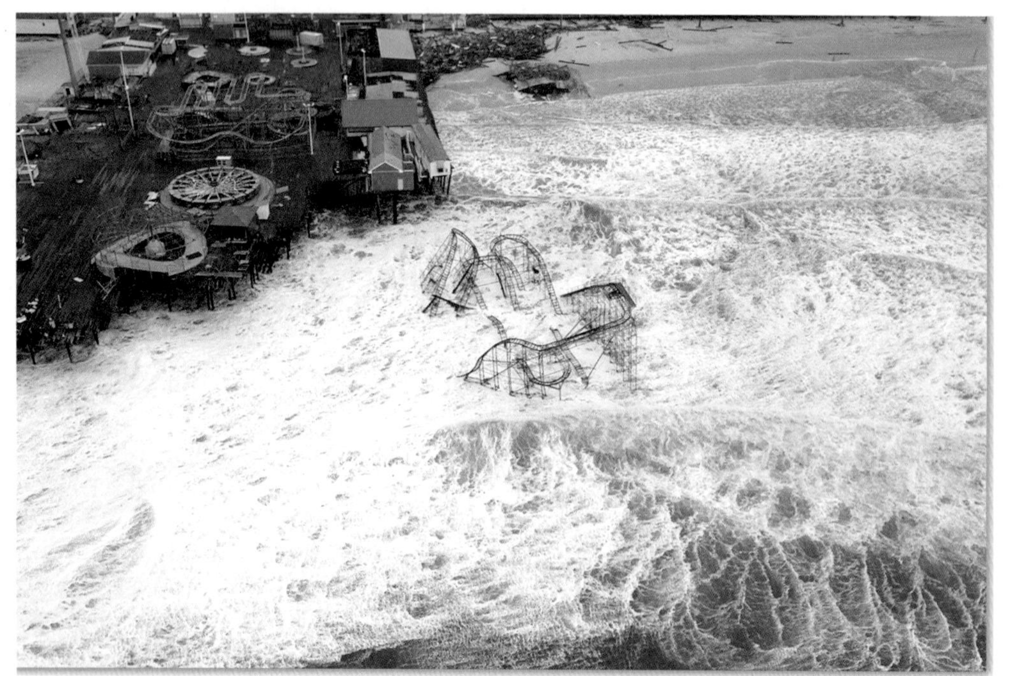

그림 6.23 2012년 허리케인 샌디에 의한 뉴저지 해안 시설의 피해. 대서양 허리케인 중에서 가장 거칠었던 것으로 기록된 샌디는 카리브해는 물론 플로리다에서 메인 주까지의 미국 동해안, 특히 뉴욕과 뉴저지에서 침수와 파괴를 일으켰다.

기록적인 2005년 대서양 허리케인의 계절 : 카트리나, 리타, 윌마 대서양의 공식적인 태풍철이 비록 6월 1일부터 11월 30일까지지만 2005년의 태풍철은 2006년 1월까지 지속되었고 가장 활발했으며 여러 기록들이 깨졌다.

예를 들면, 이름 붙여진 열대폭풍이 27개나 발생하였고 이 중에서 15개가 허리케인으로 발달하였다. 이 중에서 7개는 주요 허리케인으로 강해졌고 기록 동률인 5개는 4등급으로, 4개는 최고인 5등급이었다(표 6.3의 사피르-심프슨 등급 참조). 사상 처음으로 NOAA의 국립허리케인센터는 통상적으로 준비한 허리케인의 이름들을 다 쓰고도 부족해서 그리스 문자를 사용해야 했다.

2005년의 가장 주목할만한 폭풍은 4~5등급짜리 5개였다 — 데니스, 에밀리, 카트리나, 리타, 윌마. 이들은 쿠바, 멕시코, 미국의 멕시코만 해안에 통산 12차례 상륙하여 1,000억 달러 이상의 피해와 2,000명의 사망자를 발생시켰다.

이제까지의 기록상 여섯 번째로 강력했던 카트리나는 미국 역사상 가장 큰 인명피해와 재산피해를 입힌 허리케인이었다. 카트리나는 8월 23일 바하마에서 생긴 후에 플로리다 남부를 지날 때 1등급이었다가 멕시코만의 따뜻한 환류(Loop Current) 위를 지나면서 급격히 발달하여 가장 강력한 허리케인이 되었다. 8월 29일 아침에 루이지애나 주 남동부에 상륙할 즈음에는 3등급으로 다소 약해졌었다(**그림 6.24a**). 그러나 여전히 카트리나는 미국에 상륙했던 허리케인으로는 가장 강력한 것이었고 그 엄청난 크기로 반경 370km의 지역을 황폐화시켰다. 높이 9m의 폭풍해일 또한 사상 최고였는데 미시시피, 루이지애나, 앨라바마 주의 해안을 따라 극심한 피해를 주었다.

기상예보자들이 이 사건이 전개되는 것을 바라보면서 대재앙의 가능성을 인식하게 되었는데, 카트리나와 마주치는 경로에 뉴올리언스가 있었기 때문이다. 이 시나리오는 특별히 위험한 것으로 여겨졌는데, 왜냐하면 뉴올리언스의 시내 대부분이 폰차트레인 호수를 따라서 해수면보다 낮았기 때문이다. 허리케인 자체의 충격 말고도 폭풍해일은 뉴올리언스를 보호하고 있는 제방보다 더 높을 것으로 예보되었다. 이런 재앙의 위험성은 잘 알려졌었는데, 기존의 몇몇 연구들은 뉴올리언스로 바로 접근하는 허리케인이 대규모 홍수를 일으켜서 수천 명이 익사하고 더 많은 사람들이 질병과 설사로 고통받을 것이라고 경고했었다. 카트리나는 뉴올리언스의 동쪽을 통과했지만 뉴올리언스와 폰차트레인 호수를 격리시키는 제방은 강한 바람, 폭풍해일, 폭우 그리고 최종적으로는 홍수에 의해서 무너져서 도시와 인접 지역의 80%가량이 침수되었다(**그림 6.24b**). 카트리나로 인한 재산피해는 1,000억 달러로 추산되어 미국 역사상 가장 큰 것이 되었다. 폭풍은 또한 수십만 명의 이재민과 1,800명의 사망자를 기록하여 1928년에 2,500명을 희생시킨 허리케인 오키초비 이래로 가장 치명적인 것이 되었다. 카트리나의 후유증에 대한 응답자들은 많이 죽은 원인을 익사로 돌렸는데, 단층집 다락방에 있던 사람들이 불어난 물에 갇혀 버렸기 때문이다. 더구나 많은 목격자들은 카트리나 같은 재앙이 미국이라는 부유하고 기술적으로 앞선 나라에도 닥칠 수 있다는 사실에 놀랐다. 연방재난관리국(Federal Emergency Management Agency, FEMA)은 허술한 대응으로 인해 2006년에 미 상원의 조사 후에 해체되고 새로운 기관(National Preparedness and Response Agency)이 창설되었다. 10년이 지난 후에도 뉴올리언스의 인구는 폭풍 전보다 적은 채로 있고 어떤 지역은 너무 망가져서 사용할 수가 없는 상태이다.

(a) 허리케인 카트리나가 2005년 8월 29일에 멕시코만 해안을 따라 접근하는 인공위성 영상. 반시계 방향으로 회전하는 모습과 중앙부의 눈을 뚜렷하게 보여준다. 반경은 약 670km로서 미국에 상륙한 허리케인의 역사상 가장 강력했다.

(b) 허리케인 카트리나가 제방을 터뜨려서 뉴올리언스를 침수시켰고 750억 달러의 재산과 1,600명 이상의 인명 피해를 입혔다.

그림 6.24 미국 역사상 가장 파괴적이었던 허리케인 카트리나.

학생들이 자주 하는 질문

해안에 상륙한 열대폭풍 중에서 가장 강한 것은 무엇인가요?

2013년 11월 8일에 태풍 하이옌이 필리핀을 강타했는데 305~314km/h의 풍속으로 이 지역에서 가장 강한 열대폭풍이었다. 이전의 3개 중에서 1958년의 것이 가장 이른 것인데, 외해에서 풍속이 훨씬 컸지만 상륙하기 전에 약화되었다. 태풍 하이옌은 6,000명의 사망자와 600만 명 이상의 집을 파괴시키거나 피해를 주었다.

카트리나의 뒤를 따르던 허리케인 리타는 대서양에서 네 번째고 멕시코만에서 관측된 것으로는 가장 강력한 것으로 불과 3주 전에 카트리나가 세운 기록을 경신하였다. 리타는 9월 21일에 가장 강해서 290km/h의 풍속과 최소 기압으로 평가된 895hPa이 유지되었다. 리타가 비정상적으로 빨리 강해진 것은 예년보다 높았던 멕시코만의 수온과 더불어 난류의 고리(loop current) 위를 통과했기 때문으로 보인다. 리타는 9월 24일 텍사스와 루이지애나의 경계지역에 3등급 상태에서 상륙하여 6m의 폭풍해일을 일으켜 루이지애나 해안과 텍사스 남동부 지역에 광범위한 피해를 끼쳤고 해안의 주거지를 철저히 파괴하여 100억 달러의 손실을 야기하였다.

같은 계절에 허리케인 윌마는 세기와 계절적인 활동에 있어서 수많은 기록을 세웠다. 윌마는 10월에 발달한 5등급 허리케인으로는 세 번째였고 중심기압 882hPa은 대서양에서 가장 강력한 것으로 기록되었다. 지속된 최대풍속은 282km/h였고 최대 순간풍속은 320km/h였다. 윌마는 여러 곳에 상륙했는데, 멕시코의 유카탄반도, 쿠바, 그리고 플로리다 남부에서 가장 파괴적이었다. 적어도 62명이 숨지고 피해액은 160~200억 달러(미국에서만 122억 달러)로 추정되어서 윌마는 대서양의 허리케인 중에서 10위 안에 들고 미국 역사상 여섯 번째로 큰 재산피해를 입힌 것으로 기록되었다. 윌마는 또한 11개 국가에 바람과 폭우로 영향을 주었는데, 근래의 어떤 허리케인보다 더 심한 것이었다.

다른 지역의 기록적인 피해 세계의 열대저기압 대부분은 서태평양의 적도 북쪽에서 생성된다. 태풍이라 부르는 이 폭풍들은 동남아시아의 해안 지역과 섬에 막대한 피해를 입힌다(그림 6.19).

방글라데시와 같이 인도양과 접해 있는 지역은 정기적으로 열대저기압을 겪는다. 방글라데시는 인구밀도가 높고 대부분 지역이 3m 높이 이하로 지대가 낮기 때문에 특히 더 취약하다. 1970년에 열대저기압에 의한 12m 높이의 폭풍해일로 100만 명이 죽은 것으로 추산된다. 1972년에는 다른 열대저기압으로 50만 명이 죽었다. 1991년에는 허리케인 고르키의 233km/h의 바람과 커다란 폭풍해일이 20만 명의 사망자와 광범위한 피해를 일으켰다.

심지어 대양의 가운데에 있는 섬들도 피해를 입는다. 예를 들어, 하와이는 1959년에 허리케인 도트, 그리고 1982년에 허리케인 이와 때문에 심한 피해를 당했다. 이와는 태풍철 매우 늦게 찾아와서 130km/h 이상의 바람을 일으켜서 카우아이, 오아후, 니하우 섬에 1억 달러 이상의 피해를 주었다. 겨우 수백 명이 사는 니하우라는 작은 섬은 허리케인의 경로에 위치하여 극심한 재산피해를 입었지만 심각한 부상자는 없었다. 1992년 9월에 허리케인 이니키는 카우아이 섬과 니하우 섬을 가로지르며 210km/h의 바람으로 포효했는데, 이는 하와이에서 지난 100년 동안에 가장 강력한 것으로 10억 달러에 달하는 재산피해를 입혔다.

태풍은 계속해서 생명과 재산을 위협할 것이다. 그러나 정확한 예측과 신속한 대피 덕분에 인명 손실은 감소하고 있다. 반면에 재산피해는 오히려 늘어나고 있는데, 이는 해안 인구의 증가로 인해 해안 지역이 더욱 더 많이 개발되기 때문이다. 태풍의 파괴적인 힘을 겪어야 하는 주민들은 위험성을 충분히 인식하고 준비해야 한다.

생명과 재산에 대한 미래의 위협 매년 열대저기압과 허리케인이 수백만 명의 집을 빼앗고 미국에서만 평균 천억 달러 이상의 피해를 입힌다. 허리케인은 계속해서 세계의 생명과 재산에 위협이 될 것이다. 그러나 예보의 정확성이 향상되고 신속한 대피로 인명 손실은 감소하는 추세이다. 한편, 해안 인구의 증가로 인해서 해안을 따라 점점 더 많은 건설이 진행되기 때문에 재산 피해는 늘어나고 있다. 허리케인의 파괴력에 취약한 지역의 주민들은 위험을 인식해서 파국에 대비할 수 있도록 만들어야 한다.

Climate

Connection

인간에 의한 기후변화의 충격이 열대저기압의 불가피한 경제적 손실에 미치는 변화 역시 주요 관심사가 되었다. 사실 새로운 연구에 따르면 인간에 의한 기후변화 때문에 열대저기압과 허리케인에 의한 세계의 경제적 손실이 두 배로 늘어난다고 한다.

요약

허리케인은 강력하고 때때로 파괴적인 열대폭풍으로서 수온이 높은 해역 그래서 덥고 습한 공기가 많은 곳에서 형성되고 코리올리 효과가 그 회전에 영향을 준다.

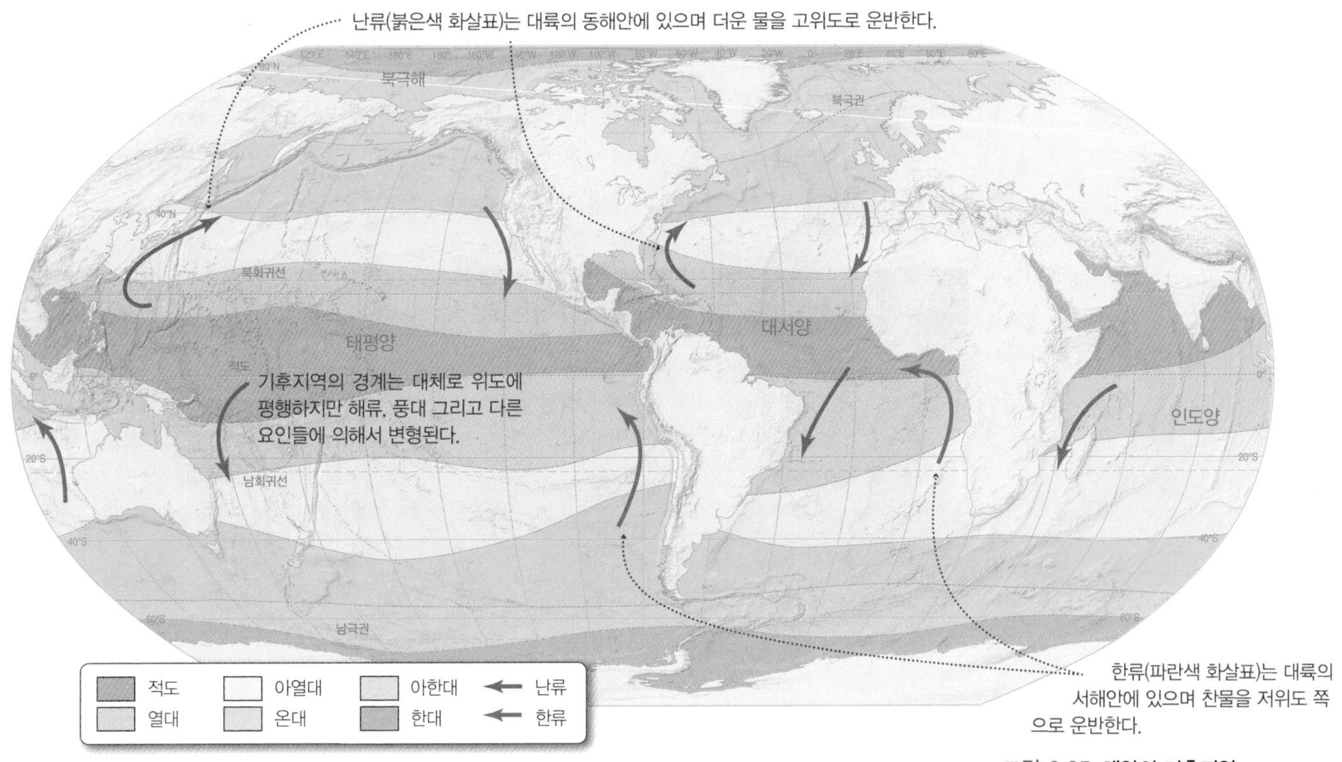

그림 6.25 해양의 기후지역.

해양의 기후패턴

육지에 기후패턴이 있는 것처럼 해양에도 있다. 외양은 일반적으로 위도에 평행하게 동-서 방향으로 분포하는 경계를 가지는데, 비교적 안정적이면서도 표층해류에 의해 약간 변형된다(**그림 6.25**).

적도(equatorial) 해역은 적도에 걸쳐 있으며 태양복사를 많이 받는다. 그 결과 가열된 공기가 상승하기 때문에 대기 운동은 주로 위로 향한다. 그러므로 표면의 바람은 약하면서 변화가 크기 때문에 **적도무풍대**(doldrums)라고 부른다. 표층 해수는 덥고 대기는 수증기로 포화되어 있다. 비가 매일 내리는 것이 일상적이어서 표층 염분을 비교적 낮게 유지시킨다. 적도의 남쪽과 북쪽 해역은 열대저기압을 발생시키는 곳이기도 하다.

열대(tropical) 해역은 적도를 벗어난 지역으로부터 각각 북회귀선 혹은 남회귀선까지를 차지한다. 무역풍이 강하게 부는 것이 특징인데, 북반구에서는 북동쪽으로부터, 남반구에서는 남동쪽으로부터 분다. 이 바람으로 인해 적도해류가 구동되고 어느 정도의 파랑도 만들어진다. 열대해역의 고위도 부분에서는 비가 거의 오지 않지만 적도 쪽으로 갈수록 강수량이 증가한다. 일단 열대저기압이 만들어지면 이곳에서 많은 양의 열에너지가 해양으로부터 대기로 전달된다.

열대해역을 벗어나면 **아열대**(subtropical) 해역이 있다. 고압대가 이곳에 중심을 두고 있으므로 건조하고, 하강하는 대기로 인해서 비가 거의 오지 않으며 증발량이 많아서 외양 중에서는 염분이 가장 높은 지역이다(제5장 그림 5.25의 표층 염분 분포 참조). 바람은 약하고 해류는 느린 것이 아열대무풍대의 특징이다. 그러나 강한 경계해류(대륙의 경계를 따라)가 남-북 방향으로 흐르는데, 특히 아열대 해역의 서쪽 경계에서 강하다.

온대(temperate) 해역은 **중위도 해역**으로도 부르며 강한 편서풍을 특징으로 하는데 북반구에서는 남서쪽으로부터, 남반구에서는 북서쪽으로부터 강한 북서풍이 부는 것이 특징이다(그림 6.12 참조). 심한 폭풍이 특히 겨울에 흔하고 강수가 많다. 실제로 북대서양은 거센 폭풍이 여러 세기 동안 수많은 선박과 생명을 빼앗아 갔다.

아한대(subpolar) 해역에서는 아한대저기압 때문에 광범위한 강수를 경험한다. 겨울에는 얼음으로 덮이며 여름에는 대부분 녹는다. 빙산이 흔하고 여름에도 수온이 5°C를 넘는 일이 드물다.

한대(polar) 해역에서는 표층 수온이 빙점에 가까워서 1년 내내 대부분 얼음으로 덮여 있다. 한대고기압이 북극해와 남극대륙 주변을 지배한다. 겨울에는 햇빛이 없으며 여름에는 낮이 지속된다.

개념 점검 6.5 | 해양이 어떻게 지구의 기상 현상과 기후 패턴에 영향을 주는지 서술하라.

1 저기압성과 고기압성 흐름의 차이를 설명하고 코리올리 효과가 어떻게 시계 방향 혹은 반시계 방향의 흐름 패턴을 만드는 데 영향을 주는지 보여라.

2 해풍과 육풍은 어떻게 만들어지는가? 더운 여름날에 어느 것이 잘 생기며 왜 그런가?

3 미국의 기상에 영향을 주는 한대기단과 열대기단의 이름을 말하라. 온난전선과 한랭전선의 이동 패턴 및 이와 관련된 강수의 패턴을 설명하라.

4 열대저기압의 형성에 필요한 조건들은 무엇인가? 중위도 대부분의 지역은 왜 허리케인을 드물게 경험하는가? 왜 적도에는 허리케인이 없는가?

5 허리케인에 의한 피해의 유형을 설명하라. 어느 것이 주로 인명과 재산 피해를 끼치는가?

6.6 바다얼음과 빙산은 어떻게 생기는가?

고위도 해역의 표면은 낮은 수온으로 인해 영구적 혹은 반영구적으로 얼음에 덮여 있다. **바다얼음**(sea ice)은 해수가 결빙한 것으로서 육상 기원의 빙하(glacier)로부터 분리되어(*calving*이라고 함) 바다에서 발견되는 **빙산**(icebergs)과 구별된다. 바다얼음은 남극대륙의 가장자리와 북극해의 내부 그리고 북대서양의 극히 높은 위도 지역을 연중 내내 덮고 있다.

바다얼음(해빙)의 형성

바다얼음은 직접 바닷물로부터 만들어진다(**그림 6.26**). 작고 바늘처럼 생긴 육면체의 결정으로 시작하여 나중에는 너무 많아져서 진창처럼 발달한다. 진창이 얇은 얼음판으로 바뀌기 시작하면서 바람의 응력 때문에 깨어지고 파도에 의해서 **팬케이크 얼음**(pancake ice)이라 부르는 접시 모양의 조각들로 변한다(**그림 6.26a**). 결빙이 진행될수록 팬케이크 얼음들이 뭉쳐서 **부빙**(ice floe: *flo* = layer)을 형성하게 되고(**그림 6.26b**), 시간이 경과할수록 부빙들이 합쳐져서 커다란 얼음의 층을 만들며 바람과 해류에 밀리고 부딪치면서 그 변두리를 따라서 **압력등성이**(pressure ridge)가 형성된다(**그림 6.26c**).

바다얼음이 형성되는 속도는 온도 조건과 밀접한 관련이 있다. 기온이 −30°C 이하로 극히 낮아지면 많은 양의 얼음이 비교적 짧은 시간에 만들어진다. 비록 이렇게 낮은 수온에서도 바다얼음이 두꺼워질수록 얼음 형성의 속도는 느려지는데, 이것은 열전도를 잘 못하는 얼음이 그 밑의 물이 얼지 못하도록 효과적으로 열을 차단하기 때문이다. 한편 파도가 없는 조용한 바다는 팬케이크 얼음을 더 쉽게 달라붙게 해서 바다얼음의 형성을 도와준다.

바다얼음의 형성과정은 스스로 지속되는 경향이 있다. 바다얼음이 표면에서 생길 때 물속에 녹아 있는 성분들은 매우 조금만 얼음 결정에 함께 들어가므로, 그 결과 용존물질의 대부분은 주위의 해수에 잔류하게 됨으로써 염분을 증가시킨다. 제5장에서 용존물질이 증가할수록 물의 빙점은 낮아져서 얼음 형성을 촉진하지 않는다는 것을 배웠다. 그렇지만 염분이 증가할수록 물의 밀도가 커져서 가라앉는다는 것 또한 기억하자. 침강하면서 표면의 물은 바로 아래의 가벼운 물과 교환되고, 이 물은 다시 쉽게 얼게 되며, 그리하여 바다얼음의 형성을 촉진시키는 순환 패턴을 확립하는 것이다.

그림 6.26 바다얼음의 형성 단계. 바다얼음은 바닷물이 직접 얼어서 생기는 것인데, 팬케이크 얼음(a)으로 시작된다. 결빙이 더 진행되면 팬케이크 얼음이 더 두꺼워져서 부빙(b)이 되며 나중에는 압력등성이(c)를 가지는 커다란 얼음덩어리가 만들어진다.

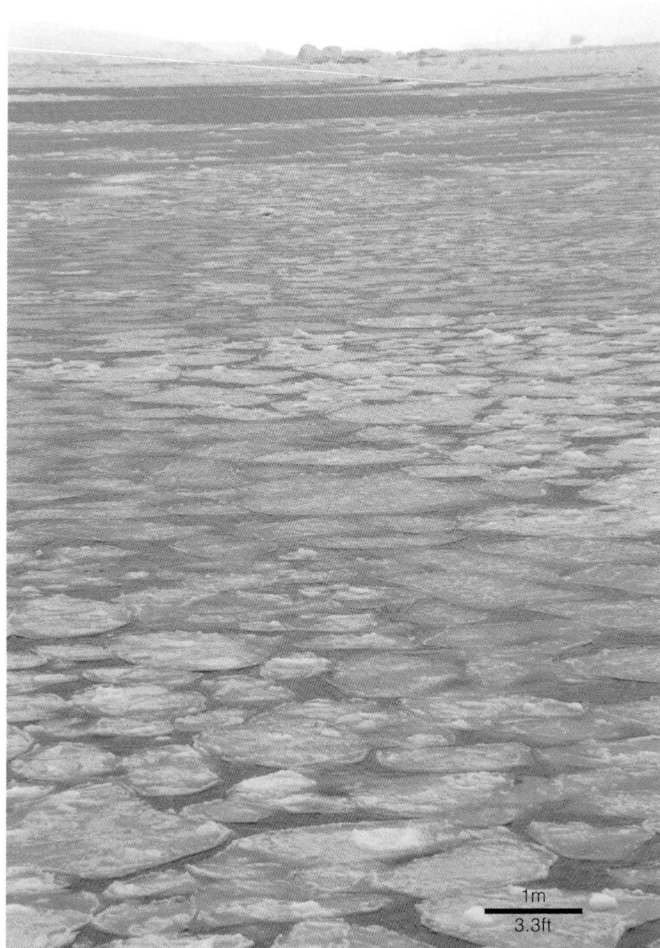

(a) 바다얼음 형성의 초기 단계인 팬케이크 얼음으로서 진창 같은 얼음이 바람과 파도에 부서져서 접시 형태의 조각들로 바뀐다.

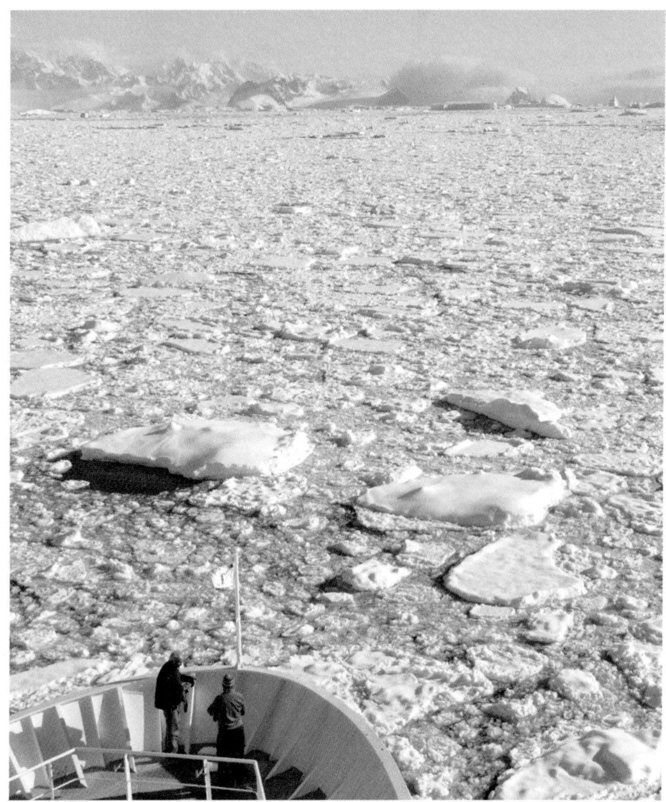

(b) 결빙이 진행되어 생긴 부빙인데, 팬케이크 얼음이 합쳐져서 더 두껍게 된 것이다.

(c) 커다란 바다얼음들이 오랜 시간 충돌해서 얼음 언덕이 생기며 두꺼운 압력등성이가 형성된다.

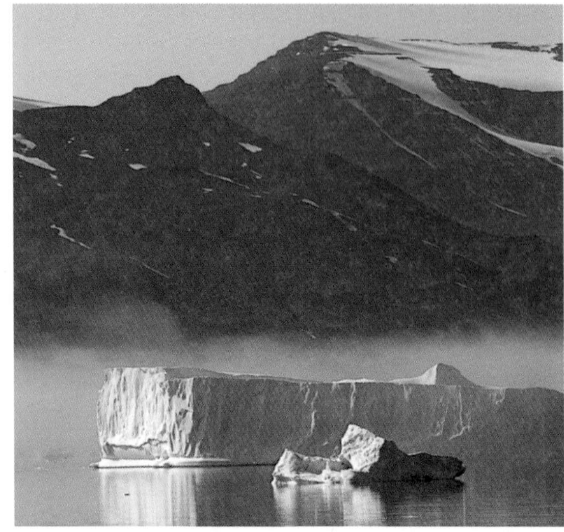

(a) 북대서양의 조그만 빙산으로 바다에 도달한 빙하로부터 분리되면서 생긴다.

(b) 북대서양의 해류(파란 화살표)와 전형적인 빙산의 분포(흰색 삼각형), 그리고 1912년 타이타닉호 참사의 위치(검은 x 표)를 보여주는 지도.

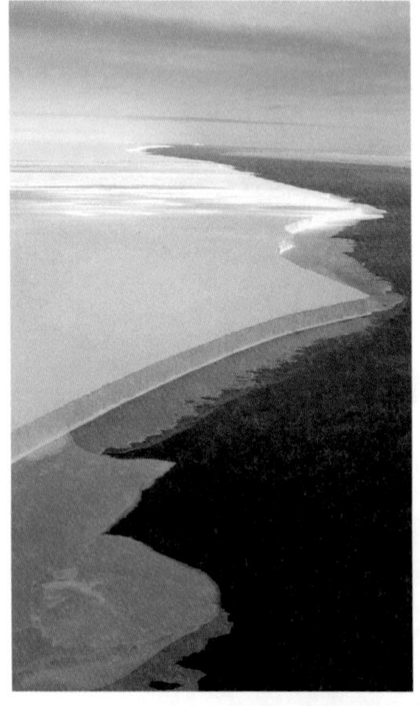

(c) 남극의 커다란 테이블형 빙산의 항공사진으로 수평선 너머 뻗어 있다.

(d) 빙산 C-19의 위성사진인데 2002년 5월에 남극의 로스해 빙붕으로부터 분리되었다. 빙산 B-15A도 보이는데, 사진에서 보이는 것은 2000년 3월에 분리되었을 때 코네티컷 주만 한 크기였던 B-15의 일부이다.

그림 6.27 빙산. 육지에 있던 빙하가 분리되어 바다로 들어와서 빙산이 생긴다. 빙산이 주로 만들어지는 두 지역은 그린란드(a와 b)와 남극대륙(c와 d)이다.

북극해의 얼음 범위에 관한 최근 인공위성 자료 분석은 지난 수 십년간 얼음이 극적으로 감소했음을 보여준다. 이렇게 녹는 것이 가속화되는 것은 북반구 대기순환 패턴의 변동과 연관되어 비정상적인 온난화를 유발하는 것으로 보인다. 이에 대해서는 제 16장 '해양과 기후변화'에서 더 다룬다.

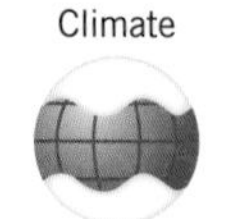

빙산의 형성

빙산은 빙하(**그림 6.27a**)에서 떨어져 나와 떠다니는 얼음덩어리여서 바다얼음과는 확연히 다르다. 빙산은 육지에 눈이 쌓여서 만들어진 광대한 빙상(ice sheet)이 서서히 바다 쪽으로 흐르면서 형성된다. 일단 바다에 도달하면 빙하는 깨져서 빙산이 생산되는데, 그 이유는 얼음이 물보다 가벼우므로 해안으로부터 멀리 떠다니면서 해류, 바람, 파도의 작용에 의해 깨지기 때문이다. 대부분의 빙산 분리(calving)는 대부분 수온이 가장 높은 여름에 일어난다.

북극에서는 빙산이 주로 그린란드 서해안을 따라 뻗어 있는 빙하가 분리되면서 만들어진다(**그림 6.27b**). 빙산은 또한 그린란드 동해안, 엘즈미어 섬과 북극해의 다른 섬에서도 생산된다. 전체적으로 매년 대략 10,000개의 빙산이 빙하로부터 떨어져 나오며 최근에 그 숫자가 늘어나고 있다. 이들 중 상당수는 해류에 의해 래브라도해 주변을 떠다니다가(그림 6.27b의 **파란색 화살표**) 북대서양 항로로 들어오며, 항해에 위협이 된다. 이 사실에 입각하여 이 지역을 **빙산길**(Iceberg Alley)이라고 부른다 — 여기에서 호화 여객선 타이타닉호가 빙산과 충돌해 침몰했다(그림 6.27b의 검은색 x 표시). 부피가 매우 크기 때문에 어떤 빙산은 녹는 데에도 몇 년이 걸려서, 그동안 펜실베이니아의 필라델피아와 같은 위도인 북위 40° 이남으로 운반되기도 한다.

빙붕 남극에서는 빙하가 대륙 전체를 거의 다 덮고 있는데, 그 가장자리에는 **빙붕**(shelf ice)이라 부르는 두꺼운 빙하가 떠 있으며 이들이 떨어져 나와서 넓은 테이블 같은 빙산이 만들어진다(**그림 6.27c와 6.27d** 참조). 예를 들어, 2000년 3월에 면적 11,000km^{2}로 코네티컷 주의 면적에 해당하는, '고질라'라는 별명이 붙은 B-15 빙산이 로스해의 빙붕으로부터 분리되어 나왔다. 발생 후 십여 년이 지나면서 B-15은 더 작은 빙산들로 나누어졌지만 많은 부분들은 아직까지도 남아있다. 남극해에서는 이보다 더 큰 빙산이 관측되기도 한다. 예를 들면 최대의 빙산으로 기록된 것은 믿기 힘든 32,500km^{2}의 면적으로서 B-15의 세 배 가까이 되고 대략 코네티컷 주와 매사추세츠 주를 합친 크기였다.

빙붕에서 나온 빙산들은 위가 평평하며 수면 위로 200m나 높은 것도 있지만 대부분은 100m보다 낮으며 전체의 90%는 수면 아래에 잠겨 있다. 일단 빙산이 생기면 해류에 의해 북쪽으로 이동되고 최종적으로 녹아 없어진다. 이 지역은 주요 항로가 없기 때문에 남극을 다니는 선박 외에는 항해에 심각한 위협이 되지는 않는다. 이렇게 거대한 빙산을 목격한 선원들은 어떤 경우에는 육지로 착각하기도 한다!

남극대륙이 특별히 큰 빙산을 생산하는 속도가 최근에 빨라진 것은 남극 온난화의 결과로 생각된다. 게다가 남극대륙 주변의 해저에서 새로 발견된 골짜기들은 보다 따뜻한 물을 빙산의 밑 부분으로 끌어들여서 더 빨리 녹게 만든다. 남극 온난화에 관한 더 많은 정보와 기후변화와의 관계에 대해서는 제16장 '해양과 기후변화'를 참조하라.

Climate

Connection

요약

바다해빙은 해수가 얼어서 생기고 빙산은 해안으로 나오는 빙하로부터 얼음덩어리가 깨져서 분리된 것이다.

개념 점검 6.6 | 바다얼음과 빙산이 어떻게 만들어지는지 설명하라.

1 바다얼음은 왜 스스로 지속되는 과정의 경향을 가지는가?

2 바다얼음, 빙산, 빙붕의 차이와 각각 어떻게 만들어지는지 설명하라.

6.7 풍력은 에너지원으로 이용될 수 있는가?

태양에 의한 지구의 불균일한 가열은 소규모에서 대규모에 이르는 다양한 바람을 일으킨다. 이 바람은 다시 풍차 혹은 전기를 생산하는 터빈을 돌리는 데 이용될 수 있다. 바람이 일정하게 부는 육지의 여러 곳에 수백 개의 커다란 터빈이 달린 높은 탑으로 이루어진 풍력발전소가 건설되어 재생 가능하고 청정한 에너지원으로 이용되고 있다. 육지보다 바람이 더 세게, 더 지속적으로 부는 바다에도 유사한 시설이 건설될 수 있다. **그림 6.28**은 풍력발전소의 가능성이 있는 해역을 보여준다.

약간의 해상 풍력발전소가 이미 지어졌고(**그림 6.29**) 더 많이 계획되고 있다. 예를 들어 북해에서는 약 100개의 터빈이 운영 중이고 수백 개가 더 계획되고 있다. 사실 덴마크는 전력의 18%를 풍력으로 생산해서 어느 나라보다도 많은데, 2030년까지 50%로 늘리기를 희망하고 있다.

풍력발전의 불리한 점 하나는 바람의 세기가 변하고 때로는 전혀 불지 않아서 전력 수요가 많은 곳에서는 특히 문제가 되고 또한 실용적으로 에너지를 공급하는 문제도 있다. 신문에서는 풍력과 태양광발전이 미국과 다른 나라들에 필요한 전력을 공급할 수 있다고 하지만, 미국 에너지성에 의하면 전체 전력량의 약 20% 이상을 공급하기에는 두 방법 모두 너무나 변덕스럽다고 한다. 관건은 생산된 전력을 효율적으로 저장하는 방법인데, 그렇게 되면 필요할 때 꺼내 쓰면 된다. 저장 문제에 대한 최선의 해결책에는 물을 높은 곳으로 끌어올린 후에 그 물을 이용해서 터빈을 돌리는 것, 펌프로 지하에 고압으로 공기를 저장하는 것 그리고 고효율 배터리에 저장하는 것들이 포함된다.

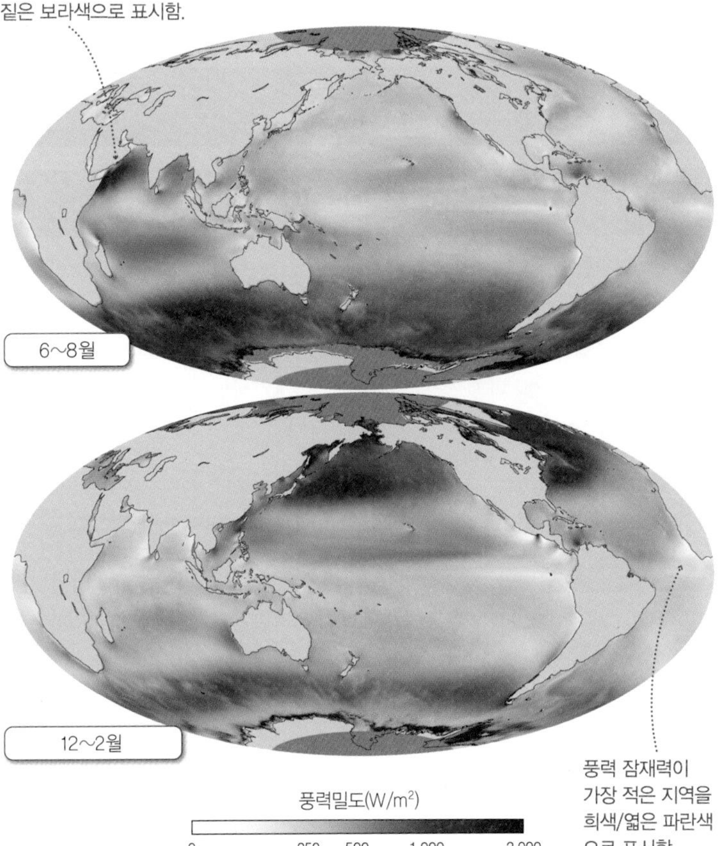

그림 6.28 해양 풍력의 잠재력. 2000~2007년 동안 6~8월(위)과 12~2월(아래)의 평균 풍력 분포.

그림 6.29 해상 풍력발전소. 해상 풍력 터빈은 영국 스코틀랜드 서해안 연안에 있는 풍력발전소의 일부이다.

요약

재생 가능한 에너지원으로서의 풍력 개발에는 방대한 잠재력이 있지만 풍력의 변덕스러운 성질은 문제가 된다. 현재 여러 개의 풍력발전소가 있다.

개념 점검 6.7 | 바람을 에너지원으로 이용하는 방법의 장점과 단점을 평가하라.

1 바다에 풍력발전기를 건설하는 장점과 단점을 논하라.

2 미국 최초의 해양 풍력발전기의 위치, 건설 시기, 전력 용량을 설명하라.

핵심 개념 정리

6.1 무엇이 태양복사의 변화를 일으키는가?

- 대기와 해양은 하나의 상호의존적인 시스템으로서 복잡한 피드백 체계로 연결되어 있다. 대부분의 대기-해양 현상들 사이에는 밀접한 관련이 있다.
- 지구가 둥글기 때문에 태양에 의한 가열이 불균일하고(지구의 자전축이 23.5° 기울어져 있어서) 계절 변화가 생기며 자전으로 인해 낮고 밤이 매일 바뀐다.

심화 학습 문제

지구의 자전축은 황도면에 대한 수직 방향에서 23.5° 기울어져 있다. 자전축의 경사가 어떻게 계절, 낮의 길이, 1년 동안의 햇빛의 각도를 변화시키는지 양 반구의 한 지점을 예를 들어 확인하라.

능동 학습 훈련

강의실의 다른 학생들과 함께 지구의 자전축이 기울어지지 않을 경우에 일어날 변화들의 목록을 작성하라. 예를 들면 계절은 여전히 존재할까?

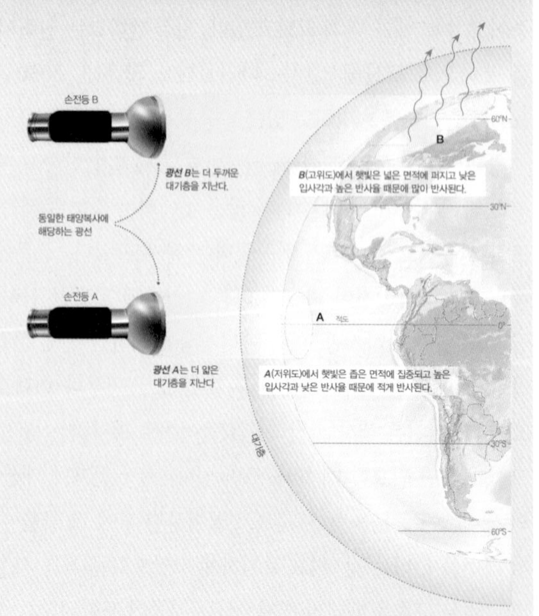

6.2 대기는 어떤 물리적 성질을 가지고 있는가?

▶ 태양에너지의 위도에 따른 차이는 대기의 물리적 성질 대부분(온도, 밀도, 수증기 양, 기압 차 등)에 영향을 주어 대기의 운동을 일으킨다.

심화 학습 문제

자전하지 않는 지구에서 존재할 기본적인 대기순환 패턴을 서술하라.

능동 학습 훈련

강의실의 다른 학생들과 함께 인터넷을 이용해서 고대 그리스의 이카루스에 대한 이야기를 찾아보라. 그림 6.6에 있는 온도 프로파일에 의하면 이카루스에게 일어났던 비극은 물리적인 사실에 근거한 것인가?

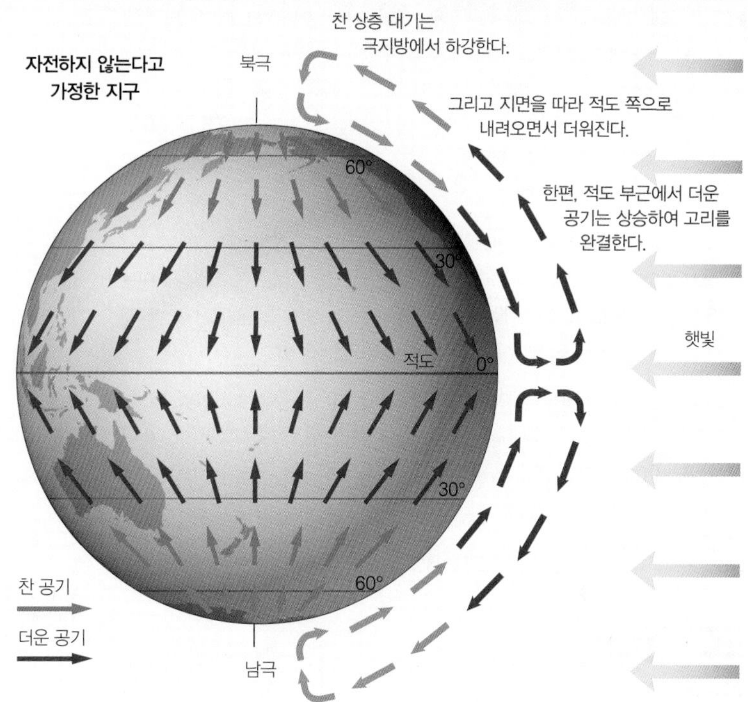

6.3 코리올리 효과는 어떻게 움직이는 물체에 영향을 주는가?

▶ 코리올리 효과는 움직이는 물체의 경로에 영향을 주는데 이는 지구의 자전 때문이다. 위도가 달라지면 지구 자전의 선속도가 달라지기 때문에 움직이는 물체는 북반구에서는 오른쪽으로, 남반구에서는 왼쪽으로 편향되는 경향을 띤다. 코리올리 효과가 적도에서는 없지만 위도에 따라 증가해서 양 극에서 최대가 된다.

심화 학습 문제

코리올리 효과는 어떻게 움직이는 물체의 방향에 영향을 주는가? 또 어떻게 움직이는 물체의 속력에 영향을 주는가? 설명하라.

능동 학습 훈련

강의실의 다른 학생들과 함께 왜 코리올리 효과가 양 극에서 가장 강한지를 설명하라. 그리고 역할을 바꾸어서 왜 코리올리 효과가 적도에는 없는지 설명하라.

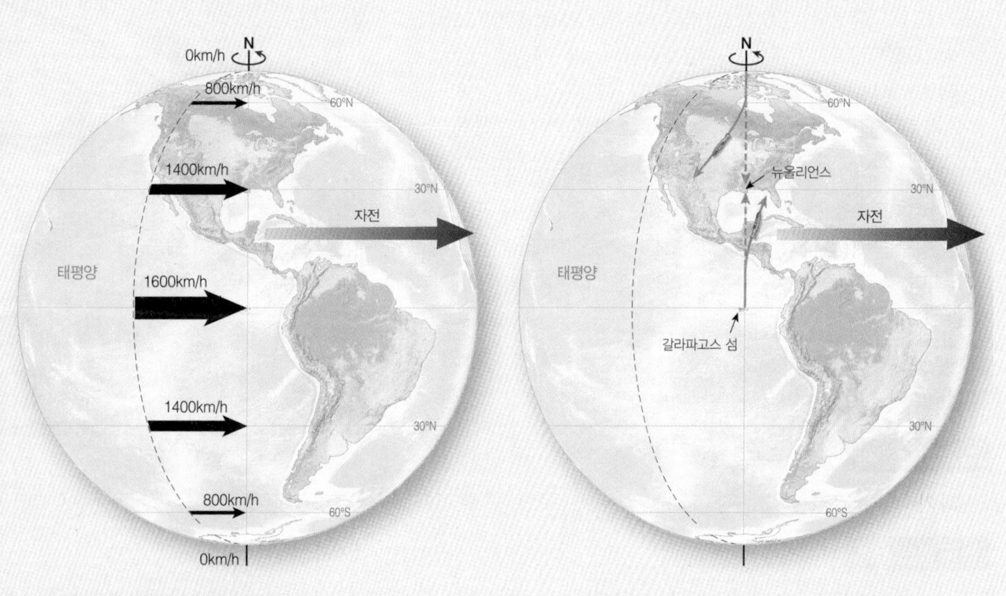

(a) 지구의 자전 선속도는 적도의 1,600km/h에서 양 극의 0 km/h까지 위도에 따라 달라진다.

(b) 북극과 적도상의 갈라파고스 섬에서 뉴올리언스를 향해 발사된 미사일의 경로. 점선은 목표 경로이고 실선은 지표면에서 봤을 때의 실제 경로이다.

6.4 전 지구적인 대기순환의 패턴은 무엇인가?

▶ 저위도에서는 들어오는 태양에너지가 외계로 복사·방출되는 에너지보다 많으며 고위도에서는 반대로 된다. 지구의 자전으로 각 반구에 3개의 순환세포가 만들어진다 : 0~30°까지의 해들리세포, 30~60°까지의 페렐세포, 그리고 60~90°까지의 극세포이다. 무거운 공기가 침강하는 고기압 지역은 남-북위 30° 지역과 극지방에 위치한다. 공기가 상승하는 저기압대는 일반적으로 적도지역과 위도 60° 지역에 생긴다.

▶ 순환세포 내부의 운동으로 인해서 세계의 주요 풍대가 만들어진다. 지구 표면에서 아열대고기압으로부터 퍼져나가는 공기의 운동은 적도 쪽으로 움직이는 무역풍과 고위도 쪽으로 움직이는 편서풍을 만든다. 한대고기압에서 아한대저기압으로 움직이는 공기의 운동은 극동풍을 일으킨다.

▶ 무풍대는 주요 풍대의 경계에서 나타나는 특징이다. 두 무역풍 사이의 경계를 적도무풍대라고 하며 열대수렴대(ITCZ)와 일치한다. 무역풍과 편서풍의 경계에는 아열대무풍대가 있다. 편서풍과 극동풍의 경계는 극전선이라 부른다.

▶ 지구 자전축의 경사, 해수에 비해 작은 암석의 열용량 그리고 대륙의 분포는 이상화된 3-세포 모델의 풍대 및 기압대를 변형시킨다. 그러나 3-세포 모델은 주요 풍대의 패턴과 밀접하게 유사하다.

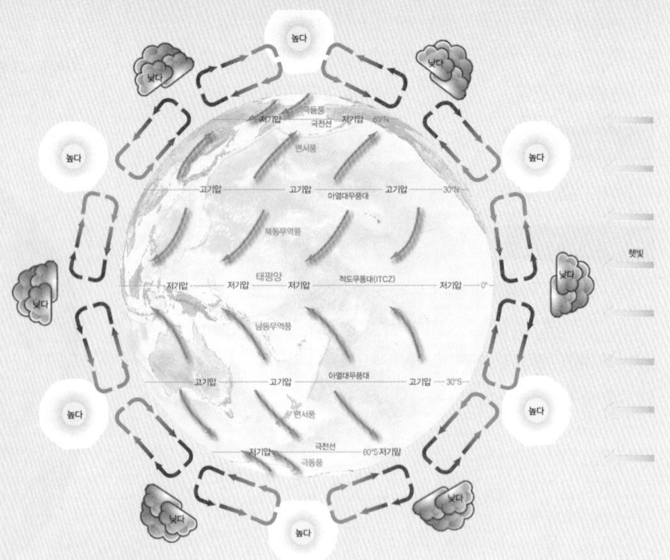

심화 학습 문제

대기 순환 패턴에 대한 지식을 확실히 하기 위해 기억을 되살려서 지구의 주요 풍대 및 상층과 하층 대기의 순환 세포를 그린 후에 및 저기압대와 고기압대를 나타내고 풍대의 이름 및 풍대 경계의 이름을 표시하라.

능동 학습 훈련

강의실의 다른 학생들과 함께 왜 그림 6.12의 이상적인 풍대가 실제의 지구에서는 그림 6.13과 같이 변형되는지를 토의하라. 이를 위해 풍대 및 그 경계, 고기압과 저기압 지역, 해양과 육지의 차이 등의 특정한 예들을 사용하라. 이를 통해서 발견한 사항들을 발표하라.

6.5 해양은 어떻게 지구의 기상 현상과 기후 패턴에 영향을 주는가?

▶ 기상은 특정 장소와 시간의 대기 조건이고 기후는 기상의 장기간 평균이다. 대기의 운동(바람)은 항상 고기압에서 저기압 쪽으로 향한다. 코리올리 효과로 인하여 북반구에서 저기압을 중심으로 반시계 방향, 고기압을 중심으로 시계 방향으로 도는 바람이 생긴다. 해안 지역에서는 흔히 해풍과 육풍을 경험하게 되는데, 이것은 가열과 냉각의 일변화 때문에 생긴다.

▶ 많은 폭풍들이 기단의 운동 때문에 생긴다. 중위도에서는 고위도의 한랭기단과 저위도의 온난기단이 만나서 한랭전선과 온난전선을 만들고, 이들은 동쪽으로 이동한다. 열대저기압(허리케인)은 크고 강력한 폭풍으로서 대개 열대지방에 영향을 준다. 허리케인의 피해는 폭풍해일, 강한 바람 그리고 심한 폭우 때문에 생긴다.

▶ 해양의 기후 패턴은 태양에너지의 분포 및 풍대와 밀접한 관련이 있다. 표층해류는 해양기후 패턴을 어느 정도 바꾸어준다.

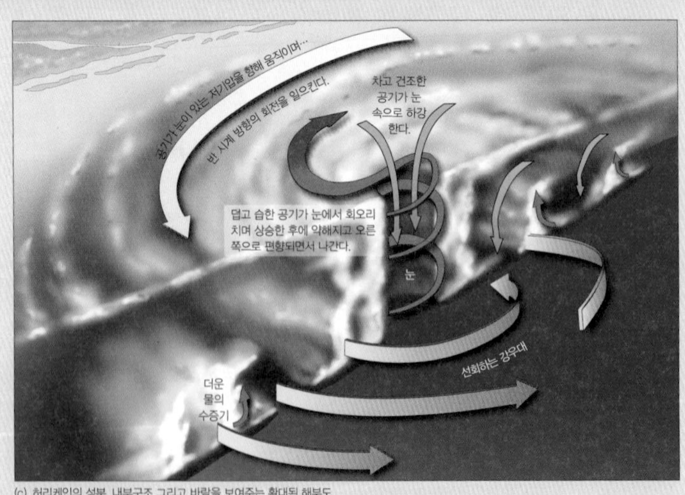

(c) 허리케인의 성분. 내부구조 그리고 바람을 보여주는 확대된 해부도.

심화 학습 문제

기상과 기후의 차이를 명확히 한 후에 이 질문에 답하라 : 건조한 기후를 경험하는 지역에 비가 내리면 이것은 그 지역의 기후가 습한 것으로 바뀐 것을 뜻하는가? 설명해보라.

능동 학습 훈련

강의실의 학생들을 짝 지어서 각 학생들로 하여금 인터넷을 이용하여, 다음 두 지역 중 한 군데의 위도와 오늘의 표층 수온을 알아보게 하라 : 캘리포니아의 샌디에이고와 사우스캐롤라이나의 찰스턴. 협력해서 그림 6.25의 지도에 위치를 표시하고 그 정보를 이용해서 왜 두 지점의 표층 수온이 다른지 설명하라.

6.6 바다얼음과 빙산은 어떻게 생기는가?

▶ 고위도에서 낮은 온도는 바닷물을 얼게 하여 바다얼음(해빙)을 만든다. 초기에는 진창처럼 되었다가 팬케이크 형태로 바뀌고 최종적으로는 부빙으로 성장하며 시간이 지나면서 압력등성이를 갖는 커다란 덩어리가 된다. 빙산은 남극, 그린란드, 북극해의 섬들에 있는 빙하로부터 떨어져 나온 얼음덩어리이다. 남극 대륙 주변에 떠 있는 얼음을 빙붕이라 부르는데, 이로부터 가장 큰 빙산이 만들어진다.

심화 학습 문제

빙산이 만들어지는 지역을 확인해보라. 빙산은 어떤 피해를 주는가? 설명하라.

능동 학습 훈련

인터넷을 이용하고 강의실의 다른 학생들과 협력해서 과거 10년간 빙산이 해양의 선박과 운송에 사고를 초래한 세 가지 경우를 찾아보라. 그 사고들이 어디에서 발생했는지도 알아보라.

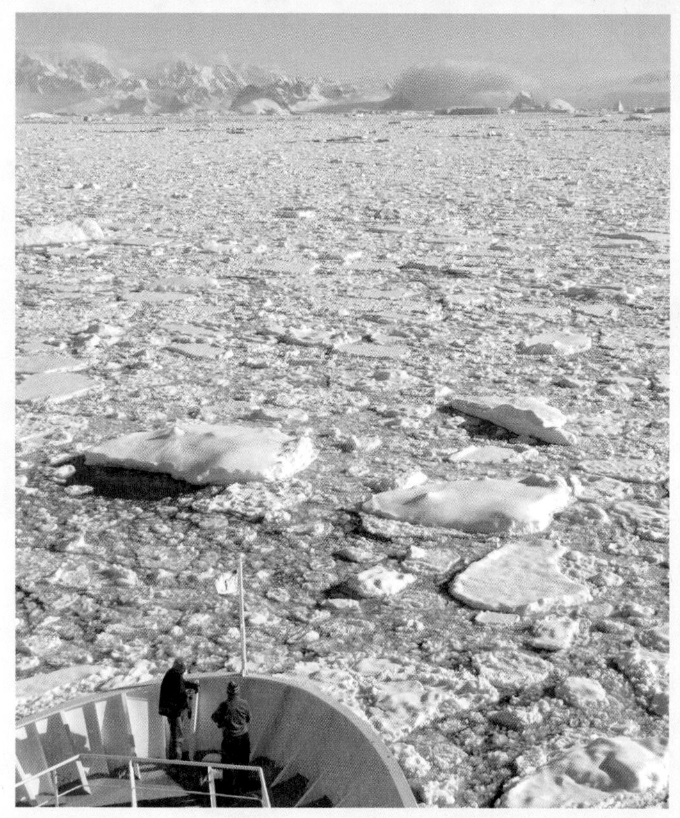

(b) 결빙이 진행되어 생긴 부빙인데, 팬케이크 얼음이 합쳐져서 더 두껍게 된 것이다.

6.7 풍력은 에너지원으로 이용될 수 있는가?

▶ 풍력은 에너지원으로 이용될 수가 있다. 이 깨끗하고 재생 가능한 자원을 개발할 방대한 잠재력이 있지만 필요할 때 생산하고, 소비자들에게 공급하고, 저장하는 것과 관련한 문제들도 있다. 현재 여러 개의 해상 풍력발전소들이 운영되고 있다.

심화 학습 문제

해양 풍력발전소의 개발에 방해가 되는 부정적 환경 요인들을 설명하라.

능동 학습 훈련

그룹으로 작업을 하되, 그림 6.28을 이용해서 특정 계절이 아닌 1년 내내 최대 용량으로 발전기를 가동할 수 있는 지역들을 확인하라. 장소와 타당성에 대한 설명을 포함하는 결과들을 수업 시간에 발표하라.

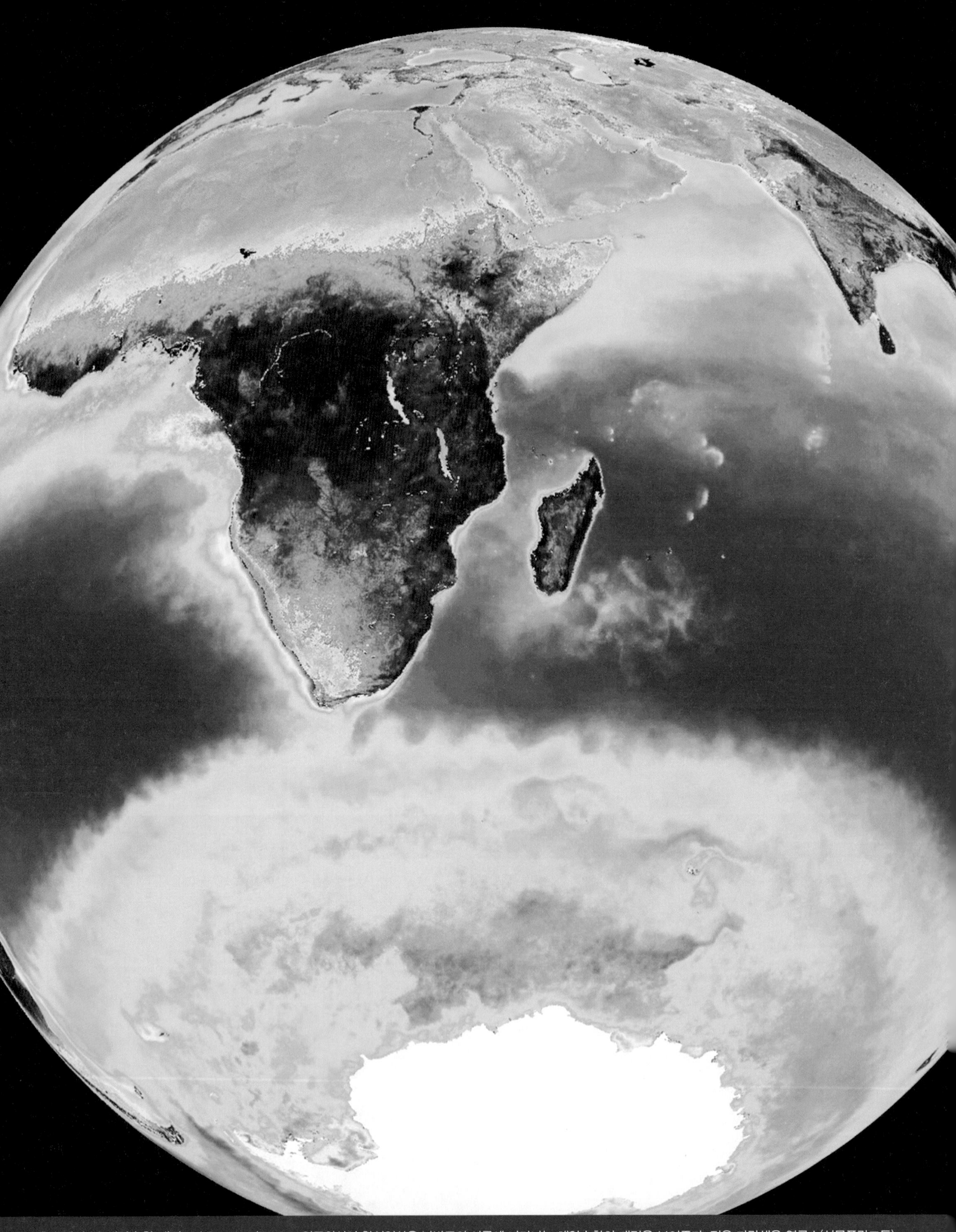

우주에서 본 해양순환 패턴. 이 SeaWiFS/SeaStar 인공위성의 합성영상은 남반구의 여름에 나타나는 해양순환의 패턴을 보여준다. 짙은 파란색은 엽록소(식물플랑크톤) 농도가 낮은 곳을, 주황색과 붉은색은 높은 곳을 표시한다. 아프리카와 남극대륙 사이에 아굴라스해류가 남극순환해류와 만나서 동쪽으로 방향을 바꾸면서 파동 형태의 와동들이 만들어지는 것을 알 수 있다. 아프리카 서해안에는 연안용승이 밝은 붉은색으로 보인다.

7

열염순환
북대서양 아열대환류 스베드럽
컨베이어벨트 순환
남대서양 아열대환류 인도양 아열대환류
용승 엘니뇨-남방진동
에크만 수송 해류 남태평양 아열대환류
태평양난수층 아열대환류
북태평양 아열대환류 서안강화
에크만 나선 지형류 계절풍
라니냐 아한대환류

이 장을 읽기 전에 위에 있는 용어들 중에서 아직 알고 있지 못한 것들의 뜻을 이 책 마지막 부분에 있는 용어해설을 통해 확인하라.

해양순환

해류(ocean currents)는 바닷물의 덩어리가 한 곳에서 다른 곳으로 흐르는 운동이다. 해수의 양은 많을 수도, 적을 수도 있고, 해류는 표층이나 심층에도 있을 수 있으며 그 형성 원인은 간단할 수도, 무척 복잡할 수도 있다. 간단히 말해서 해류는 **수괴**(water mass)의 **운동**인 것이다.

거대한 해류 시스템은 주요 해양의 상층부를 지배한다. 해류는 바람이 그러하듯이 더운 곳에서 추운 곳으로 열을 운반한다. 열대에서 극지방으로 운반되는 모든 열의 2/3를 바람이 담당하고 나머지 1/3을 해양이 맡고 있다. 궁극적으로 태양으로부터 오는 에너지가 해류를 움직이며 주요 풍대의 패턴과 밀접하게 관련되어 있다. 그 결과, 해류는 고대 인류가 대양을 가로질러 여행하는 데에 도움이 되었다. 해류는 또한 해양 먹이그물의 기초가 되는 미세 조류의 성장에 영향을 줌으로써 생물들의 번식에도 관여한다.

표층해류는 국지적으로 해안지역의 기후에 영향을 준다. 대륙의 서쪽 해안을 따라 적도 쪽으로 흐르는 한류는 건조한 기후를 만든다. 반대로 대륙의 동쪽 해안을 따라 고위도로 흐르는 난류는 덥고 습한 조건을 만든다. 해류는 예를 들면 북유럽과 아이슬란드의 온화한 기후에 기여하는 반면, 비슷한 위도의 북미 동해안(캐나다의 래브라도와 같은)은 훨씬 춥다. 더구나 고위도 지역의 물이 침강함으로써 지구의 기후를 조절하는 심층해류가 시작된다.

Climate

Connection

핵심 개념

이 장을 학습한 후 다음 사항을 해결할 수 있어야 한다.

7.1 해류의 측정 방법에 대해 이해했다는 것을 보여라.
7.2 해류의 원인 및 해양 전체의 해류 패턴이 어떻게 구성되는지를 설명하라.
7.3 용승을 일으키는 조건들을 기술하라.
7.4 각 해양의 주요 표층순환 패턴을 확인하라.
7.5 심층해류의 기원과 특성을 설명하라.
7.6 해류를 에너지원으로 개발하는 장점과 단점을 평가하라.

"The coldest winter I ever spent was a summer in San Francisco."

—Anonymous, but often attributed to Mark Twain; said in reference to San Francisco's cool summer weather caused by coastal upwelling

7.1 해류는 어떻게 측정하는가?

해류는 **바람** 혹은 **밀도**의 차이에 의해 구동된다. 움직이는 기단, 특히 주요 풍대는 풍성해류를 움직인다. 풍성해류는 주로 해양의 표층부에서 수평으로 움직이므로 **표층해류**(surface currents)라고 부른다. 반면에 밀도순환은 연직방향의 움직임으로부터 시작하고 심층수괴의 혼합을 일으킨다. 어떤 표층수는 수온이나 염분에 의해 밀도가 커져서 깊이 침강한다. 이 무거운 물은 가라앉아서 천천히 퍼지는데, 이런 흐름을 **심층해류**(deep currents)라고 한다.

표층해류의 측정

표층해류는 바람에 의해 구동되기 때문에, 일정한 방향으로 흐르는 일이 드물고 동시에 오랫동안 같은 속도로 흐르는 일은 거의 없기 때문에 평균적인 유속을 측정하는 일은 어려울 수 있다. 그렇지

(a) 해양에 떠다니는 **표류 유속계**.

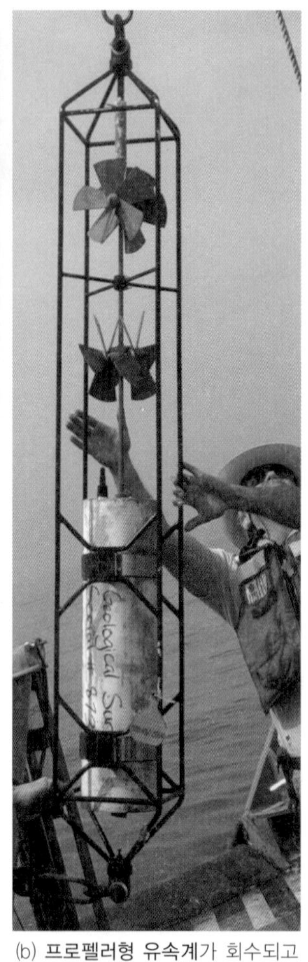
(b) **프로펠러형 유속계**가 회수되고 있다.

그림 7.1 유속 측정 장치들.

만 전반적으로 세계의 표층해류 패턴에는 어느 정도의 일관성이 있다. 표층해류는 직접적 혹은 간접적으로 측정한다.

직접적인 방법 해류를 직접 측정하는 방법은 두 가지가 있다. 하나는 떠다니는 기구를 투하한 다음 시간차를 두고 추적하는 것이다. 대표적으로 전파를 이용해서 추적하는 해류병 같은 기구가 이용된다(**그림 7.1a**). 그러나 사고에 의해 유실된 물건들도 좋은 표류계가 될 수 있다(**심층 탐구 7.1**). 다른 하나는 고정된 위치(교각이나 정지된 선박 같은 곳)에 **그림 7.1b**와 같은 프로펠러 유속계를 물속에 설치하여 측정하는 것이다. 프로펠러 유속계를 선박으로 예인할 수도 있는데, 이때에는 해류의 속도를 결정하기 위해서 선박의 정확한 속도를 빼주어야 한다.

간접적인 방법 표층해류를 간접적으로 측정하는 데에는 세 가지 방법이 있다. 첫째는 해수면의 대규모 부풀음이나 꺼짐에 의해서 나타나는 경사인 압력경사를 이용한다(기압이 높거나 낮음에 따라 대기의 움직임을 결정하는 데에도 압력경사가 이용되었음을 기억하자. 예를 들면 그림 6.15의 일기도 참조). 이를 위해서는 해수 내부의 밀도 분포를 알아낸 다음에 관측 지역의 압력경사를 계산한다. 두 번째로는 레이더 고도계를 이용하는데, 인공위성의 고도계는 해저 지형과[1] 해류에 의해서 야기되는 해수면의 높낮이를 결정한다. 이 자료로부터

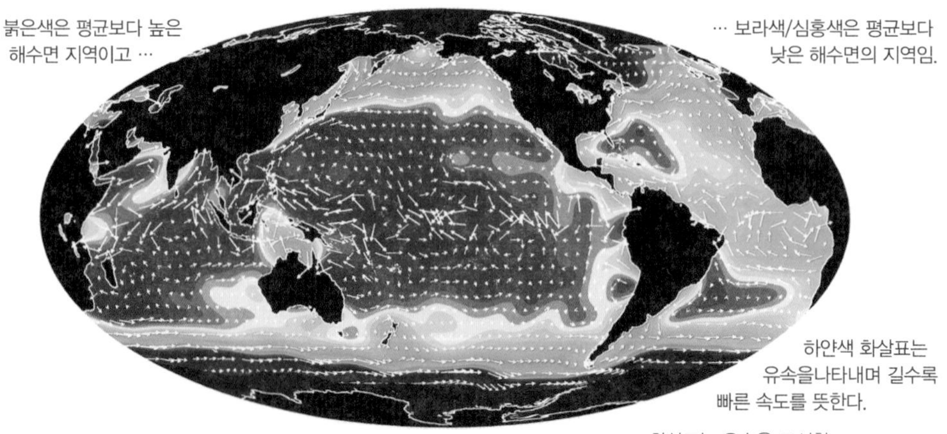

그림 7.2 위성으로 측정한 해수면 높이의 분포. 1992년 9월~1993년 9월까지 TOPEX/Poseidon 인공위성의 고도계 자료에 의한 해수면의 높이(cm)를 보여주는 지도.

1 이 기술은 제3장의 3.1절 중 '인공위성을 이용한 해양 특성 조사'에서 설명한다.

해양과 사람들

심층 탐구 7.1

표류계로서의 운동화

떠다니는 물체는 무엇이든지 어디에서 투하되고 어디에서 회수되었는지를 알면 해류 연구에 이용될 수 있다. 물체의 경로는 추측할 수 있으므로 표층해류에 관한 정보를 제공한다. 투하된 시간과 회수된 시간을 안다면 유속 또한 결정할 수 있다. 해양학자들은 해수의 운동을 추적하기 위해서 오랫동안 해류병(drift bottles, 엽서나 전파 발신장치를 넣은 병)을 이용해왔다.

선박들이 바다에서 화물들을 잃어버릴 때 여러 물건들이 뜻하지 않게 해류병이 된다. 전 세계에서 약 10,000개의 컨테이너가 매년 유실되고 있다(**그림 7A**의 오른쪽 위와 가운데 사진). 이런 식으로 나이키 운동화와 다양한 색상의 목욕용 장난감들이(그림 7A 내부와 오른쪽 하단 사진) 북태평양의 해류를 이해하는 데 도움을 주었다.

1990년 5월에 Hansa Carrier라는 컨테이너 선박이 한국에서 워싱턴 주의 시애틀로 향하다가 북태평양에서 극심한 폭풍을 만났다. 그 배는 12.2m 길이의 컨테이너를 싣고 있었는데, 대부분 항해를 위해서 갑판에 단단히 고정되어 있었다. 폭풍 속에서 21개의 컨테이너가 유실되었고 그중에서 5개에 나이키 운동화가 들어 있었다. 신발들은 떠다니며 북태평양해류에 의해 동쪽으로 실려갔다. 6개월 이내에 수 천 개의 신발들이 2,400km 이상 떨어진 알래스카, 캐나다, 워싱턴, 오리건 주의 해안을 따라 나타나기 시작했다. 일부는 캘리포니아 북부 해안에서 발견되었으며 2년여 후에는 하와이 빅아일랜드의 북단에서 회수되기도 했다!

비록 신발들이 바다를 떠다니는 데 상당한 시간을 보냈지만 (따개비와 기름을 제거한 후에) 신어도 될 만큼 상태가 좋았다. 신발들이 묶여 있지 않았기 때문에 따로 따로 발견되어 짝이 맞지 않는 경우가 많았다. 다수의 신발들이 약 100달러에 거래되었기 때문에 사람들은 맞는 짝을 구하기 위해서 신문에 광고를 내거나 교환하는 모임을 갖기도 했다.

해안을 찾는 사람들(등대 직원들은 물론)의 협조로 회수 장소와 숫자에 대한 정보가 몇 달 동안 축적되었다. 신발의 일련번호를 통해서 각

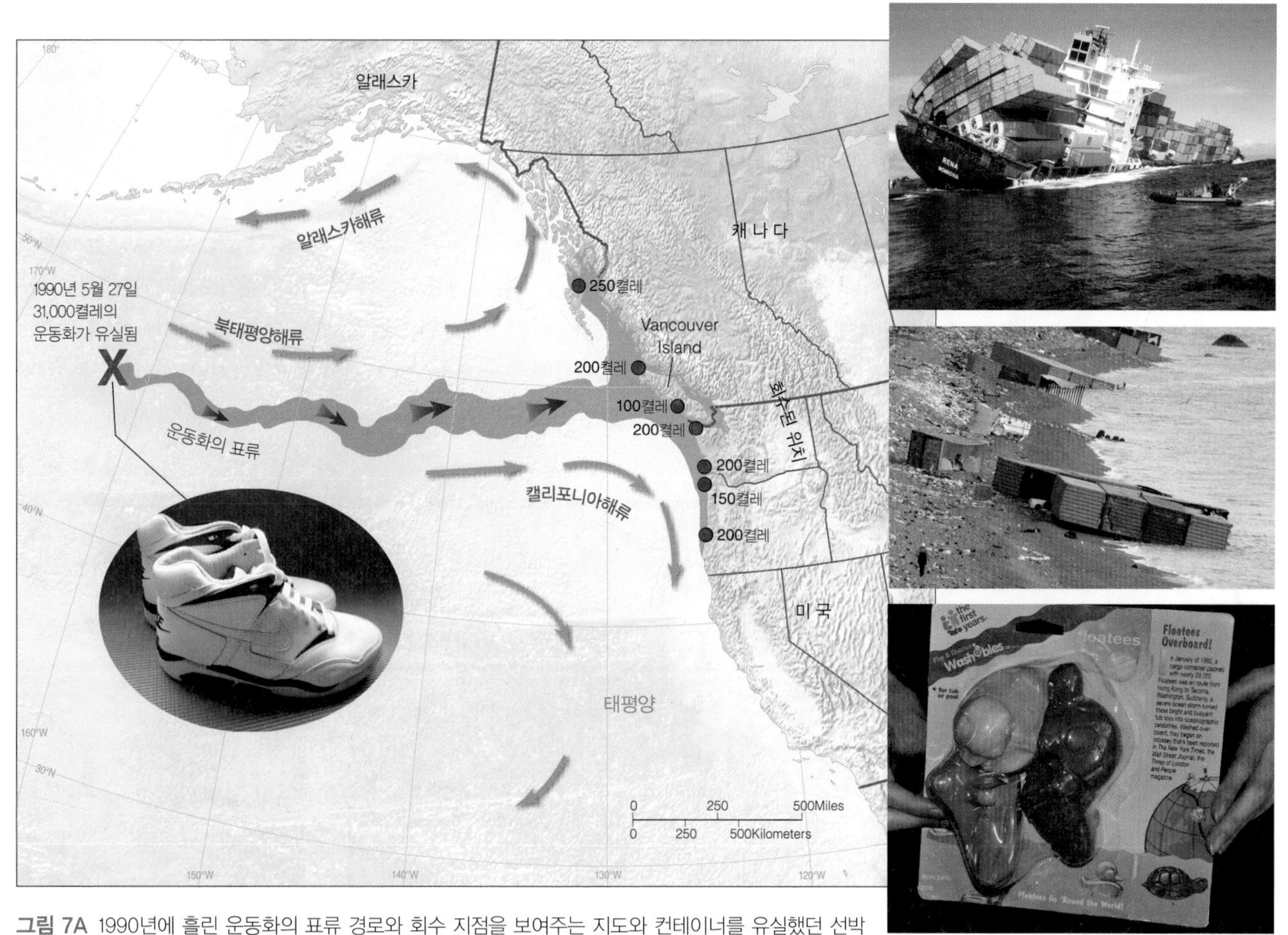

그림 7A 1990년에 흘린 운동화의 표류 경로와 회수 지점을 보여주는 지도와 컨테이너를 유실했던 선박(오른쪽 위 사진), 컨테이너들과 내용물들이 해안에 밀려온 해안(오른쪽 가운데 사진), 그리고 1992년에 유실된 컨테이너에 들어 있던 것과 비슷한 목욕용 장난감들(오른쪽 하단 사진)

심층 탐구 7.1

컨테이너를 추적하였고 5개의 컨테이너 중에서 4개만 신발을 내보낸 것으로 밝혀졌다 — 결국 하나는 열리지 않고 통째로 가라앉은 셈이다. 그래서 최대 30,910켤레가 떨어졌다. 그 많은 숫자가 거의 동시에 떨어졌으므로 해양학자들이 북태평양의 순환에 관한 컴퓨터 모델을 개선하는 데 도움이 되었다. 그 전에는 해양학자들이 계획적으로 해류병을 가장 많이 투하한 것이 30,000개였다. 신발들의 2.6%가 회수되었지만 해양학자들이 연구용으로 투하한 것의 회수율 2.4%와 비교하면 더 나은 셈이다.

1992년 1월에는 폭풍 때문에 또 다른 화물선이 신발 유출 지점의 북쪽에서 12개의 컨테이너를 잃어버렸다. 이 중의 하나에 목욕용 장난감 29,000상자가 들어 있었는데, 작고 물에 뜨는 장난감으로 푸른 거북, 노란 오리, 붉은 비버, 초록색 개구리 등이었다(그림 7A, 아래의 사진). 비록 장난감들이 판지를 붙인 플라스틱 상자에 포장되어 있었지만 연구에 의하면 바닷물 속에서 24시간이 경과한 후에 접착제가 풀리고 10만 개 이상의 장난감이 나온 것으로 밝혀졌다.

이 떠다니는 장난감들은 10개월 후에 알래스카 남부 해안에 도착하기 시작했고 컴퓨터 모델 결과를 입증해주었다. 모델은 다수의 장난감들이 떠 있는 한 알래스카해류에 운반되다가 최종적으로 북태평양 전체에 퍼진다고 예측하였다. 예를 들면 어떤 것들은 계속해서 남아메리카까지 갔다. 어떤 것들은 북극해로 들어가서 북극해의 떠다니는 빙하에 갇혀서 시간을 보내다가 나중에 북대서양으로 나왔다. 놀랍게도 목욕용 장난감들은 영국과 북아메리카 동해안을 따라 발견되기도 하여 사고로 유출된 곳에서부터 전 세계로 퍼졌음을 알 수 있다.

해양학자들은 이들 외에도 화물선에서 유실된 여러 가지의 떠다니는 물건들을 추적하는 해류 연구를 계속하고 있다.

생각해보기

1. 운동화와 목욕용 장난감들이 어떻게 뜻하지 않게 유속계가 되었으며 해양학자들의 해류 추적을 도와주었는가?

표층해류의 크기와 방향을 보여주는 **역학적 고저도**(dynamic topography)의 지도를 만든다(**그림 7.2**). 세 번째는 물속에서 초음파를 내는 도플러유속계를 사용하는 것이다. 이 유속계는 발사된 음파가 물속의 입자에 의해서 반사된 후 되돌아오는 소리의 주파수 변화를 측정해서 유속을 결정한다.

심층해류의 측정

매우 깊은 수심의 심층해류는 표층에 비해서 측정하기가 훨씬 어렵다. 가장 흔한 것은 물속에서 심해 해류에 떠다니는 부표의 위치를 추적하는 것이다. 그러한 독특한 사업의 하나가 2000년에 시작한 **아르고**(Argo)라는 것이다. 이것은 자유롭게 표류하는 뜰개(**그림 7.3b**)로, 연직 방향으로 움직여 수심 2,000m까지 수온, 염분, 기타 해수의 성질을 측정한다. 일단 투하되면 각 뜰개는 프로그램된 수심까지 내려가서 10일간 떠다니며 자료를 수집하다가 표면으로 올라와서 위치와 관측자료를 전송하며 이 자료는 한 시간 내

그림 7.3 수중에서 자유로이 떠다니는 아르고 시스템.

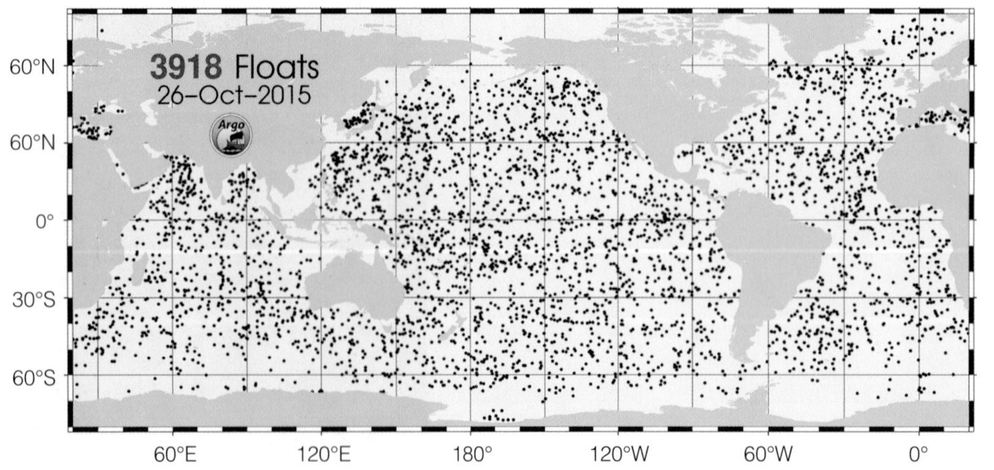

(a) 2,000m 수심까지 내려가서 해수의 성질을 측정하고 표면으로 떠올라서 자료를 전송하는 아르고 뜰개의 분포를 보여주는 지도.

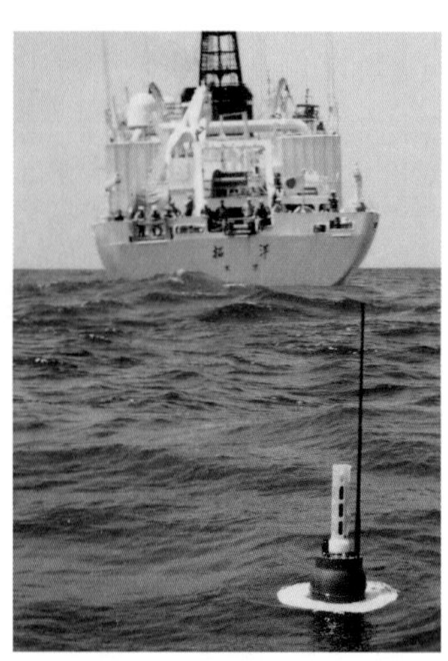

(b) 화물선에서 투하된 뜰개

에 공개된다. 뜰개는 다시 가라앉아 10일간을 떠다니면서 자료를 더 많이 수집하고 다시 부상하는 일을 반복한다. 2007년에 3,000번째 아르고 뜰개를 투하하는 목표를 달성했으며 현재 전 세계에 거의 4,000개가 있다(**그림 7.3a**). 이 사업은 해양학자들로 하여금 육지에서의 기상예보와 유사한 해양예보 시스템을 개발하고 인간에 의한 기후변화의 결과인 해수 성질의 변화를 추적하도록 해준다.

다른 심층해류 측정 기술에는 심층 수괴의 수온과 염분의 뚜렷한 성질을 확인하거나 화학적 추적자를 추적하는 것이 포함된다. 어떤 추적자는 자연적으로 해수에 흡수된 것도 있는 반면에, 어떤 것은 의도적으로 투입되기도 한다. 뜻하지 않게 해수로 유입된 유용한 추적자로는 삼중수소(1950년대와 1960년대 초에 핵실험에 의해서 생산된 수소 동위원소)와 CFC(chlorofluorocarbons, 오존층을 파괴하는 것으로 알려진 프레온 등의 기체)가 있다.

요약

바람에 의한 표층해류는 떠다니는 물체, 인공위성 그리고 다른 기술에 의해 측정된다. 밀도에 의한 심층해류는 물속에서 표류하는 뜰개, 해수의 성질 그리고 화학적 추적자를 이용해서 측정한다.

개념 점검 7.1 | 해류의 측정 방법에 대해 이해했다는 것을 보여라.

1. 해양의 수평 순환과 심층 연직 순환을 직접 일으키는 힘들을 비교하라. 두 순환 시스템을 구동하는 궁극적인 에너지원은 무엇인가?
2. 해류를 측정하는 방법들을 설명하라.

7.2 표층해류는 무엇이 일으키고 어떻게 구성되는가?

표층해류는 **밀도약층**(밀도가 급격히 변하는 층) 및 그 상층부에 나타나며 수심 약 1,000m까지, 모든 해수의 약 10%에 영향을 준다. 세계의 표층해류 패턴에는 주요 풍대의 영향이 가장 크지만 코리올리 효과, 계절 변화 그리고 해양의 지형을 포함한 수많은 요인들의 영향도 받는다.

표층해류의 기원

가장 단순한 경우에 표층해류는 해양의 표면을 불어가는 바람의 마찰력에 의해서 발달한다. 바람 에너지의 약 2%만이 수면에 전달되므로 50노트[2]의 바람은 1노트의 해류를 일으킨다. 우리는 한잔의 커피를 지속적으로 불어서 매우 작은 규모로 이 현상을 실험할 수 있다.

만일 지구에 대륙이 없다면 표층해류는 대개 주요 풍대를 따라 흐를 것이다. 그러므로 각 반구의 위도 0~30° 지역에서는 무역풍에 의해서, 30~60° 지역에서는 편서풍 그리고 60~90° 지역에서는 극동풍에 의해서 해류가 흐를 것이다.

그러나 실제로는 단지 풍대에 의해서만 영향을 받는 것이 아니다. 대륙의 분포는 모든 해양에서 해류의 성질과 방향에 영향을 주는 요인 중의 하나이다. 예를 들어, **그림 7.4**는 불규칙한 대륙에 막혀 있는 대서양에서 무역풍과 편서풍이 어떻게 커다란 원형의 순환 고리를 만드는지 보여준다. 같은 풍대가 다른 해양에서도 작용하므로 태평양과 인도양에서도 유사한 패턴의 표층해류가 흐른다. 곧 알게 되겠지만, 표층해류의 패턴에 영향을 주는 다른 요인으로는 중력, 마찰력, 코리올리 효과가 있다.

해양 표층순환의 주요 성분

비록 바닷물은 한 해류에서 다른 해류로 연속적으로 흐르기는 하지만 표층해류는 각 해양에서 예측 가능하고 반복해서 일어나는 별개의 패턴을 갖는다.

---

2 노트(knot)는 한 시간에 1해리를 가는 속도로서 초속 약 0.5m에 해당한다. 1해리는 위도 1분의 거리로서 1.85km에 해당한다.

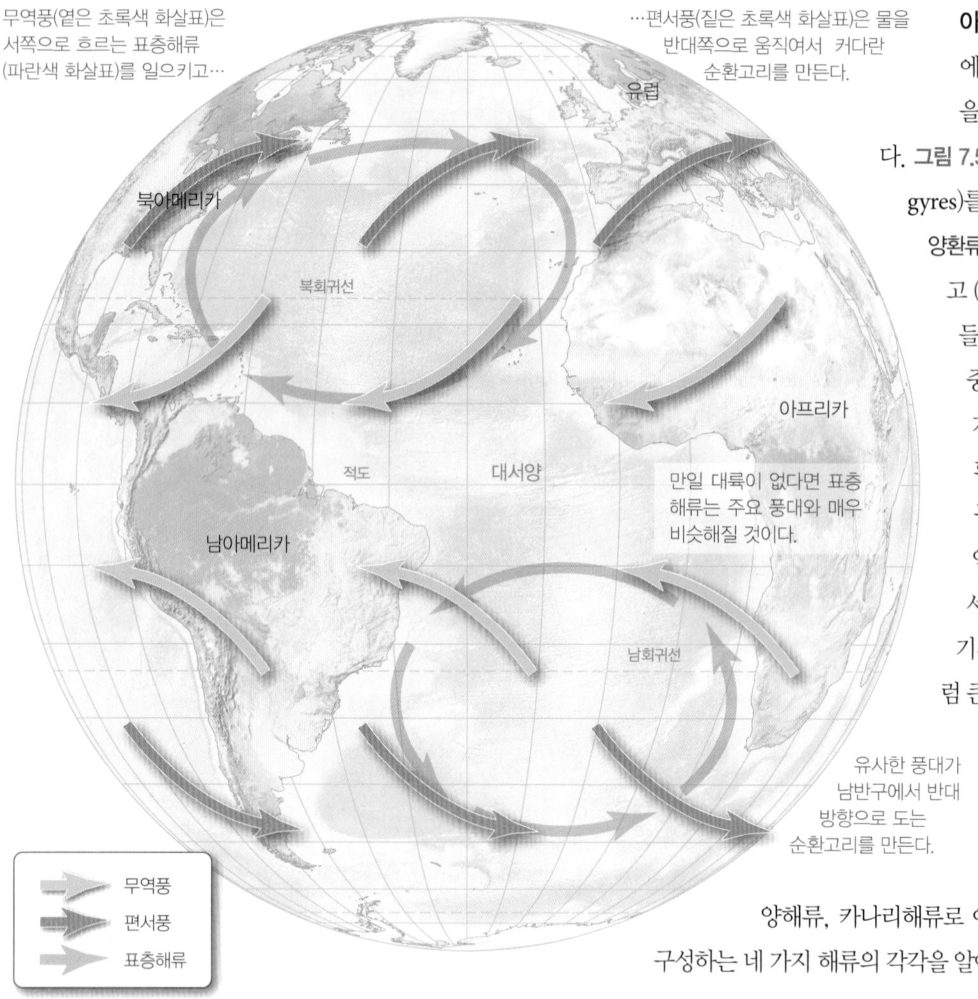

무역풍(옅은 초록색 화살표)은 서쪽으로 흐르는 표층해류(파란색 화살표)를 일으키고…

…편서풍(짙은 초록색 화살표)은 물을 반대쪽으로 움직여서 커다란 순환고리를 만든다.

유럽

북아메리카

북회귀선

아프리카

적도

대서양

만일 대륙이 없다면 표층해류는 주요 풍대와 매우 비슷해질 것이다.

남아메리카

남회귀선

유사한 풍대가 남반구에서 반대 방향으로 도는 순환고리를 만든다.

무역풍

편서풍

표층해류

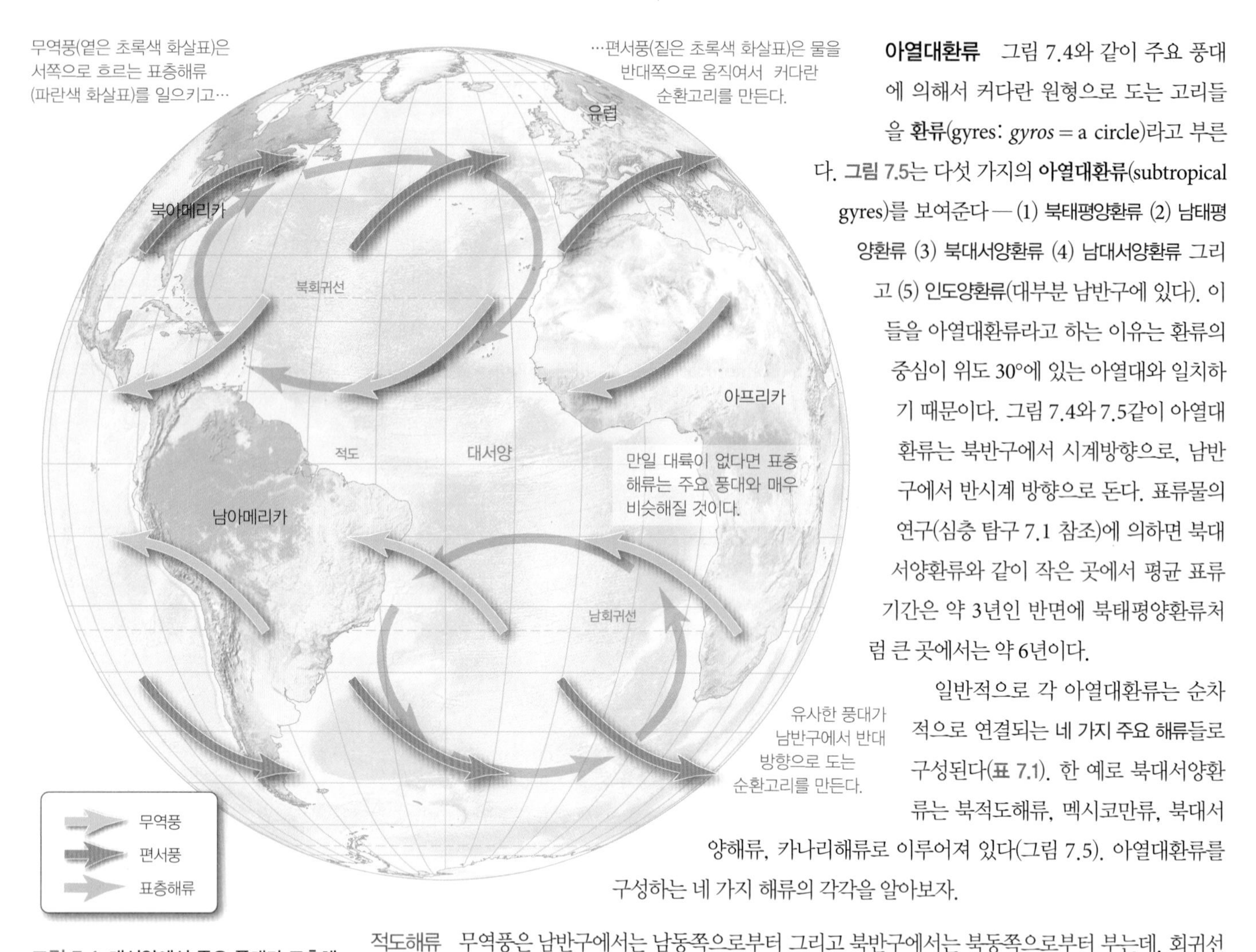

그림 7.4 대서양에서 주요 풍대가 표층해류의 운동에 어떻게 영향을 주는가.

아열대환류 그림 7.4와 같이 주요 풍대에 의해서 커다란 원형으로 도는 고리들을 **환류**(gyres: *gyros* = a circle)라고 부른다. **그림 7.5**는 다섯 가지의 **아열대환류**(subtropical gyres)를 보여준다 — (1) **북태평양환류** (2) **남태평양환류** (3) **북대서양환류** (4) **남대서양환류** 그리고 (5) **인도양환류**(대부분 남반구에 있다). 이들을 아열대환류라고 하는 이유는 환류의 중심이 위도 30°에 있는 아열대와 일치하기 때문이다. 그림 7.4와 7.5같이 아열대환류는 북반구에서 시계방향으로, 남반구에서 반시계 방향으로 돈다. 표류물의 연구(심층 탐구 7.1 참조)에 의하면 북대서양환류와 같이 작은 곳에서 평균 표류기간은 약 3년인 반면에 북태평양환류처럼 큰 곳에서는 약 6년이다.

일반적으로 각 아열대환류는 순차적으로 연결되는 네 가지 주요 해류들로 구성된다(**표 7.1**). 한 예로 북대서양환류는 북적도해류, 멕시코만류, 북대서양해류, 카나리해류로 이루어져 있다(그림 7.5). 아열대환류를 구성하는 네 가지 해류의 각각을 알아보자.

적도해류 무역풍은 남반구에서는 남동쪽으로부터 그리고 북반구에서는 북동쪽으로부터 부는데, 회귀선 사이의 수괴를 움직인다. 그 결과로 생기는 해류가 **적도해류**(equatorial currents)로서 적도를 따라 서쪽으로 흐르고 아열대환류의 적도경계를 형성한다(그림 7.5). 이들을 적도에 대한 상대적 위치에 따라 **북적도해류**와 **남적도해류**로 부른다.

Web Animation
해류
http://goo.gl/bZqQBD

서안경계류 적도해류가 해양의 서쪽 경계에 닿으면 육지를 관통할 수가 없기 때문에 방향을 틀어야 한다. 코리올리 효과로 인해서 적도로부터 멀어지도록 편향되어 **서안경계류**(western boundary currents)가 되고 아열대환류의 서쪽 경계를 구성한다. 서안경계류는 각 해양의 서쪽 경계[3]를 따라 흐르기 때문에 이름 붙여진 것이다. 예를 들면 그림 7.5에서 멕시코만류와 브라질해류가 서안경계류이다. 그들은 수온이 높은 적도지역에서 오므로 더운물을 고위도로 운반한다. 그림 7.5에서 난류는 붉은색 화살표로 표시되어 있다.

북방경계류, 남방경계류 위도 30~60° 사이에서 탁월한 편서풍은 남반구에서는 북서쪽으로부터, 북반구에서는 남서쪽으로부터 분다. 이 바람이 해양의 표층수를 동쪽으로 이동시킨다[그림 7.5의 북대서양해류와 남극순환해류(서풍피류) 참조]. 북반구에서는 이 해류가 아열대환류의 북쪽 부분을 구성하므로 **북방경계류**(northern boundary currents) 그리고 남반구에서는 남쪽 부분을 구성하므로 **남방경계류**(southern

3 서안경계류는 대륙의 동해안 쪽에 있다. 우리는 육지 중심으로 생각하기 때문에 혼동하기 쉽다. 그러나 해양의 관점에서 보면 서안경계류가 있는 곳은 해양의 서쪽이다.

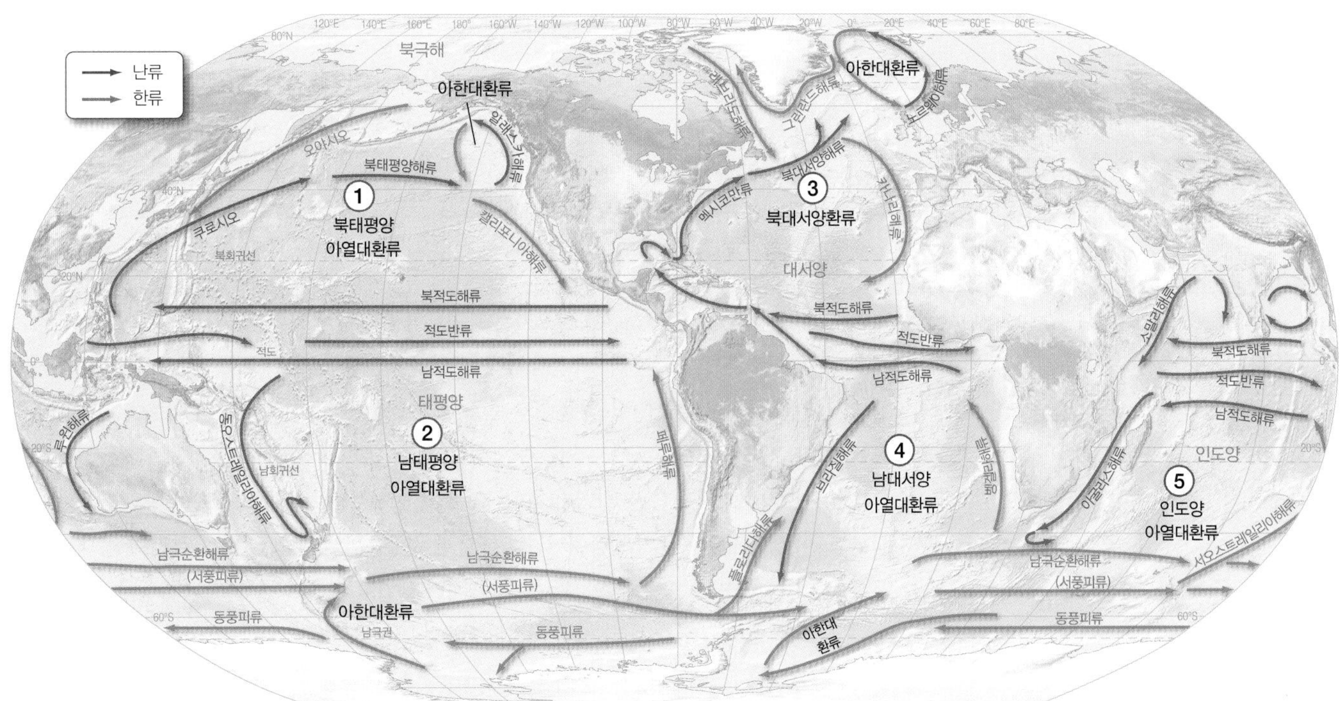

그림 7.5 **바람에 의해 구동되는 표층해류.** 겨울철(2~3월)의 주요 표층해류 분포. 다섯 가지 주요 환류는 (1) 북태평양환류 (2) 남태평양환류 (3) 북대서양환류 (4) 남대서양환류 (5) 인도양환류이다. 작은 아한대환류들은 아열대환류와 반대 방향으로 돈다.
https://goo.gl/Gnj9zw

표 7.1 **아열대환류와 표층해류들**
https://goo.gl/DHJGM6

표 7.1 아열대환류와 표층해류들

	북태평양환류		북대서양환류		인도양환류
	북태평양해류		북대서양해류		남적도해류
	캘리포니아해류[a]		카나리해류[a]		아굴라스해류[b]
	북적도해류		북적도해류		서풍피류
	쿠로시오[b]		멕시코만류[b]		서오스트레일리아해류[b]
	남태평양환류		남대서양환류		기타 주요해류
	남적도해류		남적도해류		적도반류
	동오스트레일리아해류[b]		브라질해류[b]		북적도해류
태평양	서풍피류	대서양	서풍피류	인도양	루윈해류
	페루(훔볼트)해류[a]		벵겔라해류[a]		소말리해류
	기타 주요해류		기타 주요해류		
	적도반류		적도반류		
	알래스카해류		플로리다해류		
	오야시오		동그린란드해류		
			래브라도해류		
			포클랜드해류		

[a] 동안경계류로서 느리고, 넓고, 얕다(또한 한류다).
[b] 서안경계류로서 빠르고, 좁고, 깊다(또한 난류다).

학생들이 자주 하는 질문

만화 영화 '니모를 찾아서'에서 언급되는 해류의 이름은 무엇인가?

그것은 동오스트레일리아해류(East Australian Current)로서 2003년의 디즈니 만화 영화에서 'EAC'라고 불렸는데 지리적으로도 정확한 이름이다. EAC는 서안강화 된 표층해류로서 니모의 아빠와 도리가 호주의 동해안을 따라 대보초에서 시드니까지 여행하는 것을 도와준다. 그들은 EAC를 따라 떠밀려가면서 "어떻게 EAC에 오게 되었니?"라는 유명한 질문을 하는 크러쉬와 바다거북을 만나게 된다. 줄거리에 있어서 크러쉬와 바다거북들은 니모 아빠와 도리가 EAC를 항해하도록 도와주며 수많은 위기들을 모면한 후에 니모를 무사히 구출한다. 실제로 '도리를 찾아서'라고 부르는 후속편이 2016년에 개봉했다.

Web Video
끊임없이 움직이는 바다(NASA 제작)
https://goo.gl/q1Vo4i

요약
해양의 주된 표층해류는 커다란 아열대환류와 보다 작은 아한대환류로 구성되는데, 그 둘은 커다란 원을 그리며 움직이는 고리로서 주요 풍대의 바람에 의해서 구동된다.

boundary currents)라고 부른다.

동안경계류 해류가 해양을 다시 횡단하면 코리올리 효과와 대륙의 경계로 인해서 해양의 동쪽 경계에서 적도 쪽으로 방향을 틀어서 **동안경계류**(eastern boundary current)가 된다. 예를 들면 그림 7.5에 있는 카나리해류와 벵겔라해류[4]가 포함된다. 그들은 수온이 낮은 고위도 지역으로부터 오기 때문에 찬물을 저위도로 운반한다. 그림 7.5에서 한류는 파란색 화살표로 표시되어 있다.

적도반류 북적도해류를 일으키는 북동무역풍과 남적도해류를 일으키는 남동무역풍 사이에는 기상 적도인 적도무풍대가 놓여 있어서 바람이 매우 약하므로 적도반류의 발생원인이 특이하다. 이 적도무풍대의 북쪽 경계에서는 서쪽으로 부는 무역풍에 의해서 북쪽으로 이동하는 에크만 수송(추후에 설명)의 흐름이 생겨서 발산을 하게 되고, 그 결과 수면이 낮아진다. 한편, 남쪽 경계에서도 서쪽으로 부는 무역풍이 북쪽 방향의 에크만 수송이 생기지만 북쪽의 무풍대에 수렴하기 때문에 수면이 상승한다. 그 결과, 무풍대의 남쪽이 북쪽보다 수면이 높아서 수압의 경사가 생기고 이로써 동쪽으로 흐르는 지형류(추후에 설명)가 발달하게 되는데, 이것이 **적도반류**(equatorial countercurrents)이다.

그림 7.5에서 적도반류는 태평양에서 특히 뚜렷한데, 이것은 태평양이 매우 넓어서 반류가 발달하기에 유리하기 때문이다. 반면에 대서양은 폭이 좁고 남미 대륙의 형태로 인해 영역이 작으므로 덜 뚜렷하다. 그리고 인도양의 적도반류는 계절풍의 영향을 많이 받는다.

아한대환류 편서풍에 의해 동쪽으로 흐르는 북방경계류나 남방경계류는 동쪽 끝의 대륙에 막혀 일부가 아한대의 위도(위도 약 60° 지역)로 흐르게 된다. 여기에서 해류는 극동풍에 의해서 다시 서쪽으로 흐름으로써 인접한 아열대환류와는 반대 방향으로 도는 **아한대환류**(subpolar gyres)가 만들어진다. 아한대환류는 아열대환류에 비해서 크기도 작고 숫자도 적다. 두 가지 예로는 대서양의 그린란드와 유럽 사이에 위치하는 아한대환류와 남극의 웨들해에 있는 것이 포함된다(그림 7.5).

해양 표층순환의 기본적인 요인들

표층순환의 패턴에 영향을 주는 기본적인 요인은 에크만 수송과 지형류이며, 특징적인 현상으로는 아열대환류의 서안강화가 있다.

해양 표층순환의 기본적인 요인들 해양의 표층순환은 일차적으로 바람이 에크만 수송을 일으키고 서로 다른 풍대의 에크만 수송이 수렴 혹은 발산함에 따라 해수면의 높이가 달라지며 이차적으로는 수면 경사에 따른 수압경사가 깊은 수심에까지 영향을 미쳐서 결국 코리올리 힘과 균형을 맞추는 지형류가 발달하게 된다. 그러므로 에크만 수송과 지형류의 조합은 표층순환을 일으키는 기본적인 요인이 된다. 한편 코리올리 효과가 위도에 따라 달라지는 현상은 해류의 서안강화를 일으킨다.

에크만 나선과 에크만 수송 노르웨이의 탐험가 프리드쇼프 난센(1861~1930)은 프램호의 항해 동안에 북극해의 얼음이 풍향에 대해서 20~40° 오른쪽으로 편향된다는 것을 관측하였다(**그림 7.6**). 얼음뿐만 아니라 표층수도 북반구에서는 풍향의 오른쪽으로 편향되는 것이 관측되며 남반구에서는 풍향의 왼쪽으로

4 해류는 흔히 통과하는 지역의 유명한 지리적 위치의 이름을 붙인다. 예를 들면 카나리해류는 카나리아제도를 통과하고 벵겔라해류는 아프리카 앙골라의 벵겔라 지방의 이름을 붙였다.

편향된다. 표층수는 왜 이렇게 바람과 다른 방향으로 움직이는 것일까? 스웨덴의 물리학자인 **에크만**(V. Walfrid Ekman, 1874~1954)은 1905년에 **에크만 나선**(Ekman spiral, **그림 7.7**)이라는 해류 모델을 개발하여 난센의 관측이 원래의 경로에서 편향시키는 코리올리 효과와 수심에 따라 속도를 감소시키는 마찰 효과가 균형을 이룬 때문이라고 설명하였다.

에크만 나선은 해양 상층부에서 수심에 따른 유속과 유향의 분포를 보여준다. 에크만 모델은 밀도가 균일한 물 위를 부는 바람이 운동을 일으킨다고 가정한다(그림 7.7의 **커다란 초록색 화살표**). 북반구의 이상적인 조건에서 코리올리 효과 때문에 표면의 물은 바람의 방향에 대해 45° 오른쪽으로 움직인다(그림 7.7의 **보라색 화살표**). 코리올리 편향이 왼쪽인 남반구에서는 표면의 물이 풍향의 왼쪽 45° 방향으로 움직인다. 표면에서 움직이는 얇은 층은 바로 아래 층이 따라 움직이게 하면서 같은 방법으로 아래쪽으로 에너지를 전달하게 된다. 이는 마치 한 묶음의 카드를 맨 위에서 누르면서 돌리면 펴지는 것과 비슷하다.

유속은 수심이 깊어짐에 따라 감소하지만 코리올리 효과는 편향각을 계속 증가시킨다(나선처럼). 그래서 아래로 내려갈수록 연속해서 속력은 감소하고 방향은 점점 더 오른쪽으로 향한다. 그림 7.7을 예로 들

북반구에서 표층해류는 배나 빙산 같은 표류물을 풍향의 오른쪽으로 운반한다.

북반구
바람
범선
빙산
빙산
표면 이동
풍향에 대해
45°
총수송
풍향에 대해 90°
100m

그림 7.6 **표류물은 북반구에서 풍향의 오른쪽으로 움직인다.**

Web Animation
에크만 나선과 에크만 수송
http://goo.gl/GmBbWto

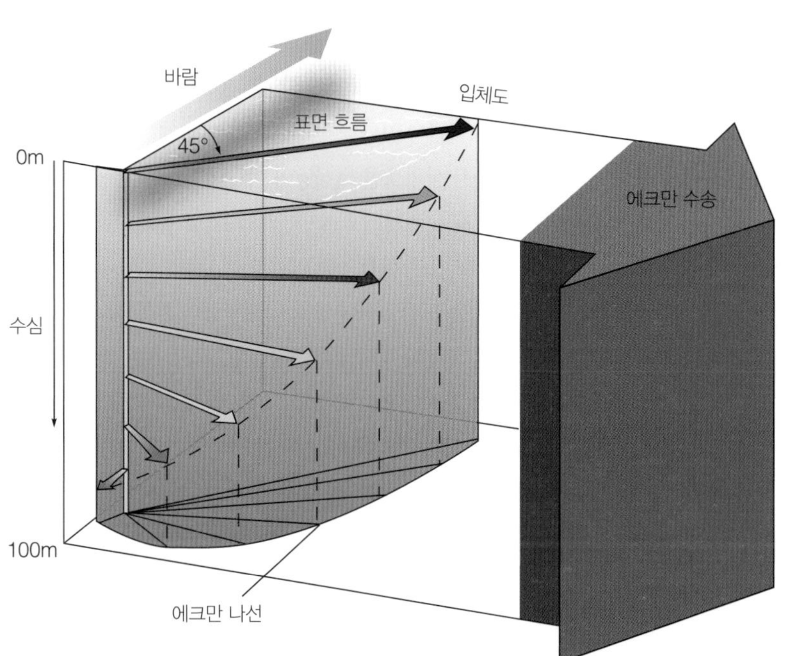

(a) 북반구에서 바람은 표면의 물을 오른쪽 45° 방향으로 움직인다. 깊어질수록 계속해서 오른쪽으로 편향되고 느려져서 에크만 나선을 만든다.

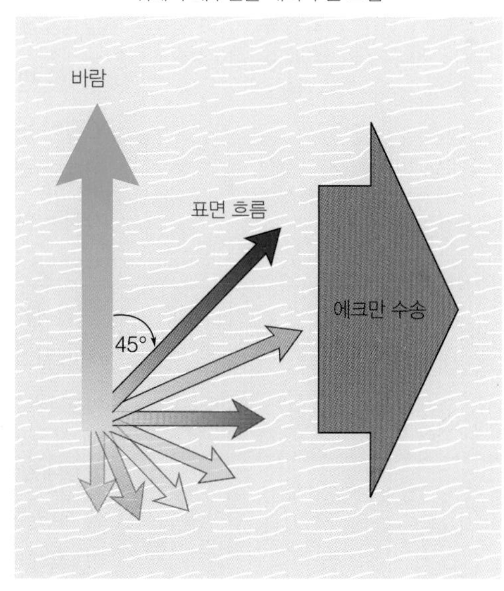

(b) 물기둥 전체의 평균 운동인 에크만 수송은 풍향의 오른쪽 90° 방향이다.

그림 7.7 **에크만 나선이 에크만 수송을 만든다.** 에크만 나선이 어떻게 에크만 수송을 만드는지 보여주는 (a) 입체적인 그림과 (b) 위에서 내려다 본 그림.
https://goo.gl/Tn7Upl

학생들이 자주 하는 질문

표면에서 에크만 나선은 어떻게 보입니까? 그리고 선박을 흔들만큼 강한가요?

에크만 나선은 약간 다른 각도와 속력으로 움직이는 물의 층을 만드는데, 표면에서 소용돌이를 일으켜 선박에 위험이 되기에는 너무 약하다. 사실 에크만 나선은 표면에서 눈에 띄지 않는다. 그렇지만 선박에서 해양 장비를 내려서 관측할 수는 있는데, 장비가 여러 수심에서 에크만 나선에 해당하는 각도의 방향으로 표류하는 것을 관찰하면 된다.

면, 보라색 화살표의 표면 해류는 바로 아래의 물을 움직이는데, 더 오른쪽으로 편향되고 더 느리게 되어 조금 더 짧은 분홍색 화살표로 표시된다. 한편, 분홍색 화살표는 그 아래의 물을 움직이는데 더 오른쪽으로 편향시키고 더 느리게 움직여서 더 짧은 회색 화살표로 표시되며 이런 식으로 더 아래로 계속된다. 더 깊은 어떤 수심에서는 유향이 바람의 방향과 정확하게 반대가 된다!(그림 7.7의 작은 주황색 화살표 참조) 충분히 깊어지면 마찰력 때문에 바람으로부터 받은 에너지가 소진되어 운동이 일어나지 않을 것이다. 그 수심은 풍속과 위도에 따라 달라지지만 대략 100m 정도가 된다.

그림 7.7은 이 운동의 나선형 구조를 보여준다. 화살표의 길이는 각 층의 속도에 비례하고, 화살표의 방향은 그 운동의 방향이다.[5] 그러므로 이상적인 조건에서 표층은 바람 방향의 45° 각도로 움직인다(그림 7.7의 보라색 화살표). 그렇지만 모든 층을 합하면 물의 평균 운동은 바람에 대해서 90° 벗어난다. 이 평균 운동을 **에크만 수송**(Ekman transport)이라 하며, 북반구에서는 90° 오른쪽, 남반구에서는 90° 왼쪽으로 수송된다.

'이상적인' 조건은 해양에서는 매우 드물어서 실제의 운동은 그림 7.7에 제시된 것에 비해 약간의 차이가 난다. 일반적으로 표층수는 45°보다 약간 작은 각도로 움직이고 에크만 수송 또한 외양에서는 약 70°가 대표적이다. 얕은 연안 해역에서는 에크만 수송은 거의 바람과 같은 방향이다.

지형류 에크만 수송은 북반구에서 오른쪽 직각 방향으로 물을 이동시키므로 아열대환류의 중심으로 물이 쌓이게 함으로써 **아열대 수렴대**(Subtropical Convergence)를 만든다. 그리하여 아열대환류 중심부에는 2m 높이에 이르는 언덕이 형성된다.

아열대 수렴대의 표층수는 중력에 의해 아래쪽으로 흐르려고 한다. 그렇지만 코리올리 효과가 작용하여 오른쪽으로 편향하게 된다(그림 7.8a). 두 요인이 평형을 이룰 때의 흐름을 **지형류**(geostrophic current: *geo* = earth, *strophio* = turn)라고 하며, 운동은 언덕 주위로 원형의 경로를 따르게 되는 것이 그림 7.8a에 이상적인 지형류의 경로[6]로 나와 있다. 그러나 물 분자의 마찰력 때문에 실제로는 언덕의 아래로 조금씩 내려오게 된다. 이것이 그림 7.8a에 실제의 지형류로 표시되어 있다.

해수면 높이에 대한 인공위성 영상(그림 7.2)을 다시 살펴보면 대서양의 아열대환류 내부에 있는 물의 언덕이 뚜렷하게 보일 것이다. 북태평양의 언덕도 역시 보이기는 하지만 열대해역의 높이 또한 대서양에 비해 기대했던 것만큼 낮지 않은 것은 중간 정도의 엘니뇨[7] 현상으로 인해 비정상적으로 높은 해수면을 가지는 더운물의 지역이 발달했기 때문이다. 그림 7.2는 또한 북태평양과 남태평양의 환류의 구분이 뚜렷하지 않다. 더구나 남태평양환류의 언덕은 다른 것들에 비해 두드러지지 않는데, 그 이유는 (1) 대단히 넓은 면적을 차지하고 있으며 (2) 서쪽 변두리에 흐름을 가로막는 대륙이 없고 (3) 많은 섬들의 간섭 때문이다(해저의 높은 해산들을 포함하여). 그림에서 남인도양의 언덕은 비교적 잘 발달했는데, 북동쪽 경계지역도 동인도 제도를 통해 유입되는 더운물 때문에 높은 수면을 유지한다.

아열대환류의 서안강화 그림 7.8a는 언덕의 꼭대기가 환류의 중심이 아닌 서쪽 경계에 더 가까이 있음을 보여준다. 그 결과, 아열대환류의 서안경계류는 동안경계류에 비해서 매우 빠르고, 좁고 깊다. 예를 들면, 북태평양환류의 쿠로시오(서안경계류)는 캘리포니아해류(동안경계류)보다 15배까지 빠르고 20배 좁으며 다섯 배 깊다. 이 현상을 **서안강화**(western intensification)라 부르며 이 현상의 영향을 받은 해류들

5 에크만 나선이라는 이름은 그림 7.7(b)의 화살표 끝을 연결하면 나타나는 나선형을 의미한다.

6 이 해류의 *geostrophic*이라는 용어는 지구의 자전 때문에 생기는 것이므로 타당하다(역주 : 지형류라는 번역은 지구에서 두 힘의 균형이 강조된 것이다).

7 엘니뇨는 이 장의 후반부 '태평양의 순환' 부분에서 다룬다.

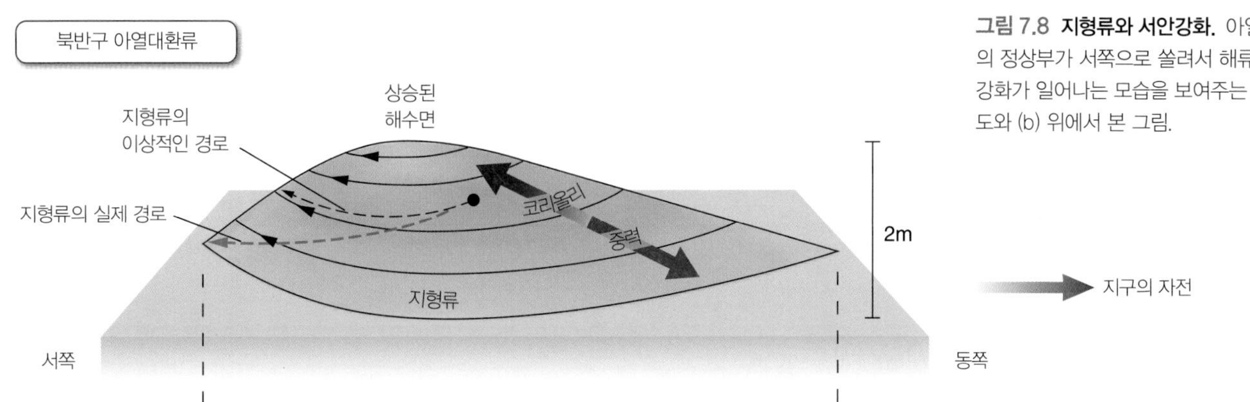

(a) 아열대환류의 중심부에 물이 쌓여서 2m 높이의 언덕을 만드는 입체도. 이상적으로 중력과 코리올리 효과가 균형을 이루어 지형류가 언덕 주위를 돌아야 하지만, 실제로는 마찰력 때문에 아래 쪽으로 점차 내려오게 된다(실제 지형류의 경로).

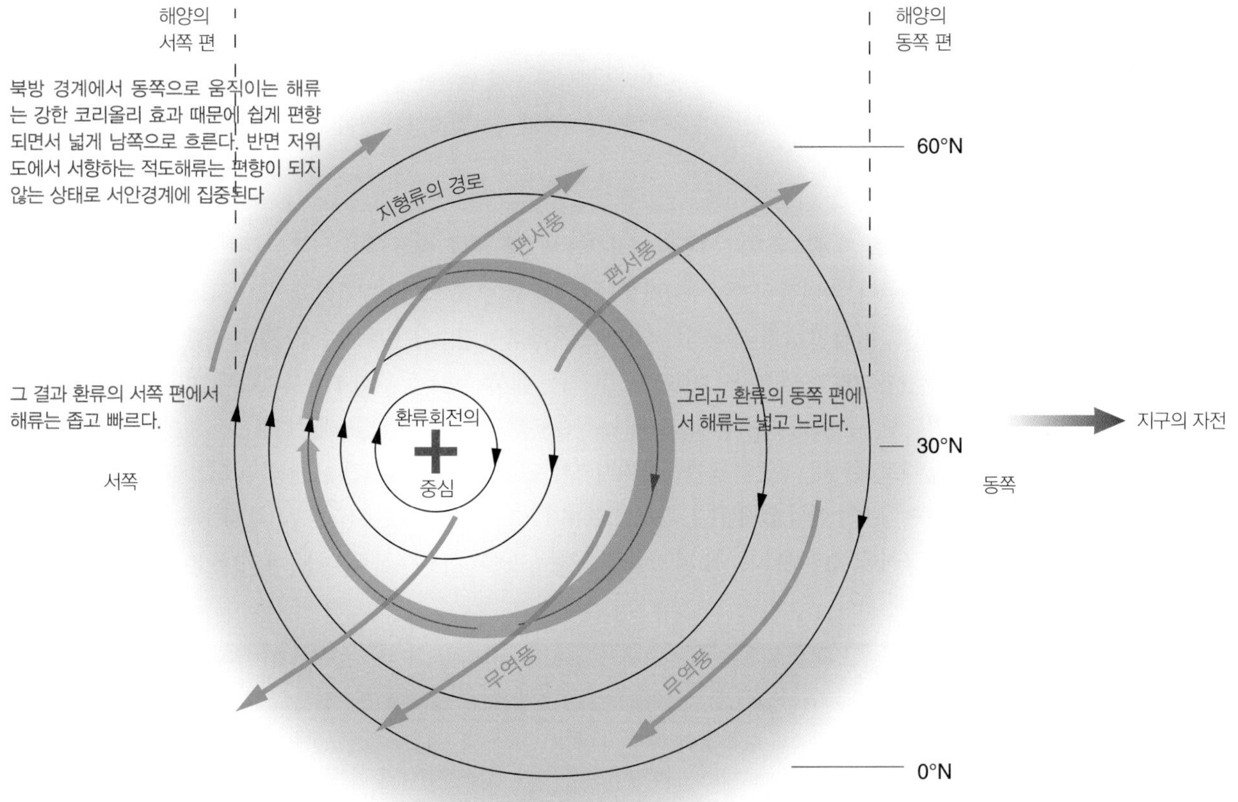

(b) 같은 아열대환류를 위에서 본 그림. 해류 패턴이 환류의 서쪽으로 밀집되어(곡선들이 가까이 몰려 있다) 서안강화가 일어난다.

그림 7.8 지형류와 서안강화. 아열대환류의 정상부가 서쪽으로 쏠려서 해류의 서안강화가 일어나는 모습을 보여주는 (a) 투시도와 (b) 위에서 본 그림.

을 **서안강화** 되었다고 말한다. 모든 아열대환류의 서안경계류들은 **남반구에서조차 서안강화** 되어 있음을 유의하자.

코리올리 효과를 포함해서 여러 가지 요인들이 서안강화를 일으킨다. 코리올리 효과가 위도가 증가할수록 갈수록 커지므로 고위도에서 동쪽으로 흐르는 물이 적도 쪽으로 편향되는 것은 서쪽으로 흐르는 적도의 물이 고위도로 편향되는 것보다 훨씬 크게 될 것이다. 그럼으로써 아열대환류 대부분에서 넓고 느리고 얕은 흐름이 적도 쪽을 향하는 반면에 고위도 쪽으로 향하는 흐름은 서쪽 변두리를 통해서 흐르도록 좁

표 7.2 아열대환류에 있는 서안경계류 및 동안경계류의 특징

종류	예	폭	깊이	속도	수송률	특기사항
서안경계류	멕시코만류 브라질해류 쿠로시오해류	좁다 : 대개 100km 이내	깊다 : 2km까지	빠르다 : 하루 수백 km	크다 : 100Sv[a]	저위도 기원, 따뜻함, 용승 거의 없음
동안경계류	카나리해류 벵겔라해류 캘리포니아해류	넓다 : 1,000km까지	얕다 : 0.5km 이내	느리다 : 하루 수십 km	작다 : 대개 10~15Sv[a]	중위도 기원, 차다, 연안용승 보편적임

[a] 1초에 100만 세제곱 미터로 흐르는 양이 1스베드럽(Sv)이다(1Sv=$10^6 m^3$/s).

표 7.2 **아열대환류에 있는 서안경계류 및 동안경계류의 특징.** https://goo.gl/P2G56w

요약

서안강화는 지구 자전의 결과이고 모든 아열대환류에서 빠르고 좁고 깊은 서안경계류를 일으킨다.

은 통로만 남겨놓는 것이다. 만일 일정한 양의 물이 **그림 7.8b**의 언덕 주위를 돈다면 서쪽 변두리를 따라 흐르는 속도가 동쪽보다[8] 훨씬 빠를 것이다. 그림 7.8b에서 곡선들이 서쪽 변두리를 따라 밀집되어 있어서 빠른 흐름을 알려준다. 최종적인 결과가 언덕의 가파른 서쪽 경사를 빠르게 흐르는 서안경계류와 보다 완만한 동쪽 경사의 느린 흐름이다. **표 7.2**는 아열대환류의 서안경계류와 동안경계류의 차이를 요약한 것이다.

해류와 기후

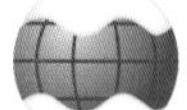

표층해류는 가까운 육지의 기후에 직접적인 영향을 준다. 예를 들면, 난류는 근처의 공기를 덥게 만든다. 더워진 공기는 수증기를 많이 함유할 수 있으므로 대기에 습기가 공급된다(높은 습도). 이 덥고 습기 찬 공기가 대륙으로 이동해서 강수의 형태로 수증기를 방출한다. 근처에 난류(**그림 7.9의 빨간색 화살표**)가 지나가는 대륙 주변부는 습한 기후를 갖는다. 미국 동해안의 난류는 특히 여름에 왜 그토록 높은 습도를 경험하는지를 설명해준다.

반대로, 한류는 부근의 공기를 냉각시켜서 수증기 양을 감소시킨다. 차고 건조한 공기가 대륙으로 이동하면 강수가 거의 없게 된다. 근해에 한류가 지나는 대륙 주변부(그림 7.9의 **파란색 화살표**)는 대표적으로 건조하다. 캘리포니아 해안의 한류의 존재는 그곳의 기후가 건조한 이유의 하나이다.

개념 점검 7.2 | 해류의 원인 및 해양 전체의 해류 패턴이 어떻게 구성되는지를 설명하라.

1. 아열대환류의 수는 모두 몇 개인가? 각 아열대환류에는 몇 개의 주요 해류가 있는가?
2. 세계지도 위에 해양 표층 환류에 포함되는 주요 해류를 그리고 이름을 붙여라. 한류와 난류를 색으로 구분하고 서안경계류를 구별하라. 그 위에 주요 풍계를 중첩시키고 풍계와 해류의 관계를 설명하라.
3. 북반구에서 왜 아열대환류가 시계 방향으로, 아한대환류는 반시계 방향으로 회전하는지를 설명하라.
4. 에크만 수송이 어떻게 아열대환류의 언덕을 만들고 지형류를 야기하는지 그림을 그리고 설명하라. 우선 무역풍과 편서풍의 풍계를 그리는 것으로 시작하라. 지형류 언덕의 정상부가 해양 환류 시스템의 중심에서 서쪽으로 쏠려 있는 원인은 무엇인가?
5. 서안강화를 설명하고 아열대환류의 서안경계류와 동안경계류의 특성을 비교하라.

8 이 현상에 좋은 비유가 되는 것이 깔때기이다. 깔때기의 좁은 끝에서 흐름은 빨라지고(서안경계류처럼), 넓은 쪽에서는 흐름이 느려진다(동안경계류처럼).

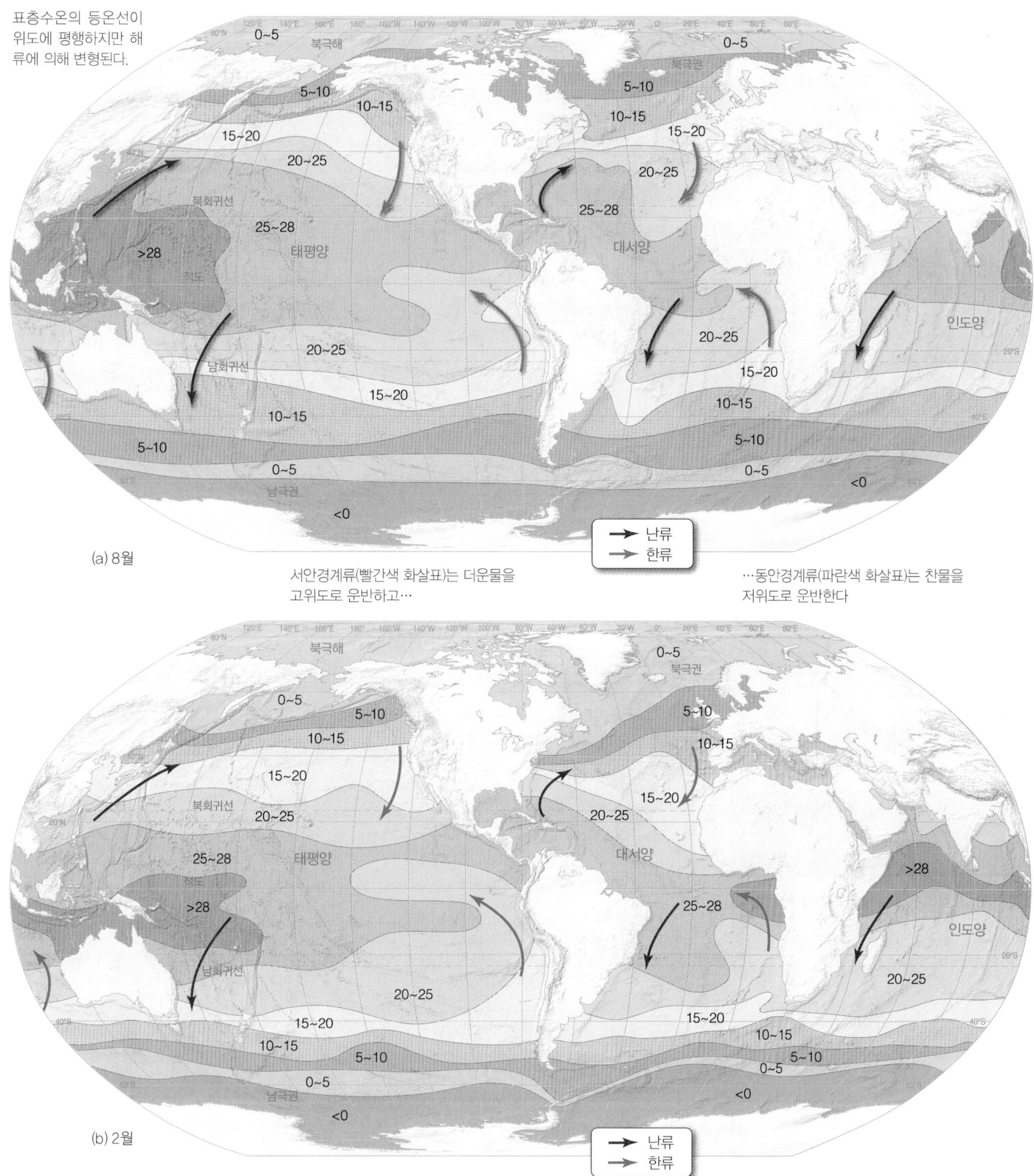

그림 7.9 해양의 표면수온. (a) 8월과 (b) 2월의 평균 표면수온 분포. 등온선이 계절에 따라 남-북 방향으로 이동한다.

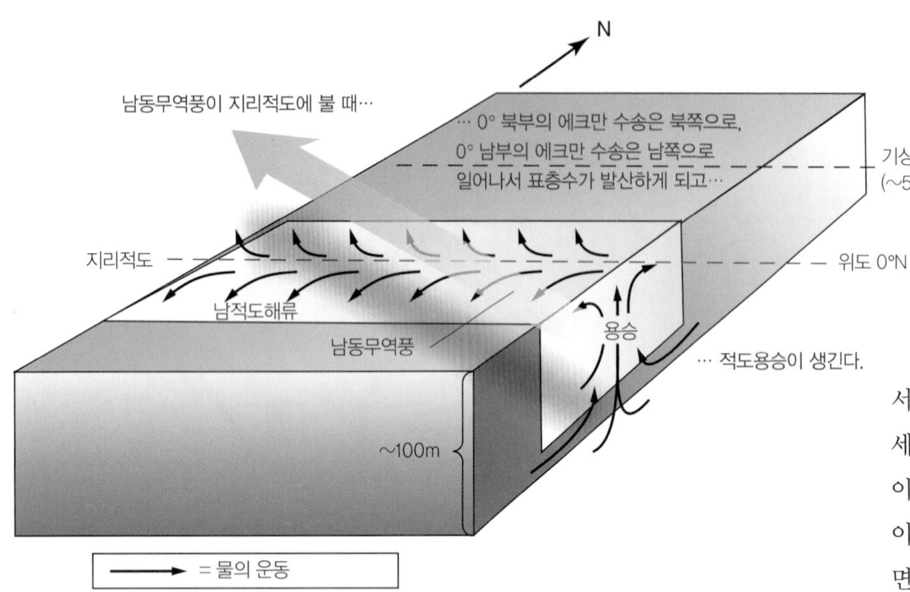

그림 7.10 **적도용승은 남동무역풍이 표층수를 발산시켜서 발생한다.**

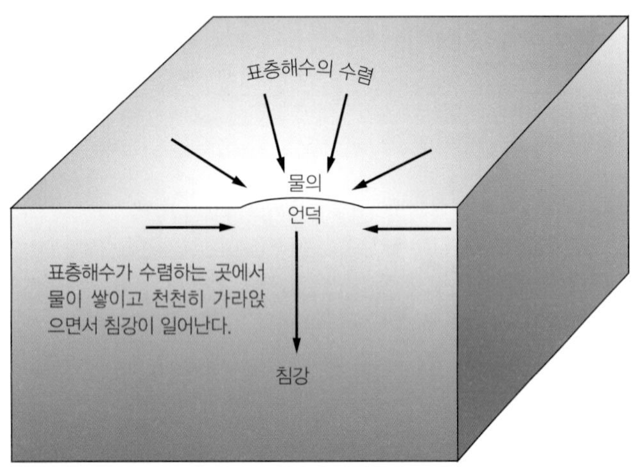

그림 7.11 **표층해수의 수렴으로 인한 침강.**

7.3 무엇이 용승과 침강을 일으키는가?

용승(upwelling)은 깊은 곳의 차고 영양염이 풍부한 물이 표면으로 올라오는 연직운동이고, **침강**(downwelling)은 반대로 표면의 물이 깊은 곳으로 내려가는 것이다. 용승은 차가운 물을 표면까지 들어올린다. 이 찬물은 영양염이 많아서 **생산력**(productivity)을 높여준다. 즉 풍부한 미세 조류가 번성함으로써 먹이그물의 기반이 되고 이어서 믿기 어려울 정도로 많은 어류와 고래와 같이 더 큰 동물들을 부양한다. 반면에 침강은 표층의 생산력을 훨씬 낮게 하지만, 심해저에 사는 생물들에게 필요한 용존산소를 운반해준다.

Interdisciplinary

Relationship

용승과 침강은 표면과 심해의 중요한 혼합 메커니즘인데 다양한 과정으로 이루어진다.

표층 해수의 발산

표층의 물이 서로 멀어지는 운동을 하는 곳에서 해수의 발산이 생기는데, 적도를 따라서도 그런 일이 벌어진다. **그림 7.10**과 같이 **지리적도**(태평양에서 두드러진다. 그림 7.5 참조)에는 남적도해류가 자리하고 있고 **기상적도**(적도무풍대의 위치)는 대개 북쪽으로 몇 도 치우쳐 있다. 남동무역풍이 지리적도에 불면 에크만 수송이 북반구에서는 오른쪽(북쪽)으로, 남반구에서는 왼쪽(남쪽)으로 표층수를 이동시킨다. 그 결과 지리적도를 따라 표층해수가 발산하면서 차고 영양염이 많은 물의 용승이 나타난다. 이런 형태의 용승이 적도를 따라 흔히 일어나는데, 특히 태평양에서 현저하다. 이것을 **적도용승**(equatorial upwelling)이라고 부르며, 세계에서 가장 높은 생산력을 일으켜서 비옥한 어장을 만든다.

적도에서는 동일한 무역풍에 의한 에크만 수송의 방향이 각 반구에서 반대로 되기 때문에 용승이 일어나는 특별한 경우이지만 바람의 분포가 지리적으로 달라져서 용승이 일어나는 것이 더 일반적이다. 예를 들어 북반구에서 바람이 북쪽에는 서쪽으로(동풍), 남쪽에는 동쪽으로(서풍) 분다면 에크만 수송이 각각 북쪽과 남쪽 방향으로 일어나 그 경계 지역에서 표층해수가 발산하게 되어 용승이 발생한다. 남극 주위의 극동풍과 편서풍의 경계에서 나타나는 남극발산대의 용승이 대표적이다(그림 7.14 참조). 그리고 같은 방향의 바람의 세기가 지리적으로 달라서 북반구에서 풍향의 오른쪽으로 갈수록 강해지는 분포라고 가정하면 에크만 수송 또한 오른쪽으로 갈수록 증가함으로써 상층의 해수는 광범위하게 발산할 것이다. 또한 태풍과 유사하게 반시계 방향으로 회전하는 바람의 경우에는 바깥 쪽으로 에크만 수송이 생기므로 내부에서 발산이 일어난다. 이렇게 바람의 분포가 상층의 물을 발산시키는 조건이면 용승이 일어나며, 물론 반대의 경우에는 침강이 일어난다.

Web Animation

에크만 나선과 연안 용승/침강
http://goo.gl/UIFbuF

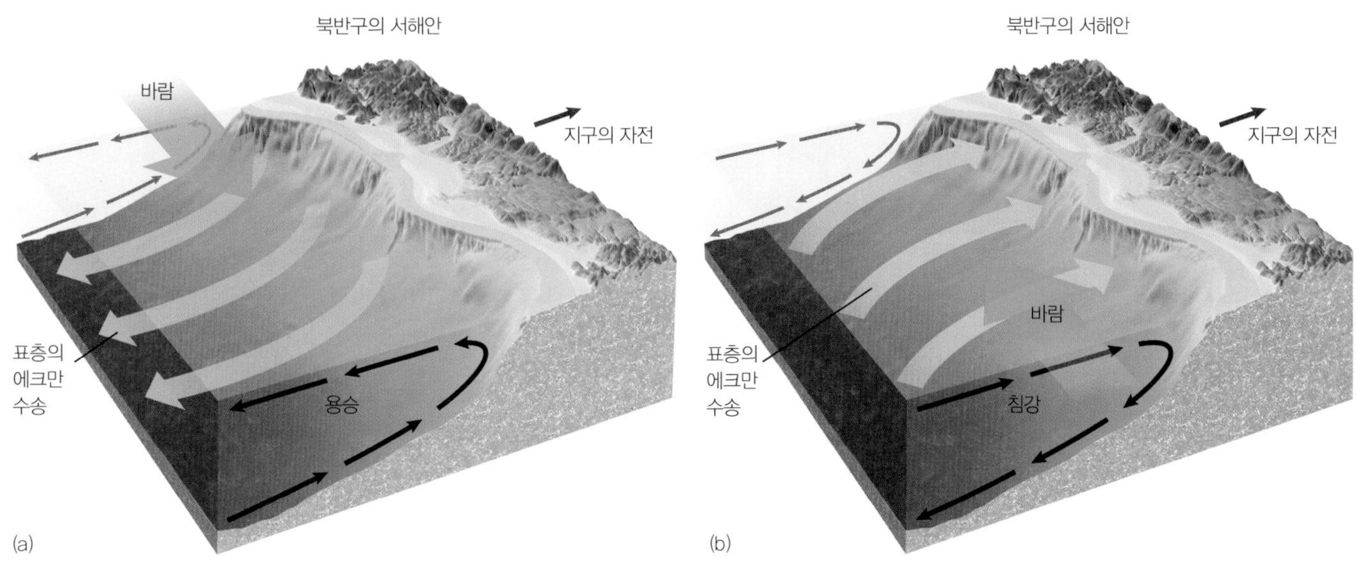

그림 7.12 연안용승과 연안침강. 연안용승과 연안침강은 해안에 평행하게 부는 바람에 의해서 일어난다. 남반구에서도 에크만 수송의 방향이 풍향의 왼쪽이라는 점을 제외하면 해안의 바람과 용승/침강의 상황이 유사하다.
https://goo.gl/gVYzp5

표층 해수의 수렴

표층의 물이 서로 가까이 모이는 곳에서는 해류의 수렴이 생긴다. 북대서양의 예를 들면 멕시코만류와 래브라도해류, 동그린란드해류가 만나는 곳이 있다. 해류가 수렴하면 물이 쌓이는데, 이 물은 아래로 침강할 수밖에 없으므로 표층 해수는 천천히 가라앉는다(**그림 7.11**). 용승과는 달리 침강지역은 해양생물들이 풍부하지 않은데, 이것은 필요한 영양염이 깊은 곳의 차고 영양염이 많은 물로부터 공급되지 않기 때문이다. 따라서 일반적으로 침강지역은 생산력이 낮다.

앞에서 설명한 발산을 유발하는 바람의 분포와 반대의 경우에는 침강이 일어난다. 저위도의 무역풍과 중위도의 편서풍에 의한 에크만 수송이 아열대환류의 내부로 상층수를 수렴시켜서 거대한 언덕을 만들며(그림 7.8a 참조) 동시에 광범위한 침강이 발생하는 것이 대표적인 예가 된다. 그러므로 이 환류 중심부의 상층이 두꺼워져서 수온약층은 매우 깊이 내려가게 된다.

연안용승과 연안침강

해안의 바람에 의한 에크만 수송이 용승이나 침강을 일으킬 수 있다. **그림 7.12**는 북반구에서 대륙의 서쪽 해안 지역에 해안에 평행한 바람이 부는 것을 보여준다. 바람이 북쪽으로부터 부는 경우(그림 7.12a), 에크만 수송은 해안의 물을 바람 방향의 오른쪽으로 움직여서 해안으로부터 멀어지게 한다. 해안에서 밀려나간 물을 보충하기 위해서 아래에서 물이 상승하는 과정을 **연안용승**(coastal upwelling)이라 한다. 미국의 서해안과 같이 연안용승이 일어나는 지역은 영양염 농도가 높아서 생물 생산력 또한 높고 해양생물이 풍부한 것이 특징이다. 이 연안용승 때문에 수온도 낮아져서 샌프란시스코 같은 곳은 여름에 천연의 에어컨디션(서늘한 날씨와 안개)이 제공된다.

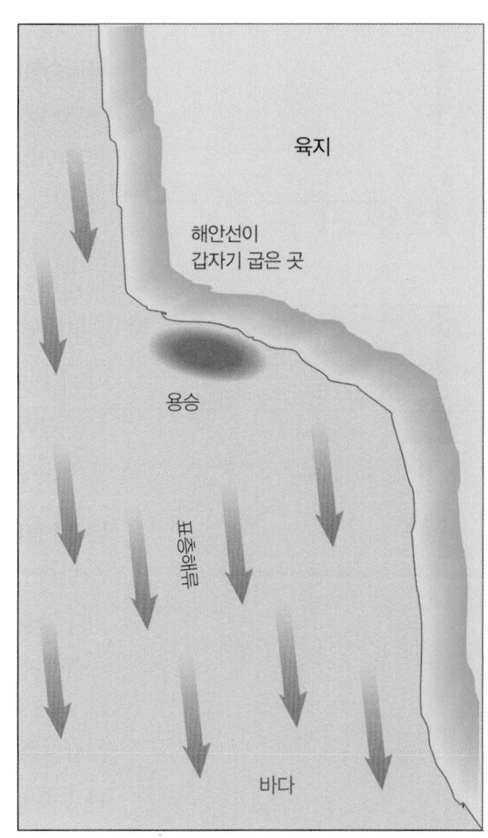

그림 7.13 해안지형에 의한 용승. 해안지형이 갑자기 굽은 곳에서도 해류의 사행운동과 용승이 일어난다.

바람이 남쪽으로부터 부는 경우의 그림 7.12b는 에크만 수송이 바람 방향의 오른쪽이므로 물은 해안 쪽으로 이동한다. 해안을 따라 물이 쌓여서 아래로 침강할 수밖에 없는데, 이 과정을 **연안침강**(coastal downwelling)이라 한다. 침강 지역은 생산력이 낮아 해양생물이 부족해진다. 바람이 반대로 불게 되면 다시 연안용승을 경험할 수 있다.

남반구에서도 유사한 용승/침강의 상황이 만들어질 수 있는데, 단 에크만 수송의 방향이 바람에 대해서 왼쪽이다.

연안용승은 해안지형 때문에 발생하기도 한다. **그림 7.13**과 같이 해안선에 돌출부가 있으면 해안을 따라 흐르는 해류의 구조가 달라지면서 돌출부의 후면에 용승이 나타나는 경우가 있다.

요약

용승은 차고 영양염 많은 심층의 물을 표면까지 올라오게 하여 높은 생산력을 유발한다.

개념 점검 7.3 | 용승을 일으키는 조건들을 기술하라.

1 용승을 일으키는 여러 가지 해양의 조건들을 그림으로 설명하라.

2 용승 지역이 왜 풍부한 해양생물과 연관이 있는지 설명하라.

7.4 각 해양의 주요 표층순환 패턴은 어떠한가?

표층해류의 특정한 패턴은 해양의 형태, 풍대의 패턴, 계절적 요인, 기타 주기적인 변화에 따라 달라진다.

남극 순환

남위 50° 부근에서 대서양, 태평양, 인도양 수괴의 운동이 남극 순환을 주도한다.

남극순환해류 남극해의 주요 해류는 남극순환해류(Antarctic Circumpolar Current)로서 **서풍피류**(West Wind Drift)라고도 부른다. 이 해류는 남위 약 50°를 중심으로 하여 40~65°의 범위에서 남극대륙의 주위를 동쪽으로 돈다. 남위 약 40°에 아열대수렴대(**그림 7.14**)가 있어서 남극순환해류의 북방 한계가 된다. 남극순환해류는 강한 편서풍대에서 구동되는데 바람이 대단히 세기 때문에 '포효하는 40°', '격노한 50°', '울부짖는 60°'라고 부를 정도이다.

남극순환해류는 지구를 완전히 한 바퀴 도는 유일한 해류인데, 그 이유는 남반구의 고위도에 해류를 가로막는 육지가 없기 때문이다. 흐름에 가장 큰 제한을 받는 것은 남극반도와 남미 대륙 끝의 섬 사이에 폭이 약 1,000km 되는 드레이크 해협[영국의 선장이며 탐험가인 프랜시스 드레이크(1540~1596) 경의 이름을 땄음]을 통과할 때이다. 비록 유속이 빠르지는 않지만(최대 표층속도는 2.75km/h 혹은 1.65노트), 세계의 어느 해류보다 많은 물을 수송한다(평균 약 130Sv[9]이다).

남극수렴대와 남극발산대 **남극수렴대**(Antarctic Convergence) 혹은 남극 극전선(Antarctic Polar Front)은 남위 약 50°에서 차고 무거운 남극수괴가 보다 덜 차고 덜 무거운 아남극수괴와 수렴해서 가라앉는 곳이다(그림 7.14). 남극수렴대는 남극해의 북방 한계이기도 하다.

동풍피류(East Wind Drift)는 남극대륙의 주변에서 극동풍에 의해 구동되어 서쪽으로 흐르는 해류다. 동풍피류는 남극반도의 동쪽에 있는 웨들해와 로스해에서 가장 잘 발달된다(그림 7.14). 극동풍에 의한 동풍피류는 남극 방향의 에크만 수송 성분을 그리고 편서풍대의 남극순환해류는 적도 방향의 에크만 수송 성분을 가지고 있어서 표층에서 발산하게 된다. 남반구에서는 코리올리 효과가 왼쪽으로 편향시

---

9 초당 백만 세제곱미터는 해류의 수송량을 설명하기에 유용하기 때문에 Sverdrup(Sv)이라는 이름의 표준 단위가 되었으며, 노르웨이의 기상학자이자 물리해양학자인 하랄 스베드럽(1888~1957)의 이름을 붙였다.

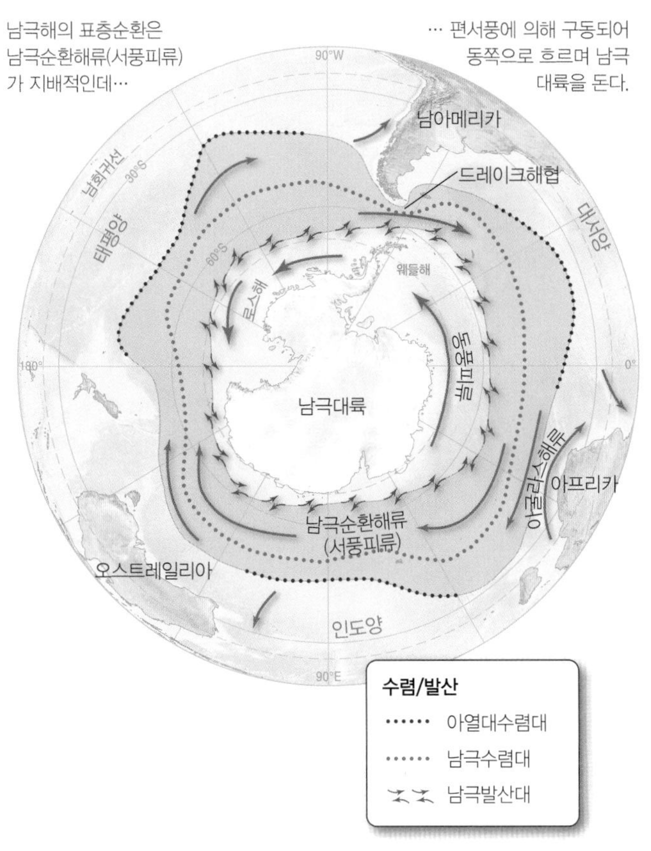

그림 7.14 **남극해의 표층순환을 남극에서 바라본 그림.** 남극대륙 주위로 극동풍에 의한 동풍피류가 서쪽으로 흐른다. 더 먼 곳에는 강한 편서풍의 영향으로 남극순환해류(서풍피류)가 동쪽으로 흐른다. 경계 지역에서는 두 해류의 상호작용으로 남극수렴대와 남극발산대가 생긴다.

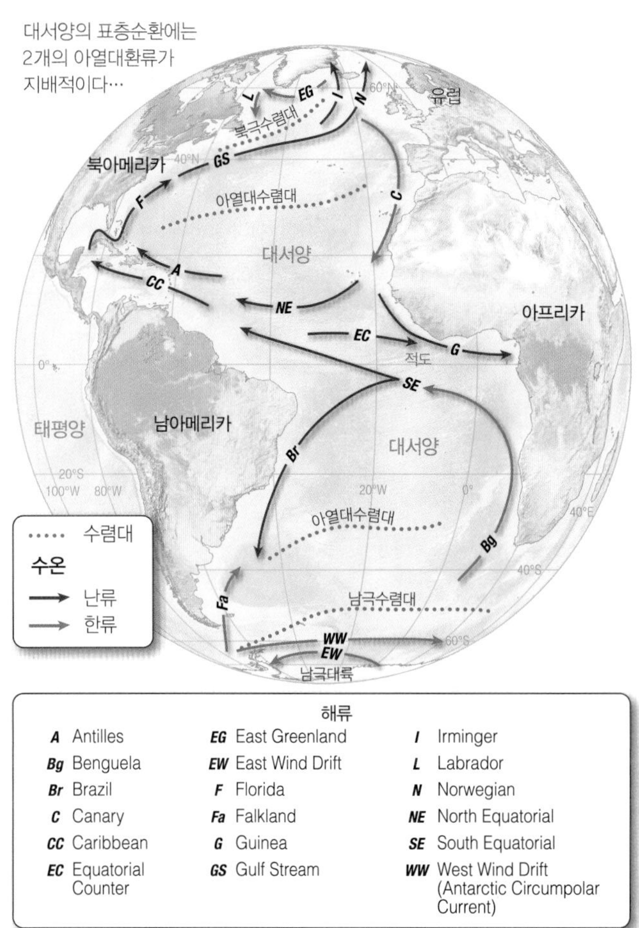

그림 7.15 **대서양의 표층해류.**

킨다는 것을 유념하자. 이렇게 해서 생기는 경계가 **남극발산대**(Antarctic Divergence)이다. 남극발산대에는 해양생물이 풍부한데, 이는 두 해류의 혼합과 용승을 통해서 영양염 많은 물을 표면으로 공급하기 때문이다.

대서양의 순환

그림 7.15는 대서양의 표층순환을 보여주는데, 2개의 커다란 아열대환류인 북대서양환류와 남대서양환류로 이루어진다.

북대서양과 남대서양의 아열대환류 **북대서양 아열대환류**(North Atlantic Subtropical Gyre)는 시계 방향으로, **남대서양 아열대환류**(South Atlantic Subtropical Gyre)는 반시계 방향으로 도는데, 이는 무역풍, 편서풍 그리고 코리올리 효과에 기인한다. 그림 7.15는 각 환류가 극 쪽으로 움직이는 난류(빨간색)와 적도 쪽으로 되돌아오는 한류(파란색)로 이루어져 있다. 두 환류는 주위의 대륙 때문에 부분적으로 어긋나 있고 그 사이에는 **대서양 적도반류**(Atlantic Equatorial Countercurrent)가 흐른다.

남대서양 환류 중에서 **남적도해류**(South Equatorial Current)는 적도에서 가장 강해져서 브라질 해안을 만나는 곳에서 둘로 갈라진다. 남적도해류의 일부는 남미 북동 해안을 따라 카리브해와 북대서양 쪽으로 움직인다. 나머지는 남쪽으로 돌려서 **브라질해류**(Brazil Current)가 되며 최종적으로는 남극순환해류에 합쳐져서 남대서양을 횡단하면서 동쪽으로 흐른다. 브라질해류는 남적도해류가 분산되기 때문에 북반구의 멕시코만류에 비해 매우 작다. **벵겔라해류**(Benguela Current)는 천천히 흐르는 한류로서 아프리카

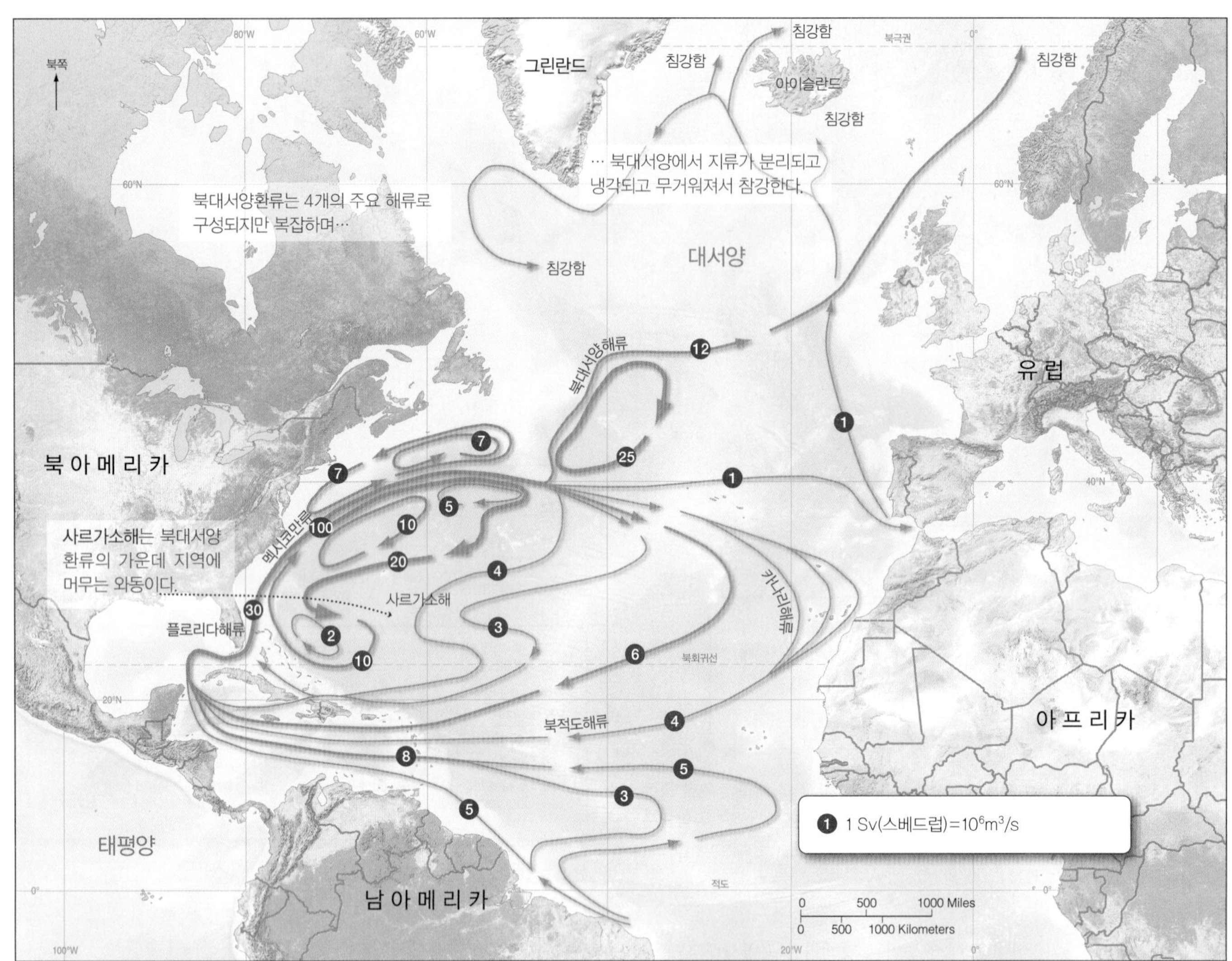

그림 7.16 북대서양의 순환. 평균 유량을 스베드럽 단위로 보여주는 북대서양환류. 4개의 주요 해류는 서안강화된 멕시코만류, 북대서양해류, 카나리해류, 북적도해류이다. 그리고 다수의 복잡한 해류 패턴들이 있다.

서해안을 따라 적도 쪽으로 흘러 환류를 완성한다.

환류의 바깥에는 **말비나스해류**(Malvinas Current)라고도 부르는 **포클랜드해류**(Falkland Current)가 남미 대륙과 남향하는 브라질해류의 사이를 파고들면서 아르헨티나 동해안을 따라서 남위 25~30°까지 상당량의 한류를 이동시킨다(그림 7.15).

멕시코만류 **멕시코만류**(Gulf Stream)는 모든 해류 중에서 가장 많이 연구된 해류로서 미국 동해안을 따라 북쪽으로 움직여서 이 지역의 해안을 따뜻하게 하고 북유럽의 겨울을 온화하게 만든다.

그림 7.16은 멕시코만류의 흐름에 기여하는 북대서양의 해류 체계이다. **북적도해류**(North Equatorial Current)가 북반구에서 위도에 평행하게 흐르면서 남미 해안을 따라 북쪽으로 방향을 바꾸는 남적도해류와 합쳐진다. 이 해류는 곧 서인도제도 동부를 흐르는 **앤틸리스해류**(Antilles Current)와 멕시코만의 유카탄해협을 통과하는 **카리브해류**(Caribbean Current)로 갈라진다. 이 해류들은 다시 **플로리다해류**(Florida Current)로 합쳐진다.

플로리다해류는 해안 가까이 대륙붕 위를 흐르며 수송량은 때때로 35Sv를 넘는다. 이 해류가 노스캐롤라이나의 해터러스 곶을 지나면서 해안으로부터 벗어나 북동쪽으로 흘러서 외양으로 나갈 때 이를 모두 가리켜 멕시코만류라고 부른다. 멕시코만류는 서안경계류이므로 서안강화가 일어난다. 그러므로 폭은 50~75km이며 두께는 1.5km에 이르며 속도는 3~10km/h로서 세계에서 가장 빠르다.

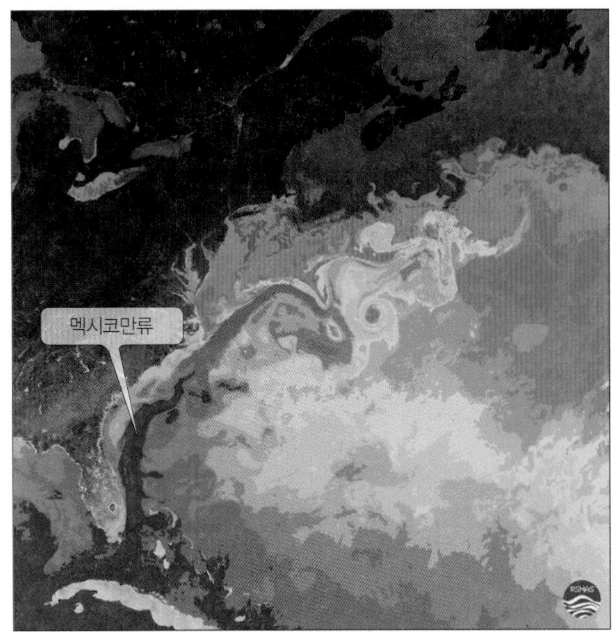

(a) 미국 동해안을 따라 흐르는 멕시코만류가 NOAA 인공위성의 표면수온 영상에 보인다(더운물 = 붉은색과 주황색, 찬물 = 초록색, 파란색, 보라색, 연두색)

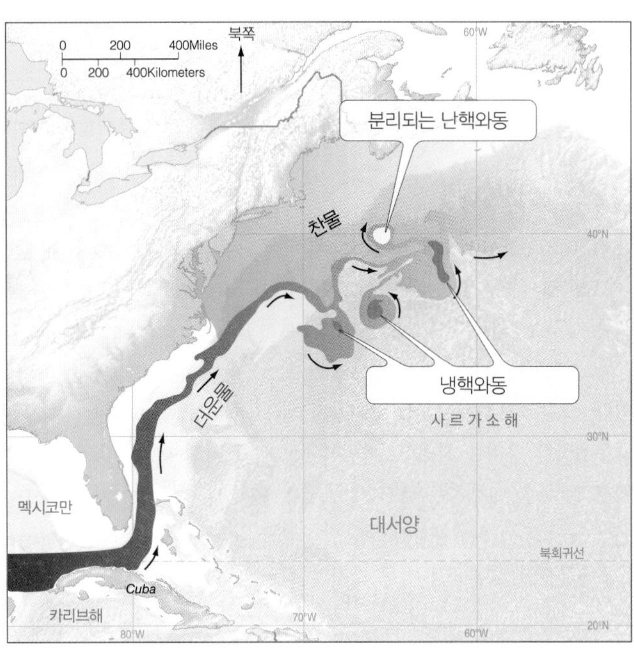

(b) 그림 (a)에 맞추어 그린 모식도. 멕시코만류가 북쪽으로 흐르면서 몇 개의 사행운동이 분리되어 난핵와동과 냉핵와동을 만든다.

그림 7.17 멕시코만류와 표면수온. (a) NOAA 위성에 의한 표면수온의 영상과 (b) 같은 지역에서 난핵와동과 냉핵와동의 발달을 보여주는 모식도.

멕시코만류의 서쪽 경계는 대개 뚜렷하고 주기적으로 해안에 가까워졌다 멀어지는 변동을 보인다. 동쪽의 경계는 계속해서 위치를 바꾸는 소용돌이나 사행운동(meandering)에 가려져서 식별하기가 매우 어렵다.

사르가소해 멕시코만류는 동진하면서 점진적으로 **사르가소해**(Sargasso Sea)의 물과 합류한다. 사르가소해는 북대서양환류의 중심을 도는 물로서 해류의 서안강화 때문에 서쪽으로 쏠려 있어서 북대서양환류의 서쪽 부분에 머무는 소용돌이라고 생각된다. 그 이름은 이 해역의 표면에 많이 떠 있는 *Sargassum* (*sargassum* = grapes)이라 불리는 바닷말로부터 유래된 것이다.

체서피크만 근해에서 멕시코만류의 수송률은 약 100Sv[10]으로서 사르가소해에서 온 많은 양의 물이 플로리다해류와 합쳐진 것이다. 그러나 뉴펀들랜드 근해에서 멕시코만류는 40Sv으로 줄어드는데, 이는 많은 양의 나머지 물이 흩어져서 사르가소해로 다시 돌아간다는 것을 뜻한다.

난핵와동과 냉핵와동 멕시코만류가 북쪽으로 가면서 양이 극적으로 줄어드는 메커니즘에 대해서는 아직 확실하게 알지는 못하고 있다. 그렇지만 상당 부분 사행운동이 그 원인의 하나다. **사행운동**(meander: *Menderes* = 터키의 매우 구불구불한 강)은 해류가 뱀처럼 구부러진 것으로서 가끔씩 멕시코만류로부터 떨어져 나와서 따로 회전하는 커다란 물 덩어리가 되는데, 흔히 **와동**(eddy) 혹은 고리(ring)로 알려져 있으며 소용돌이라고도 부른다. **그림 7.17**에는 여러 개의 와동들이 보이는데 그림의 중앙부에서 특히 뚜렷하다. 그림에는 또한 멕시코만류의 북쪽 경계에서 사행운동이 분리되어 시계 방향으로 도는 와동 속에 따뜻한 물을 가두고 있으면서 냉수괴(파란색이나 초록색)에 둘러싸인 **난핵와동**(warm-core rings)들이 노란색으로 나타난다. 이 난핵와동들은 약 1km 두께의 따뜻한 물이 그릇 형태로 분포하는데, 직경은 약 100km이다. 멕시코만류로부터 난핵와동이 분리될 때 많은 양의 물이 본류로부터 제거된다.

Web Animation
멕시코만류의 사행운동, 그에 따른 냉핵와동과 난핵와동
https://goo.gl/LwqnV4

10 멕시코만류의 흐름 100스베드럽은 메이저리그 경기장 100개를 합한 부피의 물이 매 초마다 미국 동해안을 지나가는 것이며 전 세계의 모든 강물을 합친 것보다 더 많은 양이다!

역사적 사건

벤저민 프랭클린 : 세계에서 가장 유명한 물리해양학자

벤저민 프랭클린(Benjamin Franklin, 그림 7B 속 사진)은 과학자, 발명가, 경제학자, 정치가, 외교가, 작가, 시인, 국제적인 명사 그리고 미국 건국의 아버지로 잘 알려져 있다. 그는 1753년부터 1774년까지 식민지의 우체국장 자리를 지냈다. 특이하게도 그는 멕시코만류를 이해하는 데 크게 공헌했기 때문에 최초의 물리해양학자로도 알려졌다. 왜 우체국장이 해류에 관심을 가지게 되었을까?

프랭클린은 유럽에서 오는 우편 선박이 보다 가까운 북쪽 항로를 택하는 것보다 더 긴 남쪽 항로로 오는 것이 어떻게 약 2주 적게 걸리는지를 설명해야 했기 때문에 북대서양의 순환 패턴에 관심을 갖게 된 것이다. 1769년이나 1770년에 프랭클린은 낸터컷에서 선장을 하는 티모시 폴거라는 그의 사촌에게 이 고민거리를 이야기했다. 폴거는 우편 선박이 잘 모르는 강한 해류가 반대로 흐르기 때문에 항해를 더디게 만든다고 말해주었다. 포경선들은 가끔 그 해류의 경계 지역에서 고래를 잡기 때문에 잘 알고 있었던 것이다. 고래잡이들은 종종 해류 속을 항해하던 우편 선박들을 만났었는데 그 해류를 피해간다면 더 빨리 갈 수 있다고 알려주었다. 그렇지만 우편 선박의 영국 선장들은 단순한 미국 어부들의 충고를 받아들이려 하지 않고 계속해서 느리게 다녔다. 바람이 약할 때에는 그 배들은 실제로 뒤로 움직였다!

폴거는 지도에 해류를 스케치 해주었는데, 유럽에서 북미로 항해할 때 더 남쪽의 경로를 택하기 위해 해류를 피하는 방향도 포함시켰다. 프랭클린은 다른 선장들에게도 북대서양 표층수의 운동에 대해 물어보았고 미국 동해안을 따라 북상하는 강한 해류가 있으며 그 후에는 북대서양을 가로질러 동쪽으로 빠져나간다고 추론하였다. 그는 이 해류가 유럽으로 갈 때는 빠르게 하여 도움을 주고 반대 방향의 항해를 느리게 한다고 결론을 내렸다. 이 강한 흐름은 멕시코만으로부터 더운물을 운반하고 강처럼 좁고 뚜렷했기 때문에 멕시코만류(Gulf Stream)라고 불렀으며 곧 해류의 온도를 측정하였다.

그가 수집한 자료에 기초하여, 1777년에 처음으로 해류도를 출판하여 이전에 그 정보를 무시했던 우편 선박 선장들에게 배포하였다. 선장들은 자신들이 직접 경험해보고 나서야 비로소 프랭클린의 지도가 정확했다는 것을 입증했다. 프랭클린은 1786년에 개량한 지도가 그림 7B에 있고 북대서양의 표층순환의 더 정확한 지도가 삽입되었다.

1969년에 여섯 명의 과학자들이 물속에서 한 달간 떠다니는 잠수정을 타고 해류가 어디로 실어다주는지를 연구했다. 2,640km를 떠다니는 동안 과학자들은 해수의 성질들을 관측하고 해양생물 목록을 만들었다. 당연히 그 배의 이름은 벤저민 프랭클린이었다.

생각해보기

1. 우체국장 벤저민 프랭클린이 표층 해류도를 만들도록 해서 세계 최초의 물리해양학자 중의 한 사람이 되게 한 딜레마는 무엇이었는가?

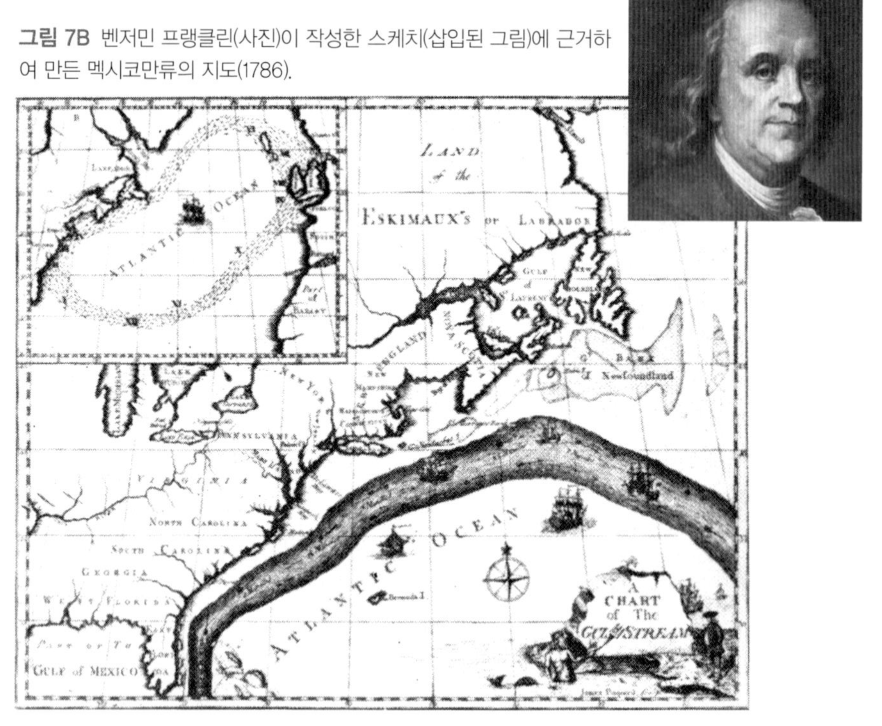

그림 7B 벤저민 프랭클린(사진)이 작성한 스케치(삽입된 그림)에 근거하여 만든 멕시코만류의 지도(1786).

차가운 연안수는 멕시코만류의 남쪽으로 떨어져 나가서 반시계 방향으로 도는 **냉핵와동**(cold-core rings)이 되는데, 그림 7.17에 초록색으로 보이며 노란색이나 붉은색-주황색의 더운물에 둘러싸여 있다. 냉핵와동은 원뿔 형태의 찬물이 회전하는 것으로 3.5km 깊이까지 뻗어있다. 이 와동은 표면에서의 직경이 500km를 넘는다. 원뿔의 면적은 아래로 내려갈수록 넓어지는데, 가끔은 해저까지 닿아서 해저의 퇴적물에 큰 충격을 주기도 한다. 냉핵와동은 하루에 3~7km의 속도로 남서진하다가 해터러스 곶 부근에서 멕시코만류에 다시 흡수된다.

난핵와동과 냉핵와동 모두 고유의 수온 특성을 유지하기 때문에 뚜렷하게 구별되는 생물 군집을 가진다. 예를 들어, 연구 결과들은 와동들이 찬 해양 속의 난수성 생물들을 위한, 혹은 반대로 더운 해양 속의 냉수성 생물들을 위한 고립된 서식 장소임을 발견하였다. 생물들은 와동들이 존속하는 한 생존하고 와동들은 어떤 때는 2년까지 유지되는 것으로 기록되었다. 더구나 냉핵와동은 용승지역으로서 대표적으로 영양염 수준이 높고 해양생물이 풍부한 반면에 난핵와동은 침강지역으로서 영양염과 해양생물이 부족하다.

Interdisciplinary

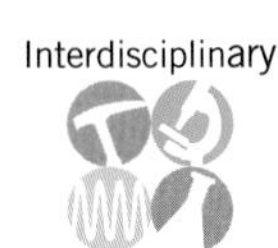

Relationship

북대서양의 다른 해류들 뉴펀들랜드의 남서쪽에는 멕시코만류가 북대서양을 가로질러 동쪽으로 계속 흐른다(그림 7.16). 여기에서 멕시코만류는 수많은 지류로 갈라지는데 그중 많은 것들은 침강할 만큼 충분히 냉각되고 밀도가 커진다. 그림 7.15와 같이 주요 지류의 하나인 **래브라도해류**(Labrador Current)가 멕시코만류와 만나면 북대서양에 많은 안개를 발생시킨다. 이 지류는 결국 아이슬란드의 서해안을 따라 흐르는 **이르밍거해류**(Irminger Current)와 노르웨이 해안을 따라 북상하는 **노르웨이해류**(Norwegian Current)로 나뉜다. 북대서양의 다른 주요 지류는 **북대서양해류**(North Atlantic Current)로서 남쪽으로 방향을 바꾸어서 한류인 **카나리해류**(Canary Current)가 된다. 카나리해류는 넓게 흩어진 남향류로서 결국 북적도해류와 합쳐져서 환류를 완성한다.

북대서양 해류들의 기후 효과 멕시코만류가 덥게 만드는 효과의 범위는 매우 넓다. 멕시코만류는 미국 동해안뿐만 아니라 북유럽까지 기온을 조절한다. 그래서 같은 위도라도 유럽이 북미보다 훨씬 기온이 높은데, 이는 멕시코만류가 유럽에 열을 전달해주기 때문이다. 예를 들면, 스페인과 포르투갈의 기후는 따뜻한데 같은 위도의 뉴잉글랜드는 혹독한 겨울로 유명하다. 멕시코만류에 의한 북유럽의 온난화 정도는 9°C에 이르는데, 이것은 위도가 높은 발트해의 항구들을 1년 내내 얼지 않도록 하기에 충분하다.

Climate

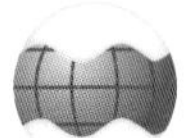

Connection

북대서양에서 서안경계류의 온난화 효과는 그림 7.9b에 있는 2월의 평균 표층수온 지도에서 알 수 있다. 예를 들어 북아메리카 동해안에서는 쿠바의 위도인 북위 20°로부터 필라델피아의 위도인 40° 사이에 표층수온의 차이는 20°C가 된다. 반면에 북대서양의 동쪽 편에서는 같은 위도 구간에 수온의 차이는 단지 5°C에 불과해서 멕시코만류의 조절 효과가 뚜렷하다.

8월의 평균 표면수온의 지도(그림 7.9a) 또한 북대서양해류와 노르웨이해류가 같은 위도의 북아메리카 해안에 비해서 북유럽을 얼마나 따뜻하게 해주는지를 보여준다. 북대서양의 서쪽에는 남하하는 한류인 래브라도해류가 가끔 그린란드로부터 오는 빙산도 운반하여 캐나다 해안을 훨씬 차게 만든다. 북반구의 겨울 동안에(그림 7.9b) 북아프리카 해안의 물은 남쪽으로 흐르는 카나리해류 때문에 플로리다와 멕시코만에 비해서 훨씬 차다.

인도양의 순환

인도의 위치와 모양 때문에 인도양은 대부분 남반구에 있다. 11월에서 3월까지 인도양의 적도 순환은 대서양과 유사한데, 서쪽으로 흐르는 2개의 적도해류(북적도해류와 남적도해류)가 그 사이에 동쪽으로 흐르는 적도반류에 의해 분리된다. 그러나 인도양의 대부분이 남반구에 있기 때문에 적도반류 또한 대서양

학생들이 자주 하는 질문

멕시코만류에는 생물이 많은가요?

멕시코만류 자체에는 생물이 많지 않지만 경계 지역에는 가끔 많이 있다. 고위도 지역이거나 용승 지역이거나 해양생물이 많은 지역은 전형적으로 찬물과 관련이 있다. 이 해역들은 항상 산소와 영양이 풍부한 물을 공급받아서 생산력이 높다. 더운물 지역에는 강한 수온약층이 아래의 차고 영양염 많은 물과 표층수를 분리해놓는다. 더운물에서 영양염은 소비되고 다시 보충되지 않는 경향을 띤다. 따라서 서안강화 된 난류인 멕시코만류는 생산력이 낮고 해양생물도 적다. 뉴잉글랜드의 어부들은 멕시코만류에 대해서 잘 알고 있었으므로(**심층 탐구 7.2** 참조) 혼합과 용승이 발생하는 해류의 경계 지역을 찾아서 어로작업을 했다.

실제로 모든 서안경계류는 따뜻하고 생산력이 낮다. 예를 들어 북태평양의 쿠로시오는 해양생물이 너무 없어서 붙여진 이름이다. 일본말로 쿠로시오는 맑고 생물이 없는 물을 가리키는 '검은색의 흐름'이라는 뜻이다.

Interdisciplinary

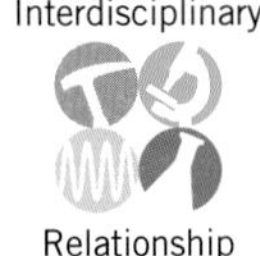

Relationship

학생들이 자주 하는 질문

루프해류란 무엇이며 허리케인에 어떤 영향을 주나요?

루프해류(Loop Current)는 멕시코만에 있는 난류로서 쿠바와 유카탄반도 사이에서 북으로 흐르며 멕시코만에서 북쪽으로 움직인 다음에 동쪽으로 그리고 남쪽으로 흘러서 고리를 만들고 다시 동쪽으로 이동하여 플로리다해협을 빠져나가서 결국 다른 해류와 합류하면서 멕시코만류가 된다(**그림 7.18**). 멕시코만에서는 루프해류의 물이 가장 덥고 소용돌이들이 떨어져 나오는데 이들을 루프해류와동(Loop Current eddies)이라고 부른다. 제6장에서 설명했듯이 더운물은 허리케인에 연료를 공급해준다. 그 결과, 허리케인은 대표적으로 루프해류나 그 난핵와동의 더운물 위를 지날 때 강해진다.

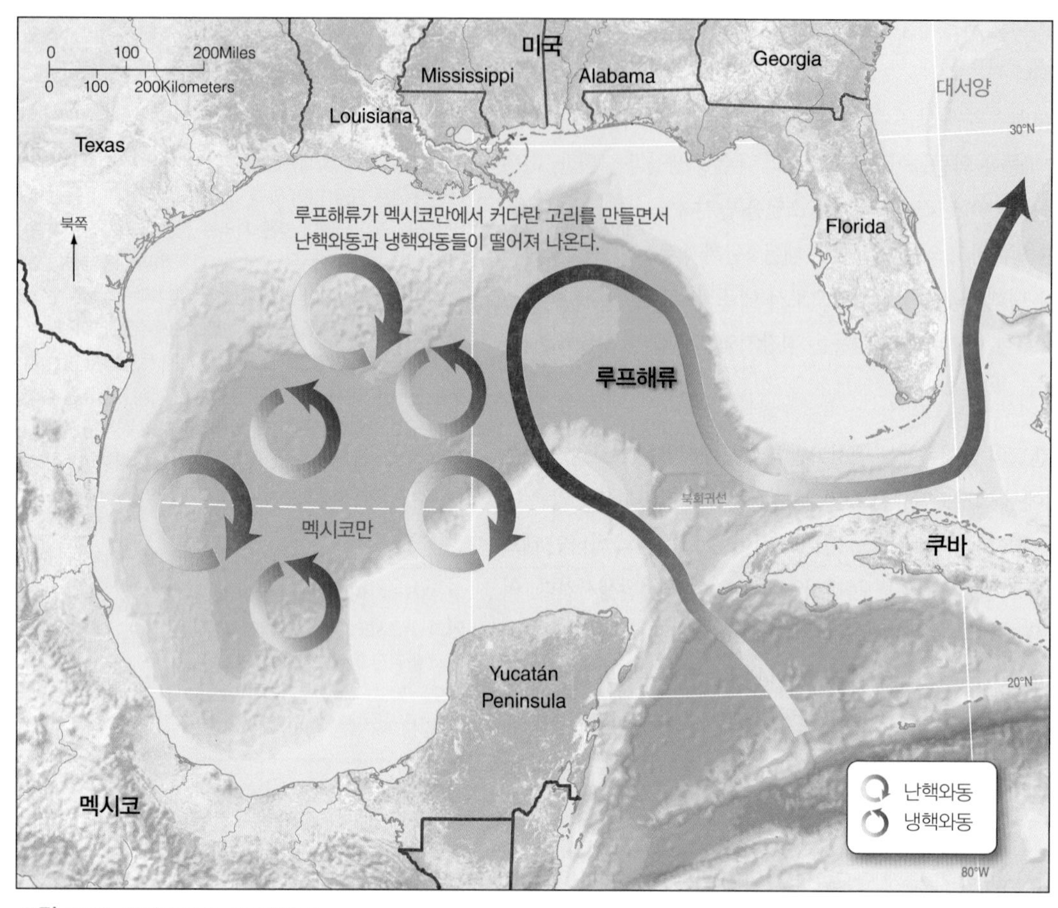

그림 7.18 **멕시코만의 루프해류와 소용돌이.**

에 비해 더 남쪽에 위치한다. 인도양은 형태와 근처 아시아의 높은 산맥으로 인해 강한 계절 변화를 겪는다.

계절풍(몬순) 인도양 북부의 바람은 **계절풍**(monsoon: *mausim* = season)이라는 계절적인 패턴을 갖는다. 겨울 동안에 아시아 본토를 넘어오는 공기가 냉각되어 고기압을 형성하고 바람이 대륙으로부터 남서 아시아 쪽으로 그리고 바다로 불도록 만든다(**그림 7.19a, 초록색 화살표**). 이 북동무역풍을 북동계절풍이라 부른다. 이 계절에 육지의 고기압과 관련된 공기는 매우 건조하므로 강수가 거의 없다.

여름 동안에 바람은 반대로 된다. 암석과 토양의 낮은 열용량 때문에 아시아 대륙은 해양보다 빨리 가열되어 저기압이 형성된다. 그 결과, 바람은 인도양으로부터 아시아 대륙으로(**그림 7.19b, 초록색 화살표**) 불어서 **남서계절풍**이 생기는데, 이는 적도를 건너서 부는 남동무역풍의 연속이라고 생각할 수 있다. 이 계절 동안, 인도양에서 부는 바람이 덥고 습기로 가득하기 때문에 비가 많이 내린다.

계절 변화가 수백만 명이 거주하는 육지의 기상 패턴뿐만 아니라 인도양의 표층순환에도 영향을 준다. 실제로 북부 인도양은 계절적으로 역전되는 바람이 주요 표층해류의 방향을 뒤바꾸어 놓는 유일한 지역이다. 겨울 동안에 북동계절풍(그림 7.19a)이 바다 쪽으로 불어서 북적도해류를 서쪽으로 흐르게 하며, 이로부터 연장된 **소말리해류**(Somali Current)가 아프리카 해안을 따라 남쪽으로 흐르게 만든다. **적도반류** 또한 발생한다. 여름의 남서계절풍 동안(그림 7.19b), 바람은 역전되고 북적도해류는 반대로 흐르는 **남서계절풍류**(South West Monsoon Current)로 바뀐다. 소말리해류 역시 반대로 되는데, 4km/h 가까운 빠른 속도로 북쪽으로 흐르며 남서계절풍 해류에 물을 공급한다. 10월에는 북동계절풍으로 다시 바뀌면서 북적도해류가 다시 나타난다(그림 7.19a).

여름 동안에 남서계절풍은 아라비아 반도 해안 부근의 용승된 물을 멀리 보내서 차갑게 만들기 때문에 표면수온에도 영향을 준다. 이 찬물도 여름의 남서계절풍 동안에 많은 식물플랑크톤을 자라게 한다(**그림 7.20**). 인도양의 생산력에 관한 연구들은 근래에 유라시아 대륙의 온난화로 인한 더 강한 바람이 용승을 증가시켜서 아라비아해의 여름 생산력을 더욱 높여준다는 것을 밝혔다.

인도양의 아열대환류 남인도양의 표층순환[**인도양 아열대환류**(Indian Ocean Subtropical Gyre)]은 남

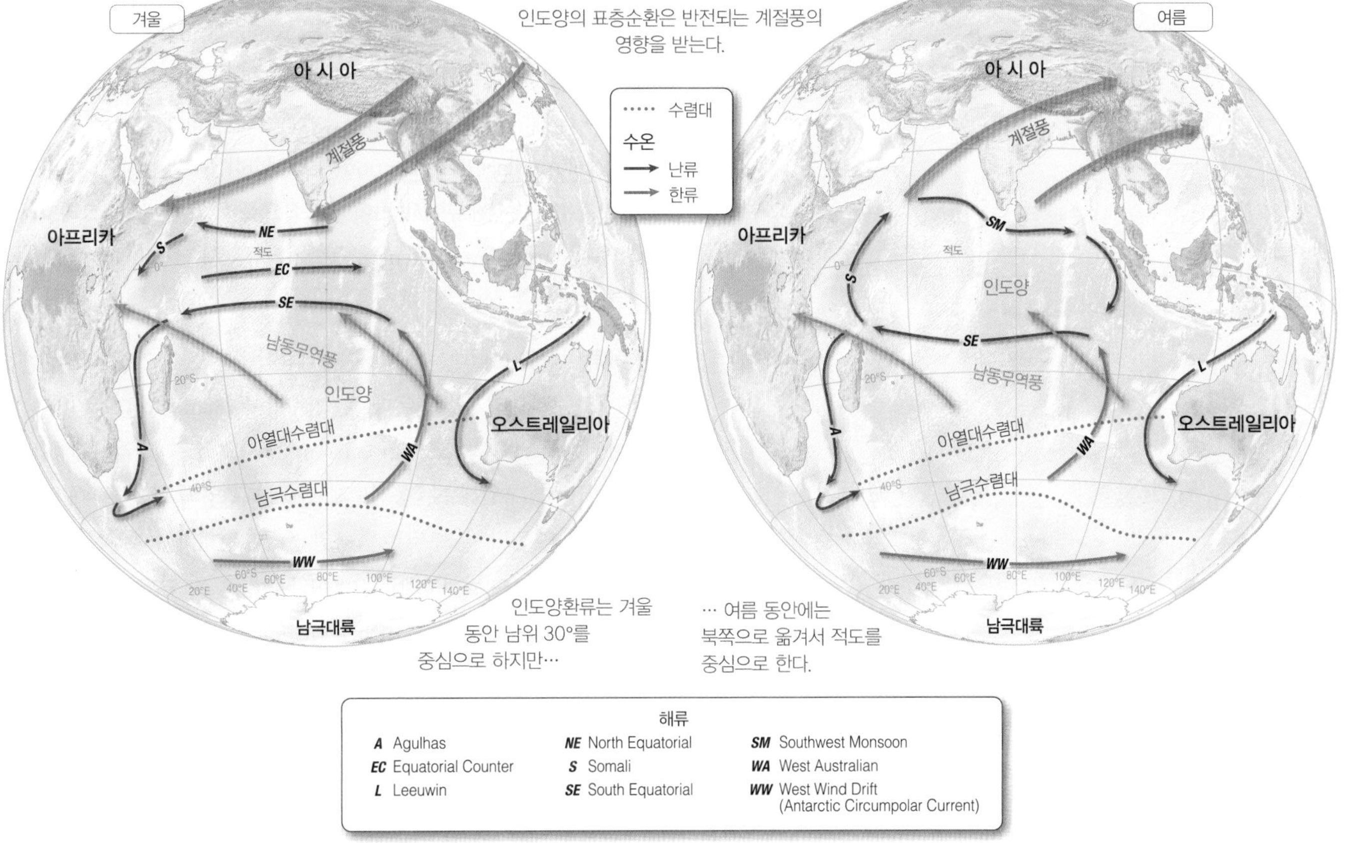
겨울
여름
인도양의 표층순환은 반전되는 계절풍의 영향을 받는다.
아 시 아
계절풍
수렴대
수온
난류
한류
아프리카
NE
S
적도
EC
SE
SM
인도양
남동무역풍
20°S
오스트레일리아
아열대수렴대
A
WA
L
40°S
남극수렴대
WW
60°S
20°E
40°E
60°E
80°E
100°E
120°E
140°E
남극대륙
인도양환류는 겨울 동안 남위 30°를 중심으로 하지만…
… 여름 동안에는 북쪽으로 옮겨서 적도를 중심으로 한다.
해류
A Agulhas
EC Equatorial Counter
L Leeuwin
NE North Equatorial
S Somali
SE South Equatorial
SM Southwest Monsoon
WA West Australian
WW West Wind Drift (Antarctic Circumpolar Current)

그림 7.19 인도양의 표층해류는 계절풍의 영향을 받는다.

북동(겨울)계절풍 기간에 용승이 부족한 조건으로 사우디아라비아 해안에 식물플랑크톤 농도가 낮아진다.
(a) 북동(겨울)계절풍
남서(여름)계절풍 기간에 강한 바람이 영양염 풍부한 물을 용승시켜서 사우디아라비아 해안에 식물플랑크톤 농도를 증가시킨다.
(b) 남서(여름)계절풍
북쪽
사우디 아라비아
인도
아프리카
낮은 생산력
높은 생산력
0 500 1,000Miles
0 500 1,000Kilometers
<.05
0.1
0.2
0.3
0.4
0.5
0.7
0.9
1.5
10
30
식물플랑크톤 색소 농도(mg/m3)

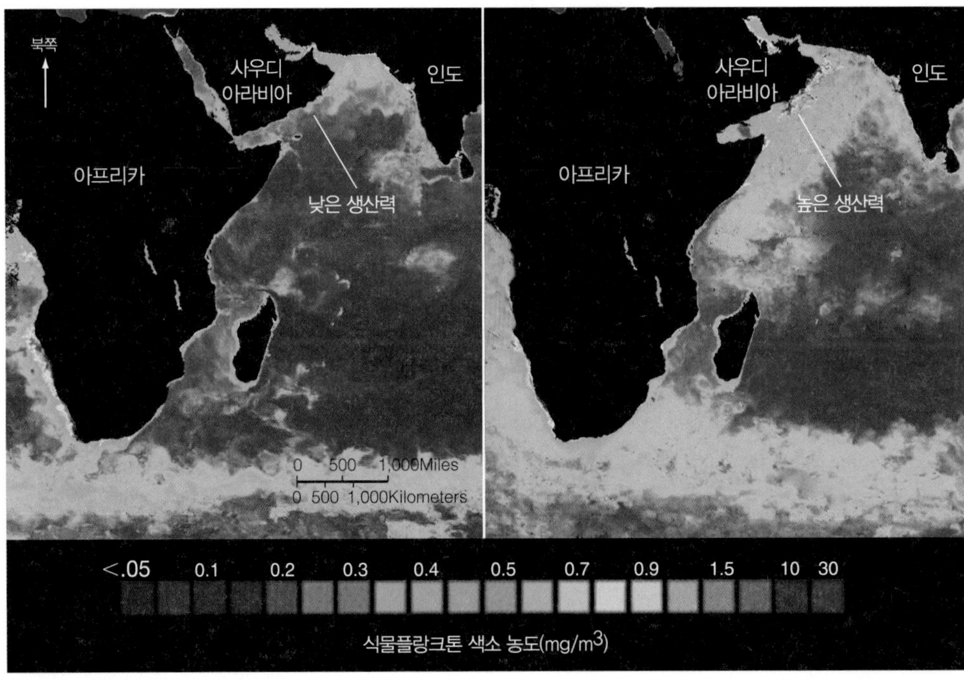

그림 7.20 인도양 식물플랑크톤 농도의 계절변화. 계절별 식물플랑크톤 농도를 보여주는 인공위성 영상으로 단위는 mg/m^3이다. 주황색과 붉은색은 식물플랑크톤의 높은 농도에 따른 높은 생산력을 표시한다.

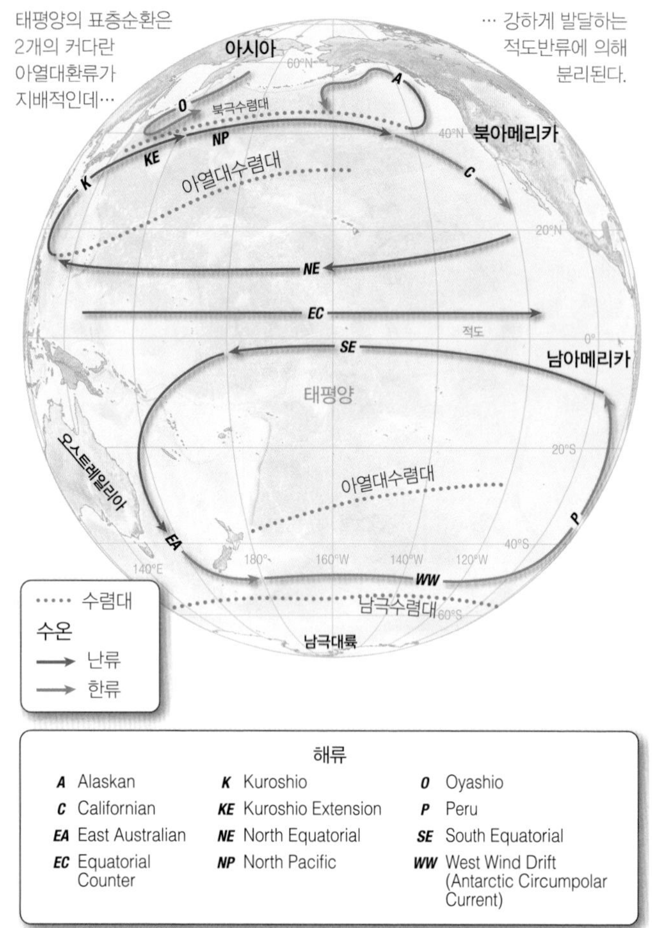

그림 7.21 **태평양의 표층해류.**

반구에서 관측되는 다른 아열대환류와 유사하다. 북동무역풍이 불 때, 남적도해류는 적도반류와 **아굴라스해류**(Agulhas Current)[11]에 물을 공급해준다. 아굴라스해류는 아프리카 동해안을 따라 남하하다가 강한 남극순환해류와 합류하는데, 이때 방향을 동쪽으로 급하게 틀기 때문에 **아굴라스 역선회**(Agulhas Retroflection)가 발생한다(이 장 첫 페이지 위성사진 참조). 남극순환해류에서 벗어나 북쪽으로 향하는 **서오스트레일리아해류**(West Australian Current)는 동안경계류로서 남적도해류를 만나서 환류를 완성한다.

루윈해류 다른 아열대환류의 동안경계류들은 적도 쪽으로 흐르는 한류로서 건조한 해안기후를 만든다(1년 강수량이 25cm 이하). 그러나 남인도양에서는 **루윈해류**(Leeuwin Current)가 서오스트레일리아해류를 외해로 밀어낸다. 루윈해류는 동인도제도에서 태평양의 적도해류에 의해서 쌓인 더운물의 언덕으로부터 호주 해안을 따라 남하하는 해류이다.

루윈해류는 호주 남서부에 연간 약 125cm의 비와 함께 온화한 기후를 선사한다. 그러나 엘니뇨 기간에는 루윈해류는 약해져서 차가운 서오스트레일리아해류가 가뭄을 가져온다.

태평양의 순환

태평양의 순환 패턴은 2개의 큰 아열대환류가 지배하여 대서양에서 발견되는 것과 유사한 해류와 기후 효과가 나타난다. 그러나 적도반류가 대서양보다 훨씬 잘 발달하는데(**그림 7.21**), 주로 태평양이 대서양보다 더 크고 지형에 의해 방해받지 않기 때문이다.

Web Animation
엘니뇨와 라니냐
http://goo.gl/1YAdt9

정상적인 조건들 태평양의 '정상' 조건들은 그것이 너무 드물게 발생하기 때문에 상당 부분 잘못된 이름이다. 다음에 알게 되겠지만, 태평양에는 다양한 대기와 해양의 교란들이 지배한다. 그러나 정상 조건은 여전히 이 교란들을 측정하는 기준이 된다.

북태평양 아열대환류 그림 7.21은 **북태평양 아열대환류**(North Pacific Subtropical Gyre)에서 서쪽으로 흐르는 북적도해류가 서안강화된 **쿠로시오해류**(Kuroshio Current)[12]로 바뀌는 것을 보여준다. 쿠로시오는 일본의 기후를 그 위도에서 예상되는 것보다 더 따뜻하게 만든다. 이 해류는 **북태평양해류**(North Pacific Current)로 흐르고 이어서 차가운 **캘리포니아해류**(California Current)로 이어진다. 캘리포니아해류는 미국 서해안을 따라 남하하여 환류의 고리를 완성한다. 북태평양해류의 일부가 북쪽으로 흘러서 **알래스카해류**(Alaskan Current)로 합류된다.

남태평양 아열대환류 그림 7.21은 또한 **남태평양 아열대환류**(South Pacific Subtropical Gyre)를 보여주는데, 여기에 포함된 남적도해류는 서쪽으로 흘러서 서안강화 된 **동오스트레일리아해류**(East Australia Current)[13]에 이어진다. 그리고 남극순환해류와 합쳐진 다음에 **페루해류**(Peru Current)까지 이르는 **남태평양 아열대환류**(South Pacific Subtropical Gyre)를 완성한다. 페루해류는 독일의 박물학자 알렉산더 폰

11 아굴라스해류는 아프리카 남단에 있는 아굴라스 곶(Cape Agulhas)의 이름을 딴 것이다.

12 쿠로시오는 일본에 가깝기 때문에 일본해류라고도 부른다.

13 서안강화 된 동오스트레일리아해류는 비록 태평양의 서쪽 변두리에 있기는 하지만 호주 동해안에 있기 때문에 붙여진 이름이다.

훔볼트(1769~1859)의 이름을 따서 **훔볼트해류**(Humboldt Current)라고도 부른다.

어업과 페루해류 차가운 페루해류는 역사적으로 가장 풍부한 어장의 하나였다. 어떤 조건들이 그토록 어류가 풍부하도록 만드는가? **그림 7.22a**는 남미 서해안을 따라서 바람이 외해 쪽으로 에크만 수송을 일으켜서 차고 영양염 많은 물을 용승시키는 것을 보여준다. 이 용승은 생산력을 높여주고 해양생물을 풍부하게 해주는데, 멸치에 해당하는 *anchovetas*(anchovies)라는 은색의 작은 물고기가 특히 페루와 에콰도르 근해에 많다. 이 물고기는 더 큰 해양생물들의 먹이가 되며 1950년대에 확립된 페루의 어업을 지탱해주는데, 남미 해안에 얼마나 많은지 1970년대까지는 연간 1,230만 톤으로 단일 어장으로는 세계 최대이며, 전 세계 어획량의 1/4에 해당하는 것이었다.

워커순환 그림 7.22a는 남미 해안 지역에서 고기압에 따른 하강기류가 지배하는 맑고 건조한 기상조건을 보여준다. 태평양의 반대 쪽에서는 저기압에 따른 상승기류에 의해서 인도네시아, 뉴기니아, 호주 북부에 많은 비와 함께 구름 많은 조건이 조성된다. 이 기압 차는 남태평양의 적도 해역을 횡단하는 강한 남동무역풍을 일으킨다. 그 결과 형성되는 남태평양의 적도 순환세포를 **워커순환세포**(Walker Circulation Cell)라고 하며 그림 7.22a에 초록색 화살표로 표시되어 있다. 영국의 기상학자 길버트 T. 워커(1868~1958) 경은 1920년대에 이 순환을 처음 설명하였다.

태평양난수층 남동무역풍은 바닷물이 태평양을 가로질러 동에서 서로 이동하도록 만든다. 이 물은 적도 지역을 흐르면서 더워지고 태평양의 서쪽 편에 **태평양난수층**(Pacific Warm Pool, 그림 7.9 참조)이라 부르는 더운물의 쐐기가 된다. 적도해류가 서쪽으로 흐르기 때문에 태평양 서쪽의 태평양난수층은 동쪽 편에 비해서 더 두꺼워진다. 열대 서태평양의 난수층 밑에서 **수온약층**의 수심은 100m보다 깊다. 그렇지만 동태평양에서 수온약층은 30m 수심 이내에

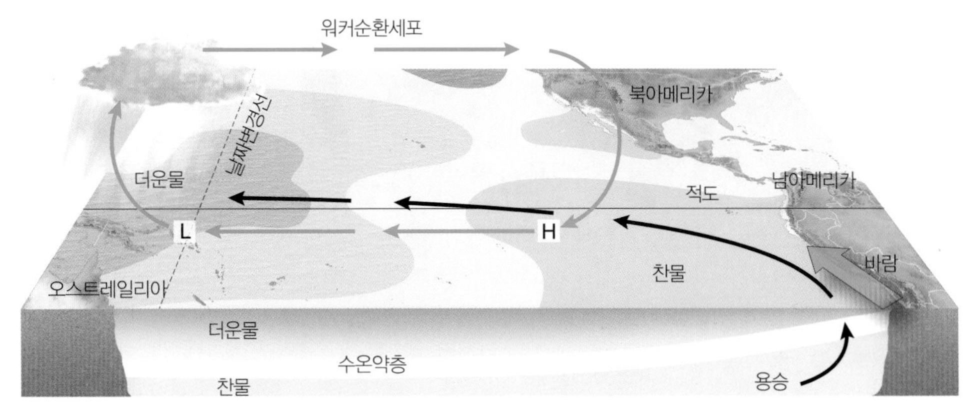

(a) 정상 조건

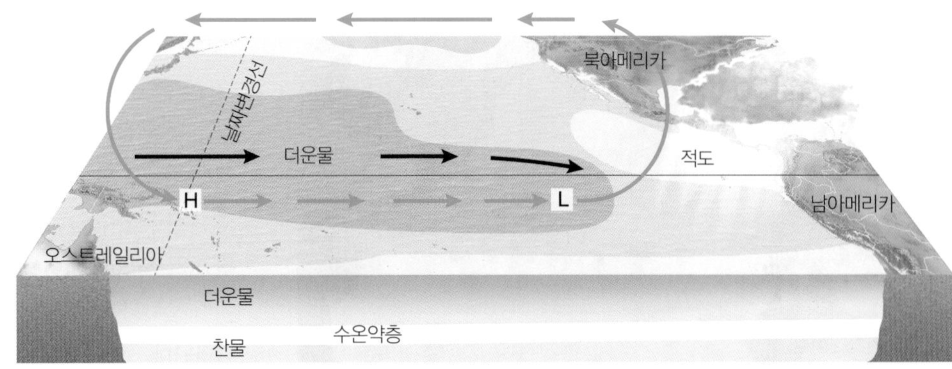

(b) 엘니뇨 조건(강함)

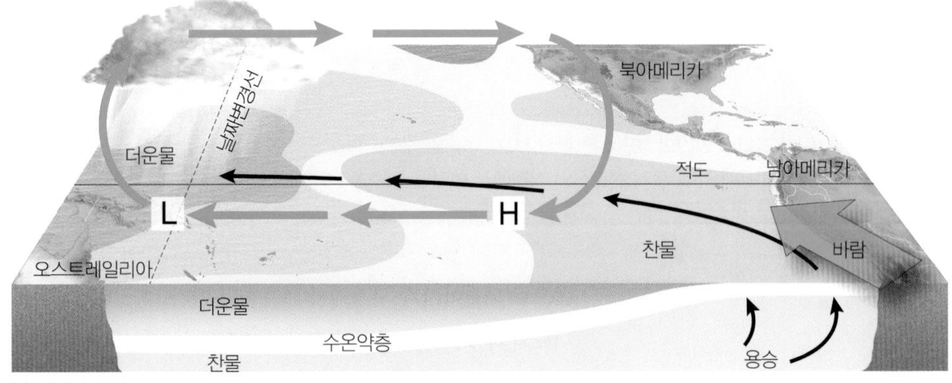

(c) 라니냐 조건

 그림 7.22 **정상적인 조건과 엘니뇨, 라니냐의 조건.** 열대 태평양의 해양 및 대기의 조건을 보여주는 입체도. (a) 정상적인 조건 (b) 엘니뇨(ENSO의 더운 국면)의 조건 (c) 라니냐(ENSO의 찬 국면)의 조건.
https://goo.gl/FhkBIE

(a) 1998년 1월의 표층수온 분포로서 1997~1998년의 엘니뇨로 인한 적도 해역의 높아진 수온을 보여준다.

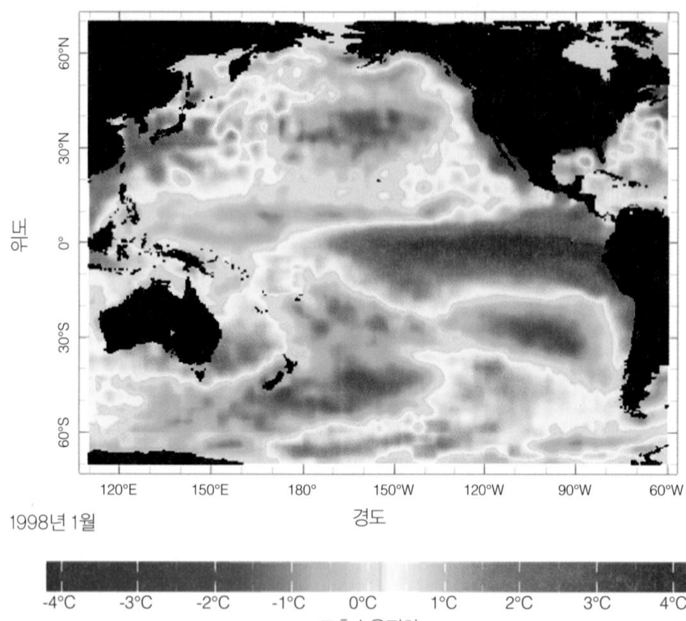

(b) 2000년 1월에는 라니냐로 인한 적도해역의 낮아진 수온을 볼 수 있다.

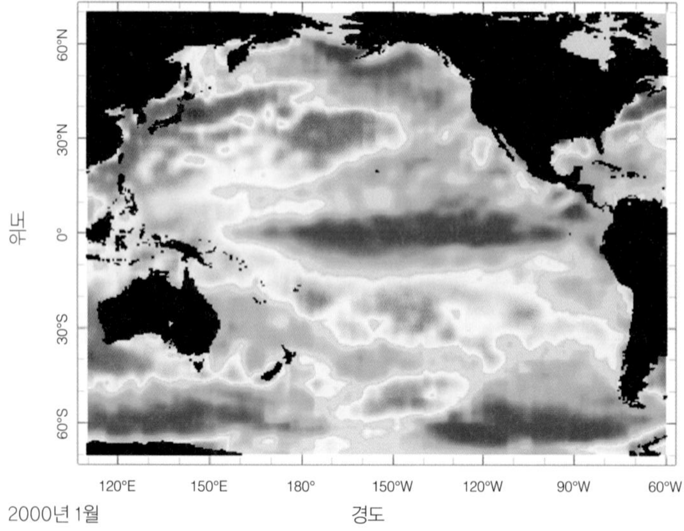

그림 7.23 엘니뇨와 라니냐 기간의 표면수온 편차 분포. 인공위성에서 관측한 표면수온 편차의 분포를 보여주는 지도로서 정상적인 상태에서 벗어난 정도를 나타낸다. 붉은색은 정상보다 더운 것을, 파란색은 찬 것을 뜻한다.

있다. 수온약층 수심의 차이는 그림 7.22a에서 더운 상층수와 차가운 심층수와의 사이에 있는 경계층의 경사로 알 수 있다.

엘니뇨-남방진동(ENSO)의 조건 역사적으로 페루의 주민들은 몇 년마다 더운물이 연안해역의 멸치 자원을 감소시킨다는 것을 여러 세대에 걸쳐서 알고 있었다. 멸치의 감소는 어업은 물론 멸치를 먹이로 하는 새들과 바다표범, 물개와 같은 해양생물까지 극적으로 감소하게 만들었다. 더운 해류는 또한 많은 비를 동반하는 기상 변화도 야기하여 심지어 적도 근처의 섬으로부터 코코넛 같은 물건들이 떠내려오기도 했다. 처음에는 이 현상을 **풍요의 해**라고 불렀는데, 이는 보통 건조한 육지에서 비로 인해 식물의 성장이 극적으로 증가했기 때문이었다. 그렇지만 한때 즐거운 사건으로 생각되었다가 곧 생태학적으로나 경제적으로나 재앙으로 끝나는데, 이것은 이제는 잘 알려진 일련의 현상인 것이다.

태평양이 더워지는 것은 1880년대 후반에 비정상적으로 더운 'corriende del Niño(아기 예수의 해류)'에 대해서 보고한 페루의 해군 함장에 의해서 최초로 알려지게 되었는데, 대개 크리스마스를 전후하여 일어나기 때문에 그렇게 불렀다. 그래서 이 더운 해류에 **엘니뇨**(El Niño)라는 이름이 붙게 되었는데, 이것은 스페인어로 '어린 아이'로서 아기 예수를 의미한다. 1920년대에 워커는 시소를 타는 것과 같은 동-서 방향의 기압 변동이 더운 해류를 동반한다는 것을 최초로 인식하였으며 이를 **남방진동**(Southern Oscillation)이라고 불렀다. 오늘날 해양 현상과 기상 현상을 합쳐서 **엘니뇨-남방진동**(El Niño-Southern Oscillation, ENSO)이라고 부르는데, 주기적으로 더운 국면과 찬 국면이 교차하면서 극적인 환경 변화가 나타난다.

ENSO의 더운 국면(엘니뇨) **그림 7.22b**는 ENSO의 더운 국면에 나타나는 대기와 해양의 조건을 보여주며, 엘니뇨라고 알려져 있다. 남미 해안의 고기압이 약해져서 워커순환세포의 고기압 지역과 저기압 지역 사이의 기압 차가 줄어든다. 이에 따라 남동무역풍이 약화되는데, 매우 심한 경우에는 무역풍이 반대 방향으로 불기도 한다.

무역풍이 없으면 태평양 서쪽에 쌓여 있던 태평양난수층이 남미 쪽으로 되돌아가기 시작해서 더운물의 띠가 적도 태평양을 횡단해서 동쪽으로 확장한다(**그림 7.23a**). 엘니뇨의 해 9월에 움직이기 시작한 더운물은 12월이나 다음 해 1월에 남미에 도착한다. 강한 엘니뇨 기간에는 페루 해안의 수온이 예년보다 10°C까지 높아진다. 더구나 해안의 평균 해면은 20cm까지 상승하는데, 이는 순전히 더운물에 의한 열 팽창 때문이다.

더운물 때문에 적도 태평양의 수온이 높아짐에 따라 타히티, 갈라파고스 그리고 다른 열대 태평양의 섬에 서식하는 수온에 민감한 산호들이 대량 폐사한다. 또한 많은 다른 생물이 더운물의 영향을 받는다. 일단 더운물이 남미에 도달하면 해안을 따라 남-북으로 이동하면서 평균 해면을 상승시키고 동태평양에서

Web Video

1주일 간격의 태평양 표층수온 편차
http://goo.gl/9jBBnr

허리케인도 많이 발생시킨다.

더운물의 흐름은 수온약층의 경사도 감소시켜서 더욱 평평하게 만든다(그림 7.22b). 페루 근처에서 용승은 차고 영양염 많은 물 대신에 덥고 영양이 고갈된 물을 가져온다. 실제로는 때때로 침강이 일어나서 해안에 더운물이 쌓이는 경우도 있다. 생산력은 감소하고 대부분의 해양생물들은 극적으로 줄어든다.

더운물이 동쪽으로 옮겨감에 따라 저기압 지역도 이동한다. 엘니뇨가 심해지면 저기압은 태평양 전체를 횡단해서 남미 해안에 머물기도 한다. 이렇게 되면 남미 해안을 따라서 강우량이 크게 증가한다. 반대로 인도네시아 저기압은 고기압으로 대체되면서 건조한 조건이 조성되며, 심한 경우에는 인도네시아에서 호주 북부까지 가뭄이 들기도 한다.

ENSO의 찬 국면(라니냐) 어떤 때에는 엘니뇨와 반대되는 조건이 적도 남태평양에서 우세하게 된다. 이 현상을 ENSO의 **찬 국면**, 혹은 **라니냐**(La Niña, 스페인어로 '소녀'라는 뜻)로 알려져 있다. 그림 7.22c는 라니냐의 조건으로서 정상적인 조건과 유사하지만 태평양의 기압 차가 더 커져서 강력해진 상태이다. 이렇게 큰 기압 차는 더 강한 워커순환을 일으켜서 무역풍이 더 강해지고 용승이 더 일어나며 동태평양의 수온약층이 더 얕아지면서 정상보다 찬물의 띠가 적도를 넘어 남태평양에서도 서쪽으로 확장하게 된다(그림 7.23b).

엘니뇨 다음에는 흔히 라니냐가 뒤따른다. 예를 들어 1997~1998년의 엘니뇨 다음에는 몇 년간 라니냐가 지속되었다. 1950년 이후에 엘니뇨-라니냐가 교대로 나타나는 것은 **ENSO 지수**(ENSO index)로 나타낼 수 있는데(그림 7.24), 이것은 기압, 바람, 표면수온을 포함하는 인자들의 가중평균을 이용하여 계산한 것이다. 양의 ENSO 지수는 엘니뇨를, 음의 지수는 라니냐 조건을 표시한다. 정상적인 조건일 때 0에 가까우며 양이나 음의 값이 커질수록 엘니뇨나 라니냐가 강해진다.

학생들이 자주 하는 질문

페루에서 생산되는 멸치의 양은 인상적이다! 피자에 얹어 먹는 것 외에 멸치는 어디에 쓰이는가?

멸치는 전채요리, 소스, 샐러드 드레싱과 같은 음식에 쓰이고 낚시 미끼로도 사용된다. 그렇지만 역사적으로 페루에서 잡히는 멸치의 대부분은 수출되어 가루 형태의 물고기 사료인 어분으로 쓰였다. 어분은 다시 대부분 애완동물이나 닭의 고단백질 사료로 이용되었다. 믿기 힘든 이야기지만 엘니뇨는 달걀 가격에 영향을 준다! 1972~1973년에 페루의 멸치 어업이 몰락하기 전에는 엘니뇨가 주기적으로 멸치의 양을 줄였다. 이로 인해 페루의 멸치 수출이 감소함에 따라 미국의 농부들은 더 비싼 대체사료를 찾아야만 했고, 달걀 값은 올라갔다.

페루의 멸치 어업의 몰락은 1972~1973년의 엘니뇨로 촉발되었지만 이전의 만성적인 남획이 원인이었다. 흥미롭게도 1972~1973년의 어분 부족 사태는 고단백 대체식품인 콩의 수요를 증가시켰다. 콩의 수요 증가는 콩 제품들의 가격 상승으로 이어졌고 농부들은 밀 대신에 콩 재배를 늘렸다. 밀 생산의 감소는 다시 세계적인 식량위기를 불러왔는데, 모두 엘니뇨에 의해 촉발된 것이다.

엘니뇨는 얼마나 자주 발생하는가? 과거 100년 이상의 표면수온 기록을 통해서 20세기 동안에 엘니뇨가 2~10년마다 매우 불규칙한 패턴으로 발생했음을 알게 되었다. 어떤 때에는 몇 년마다 일어난 반면에

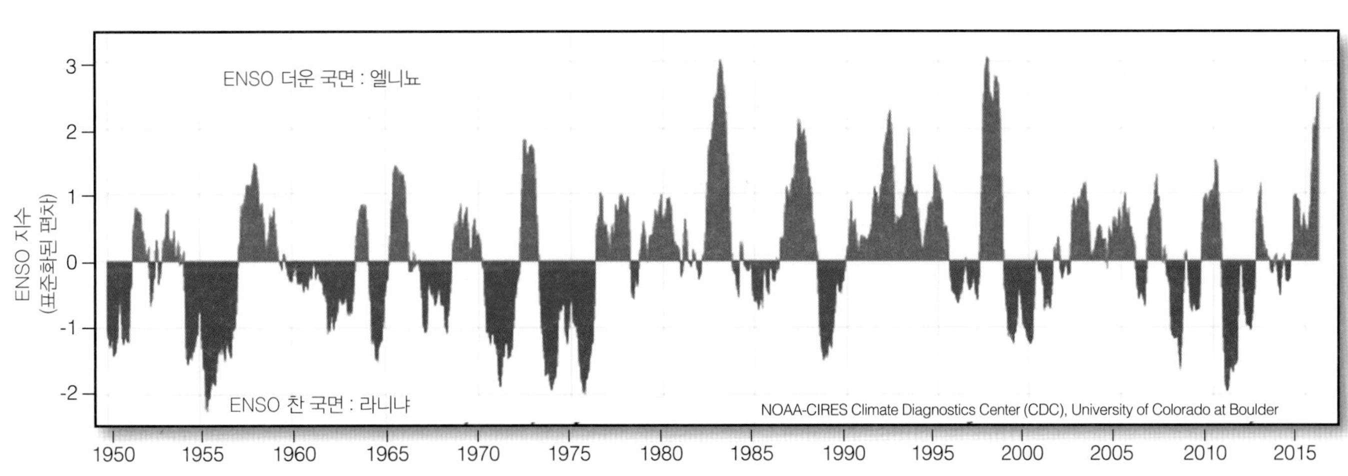

그림 7.24 1950년부터 현재까지의 ENSO 지수. 여러 가지 대기 및 해양 인자들을 이용하여 계산한 ENSO 지수. 양(빨간색 부분)의 지수는 엘니뇨 조건을, 음(파란색 부분)의 지수는 라니냐의 조건을 나타낸다. 각 값이 커질수록 상응하는 엘니뇨나 라니냐가 강해진다. 이 책이 발간될 즈음에 태평양에서는 큰 엘니뇨가 시작되고 있었는데, 이전의 역사적인 두 엘니뇨(1982~1983, 1997~1998)만큼 커질 것으로 예측되었다. 최근의 자료를 얻을 수 있는 곳: http://www.cdc.noaa.gov/people/klaus.wolter/MEI/.

10년 동안 단 한 번 생긴 적도 있었다. 그림 7.24에 나타난 1950년 이후의 패턴은 적도 태평양이 엘니뇨와 라니냐 사이를 변동하면서 정상적이라고(ENSO 지수가 0에 가까운) 생각되는 경우가 몇 년 밖에 없었음을 알려준다. 전형적으로 엘니뇨는 12~18개월 지속되었고 그다음에 비슷한 기간 지속되는 라니냐가 이어진다. 그러나 어떤 엘니뇨나 라니냐는 몇 년간 지속되기도 한다.

최근에 남미의 호수에서 채취한 퇴적물은 10,000년간의 엘니뇨의 빈도에 관한 연속적인 기록을 제공한다. 퇴적물은 10,000년 전에서 7,000년 전까지는 한 세기에 다섯 번 이하로 엘니뇨가 발생했으나 그 이후에 증가하여 (유럽의 중세에 해당하는) 약 1,200년 전에 최대로서 3년마다 발생했다. 만일 호수 퇴적물에서 관측된 패턴이 계속된다면 엘니뇨의 빈도는 22세기 초반에 증가할 것이라고 과학자들은 예측한다.

특히 심한 엘니뇨는 증가된 지구온난화 때문에 더 자주 발생할 수 있다. 예를 들면 20세기의 가장 심했던 엘니뇨는 1982~1983년과 1997~1998년에 있었다. 아마도 해양의 높아진 수온이 더 심한 엘니뇨를 더 자주 촉발할 것이지만, 태평양 산호에서 얻은 과거 7,000년간의 수온자료에 대한 연구는 엘니뇨와 온난화 사이의 상관관계가 약했음을 제시한다. 그러나 이 패턴은 장기간의 자연적인 기후 변동 사이클의 일부에 불과할 수도 있다. 한 예로 최근에 해양학자들이 알게 된 **태평양순년진동**(Pacific Decadal Oscillation, PDO)이라는 현상은 20~30년간 지속되면서 태평양의 표층수온에 영향을 주는 것으로 보인다. 위성자료의 분석은 태평양이 1977년부터 1999년까지 PDO의 더운 국면이었고 지금은 찬 국면에 있어서 이것이 다음 수십 년간 엘니뇨의 시작을 억제할 것임을 암시한다.

Climate Connection

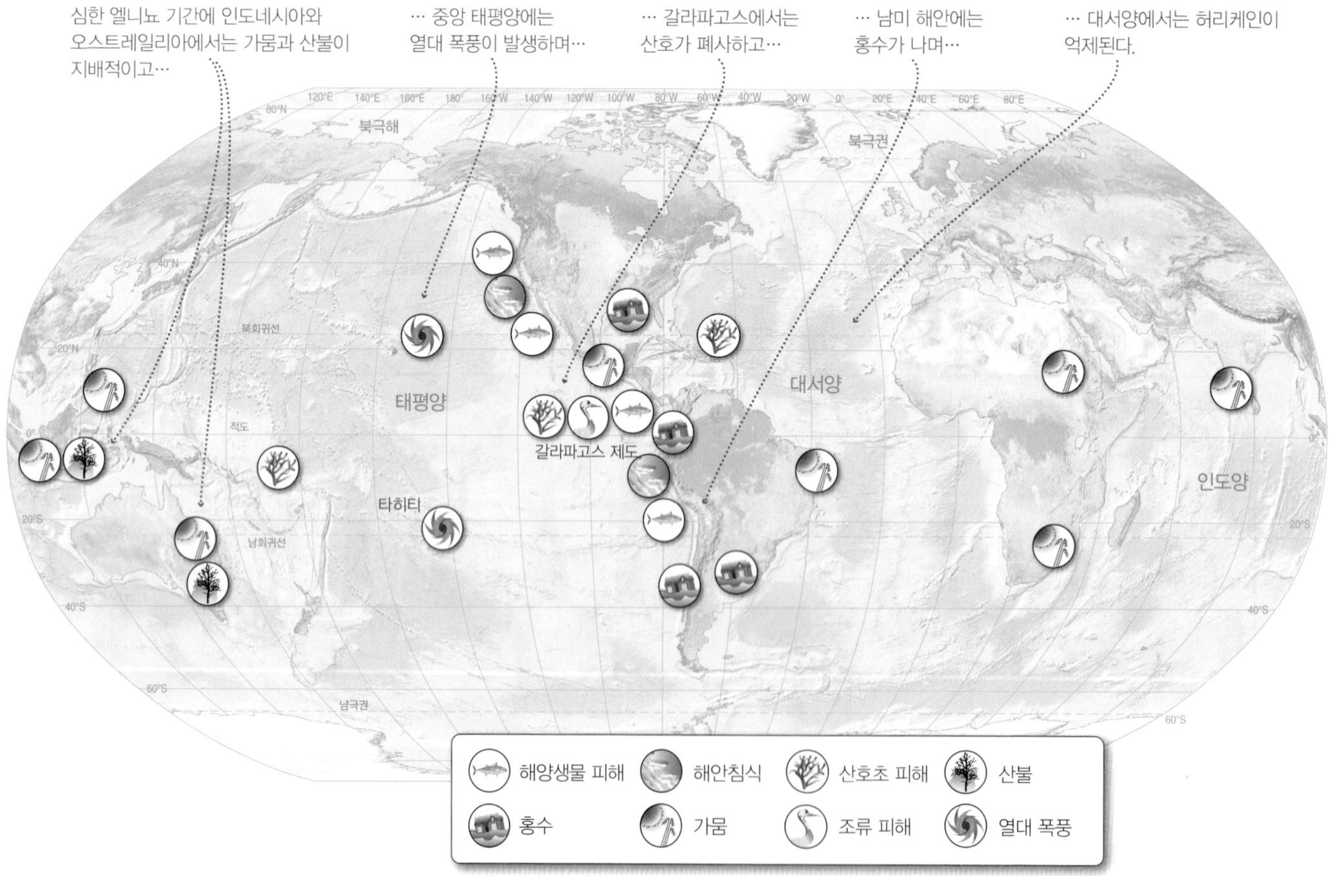

그림 7.25 극심한 엘니뇨의 영향. 극심한 엘니뇨와 관련된 홍수, 침식, 가뭄, 산불, 열대폭풍 그리고 해양생물에 주는 영향의 위치를 보여주는 지도.

(a) 엘니뇨 해인 1998년 1월의 표층수온 편차.

(b) 같은 지역에서 라니냐 기간인 1년 후(1999년 1월)의 표층수온 편차.

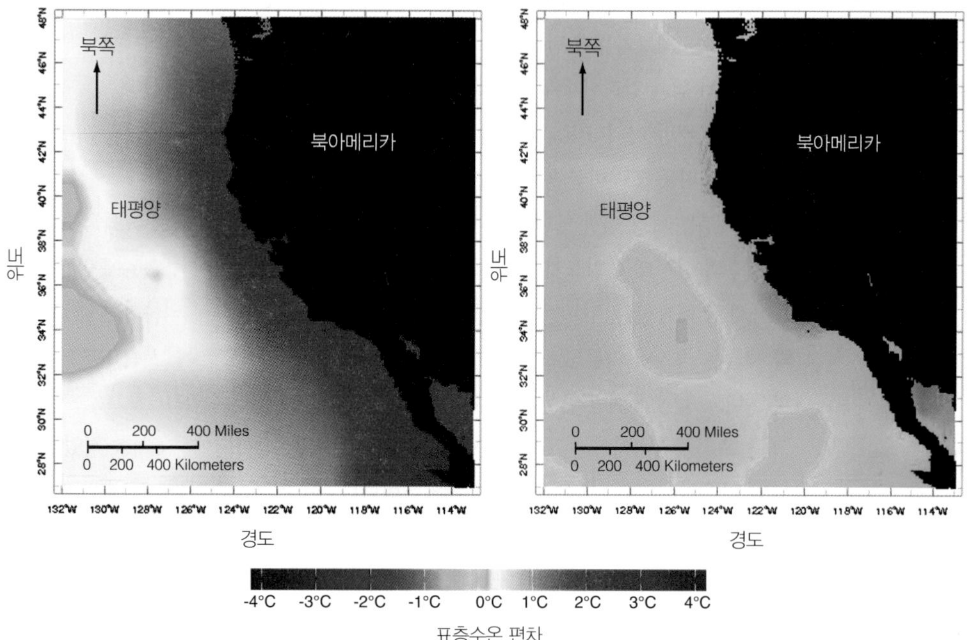

그림 7.26 엘니뇨와 라니냐 기간의 북미 서해안의 표면수온. 인공위성에 의한 북미 서해안의 표면수온 편차의 분포를 보여주는 지도. 붉은색은 정상보다 높은 온도를, 파란색은 낮은 온도를 뜻한다.

엘니뇨와 라니냐의 효과　소규모의 엘니뇨는 적도 남태평양에만 영향을 줄 뿐이지만 심한 것은 전 세계의 기상 패턴에 영향을 미친다. 전형적으로 더욱 강한 엘니뇨가 대기의 제트기류를 바꾸고 지구 대부분에서 비정상적인 기상을 유발한다. 어떤 때는 정상보다 건조하고 어떤 때에는 더 습해진다. 정상보다 더 차거나 더울 수도 있다. 특정 엘니뇨가 어떤 지역의 기상에 어떻게 영향을 주는지 정확하게 예측하기는 아직 어렵다.

그림 7.25는 매우 강한 엘니뇨가 어떻게 전 세계에 홍수, 침식, 가뭄, 화재, 열대폭풍, 해양생물에 영향을 주는지를 보여준다. 이러한 기상 교란은 옥수수, 면화, 커피 등의 생산에도 영향을 준다. 더 국지적으로 **그림 7.26**의 위성영상은 북미 서해안의 표면수온이 엘니뇨 기간에 보통 때보다 상당히 높았음을 보여준다.

극심한 엘니뇨가 광범위한 파괴와 관련되는 것이 일반적이지만 어떤 지역에서는 혜택을 받기도 한다. 예를 들면 상층 대기의 바람이 강해져서 대서양에서는 허리케인의 발생이 억제되고 어떤 사막에서는 매우 필요로 하는 비가 내리기도 하며 높은 수온에 적응된 생물들이 태평양에서 번창하기도 한다.

라니냐는 엘니뇨와 반대의 표면수온과 기상조건과 결부된다. 예를 들어 인도양의 계절풍은 엘니뇨 기간에는 정상보다 건조하고 라니냐의 해에는 습하다.

최근 엘니뇨의 예　최근에는 엘니뇨의 효과에도 변동이 있다는 증거가 나오고 있다. 예를 들면 1976년 겨울에 중간 정도의 엘니뇨가 캘리포니아 북부에서 20세기 최악의 가뭄과 동시에 발생했는데, 엘니뇨가 미국 서부에 항상 엄청난 비를 퍼붓는 것은 아니라는 것을 보여주었다. 같은 겨울에 미국 동부는 기록적인 한파를 기록했다.

1982~1983년의 엘니뇨　역사상 가장 강력했던 것으로 기록된 1982~1983년의 엘니뇨는 지구 전체에 광범위한 영향을 끼쳤다. 열대 태평양이 비정상적으로 더웠을 뿐만 아니라 더운물은 북미 서해안까지 확

학생들이 자주 하는 질문

엘니뇨는 다른 해양에서도 발생하는가?

그렇다. 대서양과 인도양에서도 엘니뇨 비슷한 현상을 경험한다. 이들은 열대 태평양의 것처럼 강하지도 않고 전 세계의 기상에 영향을 주지도 않는다. 태평양의 넓은 폭이 더욱 강한 엘니뇨의 주원인이다.

대서양에서는 북대서양진동(North Atlantic Oscillation, NAO)과 관련되어 있는데, 이것은 아이슬란드와 아조레스 군도의 기압이 주기적으로 변하는 것이다. 이 기압 차는 북대서양 편서풍의 세기를 결정하고 이는 다시 해류에 영향을 준다. 대서양은 주기적으로 NAO를 경험하는데, 가끔 미국 북동부에 강력한 한파, 유럽의 비정상적인 기상, 건조한 남서 아프리카에 많은 비를 야기한다.

장되어 알래스카까지 표층수온을 변동시켰다. 열팽창으로 인해 해수면이 평상시보다 높아져서 큰 파도가 발생할 때에는 해안의 구조물이 파괴되고 해안침식이 심해졌다. 더구나 미국에서는 제트기류가 정상보다 훨씬 남쪽으로 이동해서 남서부 지역에서 평년 강수량의 세 배를 넘는 강력한 폭풍을 계속 일으켰다. 증가한 강수량으로 극심한 홍수와 사태가 일어났을 뿐만 아니라 로키산맥에는 많은 눈이 내렸다. 알래스카와 캐나다 서부의 겨울은 비교적 따뜻했고 미국 동부도 25년만에 온화한 겨울을 보냈다.

남미 서부는 가장 심한 엘니뇨를 겪었다. 페루에서는 3m 이상의 비로 흠뻑 젖어서 극도의 홍수와 산사태를 일으키는 게 보통이다. 표층수온은 너무 높아서 수온에 민감한 산호들이 대량 폐사한다. 남미 해안의 생산력 높은 물에서 얻는 먹이에 의존하던 해양 포유류와 새들은 죽거나 다른 곳으로 이동한다. 예를 들어 갈라파고스 섬에서는 1982~1983년의 엘니뇨 동안에 절반 이상의 바다표범과 바다사자들이 굶어 죽었다.

프랑스령 폴리네시아는 75년간 태풍을 겪지 않았지만 1983년에는 6개를 겪었다. 하와이의 카우아이 섬도 매우 드문 태풍을 경험했다. 한편, 유럽에서는 추위가 심했다. 세계적으로는 오스트레일리아, 인도네시아, 중국, 인도, 아프리카 그리고 중미에 가뭄이 들었다. 모두 2,000명 이상 죽고 적어도 100억 달러 이상의 재산피해(미국에서 25억 달러)가 1982~1983년의 엘니뇨 탓으로 발생했다.

1997~1998년의 엘니뇨 이 엘니뇨는 보통보다 몇 달 일찍 시작해서 1998년 1월에 최고에 달했다. 처음에 남방진동의 양과 열대 태평양의 표층수온 상승은 1982~1983년의 엘니뇨만큼 강해서 많은 관심을 끌었다. 그렇지만 1997년의 마지막 몇 달 동안 약해졌다가 1998년 초에 다시 강화되었다. 그 충격은 대부분 열대 태평양에서 감지되었는데, 동태평양의 평균수온이 정상보다 4°C 높았고 어떤 지역에서는 9°C 높았다(그림 7.23a 참조). 서태평양의 고기압으로 인해 인도네시아에서는 가뭄이 들고 산불이 통제되지 않을 정도로 심했다. 중미와 북미의 서해안을 따라 높아진 수온 때문에 멕시코 근해에서 허리케인의 수도 증가하였다.

미국에서 1997~1998년의 엘니뇨는 남동부에 살인적인 토네이도, 중서부 북쪽에는 심한 눈보라, 오하이오 계곡에는 홍수를 일으켰다. 캘리포니아 대부분은 예년의 두 배에 달하는 비가 와서 여러 곳에서 홍수와 산사태가 났다. 중서부 남쪽과 북서부 태평양 연안 그리고 동해안 지역은 반대로 비교적 온화한 날씨가 계속되었다. 전 세계적으로 1997~1998년 엘니뇨는 2,100명의 사망자와 330억 달러의 재산피해를 입혔다.

엘니뇨의 예측 1982~1983년의 엘니뇨는 예측하지 못했고 최고조에 이를 때까지 알지도 못했다. 전 세계에 영향을 주었고 그토록 광범위한 피해를 입혔기 때문에 엘니뇨가 어떻게 발달하는지를 연구하기 위해서 1985년에 **TOGA**(Tropical Ocean-Global Atmosphere) 프로그램이 시작되었다. TOGA 프로그램의 목적은 과학자들로 하여금 열대 남태평양을 모니터링하고 미래의 엘니뇨를 예측하도록 하는 것이었다. 10년짜리 프로그램에 의해 선박으로 관측을 하고 부이의 센서들로부터 전송되는 해양 표면 및 내부의 자료를 분석하고, 위성으로 해양현상을 모니터링 했으며 컴퓨터 모델을 개발하였다.

이 모델들을 이용해서 1987년부터는 엘니뇨를 1년 전에 예측할 수 있게 되었다. TOGA가 종료된 후에는 **TAO**(Tropical Atmosphere and Ocean) 프로젝트가 (미국, 캐나다, 호주, 일본의 후원으로) 이어져서 70개의 부이를 통해서 열대 해역의 조건들에 관한 정보가 실시간으로 제공되고 인터넷에 공개되고 있다. 모니터링은 개선되었음에도 불구하고 엘니뇨가 촉발되는 원인은 아직도 충분히 이해하지 못하고 있다.

요약

엘니뇨는 해양-대기가 상호작용하는 현상으로서 열대 태평양에서 주기적으로 발생하며 더운물을 동쪽으로 이동시킨다. 라니냐는 엘니뇨와 반대인 조건들을 나타낸다.

개념 점검 7.4 | 각 해양의 주요 표층순환 패턴을 확인하라.

1 멕시코만류의 북서쪽에서 발달하는 와동이 왜 시계 방향으로 회전하고 더운물의 핵을 가지는 반면 남동쪽에서 발달하는 와동은 반시계 방향으로 회전하고 찬물의 핵을 가지는가?

2 인도양의 두 계절에 일어나는 기압, 강수, 바람 그리고 표층해류를 설명하라.

3 엘니뇨/라니냐 기간 동안에 일어나는 대기와 해양의 변화를 설명하라(기압, 바람, 워커순환, 기상, 적도해류, 연안용승과 침강, 해양생물, 표면수온, 태평양 난수층, 해수면 높이, 수온약층의 위치 포함).

4 엘니뇨는 얼마나 자주 발생하는가? 그림 7.24를 이용해서 1950년 이래 엘니뇨가 발생한 햇수가 몇 년인지 알아보라. 엘니뇨는 규칙적인 주기를 가지고 발생했는가?

5 라니냐는 어떻게 엘니뇨와 다른가? 라니냐가 1950년 이래 발생한 패턴을 엘니뇨와 연관시켜서 설명하라(그림 7.24 참조)

6 극심한 엘니뇨가 세계적으로 어떤 영향을 주는지 설명하라.

7.5 심층해류는 어떻게 만들어지는가?

심층해류는 수온약층 아래의 심층에서 일어나며 모든 해수의 약 90%에 영향을 미친다. 밀도 차가 심층해류를 일으킨다. 비록 이 밀도 차는 대개 작지만 고밀도의 물을 침강시키기에는 충분하다. 심층해류는 표층해류보다 더 많은 부피의 물을 수송하지만 훨씬 느리게 움직인다. 심층해류의 대표적인 속도는 1년에 10~20km이다. 그러므로 서안경계류가 한 시간 가는 거리를 심층해류는 1년 걸려서 흐른다.

심층해류를 일으키는 밀도의 변화는 수온과 염분의 차이 때문에 생기므로 심층순환을 **열염순환**(thermohaline circulation: *thermo* = heat, *haline* = salt)이라고도 한다.

열염순환의 기원

제5장에서 수온의 감소와 염분의 증가에 의해 해수의 밀도는 커진다는 것을 배웠다.

심층해류(열염순환)와 관련된 해수 대부분의 기원은 고위도 해역의 표면이다. 이 지역에서 표층수는 차가워지고 얼음이 얼면서 염분은 증가한다. 이 표층수가 충분히 무거워지면 침강하면서 심층해류가 시작된다. 일단 침강하면 밀도를 증가시켰던 표면의 물리적인 과정으로부터 멀어지고 상당 기간 동안 수온과 염분이 변하지 않은 채로 남아 있게 된다. 그래서 **수온-염분도**(temperature-salinity diagram, T-S diagram)를 이용해서 특징적인 수온, 염분, 밀도에 기초한 심층수괴의 식별이 가능하게 된다. **그림 7.27**은 북대서양의 수온-염분도이다.

이 표층수괴들이 고위도에서 무거워져 침강하지만 심층수괴 또한 표면으로 상승한다. 고위도에서의 수온은 표면이나 깊은 수심이나 같아서 수온약층 혹은 밀도약층이 없으므로(제5장 참조) 상승과 침강이 쉽게 이루어질 수 있다.

심층수의 기원

남반구의 아한대 해역에는 남극대륙의 가장자리에 분포하는 얼음 밑에서 엄청난 양의 심층수가 형성된다. 여기에서 겨울철의 빠른 냉각으로 인해 매우 차고 밀도 높은 물이 대륙사면을 타고 침강하여 **남극저층수**(Antarctic Bottom Water)가 되는데, 해양에서 가장 무거운 물이다(**그림 7.28**). 남극저층수는 천천히 침강하여 모든 해양 속으로 퍼져서 약 1,000년 후에는 결국 표면으로 되돌아오게 된다.

북반구의 아한대 해역에는 노르웨이해에서 많은 양의 심층수가 형성된다. 여기서 형성된 심층수는 북대서양 속으로 흘러 들어 **북대서양심층수**(North Atlantic Deep Water)의 일부가 된다. 북대서양심층수는 또한 그린란드 남동쪽의 이르밍거해, 래브라도해, 고염분의 지중해에서도 온다. 남극저층수처럼 북대서

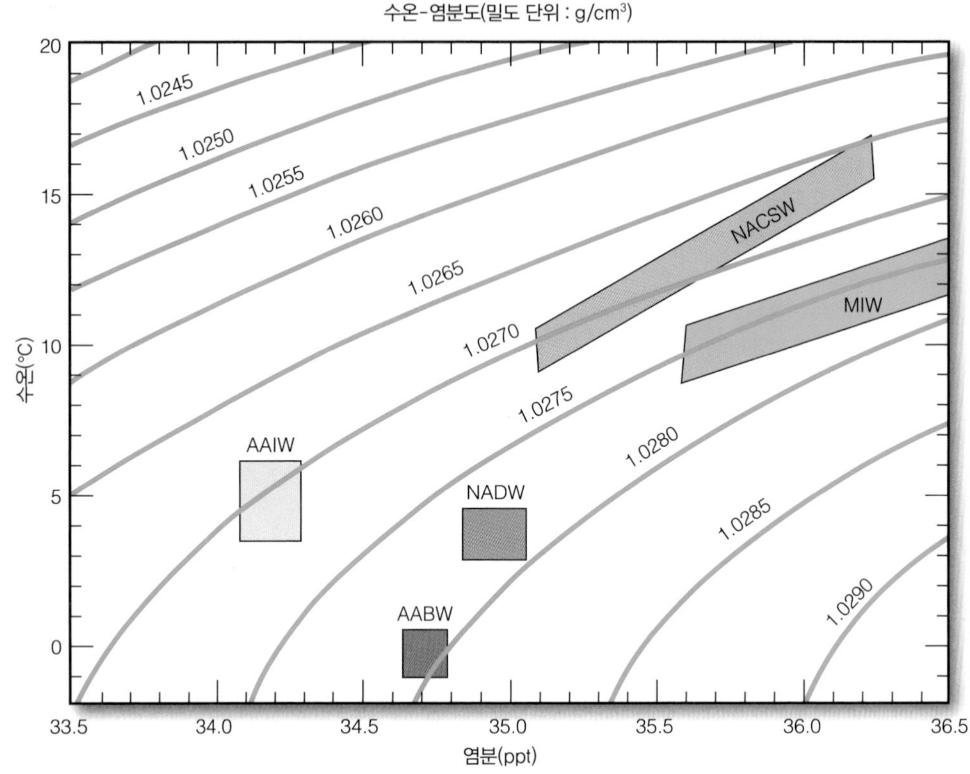

그림 7.27 수온-염분도. 북대서양의 수온-염분도. 등밀도선의 밀도 단위는 g/cm³이다. 다양한 수괴가 침강한 후에는 특징적인 수온, 염분, 밀도에 의해서 식별할 수 있다.

양심층수는 해양 전체에 퍼진다. 그렇지만 덜 무겁기 때문에 남극저층수 위에서 층을 이룬다(그림 7.28).

표층수괴는 아열대환류의 내부와 북극해 그리고 남극해에서 수렴한다. 아열대수렴대에서도 표층수는 수렴하지만 깊이 침강하기에는 밀도가 너무 작아서 심층수를 만들지는 못한다. 그러나 **북극수렴대**(Arctic Convergence)와 남극수렴대는 주요 침강지역이다(그림 7.28). 남극수렴대에서 침강하는 심층수괴를 **남극중층수**(Antarctic Intermediate Water)라고 하며(그림 7.28), 세계에서 가장 연구가 덜 된 채로 남아 있는 수괴이다.

그림 7.28은 또한 가장 밀도 큰 물이 해저 바닥을 따라 발견되고 그 위에 덜 무거운 물이 있다는 것을 보여준다. 저위도 지역에서는 따뜻한 상층수와 깊은 심층수 사이에 현저하게 발달한 수온약층과 밀도약층이 있어서 연직혼합을 방해한다. 반면에 고위도 지역에는 밀도약층이 없으므로 기본적인 연직혼합(용승과 침강)이 일어난다.

밀도에 따른 이러한 일반적인 성층 패턴은 태평양과 인도양에도 나타난다. 하지만 이 해양들의 북반구에는 근원지가 없기 때문에 심층수가 부족하다. 북태평양에서는 표층수의 염분이 낮아 깊이 침강하지 못한다. 인도양 북부에는 표층수가 너무 따뜻해서 침강할 수 없다. 남극저층수와 북대서양심층수가 혼합되어서 만들어지는 **해양공통수**(Oceanic Common Water)는 태평양과 인도양의 바닥을 채운다.

그림 7.28 **대서양의 수괴.** 대서양의 다양한 수괴들을 보여주는 모식도. 태평양과 인도양에서는 이와 유사하지만 성층이 덜 뚜렷하다. 북대서양과 남극대륙 근처에서 용승과 침강이 일어나면서 심층수괴가 만들어진다.
https://goo.gl/ow7wr6

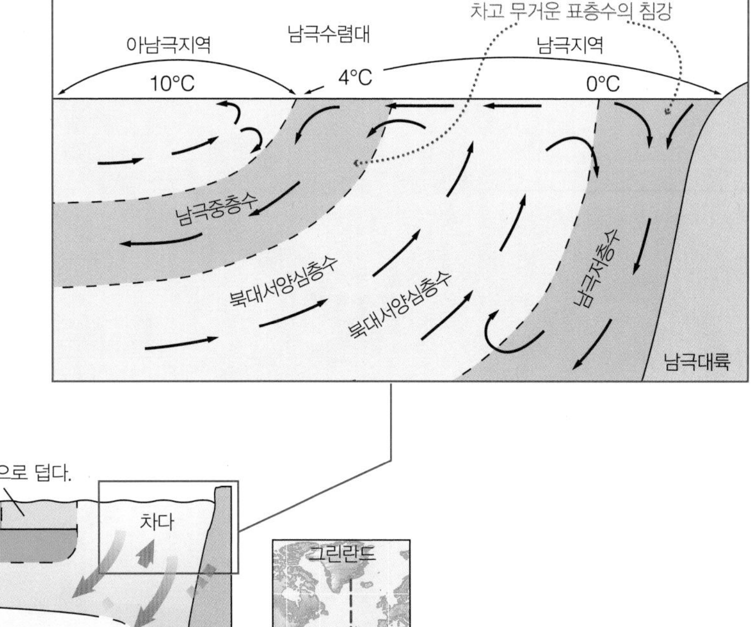

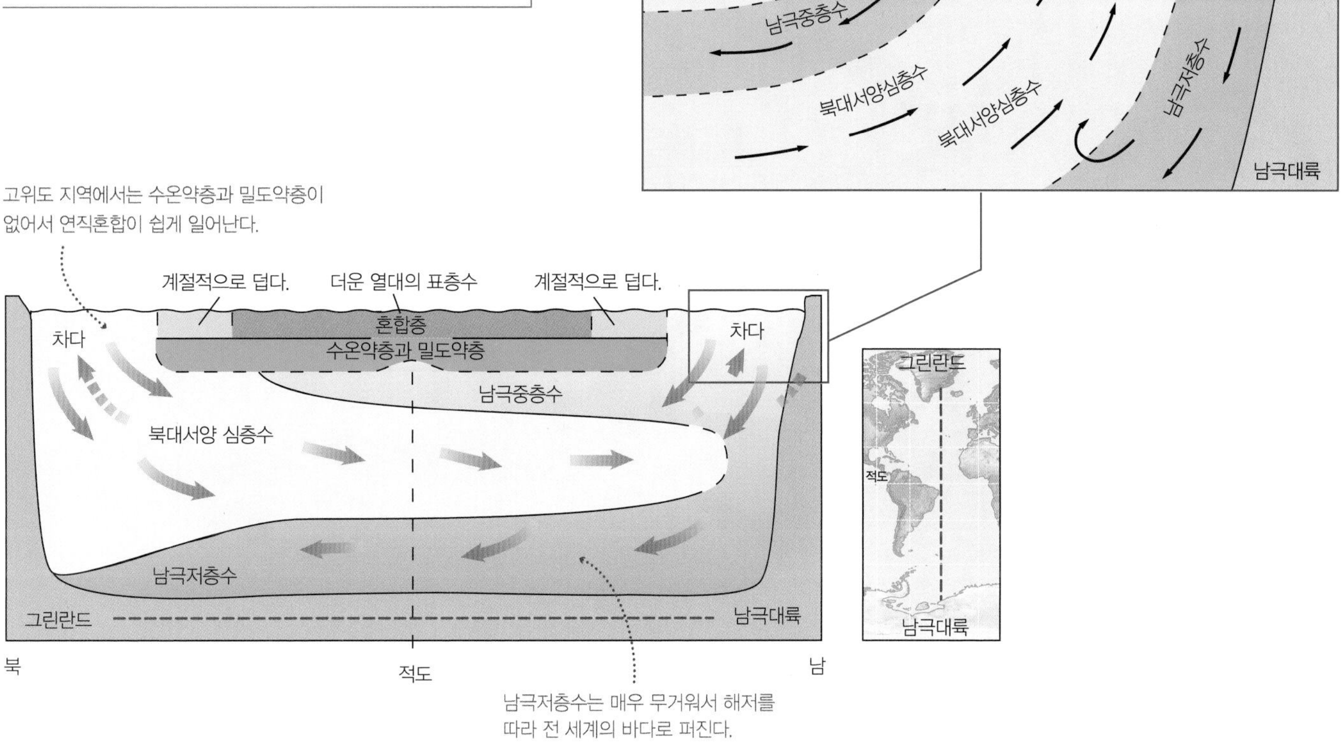

세계의 심층순환

표면에서 심해로 물이 침강하면 같은 양의 물이 다른 곳에서 표면으로 올라와야 한다. 하지만 정확하게 어디에서 표면으로 올라오는지를 확인하기는 어렵다. 일반적으로 해양 전체에서 서서히 일정하게 용승하며 표면수온이 더 높은 저위도에서 보다 많이 용승할 것으로 생각된다. 한편으로는 남반구에서 수행된 심층수와 표층수와의 난류 혼합에 관한 최근의 연구들은 불규칙한 해저지형을 지나가는 심층수가 표면으로 올라오는 주요인일 것이라고 제시한다.

Web Animation
북대서양의 심층순환
https://goo.gl/ojdtTq

컨베이어벨트 순환 심층의 열염순환과 표층해류를 결합한 통합모델의 결과가 그림 7.29에 나와 있다. 전반적인 순환패턴이 컨베이어 벨트를 닮았다고 해서 **컨베이어벨트 순환**(conveyer-belt circulation)이라 한다. 북대서양을 시작으로 표층수는 멕시코만류를 통해서 고위도로 열을 수송한다. 추운 겨울 동안 이 열은 대기로 전달되어 북유럽을 따뜻하게 만든다.

북대서양에서 표층수가 냉각되면 밀도의 증가로 바닥까지 침강하여 남쪽으로 흘러서 '컨베이어'의 아래 부분을 구동한다. 여기에서 남쪽으로 흐르는 양은 아마존강 100개를 합친 것과 같으며 모든 해양의 저층으로 긴 여행을 시작하는 것이다. 이 벨트는 아프리카의 남단까지 확장되고 거기에서 남극대륙을 도는 심층수와 합쳐진다. 남

https://goo.gl/sXd731

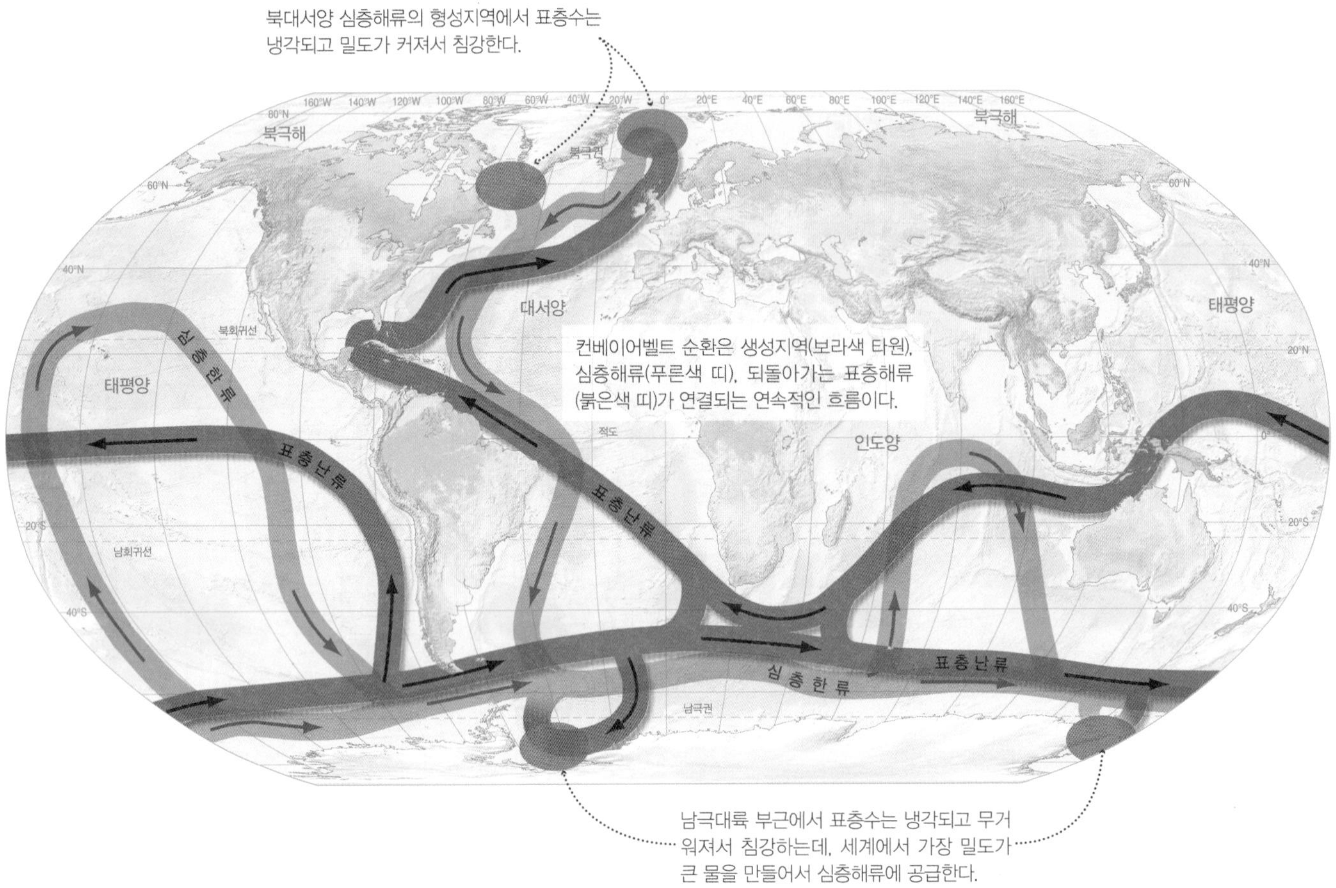

북대서양 심층해류의 형성지역에서 표층수는 냉각되고 밀도가 커져서 침강한다.

컨베이어벨트 순환은 생성지역(보라색 타원), 심층해류(푸른색 띠), 되돌아가는 표층해류(붉은색 띠)가 연결되는 연속적인 흐름이다.

남극대륙 부근에서 표층수는 냉각되고 무거워져서 침강하는데, 세계에서 가장 밀도가 큰 물을 만들어서 심층해류에 공급한다.

북극해
대서양
태평양
인도양
심층한류
표층난류
북회귀선
남회귀선
적도
북극권
남극권

그림 7.29 단순화된 컨베이어벨트 순환. 세계 해양의 컨베이어벨트 순환을 보여주는 모식도. 수괴의 기원지(보라색 타원)가 표층수의 냉각으로 밀도가 커져서 침강하는 고위도에 위치한다. 이 기원지에서 밀도 높은 심층수(푸른색 띠)가 만들어져서 모든 해양 속으로 서서히 들어간다. 이 심층수는 모든 해양을 통해서 천천히 올라오며 따뜻한 표층수(붉은색 띠)로 기원지로 되돌아감으로써 컨베이어를 완성한다.

Web Animation
심해 컨베이어벨트 순환
http://goo.gl/jzGmDh

극대륙을 도는 심층수는 그 주변을 따라서 침강하는 심층수도 포함한다. 이 혼합수는 태평양과 인도양의 해저를 따라 북상하고 최후에는 표면으로 올라와서 서쪽으로 흘러 북대서양으로 다시 들어감으로써 컨베이어 벨트를 완결한다.

해양순환에 관한 이렇게 단순한 컨베이어벨트 모델이 표층해류와 심층해류 모두의 운동을 적절하게 반영해줄까? 인공위성과 심해 탐사는 표층에서 극지방으로 향하는 더운물과 심층에서 적도로 향하는 찬물의 기본적인 컨베이어벨트는 확인해준다. 그러나 컨베이어벨트 모델은 해양순환 시스템의 중요하면서도 복잡한 성분들, 즉 기후변화에도 영향을 주는 작은 규모의 소용돌이와 해양 전선을 무시했으므로 근래에는 더 작은 규모의 연구가 진행되고 있다.

Climate

Connection

심층수의 용존산소 찬물은 더운물보다 더 많은 산소를 녹일 수 있다. 그래서 심층순환은 무겁고 차고 산소가 풍부한 물을 표면에서 심해까지 운반하는 것이다. 심해에 있는 동안에 심층수는 죽은 해양생물들의 분해로 인해서 영양염 또한 풍부해지는 대신에 영양염을 사용할 생물들은 부족하다.

Interdisciplinary
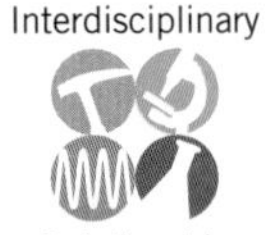
Relationship

여러 지질시대 동안에는 더운물이 심해의 대부분을 채웠을 것이다. 그 결과 해양은 더운물이 산소를 많이 함유하지 못하기 때문에 지금보다 산소 농도가 훨씬 낮았을 것이다. 더구나 해양의 산소량은 시간에 따라 크게 변동했을지도 모른다.

만일 고위도에서 표층수가 침강하지 않고 또한 표면으로 다시 올라오지 않는다고 가정하면 해양에서 생물들의 분포는 상당히 달라질 것이다. 심해에는 산소가 없어서 생물도 거의 살지 않을 것이고 심층순환이 영양을 표면으로 가져오지 못하는 표층 또한 생물들이 상당히 감소할 것이다.

컨베이어벨트 순환과 기후변화 컨베이어벨트 순환은 지구의 해양순환에서 중요한 부분으로서 전 지구적인 기후에 심대한 영향을 끼칠 수 있다. 한 예로 북대서양의 표층해류와 심층해류를 포함하는 컨베이어를 **대서양자오선순환**(Atlantic meridional overturning circulation, AMOC)이라고 부른다. 연구 결과, 지금은 그린란드의 얼음이 많이 녹아서 북대서양에 밀도가 적은 저염수를 배출했기 때문에 심층수의 침강을 방해하는 뚜껑의 역할을 함으로써 1,000년 전에 비해 AMOC이 약해진 것으로 밝혀졌다. 이 현상을 연구하는 과학자들은 AMOC이 지구온난화 때문에 향후 수십 년간 계속 약해지면서 그린란드의 얼음을 더 많이 녹일 것이고 북대서양에서 담수쐐기의 크기를 키우다가 결국 AMOC을 완전히 정지시킬 것이라고 예측한다. 만약 이런 일이 벌어진다면 심층수의 형성이 억제될 것이고 전 지구적인 순환 패턴은 재조정될 것이다. 예를 들면, 담수쐐기는 멕시코만류가 북대서양에서 고위도에 도달하는 대신에 적도 쪽으로 도로 돌아오게 함으로써 유럽, 북미 그리고 세계의 많은 곳에서 기후를 극적으로 바꾸어 놓을 것이다. 해양순환 패턴의 재조정이 어떻게 지구의 기후를 바꿀 것인지에 대한 보다 자세한 내용은 제16장 '해양과 기후변화'를 참조하라.

학생들이 자주 하는 질문

영화 '투모로우'는 심층순환 변동의 결과로 발생한 초대형 얼어붙는 폭풍을 다루고 있다. 과연 이것이 실제로 가능할까?

비록 헐리우드 영화가 극적으로 과장하는 것으로 잘 알려져 있지만 이 2004년도 블록버스터의 흥미로운 점은 최근의 과학적인 발견에 기초해서 제작되었다는 것이다. 즉 해양의 심층순환은 전 세계의 해류가 움직이도록 도와주고 세계 기후에 중요하다. 사실 북대서양의 심층순환이 이미 약해졌고, 금세기 동안에 더 약해져서 우리의 기후에 좋지 않은 영향을 줄 것이라는 강력한 증거가 있다. 하지만 분명하게 영화에서 전개되는 상황처럼 급격하지는 않을 것이다. 컴퓨터 모델에 의하면 북대서양 심층순환이 계속 약해지면 장기간에 걸친 한랭화가 초래될 것인데, 특히 북유럽의 여러 지역에서 심할 것이다.

Climate

Connection

요약

열염순환은 고위도의 표면에서 형성되는 차고 무거운 해수의 침강으로부터 심층해류의 운동이다.

개념 점검 7.5 | 심층해류의 기원과 특성을 설명하라.

1. 열염순환의 기원을 논하라. 심층해류는 왜 고위도 해역에서만 형성되는가?
2. 두 가지 심층수괴는 무엇인가? 그들은 어느 해역의 표면에서 만들어지는가?
3. 당신이 해양의 어느 곳에 있든지 충분히 깊이 들어가면 해양 공통수를 접하게 되는 이유를 설명하라.
4. 만일 심층해류에 산소가 거의 없다면 해양에 생물의 분포가 어떻게 달라질 것인지 설명하라.

7.6 해류는 에너지원으로 이용될 수 있을까?

해류의 운동은 가끔 풍력발전소(제6장 참조)와 같이 재생 가능하고 청정한 에너지원이 될 수 있는 것으로 생각되어왔지만 물속에 있다는 것이 문제다. 비록 해류가 바람보다 훨씬 느림에도 불구하고 물의 밀도가 공기보다 약 800배 크기 때문에 해류는 바람보다 훨씬 많은 에너지를 수송한다. 이론적으로 해류는 어떤 오염도 없이 풍력발전보다 더 많은 전력을 생산할 수 있는 잠재력이 있다. 또한 해류는 하루 종일 흐르기 때문에 풍력이나 태양광보다 더 신뢰할 만한 전기를 제공할 수 있다.

해류에서 에너지를 얻는 장소의 하나로 고려되고 있는 것이 플로리다해류-멕시코만류 시스템으로서 미국 동해안을 따라 강하게 흐르는 서안경계류이다. 사실 과학자들은 플로리다 남동해안에서만 적어도 2,000MW[14]의 전력을 생산할 수 있을 것으로 추산하였다.

해류에서 에너지를 추출하기 위한 다양한 장치들이 제시되었다. 모두가 물의 움직임을 전기에너지로 변환하는 몇 가지 메커니즘을 채용했다. **그림 7.30**이 한 해결책을 보여준다. 여기에서 풍차와 비슷한 수중 터빈이 해류가 강한 해저 바닥에 고정 설치되었다. 해류가 탑을 지나가면서 프로펠러를 돌리고 내부의 터

14 1MW는 미국에서 약 800가구에 충분히 공급할 수 있는 전력이다.

그림 7.30 해류발전기. 아일랜드의 스트랭퍼드 호수에 설치된 해류발전기로서 물속에서 전기를 생산하는 회전날개가 수리를 위해서 들려져 있다. 해류가 탑을 지나면서 16m 길이의 프로펠러를 돌리고 내부의 터빈을 회전시킴으로써 전기를 생산한다. 프로펠러는 양쪽 방향으로 돌 수 있으므로 유향이 반전되는 조류에 대해서도 이용할 수 있다.

빈을 회전시켜서 전기를 발생시킨다. 이 시스템은 방향이 뒤바뀌는 조류에 대해서도 작동해야 하므로 어떤 경우에는 프로펠러가 양 방향으로 회전할 수 있고, 다른 경우에는 터빈 전체가 흘러오는 흐름을 마주할 수 있도록 자세를 선회할 수도 있다. 뉴욕의 이스트강에서 6개의 터빈을 가진 시스템으로 성공적인 시험을 했다. 이 시스템을 300개의 터빈까지 확대한다면 10MW의 전력을 생산할 수 있다.

해류에서 전기를 생산하는 시스템들에는 극복해야 할 중요한 장애물 몇 가지가 있다. 예를 들면, 현재의 시스템은 비싸고 유지하기 어려우며, 선박에 잠재적으로 위험할 수도 있다. 더구나 전력을 얻는 움직이는 기계는 잠재적으로 해양생물들을 교란하거나 다치게 하고 죽일 수도 있다. 물론 상세한 환경 연구에 의하면 해양생물들이 그러한 장치들이 해가 되지 않는다는 결과가 있지만.[15] 또한 움직이는 부품을 가진 정교한 기계를 수중에 설치해서 장기간에 걸쳐 노출시키면 부식 혹은 생물부착(해조류와 다른 부착생물이 기계에 쌓이는 것) 같은 문제가 생긴다. 더구나 해류의 변동성으로 인해서 불규칙한 전력 생산이 문제가 되기도 한다. 그러나 여전히 유사한 시스템들이 아일랜드의 스트랭퍼드 호수(그림 7.30)에서 사용되고 있고 캐나다의 펀디만과 한국에서도 계획되고 있다.

요약

바다에 기계장치들을 설치하는 어려움에도 불구하고 해류를 이용한 발전 기술을 개발하는 것에는 신재생 에너지원으로서 방대한 잠재력이 있다.

개념 점검 7.6 | 해류를 에너지원으로 개발하는 장점과 단점을 평가하라.

1 현재 더 보편적인 풍력발전보다 해류가 더 많은 전력을 생산할 수 있는 잠재력을 가지는 이유를 설명하라.

2 해안에 해류발전 시스템을 만드는 장점과 단점을 논하라.

15 흥미롭게도 같은 환경연구에 따르면 실제로 이러한 해저 시설물들의 부근에는 어업 활동이 없기 때문에 해양보호구역의 대용으로 기능할 수도 있다고 한다.

핵심 개념 정리

7.1 해류는 어떻게 측정하는가?

▶ 해류는 물 덩어리가 한 곳에서 다른 곳으로 움직이는 것이고 바람에 의해 구동되는 표층해류와 밀도에 의해 구동되는 심층해류로 나뉜다. 해류는 직접적인 방법 혹은 간접적인 방법으로 측정할 수 있다.

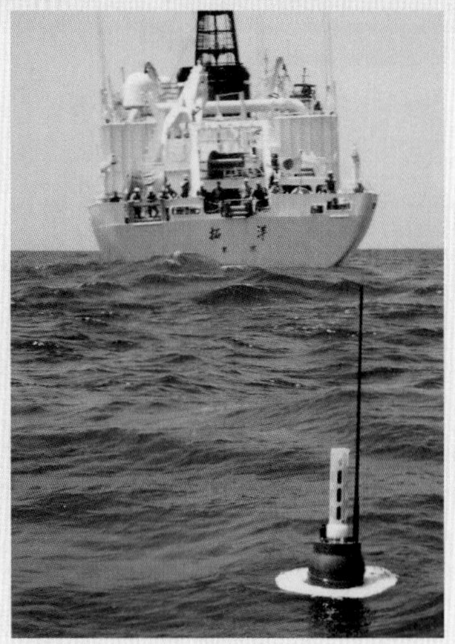

심화 학습 문제

표층해류와 심층해류의 특성과 기원을 비교하라.

능동 학습 훈련

강의실의 다른 학생들과 함께 표층해류와 심층해류를 측정하는 방법들의 목록을 만들어라.

7.2 표층해류는 무엇이 일으키고 어떻게 구성되는가?

▶ 표층해류는 밀도약층을 포함한 상층부의 흐름이다. 표층순환은 환류라고 부르는 원형의 고리들로 구성되며 세계의 주요 풍대에 의해서 구동된다. 이들은 대륙의 위치, 코리올리 효과 등의 요인들 때문에 달라진다. 모두 5개의 아열대환류가 있는데 북반구에서는 시계 방향, 남반구에서는 반시계 방향으로 회전한다. 환류의 중심부로 물이 몰려 쌓이면서 '언덕'을 만든다.

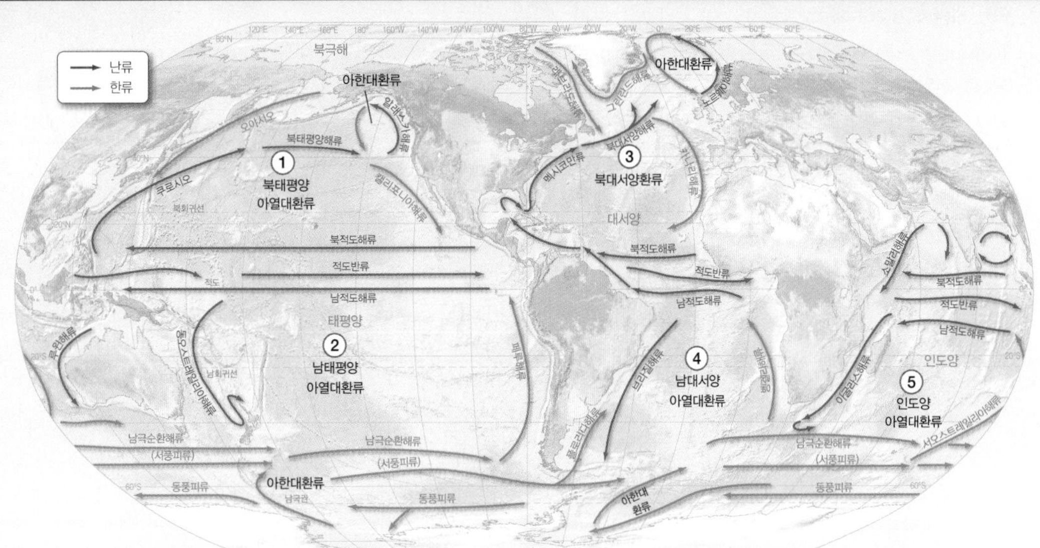

▶ 에크만 나선은 바람과 코리올리 효과 때문에 생기며 얕은 표층에 영향을 준다. 에크만 나선에 의한 전체적인 평균 흐름은 풍향의 직각 방향으로 일어난다. 환류의 중심부로부터 중력이 물을 언덕 아래로 움직이는 반면에 코리올리 효과가 이를 편향시킨다. 중력과 코리올리 효과가 균형을 이룰 때 지형류가 되어 물은 등압선에 평행하게 흐르게 된다.

▶ 위도에 따른 지구 자전효과의 차이 때문에 언덕의 정상부는 환류의 지리적인 중심으로부터 서쪽으로 벗어나 있다. 서안강화라는 현상이 생겨서 아열대환류의 서안경계류는 동안경계류에 비해서 빠르고 좁고 깊다.

심화 학습 문제

기억 속에서 대륙들을 포함하는 세계의 아열대환류 5개를 만들어라. 각 환류에 속하는 해류들의 이름을 붙여라.

능동 학습 훈련

강의실의 다른 학생들과 함께 만약 지구에 대륙이 없었다면 표층해류의 패턴이 어떻게 보일지 묘사하라.

7.3 무엇이 용승과 침강을 일으키는가?

▶ 용승과 침강은 표층수와 심층수가 연직 혼합되는 것을 도와준다. 영양염 많은 깊은 곳의 찬물이 표면으로 올라오는 운동인 용승은 생물 생산을 촉진하고 많은 해양생물이 번성하게 만든다. 용승과 침강은 다양한 방법으로 일어난다.

심화 학습 문제

실용적인 관점에서 용승이 침강보다 훨씬 더 집중적으로 연구된 여러 가지 이유를 들어라. 예를 들면, 세계의 주요 어장들이 왜 용승 지역과 관련이 있는가?

능동 학습 훈련

강의실의 다른 학생들과 다음의 질문에 대해서 토론하라 : 만약 지구의 자전이 갑자기 멈춘다면 용승과 침강을 일으키는 과정들은 어떻게 영향을 받겠는가?

7.4 각 해양의 주요 표층순환 패턴은 어떠한가?

▶ 남극순환은 남극순환해류(서풍피류)라는 하나의 커다란 해류로 이루어지는데 편서풍에 의해 구동되어 남극대륙 주위를 시계 방향으로 돈다. 남극순환해류와 남극대륙의 사이에는 극동풍에 의해 움직이는 동풍피류가 있다. 두 해류가 반대 방향으로 흐르면서 에크만 수송 또한 서로 벌어짐으로써 남극발산대가 형성되는데, 용승 때문에 해양생물이 풍부한 지역이다.

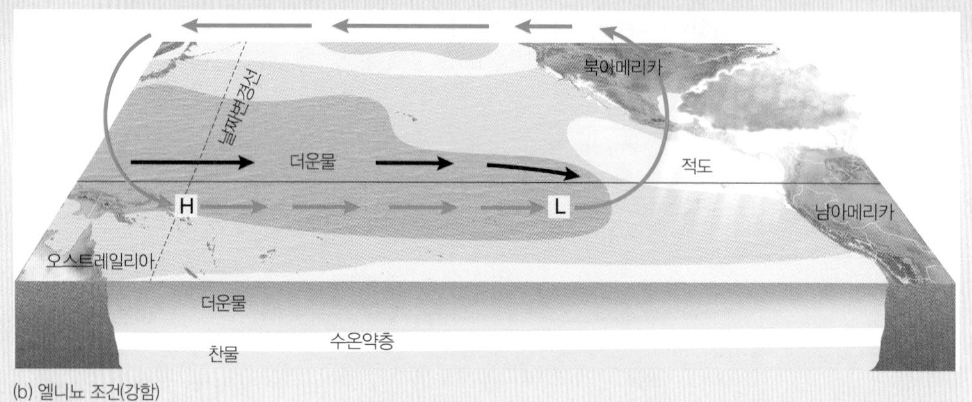

(b) 엘니뇨 조건(강함)

▶ 대서양의 순환은 북대서양환류와 남대서양환류가 지배한다. 약하게 발달한 적도반류가 이 두 환류를 갈라놓는다. 가장 빠르고 가장 많이 연구된 해류가 멕시코만류인데 미국 남동해안을 따라 더운물을 운반한다. 멕시코만류의 사행운동은 난핵와동과 냉핵와동을 만들어낸다. 멕시코만류는 더운물을 운반하여 북유럽까지 따뜻하게 만든다.

▶ 인도양에는 인도양환류 하나만 있는데 대부분 남반구에 분포한다. 계절풍 시스템은 계절에 따라 방향을 바꾸며 인도양의 순환을 지배한다. 계절풍은 겨울에 북동쪽에서, 여름에는 남서쪽에서 분다.

▶ 태평양의 순환은 2개의 환류인 북태평양환류와 남태평양환류로 이루어지며 잘 발달된 적도반류에 의해 분리된다.

▶ 태평양의 대기-해양순환 패턴이 주기적으로 교란되는 것을 엘니뇨-남방진동(ENSO)이라고 한다. ENSO의 더운 국면(엘니뇨)은 동쪽으로 이동하는 난수층과 관련이 있으며 무역풍이 약해지거나 반대로 불고 적도를 따라 해수면이 높아지며 남미 서해안의 생산력이 감소한다. 강한 엘니뇨는 전 세계의 기상을 변화시킨다. ENSO의 찬 국면(라니냐)은 열대 동태평양의 수온이 정상보다 더 낮은 것과 관련이 있다.

심화 학습 문제

그림 7.22를 이용해서 정상적인 조건과 엘니뇨 사이에서 일어나는 대기와 해양의 변화들을 정리하라. 또한 정상적인 조건과 라니냐를 비교하라.

능동 학습 훈련

세계에서 가장 수량이 많은 아마존강은 홍수 시기에 1초에 20만 m^3의 물을 대서양에 배출한다. 강의실의 다른 학생들과 함께 (1) 남극순환해류와 (2) 멕시코만류의 수송률을 비교하라. 두 해류는 아마존 강의 몇 배를 수송하는가?

7.5 심층해류는 어떻게 만들어지는가?

- 심층해류는 밀도약층 아래에서 일어나며 표층해류에 비해 훨씬 느리지만 많은 양의 해수에 영향을 준다. 표면의 수온과 염분의 변화가 밀도를 약간 증가시킴으로써 심층해류가 시작된다. 심층해류는 열염순환이라고도 부른다.
- 해양에는 밀도에 따라 성층이 형성된다. 가장 밀도가 큰 남극저층수는 남극대륙 근처에서 만들어져 침강한 후에 대륙붕을 따라 남대서양으로 흘러 들어간다. 더 북쪽의 남극수렴대에서는 염분이 낮은 남극중층수가 그 밀도에 맞는 중층 수심까지 침강한다. 이 둘 사이에 낀 것이 북대서양심층수인데, 이것은 수백 년 동안 깊은 곳에 있었기 때문에 영양염이 많다. 태평양과 인도양의 성층도 이와 유사한데, 북반구에 심층수의 기원지가 없는 것이 다른 점이다.
- 표층과 심층의 순환을 포함하는 전 세계의 순환모델은 컨베이어 벨트와 유사하다. 심층해류는 깊은 곳으로 산소를 운반해주는데, 지구의 생물들에게 지극히 중요한 것이다.

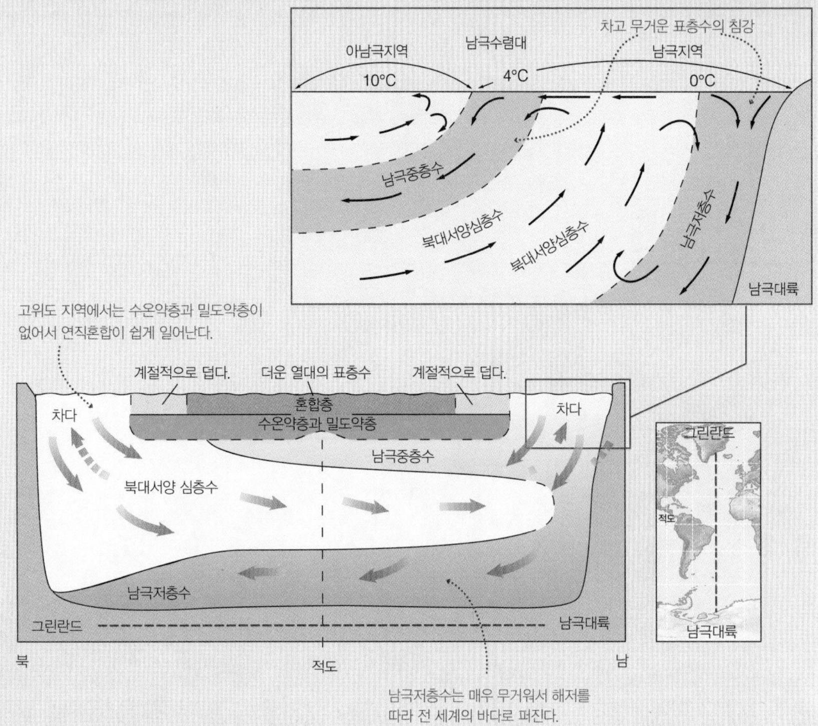

심화 학습 문제

남극중층수는 수온, 염분, 용존산소에 의거해서 남대서양 많은 곳에서 식별할 수 있다. 그 위의 표층수나 그 아래의 북대서양심층수에 비해서 더 저온, 저염, 그리고 용존산소가 더 많은 이유가 무엇인가?

능동 학습 훈련

그림 7.27의 수온-염분도에 의하면 남극중층수(AAIW)와 북대서양표층중앙수(NACSW)의 밀도가 거의 같다. 강의실의 다른 학생들과 함께 두 수괴를 물리적 성질을 근거로(단지 장소가 아닌) 구별하는 방법을 의논하라. 그룹을 만들어서 어떻게 두 수괴가 거의 같은 밀도를 가질 수 있는지를 설명하라.

7.6 해류는 에너지원으로 이용될 수 있을까?

- 해류는 에너지원으로 이용될 수도 있다. 이 깨끗하고 재생가능한 에너지를 개발할 잠재력이 엄청나지만 실용화되기 위해서는 상당한 문제들이 극복되어야만 한다.

심화 학습 문제

해류발전 시스템의 개발에 장애가 되는 환경적인 요인들은 무엇인가?

능동 학습 훈련

강의실의 다른 학생들과 함께 해저 바닥에 고정 설치되어 두 방향의 해류에 작동하는 해류발전 장치의 장점을 논의하라.

매버릭에서 거대한 파도타기. 캘리포니아 중부 해안가 하프문베이에 위치한 매버릭은 세계 최상의 서핑 장소로 알려져 있다. 이곳은 여러 가지 독특한 바다 조건들이 겹쳐져 매우 큰 파도가 만들어지기 때문에 아주 숙달된 서퍼들만이 파도 구역으로 들어갈 엄두를 낼 수 있을 뿐이다.

8

파랑-해파

너울 파랑한계 돌발중첩파
마루 파고 파속 내부파 파의 굴절
생성간섭 쓰나미 원궤도운동
파장 해파 소멸간섭
파도타기 골 파랑경사
정수면
파의 반사 파의 주기

이 장을 읽기 전에 위에 있는 용어들 중에서 아직 알고 있지 못한 것들의 뜻을 이 책 마지막 부분에 있는 용어해설을 통해 확인하라.

매버릭 같은 곳은 해양학적으로 어떤 요인들로 인해 그처럼 큰 파도가 일어나는 것일까? 이곳은 세계적으로 파도가 크기로 유명한 서핑 사이트로 중부 캘리포니아 해안의 하프문베이의 필라포인트 바깥으로 약 0.5km 나간 곳이다. 매버릭은 육지에서 외해 쪽으로 돌출한 곳 — 이 장에서 자세한 설명이 있겠지만 — 으로 파랑 굴절에 의해 파랑에너지가 집중된다는 점이 중요한 포인트이다. 또 하나의 중요한 점은 이곳이 겨울철 폭풍과 큰 파도가 있는 북태평양을 아무런 막힘없이 바라보고 있다는 것이다. 또 다른 요인은 바깥 바다의 깊은 수심이 해안 가까이에서 해저 암초와 천퇴와 사주 등으로 갑자기 얕아져 아주 짧은 거리에서 큰 파도가 형성된다는 점이다. 이러한 요인들과 이곳의 차가운 수온, 수면 바로 아래의 공포의 암초, 또 큼직한 상어의 출몰 등이 어우러져 이곳이 대담하고 베테랑인 서퍼들의 도전장으로 유명하게 된 것이다. 세계에서 가장 큰 파도를 타려는 용감한 서퍼들이 있으므로 아직도 매년 이곳에서 서핑 대회가 열리고 있다.

바람에 의해 발생하는 바다의 파도는 대부분 그리 크지는 않고 그 힘도 그리 세지는 않다. 그러나 가끔 큰 폭풍이 만든 엄청나게 큰 파도가 해안으로 들어와 큰 피해를 줄 수도 있지만 한편으로는 매버릭에서와 같이 거친 파도타기의 즐거움을 주기도 한다. 바다의 파도는 바다와 대기의 경계면을 따라 이동하는 에너지이며 때로는 파도가 일어난 폭풍지역을 벗어나 대양을 가로질러 수천 km나 이동하기도 한다. 바람 없는 조용한 날에도 바다에서 큰 파도가 계속 치는 것은 바로 이 때문이다.

핵심 개념

이 장을 학습한 후 다음 사항을 해결할 수 있어야 한다.

8.1 파랑의 발생과 전파에 대해 이해한 바를 설명하라.
8.2 파랑의 특성에 대해 설명하라.
8.3 풍파의 전파 변형 과정을 설명해보라.
8.4 쇄파대에서의 파랑의 변화를 설명하라.
8.5 쓰나미의 발생 원인과 특성을 설명하라.
8.6 파력발전의 장단점을 평가하라.

"Can ye fathom the ocean, dark and deep, where the mighty waves and the grandeur sweep?"

—Poet Fanny Crosby (1820–1915)

8.1 파랑은 어떻게 발생하고 전파하는가?

모든 파도는 교란(disturbance)에서 시작되며 **기파력**(disturbing force), 즉 파도를 일으키는 힘이 작용한 결과가 바로 파랑이다. 조용한 연못에 돌을 던지면 파도가 만들어지고 사방으로 퍼져나간다. 바다의 파도는 이처럼 해수면을 통해 바다로 들어간 에너지에 의해 일어난다.

교란이 해파를 일으킨다

연못에 던져진 돌이 물결을 일으키는 것처럼 대부분의 해파(ocean wave)는 바다 표면 위로 부는 바람으로 일어나며 사방으로 퍼져나간다. 단지 규모가 엄청나게 클 뿐이다.

밀도가 서로 다른 유체의 움직임에서도 파도가 발생하며 두 유체의 경계면을 따라 전파한다. 대기와 바다 모두 유체이다. 따라서 다음에서 보는 바와 같이 이들의 경계면에서 파도가 발생할 수 있다.

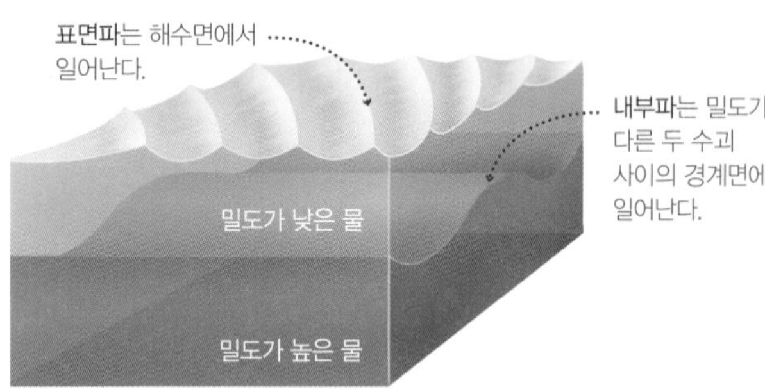

(a) 표면파와 내부파의 차이를 보여주는 모형도

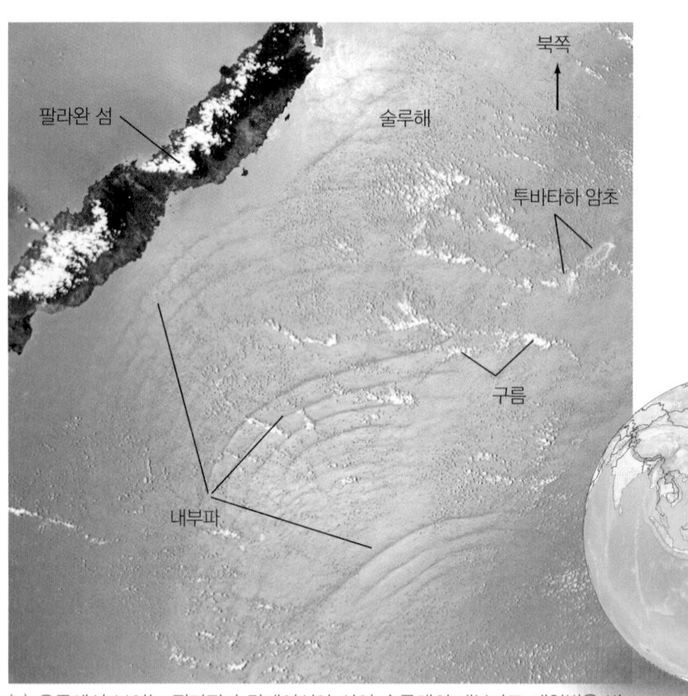

(b) 우주에서 보이는 필리핀과 말레이시아 사이 술루해의 내부파로 태양빛을 받아 빛나고 있다. 2003년 4월 8일 아쿠아 위성에서 촬영된 MODIS(Moderate Resolution Imaging Spectroradiometer) 영상이다.

그림 8.1 내부파.

- **대기-바다 경계면** : 대기가 해수면을 밀고 들어가 **해파**[ocean wave, 보통 파 또는 파랑(wave)이라 부름]를 만든다.
- **대기-대기 경계면** : 서로 다른 대기의 움직임은 **대기파**(atmospheric wave)를 발생시킨다. 이때는 가끔 하늘에 잔물결 모양의 구름이 만들어진다. 대기파는 특히 한랭전선(밀도가 높은 대기)의 이동 시 잘 만들어진다.
- **바다-바다 경계면** : 밀도가 다른 물의 움직임에서 **그림 8.1a**에서 보는 바와 같이 **내부파**(internal wave)가 만들어진다. 이러한 파는 물속에서 밀도가 다른 수층의 경계면을 따라 전파되기 때문에 **밀도약층**[1](pycnocline)과 관련이 있다. 내부파는 표면파보다 매우 커 100m보다 더 클 수도 있다. 조석이나 저탁류 또는 바람이나 수면을 지나가는 선박의 움직임 등 모든 것이 내부파를 일으키는 요인이 될 수 있으며 우주에서 관찰되기도 한다(**그림 8.1b**). 내부파는 해수의 혼합 즉, 열의 전파 이동에 많은 영향을 끼치기 때문에 이 과정을 이해하는 것은 전 지구 대기-해양 모델링에서 매우 중요하다.

Climate

Connection

내부파는 잠수함에 매우 위험할 수도 있다. 잠수함이 잠수 허용 수심 근처에서 내부파에 걸려들었다면 본의 아니게 설계 수압보다 더 아래로 내밀릴 수도 있다. 수면 아래의 내부파의 여파로 표면에 잔 부유물들이 나란한 줄무늬를 만든 것을 볼 수도 있다. 소규모의 내부파는 장식용 바다 모형에서 보는 것처럼 섞이지 않는 두 유체의 경계면이 앞뒤로 왔다 갔다 하는 것이 전형적인 형태이다.

해안의 큰 사태나 해안 빙하가 붕괴되어 바다로 밀려들어오는 경우처럼 큰 덩어리가 바다로 밀려 들어와서도 큰 해파가 생길 수 있는데, 이러한 파를 보통 **풍덩파**(splash wave)라 한다.

해저에서 대규모 융기나 침강이 일어날 경우 이에 따른 모든 에너지가 위의 물기둥에 고스란히 전달되어(바람에 의한 파랑의 경우 에너지 전달이 표면에서만 일어나는 것과 대비됨) 큰 파도가 생기게 된다. 해저의 사태(저탁류), 해저화산 그리고 단층 등도 마찬가지이다. 이러한 과정에서 생기는 큰 파도를 **지진해파**(seismic sea wave) 또는 **쓰나미**(tsunami)라 불린다(이 장의 뒷부분에서 다시 설명됨). 쓰나미는 그리 자주 발생하지는 않지만 한번 일어나면 해안을 휩쓸어 큰 피해를 일으킨다.

주로 달과 태양—달에 비해서는 좀 작기는 하지만—의 인력으로 일어나는 조석도 파의 일종으로 전 세계 모든 곳에서 볼 수 있으며, 비교적 잘 예보될 수 있다. 다음 제9장 '조석' 편에서 자세히 설명될 것이다.

인간 활동으로도 파도가 생길 수 있다. 선박이 지나가면 그 뒤로 **웨이크**(wake)라는 항적이 남는데, 이 역시 파의 일종이다. 큰 선박의 웨이크는 조그만 배를 비틀거리게 하기도 하고 어떤 포유류들의 놀이터가 되기도 한다.

학생들이 자주 하는 질문

내부파도 깨지나요?

해수 내부의 밀도차는 대기-해양 사이의 밀도차보다 훨씬 작기 때문에 내부파는 표면파가 쇄파대에서 깨지는 것처럼 깨지지는 않지만 내부파가 대륙 주변부로 접근하면 표면파가 쇄파대에서 겪는 변화와 꼭 같은 변화를 겪게 된다. 내부파의 에너지가 한 곳으로 점점 축적되다 난류 형태로 흩어지게 된다. 즉 대륙 쪽으로 깨지게 된다.

1 제5장에서 설명하였듯이 **밀도약층**이란 밀도가 급격하게 변하는 층을 뜻한다.

어떤 경우든 바다로의 에너지 유입은 파도를 일으킨다. **그림 8.2**는 파랑 에너지의 분포를 보인 것인데, 대부분의 해파는 바람에 의한 것임을 알 수 있다.

파의 전파

파는 **에너지가 전파**하는 것이라고 보면 된다. 어떤 종류의 파이든 모든 파는 매질의 주기적인 움직임을 통해 에너지를 이동 — 또는 전파 — 시킨다. 매질(고체, 액체, 기체) 자체가 에너지가 전파되어 가는 방향으로 이동하는 것은 아니다. 매질 내의 입자가 주기적으로 앞뒤 그리고 위아래로 움직이며 한 입자에서 또 다른 입자로 에너지를 전파시킨다. 탁자의 한쪽 끝부분을 주먹으로 내려쳐보라. 이 충격은 파의 형태로 탁자의 저쪽 끝까지 전달되어 저 끝에 앉아 있는 사람도 느끼겠지만 탁자 자체는 그대로 있지 않은가? 또 다른 예로 밀밭을 들어보자. 밀밭 위로 바람이 불면 이삭들은 파도처럼 흔들거리지만 밀 한 포기 한 포기는 여전히 그 자리에 서 있다.

파랑은 여러 가지 형태로 전파된다. 가장 단순한 형태는 **진행파**(progressive wave)로, 깨지지 않고 한 방향으로 일정하게 진동하며 전파되는 파이다. 진행파에는 **종파**와 **횡파**가 있으며 또 이 둘의 합성 형태인 **궤도파**가 있다(**그림 8.3**).

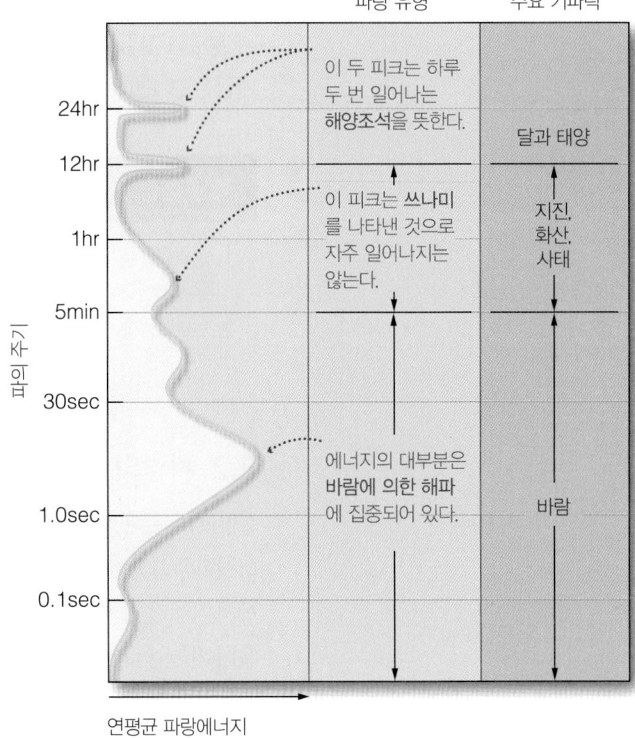

그림 8.2 해파의 에너지 분포. 전 해양에 존재하는 파랑의 연평균 에너지, 유형, 주요 기파력을 보여주고 있다.

종파(longitudinal wave)는 물 입자의 운동이 용수철에서 수축 팽창되는 형태처럼 에너지가 전파되는 방향으로 전진 후퇴하는 파이다. 즉, 파는 매질이 압축 팽창을 반복하며 전파하게 된다. 음파가 종파의 한 예이다. 손뼉을 친다는 것은 방 안 전체에 울려 퍼지는 소리, 즉 공기를 압축하고 팽창시키는 충격을 일으켰다는 뜻이다. 종파에서 에너지는 모든 형태의 매질 — 기체, 액체 또는 고체 — 에서 다 같이 종 방향의 입자 운동을 통하여 전파된다.

횡파(transverse wave)는 입자의 진동 방향과 직각되는 방향으로 에너지가 전파하는 파이다. 로프의 한 끝을 문고리에 묶고 다른 한쪽을 아래위로 흔들면 파의 형태, 즉 에너지는 로프를 따라 문고리까지 전파된다. 파의 형태는 손의 움직임과 같이 위아래이지만 파의 진행 방향, 즉 에너지의 진행 방향은 그 직각 방향인 손에서 문고리 방향이다. 일반적으로 고체에서 진동으로 인한 입자의 운동이 고체 경계를 뚫고 밖으로 나가지 못하기 때문에 횡파의 에너지는 고체 내부를 통해서만 전파한다.

종파나 횡파는 모두 에너지를 매질 자체를 통해서 전파시키기 때문에 **매질파**(body wave)라 한다.[2] 대부분의 파는 바다의 상층부, 즉 바다와 대기의 경계면 부근에서 에너지를 전파시키기 때문에 **표면파**(surface

요약

대부분의 해파는 바람에 의해서 일어나지만, 바다에 에너지가 유입되면 내부파, 풍덩파, 쓰나미, 조석파, 인간에 의한 파 등 여러 가지 형태의 파가 생성된다.

그림 8.3 진행파의 유형. 세 가지 유형의 진행파의 보기를 보여주는 모식도

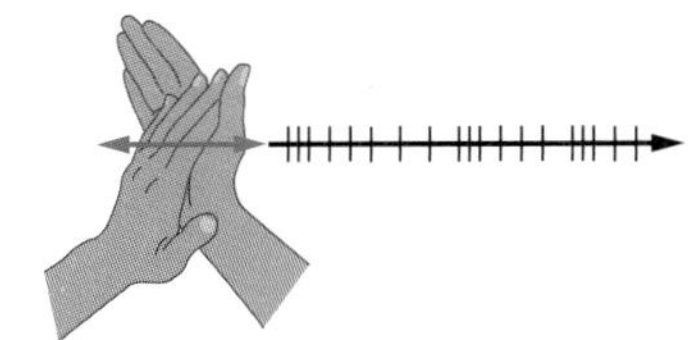

① 종파
탁자를 두드리거나 치기.
에너지가 전파되는 방향과 나란히 입자(청색)가 앞뒤로 움직인다. 이러한 형태의 파는 모든 형태의 매질에서 가능하다.

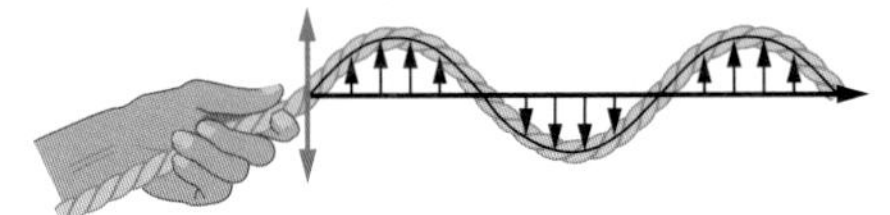

② 횡파
벽에 묶인 로프.
에너지가 전파되는 방향과 수직으로 입자(청색)가 움직인다. 이러한 형태의 파는 고체 매질에서만 가능하다.

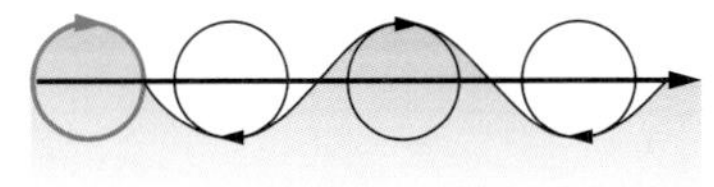

③ 궤도파
해파의 움직임.
입자(청색)가 원궤도를 따라 움직인다. 이러한 형태의 파는 밀도가 다른 두 유체(액체 또는 기체) 사이의 경계면을 따라 에너지를 전파한다.

2 역주 : 전자파는 횡파에 속하기는 하지만 진공에서도 전파된다. 따라서 모든 종파와 횡파가 다 매질파라고 할 수는 없고, 일부 예외가 있다.

wave)라 불리지만 바다 속 밀도 경계층에 내부파가 있는 경우도 있다. 해수면에서의 파도는 종파의 성질과 횡파의 성질을 모두 가지고 있어 물 입자는 원운동을 하기 때문에 바다 표면파는 **궤도파**[orbital wave, 가끔은 **경계면파**(interface wave)라 하기도 함]라 한다.

개념 점검 8.1 | 파랑의 발생과 전파에 대해 이해한 바를 설명하라.

1 여러 가지 파랑의 형태에 대해 알아보라. 해파를 일으키는 주요인은 무엇인가?

2 밀도약층에서 내부파가 생기는 이유는 무엇인가?

3 진행파가 전파하는 세 가지 형태를 설명해보라. 해수면에서는 어떤 형태에 해당하는가?

8.2 파랑의 특성은 어떠한가?

그림 8.4a는 해양-대기 경계면에서 한 방향으로 가장 간단하고 단순하게 에너지를 전파하는 파의 형태를 모식화한 그림이다. 형태가 정현함수의 그래프를 닮았기 때문에 **정현파**(sine wave)라 부르기도 한다. 자연에서는 이런 꼴의 파가 존재할 수 없지만 파의 여러 가지 특성을 이해하는 데는 이러한 형태의 접근이 도움이 될 것이다.

파에 관한 용어들

정현파가 고정점을 통과한다고 생각해보자. 파의 가장 높은 **마루**(crest 또는 **파정**)와 가장 깊은 **골**(trough 또는 **파곡**)이 번갈아가며 지나갈 것이다. 골과 마루의 중간 부분은 **정수면**[still water level 또는 **제로 에너지 준위**(zero energy level)]이 된다. 즉, 파가 없을 때의 해면이다. **파고**(wave height)는 보통 H로 표시하고 마루에서 골까지의 수직 거리를 말한다.

잇단 두 파에서 같은 위상을 이은 수평 거리(예를 들면 골에서 골까지 또는 마루에서 마루까지)를 **파장**(wavelength)이라 하고 L로 표시한다. **파랑경사**(wave steepness, **파의 첨도** 또는 **파의 기울기**라고도 한다)는 다음과 같이 파고와 파장의 비로 표시된다.

$$\text{파랑경사} = \frac{\text{파고}(H)}{\text{파장}(L)} \tag{8.1}$$

만약 파랑경사가 1/7을 넘으면 파는 파의 꼴을 유지하지 못하고 깨진다(앞으로 엎어진다). 파는 어디에서든(연안이든 또는 외해든) 파랑경사가 1/7을 초과하게 되면 깨진다. 이 비례는 최고 파고를 결정하는 요인이 된다. 예를 들어 파장이 7m인 파는 파고가 1m를 넘지 못하며, 이 파의 파고가 1m보다 커지면 깨질 수밖에 없다.

파 하나(한 파장)가 한 지점을 완전히 지나가는 시간을 **파의 주기**

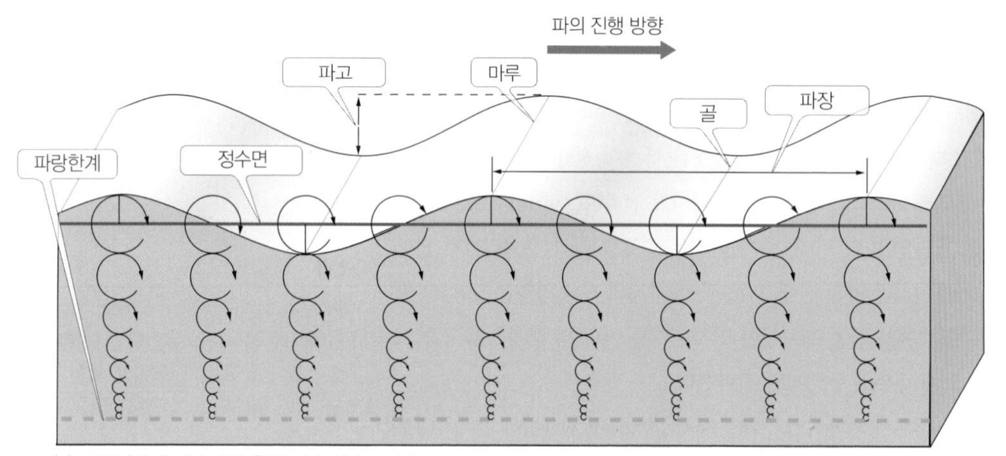

(a) 진행파의 특성과 관련 용어를 나타내는 모형도

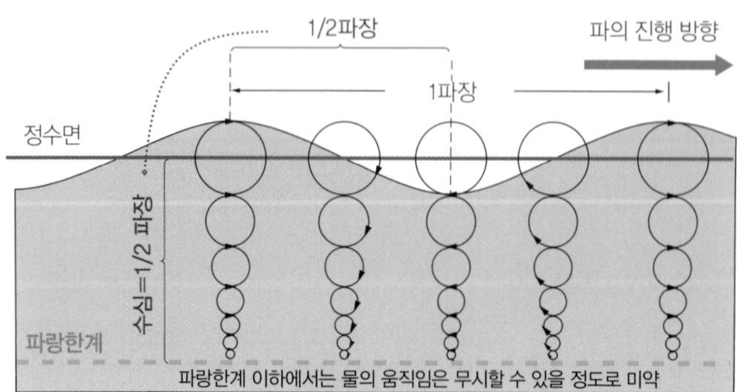

(b) 깊이에 따라 감소하는 물 입자의 궤도를 보이는 상세도. 파랑한계(궤도 운동이 거의 사라지는 수심)는 정수면으로부터 파장의 반이 되는 깊이임.

그림 8.4 전형적인 진행파의 특성 및 관련 용어.

(wave period)라 하고 T로 표시한다. 해파는 대체로 6~16초 정도의 주기를 갖는다. **주파수**(frequency, f)는 단위 시간당 마루가 한 고정점을 지나는 횟수로 정의된다. 즉, 다음과 같이 정의된다.

$$\text{주파수}(f) = \frac{1}{\text{주기}(T)} \tag{8.2}$$

예를 들어 주기 12초인 파의 주파수는 초당 0.083(waves/sec)으로, 1분에 5개의 파가 지나간다는 뜻이다.

원궤도 운동

바다에서 파도는 대양을 가로질러 전파되기도 한다. 남극 지방에서 발생한 파도가 약 1주일에 걸쳐 태평양을 가로질러 10,000km나 전파되어 알래스카의 알류샨열도 해안에서 그 에너지가 다 소진되었다는 연구 결과도 있다. 이 거리를 해수가 이동한 것은 아니지만 파의 형태가 전파된 것이다. 파가 전파된다는 것은 물 입자의 원운동을 통하여 에너지를 전달한다는 것이다. 이 운동을 **원궤도 운동**(circular orbital motion)이라 한다.

파도 위에 떠 있는 물체를 보면 파가 진행함에 따라 이 물체가 위아래뿐만 아니라 앞뒤로도 움직인다는 것을 알 수 있다. **그림 8.5**에서 파의 마루가 다가옴에 따라 오리가 위로 또 뒤로, 마루가 지나감에 따라 위로 또 앞으로, 골이 접근하면 아래로 또 뒤로 그리고 다음 마루가 접근하면 다시 위로 또 뒤로 움직이는 것을 볼 수 있다. 그림 8.5에서 오리의 움직임을 따라가 보면 오리는 원운동을 하며 원래 자리로 되돌아오는 것을 알 수 있다.[3] 여기서 파의 형태는 앞으로 나아가지만 파를 전파시키는 개개의 물 입자는 원운동을 하며 원칙적으로 제자리로 돌아온다는 것을 알 수 있다. 밀밭에 부는 바람도 똑같은 현상을 보인다. 밀의 출렁거림은 지나가지만 밀은 그대로 있다.

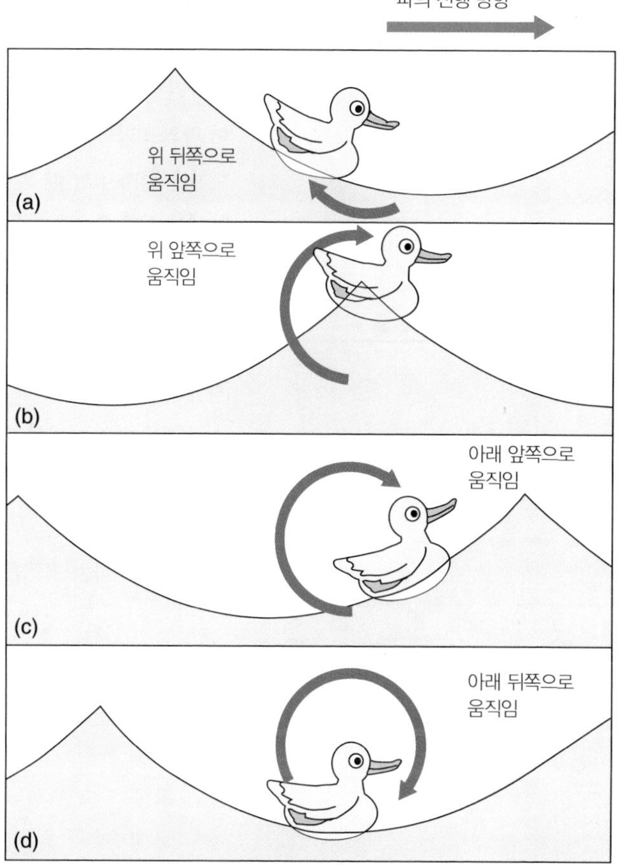

그림 8.5 원궤도 운동을 보여주는 장난감 오리. 파도가 우측으로 움직임에 따라 물 위에 떠 있는 장난감 오리의 움직임은 원궤도 운동이라고 불리는 원운동이다.
https://goo.gl/zvZ6Mf

파도 위에 떠 있는 오리의 궤적의 지름은 파고(그림 8.4a)와 같다. **그림 8.4b**에서 원궤도 운동은 수면 아래로 내려가면서 급격히 줄어드는 것을 볼 수 있는데, 수면에서 일정 깊이 이상 더 내려가면 원궤도 운동은 거의 무시할 정도로 작아진다. 이 깊이를 파의 **파랑한계**(wave base)라 하는데, **정수면**에서 반파장 거리이다. 파랑한계는 파장만의 함수이다. 따라서 파장이 길면 이 파랑한계도 깊어진다.

그림 8.6 일본의 부유식 활주로. 'Mega-Float'라 불리며 세계 최장인 1,000m 길이의 부유식 활주로가 도쿄 만의 요코스카 해안 밖에 건설되었다. 활주로와 접근교량은 잠수부교(화면에서는 보이지 않음)를 이용하여 해수면 위에 떠 있다. 부력을 받는 구조물의 대부분은 파랑한계 아래에 있다.

학생들이 자주 하는 질문

파랑이 전파되는 동안 물 입자는 원운동을 하기 때문에 결국 제자리로 돌아온다면 파랑에서 실제로 전파되는 것은 무엇인가?

한마디로 에너지이다. 파도의 에너지는 해안 구조물을 파괴하고 물속에 잠긴 수십 톤의 물체도 들어올리며 해안의 형태도 바꾸어놓는다. 해안에서 깨지는 큰 파도를 본다면 많은 양의 파랑에너지가 전파되어 왔음을 확인할 수 있을 것이다.

3 실제로는 골에서의 원궤도 운동은 마루에서의 궤도 운동보다 늦기 때문에 완전히 원을 그리며 돌아오지는 못한다. 결과적으로 오리는 아주 약간씩 앞으로 전진[순 질량이동(net mass transport)]하는데, 이를 파의 **표류**(wave drift)라 한다.

요약
바다에서 파의 에너지는 물 입자의 원궤도 운동으로 전파된다. 원궤도 운동하는 물 입자는 거의 같은 위치로 되돌아온다.

깊이에 따른 원궤도 움직임의 소멸 특성은 실제 상황에서 여러 곳에서 응용되고 있다. 잠수함은 단순히 파랑한계 이하로 잠항하는 것만으로 해면의 큰 파도를 벗어날 수 있다. 만약 잠수함이 150m 이하로 잠수한다면 아무리 큰 파도라도 느끼지 못한다. 부교나 부유식 시추선은 무게의 대부분은 파랑한계 아래에 두어 파의 영향을 많이 받지 않도록 건설한다. 실제로 부유식 활주로는 이런 원리로 설계되며(**그림 8.6**) 잠수부들은 멀미가 날 때 파랑한계 이하로 잠수하면 바다가 조용해지며 멀미가 줄어드는 것을 알고 있다. 해안에서 바다 쪽으로 들어가다 보면 밀려오는 파도를 뛰어넘는 것보다 아래로 잠수하는 것이 더 쉬운 지점에 도달하게 된다. 수면의 큰 파도와 싸우는 것보다 원궤도 운동이 작아지는 수면 아래에서 헤엄치는 것이 더 쉽지 않겠는가?

심해파

수심(d)이 파의 파랑한계($L/2$)보다 깊을 경우의 해파를 **심해파**(deep-water wave, **그림 8.7a**)라 한다. 심해파는 해저의 영향을 받지 않기 때문에 수심이 파랑한계보다 깊은 외해에서 바람에 의해 발생된 대부분의 파랑이 다 포함된다.

파가 진행하는 속도를 **파속**(wave speed, S)이라 한다. 수치적으로 파가 진행한 거리를 지나간 시간으로 나눈 값이다. 하나의 파에 대해 다음과 같이 정의된다.

$$\text{파속}(S) = \frac{\text{파장}(L)}{\text{주기}(T)} \tag{8.3}$$

파속은 더 정확히는 **파의 빠르기**(celerity, C, 많은 경우 파속으로 쓰이기도 함)로 정의되는데, 이는 고전적인 의미의 속력(speed)과는 약간 다른 개념이다. 빠르기는 질량의 움직임이 아니라 파의 꼴(위상)에 대한 개념이다.

진행파의 식에서 심해파의 파속은 (1) 파장과 (2) 또 다른 여러 가지 변수(중력가속도와 같이 지구상에서 상수로 둘 수 있는 여러 가지 변수)들의 함수로 표시되는데, 이를 모두 숫자로 대입하여 계산해보면 심해파의 파속은 다음과 같이 표시된다.

$$S(\text{m/sec}) = \sqrt{\frac{gL}{2\pi}} = 1.25\sqrt{L(m)} \tag{8.4}$$

식 8.3에서 파속은 L/T로 표시되기 때문에 파속은 주기로도 표시할 수 있다. 역시 같은 상수를 대입하여 계산하면 다음과 같다.

$$S(\text{m/sec}) = \frac{gT(\text{sec})}{2\pi} = 1.56\,T \tag{8.5}$$

그림 8.8은 위 식대로 파장-주기-파속의 관계를 나타낸 것이다. 세 변수 중에서 대체로 주기가 가장 측정하기가 쉬우며 변하지 않는다. 이 세 변수는 서로 관계가 있기 때문에 하나를 알면 그림 8.8을 이용하여 나머지 둘을 결정할 수 있다. 예를 들면 그림 8.8에서 붉은색의 수직선을 따라가 보면 주기 8초인 파는 파장이 100m임을 알 수 있다. 파속은 수평 방향을 따라 다음과 같이 됨을 볼 수 있다.

$$\text{파속}(S) = \frac{L}{T} = \frac{100\text{m}}{8\text{초}} = 12.5\text{m/sec} \tag{8.6}$$

요약하면 식 8.3에서 식 8.6까지 그리고 그림 8.8에서 보는 바와 같

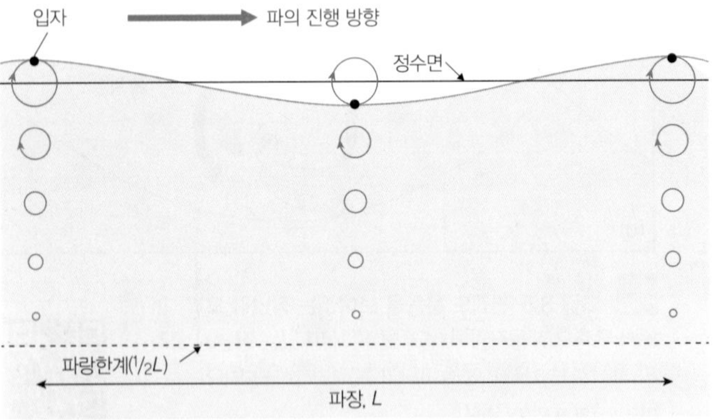

(a) **심해파** : 수심은 파장의 1/2보다 깊다. 입자의 원궤도 운동은 아래로 내려갈수록 감소한다.

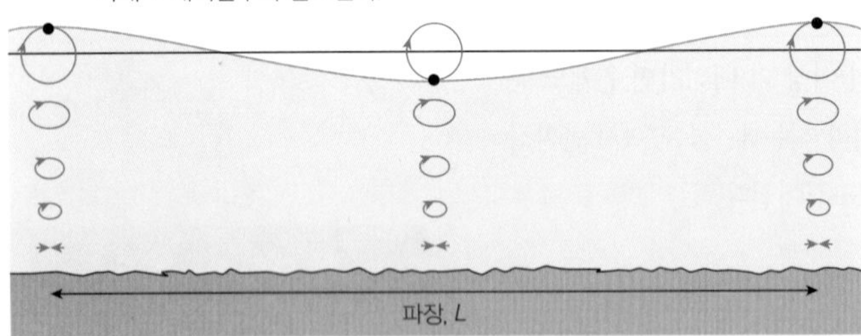

(b) **중간수심파** : 수심이 파장의 반보다는 깊으나 1/20보다는 얕다. 심해파와 천해파의 중간 특성을 갖는다.

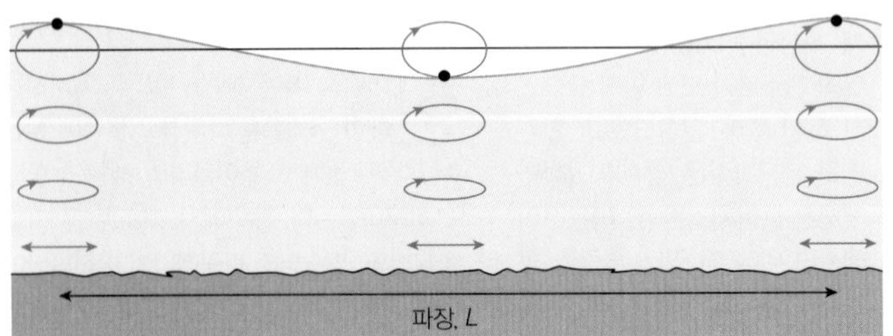

(c) **천해파** : 수심이 파장의 1/20보다 얕다. 바닥이 물 입자의 운동을 방해하여 아래로 내려갈수록 물 입자의 운동 궤도는 평평해진다.

그림 8.7 심해파, 중간수심파, 천해파의 특성. (a) 심해파 (b) 중간수심파 (c) 천해파의 특성을 나타내는 모형도. 그림의 축척은 왜곡되어 있다.

이 심해파는 파장이 길수록 파속이 빠르다. 파고가 큰 파의 파속이 빠른 것이 아니라 파속은 파장과 주기의 함수일 뿐이다.

천해파

수심(d)이 파장의 1/20(L/20)보다 얕은 곳의 해파를 **천해파**(shallow-water wave)라 한다(**그림 8.7c**). 천해파는 물 입자의 궤도 운동이 바닥에 닿기 때문에 바닥을 느낀다(feel bottom) 또는 바닥에 닿는다(touch bottom)라고 표현한다. 천해파에서의 물 입자 궤도 운동은 수심 전체에 걸쳐 일어나기 때문에 스쿠버 다이버들은 파랑한계 이하로 내려갈 수 없어 파의 물 입자 원궤도 운동의 효과가 경감되는 곳을 찾을 수는 없다.

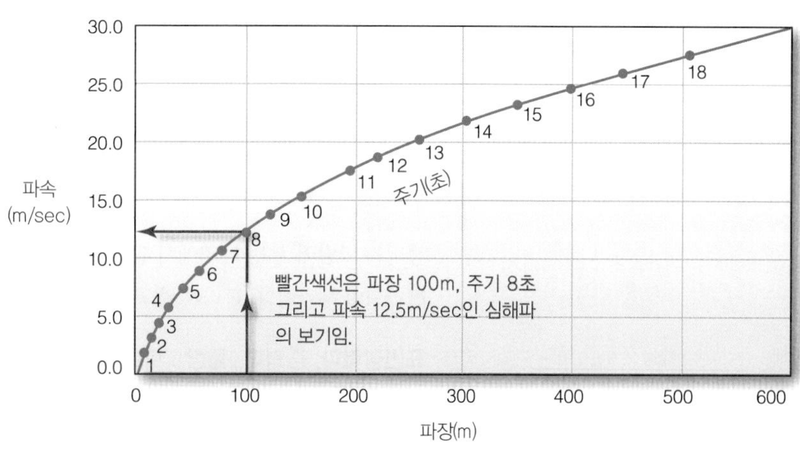

그림 8.8 심해파의 파속 결정. 심해파의 파장(x축), 주기(파란색 곡선) 그리고 파속(y축) 간의 관계표

천해파의 파속은 중력가속도(g)와 수심(d)에 의해 결정된다. 지구상에서 중력가속도는 상수로 생각할 수 있기 때문에 파속은 다음과 같이 구할 수 있다.

$$S(\text{m/sec}) = \sqrt{gd(m)} = 3.13\sqrt{d(m)} \tag{8.7}$$

식 8.7에서 천해파의 파속은 수심만의 함수이다. 따라서 수심이 깊을수록 파속은 빨라진다.

해안으로 전파되어 오는 너울, 해저 지진으로 발생한 쓰나미(지진해일), 태양과 달의 인력으로 발생한 조석 등이 천해파의 대표적인 예이다. 쓰나미나 조석파는 파장이 매우 길다. 심지어 바다에서 가장 깊은 곳의 수심보다도 훨씬 더 길다.

천해파에서의 물 입자 운동은 거의 수평 왕복운동에 가까운 납작한 타원궤도를 그린다. 물 입자의 연직 방향 운동은 바닥으로 내려갈수록 줄어들어 바닥에서는 왕복운동만 남는다.

8.1 Squidtoons

https://goo.gl/JKHoyG

중간수심파

천해파와 심해파의 성질을 모두 갖고 있는 해파를 **중간수심파**(transitional wave, 또는 전이파)라 한다. 중간수심파의 경우 파장이 수심의 2~20배 사이이다(**그림 8.7b**). 천해파의 파속은 수심에 따라, 또 심해파의 파속은 파장에 따라 결정되므로 중간수심파의 파속은 수심과 파장 둘 다에 의해 결정된다.

요약

심해파는 수심이 파랑한계보다 깊은 곳에 존재하며 파속은 파장에 의해 결정된다. 천해파는 수심이 파장의 1/20보다 얕은 곳에 존재하며 파속은 수심에 의해 결정된다. 전이파는 이 둘의 중간 특성을 가진다.

개념 점검 8.2 | 파랑의 특성에 대해 설명하라.

1 파장이 14m인 파의 파고가 2m를 넘을 수 있는가? 왜 그런가? 또는 왜 그렇지 않은가?

2 파랑한계와 관련 있는 물리적 요소는 무엇인가? 파랑한계와 정수면의 차이점은 무엇인가?

3 다음 조건에서의 심해파 파속(S)을 구해보라.
   a. L = 351m, T = 15sec
   b. T = 12sec
   c. f = 0.125 sec^{-1}

4 심해파에 대한 다음 설명들의 진위 여부를 판단하라.
   a. 파장이 길수록 파랑한계가 깊어진다.
   b. 파고가 높을수록 파랑한계가 깊어진다.
   c. 파장이 길수록 파속이 빨라진다.
   d. 파고가 높을수록 파속이 빨라진다.
   e. 파속이 빠를수록 파고가 높다.

8.3 풍파의 발달 과정은?

대부분의 해파는 바람에 의해 일어난다. 따라서 풍파[wind wave, 또는 풍성해파(wind-generated wave), 풍랑]라는 용어가 쓰인다.

풍파의 발생

풍파는 바람이 부는 해역에서 발생하여, 그 후 바람이 계속 불지 않아도 바람이 부는 해역을 벗어나 멀리 전파되며 해안이나 또 다른 해역에서 깨져 모든 에너지를 잃고 일생을 마치게 된다.

표면장력파, 중력파, 풍랑 바다 위의 바람은 해면에 나란히 불기도 하며 또 내리누르기도 하여 해면을 약간 밀어 올려 **표면장력파**(capillary wave)라고 불리는 잔물결(ripple)을 만든다. 이렇게 만들어지는 표면장력파는 아주 작은 파로 마루는 둥글고 V형의 골을 가지며 파장은 최대 1.74cm를 넘지 않는다(**그림 8.9 좌측**). capillary라는 이름은 물의 특성 중의 하나인 표면장력에 관련된 capillarity(모세관현상)에서 온 것이다.[4]

표면장력파가 더 커지면 해면은 더 거칠어지며 바다가 바람을 더 효율적으로 받게 된다. 바람의 에너지가 바다로 더 많이 전해지면서 파장이 점점 길어져 1.74cm를 넘고 형태는 대칭형에 가까운 **중력파**(gravity wave)로 자라게 된다(그림 8.9의 중간).

중력파의 파장은 대체로 파고의 15~35배 정도에 이르는데, 바람 에너지를 더 받게 되면 파장보다는 파고가 빠른 속도로 증가되어 마루는 뾰족하고 골은 둥근 트로코이드파(trochoidal wave, *trokhos* = wheel) 형태가 된다(그림 8.9의 오른쪽).

바람으로부터 받은 에너지로 파고, 파장 그리고 파속도 모두 증가한다. 파속이 풍속에 이르게 되면 파랑은 바람의 에너지를 더 받지 못하여 파고도 파장도 더 증가하지 못하는 이른 바 최대 파랑 상태가 된다.

바람이 부는 해역에서 발생하는 파랑을 **풍랑**(sea) 그리고 이 해역을 **풍랑대**(sea area)라 한다. 풍향과 풍속이 일정하지 않고 계속 변하기 때문에 풍랑은 매우 거칠고 방향도 제멋대로여서 주기와 파장도 갖가지이다(대부분은 짧은 파장이다).

파랑에너지에 영향을 주는 요소 그림 8.10에서 보는 바와 같이 파랑의 에너지를 결정하는 요인에는 세 가지가 있다. (1) **풍속**(wind speed) (2) **지속시간**(duration, 바람이 한 방향으로 계속 부는 시간) (3) **풍역대**(fetch, 바람이 일정하게 한 방향으로 부는 거리)이다.

파고는 파랑의 에너지와 직접 관련이 있다. 풍랑 해역에서 파고는 보통 2m 이하이지만 파고 10m 주기 12초 이상인 경우도 드물지 않다. 풍랑이 바람 에너지를 계속 받으면 파랑경사는 더욱 급해진다. 외양에서 파랑경사가 1/7을 넘으면 소위 말하는 **백파**(whitecap)로 되면서 깨진다. 영국의 해군제독 **프랜시스 보퍼트 경**(Admiral Sir Francis Beaufort, 1774~1857)은 바람 세기와 바다 상태

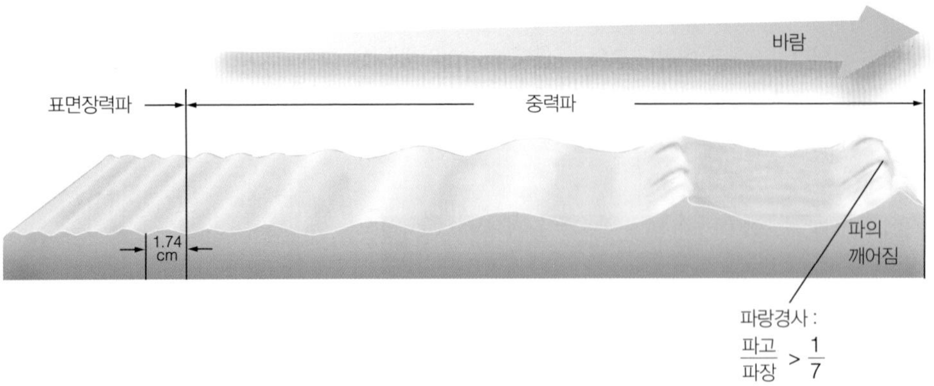

그림 8.9 바람이 세지면서 표면장력파와 중력파가 생성된다. 바람이 (좌측에서 우측으로) 계속 불면 파장과 파고가 증가하여 표면장력파에서 점차 중력파가 된다. 파랑경사(H/L)가 1:7을 넘으면 파랑은 불안정해져 깨진다. 그림의 축척은 왜곡되어 있다.

---

4 제5장의 5.1절에 물의 표면장력에 관한 설명이 있다.

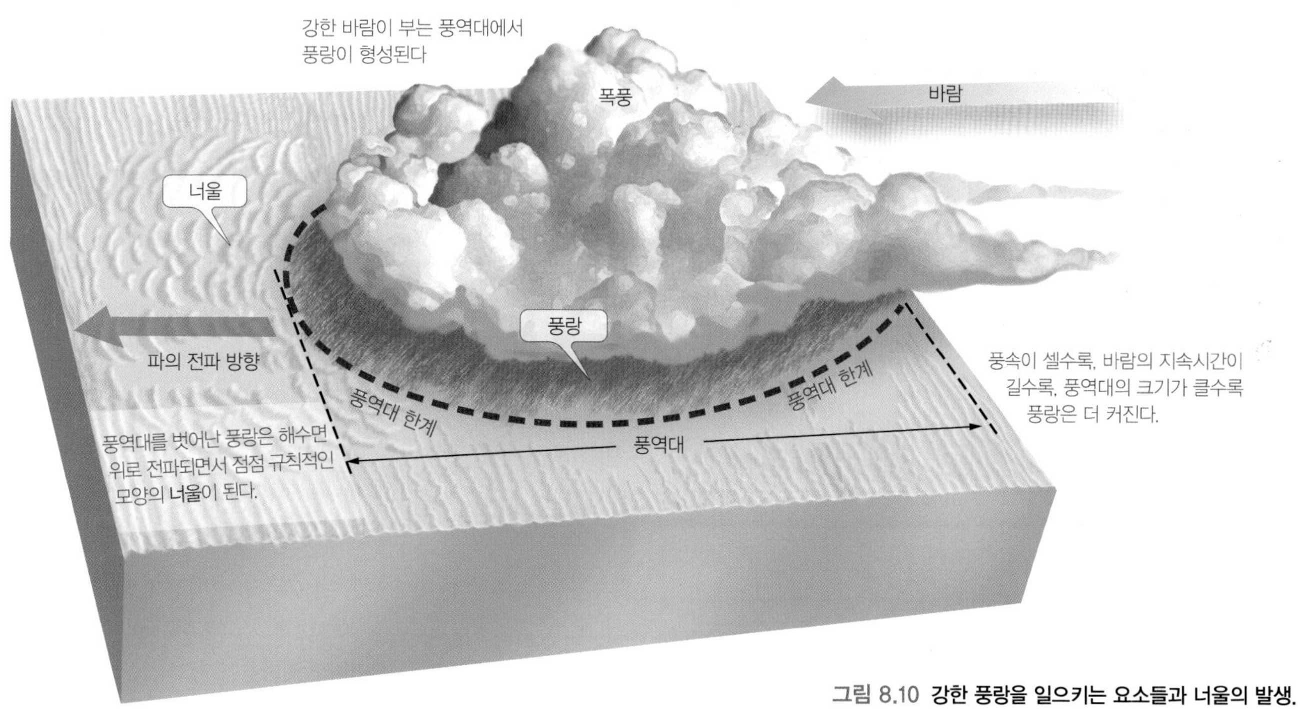

그림 8.10 **강한 풍랑을 일으키는 요소들과 너울의 발생.**

를 대비한 **보퍼트 풍력계급표**(Beaufort Wind Scale, **표 8.1**)를 제안하였는데, 이 표에는 아주 조용한 상태부터 폭풍 상태까지 구분되어 있다.

그림 8.11은 위성자료에서 수집된 1992년 10월 3일에서 12일까지의 평균 파고를 나타낸 것이다. 특히 남반구의 파고가 크게 보이는 남위 40~60° 대역은 편서풍대로 평균 풍

표 8.1 **보퍼트 풍력계급과 해상상태**
https://goo.gl/5JCG1R

표 8.1 보퍼트 풍력계급과 해상상태

계급	바람세기	풍속(km/hr)	해상상태
0	고요, 평온	〈1	거울같이 잔잔함
1	실바람, 지경풍	1~5	비늘처럼 작은 물결, 물거품 없음
2	남실바람, 경풍	6~11	작은 물결, 파의 마루가 매끈하고 깨짐 없음
3	산들바람, 연풍	12~19	물결이 커지고 마루가 깨지기 시작하며 백파가 약간 날림
4	건들바람, 화풍	20~28	파도가 일며 파장이 길어지며 곳곳에 백파가 보임
5	흔들바람, 질풍	29~38	파도가 조금 높아지며 길어짐, 백파가 많아지며 날리기 시작함
6	된바람, 웅풍	39~49	파도가 높아지며 파장은 더욱 길어짐, 거의 모든 곳에 백파가 보이고 상당히 날림
7	센바람, 강풍	50~61	파도가 쌓이는 것처럼 보이며 깨어진 파도에서 물거품이 줄처럼 날리기 시작함
8	큰바람, 질강풍	62~74	파도가 상당히 높아지며 파장도 매우 길어짐, 마루가 깨어져 굵은 줄 모양의 물거품이 물보라 속으로 날려 들어감
9	큰센바람, 대강풍	75~88	파도가 높고, 물거품의 줄은 더욱 굵어지고 마루가 말리기 시작함, 날리는 물보라가 시야를 가림
10	노대바람, 전강풍	89~102	마루가 말린 매우 큰 파도, 매우 굵고 흰 줄 모양의 물거품이 날리며 바다는 완전히 하얗게 보임, 파도의 말림이 심해지고 시정이 짧아짐
11	왕바람, 폭풍	103~117	산더미 같은 파도가 일고(중 · 소형 선박들은 가끔씩 파도에 가려 시야에서 사라짐) 흰 물거품이 해면을 완전히 덮으며, 마루가 앞으로 날림, 시정이 더욱 짧아짐
12	싹쓸바람, 태풍	118 이상	물거품과 물보라가 하늘을 가득 채움, 바다는 완전히 백파로 덮이고 물보라가 날림, 지척을 분간할 수 없을 정도로 시야가 어두워짐

속으로는 지구상에서 제일 센 곳이다. 이 대역을 '포효하는 40°', '격노한 50°', '울부짖는 60°'라고도 한다.

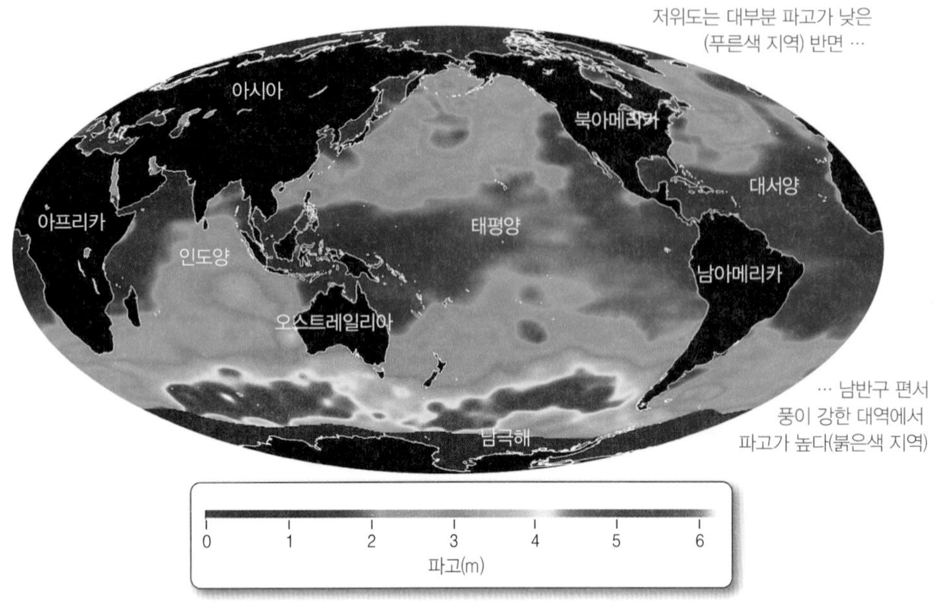

그림 8.11 위성에서 관측한 파고 분포도. TOPEX/Poseidon 위성에서 발사된 전파는 잔잔한 바다에서는 강하게 반사하며 파고가 높을수록 반사는 약해진다. 위성이 수신한 반사파의 자료를 바탕으로 평균 파고 분포를 그린 것이다. 자료는 1992년 10월 3~12일 사이에 수집된 것이며, m 단위로 표시되어 있다.

파도는 얼마나 커질 수 있는가? 1900년대 초반 미 해군 수로국의 출판물에 따르면 이른 바 '60ft 법칙'에 따라 바다에서 풍파의 파고는 18.3m(60ft)를 넘을 수 없다고 알려져왔었다. 몇 번의 육안 관측으로 60ft가 넘는 파고가 보고되기도 했었지만 미 해군에서는 사실 험악한 바다 상태에서 파고에 대한 보고가 과장되는 것은 충분히 이해할 만하다고 생각해왔었기 때문에 이러한 관측들은 너무 과장되었다며 무시되었으며, 오랫동안 '60ft 법칙'은 사실이라고 받아들여져왔다.

1933년 152m 길이의 미 해군 유조선 라마포(USS Ramapo)호에서의 주의 깊은 관측으로 이 60ft 법칙은 무너졌다. 이 배는 태풍으로 인한 시속 108km의 강풍을 뚫고 필리핀에서 샌디에이고로 항해하고 있었다. 파도와 같은 방향으로 항해하고 있었기 때문에 이 배의 사관이 파고를 정확히 관측할 수 있었는데, 결과는 주기가 14.8초인 대칭형 파도가 연속적으로 관측되었다(**그림 8.12**). 배의 길이와 배에서 관측자가 있던 망루의 높이 등을 이용하여 기하학적으로 계산해낸 파고는 11층 건물보다 더 높은 34m였다. 이 파고가 60ft 법칙을 무너뜨림은 물론 지금까지 기록된 최고 파고로 알려져 있다. 다행히 라마포호는 큰 손상 없이 귀항했지만 모든 배가 다 이런 행운을 누리는 것은 아니다(**그림 8.13**). 매년 여러 척의 배가 단순히 큰 파도 때문에 사라진다.

학생들이 자주 하는 질문

서퍼들은 너울을 기다린다고 알고 있는데 너울은 항상 큰가요?

반드시 그런 것은 아니다. 너울은 풍랑이 발생지에서부터 전파되어 온 것일 뿐이다. 크기로 너울 여부를 판단하는 것은 아니다. 너울은 대체로 형태가 일정하고 대칭적이기 때문에 서퍼들이 좋아하는 것이다.

다 자란 풍랑 **표 8.2**에 주어진 풍속에서의 에너지 수지가 평형 상태에 도달하여 파도가 더 이상 자라지 못하는, 즉 **다 자란 풍랑**(fully developed sea)의 한계 풍역대와 지속시간이 제시되어 있다. 바람이 계속 더 불더라도 중력장 조건에서는 바람으로부터 받는 에너지보다 백파로 깨져 잃어버리는 에너지가 더 많아 다 자란 풍랑 이상으로 풍랑이 더 커지지는 못한다. 표 8.2에는 다 자란 풍랑 상태에서 상위 10%인 파도($H_{1/10}$: 관측된 전체 파도 중 파고가 큰 것부터 1/10되는 파들의 평균)의 특성도 같이 제시하였다.

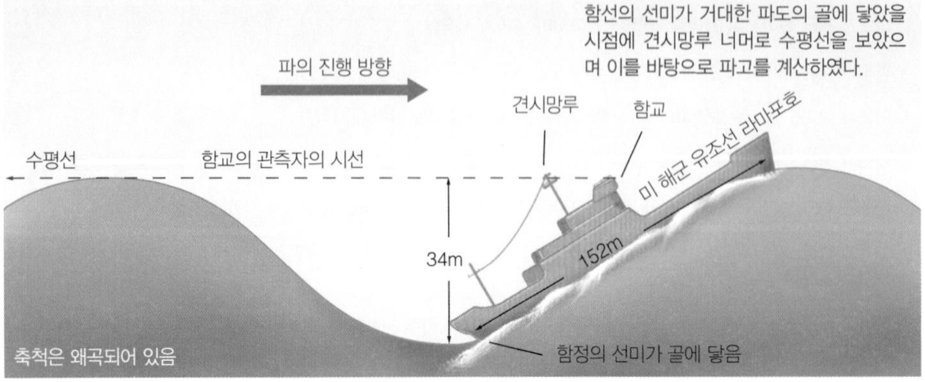

그림 8.12 미 해군 유조선 라마포호에서 확실하게 사상 최대의 파도를 관측하였다(1933). 거대한 파도 속에서 함선의 제원을 이용하여 파고를 34m라고 계산한 배경을 나타내는 모식도. 이 기록은 아직 깨지지 않고 있다.

너울 풍역대에서 발생된 풍랑이 전파되어 풍역대 밖으로 나오거나 바람이 잦아들면, 또는 풍랑이 풍속보다 더 빨리 전파하게 되면 풍랑의 파랑경사가 줄어들어 마루가 길고 둥글며 형태가 비교적 단순하고 일정한 **너울**(swell, *swellan* =

그림 8.13 파도에 손상된 항공모함 베닝턴호(1945). 1945년 오키나와 근처에서 태풍을 만난 베닝턴호가 강화강철 비행갑판이 이물 아래로 휘어진 채 귀환했다. 거대한 파도에 정수면 위 16.5m에 있는 비행갑판이 손상된 것이다.

swollen, 놀) 상태가 된다. 너울은 에너지를 많이 잃지 않고 대양을 가로질러 먼 곳까지 에너지를 이동시킨다. 바람이 없는 해안에서도 파도가 보이는 것은 바로 너울이 먼 곳으로부터 전파되어 왔기 때문이다.

파장이 길수록 속도가 빠르기 때문에 파장이 긴 풍랑들이 풍역대를 먼저 떠난다. 그 뒤를 좀 늦은, 즉 파장이 짧은 풍랑이 **파열**(wave train)이나 무리를 지어 따르게 된다. 파장이 긴 파부터 파장이 짧은 파까지, 즉 빠른 파부터 느린 파까지, 줄지어 전진하며 파가 파장에 따라 분급되는 현상은 **파의 분산**(wave dispersion: *dis* = apart, *spargere* = to scatter) 이론으로 설명할 수 있다. 풍랑이 만들어지는 풍역대에서는 파장이 다른 여러 파들이 생겨나지만 심해에서의 파속은 파장에 따르기 때문에(그림 8.8 참조) 파장이 긴 파들이 파장이 짧은 파를 앞질러 먼저 전파된다. 삐죽삐죽하고 날카로운 풍랑 상태에서 둥글고 일정한 형태의 너울로 바뀌어 가는 거리를 **감쇠거리**(decay distance)라 하며 수백 km를 넘을 수 있다.

학생들이 자주 하는 질문

바닥 너울(ground swell)과 풍성 너울(wind swell)의 차이점은 무엇인가요?

바닥 너울이란 말은 원래 뱃사람들이 외양에서 멀리 떨어진 곳에서 폭풍이나 지진 등으로 발생되어 전파되어오는 너울에 쓰는 말인데 지금은 파도타기에서도 사용된다. 원래의 뜻은 너울이 워낙 커서 너울의 골이 지날 때 바다의 바닥이 들어나 보인다는 데서 나온 것이다. 바닥 너울이나 풍성 너울이나 사실은 다 같은 것이다. 하지만 가끔은 바닥 너울은 매우 먼 발생지에서 전파되어온 엄청나게 큰 너울에 대해서 사용하고 풍성 너울은 그보다 좀 작고 또 비교적 가까운 곳에서 전파되어오는 너울에 대해서 사용하기도 한다.

표 8.2 다 자란 풍랑과 필요조건

필요조건			다 자란 풍랑 상태			
풍속 (km/hr)	풍역대 (km)	지속 시간 (시간)	평균 파고 (m)	평균 파장 (m)	평균 주기 (초)	$H_{1/10}$ (m)
20	24	2.8	0.3	10.6	3.2	0.8
30	77	7.0	0.9	22.2	4.6	2.1
40	176	11.5	1.8	39.7	6.2	3.9
50	380	18.5	3.2	61.8	7.7	6.8
60	660	27.5	5.1	89.2	9.1	10.5
70	1093	37.5	7.4	121.4	10.8	15.3
80	1682	50.0	10.3	158.6	12.4	21.4
90	2446	65.2	13.9	201.6	13.9	28.4

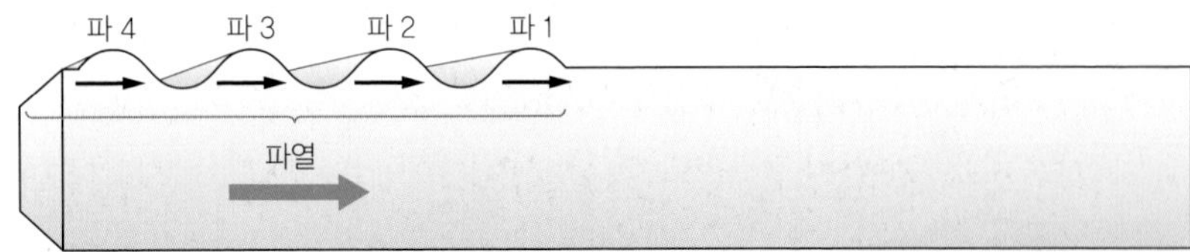

(a) 선행파(파1과 파2)의 에너지는 원궤도 운동으로 옮아간다.

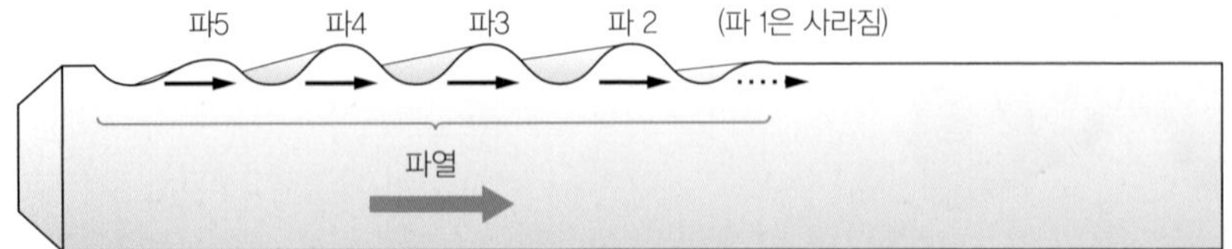

(b) 파1이 사라지고 파2가 파1을 대신하여 앞선다. 뒤쪽에 파5가 생겨난다.

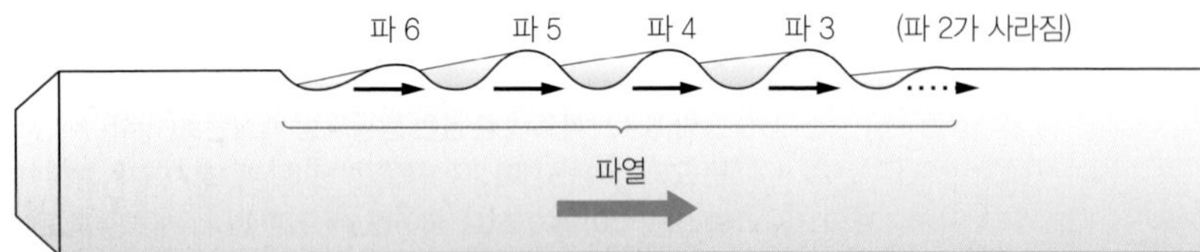

(c) 파2가 없어지고 파3이 앞서며, 뒤쪽에 파6이 생겨난다.

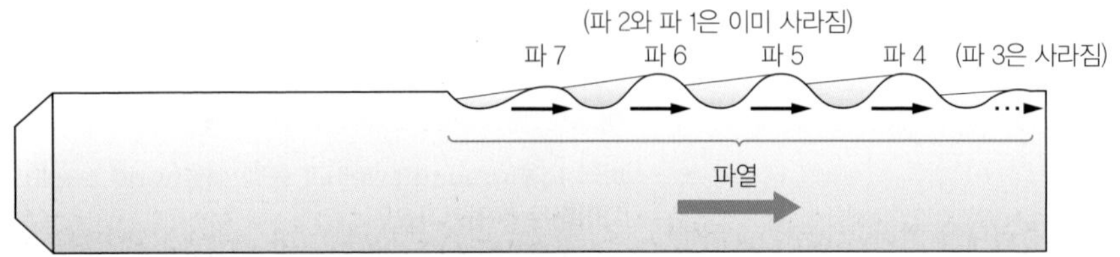

(d) 파3이 없어지고 파4가 앞서며, 뒤쪽에 파7이 생겨난다. 새로운 파들이 생겨나도 파열 속의 파의 개수는 변함없다. 이 때문에 군속도는 개별 파속의 반이 된다.

그림 8.14 파열의 이동. 파열의 이동 모습을 보이는 모식도. 파열이 진행함에 따라 전면의 파들은 사라지고 뒤쪽에서 새로 생겨나 전체 파열의 길이와 포함된 파의 개수는 변함없음을 주의해서 보라.

풍역대를 떠난 파의 집단은 너울의 **파열**(swell wave train)을 이루며 전파되는데, 앞선 파들은 사라지고 파열의 뒤로 같은 수의 파가 새로 생겨나 파열에 있는 파의 수는 그대로이다(**그림 8.14**). 예를 들어 4개의 파를 가진 파열을 보면 파열이 전파됨에 따라 선두파가 사라지는 대신 파열의 뒤에 새로운 파가 생겨나 파열에는 여전히 4개의 파가 있게 된다. 이처럼 선두파가 소멸되고 뒤에 새로운 파가 생겨나며 파열이 전파되기 때문에 파열 전체의 속도(군속도)는 파열 속의 개개 파의 속도(위상 속도)의 반이 된다.

파의 간섭 유형

여러 곳에서 발생하여 전파하던 너울이 한 곳에서 만나게 되면 서로 간섭(interfere)하여 여러 형태의 **간섭 유형**(interference pattern)을 만든다. 간섭 유형은 둘 이상의 파군이 한 곳에서 만나 개개 파의 특성이 합해지면서 형성된다. **그림 8.15**에 합침의 조건에 따라 마루와 골이 더 커지기도 또는 작아지기도 하는 결과가 제시되어 있다.

생성간섭 **생성간섭**(constructive interference)은 같은 파장의 파의 열이 같은 위상으로, 즉 골은 골끼리 마루는 마루끼리 만나는 경우에 발생한다. 즉, 같은 파장의 두 파가 같은 위상에서 서로 만나 각 파의 변위가 서로 더해져 파고가 두 파의 파고 합과 같아지는 경우이다(그림 8.15 위).

소멸간섭 **소멸간섭**(destructive interfrence)은 같은 파장의 파의 열이 서로 반대의 위상으로, 즉 골이 다른 파의 마루와 그리고 마루는 다른 파의 골과 만나는 경우에 발생한다. 만약 파장과 파고가 같은 두 파가 반대 위상으로 만났다면 마루는 다른 파의 골과 합해져 변위가 제로가 되는, 즉 각 파의 에너지를 서로 소멸시키는 결과를 가져온다(그림 8.15 가운데).

복합간섭 실제 대부분의 바다에서는 파장이나 파고가 서로 다른 2개 이상의 너울이 만나 생성간섭과 소멸간섭이 섞인 복잡한 형태의 **복합간섭**(mixed interference)이 일어난다(그림 8.15 아래). 많은 사람들이 경험하는 바와 같이 여러 개의 너울이 해안에 밀려오면 해안의 파도가 연속적으로 커졌다가 작아졌다 하는 **기파박동**(surf beat)은 복합간섭으로 설명할 수 있다. 외해에서도 여러 개의 너울이 서로 만나 복잡한 형태의 간섭(**그림 8.16**)을 일으키며 가끔 매우 큰 파도를 만들어 선박에 큰 위협이 되기도 한다.

요약

파들이 같은 위상으로 중첩되어 생성간섭이 일어나 큰 파고를 만들고, 반대 위상으로 중첩되면 파고가 줄어드는 소멸간섭이 일어난다.

돌발중첩파

돌발중첩파(rogue wave)란 통상적으로 큰 파도가 생길 수 없는 상황에서 갑자기 어마어마하게 큰 규모로 또 독립적(여러 개가 아닌)으로 생기는 큰 파고의 파도를 말한다. 예를 들어 파고 2m의 바다 상태에서 갑자기 파고 20m의 파도가 출현할 수 있다. *rogue*는 '통상적이지 않은'의 뜻이지만 여기서는 '통상적이지 않게 큰'이란 뜻을 가지고 있다. 돌발중첩파는 대체로 기존 파도 기록의 1/3 파고($H_{1/3}$)의 두 배가 넘는 파도를 일컫는데, 출현하는 형태에 따라 때로는 **슈퍼파**(superwaves), **숨겨진 파**(sleeper waves), **괴물파**(monster waves), **변덕파**(freak waves) 등으로 불리기도 한다. 뱃사람들은 위험한 롤러코스터를 타는 것 같은 돌발중첩파의 마루를 '바다의 산(mountain of water)' 또 골을 '바다의 구멍(holes in the sea)'이라고 부르기도 한다.

돌발중첩파는 그 크기와 무시무시한 파괴력으로 *The Perfect Storm*과 이를 영화화 한 'Poseidon'과 같이 문학작품이나 영화의 소재로 자주 등장한다. 아주 큰 돌발중첩파는 선박은 물론 해상 시추선에도 매우 위험할 수 있다. 1966년 이탈리아의 호화 여객선 **미켈란젤로호**가 북대서양에서의 폭풍으로 큰 손상을 입었다(**그림 8.17**). 1995년에는 그 근처에서 승객 1,500명을 싣고 가던 **퀸 에리자배스 2세호**가 허리케인 루이스로 발생한 파고 29m의 파도를 만났다.

확률적으로 보면 외양에서 파도 23개 중의 하나는 평균 파고의 두 배보다 더 클 수 있고, 1,175개 중 하나는 세 배보다 더 클 수 있으며, 300,000개 중의 하나는 네 배보다 더 클 수 있다. 따라서 외양에서 정말 괴물 같은 파도를 만날 확률은 겨우 수십억 분의 일 정도이지만 실제로는 돌발중첩파를 심심찮게 만나게 된다. 2001년 3주간 연속으로 위성 자료를 분석해본 결과 돌발중첩파는 앞에서 생각했던 것보다 훨씬 자주 일어난다는 것이 확인되었다. 이 연구에서 파고 25m 이상인 파도가 10차례 이상 보고되었다. 전 세계의 파도를 위성으로

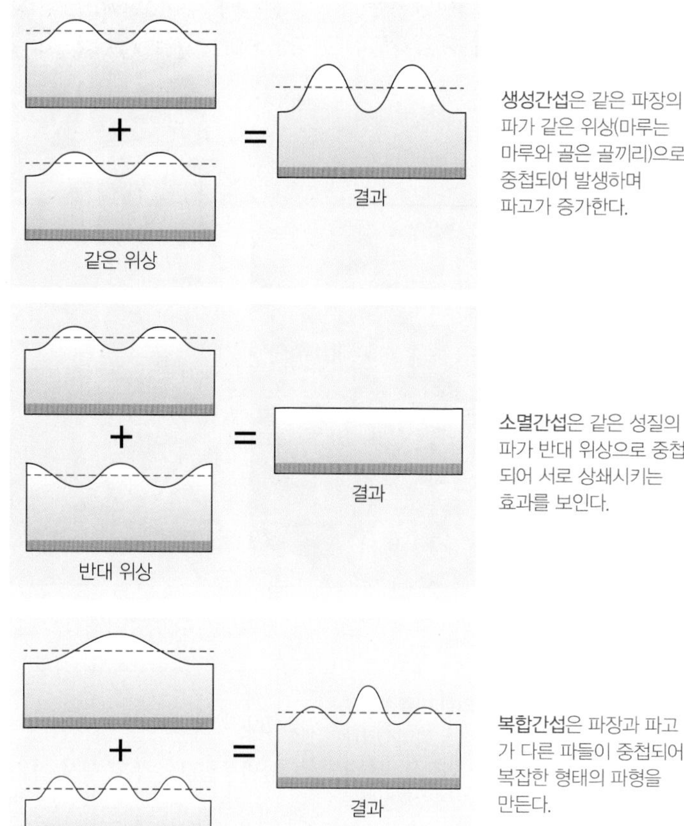

생성간섭은 같은 파장의 파가 같은 위상(마루는 마루와 골은 골끼리)으로 중첩되어 발생하며 파고가 증가한다.

소멸간섭은 같은 성질의 파가 반대 위상으로 중첩되어 서로 상쇄시키는 효과를 보인다.

복합간섭은 파장과 파고가 다른 파들이 중첩되어 복잡한 형태의 파형을 만든다.

그림 8.15 **생성간섭, 소멸간섭, 복합간섭으로 여러 가지 형태의 파도가 형성된다.**
https://goo.gl/0TbyY2

Web Animation
파랑의 간섭 형태
http://goo.gl/0rQ7Vq

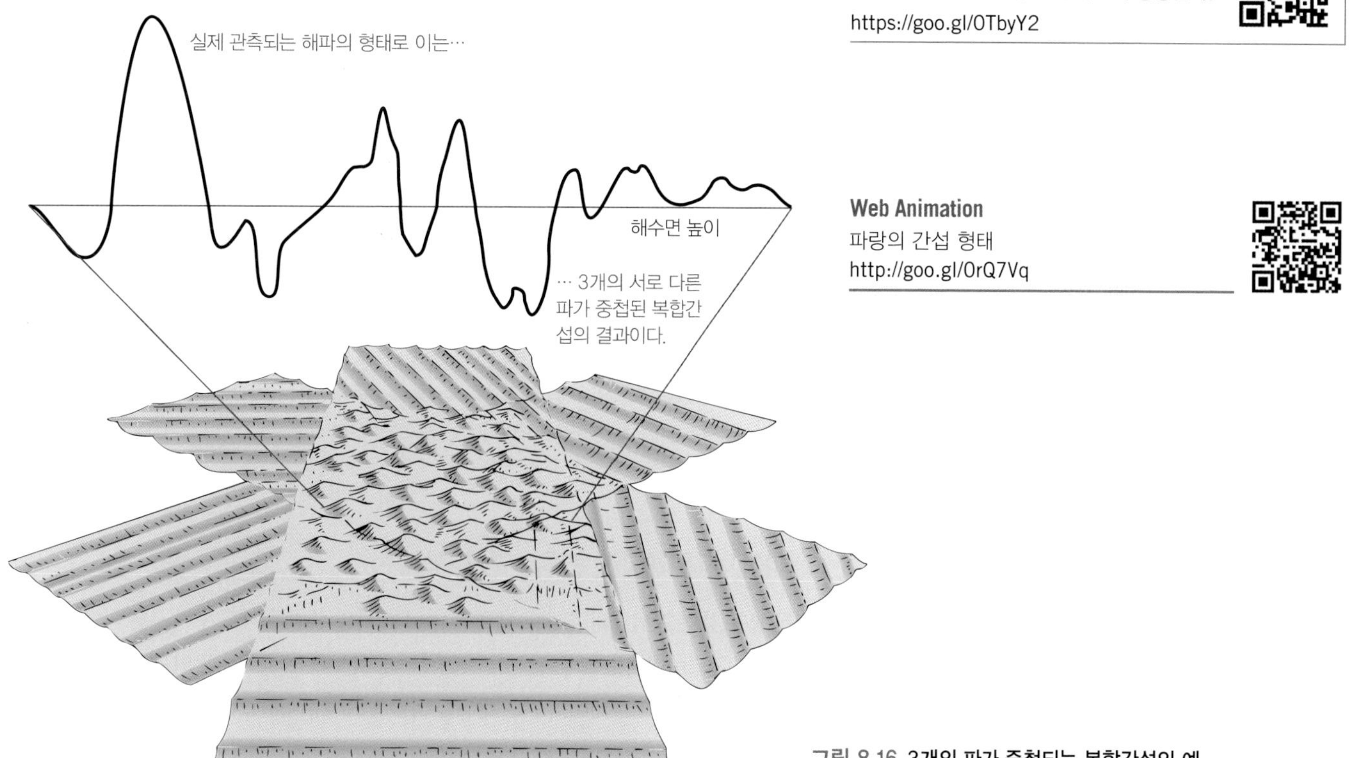

그림 8.16 **3개의 파가 중첩되는 복합간섭의 예.**

(a) 북대서양에서 폭풍으로 인한 큰 파도를 뚫고 나가는 미켈란젤로호의 뱃머리 모습

(b) 돌발중첩파에 얻어맞아 파괴된 상부 구조물을 선실에서 바라본 모습. 뱃머리 오른쪽이 사라진 것을 잘 보라(빨간색 타원으로 표시한 부분).

그림 8.17 돌발중첩파에 의한 미켈란젤로호의 손상(1966). 1966년 4월 북대서양을 횡단하던 이탈리아의 호화 여객선 미켈란젤로호가 폭풍의 한가운데서 돌발중첩파를 만났다. 파도가 배 위를 덮쳐 선수 부분과 상부 구조물이 파괴되었고 수면 위 24m에 있는 함교 유리창이 박살났으며, 3명의 사망자와 부상자 십 수 명이 발생했다.

감시하고는 있지만 언제 어디서 돌발중첩파가 출현할지를 예보하는 것은 여전히 어려운 문제로 남아있다. 2000년에 NOAA의 길이 17m짜리 조사선 발레나호는 좋은 기상 상태에서 캘리포니아 외해 비교적 얕은 곳의 조사 작업 도중 4.6m파고의 돌발중첩파를 만나 전복 침몰되었다. 다행이 타고 있던 선원 3명은 다 구출되었다.

전 세계에서 매년 약 1,000척의 선박이 침몰하여 사라지고 초대형 유조선들도 10척가량이 흔적도 없이 사라진다고 보고되어 있는데 이 사고들의 대부분은 돌발중첩파에 의한 것이 아닌가 생각된다. 해양학자들은 실제 선박에서 관측된 돌발중첩파의 기록을 바라고 있지만 돌발중첩파가 예고도 없이 출현하기 때문에 흔들리는 배에서 좋은 관측을 하기는 너무 어려울 것이다.

돌발중첩파의 주된 생성 이유는 이론적으로는 여러 개의 파가 같은 위상으로 중첩되는 생성간섭의 결과 비상식적인 큰 파고를 만드는 것이라고 정립되어 있다. 돌발중첩파는 기상 전선대와 섬이나 해안으로부터 바람이 불어오는 풍하대 부근에서 자주 발생한다고 알려져 있다. 2008년 일본 어선을 전복시킨 파랑 조건에 대한 최근의 모델링 연구에서 통상 파랑의 저주파 및 고주파 에너지가 서로 간섭하여 좁은 주파수 대역으로 에너지가 집중되어 돌발중첩파가 생성될 수 있음이 확인되었다.

너울에 반대 방향으로 흐르는 해류가 너울을 증폭시켜 비정상적인 큰 파도를 만들 수도 있다. 이 예는 아프리카 남동 해안 외해에서 남극 폭풍파의 전파 방향과는 정반대 방향으로 흐르는 아굴라스 해류가 파고를 증폭시켜 엄청나게 큰 파도가 만들어지는 와일드 코스트(Wild Coast)에서 볼 수 있다. 이렇게 만들어진 큰 파도는 크고 아주 잘 건조된 배라도 한계 용량 이상으로 뱃머리를 덮쳐 배를 침몰시킬 수 있다(그림 8.18).

개념 점검 8.3 | 풍파의 전파 변형 과정을 설명해보라.

1 너울의 정의는 무엇인가? 너울이라는 말의 뜻에는 파의 크기가 포함되어 있는가? 옳은지 또는 그른지를 밝히고 이유를 설명하라.

2 각기 다른 해역에서 발생하여 전파하던 파도가 한곳에서 만나면 간섭을 일으킨다. 파고 1.5m인 풍랑 A와 파고 3.5m인 풍랑 B가 만나 생성간섭과 소멸간섭을 일으켰을 때의 파고는 각각 얼마인가? 답은 그림으로 보여라(그림 8.15).

8.4 파랑은 쇄파대에서 어떻게 변하는가?

풍역대에서 만들어진 모든 풍랑은 너울의 형태로 대양을 건너 대륙의 주변부 파도가 깨지는 대역, 이른바 **쇄파대**(surf zone)에서 파도의 에너지를 모두 잃는다. 깨지는 파도는 때로는 수십 톤의 물체도 움직일 정도로 강력한 힘을 가지고 있다. 먼 폭풍역에서부터 대양을 가로질러 수천 km를 전파되어 온 에너지는 해안에서 한순간에 다 소진된다.

해안에 접근하는 파랑의 변형

외해에서 심해파인 너울이 전파되어 수심이 얕아지는[**해안효과** 또는 **천수효과**(shoaling, *shold* = shallow)] 대륙 주변부로 접근하다 파장의 반 이하(**그림 8.19**)가 되는 곳에 이르면 중간수심파의 성질을 갖게 된다. 파도는 산호초나 바닷속에 침몰한 난파선 또는 해저 사주 등과 같은 장애물을 만나면 에너지를 내놓는다. 선원들은 오래전부터 바다에서 깨지는 파도가 있는 곳은 얕고 위험한 곳이라는 것을 알고 있다.

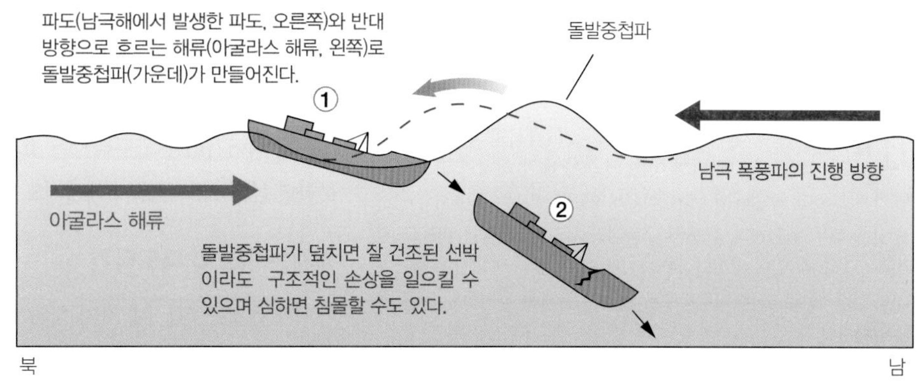

그림 8.18 아프리카 '와일드 코스트'에서 발생한 돌발중첩파.

파랑은 전파되어 오다 수심이 얕아지면 천해파로 되었다가 깨지는 등 여러 가지 형태상의 변형이 일어난다. 수심이 파랑한계보다 얕아지면 파도의 물 입자 운동이 방해를 받아 **파속이 감소**하게 된다. 뒤따른 파의 파속은 아직 그대로인데 앞서 가던 파의 파속은 늦어지면서 파와 파의 거리가 가까워지게 되어 **파장이 감소**한다. 마찰로 약간의 에너지가 소멸되기는 하지만 아직 대부분의 에너지는 남아 있어 파고가 증가하게 된다. 이렇게 파장의 감소와 파고의 증가가 어우러져 **파랑경사**(H/L)가 증가하게 된다. 파랑경사가 1/7을 넘게 되면 깨지기 시작한다. 즉, **쇄파**(surf)가 일어난다(그림 8.19).

멀리서부터 전파되어온 너울의 쇄파는 해안 가까이 얕은 곳에서 일어난다. 물의 움직임도 천해파의 특징인 해안 쪽으로 전진 후퇴하는 주기적 수평운동을 보이며 깨지는 형태도 균일하게 그리고 해안에 나란하게 나타난다.

가까운 곳에서 국지풍으로 발생한 풍랑은 너울처럼 아직 제대로 분급되지 못한 상태이며 풍랑의 성질을 많이 가진다. 파랑경사도 거의 1/7 가까이 되어 좀 불안정하고 파의 형태도 매우 불규칙하다. 이런 파도의 쇄파는 바닥을 느끼자마자 그리고 해안에서 비교적 멀리서 일어나며 쇄파의 형태도 매우 거칠고 불규칙하다.

수심이 파고의 1⅓배에 다다르면 마루가 깨지는 형태의 쇄파가 일어난다.[5] 수심이 파장의 1/20보다 더 얕아지면 파도는 천해파의 특성을 보인다(그림 8.7 참조). 물 입자 운동이 바닥의 저항을 많이 받고, 해안 쪽으로 물의 이동도 많아지게 된다(그림 8.19).

그림 8.19 쇄파대에서의 파의 변형. 파랑이 해안으로 접근하여 파장의 반 이하인 수심을 만나게 되면 파는 바닥을 느끼게 된다. 파속이 감소하여 파장이 짧아지며 파들이 해안 쪽으로 누적된다. 따라서 파고가 증가하며 파랑경사도 증가한다. 파랑경사가 1/7을 넘으면 파는 앞으로 고꾸라지며 쇄파대 안에서 깨진다.

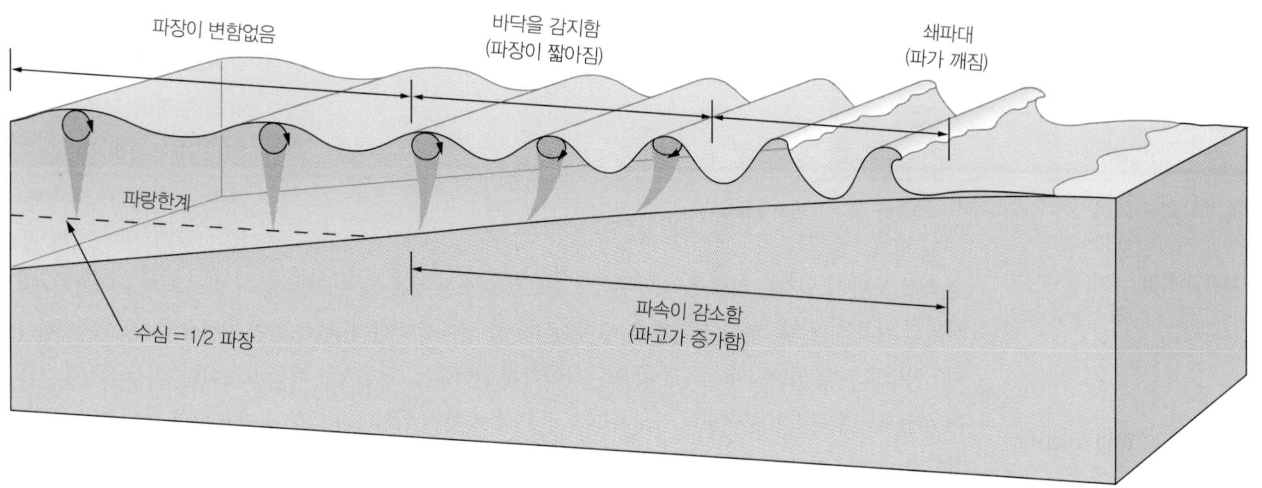

5 이 관계로 쇄파대의 수심을 쉽게 추정할 수 있다. 쇄파가 일어난 곳의 수심은 깨지는 파고의 1⅓이다.

학생들이 자주 하는 질문

파고가 3m인 파도는 파고가 1m인 파도에 비해 얼마나 많은 에너지를 갖고 있나요?

파력에너지는 파고의 제곱에 비례한다. 따라서 파고가 3m인 파도는 1m인 파도에 비해 아홉 배 – 세 배가 아님 – 의 에너지를 가지고 있다. 해안에서 1.5m 정도의 파도가 깨지는 곳에서 수영하는 것은 매우 위험하다. 파도에 내동댕이 쳐져 본 사람은 파도의 위력을 실감할 수 있을 것이다. 숙달된 서퍼들에게는 큰 파도가 즐겁겠지만 일반적으로 좋은 서핑장으로 알려진 곳에서 수영하는 것은 매우 위험하다.

쇄파대에서 바닥의 물 입자 운동은 바닥의 저항으로 매우 늦어지는 반면 표면의 물 입자는 아직 바닥을 느끼지 않아 별로 늦어지지 않는다. 여기다 얕은 수심으로 파고도 높아진다. 바닥과 표면의 속도 차이로 파도의 표면부가 바닥부의 위로 쏟아져 파도가 앞으로 엎어지는 형태로 깨지게 된다. 파도가 깨지는 것은 사람이 너무 급하게 뛰어가려다 고꾸라지는 것과 비슷하다. 사람도 엎어질 때 자세를 통제하지 못하면 몸의 어느 부분이 깨질지도 모른다.

깨지는 파도와 파도타기

파도가 깨지는 데는 세 가지 형태가 있다. 그림 8.20a는 깨지는 파의 마루에서부터 물과 함께 주위의 공기까지 휘감아 아래로 쏟아지듯 미끄러져 내리는 **미끄럼쇄파**(spilling breaker)를 보인 것이다. 미끄럼쇄파는 바닥이 완만하고 멀리서 오는 비교적 낮은 수준의 파랑에너지가 서서히 집중될 경우에 발생한다. 따라서 미끄럼쇄파는 스릴은 다른 쇄파보다는 좀 적지만 비교적 오래 유지되어 파도타기를 오래할 수 있다.

그림 8.20b는 마루의 끝이 휘말려 내리면서 속에 공기 주머니를 형성하는 **휘말림쇄파**(plunging breaker)를 보인 것이다. 마루가 휘말리는 것은 마루의 물 입자가 파도를 떠났기 때문인데, 파도의 마루를 떠난 물 입자의 아래에는 받쳐줄 것이 아무것도 없는 허공 상태인 셈이다. 휘말림쇄파는 해안 경사가 약간 급한 곳에서 형성되고 파도타기에는 가장 좋은 조건이 된다(이 장의 첫 페이지 참조).

바닥 경사가 아주 급하고 파랑에너지의 집중이 짧은 거리에서 급하게 일어나면 그림 8.20c에서 보는 것처럼 해일이 밀려오는 것처럼 보이는 **밀물쇄파**(surging breaker)가 형성된다. 밀물쇄파는 해안 바로 앞에서 일어나기 때문에 파도타기를 하는 대부분의 사람들은 이를 피하려고 하지만 맨몸으로 파도타기를 하는 사람들은 이를 아주 즐기기도 한다.

파도타기(surfing)는 중력과 부력의 균형을 이루는 중력 제어식 물 썰매를 타는 것과 같다. 해파에서 물 입자의 운동(그림 8.4 참조)을 보면 물 입자는 위로 올라 마루의 전면으로 나오는 것을 볼 수 있는데, 이 힘과 서핑보드의 부력이 서퍼의 위치를 깨지는 파도 전면에 유지시켜준다. 중력(아래 방향)과 부력(파의 전면에 수직)의 완벽한 균형이야말로 파의 에너지가 서퍼를 앞으로 나아가게 밀어주는 데 필요한 핵심 요소이다. 아주 유능한 서퍼는 서핑보드를 중력이 부력보다 크도록 파도 전면에 정확히 위치시켜 파도 전면을 따라 40km/hr 이상의 속도를 내기도 한다. 수심이 너무 얕아 파도 속에서의 물 입자 움직임이 위 방향으로 오르지 못하면 파도는 에너지를 다 잃은 것이며 파도타기도 끝나게 된다.

(a) 미끄럼쇄파 : 바닥 경사가 완만할 때

(b) 휘말림쇄파 : 바닥 경사가 급할 경우, 파도타기에 가장 좋음

(c) 밀물쇄파 : 바닥이 급격하게 변할 경우

그림 8.20 쇄파의 유형. 바닥 경사에 따라 달라지는 세 가지 쇄파의 유형을 보여주는 사진

Web Animation
세 가지의 쇄파 유형
https://goo.gl/7D8t9S

파의 굴절

파도가 해안에 직각으로 접근하는 경우는 거의 없다. 해안으로 접근하는 파의 한 부분이 바닥을 느끼게 되면 다른 파들에 비해 속도가 늦어지게 되며 파의 파봉선(wave front)이 휘어지게 되는 **파의 굴절**(wave refraction, *refringere* = to break up)이 일어난다.

그림 8.21a는 직선 해안에 접근하는 파도가 굴절하여 해안 가까이에서 해안에 평행하게 정렬하는 과정을 보인 것이다. 이 그림으로 그 출발점이 어디이든 간에 해안에 접근하는 파는 모두 해안에 거의 바르게 들어오는 이유를 설명할 수 있다. **그림 8.21b**는 바르지 않은 해안에 접근하는 파들도 어떻게 굴절되어 해

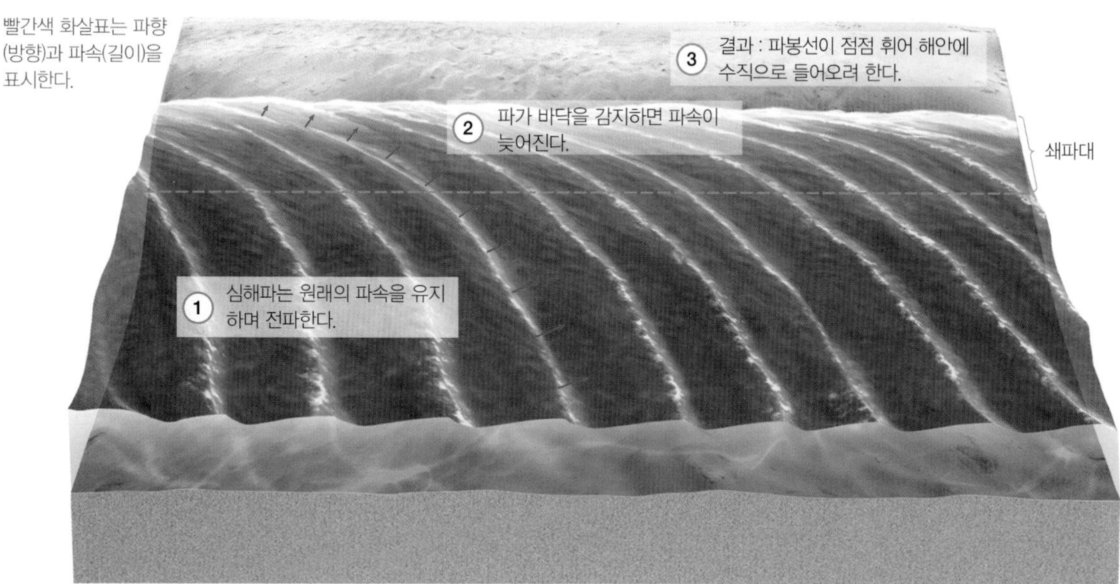

(a) 직선 해안에서의 굴절을 보여주는 조감도

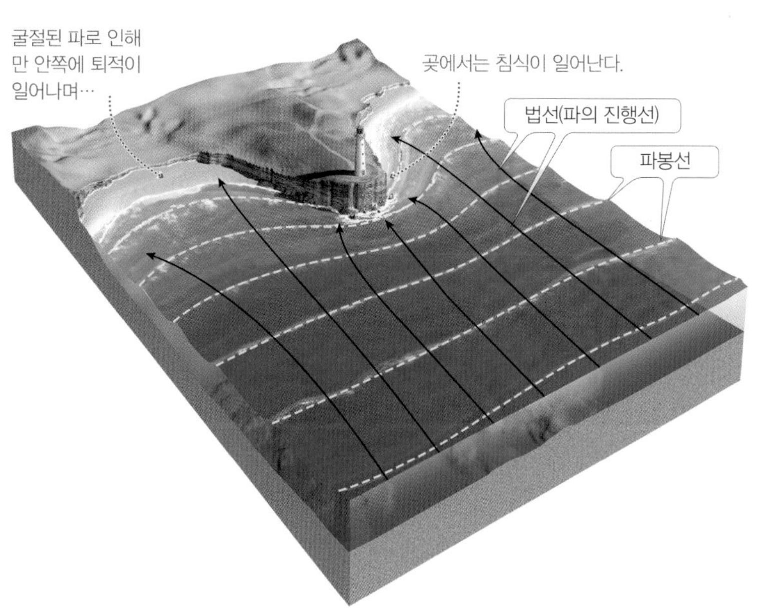

(b) 불규칙한 해안에서의 굴절을 보여주는 조감도

파의 진입 방향

곶에서 파의 휘어짐이 일어난다.

(c) 캘리포니아 링컨 포인트에서의 파의 진행 방향이 휘어지는 사진(서쪽으로 내려다 봄)

그림 8.21 파의 굴절. 파의 굴절은 파가 진행하면서 휘어지는 현상이다. (a) 직선 해안 (b, c) 불규칙한 해안

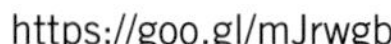
https://goo.gl/mJrwgb

Web Animation
파의 움직임과 굴절
http://goo.gl/1wEScd

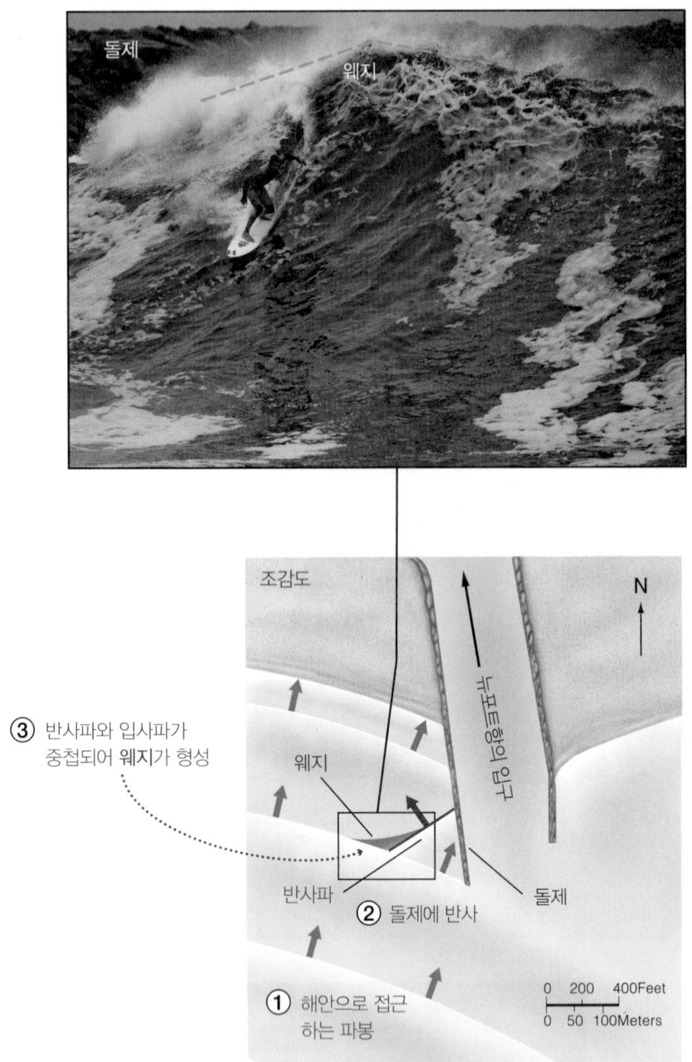

그림 8.22 캘리포니아 뉴포트 하버의 The Wedge 지역에서의 파의 반사와 생성간섭. 파가 해안으로 접근하면서 ① 에너지 일부가 항 입구의 돌제에 반사된다 ② 반사파와 진입하는 파가 중첩되어 생성간섭을 일으킨다 ③ 결과적으로 파고 8m가 넘는 쐐기모양 파도 구역(짙은 파란색 삼각형)이 형성된다. 위의 사진에서 웨지를 타는 서퍼가 보인다. 뒤쪽에 돌제가 보인 것을 유의하라.

안에 나란하게 정렬하는가를 보여준다. **그림 8.21c**는 캘리포니아 링컨 포인트(Rincon Point in California) 주변에서의 파의 굴절 광경이다.

구불구불한 해안에서의 파의 굴절 때문에 해안에 따른 파의 에너지 분포도 일정하지 않다. 그림 8.21b에서 검은색 화살표는 파의 **법선**(orthogonal line: *ortho* = straight, *gonia* = angle), 즉 파의 진행선을 표시한 것이다. 파의 법선은 파봉선에 수직한 선으로 파의 진행 방향을 나타낸다. 파의 법선 사이의 에너지는 일정하기 때문에 법선 간격의 변동으로 파의 에너지 분포의 변동을 가늠할 수 있다. 그림 8.21b에서 보이는 외해 쪽의 등간격 법선 분포는 파랑에너지도 일정하게 분포되어 있음을 보이는 것이다. 하지만 이 법선들이 해안으로 접근하면서 굴절하여 곶에서는 **수렴**하지만 만에서는 **발산**하는 것을 볼 수 있다. 이는 파의 에너지가 곶 근처에서는 집중되며 만에서는 분산됨을 뜻한다. 따라서 곶에서 큰 파도가 일어나 파도타기에 좋은 곳이 되며 동시에 침식[6]도 많이 일어난다. 만에서는 파도가 작아져 선박 계류장으로 사용될 수 있으나 퇴적이 잘 일어난다. 곶이나 만에서 같은 파가 깨진다 해도 파의 굴절에 따라 법선의 간격이 달라져 있어 파의 에너지는 다르다. 해안으로 접근하는 파는 당연히 해저사주나 계곡과 같은 해저 형태의 영향도 받는다.

파의 반사

해안으로 돌진한 파의 에너지가 모두 소멸되는 것은 아니다. 직립안벽이나 암벽 해안에서는 에너지 소실이 거의 없이 거울이 빛을 반사하는 것과 같은 **파의 반사**(wave reflection: *reflecten* = to bend back)가 일어난다. 입사하는 파가 장애물에 직각으로 부딪치면 파의 에너지는 바로 반사되어 입사파와 나란한 방향으로 되돌아 나가며 때로는 뒤따라오는 파와 간섭하여 예상치 못한 형태의 파가 발생하기도 한다. 해안에 어떤 각도로 접근하는 파의 에너지는 입사하는 파와 같은 각도로 반사된다.

Web Animation
파의 분산, 반사, 간섭
https://goo.gl/s6jfkv

요약

얕은 수심으로 파속이 늦어지면서 파의 굴절이 일어난다. 파가 딱딱한 장애물에 부딪쳐 파의 에너지가 되돌아 나오는 현상을 반사라고 한다.

웨지 : 파의 반사와 생성간섭에 관한 사례 연구 캘리포니아 뉴포트항 입구 서방파제 앞의 지역에서 파의 반사와 생성간섭에 의해 발생하는 **웨지**(The Wedge, 쐐기형 파)는 좋은 예가 될 것이다(**그림 8.22**). 방파제는 바다 쪽으로 400m 정도 나와 있는 인공구조물로 수직 벽에 파도가 바로 부딪치게 되어 있다. 어느 정도의 각을 지닌 채 직립 안벽에 부딪친 입사파는 같은 각으로 반사하게 된다. 입사파와 반사파가 같은 파장을 갖고 있으며 생성간섭이 일어나 파고 8m가 넘는 휘말림쇄파(그림 8.22 확대 사진)가 일어난다. 서퍼보드로 서핑하기에는 너무 위험한 이곳에 격렬한 도전을 찾는 맨몸의 서퍼들이 있다. 이 도전에서 여러 서퍼들이 부상했으며 사망한 사람도 있다.

정상파, 마디, 복 정상파(standing wave 또는 stationary wave)는 파가 장애물에 수직으로 반사될 때 일

6 뱃사람들은 오래 전부터 파도가 곶으로 모인다는 것을 알고 있다. 물론 서퍼들도 파의 굴절로 좋은 서핑장이 형성된다는 것을 알고 있다.

어난다. 정상파는 파장이 같은 두 파가 서로 반대 방향으로 만나 결과적으로 파의 진행이 없는 상태의 파이다. 수평 방향과 연직 방향의 물 입자 운동은 있지만 진행파의 특성인 원궤도 운동은 아니다.

그림 8.23은 정상파 과정에서의 물의 운동을 보여준다. 연직방향의 운동이 없는 곳을 **마디**(node, nodal line: *nodus* = knot)라 하며, 마루와 골이 번갈아 일어나 연직 운동이 최대인 곳을 **복**(antinode)이라 한다.

물이 앞뒤로 출렁거리는 정상파에서 연직 방향의 최대 이동은 복에서 일어난다. 하나의 마루가 골로 수면이 내려가는 것은 물이 수평으로 흘러 다른 복의 골을 마루로 올린다는 뜻이다. 결과적으로 마디에서는 연직운동은 없고 수평운동만 있게 되며 복에서는 완전한 연직운동만 있게 된다.

제9장 '조석'에서 정상파에 대해 좀 더 자세히 다루게 된다. 연안역에서는 조석이 정상파 형태로 보이는 곳도 있다.

개념 점검 8.4 | 쇄파대에서의 파랑의 변화를 설명하라.

1. 파랑경사 1:7의 의미는 무엇인가? 파랑경사가 1:7을 넘으면 어떻게 되는가?
2. 파도가 점차 얕은 바다를 거쳐 해안에서 깨지는 과정에서의 파속(*S*), 파장(*L*), 파고(*H*), 파랑경사(*H*/*L*)의 변화를 설명하라.
3. 쇄파의 세 가지 유형을 바닥의 경사와 연관 지어 설명하라. 세 가지 유형의 쇄파가 쇄파대 내에 내어놓는 에너지는 얼마나 되나?
4. 파의 굴절과 반사의 차이를 예를 들어 설명하라.
5. 곶과 만에서의 파랑에너지 분포를 파의 법선을 이용하여 설명하라. 에너지가 높은 지역과 낮은 지역을 구분하여 표시하라.

8.5 쓰나미는 어떻게 발생하나?

항구나 해안에 갑자기 밀려드는, 때로는 매우 위험한 큰 파도를 일본어로 **쓰나미**(tsunami: *tsu* = harbor, *nami* = wave)라 한다. 쓰나미는 해저단층으로 인한 바닥 침하, 저탁류로 인한 해저 사태, 대규모 해저화산의 붕괴, 해저화산의 분출 등과 같은 급작스러운 해저지형의 변동으로 발생한다. 조석파로 잘못 이해하는 사람도 있지만 쓰나미는 조석과는 아무런 상관이 없다. 쓰나미의 시작은 대부분 지진과 관련이 있어 좀 더 정확히 표현하자면 **지진해파**(seismic sea wave)라 부르는 것이 바람직하다.

쓰나미의 대부분은 **연직 단층운동**으로부터 시작된다. 해저단층과 지진으로 바닥이 파열하면 해면의 급격한 변동이 일어난다(**그림 8.24**). **연직단층**(해저가 솟아오르든 가라앉든)은 바다의 체적을 변동시키며, 이 변동이 그 위의 물기둥에 그대로 전달되어 쓰나미를 발생시킨다. 그러나 **수평단층**에서는 바다의 부피 변화가 없어 일반적으로 쓰나미를 발생시키지 않는다. 많지는 않지만 지진으로 인한 해저사태나 해저화산 분출도 쓰나미를 일으킨다. 바다로 쏟아지는 해안의 대규모 산사태나 유성체의 낙하 등과 같이 바다에 큰 물체가 떨어져 일어나는 **풍덩파**(splash wave)도 쓰나미를 발생시킨다.

일반적으로 쓰나미는 평균 4km, 해구에서는 최대 11km가 넘는 해저에 가해지는 에너지가 그 위의

학생들이 자주 하는 질문

미국에서 동해안보다 서해안이 파도타기에 더 좋은 이유는 무엇인가요?

서해안이 더 좋은 세 가지의 중요한 이유가 있다.

1. 대체로 태평양이 대서양보다 파도가 더 크다. 태평양이 대서양보다 더 넓다. 다시 말하면 큰 파도를 만들기 위한 풍역대가 더 넓다는 뜻이다.
2. 서해안의 해안 바닥 경사가 더 급하다. 동해안의 바닥은 대체로 완만한 경사를 갖고, 가끔 서퍼들이 별로 좋아하지 않는 미끄럼 쇄파가 형성되기는 한다. 서해안은 바닥 경사가 매우 급해 서퍼들이 가장 좋아하는 휘말림 쇄파가 잘 형성된다.
3. 바람 조건도 서해안이 훨씬 좋다. 미국은 전역이 다 편서풍대에 속하는데 서해안으로는 바람이 불어오지만 동해안에서는 바람이 불어나간다.

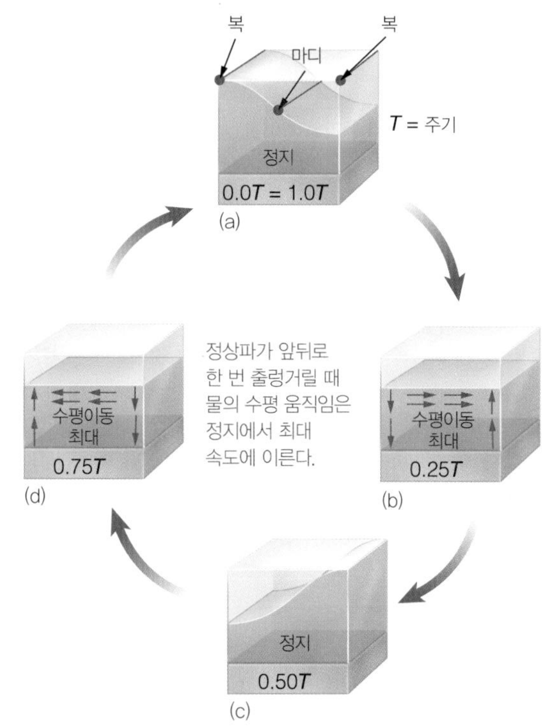

그림 8.23 연속으로 본 정상파. 정상파의 복에서의 수면 변위가 최대일 때 물의 움직임은 정지한다(a, c). 물의 움직임은 수면이 수평(b, d)일 때 최대(푸른 화살표)이다. 복에서의 물은 연직 방향으로 움직이며 마디에서 수평 방향의 움직임이 최대이다.

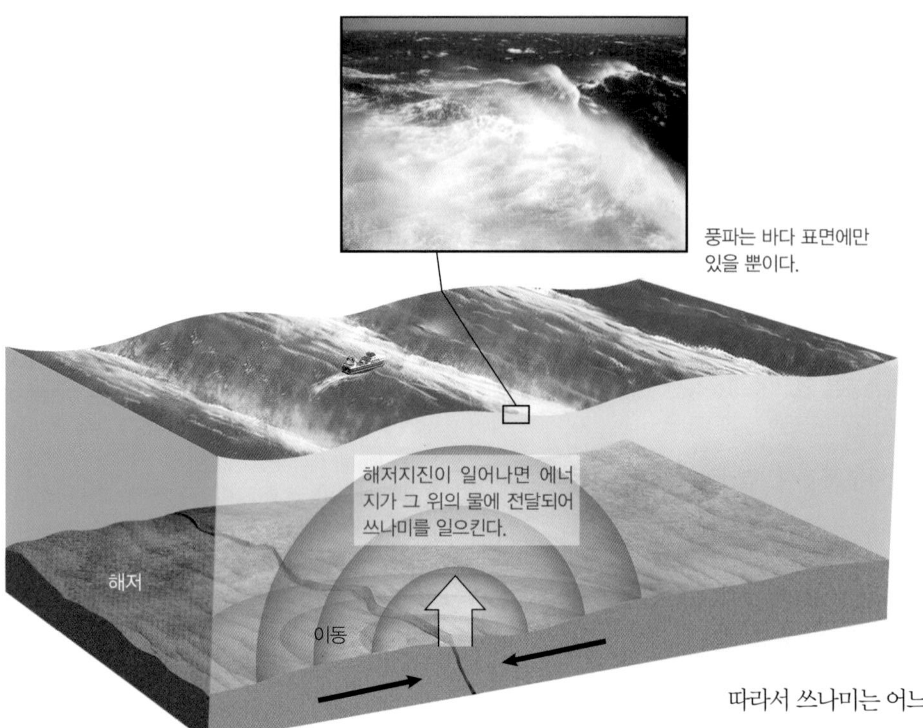

그림 8.24 **쓰나미와 풍파의 차이점.**

물기둥에 전달되어 일어난다. 반면 풍파는 바다 표면의 극히 일부에서만 일어나는 것으로 쓰나미 만큼의 큰 에너지를 갖지는 못한다(그림 8.24). 쓰나미가 천해로 들어오면 물기둥 전체가 갖고 있던 에너지는 얕은 곳에서 압축 방출되어 많은 양의 바닷물을 해안으로 밀어 해일을, 다시 바닷물을 외해로 쓸어내어 해퇴를 일으키며 큰 피해를 야기한다(**그림 8.25**).

20세기 들어 지구상에서 총 498번의 유의할 만한 쓰나미가 발생했으며, 그중 66번이 치명적인 것이었다. 원인은 지진이 86%, 화산이 5%, 사태가 4% 그리고 복합적인 요인이 5%였다. 운석이나 소행성의 낙하로 인한 것은 거의 없었다.

쓰나미의 파장은 보통 200km가 넘는다. 따라서 쓰나미는 어느 곳에서나 천해파이다.[7] 쓰나미는 천해파이기 때문에 파속은 수심에 따라 결정된다. 외해에서는 700km/hr(대략 제트여객기의 속도)를 넘으며 파고는 1m 이내이다. 외해에서는 파속이 빠르기는 하지만 파고는 작기 때문에 해안에 도달할 때까지는 거의 느끼지 못하고 지나쳐 버리지만 얕은 곳으로 진입하면 풍파에서와 같이 파속은 늦어지고 파고는 엄청나게 높아진다.

해안 효과

쓰나미는 해안에서 파도가 크게 깨지는 것이라고 잘못 알려져 있는 경우가 많다. 오히려 범람이나 해일처럼 바다가 한꺼번에 밀려오는(때에 따라서는 쓸려나가는 경우도 있다) 것처럼 보인다. 다시 말해 쓰나미는 갑작스러운 이상고조처럼 보인다. 이 때문에 많은 사람들이 쓰나미를 조석파라 잘못 이야기하기도 한다. 해면이 정수면에서 최대 높이까지 올라가는 데는 꽤 긴 시간(몇 분 이상)이 걸리고, 그 높이는 40m를 넘을 수 있으며 여기에 통상 있는 파도가 겹쳐 해면은 더 높아질 수 있다. 높아진 해면으로 인한 해일이 저지대로 밀려 들어와 인명 피해를 포함하는 큰 피해를 일으킬 수 있다(그림 8.25b).

쓰나미의 골이 해안에 들어오면 밀려왔던 물이 급하게 빠져나가 해면이 보통의 저극조위면보다 몇 미터 아래까지 내려가는 이상저조가 급작스럽게 일어난 것처럼 보인다. 쓰나미도 파의 일종이기 때문에 쓰나미 동안 물이 밀려오는 해일과 빠져나가는 해퇴가 시간차를 두고 여러 차례 반복될 수 있다. 쓰나미의 첫 번째 해일이 가장 큰 경우는 매우 드물고 보통 서너 번째의 해일이 가장 크지만 가끔 일곱 번째의 것이 가장 클 경우도 있으며 몇 시간 후에 제일 큰 해일이 밀려오는 경우도 있다.

쓰나미를 일으키는 해저의 움직임 형태에 따라 해안에 쓰나미의 골이 먼저 도달할 수도 있다. 해저가 침강하는 쪽으로 퍼져나가는 지진해파는 골이 먼저고 마루가 뒤따르게 된다. 반대로 단층의 솟아오르는 쪽은 마루가 먼저 나가고 골이 뒤따르게 된다. 쓰나미의 골이 먼저 도달한 해안에서는 물이 빠져나가 거의 드러나지 않던 조간대 더 아래까지 다 드러나게 되는데, 많은 사람들이 드러난 바닥에 들어가 조개를 잡거나 다른 해초류를 따러 들어가려는 유혹을 느끼게 된다. 하지만 곧 큰 해일(쓰나미의 마루)이 들이닥

Web Animation
쓰나미
http://goo.gl/H6j8jK

7 파랑한계는 파장의 반이다. 따라서 쓰나미는 가장 깊은 해구보다 더 깊은 100km 수심에서 벌써 바닥을 느끼게 된다.

그림 8.25 **쓰나미의 발생, 전파, 피해**
https://goo.gl/FQutiu

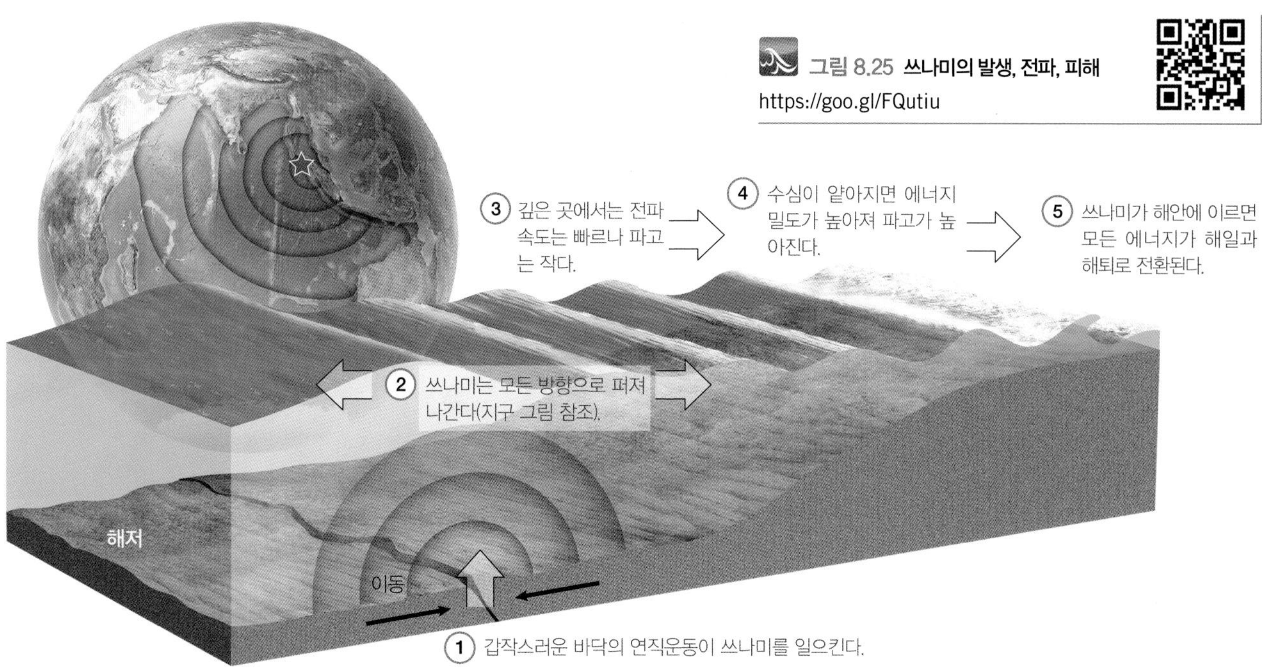

(a) 쓰나미의 발생, 전파 그리고 해안에서 거대 파고로 전환되는 과정

(b) 2004년 12월 26일 인도양 쓰나미로 태국 푸켓의 체디 리조트가 침수되는 동안의 연속 사진

치게 될 것이다.

쓰나미로 인한 해일과 해퇴는 해안의 구조물을 파괴하는 것은 물론 인명피해도 많이 일으킨다. 해안에서 물이 들이닥치는 속도는 대부분 사람이 달리는 속도보다 빠른 4m/sec에 이를 때도 있다. 쓰나미에 휩쓸린 사람은 물에 빠져 익사하기도 하지만 떠다니는 다른 부유물에 부딪쳐 피해를 입는 경우도 많다(**그림 8.26**).

학생들이 자주 하는 질문

쓰나미 파고의 최대 기록은 얼마인가요?

다른 어떤 나라들보다 섭입대 가까이에 위치해 쓰나미의 내습을 많이 받는 일본이 기록을 보유하고 있으며, 그다음은 칠레와 하와이일 것이다. 기록상으로는 1971년 일본 남부 류큐에서 발생한 것으로 평상시보다 85m 이상의 해면 상승이 있었다. 저지대에서는 내륙으로 수 km 이상 해일이 밀려와 범람했으며 피해 면적도 매우 넓었다.

그림 8.26 하와이 힐로에서의 쓰나미. 1946년 쓰나미로 땅에 누워버린 주차 미터기. 2,500만 달러의 재산피해와 159명의 사망자가 발생했다.

쓰나미 기록

매년 수많은 쓰나미가 일어나지만 대부분은 별다른 피해 없이 그냥 지나간다. 주의해야 할 만한 쓰나미는 평균해서 10년에 57개 정도 발생하며, 2~3년에 한 번은 상당히 큰 쓰나미가, 매우 큰 피해를 일으키는 초대형 쓰나미는 15~20년에 한 번꼴로 발생한다. 특히, 지난 10년 동안에 가장 규모가 크고 치명적인 쓰나미 2개가 발생했다는 점은 주목할 만한 일이다.

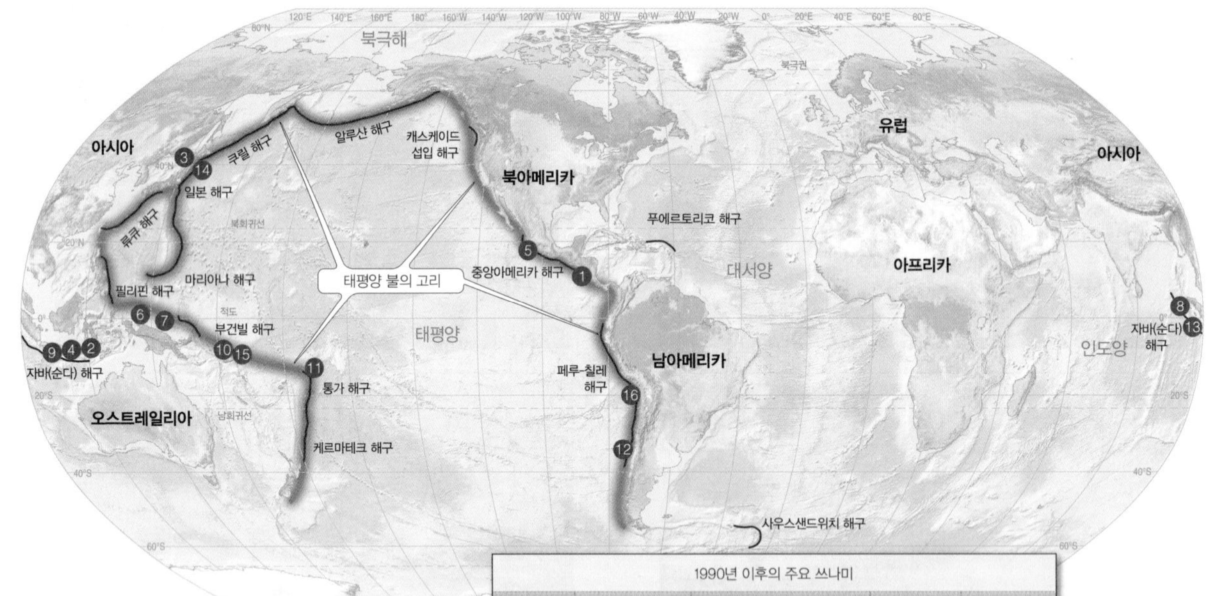

지도 위의 번호	날짜	위치	최대 파고 (m)	사망자
1	1992. 9. 2.	니콰라과	10	170
2	1992. 12. 12.	인도네시아 플로레스 섬	26	〉1,000
3	1993. 7. 12.	일본, 오쿠시리	31	239
4	1994. 6. 2	인도네시아, 자바 동부	14	238
5	1995. 10. 9	멕시코, 잘리스코	11	1
6	1996. 2. 17	인도네시아, 이란자야	8	161
7	1998. 7. 17	파푸아 뉴기니	15	〉2,200
8	2004. 12. 26	인도네시아, 수마트라	35	300,000
9	2006. 7. 17	인도네시아, 자바 중부	3	668
10	2007. 4. 1	솔로몬제도	5	52
11	2009. 9. 29	사모아	14	189
12	2010. 2. 27	칠레	3	550
13	2010. 10. 25	인도네시아, 파가이 섬	3	435
14	2011. 3. 11	일본, 토호쿠	40	19,508
15	2013. 2. 16	솔로몬제도	2	9
16	2014. 4. 1	칠레 북부	2	7

그림 8.27 1990년 이후 발생한 주요 쓰나미. 1990년 이후 발생한 주요 쓰나미(파고와 사망자 수 기준)의 발생 위치와 제원. 1990년 이후 쓰나미로 300,000명 이상의 사망자가 발생하였다. 대부분의 살인적인 쓰나미는 지각 판이 충돌하는 태평양 둘레를 따라 발생하였지만, 가장 희생자가 많이 난 것은 2004년 인도양 쓰나미이다(번호 8). 진한 빨간색 선은 해구를 표시한 것이며 옅은 빨간색은 태평양 불의 고리를 나타낸다.

쓰나미가 가장 많이 발생하는 곳은 어디일까? 약 86%의 쓰나미가 태평양에서 발생했다. 태평양에는 해양판이 수렴 섭입하는 판의 가장자리를 따라 많은 해구가 분포하고 있는데, 이들 해구에서 큰 지진이 자주 발생하기 때문이다. 화산활동이 활발한 **태평양 불의 고리**(Pacific Ring of Fire)를 따라 지진도 많이 발생하며 따라서 큰 쓰나미를 발생시킬 가능성이 많다. **그림 8.27**은 1990년 이후 발생한 쓰나미의 기록인데, 대부분은 태평양 불의 고리를 따라 발생했다.

크라카타우 화산의 분출(1883) 1883년 8월 27일 크라카타우 섬(Krakatau)[8]의 화산 분출로 인한 쓰나미를 근래 들어 가장 큰 피해를 일으킨 쓰나미 중의 하나로 들 수 있을 것이다. 하와이의 작은 섬 크기인 인도네시아령 크라카타우 섬의 화산 폭발은 역사상 가장 큰 것으로 기록되고 있다. 해발 450m였던 섬이 거의 사라졌고 폭발음은 인도양 너머 4,800km 떨어진 곳까지 들려 인류 역사상 가장 큰 소리로 기록되어 있다. 분출된 화산 먼지는 상층 대기로 올라가 고공 바람을 타고 전 지구를 덮었으며 거의 1년 가까이 전 세계의 하늘을 붉게 노을 지게 하였다.

이 섬에 사람이 살지는 않아 사망자가 그리 많지는 않았다. 엄청난 화산 폭발 에너지가 해수를 움직여 12층 빌딩의 높이와 맞먹는 파고 35m를 넘는 쓰나미를 발생시켰다. 이 쓰나미로 수마트라와 자바 사이의 순다 해협의 해안지대가 황폐화되었으며, 1,000개 이상의 마을이 침수되고 최소 36,000명 이상이 휩쓸려 갔다. 이 쓰나미가 실어 나른 에너지는 전 세계의 해안으로 다 퍼졌으며 심지어 런던과 샌프란시스코의 조석 관측소에서도 그 흔적이 기록되었다.

약 130여 개에 이르는 인도네시아의 다른 활화산과 마찬가지로 크라카타우 화산도 3,000km에 걸쳐 오스트레일리아판이 유라시아판 아래로 섭입하는 지역인 순다 호상열도(Sunda Arc)에 있다. 두 지판이 만나는 이곳은 지진과 화산 분출이 일상화된 곳이다.

알래스카 스카치 곶/하와이 힐로 쓰나미(1946) 1946년 4월 1일 큰 쓰나미가 하와이에 내습하여 힐로항을 비롯한 북쪽 해안에 큰 피해를 입혔다. 이 쓰나미는 하와이에서 3,000km나 떨어진 알래스카 유니맥섬 바깥 알류샨 해구에서 발생한 규모 $M_w = 7.3$의 지진에 의해 발생된 것이었다. 이 방향으로 뻗어 있는 힐로만의 특별한 해저지형이 쓰나미 에너지를 도심 방향으로 집중시켜 힐로 시가지에 가공할 만한 높이의 해일이 들이닥쳤다. 이 쓰나미는 처음 물이 대거 빠졌다가 바로 평상시의 고조위보다 17m나 더 높은 해일이 들이닥쳐 2,500만 달러의 재산피해와 159명의 인명피해를 일으켰으며 하와이 최대의 자연재해로 기록되고 있다(그림 8.26).

진앙에 가까운 곳일수록 쓰나미는 상상할 수 없을 정도로 더 컸었다. 알래스카 유니맥 섬의 스카치 곶(Scotch Cap)에 들이닥친 쓰나미는 해발 14m 높이에 세워진 2층짜리 콘크리트 건물인 등대를 삼켰다. 이 등대는 완전히 파괴되었고 이때 파고는 36m로 추정되며 등대에 있던 5명은 모두 사망했다. 해발 31m 높이의 절벽 위에 세워두었던 자동차도 물결에 휩쓸려갔다.

파푸아뉴기니(1998) 1998년 7월 태평양 불의 고리의 서쪽에 있는 파푸아뉴기니 북쪽 외해에서 발생한 규모 $M_w = 7.1$의 지진이 발생한 후 곧바로 같은 규모의 지진으로 예상할 수 있는 것보다 다섯 배는 더 큰

학생들이 자주 하는 질문

쓰나미 경보가 발령되었을 때 어떻게 해야 하나요?

많은 사람들이 쓰나미를 구경하고 싶어 하겠지만 우선은 해안을 벗어나는 것이 중요하다. 2010년 2월 발생한 규모 M_w=8.8의 칠레 지진 발생 후 53개 국가에서 쓰나미 경보가 발령되었다. 태평양 너머 호주에서는 많은 매체들이 쓰나미의 위험성을 보도하였지만 텔레비전에서는 생방송으로 많은 사람들이 쓰나미가 오는 것을 보겠다고 해안 저지대로 내려간 화면을 보여주고 있었다. 심지어 이들 중 몇몇은 해변 구조원들이 만류하는데도 불구하고 내습하는 쓰나미 속으로 헤엄쳐 들어가기도 했었다.

쓰나미를 관찰하기 위해 꼭 해안으로 내려가야겠다면 많은 사람들이 몰려 길이 막히고 신체상의 위해가 있을 수 있다는 점을 각오해야 한다. 적어도 해발 30m 이하로는 내려가지 않는 것이 좋다. 외딴 해안에서 바닷물이 갑자기 쑥 밀려 나가면 즉시 높은 곳으로 대피해야 한다(**그림 8.28**). 또 만약 해안에서 지진으로 바로 서 있기 힘들 정도이면 바로 설 수 있는 즉시 무조건 달려 – 걷지 말고 – 높은 곳으로 피해야 한다.

첫 쓰나미가 온 뒤로도 여러 차례의 해일(해퇴도 함께)이 닥칠 가능성이 매우 높으므로 적어도 몇 시간 동안은 해안 저지대를 피해야 한다. 호기심 많은 사람들이 첫 쓰나미 내습 이후 해안으로 내려갔다가 제3 또는 제4 심지어 아홉 번째의 쓰나미 해일에 쓸려 사망했다는 기록이 많이 있다.

그림 8.28 쓰나미 경보판. 오리건 해안의 쓰나미 경보판으로 쓰나미 내습 시에 저지대 거주민들의 대피를 도와준다.

8 자바섬의 서쪽에 위치하며 Krakatoa라고 불리기도 한다.

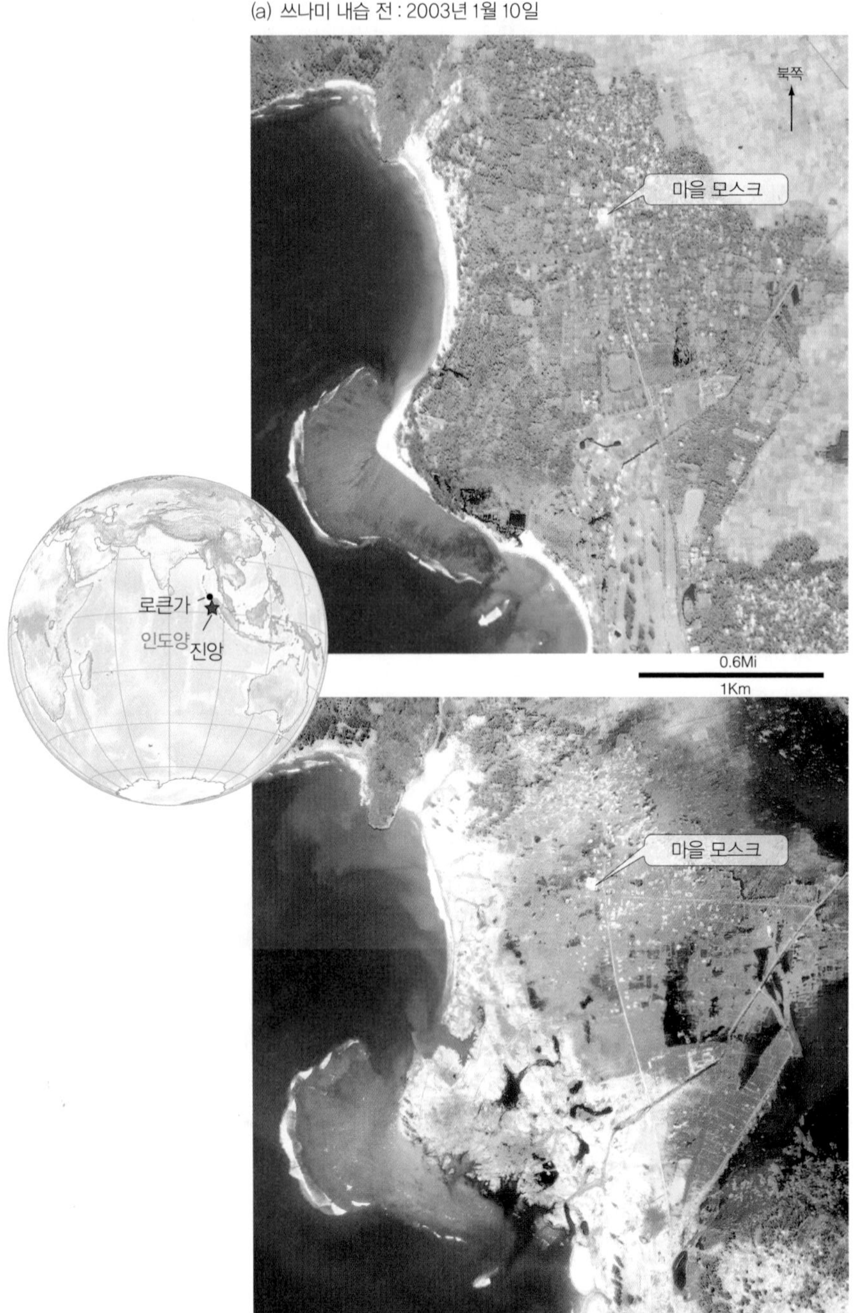

그림 8.29 인도네시아 쓰나미의 피해 현장의 위성 영상. 인도네시아 수마트라 서해안 아체 주의 로큰가 마을의 쓰나미 내습 전과 후를 보여주는 연속 사진. (a) 2003년 1월 10일 쓰나미 내습 전과 (b) 파고 15m의 쓰나미가 마을 전체를 휩쓸고 간 지 3일 만인 2004년 12월 29일. 두 사진에서 무너지지 않고 남아 있는 몇 안 되는 건물 중 하나인 모스크가 보인다.

15m의 쓰나미가 해안을 덮쳤다. 이 쓰나미는 고도가 높지 않은 사주 위의 인구밀집지역을 덮쳐 3개 마을을 완전히 파괴했으며 사망자 수도 최소 2,200명은 넘었다. 쓰나미가 지나간 뒤에 이 지역을 조사한 결과 지진에 의한 해저사태의 흔적을 발견했으며 이 사태가 예상 밖의 큰 쓰나미를 일으킨 것으로 보인다.

인도양(2004) 대부분의 쓰나미는 태평양에서 발생하지만 예외도 있다. 2004년 12월 26일 인도양의 인도네시아 수마트라섬의 서해안 외해의 섭입대에서 큰 지진이 발생하였다. 수마트라-안다만 지진으로 알려진 이 지진은 지난 세기에서 두 번째로 큰 지진이며 당시까지 현대적인 지진계에 의한 지진 기록으로는 가장 큰 지진으로 기록되었다. 이 지진의 규모는 그 여파가 알래스카까지 미쳤으며 지구의 중력을 약간 변화시키고 지구 자전에까지 영향을 주는 정도로 큰 것이었다. 처음에는 규모가 $M_w = 9.0$으로 발표되었으나 곧 규모를 $M_w = 9.32$로 수정 발표되었다. 지진은 인도판이 유라시아판 아래로 섭입하는 순다 해구(Sunda trench)의 해저면 아래 30km 되는 곳에서 발생하였다. 두 지판의 경계를 따라 약 1,200km가량의 해저 바닥이 파열하여 바닥이 10m가량 위로 들어 올려졌으며 이로 인해 역사상 가장 치명적인 쓰나미가 발생하였다.

쓰나미는 인도양을 가로질러 제트여객기의 속도로 퍼져 나갔다. 지진 발생 후 약 15분 만에 해퇴와 잇달아 높이 35m의 해일이 수마트라 해안을 덮쳤다. 순식간에 여러 개의 해안가 마을이 쓸려 나갔으며(**그림 8.29**) 수십만 명의 사망자가 발생했다. 지진대에서 멀리 떨어진 곳에도 그보다는 작지만 치명적인 쓰나미가 덮쳤다. 특히 지진 발생 75분 후에 타일랜드 해안을 덮쳤으며(그림 8.25b 참조), 3시간 후에는 스리랑카와 인도의 해안에도 해일이 덮쳐 해안가를 쓸어갔다. 7시간 후에는 5,000km 떨어진 아프리카 해안에 도달했는데 그때까지도 위력이 남아 있어 십수 명의 사망자를 발생시켰다. 크기는 매우 작아졌지만 대서양, 태평양 또 북극해에서도 이 쓰나미의 흔적이 감지되었다.

우연히도 쓰나미 발생 2시간 후에 Jason-1 위성이 인도양을 가로질러 지나갔다(**그림 8.30**). 해수면 높이를 아주 정확하게 측정할 수 있게 설계된 고도계가 약 500km의 파장을 갖고 인도양을 방사상으로 퍼져 나가는 지진해파의 마루와 골을 촬영할 수 있었다(심층 탐구 3.2 참조). 이때는 첫 지진해파가 스리랑카와 인도 해안을 덮치기 한 시간 전이었지만 과학자들이 이 자료를 분석하는 데에만 여러 시간이 걸려 이곳의 희생자들에게 쓰나미 경보를 내리는데 이 정보를 사용하지는 못하였다. 그래도 이 자료는 과학자들이 지진기록, 해저지형 자료, 해안 검조소 자료 등을 바탕을 작성한 외양의 쓰나미 전파도 모델의 정확도를 검증하는 데 매우 가치 있게 사용되고 있다.

이 쓰나미로 11개국에서 23~30만 명에 이르는 사망자가 발생하였는데, 이는 역사상 사망자 수로는 가장 많은 기록이다. 재산 피해는 수십억 달러에 달하며 가옥이 파괴된 이재민도 수백만 명이나 된다. 이 쓰나미로 왜 이렇게 많은 인명 피해가 발생했을까? 가장 큰 이유는 역사상 대부분의 중요 쓰나미가 발생한 태평양에는 심해 지진을 감지하고 해면 변동을 추적할 수 있는 부이 시스템과 심해 감시 장치를 갖춘 쓰나미 경보시스템이 설치되어 있지만 인도양에는 이런 시스템이 없다는 점이다. 또 하나의 이유는 재난 경보에 대한 해안 마을 주민들이나 관광객들의 무관심을 들 수 있다. 해안에서 급작스럽게 바닷물이 빠지는 것은 쓰나미의 골이 먼저 도달한 것으로, 이는 곧 같은 규모의 해일이 뒤따를 것이라는 임박한 쓰나미의 징후라는 점을 인식하지 못하는 사람들이 많다는 것도 한 이유가 될 것이다.

여러 해안에 내습한 쓰나미에 대한 연구에서 해안에 산호초나 맹그로브 같은 보호체가 부족한 해안에는 더 큰 쓰나미가 내습한 것으로 나타났다. 여러 경우에 해안선 형태와 해저 지형이 쓰나미의 높이와 피해 정도에 영향을 주는 것으로 나타났고 퇴적물 코어 연구에서 지난 1000년 동안 수차례의 대규모 쓰나미가 발생했다는 것도 밝혀졌다.

2006년 7월 17일 인도네시아 자바 남쪽 해안 밖 자바 해구에서 규모 $Mw = 7.7$의 강력한 지진이 발생하였으며 이로 인해 3m의 쓰나미가 발생하여 사망 668명, 부상 최소 600명 이상의 인명 피해와 여러 채의 해안 구조물들이 파괴되었다. 이곳은 2004년 쓰나미로 인한 대규모 피해 지역 바로 인근이지만, 아직도 쓰나미 경보 체계가 미비하다는 점을 말해주고 있다. 2010년에는 심해 수압 센서체계, 부표, 육상 지진계, 검조기, 자료센터, 대민 통신수단 등을 갖춘 인도양 쓰나미 경보 및 피해 저감 체계가 완전 가동에 들어갔으며, 앞으로 센서부이를 늘리는 등 계속 보강되어 갈 것이다. 최신 경보체계와 함께 쓰나미 경보 발령 시 행동 요령에 대한 교육도 실시되어 앞으로는 인도양 연안 국가들이 쓰나미에 잘 대처할 수 있을 것으로 기대된다.

일본(2011) 2011년 3월 11일 일본 동북부 해안 외해 일본해구(Japan Trench)에서 역사상 네 번째로 큰 규모인 $M_w = 9.0$인 지진이 발생하였다. 동일본 대지진(Tohoku Earthquake)으로 알려진 이 지진으로 해저가 몇 m가량 들어 올려졌고, 일본 열도가 4m 정도 움직였으며, 가공할만한 쓰나미가 발생하여 태평양 전체로 전파되어 나갔다(**심층 탐구 8.1**). 미화 2,350억 달러의 재산 피해가 최종적으로 집계되었는데, 이는 자연 재해로는 역사상 가장 큰 피해 액수이다.

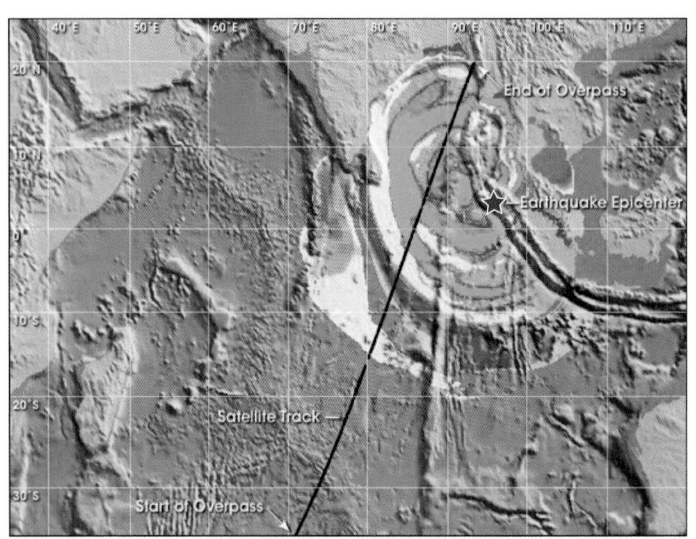

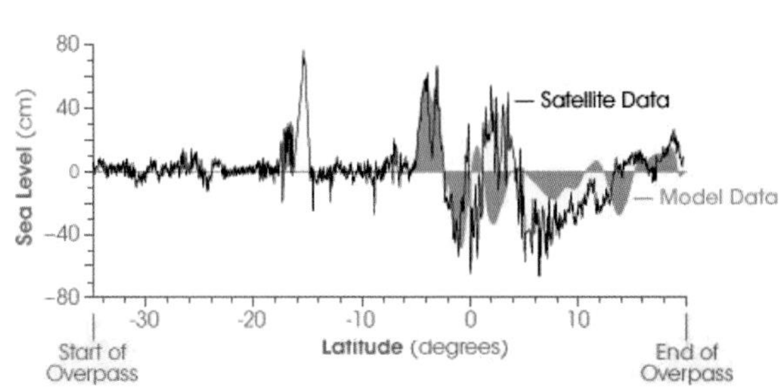

그림 8.30 Jason-1 위성이 포착한 인도양 쓰나미. 2004년 12월 26일 수마트라 해안 밖의 해저 지진에 의해 발생되었다. 우연히도 Jason-1 위성이 쓰나미 발생 2시간 후에 인도양을 지나갔다(검은색 선). 위성의 레이더 고도계가 쓰나미의 마루와 골(지도에서 컬러 표시)을 포착했는데 파고는 외양에서 약 1m였다. 아래쪽 그림은 위성 통과 경로를 따라 위성에서 관측된 해면고도(검은색 선)와 모델로 계산된 해면고도(푸른 회색 면)와의 차이를 보인 것이다.

학생들이 자주 하는 질문

다음 큰 쓰나미는 언제, 어디에 내습할까요?

대부분의 쓰나미는 태평양에서 일어나지만, 쓰나미의 영향은 전 세계 모든 곳에 다 미칠 수 있다. 쓰나미 예보는 아직도 초기 단계에 있다. 하지만 역사상의 대규모 지진을 연구하는 고지진학자들은 퇴적층에 기록된 과거 지진의 크기와 횟수에 근거하여 미래의 지진을 예보할 수 있는데, 이에 따르면 큰 쓰나미가 발생할 가능성이 높은 지역으로 두 곳을 들고 있다. (1) 2004년 30만 명의 인명 피해를 초래한 인도양에서 비슷한 규모의 쓰나미가 앞으로 30년 이내에 발생할 가능성이 높으며 (2) 1700년에 섭입대인 미국의 태평양 북서부 외해의 해구에서 단층으로 인한 쓰나미가 발생했었는데 앞으로 250~500년 안에 또 다른 쓰나미가 예상된다고 한다. 이 두 곳 모두 쓰나미의 발생은 시간상의 문제일 뿐이다.

해양과 사람들

파멸의 파도 : 2011년 일본 쓰나미

2011년 3월 11일 일본 국민은 물론 전 세계의 지진학자들은 이때까지 인간이 경험해 보지도 못한 것은 물론 방재 설비기준을 훨씬 뛰어 넘는 어마어마한 지진이 일본 동북부 해안 외해에서 발생했다는 끔찍한 소식을 접하였다. 발생 지역의 지명에 따라 2011 M_w=9.0 동일본 대지진이라고 명명된 지진이 태평양판이 일본 열도 아래로 섭입하는 일본 해구에서 발생한 것이다(**그림 8A**). 이 지진으로 일본의 동해안이 동쪽으로 8m가량 이동하였으며 거의 미국 코네티컷 주에 해당하는 면적의 해저가 약 5m 정도 들어 올려졌다. 급작스러운 해저의 연직운동에 의한 에너지가 고스란히 바다로 전해져 어마어마한 그리고 역사상 가장 깊이 있게 연구된 쓰나미를 발생시켰다.

세계 최강의 방재 시설을 자부하는 일본이었지만 대다수의 주민들은 쓰나미 경보를 듣지 못했고, 재난 상황을 잘못 판단하여 위험 지구에 그대로 눌러앉아 있었다. 일본 기상청(Japan Meteorological Agency, JMA)은 최초의 지진 평가 자료를 근거로 지진 발생 3분 만에 3~6m의 쓰나미 경보를 발표하였다. 그러나 일본의 우수한 방재 시설과 해안에 설치된 쓰나미 방어벽을 믿은 많은 주민들은 즉각 대피하지 않고 그냥 눌러 앉아 있기도 했으며, 또 일부는 기왕에 있었던 몇 차례의 허위 경보를 떠올리며 아예 무시하기도 했다. 기상청은 몇 분 후 10m의 쓰나미 내습 경보를 다시 발하지만, 이땐 이미 이 지역의 발전 설비들이 다 파괴된 후라 이 경보는 주민들에게 잘 전달되지 못하였다.

그림 8A 2011년 동일본 대지진. 일본을 강타한 최대 지진 중 하나인 M_w=9.0 동일본 지진의 발생 장소. 지진은 일본 해구를 따라 일어났다. 해저가 들어 올려지면서 거대한 쓰나미를 일으켰다.

그림 8B 2011년의 쓰나미가 일본 동북부 미야코 해안의 쓰나미 방어벽을 넘어오고 있다.

지진 발생 약 20분 후, 대부분이 어촌이며 외해의 파랑이 잘 차단된 좁고 기다란 만 안쪽에 시가지가 조성되어 있는 일본 동북 해안으로 쓰나미가 내습하였다. 하지만 길고 좁은 만의 지형은 쓰나미의 파고를 더욱 증폭시켰다. 처음 내습한 쓰나미는 약 15m의 파고로 항구와 해안의 쓰나미 방어벽을 가볍게 넘어(**그림 8B**) 내륙으로 약 10km가량 범람해 들어왔다. 어떤 곳에서는 지형적인 효과로 인한 증폭으로 40m의 파고가 기록되기도 하였다.

2004년 인도양 쓰나미 이후 부이 체계를 대폭 보강한 태평양쓰나미경보센터는 태평양 연안국들에게 대책을 강구할 수 있도록 쓰나미 경보를 발하고 정확한 쓰나미 내습 시간을 통보하였다. 지진 발생 후 7시간 만에 하와이 해안에 쓰나미가 도달했으며 그보다 세 시간 후 캘리포니아 해안에 2m에 달하는 쓰나미가 내습하여 항만시설, 요트장, 해안 리조트 시설들을 파괴하였다. 지진 발생 후 20~22시간 후에는 경미하지만 페루와 칠레 해안에서도 피해가 발생하였다. 필리핀, 인도네시아, 뉴기니아 등지에서도 쓰나미가 감지되었다.

일본에서 철저한 내진설계와 잘 조직된 지진 대비체계로 지진 자체로는 사망자가 거의 발생하지 않았고 건물 피해도 아주 미미했었다. 하지만 쓰나미로 인해 많은 해안 부락과 도시들이 파괴되었고 사망자는 19,508명이라고 집계되었으며, 거의 백만 명에 가까운 이재민이 발생했었다. 2년이 더 지난 시점에서도 아직 학교 체육관과 같은 임시 대피시설에 거주하는 사람이 수천 명에 이르고 있다. 쓰나미로 해수냉각체계가 설치된 후쿠시마 다이이치 핵발전소의 발전 설비도 파괴되었다. 원자로 3기가 폭발하여 핵물질이 유출되어 일본 중부 지역을 오염시켰다. 핵 물질은 바다로도 다량 유출되었고, 이로 인한 해양생물의 피해에 대한 연구가 진행 중에 있다.

선박, 자동차, 파괴된 건물 잔해, 심지어 온전한 가옥 전체 등 쓰나미에 휩쓸려 떠다니는 부유물에 의한 피해도 만만찮게 발생했다. 일본 당국은 쓰나미에 약 500만 톤의 쓰레기가 바다로 쓸려나갔고 그중 70%는 바닥에 가라앉았으나 나머지 150만 톤 정도가 떠다니고 있다고 발표하였다. 쓰나미 쓰레기는 북태평양 환류를 타고 태평양을 가로질러 서서히 퍼져나가고 있는 것으로 관측되고 있다. 그중 일부는 가라앉거나 생분해되어 없어지기도 하지만 많은 부분은 하와이의 산호초에 피해를 주기도 한다. 미국 서해안에 이미 난파된 일본 어선과 다른 쓰나미 쓰레기들이 도달하였고 계속 더 많은 부유 쓰레기들이 밀려올 것이라고 예측하고 있다.

생각해보기

1. 왜 많은 일본 주민들이 2011년 동일본 대지진 때 곧바로 발령된 쓰나미 경보에 주의를 기울이지 않았나?
2. 쓰나미로 얼마나 많은 쓰레기가 태평양으로 방출되었나? 이들 쓰레기는 결국 어떻게 될 것인가?

쓰나미 경보 시스템

1946년 하와이 쓰나미 이후 전 태평양에 걸친 쓰나미 경보 체계가 구축되었으며, 이는 현재 **태평양쓰나미경보센터**(Pacific Tsunami Warning Center, PTWC)로 발전되었다. PTWC는 하와이 호놀룰루 근처 이와 해변에 본부를 두고 있으며, 환태평양 25개 국가의 정보를 조율하고 있다. 쓰나미 경보체계는 파괴적인 쓰나미의 예보를 위해 쓰나미보다 약 15배는 더 빠른 지진파의 기록을 이용한다. 최근에 해양학자들은 **심해 쓰나미 평가 및 보고 체계**(Deep-ocean Assessment and Reporting of Tsunamis, DART)라는 태평양 심해저에 여러 개의 고감도 수압 센서망을 설치하는 프로그램을 시작했다. 해저에 설치된 수압 센서는 그 위를 지나는 크지는 않지만 쓰나미의 특징적인 수압 변동을 측정한다. 수압 센서에 감지된 신호는 해면에 설치된 부이에 전달되고 이 자료는 다시 인공위성을 거쳐 해양학자들에게 전달되어 대양에서 쓰나미가 통과하는 양상을 연구하는 데 사용된다(그림 8.31). DART 부이는 쓰나미 경보 체계에서의 핵심 요소이며 현재는 전 세계의 모든 대양에 설치하려는 계획이 진행 중이다.

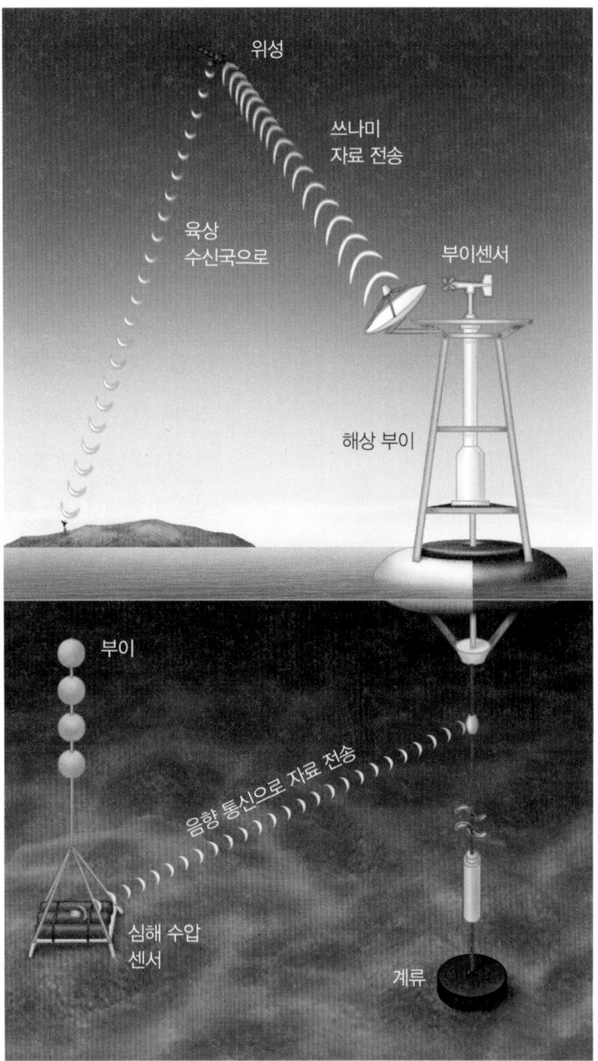

그림 8.31 심해 쓰나미 평가 및 보고 체계(DART). DART 시스템은 위로 지나가는 쓰나미를 감지하는 수압 센서를 구비하고 있다. 수압 센서의 정보는 해상 부이와 위성을 거쳐 센터로 전송되어 해양학자들이 외양에서의 쓰나미 통과를 추적할 수 있게 한다.

쓰나미 감시와 쓰나미 경보 해면 아래에서 쓰나미를 일으킬 만한 교란이 발생했을 때 쓰나미가 발생했든 아니면 아직 발생하지 않았더라도 이를 **감지하는** 체계가 현재 이슈화되고 있다.

PTWC에서는 해저에 깔려 있는 여러 개의 수압 센서, 해상 부이와 태평양 연안의 여러 조석 관측소의 기록과 진앙지와 가까운 지진 관측소 기록 등을 연계하여 평상시와 다른 파랑 징후가 있는지를 감시하고 있다. 평소와 다른 이상 징후가 포착되면 감시체계는 **경보체계**로 상향 조정된다. 통상적으로 규모 6.5 미만의 지진은 쓰나미를 일으키는 데 필요한 만큼의 시간 동안 계속되지 않기 때문에 쓰나미를 발생시키지 못한다. 또 평행단층도 그 위의 해수에 충분한 충격을 주지 않기 때문에 수직단층과 같은 큰 쓰나미를 발생시키지 않는다.

쓰나미가 감지되면 쓰나미파에 피습될지도 모르는 전 연안 국가에 예상 쓰나미 도달 시간을 포함한 경보가 발령된다. 쓰나미 경보는 통상적으로 쓰나미 도달 몇 시간 전에 발령되어 저지대 주민을 대피시키거나 항구의 선박을 이동시키도록 하지만, 진앙이 너무 가까우면 쓰나미의 속도가 워낙 빨라 대피를 위한 충분한 시간 전에 경고가 발령되지 못하는 경우도 많다. 폭풍 시에는 강풍과 파도를 피해 항구 안으로 대피하지만 반대로 쓰나미는 항구 안에 계류시켜 둔 선박을 육지로 내동댕이친다. 쓰나미 경보 발령 시 가장 좋은 선택은 선박을 쓰나미가 감지되지 않는 외해로 대피시키는 것이다.

쓰나미 경보의 효과 1948년 PTWC가 설립된 이후 사람들이 쓰나미 경보에 주의하여 쓰나미로 인한 인명피해가 획기적으로 줄어들었지만 해안 가까이에 건축이 늘어나면서 재산피해는 늘어났다. 쓰나미에 취약한 나라 특히 일본에서는 쓰나미에 의한 피해를 줄이기 위해 해안에 쓰나미 방어벽을 건설하는 등 여러 가지 대비 시설을 건설하고 있다.

쓰나미에 의한 물적 · 인적 피해를 줄이기 위한 가장 좋은 대책은 과거 쓰나미 내습 기록이 있는 해안 저지대에는 건설을 제한하는 것이다. 그러나 다시 큰 쓰나미가 발생하기까지 오랜 ― 때에 따라서는 200년이나 또는 그보다 더 긴 ― 시간이 지나면서 사람들이 지나간 참사를 잊어버리게 되는 것이 문제이다.

요약
대부분의 쓰나미는 해저 단층의 에너지가 그 위의 물에 고스란히 전달되면서 발생한다. 이렇게 발생한 지진해파는 전파 속도가 빠르고 파장이 매우 길며 해안에 들이닥쳐 큰 피해를 발생시킨다.

개념 점검 8.5 | 쓰나미의 발생 원인과 특성을 설명하라.

1 평행 단층보다 수직 단층에서 쓰나미가 더 많이 발생하는 이유는 무엇인가?
2 풍파와 쓰나미의 차이점을 설명하라.
3 해안에 쓰나미의 골이 먼저 도달할 경우 어떤 현상이 일어나겠는가? 곧 일어날 위험은 무엇인가?
4 태평양에서 쓰나미 경보체계는 어떻게 작동하는지 설명해보라. 쓰나미는 가까운 검조소의 검조 기록으로 검증되어야 하는 이유는 무엇인가?

8.6 파력을 에너지 자원으로 이용할 수 있을까?

수력발전소가 강에 많이 있는 것은 움직이는 물에는 많은 에너지가 있기 때문이다. 파도에도 많은 에너지가 있지만 이를 효과적인 에너지원으로 이용하기 위해서는 여러 가지 문제를 극복해야 한다. 가장 심각한 것은 파력에너지를 추출하기 위해서는 파도가 센 해역에서 파괴되지 않고 견딜 수 있는 튼튼한 구조물을 건설하는 공학적 문제이다. 이외에도 동작 부분이 많은 설비를 바다 환경에 설치할 적에 일어나는 부식과 조류나 기타 생물들에 의한 **생물 부착**(biofouling) 역시 큰 문제 중의 하나이다.

또 하나의 불리한 요소는 파력발전소에서 발전이 가능한 시간은 발전소를 무너뜨릴 만큼 큰 파도가 있을 때뿐으로 연속적이고 안정적인 발전이 불가능고 보조적인 수단에 그친다는 점이다. 또 해안을 따라 수백 개의 파력발전기를 건설해야 하는데 이러한 시설은 이동이나 먹이의 공급 또는 배설물의 처리 등에 파랑에너지를 이용하는 해양생물들에 악영향을 주는 환경 피해를 유발할 수도 있다. 또 파력에너지의 추출로 해안을 따른 퇴적물의 이동 양상이 변경되어 퇴적물이 빠져나가는 해역에서 심한 침식이 일어날 수도 있다.

파랑에 포함되어 있는 막대한 파력에너지를 이용한 파력발전의 여지는 여전히 많이 있기는 하지만 해안에 건설된 파력발전소는 큰 파도에 얻어맞아 파괴될 가능성도 많고 유지 보수도 힘들다. 파력발전소 건설 적지로는 갑이나 곶처럼 파랑이 굴절되어 수렴하는, 즉 파랑에너지가 집중되는 곳이다(그림 8.21b 참조). 이런 이점을 이용하여 여러 개의 파력발전소를 연이어 건설하면 해안선 1km당 최대 10Mw의 전력을 생산할 수도 있다.[9]

내부파도 에너지원으로 사용할 수 있다. 내부파가 아주 효과적으로 굴절되어 수렴될 수 있는 해저지형을 갖춘 곳에서는 적절한 에너지 변환장치를 설치하여 전력 생산을 할 수도 있다.

파력발전소와 파력발전장

세계 최초의 상업 발전 규모의 파력발전소(wave plant, wave farm)는 2000년에 보이스 수력발전(Voith Hydro Wavegen)이 파력에너지 밀도가 높은 스코틀랜드 서부 해안의 작은 섬인 아일레이 섬에 건설한 **LIMPET 500**(Land Installed Marine Powered Energy Transformer)이라고 불리는 파력발전소이다. 발전소는 해안에 바다 방향으로 반 잠수 챔버식으로 건설되었다(**그림 8.32a**). 파랑이 밀려오면 반쯤 수면에 잠긴 밀폐된 방 안의 수면이 상승하면서 공기가 압축되고 이 압축된 공기가 발전기에 연결된 터빈을 돌려 발전한다(**그림 8.32b**). 파도가 물러나면 방 안의 수면이 낮아지면서 공기가 터빈을 거쳐 빨려 나간다. 파도가 드나듦에 따라 공기는 양 방향으로 드나들며 쉼 없이 파도의 전 사이클을 통해 발전이 계속되도록 설계되었다. LIMPET 500은 연구와 실험용으로 최초 최대 발전 용량은 보통의 미국 가정 약 125가구의 소요 전력에 해당하는 500kw 규모의 터보 제네레이터 방식으로 건설되었지만 곧 좀 더 효율이 높은 터빈으로 교체하였고 발전 설비의 개량과 증설이 계속되고 있다.

9 1Mw의 전력은 보통의 미국 가정 약 250가구의 수요량이다.

(a) 세계 최초의 상업 파력발전소 LIMPET 500의 외부 모습

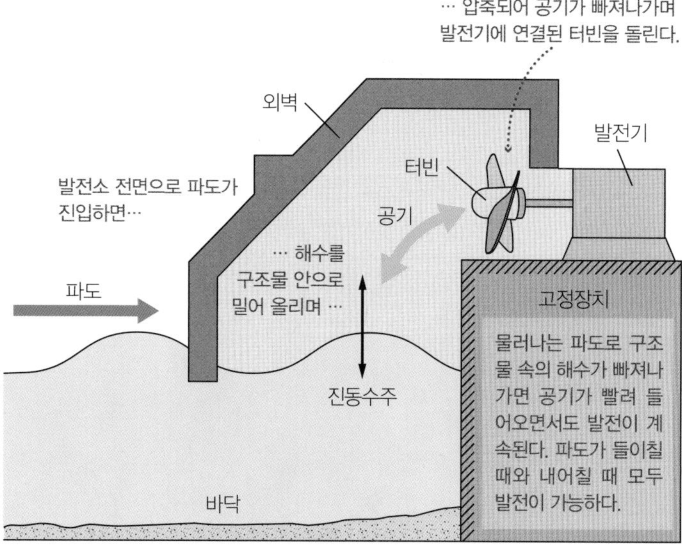

(b) 발전 방식을 보여주는 발전소 내부 개념도

그림 8.32 **파력발전 방식.**
https://goo.gl/Vx6PJT

최근에 보이스 수력발전의 기술을 이용한 발전 설비가 스페인 북부 바스크 지역의 무트리쿠(Mutrik) 방파제에 16기가 건설되었다. 이 발전소는 바스크 에너지 위원회 EVE가 주도한 것으로 실질적인 상업 파력발전소로는 세계 최초이다. 스코틀랜드 서해안의 레위 섬(Isle of Lewis)의 시아더(Siadar) 지역에 보이스 수력발전의 기술을 이용한 발전소가 곧 건설될 예정이다. 이 발전소는 최대 발전 용량 30Mw의 규모로 건설될 예정인데 아마 세계 최초의 대규모 파력발전소가 될 것이다.

2008년 페라미스 파력발전(Pelamis Wave Power)이 포르투갈 북부 해안에 최초로 파력발전장(wave farm)을 건설하였다. 이 발전장에는 길이 150m의 거대한 뱀 모양으로 마디가 있는 부유식 구조물 3기가 해면에 반 잠수식으로 설치되어 있다(그림 8.33). 발전 방식은 각 마디가 밀려오는 파도에 따라 아래위로 출렁거리면 이에 연동된 펌프가 생분해성 무공해 액체를 터빈 사이로 흘려보내 발전하는 구조이다. 이 발전소는 이미 포르투갈 전력망에 2.25Mw의 전력을 공급하고 있으며 앞으로 25기를 더 건설할 계획을 갖고 있다.

현재 전 세계 50여 곳에서 파력발전 계획이 추진되고 있는데, 발전 방식으로는 파랑에 따라 아래위로 움직이는 부유 또는 반 잠수 피스톤식, 앞뒤로 움직이는 페달식, 파도가 해안 구조물 위에 깨지게 하고 흐르는 물을 모아 터빈을 돌려 발전하고 물은 다시 바다로 흘려보내는 방식 등 갖가지가 제안되고 있다. 2013년 현재 런던의 블룸버그 신재생 에너지 금융(Bloomberg New Energy Finance) 자문단은 보통의 미국 가정 약 250가구의 전력 수요량에 해당하는 1Mw 이상의 규모를 갖는 조력발전소 22기와 파력발전소 17기가 2020년까지 건설될 것으로 전망하고 있다.

그림 8.33 파랑에너지 추출. 마디가 있는 뱀이 물에 떠 있는 것처럼 생긴 이 구조물은 파도가 지날 때 구부러지면서 발전하는 설비이다. 포르투갈 북부 해안에 3기의 같은 설비로 구성된 발전장에서 발전을 하고 있으며 증설이 계속되어 모두 26기까지 건설될 예정이다.

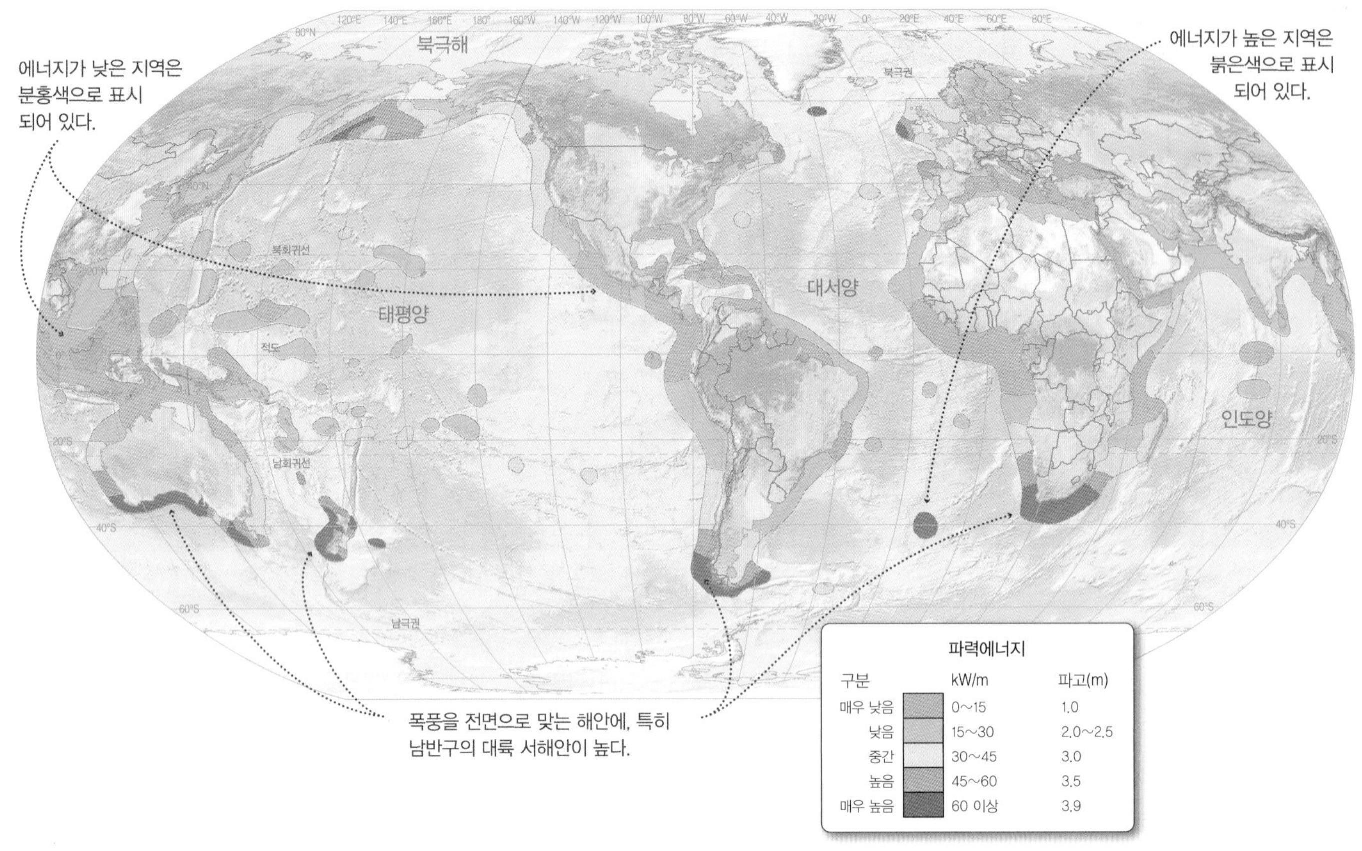

그림 8.34 전 세계의 파력에너지 자원의 분포. 파력에너지가 가장 높은 해안은 붉은색으로 표시되어 있다. kW/m는 kilowatts/m이며 파고는 평균 파고로 m 단위이다. 예를 들어 붉은색 해안의 경우 해안선 1m당 60kW 이상의 전력을 생산할 가능성이 있다는 뜻이다.

전 세계의 파력에너지 자원

현재 전 세계 총발전량은 약 12Tw 정도이며 전 세계의 파력에너지의 부존량은 대략 잡아 약 1~10Tw 정도라 한다. 가장 좋은 파력발전소 건설 후보지는 어디일까? **그림 8.34**는 전 세계 해안의 평균 파고를 나타낸 것으로 파력발전소 후보지로는 붉은색 지역이 가장 좋을 것이다. 파고 분포도를 보면 폭풍이 서에서 동으로 이동하는 남북위 30~60° 사이의 중위도 대역의 대륙 서안에 큰 파도가 집중되고 있음을 알 수 있다. 따라서 파력에너지를 이용하기는 대륙의 동안보다는 서안이 더 유리할 것이다. 그리고 파고가 가장 높은 곳, 따라서 파력에너지가 가장 높은 곳은 남반구 중위도 편서풍 대역과 맞물려 있다.

요약

바다의 파도는 막대한 에너지의 덩어리이지만, 여기서 효과적으로 에너지를 추출해 내기 위해서는 풀어야 할 문제가 많다. 이를 해결하기 위해 여러 가지 방식의 설비들이 제안되고 있다.

개념 점검 8.6 | 파력발전의 장단점을 평가하라.

1 파력에너지를 이용한 발전 설비 건설에 따르는 문제점들에 대해 토론해보라.

2 현존하는 파력발전소와 발전장의 위치와 발전 가능량에 대해 서술해보라.

3 전 세계를 통틀어 새로운 파력 발전소나 발전장 건설 후보지로 최적지는 어디인가? 그리고 이곳이 가장 적절하다는 해양학적인 이유를 설명해보라.

핵심 개념 정리

8.1 파도는 어떻게 발생하고 전파하는가?

▶ 모든 해파는 에너지를 받아 교란되는 데서 시작한다. 파도를 일으키는 에너지에는 바람, 내부의 밀도가 다른 유체의 움직임(내부파), 외부에서 바다로의 물체의 유입, 해저 바닥의 움직임, 달과 태양의 중력, 바다에서의 인간 활동 등 여러 가지이다.

▶ 일단 파도가 만들어지면 파도는 매질의 구성 입자를 여러 가지 형태로 진동시켜 에너지를 전파시킨다. 진행파에서의 입자 운동은 파의 형태에 따라 종방향, 횡방향, 궤도 운동이 있다. 해파는 주로 궤도 운동이다.

표면파는 해수면에서 일어난다.

내부파는 밀도가 다른 두 수층 사이의 경계면에서 일어난다.

밀도가 낮은 물

밀도가 높은 물

(a) 표면파와 내부파의 차이를 보여주는 모형도

심화 학습 문제

세 가지 타입의 진행파－종파, 횡파, 궤도파－를 검토하여 차이점을 보여라.

능동 학습 훈련

학급을 세 그룹으로 나누어 각 그룹은 (1) 종파 (2) 횡파 (3) 궤도파 중 하나를 택하도록 하여 각 타입의 진행파가 어떻게 전파하는지와 다음 세 가지 매질 (a) 고체 (b) 액체 (c) 기체 중 어떤 매질을 통하여 전파되는지를 설명해보도록 하라. 그런 다음 그룹을 풀어 다른 타입의 진행파에 대해 설명하도록 하라.

8.2 파랑의 특성은 어떠한가?

▶ 파랑의 제원은 파장(L), 파고(H), 파랑경사(H/L), 주기(T), 진동수(f), 파속(S) 등으로 표시한다. 해파가 전파한다는 것은 해수가 원궤도 운동을 하며 에너지를 전파한다는 것이다. 원궤도 운동은 파의 형태만 전파시키는 것이지 물 자체가 가는 것은 아니다. 원궤도의 크기는 깊어짐에 따라 감소하며 파장의 반인 파랑 한계 아래에서는 완전히 사라진다.

▶ 수심이 파장의 반보다 더 깊으면 진행파는 파속이 파장의 제곱근에 비례하는 심해파 형태로 전파한다. 수심이 파장의 1/20보다 얕을 때의 진행파는 파속이 수심의 제곱근에 비례하는 천해파 형태로 전파한다. 파장이 심해파와 천해파의 중간인 중간수심파의 파속은 파장과 수심 모두의 영향을 받는다.

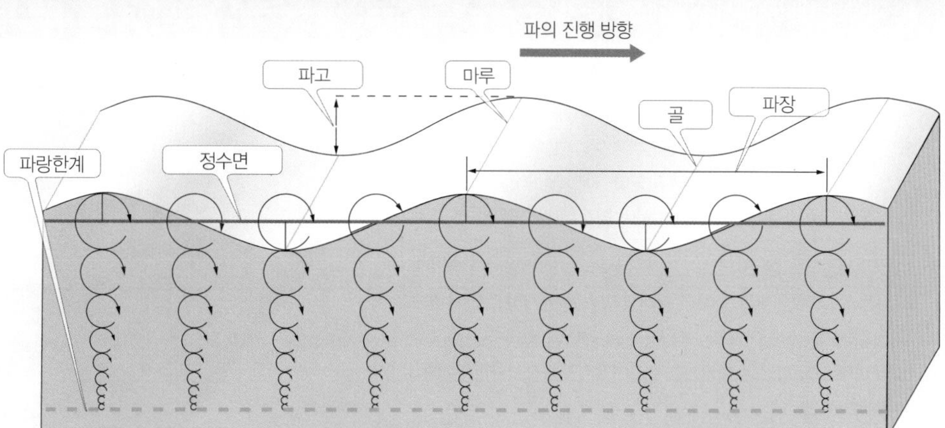

(a) 진행파의 특성과 관련 용어를 나타내는 모형도

심화 학습 문제

진행파의 모양을 기억을 더듬어 궤도를 포함하여 그림으로 나타내고 마루, 골, 파장, 파고, 파랑한계, 정수면 등을 표시해보라.

능동 학습 훈련

두 사람씩 짝을 지어 각자는 (1) 파장 200m와 (2) 파장 400m인 두 심해파 중 하나를 택하고 그림 8.8을 이용하여 각 심해파의 주기와 전파속도를 구하여 비교해보라. 그런 다음 어떻게 하여 답을 구했는지 그리고 파장과 주기 그리고 전파속도 사이에는 어떤 관계가 있는지에 대해 토론해보라.

8.3 풍파의 발달 과정은?

▶ 바람에 의한 해파는 마루가 둥글고 파장이 1.74cm 이하인 표면장력파부터 형성되기 시작한다. 파랑에너지가 점점 커지면 파속과 파장 그리고 파고가 증가하며 중력파가 된다. 바람에 의한 풍랑의 크기를 결정하는 요소는 풍속, 지속시간, 풍역대이다. 특정의 풍속에서 충분한 지속시간과 풍역대로 가장 큰 파고에 도달한 상태를 다 자란 풍랑이라 한다.

▶ 풍랑이 풍역대를 벗어나면 비교적 일정한 형태의 너울의 형태로 전파한다. 여러 개의 너울 파열이 한곳에서 만나 생성간섭, 소멸간섭, 복합간섭 등 여러 가지 형태의 간섭을 일으킨다. 생성간섭은 가끔 돌발중첩파와 같은 엄청나게 큰 파도를 생성시키기도 한다.

강한 바람이 부는 풍역대에서 풍랑이 형성된다.
폭풍
바람
너울
풍랑
파의 전파 방향
풍역대 한계
풍역대 한계
풍역대
풍속이 셀수록, 바람의 지속시간이 길수록, 풍역대의 크기가 클수록 풍랑은 더 커진다.
풍역대를 벗어난 풍랑은 해수면 위로 전파되면서 점점 규칙적인 모양의 너울이 된다.

심화 학습 문제

1933년 미 해군 라마포호가 겪은 기록적인 해파 정보를 이용하여 파장과 전파속도를 구해보라.

능동 학습 훈련

학급의 다른 동료들과 협력하여 (1) 풍속 40km/h와 (2) 풍속 80km/h의 두 조건에서의 평균파고, 파장, $H_{1/10}$을 표 8.2를 이용하여 구해보라. 풍속이 두 배가 되면 형성되는 파도의 모든 제원이 두 배가 되는가? 설명해보라.

8.4 파랑은 쇄파대에서 어떻게 변하는가?

▶ 파가 해안에 접근하면 해안효과라고 하는 여러 가지 변형을 겪게 된다. 파는 쇄파대에서 에너지를 잃기 시작하며 파랑경사가 1 : 7을 넘으면 깨어진다. 바닥이 비교적 평평하면 미끄럼쇄파가 되며 바닥경사가 급하면 파의 마루가 휘말려 파도타기에 가장 적절한 휘말림쇄파가 된다. 또 바닥이 급격하게 변하면 밀물쇄파가 된다.

▶ 너울이 해안으로 접근하면서 얕은 수심에 도달한 부분은 파속이 늦어지게 되나 다른 부분은 아직 원래의 파속을 유지하고 있어 전체 파가 휘어지는 굴절이 일어난다. 굴절로 곶이나 갑과 같은 돌출부에는 파의 에너지를 수렴시키고 만의 안쪽은 발산시켜 낮은 에너지 상태가 된다.

▶ 파가 안벽이나 다른 장애물에 반사되어 정상파를 형성하기도 한다. 정상파의 마루는 진행파처럼 수평 방향으로 움직이지 않고 복에서 아래 위로만 움직이며, 복과 복 사이에는 연직 운동이 없는 마디가 생긴다.

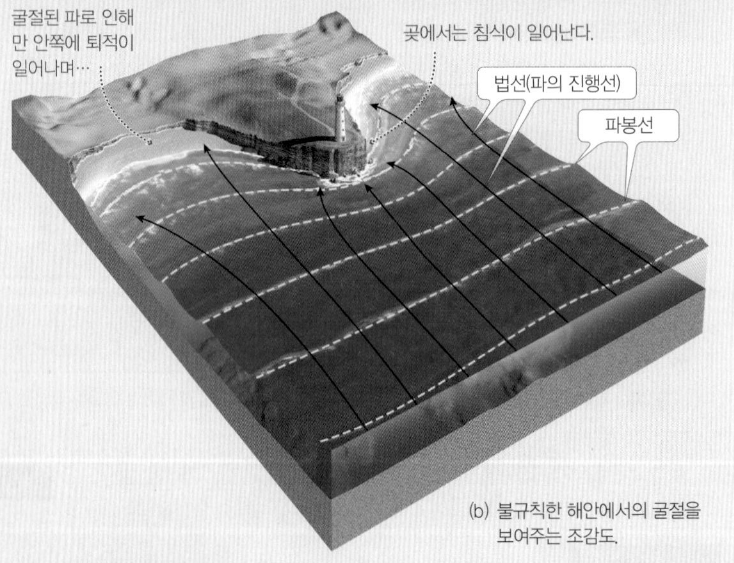

(b) 불규칙한 해안에서의 굴절을 보여주는 조감도.

심화 학습 문제

해파가 천해로 들어와 해안에서 깨지기까지 다섯 가지의 물리적 변화가 일어난다. 이들 변화의 이름을 들어 설명하고 각 변화가 일어나는 이유를 설명하라.

능동 학습 훈련

학급 동료들과 함께 인터넷을 이용하여 파도타기에 수반되는 기초적인 물리현상에 대해 조사해보라. 파도의 특성과 서핑 보드의 특성에 대한 설명을 포함하도록 하라.

8.5 쓰나미는 어떻게 발생하나?

▶ 해저 단층이나 화산 같은 바닥의 급작스러운 연직 운동은 지진해파, 즉 쓰나미를 일으킨다. 지진해파는 통상 파장이 200km에 달하며 대양을 가로질러 전파될 때 파속은 700km/hr에 달하나 파고는 50cm 내외일 뿐이다. 지진해파가 해안에 도달하면 급작스러운 해퇴와 해일을 일으키는데, 해면이 40m 이상 높아질 경우도 있다.

▶ 대부분의 쓰나미는 태평양 연안에서 발생하며 수십억 달러의 재산피해와 수만 명의 인명 피해를 일으킨다. 최근의 예로는 2011년 동일본 대지진과 이로 인한 쓰나미가 있다. 하지만 2004년 인도양 쓰나미는 300,000명 이상의 인명 피해를 발생시켰으며 역사상 가장 인명 피해가 큰 쓰나미 중의 하나로 기록된다. 태평양쓰나미 경보 센터는 심해 수압센서망의 정보를 이용한 실시간 쓰나미 경보를 발하여 쓰나미로 인한 인명피해를 극적으로 감소시켰다. 인도양에도 새로운 쓰나미 경보 체계가 수립되어 가동 중에 있다.

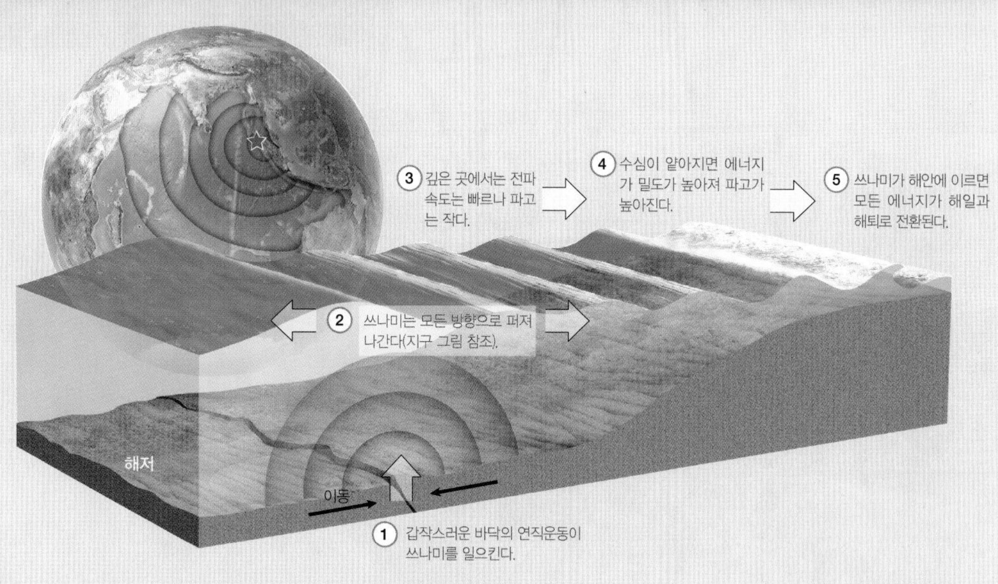

심화 학습 문제

파장 220km인 쓰나미가 심해파의 속도로 전파되려면 바다의 수심은 얼마나 되어야 하나? 이 쓰나미가 실제 바다에서 심해파가 될 수 있겠는가? 설명해보라.

능동 학습 훈련

학급 동료들과 협력하여 다음 시나리오를 분석해보라. 서핑 용품점에서 쇼핑하던 중 서핑광들이 하는 이야기를 우연히 엿들었다. “정말 평생에 한 번만이라도 어마어마한 파고로 한번에 깨지는 조석파를 타보고 싶다.” 당신은 이 서퍼에게 어떤 말을 하겠는가?

8.6 파력을 에너지 자원으로 이용할 수 있을까?

▶ 파력에너지를 추출하여 파력발전을 할 수는 있으나 극복해야 할 문제들이 많이 있다. 일반적으로 파고가 높은 지역의 구조물들이 맞게 되는 통상적인 문제는 물론이며 해수에 노출된 기계 부분의 부식과 생물부착, 자연 현상인 파랑 상태의 끊임없는 변동 등 여러 가지가 있다.

심화 학습 문제

파력발전소 건설이 환경에 미치는 악영향에는 어떤 것들이 있는가? 이러한 문제를 극복하기 위한 당신의 아이디어는 무엇인가?

능동 학습 훈련

학급 동료들과 협력하여 파력발전소 건설 후보지로 파력에너지가 풍부한 곳으로 인구 밀집지역에 가까워 발전한 전력을 송전하기 쉬운 곳을 그림 8.34를 이용하여 찾아보라. 찾은 곳을 선정 이유와 함께 발표해보라.

최대 조차. 캐나다 노바스코샤 주의 블로미돈 주립 공원 근처의 작은 항구에서의 고조와 저조. 펀디만 안의 작은 마을인 이곳에서는 매일 이처럼 극적인 해면의 변화를 겪는다. 이곳은 세계에서 가장 조차가 큰 곳으로 17m에 이른다.

9

조석보어 조차
낙조류 혼합형 조석
삭망 고조정조 색줄기멸치
조금 일주조형 조석 구심력
태양 조석해면 반일주조형 조석
대조 중력 조석주기 달 조석해면
저조정조 조석 태음일 창조류

이 장을 읽기 전에 위에 있는 용어들 중에서 아직 알고 있지 못한 것들의 뜻을 이 책 마지막 부분에 있는 용어해설을 통해 확인하라.

조석

조석(tides)은 바다에서 매일 주기적으로 해면이 오르락내리락 하는 현상이다. 해면이 오르내림에 따라 바닷물은 해변으로 밀려왔다가 다시 빠져나가가며 물이 빠졌을 때 해변에 세워놓은 모래성을 무너뜨리곤 한다. 조석에 관한 지식은 해변에서의 생태 관찰, 조개잡이, 파도타기, 고기잡이 또 해안 방재체계 구축 등 모든 해안 활동에 매우 중요하며, 수백 년 동안 거의 모든 항구에서 정확하게 조석관측을 해왔다. 영어권에서는 tide라는 단어가 'to tide someone over(누군가를 조장하다)', 'to go against the tide(거스르다)', 'good tiding(좋은 소식)' 등과 같이 일상생활에서도 광범위하게 사용되고 있다.

해안가에 살던 주민들은 대부분 더 오래 전부터 조석을 알고 있었겠지만, 역사상 기록으로는 기원전 450년경에 처음 등장한다. 아주 옛날의 뱃사람들도 계속 반복되는 현상으로 미루어보아 조석이 달과 관련 있다는 것을 알았을 것으로 생각되지만 조석에 관해 조리 있게 설명하게 된 것은 천체 사이의 중력에 관한 법칙을 수립한 **아이작 뉴턴**(Isaac Newton, 1642~1727)에 의해서이다.

조석현상이 복잡해보이기는 하지만 조석은 기본적으로는 파장이 매우 길고 규칙적인 천해파이다. 앞으로 보게 되겠지만 파장은 수천 km에 달할 수 있고 파고도 15m를 넘을 수 있다.

핵심 개념

이 장을 학습한 후 다음 사항을 해결할 수 있어야 한다.

9.1 조석을 일으키는 힘을 이해하고 설명하라.
9.2 월조 주기 동안 조석이 어떻게 변하는지를 설명하라.
9.3 해양에서의 조석 양상을 설명하라.
9.4 연안의 세 가지 조석 유형의 특성을 구분하여 설명하라.
9.5 연안 조석 현상을 설명하라.
9.6 조력발전의 장단점을 평가하라.

" I derive from the celestial phenomena the forces of gravity with which bodies tend to the sun and several planets. Then from these forces, by other propositions which are also mathematical, I deduce the motions of the planets, the comets, the moon, and the sea."

—Sir Isaac Newton, Philosophiae Naturalis Principia Mathematica (Philosophy of Natural Mathematical Principles) (1686)

9.1 조석을 일으키는 힘은?

간단히 지구에 미치는 달과 태양의 중력이 조석을 일으킨다고 할 수 있다. 좀 더 정확히 말하면 조석은 지구에 미치는 중력과 지구-달-태양의 운동의 조합으로 일어난다고 할 수 있다.

기조력

뉴턴의 중력(만유인력) 법칙으로 지구-달-태양 사이에 작용하는 힘에 대해 정량적으로 설명할 수 있으며, 이 천체들 사이의 궤도 운동도 정확히 설명할 수 있다. 이는 잘 알려진 바와 같이 태양과 행성, 달이 비교적 고정된 궤도를 따라 움직이게 하는 힘은 바로 인력이라는 것이다. 우리는 모두 '달이 지구 주위를 공전한다.'라고 잘 알고 있지만 이는 그리 간단한 문제가 아니다. 두 물체는 질량의 합의 중심인 **공통중심**(barycenter: *barus* = heavy, *center* = center)을 중심으로 공전한다. 지구와 달 사이에서의 공통중심은 지표면 아래 1,700km에 위치한다(**그림 9.1a**).

공통중심이 왜 두 천체 사이의 한가운데 있지 못하는가? 이는 바로 지구의 질량이 달의 질량보

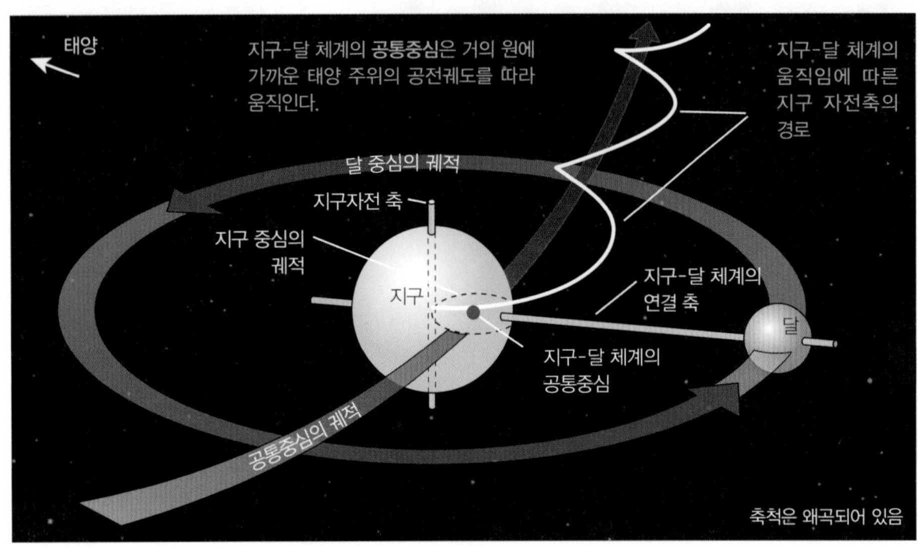

(a) 지구-달 체계의 공통중심이 움직이는 궤적을 보이는 모식도

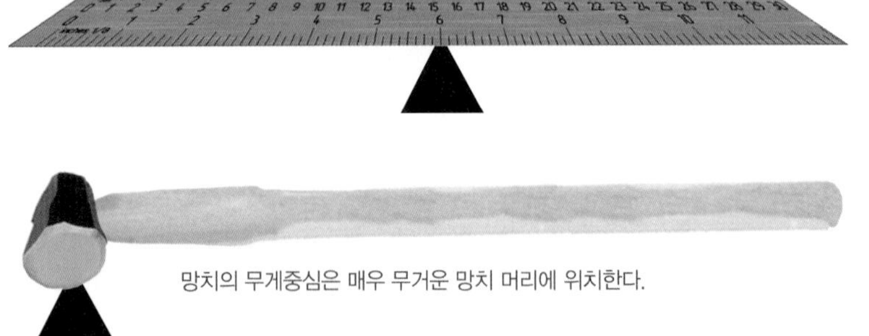

(b) 자(위)와 망치(아래)의 무게중심 위치

그림 9.1 지구-달 체계의 공통중심. 지구-달 체계의 공통중심은 큰 망치(지구를 망치의 머리, 달을 망치 손잡이로 봄)를 공중에 던져 올렸을 때와 같은 경우이다.

다 매우 크기 때문이다. 이는 달과 지구를 막대기 양 끝에 얹어놓고 들면 한쪽이 더 무겁게 느껴지는 것을 생각해보면 쉽게 이해할 수 있다. 무거운 망치 머리와 가벼운 자루로 된 큰 쇠망치를 떠올려보면 더 쉽게 이해할 수 있을 것이다. 손가락으로 쇠망치의 중심을 받쳐 보려면 아마 중심은 쇠망치의 머리 안쪽 어디일 것이다(**그림 9.1b**). 이 쇠망치를 공중으로 던지면 공통중심을 중심으로 빙글빙글 돌면서 떨어질 것이다. 이는 지구-달 체계의 공전 운동과 정확히 일치한다. 그림 9.1a에서 자주색 화살은 태양 주위를 도는 지구-달 체계의 공통중심의 궤도로 거의 원에 가까운 형태이다.

지구와 달이 서로 인력으로 끌어당기고 있는데도 왜 서로 충돌하지 않는가? 바로 인력과 운동이 서로 결합되어 있기 때문이다. 인력과 관성운동의 결합으로 두 물체가 서로 충돌하지 않고 적당한 거리를 유지하는 궤도가 형성되는 것이다.

뉴턴은 중력과 관성운동의 조합으로 각 천체의 안정된 궤도가 유지되며 동시에 이 힘들이 바다의 물입자들에 작용하여 조석을 일으킨다고 설명하였다.

지구-달 체계에서의 인력과 구심력 바다에 작용하는 기조력(tide-generating forces)에 대해 이해하려면 지구-달 체계의 인력과 **구심력**(centripetal force)에 대해 알아야 한다(잠시 동안 태양에 대한 생각은 접어두자).

학생들이 자주 하는 질문

호수나 수영장 같은 곳에도 조석이 있나요?

달과 태양의 중력은 어디에도 다 미친다. 따라서 유동성이 있는 물체(유체)에는 다 조석이 있을 수 있다. 예를 들면 호수, 우물, 수영장 등 모든 곳에 다 조석이 있다. 아주 작아서 그렇지 유리잔 속의 물에도 조석이 있다. 물덩어리의 크기가 작을수록 다른 힘들의 영향력이 커지는 데 비해 기조력의 효과는 작아지기 때문에 대부분의 경우 관측하기 힘들다. 대기와 고체인 지구 자체의 조석은 상당히 크다. 대기에서의 조석 즉 **대기조석**(atmospheric tide)의 조차는 수천 m나 될 수 있으며 태양에너지를 받는 데 영향을 주기도 한다. 지구 자체의 조석인 지구조석(earth tide)은 약 50cm 정도가 되며 매일 지각을 늘였다 줄였다 한다. 흥미롭게도 최근에는 지구조석이 약한 단층면을 따른 지진 발생의 방아쇠 역할을 한다는 연구결과의 발표도 있다.

중력(인력, gravitational force)은 **"우주에서 질량을 가진 모든 물체는 서로 끌어당긴다."**는 **뉴턴의 만유인력의 법칙**(Newton's law of universal gravitation)으로부터 생각할 수 있다. 여기서 물체는 원자 수준의 아주 작은 것부터 태양과 같이 매우 큰 것들 모두를 다 포함한다. 이 관계의 기본식은 다음과 같다.

$$F_g = \frac{Gm_1m_2}{r^2} \qquad (9.1)$$

이 식이 뜻하는 바는 인력(F_g)은 두 물체(m_1, m_2)의 질량의 곱에 비례하며 거리의 제곱(r^2)에 반비례한다는 것이다. 여기서 G는 만유인력 상수로 불변이다.

여기서 뉴턴의 만유인력 법칙을 간단히 하여 질량과 거리가 인력에 미치는 영향에 대해 화살표 식으로 검토해보자(↑ = 증가, ↓ = 감소).

질량의 증가(↑) = 인력의 증가(↑)

이 관계의 예는 "태양과 같이 질량이 큰 물체는 인력 또한 크다."(**그림 9.2a**)는 것을 들 수 있다. 인력에 대한 거리의 영향을 보면 거리의 증가(↑) = 인력의 급격한 감소(↓↓).

식 9.1에서 인력은 거리의 제곱에 반비례한다. 따라서 두 물체 사이의 거리가 약간만 증가해도 위에서 화살표 2개로 표시된 바와 같이 인력은 급격히 감소하게 된다. 거리가 두 배 멀어지면 인력은 1/4로 떨어진다. 우주인이 지구중력장을 벗어난 우주 공간에서는 중력을 느끼지 못하는 것(체중이 없어짐)이 좋은 예일 것이다(**그림 9.2b**). 요약하면 질량이 **클수록**, 특히 거리가 **가까울수록** 중력(인력)이 증가한다.

그림 9.3은 지구상의 각 지점에 달까지의 거리에 따라 달의 중력이 어떻게 변하는지를 보여준다. 달에서 가장 가까운 **천정**(zenith: *zenith* = a path over head) *Z*에서 중력이 가장 크고(가장 긴 화살표), 가장 먼 **천저**(nadir: *nadir* = opposite to zenith) *N*에서 가장 작다. 지구상의 모든 점에 미치는 중력의 합력의 방향은 — 지구상의 각 지점에 미치는 달의 중력 방향과는 약간씩 다른 — 지구와 달의 중심 사이를 이은 방향과 같다(그림 9.3). 이 차이는 지구상의 각 지점에 미치는 달의 중력이 약간씩 다르다는 것을 뜻한다.

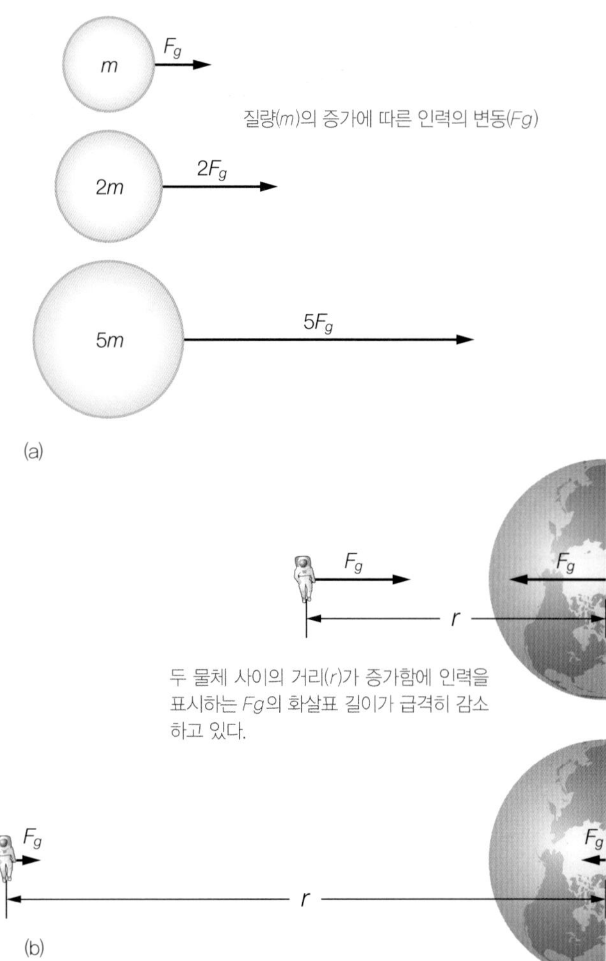

그림 9.2 중력에 대한 질량(a)과 거리(b)의 관계.

행성이 태양 주위 궤도를 유지하며 공전하기 위한 **구심력**[1](centripetal force: *centri* = the center, *pet* = seeking)은 행성과 태양 사이의 인력이다. 한 물체를 중심으로 궤도 운동을 유지시키는 힘이 중심 물체쪽, 즉 '궤도의 중심을 향하는' 구심력이다. 예를 들어 보자. 공을 줄에 묶어 머리 위에서 돌린다면(**그림 9.4**) 줄은 공을 손 쪽으로 당기게 될 것이다. 공이 궤도의 **중심을 향하도록** 줄이 공에 **구심력**으로 작용한 것이다. 줄이 끊어지면 구심력도 사라지고 공은 원궤도를 유지하지 못하고 궤도(원)에 **접한**(*tangent* = touching) 직선 방향[2]으로 날아가 버릴 것이다(그림 9.4).

지구와 달은 줄이 아니라 인력으로 묶여 있다. 달이 지구 주위 궤도를 유지하도록 하는 구심력 역할을 인력이 한다. 만약 태양계 내의 모든 인력이 사라진다면 구심력 역시 사라질 것이며 따라서 각 천체는 자신의 관성력으로 궤도의 접선 방향을 잡아 우주 속으로 날아갈 것이다.

합력 지구–달의 공전 체계에서 지구상의 각 질점(동일한 질량을 갖는)은 같은 형태의 궤도를 공전한다. 각 질점이 같은 원궤도를 유지하려면 같은 구심력이 필요하게 된다(**그림 9.5**). 각 질점과 달 사이에 작용하는 인력이 필요한 구심력을 제공한다. 하지만 필요한 힘과 제공되는 힘은 지구의 중심 외에는

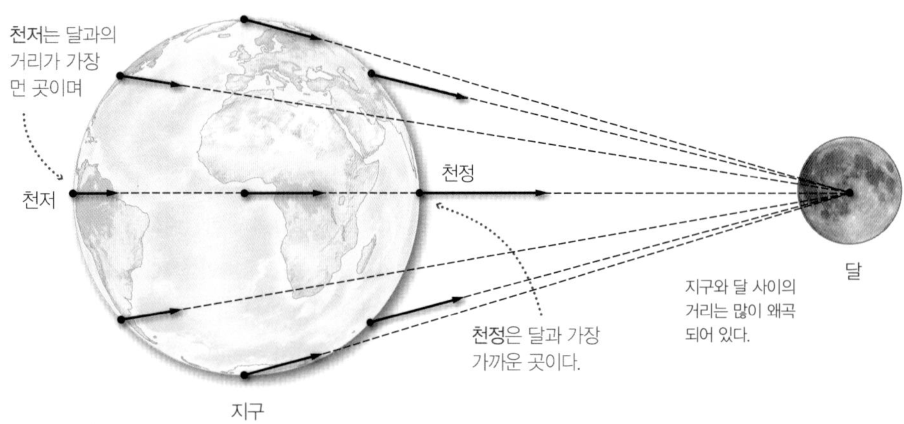

그림 9.3 지구에서의 달의 중력의 분포. 지구상 여러 지점에서의 달 중력이 화살표로 표시되어 있다. 화살의 길이와 방향은 달 중력의 크기와 방향을 나타낸다. 각 지점마다 화살의 길이와 방향이 다름을 유의하라.

---

1 바깥쪽 방향의 가상적인 힘인 원심력(centrifugal force, *centri* = the center, *fug* = flee)과 혼동하지 말 것.

2 줄이 끊어지면 뉴턴의 제1운동법칙(관성의 법칙)에 따라 직선운동을 한다. 즉, 움직이는 물체는 다른 힘이 가해지기 전에는 직선운동을 계속한다.

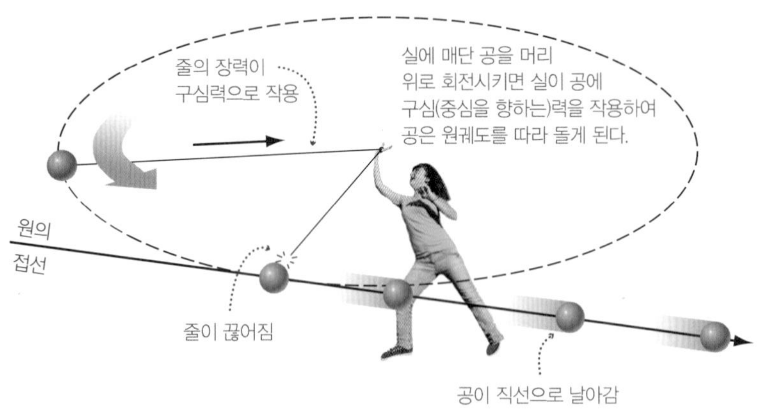

그림 9.4 구심력. 공을 매단 실은 공에 구심력을 작용하여 공이 원궤도를 따라 돌도록 한다. 이는 달에 미치는 지구의 중력으로 달이 원궤도를 유지하는 것과 같다.

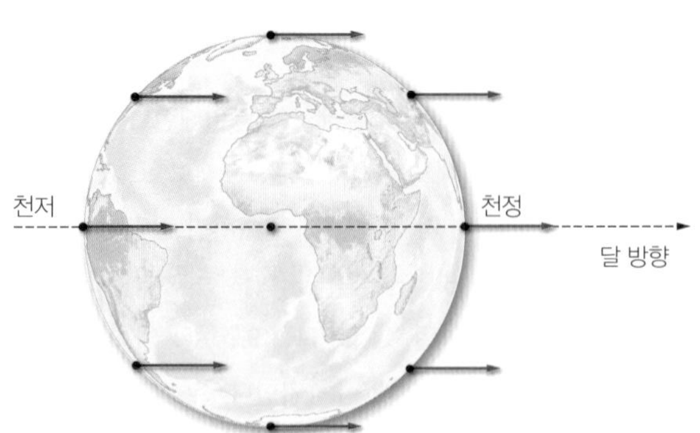

그림 9.5 필요한 구심(중심을 향하는)력. 빨간색 화살은 지구-달 체계가 공통중심을 중심으로 공전하는 과정에서 지구상의 모든 지점에 있는 입자는 동일한 궤도를 유지하도록 하는 데 필요한 구심력을 나타낸다. 모든 화살표가 같은 길이로 같은 방향을 향하고 있음을 유의하라.

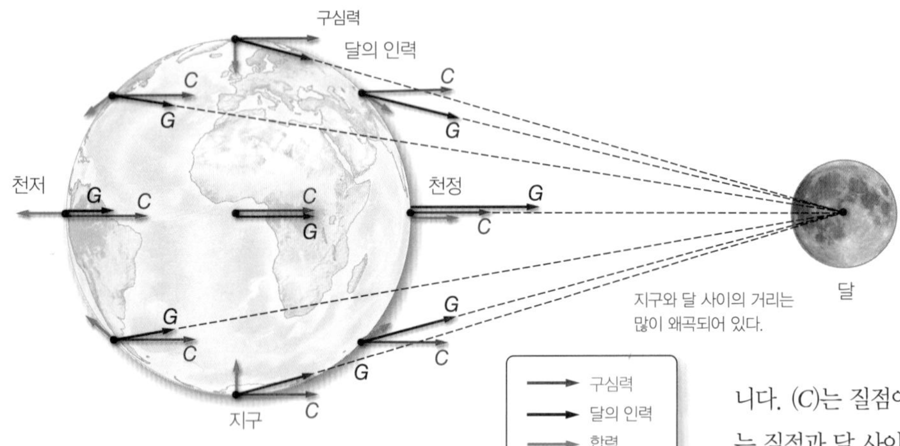

그림 9.6 합력. 빨간색은 구심력(*C*)을 나타내며 달의 중력(*G*)을 나타내는 검은색 화살과 같지 않다. 파란색의 작은 화살은 두 힘의 합력으로 구심력(빨간색) 화살의 화살촉 끝에서 중력(검은색) 화살의 화살촉 끝으로 가는 화살을 앞의 두 화살의 시작점에다 둔 것이다.
https://goo.gl/eBCMYZ

약간의 차이(각 질점과 달과의 거리는 질점마다 다르기 때문에)를 보인다. 이 두 힘의 차이(그림 9.3과 9.5에서 보인 화살표 벡터의 차이)를 **합력**(resultant force)이라 한다.

그림 9.6은 그림 9.3과 그림 9.5를 겹치고 필요한 구심력(*C*)과 제공되는 인력(*G*)의 차이, 즉 합력을 보인 것이다. 하지만 이 두 힘이 각 질점에 똑같이 작용하고 있는 것은 아니다. (*C*)는 질점이 원궤도를 유지하기 위해 필요한 힘인 반면 (*G*)는 질점과 달 사이의 인력으로 실제로 제공되는 힘이다. 합력(파란색 화살)은 구심력(빨간색)과 인력(검은색) 화살의 화살촉 끝을 이은 방향과 크기이며 시작점은 빨간색 화살과 검은색 화살의 출발점이다.

기조력 합력은 평균 크기가 지구 중력의 천만 분의 일 정도로 매우 작다. 지구상의 해면을 부풀어 오르게 하는 힘은 합력의 **수평 성분**(지표면의 접선 방향)이며 이 수평 성분을 **기조력**(tide-generating force)이라고 한다.[3] 이 기조력은 천정과 천저를 기준으로 45° 되는 지점에서 최대값을 갖지만 여전히 매우 작은 값이다(**그림 9.7**). 합력이 하늘 위로 향하거나 땅속으로 향하는 지점, 즉 합력 방향이 지면에 수직 방향(그림 9.7)인 곳에서는 기조력이 없게 된다. 이런 곳이 지구상에는 다음과 같이 세 곳이 있다. (1) 천정 (2) 천저 (3) 천정과 천저의 반이 되는 한바퀴.

앞에서 언급한 바와 같이 인력은 두 물체 사이의 거리의 **제곱**에 반비례한다. 하지만 기조력은 질점과 기조력을 일으키는 물체(달이나 태양)의 중심 간의 거리의 **세제곱**에 반비례한다. 기조력이 인력으로부터 나온 것이기는 하지만 바로 인력에 선형적으로 비례하는 것은 아니다. 따라서 기조력에서는 거리가 더욱 중요한 역할을 하게 된다.

기조력은 물을 양쪽으로 밀어 올려 해면을 부풀게 하여 조석해면을 만드는데, 한쪽 고조점은 달 방향

요약

조석은 지구상의 각 지점에서 필요한 구심력과 실제 작용하는 인력의 차이로 발생한다. 이 차이인 합력의 수평 성분이 지구상의 양 반대편에서 똑같이 부풀어 오르는 조석해면을 생성한다.

3 역주 : 넓은 의미로 합력 전체를 기조력이라고도 하며, 합력의 수평 성분만은 좁은 의미의 기조력이라고도 한다.

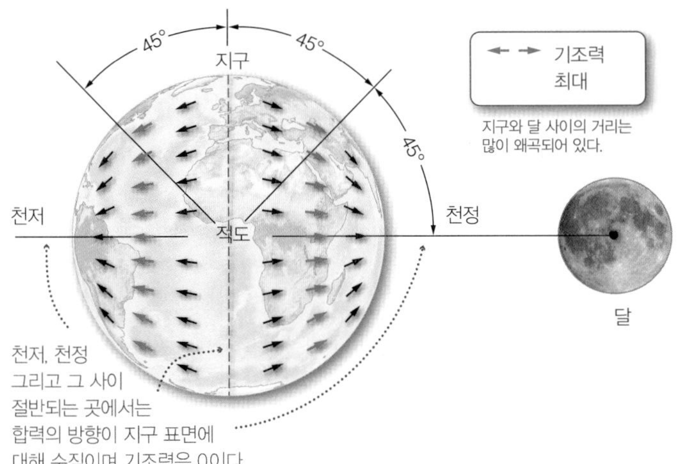

그림 9.7 기조력. 지구 표면에서의 달에 의한 기조력(화살표) 분포를 보이는 개념도. 합력의 수평 성분이 최대가 되는 곳에서 기조력의 최대값(파란색 화살표)을 보인다. 본문 서술을 참조.

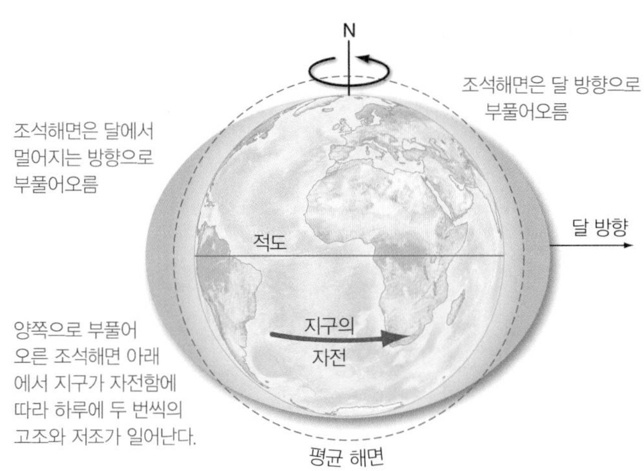

그림 9.8 이상적인 조건에서 계산해본 조석해면. 이상적인 조건에서 기조력으로 달 쪽과 그 반대편이 부풀어 오르는 조석해면이 형성된다. 지구의 자전으로 남·북극을 제외한 지표상의 모든 지점은 부풀어 오른 조석해면 아래를 지나면서 하루에 두 번의 고조를 맞는다.

(천정)이며 다른 한쪽 고조점은 달의 반대 방향(천저)이다(**그림 9.8**). 달을 바라보는 쪽에서는 제공되는 인력이 필요한 구심력보다 크기 때문에, 반대로 달 반대쪽에서는 제공되는 인력보다 필요한 구심력이 더 크기 때문에 해면이 부풀어 오르는 것이다. 지구상 양쪽에서의 힘의 방향은 서로 반대이지만 크기는 같다. 따라서 부풀어 오르는 크기와 모양도 같다.

달에 의한 조석해면

이상적인 지구에 이상적인 바다를 떠올리면 지구상의 조석은 쉽게 이해될 것이다. 이상적인 지구에서는 그림 9.8에서 보는 바와 같이 달 방향과 반대 방향의 두 방향으로 해면이 부풀어 오르는 **달 조석해면**(lunar bulge)이 형성된다. 이상적인 바다는 수심이 일정하고 바닷물의 관성이 없으며, 바닷물끼리는 물론 바닥과도 마찰이 없는 바다를 뜻하는데, 뉴턴이 지구상의 조석을 설명할 적에 사용한 개념이다.

달이 적도상에 정지해 있는 상태에서는 적도상의 양쪽에서 해면이 가장 많이 부풀어 오른다. 따라서 적도상에 서 있는 사람은 매일 두 번의 고조를 만나게 된다. 고조와 고조 사이의 시간을 **조석주기**(tidal period)라 하는데, 아마 12시간이 될 것이다. 만약 적도에서 남북 어느 방향이든 더 높은 위도로 간다면 조석 주기는 같으나 – 위도가 높아진다는 것은 조석해면이 조금 덜 부풀어 오른 곳으로 간다는 뜻이기 때문에 – 고조는 적도에서보다는 낮아진다.

조석은 태양일이 아니라 태음일을 따라 일어나기 때문에 지구상 대부분의 곳에서 고조는 12시간 25분 간격으로 일어난다. **태음일**[lunar day, **조석일**(tidal day)이라고도 함]은 한 지점에서 달이 남중(달이 바로 머리 위에 위치함)했을 때부터 다음 남중할 때까지를 말하며 24시간 50분이다.[4] **태양일**(solar day)은 태양이 한 지점에 남중했을 때부터 다음 남중할 때까지의 시간으로 24시간이다. 왜 태음일은 태양일보다 50분이 더 긴가? 24시간 동안에 지구는 완전히 한 바퀴 자전하는데, 그동안 달은 지구 주위 궤도를 동쪽으로 약 12.2도 진행한다(**그림 9.9**). 따라서 달이 여전히 관측자의 머리 위에 있도록 하려면 지구가 50분을 더 돌아 달을 따라잡아야 한다.

태양일과 태음일과의 차이는 당연히 조석에 나타난다. 오늘의 고조는 어제의 고조보다 대략 50분 늦게

요약

태양일(24시간)은 태음일(24시간 50분)보다 짧다. 달이 지구 주위 공전궤도상의 움직임으로 50분이 더해지는 것이다.

4 1태음일은 더 정확히는 24시간 50분 28초이다.

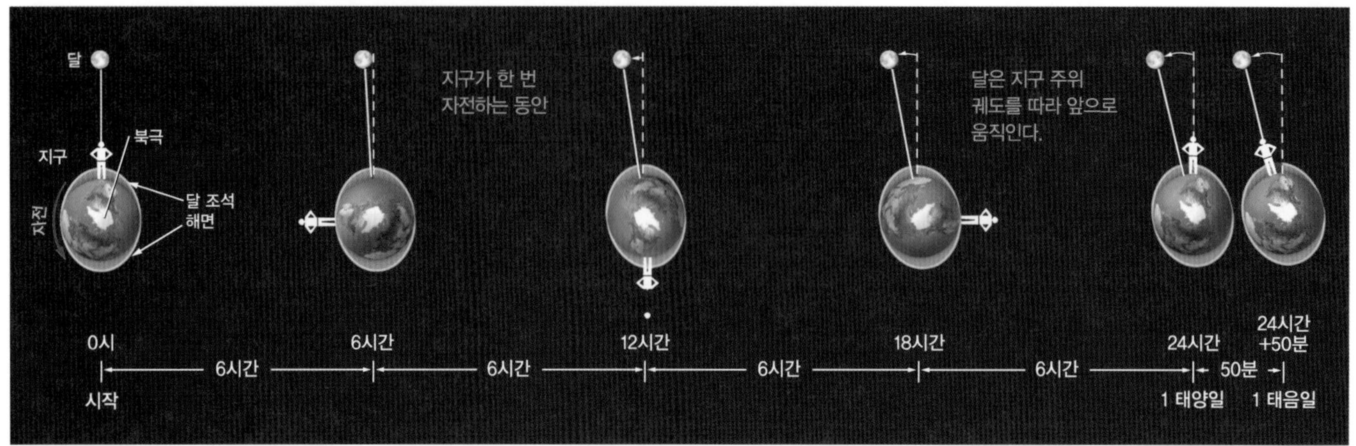

그림 9.9 태음일. 달이 남중했을 때부터 다음 남중할 때까지를 태음일이라 한다. 지구가 한 번 자전(태양시로 24시간)하는 동안 달은 12.2° 진행하기 때문에 이를 따라잡아 정확히 남중하기 위해서 50분 지구 자전이 더 필요하다. 따라서 1태음일은 24시간 50분이다.
https://goo.gl/bbYGxO

Web Animation
태음일
https://goo.gl/EIkpUH

일어나며 달도 매일 밤 50분씩 늦게 뜬다.

태양에 의한 조석해면

태양 역시 조석을 일으킨다. 태양도 달과 같이 태양 쪽과 그 반대 방향으로 해면을 부풀어 오르게 한다. 그러나 **태양 조석해면**(solar bulges)은 달 조석해면보다 작다. 태양의 질량이 달보다 2,700만 배나 더 크다고 해서 기조력도 그만큼 더 크지는 않다. 이는 지구와 태양 사이의 거리가 지구와 달 사이의 거리보다 390배나 되기 때문이다(그림 9.10). 기조력이 거리의 세제곱에 반비례한다는 것을 생각하면 태양 기조력은 달 기조력에 비해 390의 세제곱, 즉 대략 5,900만 분의 일 정도로 줄어든다. 결과적으로 태양 기조력은 달 기조력의 27/59, 즉 46% 정도가 된다. 따라서 태양 조석해면도 달 조석해면의 46% 정도에 머물게 된다. 달에 의한 조석은 태양에 의한 조석의 약 두 배가 되는 셈이다.

요약
달은 태양보다 매우 작지만 지구에 가까이 있기 때문에 조석에 미치는 영향은 태양보다 크다. 달 조석은 태양조석의 두 배 가량이다.

지구에 미치는 달 기조력이 태양 기조력의 두 배가 된다고 해서 태양의 중력이 달의 중력보다 작은 것이 아님을 명심해야 할 것이다. 지구에 미치는 태양의 총중력은 달에 의한 것보다 엄청나게 크다. 하지만 지구 직경이 지구–태양 사이의 거리에 비해 매우 작기 때문에 지구상 각 지점에서의 태양 중력의 차이는 작다. 이와 반대로 지구의 크기는 지구와 달 사이의 거리와 비교하면 상당히 큰 편이다. 요약하면 달의 질량이 태양에 비해 매우 작아도 지구와의 거리가 가깝기 때문에 지구상의 조석은 주로 달이 지배하게 된다.

달
지구
태양
지름 = 3,478km
(0.27×지구)
지름 = 12,682km
지름
1,392,000km
(109×지구)
달
지구
지구, 달, 태양 사이의 거리가 대략 축척에 맞게 표시되어 있다.
태양

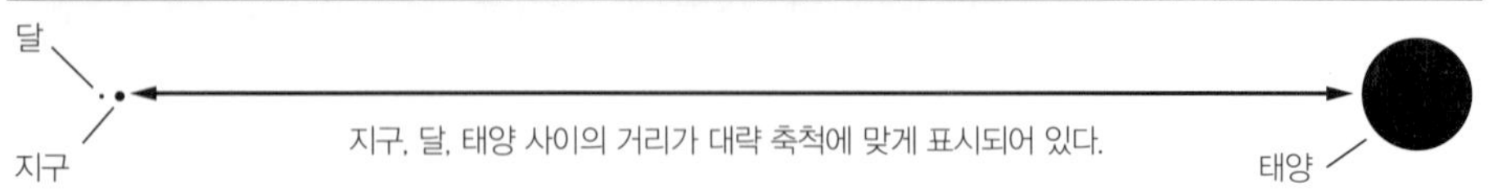

그림 9.10 달, 지구, 태양의 상대적인 위치와 크기. 위 : 태양의 지름은 지구의 109배이며 달은 약 1/4이다. 아래 : 달, 지구, 태양 사이의 상대 거리가 축척에 맞게 표시되어 있다.

지구자전과 조석

조석으로 바닷물이 해안으로 밀려오고[**창조**(flood tide)] 또 해안에서 쓸려 나가는[**낙조**(ebb tide)] 것처럼 보인다. 하지만 이상적인 조건에서 생각하면 조석은 지구 자전으로 각 지점이 달과 태양에 의해 형성된 조석해면 아래에서 이동하는 것일 뿐이다. 요약하면 고조와 저조는 달과 태양에 의해 형성된 조석해면 속에서 지구가 규칙적으로 자전하기 때문에 일어나는 현상이다.

개념 점검 9.1 | 조석을 일으키는 힘을 이해하고 설명하라.

1 왜 조석해면은 태양이나 달 바로 아래만 아니라 반대쪽까지 양쪽이 부풀어 오른 형태인가?

2 태양은 달보다 훨씬 큼에도 불구하고 태양기조력은 달기조력의 46%밖에 되지 않는 이유를 설명하라.

3 태양일이 24시간인 데 비해 태음일은 24시간 50분인 이유를 설명하라.

4 지구에서 달이 없어도 조석은 있겠는가? 왜 그런가? 또는 왜 그렇지 않은가?

요약

이상적인 조건에서 조석에 의한 해면의 오르내림은 달과의 상대적인 위치에 따라 높이가 다른 조석해면 아래에서 지구가 자전함에 따라 일어나는 것이다.

9.2 월조 주기 동안 조석은 어떻게 변하는가?

월조 주기는 달이 지구를 완전히 한 바퀴 도는 29½일이다.[5] 달이 지구 주위를 도는 동안 달의 위상 변화가 조석에 영향을 준다.

월조 주기

월조 주기 동안 달의 위상은 여러 가지로 변한다. 달이 지구와 태양 사이에 있을 때에는 밤에 달이 보이지는 않는데, 이때를 **초승**(new moon)이라 한다. 달이 태양의 반대편에 있으면 완전히 둥근달을 볼 수 있는데, 이때를 **보름**(full moon)이라고 한다. 지구에서 달의 반은 보이고 반은 보이지 않을 때인 **현**(quarter moon)은 달이 지구와 태양에 대해 직각 위치에 있을 때이다.

그림 9.11은 태음월인 29½일 동안의 지구-달-태양의 상대적인 위치 변화를 보인 것이다. 달이 지구와 태양 사이에 있든[초승 : 합 또는 삭(conjunction)], 또는 반대편에 있든[보름 : 충 또는 망(opposition)] 태양과 달 그리고 지구가 일직선상에 위치하면 달과 태양의 기조력이 서로 합쳐진다(그림 9.11 위). 이때는 달 조석해면과 태양 조석해면이 **생성간섭**[6]을 일으켜 **조차**(tidal range: 고조위와 저조위의 차이)가 커지며 (고조는 높아지며 저조는 낮아진다) 이때를 **대조**[7](spring tide: *springen* = to rise up, 사리)라 한다. 지구-달-태양이 일직선으로 늘어선 두 경우의 달을 합쳐 **삭망**(syzygy: *syzygia* = union)이라고 한다.

달의 위상이 상현 또는 하현[8](그림 9.11 아래)일 때는 달의 기조력과 태양의 기조력이 직각 방향이 된다. 이때는 달 조석해면과 태양 조석해면이 **소멸간섭**[9]을 일으켜 조차가 줄어든다(고조는 낮아지며 저조는 높아진다). 이때를 **소조**[10](neap tide: *nep* = scarcely or barely touching, 조금)라 하고 이때의 달을 **현**(quadrature: *quadra* = four)이라 한다.

사리(보름과 초승)와 사리 사이 또는 조금(상현과 하현)과 조금 사이의 기간은 월조 주기의 반으로 대략 2주일이며 사리와 조금 사이는 월조 주기의 1/4로 대략 1주일 정도이다.

그림 9.12는 한 달 동안의 달의 모양을 보인 것이다. 초승에서 상현으로 가는 사이의 달을 **차오르는 초승달**(waxing crescent: *waxen* = to increase, *crescere* = to grow)이라 하고 상현과 보름 사이는 **차오르는 반달**(waxing gibbous: *gibbus* = hump)이라 한다. 보름과 하현 사이는 **기우는 반달**(waning gibbous: *wanen* = to

학생들이 자주 하는 질문

달이 없다면 지구는 어떻게 될까요?

우선 생각할 수 있는 것은 지구 자전에 브레이크 역할을 하는 기조력이 없어지므로 지구 자전 속도가 빨라져 하루의 길이가 짧아진다. 지질학자들은 애초의 지구의 하루 길이가 5~6시간이었을 것이라는 증거들을 발견하였는데, 만약 달이 없다면 현재의 하루는 그(5~6시간)보다는 약간 길 것으로 보인다. 태양조석만 존재하기 때문에 조차가 현재보다 훨씬 작아질 것이다. 대조, 소조도 없어질 것이며 따라서 해안의 침식도 작아질 것이다. 달빛이 없어져 밤에는 지금보다 훨씬 깜깜해질 것이며 이는 지구상의 거의 모든 생물에게 영향을 줄 것이다. 달이라는 안정판이 없다면 지구상에는 전혀 생물이 존재할 수 없을 것이라는 극단적인 의견도 있다.

5 29½일의 월조주기는 태음월(lunar month) 또는 삭망월(synodic month: *synod* = meeting)이라고도 한다.

6 제8장에서 언급한 바와 같이 2개의 파(여기서는 2개의 조석해면)가 같은 위상(마루와 마루, 골과 골)으로 겹치는 간섭이다.

7 spring tide라 하지만 봄과는 아무런 상관이 없다. 지구-달-태양이 일직선을 이룰 때, 즉 한 달에 두 번 일어날 뿐이다.

8 third-quater(하현)를 농구 같은 스포츠의 third quarter(제3쿼터)와 혼동하지 마라.

9 소멸간섭은 2개의 파(여기서는 2개의 조석해면)가 반대위상(마루와 골, 골과 마루)으로 겹치는 간섭이다.

10 neap tide(소조, 조금)는 'nip in the bud(싹이 자라기 전에 자르다)'를 연상하며 작은 조차임을 기억하라.

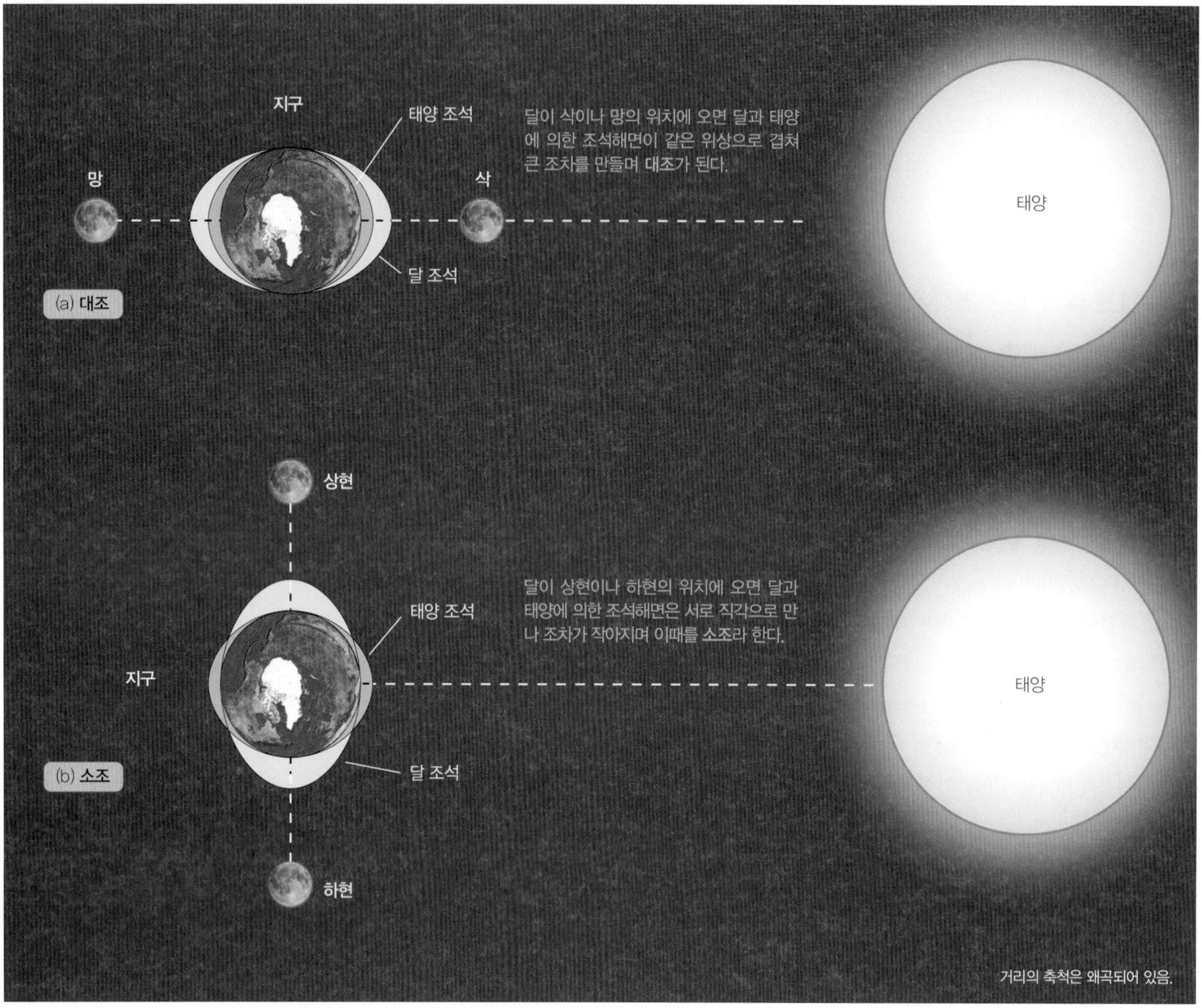

지구

태양 조석

달이 삭이나 망의 위치에 오면 달과 태양에 의한 조석해면이 같은 위상으로 겹쳐 큰 조차를 만들며 대조가 된다.

망

삭

태양

달 조석

(a) 대조

상현

달이 상현이나 하현의 위치에 오면 달과 태양에 의한 조석해면은 서로 직각으로 만나 조차가 작아지며 이때를 소조라 한다.

태양 조석

지구

태양

(b) 소조

달 조석

하현

거리의 축척은 왜곡되어 있음.

그림 9.11 지구-달-태양의 상대적 위치에 따른 조석. (a) 대조 (b) 소조. 실제 달의 궤도 위에는 달이 하나뿐임을 유의하라.
https://goo.gl/DmuidP

Web Animation
월조주기
http://goo.gl/cg3NoK

요약

대조는 보름과 초승에 태양조석과 달조석의 생성간섭으로 조차가 커지는 것이다. 소조는 현에서 태양조석과 달 조석의 소멸간섭으로 조차가 작아지는 것이다.

decrease)이라 하고 하현에서 초승까지를 **기우는 그믐달**(waning crescent)이라 한다. 달 형성 초창기에 달이 지구 중력의 틀에 갇혀 버렸기 때문에 달의 공전 주기와 자전 주기는 같다[이 특성을 **동주기 자전**(synchronous rotation)이라 한다]. 따라서 지구에서는 언제나 달의 같은 면만 볼 수 있다.

달의 위상은 왜 바뀌는가? 달은 태양이나 다른 별들처럼 자신의 빛을 내비치는 것이 아니라 단지 태양 빛을 반사하는 천체이기 때문이다. 그림 9.12에서 보는 바와 같이 둥근 달은 언제나 변함없이 그대로 있지만 태양빛을 받아 환하게 보이는 것은 단지 반쪽만이다. 이마저도 지구와 태양에 대한 상대적 위치 때문에 다 보이지는 않는다. 예를 들어 보름의 경우에는 달과 태양이 지구를 가운데 두고 서로 반대 방향에 있어 태양빛에 비친 면을 다 볼 수 있다(달, 지구, 태양이 완전히 같은 면에 있지는 않기 때문에 지구가 태양빛을 가리는 것은 아니다). 그믐에 들어가면 달과 태양이 같은 방향에 있게 되어 태양빛에 비치는 면은 우리 시야에서 벗어나 있다(그림 9.12).

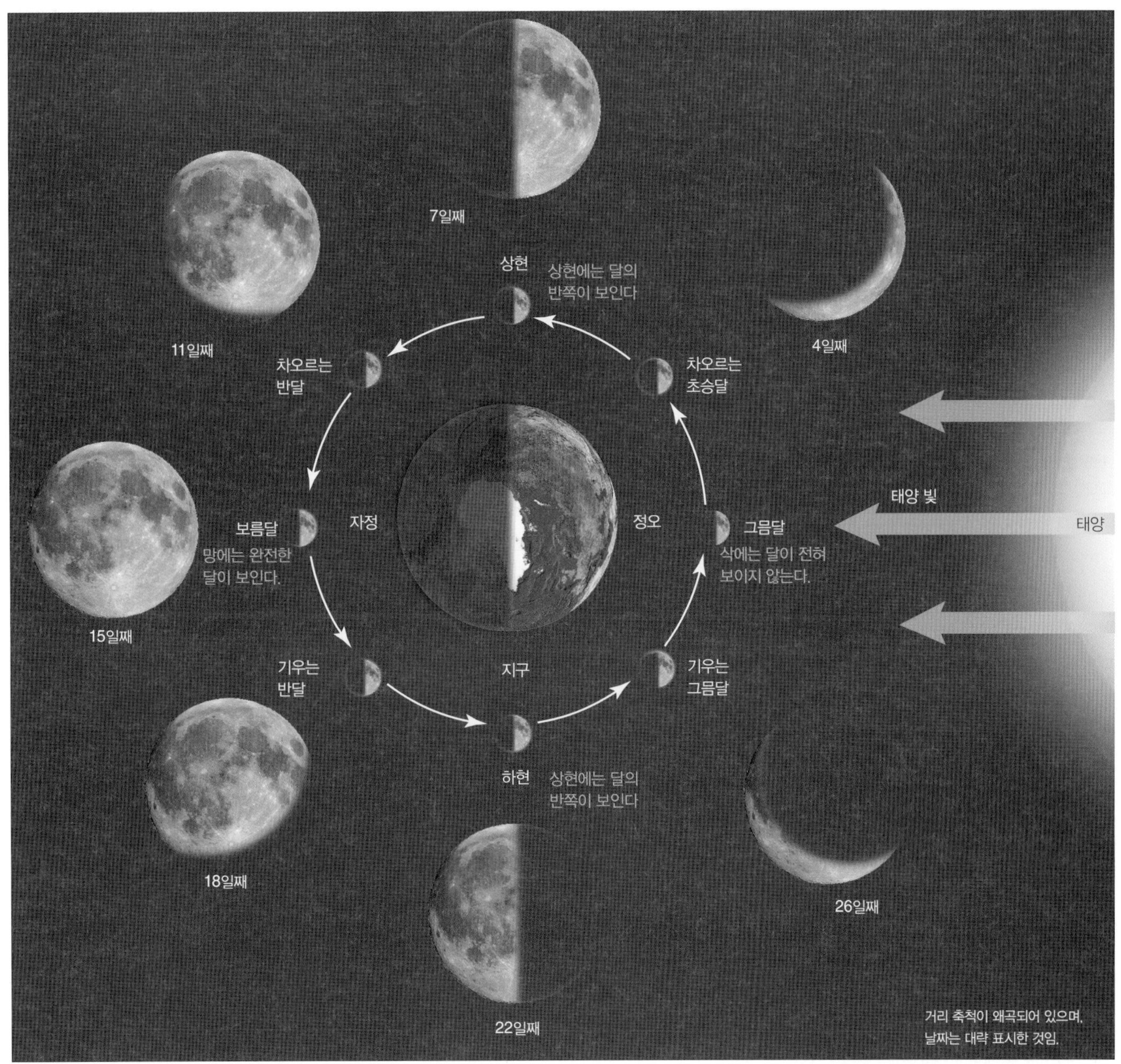

그림 9.12 달의 위상. 달이 29.5일을 주기로 지구 주위를 도는 동안 태양과 지구에 대한 상대적인 위치에 따라 위상이 변한다. 달의 위상에 대한 이름(안쪽)과 지구에서 보이는 모습(바깥쪽)이 제시되어 있다.

복합 요소

지구의 자전과 달과 태양의 상대적인 위치 외에도 지구의 조석에 영향을 주는 요소는 여러 가지가 있지만 그중 가장 중요한 두 요소는 (1) 달과 태양의 적위 (2) 달과 지구의 (타원)궤도가 가장 중요한 역할을 한다. 이 두 요소를 검토해보자.

달과 태양의 적위 지금까지는 편의상 달과 태양이 적도 상공 바로 위에 있다고 가정해 왔지만 통상적으로는 그렇지 않다. 사실 달과 태양은 1년 중 대부분은 적도가 아니라 남 · 북위 어느 곳에 있다. 적도에서 달이나 태양까지의 각거리를 **적위**(declination: *declinare* = to turn away)라 한다.

지구는 태양 주위의 — 눈에 보지지는 않지만 — 타원궤도를 따라 공전하고 있다. 이 타원궤도를 포함하고 있는 가상의 평면을 **황도**(ecliptic: *ekleipein* = to fail to appear)라 한다. 제6장에서 언급한 지구의 자

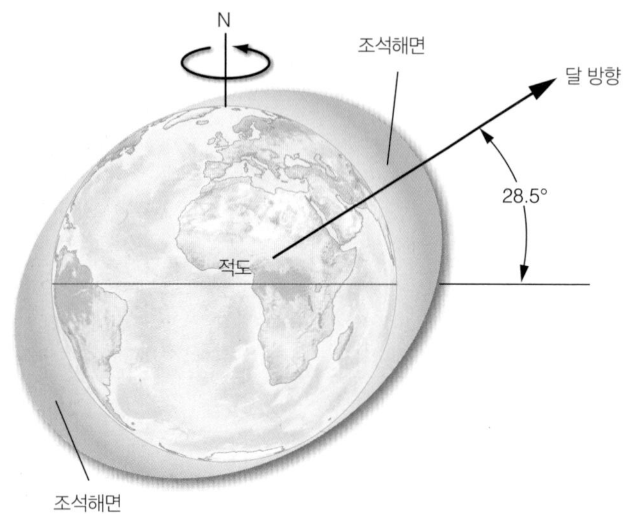

그림 9.13 달의 적위가 가장 클 때의 조석해면. 조석해면의 최고점은 계절(태양의 고도)과 달의 위치에 따라 최대 남북위 28.5° 안에서는 어디라도 위치할 수 있다.

전축이 황도면에 대해 23.5° 기울어져 있으며 이 때문에 계절 변화가 나타난다는 것을 돌이켜보자. 이는 태양의 적위는 최대 23.5°까지 될 수 있다는 뜻이다.

좀 더 나가 보면 달의 궤도면은 황도에 대해 5° 기울어져 있다. 따라서 달의 적위는 최대 28.5°(23.5 + 5)까지 될 수 있다. 1년 동안 달의 주기는 여러 번 지나갈 것이며 이 동안 적위는 남위 28.5°에서 다시 북위 28.5°까지 여러 번 변하게 된다. 따라서 조석해면의 고조점이 적도에 머무는 경우는 매우 드물고 대부분 남·북위 어느 곳에서 형성된다. 태양보다는 달이 조석에 더 큰 영향을 주기 때문에 조석해면의 고조점은 달을 따라 북위 28.5°에서 남위 28.5°까지 움직이게 된다(**그림 9.13**).

타원궤도의 영향 지구는 태양까지의 거리가 북반구의 겨울에는 1억 4,850만km, 여름에는 1억 5,220만km인 타원궤도를 따라 태양 주위를 공전한다(**그림 9.14**). 즉, 1년 중 지구와 태양까지의 거리는 2.5% 정도 변한다. 태양이 지구에 가장 가까이 왔을 때를 **근일점**(perihelion: *peri* = near, *helios* = Sun)이라 하며 이때 조차가 커진다. 지구와 태양까지의 거리가 가장 멀 때를 **원일점**(aphelion: *apo* = away from)이라 하며 이때 조차가 작아진다. 따라서 태양에 의한 조석은 대체로 연중 1월에 가장 크다.

지구 주위를 도는 달의 공전 궤도 역시 타원이다. 지구-달 사이의 거리는 연중 37만 5,000km에서 40만 5,800km까지 약 8% 정도 변한다. 조차는 달이 지구에 가장 가까

학생들이 자주 하는 질문

달의 위상 변화가 인간 행동에도 영향을 주나요?

늑대인간에 대한 이야기 외에도, 보름달이 떠오를 때 요상한 인간의 행동이 증가한다는 점을 설명하는 데 중력과 기조력이 자주 인용되고 있다. 이러한 생각은 달의 위상이 바다의 조석에 작용하는 영향이 인체의 65%를 차지하는 체내의 물에도 똑같은 영향을 줄 것이라는 믿음에서 나온 것이다. 많은 연구자들이 달 위상과 출생, 범죄 발생, 특이한 행동 등과의 관계를 정밀하게 분석하여 달과 인간 행동과의 관계를 밝히려는 연구를 수행했었다. 보름달이 의도하지 않은 중독사고, 장기 실종, 범죄 등과 관련이 있음을 찾아낸 연구자들도 몇몇은 있었다. 하지만 많은 연구자들은 달의 주기와 인간 생리나 행동과는 관련이 없음을 주장하고 있다. 그리고 또 달의 기조력은 보름과 그믐이 거의 같은데, 그렇다면 이상한 현상들은 보름이나 그믐에 같은 비율로 일어나야 할 것이다. 보름달의 영향을 받기를 바라고 있는 사람들은 보름달이 뜨면 내적인 욕구나 감정에 더 민감하게 반응할 수도 있을 것이다. 이러한 사람들을 미치광이(lunatic)라고 부르는 것이 이상한 일도 아니다.

Web Animation
타원궤도의 효과
https://goo.gl/w0Sc4Q

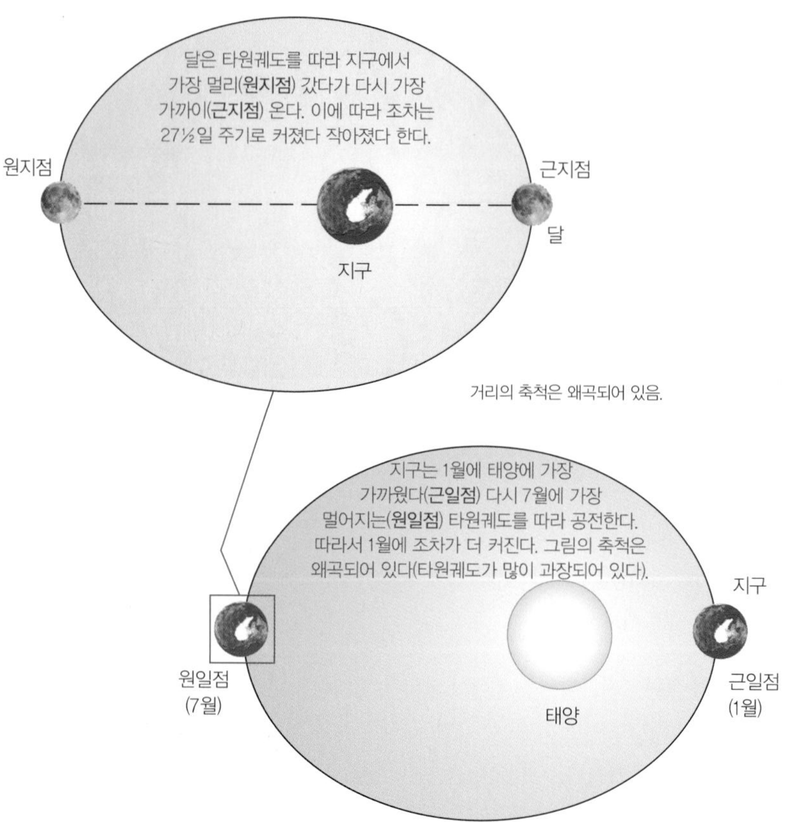

그림 9.14 타원궤도의 효과.

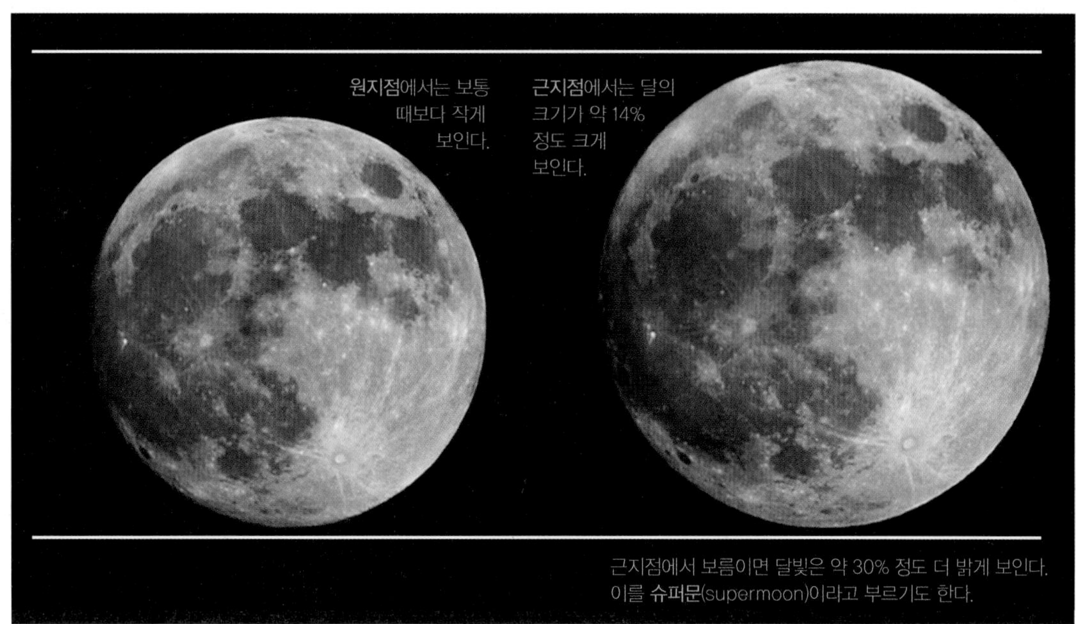

그림 9.15 근지점과 원지점에서 보이는 달의 크기 비교.

이 온 **근지점**(perigee: *peri* = near, *geo* = Earth)에서 최대가 되며, 가장 먼 **원지점**(apogee: *apo* = away from)에서 최소가 된다(그림 9.14 위). 근지점일 때 지구에서 보는 달의 크기는 근지점이 때보다 약 14% 정도 더 큰데(**그림 9.15**), 만약 보름과 근지점에서 크게 보이는 경우가 겹치면 이를 슈퍼문(supermoon)이라 하며 30%는 더 밝게 빛난다.

달이 근지점에서 원지점으로 갔다가 다시 근지점으로 돌아오는 데는 27½일이 걸린다.[11] 대조 시에 근지점이 겹치는 것은 대략 1년 반 만에 한 번씩 돌아오는데, 이를 **근지점조석**(proxigean tide: *proximus* = nearest, *geo* = Earth)이라 한다. 이때 조차가 특이하게 커질 수 있으며 해안 저지대에는 바닷물이 범람하기도 하며, 만약 이때 폭풍이 겹친다면 큰 피해를 볼 수도 있다. 실제로 1962년 겨울 근지점조 때 폭풍이 겹쳐 미 동부해안 전체에 큰 피해가 발생했었다.

태양 주위를 도는 지구 궤도와 지구 주위를 도는 달 궤도 모두 타원궤도로 지구-달-태양 사이의 거리는 계속 변하며 조석에 영향을 미친다. 즉, 대조차는 북반구의 여름보다 겨울에 더 커지며 근지점이 겹치면 더 커진다.

이론적 조석 예보

달 조석해면의 고조점의 위치는 달의 적위에 따라간다. **그림 9.16**에서 보는 바와 같이 달의 적위가 북위 28°이며 관측자도 북위 28°에 위치하는 즉, 달이 북위 28°에서 머리 위에 있는 경우를 생각해보자. **그림 9.16a~e**는 이곳에서 하루 동안 일어난 조석을 연속적으로 보인 것이다.

- 달이 바로 머리 위에 있을 때 고조가 된다(그림 9.16a).
- 6태음시(태양시로 6시간 12½분)가 지나면 저조가 된다(그림 9.16b).
- 다음 6태음시 후에 다시 고조를 만나지만 조위는 처음보다 낮다(그림 9.16c).

학생들이 자주 하는 질문

블루문이라는 말은 정말 달이 푸르다는 뜻인가요?

아니다. 시 구절에서 'Once in a blue moon'은 '드문' 또는 '희귀한'이란 뜻으로 사용된다. '블루문'이란 29½일인 태음월이 평균 30 또는 31일인 태양월에 완전히 들어가 태양월에서 두 번째 맞는 보름달을 말한다. 순전히 달의 구분을 임의로 한 까닭으로 약 2.72년(약 33개월)에 한 번씩 나타나는 현상으로 한 달에 일요일이 나타나는 것보다는 약간 드문 현상일 뿐이다.

블루문의 유래는 정확히 알려져 있지는 않다. 대규모 삼림화재나 화산으로 대기 중에 검정이나 재가 많이 퍼지면 달이 푸르게 보이기는 하지만 색깔과는 관련이 없는 것이 분명하다. 고영어에서 'belewe'는 'to betrays'의 뜻인데 보름달이 한 달에 한 번 나오는 통상적인 개념을 betray(위반, 배반하다)한다는 뜻에서 나왔다는 해석이 있다. 또 하나는 1946년 'Sky and Telescope'란 저널의 블루문의 잘못된 인용을 바로잡는 한 논문에서 – 정작 논문 자체에서도 잘못 해석했지만 – '한 달에서 두 번째 맞는 보름달'로 설명한 데서 유래했다는 해석도 있다. 분명한 것은 잘못된 개념이 반복되어 지금처럼 정착된 것임에 틀림없다.

11 근지점에서 원지점을 거쳐 다시 근지점으로 돌아오는 시간 27½일을 태음월인 29½일과 혼동하지 마라. 이 두 주기는 동시에 겹쳐 일어나지만 서로 독립적이다.

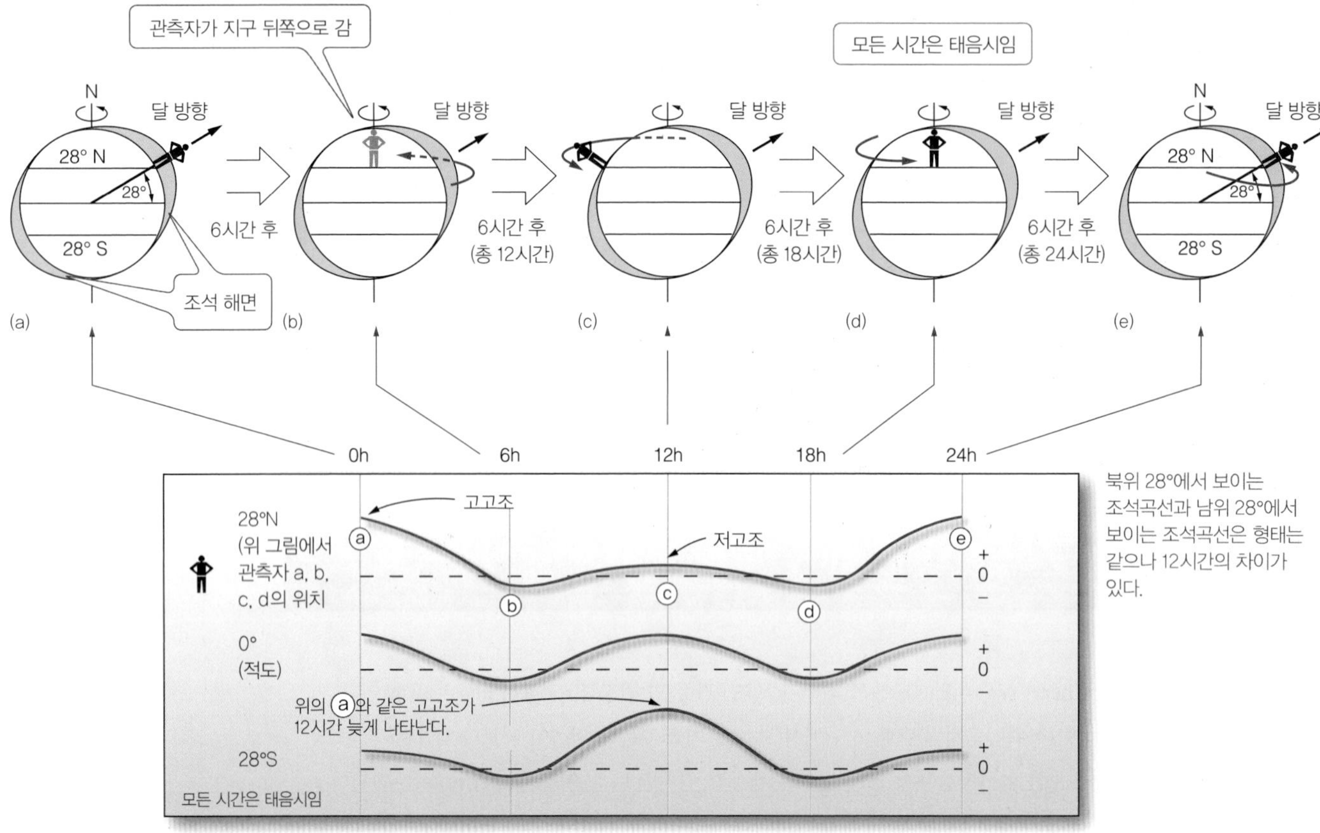

북위 28°에서 보이는 조석곡선과 남위 28°에서 보이는 조석곡선은 형태는 같으나 12시간의 차이가 있다.

(f) 북위 28°, 적도, 남위 28°에서의 조석 곡선

그림 9.16 가상적인 조석곡선. (a)~(e) 달의 적위가 북위 28°일 때 북위 28°상의 한 지점에서 6시간 간격으로 보인 조석 상태. (f) 북위 28°, 적도, 남위 28°에서 조석일 동안 보이는 조석 곡선.
https://goo.gl/CFdvNW

- 다시 6태음시가 지나면 저조를 만난다(그림 9.16d).
- 다음 6태음시가 지나면 — 총 24태음시(태양시로 24시간 50분)가 지난 셈이며 이 동안 2번의 고조와 2번의 저조를 만나게 된다(그림 9.16e).

그림 9.16f는 같은 날(달의 적위가 북위 28°인 날) 북위 28°, 적도 그리고 남위 28°에서 하루 동안의 조석을 보인 것으로, 북위 28°와 남위 28°의 경우 고조와 저조가 일어나는 시각은 같지만 고고조와 저저조가 일어나는 시각은 각각 12시간의 차이를 보인다. 이렇게 12시간의 차이를 보이는 이유는 달 조석 고조점이 지구의 양 반구에서 달에 대해 반대 위치에 있기 때문이다.

학생들이 자주 하는 질문

회귀조석(tropical tide)은 무엇인가요?

잇따른 고조나 저조의 높이는 같지 않고 차이가 난다(그림 9.16f 참조). 이 차이는 매일 매일의 조석에서 볼 수 있기 때문에 이 차이를 일조부등(diurnal inequality)이라 한다. 달의 적위가 최대일 때 일조부등도 최대가 되며 이때의 조석을 달이 회귀선에 가 있다고 하여 회귀조석이라 한다. 달이 적도상에 있을 때는 잇따른 고조와 저조의 차이가 최소가 된다. 즉, 일조부등이 최소가 된다.

개념 점검 9.2 | 월조 주기 동안 조석이 어떻게 변하는지를 설명하라.

1 조석에 대한 개념을 확실히 하기 위해 지구-달-태양 체계에서 각 천체의 한 달 동안의 상대적인 위치를 그려보라. 달의 위상, 삭망과 현과 같은 달의 위상과 이들 간의 시간 간격이 조석과 어떻게 연관되어 있는지를 보여라.

2 보름과 초승에 최대조차(대조)가 일어나고, 현에서 최소조차(소조)가 일어나는 이유를 설명하라.

3 적위란 무엇인가? 달과 태양의 적도로부터의 각거리에 대해 설명해보라. 적위가 조석에 미치는 영향을 설명하라.

4 태양 주위의 지구-달 체계의 궤도를 그려보라. 지구에서 달과 태양의 거리가 가장 가까울 때와 가장 멀 때를 표시하고 이름을 붙여보라. 그리고 이들 위치가 지구의 조석에 미치는 영향에 대해 설명해보라.

9.3 대양에서의 조석

이상적인 조건에서의 조석해면은 마루(조석해면의 두 꼭지점)가 지구 둘레의 반인 20,000km 떨어져 있는 **자유파**로 생각할 수 있다. 하지만 조석해면은 계속해서 천체력의 작용을 받고 있는 **강제파**이다. 즉, 계속적으로 기조력 특히 달 기조력의 지배하에 있다. 따라서 조석해면은 달 기조력의 기동 속도와 같은 시속 1,600km의 속도로 대양을 가로질러 가게 된다. 조석해면이 통상적인 해파 특성이 아니라 강제로 굉장한 속도로 끌려가고 있음을 주의해보자.

앞에서 언급한 이상적인 조석해면은 지구상에 대륙이 없고, 바다는 무한히 깊고, 마찰로 인한 손실이 없다고 가정하고 계산한 것으로, 이러한 조건은 현실에서는 존재할 수 없고 조석의 특성을 설명하는 데만 쓰일 뿐이다. 실제 지구에는 여러 가지 복잡한 조건들이 존재한다. 실제의 해양조석은 대양에서 독립적인 체계를 갖는 여러 조각으로 나누어진다.

학생들이 자주 하는 질문

최대 기조력은 얼마나 자주 나타나나요?

최대 기조력은 지구가 태양에 가장 가까이 가고(근일점) 또 달도 지구에 가장 가까이 오며(근지점) 지구-달-태양이 일직선(삭망)으로 정렬되고 달과 태양의 적위가 0일 때 일어난다. 이러한 대조는 매우 드물어 1600년에 한 번 일어나는데, 다음번 일어나는 것은 3300년으로 예측되고 있다.

이외에도 큰 기조력이 작용하는 것과 같은 조건이 발생할 수도 있다. 1983년 북태평양에 서서히 움직이는 거대한 저기압이 매우 강한 북서풍을 일으켰다. 1월 말경 이 바람으로 3m의 너울이 미 서부해안 오리건에서부터 바하캘리포니아까지 덮쳤다. 큰 파도는 보통 때도 문제지만 근지점과 근일점 그리고 대조가 겹친 2.25m의 해면에서는 더더욱 문제가 된다. 여기다 강한 엘니뇨로 해면은 20cm 정도 더 높아져 있었다. 이런 조건에서 덮친 큰 너울로 가옥 25채와 통신시설과 부두의 파괴 등 3,500개소에서 약 일억 달러의 재산 피해와 최소 십 수명의 사망자를 발생시킨 바 있다.

무조점과 등조시선

대양에서 조석파의 마루와 골은 대략 조석 체계의 중심 근처의 **무조점**(amphidromic point: *amphi* = around, *dromus* = running)을 중심으로 돌게 된다. 이론적으로는 무조점에서 조차는 없다. 고조 시간이 같은 지점을 이어보면 무조점에서 방사상으로 나가는 선으로 나타나는데, 이를 **등조시선**(cotidal line: *co* = with, *tidal* = tide)이라 한다. **그림 9.17**에서 등조시선에 매겨진 숫자는 조석파가 무조점 주위를 회전할 때 고조가 일어난 시각을 뜻한다.

그림 9.17에서 시각을 보면 조석파는 대체로 북반구에서는 반시계 방향으로 그리고 남반구에서는 시계 방향으로 회전한다. 조석파는 한 조석 주기(통상 12태음시) 동안 완전히 한 바퀴 회전해야 하는데, 이로 인해 각 조석 체계의 크기가 결정된다.

한 조석 체계 안에서 저조는 고조 후 6시간 후에 일어난다. 예를 들면 10이라고 새겨진 등조시선을 따라 고조가 일어났다면 4가 새겨진 등조시선을 따라서는 저조가 일어난다.

대륙의 영향

대륙의 분포는 해양에서 조석파의 자유로운 전파를 막기 때문에 당연히 조석에 영향을 미친다. 각 대양에서 조석파는 대양을 둘러싼 대륙의 분포에 따라 형성된 대양의 위치와 모양에 따른 자유 정상파의 형태로 나타난다. 해안 조석의 특성을 결정하는 가장 큰 요소는 해안선 형태와 연안수심이다.

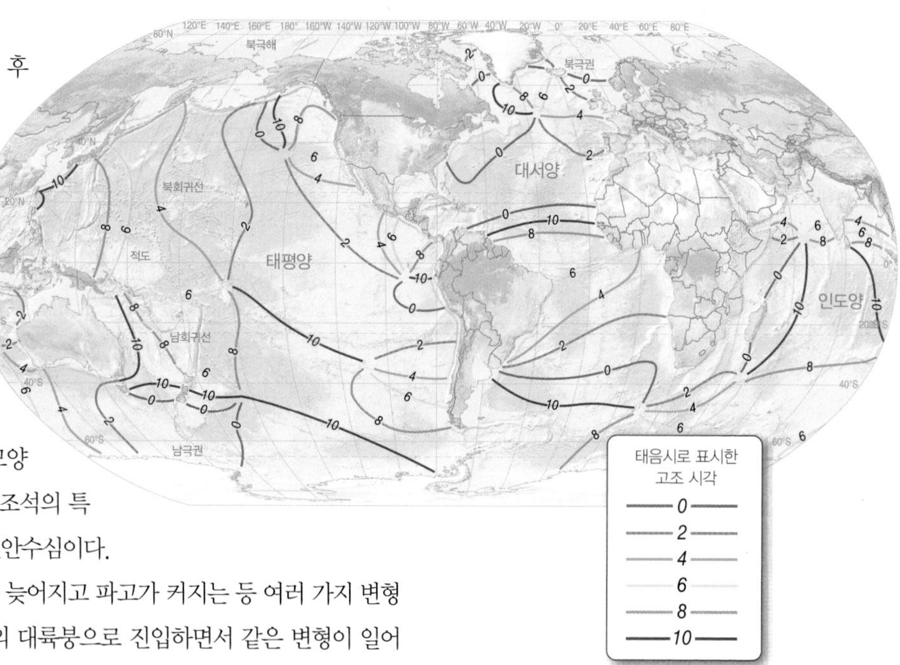

그림 9.17 전 세계의 등조시도. 같은 시간에 고조가 일어나는 곳을 연결한 선을 등조시선이라 하며 달이 그리니치 자오선(경도 0°)을 통과한 시점부터 태음시로 표시한다. 조차는 대체로 등조시선을 따라 무조점에서 멀어질수록 커진다. 등조시선이 무조점에서 시작하여 무조점에서 끝나는 경우는 대략 등조시선의 중간 위치에서 최대가 된다.

해파가 수심이 얕은 해안으로 오면서 속도가 늦어지고 파고가 커지는 등 여러 가지 변형을 겪는 것(제8장 참조)과 같이 조석파도 천해의 대륙붕으로 진입하면서 같은 변형이 일어난다. 이 변형으로 외양에서 겨우 45cm 정도인 조석의 최대 파고가 해안으로 오면서 점점 커지게 된다.

또 조석에 의해 생겨난 내부파는 해저지형이 거칠어 난류확산이 커진 곳(제7장 참조)이나 대륙사면에서 깨질 수 있다. 최근 하와이 근해에서 파고 300m 이상인 내부파가 관측되기도 했다. 내부파는 난류와 혼합에 큰 영향을 주며 조석에도 영향을 준다.

또 다른 요소들

여기서는 언급하지 않지만 해안의 조석에 관한 고차원적인 연구에 의하면 해안의 조석에 미치는 요소는 거의 400가지도 넘는다고 한다. 현실적이진 않지만 간단한 조석 모델에 이들 모든 요소들을 포함해서 계산해 보면 하늘에 달이 높이 떠 있을 때 고조가 일어나는 경우는 거의 없으며 달의 남중시와 고조시의 간격은 곳에 따라 다 다르게 나온다.

조석현상의 복잡성으로 완벽한 조석모델은 아직 불가능하다. 훌륭한 조석모델을 수립하기 위해서 많은 관측 자료와 여러 가지 수치 해석 기법이 도입되어야 한다. 조석을 잘 예보하기 위해서는 지역에 따라 다르지만 최소 37개 정도의 요소(물론 달과 태양이 가장 중요한 요소이다)는 포함되어야 한다. 통상의 경우 조석예보를 위해서는 조석을 일으키는 주요 요소들만 포함하는 모델로도 충분하다.

요약

조석에 영향을 미치는 요소는 많다. 실제의 조석예보는 달 조석해면과 태양 조석해면과 같은 간단한 조석모델로 설명되는 것보다 훨씬 복잡한 과정을 거친다.

개념 점검 9.3 | 해양에서의 조석 양상을 설명하라.

1 대양에서 조석은 심해파로 볼 수 있는가? 왜 그런가? 또는 왜 그렇지 않은가?

2 무조점과 등조시선을 설명해보라.

3 실제 조석을 단순한 조석해면 모델로 설명할 수 없는 이유를 들어보라.

9.4 조석의 형태

Web Animation
조석의 형태
http://goo.gl/tdDbEx

이론상으로는 지구상의 모든 곳에서 한 조석일 동안 높이는 다르지만 2개의 고조와 2개의 저조가 일어난다. 그러나 실제에 있어서는 대양의 형태와 크기 그리고 수심의 차이로 조석이 변형되어 **그림 9.18**에서 보는 것처럼 대략 다음의 세 가지의 형태로 나타난다. 일주조(diurnal tide: *diurnal* = daily), 반일주조(semidiurnal tide: *semi* = half) 그리고 혼합조(mixed typed tide)이다.[12]

일주조형 조석

일주조형 조석(diurnal tidal pattern)은 한 조석일 동안 한 번의 고저와 저조가 있는 조석 형태를 말한다. 이런 형태의 조석은 주로 걸프만 같은 얕은 바다의 섬들이나 동남아시아 해안에 분포한다. 일주조는 24시간 50분의 주기를 갖는다.

반일주조형 조석

반일주조형 조석(semidiurnal tidal pattern)은 한 조석일 동안 두 번의 고조와 두 번의 저조가 출현하며 잇단 고조와 또 잇단 저조의 높이는 거의 비슷하다.[13] 대서양의 미국 동부해안에 가장 일반적인 조석 형태이며 조석 주기는 12시간 25분이 된다.

혼합형 조석

일주조 특성과 반일주조 특성이 같이 나타나는 조석을 **혼합형 조석**(mixed tidal pattern)이라 한다. 잇단 고조와 또는 잇단 저조의 높이가 상당히 차이 나는데 이 현상을 일조부등(diurnal inequality)이라 한다. 혼합형 조석의 주기는 12시간 25분이기는 하나 일주조처럼 보이기도 한다. 태평양의 미국

학생들이 자주 하는 질문

그림 9.18에서 기준면 이하로 내려가는 조석이 보이는데 어떻게 이런 현상이 생기나요?

조석을 측정하는 기준면(datum)은 장기간에 걸친 조석관측의 평균으로 정해지기 때문에 기준면 이하로 내려가는 조석이 생길 수 있다. 혼합형 조석형태를 보이는 미국 서해안에서는 하루 동안 잇따른 2개의 저조 중 더 낮은 저조면의 평균인 평균 저저조면(mean lower low water, MLLW)을 기준면으로 둔다.[14] 기준면이 평균으로 정해지는 것이기 때문에 이 평균면보다 더 낮아지는 조석이 생길 수 있는 것이다. 이는 시험 성적 분포를 보면 평균점수 이하가 있을 수 있다는 것과 같은 의미이다. 이 기준면보다 낮은 해면은 대조기에만 가끔 나타나는데, 음의 값으로 기록되며 이때는 해안가를 찾기에 가장 좋은 때가 된다.

12 혼합조는 많은 경우 혼합형 반일주조로 통용된다.

13 조석은 대 · 소조에 따라 커졌다 작아졌다 하기 때문에 어느 곳에서도 연이은 2개의 고조가 정확히 일치하는 경우는 없다.

14 역주 : 이는 미국 서해안의 경우이다. 우리나라는 평균해면에서 4개 분조의 합만큼 내려간 약최저저조면(App. LLW)을 조석기준면으로 설정하며, 동시에 해도에 기록되는 수심의 기준면이 된다.

서부 해안을 포함하여 전 세계 해안에 가장 많이 분포한다.

그림 9.19는 여러 곳의 한 달 동안의 조석 곡선이다. 한 곳의 조석 형태가 하나로 고정되어 있는 것은 아니며 하나 또는 여러 형태를 다 포함할 수도 있다. 1년을 통틀어서 보면 조석 형태는 그대로인 것을 알 수 있다. 그림 9.19에서는 대략 일주일 단위의 대조와 소조도 볼 수 있다.

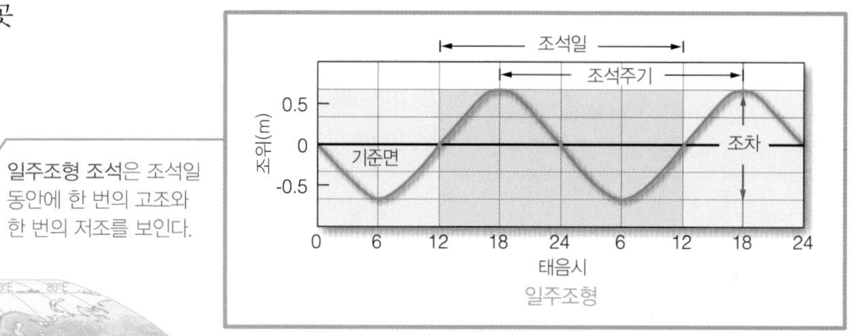

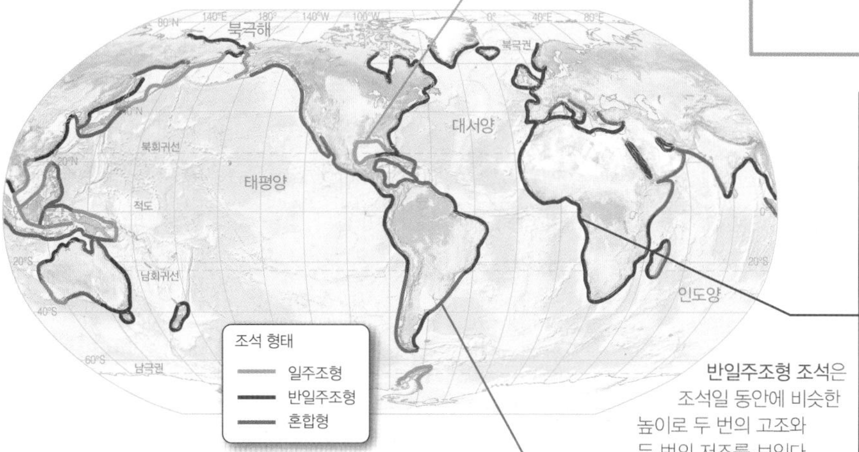

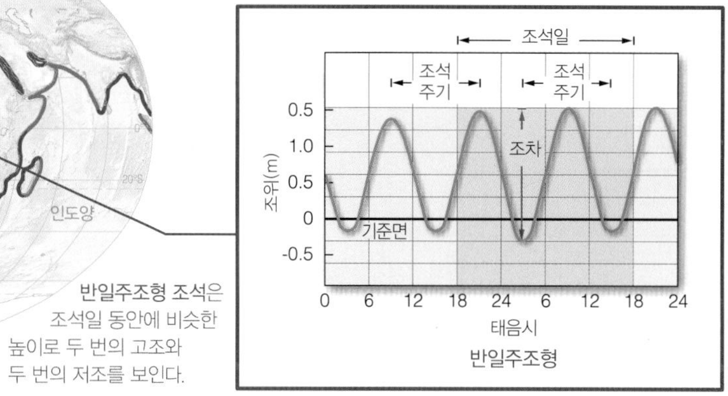

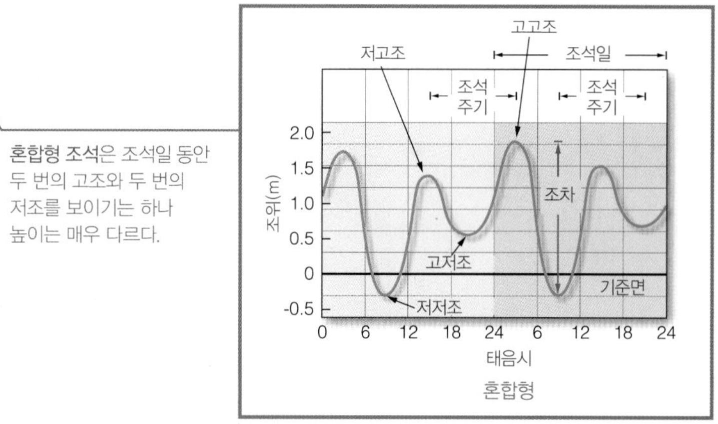

일주조형 조석은 조석일 동안에 한 번의 고조와 한 번의 저조를 보인다.

반일주조형 조석은 조석일 동안에 비슷한 높이로 두 번의 고조와 두 번의 저조를 보인다.

혼합형 조석은 조석일 동안 두 번의 고조와 두 번의 저조를 보이기는 하나 높이는 매우 다르다.

그림 9.18 전 해양의 조석형태.

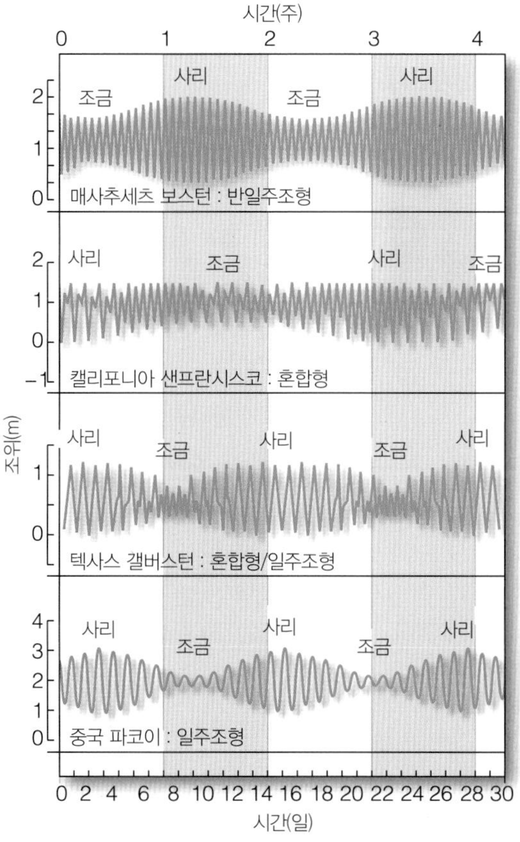

그림 9.19 월간조석곡선.
맨 위 : 반일주조형, 매사추세츠, 보스턴
위 두번째 : 혼합형, 캘리포니아 샌프란시스코
세 번째 : 일주조형이 강한 혼합형, 텍사스 갤버스턴
맨 아래 : 일주조형, 중국 파코이

학생들이 자주 하는 질문

왜 세계 각지의 조석형태가 다른가요?

지구가 대륙의 분포가 없는 완전한 구체라면 1태음일에 두 번의 고조와 저조가 일어나는 조석(반일주조형 조석)이 있을 것이다. 지구의 자전에 따라 서진하는 조석해면이 대륙의 분포로 자유롭게 전파되지 못하고 각 대양 안에 갇혀 다른 대양과는 물론 같은 대양 안에서도 곳에 따라 복잡한 모양을 가질 수밖에 없다.

요약

일주조형 조석에서는 하루에 한 번의 고조와 저조가 일어나며, 반일주조형 조석에서는 비슷한 높이의 고조가 두 번 그리고 저조도 두 번 일어난다. 혼합형 조석에서는 조위는 매우 다르지만 하루 동안 두 번의 고조와 두 번의 저조가 일어나며 일주조형인 것처럼 보인다.

개념 점검 9.4 | 연안의 세 가지 조석 유형의 특성을 구분하여 설명하라.

1 일주, 반일주, 혼합이라는 용어를 조석형태와 결부하면 어떤 뜻이 되는가?

2 일주조, 반일주조, 혼합형 조석에서 하루 동안에 일어나는 고조와 저조의 횟수, 주기, 조위의 부등 현상을 설명하라.

3 인터넷을 이용하여 금년의 당신 생일(혹시 생일이 지났다면 내년의)의 조석을 예보해보라. 어떤 조석 유형에 속하는가?

4 동해안, 서해안 그리고 전 세계 해안의 조석 형태는 세 가지 유형 중 어느 유형에 속하는가?

9.5 연안 조석

조석은 기본적으로 파도임을 기억하자. 조석파가 연안지역으로 진입하면 풍파와 같이 반사되기도 하고 증폭되기도 한다. 어떤 곳에서는 반사파의 에너지로 **정상파**(standing waves)[15]를 이루어 만 안쪽에 범람을 일으키기도 한다. 연안의 조석 현상에는 여러 가지 흥미로운 것이 많다.

하구나 호수에도 독특한 조석 현상이 있다. 강으로 진입하는 조석으로 **조석보어**(tidal bore)가 생기는 곳(**심층 탐구** 9.1)도 있다. 이 절의 뒷부분에서 보겠지만 조석은 몇몇 해양 어류들의 산란 행위에 매우 큰 영향을 미치기도 한다.

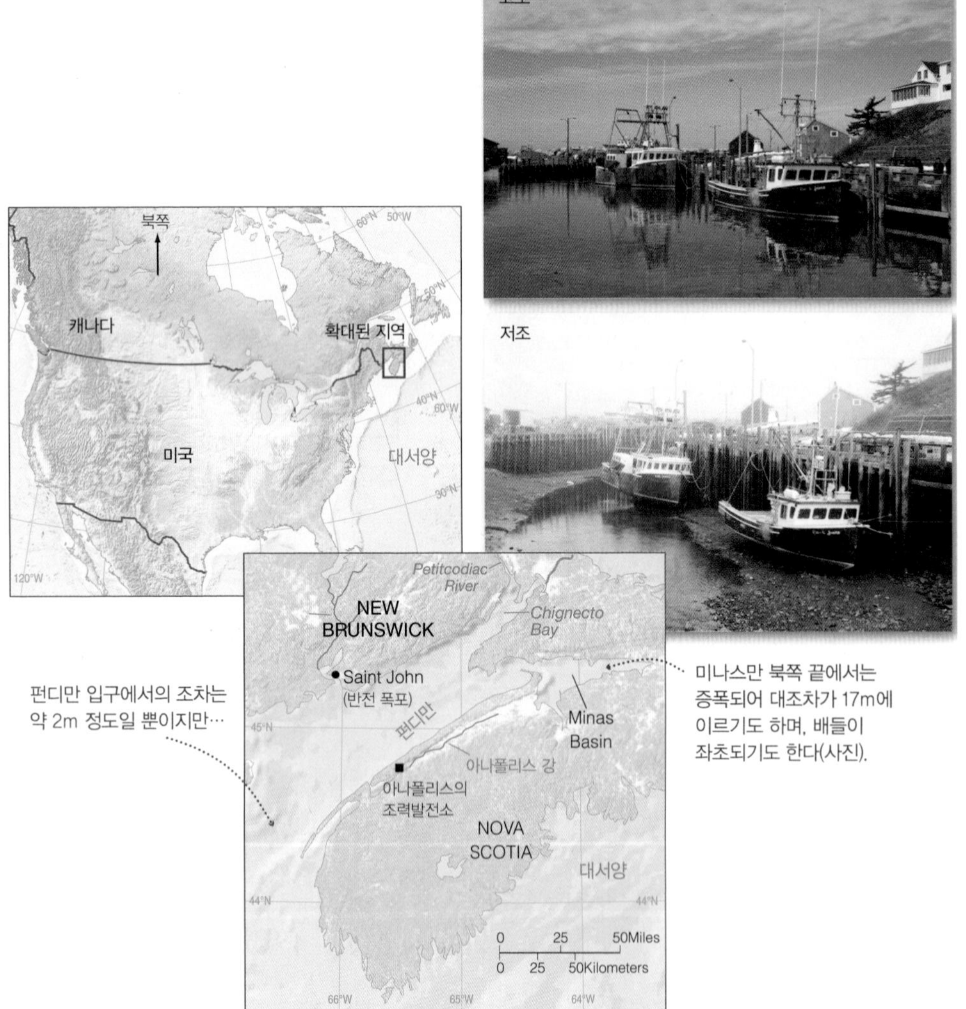

그림 9.20 전 세계에서 조차가 가장 큰 펀디만.

조석의 결정판 : 펀디만

세계에서 가장 큰 조차는 노바스코샤의 **펀디만**(Bay of Fundy)에서 기록되었다. 길이 258km에 달하는 펀디만은 입구가 대서양 쪽으로 넓게 벌려져 있으나 북쪽 끝은 시그넥토(Chigonecto Bay)와 미나스(Minas Bay)라는 2개의 좁은 만으로 갈라져 있다(**그림 9.20**).

이 만의 고유 진동 주기는 조석 주기와 거의 일치한다. 이로 인해 나타나는 생성간섭과 북쪽으로 갈수록 점점 좁아지며 얕아지는 만의 지형으로 조석 에너지가 만의 북쪽 끝에 축적된다.

대서양으로 열려 있는 만 입구에서는 대조기에도 조차는 2m 정도일 뿐이지만 만 안쪽으로 들어갈수록 점점 커져 북쪽의 미나스만 끝에서는 대조차가 17m나 된다. 물이 빠졌을 때 많은 배들이 드러난 바닥에 그대로 얹혀 있는 때가 많다(그림 9.20의 사진 참조).

15 마디, 복 등 정상파와 관련된 용어는 제8장을 참조하라.

조석보어

조석보어(tidal bore: *bore*=crest or wave)는 강 하구로 밀려오는 조석이 마치 물의 벽이 밀려오는 것 같이 보이는 현상을 말한다. 조석보어는 조석으로 생겨난 파로 진정한 의미의 조석파라 할 수 있다. 하구로 밀려드는 조석파를 강물이 막아(**그림 9A**) 조석파의 전면에 급격한 수면의 경사가 생기게 되는데, 5m를 넘는 경우도 있으며 이동 속도도 24km/hr에 달하는 것도 있다.

조석보어는 다음 조건들이 만족되는 해안 근처에서만 형성된다. (1) 대조차가 최소 6m는 넘어야 하며 (2) 창조류 지속 시간이 짧아 수면 상승이 급격하고 반대로 낙조류 지속 시간은 길어야 하며 (3) 하구 전체 지형이 낮아 고조가 될 시점에도 강물이 바다로 흘러야 하고 (4) 강바닥은 상류로 갈수록 서서히 얕아져야 하며 (5) 강 폭도 상류로 가면 점차 좁아져야 한다.

조석보어가 쇄파대의 파고만큼 커지지는 않지만 급류 타기나 카약 또 가끔은 파도타기를 즐기기에 적당한 정도는 된다(**그림 9B**). 조석보어는 상류로 수 km 이상 전진하기 때문에 서퍼들이 오랫동안 파도를 즐길 수 있다. 고조는 하루에 두 번뿐이기 때문에 하구에서 보어를 놓쳤다면 다음 보어를 만나기까지는 적어도 반일 정도는 기다려야 할 것이다.

아마존강은 바다 조석의 영향을 받는 강으로는 가장 긴 강일 것이다. 하구에서 상류로 약 800km까지 — 물론 이 지점에서 조석의 흔적은 미미하지만 — 조석의 흔적이 감지된다. 하구에서의 보어 높이는 5m에 달하며 이 지역에서는 *pororocas*(mighty noise, 시끄러움의 종결자)라 부른다. 조석보어로 유명한 강으로는 중국의 첸탕강(Qiantang River)으로, 보어의 높이가 8m에 달하는 때가 있어 세계에서 가장 보어가 큰 곳으로 알려져 있으며, 캐나다 뉴브런즈윅의 페티코디악강(Peticodiac River), 프랑스의 센강(River Seine), 알래스카 앵커리지의 쿡 하구(Cook Inlet: 미국에서 제일 큰 보어임) 등의 보어가 유명하다. 펀디만의 조차는 세계에서 제일 크지만 하구 폭이 워낙 넓어 보어의 높이가 1m를 넘는 경우는 거의 없다.

생각해보기

1. 조석보어와 쓰나미를 비교해보라(제8장의 8.5절 참조). 어떤 것이 조석파라는 개념에 더 적합한가?

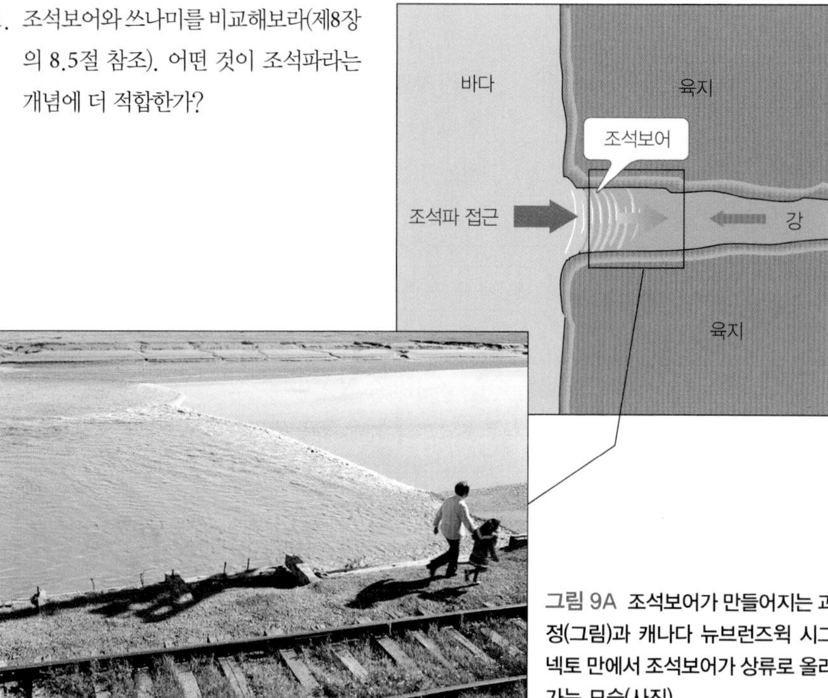

그림 9A 조석보어가 만들어지는 과정(그림)과 캐나다 뉴브런즈윅 시그넥토 만에서 조석보어가 상류로 올라가는 모습(사진)

그림 9B 아마존강의 조석보어에서 서핑하는 브라질 서핑 선수 알렉스 피쿠르타 살라자르.

연안 조류

북반구 외양에서의 조류는 마루가 무조점을 가운데 두고 서서히 회전하는 조석에 따라 대체로 반시계 방향으로 회전하는 **로터리류**(rotary current) 형태로 흐른다. 해안 가까이로 갈수록 얕은 수심으로 인한 마찰과 해안선으로 인하여 로터리류는 점점 해안을 따라 앞뒤로 흐르는 **왕복성 조류**(reversing current)로 바뀌어져 간다.

외양에서의 로터리류의 유속은 대체로 1km/hr보다 느리지만 해안 가까이나 섬 사이의 수로 같은 곳에서는 44km/hr에 이르는 경우도 있다.

만 입구나 강에서도 왕복성 조류가 나타난다. **그림 9.21**은 고조로 가면서 만 안쪽이나 강 상류로 밀려드는 **창조류**(flood current)와 저조로 가면서 빠져나가는 **낙조류**(ebb current)를 보여주고 있다. 고조시에 잠시 동안 조류가 정지하는데, 이를 **고조정조**(high slack water)라 하며 저조시에 잠시 동안 조류가 정지하는 것을 **저조정조**(low slack water)라 한다.

만 같은 곳에서의 왕복성 조류는 유속이 40km/hr를 넘어 항행에 위협 요소가 될 경우도 있지만 다른 한편으로는 만의 퇴적물을 쓸고 나가 만이 막히는 것을 막아주기도 하며 해수에 영양물질을 공급하는 역할도 한다.

외양 심해에서의 조류가 셀 경우도 있다. 1985년 뉴펀들랜드의 그랜드뱅크스 해저 3,795m 대륙사면에서 타이타닉호의 잔해를 발견했을 때 조류가 너무 강해 카메라 장착 유선 원격 조종 잠수정 Jason Jr.를 한동안 운용할 수 없었다.

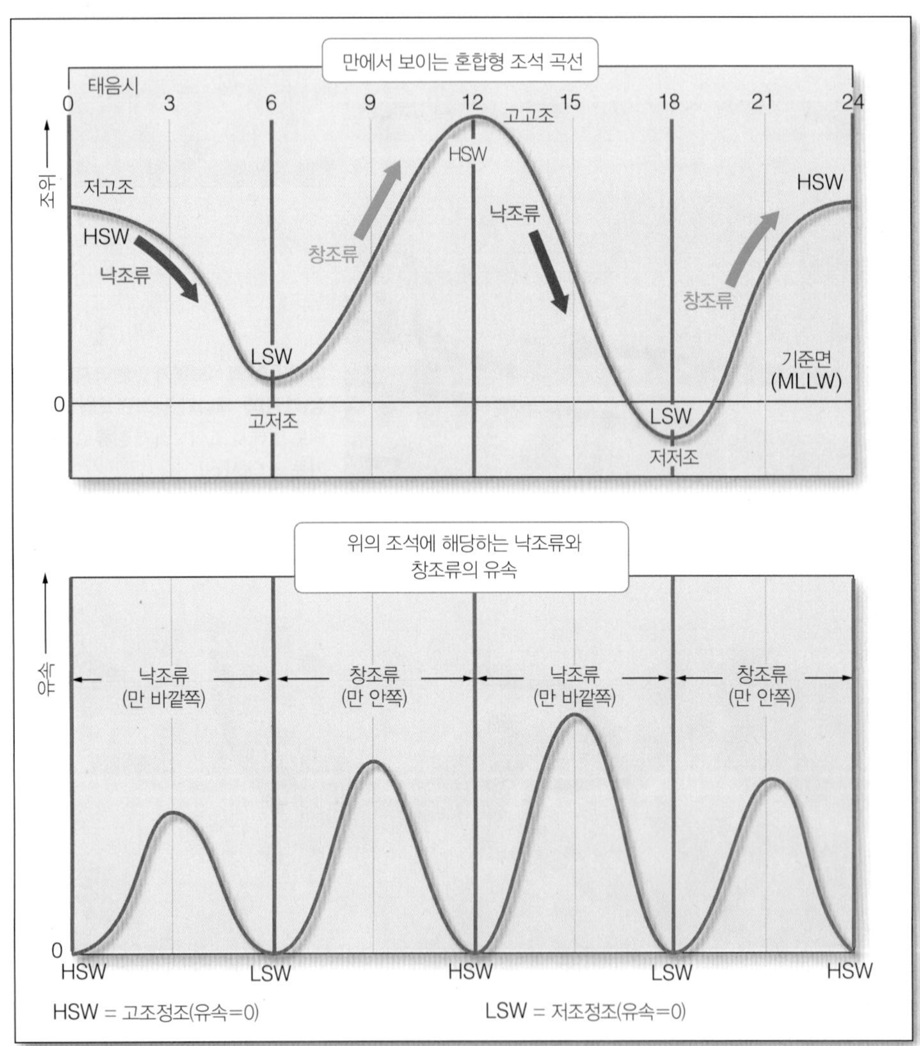

그림 9.21 만에서의 왕복성 조류. 위 : 낙조(저조로 가는 동안)와 창조(고조로 가는 동안)가 다른 형태를 보이는 만에서의 혼합형 조석 곡선. 고조정조(HSW)와 저조정조(LSW)에서는 유속이 거의 없다. 기준면은 혼합형 조석형태를 보이는 이곳에서 일어나는 하루 두 번의 저조 중 더 낮은 저조의 평균인 평균 저저조면(MLLW)이다. 아래 : 조석에 해당하는 창 · 낙조류의 유속
https://goo.gl/g2XtZD

소용돌이 : 사실 또는 허구?

연안 가까이의 물목에서 왕복성 조류가 있는 곳에 **소용돌이**(whirlpool) ─ 휘몰아치는 물덩어리, **볼텍스**(vortex, *vertere* = to turn)라고도 함 ─ 가 생길 수 있다. 소용돌이는 대체로 양쪽의 조석 체계가 다른 큰 바다를 잇는 얕은 물목에 생긴다. 양쪽 바다의 큰 해면 차이가 물목으로 물이 빠르게 쏟아져 내려오게 하는 것이다. 물목을 통해 많은 물이 얕은 바다에 조류와는 반대 방향으로 쏟아져 들어와 형성되는 난류로 큰 소용돌이가 만들어진다. 양쪽 바다의 조석 차이가 클수록 또 물목이 좁을수록 더 큰 소용돌이가 만들어진다. 소용돌이에서는 유속이 16km/hr가 넘는 때가 많기 때문에 소용돌이에 휩쓸린 배들이 잠시

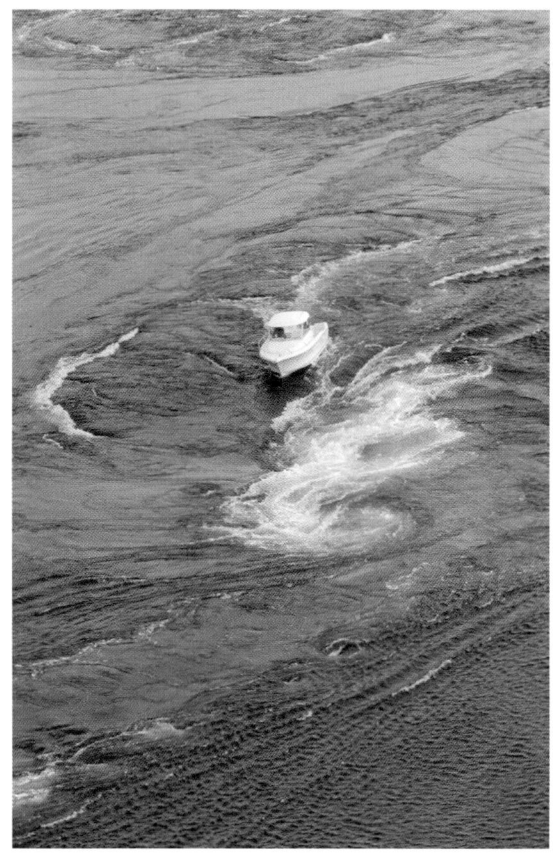

그림 9.22 Maelstrom. 세계에서 가장 강한 소용돌이 중의 하나인 노르웨이 서해안의 Maelstrom은 선박들을 휘감아 조종 불능 상태에 빠뜨리기도 한다. 이 소용돌이는 조류가 노르웨이 해와 베스트 협만(Vest Fjord) 사이의 좁고 얕은 해협을 지나면서 생겨난 것이다.

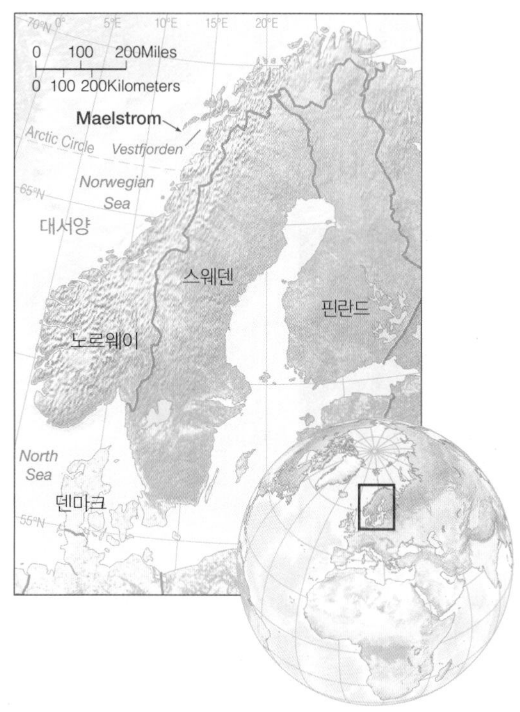

동안 통제력을 잃고 휘청거릴 수가 있다.

세계에서 가장 유명한 소용돌이는 노르웨이 북극해 연안의 *Maelstorm*(*malen* = to grind a circle, *storm* = stream)일 것이다(**그림 9.22**). 또 하나 유명한 소용돌이는 전설에 나오는 것으로 휘몰아치는 물의 깔때기 속으로 배를 휘몰아 끌어들여 선원들을 죽이는 거대한 소용돌이의 배경이 된 이탈리아 반도와 시실리섬 사이의 메시나 해협(Strait of Messina)인데, 사실은 전설처럼 그리 위험한 것은 아니다. 스코틀랜드 서부해안도 많이 알려져 있으며 캐나다 뉴브런즈윅 주와 메인 주 사이의 펀디만, 일본의 시코쿠섬 해안 등에도 많이 알려진 소용돌이가 있다.

색줄기멸치 : 무엇이 이들을 해안으로 오게 하나?

3월에서 9월 사이 가장 큰 대조기 바로 다음에 캘리포니아의 남부와 바하캘리포니아의 모래 해안에 **색줄기멸치**(grunion, *Leuresthes tenius*)들이 산란을 위해 모여든다. 색줄기멸치는 은빛으로 가늘고 약 15cm까지 자라는 조그만 물고기로 산란을 위해 물 밖으로 나오는 유일한 어류일 것이다. *grunion*이라는 이름도 스페인어 *gruñón*에서 왔는데 이는 'grunter(잡힐 때 꿀꿀거리는 돼지 소리를 내는 물고기)'라는 뜻이며 산란 때 내는 끽끽거리는 시끄러운 소리와도 관련이 있다.

캘리포니아의 남부와 바하캘리포니아 해안의 조석 형태는 혼합형이다. 조석일(24시간 50분) 동안 대부분 두 번의 고조와 저조가 일어나지만 일조부등이 매우 크다. 여름에는 높은 고조가 밤에 일어나는데 매일 밤의 고조가 점점 높아지면서 해변 사장을 약간씩 침식시킨다(**그림 9.23 그래프**). 최대 고조에 이른 후 조차는 다시

9.1 Squidtoons

https://goo.gl/TRduZw

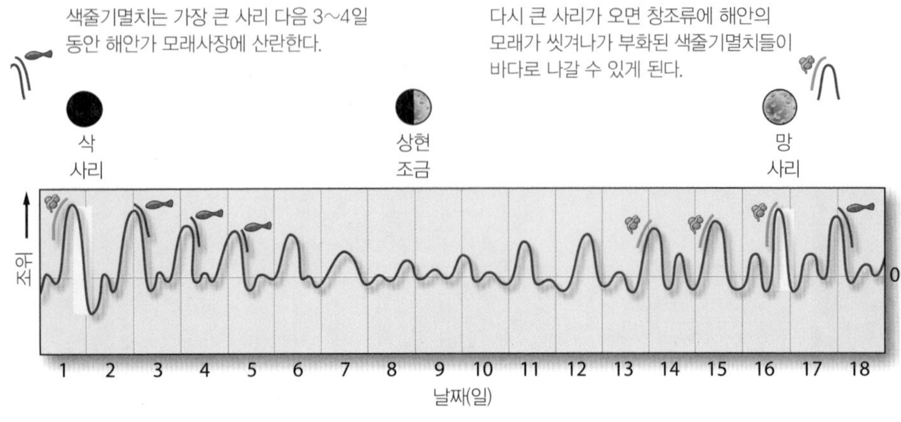

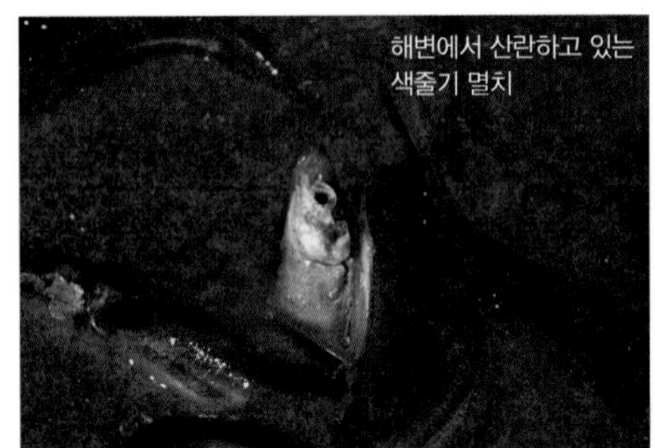

삭과 망의 최대 조차

암컷 색줄기 멸치는 모래 벌 속에 수직으로 서서 움찔거리며 산란하며 수컷은 그 주위를 맴돌며 방정하여 수정시킨다.

그림 9.23 조석주기와 색줄기멸치의 산란. 여름철 최고조(조석곡선) 다음 3~4일 동안 색줄기멸치는 해안 모래사장에 산란한다(사진). 조금으로 가면서 조위는 점점 낮아져 알들이 부화되기까지 열흘 동안 바닷물에 씻겨나가지 않고 모래 속에서 잘 버틴다. 다음 사리의 높은 고조로 모래가 씻겨나가 알들이 자유롭게 되며 부화하기 좋은 상태가 된다. 다음 가장 큰 사리가 지난 며칠 후 고조위가 약간 낮아지면 다음 산란 주기가 시작된다.

점점 줄어들며 조금이 다가오면 해안에는 다시 퇴적이 일어난다.

색줄기멸치는 대조의 최대 고고조가 일어난 다음 3~4일 밤 동안의 고고조가 지난 후에만 산란한다. 따라서 산란된 알은 줄어드는 고조에 따라 일어나는 해안 퇴적으로 모래속에 깊이 묻히게 될 것이다. 산란 후 수정된 알은 부화될 때까지 10일을 기다리는데, 이 동안 다음 대조가 다가와 밤 고조가 점점 더 커지게 되며 해안 사장에는 다시 침식이 일어나고 알은 높아진 해수면 때문에 해안 깊이 들어와 깨지는 파도에 노출된다. 알은 얕은 바닷물에 적셔진 후 3분 이내에 부화가 끝난다. 실험실에서의 실험결과에 따르면 색줄기멸치는 해안을 침식시키는 것과 유사한 파도에 노출되기 전에는 부화하지 않는 것으로 밝혀졌다.

고조에 맞추어 해안에 도착한 직후부터 색줄기멸치의 산란은 시작되는데, 대략 한 시간에서 세 시간 정도 계속된다. 산란은 시작된 지 한 시간 정도에서 절정을 이루며 이후 30분에서 한 시간 정도 더 계속된다. 이 시기에는 수많은 멸치 떼들이 해안으로 몰려든다. 수컷보다 약간 큰 암컷이 파도를 타고 해안 위쪽으로 뛰어드는데 주위에 수컷이 보이지 않으면 산란하지 않고 다시 바다로 되돌아간다. 수컷을 발견하면 지느러미로 물 먹은 모래바닥에 머리가 겨우 보일 만큼 웅덩이를 파고 그 속에서 몸을 비틀며 수면 아래 5~7cm 정도 되는 곳에서 산란을 한다.

수컷은 암컷 주위를 맴돌며 방정을 한다(그림 9.23 사진). 방정된 정액은 암컷 몸체를 지나 아래로 내려가 수정하게 되며 산란과 수정이 끝난 멸치들은 다음 파도를 타고 다시 바다로 돌아간다.

수컷보다 몸집이 약간 큰 암컷의 산란은 약 2주 간격의 대조기마다 반복되는데, 매 산란 때마다 약 3,000개의 알을 낳는다. 암컷은 산란 후 바로 다음 순차의 알이 체내에 형성되어 다음 대조기 때에 산란하게 된다. 산란기의 초기에는 주로 늙은 색줄기멸치들이 산란하며 5월경부터는 1년생들이 산란한다.

어린 색줄기멸치는 성장이 매우 빨라 1년쯤이면 길이가 대략 12cm 정도 되는데, 이때면 벌써 산란능력을 갖는다. 수명은 대략 2~3년 정도인데 4년 된 것들도 발견된다. 색줄기멸치의 나이는 비늘을 보면 알 수 있다. 부화 후 첫 6개월 동안 매우 성장이 빠르고 그다음은 성장이 매우 늦다. 산란기 6개월 동안은 전혀 성장이 없으며 이 흔적이 비늘에 새겨지는데 이 흔적을 조사하여 나이를 확인한다.

색줄기멸치가 어떻게 산란시기를 조석에 그렇게 정확하게 맞추는지는 아직 명확하게 알려지지는 않고 있다. 여러 연구 결과 조석에 의한 해수면 변동에 따른 미세한 수압 변동을 감지하는 능력이 있는 것으로 보고 있다. 색줄기멸치가 생존을 위해서는 산란 패턴을 조석주기에 정확히 맞추어야 하기 때문에 이들이 조석을 정확히 감지하는 능력을 갖추고 있는 것은 분명하다.

Interdisciplinary Relationship

요약

해안에서의 조석현상에는 펀디만의 17m에 이르는 큰 조차, 빠른 조류, 빠르게 도는 소용돌이, 조석주기에 산란시기를 정확히 맞추는 색줄기 멸치 등 여러 가지가 있다.

개념 점검 9.5 | 연안 조석 현상을 설명하라.

1 펀디만에서 세계 최대의 조차를 발생시키는 요소들을 설명하라.
2 회전성 조류와 왕복성 조류를 비교하여 설명하라.
3 창조류, 낙조류, 고조정조, 저조정조 중 보트로 만 안으로 들어가는 데 가장 적절한 시점은 언제인가? 수심이 얕고 해저가 암반인 곳에서 운항하기에는 언제가 가장 적절한가?
4 색줄기멸치의 산란 주기를 조석주기, 산란 장소, 해안 사장의 모래의 이동 등과 관련시켜 설명해보라.

9.6 조력 에너지를 이용할 수 있을까?

역사상 조력 에너지를 이용한 기록은 많이 있다. 12세기경부터 고조시에 저수지에 바닷물을 가두어 두었다가 저조시에 바다로 되돌아가려는 흐름을 제분소나 제재소의 동력으로 이용하였다. 17~18세기의 보스턴에서 생산된 밀가루의 대부분은 조력 방아로 만든 것이다.

오늘날에는 조력을 재생 가능하고 거대한 청정 에너지원으로 생각한다. 조력발전소를 건설하기 위한 초기 비용은 화력발전소보다 많이 들겠지만 운영하는 데는 화석연료나 원자력 연료가 필요 없어 운영비는 매우 저렴할 수 있다.

조력발전소의 가장 큰 약점은 조석의 주기성 때문에 발전 가능 시간이 하루 24시간 중 몇 시간만으로 제한된다는 점이다. 인간 활동은 태양시를 따라 정해지지만 조석주기는 달을 따르기 때문에 조력발전으로 생산되는 전력은 인간 활동 시간의 일부분만 담당할 수 있을 뿐이다. 또 하나의 문제는 전력은 발전된 시점에 바로 소비처로 송전되어야 하는데, 조력발전소에서 먼 소비처로 송전하는 비용이 많이 든다는 점이다. 물론 축전하는 방법이 있기는 하나 비용과 기술적 문제 등 해결해야 할 어려움이 많다.

효율적인 발전을 위해서는 발전기 터빈을 일정한 속도로 회전시켜야 하는데 창낙조의 두 방향으로 흐르는 조류에 다 맞추기는 참 어려운 일이다. 조력발전을 위해서는 방향이 다른 창낙조 모두에서도 운용 가능하도록 특별히 제작된 터빈이 필요할 것이다.

조력발전에 있어서 또 하나의 문제는 해양생물들의 서식지 환경을 변경시키는 데서 비롯한 환경 관련 문제가 발생한다는 점이다. 예를 들면 대부분의 조력 발전소에 필수적인 방조제는 건설지 하구의 생태환경을 완전히 바꾸어버리며, 조석과 조류의 체계를 변형함으로써 조류를 섭생이나 이동에 이용하는 해안 생물들에게 치명적인 피해를 일으킬 수 있다는 것이다. 또 발전 터빈에 걸려 다치거나 죽는 해양생물의 수도 무시하지 못하며 수중의 터빈에서 발생하는 소음도 장기적으로는 해양생물에 좋지 않은 영향을 줄 것이다. 조력발전소 건설로 인해 어업이나 연안 운송 같은 기존의 해안 이용의 제약이 있다는 점도 문제점으로 지적된다.

조력발전소

조력발전에는 두 가지 방식이 있다. (1) 고조시에 만이나 하구에 건설된 방조제 안쪽에 바닷물을 가두었다가 내보내며 터빈을 돌리는 방식과 (2) 좁은 물목을 지나는 조류가 바다 속에 설치된 터빈을 돌리는 방식이다(제7장 7.6절 참조). 첫 번째 방식이 가장 많이 사용되기는 하지만 최근 노르웨이, 영국, 미국 등지에서는 연안의 빠른 조류를 이용하기 위한 연안 조류 수차를 설치하였으며 앞으로 거대 연안 조류발전소로 확장할 계획을 세우고 있다.

방조제 안쪽에 바닷물을 가두었다 방류하면서 발전하는 방식의 조력발전소로 가장 성공적인 사례는 1966년부터 운영되고 있는 북부 프랑스 랑스강 하구 생말로(Saint-Malo)의 조력발전소일 것이다(**그림 9.24**). 하구 면적은 약 23km^{2}이며 조차는 13.4m나 된다. 바닷물을 가두는 방조제 안쪽의 저수 면적이 넓

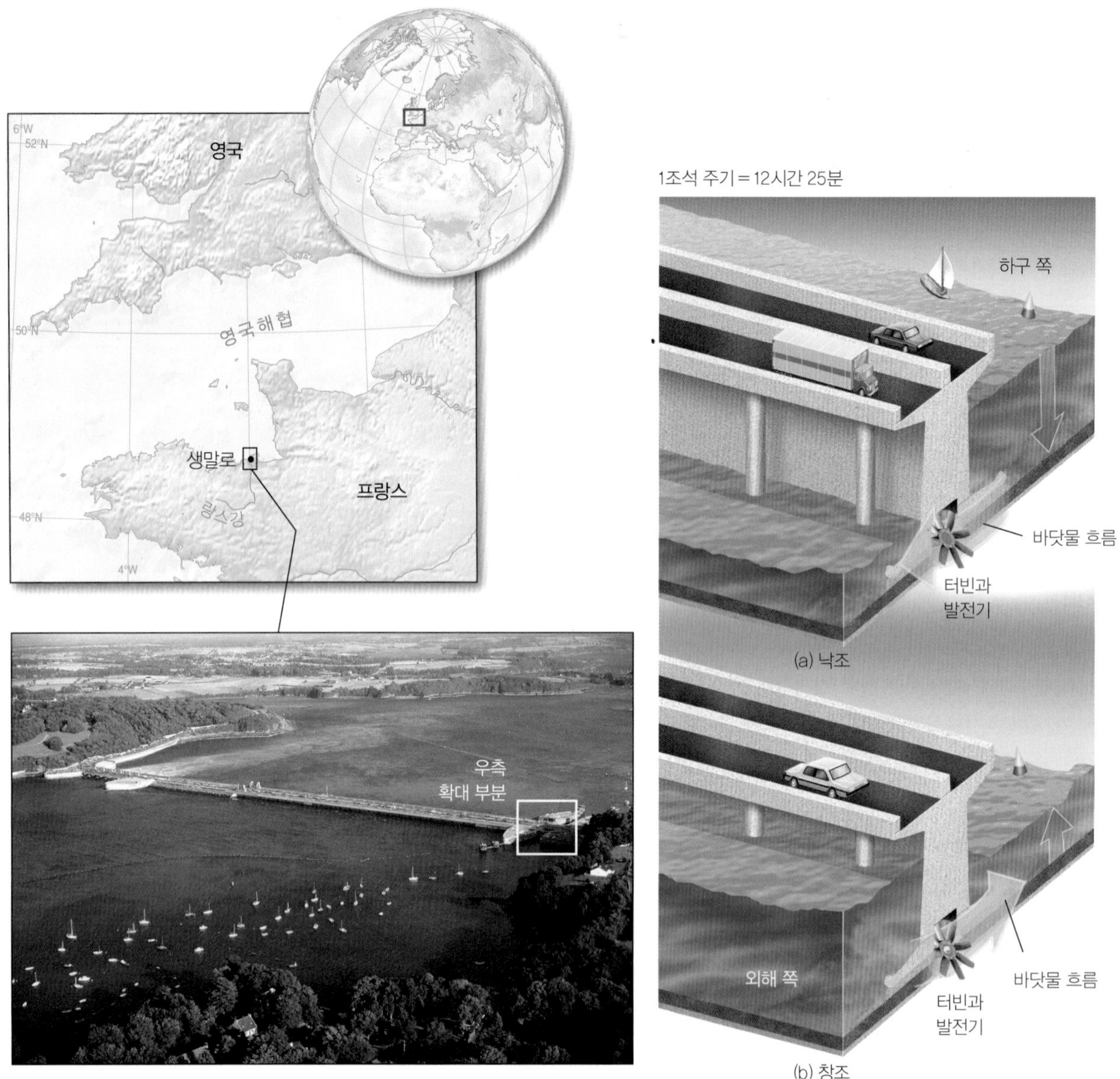

그림 9.24 프랑스 생말로의 랑스강 조력발전소. 프랑스 생말로의 랑스강 조력발전소에서는 낙조 시 (a) 바닷물이 외해로 나가면서 터빈을 돌려 발전하며, 창조 시 (b) 바닷물이 하구 쪽으로 들어오는 동안에도 터빈을 반대방향으로 돌려 발전한다.

을수록 또 조차가 클수록 발전 가능 전력은 많아진다.

발전소의 주요 구조는 외해의 폭풍파도를 피해 하구 안쪽 약 3km 지점에 하구를 가로질러 건설된 길이 760m의 제방과 그 아래에 설치된 24기의 발전기로 구성되어 있으며, 가장 조건이 좋을 때 각 발전기당 10Mw 총 240Mw의 전력이 생산된다. 제방 위로는 왕복 2차선의 도로로 건설되었다(**그림 9.24**).[16]

조력발전을 위해서는 하구 안쪽과 바다 쪽의 해면차가 충분히 커야 하는데, 랑스강 발전소에서는 하루 중 반 정도가 가능하다. 통상적으로 연간 5억 4천만 kwh의 발전이 가능하며 적절한 양수 시스템을 이용하면 6억 7천만 kwh의 발전도 가능하다고 한다.

전 세계적으로 보면 랑스강 발전소 외에 여섯 곳의 조력 발전소가 더 있지만 그중 반은 시설용량 2Mw 미만의 소규모이다. 최근에는 발전 효율이 높으며 규모가 큰 발전소들이 계획되고는 있다. 한 예로 세계 최대의 조차와 랑스강 발전소보다 100배는 더 많은 조량을 가진 펀디만을 가로질러 미국과 캐나다 국경 근처의 파사마쿼디만(Passamaquoddy Bay)에 발전소 건설이 기획되었었다. 하지만 아직도 건설비 조달

16 1Mw의 전력은 보통의 미국 가정 약 250가구의 전력 사용량에 해당한다.

이 이루어지지 않아 아마도 이 거대한 사업이 성사되기는 어려울 것으로 보인다. 펀디만으로 흘러들어오는 아나폴리스강(Annapolis River) 하구(그림 9.20 참조)는 최대조차가 8.7m 정도인데, 1984년에 노바스코샤 주정부에서 이곳에 20Mw의 소규모 발전소를 건설하였다. 날개를 여러 개 가진 풍차와 비슷한 형태의 설비를 해저에 설치하는 형태의 발전소 건설 계획도 추진되는 등, 캐나다의 펀디만은 계속 유망 조력발전 후보지로 거론되고 있다.

많은 국가에서는 무탄소 신재생 에너지원으로서 조력에너지의 이점을 잘 알고 있으며, 전 세계적으로 여러 곳에서 조력발전소 건설이 추진 중에 있다. 2011년 대한민국은 시화호에 설비용량 254Mw의 조력발전소를 건설하였으며, 현재 러시아, 필리핀, 인도, 영국 등이 조력발전소 건설을 계획 중에 있다. 2013년 현재 런던의 블룸버그 신재생 에너지 금융(Bloomberg New Energy Finance) 자문단은 2020년까지 전 세계적으로 1Mw 이상의 규모를 갖는 조력발전소 22기가 건설될 것으로 예측하였다.

가장 유망한 조력발전 계획 중의 하나는 영국 잉글랜드와 웨일스를 가르는 세번강 하구(Severn Estuary)에 방조제를 건설하여 조력발전소를 건설하는 것이다. 세계에서 두 번째로 조차가 큰 세번강은 제1의 조력발전 후보지로 알려져 있다. 만약 완공된다면 길이 12km의 댐을 갖춘 세계 최대의 조력발전소가 될 것이며, 예상 발전량은 8.6Gw로 영국 총 전력 수요량의 약 5%를 감당하는 양이다.

요약

매일 해면이 오르내리는 조석현상으로부터 에너지를 추출할 수 있다. 조력발전은 문제점이 있기는 하지만 여러 곳의 하구에서 성공적으로 잘 운영되고 있다.

개념 점검 9.6 | 조력발전의 장단점을 평가하라.

1 조력발전의 장단점을 각각 두 가지 이상 들어보라.

2 조석 형태가 혼합형인 하구의 조력발전소는 어떻게 운영하는 것이 좋을지 설명해보라. 왜 조차가 커지면 가용 조력에너지가 증가하는지 설명해보라.

핵심 개념 정리

9.1 조석을 일으키는 힘은?

- 지구에 조석을 일으키는 힘은 달과 태양의 인력이며, 조석은 기본적으로 파장이 매우 긴 파이다. 지구는 수심이 일정한 바다로 덮여 있고 물의 마찰을 무시하며 지구에 미치는 수평력(기조력)이 해수에 작용한다는 이상적으로 간략화시킨 조석모델에 의하면 지구의 반대편 양쪽이 부풀어 오르는 형태의 조석해면이 형성된다. 해면이 부풀어 오르는 한쪽은 조석을 일으키는 천체(달 또는 태양) 쪽이며 다른 한쪽은 반대 방향이다.
- 달의 질량은 태양에 비해 매우 작으나 지구와의 거리가 가깝기 때문에 지구에 대한 달의 조석 효과는 태양의 두 배이다. 달에 의한 조석해면이 월등하기 때문에 지구상의 조석은 전체적으로는 달의 운동에 지배받는 것처럼 보인다. 하지만 달 조석해면에 대한 태양 조석해면의 상대적인 위치 변화로 인한 영향도 무시할 수 없다. 달과 태양에 의한 조석해면 아래에서 자전하는 고체 지구상의 관측점들이 움직임에 따라 조석현상이 보이는 것이다.

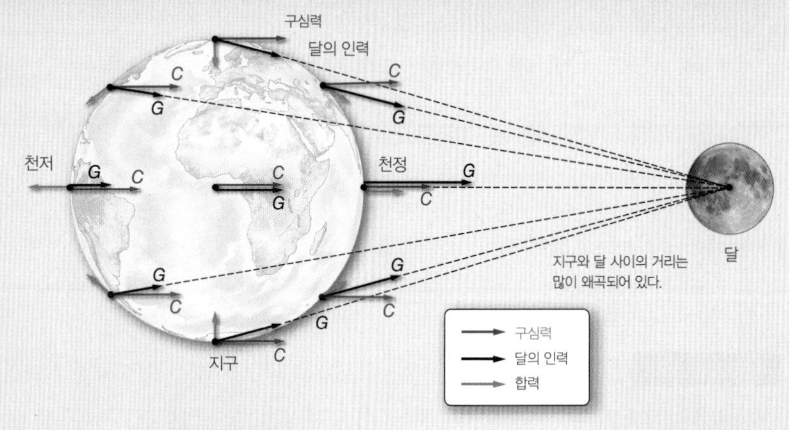

심화 학습 문제

기조력과 관련된 모든 힘들을 표시해보라.

능동 학습 훈련

두 학생이 조석의 원인에 대해 이야기하고 있다. 학생 A는 조석은 해면의 높이 차이에 따라 해수가 들어오고 나간다고 하며, 학생 B는 조석해면 아래 지구가 자전함에 따라 조석이 변하는 것이라고 한다. 두 학생의 의견에 대해 학급의 다른 학생들과 토론해보라. 누구의 의견이 적절한지 자신의 의견으로 설명해보라.

9.2 월조 주기 동안 조석은 어떻게 변하는가?

▶ 지구가 일정한 수심의 바다로 완전히 둘러싸여 있다면 지구상의 조석을 예보하는 것은 쉬운 일이다. 지구상의 모든 곳에서 고조와 잇단 고조 사이의 시간은 똑같이 12시간 25분(태음일의 반)이 되며 대조와 소조를 포함한 월조 간격도 29½일이 된다. 사리는 삭망일에 일어나며 소조는 상 · 하현에 일어난다.

▶ 달의 적위는 1태음월 주기로 남 · 북위 28.5°까지 변하며, 태양의 적위는 1년에 남 · 북위 23.5° 사이에서 변한다. 따라서 1태음일에 두 번의 고조와 저조가 일어나지만 잇단 고 · 저조 높이는 같지 않다. 달과 태양이 지구에 가장 가까이 왔을 때 조차가 가장 커진다.

심화 학습 문제

동시에 일어나는 다음 두 천문주기의 차이를 설명해보라. 근지점-원지점-근지점의 27.5일 주기와 29.5일인 조석 주기.

능동 학습 훈련

2주 동안 매일 밤 동일 시간에 (일정한 기준점으로부터의) 달의 위치를 관찰하여 달의 모양(위상)과 위치를 표시해보라. 관찰 결과와 인근(또는 자주 가는 해안)의 조석을 비교하여 알아낸 바를 발표하라.

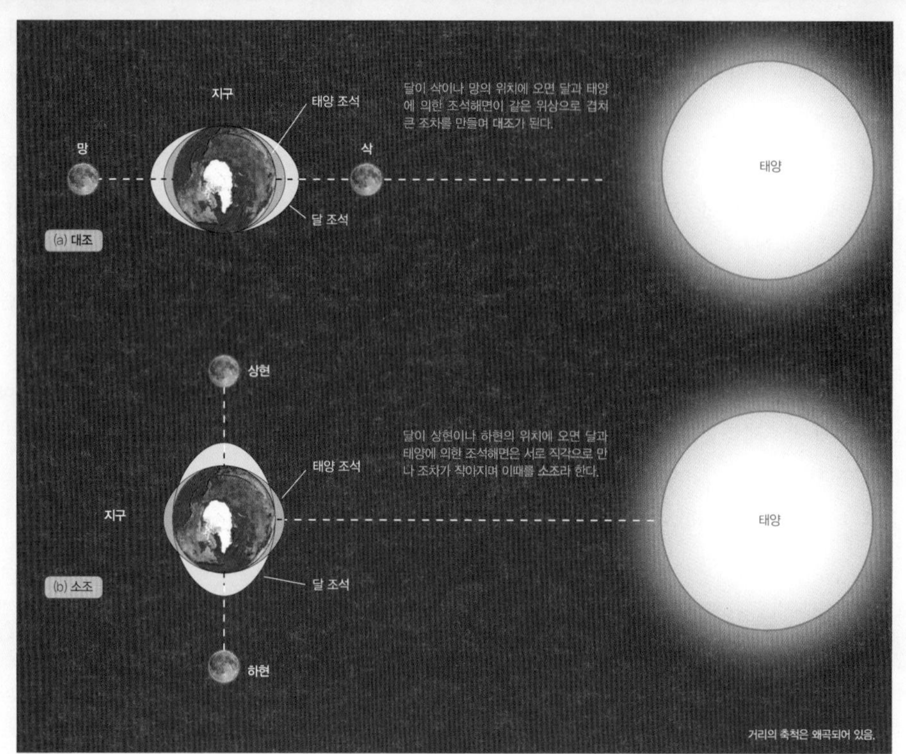

9.3 대양에서의 조석

▶ 마찰이 있는 실제 바다의 모양을 생각한다면 조석역학은 매우 복잡해진다. 또 지구 반대편에 양쪽으로 부풀어 오른 조석해면도 지구자전으로 인해 정지해 있을 수 없다. 조석해면은 여러 개의 조석 체계로 나누어져 조석이 없어지는 무조점을 가운데 두고 회전하게 된다. 회전 방향은 북반구에서는 반시계 방향이며 남반구에서는 시계 방향이다. 조석에 영향을 주는 요소로는 이외에도 대륙의 분포, 수심 변화, 해안선 형태 등 매우 많다.

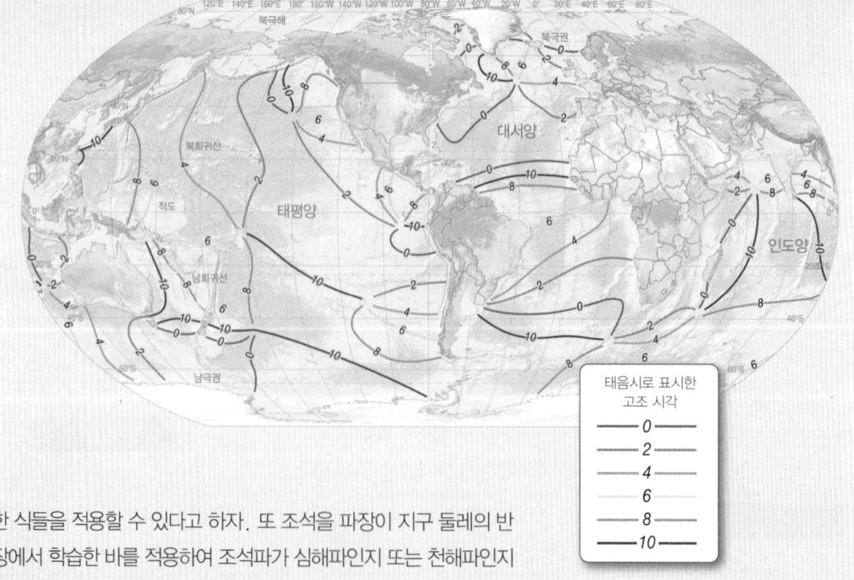

심화 학습 문제

무조점과 등조시선을 설명해보라. 이들은 외양에서 조석과 어떤 관련이 있는가?

능동 학습 훈련

조석을 자유파로 가정하고 제8장에서 설명하는 해파에 관한 식들을 적용할 수 있다고 하자. 또 조석을 파장이 지구 둘레의 반(약 20,000km), 파고가 약 3m인 해파로 가정하자. 제8장에서 학습한 바를 적용하여 조석파가 심해파인지 또는 천해파인지에 대해 토론해보라. 바다의 평균 수심은 3,700m, 최대 수심은 11,000m로 두고 생각해보라.

9.4 조석의 형태

▶ 조석 형태에는 반일주조(1태음일에 두 번의 고조와 두 번의 저조가 일어남), 일주조(1태음일에 한 번의 고조와 저조가 일어남) 그리고 혼합형 조석(일주조와 반일주조 특성을 다 가짐)의 세 가지가 있다. 혼합형 조석은 보통 일조부등이 매우 큰 반일주조 형태이며 많은 해안에서 가장 일반적이다.

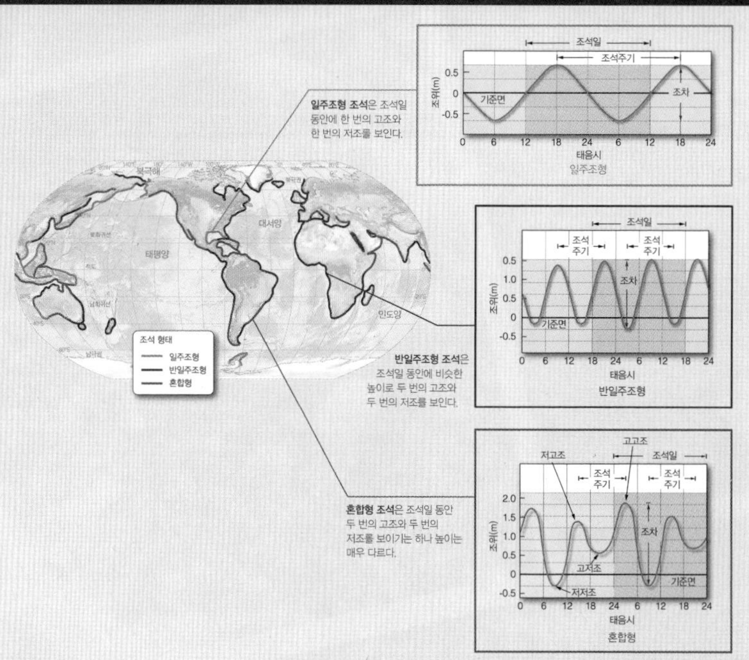

심화 학습 문제

지구 주위 달 궤도상에 같은 크기와 같은 질량을 가진 2개의 달이 항시 반대쪽에 있다고 가정해보자. 이 가정에 따르면 대소조의 조차는 어떤 변화가 있겠는가? 조석의 형태는 어떻게 나타나겠는가?

능동 학습 훈련

학급 동료들과 함께 어떤 곳에서의 한달 동안의 조석곡선을 그려보라. 수평 축은 시간 간격으로 2일 동안 표시하고 수직 축은 조위를 나타내도록 하며 고조와 저조를 표시하라. 그리고 조석 형태가 일주조형인지 반일주조형인지 또는 혼합형인지를 설명해보라.

9.5 연안 조석

▶ 연안에는 매우 다양한 조석 현상이 일어난다. 몇몇 강이나 만에서 조석이 밀려들어올 때 생기는 조석보어야말로 진정한 조석파라 할 수 있을 것이다. 노바스코샤의 펀디만 북쪽 끝에서는 만의 폭이 점점 좁아지는 지형적 효과와 함께 수심도 점점 얕아지는 천수효과로 세계 최고인 17m의 조차가 생긴다. 조류는 외해에서는 대체로 로터리류와 같은 흐름을 보이나 해안 가까이로 오면서 왕복성으로 변한다. 연안의 왕복성 조류의 경우 고조정조와 저조정조의 중간 근처에서 최대 유속을 보인다. 왕복성 조류가 강한 좁은 물목에서는 소용돌이가 생길 수 있다. 조석은 해양 생물들에게도 매우 중요한 요소이다. 미국 서부해안에 서식하는 은빛 나는 작은 물고기인 색줄기멸치의 산란 주기는 조석 형태에 맞추어 결정된다.

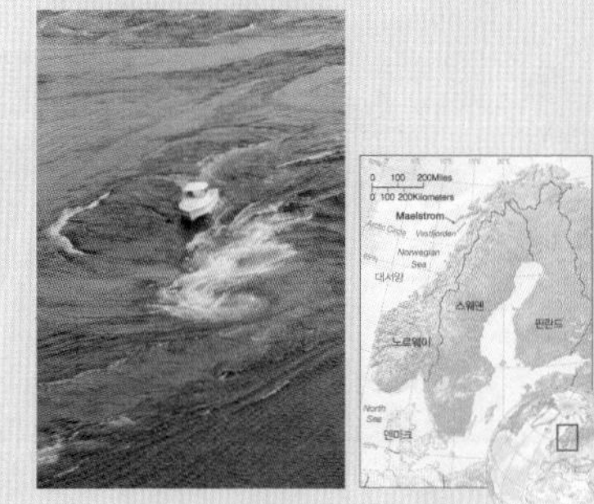

심화 학습 문제

해안지역에서 이번 한 달 동안의 조석을 조사하여, 저조시에 물 빠진 갯벌에 형성된 조석웅덩이에 가보기에 가장 적절한 시간을 검토해보라. 이번 달이 색줄기멸치의 산란 달이라면 색줄기멸치의 다음 산란기는 언제가 가장 적절하겠는가?

능동 학습 훈련

학급의 다른 친구와 같이 인터넷을 이용하여 한 달 동안의 펀디만의 조석을 찾아보라. 달의 위상에 따른 대조와 소조 그리고 조차에 대해 토론해보라.

9.6 조력 에너지를 이용할 수 있을까?

▶ 조력발전은 화석연료나 핵연료 없이 조석으로 전력 생산이 가능하다. 여러 가지 문제점이 있기는 하지만 전 세계를 둘러보면 조력발전의 유망 후보지가 몇 군데 있다.

심화 학습 문제

조력발전소 건설이 환경에 미치는 악영향에는 어떤 것들이 있는가?

능동 학습 훈련

학급을 두 그룹으로 나누고 각 그룹은 조력발전 방식 중 한 가지를 택하도록 하여 각 발전 방식의 상대적인 장점과 단점에 대해 토론해보라. 특히 어떤 방식이 환경에 미치는 악영향이 더 적은지에 대해 토론해보라.

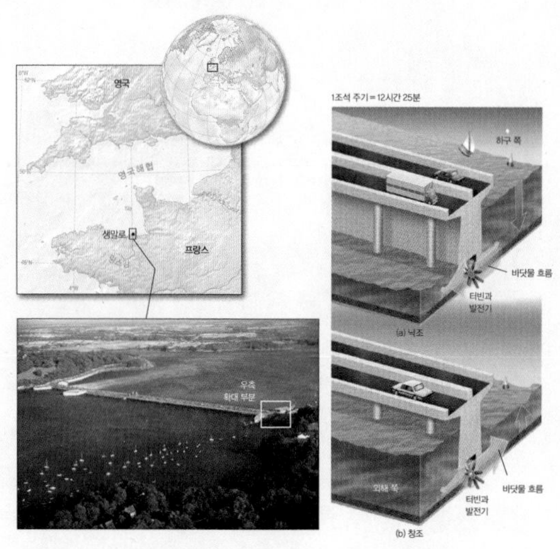

세계의 여러 해빈들. 해빈을 구성하는 물질은 해양학적인 요인에 따라 매우 다양하다. 사진에 캘리포니아, 오리건, 하와이, 갈라파고스 제도, 에콰도르, 바하 캘리포니아, 멕시코 등지의 해안이 제시되어 있다.

10

방파제 홍수림 소택지 해빈면 이안류 피오르드 쇄석 육계사주 해식아치 울타리섬 하구만 연안류 돌제 연안사주 사취 해빈 보충 연안이동 석호 염습지 외딴바위 연안 해빈 호안 습지 방사제 구역 해빈둔덕

해빈, 해안선 작용과 연안해

이 장을 읽기 전에 위에 있는 용어들 중에서 아직 알고 있지 못한 것들의 뜻을 이 책 마지막 부분에 있는 용어해설을 통해 확인하라.

연안은 매우 분주한 곳이다. 온화한 기후, 풍부한 해산 식품, 편리한 운송, 다양한 놀이, 상업적 가치 등의 이유로 인간은 항상 연안에 매력을 느껴왔다. 예를 들어, 전 세계 인구의 50%에 해당하는 약 35억 이상의 인구가 연안을 따라 살고, 미국에서는 인구의 80% 이상이 바다나 오대호(Great Lake)에서 한 시간 거리 이내에 거주하고 있으며 앞으로도 계속 증가할 것으로 예상된다. 예를 들어, 미국의 10대 도시 중 8곳이 연안 환경에 자리잡고 있으며 매일 약 3천 6백 명의 인구가 연안 지역으로 이주하고 있다. 2025년까지는 전 세계 인구의 75%가 연안에 거주할 것으로 예상된다. 연안 지역은 살기 좋은 곳이지만 인구의 급속한 증가는 연안 환경에 부정적인 영향을 미친다.

연안 지역은 또한 해양 생물로 가득 차 있다. 바다에서 잡힌 모든 물고기의 약 95%는 해안에서 320km 이내에서 얻어진다. 게다가 해양생물 총생체량의 약 95%가 연안역에 의존하고 있다. 더 나아가 하구만(estuary)과 습지 환경은 지구상에서 생물 생산성이 가장 높은 생태계 중 하나이며, 대양에 서식하는 많은 해양 생물종을 위한 양육장 역할을 한다. 연안 습지는 육지에서 흘러간 오염물질을 해양에 도달하기 전에 걸러주는 필수적인 자연정화 역할을 한다.

연안 지역에서는 대부분의 해안선을 따라 하루 10,000번 이상의 파도가 부딪치면서 먼 곳에서 발생한 폭풍 에너지를 방출하기 때문에 끊임없이 변하고 있다. 파도는 어떤 곳은 침식시키고 어떤 곳은 퇴적시키면서 시시각각, 매일, 매주, 매월, 매 계절 그리고 매년 변화를 일으킨다.

이 장에서는 해빈과 해안선의 주요 특징과 그것들을 변화시키는 작용들을 살펴보고 인간의 간섭이 환경과 스스로를 어떻게 위태롭게 했는지에 관해 논의해볼 것이다. 최종적으로는, 연안역의 특성과 종류 그리고 인간 활동이 연안역에 미친 영향 등에 대해서 알아볼 것이다.

핵심 개념

이 장을 학습한 후 다음 사항을 해결할 수 있어야 한다.

- **10.1** 적절한 해빈 용어를 사용하여 연안 지역을 구체적으로 정의하라.
- **10.2** 해빈에서 모래가 움직이는 과정을 설명하라.
- **10.3** 침식해안과 퇴적해안의 특징적인 지형을 설명하라.
- **10.4** 해수면의 변화에 의한 해안선의 침수 및 노출과정을 설명하라.
- **10.5** 경성 안정의 유형을 기술하고 다양한 대안들을 평가하라.
- **10.6** 다양한 형태의 연안 수역을 비교하라.
- **10.7** 연안 습지가 당면하고 있는 문제점들을 구체적으로 명시하라.

"The waves which dash upon the shore are, one by one, broken, but the ocean conquers nevertheless. It overwhelms the Armada, it wears out the rock."

—Lord Byron(1821)

10.1 연안 지역은 어떻게 정의되는가?

해안(shore)은 조석 수위가 가장 낮은 곳(저조선)과 폭풍파의 영향을 받는 육지쪽으로 가장 높은 곳 사이의 지대이다. **연안**(coast)은 해안에서 좀 더 내륙 쪽으로 연장된 바다와 연관된 지형이 나타나는 곳까지이다(**그림 10.1**). 해안의 폭은 수 m에서 수백 m까지 다양하며, 연안의 폭은 1km 이내에서 수십 km까지 변할 수 있다. **연안선**(coastline)은 해안과 연안의 경계를 나타내고, 최대 폭풍파가 영향을 미치는 해안의 육지 쪽 한계이다.

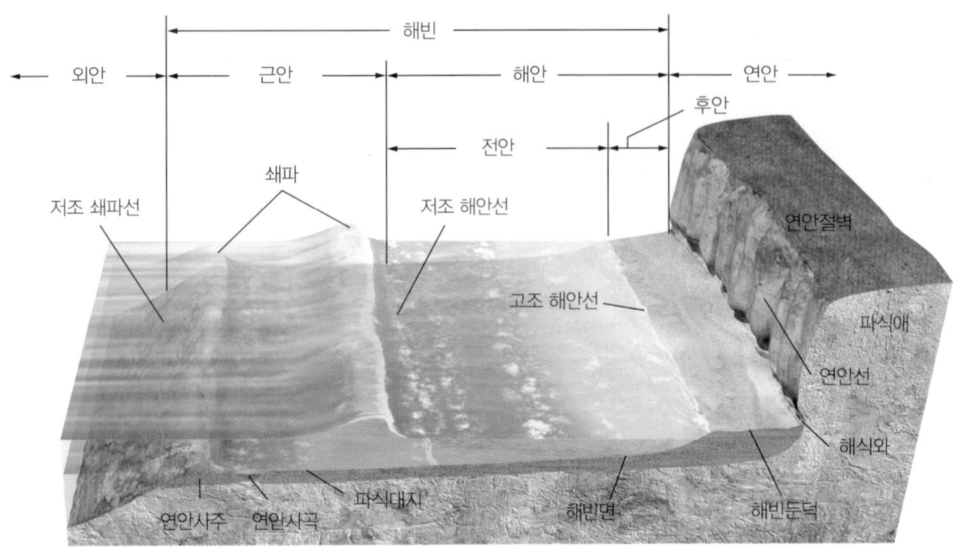

그림 10.1 연안 지역의 지형과 용어들. 해빈은 파도의 영향을 받는 연안의 활동적인 모든 지역으로 정의되며, 외해쪽으로는 저조시 쇄파선(왼쪽)에서부터 육지쪽으로는 해빈둔덕의 끝(오른쪽)까지이다. 대부분의 특징들이 거의 모든 해빈에서 나타나지만, 모든 해빈에 연안절벽이 있는 것은 아니다.

해빈 용어

그림 10.1의 해빈 단면은 절벽이 있는 해안선의 특징적인 지형을 보여주고 있다. 해안은 **후안**(backshore)과 **전안**(foreshore)[1]으로 나눌 수 있다. 후안은 고조시의 해안선보다 윗부분으로 폭풍 때만 물에 덮인다. 전안은 저조시에 노출되고 고조시에 잠기는 부분이다. **해안선**(shoreline)은 조석에 따라 전후로 이동하는 물의 끝부분이다. **근안**(nearshore)은 저조시의 해안선에서 바다 쪽으로 좀 더 연장되어 저조시의 쇄파선까지이다. 이곳은 대기 중에 노출되지 않지만 바닥에 닿는 파도의 영향을 받는다. 저조시의 쇄파선보다 바깥쪽은 **외안**(offshore) 지역으로, 이곳은 수심이 깊어 파도가 바닥에 거의 영향을 미치지 않는다.

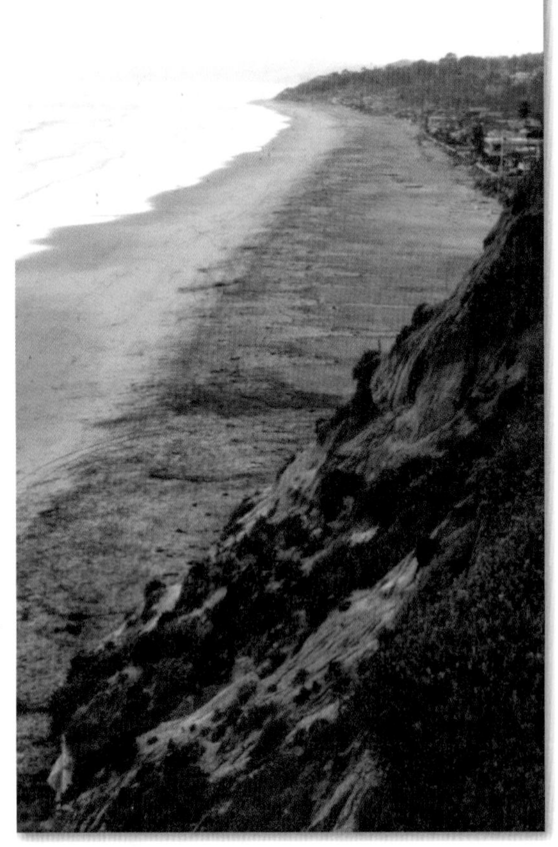

그림 10.2 전형적인 해빈의 사진. 전형적인 해빈의 특성인 해빈둔덕(해빈의 육지쪽에 물에 젖지 않은 평평한 부분)과 해빈면(젖어 있고 경사진 부분)이 사진에 보인다.

해빈(beach)은 해안의 퇴적 지역이다(**그림 10.2**). 이곳은 **파식대지**(wave-cut bench, 파도가 침식시킨 평탄한 면)를 따라 이동하는 파도에 의한 퇴적물로 이루어져 있다. 해빈은 연안선에서 근안을 가로질러 쇄파선까지 이어질 수 있다. 그러므로 해빈은 쇄파로 인한 변화를 겪는 연안의 활성지역 전체를 말한다. 해안선 위쪽의 해빈 지역은 종종 위락 해빈(recreational beach)으로 부르기도 한다.

해빈둔덕(berm)은 연안 절벽이나 사구의 언저리에서 볼 수 있는 해빈의 끝자락으로서, 완만한 경사로 약간 솟아 있는 물에 젖지 않은 지역이다. 해빈둔덕은 평상시 마른 모래로 되어 있어서 해빈을 찾는 위락객들이 일광욕이나 각종 놀이를 즐기기에 최적인 장소이다. 해빈둔덕의 바다쪽으로 이어지는 **해빈면**(beach face)은 해빈둔덕에서 해안선까지 연장되는 젖은 상태의 경사면이다. 저조시에 거의 대부분이 노출되는 평탄한 부분을 **저조대지**(low tide terrace)로 부르기도 한다. 해빈면은 모래가 젖어서 단단히 다져져 있기 때문에 달리기에 좋은 곳이다. 해빈면의 바깥쪽으로는 하나 혹은 그 이상의 **연안사주**(longshore bar) — 연안에 평행한 사주 — 가 발달한다. 연안사주는 1년 내내 존재하는 것은 아니며 저조가 아주 낮을 때에는 물 밖으로 노출될 수도 있다. 연안사주는 해안에 접근하는 파도를 방해하여 쇄파를 일으키기 시작한다. 해빈면과 연안사주 사이에 **연안사곡**(longshore trough)이 나타나기도 한다.

해빈의 물질조성

해빈은 그 지역에 있는 물질들로 구성되어 있다. 이 물질들, 즉 해빈 퇴적물은 해빈 절벽이나 근처의 연안 산맥에서 침식된 암석의 광물 입자들로 이루어져 있으며 비교적 입자가 굵다. 퇴적물이 주로 저지대를 흘러온 강에 의해 운반된 경우에는 입자

1 전안은 가끔 조간대(intertidal zone, 혹은 littoral zone)로 불리기도 한다.

가 가늘다. 작은 크기의 점토나 실트 입자들만 바다로 들어올 때는 종종 해안을 따라서 개펄이 만들어지기도 한다. 남미의 수리남 연안과 인도 남서부의 케랄라 연안이 이런 경우에 속한다.

생물체 성분이 아주 많은 해빈들도 있다. 예를 들어 플로리다 남부처럼 기복이 없는 저위도 지역은 인근에 산이나 다른 광물의 공급원이 없다. 결과적으로 이런 지역의 해빈은 일반적으로 조개껍질 조각, 부서진 산호와 연안에 서식하는 생물의 잔해로 구성되어 있다. 외양의 화산섬에 있는 많은 해빈들은 그 섬을 이루고 있는 검은색 혹은 녹색의 현무암 용암 조각으로 구성되어 있거나, 저위도의 섬 주위에 발달한 산호초의 굵은 부스러기들로 구성되어 있다.

그렇지만 성분에 상관없이 해빈 구성 물질들은 한 곳에 머물러 있지 않고, 해안선을 따라 부딪치는 파도에 의해 끊임없이 움직인다. 그래서 해빈은 **해안선을 따라 통과하는 물질**로 생각할 수 있다.

요약

해빈은 부서지는 파도의 영향을 받는 연안 지역으로 해빈둔덕, 해빈면, 연안류, 연안사곡, 연안사주 등이 포함된다.

Web Animation
여름철과 겨울철의 해빈 상태
http://goo.gl/XsoVZk

개념 점검 10.1 | 적절한 해빈 용어를 사용하여 연안 지역을 구체적으로 정의하라.

1. 해안(shore)과 연안(coast)의 차이를 설명하라.
2. 전형적인 해빈에서 볼 수 있는 특징들은 무엇인가?
3. 해빈둔덕과 해빈단면은 어떻게 다른가?
4. 해빈은 왜 인근 지역의 물질 조성을 반영하는가? 예를 들어 설명하라.

10.2 해빈에서 모래는 어떻게 움직이는가?

해빈에서 모래의 이동은 해안선에 수직한 방향(해안을 향하거나 해안에서 멀어지는)과 평행한 방향(종종 **연안상향류**와 **연안하향류**로 부름)으로 일어난다.

해안선에 수직한 방향의 이동

모래가 해안선에 수직 방향으로 이동하는 것은 파도가 부서지는 것 때문이다.

기작 파도가 부서질 때마다 물은 해빈둔덕을 향해서 해빈면을 밀고 올라간다. 이 **스워시**(swash)의 일부는 해빈 속으로 스며들어 바다로 되돌아가지만, 대부분의 물은 **백워시**(backwash)로 해빈면을 흘러 되돌아나간다. 그러나 백워시가 다 빠져나가기 전에 다음 파도의 스워시가 이전 파도의 백워시를 올라타고 들어오는 게 보통이다.

해안선에서 발목 깊이 정도의 물에 서 있으면 스워시와 백워시가 퇴적물을 해빈면의 위아래로 해안선에 수직하게 이동시키는 것을 볼 수 있다. 스워시와 백워시 어느 것이 우세한가에 따라 해빈둔덕의 모래는 퇴적되거나 침식된다.

약한 파도와 강한 파도의 작용 파도의 작용이 약한(약한 파도가 지배적인) 동안에는 스워시의 대부분이 해빈 속으로 스며들고 백워시는 약해진다. 이때는 스워시에 의한 이동이 우세해서 모래를 해빈둔덕을 향해

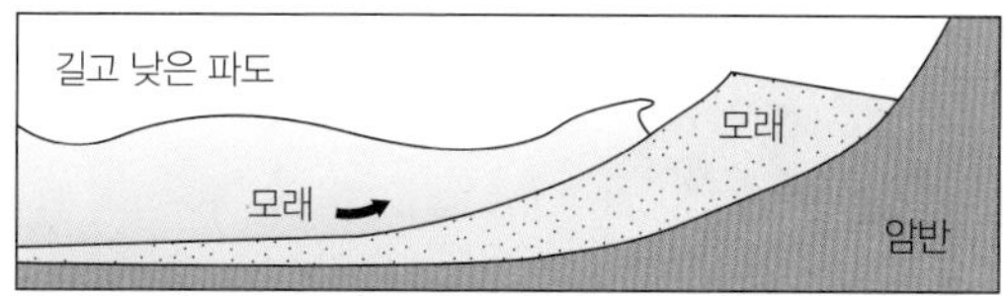

(a) 여름 해빈(맑은 날씨)

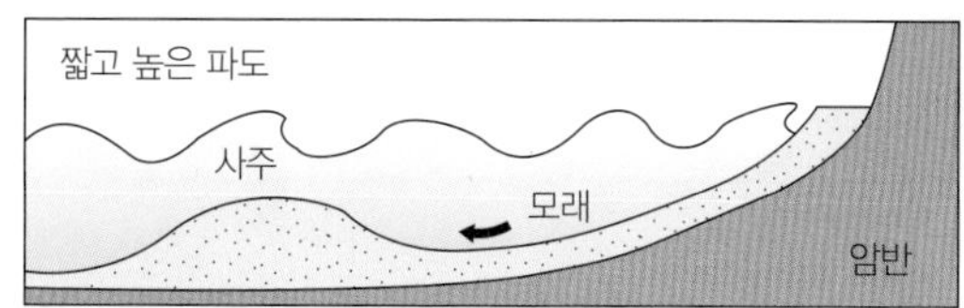

(b) 겨울 해빈(폭풍)

그림 10.3 여름과 겨울의 해빈 조건들. 캘리포니아 라호야에 있는 부머 해빈은 (a) 여름과 (b) 겨울의 해빈 조건에 큰 차이가 있다.

표 10.1 작은 파도와 큰 파도의 영향을 받는 해빈의 특징

	작은 파도의 작용	큰 파도의 작용
해빈둔덕/연안사주	연안사주가 없어지고 해빈둔덕이 만들어진다.	해빈둔덕이 줄어들고 연안사주가 만들어진다.
파도 에너지	작은 파도 에너지(폭풍이 아닌 조건)	큰 파도 에너지(폭풍 조건)
소요 시간	오랜 시간 소요(수 주 혹은 수개월)	짧은 시간 소요(수 시간 혹은 수일)
특징	여름 해빈을 만듦 : 모래가 많고 넓은 해빈둔덕, 경사가 급한 해빈면	겨울 해빈을 만듦 : 암반과 좁은 해빈둔덕, 완만한 해빈면

(a) 캘리포니아의 오션사이드에서 해빈에 약간의 각도를 가지고 접근하는 파도가 사진의 오른쪽으로 이동하는 연안류를 만든다.

(b) 굴절하는 파도에 의해 만들어진 연안류가 해안선을 따라 지그재그 형태로 물을 이동시키고 있다. 이것이 모래를 연안상류에서 연안하류로 순이동시킨다(연안수송).

그림 10.4 **연안류와 연안수송.**
https://goo.gl/SqWFnp

Web Animation
연안류와 연안수송
http://goo.gl/UlwJjR

요약

작고 에너지가 약한 파도는 모래를 해빈면에서 해빈둔덕으로 밀어올려서 여름 해빈을 만든다. 반면에 크고 에너지가 강한 파도는 해빈둔덕의 모래를 침식해서 겨울 해빈을 만든다.

해빈면 위쪽으로 밀어 올리는 순이동이 생기며 그 결과 넓고 잘 발달된 해빈둔덕이 만들어진다.

파도의 작용이 강한(강한 파도가 지배적인) 동안, 해빈은 이전의 파도에 의해 물이 포화된 상태여서 스와시는 거의 해빈 속으로 스며들지 못한다. 이때는 상대적으로 강해진 백워시에 의한 이동이 우세하여 해빈면의 아래쪽으로 모래의 순이동이 생기며 해빈둔덕은 침식된다. 더구나 파도가 부서질 때, 들어오는 스워시는 앞 파도의 백워시를 누르며 올라오므로 해빈은 스워시로부터 효과적으로 보호되고 백워시의 침식 효과는 커지게 된다.

강한 파도가 작용하는 동안에는 해빈둔덕에서 빠져나간 모래는 어디로 가는가? 파도의 물 입자운동의 깊이는 모래를 아주 먼 외안으로 내보내기에는 너무 얕다. 따라서 모래는 파도가 부서지는 곳 바로 바깥쪽 외안에 쌓여 사주(연안사주)들을 형성한다.

여름과 겨울의 해빈 대부분의 해빈에서는 약한 파도와 강한 파도의 작용이 계절에 따라 번갈아 생기기 때문에 그에 따른 해빈의 특성도 변한다(표 10.1). 예를 들어 약한 파도의 작용은 넓은 모래질 해빈둔덕과 전반적으로 경사가 급한 **여름 해빈**(summertime beach)을 만드는 대신 연안사주를 없앤다(그림 10.3a). 반대로 강한 파도의 작용은 폭이 좁고 암반이 노출된 해빈둔덕과 전반적으로 평탄해진 **겨울 해빈**(wintertime beach)을 만들고 뚜렷한 연안사주를 만든다(그림 10.3b). 몇 달씩 걸려 만들어진 넓은 해빈둔덕은 에너지가 강한 겨울의 폭풍파에 의해서 불과 몇 시간 만에 파괴될 수 있다.

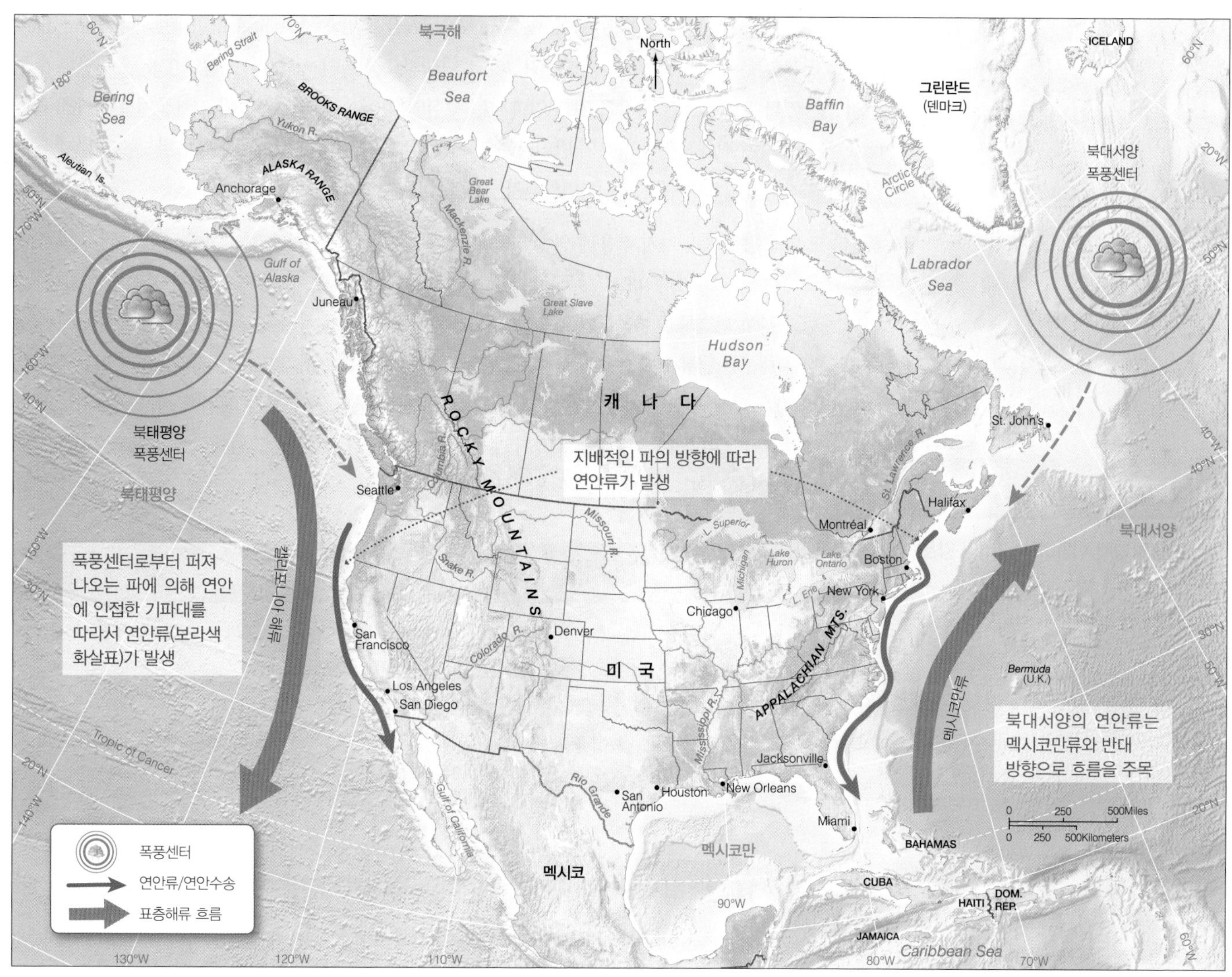

그림 10.5 미 대륙의 연안에서 발생하는 폭풍의 중심과 연안류와 연안수송의 발달. 북태평양과 북대서양에서 발생하는 폭풍의 중심지역을 보여주는 지도. 폭풍의 중심에서 발생하여 사방으로 퍼져 나가는 파도는 태평양과 대서양의 연안을 따라서 남쪽 방향의 연안류와 연안수송을 일으킨다. 비교를 위해서, 북태평양과 북대서양의 외해를 흐르는 표층해류의 방향도 표시하였다.

해안선에 평행한 이동

해안선에 수직한 방향의 이동이 일어나는 동안 해안선에 평행한 방향의 이동도 동시에 일어난다.

기작 제8장의 기파대에서 파도가 굴절하여 해안에 거의 평행하게 늘어서는 것을 생각해보자. 부서진 파도는 노출된 해빈에 약간의 각도를 가지고 스워시를 밀어올린다. 이어서, 백워시는 중력에 의해 해안에 수직한 방향으로 해빈면을 쓸고 내려온다. 결과적으로 물은 지그재그 형태로 해안을 따라 이동하게 된다.

연안류와 연안수송(연안이동) 물이 해안을 따라 지그재그로 이동하는 것을 **연안류**(longshore current)[2]라고 한다(**그림 10.4**). 연안류는 시속 약 4km에 이르기도 하는데, 해빈 경사가 급할수록, 쇄파가 해빈에 도달하는 각도가 클수록, 파고가 높을수록, 파도의 주기가 짧을수록 속력이 커진다.

수영을 하다보면 우연히 연안류에 실려서 처음 물에 들어간 곳에서 멀리 떨어진 곳으로 실려 가는 경우가 있다. 이것은 연안류가 많은 양의 모래를 해안을 따라 지그재그로 이동시킬 뿐 아니라 사람도 싣고 갈 만큼 강하다는 것을 보여준다.

2 역주 : 연안류는 파도가 부서지면서 전달되는 파도의 운동량에 의해 기파역에서 발생하는 해양에 평행하게 흐르는 해류이며, 지그재그 운동은 쇄파대에서 스워시-백워시 작용에 의해 생기는 현상으로 연안류에 기여하는 바는 아주 작다.

요약

연안류는 해빈에 비스듬히 접근하는 파도에 의해서 만들어지고, 연안을 따라 지그재그 형태로 모래의 연안수송을 일으킨다.

연안이동[longshore drift, **연안수송**(longshore transport), 해빈이동(beach drift), 해안이동(littoral drift) 등으로도 부름]은 연안류에 의해 생기는 지그재그 형태의 퇴적물의 이동이다(그림 10.4b).[3] 연안류와 연안이동은 기파대 내에서만 생기고 먼 외안에서는 수심이 깊어서 생기지 않는다. 제8장에서 **파저면**(wave base)의 깊이가 수면에서부터 파장의 반이라는 것을 생각해보면, 이 깊이 아래에서는 파도는 바닥에 닿지 않고 굴절하지도 않으며 결과적으로 연안류가 생기지 않는다.

해빈 : 모래의 강 여러 가지 작용에 의해 강과 연안역에서 물과 퇴적물은 한 곳(연안 상부 혹은 상류)에서 다른 곳(연안 하부 혹은 하류)으로 이동된다. 결과적으로 해빈은 종종 '모래의 강'으로 불리기도 한다. 그러나 해빈과 강이 퇴적물을 이동시키는 데에는 차이점이 있다. 예를 들어 연안류는 지그재그 형태로 이동하지만 강은 대부분 난류로 소용돌이 형태로 흐른다. 또한 해안선을 따라 흐르는 연안류의 방향은 뒤바뀔 수 있지만 강은 항상 동일한 기본적인 방향(아래쪽)으로만 흐른다. 연안류는 해빈에 접근하는 파도가 계절에 따라 다른 방향에서 오기 때문에 방향이 바뀔 수 있다. 그럼에도 불구하고, **미국의 태평양과 대서양 해안의 연안류는 일반적으로 모두 남쪽으로 흐른다**(그림 10.5).

학생들이 자주 하는 질문

연안수송에 의해 이동하는 모래의 양은 어느 정도나 되나요?

놀랄 만큼 많은 양이다! 예를 들어 전형적인 연안수송률은 연간 약 7만 5천~23만m^3 정도이다. 이해를 돕기 위해 비유를 하자면, 전형적인 쓰레기 수거 트럭이 약 14m^3를 싣는다. 즉, 매년 트럭 수천 대 분량의 모래가 연안수송에 의해서 운반되고 있는 것이다. 연간 수송률이 76만 5천m^3에 달하는 연안역들도 몇 군데 있다.

개념 점검 10.2 | 해빈에서 모래가 움직이는 과정을 설명하라.

1 여름철과 겨울철의 해빈 특성의 차이를 말하고, 이런 차이가 왜 생기는지 설명하라.
2 연안류의 속도에 영향을 미치는 변수들은 무엇인가?
3 연안수송이란 무엇이며, 연안류와는 어떤 관계가 있는가?
4 연안류의 방향이 종종 반대로 뒤바뀌는 이유는 무엇인가? 미국의 태평양과 대서양 연안을 따라 발생하는 연안류는 주로 어느 방향인가?

학생들이 자주 하는 질문

미국의 동부연안에서는 강한 멕시코만류가 북쪽으로 흐르고 있는데 연안류가 어떻게 남쪽으로 흐를 수 있나요?

연안류와 해양의 주요 표층해류는 별개의 것이며, 서로 완전히 독립적이다. 우선 연안류는 단지 기파대 안에서만 생기고, 표층해류는 훨씬 폭이 넓고 해안에서 멀리 떨어진 곳에서 생긴다. 또한 연안류는 해안에 비스듬히 접근하는 파도에 의해서 생기고(그래서 방향이 반대가 될 수도 있다), 표층해류는 세계의 주된 바람대 때문에 생기며 코리올리 효과에 의해서 변형된다(그래서 방향이 반대가 되지 못한다). 연안류를 일으키는 파도는 표층해류와 정반대 방향으로 진행할 수도 있다는 사실을 기억하라.

미국 동부연안에서 연안류가 남쪽으로 흐르는 이유는 파도를 일으키는 주요한 폭풍의 중심이 북대서양의 북부에 위치하기 때문이다. 이 폭풍의 중심에서 파도가 남쪽으로 퍼져 나오면서 미국 동부연안에서는 남쪽 방향의 연안류가 만들어진다. 비슷한 상황이 북태평양에서도 생겨서 서부연안을 따라 남쪽으로 흐르는 연안류를 만드는데, 이 연안류는 공교롭게도 캘리포니아해류와 같은 방향이다(그림 10.5)

10.3 침식해안과 퇴적해안에는 어떤 지형들이 있는가?

해빈에서 침식된 퇴적물은 해안을 따라 이동하여 파도의 에너지가 약한 곳에 퇴적된다. 모든 해안은 어느 정도의 침식과 퇴적을 동시에 겪고 있지만, 기본적으로 둘 중 하나의 유형으로 구분할 수 있다. **침식해안**(erosional shore)은 전형적으로 잘 발달된 절벽이 있고 미국의 태평양 연안과 같이 해안의 지각 융기가 일어나는 곳에 나타난다.

반면에 미국의 남동부 대서양 연안과 멕시코만 연안은 기본적으로 **퇴적해안**(depositional shore)이다. 이곳의 해안은 점차 침강하고 있기 때문에 모래 퇴적체와 외안의 울타리섬들이 흔하다. 퇴적해안에서도 침식은 역시 중요한 문제가 되고, 특히 인간의 개발활동이 자연적인 연안 작용을 방해하게 되면 더욱 그렇다.

침식해안의 지형

제8장에서 논의한 바와 같이, **파도의 굴절**로 인해서 파도의 에너지는 육지에서 돌출된 **곶**(headland)에 집중되고, 만에서는 해안에 도달하는 파도의 에너지가 분산된다. 그러므로 곶에서는 침식이 일어나고 해안선이 후퇴한다. 이런 침식해안에는 **그림 10.6**과 같은 지형들이 나타난다.

파도가 쉬지 않고 곶의 아랫부분을 세차게 때리고 깎아내면 결국은 윗부분이 무너져 내

3 역주 : 연안수송은 기파역에서 발생하는 연안류에 의한 퇴적물의 이동이다.

려 **연안절벽**(wave-cut cliff)을 만든다. 파도는 절벽의 아래쪽에 **해식동굴**(sea cave)을 만들 수도 있다.

파도의 침식이 계속되어 동굴이 곶의 반대편까지 이어져 구멍이 뚫리면 **해식아치**(sea arch)가 만들어진다(**그림 10.7**). 어떤 해식아치는 아주 커서 작은 배가 안전하게 통과할 수도 있다. 계속해서 침식이 일어나면 결국 아치의 윗부분이 무너지고 **외딴바위**(sea stack)가 만들어진다(그림 10.7). 파도는 바닥의 기반암도 침식시킨다. 파도에 깎인 바닥이 융기하면 경사가 완만한 **해안단구**(marine terrace)가 해수면 위로 올라오기도 한다(**그림 10.8**). 남부 캘리포니아 앞바다의 섬들처럼 융기가 반복적으로 일어난 지역은 계단상의 해안단구가 순차적으로 — 오래된 것일수록 위쪽에 — 해수면 밖에 노출되어 있다(**그림 10.9**).

연안의 침식률은 파도에 노출된 정도, 조차의 크기, 연안 기반암의 성분 등의 영향을 받는다. 침식률에 상관없이 모든 연안 지역은 같은 발달 경로를 따른다. 해수면에 대한 육지의 상대적인 고도 변화가 없으면 절

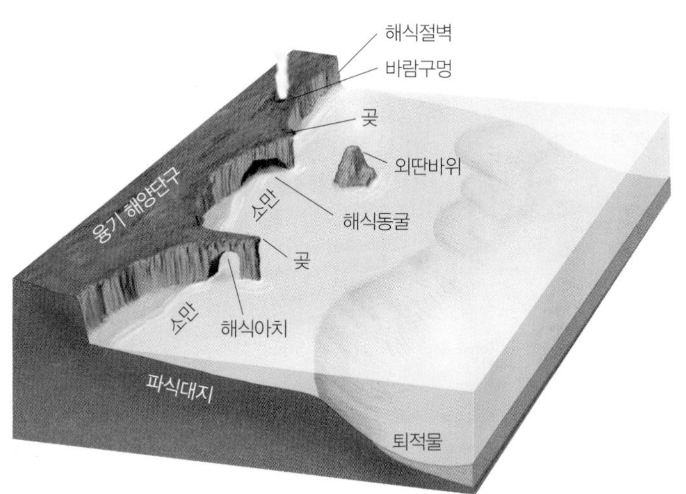

그림 10.6 침식해안의 지형들. 그림으로 보여주는 침식해안의 특징적 지형들

그림 10.8 파식대지와 해안단구. 샌프란시스코 부근의 볼리나스 포인트의 캘리포니아 해빈을 따라 저조시에 파식대지가 노출되어 있다. 오른쪽에는 융기한 파식대지인 해안단구가 보인다.

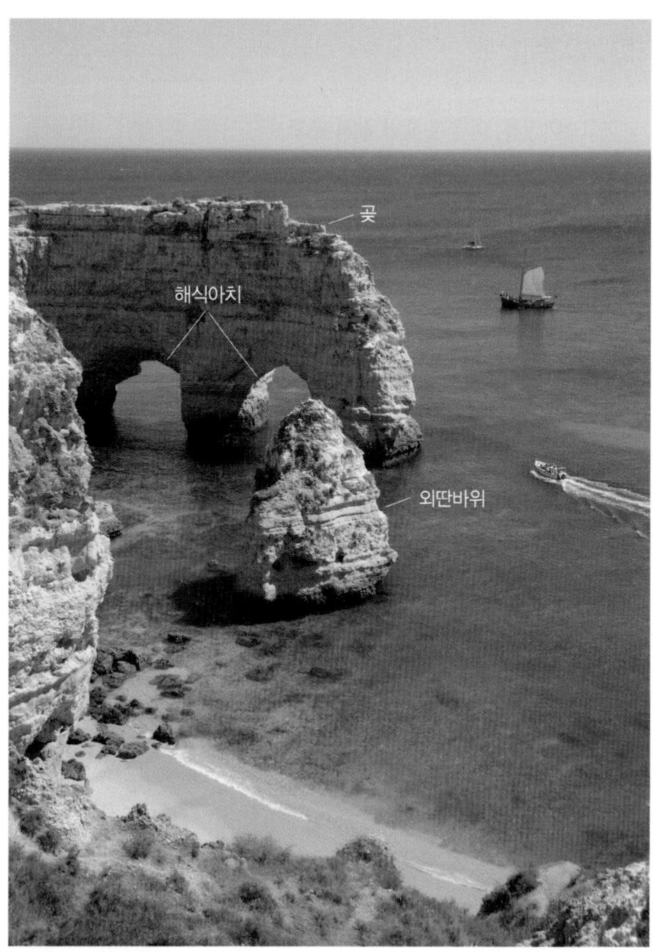

그림 10.7 포르투갈 알가르베의 Armacao de Pera 인근 Praia da Marinha 해빈의 해식아치와 외딴바위. 해식아치(뒷쪽)의 지붕이 무너지면 외딴바위(가운데)가 된다.

그림 10.9 계단상의 해안단구. 남부 캘리포니아 외해의 샌 클레멘테 섬에 발달한 해안단구들은 해수면 근처에서 파도의 침식작용에 의해 만들어진 것들이다. 나중에 각 단구들은 지각의 융기에 의해 수면 밖으로 노출되었다. 가장 위쪽의 (가장 오래 된) 단구는 해수면 위 약 400m 높이에 있다.

해양과 사람들

경고 : 이안류, 어떻게 해야 할지 알고 있는가?

쇄파의 백워시는 보통 바닥을 따라 흘러 바다로 되돌아간다. 그래서 이것을 '얇은 흐름(sheet flow)'이라고 한다. 그러나 이 물의 일부는 좁고 빠르게 표면을 흐르는 이안류를 타고 빠져나간다.[4] 이안류는 전형적으로 해빈에 수직 방향으로 해안에서 멀어지는 방향으로 흐른다.

이안류(rip current)의 폭은 15~45m 정도이고, 속력은 보통 사람이 수영하는 것보다 빠른 시속인 7~8km에 이르기도 한다. 실제로 시속 2km 이상의 해류를 거슬러 오랫동안 수영할 수는 없다. 이안류는 해안에서 수백 m 이내에서 약해진다. 만약 소형 내지 중형의 너울이 부서지면 크기나 속력이 중간 정도 되는 이안류가 여러 개 만들어질 수 있다. 큰 너울은 수는 적지만 더 집중되고 강한 이안류를 만든다. 이안류는 들어오는 파도와 마주치거나, 부유 퇴적물에 의해 특징적인 갈색을 띠거나, 혹은 거품이 일면서 물방울이 튀는 것 등으로 알아볼 수 있다(그림 10A).

큰 너울에 의해 생긴 이안류는 수영하는 사람들에게 큰 위협이 된다. 실제로 해빈에서 안전요원들에 의해 구조되는 사고들 중 80%는 이안류에 갇힌 사람들과 관계된 것들이다. 수영 도중에 이안류에 갇혔을 때 최선의 방법은? 조금만 해안에 평행한 방향으로 수영한 다음(좁은 이안류를 빠져나오기만 하면) 해안으로 들어오는 파도를 타고 무사히 들어올 수 있다. 그렇지만 수영이 능숙한 사람이라도 당황하거나 이안류를 거슬러 수영하면서 허우적거리면 결국은 지쳐서 사고를 당하게 된다. 비록 대부분의 해빈은 경고판을 세우고 안전요원들이 순찰을 하지만 해마다 이안류로 인해서 목숨을 잃는 사고가 발생한다.

생각해보기

1. 이안류의 생성에 관해 기술하라. 만약 당신이 이안류에 갇혔을 때 무사히 빠져나올 수 있는 최선의 방법은 무엇인가?

4 역주 : 이안류는 연안류가 지형적 특성으로 합쳐지거나 방향이 바뀌어서 외해로 빠져나가는 강한 흐름이고, 폭이 좁고 강해서 경우에 따라서는 바닥에 이안류 채널(rip channel)을 만들기도 한다. 백워시는 되돌아나갈 때 대부분 힘을 잃어 아주 약화되고 넓게 펴져 되돌아나가기 때문에 좁고 강한 이안류를 만들기 어렵다.

WARNING
DANGEROUS RIP CURRENTS
NO BOARD SURFING ZONE
SURF BOARDS, SURF MATS, SURF SKIS, BODY BOARDS, HAND BOARDS, KAYAKS ARE PROHIBITED

Web Video
이안류
http://goo.gl/FqwlWb

그림 10A 이안류와 안전경고판. 연안에서 밖으로 빠져나가던 이안류(빨간색 화살표)는 들어오는 파도의 간섭을 받아 세력이 약해진다.

벽은 계속해서 침식되어 해빈이 충분히 넓어져서 파도가 도달하지 못할 때까지 후퇴하게 될 것이다. 침식된 물질은 에너지가 높은 지역에서 낮은 지역으로 운반되어 퇴적될 것이다.

퇴적해안의 지형

해식절벽의 연안 침식은 많은 양의 퇴적물을 만들어낸다. 또한 내륙 암석의 침식에 의해서도 추가적인 양의 퇴적물이 강을 통해 해안으로 들어온다. 파도는 이 모든 퇴적물을 연안을 따라 분배한다.

그림 10.10은 퇴적연안의 지형들을 보여주고 있다. 이 지형들은 일차적으로 연안수송에 의해 운반된 모

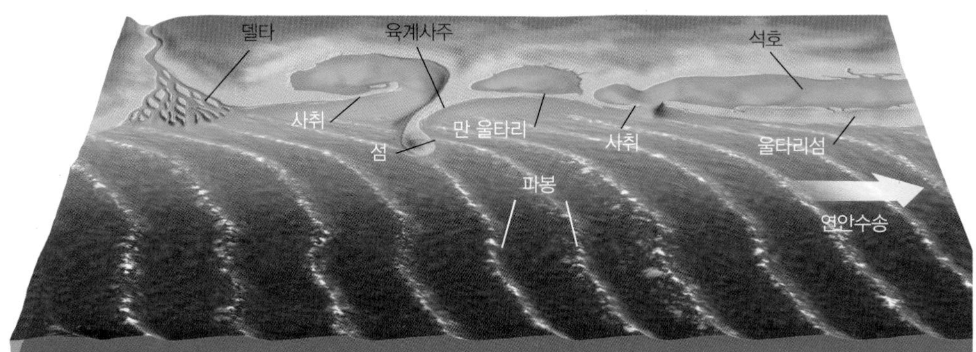

그림 10.10 퇴적해안의 지형들. 그림으로 보여주는 퇴적해안의 특징적 지형들

래가 퇴적된 것이지만 다른 연안작용들에 의해서 변형되기도 한다. 부분적으로 혹은 완전히 해안에서 떨어져 나온 것도 있다.

사취(*spit* = spine)는 만의 입구에서 연안수송의 방향으로 뻗어 있는 길쭉한 퇴적물 구릉이다. 사취의 끝부분은 해류의 흐름으로 인해 흔히 만의 안쪽으로 휘어져 있다.

조류나 하천수의 흐름은 만의 입구를 열어놓을 수 있을 정도로 강한 게 보통이지만, 만약 그렇지 못하면 사취는 만을 가로질러 연장되어 육지와 연결되어서 **만 울타리**(bay barrier) 혹은 **만 입구 사주**(bay-mouth bar)를 만들게 되고(**그림 10.11a**), 만은 외해와 연결이 끊기게 된다. 만 울타리에는 해수면 위로 보통 1m 높이도 안 되는 모래가 쌓여 있지만, 종종 그 위에 건물이 서 있기도 하다.

육계사주(*tombolo* = mound)는 외딴바위나 섬을 육지와 연결하는 모래 구릉으로서(**그림 10.11b**) 2개의 이웃한 섬을 연결할 수도 있다. 육계사주는 섬 뒷쪽에 파도의 에너지가 미치지 못하는 곳에 생기며, 결과적으로 파도가 들어오는 주된 방향에 수직으로 생기는 것이 보통이다.

학생들이 자주 하는 질문

이안류와 이안조의 차이는 무엇인가요? 수중 당김과는 같은 것인가요?

쓰나미를 조석파라고 부르는 것처럼 이안조(rip tide)는 잘못 붙여진 이름이며 조석과는 아무런 관련이 없다. 이안조는 좀 더 정확히 이안류(rip current)라고 해야 한다. 아마도 이안류가(들어오는 조석처럼) 갑자기 생기기 때문에 이안조라고 잘못 알려진 것 같다. 이안류의 기원과 위험성에 대해서는 심층탐구 10.1에 나와 있다.

이안류와 비슷하게 '수중 당김(undertow)'은 해안에서 멀어지는 흐름이지만, 훨씬 넓고 보통 바닥을 따라 더 집중되어 있다. 수중 당김은 실제로 해빈면을 흘러 내려가는 백워시의 연장으로서 강한 파도가 있을 때 가장 강하다. 수중 당김은 서 있는 사람을 넘어뜨릴 수 있을 만큼 강할 수도 있지만, 해저면 바로 근처에 국한되며 기파대 내에서만 존재한다.

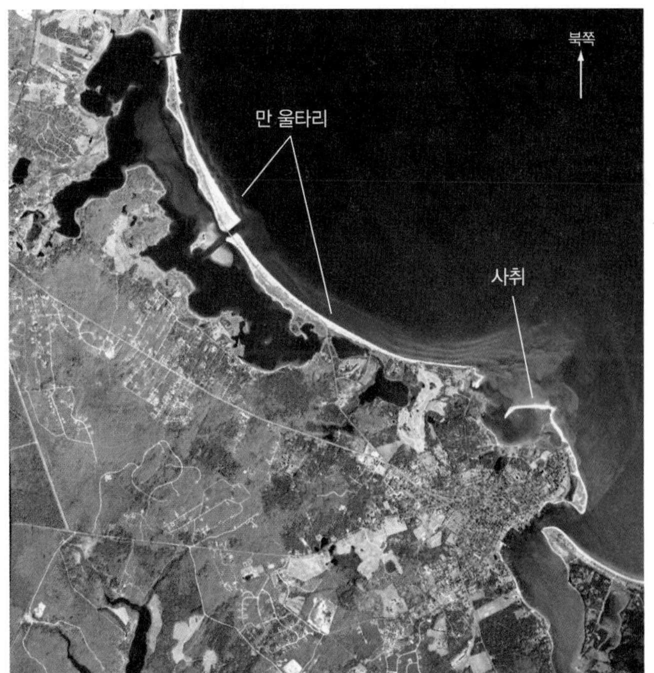

(a) 메사추세츠의 Martha's Vineyard 연안에 있는 울타리 연안, 사취와 만 울타리

(b) 캘리포니아 고트 록 해빈에 있는 육계사주

그림 10.11 연안의 퇴적지형들. 다양한 연안 퇴적지형들(만 울타리, 사취, 육계사주)을 보여주는 사진들.

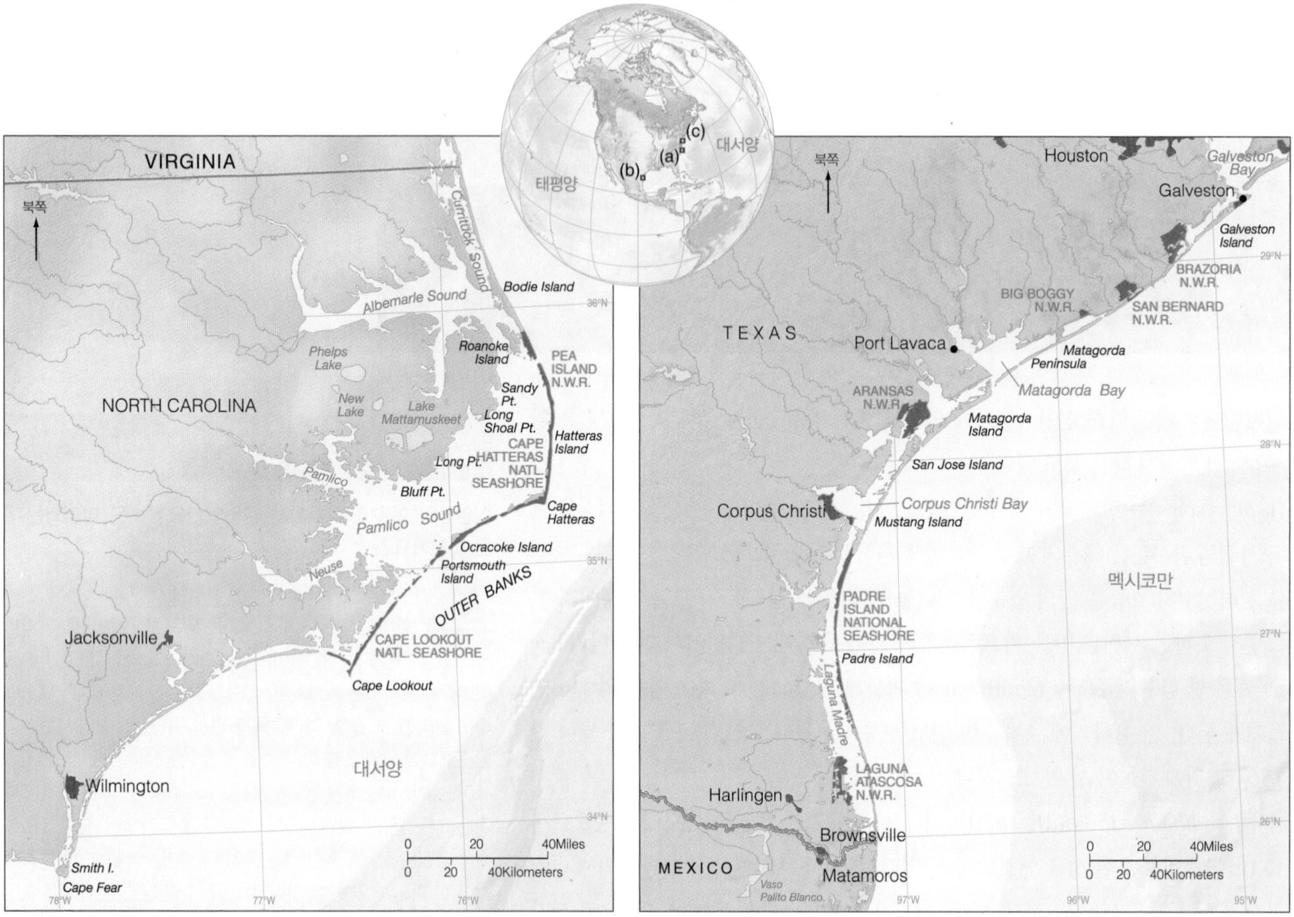

(a) 노스캐롤라이나에 있는 아우터뱅크스의 울타리섬들

(b) 텍사스 남부 연안의 울타리섬들

(c) 많은 개발이 이루어진 뉴저지의 톰스 강 부근의 울타리섬

그림 10.12 울타리섬들의 지도와 항공사진.

울타리섬 연안에 평행한 방향으로 아주 길게 쌓여 있는 외안의 모래 퇴적체를 **울타리섬**(barrier island)이라고 한다(**그림 10.12**). 울타리섬은 해수면 상승이나 강력한 폭풍파로부터 연안을 지켜주는 일차 방어선이 된다. 울타리섬의 기원은 복잡하지만, 대부분 약 18,000년 전 가장 최근의 빙하기가 끝나고 빙하가 녹으면서 전 세계적으로 해수면이 상승하는 동안에 만들어진 것으로 보인다.

인공위성 영상을 이용한 최근의 한 연구에 의하면, 전 세계적으로 2,149개의 울타리섬이 모든 기후대에서 모든 조석과 파도의 조건하에 존재하는 것으로 확인되었다. 미국의 대서양과 멕시코만 연안에는 거의 300개의 울타리섬이 둘러싸고 있다(**그림 10.13**). 매사추세츠에서 플로리다 동부까지는 거의 연속적으로 이어지며, 플로리다 서부에서 멕시코까지의 멕시코만 내부에서는 불연속적으로 나타난다. 울타리섬은 길이가 100km가 넘는 것도 있으며 폭은 수 km가 되고, 육지와는 석호로 분리되어 있다. 잘 알려진 울타리섬으로는 뉴욕 연안의 파이어 섬, 노스캐롤라이나의 아우터뱅크스, 텍사스 연안 바깥쪽의 파드리 섬 등이 있다.

울타리섬에 대한 인간의 영향 인간과 관련된 울타리섬의 환경 문제 중 하나는 바다와 가깝기 때문에 건축지로 매력적이라는 사실이다. 예를 들어 울타리섬의 인구 밀도는 인접한 연안의 거주 지역보다 세 배나 높다. 울타리섬의 전체 인구는 1990~2000년까지 14% 증가했으며 계속 증가하고 있다. 이렇게 좁고, 나즈막한 이동성의 모래 띠 위에 연안 구조물을 세우는 것이 현명해 보이지 않음에도 불구하고 많은 대형 건물들이 울타리섬 위에 건설되었다(그림 10.12c). 이들 중 일부는 바다에 잠겼거나 다른 곳으로 옮겨야 했다.

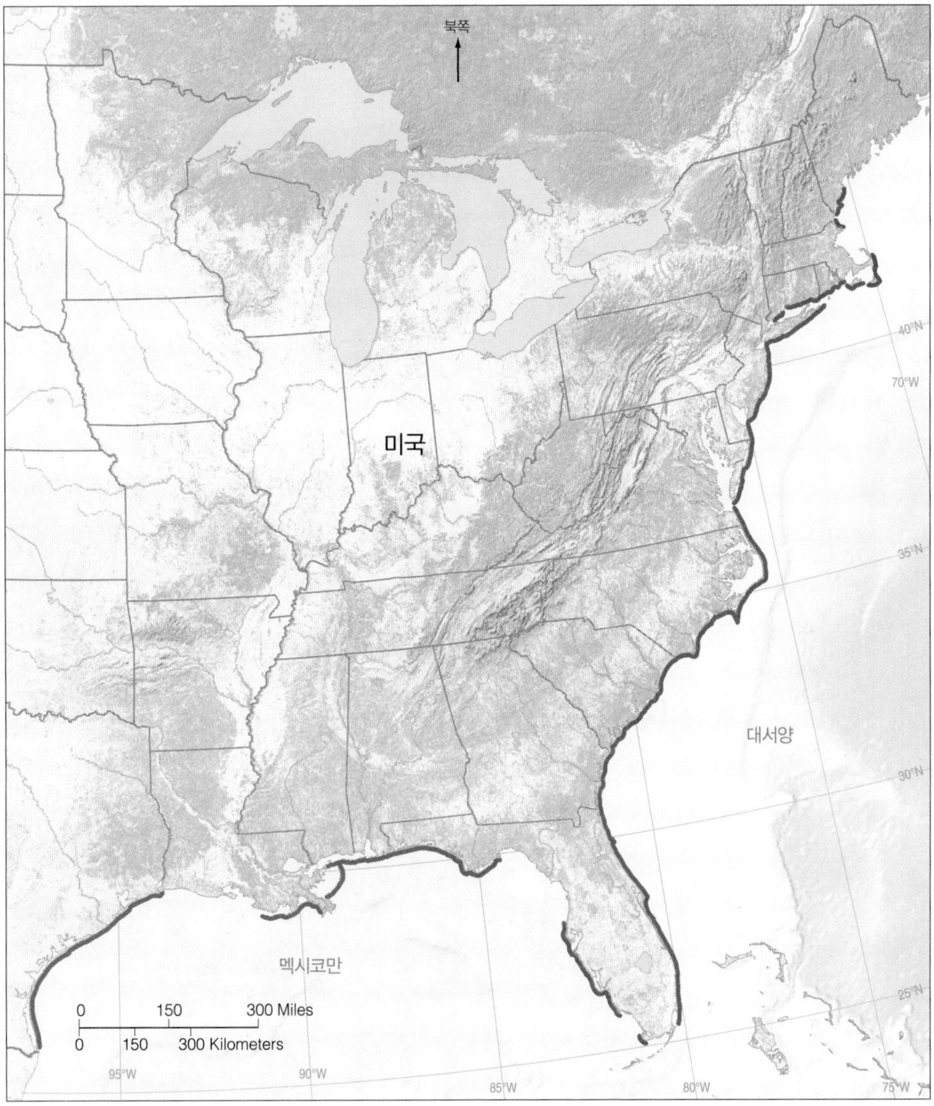

그림 10.13 미국의 대서양 연안과 멕시코만 연안의 울타리섬의 위치. 대서양 연안을 따라서 메인에서 플로리다 동부까지, 걸프 연안을 따라서는 플로리다 서부에서 멕시코까지 울타리섬들이 발달해 있으나, 태평양 연안에는 없다.

울타리섬의 지형　전형적인 울타리섬에는 **그림 10.14a**에 보이는 지형들이 나타난다. 바다에서 육지 쪽으로 (1) 해빈 (2) 사구 (3) 벌판 (4) 상부 염습지 (5) 하부 염습지 (6) 육지와 울타리섬 사이의 석호 등이다.

여름 동안에는 부드러운 파도가 모래를 해빈으로 운반해와서, 해빈이 넓어지고 경사가 급해진다. 겨울 동안에는 높은 에너지의 파도가 모래를 외해로 운반해 나가 좁고 경사가 완만한 해빈이 된다.

건기 동안 바람에 의해 내륙 쪽으로 날려간 모래가 연안사구를 만들고, 이 사구는 풀에 의해서 안정된다. 이곳의 식물들은 날아오는 염분 분무(salt spray)에도, 모래에 묻혀도 견뎌낼 수 있다. 사구는 폭풍에 의해 높은 조석이 생겼을 때 범람으로부터 석호를 보호해 준다. 사구들 사이에는 많은 범람로들이 관통하고 있으며, 특히 북쪽에 비해서 사구가 덜 발달한 대서양 연안의 남동쪽에서는 특히 더 많은 범람로가 있다.

벌판(barrier flat)은 폭풍 때 범람로를 통해 유입된 모래에 의해 사구의 뒤쪽에 만들어진다. 이런 벌판은 빠르게 풀들이 뒤덮이지만 폭풍 때는 해수에 의해 씻겨간다. 만약 폭풍이 벌판을 충분히 자주 씻어내지 못하면 식물은 자연적인 생물학적 천이를 하게 되어 풀은 점차적으로 덤불, 숲으로 바뀌고 결국에는 삼림이 된다.

Web Animation

해수면 상승으로 인한 울타리섬의 이동
http://goo.gl/WqJoKR

벌판의 내륙 쪽에는 전형적으로 **염습지**가 나타난다. 염습지는 평균 해수면에서 소조기의 고조선까지 이어지는 **하부 습지**와 대조기의 최고조선까지 이어지는 **상부 습지**로 나누어진다. 하부 습지는 염습지 중에서 가장 생물 생산력이 높은 곳이다.

범람에 의해 퇴적물이 석호 안으로 운반되어 부분적으로 석호가 메꾸어지면 새로운 습지가 만들어지고 조석에 따라 간헐적으로 노출된다. 습지는 울타리섬의 창조 수로(floodtide inlet)에서 멀리 떨어진 곳에서는 잘 발달되지 않으며, 범람과 홍수를 막기 위해 인공적으로 사구를 강화하고 수로를 메운 울타리섬에서는 습지의 발달이 매우 제한적이다.

그림 10.14 울타리섬의 지형적 특성과 해수면 상승에 따른 울타리섬의 이동.
https://goo.gl/arbvRf

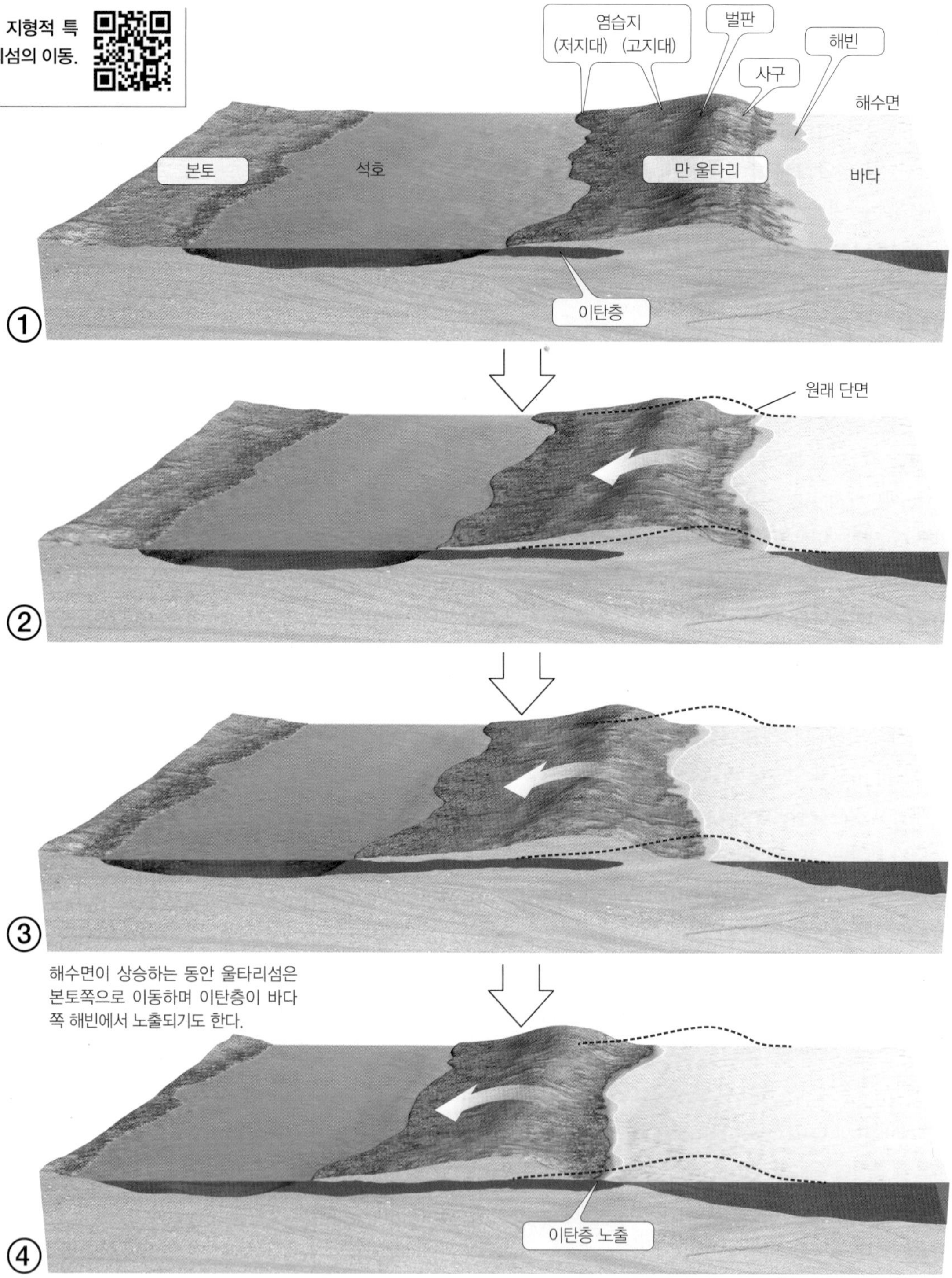

염습지
(저지대) (고지대)
벌판
해빈
사구
해수면
본토
석호
만 울타리
바다
이탄층
①
원래 단면
②
③
해수면이 상승하는 동안 울타리섬은 본토쪽으로 이동하며 이탄층이 바다 쪽 해빈에서 노출되기도 한다.
④
이탄층 노출

①~④의 순서는 해수면 상승에 반응하여 울타리섬이 본토 쪽으로 이동하면서 섬에 의해 덮여있던 이탄층을 노출시키는 과정을 보여주고 있다.

울타리섬의 이동 동부 북미연안에서는 점진적인 해수면의 상승으로 울타리섬들이 육지 쪽으로 이동하였다. 울타리섬의 이동은 천천히 움직이는 트랙터 바퀴처럼 그 위에 세워진 구조물에 충격을 주면서 섬 전체가 굴러간다. 습지 환경에서 유기물이 쌓여서 만들어진 **이탄층**(peat deposits)은 울타리섬의 이동에 관한 추가적인 증거를 제공한다(**그림 10.14b**). 섬이 천

천히 자신 위를 굴러 넘어서 육지 쪽으로 이동하면 섬의 육지 쪽에 쌓였던 예전의 이탄층을 덮어 버리게 된다. 이러한 이탄층이 섬 아래에서 발견되기도 하고 울타리섬이 충분히 멀리 이동해가면 바다 쪽 해빈 위로 노출되기도 한다.

델타 연안류가 분산시키는 양보다 더 많은 양의 퇴적물을 바다로 운반해오는 강의 어귀에는 **델타**(*delta* = triangular) 퇴적체가 발달한다. 멕시코만으로 들어오는 미시시피강은(**그림 10.15a**) 지구상에서 가장 큰 델타 중 하나를 만든다. 델타는 비옥하고 평탄한 저지대로서 주기적인 홍수를 겪게 된다.

강의 입구에 퇴적물이 채워지면 델타의 생성이 시작된다. 델타는 그 위를 손가락 모양으로 갈라져 뻗어 나가면서 퇴적물의 공급을 계속하는 **지류**의 발달과 함께 성장을 계속한다(그림 10.15a). 손가락이 너무 길어지면 퇴적물로 막히게 되고, 이 지점에서 홍수는 쉽게 지류의 방향을 바꾸고 손가락들 사이의 저지대에 퇴적물을 공급하게 된다. 퇴적작용이 연안침식과 운반작용보다 우세할 때는 '새발 모양'으로 갈라진 미시시피형 델타가 만들어진다.

반면에 침식과 이동 작용이 퇴적을 능가할 때는 이집트의 나일강 델타처럼 해안선은 완만한 곡선 형태로 매끄럽게 된다(**그림 10.15b**). 현재 나일강 델타는 높은 아스완 댐이 퇴적물을 가둬두고 있기 때문에 침식되고 있다. 1964년에 댐이 완공되기 전에는 나일강은 방대한 양의 퇴적물을 지중해로 운반했었다.

해빈 구획 **해빈 구획**(beach compartment)은 세 가지의 주된 요소로 구성된다. (1) 해빈으로 모래를 운반해오는 일련의 강들 (2) 연안이동에 의해 모래가 이동하고 있는 해빈 그 자체 (3) 모래가 해빈에서 빠져나가는 외해의 해저협곡 등이다. **그림 10.16**의 지도는 남부 캘리포니아 연안의 4개의 해빈 구획을 보여주고 있다.

10.1 Squidtoons

https://goo.gl/i6QIQd

그림 10.15 델타의 예들. (a) 미시시피강 델타 (b) 나일강 델타

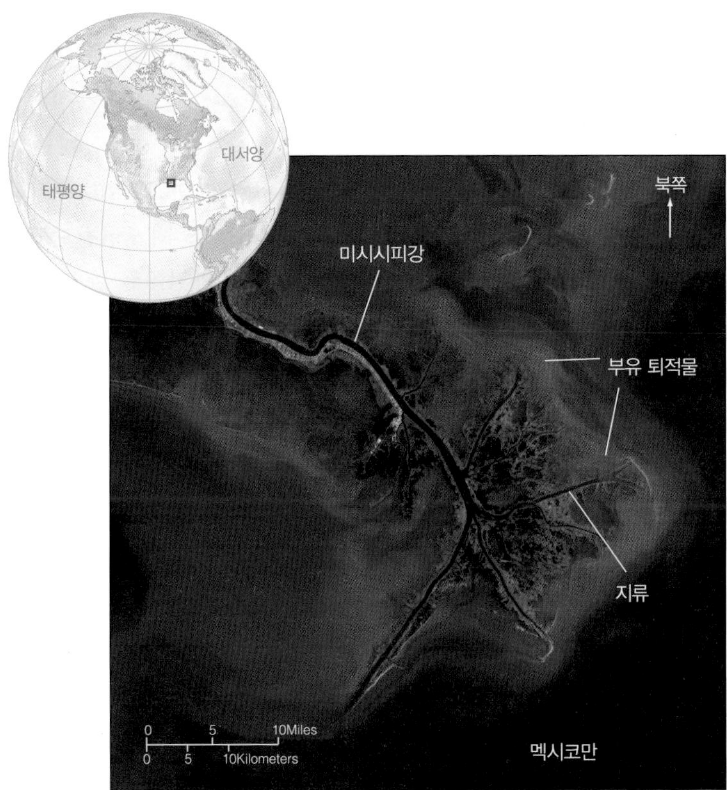

(a) 멕시코만으로 흘러 들어가는 미시시피강 델타의 '새발 모양' 구조를 보여주는 위성사진

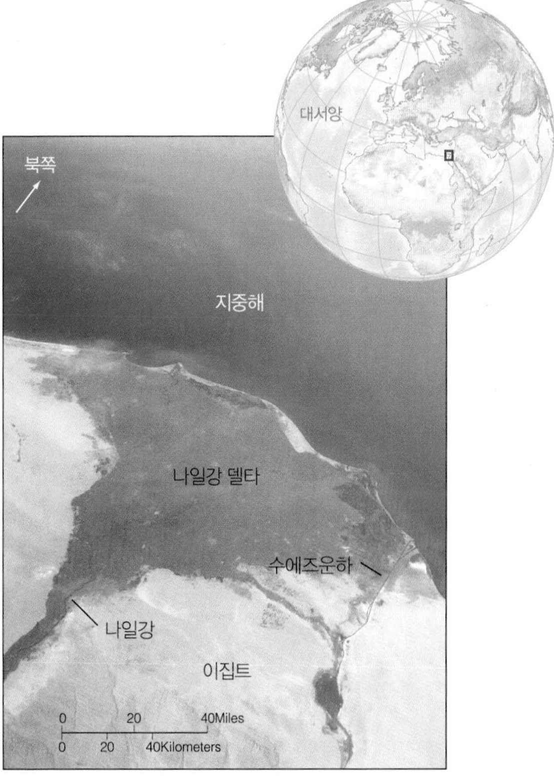

(b) 지중해로 흘러 들어가는 이집트 나일강의 델타를 우주비행선에서 촬영한 사진인데 부드럽게 굴곡이 진 해안선을 보여준다.

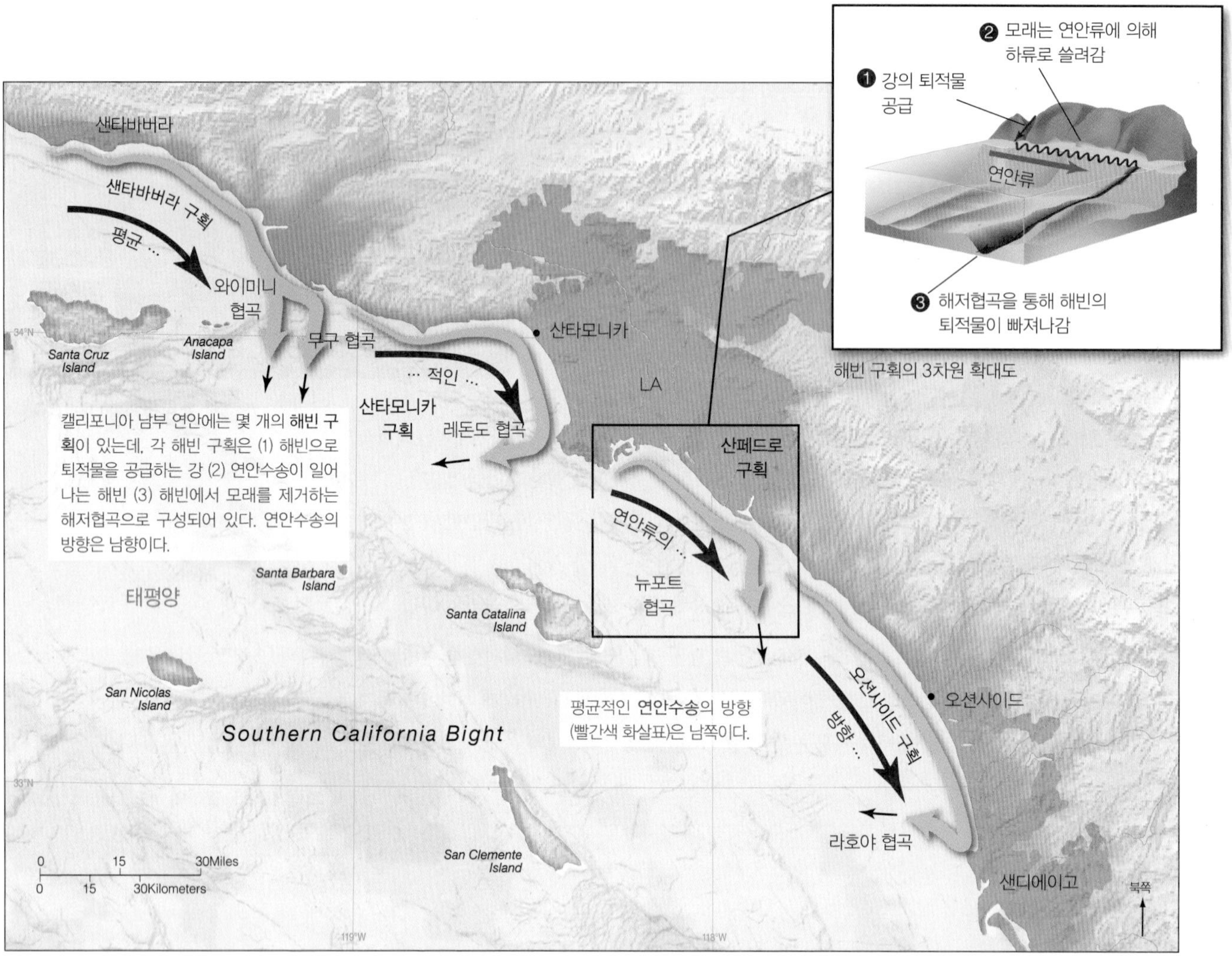

그림 10.16 **해빈 구획.**
https://goo.gl/sm2kOK

Web Animation
해빈 구획 내에서의 모래의 이동
http://goo.gl/Uyh856

각 해빈 구획 내의 모래는 일차적으로 강에 의해서 유입되지만(그림 10.16, 삽화) 연안절벽이 있는 곳에서는 상당한 양의 모래가 절벽의 침식에 의해 공급될 수도 있다. 모래는 연안류와 함께 남쪽으로 운반되고, 각 해빈 구획의 남쪽 끝 부근에서 해빈은 넓어진다. 모래의 일부는 이동하면서 외해 쪽으로 흘러가거나 내륙 쪽으로 바람에 날려가서 연안사구를 만들기도 하지만 대부분의 모래는 결국 해저협곡의 입구 쪽으로 이동해간다. 놀랍게도 많은 해저협곡들은 해안에 매우 근접해 있다. 이렇게 모래는 해빈에서 해저협곡을 통해 해저로 쓸려 나가 영원히 사라지게 된다. 이 해빈 구획의 남쪽은 모래가 부족하게 되어 해빈은 전형적으로 얇고 암반을 노출하기도 한다. 이러한 과정은 다음 해빈 구획의 상류쪽 연안에서 퇴적물을 공급해주는 강이 나타나면 다시 시작된다. 연안의 하류로 내려가면서 해빈은 넓어지고 해저협곡으로 빠져나가기 전까지 모래는 풍부해진다.

해빈 고갈 인간 활동이 해빈 구획의 자연적인 시스템을 바꾸어버렸다. 해빈 구획으로 모래를 공급하는 강에 댐이 건설되면 해빈의 모래는 줄어든다. 홍수 통제를 위해서 시멘트로 강을 덮으면 연안으로 운반되는 퇴적물은 더욱 줄어든다. 연안수송은 해안선의 모래를 계속해서 해저협곡으로 쓸어넣고, 해빈은 점차 좁아지면서 **해빈 고갈**(beach starvation)을 겪게 된다. 만약 모든 강이 막히게 되면 해빈은 대부분 사라지게 될 것이다.

해빈 구획에서 해빈 고갈을 막기 위해서는 무엇을 할 수 있을까? 한 가지 명백한 해결책은 댐을 제거해서 강이 해빈에 모래를 공급하고 해빈 구획을 자연적인 평형상태로 되돌려 놓는 것이다. 그러나 대부분의 댐은 홍수 방지, 저수시설, 수력발전 등을 위해 건설되어 철거하기가 쉽지 않을 것이다. 다른 대안으로는 **양빈**(beach nourishment)이라는 것으로 나중에 이 장에서 논의될 것이다.

개념 점검 10.3 | 침식해안과 퇴적해안의 특징적인 지형을 설명하라.

1. 침식 지형들(연안절벽, 해식동굴, 해식아치, 외딴바위, 해안단구 등)의 생성과정을 설명하라.
2. 퇴적 지형들(사취, 만 울타리, 육계사주, 울타리섬 등)의 기원에 관해 설명하라.
3. 해수면이 상승하는 동안 울타리섬은 어떻게 반응해왔는가? 울타리섬의 해빈에서부터 염습지에 이르기까지 그 하부에 이탄층이 연속적으로 나타나는 이유는 무엇인가?
4. 델타가 있는 강도 있고 없는 강도 있다. 그 이유를 설명하라. 델타의 형태가 '새발 모양'(미시시피 델타)이나 매끈한 곡선형(나일 델타)이 되도록 결정하는 요인들은 무엇인가?
5. 해빈 구획을 구성하는 세 부분에 관해 기술하라. 해빈에 모래를 공급하는 모든 강에 댐을 건설하면 어떻게 될까?

학생들이 자주 하는 질문

해저협곡은 퇴적물로 채워질 수 있나요?

그렇다. 많은 해빈 구획들에서 볼 수 있듯이 해저협곡들은 해빈을 빠져나온 모래를 위해 깊은 곳에 쏟아놓는다. 그렇지만 매년 수 톤씩의 퇴적물이 수백 만 년 동안 흘러 들어간다면 결국 해분은 채워지기 시작할 것이고 결국에는 해수면 위로 드러날 것이다. 실제로 캘리포니아의 로스엔젤레스 분지는 이런 방법으로 과거 지질시대 동안 주변의 산맥에서 유입된 퇴적물로 채워진 것이다.

요약

침식해안은 절벽, 해식아치, 외딴바위, 해안단구 등과 같은 침식지형들이 있는 것이 특징이다. 퇴적해안의 특징은 사취, 육계사주, 울타리섬, 델타, 해빈 구획 등과 같은 퇴적지형들이 있다.

10.4 해수면 변화가 어떻게 노출해안선과 침수해안선을 만드는가?

기본적으로 침식과 퇴적 중 어느 과정이 우세한가에 따라 해안선을 분류하지만, 해수면과의 상대적인 위치에 따라 해안선을 분류할 수도 있다. 그러나 **해수면은 지속적으로 변동하면서** 때로는 대륙붕의 넓은 지역을 노출시키기도 하고 다시 바닷속으로 침수시키기도 해왔다. 해수면은 육지의 높이가 변하거나, 해면의 높이가 변하거나 혹은 그 두 가지의 복합작용에 의해서 변할 수 있다. 해수면 위로 올라오고 있는 해안선을 **노출해안선**(emerging shoreline), 해수면 아래로 내려가고 있는 해안선을 **침수해안선**(submerging shoreline)이라고 한다.

노출해안선의 지형

해안단구(**그림 10.17**, 그림 10.8과 10.9 참조)는 노출해안선의 특징적인 지형 중 하나이다. 해안단구는 파식대지(wave-cut bench)가 해수면 위에 노출된 평탄한 대지이며, 그 뒤에는 연안절벽이 서 있다. 파식대지 위에 남아 있는 띠 모양의 **잔존 해빈 퇴적체**(stranded beach deposit)를 비롯하여 과거 해양작용의 증거인 파식대지가 현재의 해수면보다 수 m 위에 존재하는 것은 과거의 해안선이 해수면 위로 상승하였다는 의미이다.

침수해안선의 지형

침수해안선의 특징적인 지형으로 **침수해빈**(drowned beach)을 포함하는 파식대지가 해수면 아래에 나타난다. 파식대지 위에 남아 있을 수도 있다(그림 10.17). 침수해안선의 또 다른 증거로는 **물에 잠긴 사구**(submerged dune topography)나 **침수하곡**(drowned river valley) 등이 있다.

해수면 변동

해안선의 노출과 침수를 일으키는 해수면 변동의 원인은 무엇인가? 우선, 지각의 움직임에 따라 지표면이 해수면에 대해 상대적으로 오르락내리락 하는 것이다. 또 다른 기작은 전 지구적인 해수면(범수면) 변동에 따라 국지적인 해수면이 영향을 받는 것이다.

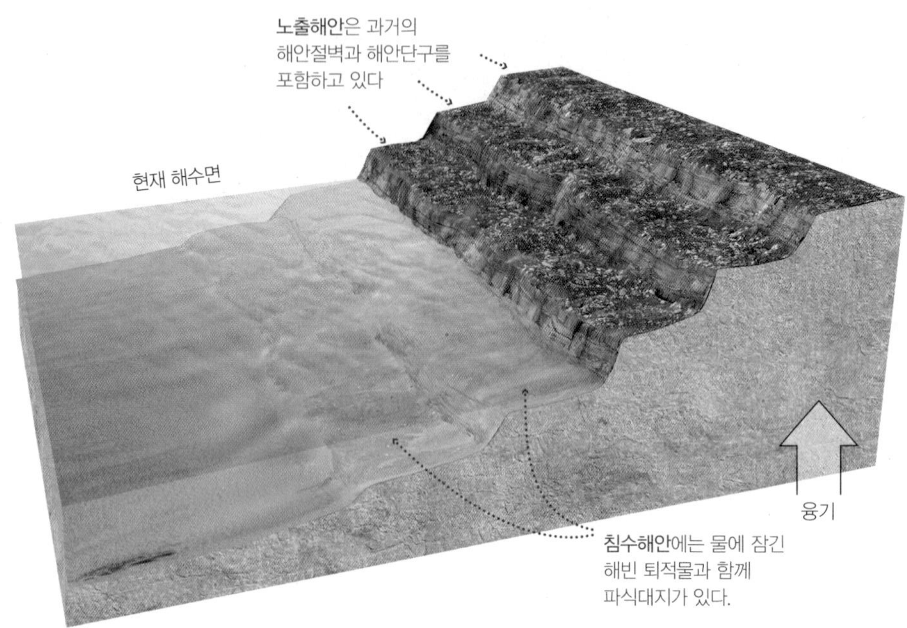

그림 10.17 과거 해안선의 노출과 침수.

지각의 이동 해수면에 대한 지각의 상대적인 높이는 **지구조작용**(tectonic movements)에 의한 운동과 지각평형 조절작용[4]에 의해 영향을 받을 수 있다. 이런 것들은 바다가 아니라 육지가 움직인 것이기 때문에 **상대적 해수면 변화**라고 한다.

지구조작용에 의한 지각 운동 지난 3,000년 동안 가장 극적인 해수면 변화는 육지의 높이에 영향을 주는 지구조 운동에 의해 일어났다. 지구조 운동은 국지적인 습곡, 단층뿐 아니라 대륙이나 해양분지의 대규모 융기나 침강을 일으키거나 대륙지각을 기울어지게도 할 수 있다.

예를 들어, 미국 태평양 연안의 대부분은 노출해안선이다. 왜냐하면 이곳의 대륙주변부는 판의 충돌경계부에 위치하여 지진, 화산, 해안에 평행한 산맥의 형성 등 지구조작용이 활발한 곳이기 때문이다. 반면에 미국의 대서양 연안은 침수해안선이다. 대륙이(중앙대서양 산맥 같은) 확장축에서 멀어질 때 그 뒤쪽에 끌려가는 가장자리는 냉각과 퇴적물의 무게 때문에 침강하게 된다. 대서양 연안은 비활성 주변부로서 지구조 변형, 지진, 화산 등이 아주 적어서 태평양 연안에 비해서 훨씬 조용하고 안정적이다.

지각평형 조절작용 지각은 지각평형 조절작용을 받는다. 얼음이나 두꺼운 퇴적층 또는 용암 분출과 같은 무거운 하중을 받으면 가라앉고 하중이 제거되면 올라온다(**그림 10.18**).

예를 들어 지난 3백만 년 동안 고위도 지역에는 적어도 네 번의 큰 빙하기와 수십 번의 작은 빙하기들이 있었다. 현재 남극은 아직도 대단히 크고 두꺼운 얼음에 덮여 있지만, 한때 북아시아, 유럽, 북미 지역을 덮고 있던 얼음의 대부분은 녹아버렸다.

약 3km나 되던 두꺼운 얼음의 무게는 그 아래의 지각을 침강시켰다(그림 10.18). 얼음이 녹기 시작한 지 18,000년이 지난 오늘날 이 지역들은 아직도 서서히 반등하고 있다. 예를 들어, 현재 수심 약 150m인 허드슨만의 바닥은 지각평형작용에 의한 반등이 끝날 즈음이면 해수면에 가까워지거나 더 높아질 것이다. 또 다른 예로(스웨덴과 핀란드 사이에 있는) 보트니아만은 지난 18,000년 사이에 275m 반등하였다.

일반적으로 지구조작용과 지각평형작용에 의한 해수면의 변화는 해안선의 일부에 국한된다. 전 지구적인 해수면의 변화는 해수의 부피나 해양분지의 용량의 변화가 있어야 한다.

전 지구적인 해수면 변화 전 지구적으로 나타나는 해수면 변화는 해수의 부피의 변화나 해양분지의 용량의 변화로 인해 생기고 이것을 **범수면 변화**(eustatic sea level change: *eu* = good, *statis* = standing)[5]라고 한다. 예를 들

학생들이 자주 하는 질문

판의 운동 때문에 대륙은 항상 같은 지리적 위치에 있지 않았다는 것을 알았습니다. 대륙의 이동도 해수면에 어떤 영향을 미쳤나요?

놀랍게도 그렇다. 판의 이동으로 큰 대륙이 극지방으로 이동하면 두꺼운 대륙빙하가 생긴다(오늘날의 남극처럼). 빙하의 얼음은 대기 중의 수증기에서(눈의 형태로) 만들어지고, 그것은 궁극적으로 해수의 증발로부터 오는 것이다. 그러므로 대륙이 극지방 가까운 곳에 자리 잡고 큰 대륙빙하가 쌓일 수 있는 기반을 제공하게 되면 바다에서 물은 줄어들고 해수면은 낮아지게 된다.

4 지각평형 조절작용은 제1장에서 다루었다.
5 'eustatic'이라는 용어는 바다만 상승하거나 하강하고, 모든 육지는 정적인(가만히 있는) 상태로 있는 지극히 이상적인 상황을 말한다.

어 내륙에 큰 호수가 생기거나 없어지면 작은 범수면 변화가 생긴다. 호수가 생기면 바다로 들어가게 될 물이 줄어들고 전 지구적으로 해수면은 내려간다. 호수에서 물이 빠져나가 바다로 들어가면 해수면은 올라간다.

범수면 변화의 다른 예로는 해양분지의 용량을 변화시켜서 전 지구적인 해수면에 영향을 주는 해저확장 속도의 변화가 있다. 확장 속도가 빠르면 동태평양 해저융기부 같은 큰 융기부가 많이 생기고 중앙대서양 산맥처럼 천천히 확장하는 산맥에 비해서 더 많은 물을 밀어내게 된다. 따라서 확장 속도가 빠르면 해수면이 높아지고, 반면에 확장 속도가 느리면 전 지구적으로 해수면은 내려간다. 확장 속도의 변화에 의해 뚜렷한 해수면의 변화가 생기는 데는 전형적으로 수십만 년 혹은 수백만 년이 걸리며, 지난 지질시대 동안 약 1,000m 혹은 그 이상의 변동폭을 보였을 것이다.

빙하기 동안의 해수면 변화 빙하기 역시 범수면 변화를 일으킨다. 빙하가 만들어지면 방대한 양의 물을 육지에 묶어두게 되고 전 지구적으로 해수면을 낮추게 된다. 이 효과는 해분을 수조에 비유해서 유추해볼 수 있다. 빙하기의 모의실험을 위해서 수조의 물을 들어내어 얼리면 수조의 수면은 내려가게 된다. 이와 비슷하게 전 지구적 해수면도 빙하기에는 낮아진다(지금 우리가 살고 있는 시기와 같은). 간빙기 동안에는 빙하가 녹은 방대한 양의 물이 바다로 들어가기 때문에 전 지구적으로 해수면이 높아진다. 이것은 수조 옆 선반에 얼음 덩어리를 놓고 녹은 물이 수조로 흘러 들어가게 해서 수조의 수위를 높이는 것과 비슷하다.

플라이스토세(Pleistocene Epoch)[6] 동안, 중위도에서 고위도에 이르는 지역의 육지를 빙하가 여러 번 전진 후퇴하면서 해수면을 상당히 요동치게 하였다. 수온의 상승과 하강에 따라 생기는 해양의 열적 팽창과 수축도 해수면에 영향을 미친다. 해수의 열적 팽창과 수축은 수은주 온도계가 작동하는 것과 대단히 비슷하다. 온도계의 수은이 따뜻해지면 팽창해서 수은주가 올라가고, 냉각되면 수축한다. 이와 마찬가지로, 차가운 해수는 수축하여 부피가 작아지면 전 지구적인 해수면의 하강을 일으키고, 따뜻한 해수는 팽창하여서 해수면의 상승을 일으킨다.

(a) 빙하기 이전

빙하기 이전의 지각을 나타낸 그림

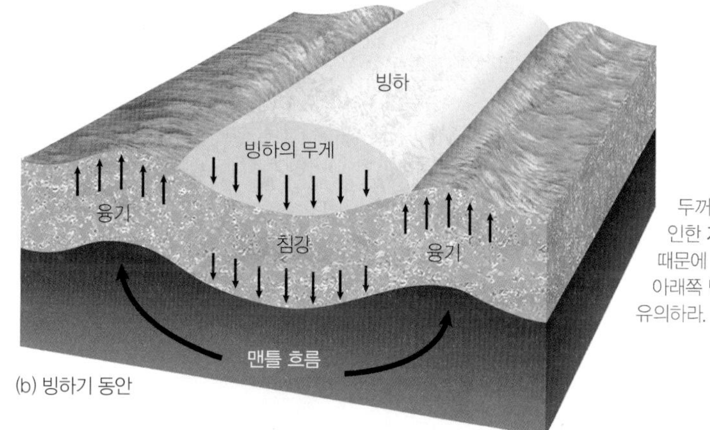

(b) 빙하기 동안

두꺼운 빙하의 무게로 인한 **지각평형 조절작용** 때문에 지각은 침강한다. 아래쪽 맨틀의 이동에 유의하라.

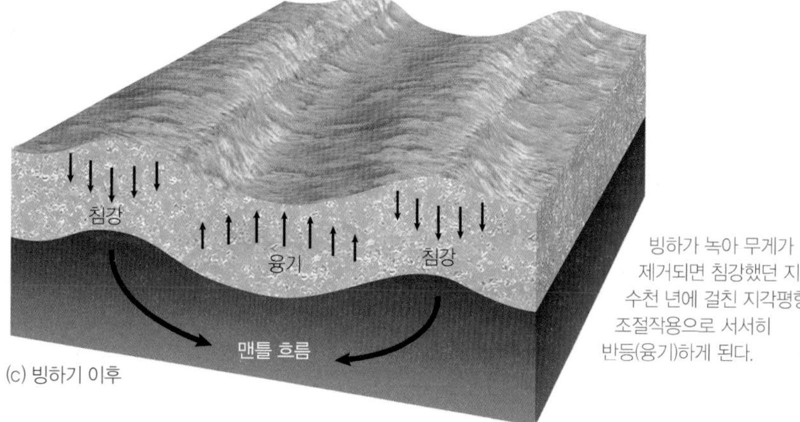

(c) 빙하기 이후

빙하가 녹아 무게가 제거되면 침강했던 지각은 수천 년에 걸친 지각평형 조절작용으로 서서히 반등(융기)하게 된다.

그림 10.18 빙하에 의한 지각평형 조절작용.

Web Animation
빙하에 의한 지각평형
http://goo.gl/vz3ZDT

6 빙하기라고도 불리는 지질시대 중의 플라이스토세는 260만 년 전부터 10,000년 전까지이다.

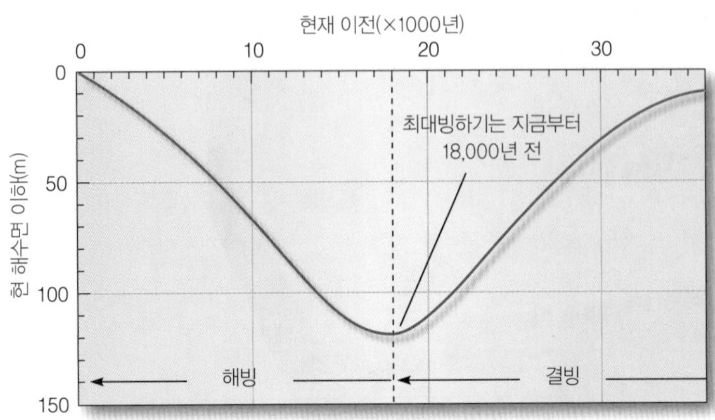

그림 10.19 가장 최근의 플라이스토세 빙하가 전진과 후퇴를 하는 동안의 해수면 변화. 마지막 빙하가 전진하면서 바다의 물을 제거해서 육상의 얼음으로 바꾸면서 해수면은 전 세계적으로 약 120m 내려갔다. 약 18,000년 전부터 빙하가 녹아서 물이 바다로 돌아가면서 해수면은 상승하기 시작했다.

해양 표층수의 평균 온도가 1°C 변하면 해수면은 약 2m가 변한다. 플라이스토세 해양 퇴적물 속의 미세화석에 의하면 해양 표면의 온도는 지금보다 약 5°C 정도까지 낮았던 것으로 추정되고, 따라서 해수의 열적 수축은 해수면을 약 10m 정도 낮추었을 것으로 추정된다. 플라이스토세 동안의 해안선의 변동을 확실하게 말하기는 어렵지만 여러 증거들로 볼 때 현재의 해안선보다 약 120m 아래에 있었던 것으로 생각된다(**그림 10.19**). 또한 만약 지구상에 남아 있는 모든 빙하가 녹으면 해수면은 약 70m 더 올라갈 것으로 추산된다. 따라서 플라이스토세 동안의 해수면 변화의 최대치는 약 190m에 달했을 것이고, 그것은 대부분 육지의 빙하와 극지방을 덮고 있는 얼음에 의한 해수의 포획과 방출로 인한 것이었다.

지구조작용과 범수면 변화의 복합 작용은 대단히 복잡해서 연안 지역을 단순히 노출해안과 침수해안으로만 분류하기는 어렵다. 실제로 대부분의 연안 지역은 가까운 과거 동안에 침수와 노출 **양쪽**을 다 겪은 증거를 보이고 있다. 그렇지만 여러 증거들로 볼 때 지난 3,000년 동안에는 해빙으로 인한 해수면의 상승은 최근까지도 극히 작았던 것으로 생각된다.

요약

해수면은 육지의 이동, 해수 부피의 변화 또는 해양분지의 용량 변화에 따라 영향을 받는다. 지구의 기후변화는 해수면을 극적으로 변화시켜왔다.

Climate

Connection

보다 최근에는 인간이 유발한 기후변화에 의한 해수면 상승이 기록되고 있다. 이 주제는 제16장 '해양과 기후변화'에서 논의하고 있다.

개념 점검 10.4 | 해수면의 변화에 의한 해안선의 침수 및 노출과정을 설명하라.

1 지구조작용과 범수면 변화의 원인과 영향을 비교하라.
2 해안선의 전진과 후퇴를 일으키는 기본적인 두 가지 과정들을 각각 나열하라.
3 빙하기는 해수면에 어떤 영향을 미치는가?

10.5 경성 안정화는 해안선에 어떤 영향을 미치는가?

연안에 거주하는 사람들은 자신의 재산을 보호하고 개선하기 위해서 끊임없이 연안 퇴적물의 침식 및 퇴적현상에 변형을 가한다. 연안 침식을 막고 해빈을 따라 이동하는 모래를 차단하기 위해 설치한 구조물을 **경성 안정**(hard stabilization) 혹은 **해안 방호**(armoring of the shore)라 한다. 경성 안정에는 여러 형태가 있으며 예측 가능하지만 때로는 원치 않는 결과를 낳기도 한다.

방사제와 방사제 구역

경성 안정의 한 형태로 **방사제**(*groin* = ground)가 있다. 방사제는 해안선에 수직으로 설치하여 연안을 따라 평행하게 이동하는 모래를 가두어 두기 위해 고안된 구조물이다(**그림 10.20**). 여러 형태의 재질로 만들어지지만 **쇄석**(rip-rap)이라고 하는 큰 바위 덩어리가 가장 흔하다. 경우에 따라서는 튼튼한 나무 말뚝으로 박아 만들기도 한다(바다 쪽으로 돌출한 울타리와 비슷함).

비록 방사제가 연안의 상류 쪽에는 모래를 가두어둘 수 있지만 연안의 하류로 가야 할 모래를 막아버리기 때문에 방사제에 인접한 바로 아래쪽에는 침식이 생긴다. 침식을 줄이기 위해서 연안하류쪽에 또 다른 방사제를 건설하면 그 아래가 또 다시 침식된다. 해빈 침식을 완화하기 위해서는 더 많은 방사제가 필요하고 곧 **방사제 구역**(groin field)이 생기게 된다(**그림 10.21**).

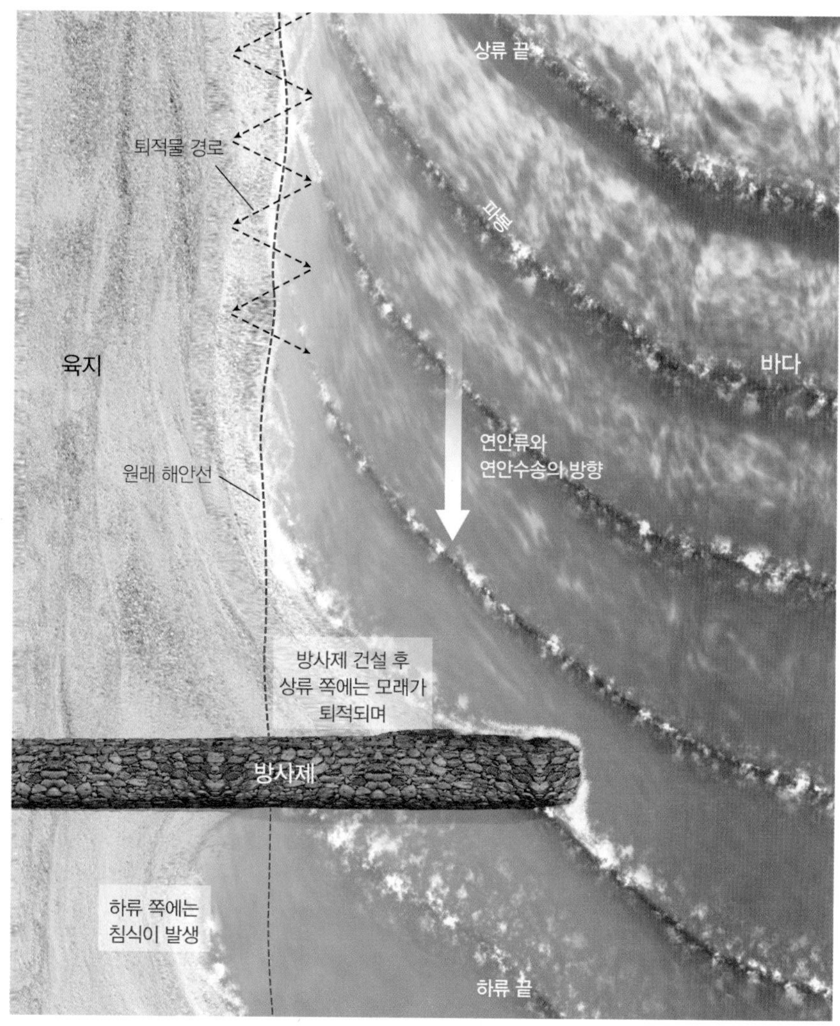

그림 10.20 모래 이동의 방해. 그림에서 보이는 방사제와 같은 경성 안정은 모래가 해빈을 따라 이동하는 것을 방해하여, 방사제의 연안상류 쪽은 퇴적을 일으키고 바로 하류 쪽은 침식을 일으켜서 해빈의 모양을 변형시킨다.
https://goo.gl/9xaSdT

방사제(혹은 방사제 구역)는 실제로 더 많은 모래를 해빈에 유지시켜 주는가? 모래는 결국에는 방사제 끝부분을 돌아 우회할 뿐이며, 더 많은 모래가 해빈에 남게 되는 것은 아니다. 단지 분배를 다르게 할 뿐이다. 적절한 공학기술을 적용하고 지역적인 모래의 수지와 계절적인 파도의 활동 등을 충분히 고려한다면 마지막 방사제의 아래쪽을 지나치게 침식시키지 않으면서도 충분한 모래가 연안을 따라 이동할 수 있는 평형상태에 도달하게 할 수 있다. 그렇지만 해빈의 모래를 안정화시키려는 목적으로 과다하게 방사제를 설치한 많은 지역에서 심각한 침식 문제들이 나타나고 있다.

그림 10.21 방사제 구역. 모래를 잡아두기 위하여 뉴저지의 Ship Bottom 북쪽 해안선을 따라 일련의 방사제들이 건설되어 모래의 분배를 변화시켰다. 전망은 북쪽을 향하고 있으며 주된 연안류의 방향은 사진의 아래쪽 방향(남향)이다.

돌제

경성 안정의 다른 형태로 **돌제**(jetty: *jettee* = to project outward)가 있다. 돌제는 해안에 수직으로 만들며 보통 쇄석을 이용한다는 점에서 방사제와 유사하다. 그러나 돌제의 주목적은 항구의 입구를 파도로부터 보호하는 것이고, 모래를 잡아두는 것은 부차적일 뿐이다(**그림 10.22**). 돌제는 보통 좁은 간격을

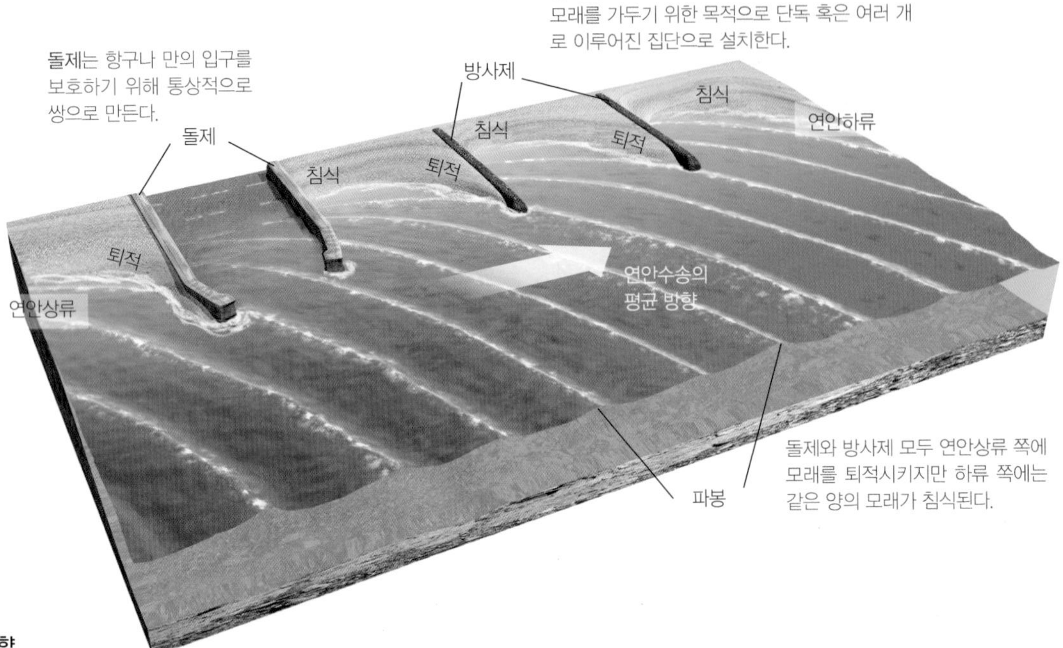

그림 10.22 **돌제와 방사제의 영향.**

두고 짝으로 건설되는데, 상당히 길어서 방사제에 비해 훨씬 많은 연안상류 퇴적과 하류 침식을 일으킬 수 있다(**그림 10.23**).

방파제

방파제(breakwater)는 해안선에 평행하게 건설된 경성 안정 구조물이다(**그림 10.24**). **그림 10.25**는 캘리포니아 샌타바버라항에 건설한 방파제이다. 캘리포니아의 연안수송은 주로 남쪽으로 일어나고 있다. 따라서 연안을 따라 동쪽으로 이동하던 모래가 항구 서쪽 방파제에 쌓였다. 항구의 서쪽 해빈은 계속 커져서 결국은 모래가 방파제를 돌아 이동해 항구를 채우기 시작했다(그림 10.25).

Web Animation
해안 안정화를 위한 구조물들
https://goo.gl/Fb2StT

서쪽에는 비정상적인 퇴적이 일어나는 반면 항구의 동쪽에서는 놀라운 속도로 침식이 진행되었다. 항

그림 10.23 **캘리포니아 산타크루즈항의 돌제들.** 이 돌제들은 산타크루즈항으로 들어가는 수로를 보호하면서 오른쪽(남쪽)으로 향하는 모래의 흐름을 막고 있다. 돌제의 왼쪽(연안상류)에 모래가 쌓이고 오른쪽(연안하류)에는 상응하는 침식이 생겼다.

구 동쪽의 파도는 더 이상 이전처럼 크지 않지만, 전에 연안 아래로 이동해오던 모래는 방파제 뒤에 갇혀 버렸다.

캘리포니아 산타모니카의 선박 계류장에 건설한 방파제에서도 비슷한 상황이 발생하였다. 방파제 뒤쪽(내안 쪽)의 해빈은 불룩하게 튀어나오고 아래쪽의 연안에는 심각한 침식이 생겼다(**그림 10.26**). 방파제는 모래의 이동을 유지시키던 파도를 막음으로써 자연적인 모래의 수송을 방해하였다. 만약 시스템에 에너지를 되돌려주는 어떤 조처가 취해지지 않으면 방파제에는 곧 육계사주가 붙게 되고 연안하류는 더욱 침식되어 연안 구조물들이 파괴될 것이다.

샌타바버라와 산타모니카에서는 방파제 아래쪽의 침식을 보충하고 항구와 계류장이 모래로 메워지는 것을 막기 위해서 준설 작업을 실시하였다. 방파제 뒤쪽에서 준설한 모래를 연안의 하류쪽에 쏟아부어 연안수송을 통해 침식된 해빈을 다시 보충할 수 있도록 하였다.

준설 작업으로 샌타바버라의 상황은 안정을 찾았지만 상당한(앞으로도 계속될) 비용이 들었다. 산타모니카에서는 1982~1983년의 폭풍으로 방파제가 크게 파손될 때까지 준설 작업을 하였다. 방파제 파손 후 오래지 않아 파도는 다시 연안을 따라 모래를 이동시킬 수 있었고, 시스템은 정상으로 되돌아왔다. 연안의 자연적 작용을 인간이 간섭할 경우에는 환경변화로 인해 다른 방향으로 전환된 에너지를 대체할 수 있도록 새로운 에너지를 반드시 마련해주어야 한다.

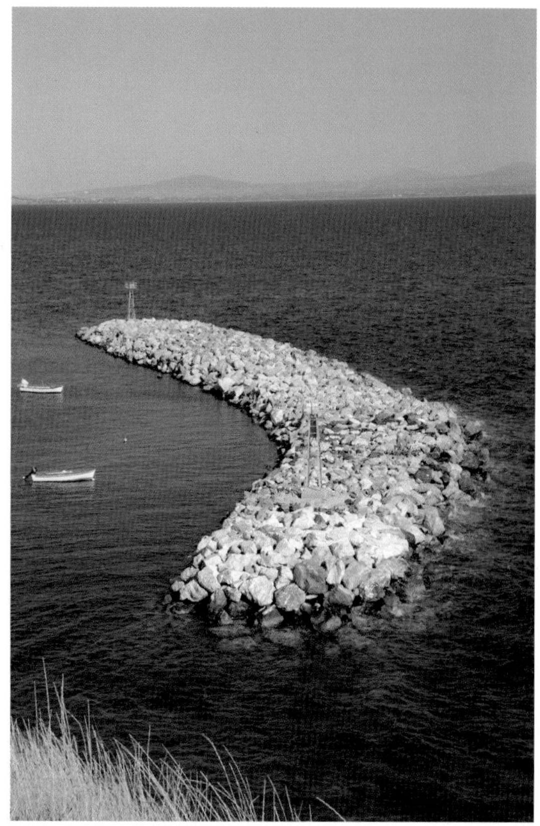

그림 10.24 그리스 북부, Nea Fokea의 방파제. 방파제는 연안에 평행하게 설치하며, 바위나 블록을 수면 위 1m 정도 높이로 쌓아올려 만든다. 방파제는 파도 에너지를 줄여서 그 뒤쪽(해안쪽)을 보호할 수 있도록 설계한다.

그림 10.25 캘리포니아 샌타바버라항의 방파제. (a) 샌타바버라항과 연안에 연결하여 건설된 방파제를 그린 그림이다. 방파제가 연안수송을 방해하여 해빈이 넓어졌다. 방파제를 돌아서 항 내부로까지 해빈이 확장되자 쌓인 모래로 인해 항은 폐쇄될 위기에 처하게 되었다. 그 결과, 항구 내부에서 모래를 준설하여 침식이 일어나고 있는 연안 하부로 옮기는 작업이 시작되었다. (b) 서쪽을 바라보고 찍은 샌타바버라항의 항공사진.

(a) 1931년 9월의 산타모니카의 해안선과 잔교(방파제는 1933년에 건설됨). 말뚝 위에 건설된 잔교는 연안수송에 큰 영향을 미치지 않는다.

(b) 1949년 같은 장소의 사진으로, 선박 계류장을 만들기 위해 설치한 방파제가 모래의 연안수송을 방해하여 방파제 뒤쪽 해빈에 모래의 돌출부가 생겼다.

그림 10.26 캘리포니아 산타모니카의 방파제. (a) 방파제 건설 전 (b) 방파제 건설 후, 방파제 뒤쪽에 모래가 쌓여 해안선이 돌출된 것을 보여준다. 1983년 파도에 의해 방파제가 무너진 후에 돌출부는 사라지고 다시 직선형의 해안선으로 되돌아왔다.

호안

경성 안정 중에서 가장 파괴적인 형태의 하나가 **호안**(seawall)으로(**그림 10.27**), 해안에 평행하게 해빈둔덕의 육지 쪽을 따라 건설한 것이다. 호안의 목적은 해안선을 방호하고 육지 개발 시설을 바다의 파도로부터 보호하는 것이다.

그러나 파도가 호안에 부딪쳐 부서지기 시작하면 파도 에너지의 급격한 방출로 인해 생긴 난류가 호안 전면의 모래를 급속히 침식하여 결국 호안은 무너지게 된다(그림 10.27). 울타리섬에서 재산을 보호하기 위해 호안을 사용한 많은 경우에 해빈의 바다 쪽 경사가 급해지고 침식률이 증가해서 해빈의 위락시설들이 파괴되었다.

잘 설계된 호안은 수십 년을 견딜 수도 있지만 지속적으로 강타하는 파도에 의해 결국은 무너지게 된다(**그림 10.28**). 장기적으로는 호안을 수리하거나 교체하는 비용이 그 재산 가치보다 더 커지게 될 것이고, 바다는 자연적인 침식작용으로 연안을 사라지게 할 것이다. 연안에 너무 가깝게 살면서 일생 동안 자신의 집은 파괴되지 않을 것이라는 요행을 바라는 사람들에게는 단지 시간 문제일 따름이다.

학생들이 자주 하는 질문

전체 연안의 장관을 볼 수 있는 연안 절벽 가장자리에 있는 집에서 살 기회가 생겼습니다. 그곳은 연안 침식으로부터 안전할까요?

당신의 설명을 근거로 볼 때 안전하지 않은 것이 거의 확실하다! 지질학자들은 오래 전부터 절벽이 자연적으로 안전하지 않다는 것을 알고 있다. 절벽이 안전하게 보여도(혹은 수 년 동안 안정되어 있었더라도) 큰 폭풍 한 번에 심각한 손상을 입을 수 있다. 연안 침식의 가장 흔한 원인은 직접적인 파도의 공격이다. 파도는 해안절벽의 아래 부분을 약화시켜 무너지게 한다. 만약 수 톤이나 되는 바위를 움직일 정도로 강한 폭풍파의 공격에도 절벽이 견딜 수 있다고 생각한다면, 절벽 아래를 직접 확인해보고, 그 지역의 기반암을 면밀히 조사해보는 게 좋을 것이다. 파도 외에도 배수지 흐름, 기암반의 연약부, 사태나 무너짐, 절벽 내부에 물이 스며드는 것, 심지어 굴착생물들까지도 위험 요소가 될 수 있다. 모든 주 정부는 새 건물은 모두 절벽의 가장자리에서 물러나도록 강제하고 있지만 그것만으로 충분하지 않다. 왜냐하면 아무리 '안전한' 부분이라 하더라도 때로는 절벽의 큰 부분이 한꺼번에 떨어지는 경우도 있기 때문이다. 예를 들어 남부 캘리포니아의 어느 지역에서는 지난 100년간 몇 개 도시구역에 해당하는 건물들이 절벽의 가장자리에서 침식되었다. 전망은 멋있겠지만 절벽 가장자리에 너무 가깝게 지어졌기 때문에 많은 어려움을 겪게 될 것이다!

경성 안정에 대한 대안

경성 안정으로 해안을 방호하고 위락 해빈을 손상시키면서까지 해안에 지나치게 가까이 사는 몇몇 사람들의 집을 보호해주는 것이 좋은 생각일까? 만약 당신이 그들 중 하나라면 당신의 대답은 해빈을 찾아가는 일반 방문객과는 다를 것이다. 경성 안정이 환경에 부정적인 결과를 미친다는 것이 잘 알려져 있기 때문에 여러 다른 대안들이 추구되었다.

건축 제한 가장 간단한 대안의 하나로는 연안 침식이 일어날 수 있는 곳에 건축을 제한하는 것이다. 불행하게도 이것은 연안 지역의 인구가 늘어나면서 점점 선택 가능성이 없어지고 있고, 미국 정부는 **국가 침수 보험 프로그램**(National Flood Insurance Program, NFIP) 같은 것 때문에 오히려 손실과 부상의 위험을 증가시키고 있다. 1968년에 처음 시작된 이래, NFIP는 위험성이 큰 연안 구조물을 수리하고 교체하는 데 수십 억 달러의 연방보조금을 쏟아 부었고, 결과적으로 NFIP는 실제로 바로 그 안전하지 못한 곳에 건축을 조장하는 결과를 가져왔다.[7] 또한 많은 주택 소유자들이 재건축과 보강에 많은 돈을 지출하였다.

해빈 보충 경성 안정에 대한 또 다른 대안으로서 **해빈 보충**[beach replenishment 또는 beach nourishment(양빈)]이 있다. 이것은 없어진 모래를 대신해서 해빈에 새로운 모래를 보충하는 것이다(**그림 10.29**). 자연적으로 대부분의 해빈에 자연적인 모래 공급원은 강들인데 설치된 댐들이 해빈으로 와야 할 모래를 막고 있다. 댐을 건설할 때 저 멀리 하류에 있는 해빈은 거의 고려되지 않는다. 해빈이 사라지기 시작해야 비로소 강이 연안에 작용하는 훨씬 큰 시스템의 일부라는 걸 생각한다.

그러나 엄청난 양의 모래를 해빈에 계속해서 공급해야 하는 양빈에는 많은 비용이 든다. 양빈의 비용은 해빈에 투입하는 물질의 양과 유형, 그 물질이 얼마나 멀리 운반되어야 하는지, 해빈에 어떻게 분배되어야 하는지 등에 따라 달라진다. 양빈에 사용되는 대부분의 모래는 외안 지역에서 가져오지만 인근의 강이나, 물을 뺀 댐, 항구, 석호 등에서 준설한 모래가 사용되기도 한다.

미국의 경우, 양빈에 사용되는 모래의 평균 가격은 $1m^3$당 5~10달러 사이이다. 전형적인 대형 쓰레기통은 약 $2.3m^3$를 담을 수 있고, 덤프트럭은 약 $45m^3$를 싣는다. 양빈의 단점은 엄청난 양의 모래를 운반해야 하고 정기적으로 새 모래를 공급해야 한다는 것이다. 이런 문제점들 때문에 양빈은 종종 합리적인 예산 범위를 훨씬 넘게 된다. 예를 들어 수백 m^3 규모의 조그

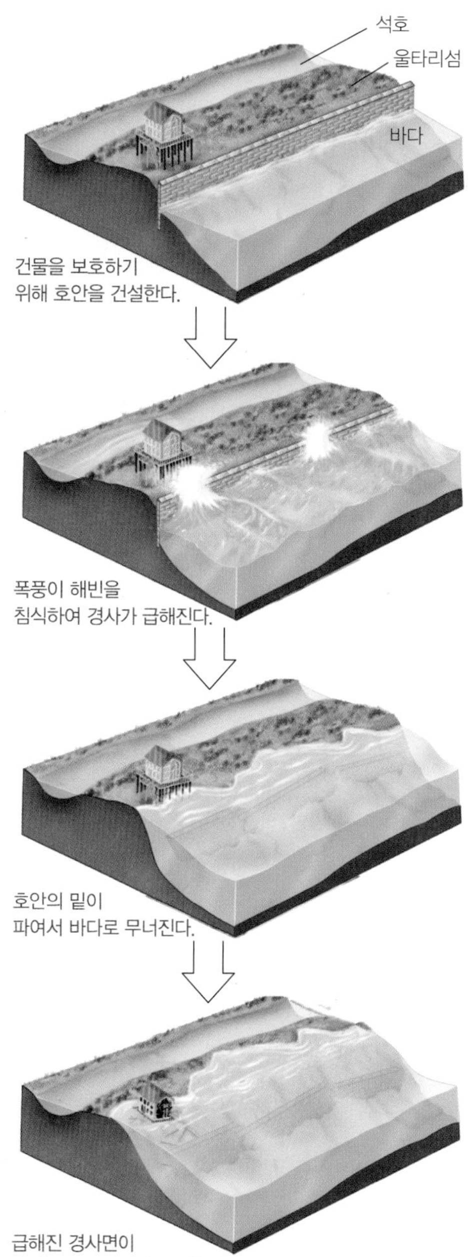

그림 10.27 호안과 해빈. 바닷가 재산을 보호하기 위해서 울타리섬의 해빈에 호안을 설치했을 때 일어날 수 있는 부정적인 결과를 보여주는 그림

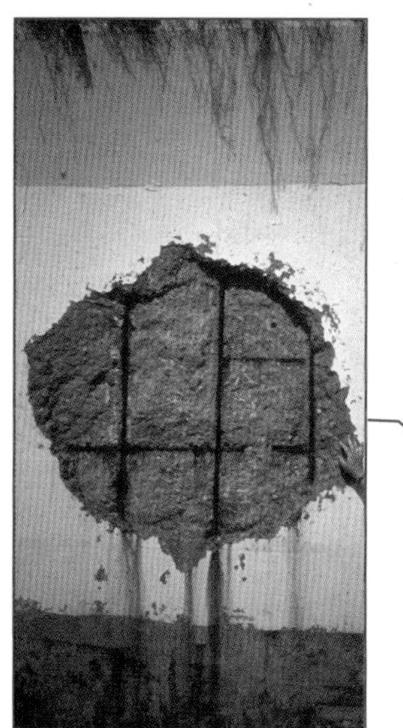

그림 10.28 호안의 손상. 파도에 손상을 입어 수리가 필요한 캘리포니아 솔라나 해빈의 호안. 호안은 튼튼해 보이지만 높은 에너지의 폭풍파가 지속적으로 강타하면 파괴된다. 게다가, 강한 파도에 실려 온 나무둥치가 엄청난 힘으로 호안을 때리기도 한다.

7 NFIP를 감독하는 연방위기관리국(Fedral Emergency Management Agency, FEMA)의 규정이 최근에 변경된 것은 이를 억제하기 위해서이다.

그림 10.29 해빈 보충. 캘리포니아 칼즈배드에서 해빈을 넓히기 위해 양빈을 실시하고 있다. 외해나 연안 지역의 모래를 준설해서 파이프를 통해 (오른쪽 아래) 펌프로 해빈에 뿌린다.

만 양빈 작업도 연간 약 만 달러 정도의 비용이 든다. 수십만 m^3 규모의 큰 작업의 경우 매년 수백만 달러의 비용이 들게 된다.

이전 최근의 미국의 연안 정책은 위험 지역의 연안 재산을 방호하는 것에서부터 인공 구조물을 제거하고 자연이 해빈을 복원하도록 하는 방향으로 바뀌었다. 이런 접근법을 **이전**(relocation)이라 하고, 건축물이 침식의 위협을 받게 되면 안전한 곳으로 이동시키는 것을 포함하고 있다. 이 기술의 성공적인 사례의 하나로 노스캐롤라이나에 있는 해터러스 곶(Cape Hatteras) 등대의 이전이 있다. 현명하게 실행된다면 이전은 인간이 해빈을 끊임없이 변화시키는 자연 작용과 균형을 이루면서 살 수 있도록 해줄 것이다.

요약

경성 안정에는 방사제, 돌제, 방파제, 호안 등이 있고, 이들은 모두 연안 환경을 변화시켜 해빈의 모양을 변형시킨다. 경성 안정에 대한 대안으로는 건축 제한, 양빈, 이전 등이 있다.

개념 점검 10.5 | 경성 안정의 유형을 기술하고, 다양한 대안들을 평가하라.

1 경성 안정의 유형을 열거하고 각각의 목적을 설명하라.
2 방사제는 해빈의 모래를 전반적으로 증가시킬 수 있는가? 설명하라
3 방사제들이 점차 늘어나서 종종 방사제 구역을 이루는 이유가 무엇인가?
4 산타모니카에 방파제를 처음 설치하였을 때 어떤 예기치 못한 문제가 발생하였는가? 그 문제를 완화하기 위해 어떤 조치를 취했는가?
5 경성 안정에 대한 대안들에 대하여 각각의 잠재적인 단점을 포함하여 설명하라.

10.6 연안 수역의 특성은 무엇이며 어떤 형태가 있는가?

해빈의 바로 바깥쪽은 **연안 수역**(coastal waters)에 해당한다. 연안 수역은 육지나 섬에 접해 있는 비교적 수심이 얕은 지역이다. 만약 대륙붕이 넓고 얕으면 연안 수역은 육지에서 수백 km까지 연장될 수 있다. 반면에 대륙붕이 상당한 기복이 있거나 심해분지로 급격히 깊어진다면 연안 수역은 육지 주변을 따라 비교적 좁은 지역에 국한할 것이다. 연안 수역을 지나면 외양이 된다.

여러 가지 이유로 연안 수역은 매우 중요하다. 이 절에서는 연안 수역의 독특한 특성을 알아본 다음, 다양한 형태의 연안 수역들, 즉, 하구만, 석호, 연해 등에 대해서 공부할 것이다.

연안 수역의 특징

육지에 가깝기 때문에 연안 수역은 육지나 육지 부근에서 일어나는 작용의 직접적인 영향을 받는다. 예를 들어 강물이나 조류는 외양보다 연안 수역에 훨씬 큰 영향을 미치게 된다.

염분 담수는 해수보다 밀도가 작기 때문에, 강물은 연안에서 해수와 잘 섞이지 않는다. 오히려 담수는 표층에서 쐐기 형태를 이루고 뚜렷한 **염분약층**(halocline)[8]을 만든다(**그림 10.30a**). 그러나 수심이 아주 얕으면 조석에 의한 혼합작용으로 담수는 해수와 섞이게 되고 수층의 염분이 작아진다(**그림 10.30c**). 또한 염분약층이 없어지고 수층은 **등염분**(isohaline: *iso* = same, *halo* = salt) 상태가 된다.

육지에서 들어오는 담수로 인해 연안역의 염분은 외양에 비해 낮은 것이 보통이다. 육지의 강수가 주로 비라면, 강의 유수는 우기에 최대가 된다. 반면에 유수가 주로 눈이나 얼음이 녹아 생기면 항상 여름에 최

8 염분약층(halocline: *halo* = salt, *cline* = slope)은 제5장에서 다룬 것처럼 염분이 급격히 변하는 층이다.

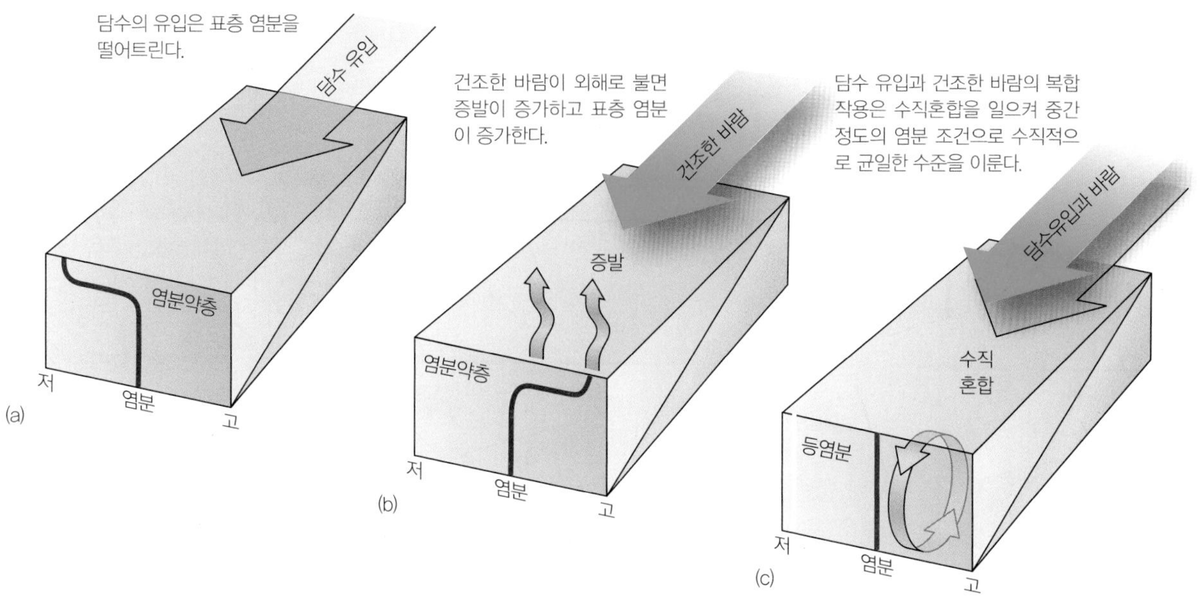

그림 10.30 연안해역의 염분 변화. 연안해역의 염분에 영향을 미치는 여러 요인들을 보여주는 그림. 빨간색 곡선들은 염분의 수직 변화를 나타낸다.
https://goo.gl/eVkzha

대가 된다.

외해의 탁월풍은 연안역의 염분을 증가시킬 수 있다. 바람은 보통 육지 위를 불어가면서 대부분의 수분을 잃게 되고, 이 건조한 바람이 바다에 오면 연안 수역의 표면을 통과하면서 상당량의 물을 증발시켜 염분약층을 만든다(**그림 10.30b**). 그러나 이 경우 염분약층의 경사는 담수의 유입으로 생긴 경우와는 반대가 된다(그림 10.30a).

수온 외양과 해수 순환이 자유롭지 못한 저위도 지역의 연안역에서는 표층수가 완전히 섞이지 못하고 표층수온이 45°C까지 올라가기도 한다(**그림 10.31a**). 반대로 많은 고위도 지역의 연안역에서는 바다 얼음이 만들어지고 수온은 균일하게 낮아서 일반적으로 약 −2°C 이하가 된다(**그림 10.31b**). 저위도와 고위도의 연안 수역은 거의 **등온**(isothermal: *iso* = same, *thermo* = heat) 상태가 된다.

중위도 연안역의 표층 수온은 겨울에 가장 차고 여름에 가장 따뜻하다. 여름에는 따뜻해진 표층수에서 **수온약층**(thermocline)[9]이 생기고(**그림 10.31c**) 겨울에는 차가워진다(**그림 10.31d**). 여름에는 수온이 아주 높은 표층수가 비교적 얇은 층을 이룬다. 수직 혼합은 열을 분산시켜 표층 수온을 낮추고, 따라서 수온약층은 깊은 곳으로 내려가며 덜 뚜렷해진다. 겨울에는 냉각된 표층수가 밀도가 커져 침강하게 된다.

외양의 탁월풍은 표층 수온에 상당한 영향을 미친다. 이 바람은 여름에는 비교적 따뜻해서 해양의 표층 수온을 올리고 해수의 증발을 증가시킨다. 겨울 동안에는 해양의 표면보다 훨씬 차가워서 해안 부근의 표층수를 냉각시킨다. 강한 바람으로 인한 혼합은 그림 10.31c와 10.31d의 수온약층을 깊어지게 하고 경우에 따라서는 전체 수층을 등온 상태로 만들기도 한다. 조류 역시 얕은 연안 수역에서 상당한 수직 혼합을 일으킨다.

연안 지형류 제7장에서 지형류(geostrophic currents: *geo* = earth, *strophio* = turn)는 환류의 중심부 주

9 수온약층(thermocline: *thermo* = heat, *cline* = slope)은 제5장에서 다룬 것처럼 수온이 급격히 변하는 층이다.

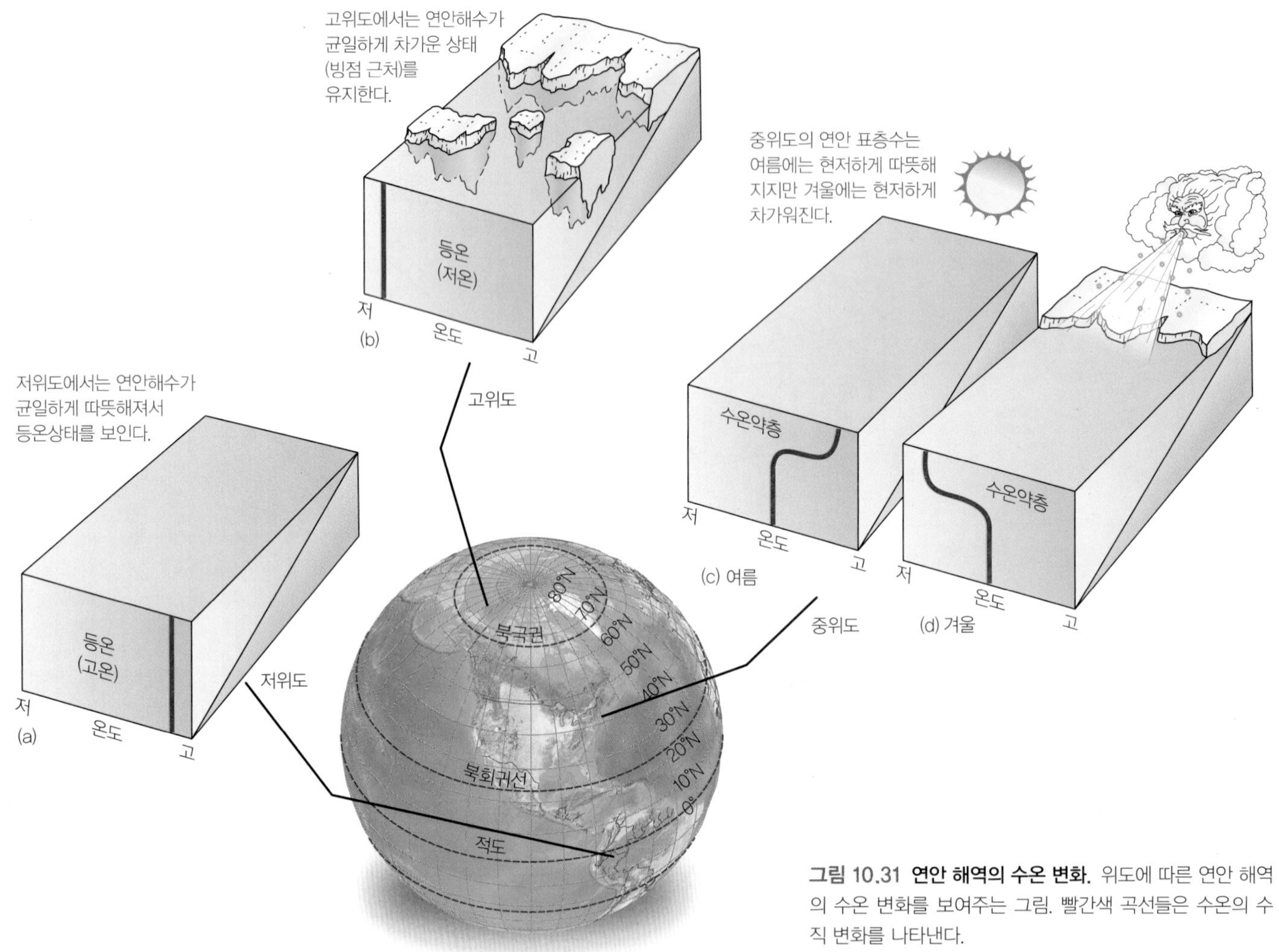

그림 10.31 연안 해역의 수온 변화. 위도에 따른 연안 해역의 수온 변화를 보여주는 그림. 빨간색 곡선들은 수온의 수직 변화를 나타낸다.

위를 순환하는 형태의 흐름이라는 것을 공부하였다. 연안 수역에서도 바람과 하천 유출수가 **연안 지형류**(coastal geostrophic currents)라는 지형류를 만든다.

해안선에 평행한 방향으로 해안선을 오른쪽에 두고 지속적으로 부는 바람은 (북반구의 경우) 물을 해안 쪽으로 이동시켜서 해안을 따라 물이 쌓이게 된다. 결국 중력은 물을 외해 쪽으로 끌어내리게 되고, 물은 해안에서 경사면 아래쪽으로 내려가면서 코리올리 효과에 의해 북반구에서는 오른쪽으로 남반구에서는 왼쪽으로 휘게 된다. 그래서 북반구에서 연안 지형류는 대륙의 서쪽 해안에서는 **북쪽으로**, 동쪽 해안에서는 **남쪽으로** 흐르게 된다. 남반구에서는 반대로 된다.

하천 유출량이 많은 경우, 유출수의 표층에는 해안에서 멀어지는 방향으로 기울어진 담수 쐐기가 만들어진다.(**그림 10.32**). 이로 인하여 낮은 염분의 표층수가 외해 쪽으로 흐르게 되고, 이 흐름은 코리올리 효과에 의해 북반구에서는 오른쪽, 남반구에서는 왼쪽으로 휘게 된다.

연안 지형류의 힘은 바람과 하천유출량에 의해 결정되기 때문에 변화가 심하다. 바람이 강하고 유출수의 양이 많으면 연안 지형류는 비교적 강해진다. 연안 지형류의 바다 쪽 한계는 보다 지속적으로 흐르고 있는 아열대 환류의 동안 경계류 혹은 서안 경계류에 의해 제한된다.

워싱턴과 오리건 연안의 **데이비드슨 해류**(Davidson Current)는 연안 지형류의 한 예로서(그림 10.32), 연중 흐르고 있지만 강우량이 많은(하천 유출량이 많은) 겨울철에 강한 남서풍을 만나면 비교적 강한 북서향의 흐름이 발달한다. 이 해류의 바깥쪽에는 캘리포니아 해류가 남쪽으로 흐르고 있다.

요약

얕은 연안 바다는 육지에 닿아 있고 외양에 비해서 수온과 염분의 변화가 크다. 연안 지형류가 발달할 수도 있다.

하구만

하구만(estuary: *aestus* = tide)은 반 폐쇄형 연안 수괴로, 담수의 유입으로 해수의 염분이 희석되는 곳이다. 하구만으로 들어오는 담수와 염분을 공급하는 해수 사이의 혼합 정도에 따라 pH, 염분, 수온 및 수위의 변화가 심한 해양환경이다. 가장 보편적인 하구만은 강이 바다로 들어오는 어귀이다. 많은 만, 내만, 소만, 협만 등도 역시 하구만으로 간주할 수 있다.

큰 강의 입구에는 많은 항구, 해양 상업 중심지, 중요한 상업 어획지 등과 같이 경제적으로 중요한 하구만들이 자리하고 있다. 예로는 볼티모어, 뉴욕, 샌프란시스코, 부에노스아이레스, 런던, 도쿄 등이 있고 그 외도 많은 곳들이 있다.

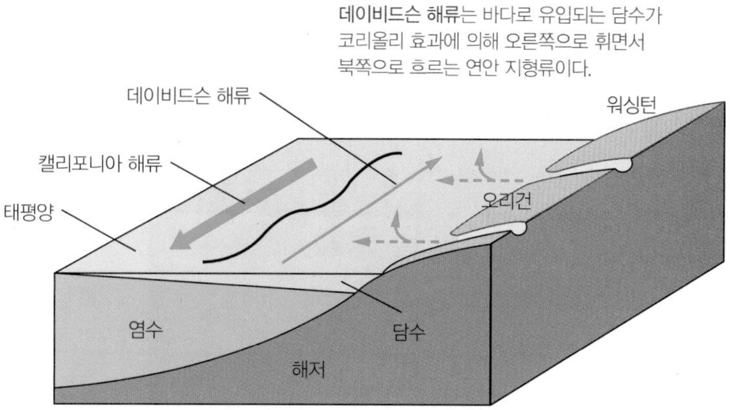

데이비드슨 해류는 바다로 유입되는 담수가 코리올리 효과에 의해 오른쪽으로 휘면서 북쪽으로 흐르는 연안 지형류이다.

데이비드슨 해류
워싱턴
캘리포니아 해류
태평양
오리건
염수
담수
해저

그림 10.32 데이비드슨 연안 지형류. 오리건과 워싱턴에서 태평양 북서 해안으로 흘러 들어가는 담수는 연안에서 멀어질수록 얇아지는 담수 쐐기(연한 푸른색)를 만든다. 이것이 저염수가 표층에서 외양쪽으로 흐르게 하고 코리올리 효과에 의해 오른쪽으로 휘게 된다. 이렇게 해서 해안 가까이를 캘리포니아 해류의 반대 방향(북쪽)으로 흐르는 데이비드슨 연안 지형류가 생긴다. 데이비드슨 연안 지형류는 하천 유출량이 많은 겨울 우기 동안에 더욱 강하게 발달한다.

하구만의 기원 지금의 하구만은 18,000년 전 대륙 빙하가 녹기 시작한 이후 해수면이 약 120m 상승한 결과 만들어진 것이다. 10.4절에서 기술한 것처럼 이 빙하들은 **빙하기**라고도 불리는 플라이스토세 동안 북미, 유럽, 아시아 등의 일부를 덮고 있었다. 하구만은 지질학적 기원에 따라 네 가지 유형으로 구분할 수 있다(**그림 10.33**).

1. **연안평야 하구만**(coastal plain estuary)은 해수면이 상승함에 따라 이미 있던 강의 계곡에 물이 잠겨 만들어진 것이다. 메릴랜드와 버지니아에 있는 체서피크만 같은 이런 하구만은 **침수하곡**(drowned river valleys)이라고 한다(그림 10.33a).
2. **피오르드**(fjord)[10]는 해수면이 상승하면서 빙하계곡이 물에 잠겨 만들어진 것이다. 물에 깎인 계곡은 V-형태의 단면을 갖지만 피오르드는 가파른 벽의 U-형태 단면을 갖는다. 통상적으로 빙하가 가장 멀리 확장되었던 범위를 나타내는 얕게 물에 잠긴 쇄설성 빙하 퇴적물(빙퇴석이라고 함)이 바다 쪽 입구 부근에 있다. 피오르드는 알래스카, 캐나다, 뉴질랜드, 칠레, 노르웨이 등의 연안에서 흔하다(그림 10.33b).
3. **사주기원 하구만**(bar-built estuary)은 수심이 얕으며, 파도의 작용으로 연안에 평행하게 퇴적된 사주에 의해 외해와 분리되어 있다. 본토와 울타리섬 사이에 있는 석호는 사주기원 하구만이다. 이것들은 미국의 텍사스에 있는 라구나 마드레와 노스캐롤라이나에 있는 팜리코 사운드 등을 포함해서 걸프 연안과 동부 연안에 흔하다(그림 10.33c).
4. **지각운동기원 하구만**(tectonic estuary)은 단층이나 암석의 습곡 작용으로 아래로 꺼진 제한적인 지형이 바닷물에 잠겨 만들어진 것이다. 샌프란시스코만은 산안드레아스 단층과 관련된 부분적인 지각운동의 결과로 생긴 하구만이다(그림 10.33d).

하구만 내부에서의 물의 혼합 일반적으로 담수는 하구만의 윗층을 통해서 외해로 이동하고, 반면에 밀도가 큰 해수는 바로 그 아래로 하구만의 상류 쪽으로 이동한다. 이 두 수괴가 만나는 곳에서 혼합이 일어난다.

하구만의 물리적 특성과 담수와 해수의 혼합 결과에 따라 하구만은 **그림 10.34**와 같은 네 가지 유형 중 하나로 분류할 수 있다.

---

10 노르웨이 말인 fjord의 발음은 '피오르드'이고 가파른 절벽으로 이루어진 길고 좁은 만을 뜻한다.

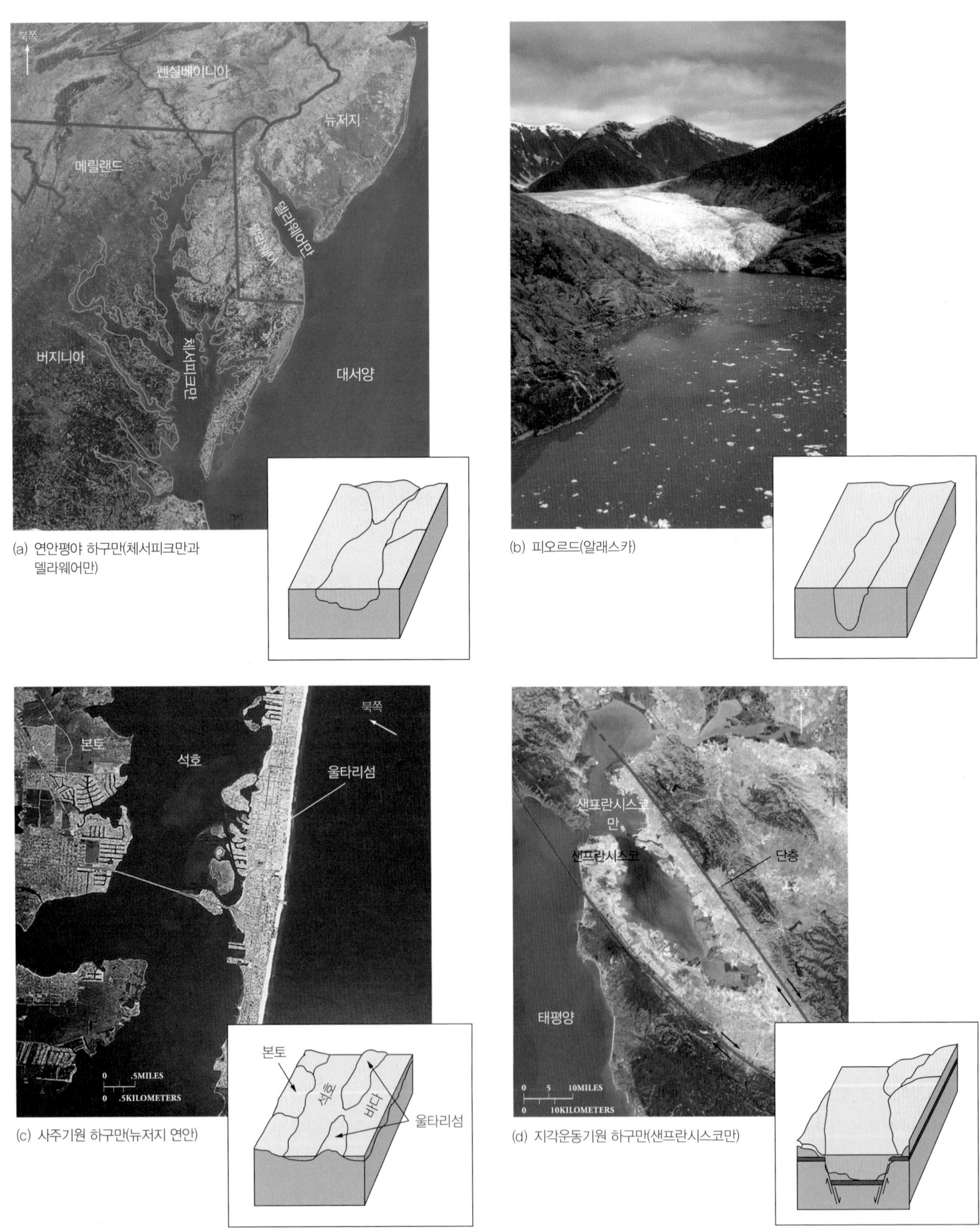

(a) 연안평야 하구만(체서피크만과 델라웨어만)

(b) 피오르드(알래스카)

(c) 사주기원 하구만(뉴저지 연안)

(d) 지각운동기원 하구만(샌프란시스코만)

그림 10.33 지질학적 기원에 의한 하구만의 분류. 네 가지 유형의 모식도와 실제 사진들

1. **수직혼합 하구만**(vertically mixed estuary)은 순 흐름이 항상 머리(상류) 쪽에서 입구(하류) 쪽으로 진행하는 얕고 크기가 작은 하구만이다. 강물과 해수의 혼합이 모든 깊이에서 균일하게 일어나기 때문에 하구만 내의 어느 한 지점의 염분은 표면에서 바닥까지 균일하다. 염분은 그림 10.34a에서 보는 것처럼 하구만의 머리 부분에서 입구 쪽으로 갈수록 단순히 증가한다. 해수가 들어올 때 코리올리 효과의 영향을 받게 되어 염분선은 하구만의 가장자리에서 휘게 된다.
2. **약한 성층 하구만**(slightly stratified estuary)은 어느 정도 깊은 하구만으로, 염분은 어느 깊이에서나 수직 혼합 하구만처럼 머리에서 입구로 갈수록 증가하지만 2개의 수층으로 구분된다. 표층은 강에서 온 염분이 낮고 밀도가 작은 층이고, 저층은 바다에서 온 염분이 높고 밀도가 큰 깊은 층이다. 이 두 층은 혼합대를 경계로 나누어진다. 약한 성층 하구만에서 생기는 해수 순환은 표층에서는 저염수가 바다로 향하는 순 흐름을 이루고 저층에서는 하구만의 머리 쪽으로 향하는 해수의 순 흐름이 생긴다(그림 10.34b). 이러한 형태의 순환을 **하구만 순환 형태**(estuarine circulation pattern)라고 한다.
3. **강한 성층 하구만**(highly stratified estuary)은 깊은 하구만으로, 상층의 염분은 머리에서 입구 쪽으로 증가해서 외양수에 가깝게 되고, 심층의 물은 하구만 전체 길이를 통해서 어느 깊이에서나 외양수의 염분과 같이 균일하다. 이런 형태의 하구만에서는 하구만 순환 형태가 잘 발달된다(그림 10.34c). 상층수와 하층수의 경계면에서 일어나는 혼합으로 심층수괴로부터 상층수로 들어가는 물의 순 이동이 생긴다. 염분이 낮은 표층수는 머리에서 입구 쪽으로 흘러가면서 심층수가 계속 섞이기 때문에 점점 더 염분이 높아진다. 상대적으로 강한 염분약층이 상층과 하층 수괴가 만나는 곳에서 발달하게 된다.
4. **염수 쐐기 하구만**(salt wedge estuary)은 염수가 쐐기 모양으로 바다에서 강물 아래로 들어오는 하구만이다. 이런 종류의 하구만은 깊고 수량이 많은 강의 어귀에서 전형적으로 만들어진다. 표층수는 하구만 전체 길이를 통틀어 — 경우에 따라서는 하구만 바깥까지 — 본질적으로 담수이기 때문에 표면에서는 수평적인 염분 변화가 없다(그림 10.34d). 그렇지만 표층 밑에서는 수평적인 염분 변화가 있고 하구만 전체 길이 중 어느 곳에서도 대단히 뚜렷한 수직 염분 변화(염분약층)가 있다. 이 염분약층은 하구만의 입구 부근에서는 더 얕고 강하게 생긴다.

모든 하구만 내에서 주된 혼합 형태는 위치, 계절, 조석 조건 등에 따라 달라진다. 그리고 실제 하구만에서 혼합 형태는 여기서 보여주는 모형처럼 단순하지는 않다.

하구만과 인간의 활동 하구만은 많은 해양 동물들의 산란장과 생육장으로 중요하다. 따라서 생태학적으로 건강한 하구만은 전 세계적으로 연안환경과 수산업에 대단히 중요하다. 그럼에도 불구하고 하구만은 환경을 손상할 수 있는 해운, 벌목, 공장, 폐기물 투기, 기타 활동 등에 이용되고 있다.

하구만은 인구가 많은 곳이나 또한 증가하고 있는 곳에서 가장 큰 위협을 받고 있지만 인구가 그리 많지 않은 곳에서도 역시 심각한 손상을 입을 수 있다. 예를 들어, 컬럼비아강 하구만의 개발은 많지 않은 인구로도 하구만이 얼마나 손상될 수 있는지를 보여주고 있다.

수직혼합 하구만

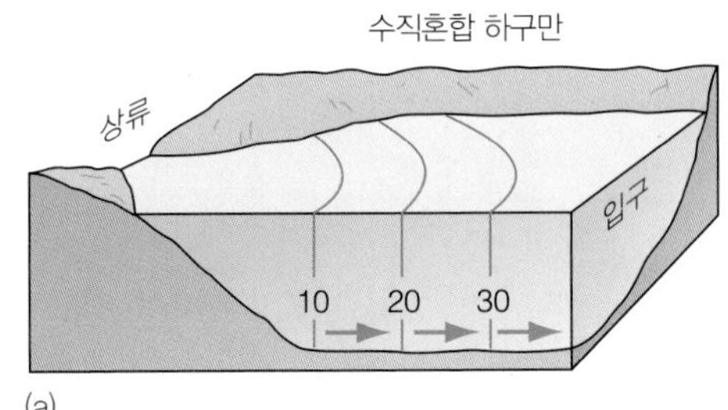

(a)

약한 성층 하구만

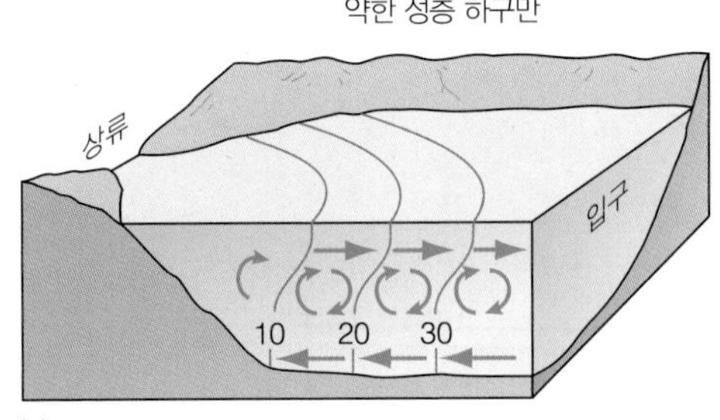

(b)

강한 성층 하구만

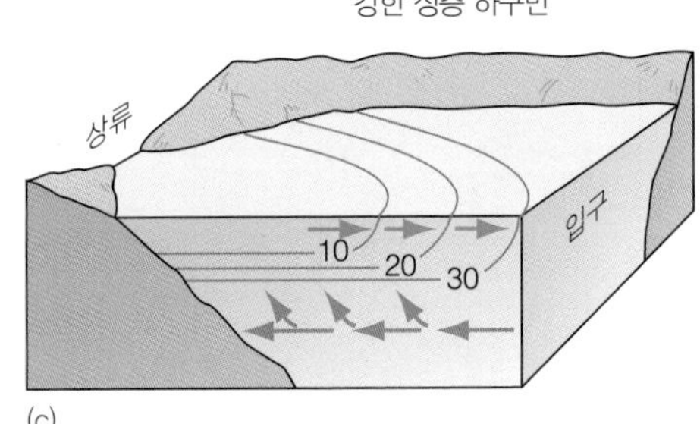

(c)

염수 쐐기 하구만

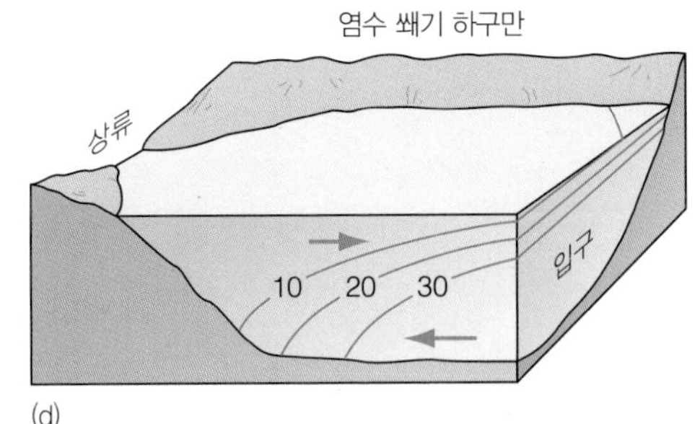

(d)

그림 10.34 혼합에 의한 하구만의 분류. 숫자는 염분(‰), 화살표는 흐름의 방향을 나타낸다.
https://goo.gl/EsQKKT

요약

하구만은 지난 빙하기 이후 해수면이 상승해서 만들어진 것이고, 기원에 따라 연안 평야, 피오르드, 사주 기원, 지각운동 기원 등으로 분류할 수 있다. 하구만은 또한 혼합 특성에 따라 수직 혼합형, 약한 성층형, 강한 성층형, 염수 쐐기형 등으로 분류할 수 있다.

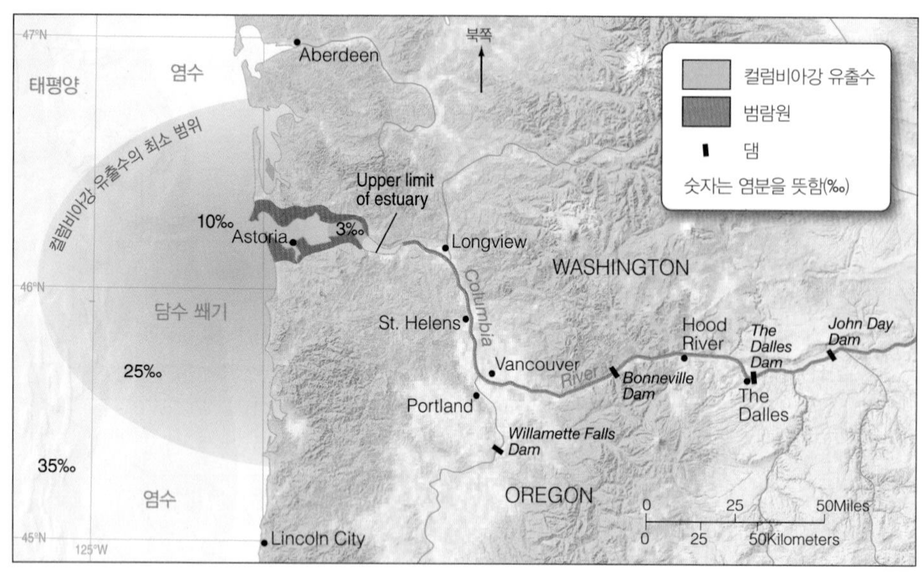

그림 10.35 컬럼비아강 하구만. 컬럼비아강 어귀에 있는 긴 하구만은 범람원에 건설된 제방들, 벌목활동, 특히 수력발전용 댐의 건설로 인해 큰 영향을 받았다. 컬럼비아강의 엄청난 수량은 거대한 저밀도 담수 쐐기를 만들어 먼 바다까지 그 흔적을 추적할 수 있다.

컬럼비아강 하구만 워싱턴과 오리건의 경계의 대부분을 차지하고 있는 컬럼비아강은 입구가 태평양으로 나 있는 긴 염수 쐐기 하구만이다(**그림 10.35**). 강한 강의 흐름과 조석에 의해 염수 쐐기는 상류 쪽으로 42km까지 올라가고 강의 수위를 3.5m 이상 높인다. 조석이 내려가면 엄청난 양의 담수 유출(초당 28,000cm^{3}까지 됨)이 태평양으로 수백 km까지 뻗어나가는 담수 쐐기를 만든다.

대부분의 강 하류에 만들어진 범람원은 비옥한 토양으로 인하여 경작에 유용하다. 19세기 후반에 농부들이 컬럼비아강을 따라 농사를 짓기 위해 범람원으로 모여들었다. 결국 매년 홍수로 입는 농사의 피해를 막기 위해 제방을 설치하였다. 그러나 홍수를 막아준 제방은 농사에 필요한 새로운 영양분을 범람원에서 빼앗아버렸다.

컬럼비아강은 현대사의 대부분 동안 지역경제를 유지시켜주었던 벌목산업의 주된 통로였다. 벌목산업에 의해 퇴적물이 더 증가하였음에도 다행스럽게도 강의 생태계는 살아 남았다. 그러나 강과 지류를 따라 건설된 250개 이상의 댐으로 인해 강의 생태계는 영원히 바뀌어버렸다. 예를 들어 이 강의 많은 댐에는 물고기가 댐을 우회해서 고향 하천 산란장으로 거슬러 올라갈 수 있도록 도와주는 짧은 수직계단의 '연어 사다리'가 없었다.

비록 그 댐들이 복합적인 문제점들을 일으키긴 했지만 홍수조절, 전력생산, 믿을 만한 수자원 등을 제공해주었고 이 모든 것들은 그 지역의 경제에 필요한 것들이었다. 해운 작업을 위해 주기적으로 실시한 준설은 오염의 위험을 증가시켰다. 만약 컬럼비아강 하구만처럼 인구가 적은 지역에서도 이런 종류의 문제점들이 생긴다면 체서피크만처럼 인구가 훨씬 많은 하구만에서는 환경에 미치는 영향이 훨씬 클 것이다.

체서피크만 하구만 체서피크만 하구만은 길이가 약 320km, 가장 넓은 곳의 폭이 약 56km인 미국에서 가장 큰(연구가 잘 된) 하구만이다(**그림 10.36**). 이곳은 총인구가 약 1,500만 명이 되며 6개 주에 걸쳐 있는 약 166,000km^{2}의 유역을 배수지로 갖고 있다. 만의 해안선 길이는 이곳으로 흘러 들어오는 19개의 주요 강과 100여 개의 개천과 지류들로 인해서 놀랍게도 17,700km나 된다. 이 지역은 서스퀘해나강의 하부가 가장 최근 빙하기 이후의 해수면 상승에 의해 침수되어 만들어졌다.

체서피크만은 약한 성층 하구만으로 염분, 수온, 용존산소 등이 계절에 따라 크게 변한다. 그림 10.36a는 이 하구만의 바다 쪽으로 증가하는 평균 표층 염분을 보여주고 있다. 염분선은 코리올리 효과로 인해 실제로 만의 가운데서는 남-북으로 향하고 있다. 코리올리 효과가 북반구에서는 흐르는 물을 오른쪽으로 휘게 하는 것을 생각해보면, 만으로 들어오는 해수는 만의 **동쪽**을 끼고 들어오고 만을 통해서 바다로 흘러가는 담수는 **서쪽**을 끼고 흐르게 된다.

봄철에 강물이 최대가 될 때는 강한 염분약층(그리고 밀도약층[11])이 발달해서 염분이 높은 심층수와 표

11 밀도약층(pycnocline : *pycno* = density, *cline* = slope)은 제5장에서 다룬 것처럼 밀도가 급격히 변화하는 수층을 말한다. 깊이에 따른 수온과(또는) 염분의 급격한 변화로 인해 생긴다.

층의 담수가 섞이는 것을 막는다. 약 5m 정도까지 얕게 발달하는 밀도약층 아래에는 5~8월까지 심층의 유기물이 부패해서 **무산소 상태**(anoxic: *a* = without, *oxic* = oxygen)가 된다(그림 10.36b). 이 시기에 상업적으로 중요한 꽃게, 굴, 기타 다른 저서 생물들이 죽게 된다.

1950년대 초반 이후, 성층의 정도와 저서 동물들의 사망이 증가하였다. 도시 하수와 농업용 비료에서 비롯된 영양염이 증가하였고 그에 따라 미세 해조류의 생산성이 증가하였다(해조류 대증식). 이런 생물들이 죽으면 그 사체가 만의 바닥에 유기물로 쌓여서 무산소 상태를 더욱 가중시킨다. 그러나 강물이 줄어드는 건조한 해에는 영영염 유입이 감소하기 때문에 무산소 상태의 범위나 정도가 약해진다(그림 10.36c).

석호

울타리섬의 육지 쪽에는 **석호**(lagoon)라고 하는 막혀 있는 얕은 물이 있다(그림 10.33c 참조). 석호는 사주기원 형태의 하구만에서 만들어진다. 석호와 해양의 순환이 제한적이기 때문에 석호 내에는 뚜렷한 3개의 지역이 있다(**그림 10.37**). (1) 강이 들어오는 석호의 머리 쪽 부근의 **담수 지역** (2) 석호의 가운데에 있는 **전이대**인 기수[12] 지역 그리고 (3) 석호의 입구 부근의 **염수 지역** 등이다.

석호 내의 염분은 입구 부근에서 가장 높고 머리 쪽에서 가장 낮다(그림 10.37b). 기온과 강수량의 계절적인 변화가 있는 중위도에서는 따뜻하고 건조한 여름 동안에는 증발로 없어진 물을 보충하기 위해서 해수가 입구를 통해 흘러 들어와 석호의 염분을 증가시킨다. 석호는 증발률이 대단히 높은 건조한 지역에서는 초염상태[13]가 될 수 있다. 증발로 없어진 물을 보충하기 위해서 외양에서 석호로 물이 들어오더라도 용해 성분은 증발되지 않아 극도로 높은 수준으로 축적되기도 한다. 우기에는 담수가 증가하면서 석호의 염분은 훨씬 낮아진다.

조석의 영향은 석호의 입구에서 가장 크고(그림 10.37c) 염수 지역에서 내륙 쪽으로 갈수록 작아져서 담수 지역에서는 거의 알 수 없을 정도가 된다.

라구나 마드레 라구나 마드레는 코퍼스 크리스티와 리오그란데강의 어귀 사이의 텍사스 연안에 있다(**그림 10.38**). 이 길고 좁은 수역은 길이가 160km인 울타리섬인 파드리섬에 의해 외양과 격리되어 있다. 이 석호는 아마도 약 6000년 전 해수면이 현재의 높이에 도달했을 때 만들어진 것으로 보인다.

이 지역 멕시코만의 조차는 약 0.5m이다. 파드리섬의 양쪽 끝에 있는 유로는 아주 좁아서 석호와 외양의 조석 교환은 거의 없다.

라구나 마드레는 초염 석호로, 수심은 대부분 1m 이하이다. 결과적으로 수온과 염분의 계절 변화가 아주 크다. 수온은 여름에는 32°C에 이르고 겨울에는 5°C 이하로 내려간다. 염분은 가끔 폭풍이 많은 양의 담수를 공급할 때

12 담수와 염수가 섞여서 염분이 중간 정도인 물을 기수라 한다.

13 해수의 염분이 지나치게 높아진 상태를 초염상태라 한다.

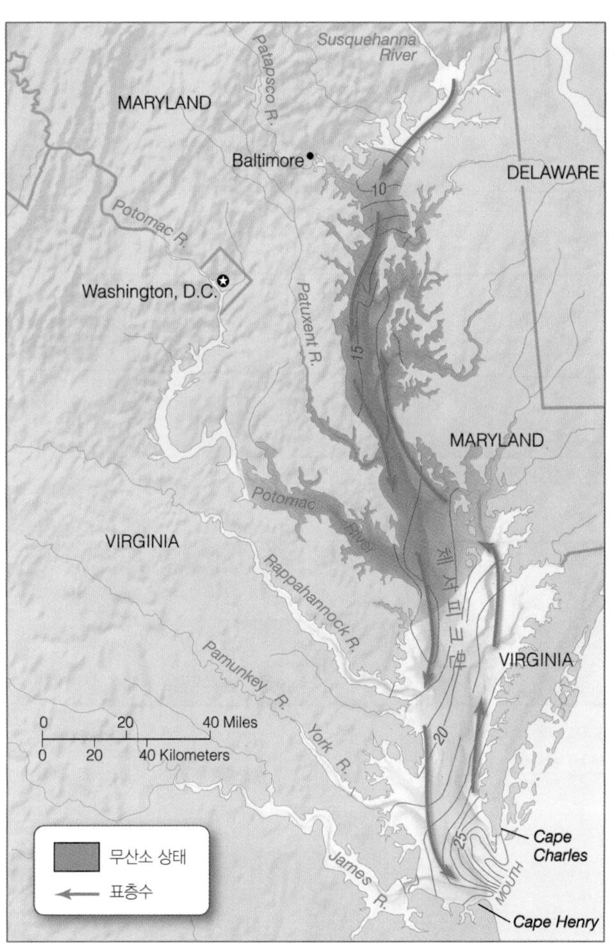

(a) 표층수의 평균 염분(파란색 선, 단위는 ‰), 만 중앙의 붉은색은 무산소 상태의 해수를 표시

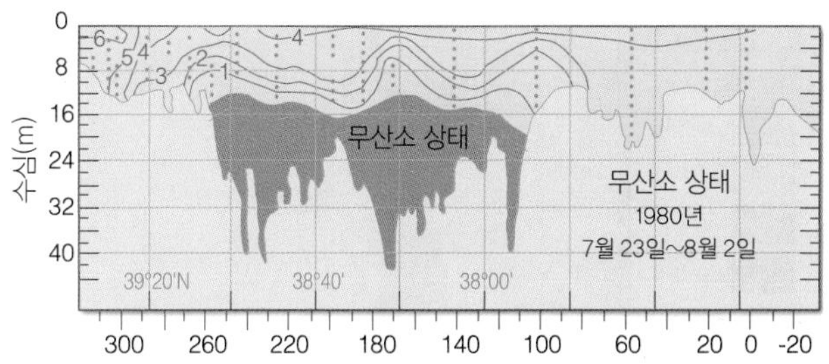

(b) 1980년 7~8월 동안, 체서피크만 남북 방향의 용존산소 농도분포 단면. 붉은색은 무산소 상태의 저층수를 표시

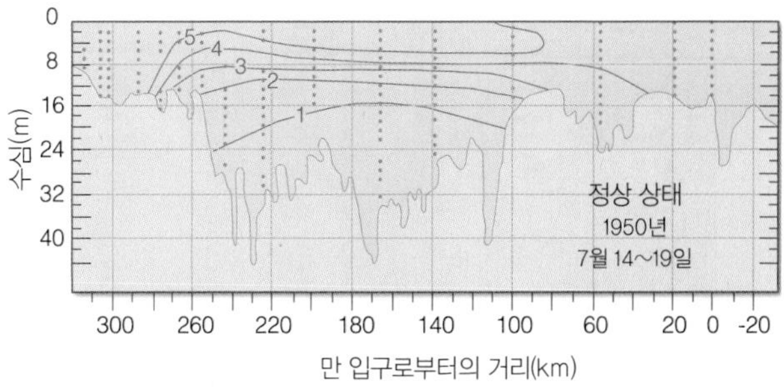

(c) 1950년 7월, 정상적인 용존산소 농도분포를 나타낸 비교 단면

그림 10.36 체서피크만의 염분과 용존산소.

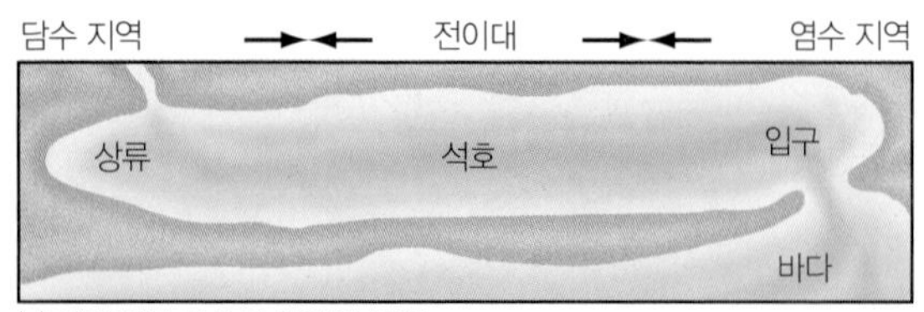

(a) 전형적인 석호의 형태와 특징

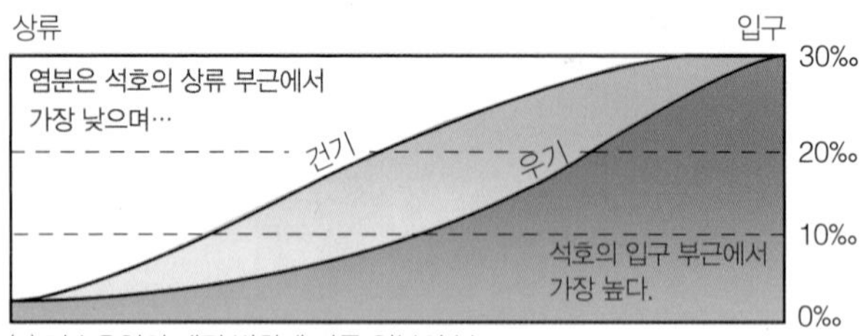

(b) 담수유입의 계절 변화에 따른 염분의 분포

(c) 전체적인 석호의 조석 효과

그림 10.37 석호. 전형적인 석호의 일반적 특징을 보여주는 그림들.

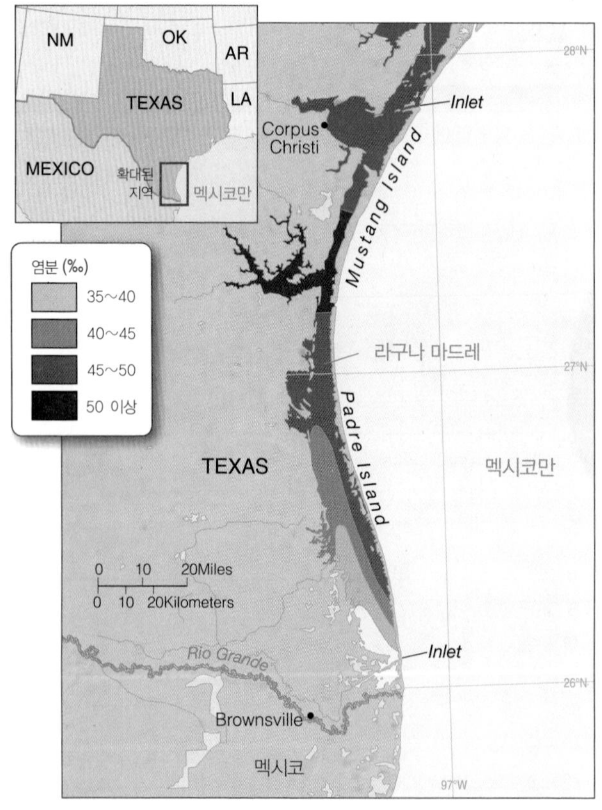

그림 10.38 텍사스주 라구나 마드레의 전형적인 여름철 표층 염분(‰).

는 약 2‰에서 내려가지만 건조한 시기에는 100‰ 이상까지 올라간다. 높은 증발로 인해 보통 50‰을 훨씬 넘는 염분이 유지된다.[14]

염분에 강한 습지식물들조차도 이렇게 높은 염분은 견디지 못하기 때문에 파드리섬의 습지는 넓은 모래 해빈으로 대체되었다. 유로에서는 하구만 순환 형태의 정반대로 해수가 표층 쐐기 형태로 무거운 석호의 물 위로 흘러들어오고 석호의 물은 저층수로 흘러나간다.

연해

대양의 주변에는 비교적 큰 **연해**(marginal sea)라고 하는 반 고립형 수괴가 있다. 이런 바다의 대부분은 지중해처럼 지각운동으로 인하여 해양지각의 일부가 대륙 사이에 낮게 놓이게 된 결과로 만들어지거나, 카리브해처럼 호상 화산열도 뒤에 만들어진다. 연해는 외양보다 수심이 얕고 기후와 지리적 조건에 따라 외양과의 교환 정도가 달라진다. 결과적으로 염분과 수온은 전형적인 외양 수와는 상당히 다르다.

사례 연구 : 지중해 **지중해**(Mediterranean Sea: *medi* = middle, *terra* = land)는 실제로는 여러 개의 작은 바다들이 좁은 목을 통해서 연결되어 하나의 큰 바다를 이루고 있다. 이것은 약 2억 년 전 모든 대륙이 하나로 합쳐져 있을 때의 고대 바다인 테티스해의 흔적이다. 수심은 약 4,300m 이상으로 전 세계에 몇 개 안되는 해양지각 위에 얹힌 내해(육지 속 바다)이다. 지중해 해저의 두꺼운 소금 퇴적층과 기타 여러 증거들로 볼 때 이 바다는 약 600만 년 전에 거의 완전히 말랐고 큰 염수 폭포에 의해서 다시 채워진 것으로 보인다(심층 탐구 4.1 참조).

지중해는 북쪽과 동쪽으로는 유럽과 아시아의 극히 일부, 남쪽으로는 아프리카로 경계를 이루고 있다(**그림 10.39a**). 이 바다는 아주 얕고 좁은 지브롤터 해협을 통해서 대서양과 연결되고 보스포루스 해협을 통해서 흑해와 연결되는 것을 제외하고는 육지로 둘러싸여 있다. 그 외에 지중해는 1869년에 완성된 길이 160km의 수에즈 운하를 통해서 홍해로 연결되는 인공 수로를 갖고 있다. 지중해는 대단히 불규칙한 해안선을 갖고 있으며 에게해, 아드리아해 등과 같은 작은 바다로 나누어지고 각각은 별도의 순환 형태를 갖고 있다.

시실리에서 튀니지 연안까지는 수심 400m 정도의 깊이에서 **실**(sill)이라 불리는 해저산맥이 뻗어 있어 지중해를 2개의 해분으로 나누고 있다. 이 실은 두 해분 사이의 흐름을 방해하여 시실리와 이탈리아 본토 사이의 메시나 해협을 통해서 강한 해류를 흐르게 한다(그림 10.39a).

지중해 순환 지중해는 독특한 순환 형태를 가지고 있다. 중동의 건조하고 뜨거운 열기에 의해 지중해 동부에서 엄청난 양의 증발이 일어나며 이를 보충하기 위해서 지브롤터 해협을 통해 대서양 물이 표층을 통해 지중해로 들어오는 순환 형태가 만들어지는 것이다. 실제로 지중해 동부의 수위는 일반적으로 지

14 외양 해수의 정상적인 염분은 평균 35‰이다.

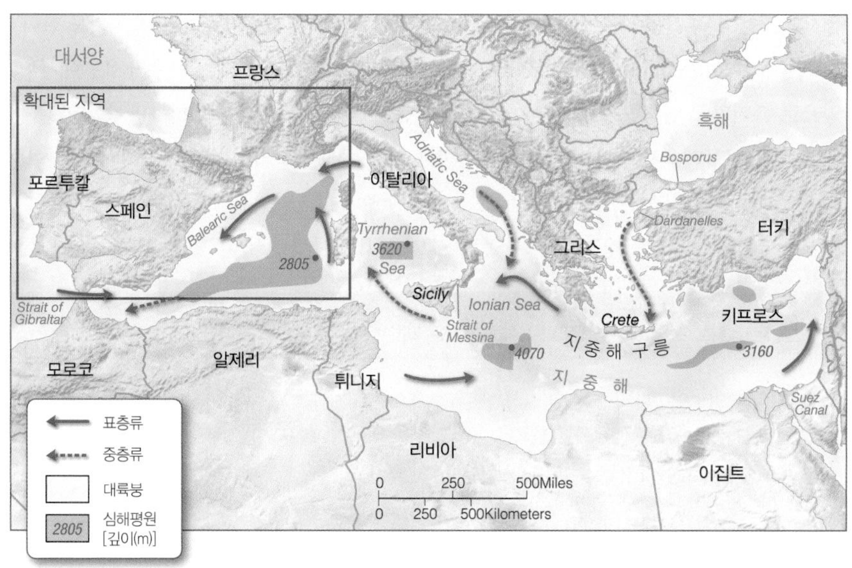

(a) 지중해의 수심과 실(sill, 해저구릉), 표층 흐름과 중층 흐름을 보여주는 지도

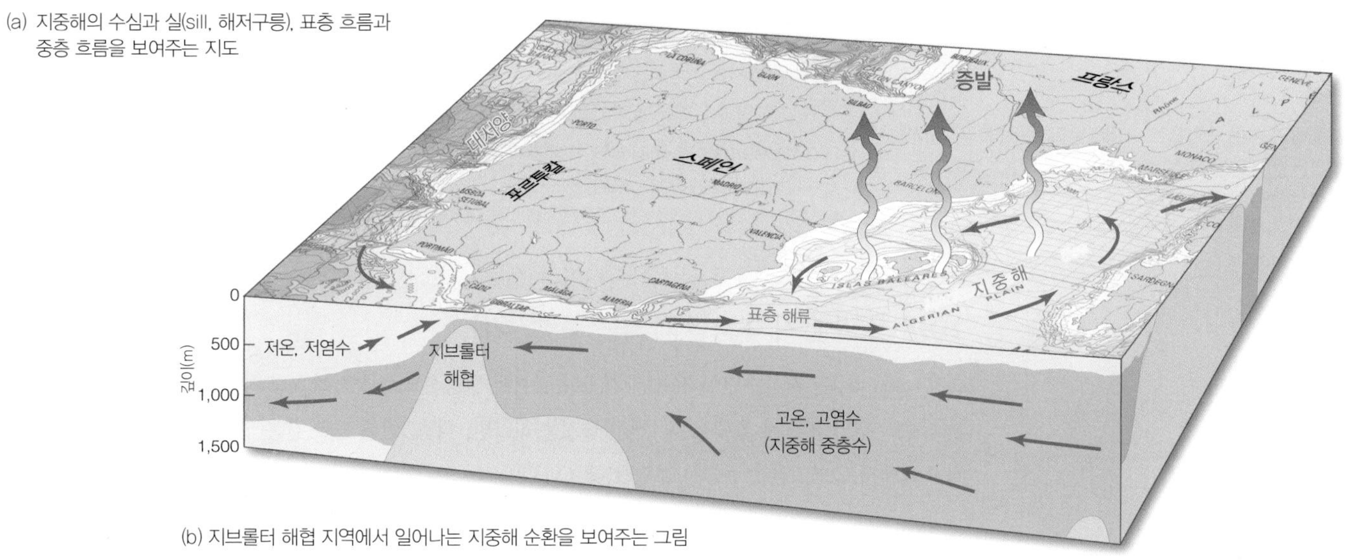

(b) 지브롤터 해협 지역에서 일어나는 지중해 순환을 보여주는 그림

그림 10.39 지중해의 수심과 순환.

브롤터 해협보다 약 15cm가 낮다. 표층수의 흐름은 아프리카 북부 연안을 따라 전 지중해를 거치며 북쪽으로 퍼져 나간다(그림 10.39a).

나머지 대서양의 물은 계속 동쪽으로 흘러 키프로스로 간다. 겨울 동안 이 물은 침강해서 수온 15°C, 염분 39.1‰의 소위 **지중해 중층수**를 만든다. 이 물은 수심 약 200~600m 사이에서 서쪽으로 흘러 아표층수(subsurface flow)로 지브롤터 해협을 통해 북대서양으로 되돌아간다(그림 10.39b). 제2차 세계대전 때 지브롤터 해협을 지나던 독일 잠수함은 지중해를 통과하는 해류의 특성을 이용하여 엔진을 끈 채 발각되지 않고 드나들 수 있었다. 선장은 잠수함의 부력을 조절하여 아표층을 통하여 지중해로 들어가고 나올 때는 중층수의 흐름을 타고 빠져나올 수 있었다.

지중해 중층수가 지브롤터 해협을 빠져나올 때쯤이면 수온은 13°C, 염분은 37.3‰로 떨어진다. 이 물은 남극 저층수보다도 밀도가 크고 대서양의 같은 수심의 물보다도 훨씬 밀도가 커서 대륙사면 아래로 내려간다. 내려가는 동안에 대서양의 물과 섞이면서 밀도가 작아진다. 수심 약 1,000m 정도에서 이 물의 밀도는 주변의 물과 같아져서 사방으로 퍼지게 되는데(그림 10.39b), 때로는 2년 이상 지속되는 심해와동을

학생들이 자주 하는 질문

지중해 중층수는 그렇게 따뜻한데 어떻게 침강할 수 있나요?

따뜻한 물은 밀도가 낮은 것은 사실이지만 해수의 밀도에 영향을 미치는 것은 염분과 수온이다. 지중해 중층수의 경우에는 따뜻함에도 불구하고 밀도를 높일 수 있을 만큼 염분이 높다. 이 물은 밀도가 충분히 커지면 표면 아래로 침강해서 수온과 염분 특성을 유지하면서 지브롤터 해협을 빠져나가 북대서양으로 들어간다.

지중해와 대서양 사이의 순환은 증발량이 강우량보다 우세한 폐쇄적이고, 제한된 해역의 전형적인 순환형태이다. 저위도의 제한된 해역은 증발로 인해 급속히 물이 줄어들기 때문에 이를 보충하기 위하여 외해로부터 표층류가 유입되어야 한다. 외해에서 유입된 물이 증발되면 염분이 크게 높아지고, 밀도가 증가한 표층수는 결국 가라앉게 되어 이 표층류를 통해 외해로 되돌아간다.

요약

지중해의 높은 증발률로 – 대부분의 하구만에서 생기는 순환과는 반대인 – 표층으로 해수가 들어오고 저층으로 지중해의 고염수가 흘러 나간다.

일으키면서 멀리 북쪽의 아이슬란드까지 퍼져 나가는 것이 인공위성에서 관측되기도 한다.

지중해 순환(Mediterranean circulation)이라 불리는 이 순환 형태는 담수가 표층에서 외양으로 흘러가고 염수가 표층 아래에서 하구만으로 들어오는 대부분의 하구만 순환과는 정반대이다. 하구만에서는 담수의 유입이 증발에 의한 손실을 능가하지만 지중해에서는 증발이 유입을 능가한다.

개념 점검 10.6 | 다양한 형태의 연안 수역을 비교하라.

1 깊은 혼합이 일어나지 않는 연안 바다에서 외해의 바람과 담수의 유입이 염분 변화에 미치는 영향을 논의하라. 여름철과 겨울철은 어떻게 수층 내에서 수온의 분포에 영향을 주는가?
2 어떻게 저염의 연안 유출수가 연안 지형류를 만드는가?
3 하구만의 지질학적 기원에 따라 네 가지 주요 유형으로 분류하라.
4 수직혼합형 하구만과 염수 쐐기 하구만의 차이를 염분 분포, 수심, 강물의 양 등으로 기술하라. 어느 것이 좀 더 전형적인 하구만 순환형태를 보이는가?
5 체서피크만에서 표층 염분이 동쪽에서 더 높게 나타나는 요인과, 왜 여름 동안에 깊은 물의 무산소 환경이 시간에 감에 따라 더 심해지는지 설명하라.
6 라구나 마드레에서 염분의 계절변화를 크게 만드는 요인들은 무엇인가?
7 대서양과 지중해 사이의 해수 순환 형태를 기술하고, 전형적인 하구만 순환 형태와는 어떻게 그리고 왜 다른지 설명하라.

10.7 연안 습지의 당면 과제는 무엇인가?

습지(wetlands)란 지하수면이 지표면 가까이 있어서 전형적으로 습기에 포화되어 있는 생태계이다. 습지는 담수나 연안 환경에 접해 있다. 연안 습지는 하구만, 석호, 연해 등과 같은 연안 수역의 주변에 만들어지고 소택지, 갯벌, 연안 염습지 등이 있다.

연안 습지의 형태

연안 습지 중에서 가장 중요한 두 가지 형태는 **염습지**(salt marsh)와 **홍수림 소택지**(mangrove swamp)이다. 둘 다 간헐적으로 해수에 잠기고, 산소가 부족한 펄과 **이탄 퇴적물**이라는 유기물이 쌓여 있다.

염습지는 다양한 내염성 풀과 **염생식물**(halophytic: *halo* = salt, *phyto* = plant)로 구분되는 식물들이 살고 있다. 이들은 과다한 염분을 소금 결정으로 만들어서 몸 밖으로 제거하거나, 세포 속에 축적되었다가 염분이 지나치게 높아지면 세포를 잘라내 버리는 방식으로 이런 환경에서 살아나간다. 거의 대부분의 미 대륙 연안과 영국, 일본 그리고 남미의 동쪽 연안을 따라 잘 발달된 염습지 환경이 넓게 발견된다.

반면에 홍수림 소택지는 열대 지역(위도 30° 이내, **그림 10.40a와 10.40c**)에만 제한적으로 존재하며, 다양한 종의 내염 홍수림 나무들이 서식한다. 염수 환경에 살기 위해서 어떤 홍수림은 염수에 잠기지 않도록 삼각대 모양의 뿌리를 가지고 있는 것도 있으며, 어떤 종들은 과다한 염분을 잎의 표면에 소금 결정으로 만들기도 한다. 홍수림 소택지는 카리브해와 플로리다 전역에 분포하며, 전 세계에서 가장 넓은 분포지는 동남 아시아 곳곳에 퍼져 있다.

10.2 Squidtoons

https://goo.gl/WHfOoR

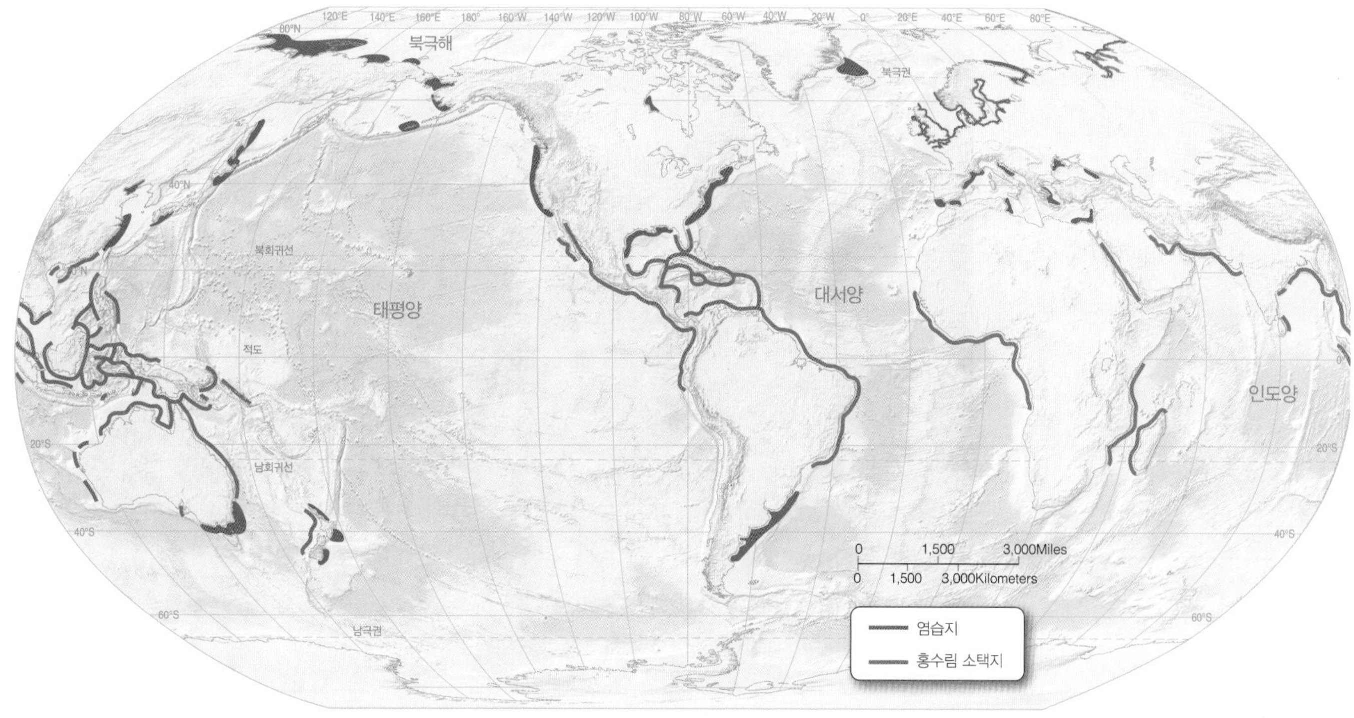

(a) 염습지(고위도 지역)와 홍수림 소택지(저위도 지역)의 분포를 보여주는 지도

(b) 캘리포니아 모로 베이의 전형적인 염습지

(c) 플로리다의 수로변에 우거진 홍수림

그림 10.40 염습지와 홍수림 소택지들.

연안 습지의 특징들

습지는 다양한 종의 동식물들의 서식처이며, 지구상에서 가장 생산성이 높은 생태계 중의 하나로서 그대로 두면 엄청난 경제적 이익을 준다. 예를 들어 염습지는 미국 남부에서 경제적으로 중요한 어종들의 반 이상의 생육장이 된다(**그림 10.41**). 가자미나 전갱이 같은 어류들은 염습지를 겨울 동안의 보호처와 먹이 장소로 사용한다. 굴, 가리비, 대합, 장어, 빙어 등의 어획은 염습지에서 직접 이루어진다. 홍수림 생태계는 상업적으로 중요한 작은 새우, 참새우, 갑각류, 어류 등의 생육장과 서식지로 중요하다. 염습지와 홍수림은 둘 다 많은 종류의 물새와 철새들의 중요한 경유지로도 역시 중요하다.

또한 습지는 농지와 강을 흘러내리는 영양분을 흡수함으로써, 연안 해역에 도달한 영양염이 유해 조

그림 10.41 해양 습지는 많은 어종들에게 서식지와 피난처를 제공한다. 염습지와 홍수림 소택지와 같은 해양 습지들은 많은 어종들의 중요한 생육장이 된다. 사진은 홍수림의 뿌리들 사이를 피난처로 삼고 있는 대서양 색줄멸이라는 어류이다.

류의 증식을 통하여 해양 무산소 상태를 만들 위험을 줄인다. 습지는 오염된 물을 정화하는 데 놀라울 정도로 효율적이어서 자연의 신장이라고 일컬어진다. 예를 들어 0.4ha의 습지는 해마다 276만 ℓ의 물을 걸러 낼 수 있으며, 농업 유출수, 독소 및 기타 오염 물질이 바다에 도달하기 훨씬 전에 정화할 수 있다. 습지는 유기질소화합물(오수와 비료에서 나옴)과 금속(육지에서 오염된 지하수에서 나옴)을 습지의 펄 속 세립질 입자들에 흡착시켜 제거한다. 일부 질소 화합물들은 퇴적물에 갇혀서 박테리아에 의해 분해되어 기체 상태로 대기 속으로 들어간다. 그리고 나머지 많은 질소 화합물들은 식물의 비료가 되어서 습지의 생산성을 더욱 높인다. 염습지의 식물이 죽으면 그 잔해들은 이탄 퇴적물로 쌓이거나 분쇄되어 박테리아, 곰팡이, 물고기 등의 먹이가 된다.

Interdisciplinary Relationship

또한 습지는 강한 폭풍이나 쓰나미가 왔을 때 최전방에서 파도 에너지를 약하게 해서 해안선의 침식을 막아주고 넘치는 물을 흡수해서 연안 지역을 범람으로부터 보호해준다. 예를 들어 2004년 인도양의 쓰나미는 일부 연안을 황폐하게 만들었지만, 외해의 산호초나 연안 습지의 보호를 받는 연안은 손상이 훨씬 적었다. 2005년 허리케인 카트리나로 인한 폭풍 해일의 범람 피해가 광범위했던 것은 미시시피강 델타의 습지가 줄어든 때문이다(제6장 6.5절 참조). 2012년 허리케인 샌디가 왔을 때, 보호해줄 습지가 전혀 없었던 뉴욕은 조금이라도 습지가 남아 있던 인접 지역보다 더 극심한 범람을 겪었다.

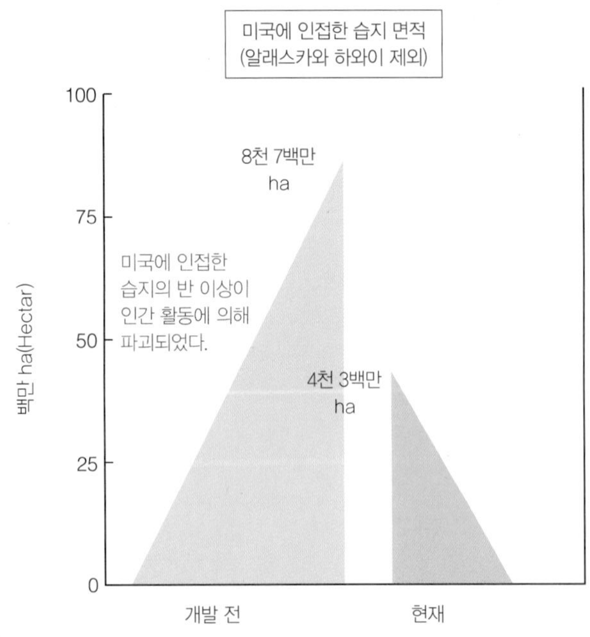

그림 10.42 미국에 인접한 습지의 손실.

소중한 습지의 심각한 손실

이런 모든 이익에도 불구하고 미국의 습지는 반 이상이 사라졌다. 한때 미국에 존재하던 원래의 8천 7백만 ha의 습지는 겨우 4천 3백만 ha만 남아 있다(**그림 10.42**). 바다 가까이 살고 싶어 하는 사람들 때문에 또 습지는 생산성이 없고 질병의 온상이 되는 쓸모없는 땅이라는 생각 때문에 습지는 매립되고 주택이나 공장, 농경 등을 위해서 개발되었다. 많은 곳에서 습지의 감소는 정기적인 강의 범람으로 생기는 신선한 퇴적물의 결핍에 의해 더 심각해진다. 범람하는 강의 유로를 다른 곳으로 바꾸는 바람에 퇴적물들은 습지가 아닌 다른 곳으로 빠져나가게 되었다.

루이지애나 연안 습지는 꾸준히 사라지고 있는 습지의 한 예이다. 습지의 토양은 시간이 지나면서 **침하 과정**을 통해 자연적으로 다져진다. 일반적으로, 식물의 성장이나 강의 범람으로 공급되는 새로운 퇴적물은 침하를 상쇄시켜주는데, 이런 요인들이 줄어들거나 제거되면서 많은 습지들이 성장 속도보다 빠르게 바다 속으로 가라앉고 있다. 예를 들어 미시시피강 델타는 해수면 상승과 함께 침하를 계속하여 금세기 말에는 루이지애나의 10% 정도가 해수면 아래로 가라앉을 것으로 추정된다.

다른 나라들 역시 비슷하게 습지를 잃어가고 있다. 실제로 과학자들은 지난 세기 동안 전 세계 습지의 50% 이상이 파괴된 것으로 추산하고 있다. 예를 들어 홍수림은 이미 심각한 위기에 처해 있어 홍수림이 있는 120개 나라 중 26개 나라에서 거의 멸종되어 가고 있다. 인도네시아는 지난 30년 동안 홍수림의 50% 이상을 잃어버렸고, 필리핀의 경우 원래 홍수림이 덮고 있던 지역의 70%가 사라진 것으로 보고되고 있다. 전 세계적으로 1980년 이후로 360만 ha의 홍수림이 사라졌으며 남아 있는 많은 홍수림 소택지도 위험한 상태에 있거나 심각하게 손상되어 있다. 현재의 손실 비율대로라면 전 세계의 홍수림 생태계는 향후 100년 내에 모두 파괴될 것이라는 염려가 커지고 있다.

남아 있는 습지가 사라지는 것을 막기 위해서 미국환경보호국(U.S. Environment Protection Agency, EPA)에서는 1986년에 습지보호사무국(Office of Wetlands Protection, OWP)을 설립하였다. 그 당시에 습지는 개발로 인해 연간 약 121,000ha씩 사라지고 있었다! 최근 1997년까지 연안 습지의 손실률은 연간 약 8,100ha 정도까지 낮아졌다. OWP의 목표는 습지 오염에 대한 규제를 강화하고 보호하거나 복원해야 할 가장 가치 있는 습지를 찾아내는 활동으로 미국의 습지 손실률을 0으로 만드는 것이다.

이러한 장기적이고 세계적인 감소 추세에도 불구하고, 금세기 들어 미국의 습지가 전반적으로 늘어나고 있다는 최근의 조사결과가 있다. 실제로 1998년부터 2004년 사이의 연구에 의하면 미국에서는 매년 약 13,000ha 정도로 추산되는 습지가 늘어나는 것으로 나타났다. 비록 작지만 이러한 증가는 주로 담수 습지의 증가에 기인한 것이다. 연안 습지는 계속 감소하고 있지만 이전에 비해서는 속도가 느려졌다. 전국적으로는 습지가 순 증가를 보이는 경향인데도 불구하고 연안역의 습지가 줄어들고 있다는 사실은 이런 경향 뒤에 있는 자연과 인간의 힘에 대한 좀 더 많은 연구가 필요하고 특히 연안역의 습지 보존을 위한 더 많은 노력이 필요하다는 것을 말해준다.

해수면의 상승은 습지 손실을 더욱 악화시킬 것으로 예측되고 있다. 향후 100년 동안의 해수면 상승을 아주 보수적으로 50cm로 추산하더라도 현존 미국 습지의 38~61% 정도가 사라질 것으로 추정되고 있다. 그러나 이러한 습지 손실의 일부는 해수면 상승 이전의 내륙지대에 새로운 습지가 생김으로써 부분적으로는 보충될 것이다. 그러나 이상적인 상황일지라도 사라져 버린 습지가 모두 되돌아오지는 않을 것이다.

Climate

Connection

요약

염습지와 홍수림 소택지와 같은 연안 습지는 생산성이 아주 높은 지역으로 많은 해양생물들의 중요한 생육장이 되고 바다로 유입되는 오염물질을 걸러주는 역할을 한다.

개념 점검 10.7 | 연안 습지가 당면하고 있는 문제점들을 구체적으로 명시하라.

1 연안 습지 환경의 두 가지 유형과 각 습지가 발달할 수 있는 위도 범위를 말해보라.

2 습지가 해양 생물 및 오염된 강물의 정화에 어떻게 기여하는가?

3 그림 10.42의 정보를 토대로 미국 연안의 습지 면적이 얼마나 많이 손실되었는지 계산해보라. 원래 습지의 몇 퍼센트가 아직 남아 있는가? 이러한 추세를 반전시키기 위해 어떤 노력들을 하고 있는가?

핵심 개념 정리

10.1 연안 지역은 어떻게 정의되는가?

▶ 연안 지역은 계속 변한다. 해안은 육지와 바다가 만나는 곳으로, 최저 저조선에서 폭풍파의 영향을 받는 육지의 가장 높은 곳까지를 말한다. 연안은 해안에서 내륙 쪽으로 해양 관련 지형이 있는 곳까지 연장된다. 연안선은 해안과 연안의 경계를 나타낸다. 해안은 저조선에서 고조선까지의 전안과 고조선 너머 연안선까지의 후안으로 나누어진다. 저조시의 해안선을 지나 바다 쪽으로 쇄파대까지 이어지는 곳은 근안 지역이고, 그 너머는 외안 지역이다.

▶ 해빈은 파식대지를 따라 이동하는 파도의 작용으로 인한 퇴적물이 해안 지역에 퇴적된 것이다. 이곳에는 위락 해빈, 해빈면, 저조 대지, 하나 이상의 연안사주와 연안사곡 등이 있다. 해빈은 무엇이든지 그 지역에 있는 물질로 구성되어 있다.

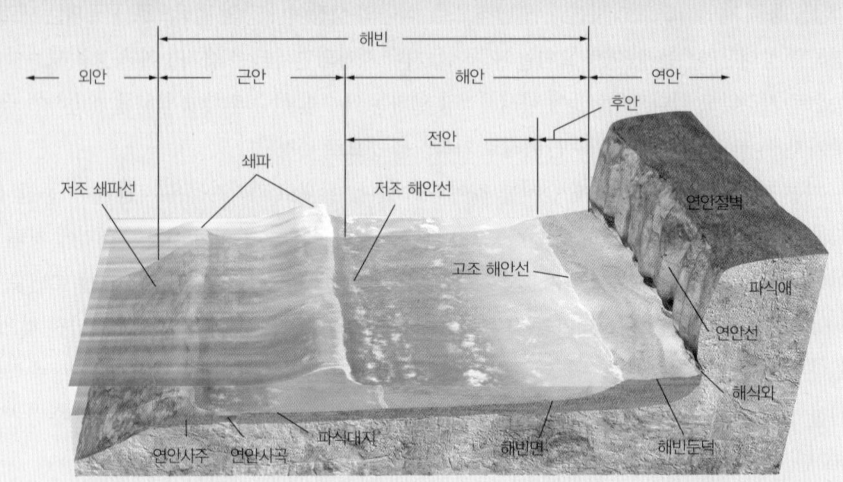

심화 학습 문제

해빈 용어에 대한 지식을 높이기 위해서 그림 10.1과 비슷한 당신 자신의 그림을 그리고 이름표를 붙여라.

능동 학습 훈련

해빈에서 사람들이 일광욕이나 바비큐를 하기에 적합한 곳은 전문 용어로 무엇이라 하는가? 또한 대부분의 사람들이 달리는 곳은 전문 용어로 무엇이라 하는가?

10.2 해빈에서 모래는 어떻게 움직이는가?

▶ 해안에서 부서지는 파도는 모래를 해안에 수직 방향으로 이동시킨다(해안 쪽과 해안에서 멀어지는 방향). 약한 파도가 작용할 때는 이동 시스템에서 스워시가 우세해서 모래를 해빈면의 위 해빈둔덕 쪽으로 밀어올린다. 강한 파도가 작용할 때는 이동 시스템의 백워시가 우세해서 모래는 해빈둔덕에서 해빈면 아래 연안사주 쪽으로 이동한다. 자연계에서는 약한 파도와 강한 파도의 작용이 균형을 이루어 모래가 해빈둔덕에 쌓였다가(여름 해빈) 해빈둔덕에서 없어지기(겨울 해빈)를 반복한다.

▶ 모래는 해안에 평행한 방향으로도 이동한다. 해안에 비스듬하게 부서지는 파도는 연안수송(연안이동)이라고 하는 퇴적물의 지그재그 이동을 일으키는 연안류를 발생시킨다. 매년 수백만 톤의 퇴적물이 연안상류에서 해빈의 연안하류 방향으로 이동한다. 미국의 태평양과 대서양 연안의 연안수송은 연중 대부분 남쪽으로 이동한다.

(b) 굴절하는 파도에 의해 만들어진 연안류가 해안선을 따라 지그재그 형태로 물을 이동시키고 있다. 이것이 모래를 연안상류에서 연안하류로 순이동시킨다(연안수송).

심화 학습 문제

당신이 해빈의 기파대 내에 떠 있다면 연안류의 방향과 그로 인한 연안수송의 방향이 하루 동안에도 바뀐다는 것을 알게 될 것이다. 해안선 작용에 관한 당신의 지식을 바탕으로 어떻게 그것이 가능한지 설명해보라.

능동 학습 훈련

강물의 흐름과 연안류의 흐름이 어떻게 비슷한지, 또 어떻게 다른지 다른 학생과 함께 논의해보라.

10.3 침식해안과 퇴적해안에는 어떤 지형들이 있는가?

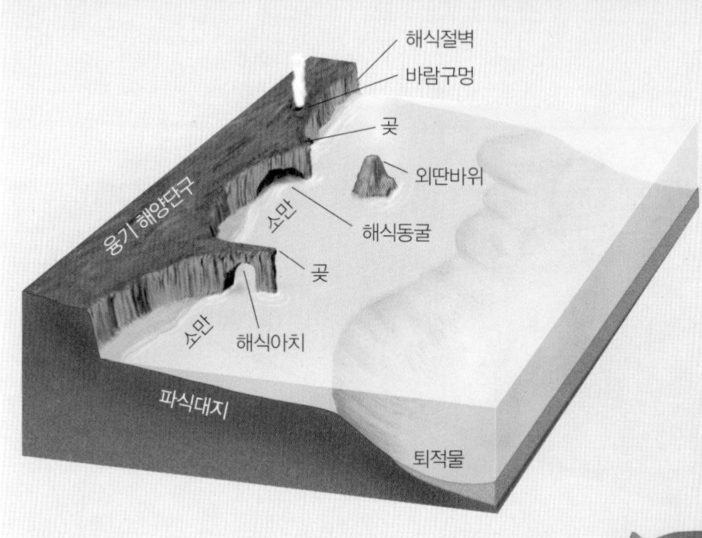

▶ 침식해안에는 곶, 연안절벽, 해식동굴, 해식아치, 외딴바위, 해안단구(파식대지의 융기에 의한 것) 등의 특징적인 지형이 있다. 파도의 침식은 해안이 외양에 많이 노출될수록, 조차가 감소할수록, 기반암이 약할수록 증가한다.

▶ 퇴적해안에는 해빈, 사취, 만 울타리, 육계사주, 울타리섬, 델타, 해빈 구획 등의 특징들이 나타난다. 울타리섬에는 바다 쪽에서 석호 쪽으로 가면서 통상적으로 해빈, 사구, 벌판, 염습지 등이 있다. 델타는 연안류에 실려가는 것보다 더 많은 양의 퇴적물을 바다로 운반해오는 강의 어귀에 만들어진다. 모래의 공급이 막히면 해빈 구획이나 주변 지역에서 해빈 고갈이 생긴다.

능동 학습 훈련

침식해안과 퇴적해안을 구분할 수 있는 연안 지형의 종류와 그 특성을 구체적으로 기술하라.

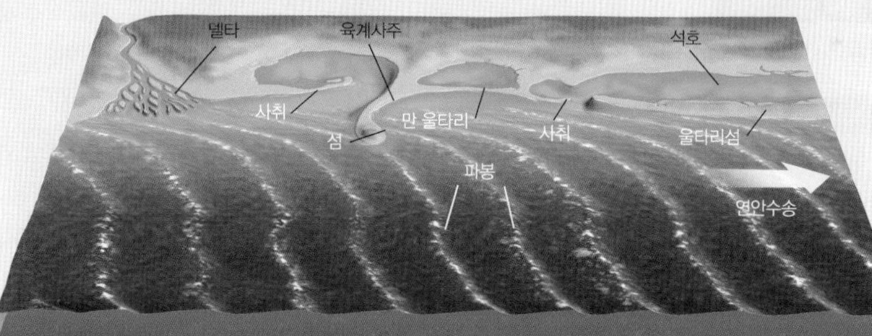

심화 학습 문제

다른 학생과 팀을 짜서, 특정 해안을 침식해안이나 퇴적해안으로 분류하는 데 영향을 미치는 요소를 적어도 4개 이상 나열하라. 다른 그룹의 학생들이 만든 리스트와 비교하고 토론해보라.

10.4 해수면 변화가 어떻게 노출해안선과 침수해안선을 만드는가?

▶ 해안선은 해수면과의 상대적인 위치에 따라 노출해안선과 침수해안선으로 나눌 수 있다. 현재의 해안선보다 훨씬 위로 올라온 과거의 연안절벽과 해빈은 해수면이 육지에 비해 상대적으로 하강한 것을 나타낸다. 옛날의 해빈, 사구, 연안절벽 등이 물에 잠겨 있거나, 하천의 계곡이 해수에 잠겨있는 것은 육지에 대해 해수면이 상승한 것을 나타낸다. 해수면의 변동은 지역적인 땅덩어리의 움직임을 일으키는 지구조작용에 의한 것이거나 해수의 양이나 해분의 용량을 변화시키는 전 지구적인 작용에 의한 것이다. 지난 18,000년 동안 대륙을 덮고 있는 얼음이나 빙하가 녹으면서 약 120m 정도의 범수면 상승을 일으켰다.

심화 학습 문제

침수해안과 노출해안을 구분할 수 있는 연안 지형의 종류와 그 특성을 구체적으로 기술하라.

능동 학습 훈련

다른 학생과 팀을 짜서, 특정 해안을 침수해안이나 노출해안로 분류하는 데 영향을 미치는 요소를 적어도 4개 이상 나열하라. 다른 그룹의 학생들이 만든 리스트와 비교하고 토론해보라.

10.5 경성 안정화는 해안선에 어떤 영향을 미치는가?

- 방사제, 돌제, 방파제, 호안 등과 같은 경성 안정은 해안선을 안정화시키기 위해서 건설된다. 방사제(모래를 가두어 두기 위해 건설)와 돌제(항의 입구를 보호하기 위해 건설)는 연안상류 쪽에 모래를 가두어서 해빈을 넓히지만 연안하류의 침식이 문제가 된다. 마찬가지로 방파제(해안에 평행하게 건설)도 뒤쪽에 모래를 가두어두지만 연안 하부에 원치 않는 침식을 일으킨다. 호안(연안을 방호하기 위해서 건설)도 종종 위락 해빈의 손실을 일으킨다. 모든 형태의 경성 안정화 구조물들은 파도의 끊임없는 공격으로 결국은 파괴된다.
- 경성 안정화에 대한 대안으로서 침식되기 쉬운 연안에는 건축을 제한하고, 비용이 많이 들지만 양빈을 통해 해빈 고갈을 일시적으로 줄여주거나, 연안 구조물을 보호하기 위해 다른 곳으로 이전하는 방법 등이 있다.

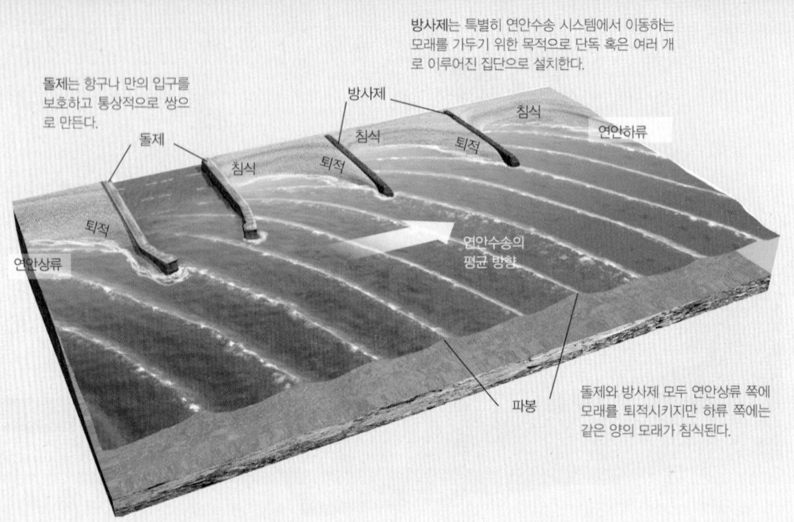

심화 학습 문제

연안 환경에서 방사제, 돌제, 방파제, 호안 등의 건설에 의해 생긴 침식과 퇴적의 효과를 보여주는 해안선의 평면도를 그려보라.

능동 학습 훈련

다른 학생과 그룹을 만들어서, 경성 안정의 대안들을 평가하고 최선이라고 생각하는 방법을 선택하라. 반드시 그 이유와 함께 수업시간에 발표하라.

10.6 연안 수역의 특성은 무엇이며 어떤 형태가 있는가?

- 연안 수역은 수심이 얕고 강물의 유입, 조류, 태양열의 계절적 변화 등으로 인해 수온과 염분의 변화가 외양에 비해 크다. 연안 지형류는 담수의 유입과 연안 바람에 의해 만들어진다.
- 하구만은 육지에서 오는 담수의 유입이 해수와 혼합되는 반 폐쇄 수괴이다. 하구만은 기원에 따라 연안평야, 피오르드, 사주기원, 지각운동기원 등으로 분류할 수 있고, 담수와 염수의 혼합 형태에 따라 수직혼합, 약한 성층, 강한 성층, 염수 쐐기 형으로 분류할 수도 있다. 하구만의 전형적인 순환 형태는 표층에서 저염분의 물이 입구 쪽으로 흘러 나가고 저층에서는 바다의 물이 머리 쪽으로 흘러 들어 온다.
- 하구만은 많은 해양 생물들에게 중요한 산란장과 생육장을 제공해주지만, 종종 사람들이 밀집하는 어려움을 겪는다. 예를 들어 컬럼비아강 하구만은 농업, 벌목, 상류의 댐 건설 등으로 나빠졌다. 체서피크만에서는 여름에 무산소 지역이 나타나서 상업적으로 중요한 많은 생물종들이 폐사한다.
- 울타리섬이라 불리는 길쭉한 모양의 외해의 모래 퇴적체는 습지와 석호를 보호해준다. 어떤 석호는 바다와의 순환이 제한되어 있기 때문에 수온과 염분이 계절에 따라 크게 변한다.
- 지중해의 순환은 증발이 강수보다 훨씬 많은 제한된 수역의 특징을 갖는다. 지중해 순환이라고 부르는 이 순환 형태는 하구만 순환과 정반대이다.

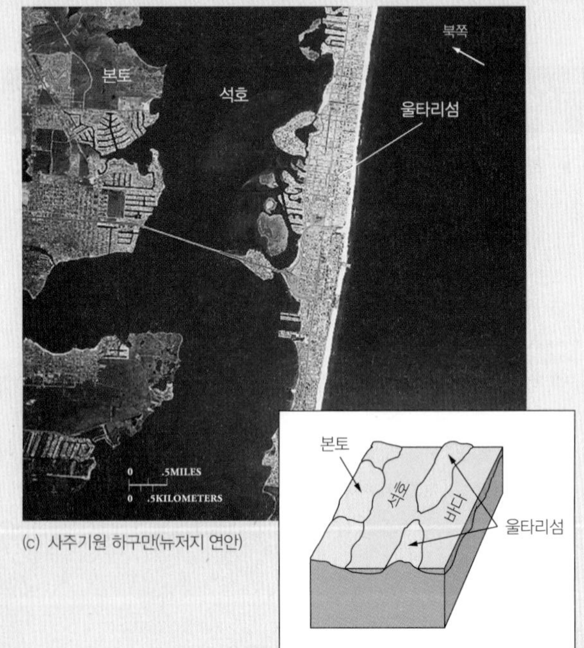

(c) 사주기원 하구만(뉴저지 연안)

심화 학습 문제

하구만의 지질학적 기원을 근거로 분류한 네 가지 주요 유형을 설명하고 각각의 예를 들라.

능동 학습 훈련

위도에 따른 연안 해역의 수온 변화에 관해 다른 학생과 함께 논의해보라.(1) 저위도 (2) 고위도 (3) 중위도. 각 위도별로, 수온약층이 존재하는지 혹은 수직적으로 수온이 균일한지, 그 이유는 무엇인지 논의해보라.

10.7 연안 습지의 당면 과제는 무엇인가?

▶ 습지는 지구상에서 생물 생산성이 가장 높은 지역 중 하나이다. 연안 습지의 대표적인 예로 염습지와 홍수림 소택지가 있다. 습지는 육지에서 흘러오는 오염 물질을 바다에 도착하기 전에 제거해주고 많은 해양 생물들에게 중요한 서식처를 제공해주기 때문에 생태학적으로 중요하다. 그럼에도 불구하고 인간의 활동은 계속해서 습지를 파괴하고 있다.

심화 학습 문제

습지가 주는 많은 혜택에도 불구하고 전 세계적으로 파괴되고 있는 이유를 구체적으로 열거하라.

능동 학습 훈련

사라진 습지를 되살리기 위해서 어떤 조치들을 취해야 할지 급우들과 함께 논의해보라.

멕시코만에서 불타고 있는 딥워터 호라이즌 석유 굴착 플랫폼. 2010년도에 멕시코만에서 **딥워터 호라이즌** 석유 굴착 플랫폼이 폭발하면서 불이 나서 사상 최대 규모의 유류 유출 사고가 났다.

11

비점원오염
탄화수소 동태평양 쓰레기 더미
생물농축 영해 환경 생물학적 정량 플라스틱
수은 석유 DDT 하수 오니 유엔해양법협약
비토착종 독성 화합물 미나마타 병
미세플라스틱 오염 PCBs 플라스틱 과립
생물증폭

해양오염

이 장을 읽기 전에 위에 있는 용어들 중에서 아직 알고 있지 못한 것들의 뜻을 이 책 마지막 부분에 있는 용어해설을 통해 확인하라.

해양이 엄청나게 크다는 점에 비추어 볼 때 인간 활동으로 인해 곤경에 처해 있다는 것이 믿어지지 않는다. 인류 역사를 통틀어 해양은 폐기물을 수용할 수 있는 막대한 능력을 가진 것으로 알려져 왔지만 해양이 받아들일 수 있는 인간 사회의 폐기물 양에는 한계가 있다. 급속한 인구 팽창은 해양오염 물질의 양을 늘려 놓아서 해양 환경에 대해 스트레스를 지속적으로 가중시키고 있다. 결과적으로 요즘에 해양 환경에서 부정적인 영향이 전 세계적으로 나타나고 있는데, 특히 물의 순환과 연직 혼합이 제한적인 연안 해역과 폐쇄된 바다에서 심하다. 이러한 부작용은 육상에 끼친 피해와 더불어 충분히 커져서 우리로 하여금 인간의 역할이 지구 규모로 생태계를 변화시킬 정도라는 것을 마침내 인정하게 만들었다. 예를 들어 미국의 해양정책 위원회와 Pew 해양위원회의 포괄적인 보고서는 해양에 가해지는 피해에 관한 새로이 부상하는 국가적 위기를 확인하고, 거점 해양 서식지를 복구시키기 위한 이행 계획을 촉구했다.

해양오염은 해운(심층 탐구 8.1 참조), 해양 채광, 어획, 해양에 버린 하수 오니, 육지에서 흘러나온 대량의 오염된 하천 유출수와 이익을 추구하기 위한 해수 사용의 증가(예 : 해수를 연안 발전소의 냉각수로 쓰기) 등 다양한 기원에서 비롯된다. 해양오염은 석유, 산업 폐기물, 독성 화학물질[예를 들어 다이클로로-다이페닐-트라이클로로에테인(DDT), 폴리염화바이페닐(PCBs), 수은]의 유출 사고와 누구나 배출하는 쓰레기에서도 비롯된다. 이러한 오염물질은 단독으로 또는 서로 합세하여 종종 생물 개체에게 더 나아가서는 전체 해양 생태계에 심각한 악영향을 줄 수 있다.

이 장에서는 먼저 해양오염의 정의를 살펴볼 것이다. 그런 다음에 해양에서 오염물질을 줄이거나 제거하기 위해 할 수 있는 일을 포함하여 다양한 유형의 해양오염을 탐구할 것이다. 마지막으로 해양의 소유권에 대한 법적 틀을 검토할 것이다.

핵심 개념

이 장을 학습한 후 다음 사항을 해결할 수 있어야 한다.

11.1 오염이 어떻게 정의되는지 설명하라.
11.2 유류 오염과 관련된 해양환경 문제를 구체적으로 설명하라.
11.3 비유류 화학적 오염과 관련된 해양환경 문제를 구체적으로 설명하라.
11.4 쓰레기를 포함하여 비점원오염과 관련된 해양환경 문제를 구체적으로 설명하라.
11.5 생물학적 오염과 관련된 환경문제를 구체적으로 설명하라.
11.6 해양 소유권을 규정하는 법에 대한 이해를 점검하라.

"Most people think of oceans as so immense and bountiful that it's difficult to imagine any significant impact from human activity. Now we've begun to recognize how much of an impact we do have."

—Jane Lubchenco, marine ecologist (2002)

11.1 오염이란 무엇인가?

해양은 오늘날 인간 사회에 소중한 편익을 제공한다. 예로서 놀거리, 물 공급, 값싼 운송 수단, 다양한 생물자원, 해저에 부존된 지질자원을 들 수 있다. 또한 해양은 사회 폐기물의 적잖은 부분에 대한 투기장으로 쓰이고 있다. 인간이 해양을 사용하는 일이 늘어남에 따라 해양오염이 심해지는 것은 당연하다(**그림 11.1**). 그런데 해양오염은 정확히 무엇일까?

그림 11.1 해변에 쓸려 올라온 오염물.

해양오염 : 정의

오염(pollution)은 넓은 의미로 모든 해로운 물질로 정의될 수 있는데, 과학자들은 유해 물질을 어떻게 결정할까? 예를 들어 어떤 물질은 환경에 해를 끼치지 않으면서도 사람에게 심미적으로 불쾌할 수 있다. 반대로 특정 유형의 오염은 사람이 쉽게 감지할 수는 없지만 환경에 해를 끼칠 수 있다. 물질은 당장 해롭지 않더라도 수십 년 또는 수 세기 뒤에 해가 될 수 있다. 또한 피해 당사자는 누구인가? 예를 들어 일부 해양생물은 다른 종에게는 꽤 독성이 있는 특정 화합물에 노출되면 번성한다. 흥미롭게도 해변의 죽은 바닷말처럼 해안에선 자연적인 상태조차 어떤 이들은 오염으로 간주하기도 한다. 그러나 자연은 우리가 싫어하는 상황을 만들기는 하지만 오염시키지는 않는다는 것을 기억해야 한다. 오염물질의 양도 중요하다. 오염을 유발하는 물질이 극히 적은 양으로 존재하는 경우에도 오염물질이라 단정할 수 있을까? 이 질문들은 모두 다 대답하기가 어렵다.

세계보건기구(WHO)는 해양 환경의 오염을 다음과 같이 정의한다.

> 인간에 의해서 직간접적으로 생물 자원과 해양 생물에 해를 끼치거나, 인간의 건강을 위협하거나, 어획과 기타 합법적인 해양의 이용을 포함하는 해양에서의 활동을 방해하거나, 해수를 쓰기에 품질을 떨어뜨리거나, 경관을 해치거나 그럴 가능성이 있는 물질 또는 에너지를 염하구를 포함한 해양 환경에 투입하는 행위를 일컫는다.

오염이 해양 환경에 영향을 주는 정도를 판정하는 것은 종종 어렵다. 대부분의 지역은 오염되기 전에 충분히 연구되지 않았기 때문에 과학자들은 오염물질이 해양 환경을 어떻게 변화시켰는지를 측정할 적절한 기준선을 가지고 있지 않다. 해양 환경은 수십 년에서 수 세기 주기의 순환에도 영향을 받기 때문에 변화가 자연적인 생물학적 순환 때문인지 들어온 몇몇 오염물질, 그 가운데 여럿은 새로운 화합물을 만들어내므로, 이들 때문인지 판단하기가 어렵다.

환경 생물학적 정량

해양의 생물자원에 부정적인 영향을 주는 오염물질의 농도를 결정하기 위해 가장 널리 사용되는 기법 중 하나는 특정 오염물질이 해양생물에 어떻게 피해를 주는지를 평가하는 엄밀하게 통제된 실험을 수행하는 것이다. 이러한 실험을 **환경 생물학적 정량**(environmental biological assay 또는 environmental bioassay: *bio* = biologic, *essaier* = to weigh out)이라고 한다. 예를 들어서 미국 환경보호국(EPA)과 같은 규제기관에서는 환경 생물학적 정량으로 미리 정해 놓은 시간 안에 특정 시험 생물군에 대해 50% 사망률을 일으키는 오염물질의 농도

학생들이 자주 하는 질문

희석이 해양오염의 해결책이 될 수 있나요?

솔깃하게 들리는 말이지만 속에 담겨진 뜻은 논쟁의 여지가 있다. 이 말은 쓰레기가 해양 생물을 위협하지 않을 정도로 희석되는 한(종종 결정하기 곤란함) 해양이 사회 폐기물의 저장소로 쓰여도 됨을 가리킨다. 해양은 광활하고 훌륭한 용매(물)로 이루어져 있기 때문에 해양은 투기 전략에 걸맞아 보인다. 더구나 해양은 여러 유형의 오염을 희석시키는 우수한 혼합 기구(해류, 파도, 조석)를 지니고 있다.

대기오염도 한때 비슷한 방식으로 다뤄졌던 적이 있다. 오염물질이 대기로 충분히 높이 올라가서 넓게 흩어진다면 대기로 오염물질을 내보내는 것이 용인될 수 있다고 생각했었다. 그래서 높은 굴뚝이 세워졌다. 그러나 시간이 지남에 따라 대기 중에 질소 산화물과 황 산화물[1] 같은 오염물질이 증가하여 산성비가 문제로 떠올랐다. 전문가들이 그 능력이 어느 정도인지에 대해서 합의하지는 못했지만 해양은 대기와 마찬가지로 오염물질에 대해 한정된 보유 능력을 지니고 있다.

육상 폐기장이 채워지기 시작하면서 해양은 사회 폐기물의 처리장으로 점차 부각되고 있다. 우리 모두가 할 수 있는 한 가지 일은 우리가 발생시키는 폐기물의 양을 억제함으로써 어디에다 폐기물을 둬야 하는지에 대한 문제를 완화시키는 것이다. 그러나 해양은 당분간 투기장으로 계속 쓰일 가능성이 높다. 여러 새로운 처리 기술에도 불구하고 해양오염에 대한 장기적인 해결책은 아직 나오지 않았다.

---

1 역주 : 원본의 'nitric acid and acid sulfates'를 보다 널리 쓰이는 NOx and SOx로 대체하여 번역한 것임

를 결정한다. 오염물질이 50% 사망률을 넘기게 되면 연안 해역으로 배출되는 오염물질에 대한 한계 농도가 설정된다.

특정 환경 생물학적 정량을 사용하여 오염물질에 대한 일반적인 결론을 도출하는 데는 몇 가지 단점이 있다. 그중 하나는 해양생물에 대한 오염의 장기적인 영향을 예측하지 못한다는 것이다. 또 하나는 오염물질이 다른 물질과 결합하여 새로운 유형의 오염물질을 생성하는 것을 고려하지 못한다는 것이다. 또한 환경 생물학적 정량은 종종 시간이 많이 걸리고 일이 많으며, 종 특이적이므로 어느 한 종의 자료를 다른 종에 적용할 수 없는 상황을 맞을 수도 있다.

11.1 Squidtoons

다랑어는 바다의 ~~치킨이~~ 아니라 치타다.

https://goo.gl/9SvLVo

해양 투기 쟁점

육상의 폐기물 처리장(매립지 등)은 용량에 한계가 있고 이미 초과된 사례가 많다. 넘치는 폐기물을 먼 바다에 버려야 할까? 연안 수역과 달리 외해는 넓으며 게다가 해양 전역으로 오염물질을 분산시키는 혼합 메커니즘(파랑, 조석, 해류)이 있다. 오염물질은 희석시키면 종종 덜 해롭게 된다. 한편 장기적인 영향이 무엇인지 모르는데도 진정 해양 전체로 오염물질로 퍼트려도 될까?

일부 전문가들은 어떤 것도 해양에 버려서는 안 된다고 생각하는 반면에 다른 전문가들은 적절한 감시가 이루어지는 한 해양이 사회의 여러 폐기물을 저장하는 곳으로 계속 써도 된다고 믿는다. 불행히도 간단한 해답은 없으며 문제는 복잡하다. 분명한 것은 다양한 형태의 오염이 해양과 지역 주민에게 어떻게 피해를 주는지를 결정하기 위해 연구가 더 많이 필요하다는 것이다.

요약

해양은 인간이 발생시키는 쓰레기의 상당 부분을 처분하는 전 세계적인 저장소가 되었다. 해양오염은 정의하기 어렵지만 인간에 의해 도입된 물질 가운데 해양환경에 해를 끼치는 모든 것이 포함된다.

개념 점검 11.1 | 오염이 어떻게 정의되는지 설명하라.

1 WHO의 해양오염의 정의를 검토하라. 왜 그렇게 장황하게 정의되었는가?

2 환경 생물학적 정량이란 무엇인가? 어느 물질이 오염물질인지 아닌지를 이 방법으로 판정하는 데 어떤 단점이 있는가?

3 기억만으로 오염을 정의해보라. 그러고 나서 내린 정의에 따라 아래 물질이 오염물인지 판정해보라(필요하면 정의를 고쳐도 됨).

a. 해변에 널린 죽은 바닷말
b. 천연적인 유류 유출
c. 소량의 하수 찌꺼기
d. 발전소에서 바다로 내보낸 따뜻한 물
e. 바다에서 보트가 내는 소음

11.2 유류 오염과 관련된 해양환경 문제로는 어떤 것이 있는가?

석유(petroleum: *petra* = rock, *oleum* = oil)는 일반적으로 **유류**라고 불리며, 탄화수소와 기타 유기 화합물로 구성된 천연 액체이다. 지하 유전은 에너지 함량 때문에 가치가 높으며 대부분 굴착되서 유류가 회수된다. 일단 빼낸 석유는 송유관이나 유조선을 통해 정유 시설로 보내진다. 결과적으로 해양에 유출된 유류는 현대의 석유 기반 경제에서 비롯된 것이다. 일부 유류 유출은 석유를 채굴하면서 발생한다. 다른 유출은 유조선 충돌 또는 선적과 하적할 때에 사고로 발생한다. 또 다른 원인으로 유조선의 좌초가 있는데 1989년 알래스카 주 프린스 윌리엄 사운드에서 있었던 **엑슨 발데즈** 유조선의 유류 유출 사건이 그런 사례이다. 이제 사례 몇 가지를 살펴보도록 하자.

1989년도 엑슨 발데즈호 유류 유출 사고

유조선과 수송 작업 중에 누출된 유류는 해양 유입에 상당 부분을 차지한다. 대중에게 가장 널리 알려진

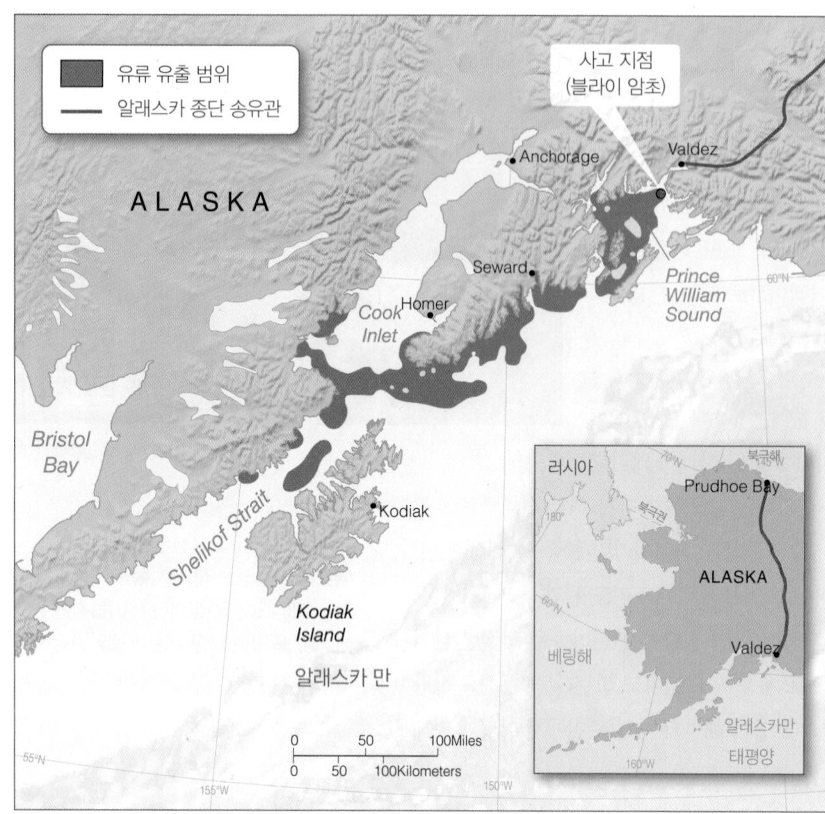

(a) 엑슨 발데즈호 유류 유출 사고 장소를 나타낸 지도

(b) 블라이 암초에 좌초한 초대형 유조선 엑슨 발데즈호를 공중에서 찍은 사진

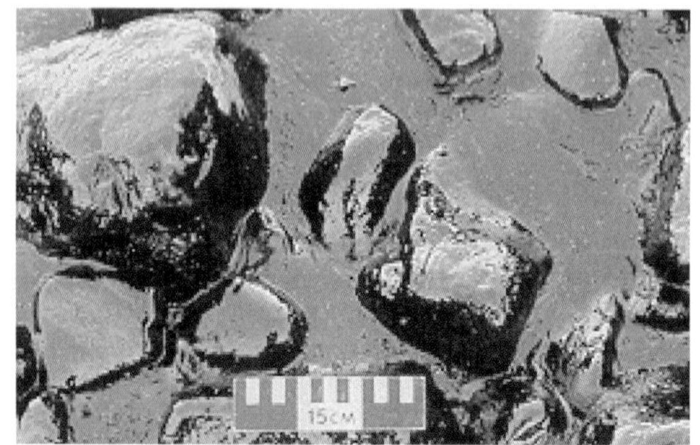

(c) 알래스카 해변을 덮은 엑슨 발데즈호에서 유출된 유류

그림 11.2 1989년도에 알래스카 프린스 윌리엄 사운드에서 일어났던 엑슨 발데즈호 유류 유출 사고.

유류 유출 사고 중 하나는 알래스카 프린스 윌리엄 사운드에서 발생한 초대형 유조선 **엑슨 발데즈**(Exxon Valdez) 사고이다.

알래스카의 노스슬로프에서 생산된 원유는 송유관을 통해 알래스카 주 발데즈의 남항으로 운송되며, 이곳에서 거의 2억 ℓ를 적재할 수 있는 엑슨 발데즈와 같은 초대형 유조선에 선적된다. 1989년 3월 24일에 유조선은 발데즈에서 원유를 가득 채우고 캘리포니아의 정유 공장을 향하고 있었다. 배가 발데즈를 출항한 지 불과 40km 만에 항해사들이 인근 컬럼비아 빙하에서 나온 빙산이 항로에 있는 것을 보았다. 빙산을 피해 돌아서 가던 도중에, 블라이 암초(Bligh Reef, **그림 11.2**)라고 알려진 얕게 잠긴 암초의 머리에 배가 좌초하여 11개의 화물 탱크 중 8개가 파열되었다. 선박 적재 화물의 약 22%인 4,400만 ℓ의 석유가 프린스 윌리엄 사운드의 청정 해수에 유출되었으며 이어서 알래스카만으로 퍼져 1,775km가 넘게 해안선을 오염시켰다.

해변과 물에서 거둬드린 유류를 뒤집어 쓴 사체의 숫자를 외삽하여 추산한 것을 토대로 적어도 1,000마리의 해달과 10~70만 마리의 바닷새가 순전히 유류 유출 때문에 죽임을 당했다고 주장되었다. 이 지역이 외지고 피해를 입은 지역이 넓어서 해양 동물의 사망 숫자는 정확히 헤아릴 수 없었다. 유출 직후 엑슨 사는 복구를 위해 20억 달러 이상을 지불했으며 이후 수년 동안 복원을 위해 9억 달러를 더 냈다. 물에서는 흡착제와 유류를 걷어내는 장비로 유류를 제거했고 바위 해변에서는 유류를 닦아내기 위해 고압 호스로 고온수(60°C)를 분사했다. 뜨거운 물로 유류는 제거되었지만 해안선 근처에 사는 생물이 대부분 사망했다. 자연적인 생분해에 맡겨 둔 지역과 방제 작업을 실시한 곳을 비교 분석해 본 결과 방치된 해변이 방제된 해변보다 더 빠르고 완벽하게 회복되었음을 알 수 있었다.

엑슨 발데즈에서 유출된 유류 가운데 파도가 센 해안에 상륙했던 것은 파도나 미생물이 유류를 분해해서 상당히 빨리 사라졌다. 그러나 유류 유출로 만들어진 지표의 원유 얼룩은 25년이 지난 지금도 발견되며, 일부 해안과 해안 습지의 지표 바로 아래에는 분해되지 않은 유류 웅덩이가 그대로 남아있다. 전문가들은 해양 동물이 더 이상 유독한 유류에 노출될 위험은 없으며 자연적 과정이 남은 유류를 계속 생분해할 것이라고 말했다.

기타 유류 유출 사고

엑슨 발데즈 유출 사고는 대형이고 피해도 커서 미국 수역에서 두 번째로 큰 유류 유출 사고였지만 전 세계로 보면 고작 54번째일 뿐이다(**그림 11.3** 참조). 사상 최대의 유류 유출은 1991년 걸프전쟁 당시 쿠웨이트를 침공했던 이라크 군이 고의

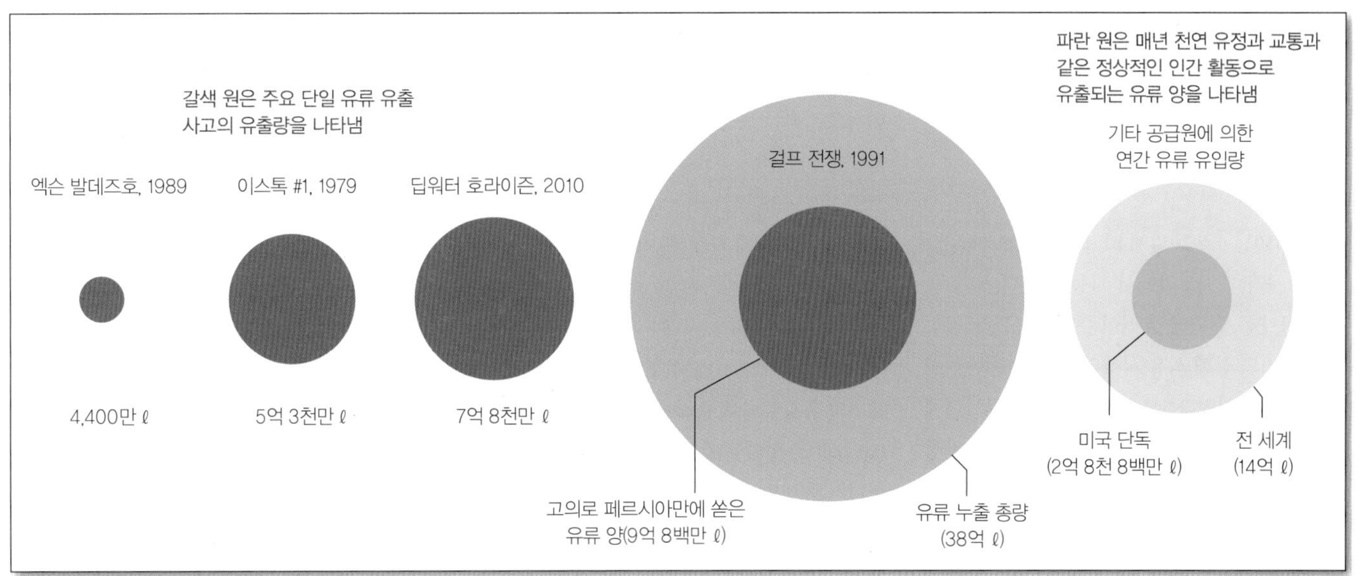

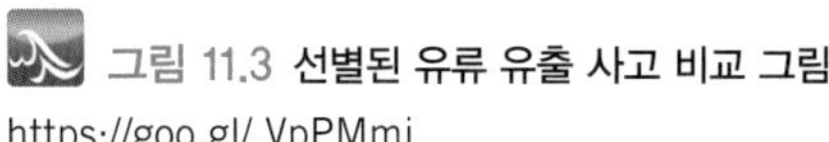 그림 11.3 **선별된 유류 유출 사고 비교 그림.**
https://goo.gl/ VpPMmj

적으로 투기해서 발생했다. 이라크인들이 쿠웨이트에서 물러날 무렵에 유류가 새는 유정과 파괴된 석유 생산시설에 대한 통제가 이루어질 때까지 9억 8백만 ℓ가 넘는 유류가 페르시아만으로 유출되었다(**그림 11.4**). 이는 엑슨 발데즈가 쏟은 양의 20배나 된다. 사상 최대의 사고로 인한 유출은 2010년도에 멕시코만에 있던 유전 굴착 플랫폼 딥워터 호라이즌(Deepwater Horizon)이 폭발하면서 발생했다. 수습되기 전까지 약 3개월 동안에 심해 유정은 유류를 아무런 저지를 받지 않고 그대로 토해냈다(**심층 탐구** 11.1). 그 기간 동안 유정은 나흘에 한 번 꼴로 엑슨 발데즈급 유출을 일으켰다.

굴착 또는 퍼올리는 도중에 해저 유전이 터져서 유류가 유출된 사고 사례가 1979년 멕시코만에서도 있었다. 유카탄 반도 외해상의 캄페체만에서 PEMEX(Petróleos Mexicanos)의 석유 굴착 플랫폼 이스톡 제1유정이 폭발하면서 화재가 나서 그때까지 사상 최대의 유류 유출 사고를 일으켰다(그림 11.3 참조).[2] 약 10개월 뒤 시추공을 막을 때까지 멕시코만에 유류가 5억 3천만 ℓ가 분출되었고 일부는 텍사스 연안을 덮쳤다(**그림 11.5**).

유조선 사고나 유정 폭발로 인한 대량 유출은 자주 발생하지 않지만 소규모 유출은 더 흔하게 일어나므로 역시 걱정거리다. 사실 기록상으로 보면 미국 수역에서 매년 최소 3,800ℓ가 넘는 유류 유출 사

(a) 페르시아만의 유류 유출 장소를 나타낸 지도로 빨간 점은 외해의 유출 지점(채유 플랫폼)임. 대부분의 유류는 해류와 남동풍으로 인해 만의 북서쪽 연안에 집중되어 있다.

(b) 사우디아라비아의 정부 관리가 페르시아만 해변의 유류 오염 피해를 조사하는 장면

그림 11.4 1991년도 걸프전쟁으로 발생한 유류오염.

2 1979년의 캄페체만의 PEMEX 유류 유출량은 나중에 1991년의 걸프전쟁 유류 유출과 2010년의 딥워터 호라이즌 유정 폭발로 3위로 밀려났다.

환경 특보

심층 탐구 11.1

2010년 멕시코만 딥워터 호라이즌 유류 유출 사고

2010년 4월 20일에 BP(British Petroleum) 사가 멕시코만에서 가동 중이던 해저 굴착 플랫폼 딥워터 호라이즌이 마콘도라 알려진 유정의 심해 석유 시추의 마지막 단계를 마무리하고 있었다. 부유식 플랫폼은 루이지애나 해안에서 약 80km 외해상에 대륙붕 가장자리를 벗어나 수심 1,500m인 곳에 있었다. 예기치 않게 해저 4km 아래 유정 밑바닥이 고압 천연가스의 큰 덩어리로부터 강한 충격을 받았다. 해저에 있는 분출 방지 장치가 망가졌고 천연가스 버블이 굴착 플랫폼으로 그대로 돌진하여 폭발을 일으키고 화재가 발생해서(이 장 맨 앞의 그림 참조) 11명의 승무원이 사망했다. 폭발이 있은 지 이틀 만에 딥워터 호라이즌은 침몰했고 유정은 해저로 하루에 약 9백만 ℓ씩 원유를 쏟아냈다(**그림 11A**). 3개월 뒤 수중 로봇이 마침내 유정에 마개를 씌울 수 있었지만 방출된 유류의 양은 세계에서 두 번째로 큰 유류 유출(세계에서 가장 큰 사고로 인한 해양 유출)이자 미국 해역에서의 가장 큰 유류 유출 사고로 기록되었다.

통틀어 약 7억 9,500만 ℓ의 석유가 유정에서 새어 나왔다. 원유를 분해하기 위해 고안되었으나 원유 자체보다 해양생물에 독성이 더 강한 세제를 닮은 용매인 화학 분산제가 표면과 심층수 모두에 대량 살포되었다. 과학자들은 BP가 원유의 약 1/4을 제거했다고 추정하며 대부분은 유정에서 직접적으로 회수되어 바다에서 태워지거나 보트에 의해 수거되었다. 유류의 또 다른 1/4은 증발되거나 분자로 흩어져서 바닷물에 용해되었다. 그리고 또 다른 1/4은 자연적으로 작은 방울로 물속에 분산되거나(일부 생물에게 여전히 해로울 수 있음) 또는 화학적으로 분산되었다. 그러나 마지막 1/4은 엑슨 발데즈가 흘린 양의 다섯 배가량 되는데, 행방이 묘연하다. 이 유류를 **잔유**(residual oil)라고 부른다. 몇몇 과학자들은 대다수가 물 위에서 유막(slick 또는 sheen)을 이루어(그림 11A) 현지 해변과 습지로 쓸려 올라가거나 해저에 타르 볼(tar ball)로 쌓였을 것이라고 제안하였다. 다른 과학자들은 유류의 일부는 결코 표면까지 올라오지 않았다고 제안한다. 그 대신에 유류는 표면 아래 수심 1,000m보다 깊은 곳에서 확산된 기둥을 이루고 해양으로 분산되면서 미생물에 의해 생분해되거나, 타르 매트(tar mat)로 해저에 침전했을 것으로 본다. 심지어 몇 년이 지났어도 실종된 원유에 어떤 일이 일어났는지는 아직 잘 모른다.

다행히도 유류는 대부분이 외해에 머물렀으며 물결이 산소, 햇빛 그리고 멕시코만에 풍부한 유류를 먹는 박테리아의 도움을 받아 자연적으로 생분해시켰다. 그러나 일부 유류는 현지 해변과 염습지로 흘러 들어가 해안을 오염시키고 해양동물을 죽였다. 바닥에 가라 앉은 유류 가운데 해저나 습지와 같은 저산소 퇴적물에 끼어든 것은 수십 년 동안 환경을 악화시키며 돌아다닐 수 있다. 향후 20년 동안 BP와 협력사들에 의해 지원될 정화 비용은 400억 달러를 넘을 것으로 추산된다.

바닷새, 바다거북, 해양 포유류, 어류와 조개류가 가장 영향을 많이 받은 해양생물이었다. 현지 어업은 유출 직후 중단되었으나 이후 재개되었다. 이러한 막대한 양의 유류와 화학 분산제 살포가 해양 생물과 멕시코만의 생태계에 시간을 두고 어떤 영향을 미칠지는 알려져 있지 않다. 비극적인 예로서 1,300마리가 넘게 병코돌고래(*Tursiops truncatus*)가 2010년과 2012년 사이에 폐와 부신 병변으로 죽었는데 이는 석유 화합물에 노출된 증상과 일치한다. 멕시코만의 해양생물에게 유출 사고가 얼마나 큰 피해를 입혔는지를 밝힐 장기 연구가 수행되고 있다.

생각해보기

1. 2010년에 멕시코만에서 있었던 딥워터 호라이즌 사고로 유출된 유류에 어떤 일이 발생했는지 설명하라. 유류 유출이 외해에서 발생한 것이 왜 운이 좋았던 이유인가.

2010년도 멕시코만 유류 유출 사고의 규모를 보여주는 지도

유막을 헤치고 지나가는 선박의 항공촬영 사진

루이지애나 주 Fourchon 해빈에 쓸려 올라온 유류

그림 11A 2010년도 멕시코만 유류 유출 사고.

고는 100건 가까이 그리고 이보다 소규모인 사건은 10,000건이 넘게 보고되고 있다.

유류 오염에 의한 해양의 피해 규모 유류는 다양한 **탄화수소**(hydrocarbon)의 혼합물인데 이는 수소와 탄소 원소로 되어 있음을 뜻한다. 탄화수소는 유기물이므로 미생물에 의해 분해(**생분해**)될 수 있다. 탄화수소는 대체로 생분해성이기 때문에 다수의 해양오염 전문가는 유류가 해양에 유입되는 오염물질 중 *가장* 덜 위험한 것으로 여기고 있다! 확실히 유류 유출은 유류가 해양, 해안, 가엾은 해양생물(바닷새 포함)을 뒤덮고 있을 때 무시무시하게 보이며 고통스러운 단기적 피해를 입힐 수 있다. 그러나 유류는 흩어지고 분해되어 다양한 미생물의 먹이가 된다. 일례로 제2차세계대전 중에 태평양 그리고 특히 대서양에 방대한 양의 유류가 유출되었다. 실제로 몇몇 미국 동해안의 해변은 수 cm 두께의 유류로 덮였었지만 오늘날엔 유출의 흔적도 찾아볼 수 없다. 크게 보면 수백만 년 동안 자연적으로 해저 유류 유출이 발생하였지만 해양 생태계는 영향을 받지 않는 것으로 보이며, 심지어(유류가 에너지원이기 때문에) 더 *나아지기도* 한다. 앞으로 보게 되겠지만 다른 유형의 오염물질은 유류 유출보다 훨씬 오래 지속되고 훨씬 더 피해를 줄 수 있다.

엑슨 발데즈 유류 유출 자료가 적절한 예이다. 유류 유출은 거의 4,400만 ℓ의 유류를 알래스카의 원시 야생 지역으로 배출했다. 영향을 받은 수역은 장기간에 걸쳐 느리게 회복될 것으로 예상되었지만 1989년도에 폐쇄되었던 수산업은 1990년에 기록적인 회복을 보였다. 유출 사고 10년 뒤에 실시된 한 연구에 따르면 몇몇 주요 종들이 반등하여 그 수가 사고 이전보다도 더 늘었다(**그림 11.6**). 그러나 유출 사고의 장기적 영향에 대한 과학적 연구는 풍화가 덜 된 유류가 적잖이 조간대의 퇴적물에 스며들어 표면 아래에 남아 있다고 밝혔다.

해양 유류에 대한 다른 우려 유류는 다양한 탄화수소와 산소, 질소, 황을 위시하여 여러 가지 미량 금속을 포함한 기타 물질의 복잡한 혼합물이다. 이 복잡한 혼합물이(생물을 포함하는) 또 다른 복잡한 혼합물인 해수와 결합하게 되면 그 결과는 보통 해양생물에게 치명적이다. 예를 들어 연구에 따르면 바닷물에 원유가 단지 0.7ppb의 농도로 들어 있어도 특정 어류의 알을 죽이거나 손상을 입히는 것으로 나타났다. 또한 유류에 덮여서 열을 차단하는 깃이나 털을 못쓰게 만들면 바로 죽게 된다(**그림 11.7**).

그림 11.5 멕시코만의 이스톡 제1유정 폭발 사고로 인한 유류 유출. 텍사스 해안에 영향을 미친 1979년 캄페체만의 폭발과 유막의 위치 지도와 사진. 유정은 폭발해서 불이 났고 10개월 동안 멕시코만에 5억 3천만 ℓ의 유류를 쏟았다.

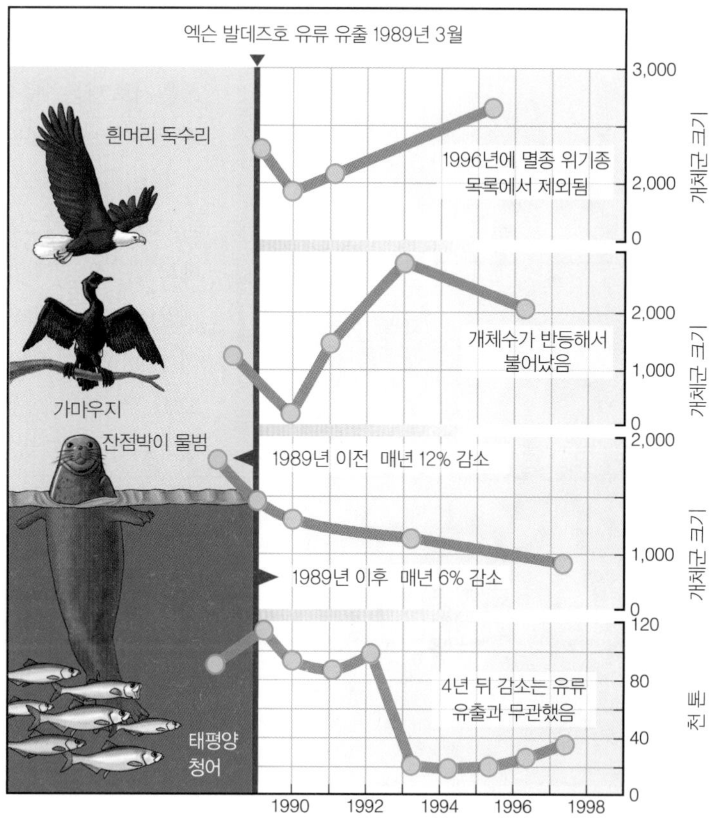

그림 11.6 엑슨 발데즈 유류 유출로 영향을 받은 생물의 회복. 1989년 엑슨 발데즈 유류 유출 이후 알래스카의 프린스 윌리엄 사운드 지역에 있는 여러 핵심 생물 개체군의 크기가 반등했다. 흰머리 독수리는 수가 크게 불어나서 1996년에 멸종 위기종 목록에서 제외되었다. 유류 유출 4년 뒤에 태평양 청어 개체군의 붕괴는 유류와 무관한 질병 때문이었다.

학생들이 자주 하는 질문

유류를 덮어쓴 동물을 닦아주는 가장 좋은 방법은 무엇인가요? 그런 시도는 얼마나 성공적인가요?

구조 작업자에 의해 유류를 덮어쓴 동물의 모피, 깃털과 껍데기를 청소하려고 세제, 분산제, 그리스(grease) 제거제를 포함한 많은 종류의 세제를 써보았다. 놀랍게도 동물 구조 전문가들은 Dawn® 주방세제에 든 계면활성제가 그리스는 잘라 내지만 동물의 피부에 해를 끼치지 않기 때문에 효과가 최고라고 한다. Dawn®의 정확한 성분은 회사 기밀이지만 Dawn®은 세정력을 돕는 석유 제품을 포함하고 있다.

유류를 덮어쓴 동물을 씻어주는 과정은 상당히 복잡하다. 예를 들어 세 사람이 유류에 범벅이 된 펠리컨 한 마리를 닦아주는 데 한 시간 정도가 걸린다. 작업자들은 끈적끈적한 원유를 흐르게끔 해주는 요리용 유류를 새에 발라주고 문지르는 것으로 시작한다. 그다음에 펠리컨에 주방세제를 뿌리고 작업자는 깃털을 손으로 힘차게 문질러 세제를 깃털에 묻혀서 끈끈한 유류를 제거한다. 마지막 단계는 유류와 세제 범벅을 새에서 깨끗이 씻어내는 작업이다.

닦아 준 새의 생존율은 유류의 독성, 새가 얼마나 빨리 채집되고 안정화되었는지, 새가 유류 범벅이 되기 전의 상태와 새의 종류와 같은 여러 가지 요인에 좌우된다. 유류를 덮어쓴 새의 생존율은 일반적으로 50~80% 사이지만 가끔 성공률이 더 높은 사례도 있다.

그림 11.7 멕시코만의 딥워터 호라이즌 유류 유출로 유류를 덮어 쓴 새. 해양생물이 유출된 유류를 덮어쓰게 되면 깃털이나 모피가 보온력을 잃어 치사율이 높아진다. 이 펠리컨과 같이 일부 해양 생물은 구조되어 유류를 닦아주었다.

원유의 **독성 화합물**(toxic compounds: *toxicum* = poison)[3]은 원유마다 다르지만 가장 우려되는 것은 나프탈렌, 벤젠, 톨루엔, 자일렌과 같은 다환방향족탄화수소(PAHs)이다. 이들은 소량만 섭취해도 인간과 동식물에 치명적일 수 있다. 이들은 동물이 들여 마시거나 섭취하는 경우에 특히 위험하다. 왜냐하면 이 물질은 독성이 더 강한 산물로 전환될 수 있으며 궁극적으로 생물의 유전 물질에 영향을 미칠 수 있다.

만성적이거나 지연되어 나타나거나 또는 간접적인 영향과 같은 유류 유출의 장기적인 피해도 우려되는데, 대다수는 시간이 한참 지체되어 나타나므로 유류 유출과 연관 짓기와 사례화하기가 어렵다. 예를 들어 유류에 들어있는 화학물질의 미량 농도에 노출되면 일반적으로는 잘 모르고 넘기는 생물학적인 피해를 입을 수 있다. 과학적 연구에 따르면 원유의 PAH에 노출된 어류는 발생 이상, 배아 생존 저하, 생식 성공률 저하와 관련이 있는 유전자 발현에서 변화를 보여주었는데 이들은 몇 년이 지나야만 알게 되는 것들이다. 2001년에 갈라파고스 제도에서 좌초한 유조선에서 대략 3백만 ℓ의 디젤과 벙커유를 쏟은 사고를 또 다른 예로 들 수 있다. 유류는 서쪽으로 퍼져나가 강한 해류를 만나 흩어져서 겨우 해양 동물 몇 마리만 즉사했다. 그러나 이웃 섬에 사는 이구아나는 사고 1년 뒤에 바다에 잔류한 작은 양의 유류 오염으로 인해 집단 사망률이 무려 62%까지 치솟았다.

또한 유조선에서 원유뿐만 아니라 다양한 종류의 유화학제품이 유출될 수 있으며 각 제품은 서로 다른 수준의 독성을 지니며 환경에서 다르게 거동한다. 예를 들어 연료처럼 정제된 유류에는 원유보다 환경에 훨씬 더 독성이 강한 화합물이 풍부하다.

유조선 유출 사고는 언론의 주목을 많이 받지만 해양에 대한 주된 유류 공급원은 아니다. **그림 11.8**에서 보면 전 세계 해양 유입 유류의 47%가 해저에서 **천연적인 누출**(미국 해역에도 많이 있음)에 기인한 것이고, 나머지 53%는 인간 기원이다. 그림은 또한 인간에 의한 해양으로의 유류 유입을 보여준다. 72%는 **유류 소비**에서 비롯되는데 여기에는 유조선 이외의 선박, 포장이 잘된 도시 지역의 유수 그리고 자동차, 보트, 개인용 수상기종이 포함된다. 22%는 정유와 배송을 포함한 **석유 수송**에서 비롯되고, 오직 6%만이 석유와 가스 탐사와 생산과 관련된 **석유 채유**에서 비롯된 것이다. 놀랍게도 인간의 활동으로 인해 해양으로 들어오는 유류의 압도적 주류는 석유를 소비하는 활동과 관련된 작지만 자주 그리고 도처에 흘린 유류가 빚어낸 결과이다.

유류 방제 작업 해양으로 들어온 유류는 물보다 밀도가 낮기 때문에 처음에는 뜨게 되어 수면에 유류 띠를 만들게 되고 자연적 과정을 거치며 분해되기 시작한다(**그림 11.9**). 휘발성이 높고 가벼운 원유의 성분이 처음 며칠 동안 증발하여 뒤에 남은 더 점성이 높은 물실이 뭉쳐져서 타르 볼을 이루게 되고 결국에는 침강한다. 타르의 유류 성분은 부유 입자에 유막을 씌워 함께 가라앉게 만든다.

떠 있는 유류가 아직 분산되지 않았을 경우에는 특수 설계된 유류 회수장치 또는 흡착 물질로 수거할 수 있다. 그러나 수거된 유류(그리고 유류가 묻은 물체들)는 여전히 다른 곳에서 처분해야 한다. 파도, 바람, 해류는 유류 띠를 더 멀리 분산시키고 남은 유류는 물과 섞여 무

3 독성 화합물은 특히 화학적 수단으로 상해나 사망을 일으킬 수 있는 유독한 물질이다.

스(mousse)라고 불리는 거품 같은 유제를 만든다. 또한 햇빛에 의한 광산화 작용에 박테리아가 가세해서 유류를 물에 녹는 화합물로 분해한다.

박테리아나 곰팡이와 같은 미생물은 자연적으로 유류를 생분해하므로 유류 유출을 청소하는 데 사용될 수 있다. 이 방식을 **생물정화**(bioremediation: *bio* = biologic, *remedium* = to heal again)라 한다. 실제로 거의 모든 해양 생태계에는 탄화수소를 분해하는 천연 박테리아가 살고 있다. 비록 특정 박테리아와 곰팡이가 특정 종류의 탄화수소를 분해할 수 있기는 하지만 만병통치 약은 아니다. 그러나 1980년에 미생물학자들은 대부분의 원유 유출에 대해 탄화수소의 거의 2/3를 분해할 수 있는 미생물을 찾아냈다.

박테리아를 해양환경으로 직접 투입하는 것도 생물정화의 한 가지 방법이다. 예를 들어 1990년 유조선 Mega Borg의 폭발로 유출된 약 1,500만 ℓ의 원유를 방제하는 데 효과를 시험해보고자 멕시코만에 석유 분해 박테리아 균주를 하나 투입했다. 결과를 보면 박테리아가 유류의 양을 줄였으며 그 지역의 생태계에 부정적인 영향을 미치지 않았다.

천연 유류 분해 세균의 성장을 촉진하는 환경을 제공하는 것이 또 다른 형태의 생물정화이다. 예를 들어 엑슨은 엑슨 발데즈 유류 유출 사고 후 지역 토착종 유류 분해 박테리아의 성장을 촉진하기 위해 알래스카 해안선을 따라 인과 질소가 풍부한 비료를 뿌리는 데 1,000만 달러를 지출했다. 그 결과 정화 속도는 자연 조건에서보다 두 배 이상이었다.

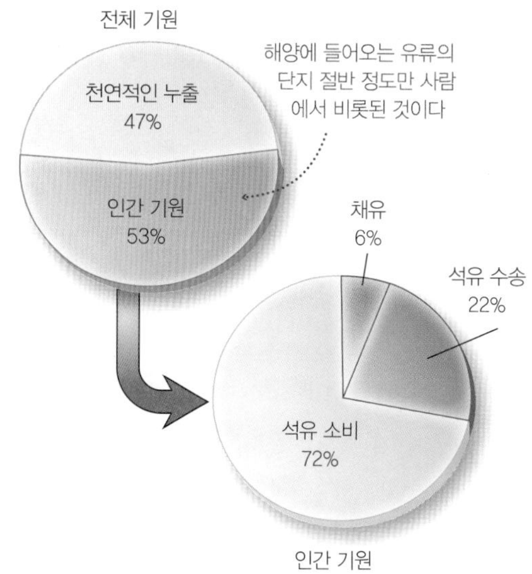

그림 11.8 해양으로 유입되는 유류의 기원. 해양에 들어오는 전 세계 유류의 47%는 천연적으로 스며 나온 것이며, 53%는 인간 기원이다. 모든 인간 기원 중 72%는 승용차, 보트, 유조선 이외의 선박과 점차 포장률이 높아지고 있는 도시 지역 도로에서 씻겨 나온 것과 같은 석유 소비 행위에서 비롯된다. 놀랍게도 석유 운송과 채유를 합한 것은 인간이 유출한 총유류의 28%에 불과하다.

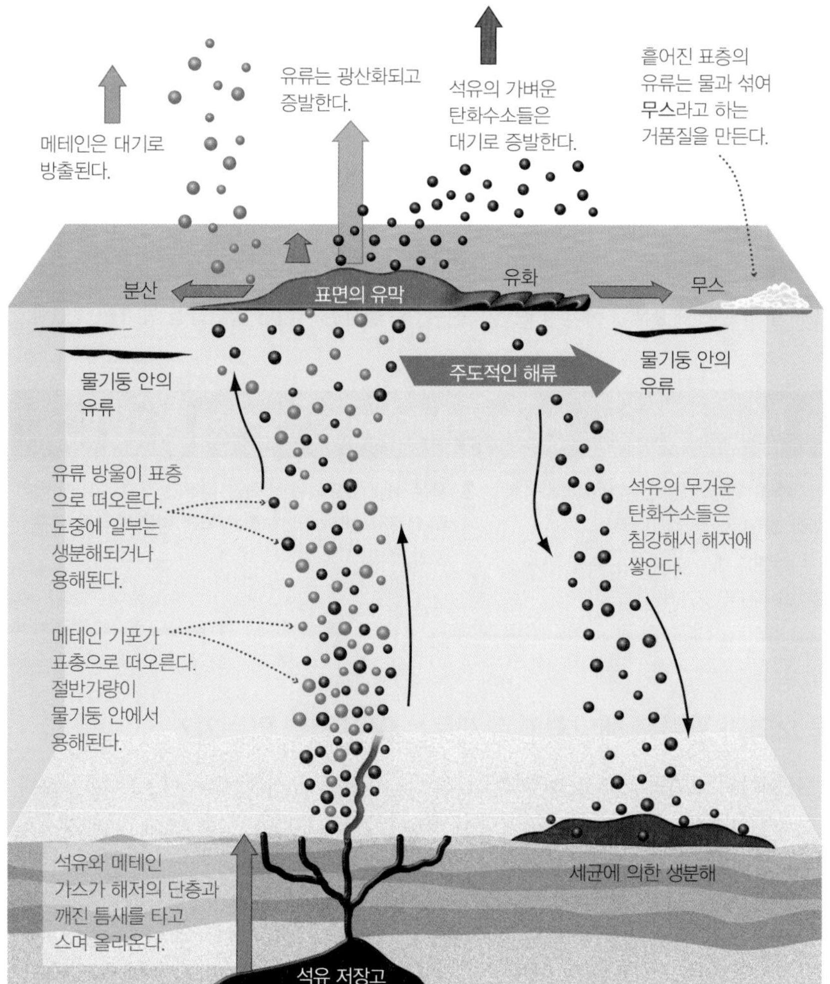

그림 11.10 뉘 탓인가?

그림 11.9 유출된 유류에 작용하는 과정들. 유출된 유류가 바다로 들어오면 여러 가지 자연적인 작용들이 분해한다. 가벼운 성분들은 증발하고, 무거운 성분들은 타르 덩어리를 만들거나 부유입자에 들러붙어 가라앉는다. 나머지 흩어진 유류는 광산화되거나 물과 섞여서 '무스'라 부르는 거품기가 있는 물질을 만들어낸다.
https://goo.gl/8kHbgP

그림 11.11 오리건 외해상에서 불 타고 있는 뉴카리사호. 1999년도에 화물선 M/V 뉴카리사가 오리건 주 코어스만 외해의 얕은 곳에 좌초해서 유류를 흘리기 시작하자 더 이상 바다로 유류가 쏟아지는 것을 막고자 일부러 불태웠다.

유류 유출 사고 방지 유류 유출로 인한 피해를 방지하는 가장 좋은 방법 중 하나는 사고 발생을 사전에 방지하는 것이다. 그러나 우리 사회가 석유 제품에 의존하고 있기 때문에 앞으로도 유류 유출 사고가 날 가능성이 높다(**그림 11.10**). 특히 전 세계 대륙붕에서 유전 개발이 활발해지면서 더욱 확률이 높아졌다.

1989년 엑슨 발데즈 유류 유출 사고 이후 미 의회는 1990년에 재정적 피해와 방제에 대한 책임 소재를 규정한 유류오염법(Oil Pollution Act)을 제정했다. 이 법안은 또한 미국 수역을 지나는 단일 선체 유조선을 단계적으로 금지했으며 2015년까지 이중 선체의 제작을 의무화했다. 현재 단일 선체 유조선은 미국 항구에 입항이 금지되었고 프랑스와 스페인 같은 유럽 국가에서는 해안 320km 이내에 들어오지 못하게 조치하고 있다. 이중 선체는 2개의 층으로 되어 있다. 안쪽 선체는 바깥 선체에 손상이 생겨도 유류 유출을 막아줄 수 있다. 좌초나 충돌 시에 선체 설계에 대한 연구 결과에 따르면 이중 선체 설계가 유류 유출을 줄이는 데 전반적으로 더 효과적이었다. 그러나 엑슨 발데즈 유출 사고에 대한 분석에 따르면 이중 선체 유조선조차도 재앙을 막지 못했을 것이라고 하였다. 유조선 설계는 선체 파열 시에 유출된 유류의 양을 줄이도록 개선되고 있다.

1999년 2월에 일본 국적 화물선인 M/V 뉴 카리사는 오리건 주 코어스만 바로 바깥에서 좌초해서 싣고 있던 약 150만 ℓ의 타르 연료유가 선체의 균열에서 새어 나오기 시작했다. 배가 파도가 치는 연안으로 쓸려오고 다가오는 폭풍우가 선체를 동강낼 위험에 처하자 연방과 주 당국은 대형 유류 유출 위험을 감수하느니 차라리 선박과 연료를 태워버리기로 결정했다(**그림 11.11**). 미국 해역에 있는 선박의 유류를 유출 사고를 막기 위해 의도적으로 태워버린 첫 사례였다. 결국 배를 두 조각 내어 유류의 약 절반을 태워서 쏟은 유류의 양을 줄였다. 좌초한 배에 남아 있던 나머지 유류의 대부분은 한 달 뒤에 미 해군이 외해로 견인해서 함포와 어뢰로 3km 수심 아래로 격침시킬 때 함께 수장되었다.

석유를 이루는 화학물질 외에도 하수 오니를 비롯한 다양한 화학물질들이 해양으로 배출된다. 양이 어느 정도에 이르면 이들 물질은 해양오염 사고의 원인이 된다. 다음에는 이러한 물질들을 살펴볼 것이다.

요약

석유 오염은 자연적으로도 해양으로 유입되지만[4] 인간의 활동을 통해서도 유입된다. 대규모 유류 유출은 현대 사회의 불가피한 부분인데 해양 박테리아와 기타 미생물이 자연적으로 석유를 생분해한다.

개념 점검 11.2 | 유류 오염과 관련된 해양환경 문제를 구체적으로 설명하라.

1 왜 전문가들이 유류를 해양에 입히는 가장 피해가 적은 오염물질이라 생각하는지 설명하라.

2 유류 유출 방제 방법에 대해 토론하라. 즉시 방제하는 것이 중요한 이유는 무엇인가?

3 사상 최대 규모의 고의적인 경우와 사고로 인한 유류 유출을 설명하라. 이들은 엑슨 발데즈 유류 유출량의 몇 배나 되는가?

11.3 비유류 오염과 관련된 해양환경 문제로는 어떤 것이 있는가?

유류 말고도 해양의 화학적 오염의 부류로 간주되는 여러 다른 유형의 오염이 있다. 예로는 하수 오니, DDT, PCBs, 수은과 심지어 처방약과 비처방 약제에 든 화학물질도 포함된다. 이들 물질이 해양에 어떻게 들어가는지를 포함하여 이러한 유형의 화학적 오염물질 몇 가지를 살펴보자.

4 역주 : 오염은 인위적인 것으로 국한시켜 정의했기 때문에 이 표현은 적절하지 못하다.

하수 오니

해양의 화학적 오염의 주요 부류 중 하나는 **하수 오니**(sewage sludge)이다. 시설에서 처리되는 하수는 일반적으로 고형물을 액체에서 침전시켜 분리하는 **1차처리**(primary treatment)와 염소를 쏘여 박테리아를 죽이는 **2차처리**(secondary treatment)를 거친다. 하수 오니는 이러한 처리 후에 남은 반고형물이다. 이것은 사람이 낸 폐기물 가운데 독성을 띤 것, 유류, 아연, 구리, 납, 은, 수은, 살충제와 기타 화학물질을 포함한다. 1960년대 이래 최소 50만 톤의 하수 오니가 남부 캘리포니아 연안 해역에 버려졌으며 8백만 톤이 넘는 하수 오니가 롱아일랜드와 뉴저지 해안 사이의 뉴욕만에 투기되었다.

1972년의 수질관리법(Clean Water Act)에 의해 1981년부터 해양으로 하수 투기가 금지되었지만, 육상에서 하수 오니를 처리하고 처분하는 데 드는 비용이 지나치게 많이 들어서 여러 도시에 유예를 허가했다. 그러나 1988년 여름에 대서양 연안 해변에 폭우에 씻겨 바다로 흘러 든 것으로 추정되는 의료 폐기물을 비롯한 비생분해성 쓰레기가 쓸려 올라와서 관광업계에 악영향을 끼쳤다. 이 사건은 하수의 해양 투기와는 전혀 관련이 없었지만, 해양오염에 대한 대중의 인식을 새롭게 했고, 하수 오니를 해양에 버리는 것을 불법으로 규정하는 법안을 통과시키는 데 도움을 주었다.

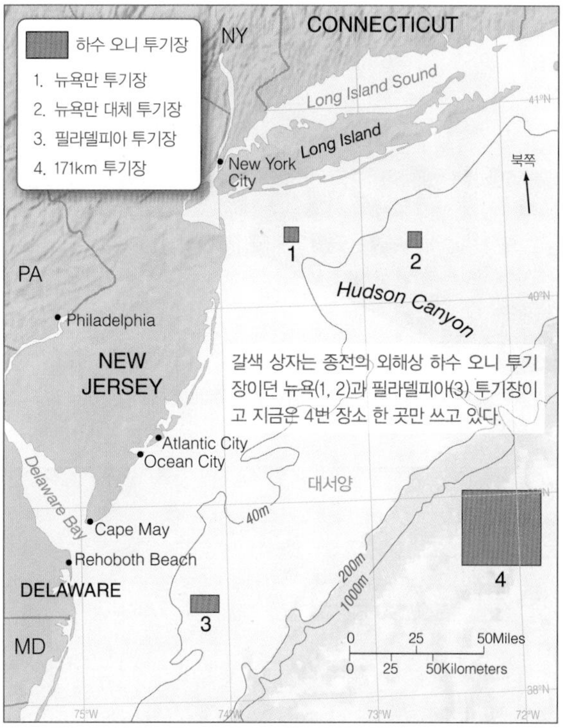

갈색 상자는 종전의 외해상 하수 오니 투기장이던 뉴욕(1, 2)과 필라델피아(3) 투기장이고 지금은 4번 장소 한 곳만 쓰고 있다.

그림 11.12 대서양의 하수 오니 투기장. 1986년 이전에는 매년 8백만 톤이 넘는 하수 오니를 바지선에 실어다 뉴욕만 투기장(1과 2)과 필라델피아 투기장(3)에다 버렸다. 1986년도에 보다 넓고 깊은 171km 장소(4)로 투기장이 옮겨졌다.

뉴욕 시의 하수 오니 해양 투기 뉴욕과 필라델피아에서 발생하는 하수 오니는 전통적으로 바지선에 실어 외해로 실어날라서 연면적이 150km^{2}에 이르는 뉴욕만 쓰레기 투기장과 필라델피아 쓰레기 투기장에 버려왔다(**그림 11.12**).

뉴욕만 투기장의 수심은 약 29m, 필라델피아 투기장은 약 40m이다. 이러한 얕은 물기둥은 비교적 잠잠해서 가장 작은 오니 입자조차도 옆으로 멀리 이동하지 않고 바닥에 가라앉아서 투기 장소의 생태계에 심각하게 영향을 미칠 수 있었다. 그곳의 유기물과 무기물의 농도는 최소값조차 영양염의 화학적 순환을 심하게 방해한다. 종 다양성이 크게 줄었으며, 일부 지역에서는 해조가 너무 번성해서 용존산소가 바닥날 지경으로 줄었다.[5]

1986년에 수심이 얕은 폐기장은 폐쇄되었고 이후로 하수는 171km 떨어진 깊은 폐기장으로 이전되었다(그림 11.12). 심해 폐기장은 대륙붕단 바깥에 있어서 잘 발달된 밀도 기울기가 저밀도의 따뜻한 표층수를 고밀도의 더 찬 심층수와 분리시켜놓는다. 이 밀도 기울기를 따라 전파하는 내부파는 입자가 침강하는 것보다 100배 빠른 속도로 입자를 옆으로 운반할 수 있다.

지역 어민들은 심해 폐기가 시작된 직후 어획에 악영향을 받았다고 보고했다. 또한 하수가 멕시코만류의 소용돌이에 실려 먼 곳, 심지어 영국 해안까지 수송될 수 있다는 우려가 제기되었다(제7장 참조). 이 투기 프로그램은 1993년에 종료되었으며 시 당국은 오수를 육상에다 처분해야 한다.

보스턴 항 오수 프로젝트 1980년대 이전에 보스턴 광역시를 이루는 크고 작은 48개 행정구역은 오니와 부분 처리된 하수를 보스턴 항 입구에 버리는 옛날 방식을 쓰고 있었다. 조류에 의해 종종 만으로 오니가 되쓸려왔고, 때로는 시스템에 과부하가 걸려서 처리되지 않은 오수가 바로 만에 쏟아부어져서 보스턴 항은 미국에서 가장 오염된 만 가운데 하나가 되었다.

5 용존산소가 적게 들어 있는 물은 빈산소(hypoxic: *hypo* = under, *oxic* = oxygen) 환경을 조성해서 생물이 죽게 할 수도 있다. 자세한 내용은 제13장의 13.2절을 참조하라.

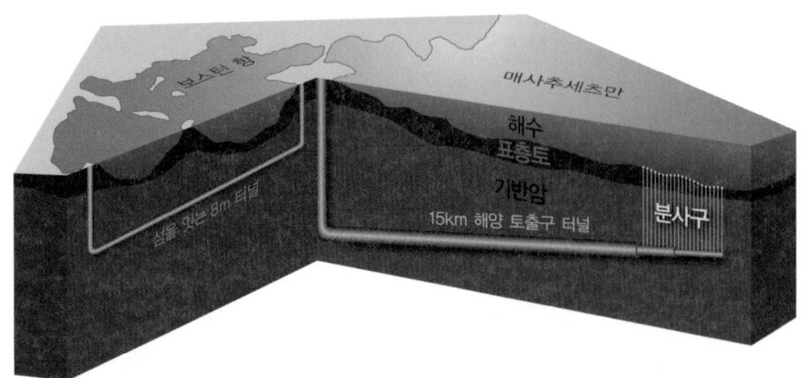

(a) 보스턴 항 오수 프로젝트에는 해저 76m 아래로 외해상으로 15km 떨어진 토출구로 오수를 내보내는 터널이 포함되어 있다.

1980년대에 내려진 법원의 보스턴 항 정화 명령은 결국 1998년도에 디어 아일랜드에 새로운 폐기물 처리 시설을 세워 가동하는 것으로 귀결되었다. 이 시설에서는 모든 하수를 박테리아를 죽이는 염소 처리를 하고 나서 다시 만으로 되돌아오지 못하도록 장장 15.3km 길이 터널을 통해 외해역의 깊은 장소로 운반한다(**그림 11.13a**). 보스턴 항 정화 이후 해변이 다시 개장되었고, 조개를 캘 수 있게 되었으며, 돌고래와 심지어 고래를 포함하여 해양생물이 돌아왔다. 그러나 38억 달러 규모의 하수도 시스템에 대한 비용을 지불하기 위해 보스턴 지역 가구의 평균 연간 하수도 요금은 종전의 다섯 배가 넘는 약 1,200달러로 껑충 뛰었다.

이러한 혜택에도 불구하고 제안될 당시에 일부 반대자들은 이 프로젝트가 주요 고래 서식지인 케이프코드만과 스텔웨건 뱅크(**그림 11.13b**)의 환경을 악화시킬 것이라고 우려했다. 시설이 가동되기 6년 전인 1992년에 이 지역은 미국 국가해양보호구로 지정되어 버릴 수 있는 오수의 양이 제한되었다.

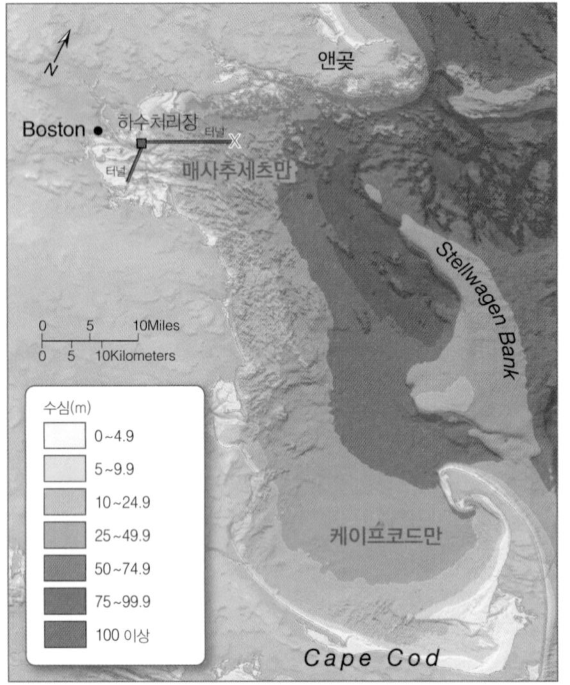

(b) 보스턴-케이프코드 연안을 잇는 해저 지형도. 새 오수 토출구(빨간 X)가 국가해양보호구인 스텔웨건 뱅크 가까이에 있다.

그림 11.13 보스턴 항 오수 프로젝트. (a) 그림으로 보인 보스턴 항 오수 프로젝트의 터널 (b) 오수 토출구 인근 지도.

DDT와 PCBs

살충제 **DDT**와 산업용 화공약품 **PCB**들은 현재 모든 해양 환경에서 발견된다. 이들은 오로지 인간의 활동의 결과로 해양에 들어온 난분해성이고 생물학적으로 활성이 높은 화학물질이다. 독성, 지속성과 먹이사슬에 축적되는 성향 때문에 이들과 기타 화학물질은 발암, 선천성 결함, 기타 중대한 장애를 일으킬 수 있는 **잔류성유기오염물질**(persistent organic pollutants, POPs)로 분류된다.

DDT는 1950년대에 농업용으로 널리 사용되었고 수십 년 동안 개발도상국의 작황을 향상시켰다. 그러나 살충제로서의 강력한 효과와 환경에서 독소로서의 지속성은 결국 해양 먹이사슬에 치명적인 영향을 포함한 여러 환경 문제를 일으켰다. 1962년도에 생물학자 레이첼 카슨은 환경에서 DDT와 기타 화학물질의 위험성에 관한 기념비적인 책 **침묵의 봄**(*Silent Spring*)을 출간했다. 이 책은 환경 운동에 중요한 기여를 했으며, 이후 1972년에 DDT는 미국에서 사용이 금지되었다.

PCB는 한때 전력 변압기와 같은 산업 설비의 절연재나 액상 냉매로 널리 쓰였으며 그 때문에 환경으로 방출되었다. PCB는 또한 배선, 도료, 충진재, 유압 오일, 무탄소 복사 용지와 기타 여러 제품에 널리 사용되었다. PCB는 동물에서 간암과 해로운 유전적 돌연변이를 일으키는 것으로 나타났다. PCB는 또한 동물의 번식에 영향을 미칠 수 있다—바다사자에서 자연 유산의 원인으로 그리고 플로리다의 에스캄비아만에서 새우 몰사의 원인으로 꼽혔다.

DDT와 알껍데기 1972년부터 EPA는 미국에서 DDT의 사용을 금지했다. 전 세계적으로 DDT는 농업용으로는 금지되어 있지만 공중 보건 목적으로 제한된 양이 계속 쓰이고 있다. 역설적이게도 미국 기업들은 DDT를 계속 생산하여 다른 나라에 공급한다.

DDT와 유사한 살충제의 과다 사용의 위험은 해양환경에서 바닷새 개체군에 영향을 미치는 것이 알려지면서 처음으로 확실히 드러났다. 1960년대에 남부 캘리포니아 외해에 있는 애나캐파 섬의 갈색 펠리컨 개체군이 크게 줄었다(**그림 11.14**). 새들이 먹는 어류

의 DDT 농도가 높아서 DDT가 알껍데기에 칼슘이 쌓이는 것을 어렵게 해서 지나치게 얇은 껍데기를 가진 알을 낳게 만들었다.

물수리는 큰 매를 닮은 연안 해역에 흔한 맹금류이다. DDT 오염으로 인해 얇은 껍데기를 가진 알을 낳게 되었기 때문에 롱아일랜드 사운드의 물수리 개체수는 1950년대와 1960년대 후반에 감소했다. DDT가 금지된 이후에 화학물질에 의해 피해를 입던 물수리, 갈색 펠리컨 등 여러 생물들이 눈에 띄게 회복되었다.

환경에 잔류하는 DDT와 PCBs 1972년에 금지된 DDT와 1977년에 금지된 PCBs는 일반적으로 대기와 강 유출수를 통해 해양에 들어온다. 이들은 처음엔 해양 표면의 얇은 유기물 띠에 농축되고 이어서 침강하는 입자에 부착되어 점차 바닥으로 가라앉는다. 스코틀랜드 외해에서 수행된 연구에 따르면 DDT와 PCBs의 외해역 농도는 연안 해수보다 각각 열 배, 열두 배나 낮은 것으로 나타났다. 장기간의 연구에 따르면 미국 연안의 연체류의 DDT 잔류량은 1968년에 정점에 달했다.

대다수의 국가에서 사용을 금지하고 있지만 DDT와 PCBs는 해양 환경에 잘 침투해서 심지어 남극의 해양생물에서도 측정될 만큼 들어있다. 남극 대륙에는 직접 유입시키는 농업이나 산업이 없기 때문에 이러한 화학물질은 바람과 해류를 타고 멀리 떨어진 공급원에서 남극 대륙으로 운반된 것이 틀림없다.

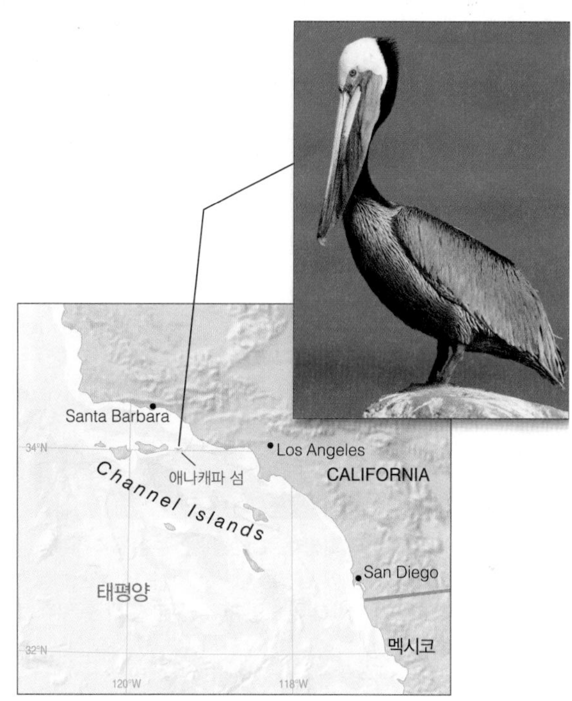

그림 11.14 갈색 펠리컨의 생존을 위협하는 DDT. 남부 캘리포니아 외해의 애나캐파 섬에서 번식한 갈색 펠리컨은 DDT 수치가 높았고 이로 인해 알껍데기의 두께가 줄었다. DDT가 금지된 다음부터는 이 지역에는 다시 튼튼한 펠리컨(사진)이 돌아왔다.

수은과 미나마타 병

원소로 이루어진 금속 **수은**(mercury)은 상온에서 액체인 희귀한 성질을 지닌 금속으로서 제조업 분야에서 많이 사용된다. 예를 들어 수은은 산업용 화학물질의 제조와 전기와 전자 응용 분야에 사용된다. 기체 상태 수은은 형광등에도 쓰이는 등 수은은 매우 유용한 물질이다.

해양의 수은은 어디에서 왔을까? 일부 해양 수은은 화산 분화와 수은이 풍부한 암석에서의 침출과 같은 천연 공급원에서 유래하지만, 2/3는 인간 활동에서 비롯된 것이다. 가장 큰 단일 공급원은 화석연료로서 특히 석탄의 연소인데 대기로 수은을 방출하며, 그 뒤에 침강과 유수를 통해 해양으로 흘러 들어간다. 또한 인간은 수은이 들어있는 산업 폐수를 강이나 해양으로 직접 배출한다. 그리고 수은 건전지의 부적절한 폐기처분도 걱정거리이다. 실제로 과학자들은 산업혁명이 시작된 이래 해양에서 수은 농도가 여섯 배나 늘었다고 결론을 내렸다.

그러나 수은이 빈산소 환경에서 박테리아에 의해 독성 형태인 **메틸수은**으로 변환되지 않는다면 인체 건강에 크게 위협이 되지는 않았을 것이다. 메틸수은은 식물플랑크톤으로 확산되어 들어간 다음에 해양 먹이사슬을 타고 계속 농축되며 이동한다. 신경독으로 밝혀진 메틸수은에 대한 노출과 섭취는 인체 건강에 심각한 문제를 일으킬 수 있다.

미나마타 병 1938년 일본의 미나마타만에 건설된 화학공장에서 공정에 수은을 필요로 하는 아세트알데하이드를 생산했다. 미나마타만으로 배출된 산업 폐수에는 메틸수은이 들어있었는데, 곧 이어 흡수되어 어류와 갑각류와 같은 해양생물 조직에 농축되었다. 1950년에 미나마타만의 생태학적 변화가 처음 보고되었으며, 사람에 대한 영향은 이르게는 1953년에 인지되었다. 현재 **미나마타 병**(Minamata disease)으로 알려진 수은 중독은 공장을 세운 지 18년 만인 1956년에 풍토병이 되었다.

학생들이 자주 하는 질문

DDT 금지를 해제하자는 단체도 있다고 들었습니다. 왜 그들은 해제를 원하나요?

1971년에 DDT의 생산이 금지되었기 때문에 말라리아의 발생이 급격히 증가했다. DDT가 말라리아를 전염시키는 모기를 죽이는 데 가장 효과적이고 쉽게 구할 수 있는 살충제였기 때문이다. 세계보건기구에 따르면 말라리아는 주로 열대 지방에서 일년에 최대 5억 명까지 감염되고 30초마다 적어도 1명의 어린이를 포함하여 270만 명이 사망한다. 또한 약에 대한 내성을 가진 균주가 세계 곳곳에서 나타나기 시작했다. 이러한 말라리아의 재발은 잘 입증된 지속성과 환경에 대한 부정적인 영향에도 불구하고 많은 보건기구는 열대 아프리카와 인도네시아처럼 말라리아에 취약한 지역의 집에 선택적으로 살포할 수 있도록 DDT 금지에 대해 예외를 두자고 촉구했다. 야심 찬 지구촌 말라리아 행동 계획(Global Malaria Action Plan)은 백신 연구, 모기장, 약품, DDT 살포 등을 통해 말라리아로 인한 사망자를 아예 없애려 하고 있다.

그림 11.15 미나마타 병의 희생자. 독성 금속인 수은을 섭취하거나 접촉하면 인간의 신경계에 영향을 미쳐서 뇌 손상, 선천성 장애, 마비, 심지어 사망에 이르게 하는 미나마타 병에 걸릴 수 있다.

생물증폭은 독성물질이 먹이사슬을 거치면서 큰 생물의 생체 조직에 농축되게 한다.

DDT 농도(ppm)

25ppm

물수리

큰 물고기

2ppm

작은 물고기

0.5ppm

동물플랑크톤

0.04ppm

0.000003ppm

물

그림 11.16 **생물증폭이 상위단계 생물에 독성물질을 농축시키는 과정.**
https://goo.gl/P96fU2

미나마타 병은 인간의 신경계에 퇴행성 장애를 일으켜 실명, 발작, 뇌 손상, 선천성 결함, 마비, 심지어 사망에 이르는 감각장애를 일으킨다. 이 수은 중독은 해양오염으로 인해 최초로 사람이 희생된 심각한 재앙이었다. 그러나 일본 정부는 1968년까지 이 질병의 원인이 수은이라고 선언하지 않았다. 공장은 즉각 폐쇄되었지만 1969년까지 미나마타 병으로 심하게 고통받는 사람이 100명이 넘는 것으로 알려졌고(**그림 11.15**), 거의 절반 가까이 이 병으로 사망했다.

일본 니가타 북부에 있던 아세트알데하이드 공장이 비슷하게 메틸수은을 배출해서 사람을 중독시킨다는 증거가 나오자 1965년에 두 번째로 폐쇄됐다. 미나마타에서 많은 교훈을 얻었으며 니가타에서의 발생 원인 조사는 미나마타보다 훨씬 원활하게 진행되었다.

2001년 현재 미나마타 병의 피해자는 2,265명(이 중 1,784명은 사망)으로 공식 집계되었다. 오늘날 미나마타만의 메틸수은 농도는 이제는 비정상적으로 높지 않아서 수은이 해양 환경 내에 널리 퍼지기에 충분하게 시간이 지났음을 알려주었다.

생물농축과 생물증폭 1960년대와 1970년대에 해산물의 메틸수은 오염은 비상한 관심을 받았다. 특정 해양생물은 **생물농축**(bioaccumulation)이라는 과정을 거쳐 해수에서는 미미한 농도로 발견되는 많은 물질을 생체 조직 안에 농축한다. 동물들이 다른 동물을 먹을 때 이 물질 중 일부(독성 화학물질 포함)는 먹이사슬을 따라 올라가면서 **생물증폭**(biomagnification)이라 불리는 과정을 통해 대형 동물의 조직에 농축된다(**그림 11.16**). 해양의 수은 양이 꾸준히 증가하고 있기 때문에 참치와 새치 같은 일부 해산물에는 비정상적으로 많은 양의 수은이 들어있다.

수은이 많이 함유된 수산물의 안정성 다양한 민족을 대상으로 한 해산물 섭취량에 대한 연구는 시장에서 판매되는 어류에서 메틸수은의 허용치 기준을 설정하는 데 도움을 주었다.[6] 이러한 기준을 설정하는 데 세 가지 변수가 고려되었다.

1. 각 집단 구성원의 어류 섭취량
2. 그 집단이 소비한 어류의 메틸수은 농도
3. 질병 증상을 유발하는 메틸수은의 최소 섭취율

이 세 가지 변수는 사람들이 어류의 권장 섭취량을 넘기지 않는 한 수은 중독으로부터 사람들을 보호하기 위한 메틸수은 최대허용농도를 결정하는 데 도움을 준다.

그림 11.17은 미나마타 어촌을 포함하여 미국, 스웨덴과 일본 국민들이 미나마타 병에 걸릴 상대적인 위험을 보여준다. 그래프는 어류 섭취량이 많을수록 그리고 어류의 메틸수은 농도가 높을수록 위험이 커짐을 보여준다.

그림 11.17은 어류의 메틸수은 농도, 집단별 어류 섭취량과 수은 중독의 위험 수위를 보여주는 복잡한 그래프이다. 과학자들은 중독 증세를 일으키는 메틸수은의 최소 소비량이 하루에 0.3mg이라는 결론을 내렸다. 안전 요인 열 배를 적용하면 안전한 섭취 수준은 하루에 메틸수은 0.03mg으로 설정된다. 그래프는 물고기, 특히 수은으로 오염된 물고기 섭취가 많을수록 수은 중독 증상이 더 커짐을 보여준다. 예를

6 대다수의 동물은 수은을 신속하게 체외로 배출한다 따라서 메틸수은만큼 위협이 되지 않음에 주목하자.

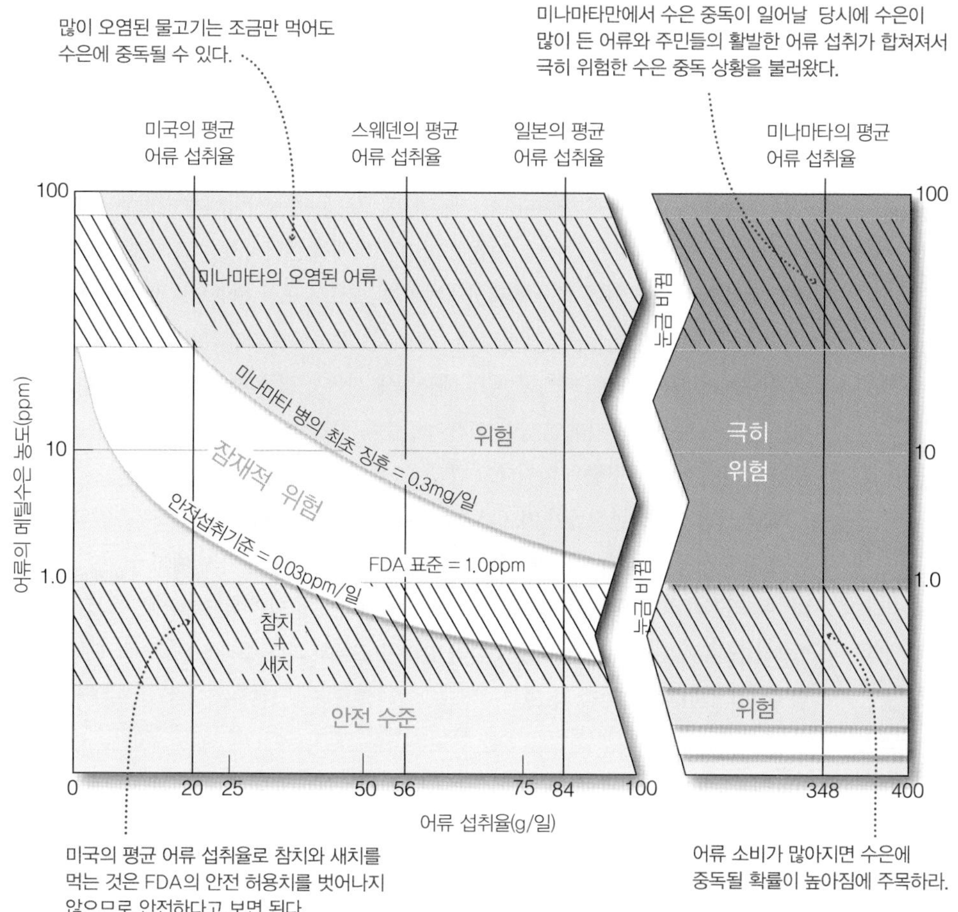

 **그림 11.17 어류의 메틸수은 농도와 여러 집단별 어류 섭취율 그리고 수은에 중독될 위험 수준.** 미나마타를 포함하여 미국, 스웨덴, 일본인을 대상으로 물고기 섭취율과 어류 중 독성 메틸수은 농도에 따른 미나마타 병에 걸릴 상대적인 위험도를 보여주는 그래프. 그래프는 고농도로 메틸수은을 함유한 물고기를 많이 먹으면 수은에 중독될 확률이 극도로 위험하고(오른쪽 위), 미국 평균 소비율에서 참치와 대다수의 새치는 안전하다는(왼쪽 아래) 것을 보여준다. 한번에 제공되는 전형적인 어류의 양은 약 170g이지만 미국의 하루 평균 소비량은 17g이다

https://goo.gl/YspqKE

들어 그래프는 수은 농도가 높은 수산물(예컨대 미나마타의 물고기)을 많이 먹으면 수은에 중독될 위험이 지극히 높음을 보여준다. 또한 그래프를 보면 미국인들은 평균해서 하루 17g의 어류를 섭취하고 있다. 이 소비율에서 수은 중독의 증상이 처음 나타날 확률은 물고기의 메틸수은 농도가 20ppm을 초과할 때이며 안전한 섭취 수준은 물고기의 메틸수은 2.0ppm이다.

어류의 메틸수은에 대한 미국의 기존 안전 섭취 기준이 2.0ppm인 것을 감안하여 미국 식품의약국(FDA)은 안전 요인을 두 배로 높여 잡아서 한도를 1.0ppm으로 설정했다. 섭취량에 기반하여 보면 실상 모든 참치와 대부분의 새치가 이 한계 농도 이하로 떨어지기 때문에 이 허용 한도는 미국 시민의 건강을 적절하게 보호한다. 하지만 FDA는 2001년에 임산부, 가임기 여성, 수유부와 어린이는 새치, 상어, 삼치와 옥돔같이 메틸수은이 많이 든 특정 생선을 먹지 말 것을 권고하였다.

그림 11.17은 스웨덴과 일본 주민들은 어류 섭취량이 많으므로 이들에게 안전할 것으로 간주되는 어류의 메틸수은 농도가 더 낮다는 것을 보여준다. 이 그래프는 또한 미나마타의 주민들이 미나마타만의 심하게 오염된 물고기를 모르고 그렇게 많이 먹었을 때 처해야 했던 극도의 위험을 보여준다.

학생들이 자주 하는 질문

일본의 후쿠시마 발전소에서 누출된 방사능이 어떻게 해양 어류에 영향을 미치나요? 예를 들어 바닷물고기를 먹어도 되나요?

일본의 후쿠시마 제1핵발전소의 냉각 시스템이 2011년의 거대한 쓰나미에 피해를 입어 고장이 나는 바람에 폭발해서 방사능 물질이 주변의 대기, 지하수와 바다로 방출되었다. 해양이 넓고 방사능을 희석시키는 좋은 혼합 메커니즘을 가지고 있지만 후쿠시마 발전소에서 나온 방사성 세슘과 아이오딘은 표층 해류에 의해 수송되어 얼마 뒤 북아메리카의 서해 연안을 따라 해수에서 검출되었다. 그러나 방사능은 인간의 건강에 해를 끼치지 않을 정도로 적은 양으로 들어있다. 전반적으로 인간의 방사능 피폭은 일본의 오염된 육지에서 살고 일하는 사람들에게 훨씬 더 심각한 문제가 되고 있다.

해양에서는 후쿠시마 인근의 해양생물이 방사성 물질에 가장 많이 노출되기 때문에 이들 지역에서는 상업용 어획이 금지되었다. 그러나 오염된 생물을 먹는 대형 해양생물은 방사성 물질을 생물증폭시킬 수 있으며 해양 전체로 방사성 물질을 운반할 수 있다. 예를 들어 캘리포니아 주 샌디에이고 근해에서 일본 근해로 이동하는 참다랑어에는 미량의 후쿠시마 세슘이 들어있는 것으로 밝혀졌다. 그럼에도 불구하고 이 물고기들을 먹는 것은 안전하다고 여겨진다. 확률 통계를 연구하는 해양화학자는 평균적인 미국인이 먹는 물고기 양의 다섯 배를 먹고 1년 동안 오염된 물고기만 먹는 사람은 1천만 명에 2명 꼴로 추가로 암에 걸리게 하는 방사선량을 쬐는 것과 같다고 제시했다. 따라서 오염된 물고기 섭취에 따른 인체 건강에 대한 위험은 극히 낮다. 실제로 대다수의 사람들은 걱정하지 않는, 해산물에 소량으로 들어 있는 천연 방사능 원소인 polonium-210의 섭취로 인한 위험보다 수백 배나 낮다.

요약

석유 말고도 여러 가지 부류의 물질이 해양의 화학적 오염물질로 간주된다. 여기에는 하수 오니, DDT, PCBs, 수은 그리고 처방과 비처방 약제에 든 화학물질이 포함된다.

그림 11.18 바다로 나가는 빗물 하수관에 붙인 안내문. 사람들은 빗물 배수관으로 흐른 것이 하수처리장에서 처리될 줄로 믿지만 빗물 배수관에 든 모든 것은 직접 하천이나 바다로 향한다.

기타 유형의 화학적 오염물질

처리수에서 고형물은 분리하지만 용해된 화학물질 모두를 제거하지는 않는 도시의 폐기물 처리 시스템으로 처방전이 필요하거나 필요없는 약과 불법 약물이 모두 들어간다. 따라서 이러한 화학물질은 보통의 경우에 매우 낮은 농도이긴 하지만 거르고 남은 액상 폐기물 흐름을 타고 바다로 향한다. 한 가지 예로 호르몬에는 사람에게 처방된 것과 인간이 자연적으로 생산한 것이 있는데, 이들은 하수 처리에서 걸러지지 않고 환경으로 배출되어 결국 해양으로 들어간다. 공장식 축산업에 쓰인 호르몬 또한 해양으로 씻겨 들어갈 수 있다. 또 다른 예는 각종 대중적인 음료에 들어 있는 각성제인 카페인이다. 카페인은 소변으로 인체에서 배출되므로 폐기물 처리 배출수에 끼어서 결국 해양으로 들어간다. 연구에 따르면 오수 배출수의 카페인 양은 시간이 갈수록 증가하고 있으며 이러한 급증은 해양생물에 알려지지 않은 영향을 미친다고 한다.

또한 산업용 화학물질들이 지표를 흐르는 물을 통해 육지에서 해양으로 유입된다. 비료는 초지의 성장을 촉진하기 위해 뿌리는 산업용 화학물질의 한 가지 예이다. 이 비료가 육상에서 씻겨나와 연안 해역에 들어오게 되면 **유해조류대발생**(harmful algal blooms, HABs)이라 알려진 조류의 과다 증식을 일으킬 수 있다(제13장 13.2절 참조).

개념 점검 11.3 | 비유류 화학적 오염과 관련된 해양환경 문제를 구체적으로 설명하라.

1 (미국) 동해안 외해역에 하수를 버리는 것이 어떻게 해저에 가하는 부정적인 충격을 줄여주는가?
2 뚜렷하게 DDT의 피해로 고통받는 동물 개체군은 무엇이며 부정적인 영향이 어떻게 발현되는지에 대해 토론하라.
3 무엇이 미나마타 병을 일으키는가? 사람에게 나타나는 증세는 무엇인가?

11.4 쓰레기를 포함하여 비점원오염과 관련된 해양환경 문제로는 어떤 것이 있는가?

고의적으로 또는 의도하지 않은 행동을 통해 인류는 엄청난 양의 쓰레기와 기타 불필요한 물질을 해양으로 배출한다. 이런 물질들이 해양으로 들어가는 경로와 이들이 일으키는 환경 문제들을 조사해보자.

비점원오염과 쓰레기

독극물 유출이라고도 불리는 **비점원오염**(non-point source pollution)은 하나의 명백한 공급원, 거점 또는 장소가 아닌 이곳저곳에서 해양으로 들어오는 갖가지 유형의 오염이다. 대다수의 도시 지역에서 비점원오염은 빗물 배수관을 타고 바다로 들어가는데, 요즘엔 곳곳에 곧바로 바다로 간다는 알림판을 세워 놓았다(**그림 11.18**). 미국국립과학원은 해마다 쓰레기 580만 톤이 전 세계 해양으로 들어가고 있다고 추산했다.

비점원오염은 여러 곳에서 들어오기 때문에 오염의 원인은 쉽게 파악할 수 있지만 그것이 어디서 왔는지를 정확히 짚어 내기는 어렵다. 일례가 빗물에 씻겨 바다로 흘러 들어와서 해변으로 쓸려 올라온 쓰레기이다(**그림 11.19**). 그 밖에도 비가 내릴 때마다 바다로 씻겨온 농지에 뿌린 농약과 비료 그리고 자동차가 흘린 유류가 있다. 사실 해마다 길에 흘린 유류와 몰래 버린 윤활유 같은 비점원오염으로 매년 미국 해역으로 흘러드는 유류의 양은 딥워터 호라이즌이 쏟은 유류 양의 1.5배나 된다!

쓰레기는 또한 해양 투기로도 바다에 들어온다. 현행 법률(**그림 11.20**)에 따르면, 유리, 금속, 포장 보호재, 음식물과 같은 특정 유형의 쓰레기는 해안에서 충분히 멀거나 곱게 분쇄되었을 경우에는 합법적으로 바다에 버릴 수 있다. 이런 물질 대부분은 가라앉거나 생분해되어 수면에 모이지 않는다. 다만 플라스틱은 예외이다.

해양의 부스러기 플라스틱

전 세계적으로 해양 부스러기의 대부분은 **플라스틱**(plastics: *plasticus* = molded)이다. 해양 부스러기의 약 80%는 육상에서 나오며 그 대부분은 플라스틱이다. 플라스틱이 해양에 유입되면 떠다니고 쉽게 생분해되지 않는다(**그림 11.21**). 그 결과로 플라스틱은 거의 영구적으로 해양에 머무르며 해양생물에 먹히거나 얽히면서 피해를 입힌다. 실제로 캔 묶음 고리라든가 포장용 끈과 같은 플라스틱 쓰레기에 옥죄여져서 물고기, 해양 포유동물과 새가 질식사한 사례가 여럿 보고되었다(**그림 11.22a**, **그림 11.22b**). 또한 바닷새는 떠다니는 플라스틱 쪼가리를 너무 많이 먹는 바람에 위가 가득 차서 굶어 죽기도 한다(**그림 11.22c**). 바다거북이 떠 다니는 비닐 봉지를 좋아하는 해파리나 다른 투명한 플랑크톤으로 잘못 알고 먹은 것이 아마도 플라스틱 쓰레기를 먹고 죽은 가장 잘 알려진 사례인 듯하다.

하지만 얽히거나 먹는 것이 해양에 만연한 플라스틱 오염에 의한 최악의 문제는 아니다. 얼마 전에 연구진은 떠 있는 플라스틱 부스러기가 비수용성 독성 화합물, 특히 DDT, PCBs와 기타 유류 오염물질과 친화력이 높다는 것을 발견했다. 그러다 보니 어떤 플라스틱 조각은 바닷물에 보다 100만 배나 되는 농도로 독극물을 축적한다. 그러므로 해양생물이 독성 플라스틱 조각을 먹게 되면 막대한 양의 독성 물질을 축적하게 된다.

플라스틱은 해양 투기가 전면 금지된 몇 가지 물질 가운데 하나이지만(그림 11.20 참조) 쓰임새가 워낙 넓은 데다 가진 특성 때문에 해양 환경에서 점점 늘고 있다.

플라스틱 약사 1862년에 런던에서 열린 국제박람회에서 인공 플라스틱이 첫 선을 보였지만 고무에서 시작된 물자 부족으로 대체품을 찾아 나서게 한 2차 세계대전 때까지 상용화되지 않았다. 플라스틱 제품은 가볍고 튼튼하고 오래가며 값이 싸서 다른 재료로 만든 제품보다 이점이 많다. 플라스틱 제품은 1970년 무렵엔 비행기 부품에서 지퍼에 이르기까지 생활에 깊숙이 파고들었다(**그림 11.23**). 예를 들어 사람들은 플라스틱을 입고, 플라스틱 그릇에 요리하고, 플라스틱 안에서 운전하며, 심지어 플라스틱으로 된 인공 장기를 달고 있다. 일회용 플라스틱 제품의 편리

학생들이 자주 하는 질문

빗물 하수는 바다로 내보내지기 전에 하수처리를 거쳤겠죠?

의아하게 들리겠지만 빗물 하수구로 내려간 물(그리고 온갖 잡동사니)은 강이나 바로 바다로 비워지기 전에 아무런 처리도 거치지 않는다. 하수 처리장은 빗물이 더 가져다 주지 않아도 평소에도 처리하기에 빠듯하게 폐기물을 받는다. 따라서 빗물 하수구로 무엇이 버려지는지를 조심스레 감시하는 것이 중요한다. 예컨대 어떤 이는 쓰고 난 엔진 오일을 빗물 배수구에 버리면서 하수 처리장에서 잘 처리되겠지 하고 여긴다. 경험에 비추어 이렇게 하자고 권하겠다. 바다에 바로 넣고 싶지 않은 것은 빗물 배수구에 버리지 말지어다.

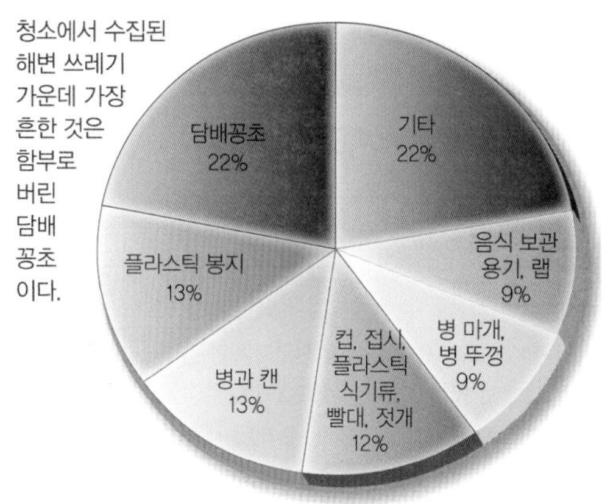

그림 11.19 해변 쓰레기에서 가장 흔하게 수집되는 것들. 수집된 해변 쓰레기의 대부분은 매일 함부로 버려지는 일회용품이다.

미국 수역의 해양투기 규정
주와 지역의 규정은 쓰레기 투기에 더 추가적 제한을 둘 수 있음.

미국의 호수, 강, 만과 3마일 이내 수역	3~12마일 수역	12~25마일 수역	25마일 바깥 수역
투기 금지품목 : 플라스틱 쓰레기 종이 금속 천 조각 식기 유리 짐깔개 식품	투기 금지품목 : 플라스틱 짐깔개(물에 뜨는 덧댄 포장재와 내장재) 1인치보다 잘게 갈리지 않은 것 : 쓰레기 종이 금속 천 조각 식기 유리 식품	투기 금지품목 : 플라스틱 짐깔개(물에 뜨는 덧댄 포장재와 내장재)	투기 금지품목 : 플라스틱

해양의 어디건 또는 미국의 항행 수역에 선박에서 플라스틱을 투기하는 것은 불법이다. 해양오염협약의 제5부속서는 보다 깨끗하고 안전한 해양환경을 위한 새로운 국제법이다. 각 요구 사항을 위반한 민간인은 25,000달러 이하의 범칙금 또는 50,000달러 이하의 벌금과 5년 이하의 징역에 처해질 수 있다.

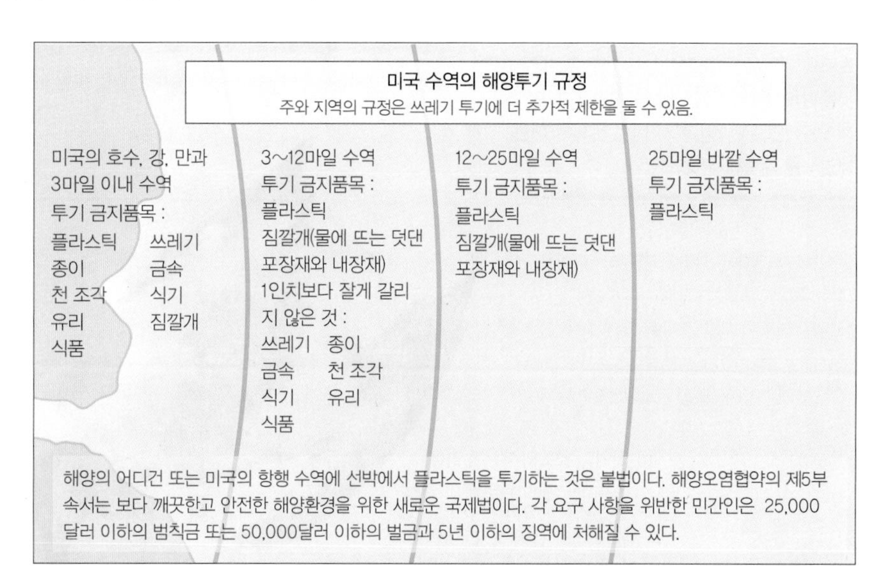

그림 11.20 미국 수역 안에서의 해양 투기를 규제하는 국제법. 잘게 갈렸고 플라스틱으로 되어 있지 않다면 합법적으로 많은 종류의 쓰레기를 해양에 버릴 수 있다. 실제로 플라스틱만 해양의 어디에도 버릴 수 없는 유일한 물질이다.
https://goo.gl/tb04AG

그림 11.21 **떠 있는 플라스틱 쓰레기.** 플라스틱 쓰레기가 바다에 들어오면 물에 뜨게 되며 쉽게 생분해되지 않는다.

함 또한 유행을 한 몫 거들었다.

한때 꿈의 물질로 떠받들어졌던 것에도 몇 가지 흠이 드러났다. 플라스틱이 쓰레기로 버려지면서 육상의 고형 폐기물 처리 시스템을 곧 바로 무력화시켰다. 이제 바다에 떠다니는 물체는 거의 대부분 플라스틱이다.[7] 불행히도 플라스틱이 바다로 들어오게 되면 플라스틱이 가진 바로 그 장점이 비정상적으로 오래 바다에 머무르게 해주어서 피해를 부른다.

- 가벼워서 물에 떠서 수면에 모인다.
- 튼튼해서 해양생물을 옥죈다.
- 질겨서 쉽게 생분해되지 않아 거의 무한정 머무른다.
- 값이 싸서 대량 생산되고 거의 모든 분야에서 쓰인다.

해양 환경 안의 플라스틱 알갱이 오늘날 거의 모든 플라스틱 제품은 **플라스틱 과립**(nurdle)이라 불리는 BB 산탄총알에서 콩 정도 크기쯤 되는 원자재인 작은 플라스틱 과립(그림 11.24)으로 만든다. 플라스틱 과립은 상선에 실려 대량으로 운송되는데 해양 전역에서 발견되며 아마도 하역 부두에서 흘렸을 것으로 여겨진다.

해변에 플라스틱을 쓸어 올리는 표층 해류로 인해 거의 모든 해변에서, 외진 곳조차 플라스틱 알갱이와

학생들이 자주 하는 질문

생분해성 플라스틱은 효과가 좋은가요?

안타깝게도 생분해성 플라스틱은 지금까지는 기대에 못 미친다. 이론대로라면 식물 성분인 셀룰로스와 같은 생분해되는 첨가제가 든 플라스틱은 쉽게 분해되어야 한다. 그러나 재료 과학 전문가들의 견해는 그렇지 않다. 연구진은 최고라고 주장하는 플라스틱 분해 첨가제가 든 비닐 봉지를 가장 일반적인 세 가지 유형의 생분해(퇴비, 매립과 매몰)를 시켜보았다. 각 조건에서 3년이 지난 후에 시료를 회수해서 분석해 보았더니 생분해성 첨가제가 든 플라스틱과 아닌 것과 사이에 분해에서 큰 차이가 나지 않았다. 이 연구는 생분해성 첨가제가 든 플라스틱의 경우에 적어도 수십 년이 필요하다는 것을 알려준다. 이런 좌절을 무릅쓰고 포장재 연구원들은 비닐 봉지 폐기 문제에 대한 해결책을 계속해서 찾고 있다.

(a) 플라스틱 포장 끈에 단단하게 목이 조여진 암컷 북방 바다코끼리

(b) 여섯 캔 묶음고리에 걸린 재갈매기

(c) 하와이 열도의 북서쪽 끝에 있는 미드웨이 섬의 새끼 레이산 신천옹은 어미가 먹이로 알고 준 라이터, 병 뚜껑, 전기 연결기, 그 외 여러 가지 떠 있는 플라스틱 쓰레기(오른쪽)로 위가 가득 차서 죽었다.

그림 11.22 **떠 있는 플라스틱 쓰레기가 해양 생물들을 위협하는 사례들.**

7 떠다니는 잡동사니는 육상 기인일 수도 있고 해양 기인일 수도 있다.

다른 쓰레기가 발견된다. 해변 쓰레기에 대해 가장 잘 기록된 연구를 예로 들면 연구자들은 캘리포니아 주 오렌지카운티에서 지정한 통로를 따라 가면서 바늘 머리보다 큰 모든 부스러기를 하나하나 셌다. 연구자들은 6주에 걸쳐 수거한 것을 토대로 매년 오렌지카운티의 해변으로는 1억 690만 개의 작은 조각들이 들어오고 있고 그중 98%(1억 520만 개)는 플라스틱 알갱이라고 밝혔다. 다른 연구에 따르면 일부 버뮤다 해변은 $1m^2$마다 최대 10,000개의 플라스틱 알갱이가 들어있고 매사추세츠 주의 마서스빈야드의 몇몇 해변에선 $1m^2$당 16,000개의 플라스틱 알갱이가 들어있다.

미세플라스틱 사람의 위생 및 기타 용품의 사용으로 나오는 아주 작은 플라스틱 조각이 해양에서 점점 더 큰 걱정거리가 되고 있다. 이러한 **미세플라스틱**(microplastics) 또는 **마이크로비즈**라 하는 것은 일반적으로 지름이 1~5mm인 작은 플라스틱 입자이다(**그림 11.25**). 작은 플라스틱 구슬은 손 세정제, 각질 제거제나 치약과 같은 제품에서 세정이나 연마제로 사용되지만 에어 블라스팅 기술과 같은 산업 공정에서도 사용된다. 일부 화장품의 경우엔 제품에 들어있는 미세플라스틱의 총량이 용기보다 더 많은 플라스틱을 포함한다! 미세플라스틱은 육지로부터의 유수를 통해 해양으로 유입되거나 배수구를 타고 흘러드는데 미세한 크기 때문에 폐수 처리시설로 가더라도 그대로 빠져나온다. 실제 과학 연구에 따르면 1970년대 이후 해양에서 미세플라스틱은 100배 이상 증가했다. 미세플라스틱은 오염물질을 운반하고 물고기에 먹히는 것으로 알려져 있어서 환경단체들은 현재 미세플라스틱이 든 제품에 대한 전면 금지를 지지하고 있다.

미세플라스틱은 또한 더 큰 조각의 플라스틱이 시간이 지나면서 부서져서 만들어진다. 연구에 따르면 부유 플라스틱은 광분해, 즉 햇빛이 이들을 점차적으로 작은 조각으로 쪼개는 과정을 겪는데 그로 인해 온갖 해양생물, 특히 해양 먹이망의 아래 단계를 이루는 미소생물이 플라스틱을 먹는 것이 촉진된다.

해양의 미세플라스틱의 양에 대한 연구는 이제 시작되었다. 예를 들어 2014년에 연구선 뒤켠에서 망목이 촘촘한 그물을 끌어서 크기가 5mm 미만인 입자를 포집하는 연구를 수행했다. 결과를 바탕으로 연구자들은 태평양에 적어도 21,000톤의 떠 다니는 미세플라스틱 조각이 있다고 추정했다. 또한 해수가 얼어서 만들어지는 북극해 해빙에서도 미세플라스틱이 발견되었다.

해양의 플라스틱 문제 최근에 해양학자들은 5대 아열대 환류의 잔잔한 중앙부 같은 외양에서는 해수 유동이 느리기 때문에 떠 있는 플라스틱 쓰레기가 모여서 전례없이 많은 양이 있다고 보고했다. 실제로 연구선과 어선에서 내린 장비에 종종 다양한 유형의 플라스틱 쓰레기가 걸려 올라온다.

떠 있는 플라스틱 쓰레기는 이제 너무 많아서 아예 외양에선 해양생물의 인공 서식지로 사용되기도 한다. 떠 있는 쓰레기를 뜨는 수단으로 쓰는 미생물부터 그 안에 숨는 물고기까지 있다. 이처럼 해양 생태계의 구성을 바꾸기 시작했다. 예를 들어 해산 소금쟁이는 해양에서 떠 있는 물체에 알을 낳는다. 연구에 따르면 해양에서 떠 다니는 쓰레기가 늘어남에 따라 소금쟁이의 알이 많아져서 게, 물고기와 바닷새의 먹이가 되고 있다.

학생들이 자주 하는 질문

오염은 죄다 골칫거립니다. 뭔가 내가 도울 일이 있을까요?

그렇다. 해양을 보호하기 위해 할 수 있는 일들이 많다. 그중 일부는 이 책의 후기에 적어두었다. 이들은 모두 현명하게 선택하는 것과, 환경에 미치는 영향을 최소화하는 것에 관련이 있다. 예컨대 비점원오염에 대한 책임은 일반 대중에 있으므로 최상의 예방 방법 중 하나는 사람들을 교육하는 것이라 하겠다. 사람들이 자신의 선택이 환경에 미치는 영향을 이해하게 되면 해결책은 우리 모두가 하기 나름이라는 것을 종종 깨닫게 된다.

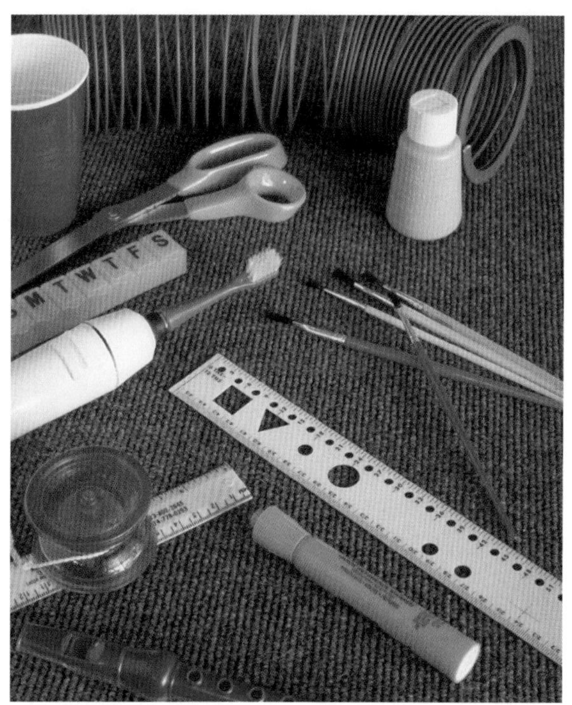

그림 11.23 주변의 플라스틱 제품들. 비행기에서 지퍼에 이르기까지 다양한 일상용품이 플라스틱으로 만들어진다. 다수의 플라스틱 제품은 일회용이어서 머지않아 쓰레기로 버려진다.

그림 11.24 해변에서 발견된 플라스틱 과립(nurdle). 이런 생산 전 단계 플라스틱 원료 과립이 남부 캘리포니아 해변에서 발견되었다. 플라스틱 알갱이는 해양에 떠 있는 상태로 그리고 외진 곳의 해변에서도 발견되곤 한다.

그림 11.25 미세플라스틱. 미세플라스틱 알갱이는 손 세정제, 안면 각질 제거제나 치약 같은 개인 위생용품에 세제나 연마제로 쓰인다.

해양에서 플라스틱 오염의 양은 엄청나다. 과학적 연구에 따르면 해양 플라스틱 입자는 지난 40년간 100배나 늘었다. 세계 192개 연안 국가에서 인구 밀도와 1인당 폐기물 발생량을 기준으로 과학자들은 매년 적어도 8백만 톤의 플라스틱 오염물질이 해양에 유입된다고 추정한다. 결과적으로 연구자들은 2014년에 5.25조 개가 넘는 플라스틱 조각, 약 27만 톤이 해양에 떠 있을 것으로 보고했다. 더 궁금한 점은 보고된 양이 연간 전 세계 플라스틱 생산량의 1%도 안된다는 것이다. 따라서 플라스틱이 어떻게든 제거되지 않았다면 해양에 부유하는 플라스틱 쓰레기는 훨씬 더 많아야 한다.

이 떠 있는 플라스틱 쓰레기는 모두 어디로 가는가? 해양오염 전문가들은 해양 표층 해류의 움직임으로 인해 일부는 이런저런 해변에 쓸려 올라가고 일부는 해양 생물에 부착되어 해저에 가라앉고 일부는 해양동물에 의해 먹힌다는 데 동의한다. 그러나 상당량의 떠 있는 플라스틱 쓰레기는 그저 해양에 남아서 끊임없이 작은 조각으로 쪼개진다. 이 떠 있는 플라스틱 조각을 현미경으로 관찰하면 플라스틱을 더 작은 조각으로 분해하는 해양 박테리아가 풍부하다는 것을 알 수 있다.

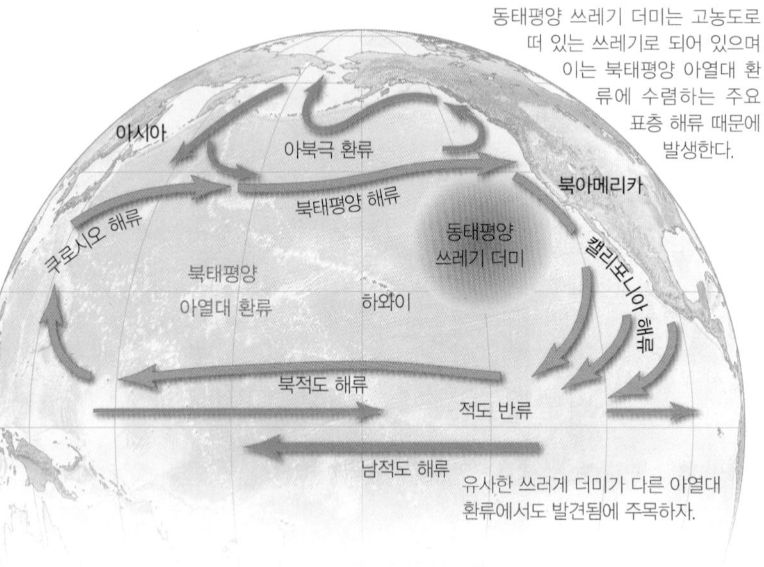

또한 해양학자들은 세계의 모든 해양에서 해양생물보다 플라스틱이 몇 배나 많은 거대한 쓰레기가 떠 있는 지역을 발견했다. 이들 지역은 세계 5대 아열대 환류(제7장 참조)의 중앙 근처에 위치하는데, 이곳에서 주요 해양 표층 해류가 모여들어 만들어진 대규모의 비교적 잠잠한 구역에 쓰레기가 갇히게 된다. 이들 가운데 가장 연구가 잘 된 것은 **동태평양 쓰레기 더미**(Eastern Pacific Garbage Patch, **그림 11.26**)로 텍사스 주의 약 두 배 크기이며 91,000톤의 부스러기가 있을 것으로 추산된다.

동태평양 쓰레기 더미는 고농도로 떠 있는 쓰레기로 되어 있으며 이는 북태평양 아열대 환류에 수렴하는 주요 표층 해류 때문에 발생한다.
아시아
아북극 환류
북아메리카
북태평양 해류
쿠로시오 해류
동태평양 쓰레기 더미
캘리포니아 해류
북태평양 아열대 환류
하와이
북적도 해류
적도 반류
남적도 해류
유사한 쓰러게 더미가 다른 아열대 환류에서도 발견됨에 주목하자.

그림 11.26 동태평양 쓰레기 더미.

해양 플라스틱의 양을 줄이기 해양 환경에서 플라스틱의 양을 제한하기 위해 어떤 일을 할 수 있는가? 맨 먼저 사람들은 일회용 플라스틱 사용을 자제하고, 플라스틱 물질을 재활용하고[8], 플라스틱을 해양에 투기하지 않는 것을 포함하여 플라스틱 쓰레기를 적절하게 버려야 한다. 미국 전역의 거의 200개 도시와 카운티에서는 최근 일회용 비닐 봉투와 폴리스타이렌 식품 배달 용기를 금지했으며 주 전역에 대해 이들 품목에 대한 단계적인 금지를 시행하도록 압박하고 있다. 2014년 캘리포니아 주가 최초로 마트에서 비닐 봉투의 사용을 금지하는 법안에 서명했다. 전 세계적으로 일회용 마트 비닐 봉투를 금지한 국가는 대한민국, 중국, 호주, 이탈리아, 남아프리카 공화국, 탄자니아와 방글라데시를 포함해서 20개국 이상이다. 또한 해변 청소로 엄청난 양의 쓰레기가 제거되었다(그림 11.1과 11.19 참조). 이러한 모든 조치는 해양 환경에서 플라스틱의 양을 줄이는 데 도움이 된다.

1980년대에 뉴욕에서 떠다니는 쓰레기가 점차 사회문제로 부상되었는데, 그 가운데 특히 주사기를 비롯한 의료 폐기물로 인해 해변 폐쇄가 장기화되자 세계 각국은 문제 해결을 위해 합심하여 발벗고 나섰다. 1988년에 **MARPOL**(Marine Pollution의 약어)이라 불리는 선박오염방지를 위한 국제협약은 바다에다

요약

비록 일부 플라스틱이 해변에 쓸려 올라오기도 하지만 거의 모든 플라스틱은 해양을 떠나지 않는다. 그 대신 갈수록 더 잘게 쪼개져서 점점 더 해양 먹이망의 바닥으로 침투하고 있다.

8 현재 미국에서 재활용되는 플라스틱은 10% 미만인데, 다른 나라 상황은 더 나쁘다.

플라스틱을 투기하는 것을 전면 금지하고 다른 쓰레기의 투기를 규제하는 조약을 제안했다(그림 11.20). 2005년까지 122개국이 MARPOL을 비준했다. 몇몇 연구에 따르면 MARPOL은 알래스카와 캘리포니아 근해의 일부 지역에서 부스러기와 버려진 어망에 의한 얽힘을 눈에 띄게 줄였다. 그러나 다른 연구에 따르면 남빙양, 남대서양과 하와이 제도와 같은 지역에서는 개선되지 않았다. 다른 많은 환경 보호와 국제 조약과 마찬가지로 집행 실적은 선언된 의도에 훨씬 못 미친다. MARPOL의 부속서에는 조약에 서명한 국가는 선박이 쓰레기를 쉽게 처분할 수 있도록 해안 기반시설을 제공해야 한다고 요구하고 있지만, 많은 개발 도상국에서는 이러한 시설을 제공하지 못했다. 결과적으로 현존하는 국제 해양오염법을 준수하기를 희망하는 선장이나 선사조차도 지키지 못할 수 있다.

개념 점검 11.4 | 쓰레기를 포함하여 비점원오염과 관련된 해양환경 문제를 구체적으로 설명하라.

1 비점원오염은 무엇이고 이들은 어떻게 해양에 들어오게 되는가? 쓰레기가 해양에 들어오는 다른 경로로는 어떤 것이 있는가?

2 어떤 속성이 플라스틱을 기적적인 물질이라 여기도록 만들었나? 그런데 그러한 속성이 해양환경에서는 지나치게 지속적이고 위협이 되는 이유가 무엇인가?

11.5 생물학적 오염과 관련된 해양환경 문제로는 어떤 것이 있는가?

인간의 활동이 전 세계적으로 증가함에 따라 생물학적 오염물질, 달리 말해 비토착종의 운송도 증가한다. **비토착종**(non-native species: **외래종** 또는 **침입종**이라고도 함)은 특정 지역에서 기원하였지만 사람의 의도적 또는 우연한 행동에 의해 새로운 환경에 도입된 종으로서 생물학적 오염물질로 분류된다. 비토착종은 포식자나 다른 자연적 통제가 부족한 새로운 지역에 서식하게 되어 토착종과의 경쟁에서 앞서고 주도권을 쥐게 되어 생태계를 초토화시킬 수 있다. 비토착종은 또한 새로운 기생충이나 질병을 들여오기도 한다. 몇 경우에 비토착종은 생태계를 완전히 바꾸어놓기도 한다. 미국에서만 7,000종 이상의 도입된 종(미생물 제외)이 확인되었으며, 그중 약 15%가 생태학적 그리고 경제적 피해를 입혔다. 사실 침입종은 매년 미국에서 약 1,370억 달러의 손실과 손해를 입힌다. 전 세계적으로 문제를 일으킨 비토착종의 몇 가지 사례를 살펴보자.

옥덩굴 속 해조 *Caulerpa taxifolia*

열대 해역산 해조류 옥덩굴 속의 일종인 *Caulerpa taxifolia*는 비토착성 침입 해양생물종의 하나의 예이다. 이것은 단단하고 빨리 자라며 대부분의 물고기가 먹을 수 없기 때문에 해수 수족관의 장식용 조류로 이상적이다. 그러나 적절한 새 서식지(가정용 해수 수족관에서 버린 결과일 가능성이 높음)에 도입되면 토착 해조와 기타 해양생물을 대체하는 우점적이고 지속적인 종이 된다. 1984년 수족관 산업용으로 생산된 *C. taxifolia*의 내한성 품종이 처음엔 지중해에 침입해서 수중 생태계를 압도하고 퍼지기 시작했다. 2000년에 이 품종은 호주의 뉴사우스웨일스 연안과 두 군데 남부 캘리포니아 석호에서 발견되었다. 캘리포니아의 칼즈배드에 있는 아쿠아 헤디온다 석호의 *C. taxifolia*의 대번성은 아마도 수족관 주인이 해조를 빗물 배수구에 부적절하게 버린 것이 석호에 침입했을 가능성이 매우 높다. 캘리포니아 주는 이후 주 안에서 *C. taxifolia*의 소유, 판매 또는 운송을 금지하는 법을 통과시켰다. 대민 캠페인이 시작되었고 이는 비토착종의 확산을 막는 데 성공으로 이어졌다(**그림 11.27**).

아쿠아 헤디온다 석호에 있는 *Caulerpa*의 분포는 제어가 가능할 정도로 작았기 때문에 잠수부는 해조 더미를 커다란 방수포로 덮고 침입 부위 가장자리를 모래 주머니로 눌러 놓았다. 그런 다음 방수포 아

학생들이 자주 하는 질문

쓰레기 더미는 어떻게 생겼습니까? 우주에서도 보이나요? 어떻게 치우죠?

쓰레기 더미의 크기를 결정할 때의 문제점 중 하나는 경계가 뚜렷치 않아서 정확한 크기 추정이 불가하다는 점이다. 많은 사람들이 들어 본 것과는 반대로 이 더미는 둥둥 떠 다니는 쓰레기 섬이 아니다. 대부분의 플라스틱 조각은 손톱 크기나 그 보다 작기 때문에 쓰레기 더미는 우주에서는 물론이고 배에서도 잘 포착되지 않는다. 사실 해양학자들은 눈이 가는 트롤 그물을 사용하여 존재를 판정한다. 쓰레기 더미를 시각화하는 더 나은 방법은 약간의 작은 플라스틱 조각이 흩어져 있는 있는 아주 묽은 수프를 연상해 보는 것이다.

떠 있는 쓰레기를 제거하는 일은 말처럼 쉽지 않다. 한 가지 이유는 쓰레기가 고르게 분산되어 있지 않다는 것이다. 다른 하나는 광대한 지역에 퍼져있는 작은 조각들을 모으는 것이라서 이것은 거대한 선단이 몇 년이고 쉬지 않고 일해야 한다. 떠 있는 쓰레기를 일단 모아서 해안으로 되실어가도 뾰족한 대책이 없다. 특히 재활용이 안 되는 부분이 그렇다. 확실히 더 큰 문제는 해양의 표층에서 떠있는 쓰레기를 훑어내다 보면 해양 먹이망에 필수적인 플랑크톤도 제거된다는 것이다. 현 상황에서 가장 좋은 방안은 처음부터 쓰레기가 해양에 얼씬거리지 못하게 하는 것이다.

그림 11.27 ***Caulerpa taxifolia*의 침입.** 해조 *C. taxifolia*는 수족관 주인이 불법적으로 빗물 하수관으로 버리는 바람에 남부 캘리포니아 연안 석호에 번진 것으로 보인다. 이 해조는 대중의 높은 경각심과 당국의 빠른 조치로 거의 근절되었다

래에 염소를 주입시켜 안에 있는 생물을 모두 죽였다. 남부 캘리포니아에서의 퇴치 노력은 지금까지는 성공적으로 보인다. 그러나 *C. taxifolia*가 아주 작은 조각에서도 재생될 수 있기 때문에 재발을 방지하기 위해 반복해서 이 석호를 조사하고있다.

얼룩줄무늬 담치

비토착종의 다른 예로는 유럽산 **얼룩줄무늬 담치**(zebra mussel, *Dreissena polymorpha*)가 있는데, 1988년에 오대호 지역에서 처음 발견되었다. 얼룩줄무늬 담치는 아마도 유럽에서 화물선의 선박평형수[9]에 실려 북아메리카로 유입된 듯한데 이후 캐나다 동부와 미국에서 급속히 번지고 있다. 그 과정에서 이들은 토착 담치를 몰아 내고 담수호와 하천 생태계를 바꾸어 놓았으며 발전소와 다른 많은 산업 시설의 급배수관을 막히게 했다. 얼룩줄무늬 담치는 아주 끈질긴 생물이지만 연구원들은 토종 개체군은 놔두고 얼룩줄무늬 담치만 먹는 포식자, 기생충과 감염성 미생물을 탐색 중이다.

기타 생물학적 오염 사례

해로운 비토착 수생 생물종의 다른 주목할만한 사례로는 선박평형수에 실려 흑해로 들어와서 지역 어업과 관광업에 커다란 피해를 입힌 대서양산 빗살 해파리 *Mnemiopsis leidyi*, 캘리포니아, 워싱턴, 중국과 한국의 연성 저질 연안을 침범한 대서양산 갯줄풀 *Spartina alterniflora*, 열대 강어귀와 다른 수역에 침투한 부레옥잠 *Eichhornia crassipes*, 태평양 연안에 침입하여 연안 먹이망을 바꾸고 있는 유럽산 녹색 꽃게 *Carcinus maenas*가 있다.

요약

전 세계적으로 비토착종의 도입에 대한 우려가 커지고 있다. 이들은 천적이 없는 지역으로 옮겨져서 개체군이 폭발적으로 불어나면서 원래 살던 토착종을 몰아낸다.

개념 점검 11.5 | 생물학적 오염과 관련된 환경문제를 구체적으로 설명하라.

1 비토착종은 무엇인가? 이들은 왜 생태계에 커다란 피해를 입히는가?

2 침입종 *Caulerpa taxifolia*와 얼룩줄무늬 담치는 어떻게 새 환경에 방류되었는가?

11.6 어떤 법이 해양의 소유권을 판정하는가?

누가 해양을 소유하고 있는가? 해저는 누구 소유인가? 만약에 어떤 회사가 두 나라 사이에 있는 외해역에서 석유를 굴착하고 싶다면 어느 국가로부터 허가를 받아야 하는가? 현재 연안 해저에 있는 광물과 석유를 캐내는 데에는 이러한 질문에 명료한 답을 줄 수 있는 법을 필요로 한다. 또한 해양 자원의 탐사와 개발은 특정 국가의 관할권 밖에서도 진행되고 있다. 게다가 남획과 오염이 더욱 악화되고 있다. 이러한 종류의 문제를 오래 전에 제정된 법으로 다룰 수 있을까? 답은 그렇기도 하고 아니기도 하다.

공해와 영해

네덜란드의 법률가이자 학자이며 후일 그의 저술이 결국 국제법이 제정되는 데 바탕이 되었던 흐로트(Hugo Grotius)는 1609년 당시에 해양의 주 자원으로 알려져 있던 어류가 무한정 공급된다는 가정 아래

9 선박평형수는 배의 균형을 향상시키기 위해 배 안으로 끌어들였다가 필요가 없어지면 항구에서 방출된다.

'Mare Liberum(*mare* = sea, *liberum* = free)'이란 제목의 논문에서 모든 국가의 해양에 대한 자유를 촉구했다. 그럼에도 불구하고 국가가 해안선과 인접한 바다처럼 해양의 일부를 관할할 수 있는지에 대한 논란은 계속되었다.

네덜란드의 법률가 빈케르스후크는 1702년에 출판된 *De Dominio Maris*(*de* = of, *dominio* = domain, *maris* = sea)에서 이 문제의 해결을 시도했다. 여기서는 해안에서 대포로 방어할 수 있는 거리(**그림 11.28**) 안에 있는 바다를 국가의 소유로 제시했는데, 이것이 이른바 **영해**(territorial sea)이다. 그러면 영해는 해안에서부터 어디까지인가? 영국은 1672년에 대포의 사거리가 해안에서 3해리까지 미친다고 결정했다. 따라서 해안선이 있는 모든 국가는 해안으로부터 3해리 **영토 제한**에 따른 소유권을 갖게 되었다.

그림 11.28 영해. 영해는 가장 가까운 해안에서 3해리까지인데 애초에 이 거리는 육상에서 발사한 포탄의 사거리로 결정되었다. 그림은 크로아티아 코르출라에 있는 대포이다.

해양법

해저를 굴착하는 신기술의 발전에 대응하여 1958년에 스위스의 제네바에서 개최된 제1차 **유엔해양법협약**(UN Nations Conference on the Law of the Sea)에서 대륙붕 광물 탐사와 채광은 가장 가까운 육지의 국가가 통제하기로 정했다. 대륙붕은 해안선부터 경사가 눈에 띄게 증가하는 부분까지이기 때문에 대륙붕의 바다 쪽 경계는 해석하기에 달려 있다. 불행하게도 대륙붕은 조약에서 명확하게 정의되어 있지 않았기 때문에 분쟁이 생겼다. 1960년 제네바에서 제2차 유엔해양법협약 회의가 개최되었지만 연안 해역의 소유권에 관한 명백하고 공정한 조약을 향한 진전은 거의 없었다.

1973~1982년에 걸쳐 제3차 유엔해양법협약 회의가 개최되었다. 새로운 해양법 협약은 130대 4, 기권 17표로 채택되었다. 협약에서 상당한 이득을 볼 수 있는 대부분의 개발도상국은 찬성했다. 미국, 터키, 이스라엘, 베네수엘라는 새로운 협약을 반대했는데, 이는 해저 채광으로 이익을 추구하기 어렵게 만든다는 우려 때문이었다. 기권 국가에는 소련, 영국, 벨기에, 네덜란드, 이탈리아, 서독 등이 포함되어 있었으며 모두 해저 광산에 관심이 있었다. 그럼에도 불구하고 이 협약은 1993년에 정족수인 60개 국가에 의해 비준되어 국제법으로 발효되었다.

한편 1990년대 초반에 미국과 다른 국가들은 1982년 협약의 심해저 채광 규정을 대폭 수정한 해양법 협의안을 놓고 협상을 벌였다. 1994년에 채택된 이 합의안은 협약에 다음과 같은 조항을 포함하도록 개정했다. (1) 해저 채광에 대한 생산 규제를 제거하고 (2) 심해저의 채광을 관리하는 조직의 구조를 축소하며 (3) 심해저 채굴 조항에 대한 수정안에 대해 미국이 영구적인 의석과 정치적 발언권을 갖도록 보장하고 (4) 의무적인 기술 이전에 대한 걸림돌인 조항을 제거하고 (5) 미래에 자격을 갖춘 채광업자에게 확실한 접근성을 보장한다. 이 조항들에 대한 성공적인 협상에도 불구하고 미국은 해저 광산에 대한 우려가 불식되지 않아서 수정된 협약에도 서명하지 않았다.

EU의 모든 회원국을 포함한 162개 연안국이 조약을 비준하고 연안법 준수를 확약했음에도 불구하고 미국은 여전히 해양법협약을 공식적으로 비준하지 않고 있다. 그런데 이것은 미국이 해사 관련 청구권이나 해저 채광 계획을 검토하는 위원회의 의석을 차지할 법적 권리가 없다는 것을 의미한다.

미국은 해양법협약의 비준을 놓고 상반된 관심을 보였다. 예를 들어 2004년과 2007년에 미국 상원의 위원회는 이 조약 비준안을 투표에 부쳤으나 두 차례 모두 상원 전체 투표에서 기각되었다. 해저에 대한 미국의 접

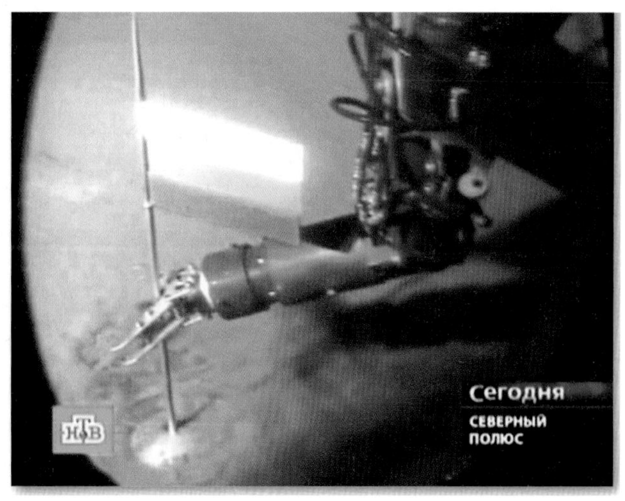

그림 11.29 러시아 잠수정이 북극해 해저에 국기를 꽂고 있다. 2007년의 러시아 탐사 도중에 러시아가 북극해와 해저에 대한 소유권을 상징적으로 주장하고자 북극점 극처 해저에 러시아 국기를 꽂았다.

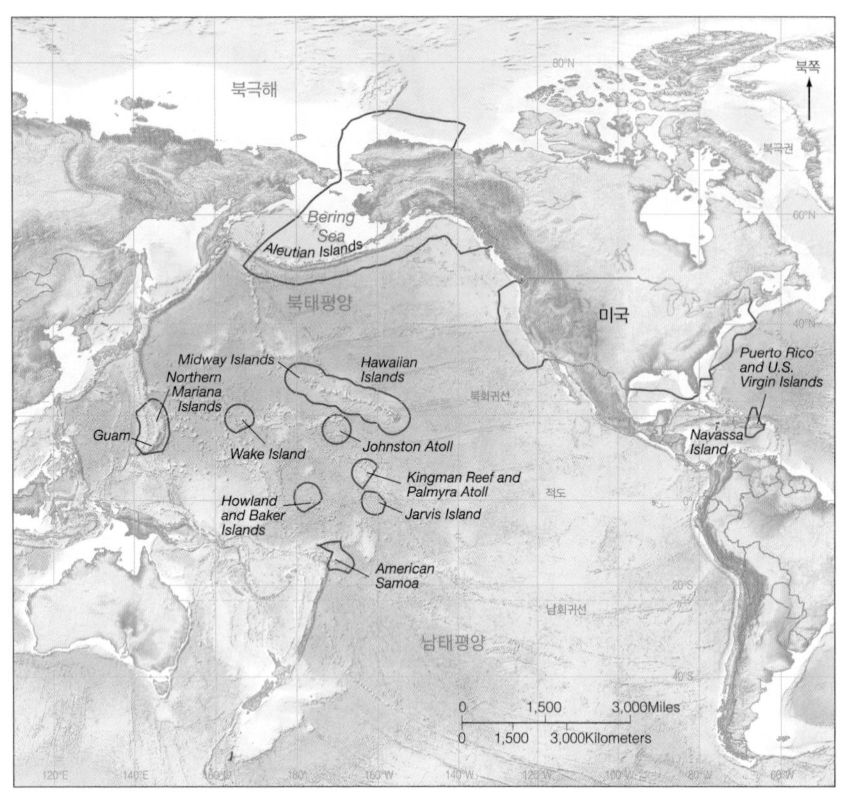

그림 11.30 미국의 배타적 경제수역. 대륙 또는 섬의 해안에서 370km(200해리) 거리에 이르는 미국의 배타적 경제수역(EEZ)을 보여주는 지도. (지질학적으로 정의된) 대륙붕이 370km까지인 EEZ를 넘어서면 EEZ는 해안에서 648km(350해리)까지로 연장된다.

근권 축소와 잠재적인 미국의 주도권의 상실과 기타 등등의 요인을 우려한 결과이다. 국제협약에 대한 존중 또한 상반된다. 예를 들어 2007년에 러시아 탐사대는 2척의 잠수정을 동원하여 표본을 수집하고 북극해 얼음 아래 4,300m 해저에다 러시아 국기를 꽂아 상징적으로 해저와 주변 해역에 대한 소유권을 주장했다(**그림 11.29**).

2012년에 미국 상원은 해양법협약 가입에 대해 재심의하고 미국의 최우선 의제로 결정했다. 상원은 협약이 해양의 사용을 규정하는 포괄적인 법적 틀을 제시하고 미국의 안보와 경제적 이익을 포함한 광범위한 미국의 이익을 보호하고 제공한다는 점을 들었다. 실제로 현재와 과거의 백악관(공화당과 민주당 모두 대체로 초당적 지지를 받아왔음), 미군, 관련 산업계와 기타 단체 모두가 협약에 가입하는 것을 강력하게 지지해왔다. 전문가들은 협약에 가입하는 것만이 미국의 대륙붕이 국제적으로 인정을 받을 수 있도록 길을 터주고 법적 확실성을 최대로 담보해 줄 수 있다는 데 동의한다.

해양법협약은 연안국이 천연 자원을 감시하고, 해양 경계획정에 대한 분쟁을 해결하며(특히 북극해에서) 인접한 해저의 위나 그 아래에 있는 모든 재물에 대한 권리를 확대하는 방법을 규정한다. 협약의 네 가지 주요 요소는 다음과 같다.

1. **연안국의 관할권.** 이 협약은 국가에 속한 모든 토지(섬 포함)으로부터 22km(12해리)까지의 영해와 370km(200해리)까지의 **배타적경제수역**(EEZ)을 설정했다. 151개 연안 각국은 EEZ 안의 광물 자원, 어획과 오염 규제에 대한 관할권을 가진다. 만약(지질학적으로 정의된) 대륙붕이 370km EEZ를 초과하면 EEZ는 해안에서 648km(350해리)까지로 확장된다. 미국은 아직 협약 당사국은 아니지만 확장된 대륙붕을 적극적으로 탐사하고 지형을 조사하고 있다.
2. **선박 항행.** 공해상에서 모든 선박의 자유 항행권은 보장된다. 자유 항행권은 또한 영해와 국제 수역 항해에 사용되는 해협의 통과에 있어서도 역시 보장된다.
3. **심해 광물자원.** 해저 자원에 대한 민간 채굴은 국제해저기구(ISA)의 규정에 따라 진행될 수 있으며, 채광업체는 유엔에 의해 엄격히 통제를 받게 될 것이다. 이 조항은 채광업체에게 업체 자체와 UN 규제처의 운영에 필요한 두 가지 채광 운영자금을 요구한다. 위에서 언급했듯이 1994년 협약에서 규제 조목 중 일부를 제거해서 수정되었지만 몇몇 선진국은 해양법의 이 부분에 여전히 반대한다. ISA는 또한 각국이 해저 광물자원을 채굴할 수 있도록 15년간의 탐사권을 부여한다.
4. **분쟁 중재.** 유엔해양법재판소는 협약이나 소유권에 관한 모든 분쟁을 중재한다.

해양법협약에 따라 세계 해양의 42%가 연안국의 통제에 놓였다. 미국의 EEZ는 약 1,150만km^2에 달하며(**그림 11.30**) 미국과 부속 영토의 전체 육지 면적보다 약 30% 더 넓다. 이 광대한 외해역은 엄청난 경제적 잠재력을 가진 것으로 널리 알려져 있다.

요약

해양과 해저의 영유권은 국제적으로 비준된 해양법협약에 의해 규제되며 이 협약은 연안국의 해안에 맞닿은 해수와 해저에 관할권을 부여한다.

개념 점검 11.6 | 해양 소유권을 규정하는 법에 대한 이해를 점검하라.

1 영해를 해안에서 3해리까지로 설정한 근거가 무엇이었나?

2 해양법협약의 진행 과정을 간략히 시간표로 제시해 보라. 이 협약에 가입하지 않은 강대국은 어느 나라인가?

3 해양법협약의 네 가지 주요 내용을 설명하라.

핵심 개념 정리

11.1 오염이란 무엇인가?

▶ 해양오염은 쉽게 정의 내릴 수 있어 보이지만 모든 것을 포괄하는 정의는 매우 상세하다. 오염이 해양에 미치는 영향의 정도를 결정하는 일은 대체로 어렵다. 오염의 영향을 측정하는 데 가장 널리 사용되는 기법은 환경 생물학적 정량으로 이 방법은 시험 생물의 50%의 사망률을 유발하는 오염물질의 농도를 결정한다. 사회의 폐기물을 해양에 버려야 하는지에 대한 논란은 이어지고 있다.

심화 학습 문제

왜 몇몇 전문가는 해양을 여러 가지 사회의 폐기물 저장소로 적합하다고 생각하는가? 만약에 해양을 폐기장으로 사용하려 한다면 어떤 조건이 만족되어야 하는가?

능동 학습 훈련

다른 학생과 함께 오염의 다섯 가지 공통적인 특성을 찾아내라. 그다음에 2분 안에 해양오염의 유형에 대해 아는 대로 써보라. 본인의 답안을 다른 학생과 맞춰보라.

11.2 유류 오염과 관련된 해양환경 문제로는 어떤 것이 있는가?

▶ 유류는 탄화수소와 기타 물질의 복잡한 혼합물로서 대부분 천연적인 생분해성 물질로 이루어져 있다. 따라서 다수의 해양오염 전문가들은 해양 환경에 들어온 모든 물질 중 유류가 가장 피해를 덜 주는 것으로 본다. 유출 사고가 발생한 지역도 몇 년 안에 회복된다. 하지만 유류 유출은 넓은 지역을 덮을 수 있고 수많은 동물을 죽음으로 내몬다. 널리 알려진 알래스카 엑슨 발데즈호 유류 유출사고 이후로 석유를 먹어치우는 박테리아를 뿌리는 것(생물학적 방제)을 포함하여 유출된 유류 방제에 여러 가지 혁신적인 기술이 쓰이게 되었다.

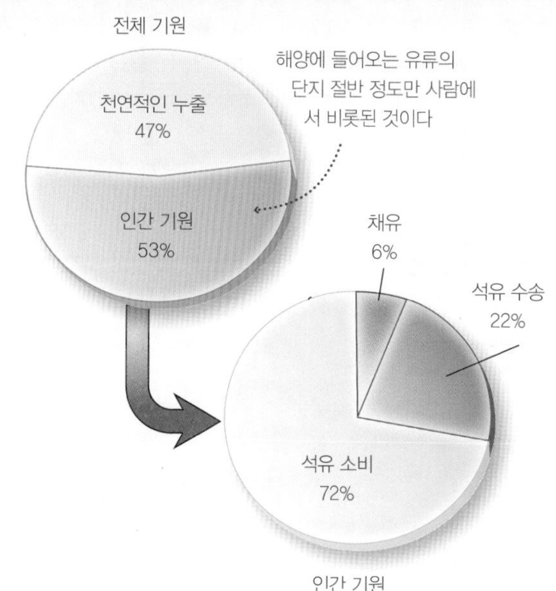

심화 학습 문제

유류 오염과 관련된 해양환경의 문제를 구체적으로 짚어보라.

능동 학습 훈련

다른 학생과 함께 그림 11.3에 보인 파란 원들을 가지고 1991년 걸프전쟁 이후 바다에 쏟은 것, 천연적으로 스며 나온 것 그리고 교통과 같은 인간 활동으로 바다에 들어온 유류의 양을 계산하라. 그림 11.3의 원의 크기를 척도로 삼아 미국 수역과 전 세계 수역의 유류 오염을 그려 보아라. 앞의 두 값을 그림 11.3의 다른 원과 비교해보고 결과를 수업을 통해 다른 학생과 맞춰보라.

11.3 비유류 오염과 관련된 해양환경 문제로는 어떤 것이 있는가?

- 수백만 톤의 하수 오니가 연안해역에 버려져왔다. 1972년도 법안은 1981년부터 연안해역에 하수 투기 금지를 요구하였지만, 예외는 계속 허용되고 있다. 대중의 관심이 높아지면서 하수의 해양 투기를 금지하는 새로운 법이 제정되었다.
- DDT와 PCBs는 인간의 활동에 의해 해양에 들어온 생물학적으로 유해하며 지속성을 가진 화학물질이다. DDT 오염으로 인해 1950년대에 롱아일랜드의 물수리 개체군과 1960년대에 캘리포니아 해안의 갈색 펠리컨 개체군이 감소했다. 1972년 북반구에서 DDT 사용을 사실상 중지하면서 두 개체군이 회복되었다. DDT는 새알 껍데기를 얇게 만들어서 부화율을 낮추었다. PCB는 바다사자와 새우의 건강에 문제를 일으키는 것과 연관되어 있다.
- 수은 중독은 해양오염으로 인한 최초의 중대한 인명 피해이다. 1953년에 처음으로 발생한 일본에 있는 만의 이름을 따라 지금은 미나마타 병이라 불린다. 독을 띤 수은의 화학물질은 메틸수은으로 이는 많은 대형 물고기의 조직에서 생물축적을 일으키는데, 가장 뚜렷한 예는 참치와 새치에서 보이고, 먹이망을 타고 오르면서 생물증폭을 일으킨다. 미국에서 수은 중독을 방지하기 위해 FDA가 수산물에 대한 엄격한 메틸수은 오염 안전기준을 설정했다.

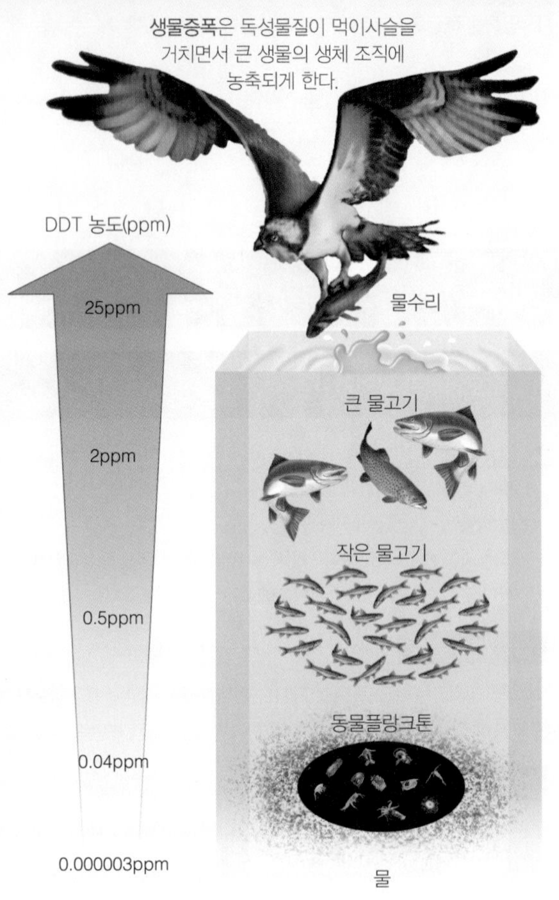

심화 학습 문제

비유류 오염과 관련된 해양환경의 문제를 구체적으로 짚어보라.

능동 학습 훈련

다른 수강생과 함께 우리가 해양 투기를 할 수 없다면 하수를 어떻게 처리해야 할지에 대해 토의해보라.

11.4 쓰레기를 포함하여 비점원오염과 관련된 해양환경 문제로는 어떤 것이 있는가?

- 비점원오염은 도로에 흘린 유류와 쓰레기를 포함한다. 플라스틱은 가볍고 튼튼하고 질기며 값이 싸기 때문에 현대 문명에서 폭넓게 쓰이고 있다. 불행히도 바로 이런 속성으로 인해 바다에 떠 있는 쓰레기가 끊임없이 발생한다. 특히 플라스틱은 시간이 가면서 부숴지며 점차 작아지기 때문이다. 해양에 축적되는 플라스틱의 양은 극적으로 증가했다. 특정 유형의 플라스틱은 해양 포유류, 바닷새와 바다거북에게 치명적이라고 알려져 있다. MARPOL과 같은 국제협약은 해양 쓰레기 투기를 규제하지만 구속력은 없다.

심화 학습 문제

떠 있는 플라스틱 쓰레기가 해양생물에게 던진 세 가지 주요 문제를 찾아서 설명하라.

능동 학습 훈련

다른 수강생과 함께 미세플라스틱의 두 가지 주 공급원을 설명하고 해양에서 미세플라스틱이 일으킨 문제에 대해 토의해보라.

11.5 생물학적 오염과 관련된 해양환경 문제로는 어떤 것이 있는가?

▶ 새로운 환경으로 비토착종(예컨대 옥덩굴이나 얼룩줄무늬 담치) 같은 생물학적 오염이 들어오게 되면 커다란 생태학적 그리고 경제적 피해를 준다.

심화 학습 문제

생물학적 오염과 관련된 해양환경의 문제를 구체적으로 짚어보라.

능동 학습 훈련

다른 수강생과 함께 인터넷을 검색해서 호주에서 비토착성 사탕수수 두꺼비의 심각성에 대해 알아보라. 어떻게 이 두꺼비가 하와이에서 전해졌는가? 아직 어떤 문제가 풀리지 않았는가?

11.6 어떤 법이 해양의 소유권을 판정하는가?

▶ 연안 해역은 해양의 총생물량의 약 95%를 부양하며 상업, 여흥, 어업과 폐기물 투기에 중요한 장소이다. 연안법은 153개 연안국에 의해 비준되었으며 1994년부터 발효 중인 유엔해양법협약에 명시되어 있다. 이 협약은 연안 해역에서 국가의 의무, 권리와 관할권을 규정하고 있다. 거의 모든 국가가 비준했음에도 불구하고 미국은 이 협약에 서명하지 않고 있다.

심화 학습 문제

개발도상국가들이 공해는 모든 인류의 공동 유산이라고 믿는 데 반해서 선진국은 공해의 자원은 찾은 자의 소유라는 주장에 대해 토론하라.

능동 학습 훈련

다른 수강생과 함께 하되 둘 중 한쪽 입장을 취한다.

(1) 해안선이 있는 국가만이 해양 자원에 대한 권리를 가진다.

(2) 내륙국가도 해안선을 가진 국가와 해양 자원에 대해 동등한 권리를 가진다. 두 학생이 자기 측 주장을 서로 발표하고 난 다음에 수강생 전체와 의견을 교환해서 합의를 이끌어내보라.

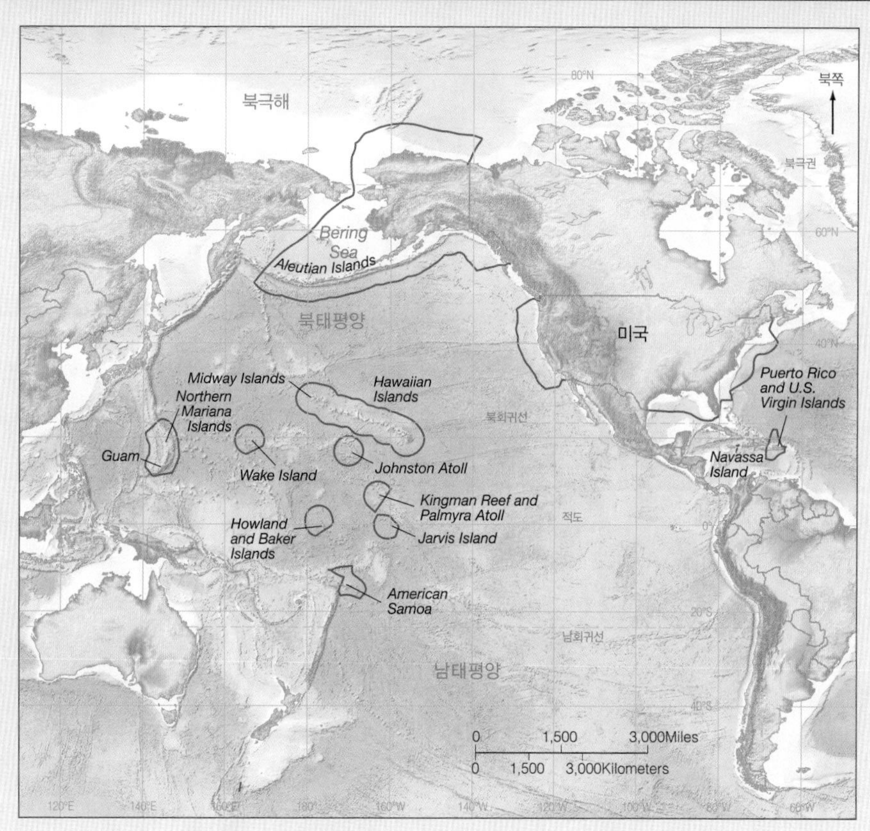

놀라운 해양생물의 적응. 아귀(구스피시 또는 몽크피시)는 위장용 깃털 부속지와 먹이를 유혹하는 미끼 역할을 하는 변형된 등지느러미를 포함하여 독특한 적응 모습을 보여준다. 흔히 큰 입에 꼬리가 달려 있는 형태로 묘사되었으며 자기 몸 크기의 먹이까지 먹을 수 있다. 바닥에 주로 사는 아귀는 800m 수심까지 서식하며, 대서양 연안을 따라 그랜드뱅크스에서 뉴펀들랜드, 노스캐롤라이나 주 해터러스 곶까지 분포한다.

12

유선형 종 동물플랑크톤 식물플랑크톤 진광대 유영생물 산소최소층(OML) 생체발광 고세균 유기쇄설물 생물량 저서계 심해저대 대비음영 산소최소층(OML) 분류학 표영계 교란 채색 플랑크톤

이 장을 읽기 전에 위에 있는 용어들 중에서 아직 알고 있지 못한 것들의 뜻을 이 책 마지막 부분에 있는 용어해설을 통해 확인하라.

해양생물과 해양환경

대부분의 사람들은 잘 모르고 있지만 놀랍도록 다양한 해양생물이 전 세계 바다에 살고 있다. 이들은 미세한 박테리아와 조류에서 버스 3대가 줄지어 서 있는 크기의 대왕고래에 이르기까지 다양하다. 해양생물학자들은 228,000종 이상의 해양생물 종을 확인(동정)했다. 이 숫자는 새로운 생명체가 발견되면서 끊임없이 증가하고 있다. 대부분의 해양생물은 햇빛이 비치는 표면에 산다. 강한 햇빛은 직접 또는 간접적으로 대부분의 해양생물에게 먹이를 제공하는 해양 조류의 광합성을 지원한다. 모든 해양 조류는 광합성을 하기 위해 햇빛이 필요하기 때문에 표층에 살아야 하며, 대부분의 해양 동물도 먹이를 얻기 위해 표층 가까이에 살고 있다. 육지와 가까운 얕은 수심의 해역에서는 햇빛이 해저 바닥까지 도달하여 많은 해양생물이 살고 있다.

해양환경에서 살아가는 것에는 장단점이 있다. 장점 중 하나는 모든 형태의 생명체를 유지하는데 필수적인 물이 풍부하다는 것이다. 단점으로는 물의 밀도가 높아 이동이 쉽지 않기 때문에 물속에서 민첩하게 움직일 수 없다는 것이다. 한 종의 성공은 각 생물이 먹이를 찾거나, 포식자를 피하고, 번식하고, 환경에 적응하는 능력에 달려 있다. 이 장에서는 해양환경에서 다양한 생물이 번성할 수 있는 해양생물의 독특한 적응에 대해 살펴본다.

핵심 개념

이 장을 학습한 후 다음 사항을 해결할 수 있어야 한다.

12.1 생명의 특성과 생물체의 분류에 대해 토론하라.
12.2 해양생물의 분류를 이해하고 설명하라.
12.3 현존 해양생물 종의 수를 규명하라.
12.4 해양생물이 해양의 물리적 조건에 어떻게 적응하는지 설명하라.
12.5 해양환경의 주요 구획을 비교하라.

"A species is a masterpiece of evolution, a million-year-old entity encoded by five billion genetic letters, exquisitely adapted to the niche it inhabits."

—E. O. Wilson, biologist and global conservation advocate (2001)

12.1 생명체란 무엇이며, 어떻게 분류되는가?

생명체는 서로 공통의 특성을 공유하며, 밀접하게 관련된 다른 생물과 함께 그들의 물리적 특성에 의해 분류되고 있다. 최근 인간, 쥐, 개, 고양이, 소, 코끼리, 꿀벌, 오리너구리, 돌말류, 홍조류, 성게, 돌고래, 수백 종류의 세균과 바이러스 등을 포함한 많은 생물체의 DNA 유전자 염기서열 분석 연구로 이용 가능해진 유전 정보를 비교하여, 기존의 형태 구조에 기초하여 구분된 많은 분류 체계를 재확인하거나, 예상하지 못한 연관성을 제시하기도 한다. 그렇지만 우선 어떤 특성이 살아 있는 생명체의 단위에 적절한 필요 조건에 맞는지를 살펴보자.

생명의 실용(실질) 정의

살아 있는 것과 생명이 없는 무생물을 구분하기가 쉬울지 모르지만, 일부 생명체의 특이한 모습을 보면 생명에 대한 정의를 내리기는 쉽지 않은 도전적 과제이다. 생명체와 무생물체는 기본 구조 성분이 같은 원자로 구성되어 있고, 이들은 생물과 무생물 사이를 지속적으로 들락날락하고 있다. 이

렇게 생물과 무생물 사이에서 같은 구성 성분이 자유롭게 교환되는 현상이 생명에 대한 형식적인 정의 설정을 더 복잡하게 하는 요인이다.

생명에 대한 간단한 정의는 환경에서 에너지를 소비한다는 것이다. 이 정의를 적용하면 자동차 엔진도 살아 있다고 규정할 수 있다. 그러나 엔진은 생명의 중요 핵심 구성 요소인 자기 복제 혹은 자가 번식을 할 수 없다. 다른 몇 가지 성질도 생명의 정의에 필수적이다. 아마도 물은 생명체의 한 부분으로 필수적이다. 비록 암모니아나 황산도 이용되고 있지만 생화학반응의 용매로 물이 필요하기 때문이다. 생명체는 자신과 주위 환경을 구분하는 일종의 경계막을 가져야 한다. 또한 생명체 대부분은 자극에 반응하는 경향이 있거나, 환경에 적응한다. 끝으로 탄소는 화합물을 형성하는 데 매우 유용하기 때문에 우리가 인식하는 생명은 탄소를 기반으로 하고 있다. 미국 항공우주국에서 규정한 생명의 정의는 외계 생명체의 잠재성을 포함하기 때문에 비교적 간단하고 실용적인 정의를 사용한다. "생명체는 다윈의 진화를 할 수 있는 자립적인 화학 시스템이다."[1] 이 정의조차도 문제점이 있다. 생명체의 진화를 증명하기 위해서는 몇 세대에 걸쳐 성공적으로 유전되었다는 것을 어느 정도의 기간 동안 연속된 세대에 걸쳐 관찰해야 하기 때문이다.

따라서 생명에 대한 적절한 실용 정의는 이런 개념 대부분을 포함해야 한다. 즉, 생명체는 에너지를 포획·저장하여 변환할 수 있고, 번식이 가능하며, 환경에 적응할 수 있고, 시간이 지나면서 변화(진화)한다.

생명체의 세 영역

살아 있는 모든 생명체는 크게 세 가지 영역(Domain) 또는 상계(Superkingdoms)인 세균(또는 진정세균), 고세균(또는 시원세균), 진핵생물 중 하나에 속한다(**그림 12.1a**). **세균**(Bacteria: *bacterion* = a rod) 영

그림 12.1 생명체의 세 영역과 생물의 여섯 계 분류 체제. 시원 세포의 공통 조상 공동체에서 시작한 생명체와 생물의 분류 체제를 그림으로 보여준다.
https://goo.gl/EGcfs0

(a) 생명체의 세 영역

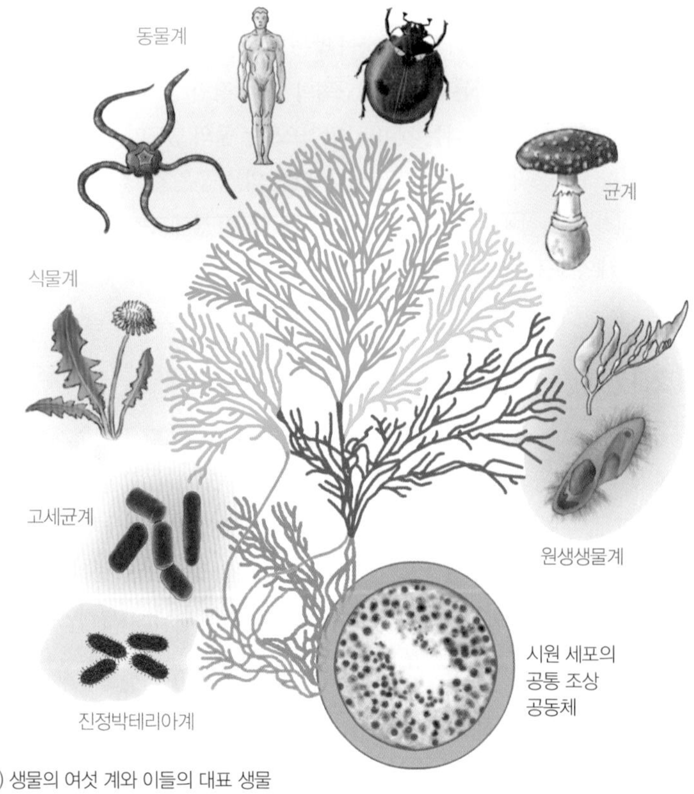

(b) 생물의 여섯 계와 이들의 대표 생물

1 심층 탐구 1.3 다윈의 유전학을 참조하라.

역은 핵이 없는 단순한 생명체를 포함하며 홍색 세균, 녹색비유황세균과 남조류인 남세균이 속한다. **고세균**(Archaea: *achaeo* = ancient) 영역은 단순하고 아주 작아 현미경으로 볼 수 있는 크기의 박테리아와 비슷한 생물로 심해 열수공과 냉수공(seep)[2]에 사는 메탄세균과 황세균, 극한 온도와(또는) 수압 환경 조건을 선호하는 많은 다른 형태의 미생물을 포함한다. **진핵생물**(Eukarya: *eu* = good, *karuon* = nut) 영역은 복잡한 생물을 포함한다. 다세포 식물, 다세포 동물, 균류, 다른 범주의 기준에 맞지 않는 다양한 진화계열의 원생동물이 속한다. 진핵생물의 구성 요소는 분리된 핵 안에 존재하는 DNA와 세포를 만들고 기능을 유지하기 위해 에너지를 공급하는 구조로 되어 있다.

이 세 영역 생물체의 조상은 어떠한 것이었을까? 현대 진화론에 따르면(150년 전 찰스 다윈이 처음 제안한 바에 따르면), 지구상에 있는 모든 생물은 공통 유전 자산을 공유하고 있으며, 각각은 먼 과거의 단일 시원 종의 계통학적 후손이다. **보편적 공통 조상**(universal common ancestry)이라고 불리는 이 개념은 광범위한 생물체에서 일반적으로 포함된 단백질 세트를 사용하여 엄격한 통계 분석을 거쳐 유의한 것으로 입증되었다. 세 영역의 조상은 초기 원시세포의 군집으로 구성되었을 것으로 생각한다. 일부는 유전 정보를 가진 이웃하는 미생물 개체를 포획하여 새로운 유전물질을 획득하였다. **공생**(symbiosis: *sym* = together, *bios* = life)[3]을 통해, 이 생물체 무리는 서로 도와 상호 이익을 위해 공존하고 그 결과 합쳐진 유전 정보를 포함하는 새로운 생명체로 진화하였다. 실제로 다른 유전물질을 받아들이는 것은 지금은 잘 알려진 사실이고, 단세포 박테리아와 다른 미생물 사이에서는 흔한 일이며, 일부 균류, 식물, 곤충류, 벌레류와 다른 동물에서도 일어난다. 예를 들어 유독성 해파리 연구에서 해파리가 침을 발사하는 기작에 필요한 유전자 중 하나는 박테리아에 있는 유전자와 같은 것으로 밝혀져 해파리의 조상이 미생물로부터 획득한 것으로 보고 있다. 이 과정을 **수평적 유전자 이동**(lateral gene transfer)이라고 하는데, 이는 최초의 복합세포 중 일부의 진화 과정에 매우 중요한 것으로 보인다.

학생들이 자주 하는 질문

공진화란 무엇입니까?

공진화(coevolution)라는 용어는 종들이 진화하면서 상호 적응하는 방식을 뜻한다. 생물의 상호 작용은 실제로 큰 연결망을 형성하지만 상호 작용하는 생물 짝을 생각하는 경향이 있다. 포식자와 먹이생물 사이의 진화론적 어울림 행동은 좋은 예이다. 피식자는 더 나은 방어 무기나 위장과 같이 먹이생물의 방어를 향상시키고, 포식자는 강한 턱이나 더 민감한 시력을 갖는 이점으로 더 나은 적응력을 갖도록 도전하는 것과 같은 일종의 군비 경쟁이다. 그리고 그 반대도 마찬가지이다. 이것은 적응의 상호 진화이기 때문에 닭이 먼저냐, 달걀이 먼저냐와 같은 질문이다.

생물의 6계 분류체계

생태학자이자 생물학자인 로버트 휘태커는 생명의 세 영역 내에서 5계 체계를 1969년 처음으로 제안하였다. 1977년 미생물학자이자 생물물리학자인 칼 워즈와 그의 동료들은 생화학적 차이를 기초로 6계로 확대하였다. 생물학자들은 이 조직 구성의 타당성에 대해 몇 가지 논쟁의 여지는 있다고 하지만, 가장 널리 받아들여지는 생물의 6계는 진정세균계, 고세균계, 식물계, 동물계, 균계와 원생생물계이다(**그림 12.1b**). 최근에 일부 생물학자들은 진정세균계와 고세균계를 묶어 세균계로 하고, 원생생물계 속에 추가 분류군(문)을 인정하기도 한다.[4]

진정세균계(Kingdom Eubacteria: *eu* = good, *bakterion* = a rod)는 가장 단순한 생물체를 포함한다. 이 미생물은 단세포이지만 분리된 핵과 다른 모든 미생물에 존재하는 세포 내 소기관이 없다. 진정세균계는 남세균[cyanobacteria 또는 남조류(blue-green algae)]과 종속 영양 세균을 포함한다. 최근 박테리아가 이전에 알려진 것보다 해양생태학 분야에서 훨씬 더 중요한 역할을 한다는 사실이 밝혀지고 있다. 이들은 바다의 어느 곳에서나 발견되고 있다.

고세균계(Kingdom Archaebacteria: *achaeo* = ancient, *bakterion* = a rod)는 심해 열수공과 냉수공에

---

2 seep은 '냉수공' 또는 '침출'이라고 하며 다양한 유체가 해저에서 흘러나오는 곳이다.

3 다양한 형태의 공생에 관해서는 제14장, '표영계 환경 동물'의 14.3절을 참조하라.

4 몇몇 생물 학자들이 인정하는 원생생물계(Protista)에는 원생동물문(Protozoa: *proto* = first, *zoa* = animal)과 유색생물문(Chromista: *chromo* = color)이 속한다.

그림 12.2 칼 린네. 스웨덴의 식물 학자이며, 분류학 아버지인 칼 린네의 조각상(1805)으로 전통 라플란드 의상을 입고 있다.

서식하는 메탄세균, 황세균과 다른 형태의 환경, 대부분은 극한 수온과 수압 환경을 선호하는, 여러 형태의 단순하고 미세한 박테리아와 비슷한 생물을 포함한다. 유전체 분석은 이 생물이 지구에서 가장 오래된 생명체의 일부라고 제안하고 있다.

식물계(Kingdom Plantae: *planta* = plant)는 다세포 식물로서 모두 광합성을 한다. 종자식물 중 몇몇 종, 예를 들어 말잘피류(*Phyllospadix*)와 잘피류(*Zostera*, 또는 거머리말)만이 수심이 얕은 연안 환경에 살고 있다. 해양에는 광합성 해양조류가 육상식물의 생태 지위를 차지하고 있다. 그렇지만 맹그로브(Mangrove, 홍수림) 소택지와 염습지를 포함하는 연안역 생태계에서는 특정 식물이 매우 핵심적 역할을 한다.

동물계(Kingdom Animalia: *anima* = breath)는 다세포 동물로 구성된다. 동물계에 속하는 생물의 복잡성은 단순한 해면동물부터 사람을 포함하는 복잡한 척삭동물까지 다양하다.

균계(Kingdom Fungi: *fungus*, *sp(h)ongos* = sponge)는 10만 종의 곰팡이와 지의류를 포함하지만 그중 0.5% 미만의 수가 바다에 살고 있다. 균류는 해양환경의 일부 특별한 장소에 존재하며, 남세균(남조류) 혹은 녹조류와 공생하여 지의류를 형성하는 조간대에서 가장 흔하게 볼 수 있다. 다른 균류는 유기물을 다시 무기물로 바꾸며, 해양 생태계에서 주로 분해자 구실을 한다.

원생생물계(Kingdom Protista: *proto* = first, *ktistos* = to establish)는 핵을 가진 다양한 단세포와 다세포 생물을 포함하는 집단이다. 원생생물계에 속하는 생물은 다양한 형태의 해양조류(단세포 미세 생물 또는 대형 다세포 및 수생 광합성 생물)와 단세포 동물인 **원생동물**(protozoa: *proto* = first, *zoa* = animal)이다.

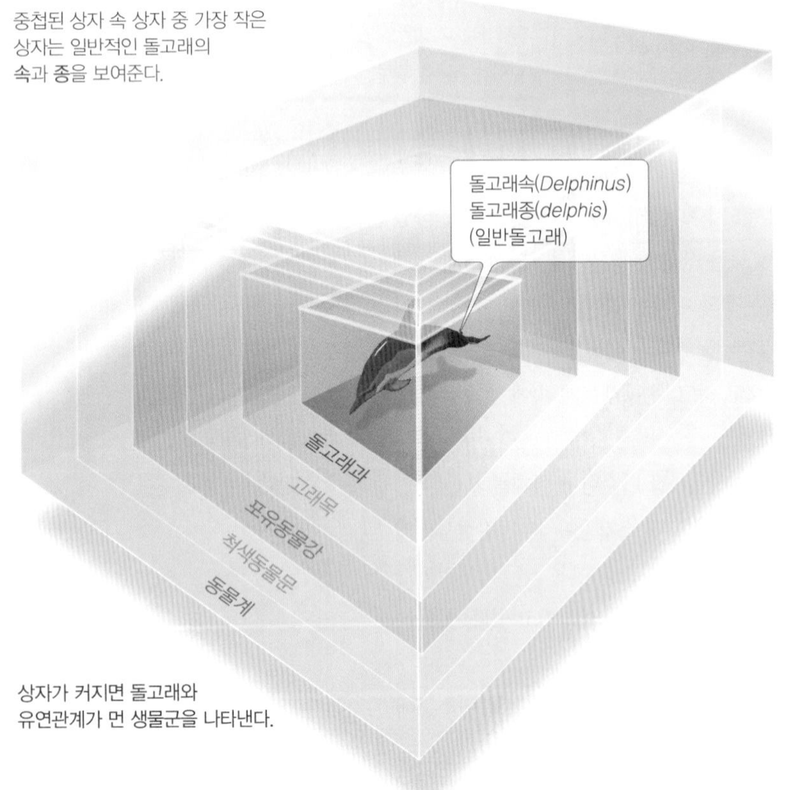

그림 12.3 린네 분류체계. 린네의 분류체계는 일련의 중첩된 상자 속 상자로 표시할 수 있으며 속과 종을 가장 구체적인 그룹(가장 작은 상자)으로 표시한다. 큰 상자는 더 먼 계보의 연관성을 나타내며, 소수의 공통 특성과 진화적 유사성을 가진 생물을 더 큰 그룹으로 묶는다.

린네와 분류

지구상에 존재하는 모든 생명체의 연관관계를 결정하기 위해 애쓴 연구에서 1758년 스웨덴 식물학자 칼 폰 린네[Carl von Linné, 본인의 이름을 라틴어로 **Carolus Linnaeus**(1707~1778)로 명명함, **그림 12.2**]가 지금 사용되고 있는 근대 분류체계의 기초가 된 분류 시스템을 창조하였다. 린네는 그 시대의 봉건 사회 구조인 왕국-국가-지방-교구-마을과 비슷한 사회계층 체계로 분류체계를 개발하였다. 린네는 천재적인 관찰자였고 지칠 줄 모르는 수집가였다. 일생의 대부분을 생물의 이름을 명명하고 이들을 무리로 묶어 정리하는 데 썼다. 실제로 린네가 일생 동안 조사하고 약 12,000종 생물들의 학명을 처음으로 지은 것이 모든 생물학적 분류학의 시발점이 되었다. 린네의 독창적인 분류체계를 일련의 중첩된 상자 속 상자의 모습으로 도식화하였다(**그림 12.3**). 오늘날 생물을 체계적으로 분류하는 학문을 **분류학**(taxonomy: *taxi* = arrangement, *nomia* = a law)이라고 하며, 유전 정보뿐만 아니라 물리적 특성을 사용하여 생물의 유사성을 인식하고 다음 단계의 더 구체적인 특성을 다음과 같이 점차 확장되는 특정 범주 속에 이들을 묶는 과정을 포함한다.

표 12.1 선택된 생물의 분류학적 구분

카테고리	인간	일반 돌고래	범고래	거미불가사리	거대 다시마
계	동물계	동물계	동물계	동물계	원생생물계
문	척삭동물문	척삭동물문	척삭동물문	극피동물문	갈조식물문
아문	척추동물아문	척추동물아문	척추동물아문		
강	포유강	포유강	포유강	불가사리강	갈조식물강
목	영장목류	고래목	고래목	연변목	다시마목
과	사람과	돌고래과	돌고래과	별불가사리과	레소니아과
속	*Homo*	*Delphinus*	*Orcinus*	*Asterina*	*Macrocystis*
종	*sapience*	*delpiis*	*orca*	*miniata*	*pyrifera*

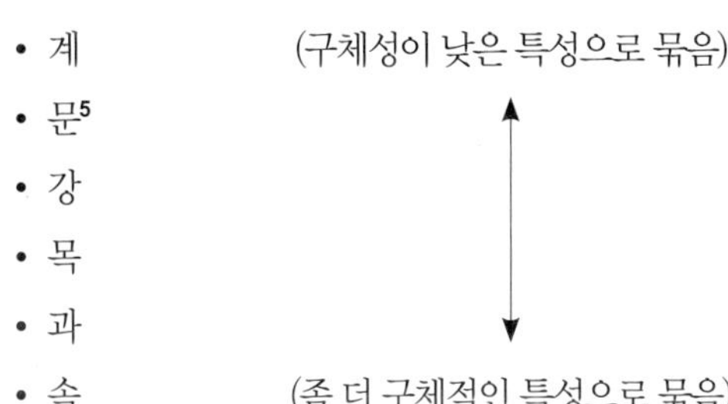

표 12.1 **선택된 생물의 분류학적 구분**
https://goo.gl/jFfjkM

Web Animation
분류체계 설명 영상
https://goo.gl/SzqOAU

공통의 범주를 공유하는 모든 생물(예를 들어 고양이 혹은 돌고래 분류군의 과 수준에 속하는 생물)은 어떤 특징과 진화적 유사성을 갖고 있다. 때때로 이러한 범주에서 아문(subphylum)과 같이 한 단계 아래의 세분된 분류군 구분도 이용한다(**표** 12.1). 한 개별 종에 주어진 범주는 국제전문가 집단의 동의를 얻어야 한다.

분류학적 분류의 기본 단위는 **종**(species: *species* = a kind)이다. 종은 유전적으로 유사하고 상호 교배가 가능한(또는 잠재적으로 이종 교배) 개체군으로 구성되어 있으며 그 개체의 조합은 고유하다. 때로는 종의 모습이 비슷한 집단에 공존하는 개체와 같이 다른 방법으로 종을 정의할 수도 있다. 종은 현재와 과거의 생명체(화석으로 대표됨)를 모두 분류하는 데 유용한 개념이지만, 생물학자들 사이에서 종의 정의에 대한 논란은 여전히 있다.

린네의 분류체계의 파생물로서 그는 모든 생명체를 2개의 라틴어로 정하는 **이명법**(**binomial nomenclature**)을 고안하였다. 이전에는 생물들은 많게는 12개의 라틴어 이름의 조합으로 알려져 있었다. 즉, 이 방법으로 모든 유형의 생물은 속명과 종명으로 구성된 고유의 두 단어 학명을 가지고, 학명은 이탤릭체로 표기하며 속명의 첫 글자는 대문자로(예 : *Delphinus delphis*) 써야 한다. 예를 들어 *Delphinus delphis*는 흔히 보는 일반 돌고래이며 *Orcinus orca*는 범고래 혹은 올카이다. 만일 학명이 문서 안에서 반복되어 언급될 때에는 흔히 속명을 줄여서 첫 자만 쓴다. 그래서 *Delphinus delphis*는 *D. delphis*로 쓴다.

린네 분류체계는 근대적인 형태이지만 완벽하지는 않다. 새로운 증거가 나올 때마다 분류학자들은 어느 한 분류군 수준(속)에서 다른 분류군 수준(속)이나 혹은 심지어 완전히 다른 분류군 수준(강)으로 옮겨야 한다. 그래도 린네가 이명법을 발명한 후 250년 넘게 아직도 사용되어 있으며, 유연하고 보편적으로 적용 가능한 단일한 과학 언어를 창조한 것으로 인정받고 있다.

학생들이 자주 하는 질문

왜 모든 생물은 학명이 있나요? 생물의 일반적인 이름을 아는 것이 더 쉽지 않나요?

개별 종은 하나의 고유한 두 단어 학명을 가지며, 이는 일반 이름보다 특정 종을 더 분명하게 식별한다. 일반 이름은 종종 하나 이상의 생물 종에 사용되어 혼란을 초래한다. '돌고래'는 돌고래, 일반 돌고래, 심지어 어떤 물고기 종류를 기재하는 데에도 사용된다. 많은 사람들이 식당에서 돌고래를 먹는 것에 강하게 반대할 것이지만 돌고래 물고기(mahi-mahi라고도 함)는 대개 특식 메뉴 항목이다.

일반 이름은 혼동될 수 있다. 왜냐하면 같은 종에 대해 둘 이상 있을 수 있고 언어마다 다를 수 있기 때문이다. 한편, 과학적 이름 학명은 라틴어를 기반으로 하므로 모든 언어에서 같다. 학명으로 생물종을 기재하는 방식은 특정 생물에 대해 중국 과학자가 그리스 과학자와 효과적으로 교류할 수 있게 해준다. 따라서 학명은 유용하며 분명하다. 라틴어 용어와 단어의 기원에 대해 조금 알고 있다면 모호하지 않다.

5 식물의 경우, 분류군 명칭에서 '문(division)' 대신에 '식물문(phylum)'이라는 용어를 사용한다. 그러나 현재의 국제식물명명규약(International Botanical Nomenclature)은 두 용어의 사용을 모두 허용한다.

요약

살아 있는 생물은 에너지를 사용하고, 번식(재생산)하고, 적응하고, 변화(진화)한다. 생명체는 3개의 영역과 6개의 계 중 하나로 분류될 수 있으며, 각각은 점차 구체성이 증가하는 특정 종류의 무리로 문, 강, 목, 과, 속, 종으로 나누어진다.

개념 점검 12.1 | 생명의 특성과 생물체의 분류에 대해 토론하라.

1 생명에 대한 적절한 실용 정의는 어떠한 특성을 포함해야 하는가?

2 생명체의 세 가지 주요 영역과 생물의 여섯 분류군(계)을 목록으로 정리하라. 이러한 분류군 구분에 적용된 기본 기준을 설명하라.

3 생명체의 세 영역의 조상이라고 생각되는 것은 무엇인가?

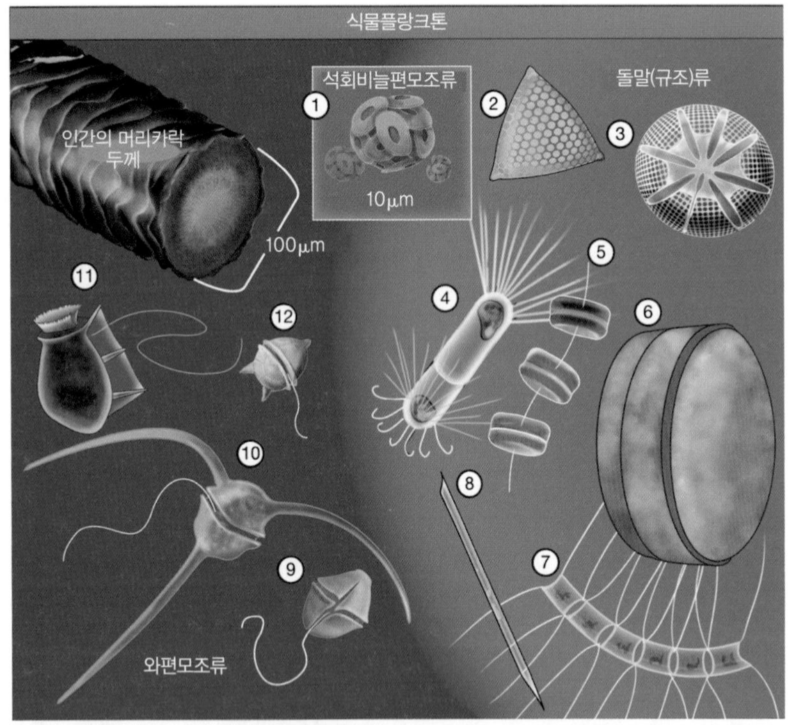

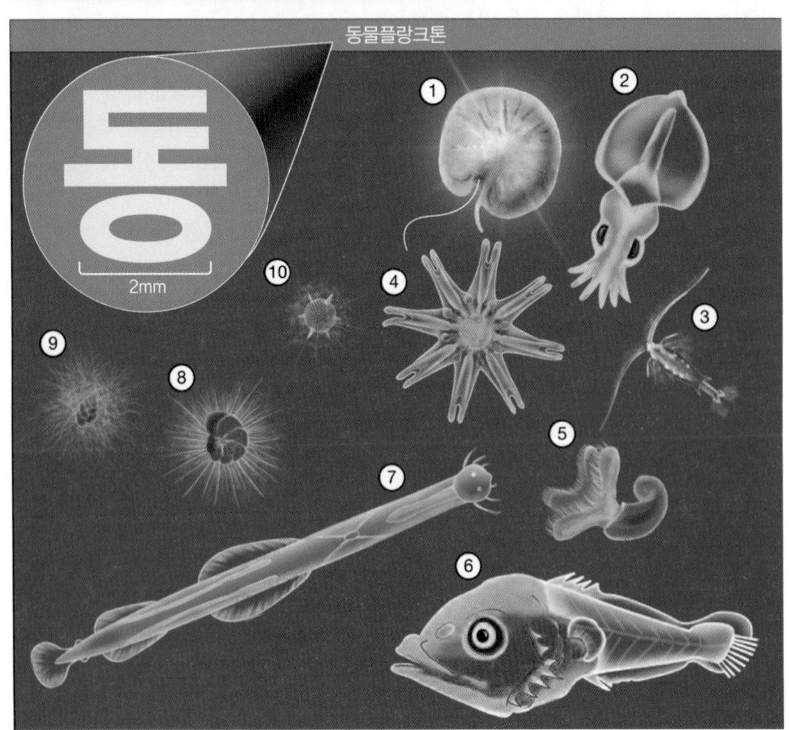

그림 12.4 **식물플랑크톤과 동물플랑크톤(부유생물, 떠살이)** 다양한 식물플랑크톤(상)과 동물플랑크톤(하)의 개략도. **식물플랑크톤** : (1) 석회비늘편모조류, (2~8) 돌말(규조)류, (9~12) 와편모조류. 인간의 머리카락 두께=100μm. **동물플랑크톤** : (1) 야광충, 와편모충류 (2) 오징어 유생 (3) 요각류 (4) 해파리 유생 (5) 복족류(달팽이) 유생 (6) 어류 유생 (7) 화살벌레 (8~9) 유공충 (10) 방산충. 눈금 단위=2mm

12.2 해양생물은 어떻게 분류되는가?

해양생물은 이들이 사는 곳(서식처)과 행동양식(이동성)에 따라 분류될 수 있다. 물속에 사는 생물은 **플랑크톤**과 **유영생물**로 구분된다. 바닥에 사는 나머지 다른 생물은 **저서생물**이다.

플랑크톤(부유생물, 떠살이)

플랑크톤(plankton: *planktos* = wandering, 부유생물)은 조류, 동물 그리고 박테리아를 포함하며 바닷물의 움직임을 따라 떠다니는 모든 생물을 포함한다. 한 개체는 **플랑크톤생물**(plankter)이라고 한다. 부유생물이 떠다닌다고 해서 이들이 헤엄칠 수 없다는 것이 아니다. 실제로 많은 부유생물이 유영 능력이 있지만, 이동이 미미하거나, 혹은 수직 이동만 한다. 그래서 이들은 해양에서 수평적 위치를 결정할 수 없다.

플랑크톤은 해양환경에서 매우 풍부하고 중요하다. 실제로 지구상의 **생물량**(biomass) 대부분은, 즉 **생명체의 질량은 대부분 해양에 떠다니는 플랑크톤이 차지하고 있다.** 비록 해양생물 종의 98%가 바닥에 살고 있지만, 해양생물량의 대부분은 부유생물이 차지하고 있다.

플랑크톤의 종류 플랑크톤은 먹이섭식 양상에 따라 구분될 수 있다. 광합성 하여 자기 먹이를 직접 만들 수 있는 생물은 **독립영양**(autotrophic: *auto* = self, *tropho* = nourishment)이라고 한다. 독립영양 플랑크톤을 **식물플랑크톤**(phytoplankton: *phyto* = plant, *planktos* = wandering, 부유식물)이라 하며 현미경으로 볼 수 있는 미세한 크기의 미세조류에서 떠다니는 큰 해조류까지 있다. 만일 생물이 자기 먹이를 직접 만들 수 없어 다른 생물이 만들어놓은 먹이에 의존하는 경우, 이들을 **종속영양**(heterotrophic: *hetero* = different, *tropho* = nourishment)이라고 한다. 종속영양 플랑크톤을 **동물플랑크톤**(zooplankton: *zoo* = animal, *planktos* = wandering)이라 하며, 떠다니는 해양동물을 포함한다. 종류별로 대표적인 종들을 **그림 12.4**에서 볼 수 있다. 플랑크톤은 박테리아도 포함한다. 최근 과학자들은 따로 떨어져 독립해서 사는 **박테리아플랑크톤**(bacterioplankton, 부유세균)이 아주 많으며, 이전에 생각했던 것보다 훨씬 풍부하고 광범위하게 분포하는 것을 밝혔다. 평균 크기가 1μm[6]의 절반밖에 되지 않고, 믿을 수 없을 정도로 작아서 초기 연구에서는 빠져 있었다. 최근 미생물학자는 해양 박테리아플랑크톤(부유세균)을 연구하기 시작하였고, 크기는 아주 작지만 수가 엄청나게 많은 세균을 발견하였다. 이들은 해양의 총광합성 생물량의 적어도 절반을 차지하는 것으로 추정되며, 지구상에서 가장 풍부한 광합성 생물일 것이다.

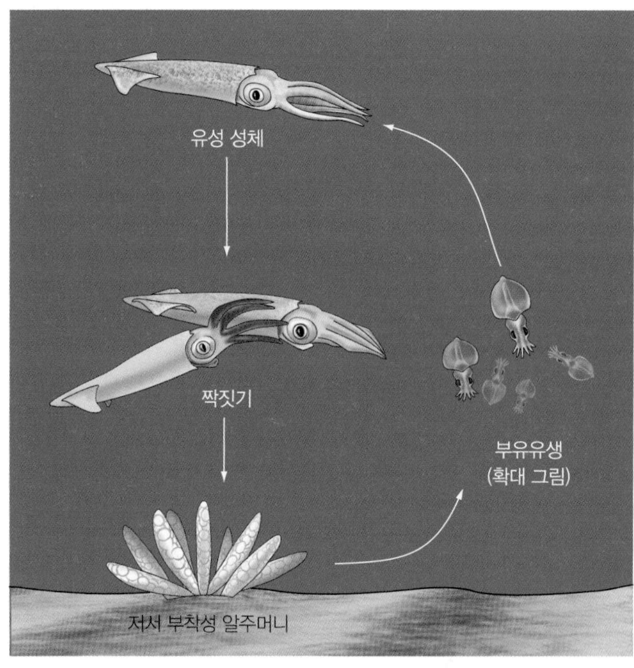

그림 12.5 오징어의 전형적 생활사. 오징어는 그들의 유생 단계에서만 플랑크톤이기 때문에 일시 플랑크톤이다. 오징어 성체는 유영생물이고, 알 주머니 단계는 저서생물이다.

플랑크톤은 또한 **부유바이러스**(virioplankton, 바이러스플랑크톤)이라고 불리는 바이러스를 포함한다. 부유바이러스는 부유세균 크기의 1/10 정도로 매우 작으며 역시 거의 알려지지 않았다. 최근에는 첨단 시료 채취 방법을 통해서 해양 플랑크톤 군집에서 바이러스의 역할을 더 잘 이해하게 되었다. 예를 들어, 해양 미생물 군집에 관한 연구는 해양 생태계에서 바이러스가 놀라울 정도로 풍부하다는 것을 보여주었다. 일부 해역에서는 해양에서 가장 풍부한 생물 종류이다. 바이러스는 감염을 통해 다른 종류의 플랑크톤을 제한하여 해양 미생물 군집 구조에 크게 영향을 미칠 수 있다. 실제로 구체적인 미생물 연구에 따르면 바이러스는 하루 동안 전체 해양 생물량의 약 20%를 감염시키고 죽일 수 있다. 또한 과학적 연구 결과에 따르면 해양 바이러스는 해양 영양염과 에너지 순환 패턴에 영향을 미치는 통제력을 제공한다. 해양 바이러스는 대기와 해양 표면 사이의 기체 교환에도 영향을 미친다. 결과적으로 바이러스는 인위적 기후 변화에 대한 해양의 대응에 핵심 역할을 할 수 있다.[7]

Climate Connection

비록 플랑크톤이 식물플랑크톤, 동물플랑크톤, 박테리아플랑크톤 또는 해양 부유세균, 뷰유바이러스로도 구분되기도 하지만, 부유생물로 보내는 생활사에 따라 구분할 수도 있다. 일생을 플랑크톤으로 보내는 개체는 **종생플랑크톤**(holoplankton: *holo* = whole, *planktos* = wandering)이라 한다. 많은 생물이 성숙하면 유영동물이나 저서동물로 살아가지만 유생 혹은 초기 발생 단계에서는 부유유생으로 보낸다(**그림 12.5**). 이들을 **일시플랑크톤**(meroplankton: *mero* = a part, *planktos* = wandering)이라 한다.

끝으로 플랑크톤은 크기에 따라 구분할 수도 있다. 예를 들어 큰 부유동물인 해파리와 조류인 모자반(Sargassum)[8]들은 **거대플랑크톤**(macroplankton: *macro* = large, *planktos* = wandering)이라고 하며 2~20cm 크기이다. 플랑크톤은 특수 미세 여과지로만 채집이 가능한 박테리아플랑크톤도 포함한다. 이들은 **피코플랑크톤**(초미세플랑크톤, picoplankton: *pico* = small, *planktos* = wandering)이라 하며 0.2~2μm 범위이다.

---

6 1마이크로미터(미크론이라고도 함)는 1백만 분의 1m이며 기호 μm로 표시한다.

7 인간이 초래한 기후변화와 해양에 미치는 영향에 대한 자세한 내용은 제16장 '해양과 기후 변화'를 참조하라.

8 모자반(*Sargassum*)은 보통 사르가소해에 특히 풍부하며, 부유성 거대 해산 갈조류이다.

유영동물(헤엄살이)

유영동물(nekton: *nektos* = swimming)은 유영 또는 다른 추진 수단으로 바다에서 바닷물의 움직임과는 무관하게 독립적으로 이동할 수 있는 모든 동물을 포함한다. 이들은 바닷속에서 자기 위치를 스스로 결정할 뿐만 아니라 많은 경우에 장거리 회유 능력도 있다. 유영동물은 대부분 어류(성어), 해산 포유류, 해양 파충류와 오징어와 같은 해산 무척추동물을 포함한다(**그림 12.6**). 바다에서 헤엄친다면 당신도 역시 유영동물이 된다.

비록 유영동물이 자유로이 이동할 수 있지만, 바다의 모든 곳을 다 갈 수 없다. 수온, 염분, 점성도와 영양염 이용 가능성의 점진적 변화가 유영동물의 수평 분포 범위를 효과적으로 제한한다. 예를 들어 수많은 어류의 폐사는 해양의 일시적인 수괴(물 덩어리)의 수평적 위치 변동으로 발생할 수 있다. 수압의 변화는 일반적으로 유영동물의 수직 분포 범위를 제한한다. 어류는 바다 어느 곳에나 있는 것처럼 보이지만 대륙과 섬 주변 그리고 수온이 낮은 해역에 더 많이 분포한다. 연어와 같은 일부 어류는 산란하기 위해 강(담수)을 거슬러 올라간다. 많은 뱀장어는 이와 반대로 담수에서 성숙한 뒤 강을 따라 내려와 번식하기 위해 바다 깊은 곳으로 내려간다.

저서생물(바닥살이)

저서생물(benthos: *benthos* = bottom)이란 용어는 해저 바닥 또는 그 속에 사는 생물을 일컫는다. **표재동물**(Epifauna: *epi* = upon, *fauna* = animal, 표서동물)은 암반에 붙어 있거나 혹은 바닥에서 이동하며 해저 바닥에서 사는 생물이다. **내생동물**(Infauna: *in* = inside, *fauna* = animal, 내서동물)은 모래, 버려진 조개 껍데기 혹은 진흙 속에 묻혀 사는 생물이다. 일부 저서생물은 **저서유영생물**(nektobenthos)로 바닥에 주로 살지만, 넙치, 문어, 게, 성게처럼 해저 바닥 위의 물에서 헤엄치거나 기어 다니는 생물이다. 저서생물의 예를 **그림 12.7**에서 볼 수 있다. 수심이 얕은 연안역 해저 바닥은 광범위한 물리적 조건과 영양 상태를 보여주며 수많은 종류의 동물 종이 발달할 수 있는 조건을 제공하고 있다. 연안에서 깊은 곳까지 가로질러 가면, 1m²당 저서생물의 종류는 비교적 일정하게 유지되지만 생체량은 감소한다. 수심이 얕은 연안역은 해저 바닥까지 충분한 햇빛이 비치기 때문에 대형 해조류가 바닥에 부착하여 살 수 있는 곳이다.

더 깊은 수심 대부분의 해저 바닥에서는 동물은 광합성이 전혀 일어나지 않는 영구 암흑세계에 살고 있다. 이들은 서로 잡아먹거나 표층 근처 생산성이 높은 해역에서 떨어지는 외부 영양물질에 의존하고 있다.

심해저 바닥은 차가움, 고요함 그리고 어둠의 환경이다. 이러한 조건에서는 생명 현상은 느리게 진행되며, 심해저 바닥의 물리 환경조건은 아주 먼 곳까지 거의 변하지 않기 때문에 심해 생물은 일반적으로 광범위하게 분포한다.

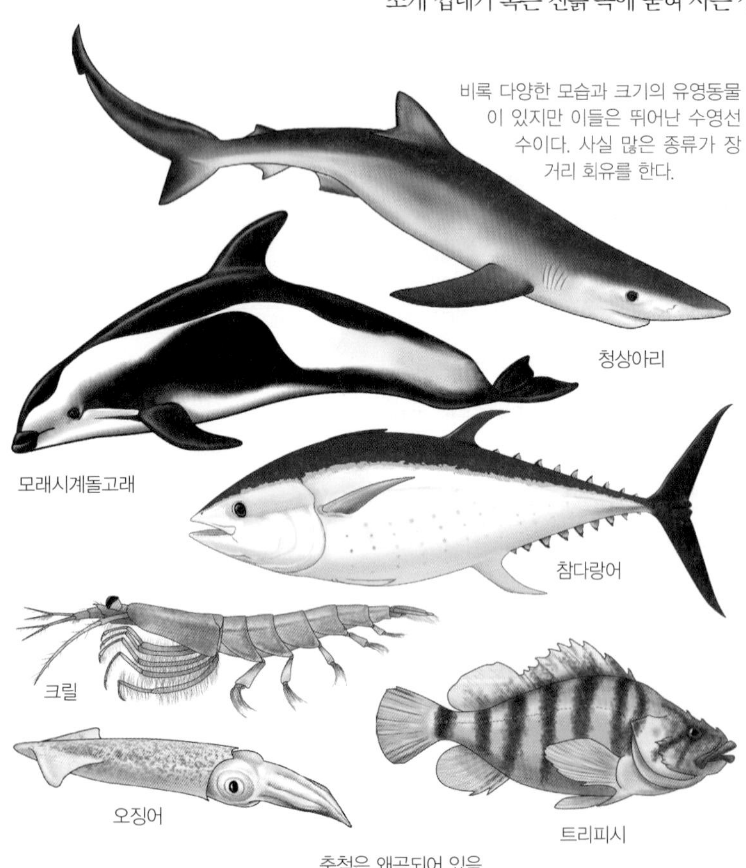

그림 12.6 유영동물(헤엄살이). 다양한 유영생물 모식도. 이 그림에서 생물의 크기가 작은 크릴(5cm)에서 청상어(4m)까지 다양하다는 점에 유의하라.

열수공 생물군집 1977년 심해 열수공 생물군집이 발견되기 전까지 해양학자들은 심해저 바닥에는 드물게 작은 생물만 있을 것으로 믿었다. 그러다가 남아메리카 갈라파고스섬 2,500m 수심에서 열수공 생물군집이 발견되었고, 이로써 풍부하게 많은 종수와 큰 심해 생물도 생존 가능하다는 것이 처음으로 제시되었다. 왜냐하면 심해저 바닥의 생명체를 제한하는 근본적인 요인은 먹이 공급이 아주 적다는 것이었기 때문에 과학자들은 어떻게 열수공 생물들이 생존에 필요한 먹이를 얻을 수 있는가를 궁금하게 생각하였다.

박테리아와 유사한 고세균이 햇빛이 전혀 없는 환경에서 광합성이 아니라, 해저 바닥 화학물질을 이용한 화학합성으로 번식하여 이곳 해양 먹이그물의 기초 역할을 하고 있음이 밝혀졌다. 그 결과 열수공 군집의 각 개체의 크기와 총생물량은 이전에 알려진 심해저 저서생물보다 훨씬 더 많다. 열수공 생물군집은 제15장 '저서계 동물'에서 자세하게 다룰 것이다.

개념 점검 12.2 | 해양생물의 분류를 이해하고 설명하라.

1 플랑크톤, 유영동물, 저서생물의 생활 양식을 설명하라. 왜 플랑크톤은 저서생물과 유영생물을 합친 것보다 훨씬 더 큰 비율의 해양생물량을 차지하는가?

2 플랑크톤과 저서 생물의 하위 구분 분류군과 개별 종의 규명에 쓰인 기준을 나열하라.

3 다음 해양생물은 플랑크톤, 유영동물, 저서생물 중 무엇인가? : (a) 상어 (b) 낙지 (c) 조개 (d) 규조류 (e) 산호초 (f) 게류 (g) 거대 켈프 (h) 해파리 (i) 돌고래.

학생들이 자주 하는 질문

켈프, 해조, 해양 조류의 차이점은 무엇인가요?

일반적으로 이들은 생물의 색을 결정하는 색소를 갖고 있는 대형 분지형 광합성 해양생물을 말한다. 그러나 용어 간의 차이는 있다.

초기 선원들은 아마도 이 생물이 불쾌하다고 생각했기 때문에 바다잡초(해조)라고 불렀을 것이다. 해조는 항구를 막히게 하고, 선박을 얽히게 하며, 폭풍우 뒤에 밀려와 해변에 쌓인 쓸모 없는 쓰레기이다. 해조는 식량으로 먹을 수도 있지만 대량으로 섭취할 수는 없다. 역사적으로 모든 해조류(현미경으로 볼 수 있는 미세종 제외)는 육상의 잡초와 유사하므로 집단적으로 해조류로 알려지게 되었다.

그러나 이들 생물체는 연안 생태계에 필수적이므로 해양생물학자들은 해양 조류라고 부르는 것을 선호한다. 미생물인 플랑크톤 조류와 구분하기 위해 거대 해산 조류를 해산 대형 조류라고 한다. 분지형 갈조류(Phaeophyta) 유형을 켈프라고 한다.

오늘날 해양 거대 조류는 많은 용도로 쓰이고 있다. 많은 제품(예 : 치약)과 식품(예 : 아이스크림)에서 증점제 또는 유화제로 사용된다. 요리법에 따라 요리할 때 '바다 야채'가 소량 필요하며 적갈색의 홍조류인 김은 김밥을 싸는 데 사용된다. 해조류는 비료로 사용되며 일부 종은 최근 건강 식품으로 홍보되고 있다. 해조류는 제13장 '생산력과 에너지 전달'에서 논의된다.

요약

해양생물은 서식지 및 이동성에 따라 플랑크톤(부유생물, 떠살이), 유영동물(헤엄살이) 또는 저서생물(바닥살이)로 분류할 수 있다.

그림 12.7 저서생물(바닥에 사는 생물) : 대표적 조간대 및 얕은 조하대 생물. 다양한 저서생물의 모식도. ① 해면동물 ② 연잎성게 ③ 바다나리 ④ 말미잘(열린, 닫힌 모습) ⑤ 따개비 ⑥ 담치 ⑦ 성게 ⑧ 해삼 ⑨ 군수 ⑩ 해안 게 ⑪ 불가사리 ⑫ 전복 ⑬ 달랑게 ⑭ 개불 ⑮ 갯지렁이 ⑯ 조개.

12.3 얼마나 많은 해양생물이 존재하는가?

12.1 Squidtoons

https://goo.gl/XPCrID

해양과 육상 환경을 합쳐 지구상에 존재하는(기재된) 생물의 종 수는 현재 180만 종으로 알려져 있다 – 이 숫자는 새로운 종이 발견되면서 계속 증가하고 있다. 확실히 수백만의 많은 해양생물 종들 대부분이 심해 탐사의 어려움과 경비 때문에 아직도 확인되지 않고 있다. 대체로 해양과 육상에서 해마다 2천 종이 발견되어 신종으로 기재되고 있다. 그러므로 지구상에 알려졌거나 아직 발견되지 않은 생물의 총 종 수는 약 3백만에서 1억 사이로 추정되며, 지구상의 총 종 수는 추정치의 범위가 매우 크지만, 6백만에서 1천 2백만 종으로 추정하고 있다.[9] 그렇다고 새로 발견된 종이 모두 미생물이거나 혹은 작은 무척추동물인 것은 아니다. 실제로 이전에는 학계에 보고되지 않았던 개구리, 도마뱀, 조류, 어류, 포유류, 돌고래 심지어 영장류까지 최근 외딴 곳에서 발견되었다. 최근 진화에 의해 생성된 생물다양성의 자연적 수학 패턴을 활용하는 정교한 분석은 지구상에 870만 종의 진핵생물(백만 정도 오차)이 존재한다고 제안하였다. 놀랍게도 새로 발견된 종이 모두 미생물이나 작은 무척추동물은 아니다.

해양에서 서식 가능한 환경의 범위를 설명하기 어려운 이유 중 하나는 광활한 해양 서식 환경의 크기와 쉽게 갈 수 없다는 것이다. 또한 해양생물에 대하여 자세하게 연구된 바 거의 없고, 일부 개체군은 계절마다 변이가 너무 크기 때문이다. 이러한 단점을 해결하기 위해 2010년에 **해양생물개체조사**(Census of Marine Life, CoML)라는 야심에 찬 6억 5천만 달러 프로그램이 수행되었다. CoML에는 80개국 이상의 수천 명의 연구원이 10년 동안 생물 종 다양성, 분포 그리고 해양생물의 풍부도 등에 대한 해양 조사를 시행하였다. 조사 대상 생물은 어류뿐만 아니라 바닷새, 해양 포유류, 무척추 동물과 미생물을 포함하였다. 그리고 해양생물 조사는 수천 건의 과학 출판물을 생산하여, 해양생물 지리정보시스템 데이터베이스(Ocean Biogeographic Information System Database)를 만들었고, 이 데이터베이스는 조사에서 생성한 수백만 건의 기록을 보유하고 있다. CoML은 새우류(**그림 12.8**)와 같이 적어도 1,200종의 새로운 해양생물을 발견했으며, 분석이 끝나면 더 많은 종이 추가될 것은 의심할 여지가 없다.

그림 12.8 예티털게. 2005년 CoML 연구의 남태평양 심해저 탐사에서 털 많은 긴 부속지를 가진 게를 발견하였고, 예티털게(*Kiwa hirsute*)라고 불렀다. 예티털게는 긴 털을 이용하여 박테리아를 키운다. 이들은 박테리아를 먹거나 게가 서식하는 열수공에서 방출되는 유독성 미네랄을 해독하기 위해 박테리아를 이용한다.

2015년에 세계 해양생물등록(World Register of Marine Species)에 속한 분류학자들은 총 228,445개 해양 종을 분류하고, CoML 및 기타 연구원의 연구를 기반으로 최신 목록을 출판했다. 이 연구팀은 중복된 기존 등록 종 190,400개를 삭제했다. 총 228,445종의 해양 종은 지구상에 알려진 180만 종의 약 13%에 불과하다(**그림 12.9**). 연구팀은 해양생물 종이 더 많이 발견될 것이라고 했다. 사실, 전문가들은 세계 해양에는 아마 70만에서 100만 정도의 진핵생물이 있을 것으로 추정한다.

9 이 숫자는 지질 시대에 살았지만, 현재 멸종된 수백만 종을 포함하지 않았다.

왜 해양생물의 수가 적은가?

만일 해양이 생명체의 주된 서식처이고, 생명이 해양에서 기원하였다면, 왜 해양에는 전 세계 생물 종의 아주 적은 수가 사는 것일까? 그 불균형은 해양환경이 육상환경보다 더 안정적이라는 사실에 기인한 것 같다. 다른 종의 창조로 이어지는 주요 요인은 환경의 가변성이다 — 일반적으로 환경이 다양할수록 더 많은 종이 존재한다. 예를 들면, 육상에 존재하는 큰 환경 다양성은 자연선택이 다양하고 새로운 생태 지위 틈새에 서식하는 새로운 종을 생산할 기회를 많이 제공한다. 이것이 열대 우림의 생물다양성이 크고 결과적으로 많은 종을 보유한 이유 중 하나이다. 반면에 상대적으로 외양역의 균질한 해양 조건은 해양생물에게 적응하도록 압박하지 않기 때문에 생물 종의 수가 적다. 예를 들어, 상어류는 지구상 해양에서 거의 4억 년 동안 변하지 않고 존재하고 있다. 또한 해수 온도는 안정적일 뿐만 아니라 햇빛이 있는 표층수 아래에서 상대적으로 낮은 편이다. 화학 반응 속도가 느려지므로 종 분화가 일어나는 경향이 더 감소할 수 있다.

Climate Connection

표영계 및 저서계 생물

그림 12.9 또한 **표영계**(pelagic: *pelagios* = of the sea) 환경에 사는 25만 종의 약 2%밖에 되지 않는 5,000종을 보여준다. 나머지 98%는 **저서계**(benthic: *benthos* = bottom) 환경에 서식하며 해저 바닥 속이나 바로 위에 살고 있다. 그러나 최근에 발견된 연구 결과에 의하면 이전에 생각했던 것보다 더 많은 종이 저서계 환경에 서식할 가능성이 크기 때문에 이 수치는 최소값이다.

왜 대부분의 해양생물은 저서계 환경에 살고 있을까? 해저 바닥은 다양한 저서계 환경을 포함하고 있으며(예 : 암반, 모래, 갯벌, 편평하거나, 경사지거나, 불규칙한 그리고 혼합형 바닥), 이곳에 서로 다른 서식처가 제공되어 생물이 적응한다. 반면에 표영계 환경 대부분은 특히 햇빛이 투과되는 표층보다 깊은 곳은 전체가 물속이라 어느 한 곳에서 다른 곳에 이르기까지 거의 균질한 상태이며, 생물이 살아남기 위해 적응이 필요한 극한적 환경의 변화를 거의 겪지 않는다.

개념 점검 12.3 | 현존 해양생물 종의 수를 규명하라.

1. 지구상에 얼마나 많은 종이 기록되어 있는가? 얼마나 많은 해양생물이 존재하는가?(총 종 수와 비율) 해양생물 종 중에 표영계 환경과 비교해서 저서 환경에는 얼마나 많이 존재하는가?
2. 왜 과학자들은 지구상에 발견되지 않은 종들이 더 많이 있다고 생각하는가?
3. 대부분의 해양생물이 저서 환경에 서식한다는 사실을 설명하는 요인은 무엇인가?

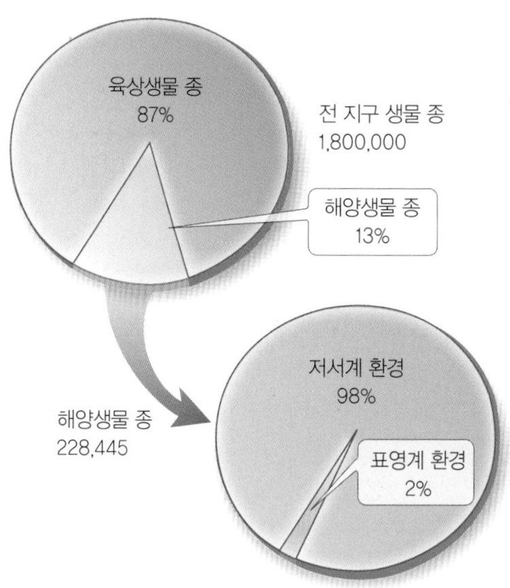

그림 12.9 지구상의 종 분포. 지구상에 보고된 180만 생물 종 중에서 87%가 육지 환경에 서식하며, 13%만이 해양에 서식한다. 228,445종의 해양종 중 98%가 저서환경에 서식하고, 2%만이 원양 환경에 플랑크톤 또는 유영동물로 수중에 산다.

요약

해양 종은 지구상의 알려진 종의 총수의 13%에 불과하다. 환경 변화가 큰 저서 환경에서는 보고된 해양생물 총 228,445종에서 98%를 차지한다.

학생들이 자주 하는 질문

지구상에서 가장 많은 생물종을 가지고 있는 생물 무리는 어느 것인가요?

박테리아 또는 다른 미생물이 지구상에서 가장 많은 수의 종을 포함한다고 생각할지라도 실제로는 곤충이 지구 전체 종의 56%를 차지한다(백만 종 이상 동정 확인). 곤충 중에 지구상에 있는 거의 절반 또는 네 종 중 하나는 무당벌레, 반딧불, 코뿔소딱정벌레를 포함하는 다양한 딱정벌레이다. 바구미, 곤충 종은 육상에서는 엄청나게 풍부하지만 1%의 1/4 미만인 1,400종만이 바다에 서식한다. 그중 단지 다섯 종(*Halobates* 속의 바다소금쟁이)만이 외양에 살고 있고, 나머지는 해안에 있다. 실제로, 바다의 표면이 물이고, 딱딱한 표면이 아니라서 이들이 해양으로 나가지 못하고, 만에 머무르게 된 것이다.

12.4 어떻게 해양생물은 해양의 물리 조건에 적응하는가?

생물은 생존하기 위해 주어진 환경 조건에 적응할 수 있어야 한다. 해양의 물리 조건은 유리한 것도 있지만 해양에 사는 어떤 생물체라도 견뎌내야 할 어려움도 준다.

예를 들어 해양환경, 특히 수온은 육상환경보다 훨씬 더 안정적이다. 그 결과 해양생물은 해양환경에서 발생할 수 있는 급격한 수온 변화에 적응하기 위한 고도의 특화된 조절 체계를

Climate

Connection

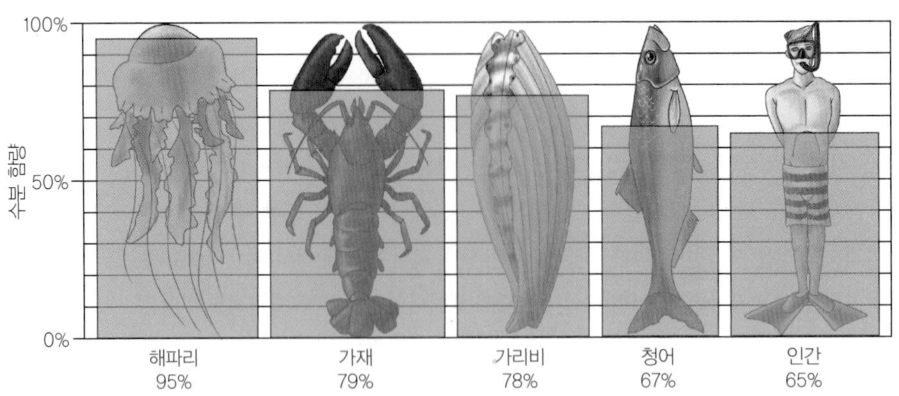

그림 12.10 생물의 수분 함량. 선택한 생물의 수분 함량을 보여주는 막대그림이다. 해파리는 95%가 물이며, 인간은 65%이다.

개발하지 못했다. 그러므로 해양생물은 수온, 염분, 탁도, 수압 혹은 다른 환경 요인의 아주 작은 변화에도 나쁜 영향을 받을 수 있다.

물은 생명체의 구성 물질인 **원형질**(protoplasm: *proto* = first, *plasm* = something molded) 질량의 80% 이상을 차지하고 있다. 사실, 사람 체중의 65% 이상, 해파리의 95% 정도가 물이다(**그림 12.10**). 물속에는 생존에 필요한 기체와 무기질이 녹아 있다. 또한 물은 해양식물플랑크톤이 이용하는 광합성에 필요한 기본 재료이기도 하다.

육상식물과 동물은 물을 보관하고 몸 전체에 분배하기 위한 복잡한 배관 체계를 개발하였다. 해양에 사는 생물은 물속 환경에 살고 있으므로 대기에 노출되어 건조 위험에 처할 경우는 없다.

물리적 지지의 필요성

모든 식물과 동물은 근본적으로 몸을 지탱하기 위한 물리적 지지대가 필요하다. 예를 들어 육상식물은 몸을 땅에 단단하게 고정하는 거대한 뿌리 체계를 갖고 있다. 육상동물은 자기 체중을 지탱하기 위해 골격과 다리, 팔, 손가락과 발가락 등 부속지의 조합이 있다.

해양에서는 물이 해양식물 및 동물을 물리적으로 지지하고 있다. 해양의 표층에 살아야 하는 광합성 식물플랑크톤 생물은 원하는 수심에 머무르기 위해 부력과 침강에 대한 마찰 저항에 의존하고 있다. 그래도 위치 유지가 어려울 수 있으며 일부 생물은 효율을 높이는 특별 적응을 개발하였다. 이러한 적응은 이번 장과 다음 장에서 다룬다.

물의 점성

점성(viscosity: *viscos* = sticky)은 물질의 흐름에 대한 내적 저항성이다. 제1장에서 살펴본 바와 같이 흐름에 대한 높은 저항성(높은 점성)을 가진 치약과 같은 물질은 쉽게 흐르지 않는다. 역으로 점성이 낮은 물과 같은 물질은 쉽게 흐르게 된다. 점성은 수온에 크게 영향을 받는다. 예를 들어 지붕과 도로에 타르를 바르려면 점성을 낮추기 위해 가열해야 한다.

해수의 점성은 염분이 상승하거나 수온이 내려가면 증가한다. 그러므로 저온의, 점성이 높은 물에 떠 있는 단세포 생물은 표층 가까이 위치를 유지하기 위한 체형 확장의 필요성이 상대적으로 적다. **그림 12.11**에서 따뜻한 물에서 부유하는 갑각류는 화려한 깃털 모양 부속지를 갖고 있으나 찬물에 사는 변종은 그렇지 않은 모습을 볼 수 있다.

1mm
0.04in

(a) *Oithona* sp.　(b) *Gaussina* sp.

그림 12.11 수온과 부속지. 유사한 종은 수온에 따라 다른 적응을 보여준다. 예를 들어, (a) 요각류 *Oithona*는 온수 품종의 특징인 화려한 깃털 부속지를 보여주며 (b) 요각류 *Gaussina*는 냉수 품종의 형태로 복잡하지 않은 부속지를 보여준다.

개체 크기의 중요성 식물플랑크톤의 근본적인 요구는 (1) 햇빛을 이용할 수 있는 해양의 상부 표층에 있어야 하고 (2) 쓸 수 있는 영양염이 있어야

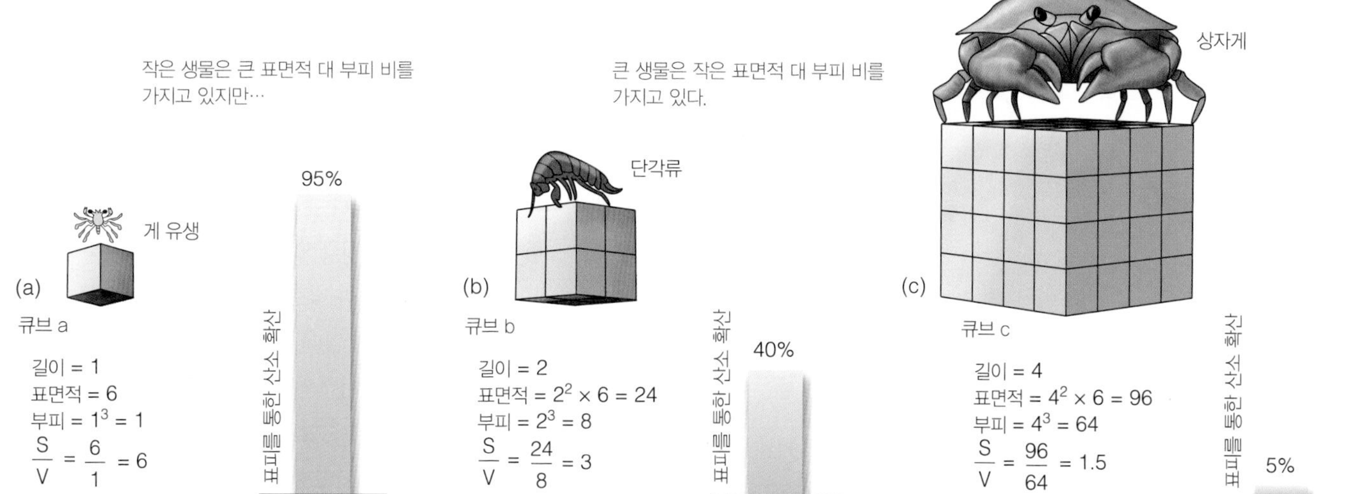

그림 12.12 크기가 다른 정육면체(큐브)의 표면적 대 부피 비율. 정육면체의 선형 치수가 증가함에 따라 표면적 대 부피의 비율이 감소한다. 따라서 더 작은 몸체는 더 높은 표면적 대 부피 비율을 가지기 때문에 더 쉽게 떠 있고, 영양분과 폐기물을 보다 효율적으로 교환하며 표피에서 산소를 보다 효과적으로 확산시킬 수 있다. https://goo.gl/K46zXC

하며 (3) 주변 해역에서 효율적으로 영양염을 섭취하고 (4) 노폐물을 방출해야 한다. 이렇게 작고 정교한 모습의 단세포 식물플랑크톤은 특화된 다세포가 없어도 이러한 요구 조건을 만족시킬 수 있다.

식물플랑크톤은 스스로 이동할 수 없다. 따라서 표층 가까이에 있기 위해 마찰 저항을 이용한다. 침강에 대한 마찰 저항은 개체의 표면적 대 부피(질량)의 비가 증가함에 따라 증가한다. 예를 들어, **그림 12.12**에서 세 가지 크기가 다른 정육면체(큐브)의 표면적 대 부피 비는 개체의 크기가 감소하면서 비율이 증가하는 것을 모식적으로 보여준다. 그림에서 큐브 a는 큐브 b의 단위 부피당 표면적 비의 두 배이며, 큐브 c의 단위 부피당 표면적 비의 네 배이다. 만일 이 육면체를 식물플랑크톤으로 가정하면, 큐브 a는 큐브 c의 단위 질량당 침강 현상에서 네 배의 저항을 갖게 된다. 따라서 큐브 a는 떠 있기 위해 필요한 에너지 소비가 훨씬 적다. 광합성 해양생물의 대부분을 차지하는 단세포 생물은 크기가 작아질수록 분명히 이익을 얻을 수 있다. 사실 이들은 너무 작아서 현미경으로만 관찰이 가능하다.

작은 크기는 또한 식물플랑크톤의 다른 기본 요구사항을 만족시킨다. 광합성 세포는 세포막을 통하여 주위의 물에서 영양염을 흡수하고, 노폐물을 방출한다. 이 두 기능의 효율은 표면적 대 부피 비율이 높을수록 증가한다. 따라서 그림 12.12의 큐브 a와 큐브 c가 부유성 조류라고 가정하면, 큐브 a가 큐브 c보다 효율적으로 네 배 더 많은 영양염을 흡수하고 노폐물을 배출할 수 있다. 이것이 개체의 전체 크기와 상관없이 모든 식물과 동물 세포가 미세한 이유이다.

식물플랑크톤의 가장 중요한 무리의 하나인 돌말류(규조류)는 햇빛이 있는 표층수 아래로 침강되지 않기 위해 표면적을 증가시키는 특이한 부속지, 바늘 모양 늘리기 혹은 고리 형태 모습이다(**그림 12.13**). 다른 부유성 해양생물, 특히 난류성 종류는 떠 있기 위해 비슷한 전략을 사용한다. 일부 작은 생물은 작은 기름방울을 만들어서 몸 전체 밀도를 감소시켜 부력을 증가시킨다. 흥미롭게도 이런 생물이

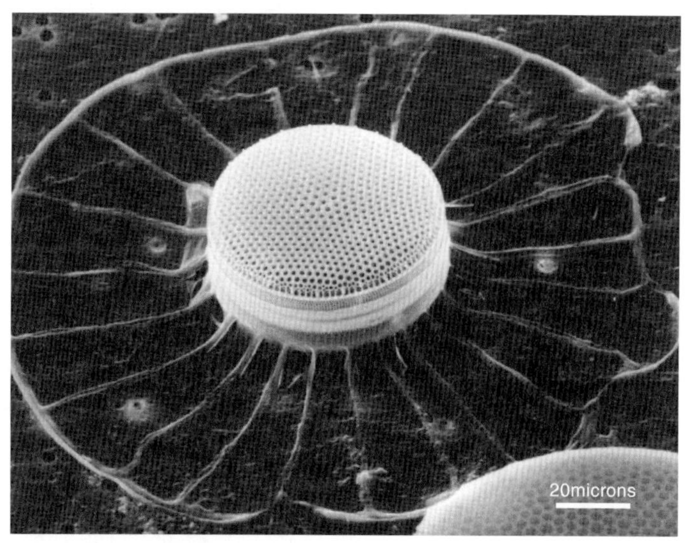

그림 12.13 온수 종 돌말류. 온수 종 돌말류 *Planktoniella sol*의 주사전자현미경 사진으로 외연으로 확장된 원반과 바퀴살이 표면적을 증가시켜 침강을 저지한다.

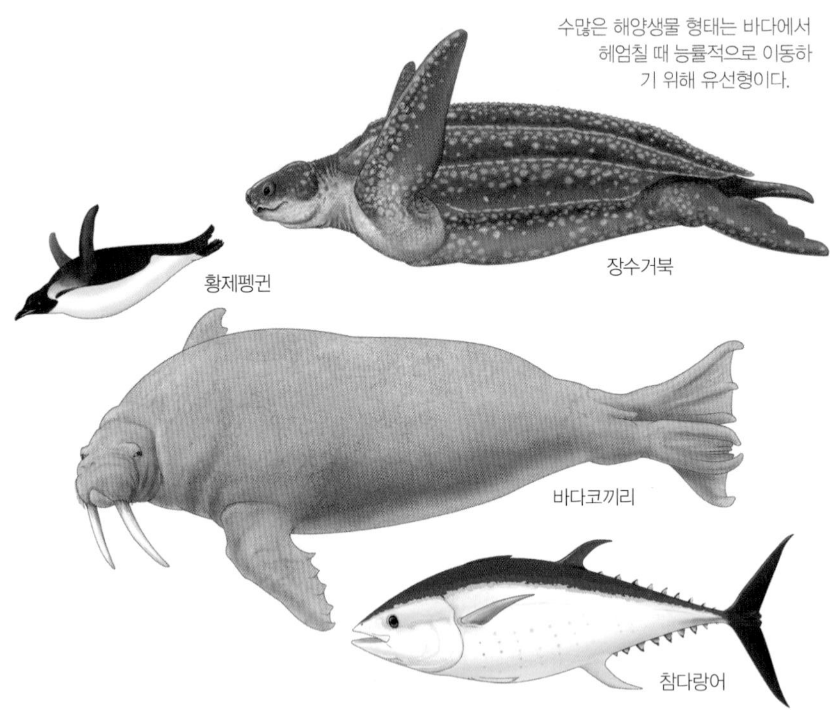

그림 12.14 유선형. 모식도는 유선형 몸매를 가진 해양생물들을 보여준다. 이들은 최소한의 저항으로 물속을 효율적으로 통과하고, 아주 작은 후류(반류, 와류)를 만들면서 물을 이동시킬 수 있다.

엄청나게 많이 해저 퇴적물에 퇴적되면 외해 해저 유전을 생성할 수 있다. 해저 유전은 이들의 작은 기름방울이 모여서 수백만 년 넘게 해저에 깊숙이 묻혀 자연적인 고열과 고압에 노출될 때 생성된다. 일단 기름이 화학 변화를 거치고, 이동하여 저장고에 갇혀 유전이 된다.

해양 표층 상층에 머무르는 적응에도 불구하고, 생물은 해수보다 밀도가 여전히 높아서 느리지만 침강하는 경향이 있다. 그렇지만 이것은 심각한 결점이 아니다. 왜냐하면 표층 가까이에는 바람에 의해 상당한 규모의 혼합과 난류가 형성되기 때문이다. 즉, 혼합은 식물플랑크톤을 표층으로 되돌려놓고, 이들이 광합성을 하여 궁극적으로 해양 군집의 모든 다른 구성원이 사용하는 에너지를 생산한다.

점성과 유선형 생물의 몸 크기가 커지면서 점성은 생존을 향상시키는 역할을 하기보다는 오히려 장애가 된다. 특히 외양에서 자유롭게 헤엄치는 큰 동물일 경우에 해당된다. 이들이 먹이를 추적하거나 포식자로부터 도망가기 위해 더 빨리 헤엄칠수록 이들의 진행을 방해하는 물의 점성은 더 커진다. 유영동물은 진행 방향 앞쪽의 물을 헤쳐나가야 하고, 빠져나간 뒤쪽 빈 공간으로 물을 이동시켜야 한다.

그림 12.14는 유체의 흐름에 저항이 가장 작은 형상을 갖는 유선형의 장점을 보여준다. **유선형**(streamlining)은 해양생물이 물의 점성을 극복하고 물속에서 좀 더 쉽게 이동할 수 있게 한다. 유선형 형태는 보통 정면에서 볼 때 작은 단면을 갖는 납작한 몸과 와류에 의해 생성된 후류(반류, 와류)를 줄이기 위해 끝으로 갈수록 점차 가늘어지는 모습이다. 이는 자유로이 유영하는 어류와 고래, 돌고래와 같은 해양 포유류의 형태에서 예를 볼 수 있다.

번식 해양생물은 번식의 기회를 높이고 새로운 서식지에 정착하기 위해 물의 높은 점성을 이용한다. 예를 들어, 많은 생물은 **방사 산란**(broadcast spawning)이라고 하는 번식 전략을 사용한다. 바람에 꽃가루를 날리는 것처럼 알과 정자를 해수에 직접 방출한다. 어떤 경우에는, 방사 산란은 암컷과 수컷이 서로 아주 가까이 있는 대규모 집단에서 발생한다. 다른 경우, 다량의 생식 물질이 적절한 형태로 적어도 몇 개의 세포가 성공적으로 자손을 생산할 것이라는 희망하에 그냥 물속으로 방출된다. 또한 유생은 때로는 해류 속으로 많이 방출되며 어린 유생은 새로운 서식지로 옮겨진다.

온도

그림 12.15에서 육상과 해양 표면의 극한 온도의 양 극단을 비교한 결과 해양 온도가 육상 온도보다 훨씬 좁은 변동 범위를 보여준다. 외양의 최저 표층 수온은 −2°C보다 낮은 경우가 거의 없다. 최고 표층 수온은 얕은 연안역에서 40°C까지 상승하는 경우를 제외하고는, 32°C를 거의 넘지 않는다. 그러나 육상의 극단적 기온은 −88~58°C까지 범위로서 해양에 볼 수 있는 범위보다 네 배나 크다. 이러한 **대륙의 영향**은 제5장에서 다룬 바 있다. 또한 해양은 육상보다 작은 수온의 일교차, 계절 변화, 연간 변화폭을 가지며, 해양생물에게 안정된 환경을 제공한다. 이유는 다음 네 가지이다.

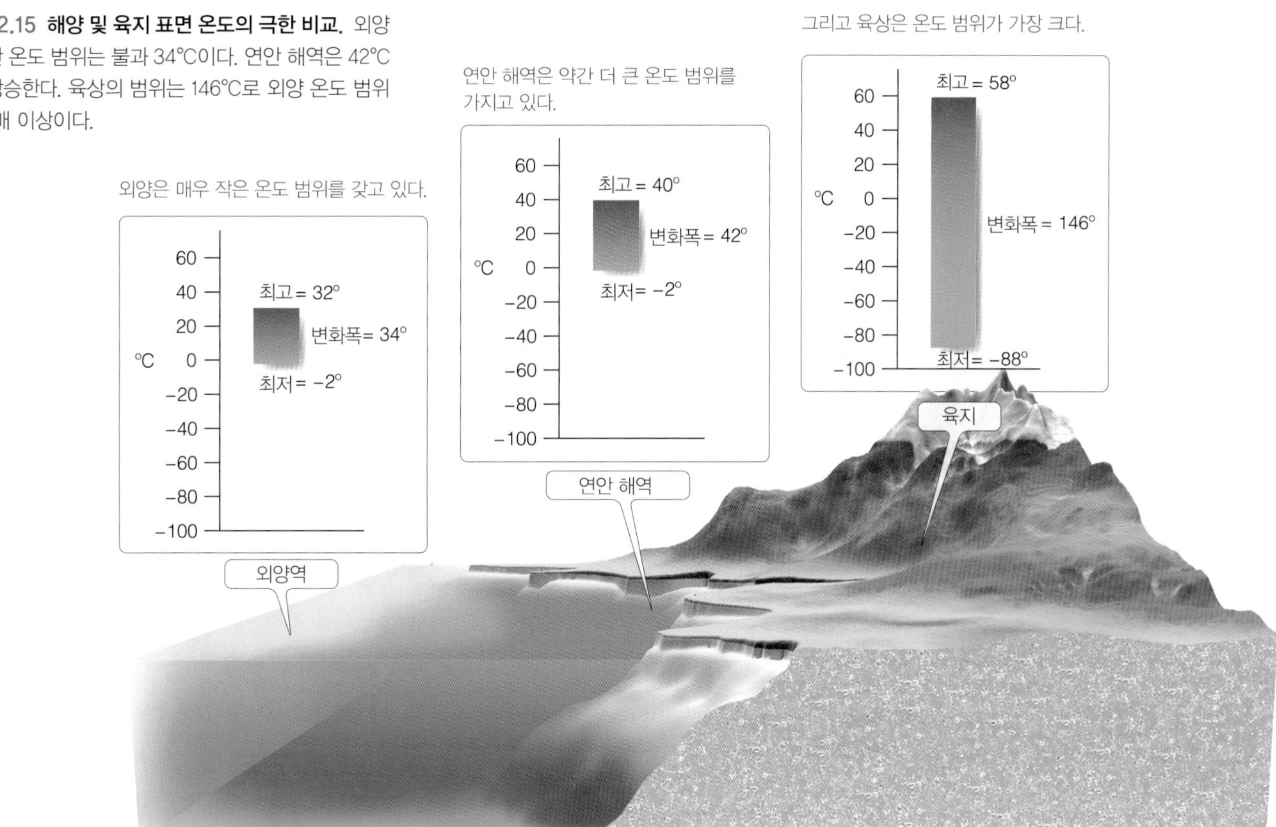

그림 12.15 **해양 및 육지 표면 온도의 극한 비교.** 외양의 극한 온도 범위는 불과 34°C이다. 연안 해역은 42°C까지 상승한다. 육상의 범위는 146°C로 외양 온도 범위의 네 배 이상이다.

1. 제5장에서 다룬 바, 물의 열용량(비열)은 육상보다 매우 크다. 따라서 육상은 바다보다 더 많은 양을, 더 빨리 가열될 수 있다.
2. 증발로 인해 과도한 열을 잠열로 저장하는 냉각 과정이 지구온난화 경향을 상당히 완화시킨다.
3. 해양 표면에서 흡수된 햇빛은 수십 m까지 침투하여 상당히 큰 공간에 에너지를 분산시킨다. 대조적으로 육상에서 흡수한 태양복사는 아주 얇은 지표만 가열할 뿐이다.
4. 고체의 육상 지표면과 달리 유체인 물은 해류, 파도, 조석과 같은 매우 좋은 혼합 기작을 갖고 있어서 열이 한 곳에서 다른 곳으로 쉽게 이동할 수 있다.

추가로, 작은 일교차와 계절 변화도 해양의 표층에서만 국한되어 일어나며 수심이 깊어질수록 감소하여 해양의 심해 전반에 걸쳐서는 거의 변화가 없다. 1.5km보다 더 깊은 심해의 수온은 연중 위도에 상관없이 약 3°C를 맴돌고 있다.

냉수/온수 서식생물 비교 냉수는 온수보다 밀도가 높고, 점성이 높다. 이러한 요인들이 근본적으로 해양생물에게 영향을 미쳐서 해양환경에서 냉수와 온수에 사는 생물은 다르다.

- 냉수보다 온수에 사는 부유생물이 몸 크기가 더 작다. 작은 생물이 몸의 단위 질량당 더 많은 표면적이 노출되어 온수의 낮은 점성과 밀도에서 더 쉽게 위치를 유지할 수 있도록 도움을 준다.
- 온수 생물종은 흔히 표면적을 넓히기 위해 화려한 깃털 모습이며 이런 모습은 큰 냉수종에서는 전혀 찾아볼 수 없다(그림 12.11, 12.13 참조).
- 수온이 따뜻해지면, 10°C 상승은 생물 활성을 두 배 이상 상승시킨다. 열대 생물은 냉수종보다 확실히 빨리 자라고 예상 수명이 더 짧고 번식을 빨리하고 자주 한다.
- 온수에 더 많은 종이 살고 있으나, 고위도 냉수에서 사는 플랑크톤의 **총생물량**이 따뜻한 열대 해역의 양

보다 훨씬 많다. 고위도 해역의 많은 플랑크톤 생물량은 수온이나 점성에 직접 영향을 받은 것이 아니다. 간접적으로 식물플랑크톤에게 필요한 영양염의 용승에 의한 것이다.

좀 더 찬물에서만 살 수 있는 동물들이 있는가 하면, 어떤 동물은 더 따뜻한 물에서만 살 수 있다. 이런 생물 중 많은 수가 아주 작은 수온의 변화에만 견딜 수 있으며, 이를 **협온성**(stenothermal: *steno* = narrow, *thermo* = temperature)이라 한다. 협온성 생물은 주로 큰 수온 변화가 일어나지 않는 외양역 심해에서 발견된다.

다른 종들은 온도 변화에 별로 영향을 받지 않으며 급격한 수온 변화에도 견딜 수 있다. 이들은 **광온성**(eurythermal: *eury* = wide, *thermo* = temperature)이라 하고, 가장 큰 수온 변화폭을 보여주는 수심이 얕은 연안역과 외양의 표층에서 주로 발견된다.

염분

환경 변화에 대한 해양동물의 민감도는 개체에 따라 다르다. 예를 들어 강하구(염하구)에 사는 굴 등의 생물은 상당한 염분의 변동에 견딜 수 있어야 한다. 매일 밀물과 썰물의 조석으로 염분이 높은 해수가 강어귀로 흘러 들어오거나 다시 빠져나가면서 상당한 염분의 변화를 초래한다. 홍수 때, 강하구의 염분은 매우 낮은 수준까지 도달한다. 연안역 생물은 큰 염분 변화에 견디어 낼 수 있으며 이를 **광염성**(euryhaline: *eury* = wide, *halo* = salt)이라 한다. 이와 달리 외양에 사는 해양생물은 큰 염분 변화에 노출되는 일이 거의 없다. 이들은 일정한 염분에 적응하고 있으며 아주 작은 변화만을 견딜 수 있다. 이런 생물을 **협염성**(stenohaline: *steno* = narrow, *halo* = salt)이라 한다.

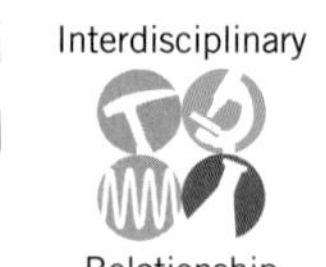

염 성분의 흡수 일부 생물은 자기 몸을 보호하는 딱딱한 껍데기를 만들기 위해 해수에서 무기물질, 특히 **규산염**(SiO_2)과 **칼슘이온**과 **탄산염**($CaCO_3$)을 흡수한다. 이 과정으로 해수 내 이들의 용존물질 농도가 감소한다. 예를 들어 돌말류를 포함한 식물플랑크톤, 미세 방산충과 규질 편모조류는 해수에서 규산염을 흡수한다. 석회비늘편모조류와 유공충, 대부분의 조개류, 산호충류와 일부 석회조류는 해수에서 칼슘과 탄산염을 흡수하고 탄산칼슘을 분비하여 석회 골격 구조물을 만든다.

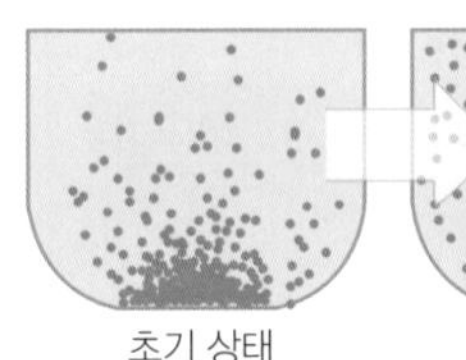

(a) 물 용기에서의 확산

영양염(삼각형)은 세포 외부에 고농도로 존재하며 세포막을 통해 세포 안으로 확산한다

세포막

영양염

노폐물

노폐물 입자(원)는 세포 내부에서 고농도로 존재하며 세포막을 통해 세포 외부로 확산한다.

(b) 세포에서의 확산

그림 12.16 확산. 확산은 물질이 더 높은 농도에서 낮은 농도로 이동하여 보다 균일하게 분포하는 과정이다.

확산 영양염 등의 용존물질 분자는 물질의 농도 분포가 균일할 때까지 농도가 높은 구역에서 낮은 구역으로 이동한다(**그림 12.16a**). 이러한 과정을 **확산**(diffusion: *diffuse* = dispersed)이라 하며 분자의 무작위 운동으로 일어난다. 살아 있는 세포의 외막은 많은 분자가 통과할 수 있는 투과성이 있다. 생물은 주변 용매로부터 세포벽(막)을 통하여 영양염의 확산으로 필요한 영양염을 흡수할 수 있다. 영양염은 일반적으로 해수에 풍부하므로 세포벽(막)을 통과하여 영양염 농도가 낮은 세포 속으로 들어갈 수 있다(**그림 12.16b**). 이러한 수동 확산에 추가하여, 생물은 능동 수송으로 영양염을 세포 안으로 흡수할 수도 있다.

세포는 영양염에 저장된 에너지를 쓰고 난 뒤 노폐물을 버려야 한다. 노폐물 역시 확산으로 세포 밖으로 빠져나간다. 세포 내 노폐물 농도가 주위 물보다 높아지면 세포 안에서 밖으로 빠져나간다. 노폐물은 고등동물에서는 세포를 지원하는 순환계 용액에 의해 옮겨지고, 단세포 생물일 경우 바로 밖의 주변 용액으로 배출된다.

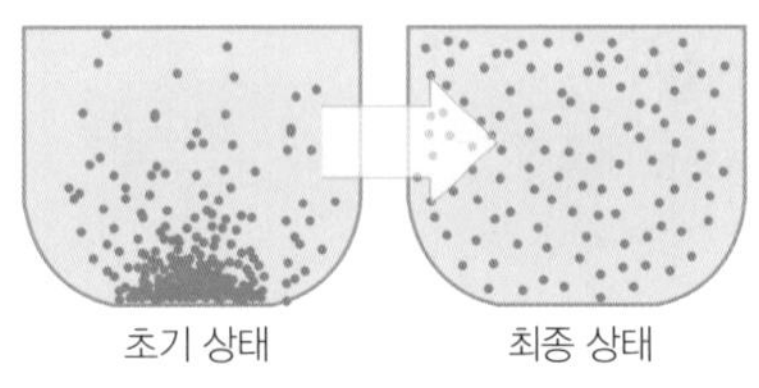

삼투 서로 다른 염분의 물이 반투막(생물세포의 표피나 막)에 의해 분리되어 있을 때는 물 분자만이 반투막을 통해 확산한다. 물 분자는 항상 농도가 낮은 용액에서 농도가 더 높은 용액으로 이동하며 이러한 현상을 **삼투**(osmosis: *osmos* = to push)라고 한다(**그림 12.17a**). **삼투압**(osmotic pressure)은 농도가 높은 용액 쪽 막에 부하되는 압력으로서 이 막을 통해 들어오는 물 분자를 거부하는 압력이다. 삼투는 물 분자가 생물의 표피(반투막)를 통해 이동하게 하고, 해양과 담수생물 모두에게 영향을 준다. 생물의 체액 염분이 해양의 경우 **등장액**(isotonic: *iso* = same, *tonos* = tension) 조건이라 하고, 삼투압은 같으며 반투막을 통한 한 방향으로의 순이동은 없다(**그림 12.17b**).

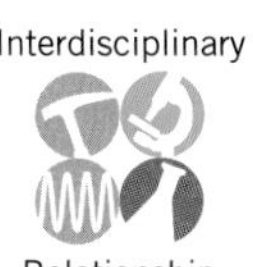

만일 해수가 생물세포의 체액 염분보다 낮은 경우 해수에 있는 물 분자는 세포벽을 통과하여 세포 속으로 이동한다(물 분자는 항상 고농도 용액으로 이동한다). 이를 **고장액**(hypertonic: *hyper* = over, *tonos* = tension) 조건이라 하며, 체액이 주변 해수 농도보다 더 진하다는 의미이다.

주변 해수 농도보다 생물 세포 내 염분이 낮다면, 세포 내 물 분자는 세포막을 통하여 좀 더 농도가 높은 해수로 빠져나간다. 이러한 생물은 **저장액**(hypotonic: *hypo* = under, *tonos* = tension) 조건이며 주변 해수보다 체액의 농도가 상대적으로 낮은 것을 의미한다.

요점을 말하자면 삼투는 물 분자의 농도가 **제일 높은** 구역에서 반투막을 통해 물 분자의 농도가 **낮은** 구역으로 이동하는 것으로 물 분자의 순이동을 만들어내는 확산이다.

삼투현상이 일어나는 동안 세포막을 통해 동시에 세 가지 과정이 일어난다.

1. 물 분자는 반투막을 통해 물 분자의 비가 낮은 쪽으로 이동한다.
2. 영양염 분자는 영양염 농도가 낮은 세포 안으로 반투막을 통해 이동하여 세포의 기능 유지에 사용된다.
3. 노폐물은 세포 안쪽에서 바깥쪽 주위 해수로 이동한다.

생물체계 내의 모든 물질 분자 혹은 이온은 세포막을 통해 양방향으로 통과하고 있다. 특정 물질 분자의 순이동은 평형상태가 될 때까지 항상 제일 높은 농도로 농축된 구역에서 농도가 낮은 구역으로 일어난다.

삼투 과정에 의해 물 분자는 (용해된 물질이 아니라) 다른 염분의 두 액체를 분리하는 반투막을 통해 확산된다.

반투막

삼투는 물 분자가 왼쪽의 덜 농축된 (**저장액**) 용액에서 오른쪽의 더 농축된 용액 (**고장액**)으로 이동한다

저장액 (저염분)

물 분자

고장액 (고염분)

(a) 반투막에 의해 분리된 염분이 다른 두 용액

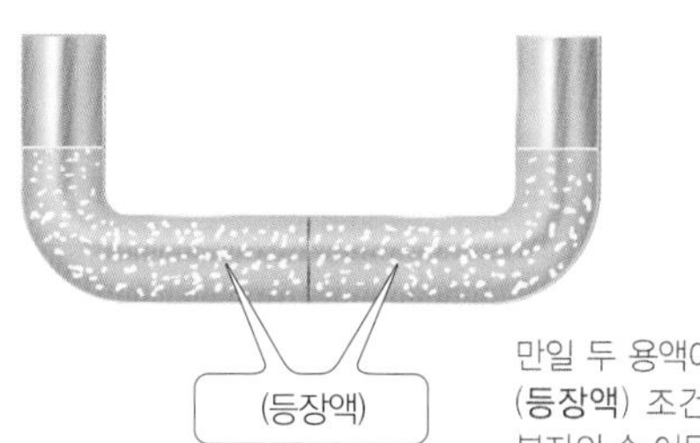

(등장액)

만일 두 용액이 같은 염분 (**등장액**) 조건이라면, 물 분자의 순 이동은 없다.

(b) 반투막으로 분리된 동일한 염분의 두 용액

그림 12.17 삼투. 삼투는 물 분자의 비가 높은 쪽(저염분)의 물 분자가 물 분자의 비가 낮은 쪽(고염분)으로 반투막을 통해 이동하는 과정이다.

Web Animation
삼투
https://goo.gl/Ei4Lpa

학생들이 자주 하는 질문

물속에 오랫동안 있으면 손가락이 쭈글쭈글해지는 이유는 무엇인가요?

사람들은 종종 피부의 쭈글쭈글한 주름은 물이 삼투를 통해 표피 외층으로 유입되어 피부가 부풀어 오르는 결과라고 생각한다. 그러나 연구가들은 손가락에 신경 손상이 있으면, 이런 효과가 발생하지 않는다는 사실을 1930년대부터 알고 있었다. 이것은 신체의 자율 신경계에 의한 무의식적인 반응 즉 호흡, 심박수 및 땀을 조절하는 것과 같은 시스템이다. 사실, 특유의 주름은 피부 아래의 조직에 있는 혈관의 수축으로 인해 발생한 것으로 밝혀졌다. 이 주름은 물에서 손을 빼낸 후에는 정상 상태로 돌아가는 일시적 현상이다. 과학 연구에 따르면 피부가 쭈글쭈글한 주름을 갖는 것은 진화론적 이점일 수도 있다 – 물에서 쭈글쭈글한 손가락 끝과 발가락으로 매끈한 표면을 쉽게 잡을 수 있다.

지렁이, 담치, 문어 등 척색을 가지고 있지 않는 해양 무척추동물의 체액은 이들이 사는 해수와 농도가 거의 같은 등장액 조건이다. 그 결과 이들은 체액의 농도를 적절히 유지하는 특별 기작을 진화시키지 않아도 되었다. 이들은 체액이 고장액 조건인 담수 근연종보다 유리한 조건이다.

삼투의 예 : 해수어와 담수어 해수어는 해수 염분의 1/3보다 조금 높은 정도의 체액 염분을 가진다. 아마도 염분이 낮은 연안역에서 진화되었을 가능성이 있다. 그러므로 해수어는 주변 해수보다 저장액 조건이다.

그림 12.18 담수어와 해수어의 염분 적응. 삼투 과정에서 담수와 해수 어류는 주어진 환경에 대하여 다른 적응을 가진다. 그 결과 담수어는 환경에 비해 상대적으로 고장액이고, 해수어는 저장액이다.
https://goo.gl/o9YA04

요약
삼투는 반투막을 통해 물 분자 농도가 높은 구역에서 낮은 구역으로 물 분자의 순이동을 만든다.

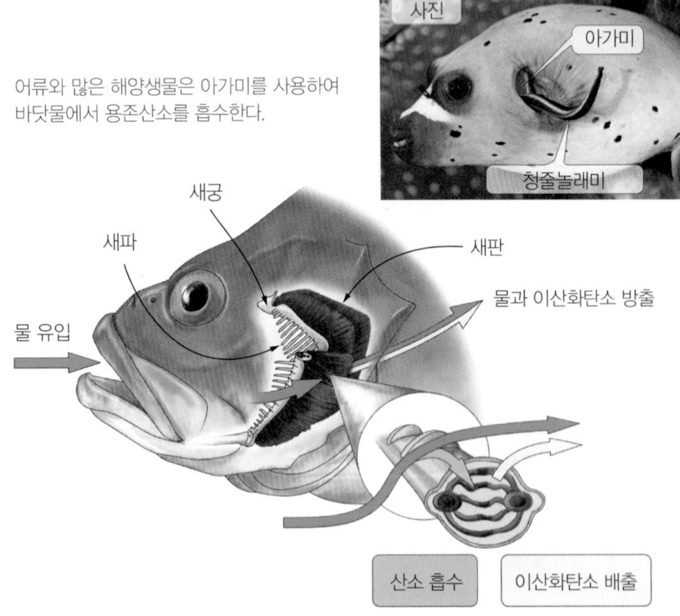

그림 12.19 어류의 아가미. 물이 입을 통해 흡입되고, 아가미를 통과할 때 용존산소를 흡수한다. 그 후 물과 이산화탄소가 아가미구멍을 통해 배출된다. 삽입된 사진은 청줄놀래미(*Labroides dimidiatus*)가 마파복어(*Arothron nigropunctatus*)의 아가미를 청소하고 있다.

이러한 염분의 차이는 적절한 조절 작용이 없다면 체액에서 주위 해수로 물이 빠져 나가 결국 탈수된다는 것을 의미한다. 이러한 탈수에 대응하여 해수어는 해수를 마시고 아가미에 있는 특수 염분 관련 세포를 통해 염분을 배출한다. 해수어는 아주 적은 양의 농축된 소변을 배출하는 방법으로도 체액 유지를 돕고 있다(**그림 12.18a**). 담수어는 사는 담수에 비해 몸 안의 염분이 높은 고장액 조건이다. 담수어 체액에 부하되는 삼투압은 이들을 둘러싸고 있는 담수보다 20~30배나 크다. 따라서 담수어는 삼투 현상으로 들어오는 과도한 양의 물로 인해 세포막이 터질 위험이 있다. 이를 방지하기 위해 담수어는 물을 마시지 않고, 담수어 세포는 염분을 흡수하는 능력을 갖고 있으며, 세포 내 물의 양을 줄이기 위해 아주 많은 양의 희석된 묽은 소변을 배출한다(**그림 12.18b**).

용존기체

해수의 수온이 감소하면 해수에 용해되는 기체의 양은 증가한다. 따라서 냉수에는 온수보다 더 많은 기체가 녹아 있다. 이 현상은 고위도 해역 여름철에 광합성에 필요한 태양에너지가 활용 가능할 때 방대한 식물플랑크톤 군집이 발달하는 데 도움을 준다. 냉수에는 특히 식물플랑크톤의 광합성에 필요한 특히 이산화탄소(식물플랑크톤의 광합성에 필요)와 산소(모든 생물의 먹이 대사 과정에 필요)를 포함하는 풍부한 양의 기체가 녹아 있다. 또한 고위도 해역의 수온이 낮고 산소가 풍부한 해수가 침강하여 해저를 따라 흘러 심해 생물에게 풍부한 양의 용존산소를 공급한다.

대기 호흡을 하는 해양 포유류와 특정 어류를 제외하고, 해양에 사는 대부분의 동물은 해수에서 용존산소를 흡수해야 한다. 어떻게 할 수 있는가? 대부분의 해양동물은 특화된 섬유질의 호흡기관으로 해수에서 직접 산소와 이산화탄소를 교환하는 **아가미**(gill)를 갖고 있다. 예를 들어 어류의 대부분은 입으로 물을 마시고(마치 물속에서 숨 쉬는 것처럼 보임) 아가미를 통해 산소를 흡수한 다음 몸 옆 아가미구멍(gill slit, 새열)을 통해 배출한다(**그림 12.19**). 어류 대부분은 살아남기 위해, 해수 내 최소 4ppm의 용존산소가 필요하며, 활동 혹은 빠른 성장을 위해서는 더 많이 필요하다. 따라서 수족관 수조 안의 물에 산소를 다시 공급하기 위해 끊임없이 공기를 주입해 넣어야 한다. 저산소 조건에서 대부분 아가미를 가진 해양동물은 해수면에서 바로 공기를 흡입할 수 없다. 이들은 오로지 물에 녹아 있는 산소만을 사용할 수 있게 적응되어 있다. 만일 용존산소 수준이 너무 낮은 경우 예를 들어 조류 대발생 이후 분해과정에서 용존산소를 소비할 때 많은 해양생물이 산소가 풍부한 다른 해역으로 이동하지 않으면

질식사한다.

아가미의 구조와 위치는 동물의 종류에 따라 다양하다. 어류의 아가미는 입 뒤쪽에 있으며 모세혈관을 갖고 있다. 고등한 수생 무척추동물은 체표 밖으로 돌출한 순환계의 연장 조직이 있다. 연체동물의 경우 외투강 안에 있다. 인간을 포함한 고등한 척추동물은 흔적만 남은 아가미구멍(새열)을 볼 수 있으며 배발생 과정에서 사라진다.

물의 투명도

해수를 포함, 물은 다른 많은 물질보다 상대적으로 투명도가 높고, 외양에서는 햇빛이 약 1,000m 깊이까지 투과할 수 있다. 실제로 투과 수심은 현탁물질 양(탁도), 플랑크톤의 양, 위도, 하루 중 시간, 계절에 따라 다르다. 외양에서는 숨을 수 있는 장소는 거의 없지만, 해양생물은 눈에 띄지 않게 숨는 영리한 적응을 한다.

그림 12.20 보름달해파리. 이 보름달해파리(*Aurelia aurita*)와 같은 대다수의 해파리는 거의 투명하기 때문에 육식 동물에게 거의 보이지 않는다. 이 사진은 윤곽을 뚜렷하게 향상시키기 위해 위에서 강한 백색광으로 조명하였다.

투명도 물의 투명도가 높기 때문에 많은 해양생물은 큰 눈을 갖고 있어 희미한 빛 속에서도 먹이를 찾거나 포획하는 데 도움을 준다. 예리한 시력을 가진 포식자에 대항하기 위해 해파리와 같은 많은 해양생물은 거의 투명하여 주위 환경 속에 어울려 사라지게 된다(**그림 12.20**). 대부분의 외양역 동물은 이빨, 독성, 이동 속도 또는 작은 크기로 보호받지 못하는 종류들이며 눈에 잘 보이지 않는 투명한 몸을 갖고 있다. 단지 햇빛이 전혀 투과하지 못하는 심해에서만 투명성이 드물다. 생물의 투명성을 높이기 위해 사용되는 또 다른 전략은 은색면을 거울처럼 작동시키고 약한 빛을 반사하는 것이다. 투명한 것은 포식자를 피하는 것을 도와줄 뿐만 아니라 먹이생물을 확인하고 잠복하여 따라 다닐 때 도움이 된다.

위장과 대비음영 일부 해양생물은 위장과 같은 몸의 채색 양상을 이용하여 숨는다(**그림 12.21a**). 다른 생물은 **대비음영**(countershading)을 이용한다. 이는 위쪽에 짙은 색과 아래쪽에 옅은 색을 갖는 것을 의미하며(**그림 12.21b**), 주위 환경과 어울리게 된다. 많은 어류, 특히 넙치는 대비음영을 갖고 있어 등 쪽은 심해의 어두운 배경과 유사하여 해저 바닥에서 쉽게 눈에 띄지 않으며, 밑에서 쳐다보면 배는 햇빛과 어울려 드러나지 않는다. 대비음영은 포식자의 입장에서 먹이 포획을 위해 몰래 접근하는 데에 도움이 된다.

일주 연직 이동 : 심해산란층 많은 해양생물은 먹이가 되는 것을 피하려고 해양의 더 깊고 어두운 부분

(a) 잘 위장된 볼락의 머리와 눈

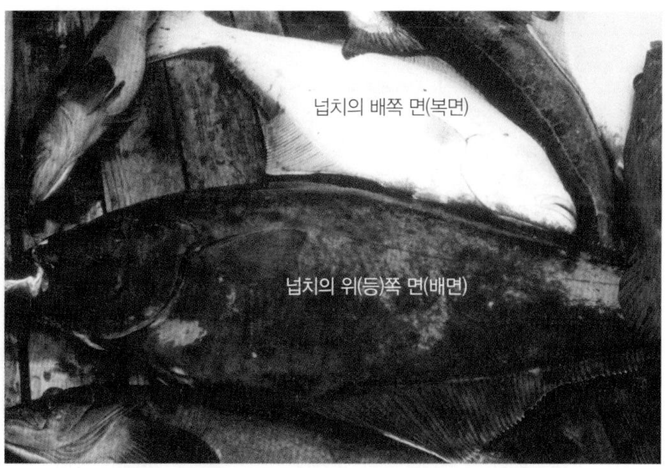

(b) 알래스카의 부두에 있는 넙치의 대비음영을 보여준다.

그림 12.21 위장과 대비 음영의 예.

으로 일일 연직 이동을 수행한다. 이들은 **심해산란층**(Deep Scattering Layer, DSL)이라고 하는 흥미로운 현상을 형성한다. 이 현상은 미 해군이 2차 세계대전 초기에 적군 잠수함을 탐지하기 위해 음향탐지 장비를 시험하는 동안에 발견하였다. 많은 수중음향탐지기 기록에 해저라고 보기에는 너무 얇은 이상한 반사면이 나타났는데 이를 '가짜 바닥'이라고 불렀다(그림 3.1 참조). 더욱 놀라운 것은 심해산란층의 깊이가 시간에 따라 변한다는 것이다. 밤에는 약 100~200m의 수심이었지만, 낮에는 900m로 깊은 수심이었다.

해양생물학자들의 도움으로 소나 전문가들은 수중음향탐지기 신호는 밀도가 높은 해양생물의 농도를 반영하고 있다고 판단하였다. 플랑크톤 네트, 잠수함 및 정밀한 수중음향탐지기로 조사한 결과, DSL에는 많은 양의 요각류(동물플랑크톤의 큰 부분을 구성), 크릴(작은 갑각류) 및 샛비늘치(Myctophidae)를 포함하여 많은 다른 생물이 포함되어 있음이 밝혀졌다(**그림 12.22**, 확대). 심해산란층의 일상적인 움직임은 포식자를 피해 어두운 밤에 매우 생산적인 표층에서 먹이를 먹는 해양생물의 연직 이동으로 인해 발생한다. 이러한 육식 동물에는 주간성, 어스름에 활동하는 **여명황혼성**(crepuscular: *crepusculum* = twilight), 야행성(nocturnal: *noctournus* = night) 섭식자를 포함한다(그림 12.22). DSL 내의 생물은 밤에 표면으로 올라간 다음 낮에는 깊숙한 곳으로 이동하여 숨는다.

Web Animation
심해산란층의 일주이동 (DSL)
http://goo.gl/mV17kD

DSL의 일주 이동으로 인해 해수의 수직 혼합이 증가한다고 밝혀졌다. 최근 연구에 따르면 DSL에서 발견되는 작은 동물의 에너지는 모든 유영동물이 만드는 총에너지의 주요 구성 요소이며 이는 바람과 조석의 에너지와 비슷하다.

교란 채색 몸을 환경에 어울리게 하여 위장하는 종류와 달리 많은 열대 해역 어류는 밝은색이다(**그림 12.23**). 이들이 쉽게 포식자 눈에 띄는 밝은색을 갖는 이유는 무엇일까? 열대 어류의 밝은색 치장은 **교란 채색**(disruptive coloration)의 예로서 굵은 무늬가 대비되는 색상은 열대 산호초 해역에서 비슷하게 대립하는 배경에 섞여 눈에 띄지 않게 된다. 얼룩말이 이 원리로 포식자를 피하며, 호랑이도 자기 먹이를 포획할 때 잠복하여 숨고, 군대 위장복도 같은 원리로 눈에 띄지 않게 하는 것이다. 교란 채색을 고려하더라

그림 12.22 심해산란층의 일상적 움직임과 생물상. (a) 심해산란층(DSL)에 있는 생물은 낮에는 포식자를 피해 깊은 곳에 숨어 있다가 밤에는 표층수로 올라와 먹이를 먹는다. (b) DSL의 포식자는 주간에 심해로 잠수하거나(주간성), 어스름에 활동하거나(여명황혼성), 밤에(야행성) 활동한다.

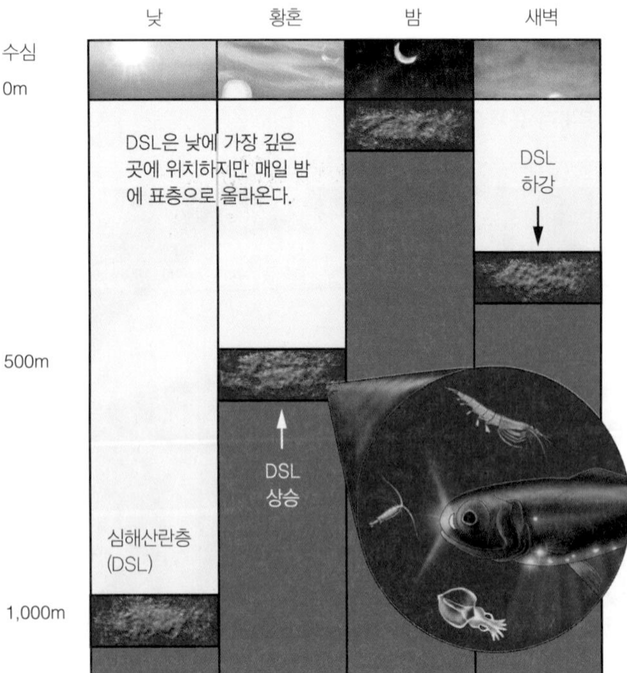

(a) 일주 이동과 전형적인 심해산란층과 연관된 생물

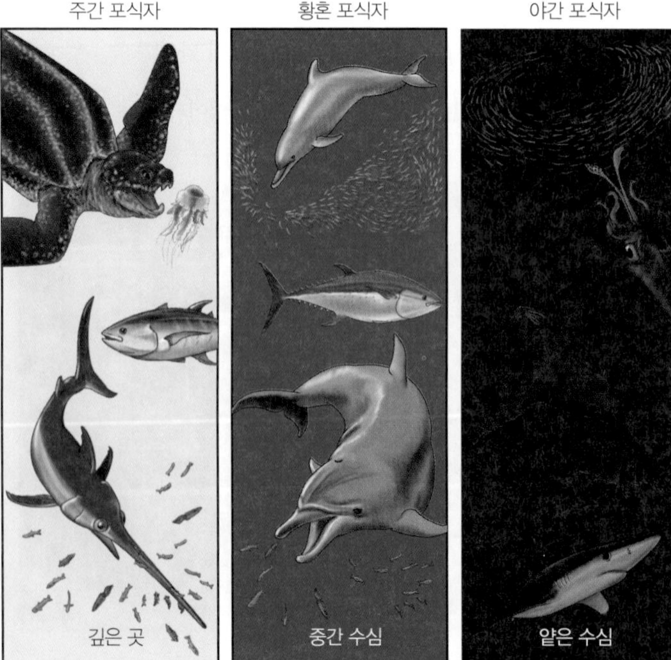

(b) 심해산란층에서 포식하는 포식자의 유형

도, 많은 열대 어류는 그다지 주위 환경에 몸을 숨기는 위장을 하는 것 같지 않다. 아마도 밝은색과 뚜렷한 무늬가 열대 어류를 더 드러나게 하여 쉽게 자기 존재를 알리거나, 짝을 유혹하거나, 센 털이나 독성을 쉽게 알릴 수 있다. 과학자들은 열대 어류의 색조가 화려한 이유에 대해 아직도 의견이 일치하지 않고 있으나, 이와 같은 생물학적 이점이 있어야 하며, 그렇지 않으면 어류가 그렇게 밝은 색조를 갖지 않았을 것이라고 본다.

그림 12.23 열대어에 의한 채색 이용. 만다린피시(*Synchiropus splendidus*)와 같은 많은 열대어는 현란한 교란 채색을 사용하여 환경에 어울리는 밝은 채색과 뚜렷한 패턴을 가지고 있다. 또는 신원, 성별 또는 무기를 널리 알려 눈에 띌 수도 있다.

수압

수심이 10m 깊어질 때마다 수압이 1기압씩($1kg/cm^2$) 증가한다. 인간은 물속의 높은 수압에 잘 적응하지 못한다(**심층 탐구 12.1**). 심지어 수영장의 제일 깊은 바닥으로 내려갔을 때에도 귀에서 수압이 급격히 증가하는 것을 느낄 수 있다.

심해는 수압이 수백 기압($1cm^2$당 수백 kg) 정도이다. 심해 해양생물은 과연 사람은 쉽게 죽을 수 있는 수압을 어떻게 견뎌낼까? 대부분 해양생물은 몸 안에 압축 가능한 큰 공기 저장소를 갖고 있지 않다. 사람이 가진 허파, 이관(ear canal), 혹은 다른 연결 통로를 갖고 있지 않아, 자기 몸을 압박하는 높은 수압을 느끼지 못한다. 물은 거의 압축할 수 없으며, 게다가 물로 채워진 몸은 밖으로 밀어내는 것과 같은 정도의 압력을 갖고 있고, 심해 환경의 높은 수압에 영향을 받지 않는다. 그러나 많은 어류는 기체 또는 기름을 함유한 **부레**(swim bladder, **그림 12.24**)로, 부력을 조정하여 위치를 조절할 수 있다. 몇몇 종들은 수압 변화에 아주 잘 견뎌낸다. 실제로 근해에서 발견되는 일부 해양생물이 수 km 아래 수심에서 발견되기도 한다.

그림 12.24 부레.

개념 점검 12.4 | 해양생물이 해양의 물리적 조건에 어떻게 적응하는지 설명하라.

1. 생물이 침강에 대한 저항력을 높이기 위해 사용하는 크기 이외의 적응에 대해 토론하라.
2. 해양환경에서 냉수 및 온수 종의 차이점을 열거하라.
3. 삼투의 과정을 설명하라. 확산과 다른 점은 무엇인가? 삼투 과정에서 세포막을 통해 동시에 어떠한 세 가지 일이 발생할 수 있는가?
4. 해양에서 저장액 삼투압 어류가 직면한 삼투압 조절이 필요한 문제는 무엇인가? 이 동물은 문제를 극복하기 위해 어떤 적응을 해야 하는가?
5. 수온은 물의 가스 보유 능력에 어떤 영향을 주는가? 해양생물은 바닷물에서 용존산소를 어떻게 흡수하는가?
6. 심해산란층(DSL)이란 무엇이며 왜 하루 동안 상하로 이동하는가?

학생들이 자주 하는 질문

큰 내부 공기 포켓을 가진 해양동물이 깊은 수심에서 극심한 수압의 영향을 받는다면, 어떻게 향유고래가 그렇게 깊이 잠수할 수 있나요?

모든 해양 포유 동물은 폐가 있고 공기로 호흡한다. 특정 포유류는 극도로 깊은 잠수를 할 수 있는 특별한 적응을 한다. 예를 들어 향유고래는 먹이를 찾는 동안 2,800m보다 깊은 곳으로 잠수해서 2시간 이상 잠영할 수 있다! 소량의 산소를 매우 효율적으로 사용할 수 있고, 접이식 흉곽을 갖고 있어 갈비뼈를 접으면, 허파가 접혀지면서 공기를 강제로 내보내서 몸 안의 공기 공간을 없앨 수 있다. 해양 포유류 적응은 제14장 '표영계 동물'에서 논의한다.

12.5 해양환경의 주요 구분은 무엇인가?

해양은 두 가지 주요 환경으로 나눌 수 있다. **해양의 물 자체는 표영계 환경**으로 부유생물(떠살이)과 유영동물(헤엄살이)이 복잡한 먹이그물을 이루며 살아가고 있다. **해양 바닥은 저서계 환경**으로 떠 있지 못하거나 잘 헤엄치지 못하는 해산 조류와 동물이 살고 있다.

요약

해양의 물리적 지지, 점성, 온도, 염분, 유광층 표층수, 용존 기체, 높은 투명도 및 수압에 해양생물이 잘 적응하고 있다.

표영계(외양) 환경

그림 12.25와 같이 표영계 환경은 독특한 물리 특성을 가지고 특유의 생물상 **구획**(biozone)으로 나눌 수

역사적 사건

심층 탐구 12.1

해양환경 다이빙

역사를 통틀어 인간은 과학적 탐사, 이익 또는 모험을 위해 직접 관찰하려고 해양환경 속으로 잠수했다(그림 12A). 아주 오래 전 기원전 4500년 초에, 용감하고 숙련된 잠수부(다이버)는 한숨에 30m의 수심까지 내려가 붉은 산호와 진주조개 껍질을 채취했다. 나중에 다이빙 벨(잠수종, 공기로 가득 찬 종 모양의 구조물)을 바다로 내려서 승객 또는 혹은 수중 다이버에게 공기를 공급하였다. 기원전 360년 아리스토텔레스는 저서 *Problematum*에서 그리스 해면 채취 다이버들이 바다 속에서 공기로 가득 찬 주전자를 사용한 것을 기록했다. 그러나 쿠스토(Jacques-Yves Cousteau)와 갸냥(Emile Gagnan)이 완전 자동 압축 공기 수중 호흡기를 발명한 1943년까지 수중 호흡을 하면서 자유롭게 움직이는 기술은 개발되지 않았다. 이 장비는 나중에 **스쿠버**(수중 호흡 장치, *s*cuba, *s*elf*c*ontained *u*nderwater *b*reathing *a*pparatus의 줄임말)라는 약어로 사용되어 오늘날 수백만 명의 레크리에이션 다이버가 사용한다. 스쿠버를 사용하면 잠수부가 직접 바다를 체험할 수 있으며 해양환경의 경이로움과 아름다움에 대한 더 깊은 이해를 끌어낼 수 있다.

수중에서 모험을 하는 사람들은 저온, 암흑 및 수압 증가와 같은 해양 다이빙에 내재된 많은 걸림돌을 극복해야 한다. 저온을 극복하기 위해 특별히 고안된 잠수복을 착용한다. 고광도 방수 다이빙 라이트는 어둠을 밝히기 위해 사용한다. 수압의 해로운 영향에 대처하기 위해서는 다이빙 수심과 지속 시간이 제한되어야 한다. 결과적으로, 대부분의 스쿠버 다이버는 수압이 표면의 세 배인 수심 30m보다 더 깊은 곳에서 모험을 하는 경우는 거의 없으며, 30분 이내에 머물러야 한다.

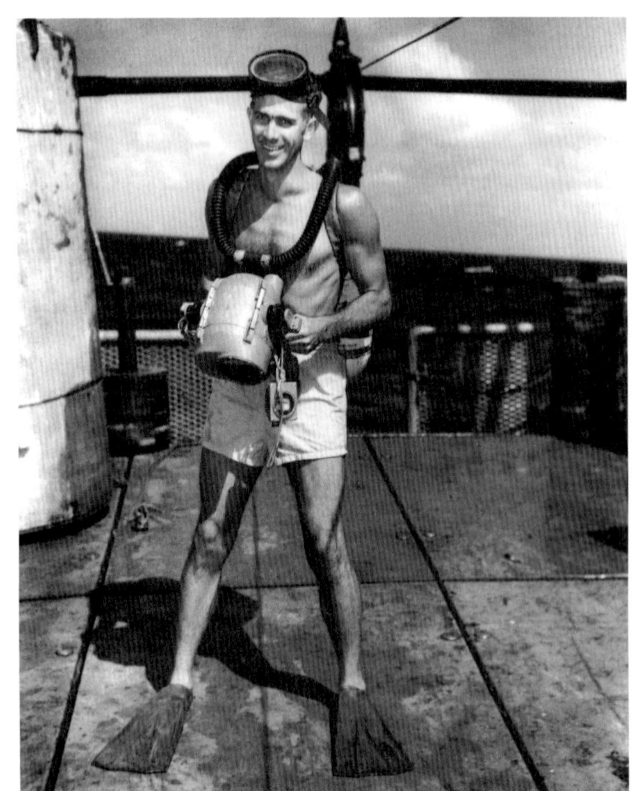

그림 12A **초기 잠수 장비를 착용한 해양학자이자 탐험가인 윌러드 배스컴.**

우리 몸은 낮은 기압의 대기에 적응되어 있기 때문에 해양환경에 들어가는 것은 상대적으로 위험하다. 물속 수심이 깊어지면, 수심에 따라 수압이 급격히 증가하며 수영장 깊은 곳 바닥까지 내려가 본 사람이라면 누구나 확인할 수 있다. 바다 깊숙한 곳에서 압력이 가해지면 다이버에게 문제가 생길 수 있다. 예를 들면, 수압이 높을수록 다이버의 몸에 더 많은 질소가 녹아들어 질소 중독(마취) 또는 심해의 황홀함으로 알려진 방향 감각을 잃는 상태에 이를 수 있다. 또한 잠수부가 수면으로 너무 급속하게 상승하면 몸 안에서 팽창하는 기체가 격렬하게 세포막 파열을 일으킬 수 있다.

또한 잠수부가 수면 위로 올라 오면 **감압병**(또는 케이슨병) 또는 벤즈(bends)라고도 하는 잠수병을 경험할 수 있다. 벤즈는 수압이 낮은 수면으로 너무 빠르게 상승하는 잠수부에게 영향을 미쳐 혈류 및 기타 조직에 질소 기체 방울이 형성된다(탄산음료 뚜껑을 열 때 형성되는 거품과 같다). 증상은 코피와 관절 통증으로 몸을 구부리거나(이로 인해 다이버가 몸을 굽히므로 벤즈라고 함) 영구적 신경계 부상 및 치명적 마비가 발생할 수 있다. 이를 피하려면 잠수부가 내쉰 숨의 공기 방울이 상승하는 속도보다 더 천천히 상승해야 하며, 과도한 용존 질소가 폐를 통해 혈액에서 제거될 수 있도록 해야 한다.

이러한 위험에도 불구하고, 다이버는 해양에서 점점 더 깊어지는 모험에 도전한다. 1962년 하네스 켈러와 피터 스몰은 다이빙 벨에서 수심 304m 대양 다이빙(open-ocean dive) 잠수 기록을 세웠다. 그들은 특별한 기체 혼합물을 사용했지만 스몰은 수면으로 돌아와 바로 죽었다. 현재의 대양 다이빙 기록은 534m이지만 잠수생리학을 연구하는 과학자는 산소, 수소 및 헬륨 가스의 특수 혼합물을 사용하여 압력 챔버에 넣고 701m까지 다이빙에 대한 모의 실험을 하였다. 연구자들은 인간이 결국 600m보다 더 깊은 수심에서 상당히 오랫동안 머무를 수 있을 것으로 믿고 있다.

생각해보기

1. 벤즈의 원인은 무엇인가? 다이버는 어떻게 증상을 피할 수 있는가?

있다(그림 12.25). 표영계 환경은 연안역과 외양역으로 나누어진다(그림 12.25). **연안역**(neritic province: *neritos* = of the coast)은 해안에서 외양역으로 수심 200m보다 얕은 곳의 수층을 포함한다. 연안역에서 먼바다 쪽은 **외양역**(oceanic province)이며 수심 200m보다 더 깊은 곳이다. 외양역은 다음과 같이 네 가지 생물 분포층으로 더 세분화된다.

1. **표해수층**(epipelagic: *epi* = top, *pelagios* = of the sea)은 표면에서 200m 수심까지 구역이다.
2. **중심해층**(mesopelagic: *meso* = middle, *pelagios* = of the sea)은 수심 200~1,000m 구역이다.
3. **점심해층**(bathypelagic: *bathos* = depth, *pelagios* = of the sea)은 수심 1,000~4,000m까지 구역이다.
4. **심해층**(abyssopelagic: *a* = without, *byssus* = bottom, *pelagios* = of the sea)은 수심 4,000m 보다 더 깊은 구역이다.

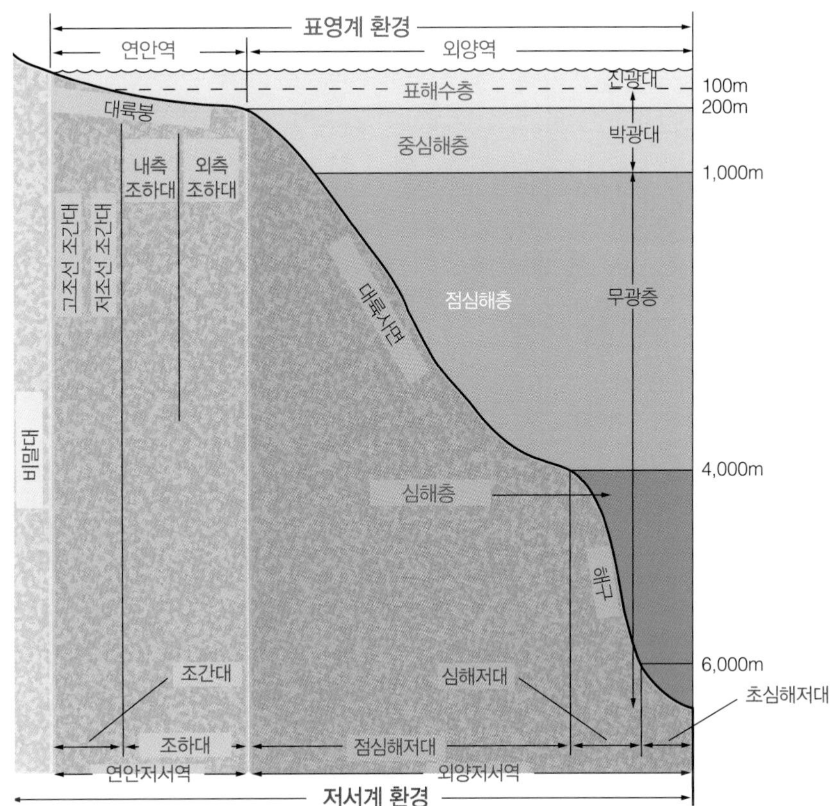

그림 12.25 표영계와 저서계 해양생물상 구획. 표영계 환경은 파란색, 저서 환경은 갈색으로 표시하였다. 표영계와 저서환경은 육지와의 거리와 무관하게 모두 수심을 기반으로 구분된다. 해저 지형과 유광층은 검은색 글자로 표시하였다.

외양역에서 생물의 분포를 결정하는 중요한 요인 중 하나는 햇빛의 이용 가능성이다. 그러므로 네 가지 생물 분포층 이외에 해양환경에서 생물의 분포는 햇빛의 이용 가능성에 따라 다음과 같이 나누어진다.

- **진광대**(euphotic: *eu* = good, *photos* = light)는 표층부터 광합성을 충분히 할 수 있는 빛이 도달하는 깊이까지이며 100m보다 더 깊지는 않다. 햇빛이 비치는 얕은 표층으로도 불리는 진광대는 해양환경의 2.5%밖에 되지 않지만, 대부분의 해양생물이 사는 곳으로 계속 살펴볼 것이다.
- **박광대**(disphotic: *dis* = apart from, *photos* = light)는 약하지만 측정 가능한 빛이 있는 수층부터 전혀 없는 수심까지 보통 약 1,000m까지이다.
- **무광층**(aphotic: *a* = without, *photos* = light)은 빛이 없는 구획이며, 수심 1,000m보다 깊은 곳이다.

표해수층 표해수층(epipelagic zone)의 상부 쪽 반은 해양에서 광합성을 할 수 있는 충분한 빛이 있는 유일한 곳이다. 표해수층과 중심해층 사이의 경계는 수심 200m이며 용존산소 수준도 현저하게 감소하는 구간이다(**그림 12.26**, 붉은색 곡선). 수심 약 150m보다 깊은 곳은 광합성 조류가 없기 때문에 산소 농도가 감소하며, 생물학적으로 생산력이 높은 상층에서 침강하는 유기물 사체 조직들이 박테리아의 산화작용으로 분해되어 용존산소를 소비하고 영양염을 다시 물속으로 방출한다. 따라서 수심 200m보다 깊은 곳에서 영양염 함량은 역시 빠르게 증가한다(그림 12.26, 녹색 곡선). 표해수층과 중층 사이의 이 경계 구획은 혼합층, 계절 수온약층 그리고 표해수층의 밑부분이다.

중심해층 **산소 최소층**(oxygen minimum layer, OML)은 수심 700~1,000m 사이에서 나타난다(그림 12.26). 이 수심역에서는 중층 수괴가 수평으로 움직이며, 간혹 해양에서 가장 높은 수준의 영양염을 갖고 있다. **생체발광**(bioluminescence: *bio* = life, *lumen* = light, *esc* = ~becoming, 생물발광), 즉 생물학적으로 빛을 생성할 수 있는 능력이 있어서 어둠 속에서 빛을 내는 생물이 중심해층과 더 깊은 수심에서 흔

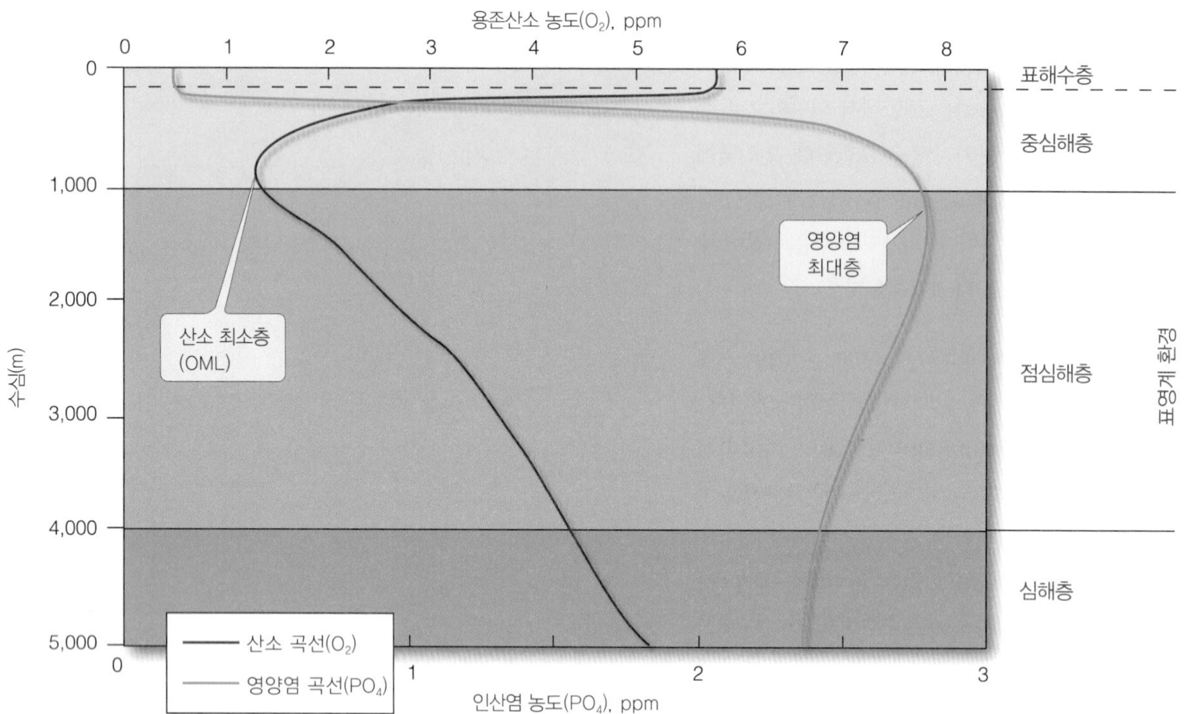

그림 12.26 수심에 따른 용존산소와 영양염 농도 분포. 표층수에서는 대기와의 혼합 및 식물 광합성으로 인해 산소가 풍부하고 조류에 의한 섭취로 영양염(인산염) 함량은 적다. 깊이가 깊어지면 산소가 감소하여 산소최소층(OML)이 형성되고, 이는 영양염의 최대층과 일치한다. 더 깊은 곳에서는 영양염 수준은 높게 유지되고, 산소 농도가 높은 냉수가 극지방에서 유입되면서 산소농도는 증가한다(주 ppm = 백만 분의 1).
https://goo.gl/EJZe34

히 나타난다. 햇빛이 비치는 표층 아래의 구역에서는 빛을 만들 수 있는 능력은 굉장한 장점이며, 대다수의 생물은 생체발광 능력을 갖고 있다. 특정 종의 새우, 오징어, 특히 심해어 따위가 발광 생물에 포함된다(**그림 12.27**). 생물이 빛을 만들 수 있는 발광 기작은 제14장 '표영계 동물'에서 더 자세히 다룬다.

점심해층과 심해층 빛이 없는 무광층인 점심해층(bathypelagic zone)과 심해층(abyssopelagic zone)은 외양역 서식처 공간의 75% 이상을 차지한다. 완전한 어둠 속에서 눈이 먼 어류가 많이 존재하며, 모두가 작고, 기괴한 모습이며 포식자이다.

보통 **유기쇄설물**(detritus)[10] 입자를 먹는 많은 종의 새우류는 표층에 비해 먹이 공급이 엄청나게 감소한 이 수심에서는 포식자가 된다. 이 심해층에 사는 동물은 대부분 다른 생물을 먹고 산다. 이들은 특이한 경고성 도구와 비정상적인 기구를 갖고 있어 매우 효율적인 포식자가 될 수 있다(그림 12.27). 많은 종류가 날카로운 이빨과 자기 몸 크기에 비해 매우 큰 입을 갖고 있다. 산소 최소층보다 깊은 곳에서는 극지 해역의 표층 냉수에서 기원한 산소농도가 높은 심층해류에 의해 재공급되어 산소농도가 다시 증가한다. 심해수층에서는 심층수 영역으로 흔히 점심해층의 저층수의 흐름과 반대 방향으로 이동한다.

저서계(해저 바닥) 환경

수층이 다른 물리 조건을 가진 구역으로 나누어지는 것과 같이 해저환경은 바닥에 사는 생물을 위한 다양한 서식처를 제공하는 구역으로 나눌 수 있다. 육역에서 사리 때 만조선보다 위쪽의 해저 바닥까지 전이

10 유기쇄설물[Detritus(디트라이터스, *detritus* = lessenten)]는 쓰레기를 포함하여, 죽거나 부패하는 유기 물질을 포괄하는 용어이다.

구역을 **조간대 상부**(supralittoral zone: *supra* = above, *littoralis* = the shore)라 한다(그림 12.25 참조). 일반적으로 비말대라고도 하며, 이곳은 최고조 때나 해일 또는 강한 태풍파가 해안으로 밀려올 때만 물에 잠긴다.

나머지 저서 혹은 해저 바닥 환경은 표영계 환경의 연안역과 외양역의 구분에 해당하는 두 영역으로 나눠진다(그림 12.25 참조).

- 연안 저서역은 대조시 고조선에서 200m 수심까지이며 대략 대륙붕 구역을 포함한다.
- 외양 저서역은 200m보다 깊은 곳 저서환경을 포함한다.

연안 저서역 **연안 저서역**(subneritic province)은 조간대와 조하대로 나누어진다. **조간대**(littoral zone: *littoralis* = the shore)는 고조선과 저조선 사이의 조석 조간대와 일치한다. **조하대**(sublittoral zone: *sub* = below, *littoralis* = the shore) 혹은 얕은 조하대 저서역은 저조선보다 깊은 곳으로 수심 200m까지 연장되어 있다.

조하대는 내측과 외측으로 구성된다. **내측 조하대**(inner sublittoral zone)는 수심 약 50m 정도까지로 해산조류가 더 이상 붙어 자라지 않는 깊이까지이며, 외양쪽 경계는 변동적이다. 모든 내측 조하대의 광합성은 부유 미세 조류에 의해 수행된다.

외측 조하대(outer sublittoral zone)는 내측 조하대에서 200m 수심까지 혹은 대륙붕단까지이며, 대륙붕의 외양쪽 끝이다.

외양 저서역 **외양 저서역**(suboceanic province)은 다시 점심해저대, 심해저대, 초심해저대로 나뉜다. **점심해저대**(bathyal zone: *bathus* = deep)는 수심 200~4,000m이며 일반적으로 대륙사면에 해당한다.

심해저대(abyssal zone: *a* = without, *byssus* = bottom)는 수심 4,000~6,000m까지 확장되며 저서환경의 80% 이상을 포함한다. 심해저대의 해저 바닥은 연성 해양퇴적물로 주로 심해 점토로 덮여있다. 심해 퇴적물에 살고 있는 동물의 이동 흔적과 파 놓은 굴을 **그림 12.28**에서 볼 수 있다.

초심해저대(hadal zone: *hades* = hell)[11]는 수심 6,000m보다 더 깊은 곳이며 대륙 주변부를 따라 있는 해구만으로 구성되어 있다. 초심해저대 심해환경에서 발견되는 동물 군집은 각각 따로 격리되었으며 이들은 때때로 고유한 적응의 결과를 보여준다.

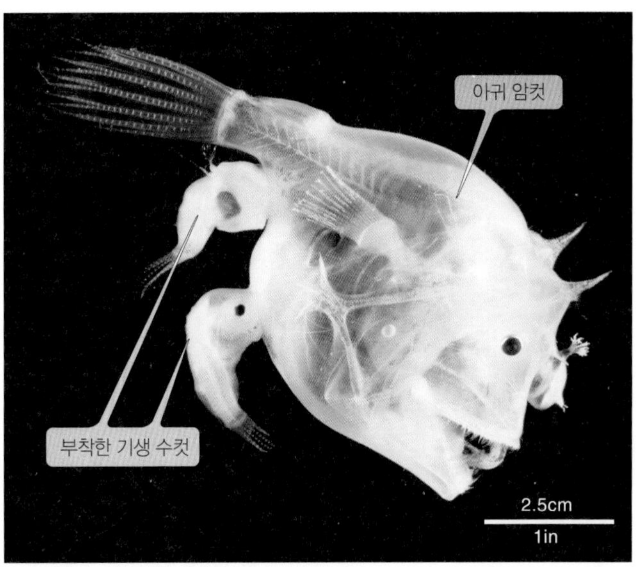

그림 12.27 심해 어류 아귀의 적응. 심해 아귀(*Edriolychnus schmidti*) 암컷은 투명한 몸, 작은 눈, 날카로운 이빨을 가지고 있다. 머리 앞쪽에서 튀어나온 깃털 구조는 먹이를 유혹하기 위해 이용되는 생체발광 미끼이다. 암컷 몸의 아래에 붙어 있는 아주 작은 두 마리 기생 수컷을 주목하라.

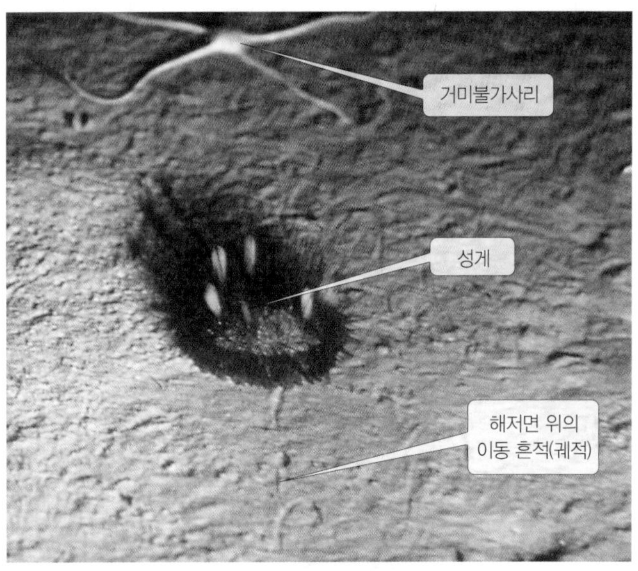

그림 12.28 저서 생물의 해저 바닥 이동 궤적. 저서 생물들이 해저 바닥을 가로지르거나 굴을 파고 지나가면서 해저 퇴적물 위에 흔적을 남기기도 한다. 사진의 폭은 약 0.6m이다.

개념 점검 12.5 | 해양환경의 주요 구획을 비교하라.

1 표영계 및 저서 환경의 하위 구분과 경계 규정에 사용된 물리 요인을 나열한 표를 구성하라.

2 햇빛의 활용 가용성에 따라 세 구역을 설명하라. 대부분의 해양생물이 존재하는 곳은 어디인가?

요약

표영계는 수층을 포함하고 저서 환경은 해저 바닥을 포함한다. 표영계 및 저서 환경은 햇빛의 양에 영향을 받는 수심을 기반으로 세분한다.

11 살기에 적합하지 않은 고수압 환경인 초심해저대는 사실 적절하게 명명된 것이다.

핵심 개념 정리

12.1 생명체란 무엇이며, 어떻게 분류하는가?

▶ 수많은 생물이 해양에 서식하며, 미세한 박테리아와 조류부터 고래까지 다양하다. 모든 생명체는 생명의 세 가지 주요 영역 중 하나에 속한다. 고세균 영역은 단순하고 미세한 세균성 생물을, 세균 영역은 일반적으로 핵이 없는 세포로 구성된 단순한 생명 형태를, 진핵생물 영역은 핵을 가진 세포로 구성된 복잡한 생물(식물과 동물 포함)이다.

▶ 생물은 6개 분류군(계)으로 세분된다. 진정세균계는 현미경으로 볼 수 있는 크기의 단세포 원핵 생물을, 고세균계는 극한 환경에 서식하며, 박테리아와 비슷한 고세균을, 식물계는 다세포 식물을, 동물계는 다세포 동물을, 균계는 곰팡이와 지의류 그리고 원생생물계는 진핵 단세포와 다세포 생물을 말한다. 생물의 분류는 계 속에 점차 구체성이 증가하는 특정 종류의 무리로 문, 강, 목, 과, 속, 종에 배치하는 것을 포함하고, 마지막 두 수준은 생물의 학명으로 쓴다. 많은 생물은 하나 이상의 일반적으로 쓰는 이름이 있다.

(b) 생물의 여섯 생물계와 이들의 대표 생물

심화 학습 문제

살아 있는 것과 그렇지 않은 것을 구별하는 것이 왜 어려운지 토론하라.

능동 학습 훈련

수업 중 다른 학생과 함께 인간의 분류학적 분류를 보여주는 그림 12.3과 비슷한 중첩된 상자 속 상자 모식도를 작성하라. 표 12.1의 정보를 이용하여 모식도 작성에 활용하라. 인터넷을 사용하여 표 12.1에 제시되지 않은 해양 무척추 동물(척추가 없음)에 대한 분류 정보를 찾아 이들을 중첩된 상자 속 상자 모식도로 작성하라.

12.2 해양생물은 어떻게 분류되는가?

▶ 생물은 사는 곳(서식처)과 행동양식(이동성)에 따라 세 그룹으로 나눌 수 있다. 플랑크톤(부유생물)은 운동성이 거의 없이 떠 있는 형태, 넥톤(유영생물)은 유영하는 형태, 벤토스(저서생물)는 바닥에 사는 형태이다. 해양생물량의 대부분은 플랑크톤이다.

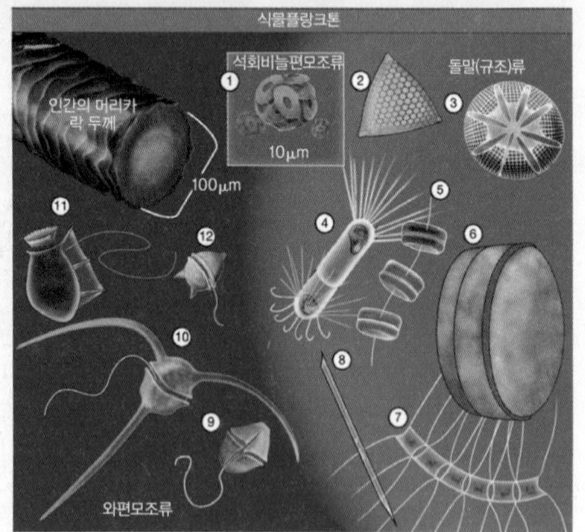

심화 학습 문제

왜 대부분의 해양생물량이 플랑크톤인지 설명하라.

능동 학습 훈련

수업 및 인터넷에서 다른 학생과 함께 공부하면서 세 가지 주요 해양생물 형태인 플랑크톤, 넥톤, 저서생물의 각 형태에 속하는 여덟 가지 해양생물의 목록을 작성하라. 교과서에서 예로 언급한 생물은 제외하라. 목록을 서로 공유하라.

12.3 얼마나 많은 해양생물이 존재하는가?

▶ 알려진 모든 종의 약 13%만이 해양에 서식하며 해양생물은 98% 이상이 저서 생물이다. 해양환경, 특히 원양환경은 육지환경보다 훨씬 안정적이므로 해양생물이 다양하지는 않다(다양할 필요가 없다).

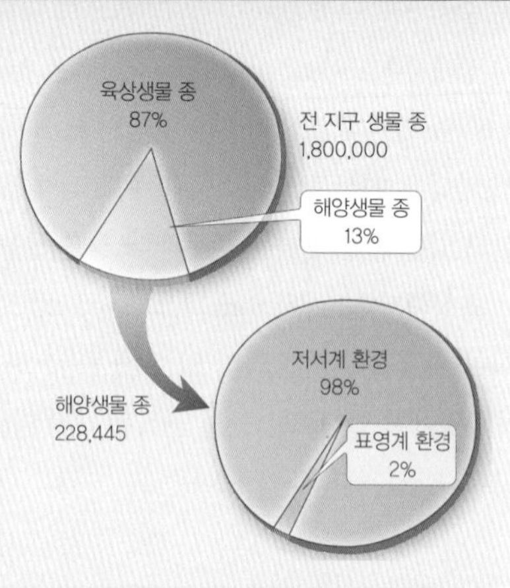

심화 학습 문제

환경적 다양성이 종의 수에 어떤 영향을 미치는지 설명하라.

능동 학습 훈련

수업 및 인터넷에서 다른 친구와 함께 공부하면서, 해양생물개체수조사(Census of Marine Life) 웹 사이트(www.coml.org)를 방문하라. 사이트를 탐색하고 조사 중에 발견된 새로운 5종의 목록을 작성하라. 발견한 것을 친구들에게 보고하라.

12.4 어떻게 해양생물은 해양의 물리 조건에 적응하는가?

▶ 모든 해양생물은 해양환경에 잘 적응한다. 육상에 정착한 생물은 몸을 지지하고, 물을 확보하고 유지하기 위한 복잡한 시스템을 개발했어야 했다.

▶ 햇빛을 받기 위해 표층수에 머물러야 하는 조류와 이를 먹는 작은 동물은 효과적 이동 수단이 없다. 햇빛이 투과되는 표층수 아래로 가라 앉지 않으려면, 크기와 다른 적응을 통해 체적에 대한 표면적 비율을 높여 침강에 대한 높은 마찰 저항을 가져야 한다. 크기가 작기 때문에 영양염을 효율적으로 흡수하고 노폐물을 배출할 수 있다. 많은 유영생물은 유선형 몸체로 발달하여 해수의 점성을 극복하고 더 쉽게 이동할 수 있다.

▶ 해양 표면 수온은 육지처럼 매일, 계절적으로 또는 매년 변화하지 않는다. 온수에 사는 생물은 개별적으로 더 작고, 깃털이 많으며, 종의 수가 많고, 냉수에 사는 생물보다 훨씬 적은 총생물량을 가지는 경향이 있다. 온수 생물은 또한 냉수 생물보다 수명이 짧고 더 빨리 그리고 자주 번식하는 경향이 있다.

▶ 삼투는 물 분자의 비가 더 높은 영역에서 낮은 농도의 영역으로 반투막을 통해 물 분자가 이동하는 것이다. 생물의 체액과 해수가 물 분자가 통과할 수 있는 막으로 분리되면 생물은 삼투로 심각하게 탈수될 수 있다. 많은 해양 무척추동물은 본질적으로 등장액 조건이다 – 체액의 염분은 해수의 염분과 비슷하다. 대부분의 해양 척추동물은 저장액 조건이다 – 체액의 염분은 해수의 염분보다 낮으므로 삼투를 통해 물을 잃는 경향이 있다. 담수 생물은 본질적으로 모두 고장액 조건이다 – 체액의 염분은 살고 있는 물의 염분보다 높기 때문에 삼투를 통해 물을 얻는 경향이 있다.

▶ 대부분의 해양동물은 아가미를 통해 산소를 흡수한다. 물이 매우 투명하기 때문에 많은 해양생물의 시력이 발달했다. 포식자에게 발견당하거나 먹히는 것을 피하기 위해 많은 해양생물은 투명하고, 위장되어 있으며, 칙칙한 색을 갖는다. 사람과 달리 대부분의 해양생물은 압축될 수 있는 내부 기체 공간이 없으므로 깊은 수심의 고압에 영향을 받지 않는다.

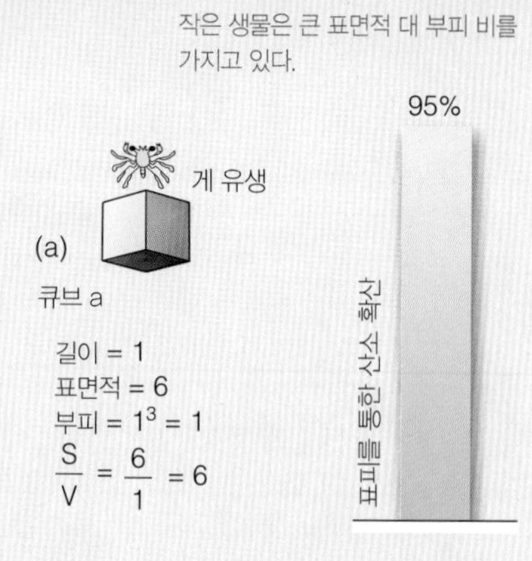

심화 학습 문제

평균 선형 치수가 (a) 1cm (b) 3cm (c) 5cm인 생물의 표면적 대 부피 비를 구하라. 어느 것이 침강에 더 잘 저항할 수 있으며, 그 이유는 무엇인가?

능동 학습 훈련

수업 중 다른 학생과 함께 공부하면서 심해산란층의 깊이가 하루 동안 어떻게 변하는 기술하라. 이러한 현상이 일어나는 원인과 어떤 생물이 DSL을 구성하는지를 포함하라. 발견한 내용을 학생들에게 보고하라.

12.5 해양환경의 주요 구분은 무엇인가?

▶ 해양환경은 표영계와 저서 환경으로 나누어진다. 이 구역은 수심과 다양한 물리 조건으로 세분되며, 해양생물은 이 조건에 매우 잘 적응한다. 표영계의 최상층은 유광층으로, 이는 햇빛이 비치는 표층수이며, 광합성을 할 수 있는 충분한 광이 있다.

심화 학습 문제

해양생물 구역을 확실하게 기억하기 위해, 그림 12.25와 같은 그림을 기억만으로 직접 그리고 각 구획의 이름을 쓰라.

능동 학습 훈련

다른 학생들과 함께 그림 12.26의 두 곡선이 왜 그러한 형태를 보이는지 설명하라(예를 들어 산소최소층이 존재하는 이유와 그것이 왜 영양염 최대량과 일치하는지). 분석 결과를 공유하라.

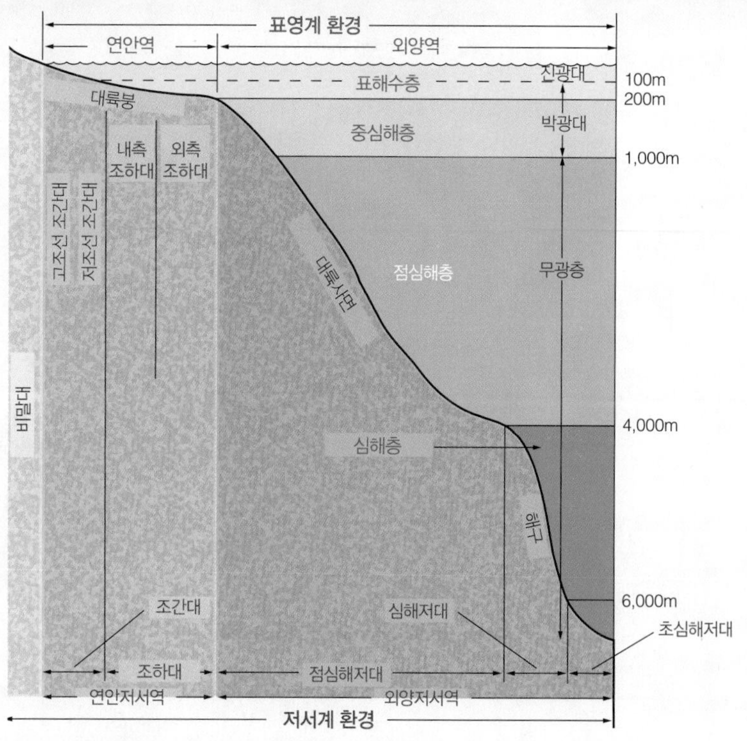

바다 속 햇빛 아래 무리 지어 있는 물고기떼. 이 큰눈전갱이에 의해 시연되는 무리 짓기 행동은 포식자로부터 무리를 보호하는 데 도움을 준다. 햇빛은 영양염이 섭식을 통해 한 개체에서 다른 개체로 전달되는 것을 기반으로 하는 거의 모든 해양 먹이그물을 유지하는 에너지를 공급한다.

13

부수어획 생물량 피라미드
진광대 일차생산력
유해조류대발생(HAB) 최대지속가능생산량(MSY)
먹이사슬 영양단계 광합성 유자망
현존량 부영양화 용승
사해구역 분해자 먹이그물
수온약층 식물플랑크톤 자망
적조

이 장을 읽기 전에 위에 있는 용어들 중에서 아직 알고 있지 못한 것들의 뜻을 이 책 마지막 부분에 있는 용어해설을 통해 확인하라.

생물 생산력과 에너지 전달

생산자는 이산화탄소, 물과 햇빛으로 자신의 먹이를 직접 만드는 생물이다. 태양에너지를 받아 광합성의 과정을 통해 당의 형태인 먹이를 생산하여(화학합성이 주된 먹이 에너지 원천인 열수공 생태계[1] 주변 생물을 제외한) 해양생물 군집 내 다른 모든 생물을 유지한다. 해양의 광합성 생산자는 식물, 조류, 박테리아를 포함한다. 해양의 생산자는 해양 먹이그물의 기초가 된다.

해양에는 진정한 의미의 식물은 거의 없고 대형 해조류가 단지 사소한 역할을 하고 있다. 결과적으로 미세한 광합성 생산자가 대부분의 태양에너지 전환을 담당한다. 현미경으로 볼 수 있는 크기의 조류, 일부 원생생물, 박테리아 등은 대부분 햇빛이 비치는 표층에 흩어져 있으며 해양환경에서 가장 큰 군집을 대표한다.

이 장에서는 일차생산력과 위도와 수심에 따른 변화를 초래하는 요인에 대하여 살펴본다. 다양한 종류의 광합성 해양생물, 해양의 각 해역별 생산력, 먹이사슬과 먹이그물과 같은 섭식 상관관계를 검토하고 해양 수산업과 연관된 환경 문제를 탐구할 것이다.

핵심 개념

이 장을 학습한 후 다음 사항을 해결할 수 있어야 한다.

13.1 해양 일차생산력을 조절하는 기작을 이해하라.
13.2 다양한 종류의 광합성 해양생물을 기술하라.
13.3 해역별 주요 생산력의 변화를 설명하라.
13.4 해양 생태계에서 에너지와 영양염이 어떻게 전달되는지 토론하라.
13.5 해양 수산업에 영향을 미치는 몇 가지 쟁점을 평가하라.

"Give a man a fish and he will eat today. Teach a man how to fish and he will eat for a lifetime."

—Ancient proverb

13.1 일차생산력이란 무엇인가?

일차생산력(primary productivity)이란 생물에 의한 **광합성**(photosynthesis: *photo* = light, *syn* = with, *thesis* = an arranging) 과정에서 태양복사(빛에너지) 혹은 **화학합성**(chemosynthesis: *chemo* = chemistry)[2] 과정의 화학반응에서 파생된 에너지를 이용하여 탄소를 기반으로 하는 유기화합물을 생성하여 에너지를 축적하는 비율(속도)이다. 이렇게 만들어진 유기물은 다른 생물의 먹이로 쓰인다. 비록 화학합성이 해양 해저확장(대양저산맥) 중심을 따라 존재하는 열수공 생태계 생물군집을 유지하고 있지만, 전 해양 일차 생산량의 기준으로 볼 때에는 광합성에 비해 아주 미미한 수준이다. 사실 해양의 **생물량**(biomass)[3]의 99.9%가 광합성 일차 생산으로 제공된 유기물에 직간접적으로 의존하고 있다. 단지 0.1% 해양생물량이 화학합성에 의존하고 있다. 그러므로 여기서 일차생산력에 대한 논의는 광합성 생산력에 대하여 초점을 맞춘다.

Interdisciplinary

Relationship

1 열수공 생물군집은 제15장 '저서계 동물'에서 자세히 논의한다.
2 화학합성에 대한 자세한 내용은 제15장 '저서계 동물'에서 상세히 논의한다.
3 생물량(바이오매스)은 살아 있는 유기체의 질량이라는 것을 기억하라.

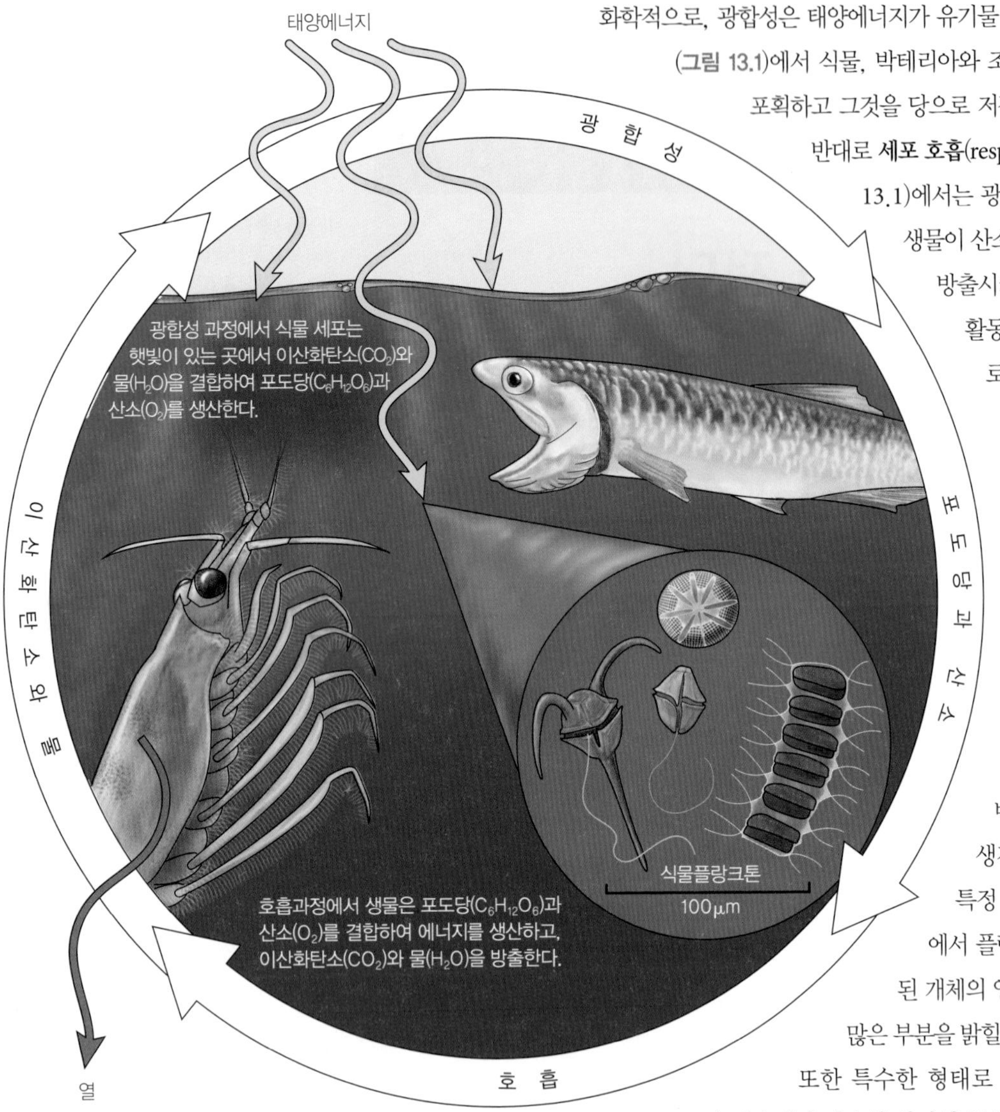

그림 13.1 광합성과 호흡은 지구상 생명체의 근본이 되는 순환적이며 상보적 과정이다. 제1장 그림 1.27과 같은 그림이다. https://goo.gl/avxu5g

화학적으로, 광합성은 태양에너지가 유기물 분자에 저장되는 반응이다. 광합성(**그림 13.1**)에서 식물, 박테리아와 조류 세포는 햇빛으로부터 에너지를 포획하고 그것을 당으로 저장하고, 부산물로 산소를 방출한다. 반대로 **세포 호흡**(respiration: *respire* = to breathe, 그림 13.1)에서는 광합성에 의해 생성된 당을 소비하는 생물이 산소와 결합하여 당에 저장된 에너지를 방출시켜 다양한 생명 활동에 중요한 세포 활동을 한다. 이는 광합성과 호흡은 서로 상보적 순환과정으로 논의되었던 제1장의 그림과 같다.

일차생산력의 측정

해양의 여러 가지 특성을 측정하여 일차생산력의 근사치를 추정할 수 있다. 가장 직접적인 현장 측정법은 원뿔형의 나일론 **플랑크톤 네트**(plankton net)로 플랑크톤을 채집하는 것이다(**그림 13.2**). 비행장의 풍향 측정용 바람 자루처럼 생긴 미세한 망목의 네트로 탐사선에서 특정 수심까지 내린 후 끌어올리는 과정에서 플랑크톤을 걸러 채집할 수 있다. 채집된 개체의 양과 형태를 분석하여 해역 생산력의 많은 부분을 밝힐 수 있다.

또한 특수한 형태로 만들어진 병을 일정 수심에 내려서 해수에서 탄소의 방사성 동위원소 양을 분석하거나, 지구 궤도를 도는 인공위성으로 엽록소 함량을 알기 위해 해색을 감시하고 분석하는 방법도 있다. **식물플랑크톤**(phytoplankton: *phyto* = plant, *planktos* = wandering, 또는 부유식물)과 같은 광합성 생물은 녹색 색소인 **엽록소**(chlorophyll: *khloros* = green, *phylum* = leaf)를 이용하여 태양으로부터 에너지를 포획하여 광합성을 수행한다. 표층수의 해색은 주로 엽록소 함량에 영향을 받으므로, 해색으로 식물플랑크톤 풍부도의 추정값, 다시 말하면 생산력의 척도로 사용할 수 있다. 이렇게 해색 측정 장비 중 하나로 **시웝스**(Sea-viewing Wide Field-of-view Sensor, SeaWiFS) 기기가 1997년부터 2010년까지 운영된 **시스타 인공위성**에 탑재되었다. 이는 **님부스 7호**에 탑재하여 1978~1986년에 작동한 연안 해색 센서(Coastal Zone Color Scanner)를 대체한 것이다. 시웝스는 복사계(radiometer)로 지구 표면의 색을 측정하고 전 지구 해양의 엽록소 분포 수준과 육상의 식생 풍부도를 제공하고 있다.

요약

일차(기초)생산력은 주로 광합성을 통해 미생물, 조류와 식물에 의해 유기물이 생성되는 비율이다. 그러나 일차생산력에는 화학합성을 수행하는 미생물도 포함한다.

일차생산력에 영향을 미치는 요인

해양에서 광합성 일차생산력의 양을 제한하는 두 가지 주된 요인은 영양염과 태양복사선의 가용성이다. 가끔 이산화탄소 함량과 같은 다른 요인이 부족할 때도 일차생산력을 제한할 수가 있다. 인위적 기후변화도 해양 생산력에 영향을 미칠 수 있다.

영양염 가용성 해양의 어디에서나 생물의 분포는 질산염, 인산염, 철 그리고 규소 등 식물플랑크톤에 필요한 영양염의 가용성에 달려 있다. 물리 요인들에 의해 영양염이 풍부하게 공급되고 있는 해역에서 해양생물의 개체군은 최대 밀도에 달한다. 이런 해역이 어디에서 발견되는지를 이해하려면 영양염의 공급원을 고려해야 한다. 대륙에서 풍화되어 유입되는 유수는 해양으로 많은 물질을 운반하여 대륙 주변부에 퇴적시킨다. 유수는 식물플랑크톤에 필요한 주요 영양염인 질산염과 인산염을 녹여 운반한다. 질산염과 인산염은 모든 정원과 농장에 쓰이는 비료의 주성분이다. 영양염이 해안 지역에 도달하면 **부영양화**(eutrophication: *eu* = good, *tropho* = nourishment, *ation* = action)를 일으킬 수 있으며, 영양염으로 생태계가 부영양화된다. 부영양화와 이와 관련된 문제는 다음 절에서 논의한다.

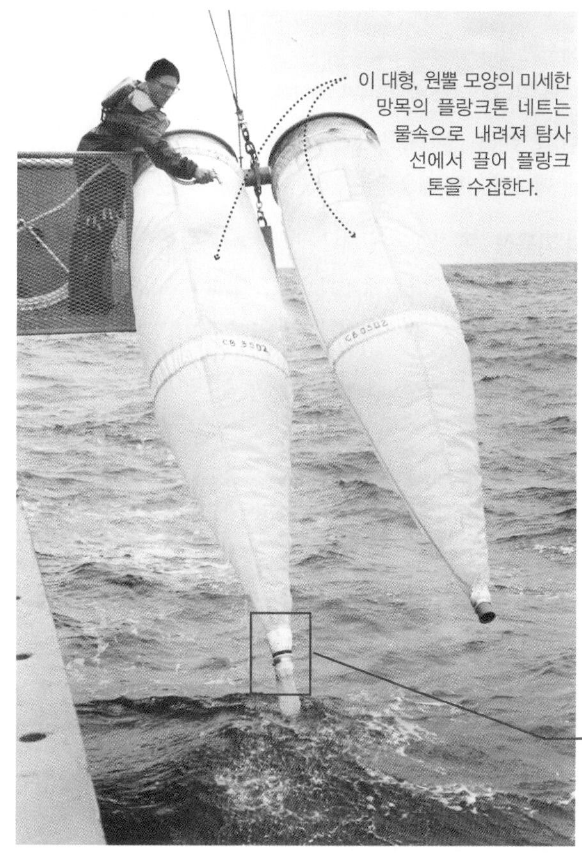

플랑크톤 시료의 현미경 사진에는 식물플랑크톤과 동물플랑크톤이 모두 포함되어 있다.

100μm

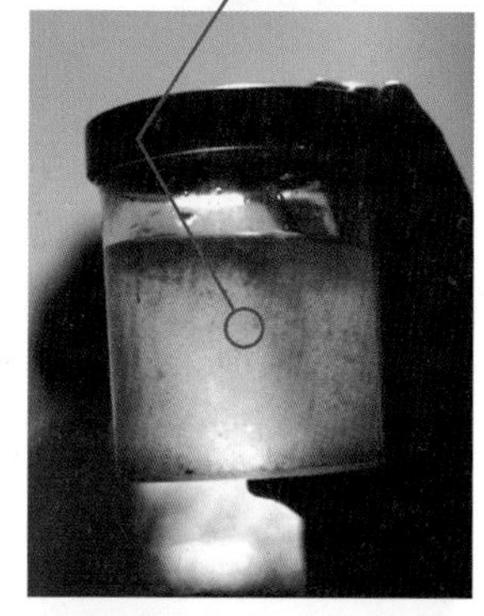

작은 점으로 보이는 플랑크톤 시료는 현미경으로 더 자세히 분석할 수 있는 해양생물이다.

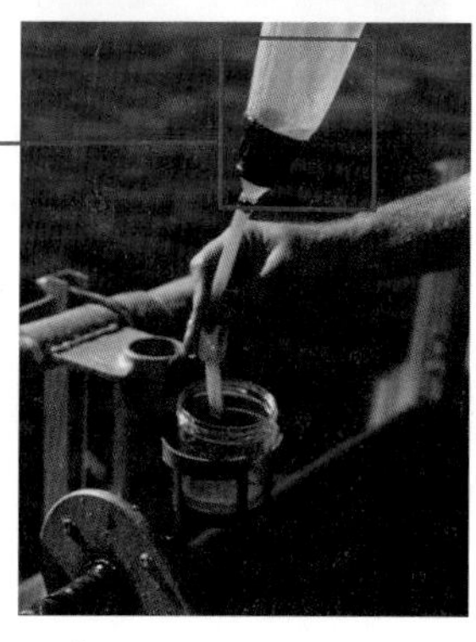

플랑크톤은 플랑크톤 네트의 끝부분에 모아 시료 병으로 옮길 수 있다.

그림 13.2 플랑크톤 네트로 플랑크톤을 채집한다.

대륙은 영양염의 주요 공급원이다. 따라서 해양생물이 가장 밀집해 있는 해역은 대륙 주변부를 따라 발견된다. 반면 대륙 주변부에서 외해 쪽으로 거리가 멀어지면서 해양생물의 농도는 감소한다. 전 지구 해양의 광활한 수심과 외양과 영양염이 농축된 연안역 사이의 먼 거리가 이러한 차이를 설명한다.

간혹 특정 영양염의 결핍, 특히 질소(질산염)와 인(인산염)의 부족은 생산력을 제한할 수 있다. 그 결과 이 화합물은 화학 해양학에서 가장 많이 연구되고 있다. 상대적으로 광합성 과정에 관여하는 질소화합물의 양은 측정 가능한 총 질소화합물의 연평균 농도보다 열 배까지 증가할 수 있다. 이것의 의미는 용존 질소화합물이 연간 열 번이나 완전히 재순환되고 있다는 것이다. 가용한 인산염은 연간 최대 네 번 정도까지 순환될 수 있다.

탄소는 탄수화물, 단백질과 지방 등 모든 유기화합물의 기본 구성 물질이기 때문에 탄소도 생산력에서 중요한 원소이다. 그러나 해양에서는 다양한 핵종의 탄소가 상당히 풍부하므로 광합성 생산에 필요한 탄소는 부족하지 않다. 따라서 탄소는 생산력을 제한하지 않는다.

영양염이 생산력을 제한하지 않을 때 조류 조직의 탄소, 질소, 인의 성분비는 106 : 16 : 1(C : N : P)이며, 1963년 이를 처음으로 설명한 미국 해양학자 알프레드 C. 레드필드의 이름을 따서 **레드필드비**(Redfield ratio)라고 한다. 이 비율은 돌말류를 먹는 동물플랑크톤과 전 세계에서 채집한 대부분의 해수

시료에서도 관찰된다. 이는 해양에서 식물플랑크톤은 활용 가능한 비율대로 영양염을 흡수하고 같은 비율로 동물플랑크톤으로 전달된 것이다. 이들 플랑크톤과 동물이 죽으면 탄소, 질소와 인이 같은 비율로 물속으로 재순환된다.

남극대륙과 갈라파고스제도 주변 해역에서 이뤄진 최근 연구에 따르면 철분을 제외한 모든 영양염 농도가 높더라도 광합성 생산량은 낮은 것이 밝혀졌다.[4] 암석과 퇴적물에서 기원한 철분이 물에 많이 녹아 있는 섬이나 대륙의 천해 저층해류가 있는 해역에서만 생산력이 높다.

태양복사의 가용성 광합성은 빛에너지(태양복사)가 없으면 일어나지 않는다. 대기층의 두께가 80km를 넘지만 투명도가 높아 햇빛이 쉽게 투과하여 육상의 식물들은 항상 광합성 수행에 충분한 햇빛을 받고 있다.

가장 투명한 해양에서 태양에너지는 1km 정도의 수심까지 탐지되지만 여기까지 도달한 빛의 양으로는 광합성을 할 수 없다. 해양의 광합성은 최상위 표층수와 햇빛이 바닥까지 투과할 수 있는 얕은 해저 바닥으로 제한된다. 순광합성이 '0'이 되는 수심은 **광합성 보상수심**(compensation depth for photosynthesis)이라고 한다.

진광대(euphotic zone: *eu* = good, *photos* = light)는 외양에서는 수표면에서 100m 정도로, 광합성이 일어나는 보상수심까지이다. 연안에서는 빛 투과를 제한하는 부유 무기물질(탁도)이나 미생물이 많이 포함되어 있어서 진광대가 20m가 채 되지 않는 예도 있다.

광합성에 필수적인 두 가지 요인인 영양염 공급과 태양복사선의 존재는 연안역과 외양역 사이에 얼마나 다를까? 연안역에서 멀리 떨어진 외양역에서는 태양에너지가 수층 깊은 곳까지 침투할 수 있으나 영양염 농도는 낮다. 반면 연안역에서는 빛의 투과는 훨씬 적지만 영양염 농도는 훨씬 더 높다. 연안역이 훨씬 더 생산력이 높아서 영양염 공급은 해양생물의 분포에 가장 큰 영향을 주는 중요한 요인임이 분명하다.

학생들이 자주 하는 질문

해양의 주요 생산력은 어떻게 기후변화의 영향을 받나요?

인간이 초래한 전 지구적 기후변화는 전체 해양 생태계의 기초 생산력에 심각한 부정적 영향을 줄 것으로 예상된다. 사실, 인간이 초래한 기후변화는 이미 많은 해역에서 해양의 일차 생산에 영향을 미치고 있다. 예를 들어, 바람의 패턴이나 수온의 변화 때문에 과거 계절적으로 강한 식물플랑크톤 대발생이 일어난 해역에서 규모가 약화하거나 대발생이 전혀 일어나지 않고 있다. 인간이 일으킨 기후변화는 표층해류의 강도를 감소시켜 어류 유생과 플랑크톤의 운송 범위를 바꾸어 궁극적으로 일차 생산에 부정적 영향을 미친다.

기후변화의 또 다른 주요 부정적 영향은 해양 성장 계절의 기간 또는 시작 시점의 변화이다. '일치-불일치 가설(match-mismatch hypothesis)'에 의해 설명된 바와 같이, 포식자 종의 성장과 생존은 주요 먹이 공급원의 동시 생산에 달려있다. 본질적으로 식물플랑크톤 대발생이 너무 일찍 또는 늦어지면 먹을 수 있는 먹이가 있는 기간이 바뀐다. 최악의 시나리오에서는 식물플랑크톤이 없기 때문에 대부분의 동물플랑크톤이 기아로 죽을 것이고, 이는 다시 해양 먹이망에 엄청난 영향을 미친다.

Climate

Connection

해수의 빛 투과

그림 13.3에서 대부분의 태양에너지는 **가시광선**(visible light)의 파장 영역에 속한다. 태양에서 나오는 복사에너지는 해양의 세 가지 중요한 구성요소에 강력한 영향을 준다.

1. **해풍.** 해류와 취송류를 형성하고 전 지구의 주요 바람띠는 궁극적으로 태양복사에서 유래한 에너지에서 만들어진다. 바람띠와 해양 표층해류는 전 세계 기후에 강력한 영향을 미친다.
2. **해양 성층화.** 태양열로 데워진 얇은 두께의 온수는 대부분의 해양저를 채우는 많은 양의 냉수보다 따뜻하며 그 위에 있다. 이로 인해 대부분 해역에서 해양은 성층화된다.
3. **일차생산력.** 광합성은 해양에서 햇빛이 투과하는 곳에서만 일어날 수 있다. 따라서 식물플랑크톤과 이들을 먹는 동물 대부분은 햇빛이 투과되는 표층의 비교적 얇은 층에서 살아야 한다. 이곳은 대부분 해양생물이 사는 '생명의 층'이다.

전자기 스펙트럼 태양은 광범위한 파장 영역의 전자기 복사(electromagnetic radiation)를 방사하고, 그림 13.3 위에 보이는 **전자기 스펙트럼**(electromagnetic spectrum)을 구성한다. 사람은 전자기 스펙트럼에서 아주 좁은 부분만을 가시광선으

4 생산력을 높여 바다에 흡수되는 이산화탄소의 양을 늘리기 위해 철로 바다를 비옥하게 하는 아이디어는 제16장 '해양과 기후변화'에서 논의한다.

로 볼 수 있다. 사람의 전자기 감지 기관인 눈은 가시광선 영역의 파장만을 감지하도록 조율되어 있어서 이를 '가시광선'이라고 한다. 요점만 정리하면, 마치 라디오 수신기가 특정 라디오 주파수에 맞추어 수신하는 것처럼 우리의 눈도 가시광선 파장 영역에 맞추어져 있다.

가시광선의 파장 영역을 색과 관련된 에너지 수준인 적색, 주황색, 황색, 녹색, 청색, 자색(색상 스펙트럼에 사용된 약어 : ROYGBV)으로 나눠진다. 이렇게 서로 다른 파장대를 합치면 백색광이 된다. 적외선, 마이크로파, 라디오파와 같이 가시광선 왼쪽의 장파장 에너지 영역은 열 전달과 통신수단으로 이동되고 있다. X선이나 감마선과 같이 가시 광선 영역의 오른쪽에 있는 단파장 영역에서 너무 많은 양을 받게 될 경우, 조직이 상해를 입게 된다.

물체의 색 그림 13.3에서 볼 수 있듯이, 태양의 빛은 모든 가시 색상을 포함한다. 우리가 보는 빛 대부분은 사물에서 반사된다. 모든 물체는 서로 다른 파장의 빛을 흡수 및 반사하며, 각 파장은 가시광선의 색상을 나타낸다. 예를 들어 식생(숲)은 녹색과 황색을 제외한 대부분의 파장을 흡수하므로 반사되는 색으로 식물 대부분은 녹색으로 보인다. 유사하게, 빨간 재킷은 반사되는 적색을 제외한 모든 파장의 파장을 흡수한다.

그림 13.3의 아래 그림은 해양이 어떻게 선택적으로 가시광선의 장파장대 색상(적색, 주황색, 황색)을 흡수하는가를 보여준다. 물체의 실제 색상은 모든 가시광선 파장 스펙트럼이 있는 표층의 자연광 조건에서만 관찰할 수 있다. 적색광은 해양의 상부 10m 안에서 흡수

그림 13.3 **전자기 스펙트럼과 해수 내 가시광선의 투과.**
https://goo.gl/Dvl14o

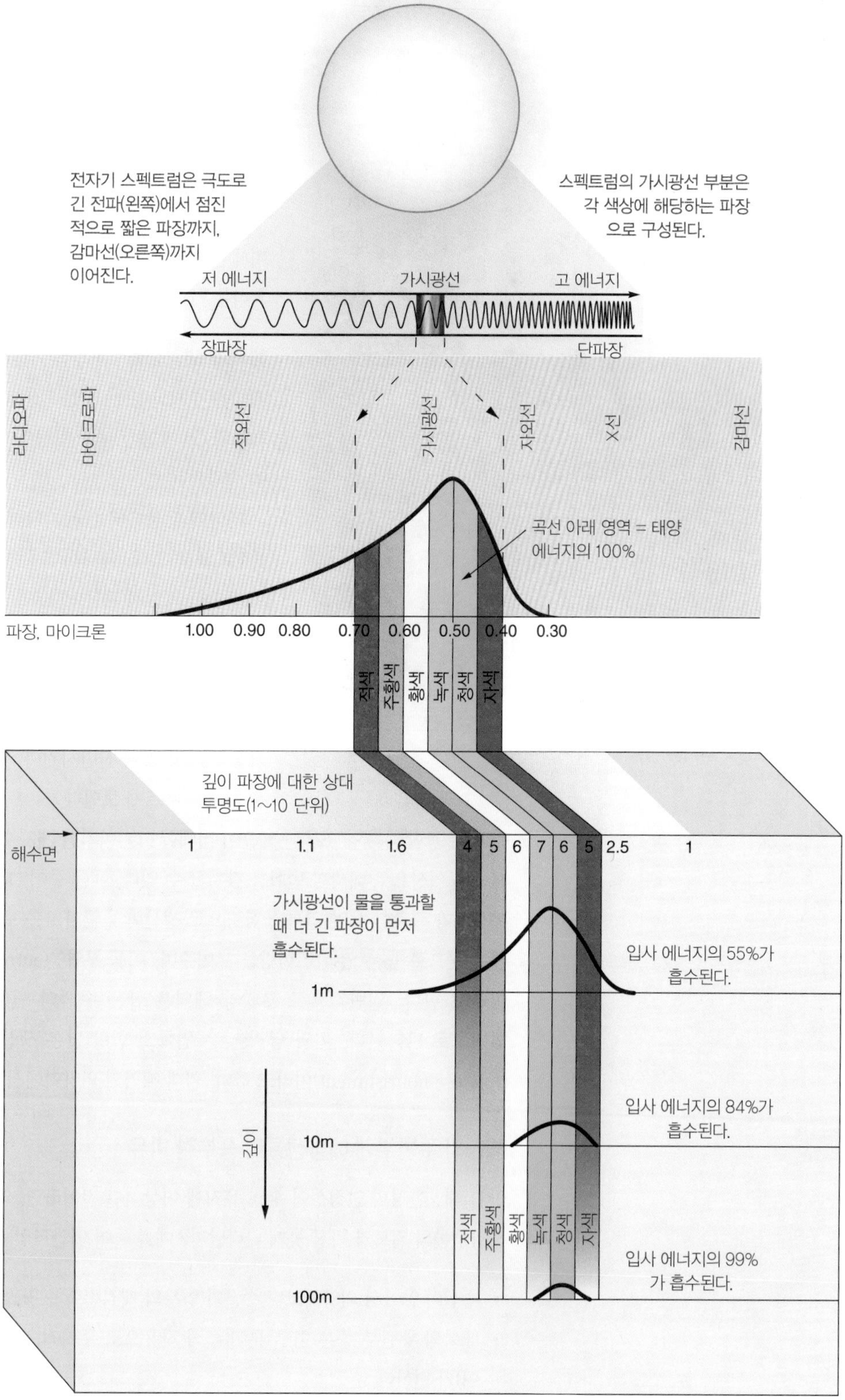

전자기 스펙트럼은 극도로 긴 전파(왼쪽)에서 점진적으로 짧은 파장까지, 감마선(오른쪽)까지 이어진다.

스펙트럼의 가시광선 부분은 각 색상에 해당하는 파장으로 구성된다.

저 에너지 가시광선 고 에너지

장파장 단파장

라디오파 마이크로파 적외선 가시광선 자외선 X선 감마선

곡선 아래 영역 = 태양 에너지의 100%

파장, 마이크론 1.00 0.90 0.80 0.70 0.60 0.50 0.40 0.30

적색 주황색 황색 녹색 청색 자색

깊이 파장에 대한 상대 투명도(1~10 단위)

해수면 1 1.1 1.6 4 5 6 7 6 5 2.5 1

가시광선이 물을 통과할 때 더 긴 파장이 먼저 흡수된다.

1m 입사 에너지의 55%가 흡수된다.

10m 입사 에너지의 84%가 흡수된다.

깊이

적색 주황색 황색 녹색 청색 자색

100m 입사 에너지의 99%가 흡수된다.

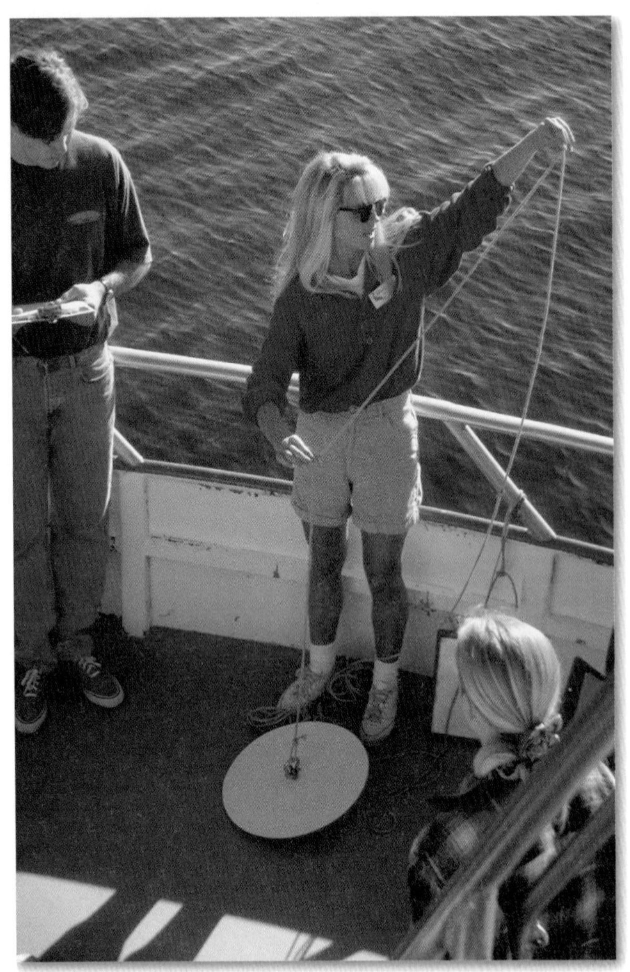

그림 13.4 세키원반(투명도판)의 사용. 물속에 내려서 햇빛의 투과 수심, 즉 해수의 투명도 측정에 사용되는 세키원반(투명도판)

되며, 황색은 100m 수심 이전에 완전히 흡수된다. 따라서 가시광선의 짧은 파장 영역, 대부분이 청색과 일부 자색과 녹색 파장을 포함한 청색광만이 강도는 낮지만, 더 깊은 곳까지 투과될 수 있다. 강도는 낮지만 외양역에서는 광합성 수행에 충분한 햇빛은 100m 수심의 진광대까지만 있으며 1,000m 보다 더 깊은 곳까지 투과하는 햇빛은 없다.

그림 13.4에서 볼 수 있는 **세키원반**(Secchi disk)은 물의 투명도를 측정하는 데 쓰이며 이를 기초로 빛이 투과하는 수심을 추정한다. 세키원반은 이를 고안한 이탈리아의 천문학자인 안젤로 세키(1818~1878)의 이름을 딴 장치로 지름 20~ 40cm 원반이 수심을 표시한 줄에 매달려 있다. 세키원반을 해양에서 내려서 마지막까지 보이는 곳의 수심이 이 해역의 탁도를 나타낸다. 미세생물과 부유퇴적물로 탁도가 증가하면, 빛 흡수가 증가하여 해양을 투과하는 가시광선의 수심도 감소한다.

해색과 해양생물 해양의 색깔은 검푸른색에서 황록색까지이다. 왜 어떤 해역은 푸르고 다른 곳은 초록빛으로 보일까? 해색은 (1) 유수에서 기원한 탁도와 (2) 광합성 색소 함량에 영향을 받으며 일차생산력이 증가하면서 같이 증가한다.

연안역과 용승역은 생물학적으로 매우 생산력이 높아 대부분의 경우 황록색으로 보인다. 왜냐하면 이들은 황록색 미세 해양조류와 부유입자를 많이 포함하고 있기 때문이다. 이 물질들은 녹색광과 황색광대 파장을 가장 많이 산란시킨다.

외양역 특히 열대 해역은 생산력이 낮아 보통 깨끗하며, 쪽빛 청색으로 보인다. 이곳에서 물 분자가 햇빛을 가장 많이 산란시키며 그중 주로 청색광 파장을 가장 많이 산란시킨다. 대기도 마찬가지로 청색광을 산란시켜서 맑은 하늘은 푸르게 보인다.

비록 광합성 해양 조류와 세균이 미세한 크기이지만 개체수가 아주 많아지면 해색을 바꿔 우주 궤도에서 인공위성으로 해색의 변화를 감지할 수 있다. 예를 들어 **그림 13.5**는 시스타 인공위성에 탑재한 시웝스 복사계가 관측한 해양 엽록소 함량으로 생산력의 근사치를 보여준다. 이 그림에서 밝은 녹색은 생산력이 높은 곳으로 높은 엽록소 함량을 보여주며, 이를 **부영양**(eutrophic: *eu* = good, *tropho* = nourishment)이라고 한다. 일반적으로 부영양 해역은 얕은 수심의 연안역, 용승역 그리고 고위도 해역에서 자연적으로 나타난다. 이와 달리 낮은 엽록소 함량(낮은 생산력)은 **빈영양**(oligotrophic: *oligo* = few, *tropho* = nourishment)이라고 하며, 열대 해역의 외양역에서 발견되며 어두운 청색으로 보인다.

해양의 주변부에 해양생물이 풍부한 이유

만일 해양환경의 안정성이 생명 유지에 이상적 조건이라면, 왜 조건이 가장 불안정한 대륙의 주변부에서 해양생물의 밀도가 가장 높게 나타날까? 예를 들어 연안역의 특징은 다음과 같다.

- 수심이 얕아서 외양역보다 수온과 염분의 계절변화가 훨씬 더 크다.
- 대륙의 주변부 좁은 띠 부분이 조석 작용으로 주기적으로 잠기거나 노출되어 근해역 수괴의 두께(깊이)가 변한다.
- 쇄파대에서 부서지는 파도는 외양을 거쳐 먼 거리를 이동해온 많은 양의 에너지를 방출한다.

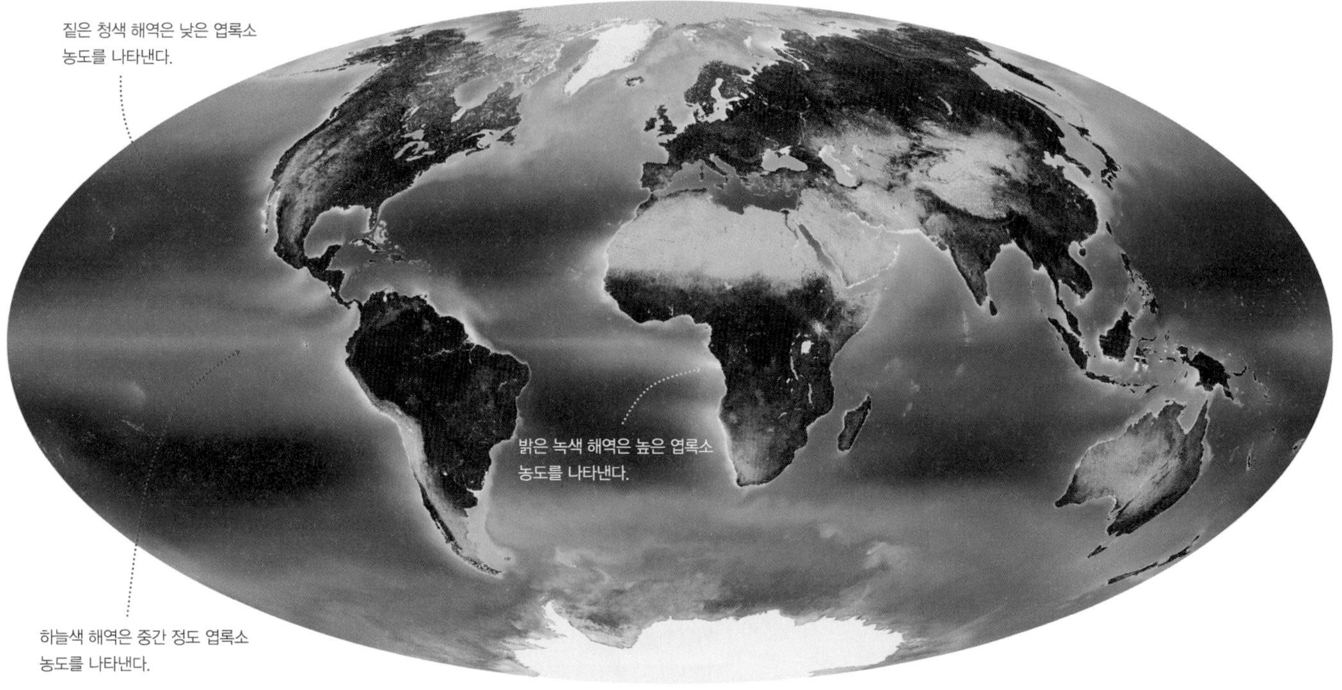

그림 13.5 해양 엽록소 함량의 인공위성 영상. 생산력에 대한 근사치인 평균 해양 엽록소 농도를 보여주는 위성 자료(1998~2010). 13년 동안 운용한 시스타 인공위성에 탑재한 시윕스 장비를 사용하여 광합성 생산력에 따라 달라지는 엽록소 농도의 변화로 해색의 변화를 감지한 자료를 수집하였다. 육상 녹색 식물의 밀도는 NDVI (Normalized Difference Vegetation Index, 표준대비식생지표)를 사용한 자료로 표시하였다.

이 모든 조건은 각각 해양생물의 생존을 제한한다. 그러나 어려움에도 불구하고 수십 억 년의 광대한 지질시대를 거치며 심지어 생물이 살기 힘든 환경에서도 상상할 수 있는 모든 생물학적 생태지위(niche, 니치)에 맞추어 진행되는 자연 선택[5] 과정에 의해 새로운 종이 진화하고 있다. 사실 많은 생물이 영양염을 이용할 수 있다면 연안 환경처럼 나쁜 조건에서도 잘 적응하며 산다.

예를 들어 대륙주변부를 따라 일부 해역은 다른 곳보다 생물이 더 풍부한 곳도 있다. 어떤 특성들이 이러한 생물의 불균형 분포를 만들어내는가? 다시 말하면 먹이 생산을 위한 기본 요건을 고려해야 한다. 예를 들어 가장 많은 생물량이 있는 곳은 수온이 가장 낮은 곳인데, 수온이 낮은 물이 따뜻한 물보다 더 많은 영양염과 용존 기체를 포함하고 있기 때문이다. 이 영양염과 용존 기체가 식물플랑크톤 성장을 촉진하고, 식물플랑크톤 성장은 근본적으로 다른 모든 해양생물의 분포에 영향을 미친다.

용승과 영양염 공급 제7장에서 검토한 **용승**(upwelling)은 진광대 아래 깊은 곳의 심층수가 표층으로 상승하는 흐름이다. 심층수에서는 이를 소비하는 식물플랑크톤이 없어 영양염과 용존기체가 풍부하다. 냉수가 표층으로 상승할 때 영양염도 같이 상승하여 식물플랑크톤을 번성시켜 요각류, 어류, 상어와 고래 같은 더 큰 생물에게도 필요한 먹이가 된다. 그러나 나중에 논의하겠지만, 표층의 온난화와 이에 따른 해양 수층의 성층화는 용승을 제한하여 일차생산력을 억제할 수 있다.

바다에서 용승이 일어나는 곳은 어디인가? 일반적 위치 중 하나는 생산력이 높은 **연안용승** 해역이며, 표층수가 적도 쪽으로 이동하고 있는 대륙의 서쪽 경계를 따라 발견된다(**그림 13.6**). 제7장에서 다룬 에크만 수송은 표층수를 연안에서 멀리 이동시키고 영양염이 풍부한 200~1,000m 수심의 심층수를 지속적으로 상승시켜 이곳을 대체한다. 또 다른 곳은 적도를 따라 나타나는 **적도용승**이다.

Web Animation
에크만 나선과 연안용승/침강
https://goo.gl/Y4L0D9

5 진화와 자연 선택에 대한 설명은 심층 탐구 1.3을 참조하라.

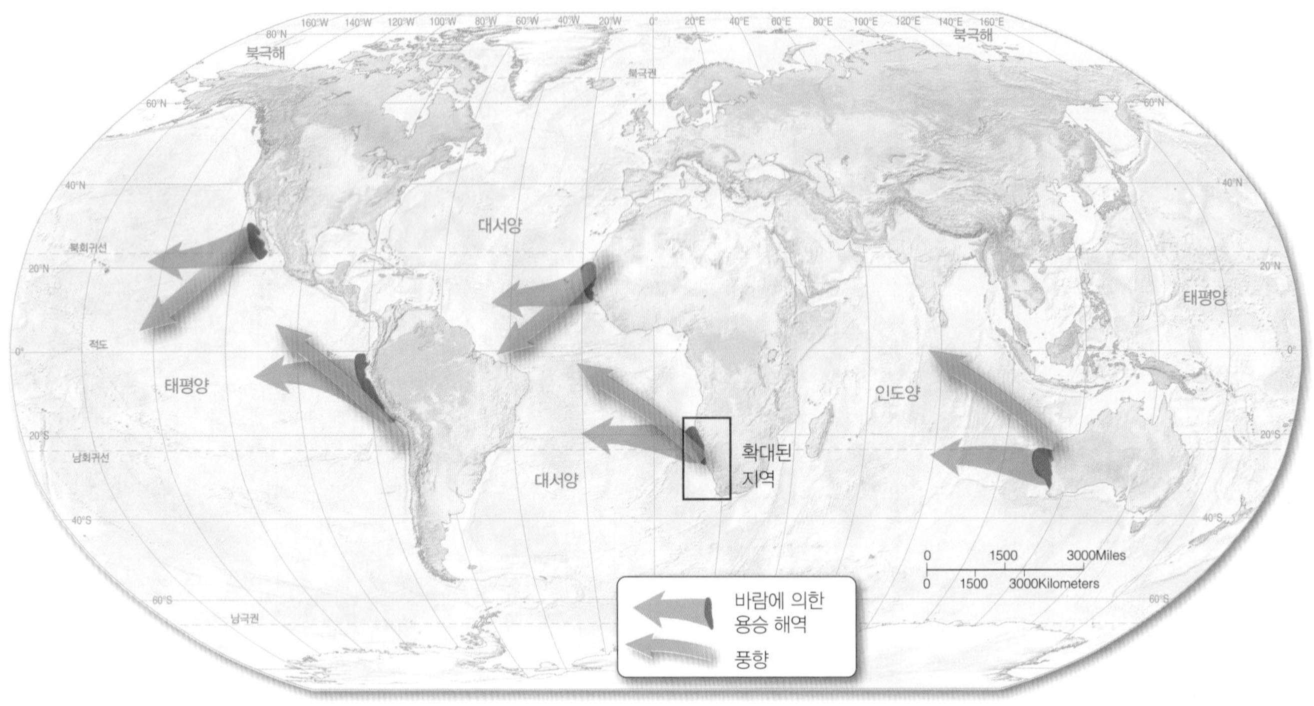

(a) 해안의 바람(녹색 화살표)은 대륙의 서해안에서 에크만 수송을 일으킨다(청색 화살표).

.01 .02 .03 .05 .1 .2 .3 .5 1 2 3 5 10 15 20 30 50

(b) 아프리카 남서쪽 연안 엽록소 농도(2000년 2월 21일)의 시윕스 이미지. 높은 엽록소 농도는 높은 식물플랑크톤 생물량을 나타내며, 이는 연안용승에서 기인한다. 농도 단위는 엽록소 a mg/m^{3}로 표시한다.

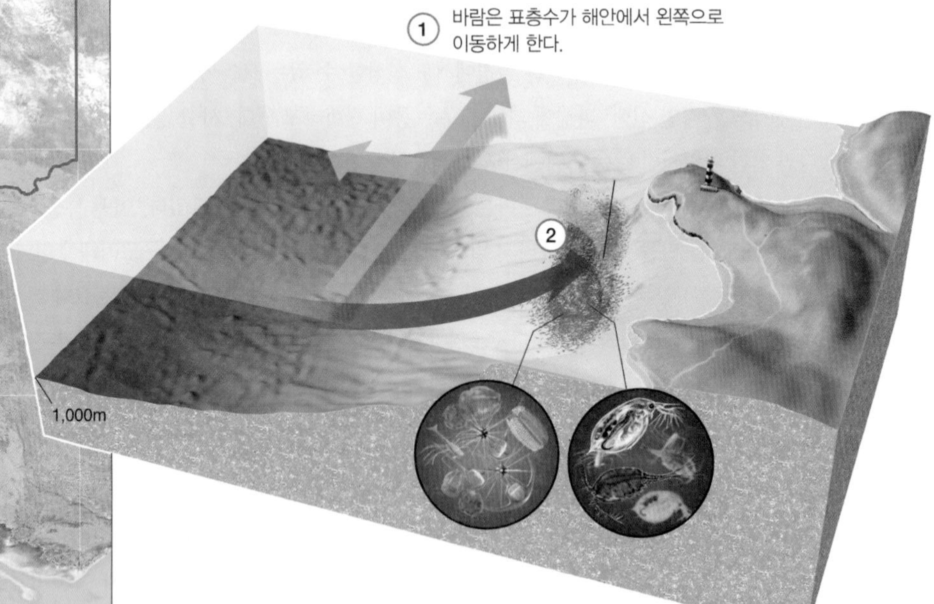

① 바람은 표층수가 해안에서 왼쪽으로 이동하게 한다.

②

1,000m

(c) 남반구에서 연안용승이 연안 바람에 의해 야기되는 모습을 보여주는 블록 다이어그램. 에크만 수송으로 인해 표층수가 해안에서 멀어져 차고 영양염이 풍부한 물이 표층으로 용승한다.

그림 13.6 연안용승.
https://goo.gl/WfZQIc

개념 점검 13.1 | 해양 일차생산력을 조절하는 기작을 이해하라.

1 일차생산력의 한 방법인 화학합성을 논의하라. 광합성과 어떻게 다른가?

2 해양에서 삶의 분포를 결정하는 중요한 변수는 영양염의 가용성이다. 대륙 근접성, 영양염 가용성 및 해양생물의 밀도는 어떤 연관성이 있는가?

3 생산력의 또 다른 중요한 결정 요인은 태양복사(빛에너지)의 이용 가능성이다. 태양광의 침투가 가장 깊은 열대 해역에서 생물학적 생산력이 상대적으로 낮은 이유는 무엇인가?

4 해양생물이 비정상적으로 높은 농도로 발견되는 연안역의 일반적 특성에 대해 토론하라.

5 가장 얕은 표층수 아래의 심해에서는 모든 것이 왜 청록색으로 보이는지 설명하라.

요약

광합성 생산력은 해양환경에서 햇빛의 양과 영양염 공급에 따라 제한된다. 용승은 차고 영양염이 풍부한 해수를 햇빛이 있는 곳으로 상승시켜 생육조건을 상당히 향상시킨다.

13.2 광합성을 하는 해양생물에는 어떤 것들이 있는가?

다양한 형태의 해양생물이 광합성을 한다. 주로 미세한 박테리아와 조류들이 속하며 더 큰 조류와 종자식물도 포함한다.

종자식물

해양환경에서 생육하는 식물계에 속하는 유일한 종류는 고등식물에 해당하는 종자식물문(Anthophyta: *antho* = a flower, *phytum* = a plant)이며 수심이 얕은 연안역에서만 나타난다. 예를 들어 잘피[거머리말, *Zostera*]는 풀과 같은 식물로 진정한 뿌리를 갖고 있으며 조간대 하부에서 6m 수심까지 잔잔한 만이나 강하구역에 주로 존재한다. **말잘피**(*Phyllospadix*, **그림 13.7**)도 진정한 뿌리를 가진 종자식물로, 조간대에서 수심 15m까지 일반적으로 고에너지 환경의 노출된 암반 해안에서 발견된다.

다른 종자식물로 염습지에서 발견되는 종류는 대부분 **갈대류**(대부분 *Spartina*속)에 속하는 초본이나, 맹그로브(홍수림) 소택지에 있는 **홍수림**(*Rhizophora*속, *Avicennia*속과 *Laguncularia*속)이 있다. 이들 모두가 연안역 환경에 생육하는 해양동물의 먹이 공급원과 보호 역할을 한다.

대형 조류

다양한 형태의 해양 거대 조류('해조')는 일반적으로 대륙주변부 연안의 얕은 곳에서 발견된다. 조류는 주로 바닥에 붙어 있지만 몇몇 종은 부유한다. 조류는 어느 정도까지는 포함하고 있는 색소의 색상에 기초하여 분류한다(**그림 13.8**). 조류의 최근 분류는 색상 외에 다른 특성을 이용하고 있지만, 조류의 분류군(식물문 수준)은 다른 무리의 조류와 구분할 때 색상을 기반으로 하며, 이는 여전히 유용한 방법이다.

녹조류 녹조식물문(Chlorophyta: *khloros* = green, *phytum* = a plant)에 속하는 녹조류는 담수 환경에서 흔하지만, 해양에서는 그다지 흔하지 않다. 대부분 해산 종들은 조간대에 있거나 얕은 만에서 주로 생육한다. 이들은 녹색을 띠는 엽록소를 갖고 있다. 적당한 크기로 자라지만 크더라도 30cm를 넘지 않는다. 체형은 세분된 분지 사상체 모습에서 얇은 종이 형태 등 다양하다.

갈파래(*Ulva*)속 종들은 얇은 막상의 종이 형태로 2층의 세포로 되어 있으며, 냉수 해역 전반에 걸쳐 광범위하게 분포한다. 청각(sponge weed, *Codium*)은 차상 분지형으로 따뜻한 수역에서 더 많이 서식하며 길이가 6m까지 자라기도 한다(그림 13.8a).

그림 13.7 말잘피. 캘리포니아 조수 웅덩이에 녹색 말잘피와 다양한 갈조류의 종이 극히 짧은 시간 동안 노출된다. 밀물에 물이 차면 말잘피 잎은 뜨고, 많은 조수 웅덩이 생물에게 은신처를 제공한다.

(a) 녹조류 청각(*Codium fragile*). 스펀지 해조 또는 사자의 손가락으로 불린다.

(b) 홍조류 두 종, 유절 산호조(*Bossiella californica*) (좌측, 중앙)와 산호조 (*Corallina* sp.). (우측). 둘 다 가지 끝부분이 내부 석회골격(백색)을 보여준다.

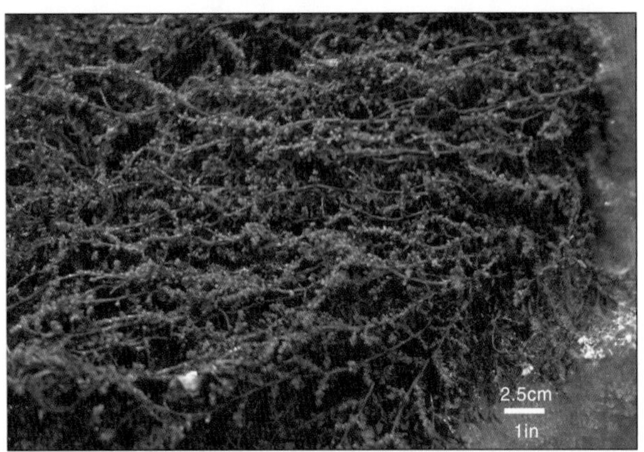

(c) 갈조류 모자반(*Sargassum*). 부착된 형태는 모자반을 상징으로 이름이 지어진 사르가소해에 떠 있는 형태와 비슷하다.

(d) 켈프(대형 갈조류)밭의 주 구성원인 갈조류 마크로키스티스(*Macrocystis*)의 작은 엽체 줄기 가닥.

그림 13.8 해조류의 예.

학생들이 자주 하는 질문

2008년 중국 올림픽 요트경기 전에 실시한 대규모 청소작업에 어떤 해조류가 관련되었나요?

지난 몇 년 동안 매년 부유 녹조류 파래(*Enteromorpha*)의 대발생이 중국 칭다오 해안을 따라 발생하였다. 2008년 올림픽 요트 경기는 칭다오에서 개최될 예정이었지만 해조류가 요트 경기장 전체를 덮어버렸다. 비료와 정화조 및 하수에서 유입된 과다한 질소가 조류에 필요한 영양염을 공급하여 해조류 대발생이 일어났고, 이들이 자라서 0.3m 두께로 전 해안을 덮어버렸다. 요트 경기를 취소해야 할 위기에 처한 중국 정부는 세계 최대의 해조류 제거 작업을 시작했다(**그림 13.9**). 수만 명의 시민과 군인, 수천 척의 어선, 수백 대의 덤프트럭이 동원되었다. 방대한 청소 노력으로 떠다니는 해조류를 충분히 거두어들여, 중국은 성공적으로 올림픽 요트 경기를 계획대로 개최할 수 있었다. 모두 약 6억 8천 2백만 톤의 해조류를 추정 비용 8천 730만 달러로 연안 해역에서 제거하였다. 뉴스 보도에 따르면, 대부분 해조류는 비료나 가축 사료용으로 농장으로 이송되었다.

홍조류 홍조식물문(Rhodophyta: *rhodos* = red, *phytum* = a plant)에 속하는 홍조류는 가장 풍부하고 널리 분포하는 대형 조류이다. 4,000여 종이 조간대 최상부에서 안쪽 조하대 하부의 바깥 가장자리 끝까지 나타난다. 많은 종이 분지형(**그림 13.8b**), 또는 표면을 덮고 있는 각상형 형태로 바닥에 붙어 있다. 홍조류는 담수에서 매우 드물다. 홍조류는 맨눈으로 거의 식별하기 어려운 미세 크기에서 3m 길이까지 다양하다. 온수 및 냉수역 모두에 생육하지만 온수역 변종이 상대적으로 크기가 작다.

홍조류의 색상은 조간대 혹은 조하대의 수심에 따라 상당히 많이 다르다. 상부의 빛 조건이 좋은 구역에서는 녹색에서 흑색 혹은 자색을 띤다. 빛이 적은 깊은 수심에서는 갈색에서 분홍색을 띤다.

해양의 광합성 생산력의 대부분은 표면에서 수심 100m 표층에서 일어나며 이는 진광대 수심에 해당한다. 이 깊이에서는 표층 가용 광량의 1%까지 감소한다. 놀랍게도 몇몇 특정 심해종은 진광대 아래 아주 미미한 햇빛이 있는 곳에서도 잘 살 수 있다. 예를 들어, 바하마군도 산살바도르 인근 해역의 수심 268m 해저산 위에서 자라는 홍조류가 보고된 바 있다. 이 수심에 도달한 광량은 표층의 0.0005%밖에 되지 않는다.

갈조류 갈조식물문(Phaeophyta: *phaeo* = dusky, *phytum* = a plant)인 갈조류는 부착 해산조류에 속하는 가장 큰 무리이다. 색은 옅은 갈색에서 검은색까지 다양하다. 일차적으로 갈조류는 중위도 및 냉수 해역에서 나타난다.

갈조류의 크기는 광범위하다. 가장 작은 종 중 하나인 **랄프시아속**(*Ralfsia*) 식물은 조간대 중부 또는 상부 바위에 붙어 자라는 짙은 갈색의 각상 패치로 발견된다. 가장 큰 갈조류의 하나인 황소다시마(bull kelp, *Pelagophycus*)는 30m보다 깊은 곳에서 서식하며 표층까지 자란다. 다른 갈조류로 '사르가소해'라는 이름을 붙이게 한 **모자반**(*Sargassum*, 그림 13.8c)과 **마크로시스티스**(*Macrocystis*, 그림 13.8d)를 포함한다.

그림 13.9 2008년 베이징 올림픽 요트경기 전 중국 칭다오에서 실시한 대규모 해조 청소작업. 중국 정부는 2008년 올림픽 요트 경기를 개최하기 위해 부유 녹조류를 제거하는 대규모 청소작업을 하였다. 수만 명의 사람들이 추정 비용 8천 730만 달러에 달하는 약 6억 8천 2백만 톤의 해조류를 연안 해역에서 제거하였다.

미세조류

미세조류는 99% 이상이 해양동물의 직간접적 먹이원이다. 대부분의 미세조류는 광합성 생물인 식물플랑크톤이며 상부 표층에서 서식하며 해류를 따라 떠다니고 있다. 그러나 일부 다른 미세조류는 햇빛이 비치는 얕은 연안역 환경의 바닥에서 서식하고 있다.

황금색조류 황갈조식물문(Chrysophyta: *chrysus* = golden, *phytum* = a plant)에 속하는 황금색조류(golden algae)는 주황색 색소인 **카로틴**(carotin)을 갖고 있다. 돌말류와 석회비늘편모조류가 속하며 제4장에서 다룬 바와 같이 둘 다 먹이를 탄수화물과 지방으로 저장한다.

돌말류 **돌말류**(diatom: *diatoma*= cut in half, 또는 규조류)는 **돌말 껍데기**(test: *testa* = shell)라고 하는 아주 작은 껍데기를 가진 조류이다. 껍데기는 규산($SiO_2 \cdot nH_2O$)으로 구성되어 있으며 오랜 세월 동안 해저 바닥에 퇴적되어 **규조토**(diatomaceous earth)를 형성하기 때문에 중요하다. 지각 작용으로 해수면 위로 융기한 일부 규조토 퇴적층은 여과 장치와 다양한 용도로 쓰이고 있다(**심층 탐구 4.1** 참조). 돌말류는 해양조류 중 가장 생산력이 높은 무리이다.

돌말류 껍데기는 형태가 아주 다양하며 서로 잘 맞는 아래위 반쪽 껍데기가 딱 붙어 있다(**그림 13.10a**). 이 껍데기 안에 하나의 세포가 들어 있으며 껍데기에 있는 구멍을 통해 주위의 물과 함께 영양염과 노폐물을 교환한다.

석회비늘편모조류 **석회비늘편모조류**(coccolithophores: *coccus* = berry, *lithos* = stone, *phorid* = carrying, 또는 원석

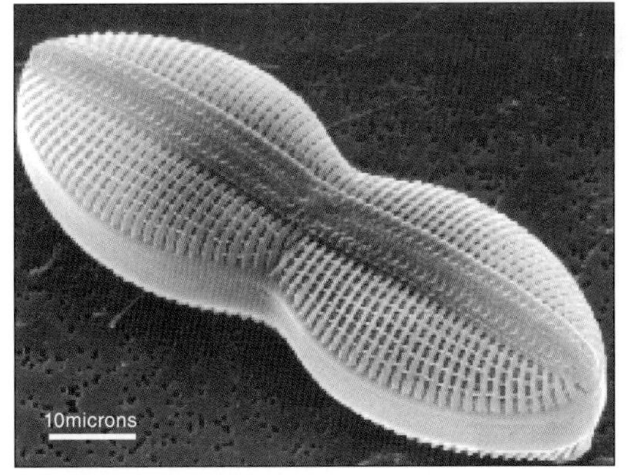

(a) 땅콩 모양의 규조류 *Diploneis*

(b) 석회비늘편모조류 *Emiliania huxleyi*, 코콜리스(coccoliths)라고 불리는 원반 모양의 석회 비늘이 몸을 덮고 있다

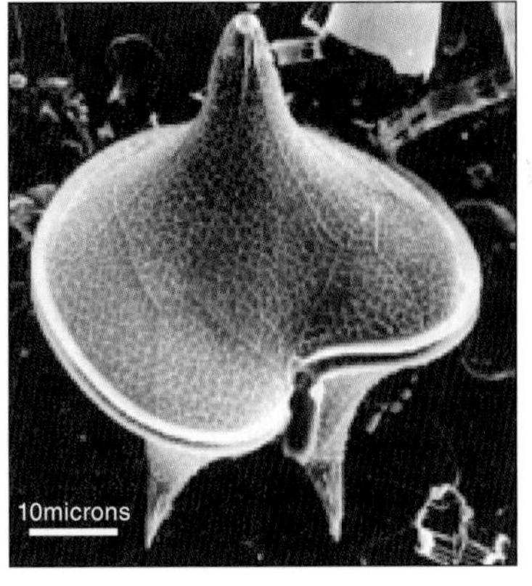

(c) 와편모조류 *Protoperidinium divergens*

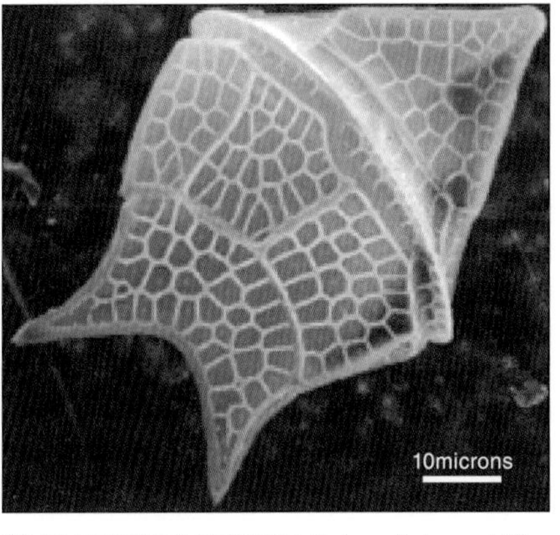

(d) 잎 모양의 열대 와편모조류 *Heterodinium whittingae*

그림 13.10 미세 조류의 예.

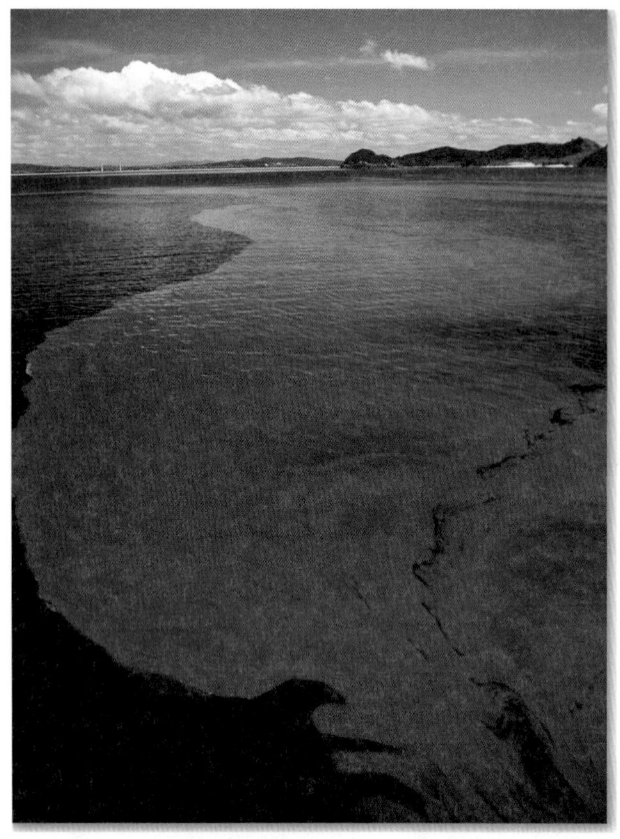

그림 13.11 바다의 적조. 조건이 맞으면, 와편모조류는 번식하여 표층에서 놀랄만하게 불어나 물을 붉게 물들인다. 이 현상을 적조라고 하며 조석과는 아무런 관련이 없다.

학생들이 자주 하는 질문

왜 적조가 밤에 푸른 녹색 빛으로 빛나나요?

적조를 일으키는 와편모조류(가장 주목할 만한 경우는 *Gonyaulax* 속)의 많은 종도 생체 발광 능력을 가지고 있다. 즉 유기적으로 빛을 생성할 수 있다. 생물이 간섭을 받게 되면 그들은 희미한 푸른 녹색 빛을 방출한다. 적조 동안 밤에 파도가 부서지면, 파도는 때때로 수백만의 생체발광 와편모조류가 만든 빛으로 장관을 이룬다. 이때 이곳을 지나가는 해양 동물에 의해 자극받은 와편모조류의 생체발광으로 이들의 모습을 역광으로 쉽게 볼 수 있다.

조류)는 **코콜리스**(coccolith)로 불리는 작은 석회질 비늘로 덮여 있다(**그림 13.10b**). 각 비늘 원반은 1μm 정도의 세균 크기이며, 세포 전체 크기도 아주 작아서 플랑크톤 네트로 채집할 수 없다. 석회비늘편모조류는 온대 해역과 따뜻한 표층 수역에 서식하며 해저 바닥 석회질 퇴적층 구성에 상당히 이바지한다.

와편모조류 **와편모조류**(dinoflagellates: *dino* = whirling, *flagellum* = a whip, **그림 13.10c와 d**)는 와편모조식물문(Pyrrophyta: *pyrrhos* = fire, *phytum* = a plant)에 속한다. 이들은 **편모**(flagella, 작고 채찍형 구조)를 갖고 있어 미미하지만 광합성 생산력에 유리한 곳으로 이동할 수 있다. 와편모조류의 껍질은 생분해가 가능한 셀룰로스 성분으로 퇴적물에 보존되지 않아 지질학적으로 중요하지 않다.

적조 붉은 색소를 가진 와편모조류는 때때로 엄청난 수로 증가하여 수표면을 붉게 물들이는 **적조현상**(red tide)을 일으킨다(**그림 13.11**). 적조현상은 조석현상과 관련이 없다. 조건이 적당하면, 식물플랑크톤 개체군은 기하급수적으로 증가할 수 있으며 위성 이미지에서도 볼 수 있는 **대발생**(bloom)이라는 현상을 일으킨다. 물색을 붉게 만들지는 않지만, 해양 동물, 사람 혹은 환경에 치명적인 적조 또는 적조와 연관된 조류대발생은 더 정확한 표현으로 **유해조류대발생**(harmful algal blooms, HABs)이라고 한다. 이러한 독성 대발생으로 해우 매너티와 다른 해양 포유류를 포함한 해양생물이 매우 아프거나 죽을 수 있으며, 오염된 해산물을 먹는 사람도 같은 증상이 나타난다(다음 세부 정보 참조). 독소를 생산하는 것 이외에, 1,100종의 와편모조류는 환경 변화에 반응하여 기괴한 구조 변화를 일으킨다.

무엇이 적조현상을 일으키는가? 자연 상태의 해양 조건은 때때로 특정 와편모조류의 생산력을 촉진한다. 이 기간에 1L당 최대 200만 와편모조류 개체가 발견되며, 물 색이 붉은색을 띠게 된다(그림 13.11). 적조는 육지에서 유입된 영양염이 풍부한 유수와 연관된 것 같다. 적조는 결코 새로운 현상이 아니다. 사실 구약과 다른 고대의 문서에서 물색이 피처럼 붉게 변하는 예를 찾아볼 수 있으며, 이는 아마도 홍해(Red Sea)와 주홍빛 바다(Vermillion Sea)와 같은 특정 바다의 이름으로 불리게 영향을 준 것이 분명하다.

와편모조류 독소 많은 적조현상은 해양 동물과 사람에게 해가 없지만 해양생물이 대량 폐사하는 원인이 된다.[6] 엄청난 수의 와편모조류가 죽으면, 결과적으로 분해과정은 해수에서 산소를 제거한다. 그리고 많은 종류의 해양생물은 문자 그대로 질식사한다. 또한 많은 적조 원인 종인 와편모조류는 신경독을 생성하며, 인간을 포함하여 다양한 종류의 생물에게 전파될 수 있다(**그림 13.12**). 예를 들어, 적조 원인 와편모조류 속인 카레니아(*Karenia*)와 고니아울락스(*Gonyaulax*)는 수용성 독소를 만든다. 여과 섭식하는 다양한 조개, 홍합과 굴이 속한 이매패류는 물속에서 와편모조류를 걸러 먹는다. 카레니아 독소는 어패류를 죽인다. 고니아울락스 독소는 어패류에는 독성이 없지만, 조직에 농축되어 있어

6 흥미롭게도 와편모조류가 독소를 사용하는 것은 진화적 이점으로 본다. 자신이 먹히지 않도록 방어하기보다 오히려 다른 형태의 조류를 먹이원으로 선택하게 한다.

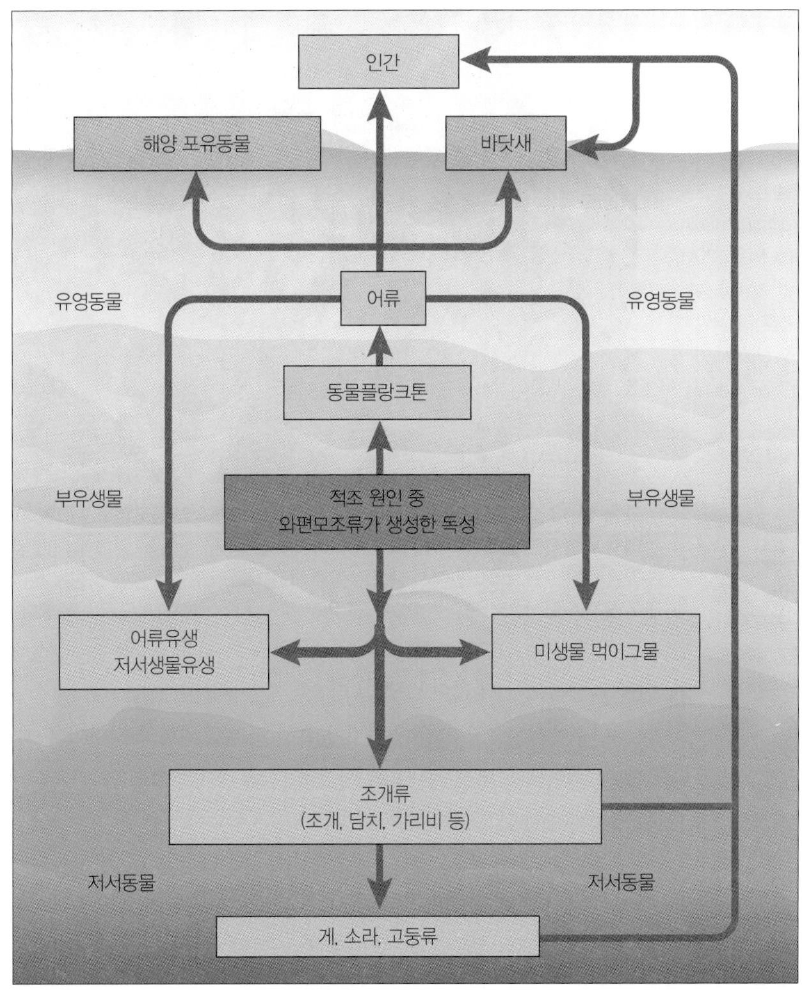

그림 13.12 와편모조류 독소가 해양생물과 인간에게 전달되는 경로. 조류대발생 동안 특정 종의 와편모조류와 다른 식물플랑크톤은 강력한 독소를 생성하며, 이는 해양 먹이사슬 전체에 퍼질 수 있다. 이러한 독성 대발생은 해양생물과 심지어 독화된 해산물을 먹은 사람들도 죽일 수 있다.

조개를 요리해서 익혀 먹어도 조개를 먹은 사람에게 유독하다. 이 질병은 **마비성패독**(paralytic shellfish poisoning, PSP)이라고 한다.

인간의 PSP 증상은 횡설수설하거나, 비틀거리거나, 어지럽거나, 메스꺼움 증상으로 술에 취한 것과 유사하다. 독화된 조개를 먹거나 와편모조류가 대발생한 물에서 수영한 후 30분 이내에 증상이 나타날 수 있다. 인간의 중추 신경계를 공격하는 독소에 대한 해독제는 아직 없다. 보통 24시간까지 위험하다. 적어도 전 세계적으로 치명적인 300건의 사망과 1,750건의 비치사성 마비성패독에 의한 사례가 보고되었다.

와편모조류는 어류를 먹고 난 다음 발병하는 해산물 식중독의 다양한 유형과도 관련이 있다. 한 예는 특정 열대 어류(바라쿠다, 적돔 및 그루퍼와 같은 가장 큰 포식 동물)를 먹은 다음 발생하는 **시구아테라어독**(ciguatera)이다. 이 산호초 어류는 **생물농축현상**(biomagnification)이라고 불리는 과정으로 자연적으로 생긴 와편모조류의 독소를 몸 조직에 높은 농도로 축적한다.[7] 이 독소는 어류에는 영향을 주지 않지만 인간에게 영향을 미친다. 시구아테라어독 증상은 대개 복합적으로 위장 소화계, 신경계 및 심장 혈관계에 질환으로 나타나지만 치명적이지 않으며 증상은 보통 1~4주가 지나면 사라진다. 전 세계적으로 시구아테라어독은 다른 형태의 해

13.1 Squidtoons

https://goo.gl/Nuz4PJ

7 생물농축 현상은 제11장 11.3절에서 논의된다.

학생들이 자주 하는 질문

조류 독소 섭취와 관련된 이상한 사건은 어떤 것들이 있나요?

전세계적으로 원인을 알 수 없는 수많은 이상한 사건과 모호한 식중독이 해양 먹이그물과 인간까지 전파되는 것에 다양한 종류의 독성 해양 미생물 종류가 관련된 것으로 보고 있다. 예를 들어 도모산(domoic acid)은 돌말류(*Pseudonitzchia*)가 생성하는 독으로, 1987년 캐나다 프린스 에드워드섬에서 독화된 담치를 먹은 100명 이상의 사람들이 감염된 식중독으로 처음 알려졌다. 도모산을 섭취하면 혈액을 통과하여 뇌의 수용체에 결합하여 혼란, 방향 감각 상실, 발작, 혼수상태, 심지어 사망하는 증상을 유발한다. 프린스 에드워드섬 사건에서 희생자 중 4명이 사망하고 10명이 만성적 단기 기억상실로 고통받았으며 연구원들은 이를 기억상실성패독(amnesic shellfish poisoning)으로 부르게 되었다

흥미롭게도, 최근의 연구는 1961년 여름 캘리포니아의 몬테레이만에서 도모산 중독과 새의 이상한 행동이 연관된 것으로 보고 있다. 1961년 선박조사에서 수집된 보관 시료의 위 내용물 분석에 따르면, 동물플랑크톤의 79%가 독소 생성 조류를 갖고 있었다. 플랑크톤을 섭식하는 어류에 도모산이 농축되지만, 이들은 도모산의 영향을 받지 않는다. 다음 차례로 독화된 어류를 먹은 회유성 회색슴새(sooty shearwaters, *Puffinus griseus*)는 비정상적으로 날아다니고, 건물에 부딪히고, 차 속으로 처박고, 8명의 사람을 부리로 쪼았다. 현지를 방문한 히치콕 감독은 이 사건에 영감을 얻어 2년 후에 개봉된 그의 고전적인 공포영화 '새'(**그림 13.13**)에 비슷한 사건을 포함시켰다.

몬테레이만에서는 유독성 돌말류와 관련된 몇 가지 다른 사건이 있었다. 예를 들어 1991년 갈색 펠리칸과 브랜트가마우지가 마치 술 취한 듯이 행동하고, 원을 그리며 헤엄치고, 큰 소리로 꽥꽥하는 이상한 행동을 보여주었다. 연구 결과 이상한 행동은 독성 돌말류인 *Pseudonitzschia australis*가 원인이었고, 100마리 이상이 죽어서 해안에 떠밀려왔다. 1998년 또 다른 독성 돌말류 대발생이 발생하여 도모산으로 독화된 어류를 먹은 캘리포니아 물개가 400마리나 죽었다.

그림 13.13 여배우 티피 헤드런이 히치콕 감독의 고전적인 공포영화 '새(1963)'에서 위협적인 갈매기와 싸우고 있다. 히치콕 감독의 고전 공포영화에 대한 영감은 1961년 몬트레이만에서 발생한 실제 사건으로, 규조류에 의해 생성된 생물 독소인 도모산으로 오염된 물고기를 먹은 후에 새가 비정상적으로 행동했다.

산물 식중독보다 더 많이 발생한다.[8]

북반구에서는 4월부터 9월까지가 특히 적조로 위험한 시기이다. 대부분의 해역에서 독성 미생물을 먹고 사는 패류의 수확을 금지하는 검역 격리가 시행되고 있다.

해양 부영양화와 사해 구역(죽음의 바다)

해양 부영양화는 이전에 영양염이 부족한 해역이 영양염이 풍부해져서 유해조류대발생(HABs)과 같은 조류 대발생을 일으킬 수도 있다. 인간 활동이 해양의 부영양화에 기여하고 있다. 비료, 도시하수, 축산 폐수의 형태로 과도한 나머지 영양염이 연안역으로 유입될 때 해양 부영양화에 이바지한다. 부영양화가 자연적으로 발생할 수 있지만, 인산염(합성세제를 통한), 비료 또는 하수와 같은 화학 물질을 수환경시스템에 추가하는 것은 **문화적 부영양화**(cultural eutrophication: *eu* = good, *tropho* = nourishment, *ation* = action)로 간주되며, 인간의 활동이 자연적인 부영양화를 촉진시키고 있다.

광범위한 해역에서 일어나는 해양 부영양화는 봄철 대규모 유수가 내려온 다음, 큰 강의 하구역에서 자주 발생하는 광범위한 저산소(hypoxic: *hypo* = under, *oxic* = oxygen) **사해 구역**(dead zones)과 관련 있다(**그림 13.14**). 강이 영양염 풍부한 유수를 바다로 운반하면, 조류의 광범위한 대발생을 일으키고 이들이 죽으면 분해되어 물속 산소를 소모한다. 이 사해 구역 내의 산소 수준은 5.0ppm (중량 기준 ppm) 이상에서 2.0ppm 이하로 떨어지며, 이는 대부분의 해양 동물이 견딜 수 있는 수준보다 낮다. 가장 운동성이 큰 해양생물 일부는 이 해역에서 도망칠 수 있지만, 헤엄칠 수 없거나 다른 곳으로 갈 수 없는 게, 불가사리, 갯지렁이, 갯민숭이(나새류) 같은 많은 저서 생물은 질식사한다. 낮은 산소 수준은 해양생물의 성장과 번식을 제한하기도 한다.

1960년대 이후 21세기까지 사해 구역의 수는 10년마다 두 배씩 증가하였고, 세계적으로 500개가 넘는 곳이 기록되고 있다(**그림 13.15**). 앞으로 오염된 유수 유입 및 연안 습지 서식지의 파괴와 같은 지속적인 인

8 유명한 영국 탐험가 제임스 쿡 선장(1728~1779)과 선원들도 탐험 항해 중에 아조레스제도에서 어류를 먹고 3개월 동안 시구아테라어독으로 고생했다.

간의 영향으로 사해 구역의 크기와 수는 증가할 것으로 예상된다.

세계에서 가장 큰 사해 구역은 발트해에 있으며, 농업 유수, 화석 연료 연소에서 나온 질소 퇴적, 생활 하수 배출이 합쳐져서 과영양화시켰다. 발트해를 둘러 싼 국가들은 유입되는 영양염을 줄이기 위한 정책과 조치를 실행하여 바다의 환경 건강을 보호하기 위해 2007년에 위원회를 설립했다.

세계에서 두 번째로 큰 사해 구역은 루이지애나 외해 멕시코만에 있는 미시시피강 하구 근처에서 매년 여름마다 형성되는 곳이다(**그림 13.16**). 실제로 2002년 뉴저지 주의 크기에 해당하는 22,000km²의 기록적인 크기에 도달했다. 지난 수십 년 동안 매년 여름에 소규모 사해 구역이 발생했지만 1993년과 2011년에 기록적인 중서부 지역의 홍수가 발생한 후 그 규모가 매우 커졌다. 지난 몇 년 동안 멕시코 북부의 사해 구역의 평균 규모는 온타리오호의 크기인 약 17,000km²이다.

멕시코만의 사해 구역은 미시시피강을 따라 흘러 내려와 결국 멕시코만에 도달하여 조류 대발생을 유

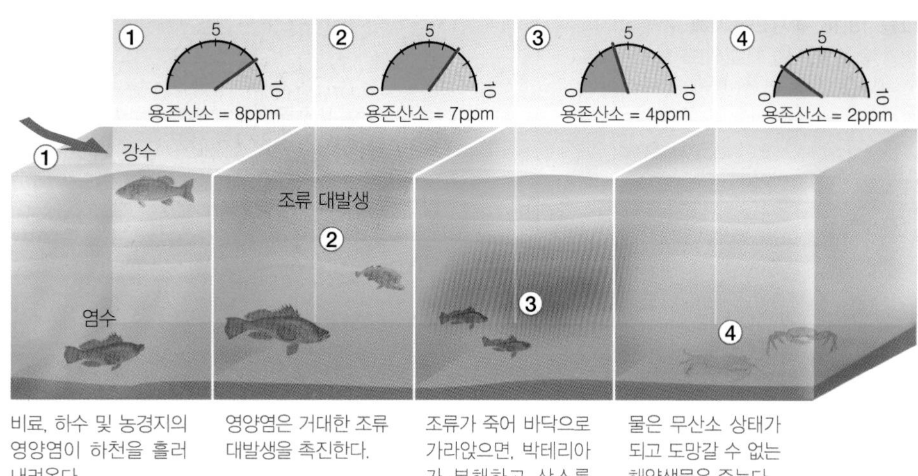

그림 13.14 사해 구역의 형성. 사해 구역은 조류 대발생을 촉진하는 농업 유수에서 유입된 과량의 영양염과 관련된 저산소 해역이다. 조류가 죽고, 분해되어 많은 양의 산소를 소비하여 해양생물을 죽일 수 있는 무산소 해역이 생긴다. 각 패널에 표시된 눈금은 용존 산소 농도를 백만분율(ppm)로 나타낸 것이다.
https://goo.gl/jxhI90

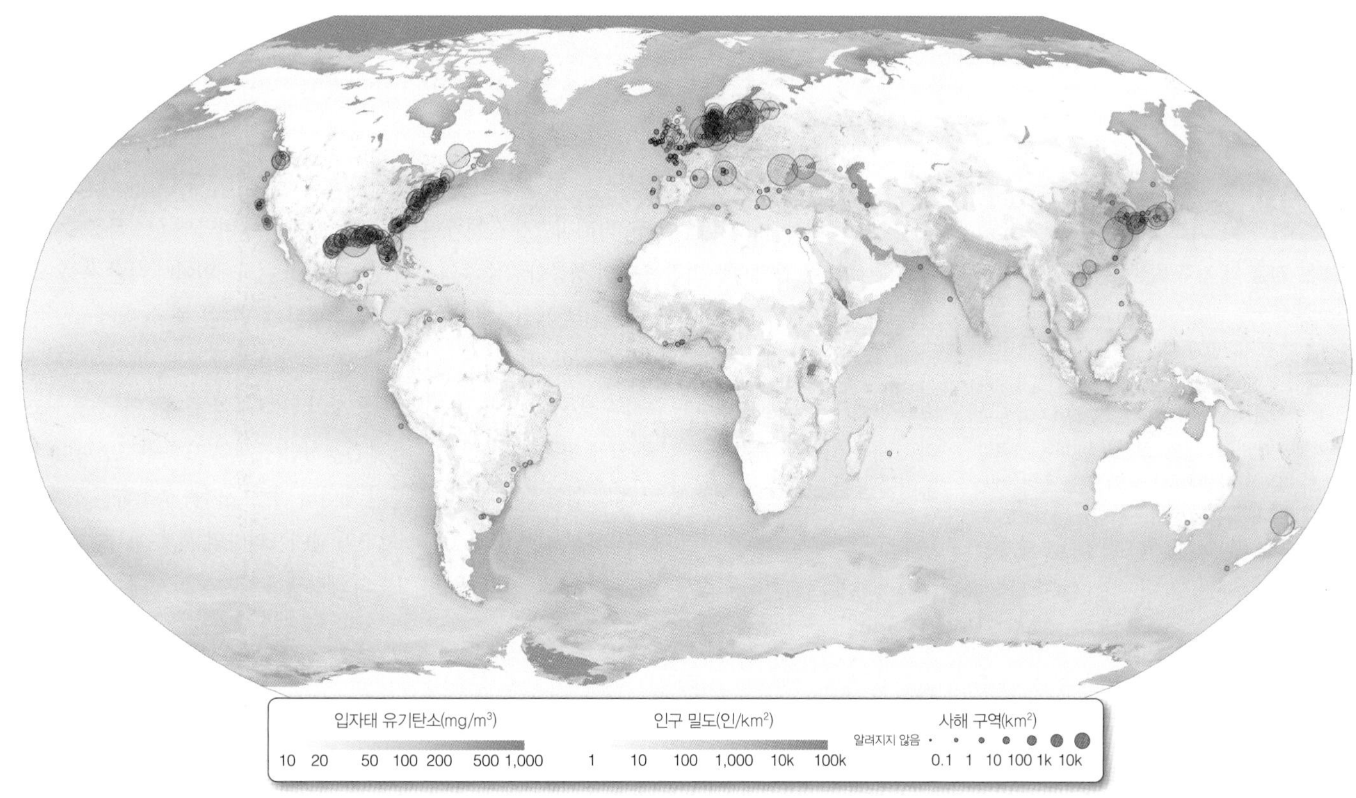

그림 13.15 세계 사해 구역. 해양 입자태 유기탄소(청색)의 지도, 인구 밀도(갈색) 및 보고된 사해 구역(적색 원, 크기에 따라 표시). 작은 흑색 원은 사해구역으로 보고된 바 있으나 크기는 알 수 없다. 큰 강이 바다로 들어가는 곳에서 많은 사해 구역이 발생한다.

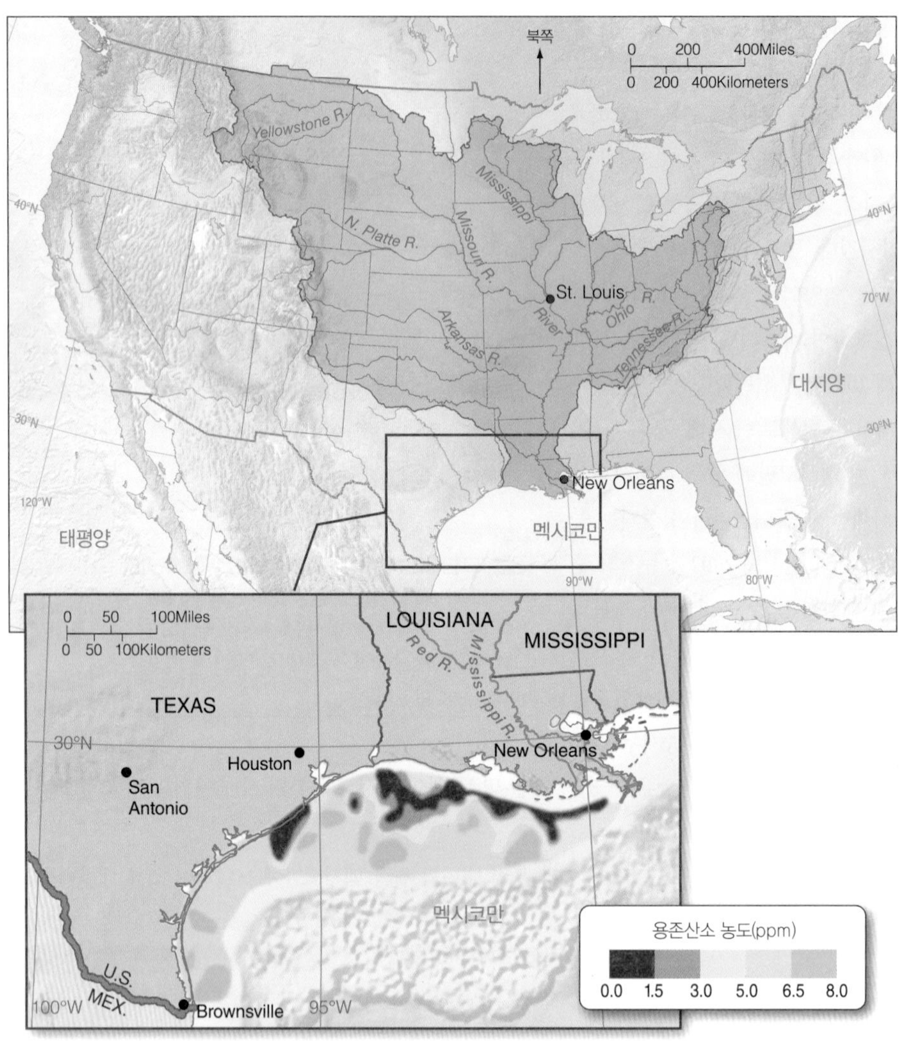

그림 13.16 멕시코만 사해 구역. 미시시피강 유역(황금색) 지도(위)와 확대한 지도(아래)는 2011년 멕시코만 사해 구역의 용존산소의 백만분율 농도(ppm)를 색으로 표시하였다. 북 멕시코만 북쪽 사해구역은 세계에서 가장 큰 규모인 발트해 사해 구역 다음으로 크다.

발하는 유수 영양염, 특히 농업 활동으로 인한 질산염이 관련된 것으로 보인다(그림 13.14 참조). 일단 조류가 죽어 해저에서 가라 앉으면, 박테리아가 사체와 분변 물질을 분해하여 바닥의 산소를 고갈시킨다. 다른 요인은 가장 두드러진 수층의 성층화로 수주의 혼합을 억제하여 허리케인이나 다른 폭풍으로 인한 해수의 강력한 혼합이 있을 때까지 수개월 지속되어 사해 구역 형성에 영향을 줄 수 있다.

멕시코만의 사해 구역 확산을 막기 위한 제안에는 농업에서 나온 영양염 유출 통제, 멕시코만에 유입되기 전에 유수를 여과하는 습지의 보존 및 활용, 농지와 하천 사이 완충 구역에 나무와 풀을 심고, 비료 사용 기간을 변경하고, 작물 교체 경작 개선 및 기존의 수질청정법 규제의 시행을 포함한다. 이 방법으로 과학자, 토지 계획자 및 정책 입안자는 매년 멕시코만 해역의 사해 구역을 축소하는 실행 계획을 수립하고자 노력하고 있다. 그러나 벵갈만(Bay of Bengal)과 남아프리카의 서부 대서양 연안과 같이 세계에 자연적으로 존재하는 저산소 해역이 있으며, 그곳의 해양생물은 저산소 상태에 적응하여 살고 있다.

광합성 세균

최근까지 광합성 작용에서 해양세균의 역할은 거의 무시되었다. 세균은 크기가 너무 작아서 이전의 해양생물 채집에서는 완전히 빠져 간과되었다. 하지만 최근의 박테리아 크기 생물의 채집 방법과 유전자 염기서열 연구 방법이 개선되어 해양에 많은 개체 수와 중요성이 밝혀지고 있다.

학생들이 자주 하는 질문

적조는 점점 더 자주 발생하나요? 그렇다면 왜 그런가요?

북부 멕시코만과 같은 전 세계 곳곳에서 적조로 알려진 조류대발생은 가장 초기의 기록 중 일부에 기록되어 있다. 그러나 인간이 일으킨 역할에 대하여 자연적 요인이 얼마나 큰 역할을 했는지는 아직 명확하지 않다. 예를 들어, 어떤 해역의 조류대발생은 전적으로 자연 현상으로 보이지만, 다른 해역에서는 육지의 질산염 및 인산염과 같은 영양분의 증가로 인해 발생한 것으로 보인다. 인간이 유발한 연안 영양염 부하에 더하여 최근에 보고된 해수 표면 온도의 상승도 또한 조류대발생에 기여하는 요인으로 연루된 것으로 밝혀졌다. 최근 학계에서는 전 세계 해역 각지의 조류대발생 빈도와 심각성의 증가가 실제로 증가했는지 아니면 단순히 관찰과 보고 네트워크가 강화된 것인지 여부에 대한 논란이 진행 중이다.

예를 들어 해양 광합성 세균 중 최초 형태의 하나로 밝혀진 **시네코코쿠스**(*Synechococcus*) 종은 연안과 외양 환경에서 엄청나게 수가 많으며, 간혹 1ml에 10만 개체 이상의 밀도까지 도달하기도 한다. 특정 시간과 장소에서 해양의 일차 먹이 생산량의 절반을 차지하기도 한다. 가장 최근 연구에서 미생물학자들은 극히 작지만, 아주 수가 많은 세균으로 **시네코코쿠스** 농도보다 몇 배나 많은 **프로클로로코쿠스**(*Prochlorococcus*, **그림 13.17**)를 발견하였다. 사실 프로클로로코쿠스는 전 세계 해양의 광합성 생물 생물량의 적어도 반 이상을 차지하는 것으로 추정되고 있으며, 아마도 지구상에서 가장 수가 많은 광합성 생물일 것이다.

또한 최근 사르가소해의 미생물에 대한 대규모 유전자 염기서열 분석연구로 새로운 유형의 세균 숙주가 발견되어 아직 확인되지는 않았지만, 해양 미생물 다양성이 상당히 클 것으로 추정하고 있다. 분명히 미생물은 해양생태계에 결정적인 영향을 주며 지속 가능성, 전 지구 기후변화, 해양 체계 순환, 인간 건강에 큰 영향을 미친다.

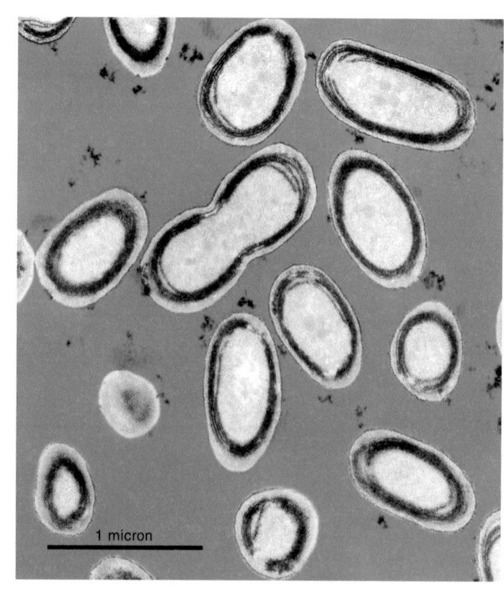

그림 13.17 광합성 세균 프로클로로코쿠스. 세균 프로클로로코쿠스(*Prochlorococcus*)는 가장 수가 풍부하고 직경이 약 0.6μm에 불과한 해양 식물플랑크톤 중 가장 작다.

개념 점검 13.2 | 다양한 종류의 광합성 해양생물을 기술하라.

1 녹조류, 홍조류, 갈조류를 구성, 색소, 서식 수심과 크기에 대하여 비교하고 대조하라.
2 황금색조류는 중요한 식물플랑크톤을 포함한다 – 돌말류와 석회비늘편모조류. 이들 껍질의 구성과 구조를 비교하고 대조하라. 지질 화석 기록에서 그 중요성을 설명하라.
3 적조는 무엇인가? 어떤 조건에서 적조가 발생하는가?
4 마비성패독(PSP)은 기억상실성패독(ASP)과 어떻게 다른가? 어떤 미생물이 이를 생성하는가?
5 해양 부영양화(사해 구역)를 형성하는 조건은 무엇인가? 이들의 확산을 제한하기 위해 할 수 있는 일은 무엇인가?

요약

해양 광합성 생물에는 종자식물(말잘피 등), 대형 조류(해조류), 미세조류(돌말류, 석회비늘편모조류, 와편모조류) 및 박테리아가 포함된다. 적조는 와편모조류의 증식에서 기인한다.

13.3 해역별 일차생산력은 어떻게 다른가?

해양의 일차 광합성 생산은 해역마다 상당히 다르다(그림 13.5 참조). 광합성 생산의 표준 단위는 일정 시간(1년) 동안 단위 면적(m^2)당 만들어진 탄소의 질량(g)으로 표시하며 줄여서 gC/m^2/yr로 쓴다. 광합성 생산력의 범위는 외양역의 경우 작게는 1g C/m^2/yr 정도이며, 일부 생산력이 높은 연안 하구역에서는 4,000gC/m^2/yr 정도에 이른다(**표 13.1**). 전 해양의 광합성 가능한 얇은 표층에서의 이러한 차이는 불균등 영양염 분포의 차이와 태양에너지[9] 가용성의 계절변화에 따른 결과이다.

평균적으로 외양 진광대에서 생성된 생물량의 90% 정도가 아래로 내려가기 전에, 이 구획 안에서 분해된다. 나머지 10%는 심해로 침강하고, 이 중 1%만 남기고 나머지 유기물은 모두 분해된다. 심해저 바닥에는 1%만 도달하여 퇴적된다. 진광대에서 생성된 유기물이 해저 바닥으로 이동되는(제거되는) 과정을 **생물펌프**(biological pump)라고 하며, CO_2와 영양염을 해양의 상층에서 심해와 해저 바닥의 퇴적물에 농축하는 펌프 역할을 하고 있다.

해수 표층의 온난화와 이에 따른 해양 수층의 성층화는 또한 일차생산력에 영향을 미친다. 예를 들면, 아열대 해역 전역에서 영구적인 **수온약층**[thermocline, 결과로 생긴 **밀도약층**(pycnocline)[10]]이 발달한다. 수온약층은 연직 혼합에 대한 장벽을 형성하여 햇빛에 노

표 13.1 다양한 생태계의 순일차생산력 값

생태계	일차생산력	
	범위(gC/m^2/yr)	평균(gC/m^2/yr)
해양		
해조밭과 산호초	1,000~3,000	2,000
하구역	500~4,000	1,800
용승역	400~1,000	500
대륙붕	300~600	360
외양역	1~400	125
육지		
담수 늪 및 습지	800~4,000	2,500
열대 우림	1,000~5,000	2,000
중위도 숲	600~2,500	130
경작지	100~4,000	650

표 13.1 **다양한 생태계의 순일차생산력 값.**
https://goo.gl/zsRF6K

9 지구의 계절은 제6장 6.1절 참조하라.

10 수온약층은 온도가 빠르게 변화하는 구획(층)이며, 밀도약층은 밀도가 빠르게 변화하는 층이다. 해저 수온약층과 밀도약층의 발달은 제5장에서 다룬다.

그림 13.18 세 가지 외해 해양 생산력 구역의 위치. 해마다 해양 생산력 패턴이 조사되는 세 곳의 외양역의 위치를 보여주는 지도 – (1) 극지 또는 고위도 해역(남북위 60~90°) (2) 열대 또는 저위도 해역(남북위 0~30°) (3) 온대 또는 중위도 해역 (남북위 30~ 60°). 각 생산력 구역 조건에 대한 자세한 설명은 본문 내용을 참조하라.

출되는 표층에 영양염 공급을 제한한다. 수온약층은 영양분이 풍부한 심층수가 표면으로 이동하는 것을 막아 통과할 수 없는 덮개로 작용하여 일차생산력을 제한한다. 중위도의 대양에서는 여름철에만 수온약층이 발달한다. 수온약층은 일반적으로 표층 온난화가 없는 극지 해역에서는 발생하지 않는다. 아래에 논의된 바와 같이, 수온약층이 발달하는 정도는 위도에 따라 일차생산력 패턴에 중대한 영향을 미친다.

요약
수온약층은 영양염이 풍부한 심층수가 표면으로 이동하는 것을 억제하는 불투과성 덮개 역할로 일차생산력을 제한한다.

다음 세 외해역의 연간 생산력 변화 양상을 살펴보자. (1) 극지 해역 또는 고위도의 해역 (2) 열대 또는 저위도의 해역 (3) 온대 또는 중위도 해역(**그림 13.18**). 다음에서는 육지와 멀리 떨어져 있는 외양역만 다룬다. 따라서 다음 설명에 제시된 계절변화 양상은 이를 간섭하는 영양염이 풍부한 육지 유수에 영향을 받지 않는다.

극지(고위도) 해역 생산력 : 남북위 60~90°

유럽 북단에 위치한 북극해의 바렌츠해(Barents Sea)와 같은 극지 해역은 겨울 3개월 동안은 완전히 암흑의 조건이고 여름 3개월 정도는 연속된 광조건이 지속된다. 바렌츠해의 돌말류 생산력은 태양이 제일 높게 위치하여 해수 중 태양광선 투과가 제일 깊은 조건인 5월 중에 최고조를 이룬다(**그림 13.19a**). 돌말류가 번성하면서 동물플랑크톤이 이들을 섭식한다. 이들은 주로 대부분이 작은 갑각류인 요각류이며(**그림 13.19b**), 이를 먹고 번성한다. 동물플랑크톤의 생물량은 6월에 제일 많으며 10월 겨울철 암흑기가 시작되기 전까지 비교적 높게 유지된다.

대서양 남단의 남극 해역 생산력은 좀 더 크다. 이는 해양 반대편에서 형성되어 침강한 후 표층수 아래에서 남쪽으로 이동한 북대서양심층수가 용승한 결과이다. 수백 년 후, 높은 농도의 영양염을 포함한 북대서양심층수는 남극대륙 부근 표층으로 용승한다(**그림 13.19c**). 여름 동안 태양이 충분한 일사량을 제공하면, 생물 생산력이 폭발적으로 증가하게 된다. 그러나 최근의 남극해역 연구에서는 염화불화탄소(chlorofluorocarbons, CFCs)의 사용으로 인한 남극 오존층 파괴(오존층 구멍)로 자외선 복사량이 증가하여 식물플랑크톤의 생산력이 12%까지 감소한 사실이 보고된 바 있다. 대기 오존 구멍과 강력한 온실가스의 하나인 CFC에 대한 자세한 내용은 제16장 '해양과 기후변화'를 참조하라.

고래 중에서 제일 큰 대왕고래(blue whale)는(그림 14.20 참조) 주로 동물플랑크톤을 먹고 최대 동물플랑크톤 생산력과 일치하는 시기에 맞추어 중위도와 극지 해역으로 회유한다. 이로써 고래는 태어날 때 이미 7m가 넘는 새끼를 기르고 부양할 수 있다. 대왕고래 어미는 6개월 동안 영양이 풍부하고 기름진 고래 젖을 먹여 새끼를 기른다. 고래 새끼가 젖을 뗄 때면 벌써 16m 이상이나 된다. 2년 동안 23m까지 자라고 3년이 지나면 무게가 55톤이나 된다. 고래의 굉장한 성장률은 이들 대형 포유동물을 부양하는 작은 요각류와 크릴의 엄청난 생물량을 어느 정도 짐작할 수 있게 한다.[11]

극지 해역에서 밀도와 수온은 수심에 따라 거의 변하지 않는다(**그림 13.19d**). 따라서 이 해역을 **등온**(isothermal: *iso* = same, *thermo* = temperature) 상태라고 하고 표층수와 영양염이 풍부한 심해수 사이의 혼합 장벽은 없다. 그러나 여름철에는 얼음이 녹아 심층수와 쉽게 혼합되지 않는 얇은 저염수층이 형성된다. 이렇게 형성된 성층은 식물플랑크톤이 깊고 어두운 심해로 수송되지 않도록 해주기 때문에 여름철 생산에 매우 중요하다. 대신 햇빛이 풍부한 표층수에 집적되어 계속해서 번식한다.

고위도 표층수에서 영양염은(주로 질산염과 인산염) 대부분 적절한 수준이기 때문에 이 해역에서는 영양염의 가용성보다 태양에너지가 광합성 생산력을 제한한다.

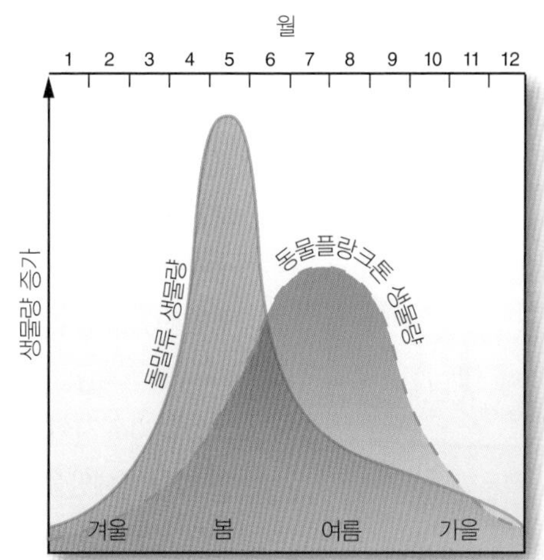

(a) 바렌츠해 생산력 변화는 봄에 돌말류 생물량이 급격히 증가하고 그 결과 동물플랑크톤 양이 증가한다.

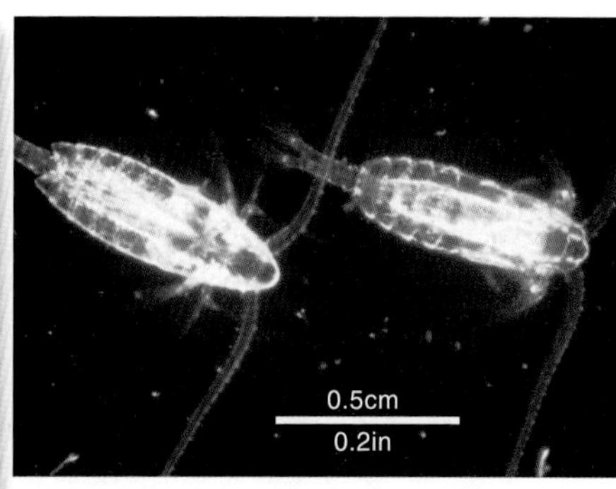

(b) 요각류는 극지 해역에서 동물플랑크톤의 중요한 유형이다. 이 요각류는 *Calanus*속에 속한다.

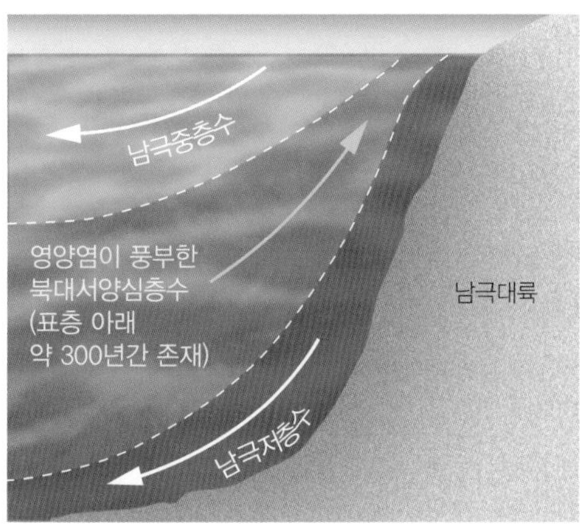

(c) 남극 부근의 차갑고 영양염이 풍부한 북대서양심층수의 용승은 남극 해역에 지속적으로 영양염을 공급한다.

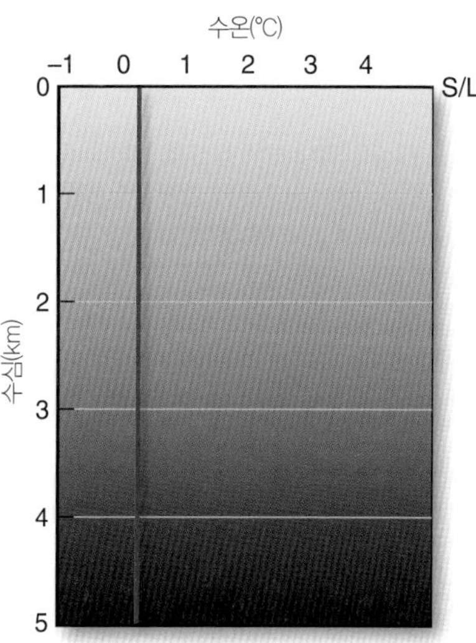

(d) 거의 균일한 수온(등온)을 보여주는 남극 해역 수층

그림 13.19 극지 해역 생산력.

열대 해역 생산력 : 저위도 남북위 0~30°

놀랍게도 열대 외양역의 생산력은 낮다. 태양이 바로 머리 위에 오는 열대 해역에서는 중위도 및 극지 해역보다 햇빛이 훨씬 깊은 수심까지 침투해 태양에너지의 연중 이용은 가능하지만 영구 수온약층이 수괴를 성층화시켜 열대 해역 외양의 생산력은 낮다. 성층화는 표층수와 영양염이 풍부한 심층수의 혼합을 막아서 심해로부터 영양염 공급을 효율적으로 차단한다(**그림 13.20**).

남 · 북위 20° 사이에서 인산염과 질산염 농도는 보통 겨울철 중위도 해역 농도의 1/100보다 낮다. 사실 열대 해역에서 150m 아래 영양염이 풍부한 수층은 수심 500~1,000m이다. 따라서 열대 해역의 생산력은 햇빛의 부족으로 생산력이 제한되는 극지방 해역과 달리 영양염 결핍으로 제한되고 있다.

일반적으로 열대 해역의 일차생산은 꾸준히 일어나지만 생산력은 낮다. 열대 해역의 연간 총 일차 생산은 중위도 해역 생산의 약 절반에 불과하다.

11 비슷한 크기의 비유로, 어른 몸 크기로 성장하기 위해 어린이가 먹어야 하는 개미의 숫자를 생각해보라.

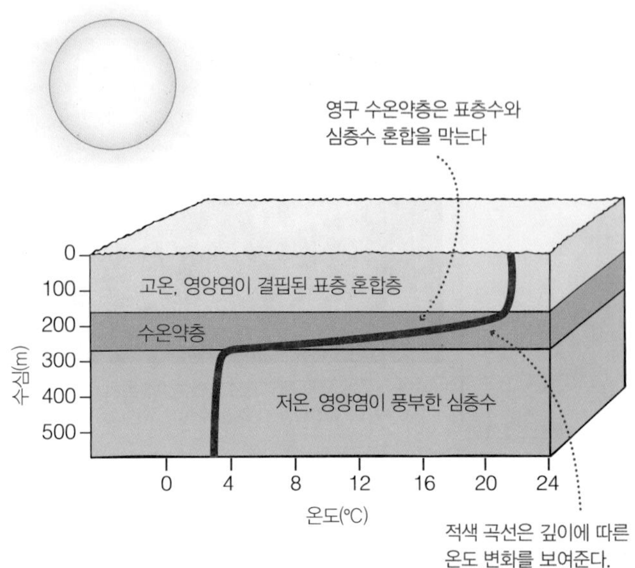

그림 13.20 열대 해역 생산력. 열대 해역은 연중 내내 적절한 햇빛을 받지만 영구 수온약층은 표층수와 심층수의 혼합을 차단한다. 식물플랑크톤은 표층의 영양염을 소비하고 수온약층이 심층수에서 영양염 보충을 막아 생산력이 제한된다. 따라서 생산성은 꾸준히 낮은 수준으로 유지된다.

학생들이 자주 하는 질문

육지에 사는 열대종의 수와 종류는 엄청납니다. 그런데 열대 해역은 왜 그렇게 낮은 생산력을 보여주는지 이해하지 못하겠습니다.

육상의 생명 현상이 반드시 해양과 일치하지 않는다. 열대 우림은 놀라운 다양성과 수많은 생물자원을 지원한다. 그러나 열대 해역에서는 강하고 영구적인 수온약층이 형성되어 식물플랑크톤의 성장에 필요한 영양염의 가용성을 제한한다. 식물플랑크톤이 풍부하지 않으면 바다에 살 수 있는 생물은 많지 않다. 사실, 이러한 해역은 종종 생물학적인 사막으로 간주된다. 관광 안내 책자에서 흔히 볼 수 있는 열대 해역의 맑은 푸른 물은 생물학적으로는 거의 멸균된 해수인 셈이다.

일반적으로 생산력이 낮은 열대 해역에도 다음과 같은 예외가 있다.

1. **적도용승**(equatorial upwelling) : 적도 양쪽의 무역풍이 서쪽으로 흐르는 적도해류를 형성하고, 에크만 수송이 표층수를 고위도로 방향으로 발산시킨다(그림 7.10 참조). 이 표층수는 200m 수심까지 영양염이 풍부한 심층수로 바뀐다. 적도용승은 태평양 동쪽에서 잘 발달한다.
2. **연안용승**(coastal upwelling) : 적도와 대륙 서안을 따라 지속적인 바람이 불면 표층수가 연안역에서 외양으로 밀려나가게 된다. 표층은 수심 200~900m 사이 영양염이 풍부한 심층수로 바뀐다. 이러한 용승 현상이 대륙 서해안을 따라 높은 일차 생산을 촉진하여(그림 13.6 참조), 대규모 수산업을 지원할 수 있다.
3. **산호초**(coral reef) : 산호초를 구성하고 이 속에서 생육하는 생물은 마치 육상의 사막에 특정 생물이 적응하는 것과 같이 낮은 영양염 조건에 아주 잘 적응하고 있다. 산호충 조직 속에서 공생하는 미세 조류와 다른 생물들은 산호초가 매우 높은 생산력을 가진 생태계가 되게 한다. 산호초는 아주 적은 양의 영양염을 보존하고 재순환하는 특성이 있다. 산호초 생태계는 제15장 '저서계 동물'에서 다룬다.

온대(중위도) 해역 생산력 : 남북위 30~60°

앞에서 살펴본 바와 같이 생산력은 극지 해역에서는 햇빛의 유용성 그리고 저위도 열대 해역에서는 영양염 공급으로 제한되고 있다. 중위도 온대 해역은 **그림 13.21a**처럼 이 두 가지 제한 요소의 조합으로 생산력이 조절되고 있다(북반구의 변화 양상과 남반구에서는 계절이 반대임).

겨울 겨울 동안 중위도 해역은 비록 영양염 농도가 제일 높은 조건이지만 생산력은 매우 낮다(그림 13.21a). 이 계절에는 수층 전체가 극지 해역과 같이 등온 상태로 수층 전체에 영양염이 골고루 분포하고 있다. 그러나 **그림 13.21b**(겨울)에서 나타난 바와 같이 겨울 동안 태양이 수평선에서 제일 낮은 곳에 있어서 태양에너지의 많은 부분이 반사되어, 표층수에는 얼마 되지 않은 작은 부분만이 흡수될 뿐이다. 그 결과 광합성에 필요한 보상수심 — 순광합성량이 '0'이 되는 수심 — 이 깊지 않아 식물플랑크톤이 잘 성장하지 못한다. 더욱이 겨울 파도와 함께 난류에 의해 수온약층이 생성되지 않아 조류세포가 유광층 아래쪽으로 오랫동안 이송되어 있다.

봄 봄철 동안에는 태양이 하늘 높이 올라가면서(그림 13.21b, 봄) 식물플랑크톤의 광합성 보상수심이 깊어진다. 태양에너지와 영양염을 이용할 수 있고, 태양복사 가열로 인해 계절 수온약층이 발달하여 조류세포를 유광층 안에 축적하면서(그림 13.21b) 식물플랑크톤의 **봄 대발생**(spring bloom)이 일어난다(그림 13.21a). 이 현상은 유광층 내에서 엄청난 양의 영양염 수요를 유발하고, 공급이 점차 제한되어 생산력이 급감하게 된다. 비록 낮이 더 길어지고, 햇빛이 증가하더라도 봄 대발생 동안의 생산성은 영양염 결핍으로 제한된다. 따라서 북반구 대부분 해역에서 식물플랑크톤 개체군은 4월에 영양염이 부족하거나 동물플랑크톤에 소비되어 감소한다.

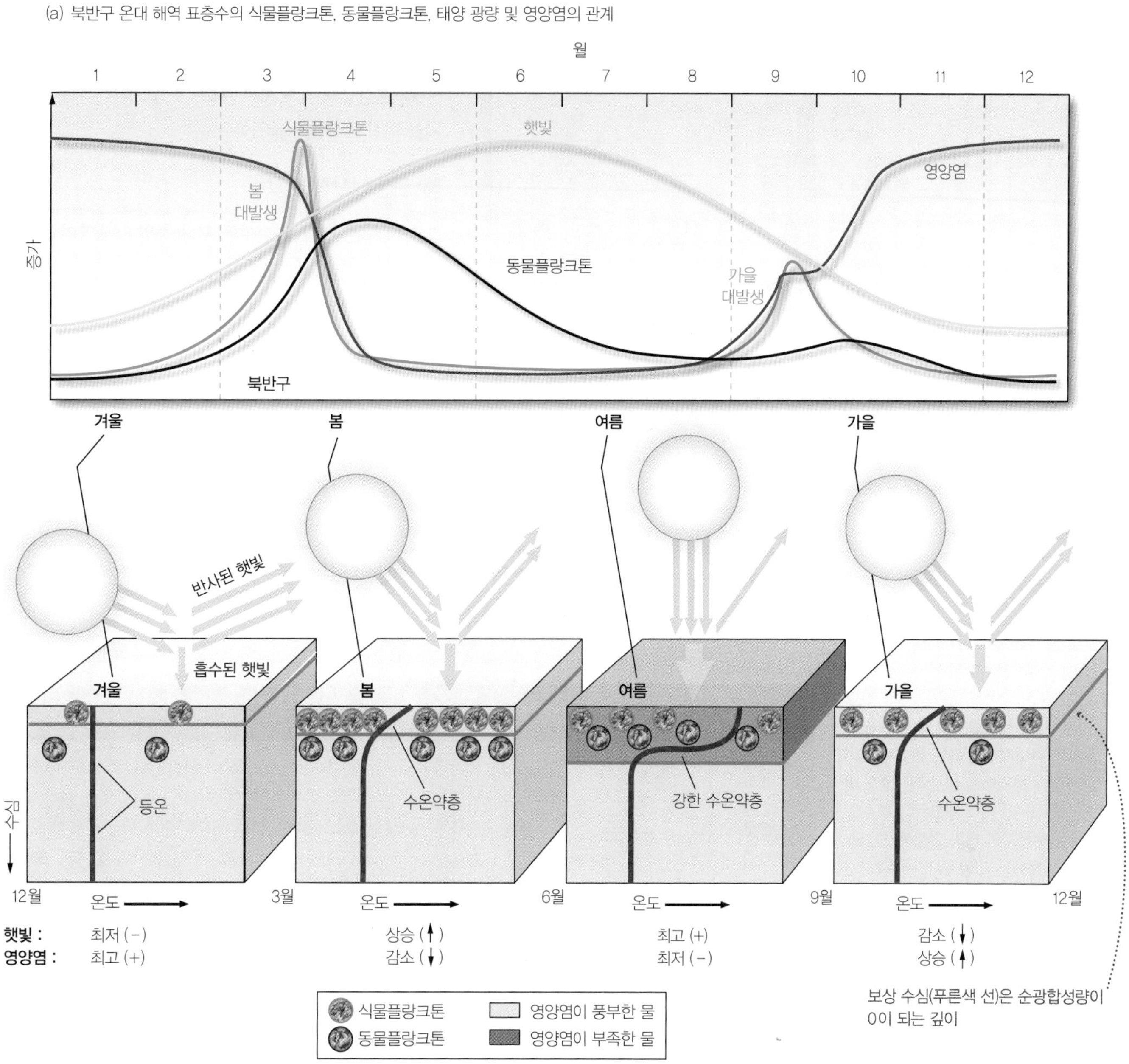

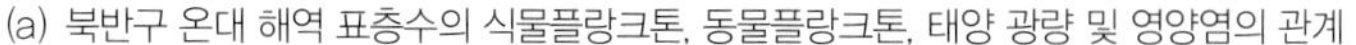

(a) 북반구 온대 해역 표층수의 식물플랑크톤, 동물플랑크톤, 태양 광량 및 영양염의 관계

(b) 햇빛의 계절변화 주기는 수온약층의 존재와 깊이에 영향을 미치며, 이는 영양염의 이용 가능성에 영향을 미친다. 이것은 다음에 식물플랑크톤과 식물플랑크톤을 먹이로 의존하는 동물플랑크톤과 같은 다른 생물의 풍부도에 영향을 미친다.

그림 13.21 북반구의 중위도(온대) 해역의 생산력.

여름 여름철에는 봄보다 태양 고도가 더 높아지면서(그림 13.21b, 여름) 중위도 해양의 표층수는 계속 따뜻해진다. 강한 계절 수온약층이 약 15m 정도 수심에서 만들어진다. 수온약층은 다시 연직 혼합을 제한하여 영양염이 풍부한 심층수로 대체되지 않아 표층수 영양염은 고갈된다. 여름철 내내 식물플랑크톤 개체군은 상대적으로 작게 남아 있다(그림 13.21a). 광합성 보상수심이 최대로 깊게 유지되지만, 식물플랑크톤은 늦은 여름에는 아주 드물게 된다.

Web Animation
중위도 해역 생산력
http://goo.gl/z1AWwN

가을 가을철에는 태양 고도가 낮아지면서(그림 13.21b, 가을) 태양복사가 감소하고, 표층 수온이 내려가면서 여름철 수온약층이 붕괴한다. 바람이 강해지면서 표층수를 심층수와 혼합시켜 영양염이 표층으로 되돌아온다. 이 조건이 식물플랑크톤의 **가을 대발생**(fall bloom)을 발달시킨다. 이는 봄 대발생(그림

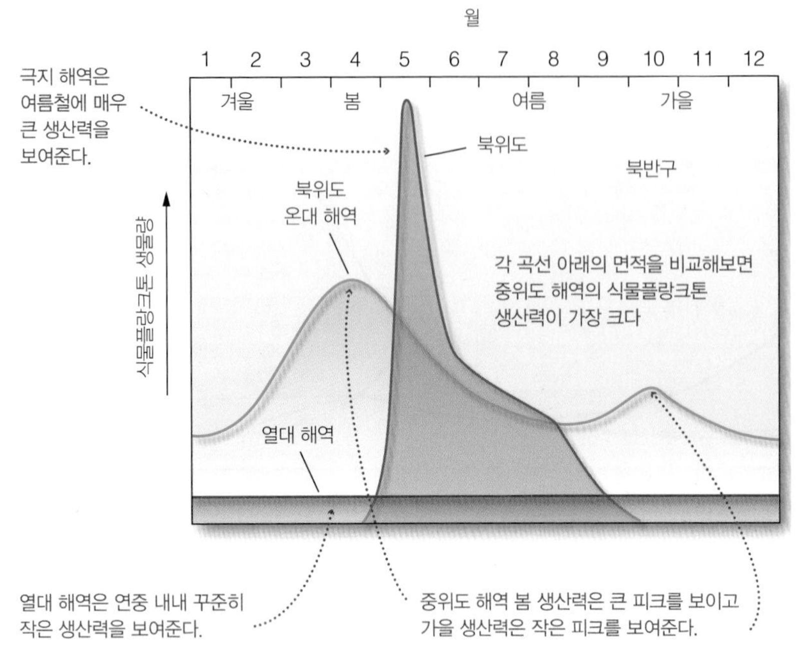

그림 13.22 열대, 중위도, 극지(북반구) 해역의 식물플랑크톤 생산력 비교. 다양한 해역에서의 식물플랑크톤 생물량의 계절변화를 비교한 그래프

13.21a)보다 뚜렷하지 않다. 가을 대발생은 봄 대발생과 같이 영양염 공급에 의해서가 아니라 태양빛 조건으로 매우 짧은 기간만 발생하고 겨울이 되면서 빛 조건이 제한되는 계절 순환을 되풀이한다.

해역 간 생산력 비교

그림 13.22는 열대, 북반부 극지와 중위도 해역의 식물플랑크톤 생물량의 계절변화를 비교한 것이다. 각 생산력 곡선의 아랫부분 총면적이 광합성 생산력을 표시한다. 이 그림에서 여름철 극지 해역의 극적인 생산력의 최대값, 열대 해역의 연중 지속해서 낮게 유지되는 생산력, 중위도 해역에서 발생하는 생산력의 계절 변동 양상을 볼 수 있다. 또한 온대 해역에서 전체적으로 제일 높은 생산력이 발생하는 것도 보여준다. 해역별 생산력은 연간 활동에 의해서도 변화된다. 예를 들어 해양에 유입된 영양염에 의해 해로운 식물플랑크톤 대발생과 원하지 않는 효과가 일어날 수도 있다.

요약

극지 해역에서는 생산력이 여름 동안 최고조에 달하며 나머지 기간에는 햇빛에 의해 제한된다. 열대 해역에서 생산력은 연중 내내 낮으며 영양분에 의해 제한된다. 중위도 해역에서는 생산력이 봄과 가을에 최고조에 달하며 겨울에는 태양복사가 부족하고 여름에는 영양염이 부족하므로 생산력이 제한된다. 그런데도 중위도 해역은 세 해역 중 가장 높은 전체 생산력을 보여준다.

개념 점검 13.3 | 해역별 주요 생산력의 변화를 설명하라.

1 생물 펌프가 어떻게 작동하는지 설명하라. 유광층에서 생성된 유기 물질의 몇 퍼센트가 해저에 축적되는가?
2 극지 해역의 생산력을 제한하는 주요 요소를 포함하여 극지 해역의 연간 생산력 변화 양상을 기술하라.
3 왜 열대 해역의 생산력은 1년 내내 일정한가? 예외적인 세 가지 환경은 무엇이며 생산력 향상에 이바지하는 요소는 무엇인가?
4 중위도 해역의 연간 생산력 변화 양상을 설명하라. 봄과 가을의 식물플랑크톤 대발생에 대한 제한 요소를 설명하라.

13.4 해양 생태계에서 에너지와 영양염은 어떻게 전달되는가?

생물군집(biotic community)은 특정 지역 또는 서식지 내에 함께 사는 생물의 집합체이다. **생태계**(ecosystem)는 모든 생물군집과 이들이 에너지와 화학물질을 상호교환하는 **무생물**(abiotic: *a* = without, *biotic* = life) 환경을 포함한다. 예를 들어 켈프 숲 생물 군집은 대형 갈조류와 이들의 도움을 받아 살고 있는 모든 생물을 포함한다. 이에 비해 켈프 숲 생태계는 켈프 숲에 사는 모든 생물과 주변 해수, 해조가 부착한 기질, 기체가 교환되는 대기층을 다 포함한다.

해양생태계에서 이동하는 두 가지 가장 중요한 요소는 에너지와 영양염이다.

해양생태계 내 에너지 흐름

광합성 기반 해양생태계의 에너지 흐름은 순환하는 것이 아니라 지속적인 태양에너지의 입력에 기초한 **한쪽의 흐름**(unidirectional flow)이다. 에너지가 생태계로 들어가고, 햇빛을 흡수하는 조류가 지원하는 생물군집(**그림 13.23**)을 살펴보자. 광합성 작용이 태양에너지를 화학에너지(탄수화물)로 전환하고 이것이 조류의 호흡에 사용된다. 이 화학에너지는 성장과 다른 생명 유지를 위해 조류를 소비하는 동물에게 전달된다. 동물은 이를 운동 혹은 열에너지로 확장하고, 에너지는 점차 회복할 수 없는 에너지 형태로 변하며 최종적으로 생태계 내에서 잔여 에너지는 열의 형태로 흩어진다. 즉 **엔트로피**(entropy: *en* = in, *trope* = transformation)가 증가한다. 본질적으로 생태계는 햇빛의 형태로 끊임없이 투입되는 에너지에 의존하고 있다.

그림 13.23 광합성 기반 해양생태계를 통한 에너지 흐름.

생산자, 소비자, 분해자 일반적으로 생태계 내에는 세 가지 중요한 범주의 생물, 즉 **생산자**(producers), **소비자**(consumers), **분해자**(decomposers)가 존재한다(그림 13.23).

생산자는 광합성 또는 화학합성으로 자기 스스로 영양을 취할 수 있다. 생산자의 예로는 조류, 식물, 고세균, 광합성 세균 등이며 이들은 모두 **독립영양**(autotrophic: *auto* = self, *tropho* = nourishment)생물이라고 한다. 반면에 소비자와 분해자는 직간접적으로 먹이 섭취를 위해 독립영양생물이 만든 유기물에 의존하기 때문에 **종속영양**(heterotrophic: *hetero* = different)생물이라고 한다.

다른 생물을 먹는 소비자는 식물이나 조류를 먹는 **초식동물**(herbivore: *herba* = grass, *vora* = eat), 다른 동물을 먹는 **육식동물**(carnivore: *carni* = meat, *vora* = eat), 이들 모두를 먹는 **잡식동물**(omnivore: *omni* = all, *vora* = eat), 그리고 세균을 먹는 **박테리아식자**(bacteriovore: *bacterio* = bacteria, *vora* = eat 또는 세균식자)로 구분된다.

박테리아와 같은 분해자는 자신의 에너지 요구를 따라, 사체, 분해 중 찌꺼기나 생물의 노폐물 등을 포함하는 **유기쇄설물**(detritus: *detritus* = to lessen)로 구성된 유기화합물을 분해한다. 분해 과정에서 화합물은 유리되고 재순환되어 이들은 독립영양생물이 영양염으로 다시 사용할 수 있게 된다.

해양생태계의 영양염 흐름

생물군집 내 에너지의 비순환적인 한쪽 방향 흐름과 달리 영양염 흐름은 **생지화학 순환**(biogeochemical cycle)[12]에 의존하고 있다. 즉, 물질은 에너지처럼 흩어져 없어지지 않고 다양한 생물군집의 구성원에 의해 한 화학적 형태에서 다른 형태로 순환된다.

생지화학 순환 그림 13.24는 해양환경 내의 물질의 생지화학 순환을 보여준다. 유기물의 화학적 구성성분은 광합성 작용으로 또는 흔하지는 않지만 열수공 생태계에서는 화학합성으로 생물계로 들어간다. 이러한 화학 구성성분은 포식(먹이)을 통해 생산자에서 소비자인 동물 개체군으로 전달된다. 생물이 죽으면, 일부 물질은 진광대 내에서 사용, 재사용되는 반면, 일부는 유기쇄설물로 침강한다. 이 유기쇄설물의 일부는 심해 또는 해저 바닥에 사는 생물

12 생지화학 순환은 생물학적, 지질학적(지구 변화 과정), 화학적 성분을 포함하기 때문에 명명되었다.

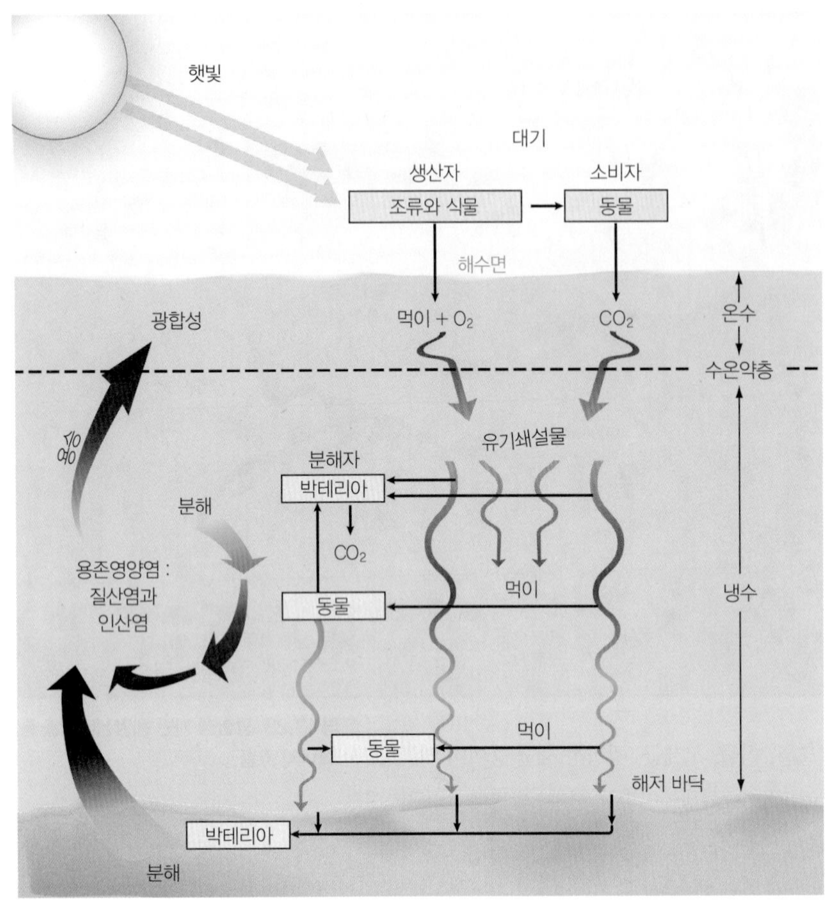

그림 13.24 물질의 생지화학 순환. 유기물의 화학적 성분은 광합성을 통해 생물계에 유입되어 먹이 섭식을 통해 소비자에게 전달된다. 유기쇄설물은 가라앉아 표층 아래 살고 있는 생물의 먹이가 되거나 분해되어 영양염을 공급한다. 영양염은 용승으로 표층에 올라갈 수 있다.

의 먹이가 되고, 일부는 박테리아 혹은 다른 분해 과정으로, 남아 있는 유기물질은 유용한 영양염(질산염과 인산염)으로 전환된다. 용승작용은 이들 영양염을 표층으로 다시 상승시키고 이곳에서 조류와 식물에 의해 흡수되어 새로운 순환을 다시 시작한다.

해양 섭식 연관성

생산자가 해양의 소비자 동물이 먹을 수 있는 먹이(유기물)를 제공하면, 먹이는 다음 섭식 개체군으로 이동된다. 어느 단계에서나 에너지가 흡수되거나 대부분 열로 각 단계에서 소실되기 때문에 흡수된 에너지의 평균 10% 정도의 적은 부분만이 다음 단계로 이동한다. 그 결과 해양의 생산자 생물량은 상어나 고래와 같은 최종 소비자의 생물량보다 몇 배나 더 크다.

섭식 전략 대부분의 해양동물은 먹이를 얻는 데 대부분의 시간을 쓰고 있다. 일부 동물은 유선형으로 빠르고 민첩하여 공격적인 포식 작용으로 먹이를 얻을 수 있다. 다른 동물은 좀 더 느리게 움직이거나 전혀 움직이지 않는 대신 해수 여과 혹은 해저 바닥에 퇴적된 먹이를 걸러서 얻기도 한다. **그림 13.25**는 퇴적물이 쌓인 해안을 따라 사는 동물의 몇 가지 섭식 형태를 보여준다

현탁물섭식(suspension feeding) 또는 **여과섭식**(filter feeding)은 생물이 해수로부터 플랑크톤을 걸러 먹기 위해 특별하게 만들어진 구조물을 이용한다(**그림 13.26**). 예를 들어 따개비는 고착성 갑각류로 단단한 표면에 부착하여 부속지(권수)를 이용하여 물속 먹이 입자를 끌어 포획한다. 조개는 퇴적물 속에 파묻혀서 수관(입수관과 출수관)을 늘려서 표층 위로 내어 놓고, 상부 해수를 펌프로 빨아들여 그 속에 포함된 부유 플랑크톤과 다른 유기물을 걸러 먹는다.

퇴적물섭식(deposit feeding)은 퇴적물 속에 있는 먹이를 먹는 생물이다. 이러한 퇴적물에는 사체나 부패 중인 유기물, 노폐물 등의 유기쇄설물과 유기물질로 덮인 퇴적물 자체를 포함한다. 단각류(*Orchestoidea*, 그림 13.25)는 퇴적물 표면에 좀 더 농축된 유기쇄설물을 먹는다. 다른 퇴적물식자인 환형동물 갯지렁이(*Arenicola*, 그림 13.25)는 퇴적물을 먹고 소화해서 유기물을 추출해서 먹는다.

육식섭식(carnivorous feeding)은 동물이 다른 동물을 직접 잡아먹는다. 이 섭식은 능동적이거나 수동적이다. 수동적 포식은 말미잘이 먹이를 잡아 먹는 것처럼 먹이생물을 기다리다가 잡아 먹는다. 능동포식은 먹이를 찾아다니는 것을 포함한다. 예를 들면, 상어와 재빨리 모래밭을 파고 들어가 게걸스럽게 갑각류, 연체동물, 벌레와 다른 극피동물을 잡아먹는 모래불가사리(*Astropecten*, 그림 13.25)를 포함한다.

영양단계 바다의 초원인 해양조류의 생물량에 저장된 화학에너지는 먹이 섭식 작용을 통해 대부분 동물 군집으로 전달된다. 대부분의 동물플랑크톤은 소[13]와 같은 초식동물이며, 돌말류와 다른 미세 해양조류를 먹는다. 몸집이 더 큰 초식동물은 연안역 바닥에 부착해서 자라는 더 큰 해조류나 해산 식물을 먹는다.

13 사실, 동물플랑크톤은 떠다니는 '바다의 소'라는 축소된 모형으로 간주될 수 있다.

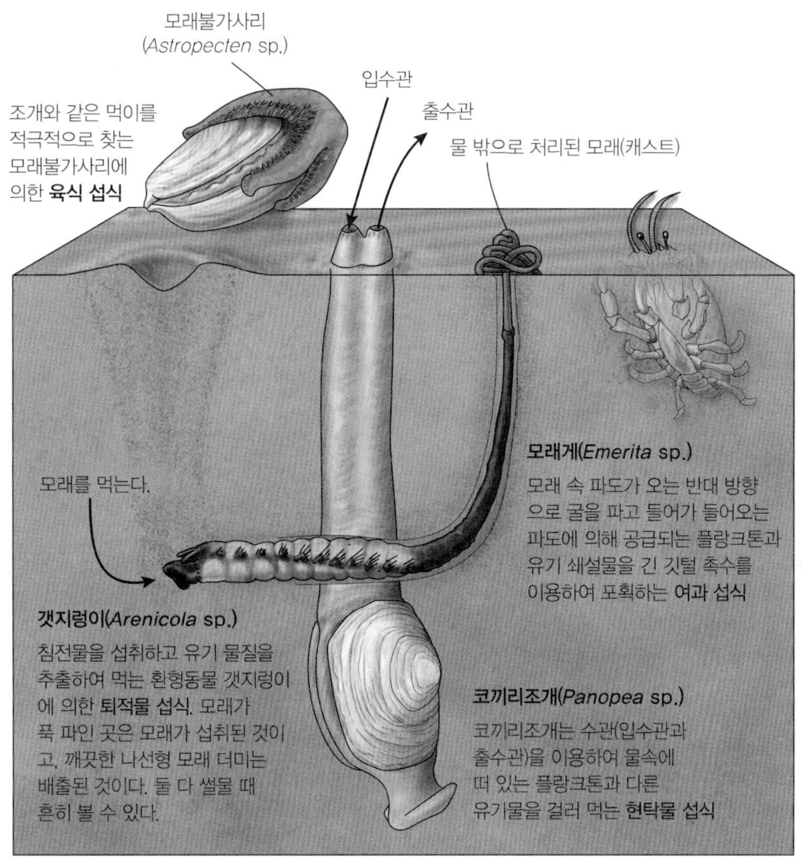

그림 13.25 퇴적물로 덮인 해안의 섭식 형태.

그림 13.26 따개비 여과 섭식. 따개비는 딱딱한 표면에 붙어 사는 갑각류로 물속에 있는 미세한 크기의 먹이 입자를 깃털 부속지(권수)를 이용하여 먹이 입자를 거두어 포획한다.

초식동물은 다시 더 큰 동물, **육식동물**의 먹이가 되고 차례로 이들 또한 더 큰 육식동물에게 먹힌다. 그리고 다음 단계로 계속된다. 각 섭식단계를 **영양단계**(trophic level: *tropho* = nourishment)라고 한다.

일반적으로 포식 개체군의 개별 구성원은 그들이 먹는 먹이생물보다 조금 더 크지만, 그렇다고 아주 더 큰 것은 아니다. 그러나 대왕고래와 같이 뚜렷한 예외도 있다. 길이가 30m나 되며 아마도 지구상 존재하는 제일 큰 생물일지도 모르는 대왕고래는 제일 큰 것도 길이가 6cm밖에 되지 않는 작은 **크릴**(krill: *kril* = young fry of fish)을 먹는다.

한 개체군에서 다음으로 에너지가 전달되는 것은 지속적인 에너지의 흐름이다. 작은 규모의 재순환이나 저장 과정이 흐름을 방해한다. 즉, 이는 잠재(화학) 에너지의 운동에너지로 전환, 그리고 열에너지로 그리고 최종적으로는 쓸모 없는 열의 형태로 흩어지는 과정을 지연시킨다.

전달 효율 영양단계 사이의 에너지 전달은 매우 비효율적이며, 특히 제일 낮은 단계에서 그렇다. 서로 다른 조류 종의 효율성은 다르지만 평균 약 2%밖에 되지 않는다. 이는 표층 유광층의 조류에 의해 흡수된 빛에너지의 2% 정도만이 궁극적으로 조류에 의해 먹이로 합성되어 초식동물이 쓸 수 있다는 것이다.

어떤 영양단계에서든지 **총생태효율**(gross ecological efficiency)은 다음의 높은 영양단계로 전달된 에너지를 그 아래의 영양단계에서 받은 에너지로 나눈 값이다. 예를 들어 초식성 멸치의 생태효율은 멸치를 먹은 육식성 다랑어가 소비한 에너지를 멸치가 먹은 식물플랑크톤에 있던 에너지로 나눈 값이다.

그림 13.27은 초식동물이 먹은 먹이에 있는 일부 화학에너지가 배설물로 배출되고 나머지는

학생들이 자주 하는 질문

고래관광 여행에서 고래를 볼 가능성은 어느 정도인가요?

그것은 해역과 연중 시기에 달려 있지만, 일반적으로 큰 해양생물은 전체 해양생물에서 아주 작은 비율을 구성하기 때문에 기회는 매우 낮다. 실제로, 고래와 같은 대형 유영동물은 해양 총생물량 1%의 1/10 정도만 차지하는 것으로 추산되었다! 먹이 피라미드에 대한 지식이 있다면 대부분 해양생물량은 식물플랑크톤으로 구성되어 있다는 것은 놀랄 일이 아니다. 아마도 보트 사업 운영자(고래관광 선박 업자)는 플랑크톤을 구경하는 여행을 해야 한다! 모든 사람은 수십 종의 다양한 종을 보게 될 것이며, 필요한 것은 플랑크톤네트와 현미경이다.

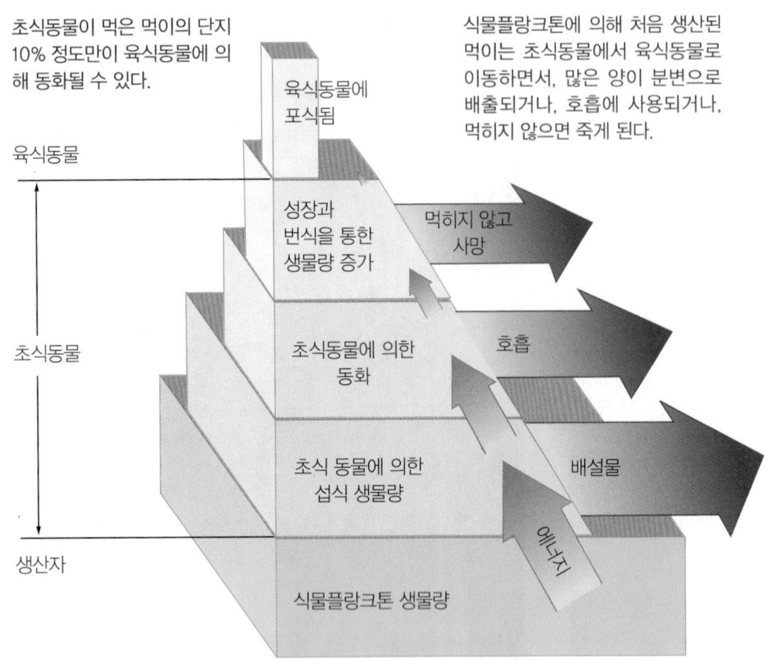

그림 13.27 영양단계를 통한 에너지 이동 경로.

동화되었음을 보여준다. 동화된 화학에너지 중 많은 부분이 호흡을 통해 생명을 유지하기 위한 운동에너지로 전환되고 나머지는 성장과 번식에 쓰이게 된다. 따라서 초식동물이 섭취한 먹이량의 단지 약 10% 정도만이 다음 영양단계에서 이용할 수 있다.

그림 13.28은 식물플랑크톤에 의해 동화된 태양에너지에서 모든 영양단계를 거쳐 궁극적으로 육식동물인 인간까지 전 생태계의 영양단계 사이의 에너지 전달을 보여준다. 영양단계마다 에너지가 소실되기 때문에 한 끼에 쉽게 먹어 치우는 한 마리 생선을 생산하는 데 수천 마리의 작은 해양생물이 필요하다.

영양단계 사이의 에너지 전달 효율은 많은 변수에 달려 있다. 예를 들어 어린 동물은 늙은 동물보다 높은 성장 효율을 갖고 있다. 또한 먹이가 충분할 때, 동물은 먹이가 부족할 때보다 소화와 동화에 더 많은 에너지를 소비한다.

자연 생태계의 대부분 생태효율은 평균 10% 정도이며, 범위는 6~15%이다. 그러나 현재 수산업에서 중요한 개체군(계군)들의 생태효율은 최고 20%까지 되는 증거가 있다. 이 효율성의 진정한 가치는 생태계에 피해를 주지 않으면서 바다에서 안전하고 지속할 수 있게 수확할 수 있는 어획량을 결정하기 때문에 실제로 중요하다.

학생들이 자주 하는 질문

크릴을 어획하는 것이 미래의 큰 수산업이 될 것이라고들 합니다. 이게 사실인가요?

아마도. 낮은 영양단계에서 어획하는 것은 생물량이 풍부하기 때문에 의미 있다. 사실 크릴은 남극 해역에서 매우 풍부하다. 따라서 1982년 미국, 영국, 호주, 남아프리카공화국, 뉴질랜드, 칠레, 유럽공동체, 독일, 일본이 결성한 컨소시엄인 남극해양생물자원보전위원회(Commission for the Conservation of Antarctic Marine Living Resources, CCAMLR)는 연간 62만 톤까지 크릴 어획을 허용하고 있다. 크릴은 어류 양식 사료, 가축 사료, 개 사료, 오메가3 오일, 의료용 효소 및 화장품 첨가제로 사용되고 있다. 일부는 심지어 사람이 먹는 식품을 만드는 데에도 사용된다(크릴 햄버거, 원하는 사람 있나요?).

불행히도 전 세계 많은 수산업의 경우와 마찬가지로 크릴을 많이 수확하면 다른 해양생물의 먹이 공급이 감소하게 된다. 예를 들어, 짧은 남극의 여름 동안 크릴은 바닷새, 펭귄, 바다표범, 대왕고래를 포함한 광범위한 남극 생물종의 번식 성공에 결정적으로 중요하다. 그런데도 수산업용 크릴 어업은 최근 남극 해역에서 증가하고 있으며, 어선은 종종 크릴의 대규모 무리를 찾기 위해 펭귄과 다른 육식동물을 사용한다.

요약

여러 영양단계 사이의 에너지 전달은 낮은 효율성으로 진행되고 있다. 해양 조류의 경우 평균 2%, 대부분의 소비자 수준은 평균 10%이다.

먹이사슬, 먹이그물, 생물량 피라미드 각 섭식 개체군(feeding population) 사이의 에너지 손실은 생태계 내의 섭식 개체군의 수를 제한한다. 만일 단계가 너무 많으면, 더 높은 단계의 생물을 유지하기에 충분한 에너지가 없을 것이다. 또한 각 포식 개체군은 소비하는 먹이 개체군보다 적은 생물량을 가질 수밖에 없다. 결과적으로 포식 개체군의 개별 생물체는 그들의 먹이생물보다 일반적으로 몸은 더 크고 개체 수는 적다.

먹이사슬 **먹이사슬**(food chain)은 에너지가 전달되는 일련의 생물 순서로서, 일차생산자 개체에서 시작하여 초식동물, 다음 차례로 육식동물을 거쳐 마지막에는 대개 다른 포식생물의 먹이가 되지 않는 최종 육식동물에서 끝난다.

영양단계 간의 에너지 전달은 비효율적이기 때문에 어부는 가능한 한 일차생산자와 가까운 먹이를 먹는 개체군을 목표로 삼는 것이 유리하다. 이러한 표적 개체군의 예는 일차소비자(초식동물) 혹은 이차소비자(육식동물)이다. 이는 먹이로 이용할 수 있는 생물량과 수산업이 포획하는 개체 수를 증가시킨다. 예를 들어, 뉴펀들랜드 청어는 일반적으로 먹이사슬에서 세 번째 영양단계인 중요한 어업이다. 뉴펀들랜드 청어는 주로 돌말류를 먹는 작은 갑각류(요각류)를 먹는다(**그림 13.29**).

먹이그물 섭식 관계는 뉴펀들랜드 청어의 경우와 같이 간단하지는 않다. 종종, 대부분은 먹이사슬에서 최종 육식동물은 많은 수의 다양한 동물을 포식하고 각각의 먹이생물은 그들만의 단순하거나 복잡한 섭식 연관성 혹은 먹이사슬을 갖고 있다. 그림 13.29b와 같이 북해 청어는 몇 개의 상호 연결로 구성된 먹이사슬의 **먹이그물**(food web)을 보여준다.

먹이사슬보다는 먹이그물을 거쳐 포식하는 동물들이 살아남을 확률이 높다. 왜냐하면 먹이 공급원이 감소하거나 완전히 소멸하더라도 대체 먹이를 먹을 수 있기 때문이다. 뉴펀들랜드 청어류는 오직 요각류만 먹기 때문에 요각류가 소멸하면 파국적으로 이들 개체군에 영향을 미칠 수 있다. 반대로 뉴펀들랜드 청어류는 생산자에서 두 단계만 거쳐온 상황이라 먹이그물 속의 일부 먹이사슬의 세 단계를 거쳐온 북해 청어류보다 확률상으로 더 많은 생물량(먹이)을 먹을 수 있다.

생물량 피라미드 영양단계 간 에너지 전달의 궁극적인 효과는 **그림 13.30** 해양**생물량 피라미드**(biomass pyramid)에서 볼 수 있다. 피라미드 위쪽에 있는 각각의 거대한 해양생물의 생존을 위해서는 점차 더 큰 규모의 작은 생물 개체군이 존재해야 한다는 것을 보여준다. 개체 수와 총생물량은 유용한 에너지 양이 감소하기 때문에 이어지는 영양단계를 따라 감소할 수밖에 없다. 그리고 피라미드 단계가 상승할수록 생물의 크기가 커지는 것을 볼 수 있다.

일부 해양환경에서 생물량이 역전된 피라미드 경우도 있다. 역전된 생물량 피라미드는 아주 빠른 전환율로, 아주 작은 크기의 식물플랑크톤 개체군이 큰 동물플랑크톤 개체군을 유지하는 곳에서 생물량 역전 피라미드가 존재할 수 있다. 그 결과 해양생물량 피라미드는 각 영양단계의 전환 효율에 따라 다양한 모습으로 나타날 수 있다.

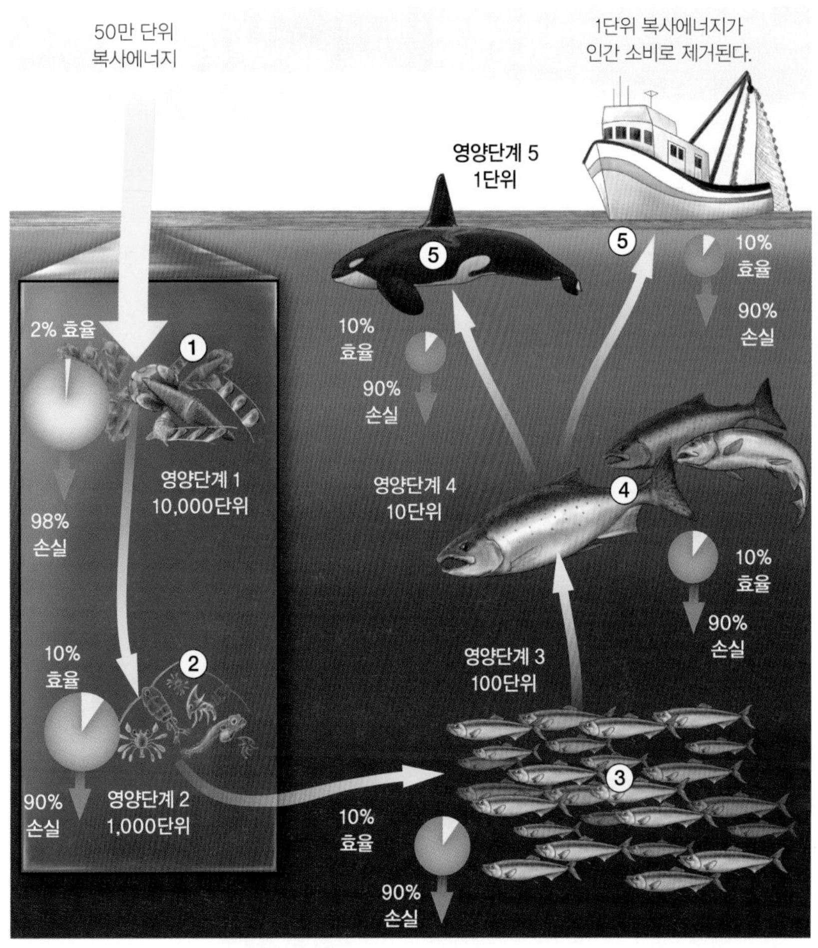

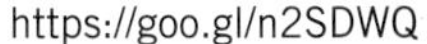
그림 13.28 생태계 에너지 흐름 및 효율성. 생산자(식물플랑크톤)가 사용할 수 있는 매 50만 단위 태양복사 에너지 입력마다, 영양단계 1은 10,000, 영양단계 5는 1단위만 추가된다. 영양단계 1의 평균 전달 효율은 2%(98% 손실)이다. 다른 모든 영양단계는 평균 10% 효율(90% 손실)이다.
https://goo.gl/n2SDWQ

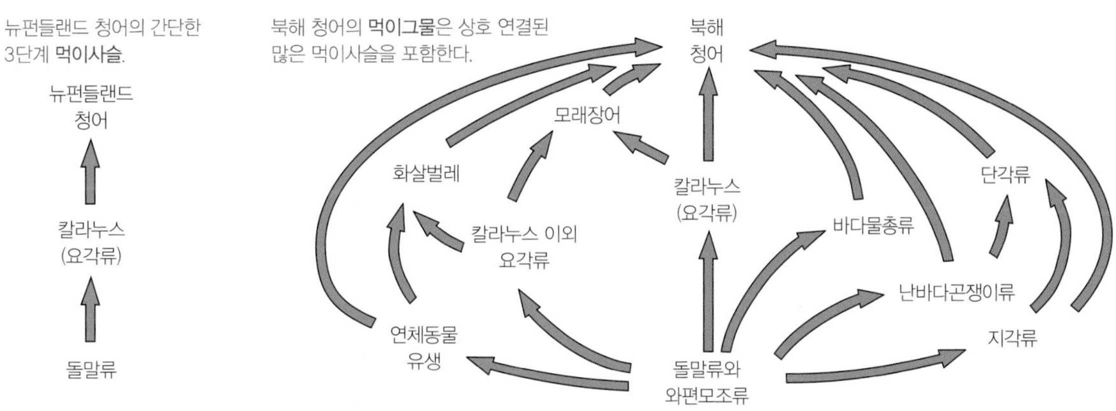

(a) 돌말류에서 요각류를 거쳐 뉴펀들랜드 청어로 가는 단일 경로를 따라 3단계 영양단계로 에너지가 이동하는 것을 보여주는 먹이사슬의 예.

(b) 유사한 청어 종에 대한 먹이그물의 예로서, 북해 청어의 먹이원에 대한 여러 경로를 보여주며, 이는 세 번째 또는 네 번째 영양단계일 수 있다.

그림 13.29 먹이사슬과 먹이그물의 비교.

요약

먹이사슬은 생산자와 하나 또는 그 이상의 소비자 사이의 선형적인 섭식 연관 관계이며, 먹이그물은 여러 유기체 간의 먹이사슬 관계가 상호 연결된 먹이사슬의 네트워크이다. 해양생물량 피라미드는 영양단계 사이의 에너지 전달을 보여준다.

개념 점검 13.4 | 해양 생태계에서 에너지와 영양염이 어떻게 전달되는지 토론하라.

1 생물 군집을 통한 에너지 흐름을 기술하고 태양복사가 전환되는 형태를 포함하라. 이 흐름은 생태계를 통해 물질이 이동하는 방식과 어떻게 다른가?

2 해양생물이 이용하는 세 가지 섭식 전략을 기술하라.

3 최종육식자가 단일 먹이사슬과 비교하여 먹이그물에서 먹는 것으로 얻는 이점을 설명하라.

4 생물량 피라미드를 올라가는 경우 연결된 영양단계에서 개체 수, 전체 생물량과 생물 크기에서 나타나는 경향을 설명하라. 어떤 조건에서 역전 생물량 피라미드가 형성되는가?

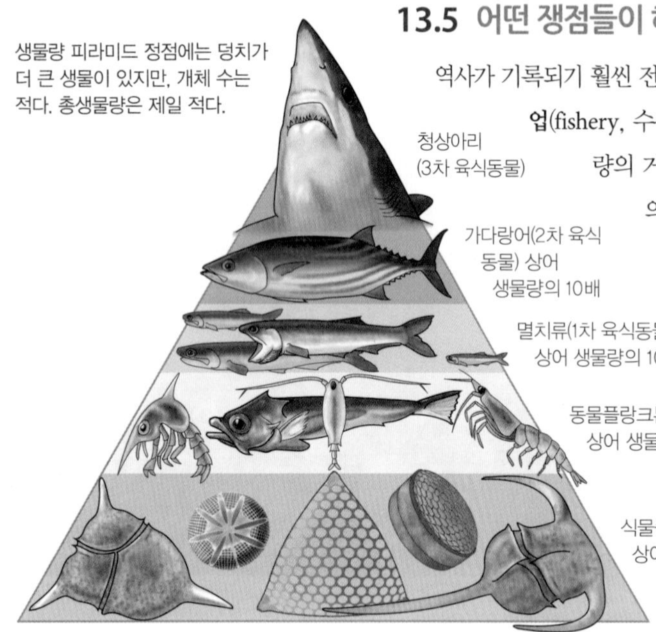

그림 13.30 **해양생물량 피라미드.**
https://goo.gl/BV7E5Q

13.5 어떤 쟁점들이 해양 수산업에 영향을 주는가?

역사가 기록되기 훨씬 전부터 사람들은 바다를 식량의 원천으로 사용하고 있다. 지난 수십 년간 **수산업**(fishery, 수산업 어획으로 바다에서 어획한 어류)은 전 지구 수십억 인구의 단백질 섭취량의 거의 20%를 제공하고 있고, 개발도상국에서는 섭취 단백질의 27%를 어류에 의존하고 있다.

해양생태계와 수산업

그림 13.31은 5개 생태계에서 나오는 전 세계 해양 수산업을 보여준다. 내림차순으로 나열하면 (1) 대륙붕(열대 해역 제외) (2) 열대 대륙붕 (3) 용승 해역 (4) 연안과 산호초 해역과 (5) 외양역순이다. 해양 수산업에서 가장 큰 부분은 생산력이 높은 얕은 대륙붕과 연안역에서 발견되는 반면, 생산력이 낮은 외양역은 전체 생산의 3.8%에 불과하다. 전 세계 어획량의 거의 21%가 매우 생산력이 높은 용승역에서 어획되고 있으나, 이는 해양 표면적의 단지 0.1% 정도이다.

남획

수산업은 생태계에서 어느 한 시점에 존재하는 생물량인 개체군의 **현존량**(standing stock)을 수확하는 것이다. 성공적 수산업은 어획하고 난 다음에 이들이 생태계 내에서 개체 수를 회복하기에 충분한 개체 수를 남겨놓는 것이다.

남획(overfishing)은 어획량이 급격히 증가하여 개체군이 성숙하지 못해 번식할 수 없는 상태일 때 일어난다. 남획은 연못, 강, 호수 또는 바다를 포함한 어떤 규모나 형태의 수역에서 어류 또는 갑각류가 지속 가능한 수준 이상으로 포획될 때 발생할 수 있다. 예상한 대로 어류 남획은 해양 어류 개체군의 감소와 개체군 내 전반적인 개체 크기의 감소를 초래한다. 수산생물 학자들은 **최대지속가능생산량**(maximum sustainable yield, MSY)을 계산하여 어획량의 지속 가능한 수준을 결정하는데, 이는 계군 자원량에서 매년 어획될 수 있고, 개체군이 영원히 유지될 수 있는 어류의 최대 어획량이다. MSY는 각 어획 계군에 대해 매년 결정되어야 하며, 어획 외에도 포식자 수, 먹이 유용성, 어류의 번식 성공 및 수온(인간이 일으킨 기후변화의 영향을 받는다. 다음 세부 정보 참조)의 영향을 받는다. 어류 계군의 MSY를 정확하게 산정하고 이 값을 초과하지 않도록 어획하는 것이 중요하다.

대륙붕(열대 해역 제외 35.6%
용승 해역 20.9%
연안과 산호초 해역 18.7%
열대 대륙붕 21.0%
외양역 3.8%

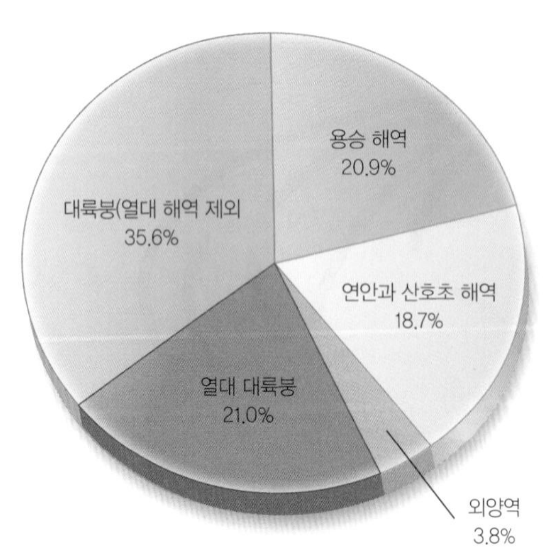

그림 13.31 해양 수산업 생태계. 총 세계 해양 수산업에 대한 다양한 생태계의 상대적인 기여도를 보여주는 원그래프

유엔식량농업기구(FAO)의 보고에 의하면, 자원량 평가 정보가 있는 세계 해산어류

523개 계군에서 80%가 최대로 어획되고 있거나, 남획 그리고 고갈/고갈에서 회복 단계로 구분되고 있다(**그림 13.32**). 비록 이 수치가 실망스럽겠지만, 이러한 경향은 달라질 수 있다. 예를 들어, 1997년부터 2012년까지 남획 또는 남획 예상으로 판정된 미국 해역의 85개 계군 중 41개 계군은 어류 계군의 적절한 관리 결과로 이제는 남획 단계로 분류되지 않고 있다.

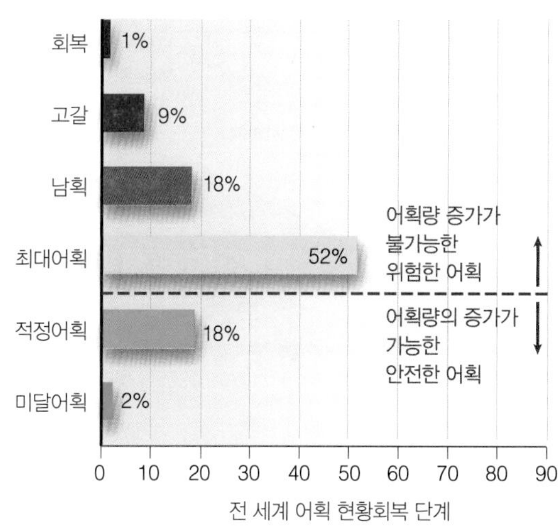

그림 13.32 세계 해양 수산업의 어획 상태. 세계 수산 어군의 현황을 보여주는 막대그림. 증가가 가능한 안전 어획량은 적절히 어획되는 적정어획이거나, 아직 많이 어획되지 않는 미달어획(녹색)뿐이다.

대형 육식 어류 남획의 생태계 효과 과학적 연구에 따르면 **핵심종**(keystone species) 또는 최종 포식자로 불리는 대형 포식 어류는 건강한 해양 생태계의 중요한 부분임을 보여준다. 예를 들어, 작은 물고기가 해양 생태계를 초과하고 잠재적으로 파괴하는 것을 방지한다. 또한 병들고 늙은 해양 초식동물을 제거하여 생태계 건강을 증가시킨다. 그러나 현대의 어획 활동은 세계 해양에서 대형 포식 어류 종의 90%를 수확했다(심층탐구 13.1).

해양환경에서 대형 포식자를 제거하면 종종 의도하지 않은 결과가 발생한다. 한 예로 북대서양에서 미국(메인 주) 바닷가재(*Homarus americanus*) 개체군이 최근에 폭발적으로 증가했다. 1990년대 중반에 바닷가재의 주요 포식자인 대구가 남획되었고 수는 많이 감소했다. 결과적으로 미국 바닷가재 개체 수는 기록적으로 증가하여 처음에는 좋은 것 같았지만 많은 청소 섭식 바닷가재의 증가로 해양의 생태 균형에 지장을 줄 수 있다. 또 다른 예는 대형 포식성 상어(예 : 황소상어, 백상아리, 무태상어, 귀상어)의 남획으로 가오리, 홍어, 소형 상어 개체수가 폭발적으로 증가했다. 예를 들어, 2004년에 주로 가리비와 갑각류를 먹는 가오리의 과다 증가로 일부 해역에서 이 두 종의 개체수가 1/10로 감소하였고, 노스캐롤라이나 주의 100년 동안 유지된 가리비(sea scallop) 수산업이 완전히 붕괴하였다.

산호초 생태계도 대형 포식동물의 제거로 영향을 받고 있다. 예를 들어, 상어와 같은 대형 산호초 거주자를 제거하면 포식과 경쟁이 줄어들어 작은 물고기가 번식할 수 있는 길을 열어 준다. 산호초에서 조류를 먹는 초식 동물인 대형 어류 파랑비늘돔(parrotfish)과 검은쥐치(surgeonfish)를 제거하면 초식성이 아닌 더 작은 소형 어류의 수가 증가한다. 결과적으로, 해조류가 더 많이 자라서 산호초를 덮어 버리면, 산호초가 필요한 햇빛을 가리고 영양분을 차단해서 궁극적으로 산호의 성장을 억제한다.

대형 어류의 감소로 인해 수산업은 계속해서 하위 영양단계에 속하는 더 작은 어류에 집중되었다. 사실 하위 영양단계의 어종은 이제 세계 어획 생산의 30% 이상을 차지한다. 여기에서 위험한 것은 영양단계가 낮은 개체를 대량으로 제거하면 해양 생태계의 다른 부분, 특히 이 소형 어류(먹이)에 의존하는 어류, 바닷새 및 해양 포유류에 원치 않는 계단식 내리막 효과를 유발할 수 있다는 것이다.

물고기의 종말? 물고기가 없는 바다는 상상하기 어렵지만 과학자들은 그 시나리오를 정확히 예측한다. 전반적으로, 수산업 및 레크리에이션 어부들이 덩치가 더 큰 어류를 선별적으로 제거하면 어류 개체군의 개체수는 감소하고, 점점 더 작은 개체만 남는다. 작은 개체군이 번식할 때, 그들의 후손은 유전적 변이가 더 작아지고, 세대를 거치면서 평균 성장률, 성숙 시기, 어류의 크기를 줄이는 유전적 변화를 초래한다. 이 현상은 수산업의 건전성과 지속 가능성에 심각한 영향을 미친다. 사실, 과학자들은 오염, 서식지 소멸 및 남획의 부정적인 효과로 현재의 해양 어획 계군은 2048년에 고갈될 것이라고 추정했다. 이러한 낭비적인 활동이 계속된다면 과학자들은 불과 수십 년

학생들이 자주 하는 질문

세계 해양이 남획되고 황폐해지면서, 그곳을 해파리가 차지하고 있나요?

실제로 "해파리가 설치고 있다."는 우려가 커지고 있다. 포식자로서 해파리는 느리고 수동적인 것처럼 보인다. 먹이를 볼 수 없고, 쫓아다니지 못해서 대부분 떠다니며 작은 와류를 만들어 먹이 입자가 촉수로 향하도록 한다. 그러나 바다의 많은 해역에서 해파리는 번성하고 있다. 경쟁 생물 중 상당수가 남획 및 기타 인간의 영향으로 제거되어, 해파리를 선호하는 환경 조건을 만들어 전 세계의 해파리는 놀라운 숫자로 번식하여, 이전에는 거의 볼 수 없었던 곳에서 집적되어 혼란을 일으키고 있다. 예를 들어, 해파리는 해수를 냉각수로 사용하는 해수 유입 시스템을 막아서 원자력 발전소를 멈추게 하고, 해수 유입시스템을 차단하여 항공모함의 운항을 정지시키고, 준설선이 막혀 해저 채굴 작업을 중단시키고, 엄청나게 많이 잡힌 그물 때문에 어선이 전복되거나, 해수욕객을 위험에 처하게 하고, 심지어 양식 어류 무리를 자포를 쏘아 폐사시킨 예도 있다. 일부 연구에 따르면 지난 수십 년 동안 전 세계 연안과 강하구 해역에서 해파리 대발생의 크기와 빈도가 명백히 증가한 것은 자연적인 발생 주기의 일부라는 것을 보여주었지만, 향후 해파리의 영향은 증가할 것으로 보이며, '점액질의 증가(the rise of slime)'가 '젤라틴 바다(gelatinous ocean)'로 될 것이라는 추측을 하게 된다.

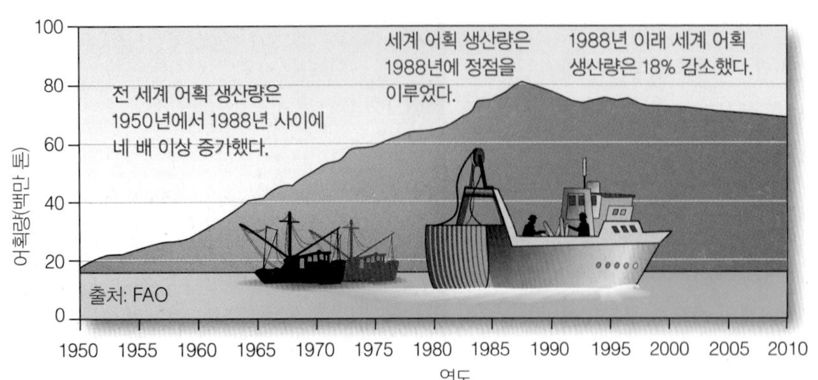

그림 13.33 1950년 이후 세계 총 해양 어획 생산량. 보고된 세계 총 해양 어획 생산량의 증가를 보여주는 그래프로서 1988년에 정점에 달했다.

이내에 어류가 더는 해양에 살 수 없게 될 것으로 예측한다. 해산물의 손실은 인간의 식량 공급을 위협 할 뿐만 아니라 어류의 소멸은 해양 생태계 전체를 심각하게 손상시킬 것이다.

전망은 끔찍하지만 이 운명을 피하기 위한 움직임이 있다. 예를 들어 일본 세이카이국립수산연구소(Seikai National Fisheries Research Institute)와 미국 메릴랜드대학교는 야생 다랑어(참치) 개체군에 대한 어획 부담을 줄이기 위해 대형 수조에서 참다랑어를 양식하면서 생선초밥용 다랑어를 공급하기 시작했다. 멕시코 근해의 외양 가두리에서도 다랑어를 양식하고 있다. 캘리포니아의 칼스 배드 부화장에서 흰 농어(*Atractoscion nobilis*)을 양성하고 있으며, 지역 해역의 자원량 회복을 위해 이미 수백만 마리를 방류하였다.

레크리에이션 낚시 레크리에이션 낚시는 대부분의 어종에 미미한 영향을 주는 것으로 추측되지만, 이들 또한 어류 개체군에 영향을 미치는 것으로 나타났다. 최근 다수의 미국 수산업 자료에 대한 상세한 분석 결과에 따르면, 홍민어, 보카치오 볼락(bocaccio rockfish), 붉돔(red snapper)과 같은 위협받는 스포츠 낚시 대상 종의 경우, 실제로 스포츠 낚시로 잡히는 어류의 크기와 수에서 이들이 실제로 수산업 어획보다 위협 요소가 더 많다. 따라서 어업 종사자에 대한 기존 어획 제한을 보완하기 위해서는 레크리에이션 어업을 목표로 하는 새로운 어업 규제가 필요하다. 흥미롭게도 어업 종사자들은 레크리에이션 낚시를 일부 어종의 감소 원인으로 비난하며, 그 반대편도 마찬가지이다. 그러나 많은 레크리에이션 낚시꾼들은 둥근 낚싯바늘(circle hooks)을 사용하여 잡힌 물고기를 놓아 주어 어류 개체군을 유지하는 데 도움을 주는 **포획과 방류**(catch and release) 실행에 능동적으로 참여한다.

세계 어획 생산량 오늘날 세계 어획 생산량은 매년 약 6,600만 톤을 해양에서 포획하고 있다. **그림 13.33**은 어획 생산량이 2천만 톤 미만인 1950년 이래로 해양의 총 세계 어획 생산량 추세를 보여준다. 35년 동안 꾸준히 증가하여 1988년 어획 생산량은 8천만 톤에 달했다. 그 이후로 세계 해양 어획량은 적어도 18% 감소했다.

바다가 생산할 수 있는 어류의 양은 얼마나 될까? FAO는 전통적 수산업 어획량과 해양이 생산할 수 있는 양을 기반으로 연간 최대 해양 어획량을 약 1억 2천만 톤으로 추정한다. 그러나 남극 크릴 새우, 오징어, 원양 게와 같은 새로운 종이 새로운 수산업이 되면 추후 어획량이 초과할 수 있다.

보고된 전 세계 어획량은 버려지는 잡어의 추가 부수어획량을 포함하지 않는다는 것이 이 계산을 복잡하게 하는 요인이다. 따라서 — 해양에서 제거된 — 실제 어획된 생물량은 보고된 값보다 훨씬 클 가능성이 있다. 또한 FAO 어획량 통계자료를 분석한 새로운 보고서에 따르면 많은 나라가(대부분 불법, 보고되지 않은, 규제되지 않은 어획을 통해) 어획량을 축소하여 보고하고 있어, FAO에 보고한 통계 자료의 정확성에 의문을 제기하고 있다. 사실 보고서의 어류 어획량은 선진국이 FAO에 보고한 어획량의 50% 이상이고, 개발도상국은 훨씬 높은 것으로 나타났다. 예를 들어 2000년에서 2011년 사이에 중국의 연간 평균 어획량은 460만 톤으로 FAO에 보고된 양의 12배가 넘는다. 불행히도 많은 양의 보고되지 않은 어획량은 어획으로 제거된 어획량이 어류 계군의 MSY를 초과한다는 것이고, 이는 해양이 남획되고 있음을 의미한다.

그러나 집계된 어획량은 어획되었지만 원하지 않거나 폐기되는 것을 포함하고 있지 않아, 실제 어

학생들이 자주 하는 질문

'Deadliest Catch'라는 TV 프로그램에서 뭐가 그렇게 치명적인가요?

디스커버리 채널의 리얼리티 TV 시리즈인 'Deadliest Catch(극한 어획 작업)'는 알래스카 베링해에서 어선에 승선한 어부의 실제 작업 현장을 촬영한 것이다. 이 쇼는 매년 8~11월까지 킹크랩(*Paralithodes* sp.)과 대게(snow crab, *Chionoecetes* sp.)의 어획시기 동안 촬영한다.

어업은 오래전부터 미국에서 가장 위험한 직업으로 간주되어왔다. 미국 노동통계국(2013)에 따르면 직업으로 어업은 10만 명 어부 중 22.2명으로 가장 치명적인 사망률을 기록했으며 그다음 가장 위험한 직업인 조종사, 항공 기술자, 지붕 기술자의 사망률보다 75% 높다. 그러므로 쇼의 제목은 어획 작업 그 자체가 아니라 (거대하고 무섭게 보이지만) 대게잡이 어획과 관련된 부상이나 사망률에 대한 높은 위험을 감수해야 한다는 것을 의미한다.

알래스카 대게잡이 어업은 어획 시기 동안의 베링해의 극한 조건 즉 영하의 온도, 저기압성 강한 바람, 얼어붙은 눈, 거대한 파도, 흔들거리는 갑판 및 바다와 어선과 장비에 얼어 붙는 얼음 때문에 일반 어업보다 훨씬 위험하다. 그리고 알래스카 대게잡이 어부 중 사망자의 80%는 익사 또는 저체온증에 기인한다. 흥미롭게도 잡은 대게가 어선의 저장 탱크에서 죽으면 부패하여 독소를 물에 방출하고, 이 독소는 다른 대게를 죽인다. 따라서 저장 탱크 안에 한 마리의 죽은 대게가 있으면 실제로 가장 치명적인 어획이 될 가능성이 있다.

하위 단계 먹이그물 어획 : 보는 것이 믿는 것이다.

해양 과학자들은 원래 어류 풍부도, 다양성 및 크기를 결정하여 생태계의 건강을 측정할 수 있다. 그러나 광범위한 과학적 현장 탐사가 시행되기 전에 이러한 변수를 어떻게 효과적으로 평가할 수 있을까? 최근 과학자들은 이러한 매개 변수를 예측하는 새로운 방법을 사용하고 있다. **역사해양생태학**(historical marine ecology)이라는 새로운 연구 분야에서는 옛날 바다에 있었던 어류의 종류와 풍부도를 추정하기 위해 오래된 사진, 신문 기사, 선박 항해 일지, 통조림 생산 기록, 심지어는 옛날 식당 차림표까지 이용하고 있다.

과거 어류의 풍부도와 크기에 대한 놀라운 증거는 옛날 사진에서 볼 수 있다. 확실히 사람들은 항상 그들이 잡은 어류와 함께 사진 찍기를 즐긴다. 캘리포니아 주 샌디에이고에 있는 스크립스 해양연구소(Scripps Institute of Oceanography)의 대학원생 로렌 맥클레나챈(Loren McClenachan)은 플로리다 키 웨스트의 먼로 카운티 공립도서관에서 역사적인 옛날 사진의 보관자료를 찾아냈다. 보관된 사진 자료에서 지난 50년간 키 웨스트에서 걸프 스트림호와 그레이하운드호 선박을 이용한 산호초 해역 일일 관광 낚시꾼들이 잡은 어류를 조사할 수 있었다.

옛날 사진을 같은 해역의 최근 어획과 비교하면(그림 13A), 해를 거듭할수록 어류의 풍부도와 크기가 지난 몇 년 동안 현저하게 감소하였다. 연구 결과 어업 종사자나 취미 낚시꾼들의 만성적 남획이 이러한 감소의 원인으로 제시되었다. 시간이 지남에 따라 일부 어종은 완전히 사라졌고, 이는 산호초 환경에서 가장 큰 물고기가 사라진 것을 반영한다. 예를 들어, 1950년대에 어부들은 거대한 그루퍼(큰 농어)와 상어를 잡았다. 1970년대에, 그들은 약간의 그루퍼를 잡았지만, 더 많은 강꼬치고기를 잡았다. 최근의 주요 어획은 그루퍼는 없고, 한때는 사진 찍을 가치조차 없어서 그냥 건조대 선반 밑에 쌓아 두었던 작은 도미만 잡히고 있다.

전 세계 다른 해역에서 얻은 역사적 기록도 대부분의 어류 계군에서 놀라운 감소세를 보여준다. 과학자들은 건강한 기능을 하는 생태계에서 큰 핵심종들이 사라지고 어떻게 점차 먹이그물에서 낮은 수준을 차지하는 작고 가치가 떨어지는 종으로 대체되었는지를 '먹이그물 아래 단계 어획(fishing down the food web)'이라는 문구를 이용하여 설명한다.

세계적으로 어부들은 일반적으로 거북, 고래, 대구 혹은 농어류 등 어떤 종류라도 항상 가장 큰 동물을 먼저 잡는다. 그다음 이들이 완전히 멸종될 때까지 아직 성숙하지 못한 어린 개체나 혹은 일부 남겨진 것을 다 잡는다. 인간의 습관을 바꾸려면 잃어버린 것을 더 명확하게 파악하는 것이 중요하다. 플로리다 키에서 발견한 역사적 사진 기록은 반 세기 전에 존재했던 보다 깨끗한 산호초 생태계를 볼 수 있는 창을 제공한다.

생각해보기

1. 플로리다주 키 웨스트에서 어획에 대한 반응으로 어류 개체군에서 일어났던 변화를 기술하라.

그림 13A 어획량의 감소. 플로리다의 키 웨스트 주변 산호초 해역의 전세 관광 어선에서 어획한 어류를 중심으로 해서 찍은 역사적 기록 사진은 1958년(위), 1980년대(중간), 2007년(아래)에서 잡은 어종의 크기와 풍부도가 감소하고 있음을 보여준다.

그림 13.34 **부수어획.** 어선에서 버려 죽어가는 물고기의 수중 사진. 수산업 어획에서 어획량의 약 1/4이 원치 않은 어종으로 버려진다. 이들에는 새, 거북, 상어, 돌고래 그리고 많은 종류의 비수산업 어류를 포함한다.

획량은 보고된 값보다 훨씬 더 많을 것이다. 불행하게도 어획으로 제거되는 생물량은 해양에서 생산된 양을 초과한다는 것을 시사하고 있으며, 이는 해양생물자원이 남획되고 있다는 의미이다.

부수어획

부수어획(incidental catch 혹은 bycatch)은 수산업 어종을 어획하는 어부에 의해 우연히 잡혀 부수적으로 포획된 해양생물을 포함한다. 평균적으로 어획량의 1/4 정도가 폐기되고 있으며, 새우와 같은 일부 수산업의 경우 최대로 대상 어종 어획량의 여덟 배나 되는 양이 폐기되기도 한다. 부수어획은 바닷새, 거북, 상어, 돌고래뿐만 아니라 많은 비수산업 대상 어종들도 포함되어 있다(**그림 13.34**). 일부 종류는 미국과 국제법으로 보호되고 있기는 하지만, 대부분은 다시 바다로 돌려지기 전에 죽는다. 전 세계적으로 부수어획으로 연간 2천만 톤의 어획량이 수산업에서 버려지고 있으며, 이는 전 세계 해양 어류 어획량의 약 1/4에 달한다.

그림 13.35 **일반적으로 황다랑어와 함께 발견되는 점박이돌고래.** 동태평양 돌고래는 종종 황다랑어 무리 위에서 함께 유영하는 것이 발견된다. 이 관계는 점박이돌고래가 두 동물의 먹이인 오징어나 소형 어류의 무리를 찾는 데 황다랑어의 도움을 이용하는 것 같은 관계로 생각된다.

다랑어(참치)와 돌고래 황다랑어 무리는 흔히 동태평양 점박이돌고래(*Stenella attenuata*)와 긴부리돌고래 밑에서 유영하는 것이 발견된다(**그림 13.35**). 어부들은 일반적으로 이러한 돌고래를 이용하여 다랑어를 찾고, 이들 전체 무리를 둘러싸는 선망(건착망)을 설치한다. 물 밑 당김줄이 단단히 당겨지면, 밑에 있는 다랑어와 함께 표층의 돌고래도 함께 그물에 잡힌다. 불행히도 해양 포유류인 돌고래는 수면 아래에서 그물에 잡히면 공기를 마실 수 없으므로 종종 익사한다. **그림 13.36**은 선망 작업 과정을 보여 준다. 이 그림은 또한 최근 어업에 사용되는 다양한 어구 어법을 보여준다.

다랑어 어획으로 야기되는 돌고래 사망에 대한 문제는 생물학자인 사무엘 F. 라부디가 다랑어 어획 그물 안에서 힘겹게 바둥거리는 돌고래를 촬영한 영상자료를 통해 1988년에 전 세계에 알려졌다. 1990년 강력한 여론의 저항과 다랑어 불매 운동으로 미국의 다랑어 통조림 산업계는 돌고래를 죽이거나 상해를 입히는 어로 방법으로 포획한 다랑어의 유통을 금지하는 법을 선포하였다. 이 법은 1992년 **해양포유동물보호법**(Marine Mammals Protection Act)에 돌고래를 보호하는 특별 부칙으로 추가되었다. 이러한 규제의 결과 선망을 개조하여 돌고래가 살아서 탈출할 수 있도록 하였다. 부수어업으로 인한 돌고래의 치사율이 감소하였음에도 불구하고 돌고래 개체군은 회복되지 않고 있다. 연구 결과 다랑어 어획은 이들의 생존율과 출생률을 떨어뜨려 아직도 돌고래 개체군에 부정적인 영향을 주고 있는 것으로 나타났다.

유자망 다랑어 또는 다른 어종을 그물로 잡는 다른 방법으로 **유자망**(driftnet, 흘림걸그물) 혹은 **자망**(gill net)을 쓴다. 이는 아가미가 그물코에 걸려 잡히는 것이다(그림 13.36). 유자망은 한 가닥 실로 만들어서 실제로 거의 투명하여 대부분의 해양동물들이 감지할 수 없다. 그물의 그물코 크기에 따라, 이보다 더 큰 어떤 것이라도 엉켜져서 잡히는 데 매우 효율적이다. 그 결과 유자망은 간혹 많은 양의 부수어획을 하게 된다.

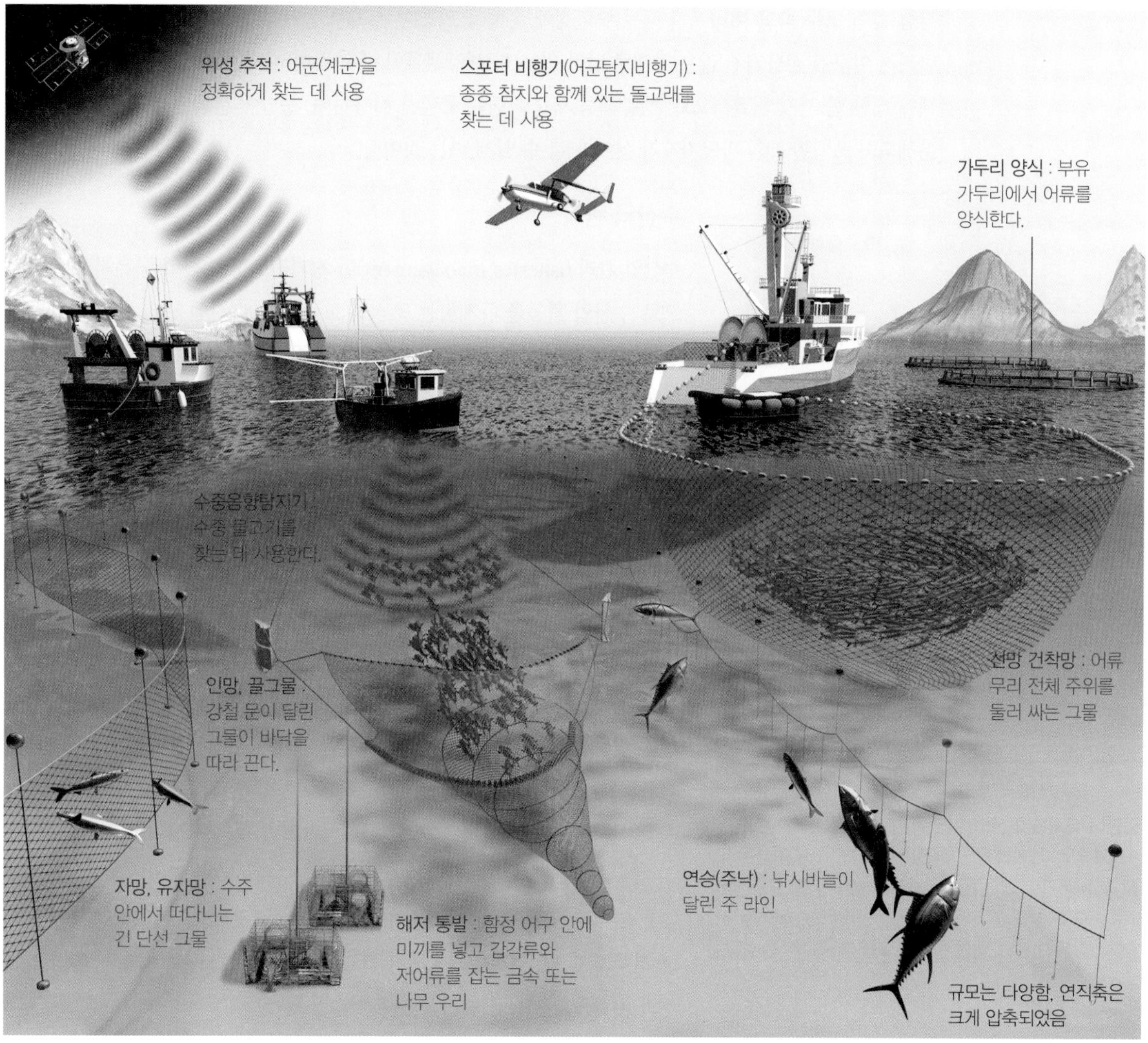

위성 추적 : 어군(계군)을 정확하게 찾는 데 사용

스포터 비행기(어군탐지비행기) : 종종 참치와 함께 있는 돌고래를 찾는 데 사용

가두리 양식 : 부유 가두리에서 어류를 양식한다.

수중음향탐지기 : 수중 물고기를 찾는 데 사용한다.

선망 건착망 : 어류 무리 전체 주위를 둘러 싸는 그물

인망, 끌그물 : 강철 문이 달린 그물이 바닥을 따라 끈다.

자망, 유자망 : 수주 안에서 떠다니는 긴 단선 그물

해저 통발 : 함정 어구 안에 미끼를 넣고 갑각류와 저어류를 잡는 금속 또는 나무 우리

연승(주낙) : 낚시바늘이 달린 주 라인

규모는 다양함, 연직축은 크게 압축되었음

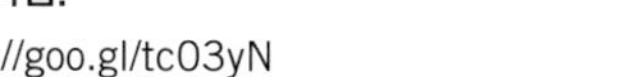

그림 13.36 **수산업 어획에 사용하는 어구 어법.**
https://goo.gl/tcO3yN

1993년까지 일본, 한국, 대만이 가장 큰 유자망 어선단을 보유하였고, 많게는 북태평양에 1,500척의 어선이 어로작업에 투입되어 하루에만 48,000km의 유자망을 설치하였다. 비록 유자망 어업이 특정 어업에만 제한되어 사용되어야 하지만, 일부 오징어잡이 어부들은 불법으로 많은 양의 연어와 송어 어획에 관여한 것으로 지탄받았다. 유자망 어선단은 남태평양에서 미성숙한 다랑어를 대상으로 어획하여, 남태평양 다랑어 자원량 감소를 초래하였다. 추가로 매년 수만 마리의 바닷새, 거북, 돌고래와 다른 해양동물이 유자망에 잡혀 죽고 있다. 유자망 어업의 낭비적 어획 활동을 축소하기 위한 노력으로 미국은 1989년 남태평양에서 2.5km 이상의 유자망 사용을 금지하고 유자망으로 어획한 어류 수입을 금지하는 조항이 포함된 국제 협약에 서명하였다. 공해상에서는 긴 유자망을 사용하는 어업을 할 수 없지만, 미국은 일부 강, 호수 및 만에서 짧은 유자망을 제한적으로 사용할 수 있다. 또한 일부 어부들은 공해상에서 아직도 불법적으로 긴 유자망을 계속 사용하고 있다.

유령어업 수산업의 또 다른 관심사는 **유령어업**(ghost fishing)으로 불리며, 잃어버리거나 폐기된 어구가 계속해서 어류, 해양 포유류 또는 다른 개체를 포획하는 것을 말한다. 유령어업 어구의 예로는 연승(주낙), 자망, 얼개 어구, 삼중망, 통발, 심지어 게와 바닷가재 통발 등을 포함한다. 유령어업은 유령어업으로

잡힌 것이 모두 죽고 버려지기 때문에 환경에 손해를 끼친다. 유령어업이 너무 치명적인 이유 중 하나는 버려진 어구가 손상되지 않은 상태로 남아 있는 한 해양생물이 계속 잡혀서 죽을 수 있다는 것이다. 이 문제에 대한 한 가지 해결책으로, 생분해성 재료로 만든 통발을 사용하여, 통발이 분실된 후 몇 개월 이내에 분해되어 포획된 게와 바닷가재가 살아 나갈 수 있게 하는 것이다.

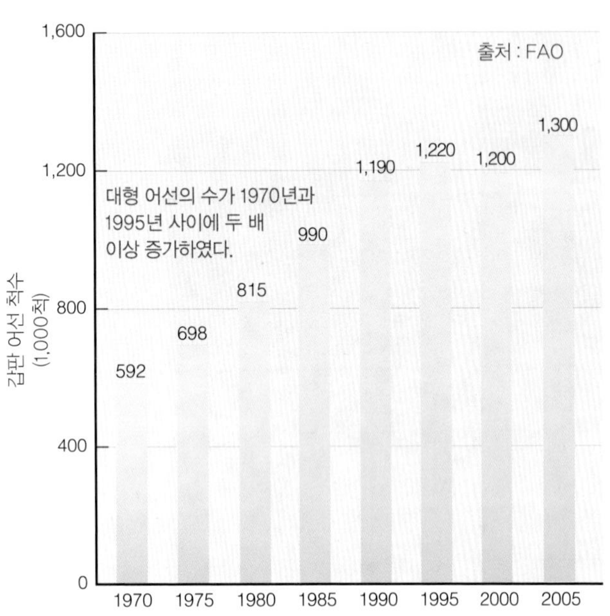

그림 13.37 기계화 갑판이 설치된 어선의 수(단위 천 척). 막대그림은 1970년 이래로 어업에 활용되고 있는 기계화 갑판 어선의 척수가 두 배 이상 증가한 것을 보여준다. 어선 척수 증가는 최근 둔화되었지만 설비가 잘 갖추어진 어선의 존재는 증가하여 종종 어획 노력의 증가로 인한 남획으로 이어질 수 있다. 현재 FAO는 기계화 갑판 어선에 대한 통계자료를 제공하지 않는다.

학생들이 자주 하는 질문

다랑어(참치) 통조림에 '돌고래 안전'이라고 표시된 것은 정말로 돌고래가 안전한 것인가요?

어디에서 다랑어(참치)가 어획되었는가에 달려 있지만, 그래도 그 대답은 "아마도 그렇다."이다. 미국에서는 단지 열대 태평양 동쪽 해역에서 어획한 참치 및 참치 가공품에만, 라벨에 '돌고래 안전'이란 표시를 하고 있다. 만일 어획 당시 돌고래가 있는 경우에는 의도적으로 그물을 설치하지 않거나 그물에 돌고래가 잡혔을 때도 잡힌 돌고래를 죽이지 않고, 혹은 심하게 상해를 입히지 않았을 때 '돌고래 안전' 어획으로 표시한다. 미국의 국립해양수산청(National Marine Fisheries Service, NMFS)에서는 참치나 참치 가공품이 실제로 '돌고래 안전' 어획이라는 표시를 확신할 수 있는 광범위한 감시, 추적과 확인 정책을 개발했다. 이 정책은 소비자 감시와 함께 돌고래 치사율을 1980년대 연간 수십만에서 현저하게 줄였다. 그러나 최근에 국제 무역 문제를 다루면서, 더 많은 국제적인 참치 수입, 특히 멕시코에서 더 많은 참치를 수입할 수 있게 하려고 NMFS는 '돌고래 안전'의 정의에 대한 수정을 승인하였다. 수입되는 참치가 돌고래와 함께 어획되었다 하더라도 어획 당시 돌고래를 죽이지 않았고 혹은 중상을 입히지 않았다는 것을 같이 탄 어획 감시관이 확인한 경우, 미국에서 '돌고래 안전' 표시 라벨을 붙일 수 있다. 그러나 이것은 감시관의 정직성에 달려있다.

수산업 관리

수산업 관리(fisheries management)란 장기적으로 수산업을 유지하는 목적으로 수산업 활동을 규제하는 조직적 노력이다. 수산업 관리 활동은 생태계 건강도 평가, 어류 계군의 자원량 추정, 어구 개선 추천을 포함한 어로 활동 분석, 금어 해역과 어획량 할당 및 강제 집행을 포함한다. 그러나 불행하게도 수산업 관리는 역사적으로 해양생태계의 자율적 지속 가능성을 보존하는 것보다 인간 사회의 고용을 유지하는 데 더 많은 관심을 기울여왔다. 예를 들어 멸치, 대구, 넙치, 해덕대구, 청어, 정어리 등은 어업 관리가 실행되고 있음에도 불구하고 남획으로 고통받고 있다.

수산업 관리가 직면하고 있는 가장 시급한 문제 중 하나는 일부 수산업이 다양한 생태계를 포함하는 여러 나라의 해역을 포함하고 있다는 사실에서 기인한다. 예를 들면 많은 종류의 수산업 어종은 전 세계의 연안에서 번식하고 멀리 이들이 서식하는 최적 서식 환경인 공해상으로 장거리 회유한다. 국제적으로 어업규제를 실제로 집행하는 것은 어렵고, 만일 어류가 번식하거나 회유하는 모든 해역에서 어느 한 곳에서라도 인간의 간섭이 있게 되면 이들 종류는 수적으로 심각하게 감소할 수 있다. 그러나 이탈리아 및 알래스카와 같은 일부 지역에서 어민들은 외양의 어류 계군 관리에 관한 책임감을 느끼고 정부와 함께 어획 계군에 대한 결정에 협조하여 그 결과 어획 계군의 자원량과 어민들의 소득을 증가시켰다.

또 다른 문제는 수산업을 유지하는 많은 생태계의 훼손이다. 예를 들어 멕시코만에 살지만 번식을 위해 담수로 오름회유를 하는, 한때 풍부했던 멕시코만 철갑상어(*Acipenser oxyrinchus desotoi*)의 개체군을 증가시키기 위해 미국이 노력하고 있지만, 철갑상어가 사용하는 7개 주요 하천 유역 중 이용 가능한 서식지는 4개로 감소하여 공들인 많은 노력이 물거품이 될 지경이다. 이 경우 복구계획에는 활용 가능한 서식지를 늘리기 위한 노력이 포함되어야 하며, 어류 회유를 방해하는 댐을 제거하는 등 대폭적 조치가 필요하다.

성공적 결과를 얻기 위한 수산업 경영은 폭넓게 다양한 요인을 고려해야 한다. 예를 들어 역사적 어획 생산량에 대한 검토는 많은 어종의 복구 계획이 현실적이지 않다는 것을 보여준다. 그 계획은 개체군이 이미 위험한 낮은 수준에 도달한 이후에 수집된 최근의 어획 통계 자료를 기반으로 하기 때문이다. 따라서 해마다 어획할 수 있고 수산업 어획 생태계에 의해 유지될 수 있는 어획 생산량의 최대인 MSY의 현재 수준은 수산업 어획이 시작하기 전에 존재한 자원량의 일부인 현재 어류 개체군에 기초하기 때문에 상당히 과대평가된 것이다.

좋은 어업 관리를 저해하는 다른 문제로 제한된 과학적 분석, 규제 집행

(특히 불법, 사설 및 국제 수산업에서)의 부족, 밀렵, 어류의 어획량과 부수어업의 잘못된 보고, 해산물 사기 및 잘못된 표시, 정치적 장벽, 새로운 수산업을 최소 한도로 규제하는 잘못된 지침 등이 있다.

어선의 규제 주요 규제 실패는 어선의 수에 제한이 없었다는 것이다. 2004년 FAO 통계에 따르면 세계의 어선은 약 4백만 척의 선박으로 구성되었다. 이 중 약 130만 척이 갑판어선이라고 불리는 대형 동력 장치가 장착된 다수의 갑판이 있는 선박으로, 많은 선박이 대부분 길이가 24m를 넘는다. **그림 13.37**은 1970년과 1995년 사이에 세계의 갑판어선 척수가 두 배 이상 증가했으며 그 수가 계속 증가하고 있음을 보여준다. 이 대형 어선의 대부분은 한 번에 27,000kg의 어류를 잡을 수 있는 그물을 사용한다.

또한 주로 아시아, 아프리카 및 중동 지역에서는 생계형 어민들이 소유하고 운영하는 210만 척 이상의 갑판이 없는 소형 어선이 있다. 어선의 증가에 따라, 어획 능력이 증가하였으며 이는 종종 남획으로 이어졌다. 또한 어업 종사자들은 GPS, 수심 측정기, 스포터(어탐) 비행기와 같은 기술을 사용하여 어류 개체군을 찾는다(그림 13.36). 어떤 해역에서는 어자원이 너무 고갈되어 어획 생산량 가치(수입)보다 어획 비용이 더 크다. 예를 들어, 2003년 세계 어선단은 800억 달러의 어획량을 잡기 위해 1,200억 달러 이상을 썼다. 부족분을 보충하기 위해 많은 정부가 매년 250억 달러가 넘는 현금 보상 또는 기타 혜택 형태로 지원하고 있다. 정부 보조금은 지속 불가능한 수의 어선을 유지함으로써 문제를 더욱 악화시키거나, 최악의 경우로 새 어민들이 보조금을 받을 수 있도록 부추겨서 어선단 규모를 확대하고 있다.

학생들이 자주 하는 질문

어류 양식은 자연산 어류에 대한 수요를 완화시켜주나요?

어류 양식은 가두리나 제한된 연안 수역에서 어류를 키우는 행위를 말하며, 육상에서 소나 양 같은 동물을 키우는 것과 유사하다. 전 세계적으로 약 250종의 어패류가 양식되고 있다. 사실 양식 어류의 세계 생산량은 지난 20년 동안 네 배가 증가하였고 현재는 인간이 직접 소비하는 모든 수산 식품의 거의 절반을 제공한다. 양식 어업이 야생(자연산) 어류에 대한 수요를 줄인다는 것이 논리적일지 모르지만 야생 어류는 연어, 다랑어 및 농어와 같은 육식성 어류의 사료로 사용되기 때문에 실제로 그 수요가 증가하였다. 예를 들어, 연어나 새우 1kg을 생산하기 위해 야생 고등어 또는 멸치 3kg이 필요하다.

일부 양식 체계는 서식지 훼손(맹그로브 및 연안 습지를 어류나 새우 양식장으로 전환) 및 양식장 운영을 위한 초기 입식용 야생 어류 포획으로 야생 어류 공급원을 감소시킨다. 양식의 다른 부정적 영향으로는 폐기물 방류, 외래종 유입, 우연히 방출된 '가축화된' 양식 종에 의한 야생 종의 근친 교배, 인근 수역에 사는 개체로 질병의 급속한 확산이 포함되며, 이 모든 것들이 아마도 전 세계적인 '야생' 어류 자원량의 붕괴에 기여한 것으로 본다. 양식 산업이 세계 어류 공급에 대한 기여를 유지하려면 자연산 어획량을 줄이고 생태학적으로 건전한 관리 방법을 채택해야 한다.

사례 연구 : 북서 대서양 수산업 대서양 북서부 수산업의 역사에 부적절한 수산업 관리의 예를 볼 수 있다. 북서대서양수산업국제위원회(International Commission for the Northwest Atlantic Fisheries)의 관리하에 국제 어선단의 어획 능력은 1966년에서 1976년 사이에 500% 증가했지만, 총어획생산량은 단지 15%만 증가했다. 단위 노력당 어획량(catch per unit of effort, CPUE)이 현저하게 감소하였으며, 뉴펀들랜드-그랜드 뱅크스 어장의 어자원이 남획되고 있다는 조짐을 바로 보여주었다. 국제위원회에서 이 해역의 주요 어종들에 대한 총허용어획량(total allowable fishing quotas)을 제시했다. 각국의 할당량은 국제 정치 게임으로 서로 교환되었으며, 총허용어획량 역시 지켜지지 않았다.

국제위원회의 규제를 집행하기 어렵게 된 것은 1977년 1월 1일부터 자국의 어자원을 관리하는 권리를 연안에서 200해리까지 확장한다고 일방적으로 주장한 캐나다의 책임이 매우 크다. 미국도 따라서 불과 2개월 후 비슷한 조치를 했다. 그러나 연안 해역 관리에 대한 권리의 주장은 효과가 제한적이라는 것을 입증했다. 근본적으로 모든 연안국이 자국의 연안 해역에 대한 통제권을 행사한 후에도 상황은 계속 악화되었고, 남획은 더욱 심각한 문제가 되었다

실제로 1992년 캐나다 정부는 뉴펀들랜드 외해역 그랜드뱅크스 어장을 폐쇄하였고, 이로 인해 약 4만 개의 일자리 감소와 이어서 정부는 30억 달러 이상의 복지 경비를 지출하였다. 이 비용은 어획이 가장 호황이었던 시절에도 1억 2천 5백만 달러 정도밖에 되지 않았던 수산업의 가치를 훨씬 초과하는 것이다.

캐나다와 미국 해역 사이에 있는 조지스 뱅크스 어장에서도 비슷한 현상이 발생하였다. 그러나 강력한 국제적 규제와 적절한 집행으로 해덕대구와 노랑꼬리 넙치 어업이 되살아나기 시작했다.

보호에도 불구하고 북대서양의 일부 어자원은 예상한 만큼 회복되지 않고 있다. 예를 들어 대서양 대구 계군은 매년 어획량이 급감했음에도 불구하고 계속 감소하고 있다. 캐나다 정부는 2003년 북대서양에서 가장 심각한 영향을 받은 어종인 대구 어획량 감소를 막기 위한 노력으로 대구 어획을 완전히 금지하였

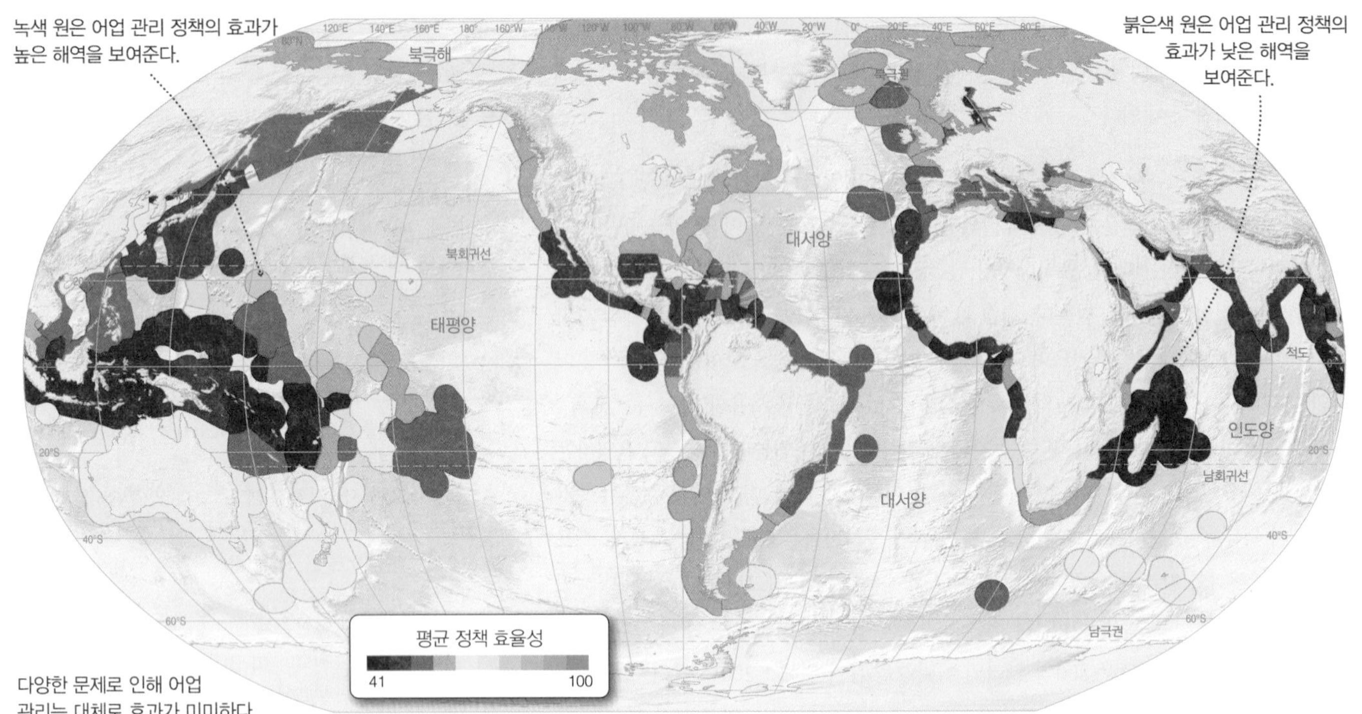

그림 13.38 세계 수산업 관리의 효과. 여섯 가지 주요 매개 변수에 근거한 세계 수산 관리 정책의 효과를 보여주는 지도(설명은 본문 참조).

다. 유럽 쪽 해역에서도 대구 계군의 비슷한 감소가 일어나고 있지만, 대구 어획 금지 제안에 대해 당국은 지금까지 반대하고 있다.

심해어업 일부 어자원의 고갈과 어획 금지 결과 어업은 규제가 거의 없는 심해로 활동 영역을 확장하였다. 표층 어류에 비해 대부분의 심해 어종은 대사율과 번식률이 낮아서 어획으로 매우 심각한 영향을 받을 수 있다. 대서양 대구 계군의 붕괴는 대체종으로 심해 그린란드 넙치 어획으로 이어졌다. 예상하건대 이 종도 대서양 전 해역에서 남획될 위험에 처해 있다.

호주 인근의 심해 오렌지 라피(orange roughy) 어업도 대표적인 사례이다. 이 종은 미 중산층 시장을 만족시키기 위해 입에 맞는 흰 살 어종으로 개발되었다. 심지어 이름도 슈퍼마켓의 시장 조사를 거쳐 신중하게 만들어졌다. 원래 별명은 맛이 없게 들리는 '끈적한 머리(slimehead)'였다. 오렌지 라피 수산업이 돌이킬 수 없는 감소가 시작되었을 때, 다른 심해 종인 파타고니아 이빨고기로 대체하여 어획하였다. 이 종은 칠레 농어로 이름도 바꾸었다. 그렇지만 이 종은 농어도 아니고, 칠레 고유종도 아니다. 이들 심해 어종의 급격한 감소로 멸종 위기종으로 취급하고 있다.

심해 생태계에서도 증가하고 있는 어획 노력의 영향이 나타나기 시작하였다. 예를 들어 높은 해저산은 깊은 심해 해저면에서 가파르게 솟아 나와 많은 어종과 심해 산호가 사는 독특한 환경을 제공하고 있다. 이곳에서 효율적으로 어획하기 위해 바닥을 끄는 대형 저층 트롤 그물(저인망)을 사용한다. 이 그물은 수 톤에 달하는 2개의 대형 강철 입구를 장착한 축구장 크기이며, 해저 표면을 따라 끌리면서 오랫동안 남는 피해를 줘서, 느리게 성장하지만 매우 중요한 해저산 생태계에 나쁜 영향을 주는 것으로 밝혀졌다.

생태계 기반 수산업 관리 수산업 관리에 대한 역사적인 기록을 살펴보면 개별적으로 한 어종의 자원량만을 조절하기 위해 노력한 사례가 많았다. 그러나 이러한 노력은 대부분 실패하였다. 미국 해역에서 지속 가능한 수산업과 건강한 해양환경을 보장하기 위해 **생태계 기반 수산업 관리(ecosystem-based fishery management)**를 시행하려는 움직임이 있었다. 이는 최근 어류 자원량에 대한 이해를 위해, 어류 서식지, 회유 경로 및 포식자-피식자 상호 작용과 같은 요인에 대한 분석을 포함하는 보다 포괄적으로 접근하는

요약

수산업이 지속 가능해지려면 생태계 기반 수산업 관리를 채택해야 하며, 어업 관리는 개별 종뿐만 아니라 해양 생태계의 요인을 고려해야 한다. 또한 정치적 요인에도 불구하고 어획 한도를 유지해야 하며 원치 않는 부수어획을 줄여야 하며, 중요한 어류 서식처를 보호해야 한다.

관리 방법이다. 생태계 기반 어업 관리는 기본적으로 대상 어종보다는 관리 우선 순위를 뒤집어 생태계에서 시작한다. 또한 세계 수산업 재건에 초점을 두고 있다.

연구에 따르면 어업 보상 장려금을 없애고 개별 어민에게 총 어획 생산량에 대한 권리를 주는 경영 전략을 채택한다면 지속 가능한 수산업을 성취할 수 있다는 결과가 나타났다. 경쟁이 사라지면, 공동의 어류 자원량이 회복되어 증가하고, 따라서 각 개별 어민의 어획 할당량도 증가하기 때문에 모든 유형의 어민들은 전체 수산업을 유지하기 위한 행동에 힘을 얻게 될 것이다. 이런 식으로 어민들은 어획 계군을 지속 가능하게 관리해야 하는 동기 부여가 생겨서 남획을 피하고, 수산업의 궁극적 붕괴를 피할 수 있다.

수산업 관리의 효과 2010년 현재의 수산업 관리 실행의 효율성에 관한 과학적 연구가 발표되었다. 과학자들은 관리 권고의 과학적 내용, 권고 사항을 정책으로 전환하는 투명성, 정책 집행, 보조금의 영향, 어획 노력과 외국 어선의 어획량 규모 등 여섯 가지 주요 변수를 분석했다. 연구 결과 정부가 개선을 위해 주도권을 갖고 폭넓은 동의와 공약을 했음에도 불구하고 어업 관리가 거의 효과가 없음을 보여준다(**그림 13.38**). 그러나 세계 해산 어류의 68%가 단지 9개 국가와 유럽 연합에 의해서만 어획되고 있기 때문에 어업 관리자들은 생태계 기반 수산 관리가 달성될 것으로 낙관하고 있다.

붕괴의 위험에 처한 수산업은 어떻게 회복할 수 있을까? 수산 전문가들은 다음 세 가지 핵심 항목을 즉시 시행해야 한다는 데 동의한다. (1) 과학적으로 추정한 어획량에 대하여 어획 할당량(쿼터)을 설정하고 그 제한을 시행한다. (2) 낭비 및 원치 않는 부수어획을 줄이며 (3) 산란 및 보육장으로 이용되는 중요 서식처를 보호한다. 인간은 이러한 목표를 달성하기 위한 수산업 생태계에 관한 이해와 기술을 가지고 있다. 그러나 세 가지 항목 모두를 달성할 수 있는 경우에만 전 세계의 수산업이 회복될 수 있다.

전 지구 기후변화가 해양 수산업에 미치는 영향

수산 과학자들에 따르면, 인간이 초래한 전 지구 기후변화는 이미 많은 분야에서 수산업에 영향을 주고 있다. 연구자들은 해양 생물종에 미치는 해양 온난화의 영향을 평가하기 위해 어류와 및 기타 해양생물의 온도 환경을 '생물학적 온도계'로 사용했다. 해양 어류는 일반적으로 해양의 특정 해역에서 발견되며, 적응한 특정 수온과 관련 있다. 만일 같은 종의 어류가 현재 정상적인 분포 해역 밖의 해역에서 발견되면 이것은 이 해역의 수온이 변화했다는 것을 알 수 있다. 예를 들어, 1970년과 2006년 사이에 연구자들은 해양 온난화로 대부분의 생태계에서 수산업으로 어획된 종 구성이 냉수 종에서 온수 종으로 바뀌었음을 발견했다(**그림 13.39**).

전 지구적 기후변화는 또한 과도하게 남획된 수산업에 심각한 영향을 미치고 있다. 사실 FAO 보고서에 따르면 지구 기후변화로 인해 몇몇 고갈된 어류 계군이 붕괴할 가능성이 높다. 그러나 건강한 수산업조차도 영향을 받

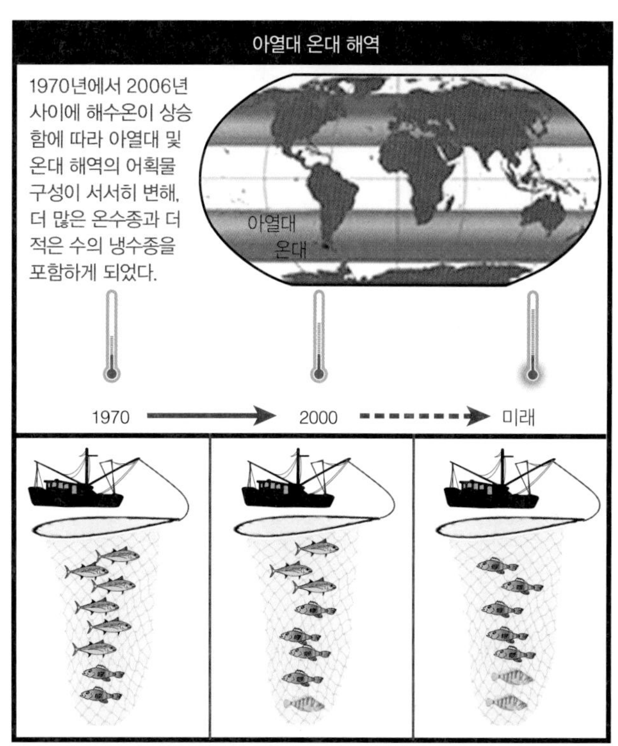

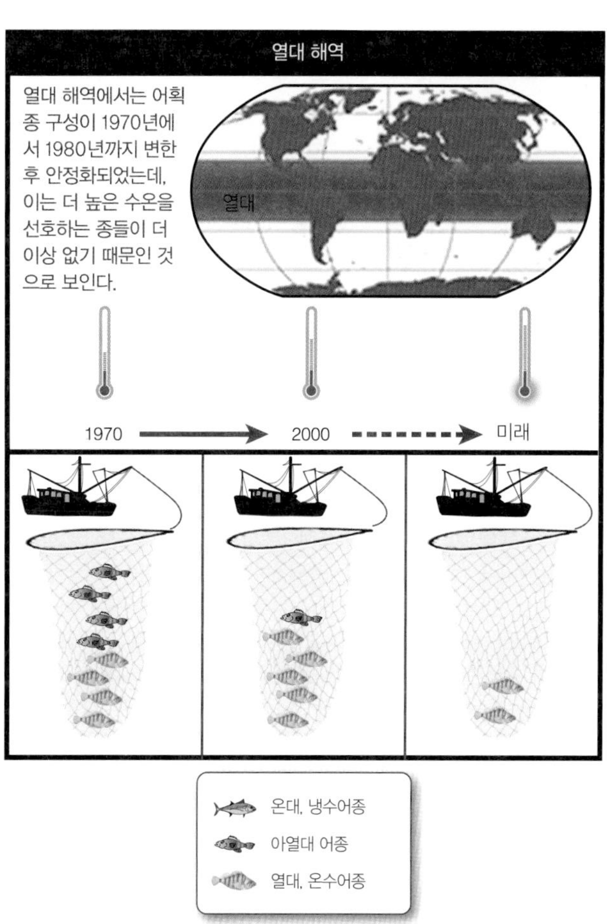

그림 13.39 해양 온난화는 수산업을 바꾸고 있다. 전 지구 해양 표면 온도가 상승함에 따라 냉수 해양종은 따뜻한 해역의 종으로 대체되고 있다. 연구에 따르면 이 패턴은 인간이 유발한 기후변화와 관련이 있음을 보여준다.

제일 나은 선택	좋은 대안	나쁜 선택
북극민물송어(Char, 양식) 배라먼디(Barramundi, 미국산 양식) 메기(미국산 양식) 조개류(양식) 태평양 대구(미국 트롤 제외) 게류 : 던지네스게(Dungeness), 대게(Stone) 태평양 넙치(미국) 캘리포니아 닭새우 담치(양식) 굴(양식) 새우 : 핑크(OR) 은대구(Sablefish)/홍바리(알래스카, 캐나다) 연어(알래스카 자연산) 태평양 정어리(미국) 가리비(양식) 핑크 새우(OR) 줄무늬 농어(양식, 자연산*) 틸라피아(미국 양식) 무지개송어(미국 양식) 다랑어(참치) : 날개다랑어(Albacore) (캐나다 및 미국 태평양, 주낙/폴 어획) 참치 : 가다랑어, 황다랑어(미국 주낙/pole 어획) 끌낚시 외줄 낚시	바사피시 메기류[Basa/Pangasius/Swai(양식)] 캐비어, 철갑상어(미국 양식) 조개류(자연산) 대구 대서양(수입) 대구 태평양(미국 트롤) 게 : Blue*, King(미국), Snow 넙치류 : 소울(태평양) 넙치 : 섬머(미국 대서양) 농어(능성어) : 검은지느러미농어, 붉바리 청어 : 대서양 바닷가재 : 북미/메인 마히마히(미국) 굴(자연산) 명태 : 알래스카(미국) 은대구(CA, OR, WA) 연어(CA, OR, WA*, 자연산) 가리비(자연산) 새우(미국, 캐나다) 오징어 바사피시 메기류(양식) 황새치(미국)* 틸라피아(중남미 양식) 참치 : 눈다랑어, Tongoi, 황다랑어 (미국 양식)	캐비어, 철갑상어*(수입 자연산) 칠레 농어/이빨고기* 코비아[Cobia(수입 양식)] 대구(오징어) : 대서양(캐나다 및 미국) 대게(수입) 넙치류, 헬리붓, 소울(미 대서양 섬머 넙치 제외) 농어(능성어, 미국 대서양) * 바닷가재 : 닭새우(브라질) 마히마히(수입 주낙/연승) 청새치 : Striped(태평양)* 아귀(Monkfish) 오렌지라피* 연어(양식, 대서양 포함)* 상어류*와 가오리류* 새우(수입) 붉돔(미국 멕시코만) 황새치(수입)* 틸라피아(아시아 양식) 다랑어(참치) : 날개다랑어*, 눈다랑어*, 가다랑어, Tongoi, 황다랑어* (troll/pole 제외) 참치 : 참다랑어* 참치 : 통조림(troll/pole 제외)

해양 친화적인 해산물 지원

최선의 선택은 풍부하고, 잘 관리되고 환경 친화적인 방법으로 어획하거나 양식한다.

좋은 대안은 선택 사항이지만, 어획 및 양식 방법과 다른 인간의 영향으로 서식처 건강에 대해 우려가 있다.

나쁜 선택은 다른 해양생물이나 환경에 해를 끼치는 방식으로 잡히거나 양식되기 때문에 지금은 선택하지 않는다.

범례

CA=캘리포니아, OR=오리건, WA=워싱턴

* 수은 또는 다른 오염 물질에 대한 우려로 소비를 제한함. www.edf.org/seafoodhealth 참고. 오염 물질 정보는 환경보호기금에서 제공함.

해산물은 하나 이상의 선택 구획에 나타날 수 있다.

그림 13.40 권장 해산물 선택. 몬테레이만 수족관 해산물 감시반이 추천하는 제일 나은 선택 해산물(녹색), 고려 대상 해산물(노란색)과 기피 해산물(붉은색). 인쇄용 지역 포켓 가이드 및 모바일 앱은 www.seafoodwatch.org에서 제공한다.

요약

해수온 상승으로 해양생물은 정상 서식 분포에서 더 차가운 냉수 해역으로, 더 깊은 수심으로 또는 고위도 해역으로 이동한다. 더 따뜻한 해수를 선호하는 종이 냉수종이 사라진 해역을 차지하게 된다.

학생들이 자주 하는 질문

상어 지느러미 수프를 금지하는 움직임에 대해 들었습니다. 상어 지느러미 수프란 무엇인가요?

상어 지느러미 수프는 송나라(960년경)로 거슬러 올라가는 중국의 진미 음식이다. 이 수프는 전통적으로 닭고기, 햄 국물, 채소 및 상어 지느러미(아마도 MSG 포함)의 연골로 만들어진다. 흥미롭게도 수프의 맛은 실제로 상어 지느러미에서 비롯된 것이 아니므로, 상어 지느러미를 넣는 것은 상징적인 행동이다. 상어 지느러미 수프는 전통 문화의 많은 다른 요리와 마찬가지로 계급과 부를 상징한다. 이 요리는 뿌리 깊은 지위의 전통, '체면', 존경이 되었다. 그래서 큰 축하 잔치, 특히 결혼식에서 기대하는 것이 되었다. 불행히도 상어 지느러미를 얻는 것은 소모적인 일이다. 해마다 최대 7천 3백만 마리의 상어의 지느러미만 자른 뒤 피 흘리는 몸통만 버려져서 사망하고 있다. 외양역 해저 상어의 1/30이 멸종 위기에 처해있다. 이 환경 문제에 대응하여 해양생물학자들이 주도하는 풀뿌리 조직이 상어를 보호하고 결혼식 신혼부부에게 상어 지느러미 수프를 제공하는 것을 하지 않도록 권장하고 있다. 그러한 두 가지 예는 웹 사이트 Shark Truth(www.sharktruth.com)와 Happy Hearts Love Sharks(www.happyheartslovesharks.org)에서 매년 지느러미 없는 결혼 경연 대회를 후원하고 있다. 이러한 노력으로 최근 중국의 상어 지느러미 수프 수요가 70%나 감소했다.

을 수 있다. 대륙 서해안과 같은 해역에서 용승에 의존하는 어류 개체군은 대양의 온난화와 용승의 감소로 연어, 다랑어, 고등어와 같은 건강한 어업이 황폐화될 수 있다. 또한 해양의 온난화와 해빙이 녹아 해수면이 상승하면 많은 수산업 어종의 중요한 번식지와 보육지인 맹그로브와 습지와 같은 저지대 연안 지역이 침수되어 침식될 것이다.

해산물 선택

소비자 수요로 인해 일부 어류 개체군이 사라질 위기에 처했다. 그러나 소비자가 소비하는 수산물을 건강하고 번성하는 수산업에서 잡거나 기른 수산물을 구매하는 현명한 선택으로 도울 수 있다. 확실하게, 일부 해산물은 어자원 풍부도, 어획 방법 및 어획 활동의 관리 수준에 따라 달라서 다른 종류보다는 환경 영향이 적다. 그림 13.40은 수산 식품(어패류)의 선택에 대하여 세 가지 권장사항을 제시한다 — 최선의 선택(녹색), 좋은 대안(노란색), 나쁜 선택(붉은색). 소비자는 해양 관리 협의회(Sea Stewardship Council) 및 바다의 친구(Friend of the Sea)와 같이 과학적으로 지속 가능한 어업을 인증하는 두 기관에서 발행한 '지속 가능' 표시가 있는 해산물을 구입함으로써 도움을 줄 수 있다. 이러한 계획은 소비자와 소매업자들이 지속 가능하고 남획으로 착취 되지 않는 어업을 지원할 수 있도록 돕는 것을 목표로 한다. 그러나 최근의 연구에 따르면 '지속 가능' 라벨로 판매되는 해산물의 약 1/4이 지속 가능성 기준을 충족시키지 못하고 있다.

개념 점검 13.5 | 해양 수산업에 영향을 미치는 몇 가지 쟁점을 평가하라.

1 남획을 정의하라. 어떤 한 종이 남획되었을 때 남아 있는 어류 현존량의 크기와 지속 가능한 최대생산량 MSY에는 어떤 변화가 있는가?

2 분실되거나 버려진 함정 어구, 그물, 어획 어구가 환경에 어떤 영향은 미치는가?

3 포식자가 제거되었을 때 해양 생태계에서 일어난 세 가지 의도하지 않은 결과를 설명하라.

4 환경을 생각하는 의식 있는 소비자로서 레스토랑이나 식료품점에서 해산 식품을 구매하기 전에 고려해야 할 요소는 무엇인가?

요약

해양 수산업은 남획, 많은 양의 부수어획을 생산하는 소모성 어획, 효과적 수산관리의 부족으로 고통받고 있다.

핵심 개념 정리

13.1 일차생산력이란 무엇인가?

- 해양에서는 광합성을 하는 미세한 플랑크톤 박테리아와 조류가 가장 큰 생물량을 차지한다. 그들은 해양의 일차생산자–즉 해양 먹이그물의 기초이다. 유기물은 또한 박테리아와 같은 생물이 황화수소의 산화에서 화학에너지를 획득하는 화학합성을 통해 심해 열수공 근처에서도 생성된다.
- 해양에서는 영양염의 가용성과 빛의 양이 광합성을 통한 생산력을 제한한다. 영양염–질소, 인, 철, 규소–은 강물의 유입과 용승으로 연안 해역이 가장 풍부하다. 순광합성량이 0인 깊이가 광합성 보상수심이다. 일반적으로 조류는 이 수심 아래에서 살 수 없으며, 연안은 20m 미만이거나, 외양은 100m까지이다.
- 해양생물은 영양분과 햇빛이 최적 조건인 대륙 연변부에서 가장 풍부하다. 대륙으로부터의 거리가 멀리 떨어지고, 수심이 깊어지면서 해양생물은 감소한다. 게다가 수온이 낮은 해수는 일반적으로 수온이 높은 해수보다 생물에 필요한 기체(산소와 이산화탄소)를 더 많이 녹일 수 있어서 더 풍부한 생물량은 유지한다. 용승으로 차고, 영양분이 풍부한 해수가 표층으로 올라오면 해역은 대체로 가장 높은 생산성을 갖는다.
- 해수는 가시광선 스펙트럼의 색을 선택적으로 흡수한다. 적색과 황색광은 상대적으로 얕은 깊이에서 흡수되는 반면, 청색과 녹색광은 가장 마지막에 흡수된다. 낮은 생물생산력을 보이는 해양은 가시광선의 짧은 파장대의 빛이 산란하여 청색을 띤다. 탁도가 높고 광합성 조류에 의해 생산력이 높은 해수는 더 짙은 녹색의 파장대의 빛을 산란하며, 녹색으로 보인다.

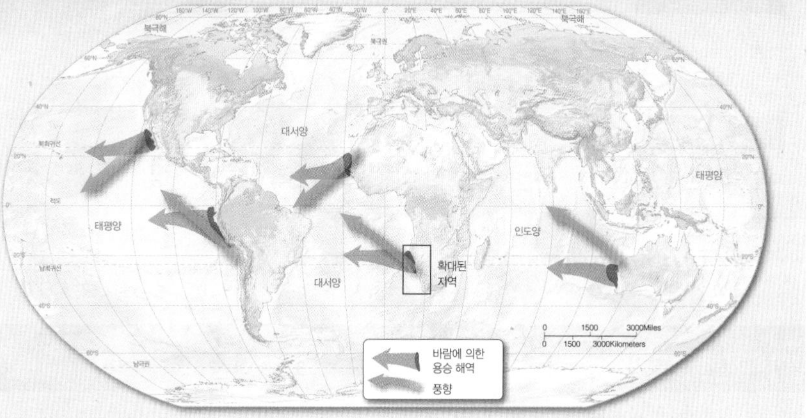

(a) 해안의 바람(녹색 화살표)은 대륙의 서해안에서 에크만 수송을 일으킨다(청색 화살표).

(b) 아프리카 남서쪽 연안 엽록소 농도(2000년 2월 21일)의 시윕스 이미지. 높은 엽록소 농도는 높은 식물플랑크톤 생물량을 나타내며, 이는 연안용승에서 기인한다. 농도 단위는 엽록소 a mg/m^3로 표시한다.

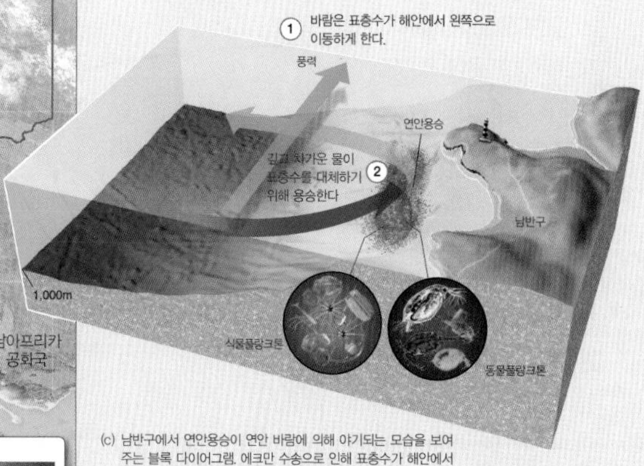

(c) 남반구에서 연안용승이 연안 바람에 의해 야기되는 모습을 보여 주는 블록 다이어그램. 에크만 수송으로 인해 표층수가 해안에서 멀어져 차고 영양염이 풍부한 물이 표층으로 용승한다.

심화 학습 문제

바다에서 하루 보트를 타면 선창 근처에 있는 물 색깔은 녹색이고 깊은 물속의 물 색깔은 푸른색이다. 얕은 물과 깊은 물의 색 차이로 인해 바다생물에 대해 어떤 추측을 할 수 있는가?

능동 학습 훈련

수업 중 다른 학생과 함께 물속에서 색을 사용하여 '사라지는' 해양생물의 능력이 수심에 따라 어떻게 영향을 받는지 분석하라.

13.2 광합성을 하는 해양생물에는 어떤 것들이 있는가?

- 많은 종류의 광합성 해양생물이 있다. 종자를 맺는 종자식물문은 잘피, 말잘피, 염습지 갈대, 맹그로브나무와 같은 해안 식물의 몇 속이 대표적이다. 대형 조류는 녹조류(녹조식물문), 홍조류(홍조식물문)와 갈조류(갈조식물문)를 포함한다. 현미경으로 볼 수 있는 미세 조류는 규조류(돌말류), 석회비늘편모조류(황갈조식물문), 와편모조류(와편모조식물문)를 포함한다.
- 와편모조류는 때때로 엄청난 양으로 존재하여 표층수를 붉은색으로 물들이는 적조(유해조류대발생, HAB)를 형성한다. 와편모조류는 또한 식중독을 일으키는 강력한 생물독소도 생산한다. 해양 부영양화는 이전에는 영양염이 결핍된 해역에 인위적으로, 대개 강의 유수에 의해 제공되어, 영양염이 풍부해져서 조류의 대발생을 유발하고 산소가 부족한 사해 구역을 형성하기도 한다.

심화 학습 문제

다음을 비교하고 대조하라. 적조, 유해조류대발생, 해양 부영양화 및 사해 구역.

능동 학습 훈련

수업 중 다른 학생과 함께 연안역의 유해조류대발생을 줄이는 방법의 목록을 작성하라.

13.3 해역별 일차생산력은 어떻게 다른가?

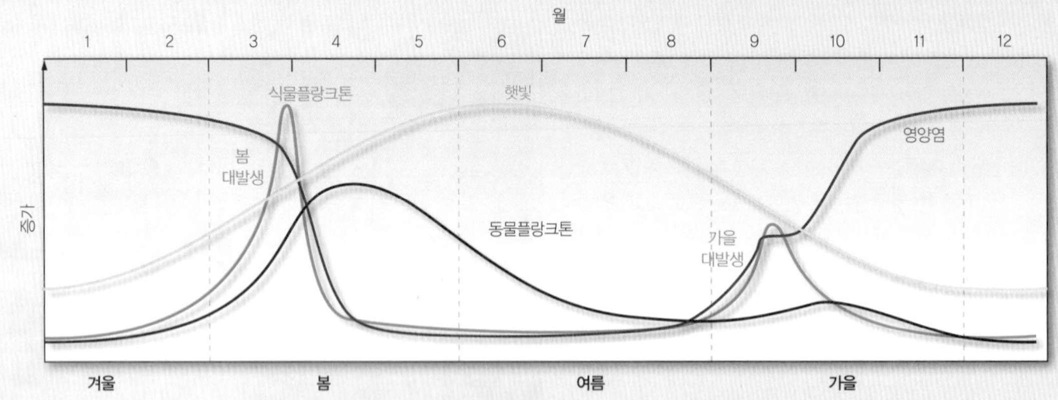

- 깊은 수심의 해양은 햇빛이 없어 광합성 생물에 의한 영양염 섭취가 제한되기 때문에 영양염의 저장소 역할을 한다. 이렇게 깊고 차고 영양염이 풍부한 해수가 햇빛이 있는 표층으로 상승하면 해양생물의 높은 생산력과 풍부도를 만드는 모든 적합한 조건이 된다. 그러나 수온약층의 발달은 영양염이 풍부한 심층수가 표면으로 이동하는 것을 막아 생산성을 저해하는 뚜껑 역할을 한다.
- 고위도(극지방)의 해양에는 일반적으로 수온약층이 없으므로 용승이 쉽게 발생할 수 있다. 극지방의 경우, 빛의 가용성이 영양염의 가용성보다 더 중요하다.
- 저위도(열대) 해양에는 보통 일년 내내 강한 수온약층이 존재하여, 용승이 발생하지 않고 영양염 결핍이 표층의 생산력을 제한한다. 생산력은 국지적 용승 또는 산호초 근처에 영양염이 집중된 곳에서 높게 나타날 수 있다.
- 중위도(온대) 해양에서, 생산력은 봄과 가을에 최대를 보이며, 겨울에는 일사량의 부족, 여름에는 영양염 부족으로 제한된다.

심화 학습 문제

극지방, 중위도, 열대 해양의 생물학적 생산력을 비교하라. 계절적 광량의 변화, 수온약층의 발달, 영양염 가용성과 같은 모든 요인을 고려하라.

능동 학습 훈련

다른 학생들과 함께 해양의 영양염 분포와 최고 생산력 시기가 바하 캘리포니아 번식장에서 북태평양 섭식장으로 이동하는 대왕고래 같은 해양 포유류의 회유에 어떻게 영향을 미치는지 토의하라.

13.4 해양 생태계에서 에너지와 영양염은 어떻게 전달되는가?

▶ 조류가 흡수한 태양복사에너지는 화학에너지로 전환되어 생물 군집의 다른 영양단계의 생물에게 전달된다. 이 에너지는 운동에너지와 열에너지로 소비되고 결과적으로 생물학적으로는 쓸모없게 된다. 생물은 죽으면 영양염으로 분해되어 조류가 다시 사용할 수 있는 무기물로 된다.

▶ 해양 생태계는 생산자(광합성 또는 화학합성), 소비자(생산자 소비), 분해자(유기쇄설물 분해)로 불리는 생물 개체군으로 구성된다. 동물은 초식동물(식물 초식), 육식동물(동물 포식), 잡식동물(둘 다 섭식) 또는 박테리아식자(박테리아 섭식)로 구분할 수 있다. 생지화학 순환을 통해, 생물 군집의 생물은 영양염과 다른 화학 물질을 한 형태에서 다른 형태로 순환시킨다

▶ 섭식 전략에는 부유 또는 여과 섭식(해수 내의 플랑크톤 생물여과 섭식), 퇴적물 섭식(퇴적물 및 유기쇄설물 섭식), 육식 섭식(다른 생물체 직접 섭식)이 포함된다. 평균적으로 한 먹이 수준에서 섭취되는 질량의 약 10%만이 다음 단계로 전달된다. 결과적으로, 개체의 크기는 증가하지만 개체의 수는 먹이사슬 또는 먹이그물의 영양단계에 따라 감소한다. 전반적으로, 개체군의 총생물량은 생물량 피라미드가 높아짐에 따라 감소한다.

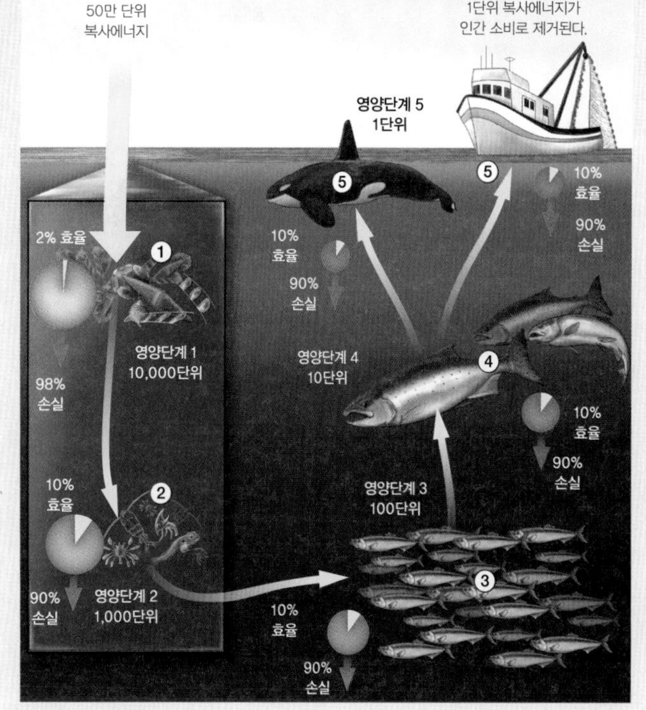

심화 학습 문제

영양단계 사이의 평균 에너지 전달 효율은 10%이다. 이 효율을 사용하여 3단계 또는 상위 육식 동물인 범고래에 새로운 질량 1g을 추가하는 데 필요한 식물플랑크톤의 양을 측정하라. 각 영양단계와 각 단계의 생물의 상대적 크기와 풍부도를 요약한 그림을 작성하라. 효율이 평균의 절반인 경우라면 당신의 답은 어떻게 변할 것인가? 평균의 두 배라면?

능동 학습 훈련

수업 중에 다른 학생과 함께 참치와 같은 2차 소비자의 포획이 증가함에 따라 최상 육식 동물(예 : 상어와 킬러고래)의 운명을 추정하라.

13.5 어떤 쟁점들이 해양 수산업에 영향을 주는가?

▶ 해양 수산업은 다양한 생태계, 특히 얕은 대륙붕과 연안 해역 및 용승 해역의 개체군의 생물량을 수확하는 것을 말한다.

▶ 남획은 어류가 번식하는 속도보다 더 빨리 어류 성어를 어획할 때 발생하며, 어류의 최대지속적 생산량(MSY)의 감소는 물론 어류 개체수의 감소를 초래한다.

▶ 많은 어획에서 의도치 않은 부수어획을 하게 된다. 유령어업은 유실되거나 버려진 어구가 계속해서 어류, 해양 포유류 또는 다른 생물을 포획하는 것이다.

▶ 수산업 관리에도 불구하고, 전 세계의 많은 어류 자원량은 여전히 감소하고 있다. 현명한 수산물의 선택이 어류 개체군의 감소를 막을 수 있다.

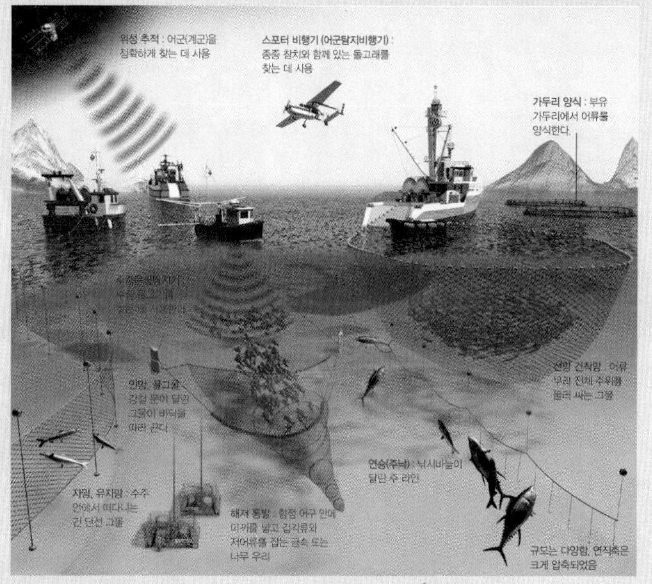

심화 학습 문제

현재의 수산업 관리 실행에 대한 몇 가지 중대한 문제점을 열거하라. 지속가능한 수산자원량을 증가시키기 위해 수산업 관리를 어떻게 개선할 수 있는가? 생태계와 원치 않는 부수어획의 피해를 줄이기 위해 어구를 어떻게 바꿀 수 있는가?

능동 학습 훈련

학급의 다른 학생과 함께 세계 해양에서 대형 해양 어류의 회복, 다양성 및 풍부도를 촉진하기 위해 수행할 수 있는 세 가지 사항을 설명하라.

멋진 유선형 몸매를 지닌 상어가 대양을 배회하고 있다. 이 비단상어와 같은 상어들은 자신들을 효율적인 해양포식자로 만드는 독특한 적응력을 지니고 있다.

14

공생 크릴 낫 모양 물개류 생물량 고래목 떼 지음 짓기 대응조명 고래수염 질소중독증 해우목 유공충류 이빨고래아목 수염고래아목 음향탐지 바다사자 부레 데트리터스 생물발광 방산충류

이 장을 읽기 전에 위에 있는 용어들 중에서 아직 알고 있지 못한 것들의 뜻을 이 책 마지막 부분에 있는 용어해설을 통해 확인하라.

표영계 동물

표영계 생물(pelagic organisms)은 해저에서 사는 것이 아니고 해수에 떠 있으며, 해양에 존재하는 **생물량**(biomass)[1]의 대부분을 차지하고 있다. 식물플랑크톤(phytoplankton)과 광합성 미생물들은 빛이 있는 해양 표층수에 살고 있으며, 해양의 거의 모든 다른 생물의 먹이가 되고 있다. 그 결과 많은 해양동물들이 먹이공급이 활발히 일어나는 표층수에 살고 있다. 많은 해양생물들이 직면한 가장 큰 도전 중의 하나는 깊은 곳으로 가라앉지 않고 계속 표층에 떠 있는 것이다.

식물플랑크톤과 광합성 미생물들은 크기가 무척 작은데, 이는 단위 체적당 더 큰 표면적을 지님으로써 침강에 대한 마찰저항을 얻기 위해서이다. 하지만 대부분의 동물들은 해수보다 더 밀도가 크며, 단위 체적당 더 작은 표면적을 지니고 있다(즉, 그들은 더 작은 표면적/부피 비율을 지니고 있다). 따라서 그들은 식물플랑크톤에 비해 더 빨리 침강하는 경향이 있다.

먹이공급이 많은 표층수에 머물러 있기 위해서 표영계 해양동물은 그들의 부력을 증가시키거나, 끊임없이 헤엄을 쳐야 한다. 동물들은 다양한 적응과 생활양식을 통하여 이 두 가지 전술 중 한 가지 또는 두 가지 모두를 채택하고 있다.

핵심 개념

이 장을 학습한 후 다음 사항을 해결할 수 있어야 한다.

14.1 해양생물들이 침강을 피하기 위해 사용하는 방법을 비교하라.
14.3 표영계 동물이 먹이를 찾기 위해 지닌 적응을 설명하라.
14.3 표영계 동물이 포식당하는 것을 피하기 위해 지닌 적응을 구체적으로 말하라.
14.4 형태적인 특징을 기준으로 해양포유류의 주요 그룹을 구분하라.
14.5 회색고래가 회유하는 이유를 설명하라.

"The whale rose even closer. It had a distinct hazel eye that looked directly at me. It studied my hair, looked at my beard, passed its gaze over my nose, and then looked deeply into my eyes. It looked past all those biology classes, between the volumes of whale literature I had studied, and beyond the thousands of gray whales in my memory. It looked into my soul."

—Lindblad Expeditions Naturalist Robert "Pete" Pederson, describing a close encounter with a gray whale (1999).

14.1 해양생물은 어떻게 해수 중에 머물 수 있는가?

일부 동물들은 표층수에 머물기 위해 그들의 부력을 증가시킨다. 그들은 평균 밀도를 감소시키기 위해 기체로 차 있는 내부 구조를 지니거나, 단단하고 높은 밀도를 지닌 부분을 부드럽고 가벼운 몸으로 대체시킨다. 더 큰 동물들은 유영능력을 지니기도 한다. 하지만 만약 그들의 몸이 해수보다 밀도가 더 크다면 해수 중에서 움직이기 위해서 더 많은 에너지를 소비해야만 한다.

기체용기의 사용

Interdisciplinary

Relationship

공기는 해수면의 물보다 약 800배 정도 밀도가 작다. 따라서 생물 몸속에 약간의 공기가 있더라도 그들의 부력을 크게 증가시킬 수 있다. 일반적으로 동물은 **중성부력**(neutral buoyancy)을 이루기 위해 견고한 기체용기(gas container)나 부레를 사용한다. 중성부력이란 몸속의 공기를 이용하여 생물체의 밀도를 조절하여 에너지 소비 없이 일정 깊이에 머물도록 하는 것을 말한다.

1 생물량은 살아 있는 생물의 질량이다.

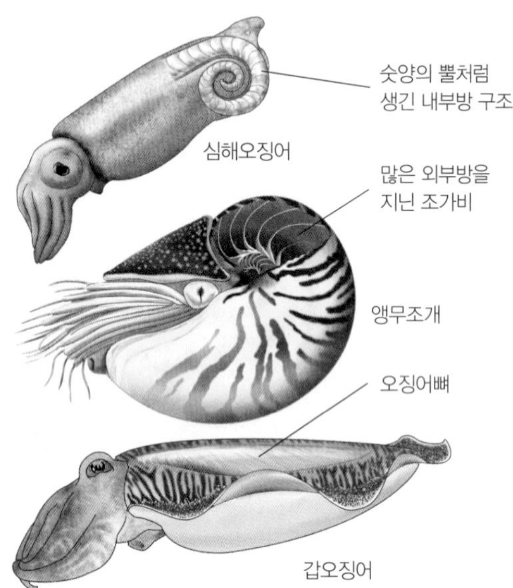

그림 14.1 두족류의 기체용기. 앵무조개는 외부방이 있는 조가비를 지닌다. 한편 갑오징어와 심해오징어는 견고한 내부방 구조를 지니는데, 부력을 제공하기 위해 기체로 가득 채울 수 있다.

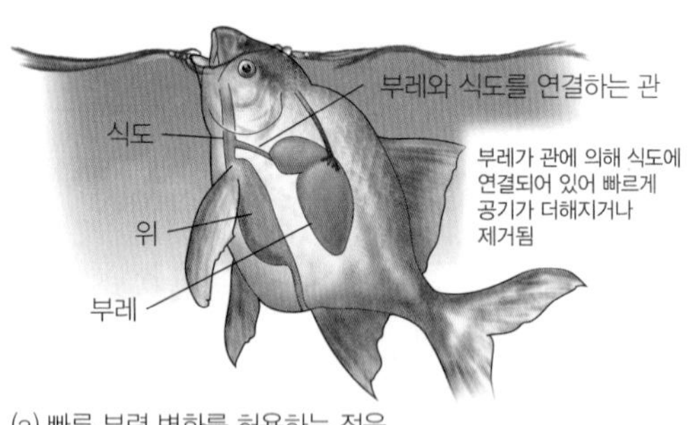

(a) 빠른 부력 변화를 허용하는 적응

등쪽 혈관
기체가 추가됨
가스샘
부레와 식도를 연결하는 관이 없어 피를 통해 기체가 더해지거나 제거되므로 시간이 많이 소요됨
식도
위
부레
기체가 제거됨

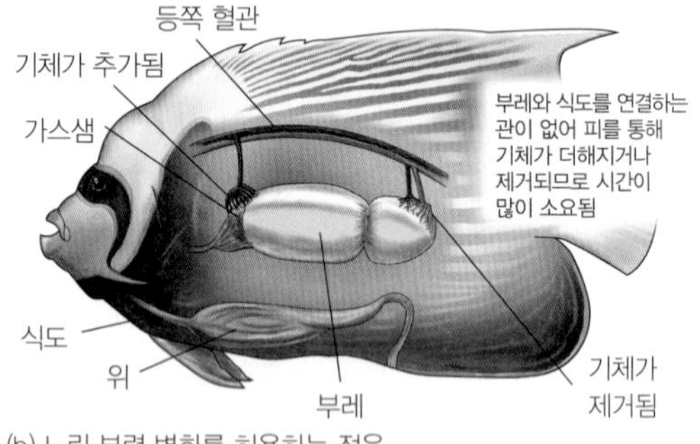

(b) 느린 부력 변화를 허용하는 적응

그림 14.2 부레. 많은 경골어류들이 부력을 조절하여 수주에서의 위치를 조절하기 위해 사용되는 부레를 가지고 있다. 일부 어류는 (a) 빠른 부력 변화를 허용할 수 있도록 적응이 되어 있고, 또 다른 어류는 (b) 느린 부력 변화만 허용할 수 있는 적응을 보인다.
https://goo.gl/ywFGFq

견고한 기체용기 두족류와 같은 일부 동물들은 그들 몸속에 기체가 들어있는 견고한 용기를 지닌다. 예로서 **앵무조개**(*Nautilus*속)는 많은 외부 방을 지닌 조가비(shell)을 지닌 반면, 갑오징어(*Sepia*)[2]와 심해오징어(*Spirula*)는 내부 방 구조를 지닌다(**그림 14.1**).

외부 방 속의 압력이 항상 $1cm^2$당 1kg(1기압)이기 때문에 앵무조개는 속이 비어 있는 조가비의 붕괴를 막기 위해 약 500m 이내 수심에서만 머물러야 한다. 따라서 앵무조개는 250m 밑으로 거의 내려가지 않는다.

부레 서서히 움직이는 일부 어류는 중성부력을 이루기 위해 내부기관인 **부레**(swim bladder)를 지닌다(**그림 14.2**). 그러나 참치와 같이 매우 빨리 헤엄치는 어류나 해저에 사는 어류들은 부레를 지니고 있지 않다. 그 이유는 그들이 수중에서 수심을 유지하는 데 있어 문제가 없기 때문이다.

수심의 변동은 부레를 확장시키거나 수축시킨다. 따라서 어류는 일정한 부피를 유지하기 위해 부레 속의 기체를 제거하거나 공급해야 한다. 일부 어류는 부레와 식도 사이에 관이 있어(**그림 14.2a**) 그 관을 통해 빠르게 부레에 공기를 공급하거나 제거할 수 있다. 한편 관이 없는 어류의 경우(**그림 14.2b**) 부레의 기체는 혈액과의 교환에 의해 천천히 공급되거나 제거된다. 따라서 그들은 빠른 수심변화를 견딜 수 없다.

얕은 곳에 사는 어류의 경우 부레의 기체 조성은 대기의 공기 조성과 비슷하다. 바다 표면에서 부레 속의 산소 농도는 대기와 비슷한 약 20%이다. 그러나 수심이 증가함에 따라 산소의 농도는 증가하는데, 90% 이상까지 증가한다. 이것은 깊은 곳 어류의 몸속에서 일어나는 화학반응이 혈액 속의 산소를 부레 속으로 확산되도록 초래하기 때문이다. 부레를 지닌 어류가 700기압이 넘는 수압을 보이는 7,000m 수심에서도 채집된 적이 있다. 이렇게 높은 수압은 기체의 밀도를 $0.7g/1cm^3$까지[3] 압축시킨다. 이것은 지방과 거의 같은 밀도이다. 그 결과 많은 심해어류는 부력을 받기 위해 압축된 기체 대신에 지방으로 가득 찬 특수기관을 지니고 있다.

Interdisciplinary

Relationship

부유 능력

부유하는 동물은 현미경으로 볼 수 있는 새우처럼 생긴 동물부터 해파리와 같이 비교적 큰 종까지 크기가 다양하다. 이처럼 부유하는 동물들을 **동물플랑크톤**(zooplankton)이라고 부르는데, 식물플랑크톤 다음으로 많은 생물량을 차지하고 있다. 현미경으로 볼 수 있는 소형 동물플랑크톤은 보통 단단한 **껍데기**(test: *testa* = shell)를 지닌다. 하지만 많은 큰 동물플랑크톤은 밀도를 감소시키고 물속에 떠 있도록 부드럽고 젤라틴한 몸을 지닌다.

소형 동물플랑크톤은 바다에 믿을 수 없을 정도로 대단히 풍부하다. 그들은 생산자인 식물플랑크톤을 잡아먹는 일차소비자(primary consumer)이다. 따라서 많은 동물플랑크톤은 초식성(herbivore)이다. 하지만 일부 동물플랑크톤은 잡식성(omnivore)으로 식물플랑크톤뿐만 아니라 다른 동물플랑크톤을 잡아먹는다. 대부분의 소형 동물플랑크톤은 먹이가 풍부한 표층수에 머물 수 있도록 그들의 몸의 표면적을 증가시키는 적응을 보인다.[4]

---

2 두족류의 많은 종들이 먹물을 지닌다. 갑오징어의 먹물은 필기용 잉크로 사용되어왔다.

3 참고로 물의 밀도는 $1cm^3$당 1g임을 기억하자.

4 증가된 표면적이 어떻게 생물의 부유능력에 영향을 미치는지에 대해 더 알고 싶으면 제12장을 참조하라.

일부 생물은 부유하기 위해 밀도가 작은 지방(fat)이나 기름(oil)을 만들어낸다. 한 예로 많은 동물플랑크톤은 중성부력을 유지하기 위해 작은 기름방울을 지닌다. 다른 예는 상어인데, 상어는 그들의 밀도를 감소시켜 더 쉽게 뜰 수 있도록 지방이 풍부한 큰 간을 지닌다.

요약

해양생물은 햇빛이 비치는 표층수에 머무르기 위해 다양한 적응을 보이는데, 견고한 기체용기, 부레, 표면 면적을 증가시키는 가시, 부드러운 몸, 유영능력 등이 포함된다.

유영능력

어류와 해양포유류처럼 큰 표영성 동물들은 유영함으로써 수중에서 그들의 위치를 유지할 수 있고 또한 해류를 거슬러 움직여 나갈 수도 있다. 이 동물들을 **유영동물**(nekton: *nektos* = swimming)이라고 부른다. 그들의 유영능력 때문에 일부 유영동물들은 매우 먼 거리를 회유한다.

동물플랑크톤의 다양성

바다에는 엄청나게 다양한 동물플랑크톤들이 살고 있다. 동물플랑크톤의 다양성은 먹이를 차지하기 위한 경쟁과 포식자의 회피를 위한 적응의 결과이다.

소형 동물플랑크톤 가장 중요한 소형 동물플랑크톤의 세 종류는 방산충류, 유공충류와 요각류이다.

방산충류(radiolarian)는 규산질(silica)의 껍데기를 지닌 단세포의 원생동물이다(**그림 14.3**). 그들의 껍데기는 긴 돌출물을 포함한 독특한 장식을 지닌다. 몸을 둘러싸고 있는 가시들은 포식자에 대한 방어를 위해 존재하는 것으로 생각되지만, 가시들은 방산충류의 표면적을 증가시켜 깊은 곳으로 침강하지 않도록 한다.

유공충류(foraminifer)는 현미경으로 보이는 단세포의 원생동물이다. 부유성 유공충류가 풍부하지만, 다양한 저서성 유공충류도 존재한다. 유공충류는 탄산칼슘의 단단한 껍데기를 지닌다(**그림 14.4**). 방산충류와 유공충류의 껍데기는 심해퇴적물의 흔한 구성성분이다.

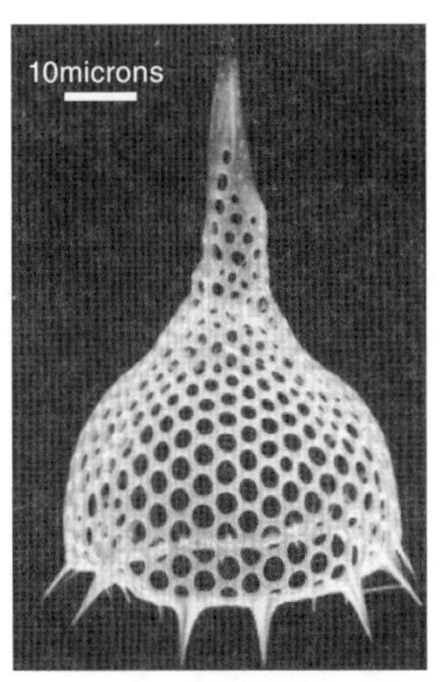

(a) *Anthocyrtidium ophirense*

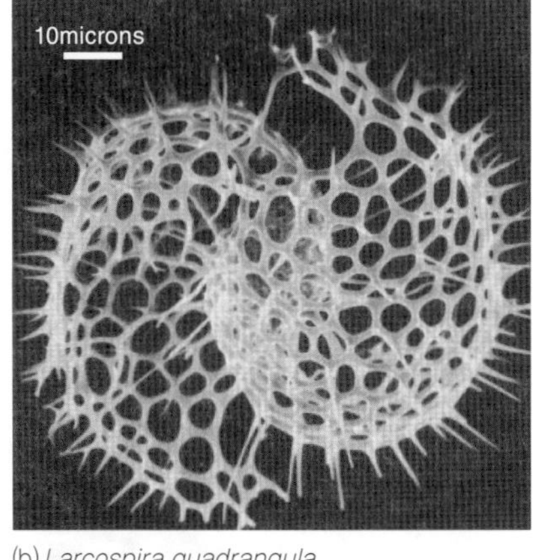

(b) *Larcospira quadrangula*

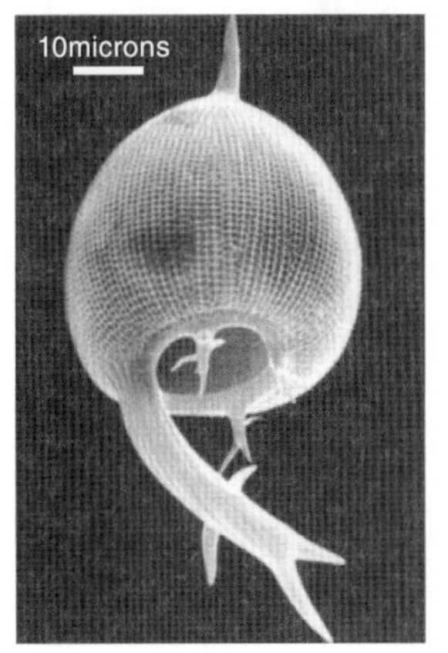

(c) *Euphysetta elegans*

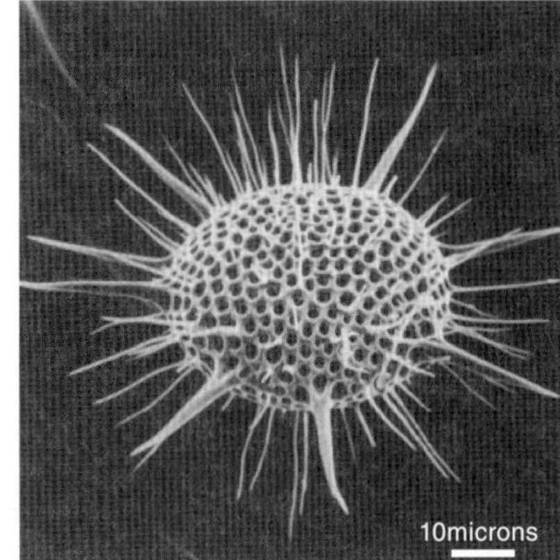

(d) *Heliodiscus asteriscus*

그림 14.3 방산충류. 다양한 방산충류의 현미경 사진

요각류(copepod)는 갑각아문(subphylumCrustacea)에 속하는 작은 생물이다. 갑각류에는 새우류, 게류, 가재류가 포함되어 있다. 다른 갑각류처럼 요각류는 단단한 외골격과 체절의 몸과 관절이 있는 다리(jointed leg)가 있다(**그림 14.5**). 대부분의 요각류는 포크 모양의 꼬리와 정교한 안테나를 지닌다.

7,500종이 넘는 요각류가 존재한다. 대부분의 요각류는 해수로부터 작은 부유성 먹이입자를 걸러먹기 위해 특별한 적응을 보인다. 일부 요각류는 식물플랑크톤을 먹는 초식성이지만, 일부는 다른 동물플랑크톤을 먹는 육식성이며, 또 일부는 기생성이다.

모든 요각류는 알을 낳는다. 때때로 알들은 암컷의 배에 붙어 있는 알주머니 속에 들어 있는 채로 운반되며, 해수에 방출된 뒤 하루 정도 지나면 부화한다. 먹이가 풍부한 좋은 환경조건이 조성되면 그들의 빠른 생식으로 인해 수많은 요각류가 바다에서 출현한다.

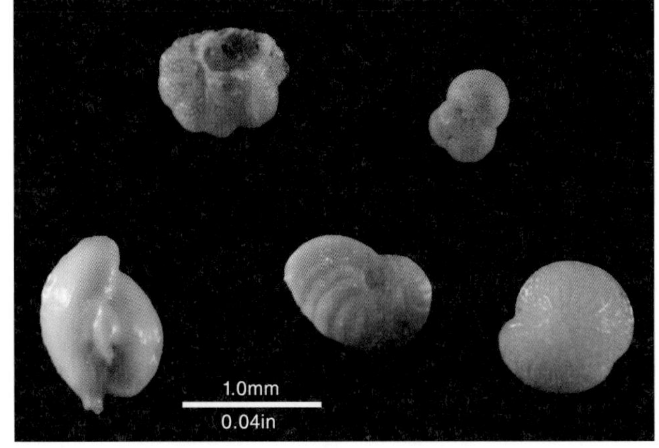

그림 14.4 유공충류. 지중해에서 채집된 다양한 부유성 유공충류의 현미경 사진

요각류는 크기가 작지만(1mm보다 큰 종이 드뭄), 해양에서 엄청나게 많은 개체수가 존재한다. 그들은 지구상에 생존하는 다세포 생물 중 개체수가 가장 풍부한 종류 중 하나이다. 요각류는 해양 동물플랑크톤 생체량의 상당 부분을 차지하고 있으며, 해양 먹이망에서 식물플랑크톤과 더 큰 동물(플랑크톤 섭식 어류 등) 사이를 연결해주는 중요한 역할을 담당하고 있다.

대형 동물플랑크톤 많은 동물플랑크톤 종류가 현미경의 도움 없이도 보일만큼 크다. 가장 중요한 대형 동물플랑크톤의 두 집단은 크릴과 다양한 형태의 자포동물이다.

크릴(krill)은 갑각아문(subphylum Crustacea), 유파우시아속(*Euphausia*)에 속하며, 작은 새우류나 큰 요각류를 닮았다(**그림 14.6**). 1,500종 이상의 크릴이 존재하며, 대부분 길이가 5cm를 초과하지 않는다. 그들은 남극해에서 대단히 풍부하며, 바닷새부터 지구상에서 가장 큰 고래에 이르기까지 많은 동물들의 먹이가 됨으로써 남극해 먹이망에서 중요한 연결고리 역할을 한다.

자포동물[cnidarian, *cnid* = nematocyst(*nemato* = thread, *cystis* = bladder)]은 과거에 강장동물로 알려져왔었다. 그들의 몸은 95% 이상이 물로 구성되어 있으며, **자포**(nematocyst)라고 불리는 침으로 무장된 촉수(tentacle)를 지니고 있다. **히드로충류**(hydrozoan)와 **해파리류**(scyphozoan)의 두 그룹이 대형 동물플랑크톤에 속한다.

히드로충류(hydrozoan, *hydro* = water, *zoa* = animal)에는 모든 대양에서 출현하는 **고깔해파리**(Portuguese man-of-war, *Physalia*속)와 by-the-

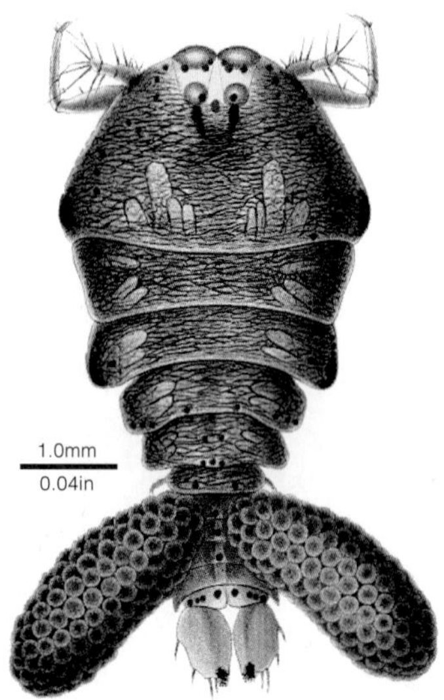

(a) *Sapphirina auronitens* 암컷이 한 쌍의 알주머니를 지니고 있다.

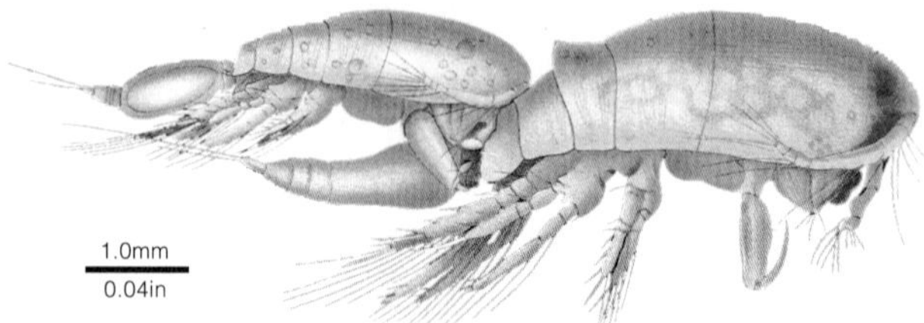

(b) 교미하는 한 쌍의 *Oncaea conifera*

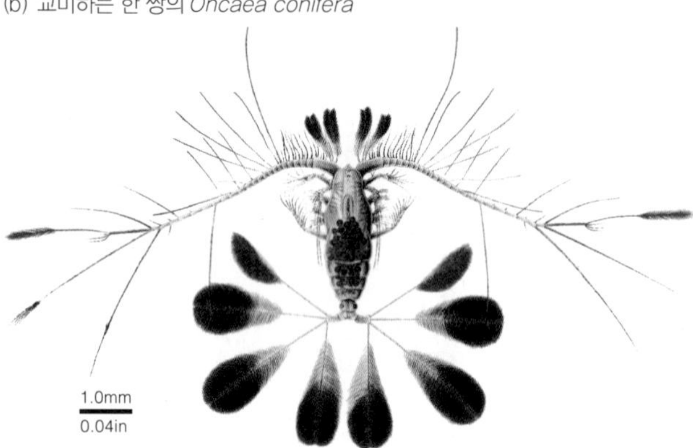

(c) 온수종의 특징인 깃털처럼 생긴 부속물(appendage)을 보여주는 *Calocalanus pavo*

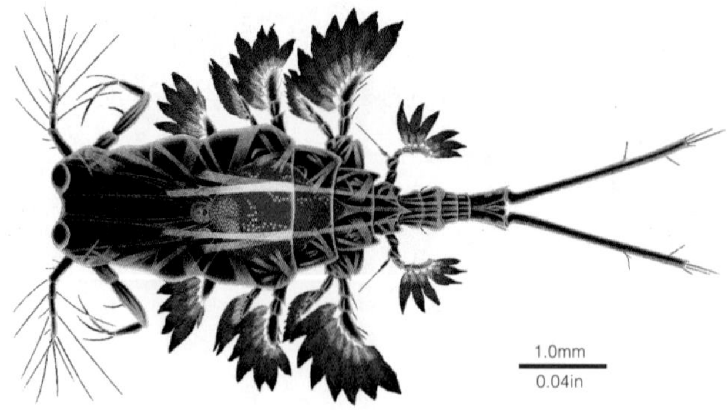

(d) *Copilla vitrea*는 그들의 부속물을 이용하여 수중에 있는 큰 입자나 자기보다 큰 동물플랑크톤에 부착한다.

그림 14.5 요각류. 나폴리만의 동식물에 관한 기스브레크트(William Giesbrecht)의 1892년 책에 실렸던 다양한 요각류의 그림.

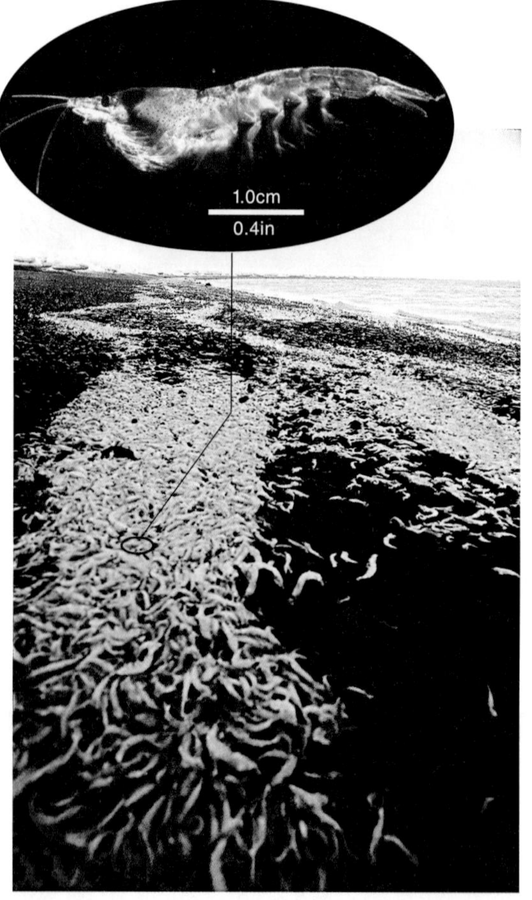

그림 14.6 크릴. 남극대륙의 해안에 씻겨 올라온 크릴의 모습. 확대 그림은 약 3.8cm 크기의 *Meganyctiphones norvegica*의 모습.

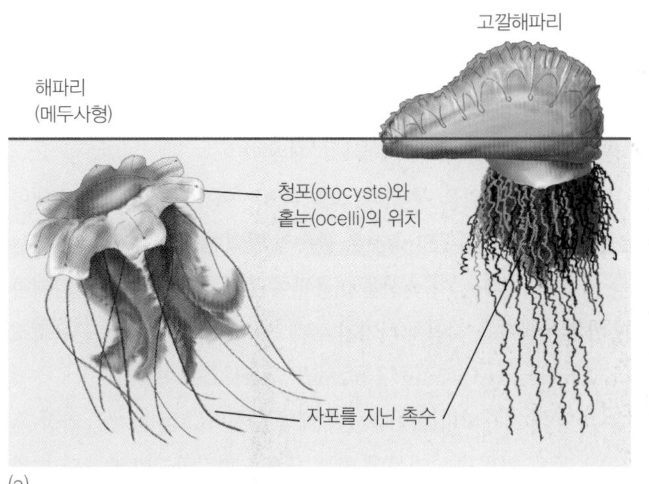

(a)

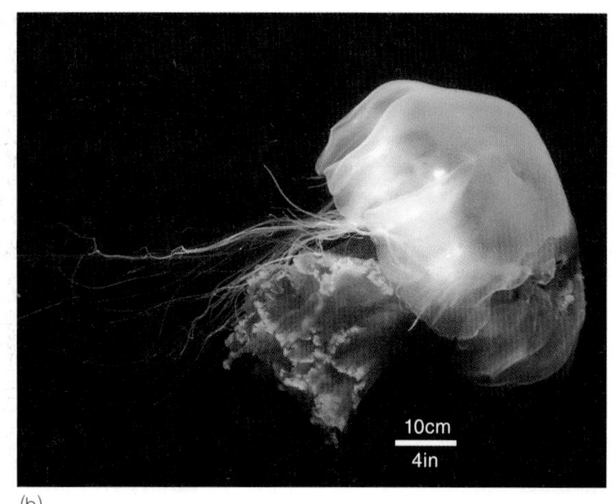

(b)

그림 14.7 부유성 자포동물. (a) 오른쪽은 고깔해파리, 왼쪽은 전형적인 메두사 해파리의 모습을 보여준다. (b) 너비 50cm의 종 모양의 몸을 지닌 메두사 해파리의 사진

windsailor(*Velellia*속) 등이 속한다. 고깔해파리의 **기체주머니**(pneumatophores)는 튜브 역할을 하며 바람에 의해 바다 표면을 밀려 나가는 돛의 역할을 한다(**그림 14.7a**, 왼쪽). 때때로 바람은 많은 수의 고깔해파리들을 해안가로 밀어 붙여 죽게 만든다. 고깔해파리가 살아 있는 동안 작은 동물들에게 서식장소를 제공한다. 고깔해파리의 촉수는 수 m의 길이에 달하기도 한다. 촉수는 자포로 무장되어 있어 잘못 만지면 고통스럽고 위험한 신경독(neurotoxin)의 피해를 입을 수 있다.

해파리류(scyphozoan, *skyphos* = cup, *zoa* = animal)는 종 모양의 몸과 촉수를 지닌다(**그림 14.7**). 크기는 현미경적 크기부터 직경 2m까지 다양하며, 대부분의 해파리류는 50cm를 넘지 않는다. 가장 큰 해파리는 촉수 길이가 60m에 달한다.

해파리류는 근육 수축으로 움직인다. 물은 종 모양의 몸속 공간으로 들어오고 몸을 둘러싸고 있는 근육이 수축하면서 물이 몸 밖으로 뿜어 나오며 그 반동으로 움직인다.[5] 해파리가 위를 향해 헤엄치도록 빛에 민감하거나 중력에 민감한 기관이 존재한다. 해파리는 물 표면으로 헤엄쳐 올라간 뒤 먹이가 풍부한 표층수를 통과하여 서서히 가라앉을 때 먹이를 잡아먹는다. 따라서 위를 향해 헤엄치는 행동은 해파리에게 매우 중요하다. 해파리류는 히드로충류와 마찬가지로 어린 물고기와 게류 등 다양한 다른 동물들에게 서식장소를 제공하기 때문에 외양역에서 매우 중요하다.

다른 대형 동물플랑크톤 중에는 피낭류(tunicate), 살파(salp), 빗해파리류(comb jelly) 그리고 모악류(chaetognath)가 포함되어 있다.

유영동물 오징어류, 어류, 바다거북류, 해양포유류 등이 유영동물에 속한다. 유영성 오징어류에는 오징어(*Loligo*), 빨간오징어(*Omnastrephes*), 대왕오징어(*Architeuthis*)가 포함되어 있으며, 이들 모두 활발히 어류를 잡아먹는 포식자이다. 대부분의 오징어류는 2개의 지느러미와 길고 가는 몸을 지녔다(**그림 14.8**). 그들은 물속에서 떠 있기 위해 계속 움직여야 한다. 갑오징어(*Sepia*)와 심해오징어(*Spirula*) 같은 일부 종(그림 14.1 참조)은 기체가 가득 찬 방(chamber)을 몸속에 지녀 부유하는 데 도움을 받고 있어 덜 활동적이다.

오징어류는 같은 크기의 어류보다 빨리 헤엄을 칠 수 있다. 그들은 체강

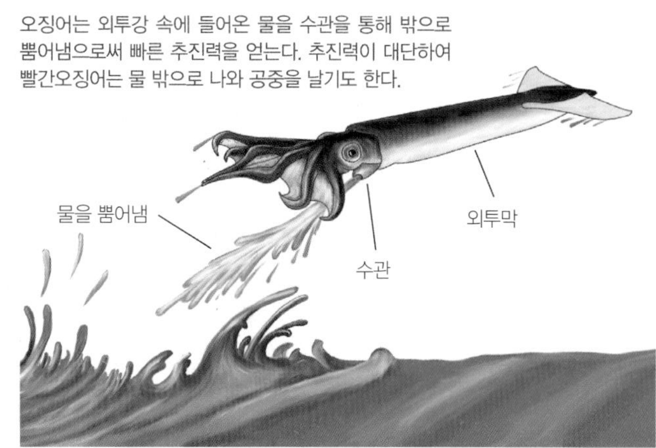

그림 14.8 오징어의 운동성.

5 해파리는 물의 흐름을 거슬어 원하는 목적지를 스스로 갈 수 없기 때문에 유영동물이 아니고 플랑크톤으로 구분한 제12장을 상기하라.

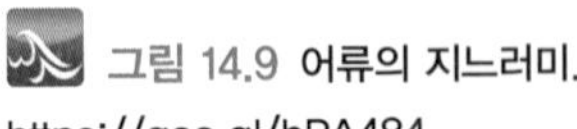
그림 14.9 어류의 지느러미.
https://goo.gl/hPA484

속으로 물을 빨아들인 뒤 수관을 통해 물을 뿜어냄으로써 앞으로 세차게 나아간다. 먹이생물을 잡기 위해 오징어류는 빨판을 지닌 긴 두 팔을 이용한다(그림 14.8). 8개의 짧은 팔은 잡은 먹이를 입으로 이동시킨다. 그러면 앵무새 부리를 닮은 이빨이 먹이를 분쇄하게 된다.

대부분의 어류는 헤엄을 잘 친다. **그림 14.9**는 어류의 일반적인 형태와 지느러미를 보여준다. 어류의 측선은 물속의 압력변화를 감지할 수 있는 감각기를 지녔다. 어류는 이 측선을 이용하여 주변 물속의 진동을 감지하고 있다. 어류는 물속을 헤엄쳐 나가기 위해 척추골에 붙어 있는 근육조직인 근절(myomere, *myo* = muscle, *merous* = parted)을 이용한다.

어류는 다양한 지느러미를 이용하여 헤엄을 친다(**그림 14.10**). 가장 흔한 움직임은 몸의 옆면을 따라붙어 있는 근절을 번갈아가며 수축과 이완시킴으로써 이루어진다. 이 같은 형태의 움직임을 **다랑어형**(thunniform: *thunnus* = tuna, *form* = shape) **움직임**이라고 부른다. 암초 지역에 사는 일부 어류의 경우 몸 움직임의 조정을 위해 속도를 희생한다. 일부 어류는 위장을 위해 작고 투명한 지느러미로 움직인다. 그 결과 다랑어형 움직임 외에도 아미아형(amiiform: *amia* = a kind of fish, *form* = shape), 놀래기형(labriform: *labri* = a kind of fish, *form* = shape), 개복치형(ostraciform: *ostracia* = a kind of fish, *form* = shape) 움직임 등 다양한 형태의 움직임이 존재한다.

어류의 지느러미 형태 대부분의 활발하게 헤엄치는 어류들은 회전하고, 멈추고, 균형을 잡기 위해 짝지느러미인 **배지느러미**(pelvic fin)와 **가슴지느러미**(pectoral: *pectoralis* = breast)를 이용한다(그림 14.9). 이들 지느러미는 사용하지 않을 때에는 몸에 접을 수 있다. **등지느러미**(dorsal fin: *dorsum* = back)와 **뒷지느러미**(anal fin)와 같은 수직지느러미는 주로 몸을 안정시키는 역할을 담당한다.

빠른 속도를 내기 위해 가장 흔히 사용되는 지느러미는 **꼬리지느러미**(caudal fin)이다. 꼬리지느러미는 물을 박차고 나갈 추진력을 발생시키는 데 필요한 표면적을 증가시키기 위해 수직적으로 붙어 있다.[6] 하지만 증가된 표면적은 마찰저항(frictional drag)을 증대시키기도 한다. 꼬리지느러미의 효율성은 그들의 크기와 형태에 달려 있다. 예로서 꼬리지느러미가 더 커질수록 더 큰 추진력이 발생된다. 꼬리지느러미의 형태는 다음의 다섯 가지로 구분된다(**그림 14.11**).

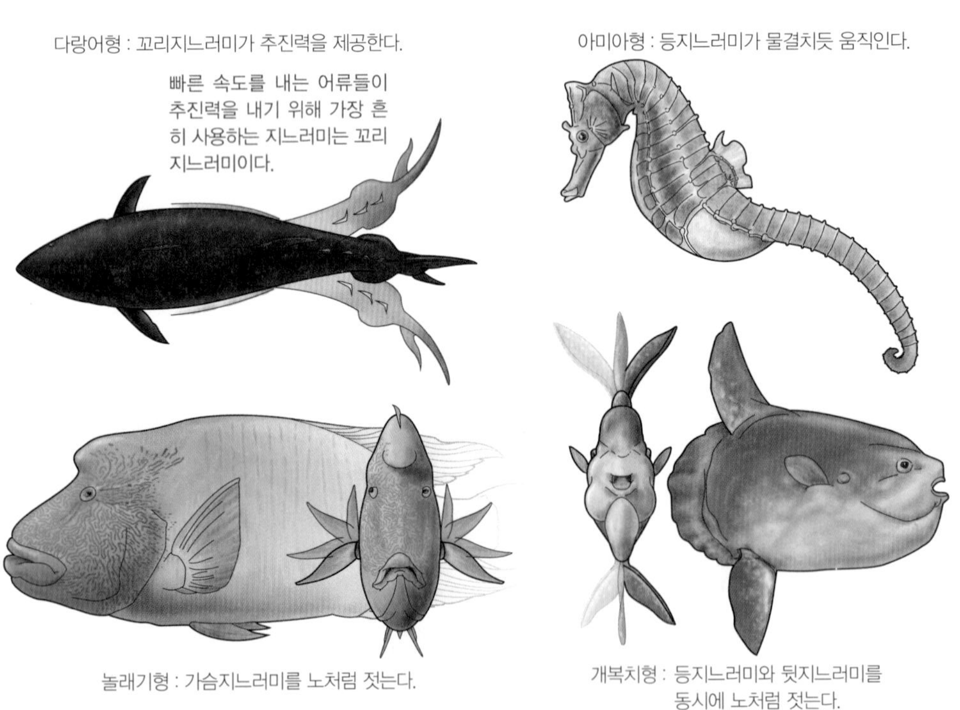

그림 14.10 어류의 유영 형태. 가장 빠른 어류는 물속에서 추진력을 얻기 위해 몸을 따라 몸의 굴곡 파를 보내고 꼬리지느러미를 사용한다. 또한 다양한 지느러미가 움직이는 데 사용된다.

6 이것은 사람이 더 효율적으로 헤엄을 치기 위해 발에 오리발을 차는 것과 같다.

(a) 파란얼굴 엔젤의 둥근 모양의 지느러미

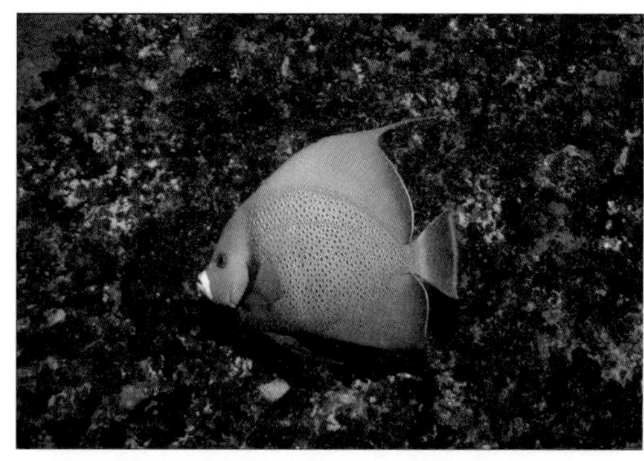

(b) 갈색 엔젤피시의 끝이 절단된 지느러미(다른 예 : 연어, 배스)

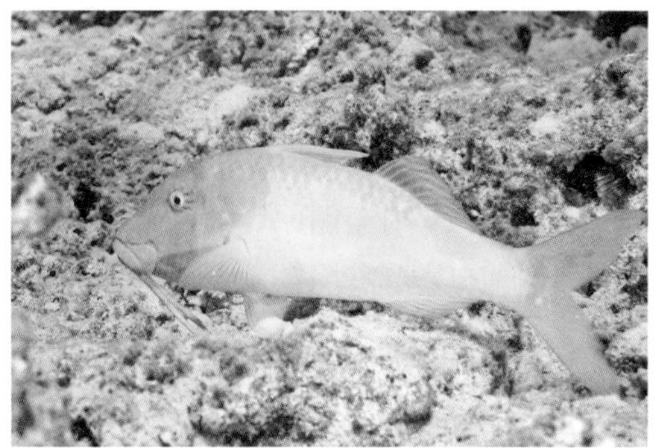

(c) 노란지느러미 닥터피시의 포크 모양의 지느러미(다른 예 : 청어, 촉수)

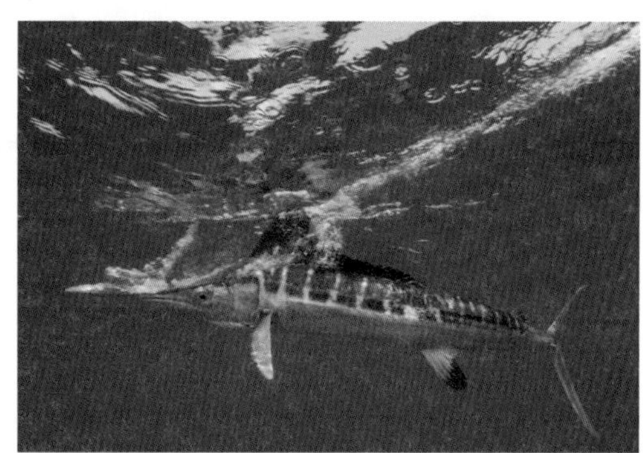

(d) 줄무늬 새치의 초승달 모양의 지느러미(다른 예 : 블루피쉬, 참치)

(e) 회색 산호초 상어의 부정미(다른 예 : 다른 종류의 상어들)

그림 14.11 꼬리지느러미의 모양. (a) 파란얼굴 엔젤 (b) 갈색 엔젤피시 (c) 노란지느러미 닥터피시 (d) 줄무늬 새치 (e) 회색 산호초 상어

a. 둥근지느러미(rounded fin)는 유연하고 느린 속도로 움직일 때 유용하다.

b. 절두형 지느러미(truncate fin)와 **c. 포크형 지느러미**(forked fin)는 좀 더 빠른 어류에서 발견된다. 이 형태의 지느러미는 더 빠른 추진력을 내기 위해 어느 정도 유연하다. 하지만 몸의 움직임을 조정(maneuvering)하는 데도 사용된다.

d. 초승달 모양의 지느러미(lunate fin)는 다랑어(참치), 새치와 같이 매우 빨리 움직이는 어류에서 발견된다. 꼬리지느러미가 매우 견고하며, 몸의 움직임을 조정하는 데 사용되지 않지만 추진력을 내는 데는 매우 효율적이다.

e. 부정미(heterocercal fin: *hetero* = uneven, *cercal* = tail)는 비대칭적이며, 상엽(上葉)이 하엽(下葉)에 비해 크다. 상어류는 상당한 상승력을 일으키는 부정미를 지녔다. 상어류는 부레가 없기 때문에 헤엄을 멈출 경우 침강하게 되므로 부정미가 필요하다. 상어류의 기본적인 몸의 디자인은 상어의 음성부력을 보완하기 위해 많은 적응을 보인다. 한 예로 상어의 가슴지느러미는 크고 평편하며, 부정미에 의해 초래되는 뒤쪽의 상승력과 균형을 맞추기 위해 상어의 앞부분을 들어 올릴 수 있도록 비행기 날

개 같은 역할을 할 수 있는 위치에 있다. 상어는 이 같은 가슴지느러미의 적응을 통해 엄청난 상승력을 얻지만 그것은 몸의 조정력을 희생한다. 이것이 상어가 비행기처럼 큰 원을 그리며 헤엄치며, 유영하는 동안 갑작스런 회전을 못하는 이유이다.

요약

어류는 헤엄을 치거나 물속에 떠 있기 위해 지느러미를 사용한다. 추진력을 제공하는 지느러미는 꼬리지느러미인데, 꼬리지느러미는 어류의 생활양식에 따라 다양한 형태를 지닌다.

개념 점검 14.1 | 해양생물들이 침강을 피하기 위해 사용하는 방법을 비교하라.

1 왜 두족류가 지닌 견고한 기체 방이 그들이 내려갈 수 있는 깊이를 제한하는지를 토의하라. 왜 부레를 지닌 어류는 이 같은 제한을 받지 않는지 말하라.

2 히드로충과 해파리가 동물플랑크톤으로 분류되는 이유를 설명하라. 왜 그들은 유영동물이 되지 못하는가?

3 어류의 종류별 지느러미의 이름을 적고 기술하라. 어류 꼬리지느러미의 다섯 가지 형태를 나열하고 어떻게 사용되는지 말하라.

14.2 표영계 생물은 먹이를 찾기 위해 어떤 적응을 보이는가?

표영계 생물은 먹이를 찾고, 먹이를 잡는 능력을 증대시키기 위해 몇 가지 적응을 보인다. 이 적응에는 이동성, 유영속도, 체온 그리고 독특한 순환계를 포함한다. 심해 유영동물은 어둠의 세계에서 먹이를 성공적으로 잡을 수 있는 독특한 적응을 보인다.

이동성 : 돌진형과 순항형

일부 어류는 참을성 있게 먹이를 기다리며, 먹이가 가까이 오면 먹이를 향해 힘차게 돌진한다. 다른 어류는 먹이를 찾기 위해 끊임없이 물속을 움직인다. 먹이를 얻는 데 있어 다른 방식을 이용하는 어류 사이에는 근육에 있어 큰 차이를 보인다.

그루퍼(grouper, **그림 14.12a**)와 같은 **돌진형**(lunger)은 먹이가 가까이 올 때까지 가만히 먹이를 기다린다. 돌진형은 속도와 조정성을 위해 절두형 꼬리지느러미를 지녔으며, 근육조직은 거의 대부분 흰색이다.

한편 참치(**그림 14.12b**)와 같은 **순항형**(cruiser)은 적극적으로 먹이를 찾는다. 순항형 어류의 근육조직은 50% 이하가 흰색이며, 대부분 붉은색이다.

붉은색과 흰색 근육조직의 차이점은 무엇인가? 붉은색 근육조직은 직경 25~50μm의 섬유질(fiber)을 지니고 있다. 반면 흰색 근육조직의 섬유질은 직경 135μm이며, 훨씬 낮은 농도의 **마이오글로빈**

(a) 타이거 그루퍼와 같은 돌진형은 바닥에서 인내심 있게 기다리다가 재빨리 먹이를 잡는다.

(b) 황다랑어와 같은 순항형은 먹이를 찾기 위해 끊임없이 헤엄치며, 짧은 시간에 고속으로 유영함으로써 먹이를 잡는다.

그림 14.12 돌진형과 순항형의 섭식 모습. (a) 타이거 그루퍼 (b) 황다랑어

(myoglobin: *myo* = muscle, *globus* = sphere)을 지닌다. 마이오글로빈은 산소와 친화력을 지닌 붉은색 색소이다. 붉은색 근육조직은 흰색 근육조직에 비해 훨씬 많은 양의 산소를 공급하며, 훨씬 높은 신진대사율을 유지한다. 이것이 순항형 어류에게 붉은색 근육조직이 많은 이유이다. 붉은색 근육은 활동적인 생활양식을 지속하는 데 필요한 지구력을 제공한다.

반면 돌진형은 지속적으로 움직이지 않기 때문에 붉은색 근육조직을 많이 필요로 하지 않는다. 그 대신 먹이를 공격할 때는 빠른 가속을 위해 많은 흰색 근육조직을 필요로 한다. 하지만 흰색 근육은 붉은색 근육보다 빨리 피로해진다. 순항형 역시 먹이를 공격할 때 재빨리 가속하기 위해 흰색 근육을 사용한다.

학생들이 자주 하는 질문

상어도 암에 걸리나요?

상어는 암에 안 걸리는 것으로 알려져 있다. 그래서인지 상어의 연골은 병의 치료제로서 건강식품 시장에서 인기가 있다. 그러나 동물의 종양을 연구하는 과학자들은 상어뿐만 아니라 상어의 친척인 홍어와 가오리 역시 암에 걸린다고 최근에 보고했다.

유영 속도

빠른 속도의 유영은 많은 에너지를 소비하지만, 생물이 먹이를 잡기 위해 빠른 속도의 유영이 필요하다. 어류는 순항할 때 보통 천천히 움직이지만, 먹이사냥을 할 때는 빠르게 움직이며, 포식자를 피할 때는 가장 빠르게 움직인다.

일반적으로 비슷한 체형을 지녔을 경우 어류가 클수록 더 빠르게 헤엄친다. 지속적인 순항과 짧은 고속 돌진에 잘 적응되어 있는 다랑어의 경우 평균 순항속도는 초당 체장의 약 3배에 달한다. 그들은 초당 체장의 약 10배의 최대속도를 낼 수 있으나 단 1초 동안에 불과하다. 황다랑어(*Thunnus albacares*)는 시속 74.6km의 속도를 낸다. 이 속도는 초당 체장의 20배 이상이나 되지만 1초 이상 지속되기 어렵다. 이론적으로 4m 크기의 **참다랑어**(*Thunnus thynus*)는 시속 144km까지 속도를 높일 수 있다.[7]

어류와 마찬가지로 많은 이빨고래들이 빠르게 헤엄친다. 점박이돌고래(*Stenella*속)는 시속 40km의 속도를 내며, 범고래는 시속 55km를 넘기도 한다.

냉혈동물과 온혈동물의 유영 속도 주변 환경에 대한 어류의 체온은 어류의 유영 속도에 영향을 미친다. 대부분의 어류는 **냉혈동물**(cold-blooded), 또는 **변온동물**(poikilothermic: *poikilos* = varied, *theromos* = heat)로 체온이 주변 환경의 온도와 거의 같다. 보통 이들 어류는 빠르게 유영하지 않는다. 반면 **고등어**(*Scomber*), **방어**(*Seriola*), **줄삼치**(*Sarda*)는 대단히 빠르게 유영한다. 그들은 주변 해수보다 각각 1.3°C, 1.4°C, 1.8°C 높은 체온을 지닌다. **악상어**(*Lamna* 그리고 *Isurus*속), 다랑어(*Thunnus*속), **빨간개복치**(*Limpris guttatus*)는 주변 해수보다 훨씬 높은 체온을 갖는다. 참다랑어는 주변 해수의 온도와 관계없이 30~32°C의 높은 체온을 유지할 수 있다. 이것은 **온혈동물**(warm-blooded), 또는 **정온동물**(homeothermic: *homeo* = alike, *thermos* = heat)의 특징이다. 참다랑어는 체온과 수온의 차가 5°C 이하의 따뜻한 곳에서 흔히 발견되지만, 7°C의 해수에서 헤엄치는 참다랑어에서 30°C의 체온이 측정되었다. 아가미에 혈액과 심장을 따뜻하게 유지시켜주는 복잡한 열교환시스템을 지닌 것으로 알려진 빨간개복치는 주변수보다 3~6°C 높은 체온을 유지할 수 있다.

Interdisciplinary
Relationship

왜 이들 어류들은 높은 체온을 유지하기 위해 많은 에너지를 소비할까? 높은 체온은 높은 대사율을 초래하며, 이는 근육조직의 활성도를 증가시켜 효율적으로 먹이를 찾고 잡는 데 도움을 주는 것으로 연구 결과 밝혀졌다. 높은 체온은 체내 생리활동을 촉진시켜 빠른 유영 속도, 좋은 시력, 증가된 반응 시간을 가능하게 하여 해양환경에서 포식자로서 매우 유리하게 만든다.

학생들이 자주 하는 질문

어떻게 해양포유류가 찬물에서 생존할 수 있나요?

어류를 포함한 대부분의 해양동물들은 냉혈동물이다. 그들의 체온은 주변 해수의 온도와 거의 같다. 그래서 찬 온도로 인해 몸에서 일어나는 화학 과정들이 느려지고, 일반적으로 좀 더 오래 살도록 하지만, 이 냉혈동물들은 찬물에서 잘 산다. 찬물은 더운물에 비해 더 많은 산소와 영양염을 함유하고 있어 유리한 점도 많다.

반면에 해양포유류와 같은 온혈동물들은 찬물에서 살아가기 위해 다른 적응을 보인다. 그들의 적응은 조밀한 모피나 두꺼운 지방층을 지니고 있다. 이 적응은 가장 차가운 바다에서도 해양포유류의 체온을 유지시켜준다. 온혈동물인 해양포유류가 차가운 바다에 살면서 얻는 이점은 무엇인가? 차가운 바다에 엄청나게 많은 먹이가 있다!

7 바다에서 이같이 빠른 속도로 움직이는 참다랑어의 속도를 측정하는 것이 얼마나 힘든지 상상해보라.

해양과 사람들

심층 탐구 14.1

상어에 관한 신화(와 사실)

"지금은 사람에 대한 상어의 공격이 사고였다는 것을 알고 있다. 상어가 사람을 그들의 먹이로 착각했기 때문이다"

—Peter Benchley(2000), '죠스(Jaws)'의 저자

상어(**그림 14A**)는 사람들에게 가장 공포의 대상이다. 그들의 힘, 큰 크기, 날카로운 이빨 그리고 예측할 수 없는 행동이 사람들로 하여금 바다로 들어오는 것을 꺼리게 만든다. 이따금 일어나는 사람에 대한 상어의 공격은 상어에 관한 많은 신화를 만들어냈다.

- **신화 1 : 모든 상어는 위험하다.** 전 세계의 약 400여 상어의 종 중 80%는 사람을 헤칠 수 없거나, 사람을 거의 만나지 못한다. 사람을 가장 많이 공격하는 상어는 백상어(*Carcharodon carcharias*), 뱀상어(*Galeocerdo cuvier*), 황소상어(*Carcharhinus leucas*)이다. 가장 큰 상어는 고래상어인데(길이가 15m에 달함), 이 고래는 플랑크톤만 먹기 때문에 위험하지 않다.
- **신화 2 : 상어는 항상 먹어야 하는 개걸스런 포식자이다.** 다른 대형 동물과 마찬가지로 상어는 그들의 신진대사와 먹이 양에 따라 주기적으로 먹는다. 사람은 상어의 주된 먹이가 아니며, 많은 대형 상어류는 물범과 바다사자처럼 높은 지방 함유를 지닌 동물을 선호한다.
- **신화 3 : 상어에게 공격받은 대부분의 사람은 죽는다.** 상어의 공격을 받은 사람 100명당 85명이 살아났다. 많은 대형 상어가 먹이를 잡아먹기 전에 꼼짝 못하게 하기 위해 먹이를 깨문다. 따라서 많은 잠재적인 먹이생물들이 도피하여 살 수 있다. 상어의 가장 빈번한 공격 대상은 서퍼(49%), 수영하는 사람(29%), 다이버, 스노클링하는 사람(15%), 카약을 타는 사람(6%) 등이다. 사람에게 접근하는 대부분의 상어는 잡아먹기 위해서가 아니고 사람을 관찰하기 위해서이다.
- **신화 4 : 많은 사람들이 매년 상어에게 공격당해 죽는다.** 상어에게 공격당해 죽는 사람은 매우 적다(**표 14A**). 상어는 전 세계적으로 매년 단지 5~15명의 사람을 죽인다. 반면 사람은 매년 1억 마리의 상어를 죽인다(대부분이 어로활동에 의해 부수어획된다). 다른 어류에 비해 상어는 생식률이 낮으며, 천천히 자라기 때문에 앞으로 많은 상어 종류가 멸종위기종으로 지정될 가능성이 있다.
- **신화 5 : 대형 백상어는 대부분의 해수욕장 근처에서 발견되는 흔한 종이다.** 대형 백상어는 서늘한 물을 좋아하는 비교적 흔하지 않은 포식자이다. 대부분의 해수욕장에서 대형 백상어가 드물게 출현한다.
- **신화 6 : 상어는 담수에서도 출현한다.** 특수화된 삼투조절 시스템은 일부 상어 종이 염분의 급격한 변화를 극복하도록 해준다. 일부 상어 종은 해수의 높은 염분부터 강이나 호수의 낮은 염분까지도 견딘다.
- **신화 7 : 모든 상어는 계속 헤엄쳐야 한다.** 일부 상어는 오랫동안 바닥에 머물 수 있으며, 아가미를 통해 산소를 흡수하기 위해 그들의 입을 열고 닫음으로써 충분한 산소를 얻을 수 있다. 보통 상어는 매우 천천히 헤엄친다. 순항 속도는 시속 9km 이하이다. 하지만 그들은 시속 37km 이상의 빠른 속도로 헤엄칠 수도 있다.
- **신화 8 : 상어는 시력이 안 좋다.** 상어 눈의 렌즈는 사람보다 7배나 강력하다. 상어는 색깔도 구분한다.
- **신화 9 : 상어고기를 먹으면 공격적이 된다.** 상어고기를 먹는다고 사람의 성격이 변한다는 증거는 없다. 상어고기의 흰 살, 낮은 기름 함량 그리고 순한 맛으로 인해 상어고기는 많은 나라에서 인기 있는 해산물 요리가 되었다.
- **신화 10 : 어떤 사람도 상어가 사는 물속으로 들어가길 원하지 않는다.** 오랫동안 공포와 의심의 대상이었던 상어는 최근 들어 해양생태계의 건강에 매우 중요한 포식자로 인식되기 시작했다. 상어에게 가까이 접근하는 다이빙 투어가 점점 인기를 끌고 있다.

그림 14A 대형 백상어(*Carcharodon carcharias*).

표 14A 미국에서 발생한 사고의 종류와 사상자 수

사고의 종류	연간 피해 건수
교통 사상자 수	42,000
넘어지거나 밟혀서 죽는 사람 수	565
번개 맞는 건 수	352
번개 맞아 죽는 사람 수	50
뉴욕 시에서 다람쥐에 물리는 건 수	88
개에 물려 죽는 사람 수	26
뱀에 물려 죽는 사람 수	12
상어에 물리는 건 수	10
상어에 물려 죽는 사람 수	0.4

"오늘날 상어는 악당으로, 특히 보트나 사람을 공격하는 생각 없는 잡식성의 포식자로 기술될 수 없다. 최근에 새로 만들어진 '죠스(Jaws)' 영화에 나오는 상어는 악당이 아니라 희생자로 나온다. 전 세계적으로 상어는 압제자가 아니라 억압을 받고 있는 동물인 것이다."

—Peter Benchley(2005), '죠스'의 저자

생각해보기

1. 어떤 담수역에서 상어가 발견되었는가?

심해 유영동물의 적응

심해 유영동물(대부분 다양한 어류임)들은 매우 조용하고 완전히 암흑세계인 심해에서 살고 있다. 그들의 먹이의 원천은 표층으로부터 밑으로 서서히 침강하는 유기물질의 분해과정에 있는 **데트리터스**(*detritus* = to lessen)이거나, 서로를 잡아먹는 것이다. 먹이의 양이 부족하기 때문에 생물의 개체수와 생물의 크기가 제한된다. 그 결과 심해에는 생물의 개체수가 적으며, 생물의 크기가 대부분 30cm 이하이다. 많은 생물은 에너지를 보존하기 위해 낮은 대사율을 보인다.

이들 **심해어류**(deep-sea fish, **그림 14.13**)는 먹이를 효율적으로 찾고 잡을 수 있도록 특별한 적응을 보인다. 그들은 물속에서 다른 생물들의 움직임을 감지할 수 있는 긴 안테나 또는 아주 민감한 측선과 같은 감각기관을 가지고 있다.

많은 심해어류와 심해새우와 오징어류가 스스로 빛을 낸다. 즉, **생물발광**(bioluminesce: *bios* = life, *lumen* = light, *esc* = becoming)을 한다. 육지생물의 경우 반딧불이와 불벌레 유충(glowworm)과 같은 극히 일부 생물만 발광기능을 지니고 있다. 그러나 바다에서는 90%의 심해 생물이 발광기능을 지니고 있는 것으로 추정된다. 거의 대부분의 발광생물은 **광세포**(photophore: *photo* = light, *phoros* = bearing)라고 불리는 빛을 생산하는 기관을 이용한다. 광세포는 빛만 내는 단순한 형태도 있지만, 렌즈, 셔터, 칼라필터와 반사경까지 장착할 정도로 복잡한 형태도 있다.

생물체의 빛은 생물의 특수 세포에서 생산되거나 생물 몸속에 살고 있는 공생 박테리아와 연관되어 있다. 빛은 **루시페린**(luciferin: *lucifer* = light bringing) 분자가 산소와 만나 흥분되어 빛의 광자(photon)를 방출할 때 만들어진다.[8] 생물발광 과정은 대단히 효율적이다. 빛을 발생하기 위해 단지 1%의 에너지 손실이 발생된다. 일부 해양동물은 독특한 방법으로 빛 생산을 조절한다. 예로서 일부 상어는 호르몬을 이용해서 빛 생산을 조절하는 것으로 나타났다.

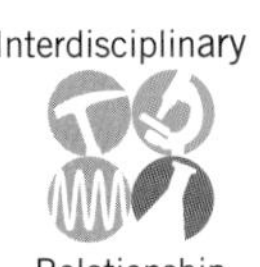

암흑의 세계에서는 생물발광은 여러 가지 목적을 위해 유용하다.

- 암흑 속에서 먹이를 찾는 데 사용한다.
- 먹이를 유인하는 데 사용한다(**그림 14.13f**와 그림 **14.13g**의 암컷 심해아귀는 특수하게 변형된 등지느러미를 생물발광 미끼로 사용한다).
- 지속적으로 한 지역을 순찰함으로써 영토를 지킨다.
- 빛 신호를 보냄으로써 배우자를 찾거나 의사전달을 한다.

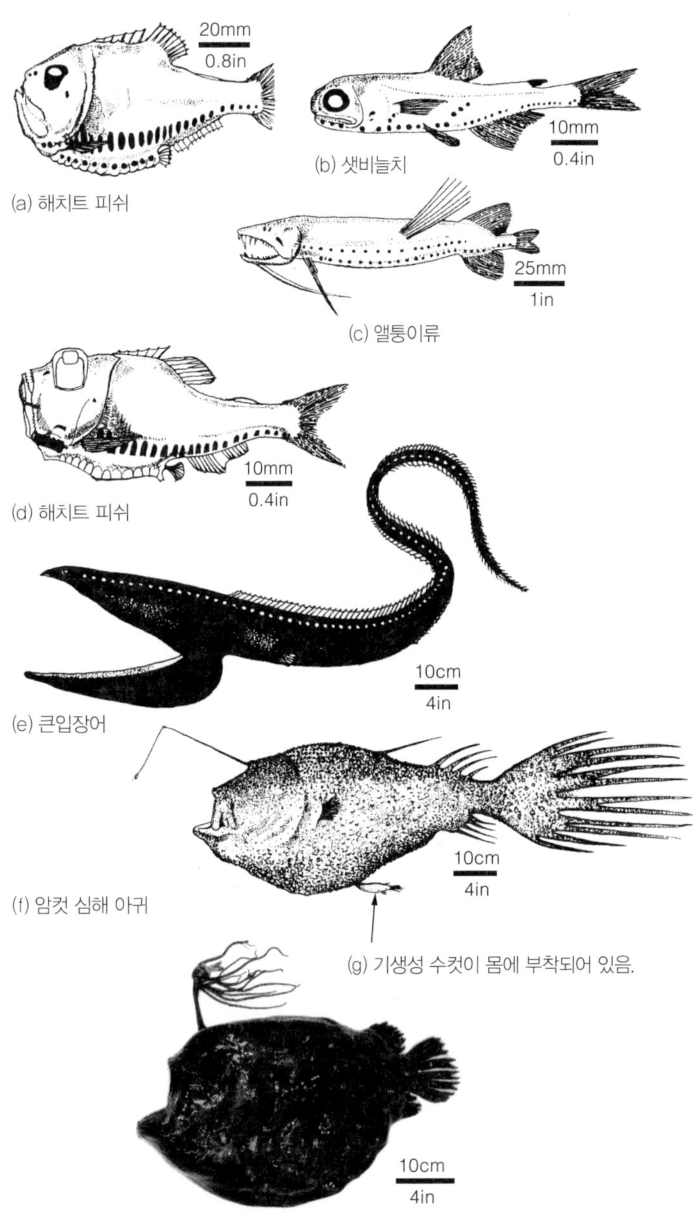

그림 14.13 심해어류.

학생들이 자주 하는 질문

심해어류는 아주 이상한 모습을 보입니다. 그들은 표면에 나온 적이 있나요? 그들은 피라냐와 가까운가요?

그들은 표면에 올라온 적이 없다. 이것은 사람들에게 다행한 일이다. 왜냐하면 그들은 악명 높은 포식자이기 때문이다. 그들은 피라냐와 대단히 먼 친척이다(그들은 같은 그룹의 경골어류에 속한다). 그들은 크고 날카로운 이빨을 갖는 등 유사한 적응을 보이는데, 이는 수렴진화의 좋은 예이다. 즉, 서로 다른 생물들이 같은 문제(이 경우는 적은 먹이 공급)를 해결하기 위해 각자 독립적으로 진화하여 비슷한 특성을 보이는 현상이다.

8 이것은 야광봉을 번쩍일 때 일어나는 화학 반응과 유사하다.

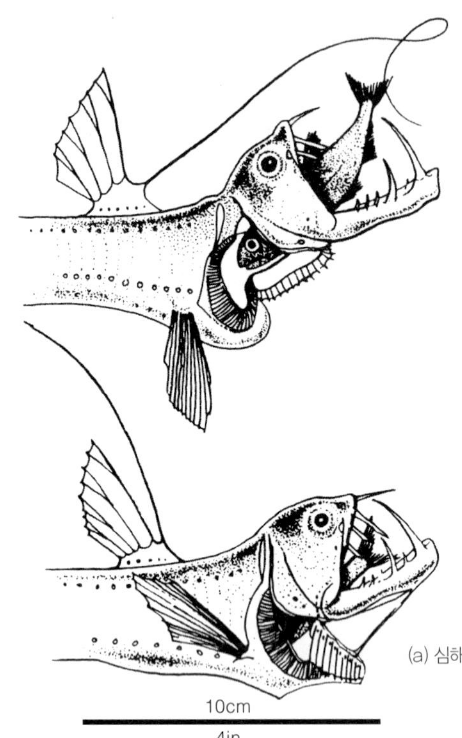

(a) 심해 독사어류(*Chauliodus sloani*)의 큰 이빨, 목에서 분리될 수 있는 턱, 먹이를 삼키는 메커니즘

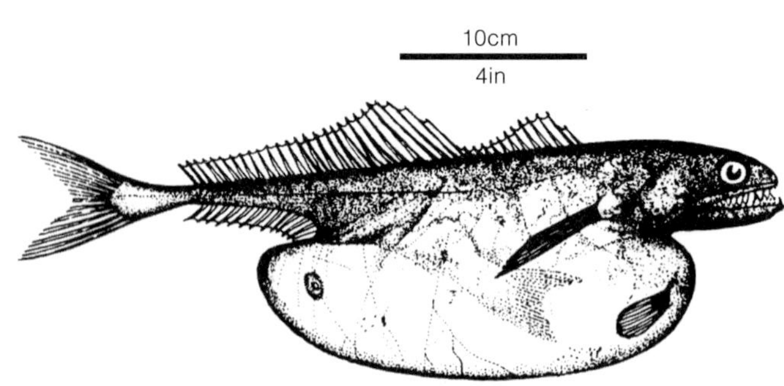

(b) 자기보다 더 큰 먹이를 잡아 먹은 *Chiasmodon niger*의 대단한 섭식 능력

그림 14.14 심해어류의 적응.

- 접근해오는 포식자를 향해 빛을 갑자기 비춤으로써 포식자의 눈을 일시적으로 멀게 하거나 시선을 돌리게 하여 포식자로부터 탈출한다.
- 밝은 생물발광으로 원치 않은 주목을 끄는 '도둑경고'를 사용함으로써 포식자를 피한다.
- 위에서 내려오는 빛으로 인해 복부에 생기는 그림자를 없애기 위해 복부를 발광함으로써 밑에 있는 포식자의 눈에 안 띄게 한다. 이것은 **대응조명**(counterillumination)으로 알려져 있다.

Web Video
발광생물
https://goo.gl/Y5s76Y

요약

먹이를 찾는 표영계 생물의 적응에는 이동성, 빠른 유영속도, 높은 체온을 포함한다. 심해에 사는 유영동물은 심해에서 생존할 수 있도록 많은 독특한 적응(생물발광 포함)을 보인다.

생물발광의 효과를 극대화하기 위해 많은 심해에 사는 어류들은 매우 크고 민감한(인간의 눈보다 100배나 빛에 민감한) 눈을 지닌다. 그래서 그들은 어두운 곳에서도 잠재적인 먹이를 볼 수 있다. 포식자를 피하기 위하여 대부분의 어종은 어두운 색깔을 지녀 포식자의 눈에 잘 안 띈다. 일부 어종은 완전히 장님이어서 먹이를 찾기 위해 후각과 같은 다른 감각기관에 의존한다.

그밖에 다양한 심해어류들의 적응 중에는 매우 큰 날카로운 이빨, 큰 먹이를 섭취하기 위한 확장 가능한 몸체, 입을 크게 벌릴 수 있도록 경첩형태의 턱(hinged jaw) 그리고 몸에 비해 대단히 큰 입 등이 포함되어 있다(**그림 14.14**). 이 같은 적응은 심해어류로 하여금 그들보다도 더 큰 먹이를 삼킬 수 있도록 해주며, 먹이를 잡았을 때 효율적으로 먹이를 처리할 수 있게 해준다.

14.1 Squidtoons

https://goo.gl/w8c9a9

개념 점검 14.2 | 표영계 동물이 먹이를 찾기 위해 지닌 적응을 설명하라.

1. 가장 빠른 어류는 냉혈동물인가, 온혈동물인가? 이것은 어떤 유리한 점을 제공하는가?
2. 심해 유영생물의 두 가지 중요한 먹이 원천은 무엇인가? 심해 유영동물을 가혹한 환경에서 생존하도록 만드는 적응을 나열해보라.
3. 심해생물들의 생물발광 매커니즘을 기술하라. 해양환경에서 생물발광이 어떻게 유용하게 이용되는가?

14.3 표영계 생물은 포식당하는 것을 피하기 위해 어떤 적응을 보이는가?

많은 동물은 포식당하는 것을 피하기 위해 독특한 적응을 보인다. 생존율을 증대시키기 위한 표영계 생물들의 적응의 예는 떼 짓기와 공생이 포함되어 있다.

떼 짓기 행동

떼(school)란 어류, 오징어류, 새우류 등이 많이 모여 사회적인 집단(social grouping)을 형성하는 행동을 말한다. 식물플랑크톤과 동물플랑크톤이 어떤 해역에 엄청나게 모여 있지만 그들이 떼를 지었다고 말하진 않는다.

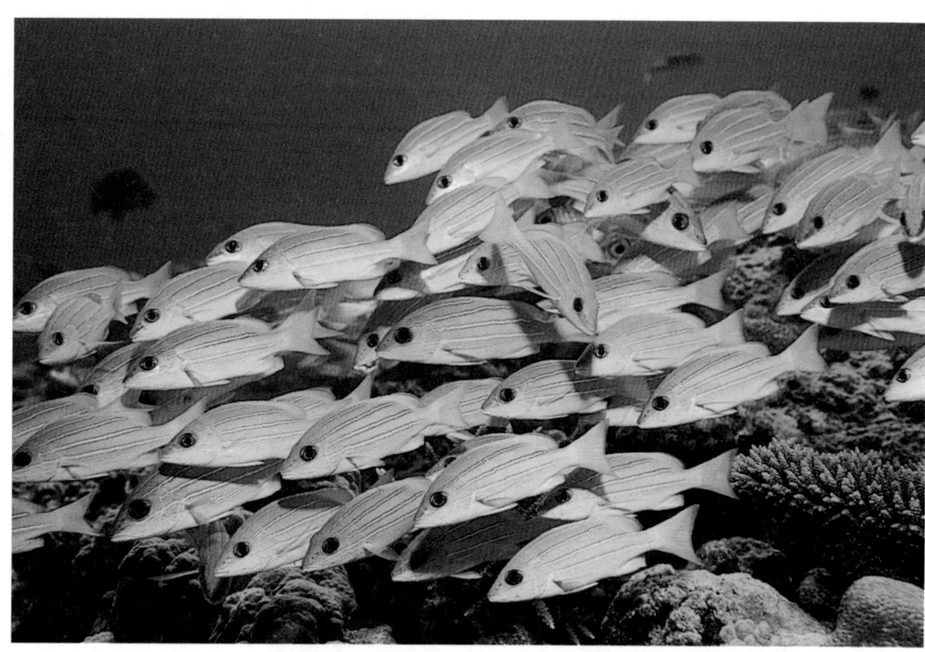

그림 14.15 어류의 떼 짓기. 인도양 몰디브 산호초 부근을 떼 지어 다니는 얼게돔. 떼를 지음으로써 생존 기회를 증가시킨다. 모든 어종의 반 이상이 일생 중 적어도 일정 기간을 떼를 짓는 것으로 알려져 있다.

떼를 짓는 어류의 개체수는 소수의 큰 포식자(예 : 참다랑어)부터 수십만 마리의 소형 여과식자(예 : 멸치)까지 다양하다. 떼를 짓는 어류는 같은 방향으로 움직이며, 개체 사이의 간격도 균일하다. 개체 사이 간격은 시각에 의해 유지되며, 어류의 경우 헤엄치는 이웃의 진동을 감지하기 위해 측선이 이용되기도 한다(그림 14.9 참조). 앞이나 뒤에 있는 개체들이 지도자 역할을 담당함에 따라 어류 떼는 갑자기 방향을 틀거나 반대 방향으로 가기도 한다(**그림 14.15**). 연구에 따르면, 각 어류는 흔히 추측한 것처럼 가까운 이웃의 행동에 따라 자신이 움직일 곳을 결정하는 것이 아니라 시야에 보이는 모든 물고기들이 향하는 곳을 종합해서 결정한다.

떼 짓기(schooling)의 유리한 점이 무엇인가? 한 가지 장점은 산란기 동안 암컷에 의해 물속이나 바닥에 방출된 알들이 수컷이 방출한 정자를 만나 수정될 확률이 크게 증가한다. 그리고 영토의 주인인 큰 어류가 떼를 이루는 모든 어류를 쫓아낼 수 없기 때문에 작은 어류 떼가 큰 어류의 영토에 들어가 먹이를 먹을 수 있는 장점도 있다. 소형어류의 가장 중요한 떼 짓기의 목적은 포식자로부터의 보호이다.

떼 짓기 행동이 떼를 이루는 어류의 보호에 도움이 된다는 것이 비논리적일 수 있다. 한 예로 떼 짓기 행동으로 어류가 조밀하게 모여 있게 되므로 떼에 돌진하는 어떤 포식자든 먹이를 확실히 잡게 된다. 마치 초식동물 떼에 뛰어들어 결국 먹이를 잡아먹는 육상의 포식자와 마찬가지이다. 따라서 소형어류들이 떼를 지음으로써 포식자에게 쉽게 공격 목표가 된 것은 아닐까? 어류의 행동을 연구하는 과학자들은 떼 짓기 행동이 일부 개체는 희생되지만 많은 개체의 안전을 보장해줌으로써 실제로 그 생물그룹을 보호하는 역할을 하고 있다고 제시하였다. 숨을 공간이 없는 외양역과 같은 해양환경에서 떼 짓기 행동은 다음과 같은 유리한 점이 있다.

1. 한 종의 구성원들이 떼를 이루면 포식자가 해당 종의 개체를 발견할 수 있는 기회를 감소시킬 수 있다.
2. 한 포식자가 큰 떼를 만나면, 한 개체를 만날 때나 작은 떼를 만날 때보다 큰 떼를 이루는 모든 개체를 잡아먹을 가능성이 적어진다.
3. 잠재적인 포식자에게 어류 떼가 하나의 큰 위험스러운 적으로 보일 수 있으므로 공격을 막을 수 있다.

(a) 편리공생은 상대방에게 전혀 해를 끼치지 않으면서 자신은 이득을 얻는 관계이다. 빨판상어가 상어에 부착하는 관계가 한 예이다.

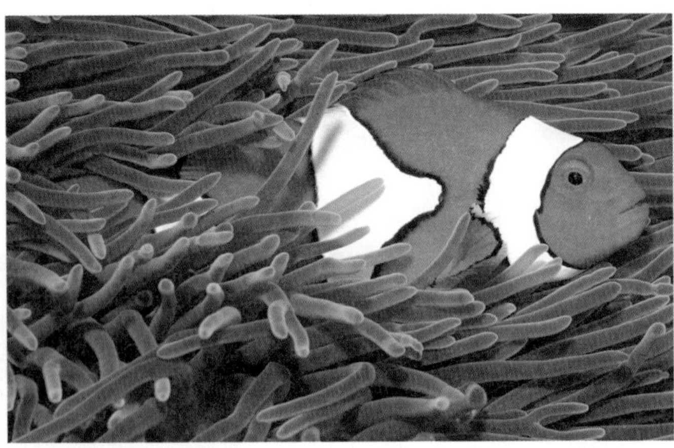

(b) 상리공생은 모든 참여 생물이 이득을 얻는 관계이다. 흰동가리와 말미잘 관계가 한 예이다.

(c) 기생은 한 생물이 다른 생물을 희생시키면서 이득을 얻는 관계이다. 화이트팁 얼게돔의 머리에 달라 붙어 사는 등각류가 한 예이다.

그림 14.16 공생의 종류. 공생은 크게 세 가지가 있다. (a) 편리공생 (b) 상리공생 (c) 기생

4. 떼를 짓는 어류들이 계속해서 위치와 방향을 바꾸기 때문에 일시에 한 마리의 어류만을 공격할 수 있는 포식자들은 공격 대상을 찾기가 쉽지 않게 된다.

모든 어종의 과반수가 그들의 생활사 중 일부를 떼를 이루는 것으로 보아 떼 짓기 행동이 방어수단이 없는 종들의 생존율을 증가시킴을 알 수 있다. 또한 떼를 지으면 혼자 있을 때보다는 훨씬 먼 거리를 유영할 수 있도록 해준다. 그 이유는 떼를 이루는 각 어류가 앞에서 움직이는 어류에 의해 만들어지는 와류(vortex)의 덕을 보기 때문이다.

최근 들어 새로운 포식자(인간)가 어류의 떼 짓기 행동을 이용하는 방법을 개발하였다. 인간은 떼 짓는 어류를 통째로 둘러쌀 수 있는 아주 큰 어망을 개발하였다. 그런데 이 어망은 매우 효율적으로 어류를 잡기 때문에 어류자원의 감소를 초래하였다(제13장 13.5절 참조).

학생들이 자주 하는 질문

세계에서 가장 크고 작은 어류는 무엇인가요?

세계에서 가장 큰 어류는 고래상어이다. 고래상어는 15m, 13.6톤까지 성장한다. 입의 폭은 무려 1.5m에 달한다. 그들은 매우 천천히 움직이며, 전적으로 플랑크톤에 먹이를 의존하는 여과식자이다.

한편, 세계에서 가장 작은 어류는 잉어의 사촌인 *Paedocypris progenetica*이다. 성체의 길이가 7.9mm에 불과한데, 대략 연필의 두께 정도이다. 이 어종은 인도네시아의 늪에서만 사는데, 2005년에 처음 발견되었다. 하지만 더 작은 어류가 있다. 성체의 크기가 6.2mm에 불과한 수컷 심해 아귀(*Photocorynus spiniceps*)이다. 이 어류는 세계에서 가장 작은 어류로 생각하지 않는데, 그 이유는 스스로 자신을 유지하지 못하기 때문이다. 기생성의 수컷은 자신보다 훨씬 큰 암컷에 부착하여 살고 있다.

공생

많은 해양생물은 그들의 생존을 돕기 위해 다른 생물들과 관계를 형성하였다. 이 같은 관계를 **공생**(symbiosis: *sym* = together, *bios* = life)이라고 한다. 공생은 적어도 한 생물이 도움이 되는 방향으로 두 가지 이상의 생물이 관계를 맺을 때 일어난다. 세 종류의 공생, 즉 편리공생, 상리공생, 기생이 있다.

편리공생(commensalism: *commensal* = sharing a meal, *ism* = process) 관계에서는 작고 덜 우세한 참여자가 그들의 숙주에게 해를 끼치지 않으면서 이득을 얻는다. 한 예로 빨판상어(remora)는 먹이를 얻고 이동을 위해 상어나 다른 어류에 부착한다. 이때 숙주생물에게 전혀 해를 끼치지 않는다(**그림 14.16a**).

상리공생(mutualism: *mutuus* = borrowed, *ism* = process) 관계에서는 두 참여자 모두 이득을 얻는다. 한 예로 말미잘과 흰동가리가 상리공생 관계를 형성하고 있는데(**그림 14.16b**), 말미잘의 자포가 있는 촉수는 흰동가리를 보호하며, 흰동가리는 말미잘에게 먹이를 유인해온다. 또한 흰동가리는 말미잘을 깨끗하게 만들며, 먹이 조각들을 공급하기도 한다. 놀랍게도 흰동가리는 그들의 몸을 덮는 점액질을 분비하기 때문에 말미잘의 자포에 쏘이지 않는다.

기생(parasitism: *parasitos* = a person who eats at someone else's table, *ism* = process) 관계에서는 한 참여자(기생생물)는 다른 참여자(숙주)를 희생시켜 이득을 얻는다. 등각류는 많은 어류에 기생을 한다. 이 경우 어류가 숙주이다. 등각류는 어류에 부착하여 어류의 체액으로부터 영양분을 착취해 먹는다. 즉, 그들은 숙주로부터 에너지를 강탈한다(**그림 14.16c**). 일반적으로 숙주가 죽으면 자신도 죽게 되므로 기생생물은 숙주를 죽일 만큼 많은 에너지를 빼앗지는 않는다.

최근 들어 공생이 진화를 일으키는 중요한 요인이 되고 있음이 발견되었다. 예로서, 돌말류(규조류) 한 종에 대한 게놈(genome)의 염기서열 분석을 해본 결과 돌말류의 몸속에 들어온 미생물에 의해 새로운 유전자가 생겼음이 밝혀졌다. 그 연구는 돌말류의 초기 진화 과정에서 가장 중요한 획득은 돌말류에게 광합성 능력을 제공한 조류 세포(algal cell)의 획득임을 제시하였다.

다른 적응들

해양동물은 포식자를 피하기 위한 방어 목적으로 다양한 행동을 보인다. 또한 그 자신이 더욱 성공적인 포식자가 되기 위한 다양한 행동을 보인다. 이것에는 빠른 움직임, 독성물질의 배출, 다른 독성생물이나 맛없는 생물 닮기 등이 포함된다. 다른 해양동물은 투명성, 위장술, 교란색 등을 이용한다(제12장 참조).

요약

많은 표영계 종(특히 어류)들은 떼를 짓거나, 공생관계를 형성하거나, 포식자를 피함으로써 생존율을 증대시키는 여러 가지 적응을 보인다.

개념 점검 14.3 | 표영계 동물이 포식당하는 것을 피하기 위해 지닌 적응을 구체적으로 말하라.

1 떼 짓기 행동의 유리한 점은 무엇인가?

2 세 종류의 공생은 무엇이며, 서로 어떻게 다른가?

3 떼 짓기와 공생을 제외하고 표영계 동물들이 포식을 피하기 위해 지닌 다른 적응은?

14.4 해양포유류는 어떤 특성을 지녔는가?

해양포유류에는 가장 크고 잘 알려진 해양생물인 물범, 바다사자, 매너티, 쇠돌고래, 돌고래와 고래 등이 포함되어 있다.

모든 해양포유류가 물속에서 살고 있지만, 그들의 조상은 육지동물이었다. 파키스탄, 인도, 이집트에서 발견된 일련의 고대 고래 화석은 고래가 약 5천만 년 전에 육지포유류로부터 진화되었다는 강력한 증거를 제공하였다. 일부 고래 조상들은 작고 사용할 수 없는 뒷다리를 가지고 있었는데, 이는 육지포유류 조상이 물속에 들어가기 시작했을 때 유영을 위해 사용된 큰 노 모양의 구조가 꼬리에 발달하면서 뒷다리가 필요 없게 되었음을 의미한다. 다른 화석들은 콧구멍(분기공)의 머리 위를 향한 이동, 위쪽 척추골의 융합, 엉덩이와 발목 구조의 퇴화, 수중음파 감지를 위한 턱뼈와 귀의 변형 등 수중생활을 위한 놀랄만한 골격의 적응 과정을 보여준다. 현대 고래류의 DNA 분석, 그리고 육지포유류와 해양포유류 사이의 수많은 해부학적 유사성을 포함하는 추가적인 증거들이 하마와 같은 육지 거주 조상으로부터 고래가 진화했음을 확인하게 준다.

지질학적 기록은 육지생물은 수억 년 전에 해양생물로부터 진화했음을 보여준다. 왜 해양포유류가 바다로 되돌아갔을까? 한 가설은 바다에 먹이가 더 풍부하므로 바다로 되돌아갔음을 제시한다. 다른 가설은 공룡의 멸종과 같은 시기에 발생한 큰 해양포식자들의 멸종으로 육지포유류가 새로운 환경인 바다로 서식지를 확대할 수 있었다고 제시한다. 흥미롭게도 최근의 연구는 해양의 우점하는 일차생산자로 규조류가 등극한 것과 지구 온도 변화가 현대 고래류의 진화에 크게 영향을 미친 요인이었음을 제시하고 있다.

Interdisciplinary

Relationship

학생들이 자주 하는 질문

해양포유류의 젖에 포함된 지방 함량은?

해양포유류는 동물 중에서 가장 지방 함량이 많은 젖을 만든다. 예를 들면, 대부분의 돌고래의 젖은 약 14%의 지방을 함유한다. 소의 젖인 우유는 4%의 지방을 함유하고 있으며 사람 젖은 4.5%의 지방 함량을 지닌 것과 비교하면 상당히 많은 양이다. 북극곰의 젖은 31%의 지방 함량을 보이며, 수염고래류는 35~41%의 지방 함량을 보인다. 회색물범(*Halichoerus grypus*)의 젖은 53%의 지방 함량을 보이며, 세계 최고 기록 보유자인 코주머니 물범(*Cystophora cristata*)은 무려 61%의 지방 함량을 보인다. 이처럼 높은 지방 함량을 지닌 젖을 먹은 어린 해양포유류는 빨리 지방층을 만들어 차가운 바다에서 견딜 수 있게 된다.

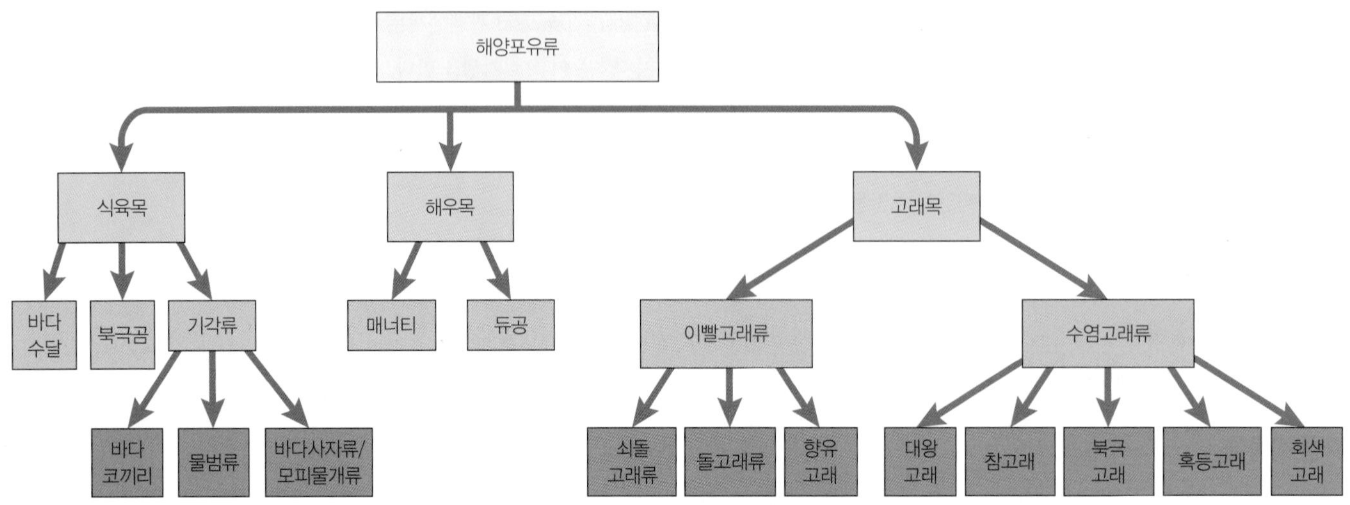

그림 14.17 **해양포유류의 주요 그룹.** 위 그림은 다양한 해양포유류의 분류학적인 관계를 보여준다. https://goo.gl/8VCFwE

포유류의 특징

해양포유류를 포함한 포유강(class Mammalia)에 속하는 모든 동물들은 다음의 특징을 공유한다.

- 온혈동물이다.
- 공기호흡을 한다.
- 적어도 일부 발생단계에서 털(또는 모피)이 생긴다.
- 새끼를 낳는다.[9]
- 암컷은 그들의 새끼에게 줄 젖을 만들 수 있는 유선이 있다.

해양포유류는 식육목, 해우목, 고래목에 속하는 적어도 117종이 있다. 해양포유류의 주요 그룹을 **그림 14.17**에서 보여주며, 다음과 같이 기술된다.

식육목

식육목(order Carnivora: *carni* = meat, *vora* = eat)에 속하는 모든 동물(육지의 고양이와 개 종류 포함)은 날카로운 송곳니를 지닌다. 식육목에 속하는 대표적인 해양동물은 바다수달, 북극곰 그리고 바다코끼리, 물범, 바다사자, 물개 등이 포함된 **기각류**(pinniped: *pinna* = feather, *ped* = foot)이다. '기각'이란 몸속을 빠르게 헤엄칠 수 있도록 변형된 노 모양의 다리를 말한다.

14.2 Squidtoons

https://goo.gl/w8c9a9

바다수달(sea otter, **그림 14.18a**)은 북태평양의 동쪽 연안에 발달된 켈프숲에 서식한다. 성체의 크기가 1.2m에 불과한 가장 작은 해양포유류이다. 바다수달은 피하지방층이 없지만 매우 조밀한 모피를 지니고 있다. 이 모피는 아주 고가로 팔리기 때문에 1800년대 후반에 거의 사라질 정도로 포획을 당하였다. 다행히 최근 들어 극적으로 회복되어 과거에 포획되었던 대부분의 장소에 서식하고 있다. 바다수달은 몸을 긁는 습관을 가지고 있는데, 이같이 긁음으로써 모피를 깨끗하게 하고, 모피에 단열공기층을 더한다. 그들은 피하지방층이 없기 때문에 높은 칼로리가 필

9 오리너구리와 개미핥기가 포함된 원수아강(Prototheria)에 속하는 호주의 알을 낳는 단공류 포유류를 제외하고 모든 포유류는 새끼를 낳는다.

(a) 바다수달(*Enhydra lutris*)

(b) 북극곰(*Ursus maritimus*)

(c) 바다코끼리(*Odobenus rosmarus*)

(d) 항구물범(*Phoca vitulina*)

(e) 캘리포니아 바다사자(*Zalophus californianus*)

그림 14.18 식육목에 속하는 해양포유류. (a) 바다수달 (b) 북극곰. 기각류에는 (c) 바다코끼리 (d) 항구물범 (e) 캘리포니아 바다사자가 포함된다

요하며, 따라서 많이 먹는다.

바다수달은 성게, 게, 바다가재, 불가사리, 전복, 조개, 담치, 문어와 어류를 포함한 50종류 이상의 해양생물을 잡아먹는다. 그들은 도구를 사용할 줄 아는 몇 안 되는 동물에 속한다. 먹이를 잡기 위해 잠수하는 동안 그들은 먹이를 얻기 위해 솜씨 좋은 손을 사용하며, 한 팔 아래에 돌을 껴서 물 표면으로 가져온다. 그들은 물 표면으로 나왔을 때 뒤로 누워 먹이의 껍질을 깨어 먹기 위해 돌을 사용한다.

북극곰(polar bear, **그림 14.18b**)은 물갈퀴 있는 발톱을 지녀 헤엄을 잘 치는 포유류이다. 북극곰의 모피는 두껍고, 털은 절연 목적으로 공기를 가두기 위해 속이 비어 있다. 북극곰은 큰 이빨과 날카로운 발톱을 지녀 먹이를 잡고 죽이는 데 사용된다. 먹이는 주로 물범인데, 물범이 공기호흡하기 위해 북극얼음의 구멍으로 올라올 때 잡아먹는다. 북극 바다얼음의 감소

Climate

Connection

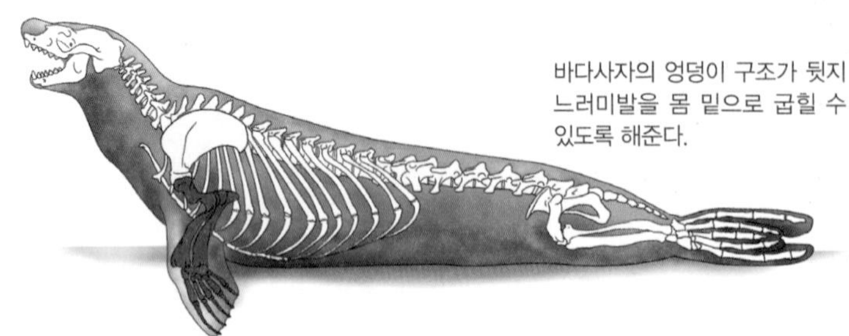

(a) 전형적인 물범의 골격

(b) 스텔라 바다사자의 골격

그림 14.19 물범류와 바다사자류의 골격과 형태학적 차이점.
https://goo.gl/87e3M9

와 북극곰에 미치는 영향에 대해서는 제16장 '해양과 기후변화'에서 다룬다.

바다코끼리(walrus)는 몸집이 크며, 성체는 수컷이나 암컷 모두 1m까지 자라는 상아질 송곳니를 지녔다(**그림 14.18c**). 송곳니는 영토 싸움이나 빙산에 올라갈 때 또는 먹이생물을 찌를 때 사용한다.

귀 없는 물개(earless seal) 또는 진짜물개(true seal)라 불리는 **물범**(seal)은 귀 있는 물개(eared seal)인 **바다사자**(sea lion)와 **모피물개**(fur seal)와 다음과 같이 다르다.

- 물범은 바다사자와 모피물개가 지닌 뚜렷한 귓바퀴(ear flap)가 없다(**그림 14.18d**와 **그림 14.18e**를 자세히 비교해보자).
- 물범은 바다사자와 모피물개에 비해 작은 앞지느러미발(front flipper)을 지녔다.
- 물범은 바다사자와 모피물개에 비해 앞지느러미발로부터 돌출되어 나온 명확한 발톱이 있다(**그림 14.19**).
- 물범은 바다사자와 모피물개에 비해 다른 엉덩이 구조를 지녔다. 따라서 물범은 바다사자와 모피물개처럼 뒷지느러미 발을 잘 움직일 수가 없다(그림 14.19).
- 작은 앞지느러미 발과 다른 엉덩이 구조를 지닌 물범은 육지에서는 잘 움직이지 못하며 송충이처럼 미끄러져 간다. 반면 바다사자와 모피물개는 큰 앞지느러미발과 뒷지느러미발을 이용하여 육지를 쉽게 걸을 수 있고, 가파른 경사길도 오르고, 층계도 오르고, 곡예를 부릴 수도 있다.

그림 14.20 해우목에 속하는 해양포유류. 해우목에 속하는 대표적인 해양포유류의 사진. (a) 서인도제도의 매너티 (b) 인도양의 듀공

(a) 서인도제도의 매너티. 둥근 꼬리지느러미와 앞지느러미발에 발톱이 있다.

(b) 인도양의 듀공. 고래의 꼬리와 비슷한 꼬리지느러미가 있으며 앞지느러미발의 발톱이 눈에 안 보인다.

- 물범은 뒷지느러미발을 앞뒤로 움직임으로써 물속을 헤엄쳐 나가며, 바다사자와 모피물개는 큰 앞지느러미발을 펄럭이면서 물속을 헤엄쳐 나간다.

해우목

해우목(order Sirenia)에 속하는 동물에는 '바다소(sea cows)'[10]라고 불리는 매너티(manatee)와 듀공(dugong)이 포함되어 있다. 매너티는 열대 대서양의 연안 해역에 집중적으로 서식한다. 반면 듀공은 인도양과 서부 태평양의 열대해역에 서식한다.

매너티와 듀공 모두 노 모양의 꼬리와 둥근 앞지느러미발을 지녔다(**그림 14.20**). 몸을 듬성듬성 덮고 있는 털이 있으며, 입 주변에 털이 집중되어 있다. 그들은 4.3m 길이와 1,360kg 이상의 체중을 지닌 큰 동물이다. 해우류의 육상 거주 조상은 아마도 코끼리와 비슷했으리라 생각된다. 사실 현생 해우류 앞발의 발톱은 코끼리의 발톱과 매우 닮았다.

해우류는 얕은 연안 해역의 해초류를 먹는 유일한 초식성 포유류이다. 그들은 대부분의 생애를 사람들이 많이 이용하는 연안 해역에 산다. 사람들이 연안 해역을 무역, 레크리에이션, 개발, 폐기물 처리 등으로 이용하고 있어 해우류의 서식지 파괴가 우려되고 있다. 해우류의 생존에 중요한 해초지에 대한 최근의 연구는 해초지 생태계가 빠르게 파괴되고 있어 지구상의 가장 위협받고 있는 생태계 중 하나임을 밝히고 있다. 해초지의 파괴는 맹그로브, 산호초와 열대우림과 같은 위험에 처해 있는 생태계와 비슷하다.

또한 매우 천천히 움직이는 해우류와 충돌하는 모터보트 사고가 해마다 발생하고 있다. 예로서, 2002년 플로리다 주에서 죽은 305마리의 매너티 중 31%가 모터보트 사고로 발생했다고 한다. 최근에 과학자들은 보트 타는 사람들이 쉽게 매너티를 발견하고 피할 수 있도록 'manatee finder'라고 불리는 소나시스템(sonar system)을 개발하였다. 하지만 매너티와 듀공 개체군이 지속적으로 감소하고 있어 현재 멸종위기종(endangered species)으로 지정되었다.

고래목

고래목(order Cetacea: *cetus* = whale)은 고래, 돌고래, 쇠돌고래를 포함한다(**그림 14.21**). 고래류의 몸은 유선형이며, 두꺼운 지방층을 지녔다. 고래류의 앞다리는 지느러미발로 변형되어 있다. 뒷다리는 퇴화되어 흔적만 남아 있으며, 다른 골격에 부착되어 있지 않고, 외형적으로 눈에 띄지 않는다. 모든 고래류는 다음의 특징을 공유한다.

- 길게 연장되어 있는 두개골
- 두개골 위에 있는 콧구멍
- 머리털이 매우 적음
- 'fluke(*flok* = to be flat)'라고 불리는 수평적인 꼬리지느러미. 고래류는 이것을 위아래로 움직임으로써 추진력을 얻는다.

이 같은 특징들이 고래를 유선형으로 만들었으며, 그 결과 고래는 아주 우수한 수영선수가 되었다.

유영속도를 증가시키기 위한 변형 고래류의 근육은 다른 포유류에 비해 강력하지 않다. 따라서 빨리 헤엄치는 그들의 능력은 마찰저항을 감소시키기 위한 변형의 결과이다. 예로서, 작은 돌고래의 근육은 난류 속에서 시속 40km으로 헤엄치는 것보다 다섯 배나 강할 필요가 있다.

---

10 해우류에는 스텔라해우(Steller's sea cow)가 포함된다. 그런데 이 종은 처음 발견된 지 단지 27년 후인 1768년에 초기 포경업자들에 의해 멸종되었다.

그림 14.21 고래목에 속하는 해양포유류. 두 고래아목인 이빨고래류와 수염고래류를 대표하는 고래의 모습. 모든 고래와 돌고래는 상대적인 크기로 나타내었다. 오른쪽 윗부분에 있는 잠수부를 주목하라.

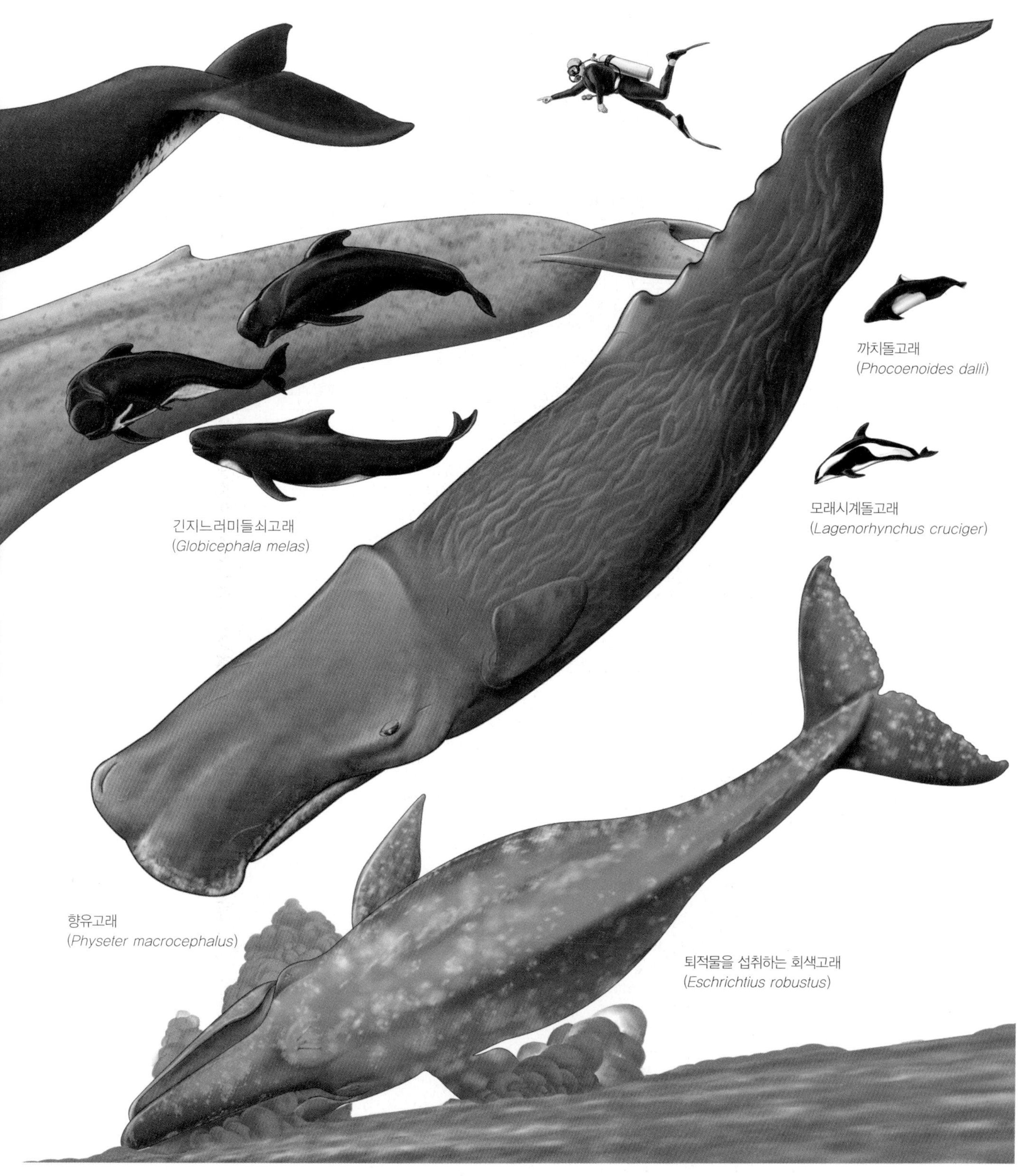
까치돌고래
(*Phocoenoides dalli*)
모래시계돌고래
(*Lagenorhynchus cruciger*)
긴지느러미들쇠고래
(*Globicephala melas*)
향유고래
(*Physeter macrocephalus*)
퇴적물을 섭취하는 회색고래
(*Eschrichtius robustus*)

유선형 체형에 덧붙여 고래는 특수화된 피부구조로 몸 주변의 물 흐름을 개선시킨다. 그들의 피부는 80%가 물로 되어 있고, 스펀지 물질로 차 있는 좁은 관을 지닌 부드러운 외부층과 주로 견고한 결체조직으로 구성되어 있는 내부층으로 이루어져 있다. 이 부드러운 외부층은 압력이 클 때는 압축되고, 압력이 작을 때는 확장됨으로써 피부와 물 사이의 압력 차이를 감소시킨다. 그 결과 물과의 저항이 감소된다.

심해잠수를 위한 변형 인간은 최대 130m까지 잠수할 수 있으며, 한 번 호흡으로 6분까지 견딜 수 있다. 반면 향유고래(sperm whales, *Physeter macrocephalus*)는 2,800m보다 더 깊이 잠수하며, 북방병코고래(northern bottlenose whale, *Hyperoodon ampullatus*)는 한 번 호흡으로 2시간까지 잠수할 수 있다. 이 놀랄만한 잠수능력은 산소를 효율적으로 이용할 수 있도록 하는 특수한 구조, 근육적응 그리고 질소중독에 저항할 수 있는 능력과 같은 독특한 적응들을 필요로 한다.

산소 사용 **그림 14.22**는 고래가 장시간 잠수할 수 있도록 허용하는 내부구조이다. 흡입된 공기는 **폐포**(alveoli: *alveus* = small hollow)로 들어오게 된다. 폐포는 모세혈관과 접촉되어 있는 얇은 폐포막에 줄지어 있다. 흡입된 공기와 혈액 사이의 기체의 교환(산소는 들어오고, 이산화탄소는 나감)은 이 폐포막을 통해 일어난다. 일부 고래류는 엄청나게 많은 모세혈관이 폐포 주변을 둘러싸고 있다(**그림 14.22b**). 폐포는 수축과 이완을 반복하는 근육을 지녀 폐포막으로 공기를 이동시킬 수 있다.

사람은 분당 15번 호흡하지만 고래는 쉬고 있는 동안 분당 1~3번 호흡한다. 고래는 호흡간격이 길고, 폐포막과 접촉되어 있는 모세혈관의 면적이 넓으며, 근육작용으로 공기를 순환시키기 때문에 고래류는 한 번 마신 공기 중에 있는 산소의 90% 이상을 흡수한다. 반면 육지의 포유류는 단지 4~20%만을 흡수한다.

장시간 잠수하는 동안 산소를 효율적으로 이용하기 위해서 고래는 산소를 많이 저장하고 산소의 사용을 제한한다. 장시간 잠수하는 동물은 단위 체적당 혈액량이 많기 때문에 많은 산소의 저장이 가능하다.

일부 고래류는 단위 혈액 부피당 두 배나 많은 적혈구를 가지고 있으며, 육지 동물에 비해 아홉 배나 많은 마이오글로빈을 근육조직에 지니고 있다. 그 결과 많은 양의 산소가 적혈구 내의 **헤모글로빈**(hemoglobin: *hemo* = blood, *globus* = sphere)과 근육 내의 마이오글로빈 속에 저장될 수 있다.

(b) 폐포에서의 산소의 교환
폐포
산소가 동물로 들어옴
CO_2 나감
모세혈관
폐포막
(a) 기본적인 허파의 모습
코 입구
기관
기관지
세기관지
폐포관
폐포
잘 발달된 모세혈관은 폐포막을 통하여 산소를 받는데, 고래는 들이쉴 때마다 90% 정도의 산소를 추출한다.
공기는 기도를 통해 허파에 들어가고, 산소는 폐포의 벽을 통과하여 핏속으로 흡수된다.

그림 14.22 장시간 잠수를 위한 고래류의 변형. 고래류는 장시간 수중에 머물기 위해 내적인 적응을 지녔다. (a) 기본적인 허파의 모습 (b) 폐포에서 산소의 교환

근육 적응 고래류의 근육 역시 심해잠수를 위해 적응되어 있다. 한 가지 적응은 그들의 근육조직이 호흡을 통해 몸에 축적된 이산화탄소의 높은 농도에 비교적 무감각하다는 것이다. 또 다른 적응은 그들의 근육은 산소가 고갈되었을 때 무산소호흡을 통해 기능을 계속할 수 있다는 것이다.

최근 연구는 고래류의 헤엄칠 때 사용되는 근육이 산소가 전혀 없을 때에도 잠수하는 동안 기능을 계속할 수 있음을 보여준다. 이것은 이 근육과 다른 기관(소화관과 신장 등)들이 주요 동맥의 압축에 의해 순환계에서 차단될 수 있음을 제시한다. 잠수 시 순환계는 심장과 뇌와 같이 중요한 기관에만 산소를 공급한다. 이처럼 잠수 시 혈액순환의 요구가 감소되기 때문에 심장박동수는 정상 수치의 20~50%까지 줄어들 수 있다. 그러나 다른 연구는 참돌고래(common dolphin, *Delphinus delphis*), 흰고래(white whale, *Delphinapterus leucas*), 병코돌고래(bottlenose dolphin, *Tursiops truncatus*)가 잠수하는 동안 이 같은 심

장박동수의 감소가 일어나지 않았음을 보여준다.

고래류는 심해잠수로 고통을 겪는가? 심해잠수에 있어 문제점은 압축된 기체가 혈액 속으로 흡수되는 것이다. 사람이 압축된 기체(질소와 산소 포함)를 이용하여 잠수할 때 깊은 곳에서의 높은 압력이 더 많은 질소가 잠수부의 혈액 속에 용해되도록 한다. 그 결과 잠수부는 **질소중독증**(nitrogen narcosis)을 경험하게 된다. 질소중독증은 **심해의 황홀경**(rapture of the deep)이라고 불리기도 한다. 질소중독증의 효과는 만취와 유사하며, 잠수부가 너무 깊게 잠수하거나 30m 수심보다 더 깊은 곳에 오랫동안 머무를 때 발생될 수 있다(심층 탐구 12.1 참조).

Interdisciplinary Relationship

잠수부가 너무 빨리 표면으로 올라갈 때 다른 문제점이 발생될 수 있다. 이 경우 그들은 **잠수병**(bend)이라고 불리는 **감압병**(decompression sickness)을 경험하게 된다. 너무 빨리 표면으로 올라오면 허파가 과도한 기체를 혈액으로부터 충분히 제거할 수 없게 되며, 감소된 압력은 잠수부의 혈액과 조직에 작은 질소 방울의 형성을 초래한다. 이 과정은 탄산음료의 뚜껑을 열었을 때 방울이 형성되는 것과 유사하다. 방울은 혈액순환을 방해하며, 뼈의 손상, 고문받는 고통, 심각한 신체적 쇠약을 초래하며, 심하면 죽음에 이르게 한다.

최근까지 고래류와 다른 해양포유류는 이 같은 고통을 막을 수 있는 적응능력을 지니고 있다고 믿었다. 하지만 향유고래 골격의 심도 있는 조사 결과 향유고래도 감압병에 의해 초래된 점진적인 뼈의 손상을 겪고 있음이 밝혀졌다. 연구자들은 향유고래가 해부학적으로나 생리학적으로 심해잠수에 따른 영향을 받고 있다고 결론 내렸다.

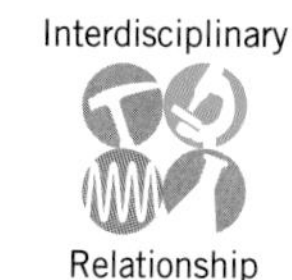
Interdisciplinary Relationship

고래는 찌그러질 수 있는 흉곽(rib cage)을 지녔기 때문에 심해잠수에 의한 쇠약 효과는 고래류에서는 최소화되어 있다. 고래가 70m 수심에 이르게 되면 흉곽이 8기압의 압력하에 찌그러진다. 흉곽 속의 허파 역시 찌그러지며, 이때 폐포 속의 모든 공기가 제거된다. 이것은 혈액이 폐포막을 통하여 추가적으로 기체를 흡수하는 것을 막는다. 그 결과 질소중독증이 최소화된다.

고래류는 그들의 몸속 질소가스의 증가에 대해 극복할 수 있는 적응을 보인다. 사람에게 심한 잠수병을 일으킬 정도로 충분한 질소가스를 돌고래의 조직 속에 투입한 연구에서 돌고래는 나쁜 효과를 겪지 않았다. 이것은 돌고래(다른 해양포유류도 마찬가지)가 높은 질소기체 농도에 무감각하도록 진화되었음을 제시한다.

이빨고래 아목 고래목은 이빨고래아목과 수염고래아목(Mysticeti)으로 나누어진다. **이빨고래아목**(suborder Odontoceti: *odonto* = tooth, *cetus* = whale)에는 돌고래, 쇠돌고래, 범고래와 향유고래가 포함되어 있다.[11]

이빨고래류의 특징 모든 이빨고래류는 어류와 오징어와 다른 큰 동물들을 잡고 씹는 데 사용되는 이빨을 지니고 있다. 범고래는 다른 고래류를 포함하여 다양한 먹이를 섭식하는 것으로 알려져 있다. 이빨고래류는 복잡하고 오래 지속되는 사회적인 그룹을 형성한다. 수염고래류는 2개의 콧구멍을 지닌 반면, 이빨고래류는 하나의 콧구멍을 지닌다. 이빨고래류와 수염고래류 모두 소리를 내고 들을 수 있지만, 소리를 이용하는 능력은 이빨고래류(특히 향유고래)에서 가장 잘 발달되어 있다.

돌고래류와 쇠돌고래류의 차이점 돌고래(dolphin)와 쇠돌고래(porpoise)는 이빨고래아목에 속하는 작은 이빨고래이다. 그들은 외형, 행동과 서식범위가 유사하기 때

학생들이 자주 하는 질문

고래는 어떻게 사랑을 나누는가?

대형 고래의 교미에 대해 연구가 드물게 이루어졌으며, 단지 몇 케이스만 목격되었다. 가장 큰 고래인 대왕고래의 교미는 아직까지도 관찰되지 않았다. 회색고래처럼 연안에 사는 고래 종으로부터 알려진 사실은 사람과 보노보 침팬지처럼 고래는 배와 배를 맞대고 교미하는 몇 안 되는 동물이다. 다른 포유류와 마찬가지로 고래의 교미는 단지 몇 초 만에 끝난다. 고래의 성기와 고환은 헤엄칠 때 저항을 줄이기 위해 몸속으로 들어간다. 그런데 교미를 하기 위해 수컷의 성기가 밖으로 나오면 암컷 성기 속으로 삽입시켜 정자를 암컷에 전달할 수 있을 만큼 제 역할을 한다.

11 최근의 유전자 분석은 향유고래가 다른 이빨고래류보다 수염고래류에 더 가깝다고 보고한다.

문에 쉽게 혼동이 된다. 예로서, 돌고래와 쇠돌고래 모두 유영하는 동안 물 밖으로 뛰어오르는 행동(porpoising)을 보인다. 하지만 돌고래와 쇠돌고래 사이에는 몇 가지 형태적인 차이가 있다.

더 길고 유선형인 돌고래에 비해 쇠돌고래는 크기가 좀 작고 더 뚱뚱한 체형이다. 일반적으로 쇠돌고래는 주둥이가 무디지만, 돌고래는 주둥이가 더 길다. 쇠돌고래는 더 작고, 삼각형 등지느러미를 갖지만, 돌고래의 등지느러미는 **낫 모양**(falcate: *falcatus* = sickle)이며, 옆에서 보았을 때 갈고리 형태로 뒤쪽을 향해 굴곡져 있다.

이빨의 형태에 있어서도 차이를 보인다. 돌고래의 이빨은 끝이 뾰족하지만, 쇠돌고래는 무디고 평평하며(삽 모양), 우리의 앞니를 닮았다. 범고래는 끝이 뾰족한 이빨을 지녀(**그림 14.23**), 돌고래과에 속해 있음을 확인해준다.

이빨고래의 음향탐지 모든 해양포유류가 좋은 시력을 지니고 있지만, 해양 조건이 시력의 효율성을 제한한다. 부유 퇴적물과 식물플랑크톤의 대발생으로 인해 혼탁한 연안 해역과 빛이 거의 없는 깊은 곳에서 소리의 사용은 시력보다 많은 장점을 가진다.

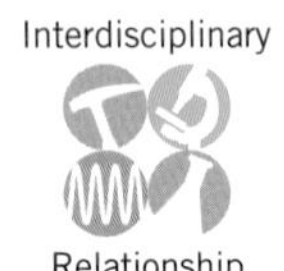

성대가 없음에도 불구하고 이빨고래류는 다양한 소리를 만들어낼 수 있다. 일부 소리는 사람이 들을 수 있다. 고래가 소리를 내는 목적은 물체의 방향과 거리를 결정하기 위해 사용하는 **음향탐지**(echolocation)부터 높은 수준의 언어까지 다양하다. 사실 해양생물학자가 고래류의 소리에 대해 아는 것은 매우 제한적이다.

이빨고래에 의한 소리의 발생은 매우 복잡한 과정이다. 향유고래의 경우(**그림 14.24a**), 공기를 오른쪽 기도를 통해 **원숭이 주둥이**(museau du singe)라고 불리는 특수한 구조에 보냄으로써 소리가 만들어진다. 이렇게 만들어진 소리는 **경랍**(spermaceti: *sperm* = seed, *cetus* = whale)을 통해 두개골의 윗부분으로 이동된다.[12] 이곳으로부터 반사된 소리는 **정크**(junk)라고 불리는 기관을 통과하면서 집중되고 증폭되어 물속으로 나오게 된다.

돌고래, 쇠돌고래와 같은 소형 이빨고래의 경우(**그림 14.24b**), 소리가 호흡공 근처에 있는 발성(phonic) 입술로부터 나온다. 근육의 수축이 다양한 소리를 만든다. 이 소리들은 **멜론**(melon)이라는 두개골 위에 있는 기관을 통과하면서 집중된다. 멜론은 소리의 초점을 맞추는 음향렌즈(acoustical lens) 역할을 한다.

연안수나 더 깊은 곳에서 음향탐지는 먹이의 추적과 물체의 위치를 찾는데 도움이 된다. 먼 곳에서는 낮은 주파수를, 가까운 곳에서는 높은 주파수를 이용하여 병코돌고래는 100m 이상 떨어진 곳에 있는 고기떼를 감지할 수 있다. 이 고래는 9m 떨어진 곳에 13.5cm 크기의 물고기를 찾아낼 수 있다. 더욱이 향유고래는 400m 떨어져 있는 오징어(향유고래의 주된 먹이)를 탐지할 수 있다.

물체의 위치와 거리를 결정하기 위해 이빨고래는 물속으로 음파를 보내는데, 일부는 다양한 물체에 반사되어 고래로 되돌아온다(**그림 14.25**). 소리는 물체를 투사하므로 음향탐지는 그 물체의 내부 구조의 3차원 이미지를 만들어낼 수 있다. 최근의 연구는 고래류는 가까이 접근하기 전에 먹이를 기절시키기 위

학생들이 자주 하는 질문

군사적으로 사용하는 소나가 고래류의 좌초를 초래한다고 들었습니다. 어떻게 소나가 고래류에게 해를 끼치나요?

최근에 고래류(특히 부리를 지닌 고래류)의 대규모 좌초와 군사훈련 중 잠수함을 찾기 위해 사용되는 중주파수의 소나 사이에 연관이 있음을 보여주는 증거가 발견되었다. 이 같은 증거가 상황적이지만, 과학자들은 좌초된 고래의 기체방울 손상이 빠른 감압과 연관 있음을 보고했다. 보통 빠른 감압은 감압증을 초래한다. 소나가 고래의 너무 빠른 상승을 초래하거나 또는 질소가 포화된 조직에 대한 소나의 물리적인 효과 때문에 기체방울이 형성될 가능성이 있다. 하지만 군사용 소나가 사용되지 않았을 때도 고래의 좌초가 일어났으며, 좌초된 고래의 조직에 유사한 방울이 발견되었다. 아마도 군사용 소나와 고래의 좌초 사이의 관계는 불행한 일치일 가능성도 있다. 따라서 고래류의 청각, 행동, 생리에 대한 소나의 영향을 결정하기 위해 더 많은 연구가 필요하다.

고래의 좌초는 아리스토텔레스 시대 때부터 기록이 되어왔다. 이는 고래의 좌초가 자연적 현상임을 의미한다. 예로서 폭풍 이후에 폐렴이나 트라우마 때문에 고래의 좌초가 발생하기도 한다. 또한 상어의 공격이나 동종의 공격에 의해 좌초가 일어나기도 한다. 그리고 사람에 의해 유발된 공해와 해조류의 생물독소와 같은 자연독소에 의해 대규모 좌초가 일어나기도 한다. 기생생물이나 병원충(박테리아나 바이러스 감염 포함)도 원인이 될 수 있다. 발달된 의료장비인 CT나 MRI와 분자학적 연구를 이용하고 있지만 아직까지 하나의 명확한 대답을 못 얻고 있다. 1991년 이후로 55번의 고래좌초가 미국에서 발생했지만, 29건이 아직까지 원인을 못 밝히고 있다.

그림 14.23 범고래의 턱뼈. 범고래의 아래턱뼈는 끝부분이 뾰족한 큰 이빨을 지닌다. 따라서 범고래는 돌고래류에 속한다.

12 경랍기관은 희고 왁스질의 기관이다. 초기 포경업자들은 그것이 인간의 정자와 유사하다고 생각했다. 그래서 영어 이름이 'spermaceti organ'으로 지어졌다. 그러나 경랍기관은 생식과는 전혀 관계가 없으며 음향탐지에 사용된다.

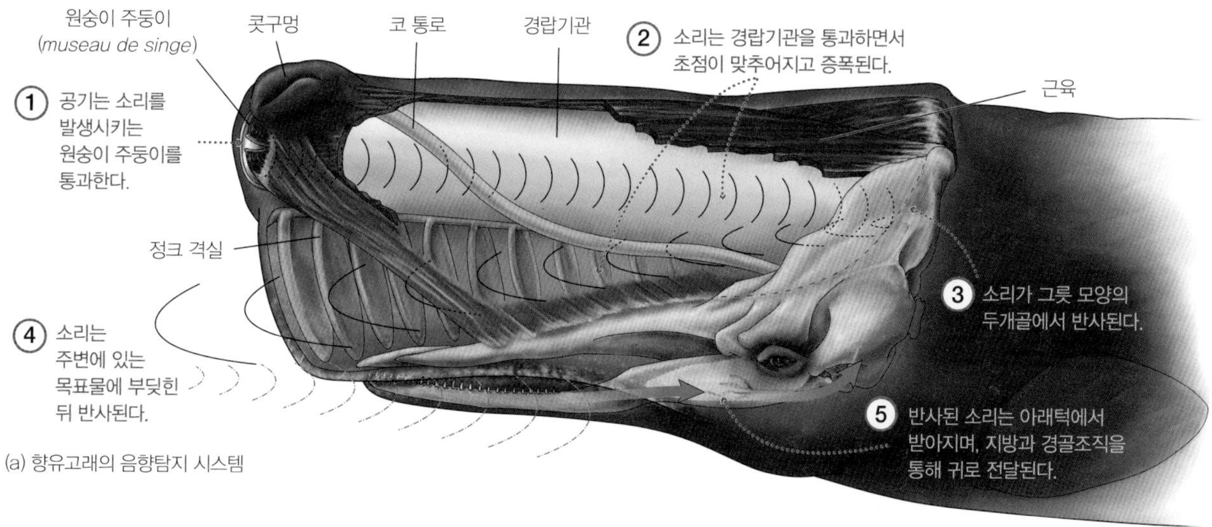

(a) 향유고래의 음향탐지 시스템

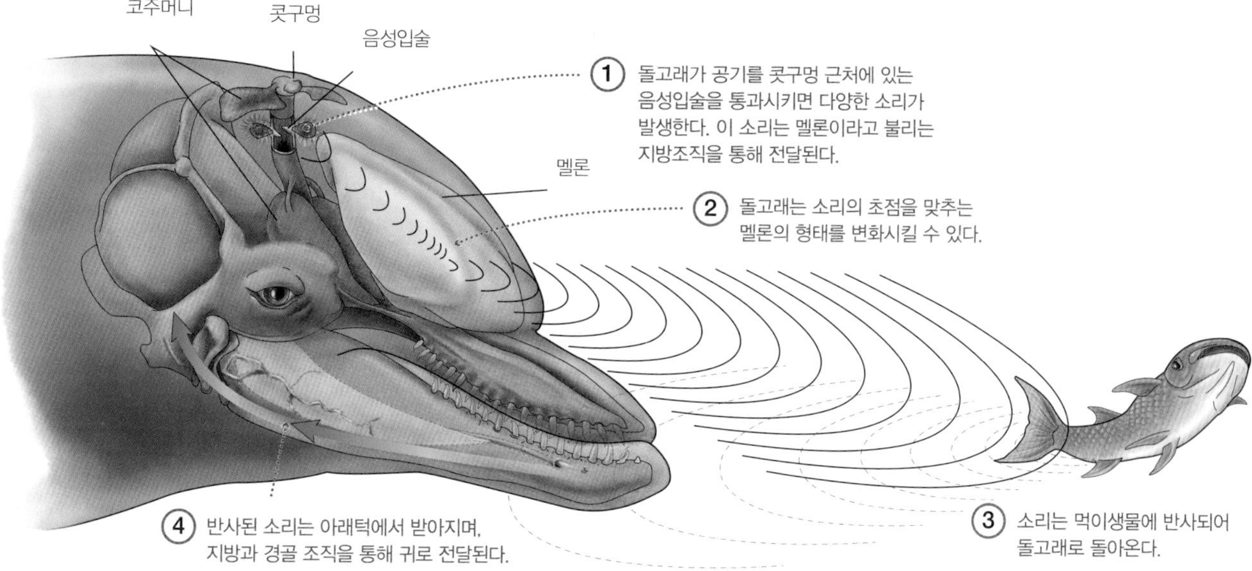

(b) 돌고래의 음향탐지 시스템

그림 14.24 향유고래와 돌고래의 음향탐지 시스템을 보여주는 내부 구조.
https://goo.gl/0GhVHb

해 큰 소리를 이용하고 있음을 보여준다.

이빨고래는 어떻게 수중에서 듣는가? 이빨고래는 바다로부터 온 음파를 그들의 귀로 효과적으로 전달하는 턱과 연관된 특수한 지방을 지니고 있다. 이 구조는 속귀를 두개골로부터 절연시켜 그들이 수중에서 듣는 소리를 차별화시킬 수 있도록 한다. 많은 이빨고래류의 경우 소리는 턱뼈에 의해 수신되고 지방으로 채워진 몸 부분을 통해 속귀로 전달된다.[13] 신호는 뇌로 전달되며, 뇌에서 소리가 해석된다.

해양에서의 소음공해가 고래에게 영향을 미치고 있는 점에 대해 우려의 목소리가 과학자들 사이에 높아지고 있다. 이같이 증가된 소음은 전 세계를 누비고 다니는 수많은 선박이 원인이다. 선박이 커지고, 속도가 빨라지면서 더 큰 추진력이 필요한데, 이에 따라 수중소음은 더욱 증가하게 된다. 최근 연구는 지난 60년간 전 세계 상선들에 의해 발생

13 이것을 실험해보기 위해 진동하는 포크의 끝부분을 당신 뺨에 데어보아라. 소리는 당신의 턱을 통해 귀로 전달될 것이다.

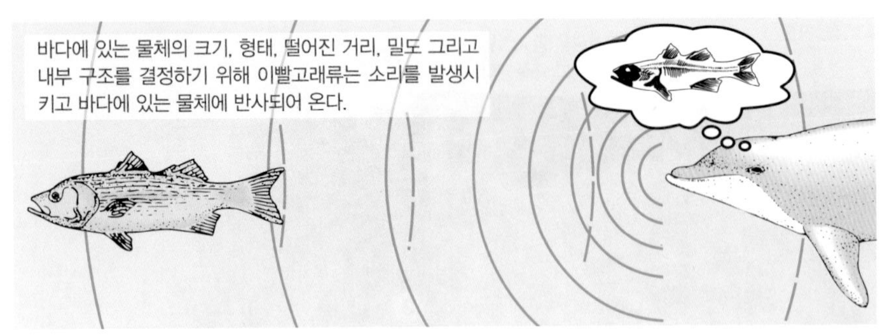

그림 14.25 **음향탐지.**

된 저주파 선박소음이 10년마다 두 배씩 증가하고 있음을 보여주고 있다. 이 증가된 수중소음이 고래의 청각, 행동 그리고 의사소통에 어떤 영향을 미치고 있는지에 대해서는 아직 모른다.

이빨고래는 지능이 얼마나 높은가? 고래류의 지능에 관해서 많은 논란거리가 있다. 이에 대한 명확한 해답은 없지만 다음 사실은 이빨고래의 지능의 수준을 짐작하게 한다.

- 소리를 이용하여 서로에게 의사전달을 한다.
- 그들 몸 크기에 비해 큰 뇌를 지니고 있다.[14]
- 뇌가 대단히 둘둘 말려 있다. 이것은 높은 지능을 지닌 생물들의 공통된 특징이다.
- 일부 돌고래가 바다에 빠진 사람을 구해주었다는 보고가 있다.
- 일부 돌고래는 사람의 수신호에 반응하도록 훈련되어 왔다.

이빨고래들이 대단한 능력을 지녔지만, 이것은 반드시 지능이 높음을 의미하지는 않는다. 예를 들면, 별로 지능이 높지 않은 비둘기도 수신호로 물건을 가져오도록 훈련시킬 수 있다. 많은 사람들이 고래와 돌고래가 실제보다 더 지능이 높다고 생각하는데, 이는 사람들이 카리스마 넘치고 항상 웃음을 띠는 이들에게 애착을 느끼기 때문이다. 돌고래의 행동을 연구하는 전문가는 우리가 생각하는 만큼 돌고래의 지능이 높지 않다고 말한다.

만약 이빨고래가 지닌 큰 뇌가 지능과 전혀 무관하다면, 그들의 뇌가 큰 이유는 무엇 때문일까? 선도적인 고래연구자조차 그 이유를 잘 모른다. 하지만 이빨고래가 소리음향을 통해 받은 엄청난 양의 정보를 처리하기 위해 큰 뇌를 필요로 하는지 모른다. 지능을 측정하기 어려우므로 단지 이빨고래류가 해양환경에 아주 잘 적응되었다고 말하는 것이 좋을 것 같다.

수염고래아목 수염고래아목(suborder Mysticeti: *mystic* = moustache, *cetus* = whale)에는 세계에서 가장 큰 고래들(대왕고래, 참고래, 혹등고래)과 회색고래를 포함한다.

수염고래류는 일반적으로 이빨고래류보다 훨씬 더 크다. 수염고래류는 해양환경에 비교적 풍부하며 먹이망의 아랫부분에 있는 동물플랑크톤(크릴 등)이나 작은 유영동물들을 잡아먹는다. 어떻게 세계에서 가장 큰고래들이 이같이 작은 먹이생물을 먹고 살 수 있을까?

수염판의 사용 해수로부터 작은 먹이생물들을 모으기 위해 수염고래류는 이빨 대신에 입속에 수염판(*baleen*: balaena = whale)을 지니고 있다(**그림 14.26a**). 이 수염판은 고래의 위턱에 붙어 있다. 고래가 입을 열 때 수염판(고래수염)은 사람의 콧수염을 닮았다(그들의 입 안쪽에 있는 점이 다르지만, **그림 14.26c, 14.27**). 따라서 **콧수염고래**라고 불리기도 한다. 고래수염은 사람의 손톱과 머리카락과 같은 유연한 각질(keratin)로 만들어졌으며, 4.3m까지 자랄 수 있다(**그림 14.26d**).[15]

학생들이 자주 하는 질문

범고래와 대형 백상어 사이에 전투가 일어나면 누가 이길까요?

크고 힘센 야생동물에 매력을 느끼는 많은 사람들은 이 전투에서 누가 이길까 궁금해 하지만 최근까지 이 논쟁을 해결할만한 단서가 별로 없었다. 1997년 북캘리포니아 근해 바다에서 6m의 범고래와 3.6m의 대형 백상어 사이의 전투를 촬영한 비디오는 범고래가 백상어의 머리를 물어뜯어 완전히 절단시키는 장면을 보여준다! 만약 이것이 실제 자연에서의 범고래와 백상어의 관계를 보여주는 것이라면 범고래가 바다에서의 최상위 포식자가 된다. 범고래의 우세한 조정능력과 음향탐지의 사용은 백상어를 패배시키는 데 도움을 주었다고 믿어진다.

14 사실 향유고래는 지구상에서 가장 큰 뇌를 지닌 동물이다. 향유고래는 사람의 뇌 무게보다 무려 여섯 배가 넘는 9kg에 달하는 뇌를 가지고 있는 것으로 보고되었다.

15 고래수염은 플라스틱이 발명되기 전에는 마차 회초리와 코르셋 지지대와 같은 제품을 만드는 데에 사용되었다.

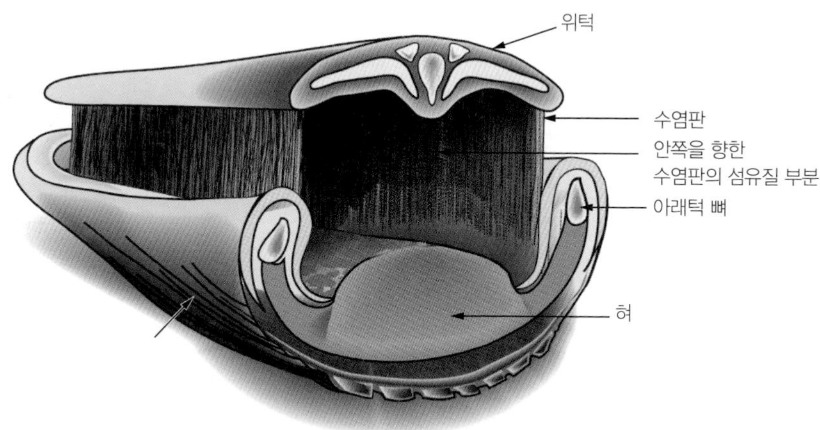

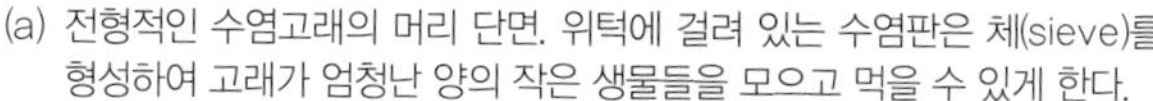
(a) 전형적인 수염고래의 머리 단면. 위턱에 걸려 있는 수염판은 체(sieve)를 형성하여 고래가 엄청난 양의 작은 생물들을 모으고 먹을 수 있게 한다.

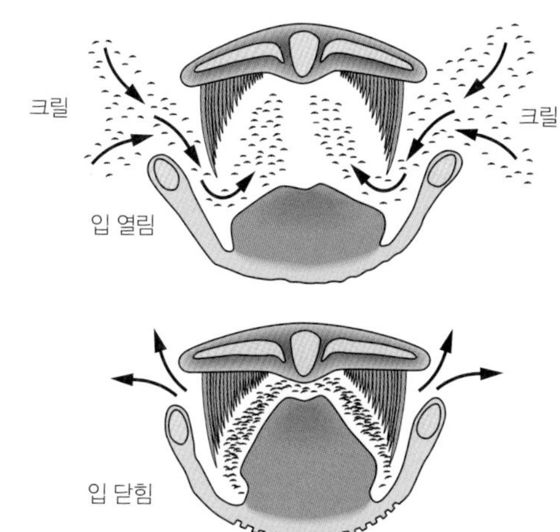

(b) 수염고래류가 어떻게 섭식하는가를 보여준다.

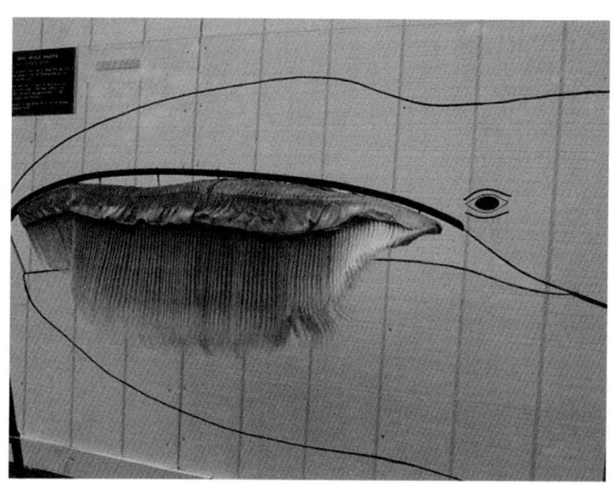
(c) 저서 섭식하는 회색고래의 수염

(d) 한 여성이 표면을 헤엄치는 북방참고래의 수염을 들고 서 있다.

그림 14.26 고래수염.

Web Animation
수염고래의 섭식
https://goo.gl/cnolYJ

먹기 위해 수염고래는 먹이생물이 포함되어 있는 물을 잔뜩 마셔 입속을 가득 채운다(**그림 14.26b**). 이때 주름진 아래 턱 부분이 풍선처럼 부풀게 된다(그림 14.27). 고래는 입속의 물을 강제로 수염판의 섬유질판 사이로 통과시키면서 작은 어류, 크릴과 다른 플랑크톤을 걸러 먹는다. 혹등고래는 바다 표면이나 표면 근처에서 먹이를 잡아먹는다. 때때로 큰 집단을 형성해 먹이생물 떼를 가두기 위해 원형의 공기방울 커튼을 만들고 표면을 향해 돌진하면서 섭식을 한다(**그림 14.28**). 반면에 회색고래는 짧은 수염판을 지녔으며, 해저퇴적물로부터 단각류(amphipod)와 조개류와 같은 저서생물들을 여과함으로써 섭식을 한다.

그림 14.27 수염고래의 섭식. 브라이드고래와 같은 수염고래류는 큰 입으로 먹이생물 떼를 물과 함께 흡입한다. 그들은 자신의 체중 정도의 물과 먹이생물을 입에 가득 채운 뒤 혀를 확장시켜 물이 수염판을 통해 빠져 나가게 하면서 입 안에 들어온 먹이를 걸러 먹는다.

Web Video
혹등고래의 공기방울망(net)을 이용한 사냥 모습
https://goo.gl/UeIXMJ

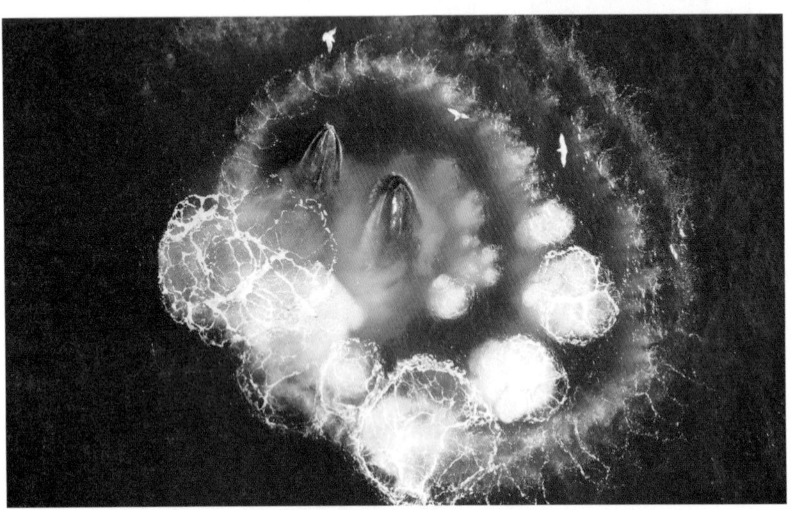

(a) 한 그룹의 혹등고래에 의한 공기방울망 섭식의 공중 모습

(b) 섭식을 위해 수직적으로 돌진하는 혹등고래 그룹

그림 14.28 알라스카 해역에서 혹등고래가 공기방울을 만들어 먹이를 잡아먹고 있는 모습. (a) 혹등고래는 먹이생물을 포위하기 위해 물속에서 원형으로 헤엄치면서 공기방울 커튼을 만든다. (b) 먹이생물이 공기방울 커튼 안에 모이게 되면 각자 입을 벌린 채 먹이생물이 모여 있는 곳을 향해 수직으로 돌진한다. 물과 함께 입속에 들어온 먹이는 수염판을 이용하여 걸러 먹는다.

수염고래의 종류　수염고래류는 다음의 3개 그룹으로 나뉜다.

1. **회색고래류**(gray whales) 또는 귀신고래류 : 짧고, 굵은 수염판을 지닌다. 등지느러미는 없고, 아래턱에 2~5의 배주름(ventral groove)이 있다.
2. **수염고래류**(rorqual whales)[16] : 짧은 수염판과 많은 배주름이 있다. 작은 먹이생물을 포함한 해수를 입안 가득히 마신 뒤 물을 여과시켜 먹이를 걸러먹는다. 2개의 아과(subfamily)로 나뉜다.
   a. **수염고래류**(balaenopterids) : 몸이 길고 늘씬하다. 작고 낫 모양의 등지느러미가 있다. 끝부분이 부드러운 꼬리지느러미를 지닌다. 밍크고래, 브라이드고래, 보리고래, 참고래, 대왕고래가 이에 속한다.
   b. **혹등고래류**(megapterids) : 좀 더 튼튼한 몸을 지닌다. 긴 지느러미발(flipper)을 지닌다. 꼬리지느러미는 일정하지 않으며 가장자리가 길게 나부낀다. 등지느러미가 작고, 머리에 돌기(tubercle)가 있다.

16 'rorqual'이란 용어는 아래턱의 긴 주름을 뜻한다.

3. **긴수염고래류**(right whales)[17] : 길고, 가는 수염판과 넓은 삼각형의 꼬리지느러미가 있다. 등지느러미는 없고, 배주름이 없다. 4개 긴수염고래류 종 중 북대서양긴수염고래(North Atlantic right whale)와 북태평양긴수염고래(North Pacific right whale)는 멸종될 가능성이 큰 멸종위기종이다. 세 번째 종은 남반구에 서식하는 남방긴수염고래(Southern right whale)이다. 그리고 네 번째 종은 북극얼음의 가장자리 부근에 사는 북극고래(bowhead whale)이다.

수염고래와 소리　수염고래류도 소리를 낸다. 하지만 이빨고래류에 비해 훨씬 낮은 주파수의 소리를 낸다. 예를 들면, 회색고래는 다른 회색고래와 소통하기 위해 진동소리(pulse)와 신음소리(moan)를 낸다. 수염고래는 1초에서 수 초 동안 지속되는 신음소리를 낸다. 이들 소리는 주파수가 아주 낮으며, 50km까지 떨어져 있는 다른 고래와의 소통을 위해 사용하는 것 같다. 대왕고래는 SOFAR channel을 따라 전 대양에 퍼져 나갈 수 있는 소리를 내는 것으로 보고되었다. 혹등고래의 노랫소리는 성적 과시를 위한 것으로 생각되지만, 주된 목적이 다른 수컷을 쫓아내기 위한 것인지 아니면 암컷을 유인하기 위한 것인지 분명하지 않다.

개념 점검 14.4 | 형태적인 특징을 기준으로 해양포유류의 주요 그룹을 구분하라.

1 포유강에 속하는 모든 동물들의 공통된 특징은 무엇인가?
2 해양에 살기 위한 그들의 적응을 포함하여 식육목에 속하는 해양포유류에 대해 기술하라.
3 물범류가 바다사자류와 물개류와 어떻게 구분되는가?
4 해우목에 속하는 해양포유류에 대해 기술하라.
5 돌고래와 쇠돌고래가 어떻게 구분되는가?
6 이빨고래아목과 수염고래아목에 속하는 고래들의 차이점을 기술하라. 그리고 각 아목에 속하는 고래를 들라.
7 향유고래와 돌고래의 음향탐지 시스템을 비교하라. 두 시스템 사이의 차이점과 유사점을 기술하라.
8 수염고래의 섭식메커니즘을 기술하라.

요약

해양포유류는 식육목(바다수달, 북극곰, 기각류-바다코끼리, 물범, 바다사자, 물개), 해우목(매너티와 듀공), 고래목(고래, 돌고래, 쇠돌고래)을 포함한다.

14.5 회유의 예 : 회색고래는 왜 회유하는가?

어류, 오징어, 바다거북 그리고 해양포유류와 같은 많은 해양생물이 계절회유를 행한다. 대양에서 가장 먼 거리를 회유하는 생물이 수염고래류이다. 이중 **태평양회색고래**(*Eschrichtius robustus*)가 가장 연구가 많이 이루어진 종이다. 고래류 중 중간 크기이고, 천천히 연안을 유영하는 회색고래들은 60세까지 살 수 있으며, 길이 15m, 체중 36톤에 달한다.

회유 경로

회색고래를 포함한 상업적으로 중요한 수염고래류의 회유 경로는 1800년대 중엽부터 잘 알려졌다. 해양포유류들은 주기적으로 공기호흡을 하기 위해 바다 표면으로 올라오기 때문에 비교적 쉽게 추적이 된다. 특히 회색고래는 추적하기가 쉬운데, 그 이유는 연안 근처에서 전 생애를 보내기 때문이다. 회색고래 각 개체의 무선추적(radio tracking)은 그들의 회유 경로와 회유 시점을 알려준다.

회색고래는 매년 22,000km의 장거리를 왕복하는데, 포유류 중에서는 가장 긴 회유로 알려져 있다. 회색고래는 북극해와 알래스카 근처의 북태평양의 차가운 고위도 해저에 살고 있는 저서생물들을 잡아먹는다. 그리고 바하캘리포니아와 멕시코 본토의 서쪽 해안을 따라 있는 따뜻한 열대 석호에서 새끼를 낳는다

17 'right whale'이란 명칭은 그들이 천천히 헤엄치며, 기름이 풍부하고, 가치가 있어 지어진 이름이다. 포경업자 입장에서 그들은 포획하기에 적합한(right) 고래였다.

그림 14.29 회색고래의 회유 경로 회색고래(*Eschrichtius robustus*)는 포유류 중에서 가장 긴 매년 22,000km의 엄청난 거리를 회유한다. 회색고래는 여름 섭식장소인 북극의 베링해와 추크치해에서 겨울철 새끼를 낳고 키우는 장소인 멕시코 연안의 석호로 이동한다.

(그림 14.29). 섭식은 긴 일조시간으로 인해 매우 생산력이 높아진 여름철에 북극해와 알래스카 근처의 북태평양의 차가운 고위도 해역에서 행해진다. 여름 동안 베링해, 추크치해, 보퍼트해의 얕은 해역에는 갑각류, 조개류 그리고 다른 저서생물이 대량으로 번식한다. 이처럼 이곳에 풍부한 먹이가 없다면 고래류는 장시간의 회유 기간 동안 그리고 짝짓기와 출산 기간 동안 그들을 지탱할 수가 없다.

대부분의 회색고래가 회유를 행하지만, 약 200마리의 회색고래가 알래스카 해역으로 떠나지 않고 여름 내내 캐나다와 캘리포니아 북부 해역에서 머문 것으로 조사되었다. 이 그룹은 연안용승으로 인해 해안을 따라 형성된 풍부한 먹이를 잡아먹는 것으로 나타났다. 이들 회색고래는 **태평양해안 섭식그룹**(Pacific Coast Feeding Group)으로 알려져 있다(그림 14.29).

회유 이유

처음에는 섭식장소의 차가운 환경 조건이 새끼고래에 맞지 않기 때문에 회색고래들이 그렇게 멀리 회유하는 것으로 생각했다. 갓 태어난 회색고래의 생리에 대한 연구는 회색고래의 새끼가 훨씬 더 차가운 곳에서도 살 수 있음을 보여준다. 그럼 왜 그들이 회유하는가? 한 가정은 해수면이 낮았던 빙하기의 잔재라고 생각한다. 오늘날 생산력이 높은 섭식 장소는 그 시기에는 해수면 위 육지에 위치해 있었다. 따라서 회색고래들은 풍부한 먹이를 만날 수 없었고, 차가운 물속에서 생존할 수 없는 더 작은 새끼를 낳았을 가능성이 있다. 이것이 더 따뜻한 곳으로 회유를 초래했으며, 오늘날 풍부한 먹이공급에도 불구하고 회유가 계속되고 있다고 설명한다.

또 다른 가정은 차가운 해역에 많이 출현하는 범고래가 새끼 회색고래에게 위협적인 존재이므로 범고래를 피해서 안전한 곳에 새끼를 낳기 위해 따뜻한 해역으로 회색고래가 회유해 갔을 가능성이 있다고 설명한다. 이것은 왜 얕은 입구를 지닌 멕시코의 석호가 출산을 위해 이용되는가를 설명할 수 있을지도 모른다. 그러나 범고래가 멕시코 석호 근처에서 발견되며, 아주 얕은 곳에서도 범고래가 먹이를 사냥하는 것으로 관찰되었다. 실제로 범고래는 매년 태어나는 회색고래 새끼의 약 30%를 잡아먹는 것으로 추정된다.

회유 시점

회색고래의 회유 시점은 물리해양학적 조건과 매우 관련이 있다. 회유는 보통 고위도의 여름철 식물플랑크톤의 대발생이 정점을 이룬 이후인 9월에 시작된다. 여름 동안 고래들은 이듬해 고위도 섭식장(feeding ground)으로 되돌아올 때까지 견딜 수 있도록 충분한 지방을 저장한다. 회색고래들은 먹이를 먹을 기회가 생기면 회유하는 동안 섭식하는 것이 관찰되었다. 북극해 대륙붕을 따라 있는 섭식장에 얼음이 얼기 시작하면 고래들은 남으로 회유를 시작한다.

임신한 암컷들이 맨 먼저 떠난다. 뒤이어 임신하지 않은 암컷, 미성숙 암컷, 성숙한 수컷 그리고 미성숙 수컷 순으로 남쪽으로 떠난다. 알류샨열도 사이의 통로를 통해 항해한 후 그들은 계속 연안을 따라 남쪽으로 여행한다. 하루에 약 200km의 속도로 이동한 뒤 대부분 1월 말까지 바하캘리포니아의 석호에 도착한다.

이 따뜻한 석호에서 임신한 암컷은 길이 약 4.6m, 체중 1톤 크기의 새끼를 낳는다. 그리고 두 달 동안 새끼들은 지방질이 아주 풍부한 젖을 먹으며 빠른 속도로 자란다. 새끼들이 양육되는 동안 성숙한 수컷은 새끼를 배지 않은 성숙한 암컷과 교미를 한다. 큰 자손을 낳고(임신 기간이 거의 1년임), 새끼에게 몇 달 동안 지방이 풍부한 젖을 제공하기 위해서 엄청난 양의 에너지가 필요하다. 따라서 암컷은 2년 또는 3년에 한 번씩 짝짓기를 하는 것이 일반적이다.

2월 후반부터 그들은 북쪽을 향해 회유를 시작한다. 먼저 새끼가 없는 수컷과 암컷이 먼저 떠나고, 임신한 암컷과 새끼를 키우는 암컷이 뒤에 떠난다. 새끼를 키우는 암컷은 새끼가 긴 여행을 할 수 있을 때인 보통 3월 하순에서 4월 중순에 떠난다. 새끼가 여행 준비가 덜 된 일부 어미는 5월까지 안전한 석호에서 머물기도 한다. 대부분의 고래들은 6월 말까지 고위도 섭식장에 도착하는데, 이때가 북극해의 얕은 대륙붕 해역의 얼음이 사라지고 여름철 식물플랑크톤의 대발생이 시작되는 시기이다. 고래들은 이곳에서 엄청난 양의 저서생물들을 섭식하며 다음 해 남쪽여행 전까지 고갈된 지방질을 보충한다.

회색고래는 멸종위기종인가?

많은 다른 고래종이 포경 이전보다 개체수가 크게 감소하여 멸종위기종(endangered species)으로 구분되고 있으나(**그림 14.30**), 북태평양 회색고래('귀신고래'라고 불리기도함)는 포경 이전의 추정 개체수인 2만 마리를 넘어선 1993년에 멸종위기종에서 제외되었다. 1973년 이래로 멸종위기종으로 등록된 1,400종 중에서 회색고래는 멸종위기종 목록에서 제외된 13종에 속한다. 하지만 다른 회색고래 개체군들은 그다지 운이 좋지 않았다. 예를 들면, 북대서양에 서식하던 회색고래는 수 세기 전에 포경에 의해 절멸되었으며, 일본 주변 해역에 서식하던 회색고래도 절멸 위기에 직면해 있다. 현재 약 30마리의 생식 가능한 암컷을 포함하여 130마리 이하만 남아 있을 뿐이다. 최근 연구는 서태평양 회색고래와 동태평양 회색고래 개체군 사이에 일부 혼합이 있는 것으로 나타났다. 그리고 이스라엘 주변 지중해에서 2010년 회색고래가 목격된 것은 회색고래가 수 세기 동안 사용하지 않았던 옛 번식장소로 영역을 확대했음을 의미한다. 2013년 다른 회색고래가 아프리카 나미비아 주변 남부 대서양에서도 목격되었다. 일부 과학자들은 인간이 초래한 기후변화와 대서양의 바다얼음의 감소가 이 같은 흔치 않은 회색고래의 출현에 기여했다고 말하고 있다.

수염고래아목에 속하는 이 느린 고래들은 그들의 생애 대부분을 연안에서 보내기 때문에 쉽게 포경업자의 포획 대상이 되었다. 1800년대 중반 그들은 새끼를 낳고 키우는 석호에서도 포획을 당해 거의 절멸될 뻔 했었다. 그때 흔히 사용된 포획 전략은 먼저 새끼를 창으로 찌른 뒤 새끼를 지키는 어미까지 꼬여 포획하였다. 이 시기에는 회색고래가 '악마물고기'로 알려졌는데, 그 이유는 어미가 새끼를 돕기 위해 작은 포경선을 전복시켰기 때문이다. 1800년대 중반까지 회색고래의 수는 회유 시기에도 거의 발견하기 어려울 정도로 감소하였다. 다행히도 적은 개체수가 포경업자들이 성공적으로 회색고래를 포획하기 어렵게 만들었다.

Climate Connection

1938년 국제포경조약(International Whaling Treaty)은 거의 절멸 상태에 이른 회색고래의 포획을 금지시켰다. 이 같은 보호로 인해 회색고래는

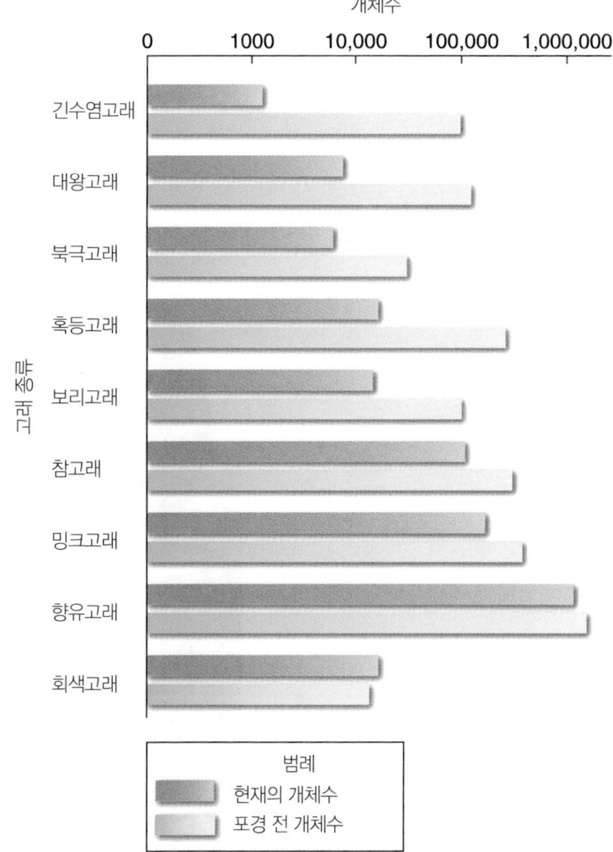

그림 14.30 전 세계 고래의 개체수. 막대 그림은 여러 종에 대해 현재의 고래의 개체수와 포경하기 전의 개체수를 보여준다. 여기서 개체수는 로그스케일이다. 많은 고래 종류의 개체수가 크게 감소하자 1986년 국제 포경위원회에서 전면적인 상업적 포경금지를 선언했다. 하지만 오늘날 일부 국가는 연구와 문화적인 이유로 지정된 종을 포획하도록 허용하고 있다.

꾸준히 증가하여 멸종위기종 목록에서 벗어나는 첫 번째 해양생물이 되었다. 그들의 번식은 보호받는 동물이 계속 생존할 수 있음을 보여주는 가장 인상적인 성공 스토리의 하나가 되었다. 놀라운 사실은 150년 전에 거의 절멸될 정도로 포획을 당한 바로 그 석호에서 회색고래가 보트에 타고 있는 사람들을 향해 두려움 없이 움직여 간다는 것이다(**그림 14.31**). 정말 악마물고기(devil fish)일까?

포경과 국제포경위원회

1800년대 중반부터 1900년대 중반까지 전 세계적으로 대형고래들에 대한 남획이 일어나 개체수가 크게 감소하였다(그림 14.30 참조). 2015년에 발표된 과학연구는 1900년 이후로 거의 300만 마리의 고래가 포경업에 의해 살해되었다고 밝혔다. 불법 포경업이나 보고되지 않은 부분까지 합치면 그보다 훨씬 많을 것이다. 이 시기에 가장 많이 포획된 고래는 수십만 마리가 포획된 참고래, 향유고래와 대왕고래이며, 긴수염고래, 보리고래, 혹등고래와 밍크고래도 수천 마리가 포획되었다.

1946년 **국제포경위원회**(International Whaling Commission, IWC)는 대형고래의 상업적 포획을 관리하기 위해 설립되었다. 1986년에 IWC의 회원국이었던 72개국이 남획으로부터 고래자원이 회복될 수 있게 하고, 과학자들에게 고래개체군을 평가하는 방법을 개발하는 시간을 주기 위해 상업적 포경을 금지시켰다. 오늘날 일본, 노르웨이, 아이슬란드 등 일부 국가들이 1986년 포경 금지 이후 35,000마리 이상의 고래를 포획했지만, 아직까지도 포경 금지는 효력을 발휘하고 있다. 일부 국가는 포경 금지를 끝내고 연간 고래어획 할당제를 실시하자고 제안을 하고 있지만, 포경 금지는 국제포경위원회 회원국 전체의 3/4 이상 찬성을 해야 번복할 수 있다.

IWC에 따르면, 고래를 합법적으로 잡을 수 있는 세 가지 방법이 있다.

1. **포경 금지를 반대함으로써 포경을 지속함.** 상업적 포경을 금지하는 IWC의 결정에 반대함으로써 고래를 계속 잡을 수 있다(노르웨이와 아이슬란드가 그렇게 하고 있음).
2. **과학적 연구용 포경.** 과학적 연구 목적으로 고래를 잡을 수 있다. IWC 협약에 따르면, 이 같은 연구 목

그림 14.31 회색고래의 친근한 행동. 회색고래가 멕시코 바하캘리포니아의 스캐몬 석호에 있는 배에 접근하여 접촉을 시도하는 등 친근한 행동을 보이고 있다.

적으로 포획된 고래의 고기는 상업적으로 팔 수 있다(일본이 과학연구를 빙자한 포경을 활발히 하고 있음[18]).

3. **원주민의 생존을 위한 포경.** IWC는 오랜 포경의 전통이 있거나, 그 지역 사람들의 영양을 위해 고래고기가 필요한 경우 원주민의 생존을 위한 포경을 허용한다(그린란드, 러시아, 미국, 카리브 해의 세인트빈센트와 그레나다가 이 같은 포경을 하고 있음).

요약

회색고래는 포유류 중에서는 가장 먼 거리를 회유한다. 회색고래는 고위도의 여름 섭식장소에서 저위도의 겨울철 새끼를 낳고 키우는 멕시코 연안의 석호로 이동한다.

개념 점검 14.5 | 회색고래가 회유하는 이유를 설명하라.

1 회색고래가 겨울에 찬 섭식장소를 떠나는 이유를 토의하라.

2 국제포경위원회가 상업포경을 금지시킨 이유는 무엇인가?

3 오늘날 고래를 합법적으로 포획할 수 있는 세 가지 방법은? 각각의 방식에 관여하는 나라는?

18 일본의 경우 과학 연구 목적으로 매년 약 1,000마리의 혹등고래, 참고래, 밍크고래의 포경이 허용되었다. 그러나 최근 들어 국제적인 압력으로 인해 500마리 이하로 감축했다. 2014년 국제사법재판소는 일본의 포경 프로그램이 과학적 목적이 아니라는 사실을 발견하고 과학 포경을 금지하도록 일본에 명령했다.

핵심 개념 정리

14.1 해양생물은 어떻게 해수 중에 머물 수 있는가?

- 해양의 생물량의 대부분을 차지하는 표영계 동물은 일차생산이 일어나는 해양의 표층수에 서식한다. 플랑크톤이 아닌 동물은 먹이가 풍부한 표층수에 머물기 위해 부력이나 유영능력에 의존한다.
- 일부 두족류의 견고한 기체용기와 일부 어류의 부레는 부력 증대에 도움이 된다. 다른 동물들은 기체가 가득 찬 공기주머니(고깔해파리처럼)나 밀도가 큰 단단한 부분이 없는 부드러운 몸을 지녀 표층에 머문다.
- 오징어류, 어류, 해양포유류 등의 유영동물은 헤엄을 잘 친다. 그들은 포식자를 피하고 먹이를 잡기 위해 그들의 유영능력에 의존한다. 오징어류는 물을 외투강 속에 넣은 뒤 수관을 통해 강하게 뿜어냄으로써 헤엄친다. 한편 대부분의 어류는 몸의 앞부분에서 뒷부분으로 몸을 파동치듯이 움직임으로써 헤엄쳐 나간다.
- 꼬리지느러미가 대부분의 추진력을 제공하며, 쌍지느러미인 배지느러미와 가슴지느러미는 몸의 조정을 위해 사용된다. 등지느러미와 뒷지느러미는 주로 몸의 안정을 위해 사용된다. 둥근 꼬리지느러미는 유연하며, 낮은 속도에서 몸의 조정을 위해 사용된다. 초승달 모양의 꼬리지느러미는 견고하며, 몸의 조정에는 별로 사용되지 않고 다랑어류(참치)와 같은 빠른 유영어류를 위해 효과적으로 추진력을 제공한다.

심화 학습 문제

부레가 어떻게 작동하는지 설명하라.

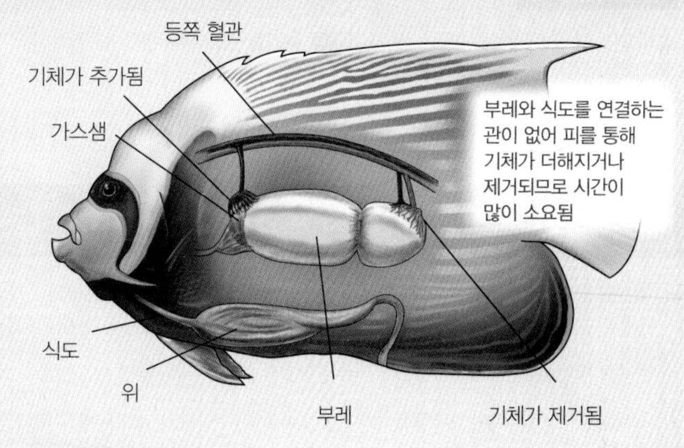

느린 부력 변화를 허용하는 적응

능동 학습 훈련

같이 수강하는 다른 학생과 짝을 지은 뒤, 각 사람마다 다음 중 어떤 부레의 적응을 기술하고 싶은지 결정하라.

(1) 빠른 부력 변화를 허용하는 적응 (2) 느린 부력 변화를 허용하는 적응 그리고 어떻게 부력 변화가 이루어지는지 설명하고, 어떤 방법이 유리한지 결정하라. 자신의 답을 짝과 공유한 뒤, 리포트를 제출하라.

14.2 표영계 생물은 먹이를 찾기 위해 어떤 적응을 보이는가?

▶ 어류는 돌진형(예 : 그루퍼)과 순항형(예 : 다랑어류)으로 구분된다. 돌진형은 움직이지 않고 가만 있다가 먹이생물이 지나가면 돌진한다. 그들은 붉은 근육조직보다 피로가 빨리 오는 흰색 근육조직을 주로 지닌다. 한편 순항형은 먹이를 찾기 위해 끊임없이 헤엄치며, 마이오글로빈이 풍부한 붉은색 근육조직을 지닌다.

▶ 어류는 순항할 때는 천천히 헤엄치지만, 먹이를 사냥할 때는 빨리 헤엄치고, 포식자를 만나면 가장 빨리 헤엄친다. 대부분의 어류가 냉혈동물이지만, 빨리 유영하는 다랑어류(참치)는 정온동물이다. 정온동물은 주변의 수온보다 훨씬 높은 체온을 유지한다.

▶ 심해 유영동물은 완전히 어두운 환경에서 살아갈 수 있도록 민감한 감각기관과 생물발광과 같은 특수한 적응을 보인다. 생물이 빛을 내는 능력인 생물발광은 심해에서 여러 가지로 유용하게 사용된다.

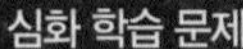
심화 학습 문제

빠르게 유영하는 순항자와 그들의 먹이가 나타날 때까지 끈질기게 기다리는 돌진자 사이의 주된 구조적 · 생리적인 차이점은 무엇인가?

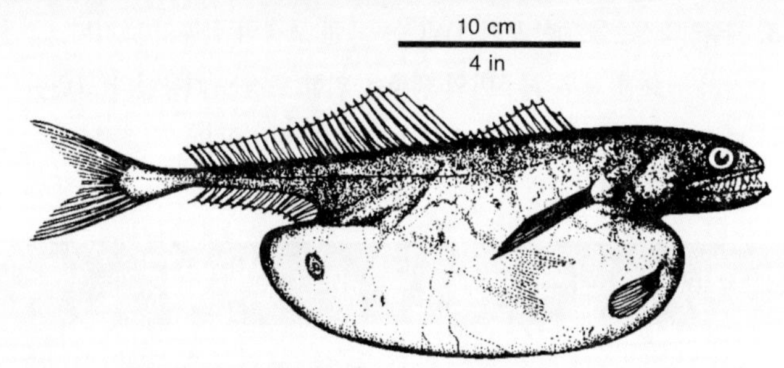

자기보다 더 큰 먹이를 잡아 먹은 *Chiasmodon niger*의 대단한 섭식 능력

능동 학습 훈련

같이 수강하는 다른 학생과 함께 작업하여 온혈 해양어류가 냉혈 어류에 비해 어떤 유리한 점이 있는지 열거하라. 그리고 자신의 답을 다른 그룹의 학생들과 비교해보자.

14.3 표영계 생물은 포식당하는 것을 피하기 위해 어떤 적응을 보이는가?

▶ 어류, 오징어류, 갑각류와 같은 많은 해양생물은 떼를 짓는다. 홀로 헤엄치는 것보다 떼를 짓게 되면 포식자를 피할 수 있는 가능성을 증대시켜 종의 보존에 기여하기 때문에 떼를 짓는 것 같다. 일부 생물은 공생관계를 유지하고 있다.

심화 학습 문제

회색 어류의 큰 떼 안에 밝은 노란색 어류의 유리한 점과 불리한 점을 평가하라.

능동 학습 훈련

같이 수강하는 다른 학생과 함께 작업하여 물고기의 떼 짓는 현상의 유리한 점을 열거하라. 그리고 자신의 답을 다른 그룹의 학생들과 비교해보라.

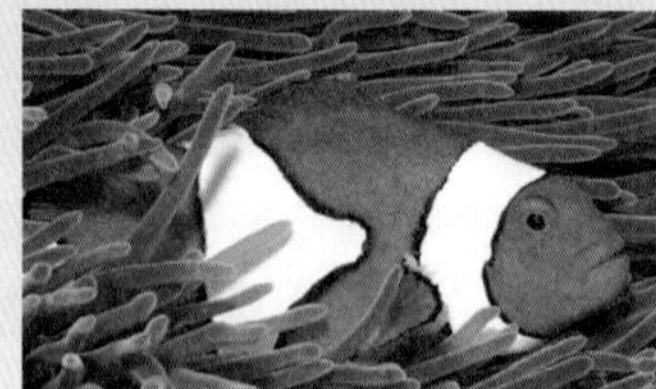
상리공생은 모든 참여 생물이 이득을 얻는 관계이다. 흰동가리와 말미잘 관계가 한 예이다.

14.4 해양포유류는 어떤 특성을 지녔는가?

▶ 화석 증거는 해양포유류가 약 5천만 년 전에 육지에 살던 포유류로부터 진화되었음을 보여준다. 해양포유류는 온혈동물이고, 공기호흡을 하고, 털이나 모피가 있으며, 새끼를 낳고, 암컷은 유선이 있다. 해양포유류는 식육목, 해우목, 고래목에 속한다.

▶ 식육목에 속하는 해양포유류는 잘 발달된 송곳니가 있으며, 바다수달, 북극곰, 기각류(바다코끼리, 물범, 바다사자, 물개)를 포함한다. 해우류에 속하는 해양포유류(매너티와 듀공)는 발톱(매너티에만 해당)과 몸을 덮고 있는 듬성듬성한 털이 있고, 초식을 한다.

▶ 외양생활에 가장 적응된 포유류는 고래목에 속하는 해양포유류(고래류, 돌고래류, 쇠돌고래류)이다. 고래류는 유선형의 몸을 지녀 헤엄을 잘 친다. 다른 적응, 즉 흡입한 산소의 90%를 흡수하며, 많은 양의 산소를 저장하고, 잠수 시 중요치 않은 기관에 의한 산소의 소비를 줄이고, 쪼그라들 수 있는 갈비와 허파와 같은 적응은 고래가 심해에 잠수할 수 있도록 해주며, 질소중독과 감압병의 효과를 최소화해준다.

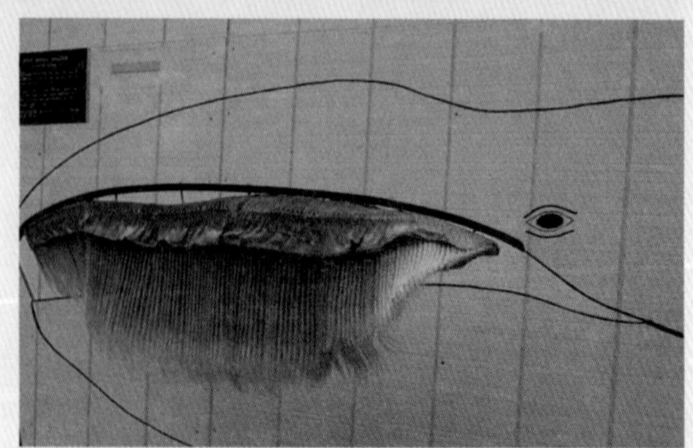
저서 섭식하는 회색고래의 수염

▶ 고래류는 이빨고래아목과 수염고래아목으로 구분된다. 이빨고래는 해양에서 길을 찾고 먹이를 찾기 위해 음향탐지술을 이용한다. 소리를 발사하며, 반사되어 오는 음향을 분석함으로써 물체의 크기, 형태, 내부구조, 떨어져 있는 거리까지도 결정할 수 있다.

▶ 세계에서 가장 큰 고래를 포함하는 수염고래류는 수염판을 여과기로 사용함으로써 해수로부터 그들의 작은 먹이생물을 분리해낸다. 회색고래, 수염고래류, 긴수염고래류 등이 수염고래류에 속한다.

심화 학습 문제

(a) 유영속도를 높이기 위해 (b) 잠수병에 걸리지 않고 깊은 곳에 잠수하기 위해 (c) 오랜 시간 잠수할 수 있도록 고래류가 어떻게 변형되어 있는지 열거하라.

능동 학습 훈련

같이 수강하는 다른 친구와 짝을 이루어라. 각 학생은 다음 표(table) 중 어느 것을 만들지 결정하라.

(1) 물범과 바다사자 또는 모피물개를 구분하는 특징의 표

(2) 돌고래와 쇠돌고래를 구분하는 특징의 표

그리고 각 그룹을 대표하는 생물 이름을 들라. 자신이 만든 표를 파트너의 표와 비교한 뒤, 다른 그룹의 친구의 표와도 비교해보라.

14.5 회유의 예 : 회색고래는 왜 회유하는가?

▶ 회색고래류(귀신고래)는 겨울철에 새끼를 낳고 키우기 위해 북극 부근에 있는 차가운 여름 섭식장소로부터 따뜻한 저위도의 멕시코 연안의 석호로 이동한다. 이 행동은 낮아진 해수면이 오늘날의 높은 생산력을 지닌 북극의 섭식장소를 없애버렸던 지난번 빙하기 동안 따뜻한 해역에서 새끼를 낳도록 진화한 것 같다.

▶ 국제포경위원회는 심각한 개체수 감소를 겪었던 대형 고래류의 생존과 상업적 포경을 관리하기 위해 1946년에 설립되었다. 포경금지 반대국가와 과학적 연구목적, 또는 원주민의 생존을 위해 일부 국가에서 포경이 행해지고 있지만, 1986년에 상업적인 포경이 금지되었다.

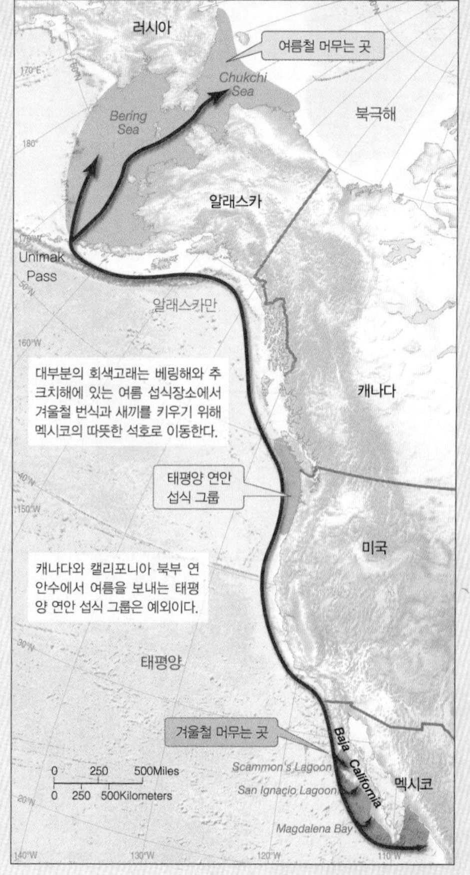

심화 학습 문제

회색고래의 계절 회유 사이클을 설명하라.

능동 학습 훈련

같이 수강하는 다른 학생과 함께 작업하여 회색고래가 국제해역을 통과하여 먼 거리를 회유하는 점을 고려하여 어떻게 회색고래를 위한 해양보호구역을 설정할 수 있는지 토의해보자. 해양법이 포함되어 있는 제 11장을 참고하자.

불가사리가 해수면 바로 아래에 있는 암반 조간대를 기어오르고 있다. 조간대에는 파도가 몰아치고, 용존산소와 염분이 변동하며, 포식자가 먹이를 찾는다. 그리고 건조의 위협에 끊임없이 시달리며, 부착공간을 차지하기 위한 경쟁이 심하다. 이와 같이 불리한 조건임에도 불구하고 많은 종류의 저서생물들이 사진에서 보는 것과 같이 암반 조간대에서 많이 발견된다.

15

저서계 동물

고착성 폴립 내생동물 검은 열수공 화학합성 황록공생조류 표생동물 조간대 산호백화현상 극피동물 고세균 켈프 숲 산호초 자포 심해폭풍 생물량 깊은 곳 생물권 갑각류 중형저서동물

이 장을 읽기 전에 위에 있는 용어들 중에서 아직 알고 있지 못한 것들의 뜻을 이 책 마지막 부분에 있는 용어해설을 통해 확인하라.

핵심 개념

이 장을 학습한 후 다음 사항을 해결할 수 있어야 한다.

- 15.1 암반해안을 따라 존재하는 군집의 특성을 구체적으로 말하라.
- 15.2 퇴적물로 덮인 해안을 따라 존재하는 군집의 특성을 구체적으로 말하라.
- 15.3 얕은 해저에 존재하는 군집의 특성을 구체적으로 말하라.
- 15.4 심해저에 존재하는 군집의 특성을 구체적으로 말하라.

"The deep sea is like a continent not yet discovered."

—Thomas Dahlgren, Marine Ecologist (2006)

해양에 서식하는 25만 종 중 98%(약 245,000종) 이상이 해저 위나 해저 속에 산다. 암반, 모래, 펄질 조간대로부터 가장 깊은 해구의 펄질 퇴적물에 이르기까지 해저는 엄청나게 다양한 환경을 제공하고 있다. 이곳에는 특수하게 적응된 다양한 무리의 생물들이 살고 있다.

그림 15.1에서 보여주는 저서생물 **생물량**(biomass)[1]의 분포는 표층수의 엽록소(또는 일차생산력)의 분포와 상당히 일치한다(그림 15.1과 그림 13.5 비교 참조). 대부분의 경우 해저생물은 표층수의 일차 생산력에 의존한다. 그 결과 높은 일차생산력을 지닌 해역의 해저에서 저서생물이 풍부하게 출현한다.

대부분의 저서생물이 햇빛이 투과하여 광합성이 일어나는 얕은 대륙붕 위에 살고 있다. 최근의 심해저 연구는 심해저에 수많은 미기록종이 살고 있음을 제시한다.

대양분지 반대편의 비슷한 위도에서 발견되는 저서생물의 종수는 표층해류가 그 해역의 수온에 어떻게 영향을 미치는가에 달려있다. 한 예로, 멕시코만류는 스페인에서 북쪽의 노르웨이까지 유럽해안을 따뜻하게 해준다. 그 결과 이곳에서는 한류인 래브라도해류가 매사추세츠 주 케이프 코드까지 남쪽으로 내려와 해수를 차갑게 만드는 북미 대서양 해역보다 세 배나 많은 종의 저서생물이 발견된다.

해저에 살고 있는 생물의 성공은 해수와 해저의 물리적 조건과 해저에 서식하는 다른 생물에 대해 대처할 수 있는 능력에 달려있다. 이 장에서는 다양한 저서군집과 저서생물에 대해 공부해보기로 하자.

15.1 암반해안을 따라 어떤 군집이 존재하는가?

암반해안(rocky shore)은 암반의 표면에 사는 생물로 가득 차 있다. **표생동물**(epifauna: *epi* = upon, *fauna* = animal)은 해조류처럼 바닥에 붙어 있거나, 게처럼 바닥 위를 기어 다닌다. **표 15.1**은 암반해안의 거친 환경을 견디기 위한 이들 생물의 특수한 적응을 보여준다.

암반해안에 서식하는 종의 다양도(diversity)는 지역에 따라 다르다. 전반적으로 암반조간대 생태계는 다른 저서환경에 비해 중간 정도의 다양도를 보인다. 암반해안에서 가장 높은 동물의 다양

1 생물량은 살아있는 생물의 질량임을 기억하자.

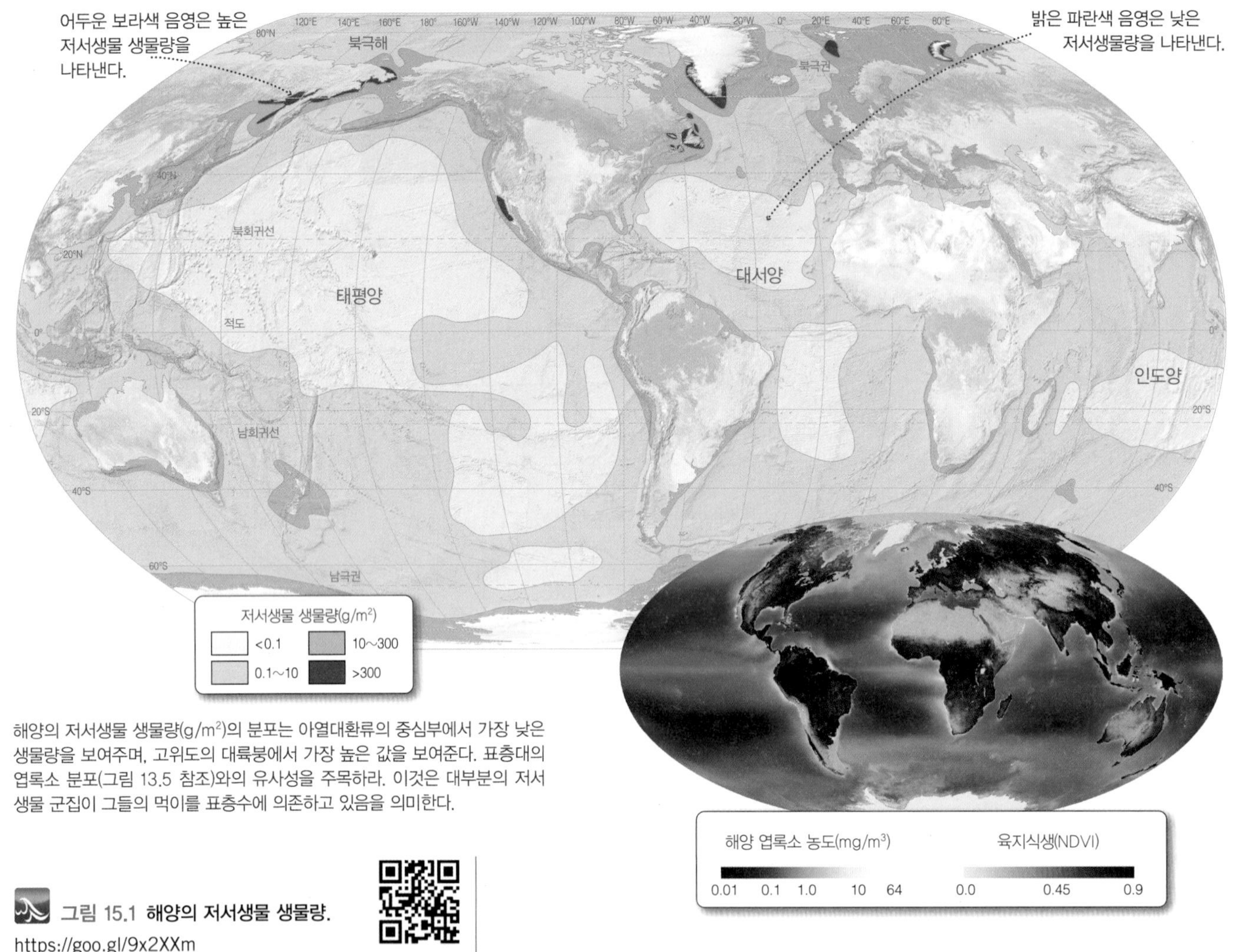

해양의 저서생물 생물량(g/m^2)의 분포는 아열대환류의 중심부에서 가장 낮은 생물량을 보여주며, 고위도의 대륙붕에서 가장 높은 값을 보여준다. 표층대의 엽록소 분포(그림 13.5 참조)와의 유사성을 주목하라. 이것은 대부분의 저서생물 군집이 그들의 먹이를 표층수에 의존하고 있음을 의미한다.

그림 15.1 해양의 저서생물 생물량.
https://goo.gl/9x2XXm

도는 낮은 위도(열대 해역)에서 발견되며, 반면에 높은 해조류의 다양도는 중위도에서 발견되는데, 이곳에 영양염이 풍부하기 때문이다.[2]

조간대

대부분의 해안은 조간대 **대상구조**(intertidal zonation)를 보인다. 전형적인 암반해안(**그림 15.2a**)은 비말대와 조간대로 구분된다. **비말대**(spray zone)는 최고조선 위에 위치하며, 폭풍이 올 때만 해수로 덮인다. **조간대**(intertidal zone)는 고조선과 저조선 사이에 위치한다. 대부분의 해안을 따라 조간대는 다음의 소구역으로 구분이 된다(그림 15.2a).

- **상부 조간대**(high tide zone) : 비교적 건조하며, 가장 높은 고조시에만 해수에 잠긴다.
- **중부 조간대**(middle tide zone) : 번갈아가며 고조시에는 해수에 잠기지만, 저조시에는 공기에 노출된다.
- **하부 조간대**(low tide zone) : 보통 해수에 잠겨 있으며, 가장 낮은 저조시에만 공기에 노출된다.

조간대의 소구역에 사는 생물들은 그들이 적응해야 할 다른 환경 조건을 가지고 있다. 예를 들면, 건조와 같은 물리적 스트레스는 상부 조간대에서 훨씬 크게 작용하다. 반면 파랑에너지와 다른 해양동물에 의

2 제13장에서 논의했듯이 증가된 영양염의 공급은 중위도에서 영구적인 수온약층이 없기 때문이다.

표 15.1 암반 조간대의 불리한 조건과 생물 적응

암반 조간대의 불리한 조건	생물 적응	생물의 예
저조 시의 건조 위험	• 은신처를 찾는 능력 또는 패각 속으로 몸을 집어넣는다. • 물 손실을 막기 위해 두꺼운 외골격을 지닌다. • 물 손실을 막기 위해 외부를 암석이나 패각 조각으로 덮는다. • 주기적으로 건조에 적응한다.	갯민숭달팽이류, 고둥류, 게류, 켈프
강한 파도	• 해조류의 경우 씻겨 나가지 않도록 강한 부착지를 지닌다. • 동물의 경우 은신처를 찾거나 강한 족사, 생물학적인 접착물질, 근육질의 발, 많은 다리 또는 수많은 관족이 있어 바닥에 단단히 부착한다. • 동식물 모두 파랑에너지에 견딜 수 있는 단단한 구조를 지니거나 다닥다닥 붙어 산다.	켈프, 고둥류, 불가사리류, 담치류, 성게류
저조 시나 고조 시에 포식자가 조간대를 차지함	• 단단한 패각을 지니고, 몸을 단단한 곳에 부착시킨다. • 침을 쏘는 세포를 지닌다. • 위장술이 발달한다. • 잉크를 내뿜는다. • 몸이 부서져도 재생능력이 있다.	담치류, 말미잘류, 갯민숭달팽이류, 문어류, 불가사리류
부착생물의 경우 배우자를 찾기 어려움	• 번식기에 많은 수의 알과 정자를 물속으로 방출한다. • 유성생식을 위해 배우자에게 도달할 수 있도록 긴 기관을 지닌다.	전복류, 성게류, 따개비류
수온, 염분, pH, 산소량이 급격히 변함	• 급격한 환경변화에 노출되는 것을 최소화하기 위해 패각 속으로 몸을 숨긴다. • 변하는 수온, 염분, pH 그리고 낮은 용존산소 환경에 상당 기간 동안 견딜 수 있는 능력을 지닌다.	고둥류, 삿갓조개류, 담치류, 따개비류
서식 장소와 부착 공간이 부족함	• 다른 생물의 공간을 뺏는다. • 다른 생물에 부착한다. • 같은 공간에 대한 경쟁을 피하기 위해 새로운 장소에 서식할 수 있는 부유성 유생을 지닌다.	태형류, 산호류, 따개비류, 삿갓조개류

표 15.1 암반 조간대의 불리한 조건과 생물 적응
http://goo.gl/bGYy23

한 포식은 하부 조간대에서 더욱 크게 작용한다. 그리고 부착공간을 차지하기 위한 조간대 생물 사이의 경쟁은 중부 조간대에서 가장 치열하다. 그 결과 조간대 생물들은 각각 그들이 직면한 환경 조건을 극복하기 위해 특수한 적응을 진화시켰다. 조간대의 소구역의 경계가 각 구역에서 발견되는 저서생물의 특징적인 분포를 기초로 구분될 수 있다는 사실은 놀라운 일이 아니다.

조간대 암반해안은 지역에 따라 현저히 다른 특징을 보인다. 예로서 단지 수 cm의 높이 차이로 변하는 물리적 요인은 파랑에너지의 양, 공기에 노출되는 정도, 온도와 염분의 변화 등이다. 전체적으로 조간대는 살기에 쉬운 장소가 아니지만, 조간대에 서식하는 생물들은 그곳의 나쁜 조건을 극복할 수 있도록 특수한 적응을 보인다. 그럼 암반조간대 생물들과 그들의 적응에 대해 살펴보자.

조상대(비말대) : 생물과 그들의 적응

조상대(supratidal zone)로 알려진 비말대는 가장 높은 고조선 위에 있는 부분으로 지속적으로 공기에 노출되어 있다. 그 결과 건조가 이곳에 살고 있는 생물들에게 가장 큰 문제이다. 총알고둥류(*Littorina*속, **그림 15.2b**)와 같은 동물들과 극소수의 해조류만이 발견된다.

조상대에서 흔히 발견되는 생물이 등각류의 일종인 갯강구(*Ligia*속)이다(**그림 15.2c**). 이들은 공기에 노출되어 있는 암반 위에 살고 있으며, 바닥을 덮고 있는 자갈이나 큰 돌 사이에서 발견되고 있다. 이 청소동물(scavenger)은 길이가 3cm 정도이며, 밤에 유기 잔존물을 먹기 위해 나타난다(그림 15.2c). 낮 동안에는 갈라진 틈 사이에 숨는다.

총알고둥류의 먼 사촌인 삿갓조개류(*Acmaea*속, **그림 15.2e**)가 조상대에서 발견된다. 삿갓조개류와 총알고둥류 모두 해조류를 먹는다. 삿갓조개류는 편편하고 원뿔형의 패각을 지니며, 암반에 딱 달라붙을 수 있는 근육질의 발이 있다.

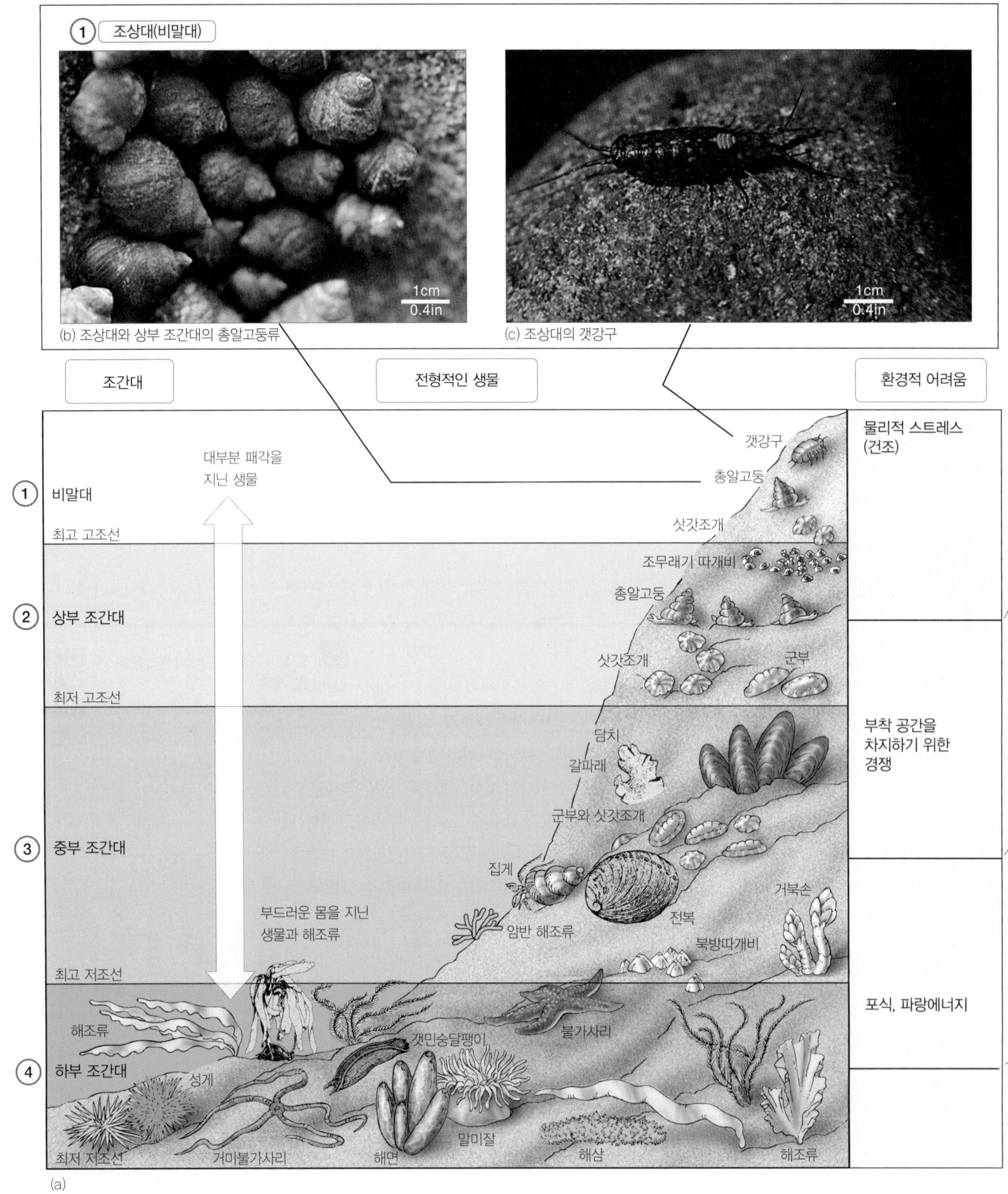

① 조상대(비말대)

1cm
0.4in

(b) 조상대와 상부 조간대의 총알고둥류

1cm
0.4in

(c) 조상대의 갯강구

조간대

전형적인 생물

환경적 어려움

① 비말대

최고 고조선

② 상부 조간대

최저 고조선

③ 중부 조간대

최고 저조선

④ 하부 조간대

최저 저조선

대부분 패각을
지닌 생물

부드러운 몸을 지닌
생물과 해조류

갯강구

총알고둥

삿갓조개

조무래기 따개비

총알고둥

삿갓조개

군부

담치

갈파래

군부와 삿갓조개

집게

전복

거북손

암반 해조류

북방따개비

해조류

성게

갯민숭달팽이

불가사리

거미불가사리

해면

말미잘

해삼

해조류

물리적 스트레스
(건조)

부착 공간을
차지하기 위한
경쟁

포식, 파랑에너지

(a)

그림 15.2 암반 조간대의 대상분포와 흔한 생물들. (a) 각 구역의 환경조건과 대표적인 생물을 포함한 암반 조간대의 모식도 (b~i) 흔한 암반 조간대 생물들의 사진

https://goo.gl/BYuIuH

② 상부 조간대

(d) 삿갓조개류(*Acmaea*)

(e) 조무래기따개비류(*Chthamalus*)

(f) 군부(*Nuttalina*)

③ 중부 조간대

(g) 바위해조(*Fucus*)

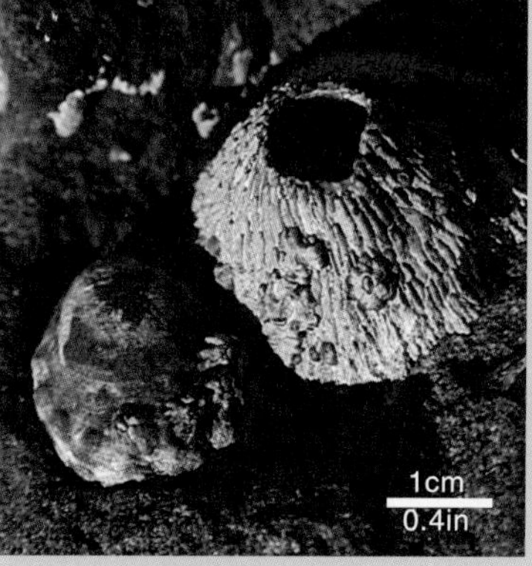

(h) 북방따개비류(*Balanus*)

(i) 거북손(*Pollicipes*)과 북방따개비(*Balanus*)를 포함한 담치밭(*Mytilus*)

④ 하부 조간대

(j) 말미잘(*Anthopleura*)

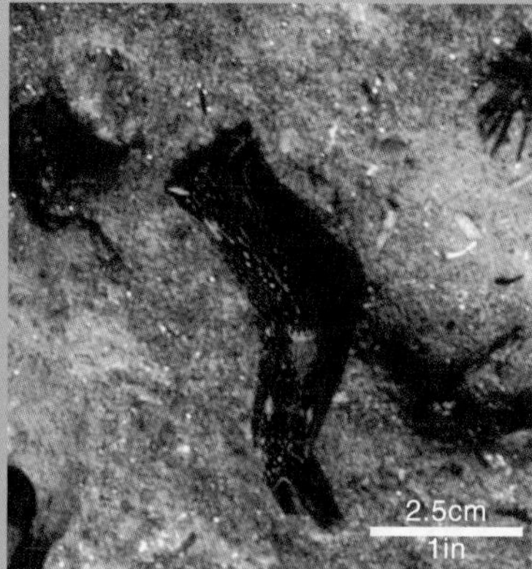

(k) 갯민숭달팽이(*Navanax*)

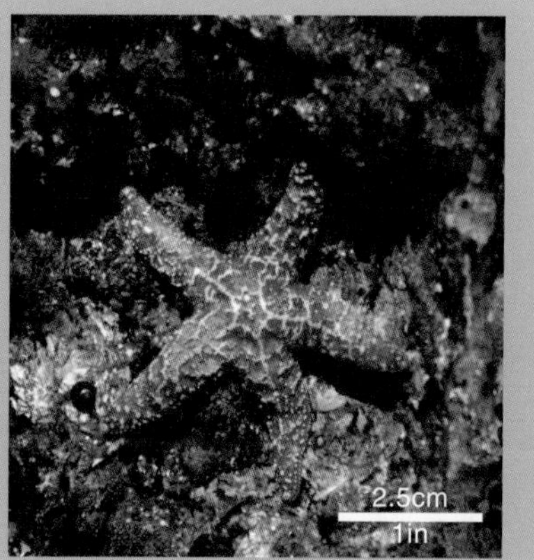

(l) 불가사리(*Asterias-Pisaster*)

상부 조간대 : 생물과 그들의 적응

조상대에 사는 동물처럼 상부 조간대에 사는 대부분의 동물들은 몸이 건조되는 것을 막기 위해 껍데기를 가지고 있다. 예로서, 총알고둥류는 몸을 보호할 수 있는 패각이 있어 조상대와 상부 조간대에서 서식할 수 있다. 조무래기따개비(**그림 15.2d**)는 몸을 보호하는 패각을 지닌 갑각류이다. 하지만 그들은 해수로부터 먹이를 걸러 먹고, 부유성 유생을 갖기 때문에 고조선 위에는 살 수 없다.

상부 조간대에서 가장 눈에 띄는 해조류는 고위도에서는 푸쿠스(*Fucus*, **그림 15.2g**)속이며, 저위도에서는 뜸부기(*Pelvetia*)속이다. 두 종류 모두 저조 시 수분의 손실을 최소화하기 위한 두꺼운 세포벽이 있다.

새롭게 형성된 암반해안이나 최근에 교란을 겪은 지역을 관찰해보면, 암반해조류(rock weed)가 암반해안에 맨 먼저 차지한다. 그 후에 따개비와 담치처럼 바닥에 달라붙는 **고착성**(*sessile* = sitting on) 동물들이 나타나 부착할 장소를 차지하기 위해 암반해조류와 경쟁을 한다.

중부 조간대 : 생물과 그들의 적응

해수가 지속적으로 중부 조간대를 적시므로 더 많은 종류의 해조류와 부드러운 몸을 지닌 동물들이 그곳에서 살 수 있다. 전체 생물량은 상부 조간대보다 훨씬 많다. 따라서 고착성 생물 사이에 훨씬 치열한 경쟁이 있게 된다.

패각을 지닌 동물에는 다양한 담치류(*Mytilus*, *Modiolus*속, **그림 15.2f**)[3], 거북손(*Pollicipes*속, **그림 15.2i**), 북방따개비류(*Balanus*속, **그림 15.2h**) 등이 포함된다. 담치류는 유생기에 빈 바위, 해조류 또는 따개비 위에 달라붙으며, 강한 족사를 내어 그곳에 단단히 부착한다.

담치류는 많은 개체들이 모여 명확한 띠의 형태로 나타나는 **담치밭**(mussel bed)을 형성하는데(**그림 15.3a**), 중부 암반 조간대의 가장 큰 특징으로 인식되고 있다. 물리적 조건이 담치류의 성장을 제한하는 하한선까지 담치밭이 펼쳐져 있다. 담치밭에는 거북손과 북방따개비, 다른 갑각류, 바다벌레, 암반을 파고드는 조개류, 불가사리류 그리고 해조류도 함께 서식하고 있다.

그림 15.3 중부 조간대의 담치밭과 불가사리.

(a) 암반 표면을 덮고 있는 검은 띠는 담치밭인데, 알래스카의 빙하만과 같은 암반해안의 중부 조간대에서 흔히 발견되는 특징이다.

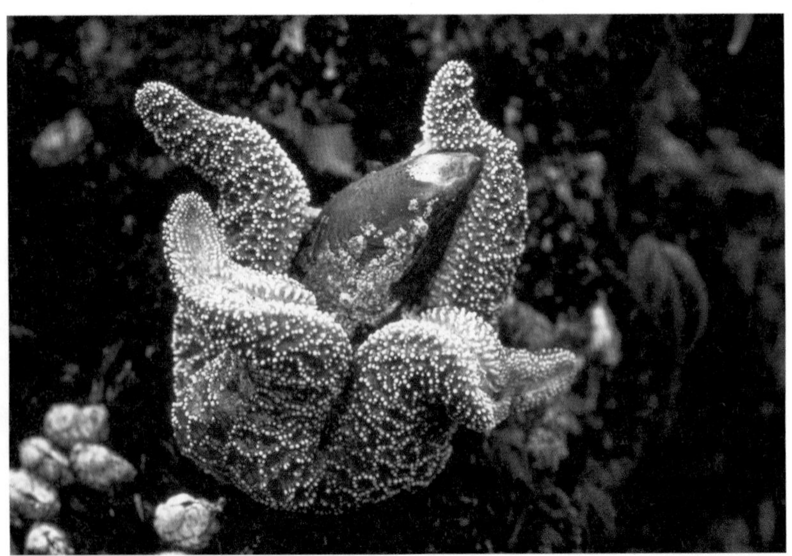

(b) 불가사리가 담치를 잡아먹고 있다. 먼저 관족으로 담치를 감싼 뒤 담치의 패각을 연다. 그리고 자신의 위로 담치의 부드러운 조직을 소화시킨다.

3 속들(genera)은 속(genus)의 복수형이다.

육식성 고둥류와 불가사리류(*Pisaster*속, *Asterias*속)는 담치밭에 있는 담치를 잡아먹는다. 담치의 패각을 열기 위해 불가사리는 관(tube)처럼 생긴 수백 개의 관족을 이용한다. 담치는 결국 피로해지고 패각을 더 이상 닫지 못한다. 패각이 약간 열리면 불가사리는 자신의 위를 담치 패각 안으로 들여보내 먹을 수 있는 조직을 소화시킨다(**그림 15.3b**).

바위 표면이 평평한 곳에는 물이 빠지면 조수웅덩이(tide pool)에 물이 모이게 된다. 이 조수웅덩이에는 다양한 생물이 포함된 미소생태계(microecosystem)가 형성된다. 이 군집의 가장 눈에 띄는 생물은 해파리의 친척인 말미잘류(**그림 15.2i**)이다.

주머니 모양의 말미잘은 바위에 단단히 달라붙을 수 있도록 평평한 족반(foot disk)을 지닌다. 몸의 위쪽 열려진 부분이 입인데, 여러 열의 촉수(tentacle)로 둘러싸여 있다(**그림 15.4**). 촉수는 **자포**(nematocyst: *nemato* = thread, *cystis* = bladder)라고 불리는 침을 지닌 세포로 덮여 있다(그림 15.4 삽입 그림). 생물이 말미잘 촉수에 닿게 되면 자동적으로 자포가 발사되며, 신경독(neurotoxin)이 희생자에게 주입된다. 예외적으로 말미잘과 공생관계에 있는 흰동가리와 같은 일부 생물에게는 자포가 발사되지 않는다.

집게류(*Pagurus*속)도 조수웅덩이에 서식한다. 그들은 잘 무장된 한 쌍의 집게발과 단단한 상체를 갖지만, 배 부분은 부드럽고 보호되지 않는다. 그래서 그들은 버려진 고둥류의 패각 속에 들어가 산다(**그림 15.5a**). 집게는 조수웅덩이 주변을 움직이면서 새로운 패각을 차지하려고 다른 집게와 싸우기도 한다. 그들의 배 부분은 고둥류의 패각 속에 잘 맞도록 구부러질

학생들이 자주 하는 질문

가장 독성이 강한 해양생물은 무엇인가요?

여러 종류의 해양생물이 독성을 지니고 있다. 예를 들면, 해파리, 침가오리, 쑥치, 복족류와 문어 등이 사람을 죽일 수 있을 정도의 독을 지니고 있다. 전문가들은 가장 독한 독성을 지닌 해양생물이 호주의 상자해파리(*Chironex flecken*)라고 동의한다. 이 생물은 자포라고 불리는 독침으로 둘러싸인 촉수를 지녔는데, 이 자포에 쏘인 사람은 수 분 만에 죽는다.

그다음으로 독한 독성을 지닌 생물은 작은 열대성 복족류인 원뿔달팽이이다. 이 생물은 산호초 지역에서 산호의 잔해물을 먹고 산다. 이 생물은 강한 독성을 지닌 변형된 치설을 이용하여 먹이생물을 꼼짝 못하게 만든다. 이 생물의 독은 다른 생물의 근육마비를 일으키고, 호흡장애를 일으켜 사망에 이르게 한다. 원뿔달팽이는 여러 가지 독성의 혼합체를 생산해내기 때문에 현재는 치료약이 없다. 연구원들은 당뇨병이나 사람의 다양한 신경성 질환(파킨스병, 알츠하이머병, 알코올중독 등)을 치료하는 약품을 개발하기 위해 원뿔달팽이의 복잡한 독성을 연구하고 있다.

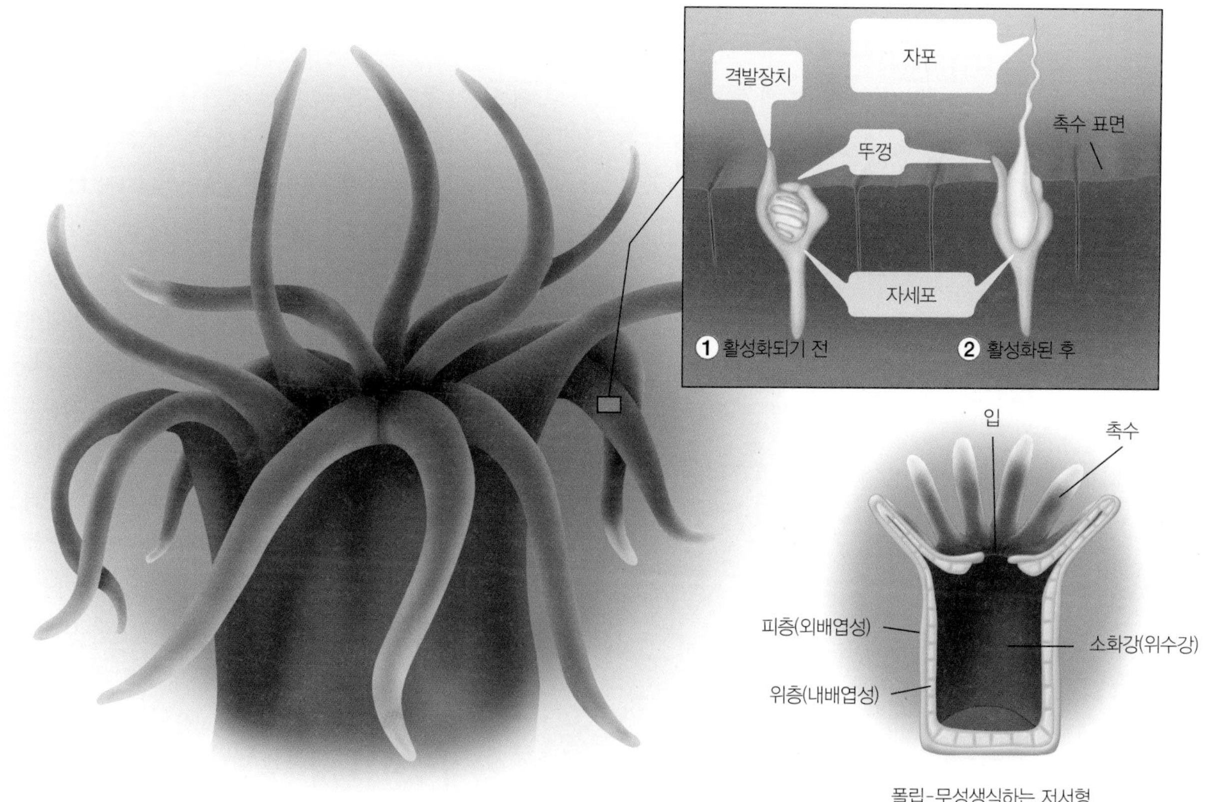

그림 15.4 말미잘의 구조와 자포의 작동원리. 왼쪽은 말미잘의 형태를 보여주며, 삽입된 그림은 먹이를 잡는 데 사용하는 자포를 자세히 보여준다. 그리고 오른쪽 그림은 말미잘 몸의 기본적인 내부 형태를 보여준다.

(a) 고동류의 *Maxwellia gemma*의 패각 속에 들어가 살고 있는 집게

(b) 중부 조간대에 위치한 조수웅덩이의 바닥으로 잠입한 성게

그림 15.5 집게와 성게.

수 있도록 진화되었다. 고둥 패각 속에 들어간 집게는 그들의 큰 집게발로 입구를 막음으로써 자신을 보호할 수 있다.

중부 조간대의 아래 경계 근처에 있는 조수웅덩이 속에서 성게류가 해조류를 뜯어먹는다(**그림 15.5b**). 성게류는 단단하며 둥근 껍데기를 지니며, 아랫부분 중앙에 이빨이 5개인 입을 가지고 있다. 껍데기는 구멍이 난 석회질판으로 구성되어 있으며, 이 구멍을 통해 관족(tube feet)과 물이 통과한다. 성게의 껍데기에는 수많은 가시가 있는데, 이 가시들은 성게를 보호해준다.

하부 조간대 : 생물과 그들의 적응

하부 조간대는 거의 물속에 잠겨 있으므로 해조류가 풍부히 존재한다. 다양한 동물군집도 존재한다. 이곳은 대단히 다양한 해조류와 **말잘피류**(*Phyllospadix*)로 덮여 있다(**그림 15.6**). 중부 조간대에서 출현했던 다양한 형태의 바닥을 덮는 **홍조류**(*Lithophyllum*, *Lithothamnium*)가 하부 조간대에서 매우 풍부해진다. 온대해역에서는 중간 크기의 홍조류와 갈조류가 저조 시 많은 동물들이 숨을 수 있는 덮개를 제공한다.

그림 15.6 말잘피. 극단적인 저조 시 캘리포니아 조간대에서 노출된 말잘피와 다양한 갈조류. 조수가 들어오면 말잘피 잎들은 뜨게 되고 많은 저조대 생물들의 도피처를 제공한다.

다양한 해안게들이 조간대의 전역에 걸쳐 틈새와 틈새 사이를 그리고 조수웅덩이를 들락거리며 빠르게 달린다(**그림 15.7**). 이 청소식자는 해안을 깨끗하게 만든다. 해안게들은 낮 동안에는 갈라진 틈새에서 시간을 보낸다. 하지만 밤이 되면 그들은 밖으로 나와 큰 **집게발**(chelae : *khele* = claw)을 이용하여 바위 표면의 해조류를 뜯어 먹는다. 그들의 단단한 외골격이 빠르게 건조되는 것을 막아주기 때문에 그들은 제법 긴 시간을 물 밖에서 보낼 수 있다.

(a) 열대 지역에서 발견되는 게류인 *Grapsus grapsus*

(b) 해안게(*Pachygapsus crassipes*), 이 암컷은 알을 몸에 지니고 있다.

그림 15.7 해안게류.

개념 점검 15.1 | 암반해안을 따라 존재하는 군집의 특성을 구체적으로 말하라.

1 암반조간대의 불리한 조건은? 이 같은 불리한 조건에 대한 암반조간대생물의 적은? 생물의 분포를 통제하는 가장 중요한 조건은?

2 암반을 따라 중부 조간대에서 가장 눈에 띄는 특징이 담치밭이다. 담치류의 일반적인 특징을 기술하라. 그리고 담치와 관련되어 있는 다른 생물들에 대해 토의하라.

3 말미잘, 파래, 갯강구, 전복, 거미불가사리, 조무래기따개비 등의 해양생물이 발견되는 암반 조간대 구역은 어디인가?

요약

암반해안은 조상대, 상부 조간대, 중부 조간대 하부 조간대로 나뉜다. 패각을 지닌 생물들이 상부 조간대에 많이 서식한다. 반면, 부드러운 몸을 지닌 생물들과 해조류가 하부 조간대에 살고 있다.

학생들이 자주 하는 질문

조수웅덩이에서 말미잘을 보았습니다. 말미잘에 손을 대자 말미잘은 제 손을 점잖게 붙잡았는데, 왜 이런 행동을 하는 건가요?

말미잘은 당신을 죽여서 잡아먹으려 하고 있다. 해롭지 않는 꽃 모양을 하고 있지만, 말미잘은 가까이 접근하는 동물을 촉수의 자포로 공격하는 잔인한 포식자이다. 다행히 당신 손의 피부는 말미잘 자포의 공격과 신경독에 저항할 수 있을 정도로 두껍다. 어떤 사람이 시험 삼아 자신의 혀를 말미잘에 접근시켜 자포의 공격을 받았다. 잠시 후 그는 목이 완전히 닫힐 정도로 부어올라 급히 병원으로 이송되었다. 다행히 목숨은 건졌지만 "당신의 혀를 말미잘에게 접근시키지 말 것!"이라는 교훈을 얻었다.

15.2 퇴적물로 덮인 해안을 따라 어떤 군집이 존재하는가?

대부분의 퇴적물이 쌓인 해안은 암반해안과 유사한 조간대를 지니지만, 이곳에 사는 생물은 암반 조간대와 아주 다른 적응을 필요로 한다. 한 예로, 퇴적물이 쌓인 해안은 형태가 변하는 굳지 않은 물질로 구성되어 있기 때문에 생물들은 특수한 적응이 필요로 한다. 그리고 이곳에는 훨씬 낮은 종다양도를 보인다. 하지만 생물의 개체수는 대단히 많다. 하부 조간대의 1m^{2}의 면적에서 5,000~8,000개체의 조개가 출현하였다.

퇴적물이 쌓인 해안에 서식하는 거의 모든 대형동물들이 퇴적물 속에 사는 **내생동물**(infauna: *in* = inside, *fauna* = animal)이다. 이곳에는 수많은 미생물이 살고 있는데, 특히 유기물질이 축적되는 염습지와 갯벌에 많다.

퇴적물의 물리적 환경

퇴적물이 쌓인 해안은 암괴해빈(coarse boulder beach), 모래해빈(sand beach), 염습지(salt mash), 그리고 갯벌(mudflat)이 포함되어 있다. 암괴해빈에서 갯벌로 갈수록 에너지가 점차 감소하며, 그 결과 점차 작은 퇴적물로 구성된다. 해안이 경험하는 에너지 수준(energy level)은 파랑과 연안류의 세기와 관련되어 있다. 낮은 에너지를 경험하는 해안은 입자의 크기가 작아지며, 퇴적물 경사가 감소하고, 퇴적물 안정성이 증가한다. 따라서 가는 입자를 지닌 갯벌의 퇴적물은 큰 에너지를 경험하는 모래해빈보다 더 안정되어 있다.

높은 에너지의 모래해빈을 따라 파도가 부서지면서 온 많은 양의 물이 빠르게 모래 속으로 스며들며, 그곳에 사는 동물들에게 영양염과 산소가 풍부한 물을 계속해서 가져다준다. 이 같은 산소의 공급은 박테리아의 유기물 분해 작용을 돕는다. 반면 염습지와 갯벌 속의 퇴적물은 산소가 풍부하지 않기 때문에 분해 작용이 천천히 일어난다.

조간대 대상구조

퇴적물이 쌓인 해안의 조간대는 **그림 15.8**에서 보듯이 조상대, 상부 조간대, 중부 조간대, 하부 조간대로 구성되어 있다. 이 소구역의 구분은 경사가 심한 굵은 모래해빈에서 가장 명확히 나타나고, 경사가 완만한 가는 모래해빈에서는 덜 명확하다. 파랑으로부터 보호되고 낮은 에너지 환경인 갯벌의 경우 점토 크기의 입자가 거의 경사 없는 퇴적물을 형성하며, 그 결과 대상구조(zonation)가 거의 존재하지 않는다.

출현하는 동물의 종은 대(zone)마다 다르다. 암반 조간대처럼 최대 종수와 최대 생물량이 저조선 부근에서 나타나며, **종다양도**와 **생물량** 모두 고조선으로 올라갈수록 감소한다.

모래해빈 : 생물과 그들의 적응

해빈에 사는 대부분의 동물들이 모래 속으로 파고든다. 그 이유는 암반해안처럼 그들이 부착할 수 있는 안정되고 고정된 표면이 없기 때문이다. 그 결과 다른 환경에 비해 생물들이 눈에 잘 안 띈다. 표면에서 수 cm만 파고 들어가면 그들은 수온 변화, 염분 변화, 건조될 위협을 걱정하지 않아도 되는 훨씬 안정된 환경을 만나게 된다.

이매패류 연체동물 **이매패류**(bivalve: *bi* = two, *valva* = a valve)는 조개류와 담치류처럼 2개의 패각을 가지고 있는 연체동물이다. **연체동물**(mollusk)은 부드러운 몸을 지니며, 단단한 석회질의 패각을 지닌 연체동물문(phylum Mollusca: *molluscus* = soft)에 속하는 동물들이다.

이매패류는 퇴적물 속에 살도록 잘 적응되어 있다. 이매패류의 발은 퇴적물을 파고 들어간 뒤 모래 속으로 몸을 끌어내린다. **그림 15.9**는 조개가 퇴적물 속으로 파고들어가는 과정을 보여준다. 이매패류가 얼마나 깊이 파고들어 가는지는 수관(siphon)의 길이에 달려있다. 수관은 물속에 있는 먹이(플랑크톤)와 산

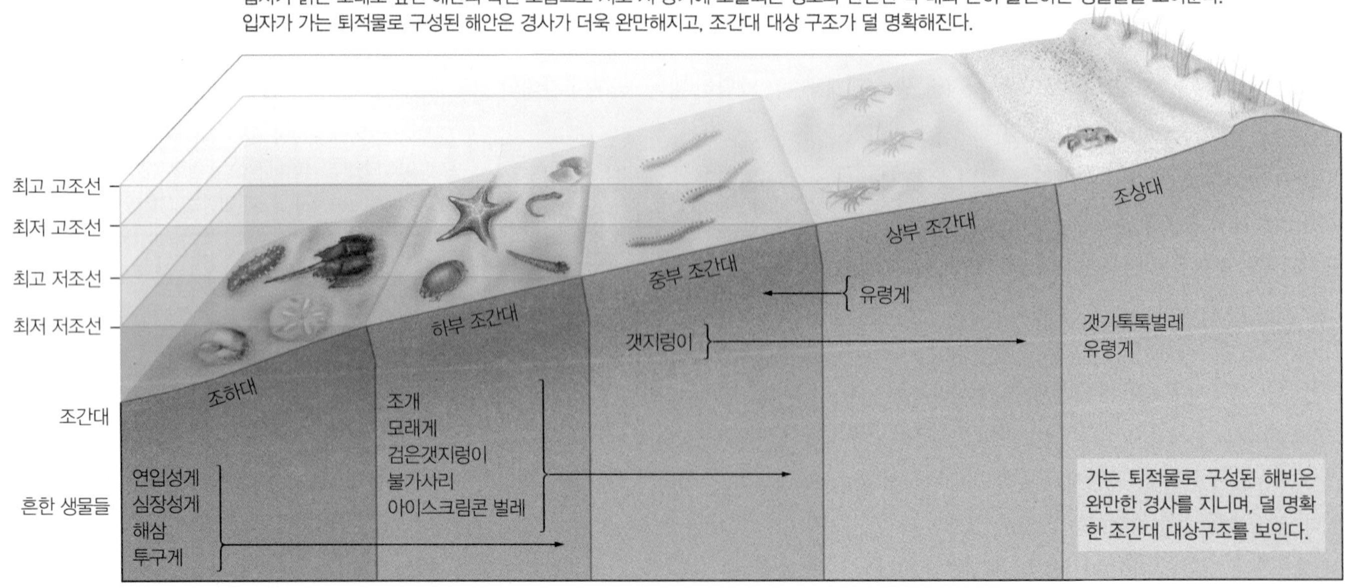

그림 15.8 조간대 대상분포와 퇴적물로 덮인 해안에서 흔한 생물들.

소를 섭취하기 위해 퇴적물 위로 나와야 한다. 그리고 소화되지 않는 물질을 빠른 근육수축에 의해 주기적으로 수관 밖으로 내보내야 한다.

모래해안의 하부 조간대 부분에 조개류의 가장 많은 생물량이 존재하며, 퇴적물의 입자 크기가 작아질수록, 즉 펄질이 될수록 생물량은 감소한다.

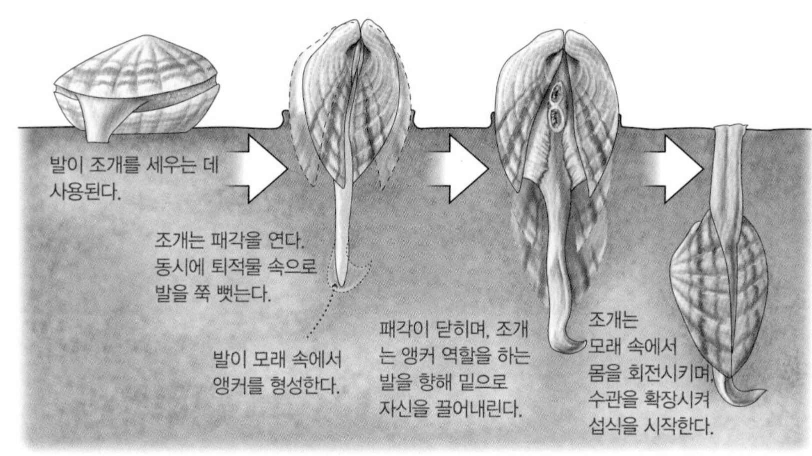

그림 15.9 **조개류의 잡입 과정.**

환형동물(갯지렁이류) 다양한 **환형동물**(annelid: *annelus* = ring)들은 퇴적물 속의 생활에 잘 적응되어 있다. 예로서, **검은갯지렁이류**(*Arenicola*)는 점액질로 벽이 보강된 수직적인 U자형의 굴을 판다. 이 생물은 주둥이(proboscis)를 굴의 갱도로 내밀어서 먹이를 먹는다. 모래가 계속 굴 속으로 미끄러져 들어오고, 이 생물이 모래를 섭취함에 따라 굴 윗부분의 표면에 원뿔형의 함몰(depression)이 형성된다. 섭취된 모래가 이 벌레의 소화관을 지나면서 모래를 둘러싸고 있는 **생물필름**(biofilm)이 소화된다. 그리고 소화관을 통과한 모래는 표면에 되쌓이게 된다.

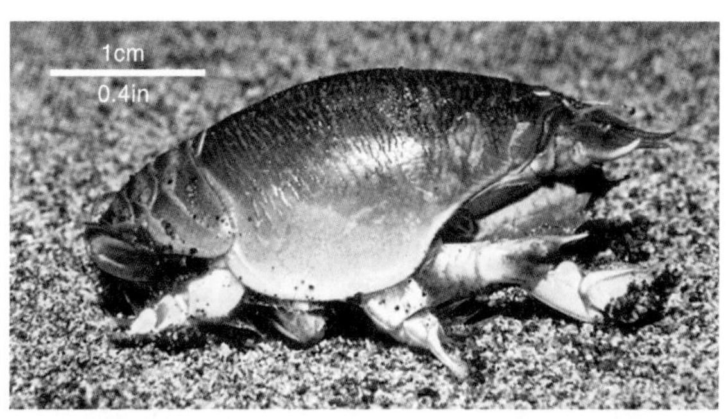

그림 15.10 **모래게류.** 모래게가 모래에서 나오고 있다. 그들은 하부 조간대의 모래해안 표면 아래에서 흔히 발견된다.

갑각류 바다에 많이 출현하는 게류, 바다가재류, 새우류 그리고 따개비류가 포함된 **갑각류**(crustacean: *crusta* = shell)는 분절된 몸과 단단한 외골격과 쌍을 이루는 다리가 특징이다. 대부분의 모래해안에는 수많은 **갯가톡톡벌레**(beach hopper)가 폭풍으로 떠밀려 온 켈프 조각을 먹는다. 흔한 갯가톡톡벌레인 *Orchestoidea*는 길이가 2~3cm에 불과하지만 2m 이상을 뛰어오를 수 있다. 갯가톡톡벌레는 보통 낮 동안에는 모래 속을 파고 들거나 켈프 속에 숨어 지낸다. 밤이 되면 활동하는데, 이들이 동시에 뛰어 오를 때면 그들이 먹는 켈프 더미 위로 구름을 형성하기도 한다.

모래게류(*Emerita*, **그림 15.10**)는 많은 모래해안에서 흔한 갑각류이다. 길이가 2.5~8cm 정도이며, 해안선 근처의 해빈을 오르내린다. 모래 속을 파고 드는데, 그들의 길고 굴곡진 V자형 안테나는 해빈 경사면을 향해 있다. 이 작은 게는 물로부터 먹이 입자를 걸러 먹는다.

극피동물 모래해안의 퇴적물 속에 사는 극피동물(echinoderm: *echino* = spiny, *derma* = skin)에는 불가사리류(*Astropecten*)와 성게류(*Echinocardium*)가 포함되어 있다. 불가사리는 모래해안의 하부 조간대를 파고드는 무척추동물을 잡아먹는다. 불가사리는 가시를 지닌 5개의 다리와 매끈한 등 덕분에 퇴적물 속을 잘 움직인다.

암반해안의 성게보다 더 평평하고 긴 심장성게(heart urchin)는 저조선 근처 모래 속에 파묻혀 산다(**그림 15.11**). 그들은 모래입자를 입속으로 모아 입속에서 모래입자를 둘러싸고 있는 유기물의 생물필름을 벗겨 섭취한다.

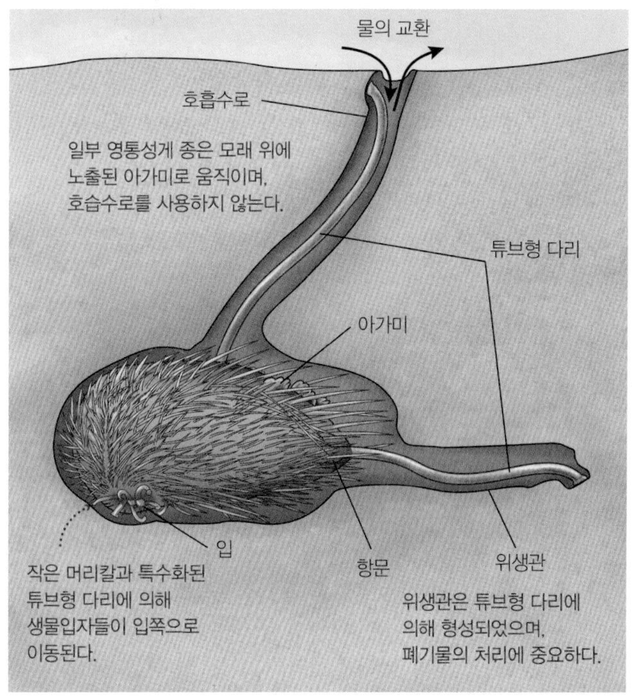

그림 15.11 **심장성게류.** 모래 입자를 둘러싸고 있는 유기물의 생물 필름을 먹고 사는 심장성게류의 섭식과 호흡 구조

중형저서동물 **중형저서동물**(meiofauna: *meio* = lesser, *fauna* = animal)은 퇴적물 입자 사이의 공간에 사는 작은 생물로, 보통 길이가 0.1~2mm

그림 15.12 중형동물의 현미경 사진. 퇴적물 입자 사이의 공간에 살고 있는 작은 해양생물인 중형동물의 예.

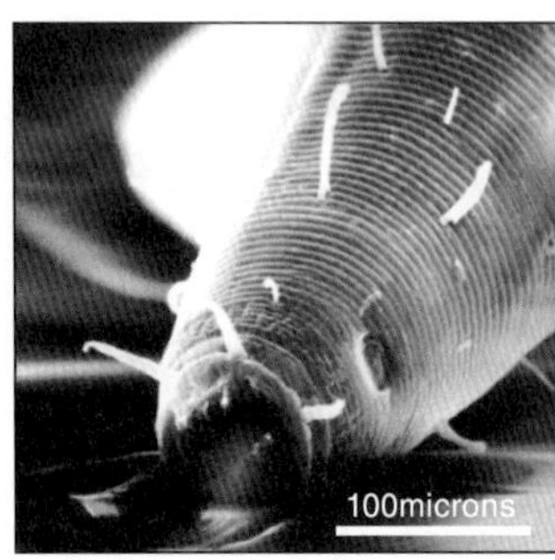

(a) 선충류의 머리. 왼쪽의 구멍과 수많은 돌출물이 감각기관이다.

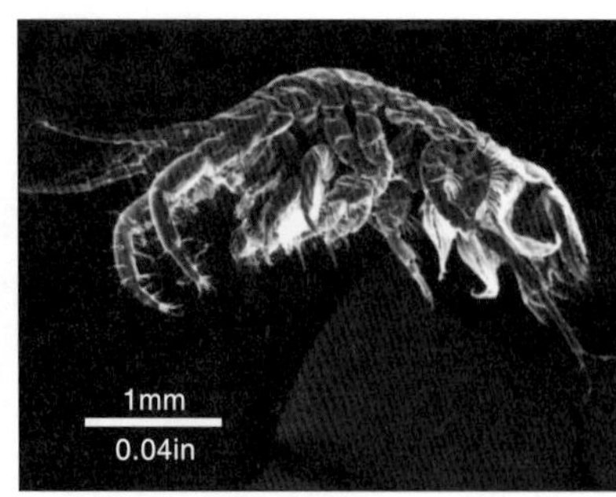

(b) 단각류. 단각류는 바다가재류, 게류, 그리고 크릴과 함께 갑각류에 속한다.

(c) 갯지렁이류. 그림은 주둥이(proboscis)가 밖으로 연장되어 있는 모습을 보여준다.

에 불과하며, 퇴적물 입자에 붙어 있는 박테리아를 주로 잡아먹는다. 중형저서동물은 갯지렁이류, 연체류, 갑각류, 선충류(nematode)를 포함하며(**그림 15.12**), 조간대로부터 심해의 해구까지 퇴적물 속에 산다.

갯벌 : 생물과 그들의 적응

잘피(*Zostera*)와 거북풀(*Thalassia*)은 갯벌과 인근의 얕은 해안의 하부 조간대에 널리 분포한다. 갯벌 표면의 수많은 구멍들은 수많은 이매패류와 다른 무척추동물이 존재하고 있음을 입증해준다.

농게(*Uca*)는 갯벌에서 굴을 파고 사는데, 굴의 깊이가 1m나 된다. 해안게류의 친척인 그들은 보통 폭이 2cm를 넘지 않는다. 수컷 농게는 1개의 작은 집게발과 1개의 매우 큰 집게발이 있는데, 길이가 4cm에 달한다(**그림 15.13**). 이 커다란 집게발을 마치 바이올린 켜듯이 흔들기 때문에 '바이올린 게(fiddler crab)'란 명칭을 얻었다. 암컷은 2개의 정상적인 집게발을 지녔다. 수컷의 큰 집게발은 암컷을 유인할 때나 경쟁하는 수컷과 싸울 때 사용된다.

그림 15.13 농게. 수컷 농게는 큰 집게발을 자신의 보호와 암컷을 유혹할 때 사용한다.

개념 점검 15.2 | 퇴적물로 덮인 해안을 따라 존재하는 군집의 특성을 구체적으로 말하라.

1. 에너지 수준, 입자 크기, 퇴적물 안정성 그리고 산소 함량에 있어서 모래해안과 펄해안이 어떻게 다른지 기술하라.
2. 퇴적물로 덮인 해안의 종다양도와 암반해안의 종다양도를 비교하라. 그리고 차이를 일으키는 원인을 제시해보라.
3. 거친 모래 조간대의 어느 구역에서 조개류, 갯가톡톡벌레류, 유령게류, 모래게류, 심장성게를 찾을 수 있는가?

요약

모래해안과 갯벌을 포함하는 퇴적물이 덮인 해안은 암반조간대와 유사한 조간대 대상분포를 보인다. 퇴적물 속에는 많은 생물들(내생동물)이 산다.

15.3 얕은 해저에 어떤 해양생물군집이 존재하는가?

얕은 해저(조하대)는 최저조선으로부터 대륙붕 끝부분까지 연장되어 있다. 이곳은 주로 퇴적물로 덮여 있으나, 암반이 해안 근처에 나타나기도 한다. 암반이 있는 곳은 다양한 종류의 해조류가 부착해 산다. 이들 해조류는 얕은 해저에서 빛이 비치는 해수 표면 근처까지 닿도록 적응되어 있다.

퇴적물로 덮여있는 대륙붕은 중간 정도나 낮은 종다양도를 보인다. 뜻밖에도 저서생물의 종다양도는 용승해역의 해저에서 가장 낮다. 이것은 용승하는 영양염이 풍부한 물이 표층에 높은 일차생산을 초래하여 많은 양의 유기물질이 만들어지기 때문이다. 이 유기물질이 바닥으로 떨어져 분해되면 많은 산소를 소

(a) 켈프숲의 흔한 종인 거대갈색잎켈프의 구조

(b) 많은 생물들에게 먹이, 피난처, 서식처, 산란장소, 성육장소를 제공하는 켈프숲

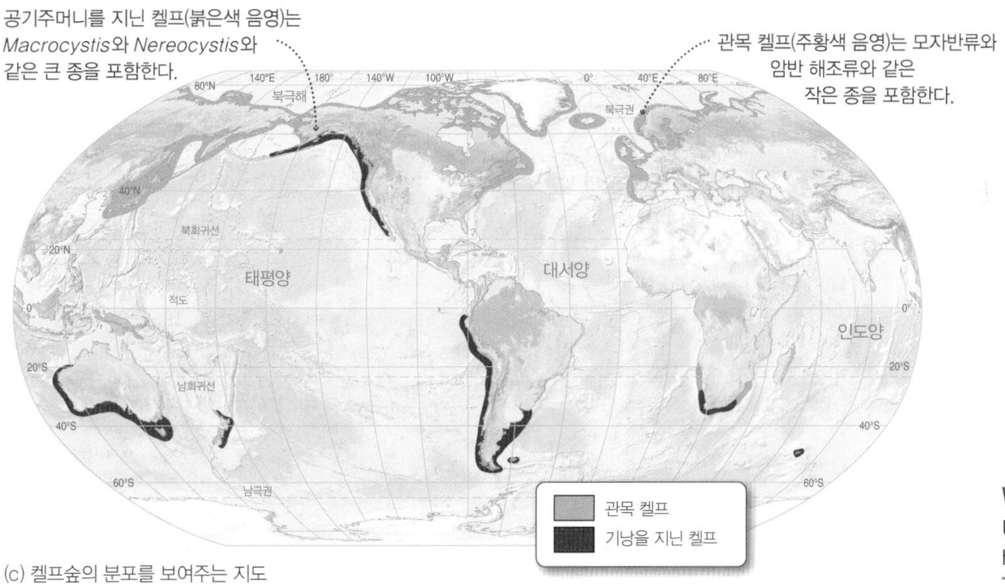

(c) 켈프숲의 분포를 보여주는 지도

그림 15.14 켈프와 켈프숲.

Web Video
Underwater Kelp Forests
https://goo.gl/Bkva2R

비하게 되어 지역적으로 산소가 고갈될 수 있기 때문에 저서생물의 군집을 제한하게 된다. 그러나 해저암반에 붙어 있는 켈프숲은 높은 다양도를 지닌 천해군집이다.

암반 조하대 : 생물과 그들의 적응

얕은 조하대(subtidal zone: *sub* = under, *tidal* = the tides)의 암반 바닥은 보통 다양한 종류의 대형해조류로 덮여있다.

학생들이 자주 하는 질문

성게에 의한 황폐화란 무엇인가요?

황폐화(urchin barren)는 성게가 너무 많이 증가하여 켈프숲을 구성하는 주된 해조류의 하나인 거대갈색잎켈프(*Macrocystis*)를 완전히 제거시켜 발생된다. 성게는 바위 위에 붙어있게 하는 켈프의 부착기를 씹어 먹음으로써 켈프를 물에 뜨게 한다. 캘리포니아에서 성게를 포식하는 동물들(곰치와 바다수달 등)의 급격한 감소는 바다의 먹이그물에 있어 균형을 깨뜨렸다. 그 결과 성게가 크게 번식하게 되어 과거에 무성한 켈프숲이었던 곳이 성게에 의해 황폐화되었다.

학생들이 자주 하는 질문

지금까지 잡힌 바다가재 중 가장 큰 것은 얼마나 되나요?

지금까지 잡힌 가장 큰 미국 바다가재(*Homarus americanus*)는 길이가 1.1m, 무게가 20.1kg에 달한다. 이 바다가재는 1977년 캐나다 노바스코샤 근해에서 어획되었으며, 뉴욕에 있는 식당에 판매되었다.

켈프와 켈프숲 켈프(kelp)는 대형갈조류이다. 북미태평양 해안을 따라 거대갈색잎켈프(*Macrocystis*)가 수심 30m의 바위 위에 부착되어있다. 이들은 **부착기**(holdfast)라는 뿌리처럼 생긴 고정장치에 의해 바위에 부착되어있는데(**그림 15.14a**), 매우 강하게 부착되어 있어 큰 폭풍파도만이 이 해조류를 바위에서 떨어뜨릴 수 있다. 해조류의 줄기와 잎은 **기낭**(pneumatocyst: *pneumato* = breath, *cystis* = bladder)이라고 불리는 기체가 가득 찬 부표(float)에 의해 지지되고 있다. 이 기낭은 해조류가 위로 자라고 또 햇빛에 잘 노출되도록 해수면을 따라 30m나 자라도록 허용해준다. 아주 이상적인 조건하에서 거대갈색잎켈프는 하루에 0.6m까지 자랄 수 있는데, 모든 해조류 중에서 가장 빨리 자란다.

거대갈색잎켈프와 황소켈프(*Nereocystis*)는 태평양해안을 따라 **켈프숲**(kelp forest)을 형성하고 있다(**그림 15.14b**). 0.6m보다 작은 켈프 종은 관목 켈프(shrub kelp)로 알려져 있다. **모자반**(Sargassum)과 암반해조류인 *Fucus*, *Pelvetia* 등이 이에 속한다. 작은 크기의 홍조류와 갈조류가 해저에서 발견되며, 또한 켈프잎 위에도 부착해 살고 있다.

켈프숲은 생산력이 매우 높은 생태계로 켈프숲 안에 살고 있거나 켈프 위에 붙어 사는 다양한 표생동물(epifauna)들에게 은신처를 제공한다. 이 생물들은 연체류, 불가사리류, 어류, 문어, 바다가재류, 해양포유류와 같이 켈프 숲속이나 근처에 살고 있는 수많은 동물들의 중요한 먹이가 되고 있다. 하지만 뜻밖에도 직접 살아있는 켈프를 먹는 초식동물은 드물다. 성게류와 '바다토끼(sea hare)'라고 불리는 큰갯민숭달팽이류(*Aplysia*)가 직접 살아있는 켈프를 먹는다. **그림 15.14c**는 켈프숲의 분포를 보여준다.

바다가재류 바다가재류(lobster)와 게류 등의 큰 갑각류는 암반 조하대에 흔하다. 가시바다가재(spiny lobster)는 가시가 덮인 덮개와 2개의 매우 큰 안테나를 지녔다(**그림 15.15a**). 이 안테나는 더듬이 역할을 하며, 보호 목적으로 사용되는 소음을 만드는 장치가 기저 부근에 있다. 별미로 인정받는 길이 50cm에 달하는 가시바다가재류(*Panulirus*)가 유럽 해안을 따라 수심 20m보다 더 깊은 곳에 살고 있다. 카리브해 바다가재(*Panulirus argus*)는 이따금 수 km를 한 줄로 이어서 해저를 회유하는 특이한 행동을 보인다.

캘리포니아 가시바다가재(*Panulirus interruptus*)는 북미 서쪽해안에 사는 가시바다가재이다. 사람들이 모든 가시바다가재류를 먹지만, 미국 바다가재(*Homarusamericanus*, **그림 15.15b**)와 같은 참바다가재

(a) 카리브해와 북미 서쪽 해안을 따라 발견되는 캘리포니아 가시바다가재

(b) 섭식과 방어를 위해 사용되는 긴 집게발을 지닌 미국 바다가재. 이 종은 캐나다의 래브라도에서 미국의 노스캐롤라이나까지 북미의 동쪽 해안을 따라 발견된다.

그림 15.15 가시바다가재류와 미국 바다가재류.

류(true lobster)만큼 고급으로 치지는 않는다. 참바다가재류는 가시바다가재류와 마찬가지로 청소식자이지만, 그들은 연체류, 갑각류 그리고 다른 바다가재류를 잡아먹는다.

굴류 굴은 하구역에서 발견되는 두꺼운 패각을 지닌 고착성 이매패류이다. 그들은 플랑크톤과 산소를 공급해주는 깨끗한 물이 지속적으로 흐르는 곳에서 가장 잘 자란다. 굴류는 불가사리류, 어류, 게류, 고둥류의 먹이가 된다. 고둥류는 굴 패각에 구멍을 낸 뒤 패각 속에 있는 부드러운 조직을 핥아먹는다(**그림 15.16**). 사실 이것이 굴류가 두꺼운 패각을 지닌 주된 이유 중의 하나로 생각된다.[4] 굴류는 전 세계적으로 사람에게 중요한 식량원이다.

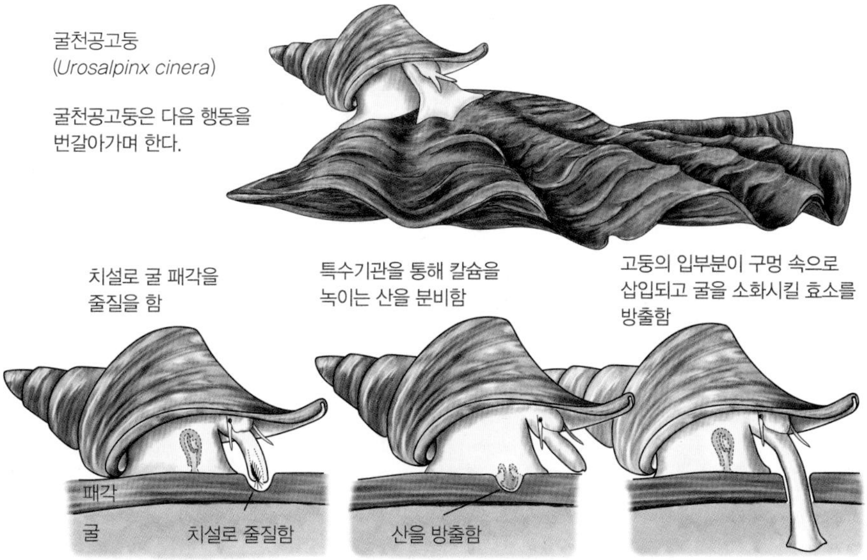

그림 15.16 굴천공고둥이 굴의 껍데기를 뚫고 들어가는 모습. 굴천공고둥(*Urosalpinx cinera*)이 치설과 칼슘을 녹이는 산을 번갈아가며 사용하면서 굴 껍데기에 구멍을 뚫은 뒤 굴의 부드러운 몸을 먹는다.

굴밭(oyster bed)은 여러 세대에 걸친 굴 껍데기로 구성되어 있다. 죽은 굴 껍데기들은 서로 접합되어 단단하게 되었으며, 그 위에 살아 있는 세대가 부착되어 있다. 암컷은 매년 수백만 개의 알을 낳으며, 수정된 알은 부유성 유생으로 부화된다. 유생은 플랑크톤 상태로 물속에서 지낸 뒤 바닥에 부착한다. 굴 유생이 부착을 위해 선호하는 물체는 살아있는 굴의 패각, 죽은 굴 패각 그리고 바위 순이다.

산호초 : 생물과 그들의 적응

산호초(coral reef)는 산호와 다른 생물들에 의해 만들어진 단단한 구조물이다(**그림 15.17**). 산호는 작은 저서동물인 **폴립**(polyps: *poly* = many, *pous* = foot) 개체들로 구성되어 있다. 그들은 침을 지닌 촉수로 먹이를 잡아먹으며, 해파리와 같은 자포동물문에 속한다. 대부분의 산호류는 크기가 개미 정도이며, 군체(colony)를 형성하며, 보호를 위해 단단한 석회질 껍데기를 만든다. 산호류는 전 대양에서 발견되지만, 대부분의 산호초는 얕고 따뜻한 해역에 국한되어 있다. 제2장에 산호초의 발달 단계가 기술되어 있다.

산호초 발달을 위해 필요한 조건 산호류는 수온에 매우 민감하며, 생존하기 위해 따뜻한 물을 필요로 한다. 실제로 산호는 연중 월 평균 수온이 18°C가 이상인 물을 필요로 한다(**그림 15.18**). 하지만 너무 뜨거운 물은 산호를 죽일 수 있는데, 수온이 30°C 이상이 되면 오랫동안 생존하지 못한다. 극심한 엘니뇨 기간 동안에 경험하는 것 같은 평소보다 따뜻한 표면수온이 산호에게 스트레스를 주며, 산호 백화현상이나 다른 질병의 발생과 연관되어 있다.

그림 15.17 전형적인 건강한 산호초 환경.

---

4 공진화(coevolution)의 한 예이다. 한 종이 지닌 무기는 다른 종으로 하여금 이에 대항하기 위한 진화압력을 초래한다. 그 결과 새로운 무기 개발을 위한 상호진화적인 '무기 경쟁'이 초래된다.

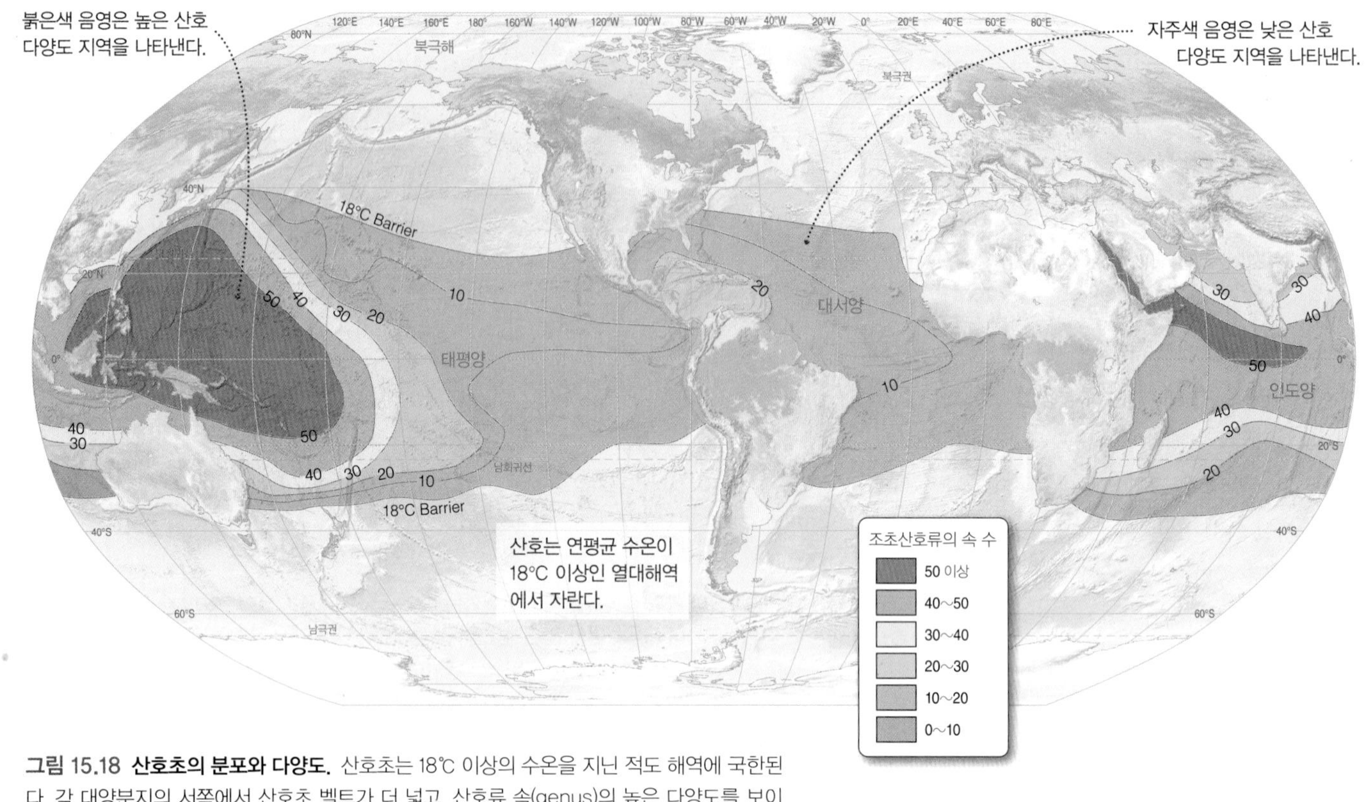

그림 15.18 산호초의 분포와 다양도. 산호초는 18℃ 이상의 수온을 지닌 적도 해역에 국한된다. 각 대양분지의 서쪽에서 산호초 벨트가 더 넓고, 산호류 속(genus)의 높은 다양도를 보이는데, 이는 대양 표층수 순환과 종 분화에 유리한 수많은 열대 섬이 원인이다.

산호류의 성장에 도움을 줄 만큼의 따뜻한 물은 주로 열대해역에서 발견된다. 산호초는 난류가 해수표면 온도를 높이는 해양분지 서쪽의 남위 35°와 북위 35° 사이에서 주로 형성된다(그림 15.18).

그림 15.18은 대양분지 서쪽에 산호초를 만드는 조초(hermatypic) 산호류의 높은 다양도를 보여준다. 50속(genus) 이상의 산호류가 서부 태평양의 넓은 지역과 서부 인도양의 좁은 벨트에서 번성하고 있다. 하지만 카리브해에서 가장 높은 다양도를 보인 대서양에서는 30속 이하의 산호류가 출현한다. 이 같은 분포 양상은 약 3,000만 년 전 대륙의 위치와 관련이 있다. 그 때에는 따뜻한 적도의 테티스해가 세계의 열대바다와 연결되어 있었으며, 산호류, 산호초와 관련된 생물들의 전 세계적인 확산을 위한 고속도로 역할을 했다. 그 후 시간이 지나면서 대륙 위치의 판구조적 변화가 테티스해의 입구를 폐쇄했으며, 해류와 기후의 변화를 초래해 대서양에서 산호초의 생물다양도를 감소시켰다. 한편 서부 태평양에 있는 많은 열대 섬들이 산호의 종분화(speciation)에 유리한 다양한 서식처를 제공하였다.

따뜻한 수온 외에 산호류의 성장에 필요한 다른 환경 조건은 다음과 같다.

- 강한 햇빛 : 이것은 산호 자체를 위한 것이 아니고, 산호 조직 속에 사는 **황록공생조류**(zooxanthellae)라고 불리는 광합성 생물인 공생 와편모조류를 위해 필요하다.[5]
- 강한 파도나 해류 작용 : 영양염과 산소를 가져오기 위함이다.
- 부유물이 적은 맑고 깨끗한 해수 : 물속의 부유입자들은 복사에너지를 흡수하고, 산호의 여과 섭취 능력을 저해시키고, 산호를 묻히게 할 수 있다. 따라서 산호는 큰 강이 바다로 유입되는 장소 근처에는 발견되지 않는다.

5 상리공생을 포함한 공생관계에 대한 논의는 제14장 참조하라.

- 염분이 있는 물 : 만약 물이 너무 담수화되면 산호는 죽는다. 이것이 산호초가 강 입구에서 형성되지 않는 또 다른 이유이다.
- 부착을 위한 단단한 기질 : 산호는 펄질 바닥에는 부착할 수 없다. 따라서 그들은 조상의 단단한 껍데기에 부착하여 수 km 두께의 산호초를 형성한다.

산호류와 조류의 공생 산호초(coral reef)는 산호 자체보다 더 많은 것을 포괄한다. 산호류 외에도 해조류(algae), 연체류 그리고 유공충류 등이 산호초를 형성하는 데 공헌을 한다. 산호초를 형성하는 산호류가 **조초산호**(hermatypic coral)이다. 그들은 산호 폴립의 조직 속에 사는 현미경적 크기의 조류(황록공생조류)와 **상리공생 관계**(mutualistic relationship)[6]에 있다. 황록공생조류는 숙주인 산호에게 계속 유기물질을 공급해주며, 산호는 황록공생조류에게 영양염을 제공한다. 산호폴립은 자포를 지닌 촉수를 이용하여 작은 크기의 플랑크톤 먹이를 잡아먹지만, 대부분의 조초산호류는 황록공생조류로부터 필요한 영양물질의 90% 정도를 공급받는다. 이 같은 방식으로 산호는 열대해역의 특징인 영양염이 부족한 환경에서 생존할 수 있다. 산호와 조류 사이의 상리공생 관계는 해수 온도의 상승, 염분, 빛과 같은 환경 변화에 민감하게 반응한다.

다른 산호초에 사는 동물들은 다양한 종류의 조류와 공생관계를 형성하고 있다. 공생하는 조류로부터 그들이 필요로 하는 유기물의 일부를 공급받는 생물을 **혼합식자**(mixotrophs: *mixo* = mix, *tropho* = nourishment)라고 부르며, 산호류, 유공충류, 해면류, 연체류가 혼합식자에 포함된다(**그림 15.19**). 조류들은 산호에게 유기물을 공급할 뿐만 아니라 산호 체액으로부터 이산화탄소를 추출함으로써 산호초의 석회화(calcification)에 공헌하기도 한다.

산호초는 동물의 생물량보다 세 배나 많은 조류의 생물량을 지닌다. 산호와 공생하는 황록공생조류는 조초산호류 생물량의 75%까지 차지한다. 그럼에도 불구하고 황록공생조류는 산호초

학생들이 자주 하는 질문

최근에 심해에서 산호가 발견되었다고 들었습니다. 그들은 얕은 곳의 산호와 어떻게 다른가요?

산호초는 보통 얕은 열대해역과 연관이 있지만, 발전된 음향기술과 잠수함을 이용하여 최근에 실시된 심해탐사는 깊고 차가운 물속에도 생각했던 것보다 넓게 분포하고 다양한 산호생태계가 존재하고 있음을 밝혀냈다. 심해산호류는 대륙붕, 대륙사면, 해산 그리고 중앙해령에서도 발견되었다. 수심 6,328m에서도 발견되었다. 대부분의 산호류는 심해에서 살지 않기 때문에 '냉수 산호(cold-water coral)'란 용어가 더 적합하다. 그들은 얕은 곳에 사는 산호가 지닌 갈색공생조류를 지니지 않는다. 하지만 밝은 색채를 띠며, 해류에 의해 운반되는 작은 플랑크톤과 유기쇄설물을 잡아먹기 위해 자포가 있는 촉수를 사용한다. 그들은 얕은 곳 산호처럼 석회질의 골격을 만들며, 많은 다른 생물들에게 서식처를 제공하는 큰 암초를 형성하기도 한다. 심해 산호류의 일부 종들은 나이가 수천 년이 된 것도 있다. 그들은 오랫동안 사람의 손이 전혀 닿지 않은 상태로 있다. 최근 들어 남부 캘리포니아 근해에서 새로운 냉수산호 종이 발견되었다.

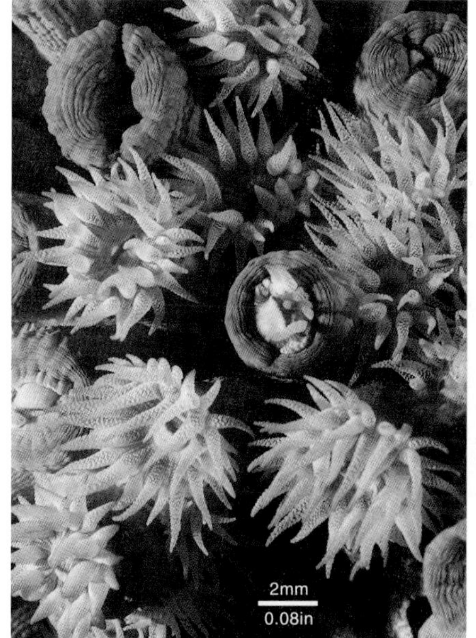

(a) 몸속의 황록공생조류에 의해 영양물질을 공급받거나 그들의 촉수를 내밀어 물속에 있는 작은 플랑크톤을 잡아 먹는 산호폴립

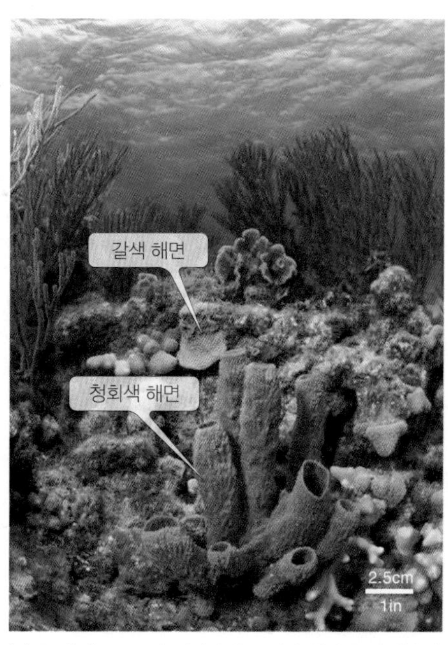

(b) 공생하는 조류나 박테리아를 지닌 청회색 해면(아래)과 갈색 해면(위)

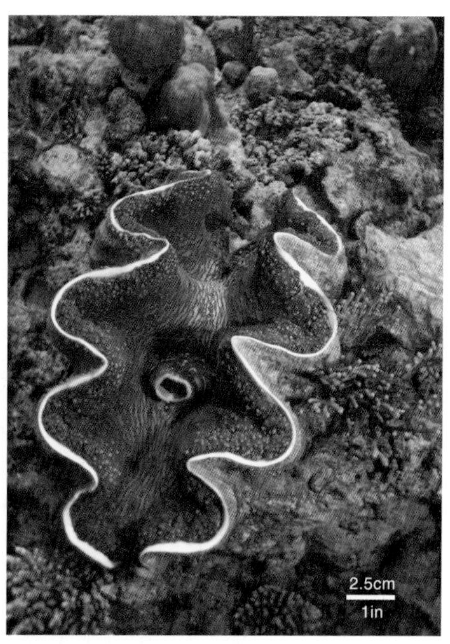

(c) 그들의 몸속에 살고 있는 공생조류에 의존하는 거대조개

그림 15.19 공생조류에 의존하는 산호초 생물들.

6 산호가 밝은색(노란색 외에도 많은 색일 수 있음)을 띠는 것은 황록공생조류 때문이다.

지역의 전체 조류 생물량의 5% 미만에 불과하다. 나머지는 실 모양(filamentous)의 녹조류가 대부분을 차지하고 있다.

요약

산호류는 침 세포인 자포를 지닌 군체를 형성하는 동물이다. 주로 얕은 열대 해역에서 발견되며, 강한 햇빛, 파랑과 해류 작용, 맑은 물, 정상적인 염분의 해수, 부착할 수 있는 단단한 기질을 필요로 한다.

산호초의 대상분포 많은 대규모 산호초는 산호초 경사면을 따라 잘 발달된 수직적 · 수평적 대상분포(zonation)를 보인다(**그림 15.20**). 이 대상분포는 햇빛, 파랑에너지, 염분, 수심, 수온, 다른 요인들에 의해 초래된다. 각 구역은 산호 종류와 다른 생물들의 집합에 의해 쉽게 구분된다.

황록공생조류는 광합성을 위해 햇빛을 필요로 하기 때문에 활발한 산호의 성장이 일어날 수 있는 가장 깊은 수심은 약 150m이다. 이 깊이에서는 물의 움직임이 적기 때문에 비교적 연약한 판산호류(plate coral)가 수심 50~150m 사이 산호초의 외측경사면에 살 수 있다. 이 깊이에서의 광도는 해수면 광도의 4%에 불과하다(그림 15.20).

수심 50m에서 20m까지는 쇄파에 의한 물의 유동이 산호초의 윗부분으로 갈수록 증가한다. 따라서 산호의 생물량과 산호초의 강도는 이 구역의 상부로 갈수록 증가한다. 이곳의 빛의 세기는 해수면 광도의 20% 정도이다.

요약

산호의 조직 속에 살며 산호에게 영양물질을 공급하고 산호의 색체를 만들어주는 황록공생조류와 공생관계를 형성함으로써 산호류는 영양염이 고갈된 따뜻한 해역에서 생존할 수 있다.

산호초의 바다 쪽은 **초령**(reef crest)과 **지지구역**(buttress zone)이 몰려오는 파도로부터 산호초평원을 보호한다. **산호초평원**(reef flat)은 수심이 수 cm에서 수 m이며, 해수면 광도의 60% 이상의 광도를 보인다. 많은 종의 색깔이 화려한 어류들이 해삼류, 갯지렁이류, 연체류와 함께 이 얕은 곳에 서식한다. 파도로부터 보호를 받고 있는 산호초석호(reef lagoon)에는 팔방산호(gorgonian coral), 말미잘, 갑각류, 연체류, 극피류가 살고 있다(**그림 15.21**).

산호초의 중요성 산호초는 살아있는 생물에 의해 만들어진 지구상의 가장 큰 구조물 중에 속한다. 호주의 대보초는 길이가 2,000km가 넘는다. 산호초가 대양 표면적의 0.5% 이하를 차지하지만, 이곳에 해양어류 2만 종 중 약 1/3이 살고 있으며, 전 해양생물종의 25%의 서식처 역할을 하고 있다. 산호초는 은신처, 먹이, 번식처를 제공하여, 말미잘류, 불가사리류, 게류, 갯민숭달팽이류, 조개류, 해면류, 바다거북류, 해양포유류 그리고 상어를 포함한 수많은 종들을 끌어들인다. 사실 산호초는 열대우림을 능가하는 종다양도를 보인다. 그리고 산호초는 해양환경 중 가장 다양도가 높은 군집을 지니고 있다.

그림 15.20 산호초 대상분포. 수심이 증가함에 따라 파랑에너지와 광도가 감소하기 때문에 산호초는 대상분포를 보인다.
https://goo.gl/YpBzBP

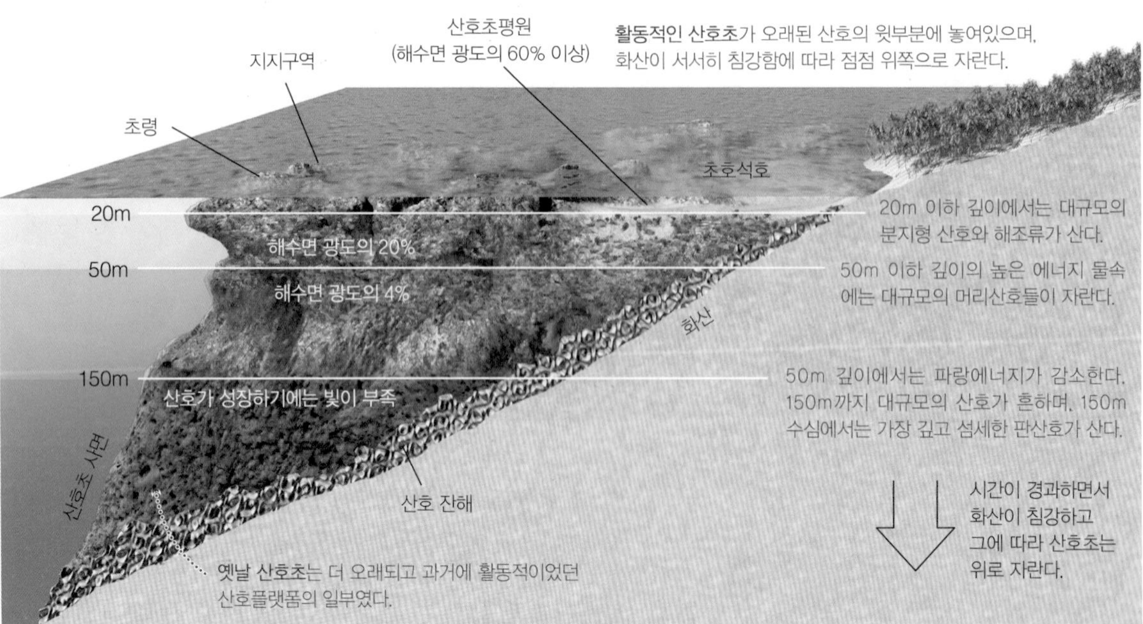

산호초는 사람들에게 많은 혜택을 제공하고 있다. 1억 명에 달하는 사람들이 수십억 달러 규모의 산호초 관련 산업에 의존하며 살고 있다. 실제로 많은 산호초를 가지고 있는 열대 국가들이 국가 총생산의 50% 이상을 산호초와 관련된 관광산업으로 벌어들인다. 그리고 산호초와 관련된 수산업이 바다에서 생산되는 모든 어류의 1/6 이상을 공급하고 있다. 최근 들어 약리학자(pharmacologist)와 해양화학자들은 암과 전염병과 같은 질병을 치료할 수 있는 새로운 의학물질을 산호초에 서식하는 생물로부터 많이 발견하였다. 또한 산호는 해안침식을 막으며, 폭풍파도와 쓰나미로부터 해안군집을 보호한다. 단단한 석회질의 산호골격은 사람의 뼈 이식(bone graft)에 사용되기도 한다.

산호초와 영양염 농도 산호초에 인접한 육지에 인구가 증가하면 산호초는 피해를 입는다. 어업, 산호초와 보트의 충돌, 개발에 따른 퇴적물의 증가 그리고 방문자에 의한 산호초 생물의 제거는 모두 산호초에 피해를 입힌다. 또한 하수방출과 농장의 비료사용으로 인한 산호초 주변 해역의 영양염 농도 증가가 산호초 생태계에 나쁜 영향을 미친다.

영양염의 농도가 증가함에 따라 산호초 생물군집은 다음과 같이 변하게 된다.

- 낮은 영양염 농도에서는 조초산호류와 공생조류를 지닌 다른 산호초 동물들이 번성한다.
- 중간 농도의 영양염은 저서식물과 조류에게 유리하다.
- 높은 영양염 농도에서는 식물플랑크톤의 생물량이 저서성 조류의 생물량을 초과한다. 그 결과 식물플랑크톤 먹이망에 연결된 저서군집이 우세하게 된다. 예를 들면, 높은 영양염 농도에서는 조개류와 같은 현탁물식자(suspension feeder)가 우세하게 된다.

증가된 식물플랑크톤 생물량은 물의 투명도를 감소시키며, 산호의 여과섭식 능력에 영향을 미친다. 식물플랑크톤에 의존하여 빨리 성장하는 생물들이 천천히 성장하는 산호류를 덮으며, 생물에 의해 산호초가 침식되는 생물침식(bioerosion)을 통하여 산호초를 파괴한다. 특히 성게와 해면에 의한 생물침식은 많은 산호초에게 피해를 입힌다.

가시관불가사리 현상 가시관불가사리(*Acanthaster planci*)는 1962년 서부 태평양과 그 이후 인도양과 홍해의 많은 산호초 지역에서 살아있는 산호를 파괴한 불가사리이다(**그림 15.22**). 이 불가사리는 산호초를 돌아다니며 1년에 13m^2 면적의 산호폴립을 먹어치운다. 하지만 가시불가사리로부터 보호조치를 취하면 산호는 이전처럼 성장할 수 있다.

산호초 생태계의 자연현상이긴 하지만 불가사리는 갑자기 수백만 마리로 증가하여 산호초에 큰 피해를 입힐 수 있다. 한 예로, 최근 들어 수많은 가시관불가사리가 많은 산호군집, 특히 대보초의 산호군집에 큰 피해를 입혔다. 초기에는 잠수부들이 가시관불가사리를 조각내기 위해 고용되었다. 하지만 불가사리는 몸의 일부만 있어도 새로운 개체로 재생되기 때문에 잠수부의 작업은 문제를 더 어렵게 만들었다.

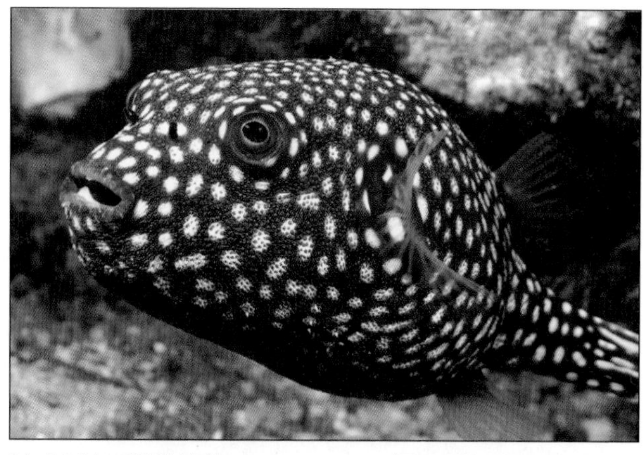

(a) 산호초는 점박이 복어(*Arothron meleagris*)를 포함한 많은 어류들을 위한 서식처와 보호를 제공한다. 복어류는 포식자를 피해 도망갈 정도로 빠르지 않지만, 크고, 둥글고, 가시로 덮인 공 모양으로 몸을 부풀려 쉽게 잡아 먹히지 않는다.

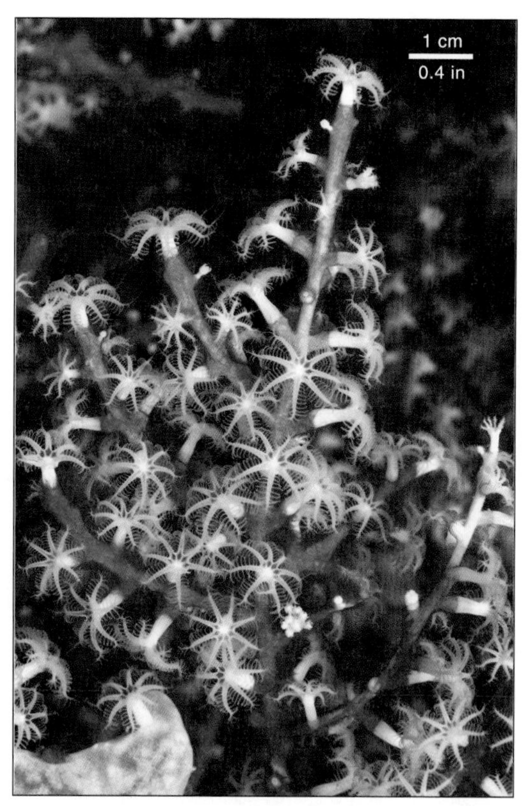

(b) 조초 산호류와는 달리 팔방산호(*Nicella schmitti*)와 같은 일부 산호종은 단단한 석회질 물질을 분비하지 않는다. 이 산호는 가지마다 섭식 폴립을 지닌다. 각 폴립의 직경은 약 1cm이다.

그림 15.21 산호초를 형성하지 않는 산호 종류.

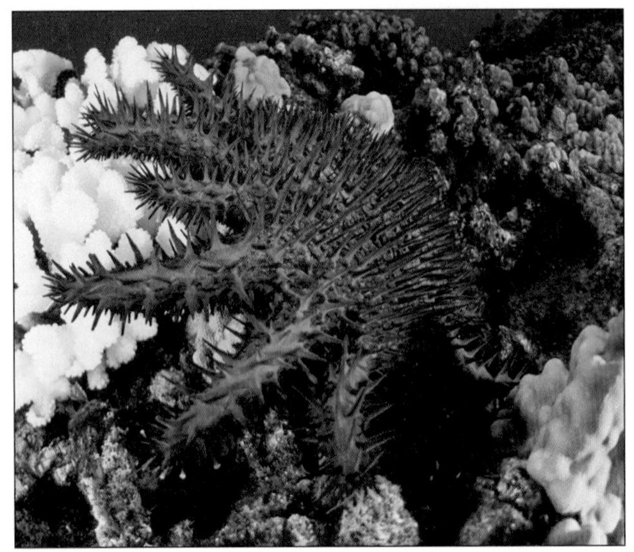

그림 15.22 가시관불가사리. 가시관불가사리가 호주의 대보초에 큰 피해를 입혔다.

아직 확실한 증거는 없지만 일부 연구자들은 가시관불가사리의 확산이 인간 활동에서 비롯된 현상임을 제시한다. 불가사리를 잡아먹는 큰 산호초 어류들이 남획으로 인해 제거되었기 때문에 가시관불가사리가 크게 증가했다고 주장하는 사람도 있다. 다른 연구는 지난 8만 년 동안 가시관불가사리가 오늘날보다 더 풍부하게 존재했음을 보여준다. 따라서 불가사리는 이 지역 산호초 생태계의 한 구성원으로 그들의 개체수 증가는 인간에 의해 촉발된 것이 아니라 장기적인 자연적인 사이클의 일부일 가능성이 있다.

산호 백화현상과 다른 질병 **산호 백화현상**(coral bleaching)은 표백제를 산호초 위에다 뿌린 것처럼 산호가 색깔을 잃고 하얗게 되는 현상이다(**그림 15.23**). 산호 백화현상은 수온이 상승하면서 일어나며, 산호와 공생관계에 있는 색깔 있는 황록공생조류가 죽거나, 산호를 떠나거나, 숙주인 산호에게 쫓겨나서 발생한다. 일부 과학자들은 수온이 과도하게 상승하면 활성화산소(reactive oxygen)가 산호 조직 속에 증가하며 독성을 띠게 된다고 주장했다. 한 예로, 갈라파고스 섬 주변의 산호는 27°C 이하의 수온에서 번성한다. 만약 해수의 온도가 1~2°C만 올라가도 산호는 공생조류를 추방하여 백화현상이 일어난다. 백화현상이 일어나면 산호는 더 이상 조류로부터 유기물질을 받지 못한다. 만약 산호가 수 주 내로 공생하는 조류를 다시 받아들이지 못하면 죽게 된다. 백화현상은 보통 수심 2~3m의 표층수에서 일어나지만, 수심 30m에서도 관찰되며, 밤 사이에 빠르게 일어날 수 있다.

피해를 입은 산호는 수온이 정상적으로 돌아가고 수질 상태가 좋으면 재생될 수 있다. 그러나 산호 백화현상이 자주 일어나고 강도가 세면 산호 백화현상으로 손실되는 산호초의 비율은 크게 증가할 것이다. 한 예로 플로리다의 산호초는 1900년대 초 이래로 적어도 여덟 번의 백화현상을 겪었다. 중미의 태평양 해안을 따라 적어도 70%의 산호가 1982~1983년에 일어난 격심한 엘니뇨와 연관된 백화현상으로 인해 죽었다. 1982~1983년 엘니뇨 기간 동안 수온 상승이 심하게 일어나 2종의 파나마산호류가 멸종되었다. 1987년에 일어난 백화현상은 전 세계적으로 산호류에 영향을 미쳤는데, 특히 플로리다와 카리브해 전역에서 큰 영향을 받았다. 그 이후로 광범위한 백화현상이 잦은 빈도로 그리고 강한 강도로 일어나고 있다. 1997~1998년에 발생한 엘니뇨는 해수 수온을 정상치보다 몇 °C 상승시켰으며, 동부 태평양, 유카탄 해안, 플로리다 키 그리고 네덜란드령 앤틸리스제도

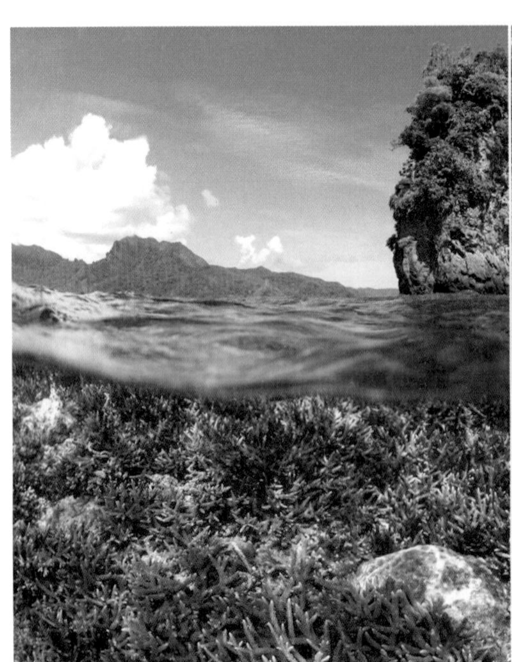

(a) 정상적인 산호초 (b) 비정상적인 산호초

그림 15.23 정상적인 산호초와 산호 백화현상을 겪은 산호초. (a) 2014년 12월 미국령 사모아의 정상적인 산호초의 모습. (b) 비정상적으로 높은 수온으로 인해 산호 백화현상을 겪은 후인 2015년 2월의 산호초의 모습

를 포함하여 전 세계적인 백화현상을 초래했다. 2001~2002년에 발생한 엘니뇨는 전 세계에 걸쳐 산호 백화현상을 초래했다. 21세기에 들어 산호 백화현상이 증가된 빈도와 세진 강도로 전 대양에서 관찰되고 있다. 한 예로 2010년 동남아시아의 산호초가 기록적인 수준으로 산호 백화현상을 겪었으며, 카리브 해에서도 심한 산호 백화현상을 겪었다.

앞에서 언급한 비정상적인 수온 상승 외에도 다른 요인들이 산호 백화현상을 초래할 수 있다. 이들 요인에는 높아진 자외선 수준, 대기 중에 햇빛을 차단하는 입자의 감소, 해양 공해, 염분 변화, 질병의 발생, 또는 이들 요인들의 결합이 포함된다. 산호 백화현상과 상승된 수온 사이의 강한 상관관계는 해양학자들을 우려하게 만든다. 왜냐하면 인간에 의해 초래된 기후변화로 인해 해수면 수온이 점차 상승하고 있기 때문이다(제16장 참조). 인간에 의해 초래된 기후변화로 인해 추가적인 열이 해양에 유입됨에 따라 서부 태평양 웜풀(Warm Pool)이 더 널리 퍼지고 깊어질 것으로 예측된다. 그 결과 엘리뇨와 관련이 있는 산호 백화현상이 앞으로 연례 행사처럼 일어날 가능성이 있다. 산호를 연구하는 연구자들은 증가된 열과 태양빛에 민감히 반응하는 산호초가 전 세계적으로 심각한 타격을 받을 것이라고 예측하고 있다.

Climate

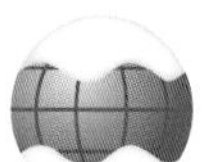

Connection

조지아대학교의 산호초 생태계 전문가인 제임스 포터와 동료들은 산호류에 영향을 미치는 질병을 연구했다. 그들은 1995년 이후로 계속해서 플로리다 키 섬 주변 산호의 건강 상태를 계속 조사하고 있는데, **흰역병**(white plague disease)의 재발을 비롯하여 **흰밴드병**(white band disease), **흰천연두**(white pox), **검은밴드병**(black band disease), **노란밴드병**(yellow band disease), **부분 괴사**(patchy necrosis), 그리고 **급속소모성질병**(rapid wasting disease) 등 10여 개의 새로운 질병을 발견했다.

이들 질병의 원인에 대해 아직 연구 중에 있다. 새로운 질병이 박테리아, 바이러스, 균류와 같은 미생물의 침투로 인해 발생하는지, 또는 산호 백화현상처럼 환경적인 스트레스와 관련이 있는지 여부는 아직 모른다. 플로리다 키 섬 주변에 인구가 증가함에 따라 이곳의 산호초가 스트레스를 받는 징후를 보인다. 이로 인해 산호가 많은 질병에 걸리기 쉽게 되었다. 육지로부터 바다로 유입되는 강물로 인한 해수의 영양염 농도의 증가와 혼탁도 증가 그리고 키 섬의 부적절한 하수처리 등이 산호류의 질병 발생에 기여할 가능성이 있다.

감소하고 있는 산호초 전 세계적인 산호초 건강 상태에 관한 연구는 그들이 인간과 다양한 환경적인 요인들에 의해 건강상태가 빠르게 나빠지고 있음을 보여준다. 산호초 생태계의 최근 연구는 지금 단지 30%의 산호초만이 건강한 상태임을 보여준다. 2000년의 41%에서 떨어진 수치이다. 다른 연구는 주요 조초산호류의 1/3 이상이 현재 멸종위기에 처해 있다고 추정한다. 카리브 해에서는 지난 30년 동안에 살아 있는 산호로 덮여있던 해저 면적의 80%에서 산호가 사라졌다. 세계에서 가장 큰 산호초인 대보초(the Great Barrier Reef)까지도 지난 40년 동안 전체 면적의 50% 이상에서 산호가 사라졌다. 더욱이 여러 산호 종들이 사라지고 있다. 2014년 미국의 NOAA는 20개 산호 종을 위협을 받고 있는 종으로 새롭게 등록했다.

Interdisciplinary Relationship

산호초에 가장 심각한 위협은 허리케인, 홍수, 쓰나미와 같은 자연현상보다도 사람의 활동이다. 한 예로, 남획(overfishing)은 조류를 먹는 많은 어류의 개체군을 고갈시켰다. 퇴적물과 오염물질이 포함된 강물의 유입은 조류의 성장을 촉진시켰고, 해로운 박테리아를 퍼트렸다. 산호초를 더욱 위협하는 것은 인간에 의해 초래된 대기의 이산화탄소의 증가이다. 대기의 이산화탄소는 바다에 흡수되어 바다의 산성도를 증가시켜 산호가 석회질의 골격을 형성하는 것을 어렵게 만든다.[7] 또한 인간 활동으로 초래된 지구온난화가 해수면의 수온을 상승시켜 온도에 민감한 산호류에 영향을 미치는데, 산호가 쉽게 질병에 걸리게 하고

7 최근의 해양 산성도 증가와 다른 기후변화 문제에 대한 더 자세한 정보를 얻고 싶으면 제16장 '해양과 기후변화' 참조하라.

학생들이 자주 하는 질문

산호는 어떻게 동시에 산란을 하나요?

일부 산호는 내부 산란을 하지만, 대부분의 산호 종들은 이웃에 있는 다른 산호와 함께 동시에 알과 정자가 들어있는 주머니를 해수에 직접 방출한다. 산호는 동시 산란을 하기 위해 (1) 보름달 (2) 해질 때 (3) 다른 산호의 산란을 냄새 맡을 수 있는 화학물질의 세 가지 단서를 이용한다. 잠수부가 운 좋게 산호의 산란을 목격한다면 환상의 경험일 것이다. 연구자들은 지금처럼 산호가 점차 줄게 되면 수정율이 어떻게 될지 연구하고 있다.

요약

산호초는 많은 환경 위협에 직면해 있으며, 전 세계적으로 감소하고 있다.

산호 백화현상을 일으킨다. 또한 지구온난화로 인해 예측되는 해수면 상승은 산호를 더 깊은 곳으로 내려가게 한다. 그 결과 그들이 받는 햇빛을 감소시켜 산호에게 타격을 준다. 즉각적이고 구체적인 산호초의 보존대책이 나오지 않는다면 산호초의 장래는 어두울 것이다.

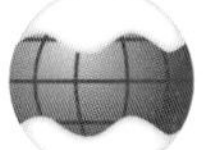

개념 점검 15.3 | 얕은 해저에 존재하는 군집의 특성을 구체적으로 말하라.

1 태평양의 켈프숲에서 우점적인 켈프종과 표생동물과 켈프를 섭식하는 동물들에 대해 토의하라.
2 산호초의 발달에 필요한 환경 조건을 기술하라.
3 산호초 경사면의 소구역(zone)과 특징적인 산호 유형과 대상분포에 관련된 물리적인 요인을 기술하라.
4 산호 백화현상이란 무엇인가? 어떻게 산호 백화현상이 발생하는가? 산호에 영향을 미치는 다른 질병은 무엇인가?

15.4 심해저에는 어떤 군집이 존재할까?

대부분의 해저는 수 km 물 밑 아래 잠겨 있다. 심해연구는 여러 가지 어려운 점이 있고 비용이 많이 들기 때문에 심해의 생물에 대해서는 얕은 연안환경에 비해 덜 알려져 있다. 심해저의 시료를 얻기 위해서는 특수하게 고안된 잠수정이나 길이가 12km 되는 강한 케이블을 지닌 선박이 필요하다. 과거에는 심해에 접근하기 어려웠기 때문에 심해생물의 존재에 관한 논쟁이 있었다.

오늘날에도 잠수정이나 드레지(dredge)에 의한 시료채취는 많은 시간이 걸리는 작업이다. 산소 공급이 제한되기 때문에 유인잠수정은 단지 12시간만 해저에 머물 수 있었으며, 해저에 내려가고 다시 올라오는 데만 8시간이 걸린다. 그리고 드레지를 깊은 심해에 내리고 회수하는 데 거의 24시간이 걸린다.

로봇과 원격조정차량(ROVs)은 해양의 가장 깊은 곳을 더욱 쉽게 관찰하고 시료를 채취하게 만들었다. 원격조정차량은 사람이 타지 않고 무인으로 운용되므로 오랫동안 물속에서 머물 수 있다. 이 같은 발달은 지구에서 가장 알려지지 않은 서식처 중의 하나인 심해에서 많은 발견을 가능하게 했다.

심해의 물리적 환경 조건

심해저는 점심해저대(bathyal zone), 심해저대(abyssal zone), 초심해저대(hadal zone)[8]를 포함한다. 이곳의 물리적 환경조건은 해수 표면과 크게 다르다. 이곳은 매우 안정되고 일정하다. 빛은 최대 1,000m까지 존재한다. 하지만 1,000m가 넘으면 빛이 아예 없다. 어느 곳이나 수온이 3°C가 넘는 경우가 거의 없으며, 고위도에서는 −1.8°C까지 떨어지기도 한다. 염분은 35‰[9]보다 약간 낮다. 산소 농도는 일정하며 비교적 높은 편이다. 수압은 해령에서는 200기압이 넘으며, 대양저평원에서는 300~500기압이 넘으며, 가장 깊은 해구에서는 1,000기압이 넘는다.[10] 심층해류는 일반적으로 천천히 흐르며, 과거에 생각했던 것보다는 변화를 보인다. 한 예로, 표층해류의 난핵 와류(warm-core eddy)와 냉핵 와류(cold-core eddy)에 의해 형성되는 **심해폭풍**(abyssal storm)은 일정 지역에 영향을 미치는데 수 주일간 지속되며, 저층해류의 방향을 바꾸거나 속도를 증가시킨다.

얇은 층의 퇴적물이 심해저를 덮고 있다. 대양저평원과 깊은 해구에는 퇴적물이 펄질의 심해 점토로 구성되어 있다. 수주를 통과하여 밑으로 내려온 죽은 플랑크톤으로 구성된 연니(ooze)는 해령(oceanic

8 점심해저대, 심해저대, 초심해저대는 제12장에 기술되어 있다.
9 해수면의 평균 염분은 35ppt(‰)임을 기억하자.
10 해수 표면에서의 압력은 1기압이며, 수심이 10m 증가함에 따라 1기압씩 증가한다. 따라서 1,000기압은 해수 표면의 압력보다 1,000배나 높다.

ridge)과 대양구릉(rise)의 측면에서 출현한다. 대륙대는 인근의 육지로부터 온 굵은 입자의 퇴적물로 덮여있다. 경사가 급한 대륙사면에는 퇴적물이 쌓이지 않는다. 또한 중앙해령의 꼭대기 부근 그리고 해산과 대양 섬의 경사면에도 퇴적물이 없는데, 이는 새로 형성된 해저에 퇴적물이 축적될 만큼 충분한 시간이 경과하지 않았기 때문이다.

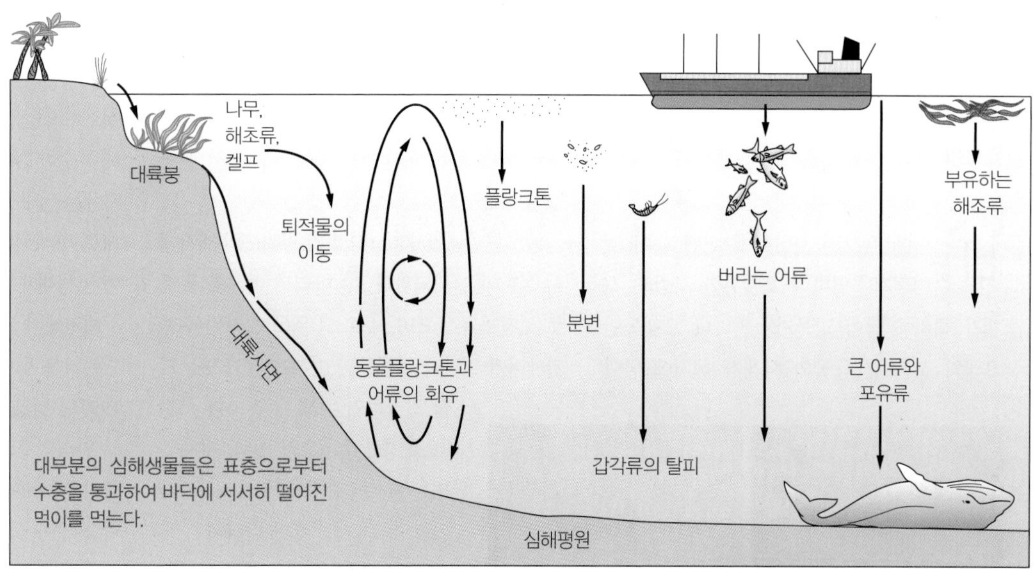

큰 어류나 포유류(고래들)가 바닥에 떨어질 때를 제외하고는 위쪽으로부터 공급되는 먹이는 제한적이다.

그림 15.24 심해생물을 위한 먹이의 원천.

먹이의 원천 및 종다양도

빛이 없기 때문에 광합성에 의한 일차생산은 일어날 수가 없다. 열수공 주위에서 일어나는 화학합성에 의한 일차생산을 제외하고는 모든 저서생물들은 그 위의 표층으로부터 온 먹이에 의존한다. 햇빛이 비치는 진광층(euphotic zone)에서 생산되는 유기물의 약 1~3%만이 심해저에 도달한다. 따라서 심해 저서생물의 생물량을 제한하는 것은 낮은 수온과 높은 압력이 아니고 빛이 있는 표층에서 내려온 먹이의 부족이다. 심해로의 먹이 공급량의 변동은 표층의 계절적인 식물플랑크톤의 대발생(bloom)에 의해 초래된다. 그림 15.24는 심해생물을 위한 먹이의 원천을 보여준다.

심해에 서식하는 많은 생물들이 화학적인 단서를 이용하여 먹이를 탐색할 수 있는 특수한 적응을 보인다. 먹이가 발견되면 심해동물들은 효율적으로 그 먹이를 섭취한다(**심층 탐구** 15.1 참조).

한동안 심해저의 종다양도는 천해군집에 비교해 아주 낮을 것으로 믿어왔다. 하지만 북대서양에서 퇴적물에 서식하는 동물들을 연구한 과학자들은 예상치 못한 높은 종다양도를 경험했다. 21m^2 면적에서 무려 898종이 발견되었는데, 이 중 460종은 신종이었다. 200개의 시료를 분석한 결과 같은 비율로 신종이 발견되는 점으로 보아 심해생물이 무려 수백만 종에 이를 것으로 추정된다!

특히 소형 내생퇴적물식자의 경우, 심해 종다양도는 열대우림에 못지않게 많다는 사실이 밝혀졌다. 심해생물의 분포는 패치분포(patchy distribution)를 보이며, 미소환경(micro environment)의 존재에 크게 의존하고 있다.

요약

심해저는 매우 안정적인 환경으로 어둡고, 차갑고, 높은 압력을 보이지만, 많은 생물들이 살고 있다. 대부분의 심해생물을 위한 먹이는 햇빛이 있는 표층수로부터 내려온다.

심해 열수공 생물군집 : 생물과 그들의 적응

심해 열수공(hydrothermal vent)과 열수공 생물군집의 발견은 해양 연구 역사상 가장 중요한 발견 중 하나이다. 열수공 생물들은 지구상 생명의 기원과 태양계 어떤 곳에서의 생명 존재 가능성에 대해 통찰할 기회를 제공한다.

심해 열수공 생물군집의 발견 1977년 잠수정인 앨빈호에 의해 처음으로 해저의 열수공 방문이 이루어졌다. 이곳은 동태평양 적도 부근의 갈라파고스 열곡 속 수심 2,500m의 완전한 어두운 곳이다(**그림 15.25, 15.26**). 뜨거운 물이 해저의 갈라진 틈과 높은 굴뚝으로부터 뿜어져 나오고 있음이 관찰되었다. 열수공 근처의 수온은 8~12°C였는데, 이 깊이에서의 정상적인 수온은 2°C이다.

이곳의 열수공 주변은 처음으로 알려진 **열수공 생물군집**(hydrothermal vent biocommunity)을 유지하고 있다. 열수공 생물군집은 지금까지 알려지지 않았던 제법 큰 생물들로 구성되어 있다. 가장 눈에 띄는

심층 탐구 15.1

해양학 연구 방법

얼마나 오랫동안 사람의 사체가 해저에 남아 있을까?

바다에 수장된 사람에게 어떤 일이 벌어질까? 얼마나 오랫동안 사람의 사체가 해저에 남아 있을까? 얼마나 오랫동안 고래와 같은 큰 동물의 사체가 해저에 남아 있을까? 심해생물군집을 연구하는 해양학자들이 이 질문에 대답하기 위해 심해에서 실험을 수행하였다.

1975년 수심 9,600m의 필리핀 해구의 해저에서 실험이 실시되었다. 수 마리의 어류를 통째로 해저에 두었으며, 바로 그 위에 설치된 수중 카메라가 얼마나 오랫동안 미끼가 남아 있는지를 관찰하기 위해 수 분마다 사진을 촬영하였다(**그림 15A**). 사체를 먹는 저서성 단각류인 *Hirondellea gigas*가 수 시간 후에 나타나기 시작했다. 9시간 후에는 이 단각류가 떼지어 몰려 왔으며, 16시간 후에는 미끼의 살을 다 발라먹었다. 다른 연구에서도 비슷한 결과를 얻은 점으로 보아 심해에서 사람 정도 크기의 생물은 하루 안에 그들의 부드러운 조직들이 다 먹히고 뼈만 남게 된다.

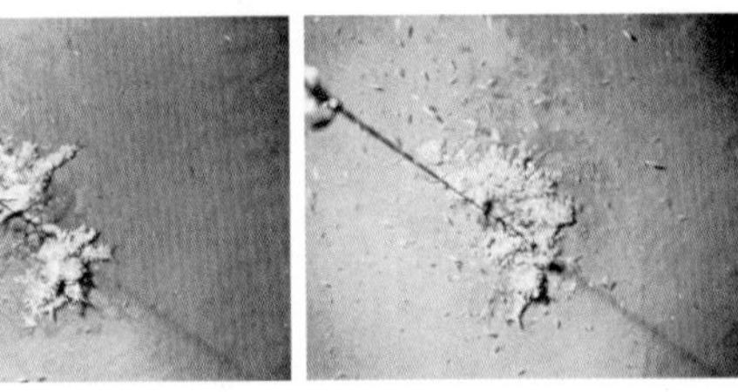

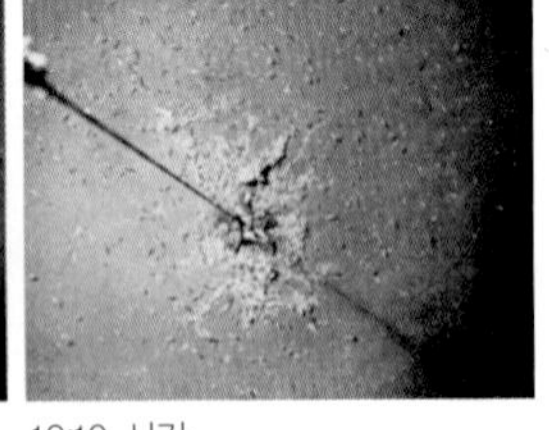

0:00 시간　2:00 시간　4:05 시간　9:00 시간　12:10 시간　16:10 시간

그림 15A 심해에 둔 어류의 미끼의 연속 사진들.

이처럼 해저에 떨어지는 큰 먹이는 예측할 수 없지만 많은 영양물질을 심해생물에게 공급한다. 그에 못지않게 많은 영양물질을 심해생물에게 공급하는 것은 유기쇄설물(detritus)의 지속적인 침강이다. 단각류와 먹장어와 잠꾸러기상어(sleeper shark)와 같은 심해 청소식자들은 해저에 있는 먹이를 찾아내기 위해 특수한 화학감지 감각기관을 사용한다. 고래 사체는 열구공과 관련된 종을 포함하여 유생 상태로 심해해류에 표류되어온 저서생물로 이루어진 생태계를 유지시키고 있다.

해저에서 고래 사체가 얼마나 오랫동안 남아 있는가를 조사하기 위해 연구자들은 1996년과 1997년 남캘리포니아의 모래해안에 떠밀려온 두 마리의 회색고래를 이용하였다. 국립해양수산청(National Marine Fisheries Service)의 허락을 받아 5톤 크기의 고래를 무게를 잰 뒤 샌디에이고 해구에 빠뜨렸다. 그리고 연구자들이 심해 잠수정을 타고 일정한 간격으로 고래 사체를 방문한 뒤 이 회색고래의 살이 완전히 없어지는 데 넉달이 걸린 사실을 알아냈다. 그리고 다른 연구에 따르면 회색고래보다 25배나 무거운 대왕고래의 살이 완전히 없어지는 데 6개월밖에 안 걸렸다.

생각해보기

1. 심해저에서 고기 한 마리의 살이 완전히 없어질 때까지 얼마나 걸릴까? 심해저에서 사람의 연한 조직이 다 없어질 때까지 얼마나 걸릴까? 심해저에서 의도적으로 가라앉인 회색고래의 살이 완전히 없어질 때까지 얼마나 걸릴까?

15.1 Squidtoons

https://goo.gl/XrfIJK

생물이 1.8m까지 자라는 대형 관벌레(tubeworm, **그림 15.27a**), 직경 25cm의 조개류, 큰 담치류, 두 종류의 흰게류 그리고 미생물 매트(microbial mat) 등이다. 이 생물군집의 생물량은 주변 심해저보다 1,000배나 많다. 영양염이 적고 생물이 많지 않은 심해에서 열수공은 진짜 심해의 오아시스 같은 존재이다.

1979년 북위 21° 바하캘리포니아 남단 아래쪽에서 뜨거운 물(350°C)을 뿜어내고 있는 해저굴뚝이 발견되었다. 이 물에는 황화물(sulfide)이 풍부하며, 검은색을 띤다. 이 굴뚝형 열수공은 주로 구리, 아연, 은의 황화물로 구성되어 있으며, 검은 연기를 내는 공장의 굴뚝과 비슷하기 때문에 **검은 열수공**(black smoker)이라고 부른다.

전형적인 열수공은 뜨거울(350°C) 뿐만 아니라, 산성이 강하고(pH 3~4), 독성이 매우 강하며, 용존 황화수소와 카드뮴, 비소, 납과 같은 중금속의 농도 또한 높다. 검은 열수공에서 나오는 검은 물에는 미생물이 풍부하다.

화학합성 열수공 생물군집의 가장 중요한 생물은 현미경으로 볼 수 있는 **고세균**(archaea: *archaeo* = ancient)이다(**그림 15.27b**). 이 생물은 박테리아를 닮았지만 다세포 생물과 화학적으로 유사성을 지닌 원시적인 단세포 생물이다. 고세균은 황화수소가 많은 해저환경에서 번성하며, 황화수소와 물과 이산화탄소와 용존산소로부터 탄수화물을 만드는 **화학합성**(chemosynthesis: *chemo* = chemistry, *syn* = with, *thesis* = an arranging)을 행한다. 이때에 황산이 부산물로 생산된다(**그림 15.28**). 이처럼 화학합성을 함으로써 고세균은 열수공 생태계 먹이망의 기초를 형성한다. 일부 동물들이 고세균과 더 큰 먹이생물을 직접 섭취하지만, 대부분의 생물은 고세균과 공생관계에 의존한다. 관벌레와 거대조개는 그들 조직 속에서 공생하면서 살고 있는 황산화 고세균에 전적으로 의존한다.

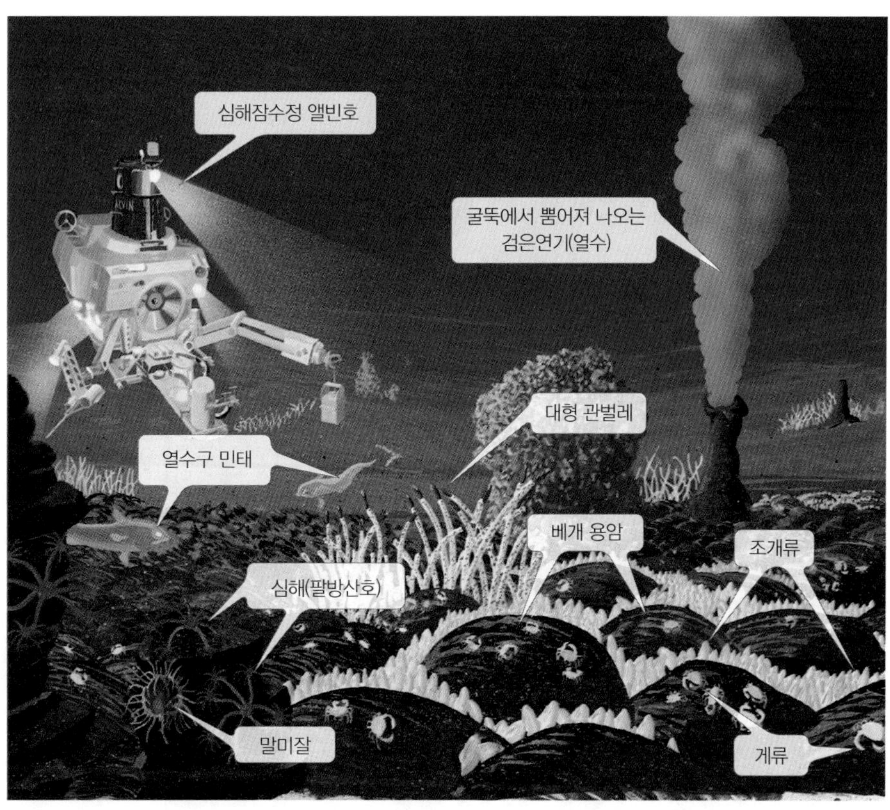

그림 15.25 열수공 생물군집에 접근하는 앨빈호. 굴뚝으로부터 뜨겁고(350℃), 황화물이 풍부한 물을 뿜어내는 검은 열수공이 보인다. 그림에서 보이는 생물은 앨빈호로부터 시계 방향으로 민태(gradier, ratttail fish), 팔방산호, 말미잘, 게류, 대형 조개(Calypotogena), 관벌레(Riftia)이다.

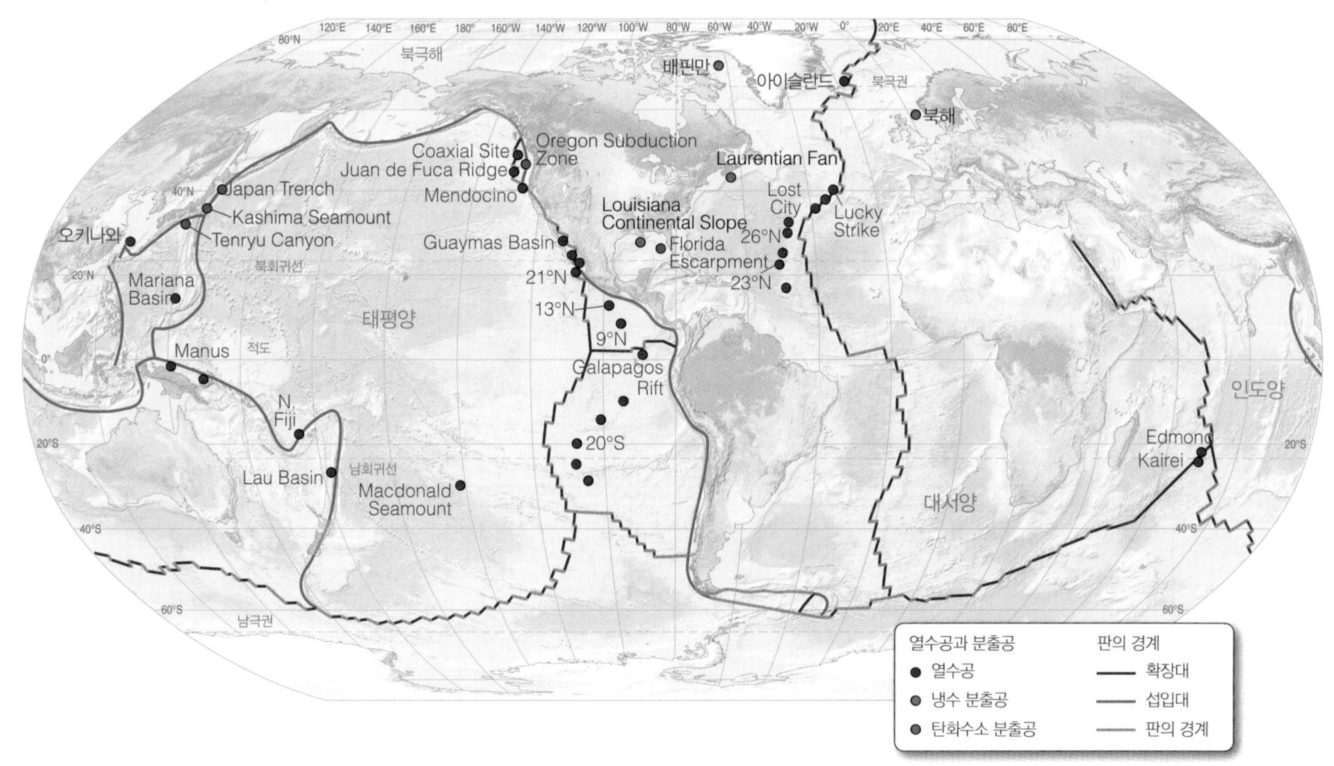

그림 15.26 심해생물군집을 유지하고 있는 것으로 알려진 열수공과 분출공. 지도는 열수공(붉은 점), 냉수 분출공(파란 점), 그리고 탄화수소 분출공(갈색 점)을 보여준다. 색깔 있는 선은 판의 경계를 나타낸다.

(a) 갈라파고스 열수공과 다른 심해 열수공에서 발견되는 1m 길이의 관벌레

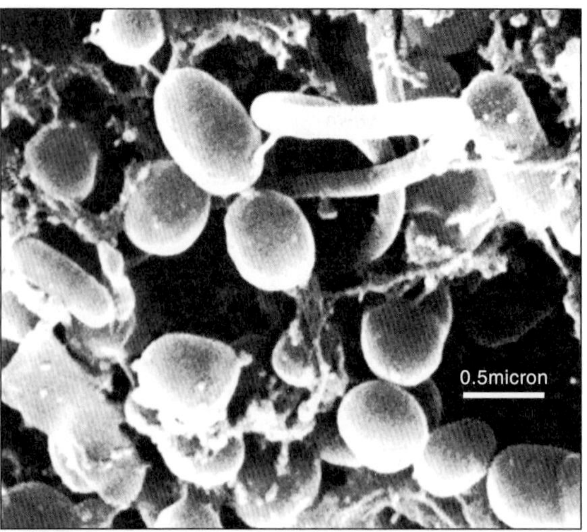

(b) 열수공에서 발견되는 관벌레, 조개류, 담치류의 조직 속에서 공생하고 있는 황산화 고세균

(c) 마리아나 호상열도 분지에 있는 열수공 생물군집. 신종 말미잘(*Marianactis bythios*), 화학합성 박테리아를 지닌 것으로 처음 알려진 소라류인 *Alviniconcha hessleri*, 그리고 galatheid 게(*Munidopsis marianica*)가 이곳에서 발견된다.

그림 15.27 화학합성에 의해 유지되는 생물들.

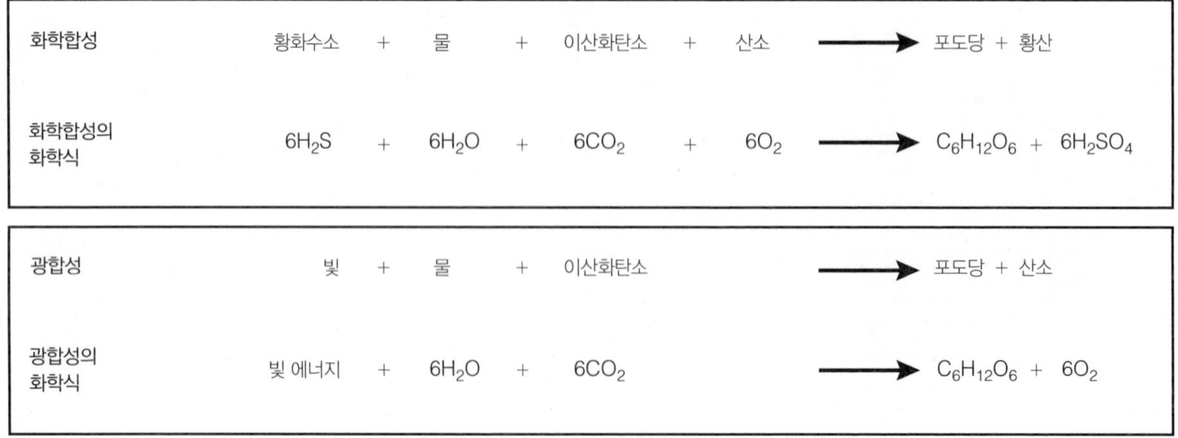

그림 15.28 화학합성과 광합성의 비교. 빛 없이 고세균에 의해 행해지는 화합합성 과정은 위에 있는 화학식으로 설명된다. 반면 빛이 존재할 때 식물이나 조류에 의해 행해지는 광합성은 아래에 있는 화학식으로 설명된다.

https://goo.gl/kTa8xx

관벌레 몸속에 사는 공생 고세균의 유전자 분석 결과, 이 미생물이 다재다능한 것으로 밝혀졌다. 이 생물이 이산화탄소를 동화하는 2개의 서로 다른 방법을 사용할 수 있는데, 빠르게 변화하는 환경 조건에 적응하기 위해 두 방법을 번갈아 사용할 수 있음을 연구자들이 발견했다. 이 같은 생리학적인 유연성은 뜨거운 액체의 흐름이 수시로 변동되는 심해 열수공 서식처에서 아주 값진 자산이다.

다른 열수공의 발견 1981년 과학자들이 잠수정을 타고 오리건 주 근해에 있는 후안데푸카 산맥의 생물군집을 처음 조사하였다. 열수공 동물상은 갈라파고스 열곡과 동태평양 해령에 비해 빈약한 편이지만, 열수공으로부터 나온 금속성 황화물 침전물이 많아 흥미를 불러일으켰다. 그 이유는 그들이 미국 해역에서 유일한 활성화된 열수공 침전물이기 때문이다.

1982년 캘리포니아만의 과이마스 분지(Guaymas Basin)에 잠수정이 잠수하는 동안 두꺼운 퇴적층 아래에 있는 열수공이 처음 발견되었다. 이 지역의 확장대(spreading center)에서 새로운 해저가 만들어지고 있다. 이곳에서 회수된 퇴적물은 황화물이 풍부하고 박테리아에 의해 먹이연쇄로 들어올 수 있는 탄화수소가 포화 상태에 있었다. 이곳에서 발견된 생물의 풍부성과 다양성은 갈라파고스 열곡과 동태평양해령을 능가할지 모른다.

과이마스 분지와 마찬가지로 서태평양의 마리아나 분지(Mariana Basin)는 퇴적물이 가득 찬 분지 아래 작은 확장대를 지닌다. 1987년 잠수정을 통한 연구는 열수공에 서식하는 많은 새로운 종을 찾아냈다(**그림 15.27c**). 계속된 연구는 태평양의 다른 곳에서도 많은 열수공 생물군집과 신종들을 발견하였다(그림 15.26). 지금까지 400종 이상의 신종이 전 세계의 열수공 지역에서 발견되었다.

1985년 대서양에서도 생물군집과 연관된 열수공이 북위 23~26도 사이 대서양중앙해령의 축(axis) 부근 수심 3,600m 아래에서 처음으로 발견되었다. 이 열수공에서 우점하는 동물은 새우류로 눈에 렌즈가 없지만 사람 눈에는 감지가 안 되는 열수공에서 방출되는 빛을 감지할 수 있는 눈을 지닌 새우이다(**그림 15.29**).

1993년 대서양중앙해령 열곡의 벽 위로 1,525m 올라간 화산 위에서 열수공 군집이 발견되었다. 럭키 스트라이크(Lucky Strike)라고 불리는 이 열수공은 다른 열수공보다 1,000m 정도 수심이 낮다. 다른 열수공에서 흔한 담치류가 서식하는 유일한 대서양중앙해령의 열수공이며, 분홍색 성게의 신종이 발견된 유일한 장소이다.

2000년 8월 일본 과학자들은 인도양에서 첫 번째 열수공 생물군집을 발견했다. 이 군집은 365°C까지 가열된 물이 뿜어져 나오는 검은 열수공과 연관되어 있다. 이 열수공은 대서양에서 발견된 것과 유사한 새우류에 의해 덮여 있으며, 말미잘이 온도 경계부분에 서식한다. 그리고 그 사이에 다른 열수공에서 발견되는 동물과 유사한 동물들의 집단이 있다.

2000년에 연구자들은 중앙대서양해령 서쪽 15km 떨어진 곳에서 '잊혀진 도시(Lost City)' 열수공을 발견하였다. 뜻밖에도 온도가 낮았으며(약 90°C), pH가 9~11 사이였으며(대부분의 열수공보다 더 알카리성임), 금속성 황화물 대신 석회질로 된 큰 굴뚝을 지녔다. 그리고 다른 열수공의 주된 방출물인 황화수소나 용존 광물질이 아닌 메탄과 수소를 주변수에 방출한다. 얕은 마그마에 의해 가열된 물이 뿜어져 나오는 다른 열수공과는 달리 'Lost City' 열수공의 활동은 지화학적으로 밑에 있는 맨틀 암석을 변화시키고 특징적인 광물질을 형성하는 지하 열수 시스템을 통해 순환하는 해수에 의해 초래되는 사행(蛇行)화에 의해 이루어진다. 2003년 과학자들은 시료를 채집하기 위해 'Lost City' 열수공을 다시 방문했으며, 그곳에는 열수공 안

그림 15.29 대서양 열수공 생물들. 중앙대서양산맥 위 북위 26° 부근 열수공에서 관찰되는 새우 떼. 대부분의 새우는 약 5cm 길이이다.

과 위와 주변에 살고 있는 다양한 미생물을 포함하여 다른 열수공과는 상당히 다른 생물들이 살고 있음을 확인했다. 과학자들은 지구의 생명은 'Lost City' 열수구와 유사한 따뜻하고 알카리성 환경에서 기원되었을 가능성이 있다고 제안했다.

열수공들은 서로 화학적인 특성과 지질학적 특성이 크게 다르다. 물리학적으로 유사한 열수구들도 명확히 다른 생물군집을 지닌다. 한 예로 대형 관벌레(giant tubeworm)는 태평양의 열수공에서만 발견된다. 한편 북대서양에서는 새우류와 담치류가 우점한다. 그리고 남극 근처 심해저에서 예티게(yeti crab, 그림 12.8 참조)가 대량으로 발견되었다. 연구자들은 이 같은 현상을 설명하기 위해 생물의 분산(dispersal) 양상과 열수공 사이의 생물지리학적 관계를 연구하고 있다.

오늘날 연구자들은 심해 열수공을 연구하기 위해 잠수정을 계속 사용하고 있다. 현재까지 약 300개의 열수공이 발견되었지만, 앞으로 700개 정도의 열수공이 더 발견될 것으로 예측된다. 열수공을 방문할 때마다 어떻게 열수공이 작동되고 있는지, 그리고 그곳에 살고 있는 미생물과 다른 생물들에 관한 새로운 정보를 얻는다. 일부 지역에서는 연구 노력이 지나쳐 열수공 생태계의 훼손이 우려되기 때문에 최근 들어 연구자들은 인간에 의해 열수공 생태계가 변질되지 않도록 하기 위해 행동윤리강령을 채택하기에 이르렀다.

열수공의 수명 해저의 뜨거운 물의 분출은 중앙해령의 확장대와 연관된 간헐적인 화산활동에 의해 통제되기 때문에 열수공은 단지 제한된 기간 동안, 즉 수년 또는 수십 년 동안만 활동을 하게 된다. 한 예로, 워싱턴 주 근해 후안데푸카 산맥에 있는 'Coaxial Site'라고 불리는 열수공은 수년 전 처음 방문할 때는 활동을 했는데, 수년 뒤 재방문할 때는 활동을 중단하였다. 이같이 활동을 중단한 열수공은 많은 수의 열수공 생물들의 사체들로 확인된다. 열수공이 활동을 중단하면 생물군집의 먹이원천이었었던 황화수소가 더 이상 공급되지 않으므로 생물들은 다른 곳으로 이동하지 않는 한 다 죽게 된다.

일부 장소에서는 증가된 화산활동을 나타내기도 한다. 한 예로, 동태평양 해령의 '북위 9°'로 알려져 있는 한 장소에서 많은 관벌레들이 그들을 덮친 용암에 의해 요리(관벌레 바비큐)되었다. 확장대를 따라 새롭게 형성되거나 오래된 열수공의 발견은 열수공이 갑자기 나타나거나 활동을 중단할 수 있음을 보여 준다. 그리고 활동하는 열수공들은 수 백 킬로미터나 떨어져 있다.

열수공 생물들은 이 같은 열수공의 특성에 잘 적응되어 있다. 대부분 높은 신진대사율을 지닌다. 이것은 생물이 재빨리 성숙하도록 하는데, 이로 인해 열수공이 활동하는 동안 그들은 생식을 할 수 있다.

여러 열수공들을 연구한 결과, 열수공 지역은 종다양도는 낮은 것으로 나타났다. 지금까지 단지 300종만이 열수공 주변에 서식하는 것으로 확인되었다. 하지만 많은 종들이 멀리 떨어져 있는 열수공마다 흔하다. 열수공 동물들은 전형적으로 표류하는 유생을 물속으로 방출하지만, 어떻게 이 유생들이 서로 멀리 떨어져 있는 열수공 사이를 이동하는 동안 살아 있을 수 있는지에 대해 아직 잘 모르고 있다.

죽은 고래 가설(dead whale hypothesis)에 따르면 고래와 같이 큰 동물들이 죽으면 그들은 심해저로 침강하고, 분해되고, 열수공 생물들의 유생을 위해 디딤돌과 같은 역할을 하며 에너지 원천을 제공한다. 생물들이 죽은 동물에 정착하여 자라고, 생식을 하여 그들의 유생을 방출한다. 그리고 일부 유생은 근처에 있는 열수공에 도착하게 된다. 다른 연구자들은 심해 해류가 유생들을 새로운 열수공으로 운반할 정도로 충분히 강하다고 믿는다. 또 다른 연구자들은 중앙해령의 열곡이 새로운 열수공으로 유생이 이동해 나가는 통로 역할을 한다고 생각한다. 어떻게 유생들이 이동해가든지 간에 새로운 열수공이 활동을 시작하자마자 유생들이 새로운 열수공으로 옮겨간다. 동태평양해령을 따라 있는 열수공 군집은 그동안 잘 연구되어왔는데 2006년 해저 폭발에 의해 사라져 버렸다. 그 후 2007년과 2008년에 그곳을 다시 방문한 연구자들은 관벌레와 다른 생물체들이 이미 정착해 있음을 발견했다.

학생들이 자주 하는 질문

열수공에서 발견되는 담치는 먹어도 되나요?

사람들은 먹지 못한다. 열수공 먹이망의 기초를 형성하는 미생물은 에너지의 원천으로 황화수소(썩은 달걀 냄새가 남)를 이용한다. 낮은 농도에서도 대부분의 생물에게 치명적인 황화물이 이 생물의 조직 속에 축적되는 경향을 보인다. 열수공 생물군집을 구성하는 생물들은 황화물을 섭취할 수 있고 그것을 제거할 수 있는 메커니즘을 지니고 있지만, 열수공 생물들은 사람들에게 해로울 수 있다. 설혹 그들을 먹을 수 있다 하더라도 깊은 곳에 서식하므로 그들을 수확하는 데 막대한 돈이 들어간다.

열수공과 생명의 기원 생명은 바다에서 처음 시작된 것으로 생각된다. 그리고 열수공과 비슷한 환경은 지구 역사의 초기에 존재했음에 틀림없다. 열수공의 균일한 조건과 풍부한 에너지 조건을 보고 일부 학자들은 열수공이 생명의 기원을 위한 이상적인 장소를 제공했을 가능성이 있다고 제안하였다. 사실 화산과 물이 있는 곳에서는 열수공의 활동이 있기 때문에 열수공은 가장 오래된 생명유지 환경 중 하나였을 가능성이 크다. 고대생물의 유전자 조성을 지닌 박테리아처럼 생긴 고세균(archaea)의 존재는 이 같은 가능성을 뒷받침한다.

사람 몸속에 사는 미생물의 유전자와 동일한 유전자를 지닌 심해 미생물의 발견은 심해에서의 생명발생설을 지지해준다. 연구자들은 일본 근처의 열수공으로부터 지금까지 알려져 있지 않은 두 종의 박테리아를 분리해냈으며, 이 신종의 게놈을 두 종의 흔한 창자병원균(한 병원균은 위궤양을 일으키고, 다른 병원균은 설사를 일으킴)의 게놈과 비교하였다. 그 결과 진화적인 변화가 있었지만, 심해 종과 창자 병원균은 동물숙주에 정착할 수 있게하는 유전자를 공유하고 있음이 밝혀졌다. 연구자들에 따르면, 다른 열수공 생물들과 공생관계를 유지시키는 심해 박테리아의 유전자는 창자에 사는 그들과 친척관계인 박테리아가 숙주의 면역체계를 침입하는 데 도움을 준다고 한다. 사람에게 해를 끼치는 미생물들은 심해 조상으로부터 진화되었으며, 나중에 동물과 공생해 살면서 독성을 획득하였다고 연구자들은 제시하고 있다.

낮은 온도의 분출공 생물군집 : 생물과 그들의 적응

열수공 군집처럼 화학합성을 통하여 생물군집을 유지시키고 있는 수중 분출공 환경이 발견되었다. 그들은 낮은 온도 환경에서 존재하기 때문에 **냉수 분출공**(cold seep)이라고 불린다.

고염수 분출공 1984년 멕시코만 플로리다 대륙사면(Escarpment) 기저의 수심 3,000m 아래에 있는 고염수 분출공이 연구되었다(**그림 15.30a**). 이곳 물의 염분은 46.2‰이었으며, 온도는 주변수의 온도와 비슷했다. 연구자들은 **고염수 분출공 생물군집**(hypersaline seep biocommunity)이 열수공 생물군집과 많은 점에서 유사함을 발견하였다. 물이 석회암 경사면 기저의 갈라진 틈에서 흘러나오는데(**그림 15.30b**), 이 물은 수심 약 3,200m 대양저평원의 점토 퇴적물을 관통하여 흘러나온다.

황화수소가 풍부한 물은 매트(mat)라고 불리는 수많은 흰 미생물의 성장을 유지시키고 있다. 이곳 생물들은 열수공에 사는 고세균과 유사한 방법으로 화학합성을 하고 있다. 이들과 다른 화학합성 미생물들은 불가사리, 새우, 고동, 삿갓조개, 거미불가

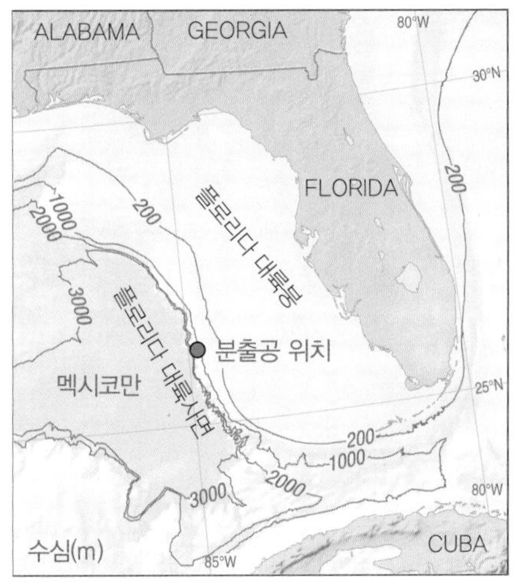

(a) 플로리다 대륙사면 고염수 분출공의 위치

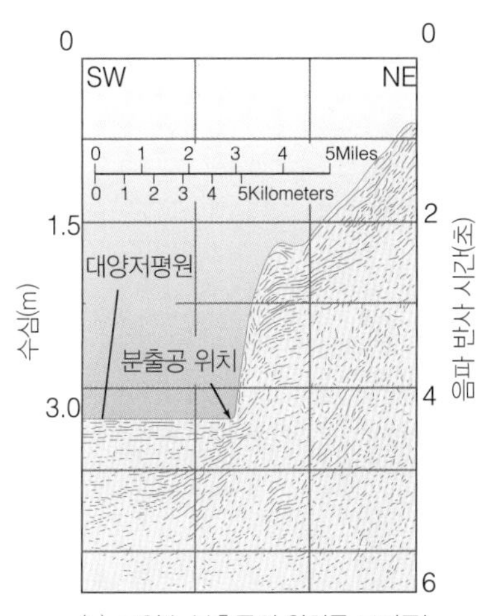

(b) 고염수 분출공의 위치를 보여주는 플로리다 대륙사면의 단면도

(c) 담치밭이 포함된 플로리다 대륙사면 분출공 생물 군집. 흰 점들은 담치 패각에 붙은 작은 복족류이다. 관벌레(오른쪽 아래)들이 히드로충류와 갤라헤이드 게(galatheid crab)에 의해 덮여있다.

그림 15.30 플로리다 대륙사면의 기저에서 발견된 고염수 분출공 생물군집.

사리, 말미잘, 관벌레, 게, 조개, 담치 그리고 수 종의 어류가 포함된 다양한 동물군집이 필요한 대부분의 영양물질을 공급하고 있다(**그림 15.30c**).

탄화수소 분출공 1984년에 멕시코만 대륙사면에서 기름과 가스 분출공(oil and gas seep)과 연관이 있는 생물군집이 관찰되었다(**그림 15.31**). 수심 600~700m 사이에서 저인망 작업을 통해 열수공과 멕시코만에 있는 고염수 분출공에서 관찰되는 것과 유사한 동물들을 채집하였다. 계속된 연구를 통해 화학합성에 의존하는 생물군집을 지닌 100개 가까운 분출공을 대륙사면에서 확인했다. 그중 10개는 잠수정으로 2,775m까지 조사되었고, 그곳에 있는 화학합성 박테리아와 많은 동물들이 채집되었다.

탄소 동위원소 분석을 통해 이들 **탄화수소 분출공 생물군집**(hydrocarbon seep biocommunity)은 황화수소 또는 메탄으로부터 에너지를 얻는 화학합성이 기초가 되고 있음이 밝혀졌다. 미생물에 의한 메탄의 산화는 이곳과 다른 탄화수소 분출공에서 발견되는 탄산칼슘 슬라브(slab)를 형성한다(그림 15.26 참조).

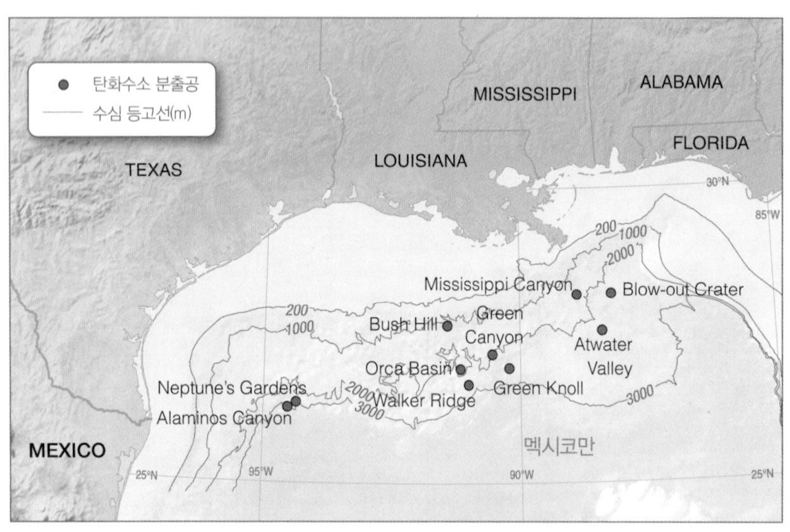

(a) 멕시코만에서 지금까지 알려진 탄화수소 분출공의 위치를 보여주는 지도

섭입대 분출공 1984년 **섭입대 분출공 생물군집**(subduction zone seeps biocommunity)이 섭입대의 해저 접힘(folding) 현상을 연구하기 위해 잠수했던 앨빈호에 의해 발견되었다. 이 분출공은 오리건 주 대륙사면의 기저에 있는 후안데푸카판의 캐스캐디아(Cascadia) 섭입대 근처에 위치해 있다(**그림 15.32a**). 해구는 퇴적물로 차 있는데, 이 퇴적물은 대륙사면의 바다 쪽 끝부분에서 접혀 등성이를 형성하고 있다. 등성이 꼭대기에서 물이 200만 년 전에 접혀진 퇴적암으로부터 해저 위의 부드러운 퇴적물의 얇은 층으로 천천히 흐른다. 결국 물은 해저에 있는 분출공을 통해 퇴적물로부터 나오게 된다.

2,036m 수심에서 분출공이 그 수심의 해수보다 약

(b) 넵튠가든에 풍부한 담치와 관벌레

(c) 부시힐 분출공에 서식하고 있는 화학합성 담치와 관벌레의 확대 사진

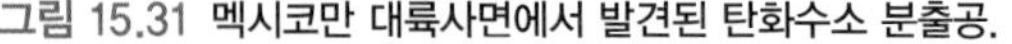
그림 15.31 멕시코만 대륙사면에서 발견된 탄화수소 분출공.

0.3°C 높은 물을 내보낸다. 분출공의 물은 퇴적암 속 유기물질의 분해로 생산된 메탄을 포함하고 있다. 미생물은 메탄을 산화시켜 화학합성을 통해 그들 자신과 군집을 구성하는 생물들에게 필요한 유기물을 만든다(**그림 15.32b**).

섭입대 분출공이 처음 알려진 이후 유사한 군집이 일본해구, 페루-칠레해구를 포함한 다른 섭입대에서도 발견되었다. 이들 섭입대 분출공들은 모두 수심 1,300~5,640m 사이 해구의 육지 쪽 면에 위치해 있다.

깊은 곳 생물권 : 새로운 프론티어

열수공에서의 풍부한 미생물 군집의 발견은 해저 속에 존재하는 환경인 **깊은 곳 생물권**(deep biosphere)의 탐사를 유도하였다. 최근 들어 과학자들은 지구 속 깊은 곳에 미생물이 존재하고 있다고 생각하기 시작했다. 2002년 과학자들은 이곳에 존재하는 생명을 연구하기 위해 첫 번째 탐사를 실시했다. 150~5,300m 사이 수심의 페루 근해에서 해저 밑 420m까지 시추한 코아 샘플을 채취하였다. 이 코아 시료에서 연구자들은 틈이 있는 해저를 통해 순환하는 액체 속에 살고 있는 다양하고 활동적인 미생물군집을 발견했다. 계속된 연구에서 심해저 암반과 퇴적물 속에 서식하는 미생물의 풍부도와 다양도는 토양에서 발견되는 미생물이 풍부한 생태계에 못지않다는 것이 확인되었다.

이 연구들은 지구 전체 박테리아 생물량의 2/3가 깊은 곳 생물권에 존재할 가능성이 있음을 제시한다. 이곳의 미생물들은 여러 가지 광물질 속에 저장된 화학에너지를 취함으로써 그들의 신진대사를 충족시키고 있다. 덧붙여 이 발견들은 지구상의 생명진화에 있어서 깊은 심해저의 역할에 대해 새로운 질문을 제기한다. 흥미롭게도 태양계 내에 유사한 표층아래 조건을 지닌 소행성이 있는데, 그들 역시 미생물을 품고 있을 가능성이 있다. 따라서 깊은 곳 생물권은 앞으로 활발한 연구 활동이 지속될 분야이다.

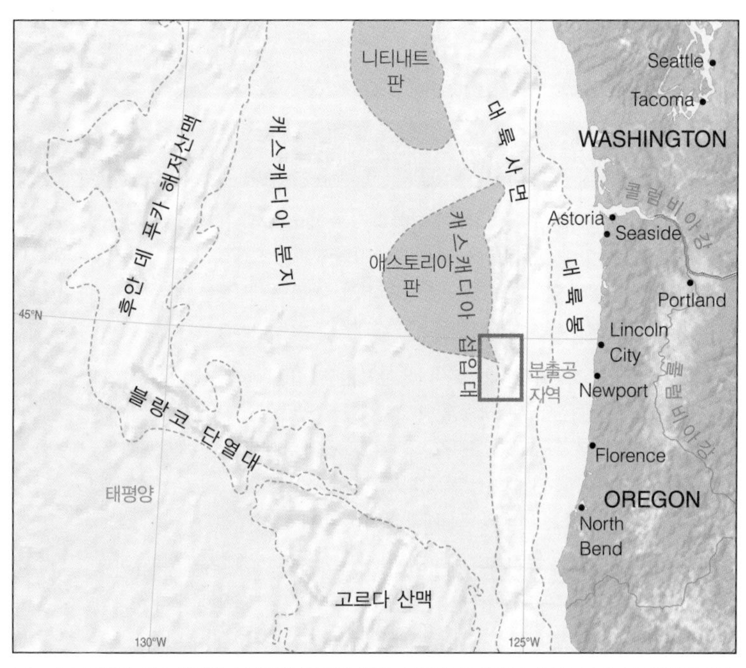

(a) 이들 군집은 캐스캐디아 섭입대와 연관이 있다. 이곳은 퇴적물이 쌓이고, 해구가 정상에 열수구를 지닌 해저 산맥으로 접혀 들어간다.

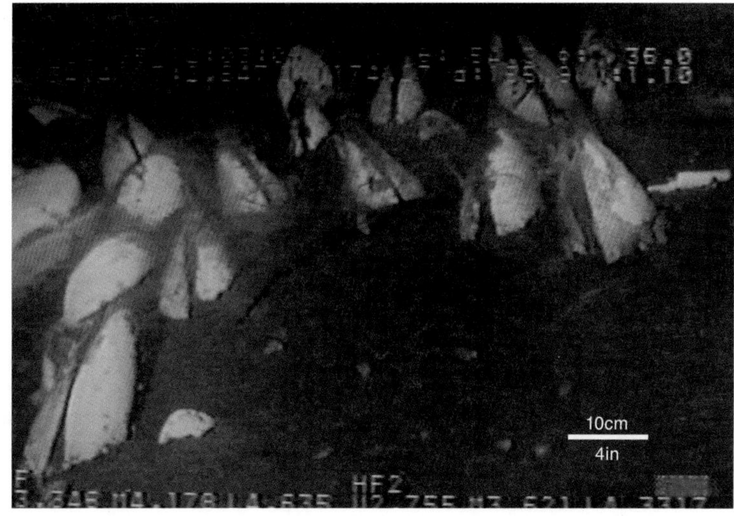

(b) 일본 해구 근처 수심 1,100m 메탄이 풍부한 펄에 반쯤 묻힌 대형 흰조개(*Calyptogena soyoae*). 이 조개는 메탄을 산화시켜 조개에게 영양물질을 공급하는 황화물-산화 미생물을 몸속에 지니고 있다.

그림 15.32 섭입대 분출공 생물군집.

개념 점검 15.4 | 심해저에 존재하는 군집의 특성을 구체적으로 말하라.

1 심해저에 서식하는 생물들에게 공급되는 먹이는 어디에서 오는가? 이것이 어떻게 저서생물의 생물량에 영향을 미치는가?

2 열수공의 특징을 기술하라. 열수공의 수명이 짧음을 제시하는 증거는?

3 '죽은 고래 가설'이란? 어떻게 열수공 생물들이 새로운 열수공으로 이동하는가를 설명하기 위해 제시된 가설은?

4 열수공과 차가운 분출공에 있어 환경과 생물군집의 주된 차이점은 무엇인가?

5 해안선으로부터 심해저로 움직여갈 때 나타나는 물리환경 변화를 토의하라.

요약

열수공 생물군집은 검은 열수공 부근에서 출현하며, 유기물질을 화학합성하는 고세균에 의존한다. 화학합성에 의존하는 다른 심해생물군집은 고염수 분출공, 탄화수소 분출공, 섭입대 분출공 주변에 존재한다.

핵심 개념 정리

15.1 암반해안을 따라 어떤 군집이 존재하는가?

- 23만 종의 해양성 종 중 98% 이상이 해저 속이나 해저 위의 다양한 환경에 살고 있다. 이 저서생물들의 종다양도는 그들의 환경 조건(특히 온도)에 적응을 하는 능력에 달려있다. 예외는 있으나 저서생물의 생물량은 바로 위 표층의 광합성 생산력과 밀접하게 관련이 있다.
- 많은 불리한 조건들이 암반조간대에 존재한다. 그러나 생물들이 잘 적응해 있으므로 그들은 이 환경에 조밀하게 서식할 수 있다. 조석의 영향에 따라 암반해안은 상부 조간대(가장 건조함), 중부 조간대, 하부 조간대(가장 젖어 있음)로 나뉜다. 조간대는 위로 폭풍파도에 의해서만 잠기는 조상대에 접해 있고, 아래로 저조선 아래의 조하대와 접해 있다.
- 각 대(zone)마다 특징적인 해양생물들이 서식하고 있다. 총알고둥류와 삿갓조개류가 조상대에서 발견된다. 총알따개비와 같은 고착생물들이 상부 조간대에서 발견된다. 해조류가 중부 조간대에서 점차 흔해지며, 식물과 동물의 다양도와 풍부도는 하부 조간대로 갈수록 증가한다. 말미잘류, 어류, 집게류, 성게류뿐만 아니라 북방따개비, 거북손, 담치류와 불가사리류는 중부 조간대에서 흔하다. 온대의 하부 조간대는 동물들에게 덮개를 제공하는 다양한 홍조류와 갈조류가 서식한다.

심화 학습 문제

기억을 되살려 암반조간대 지역을 보여주는 그림을 그려라. 각 대의 명칭을 말하고, 각 대에서 흔히 발견되는 특징적인 생물을 들어보자.

능동 학습 훈련

수강하는 학생을 한 조에 4명씩으로 그룹을 나눈 뒤, 각 학생마다 다음 4개의 주요 암반조간대 구역 중 하나를 선택하게 하자. (1) 조상대 (2) 상부 조간대 (3) 중부 조간대 (4) 하부 조간대. 그리고 각 학생마다 자기가 정한 구역에 서식하는 두 종류의 생물을 선택하고, 각 생물에 대해 그곳에 생존할 수 있는 적응에 대해 적게 하라. 그리고 자신의 답과 같은 그룹의 학생들의 답과 비교하고, 다른 그룹 학생들의 답과도 비교해보자.

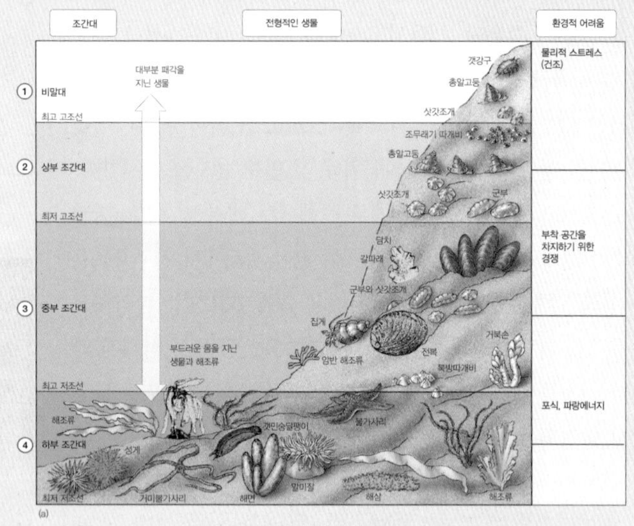

15.2 퇴적물로 덮인 해안을 따라 어떤 군집이 존재하는가?

- 모래해빈, 염습지와 갯벌처럼 퇴적물로 덮인 해안에는 다양한 내생동물이 살고 있다. 하지만 이곳은 암반해안과 비교해보면 낮은 종다양도를 보인다. 암반 조간대와 마찬가지로 퇴적물로 덮인 해안의 종다양도와 풍부도는 하부 조간대로 갈수록 증가한다.
- 파도로부터 보호되는 해안은 파랑에너지가 적기 때문에 모래와 펄이 쌓인다. 모래 퇴적물은 펄 퇴적물에 비해 산소가 풍부하다. 암반 조간대처럼 퇴적물로 덮인 해안도 상부 조간대, 중부조간대, 하부 조간대로 구분된다. 모래해안의 특징적인 생물에는 이매패류, 검은갯지렁이류, 갯가톡톡벌레류, 모래게류, 불가사리류, 심장성게가 포함되어 있다. 갯벌의 특징적인 생물은 잘피, 거북풀, 이매패류, 농게 등이 포함된다.

심화 학습 문제

기억을 되살려 모래로 덮힌 조간대 지역을 보여주는 그림을 그려라. 각 대의 명칭을 말하고, 각 대에서 흔히 발견되는 특징적인 생물을 들어보라.

능동 학습 훈련

수강하는 학생을 한 조에 5명씩으로 그룹을 나눈 뒤, 각 학생마다 다음 퇴적물 조간대의 5개 주요 구역 중 하나를 선택하게 하자. (1) 조상대 (2) 상부 조간대 (3) 중부 조간대 (4) 하부 조간대 (5) 조하대. 그리고 각 학생마다 자기가 정한 구역에 서식하는 한 종류의 생물을 선택하고, 그 생물이 그곳에 생존할 수 있는 적응에 대해 적게 하라. 그리고 자신의 답과 같은 그룹의 학생들의 답과 비교하고, 다른 그룹 학생들의 답과도 비교하라.

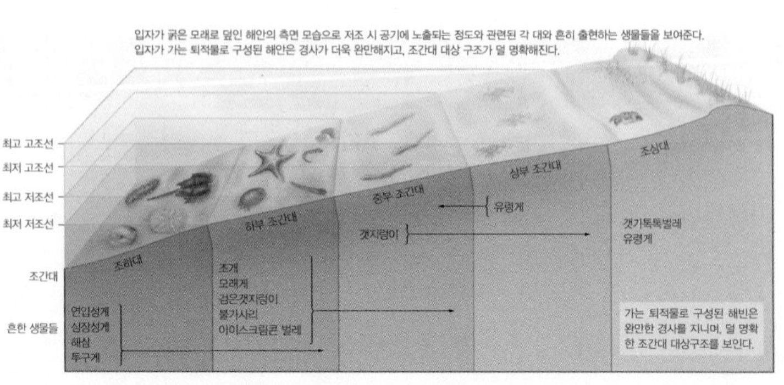

15.3 얕은 해저에 어떤 해양생물군집이 존재하는가?

- 흔히 켈프숲을 형성하는 해조류가 해안선 아래의 조하대 바닥에 부착해 있다. 켈프숲은 다른 여러 가지의 해조류, 연체류, 불가사리류, 어류, 문어류, 바다가재류, 해양포유류, 갯민숭달팽이류, 성게류를 포함한 수많은 생물들의 서식처이다.
- 가시바다가재류는 카리브해와 미국 서부해안을 따라 암반 해저에 흔하다. 미국 바다가재는 래브라도에서 해터러스곶까지 발견된다. 하구역에서 발견되는 굴밭은 바닥에 부착해 있는 굴과 이전 세대의 죽은 패각에 부착하는 굴로 구성되어 있다.

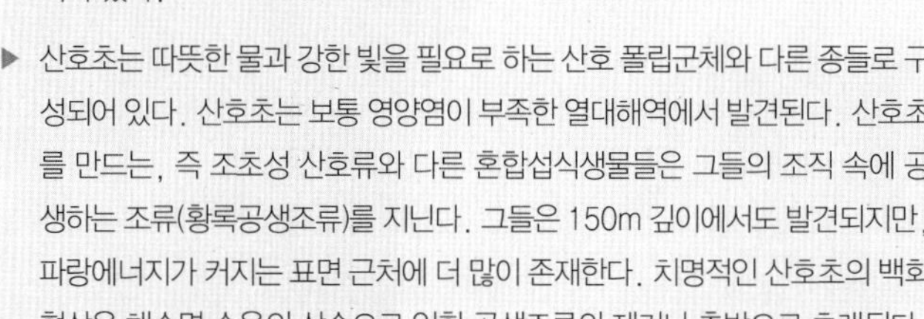

- 산호초는 따뜻한 물과 강한 빛을 필요로 하는 산호 폴립군체와 다른 종들로 구성되어 있다. 산호초는 보통 영양염이 부족한 열대해역에서 발견된다. 산호초를 만드는, 즉 조초성 산호류와 다른 혼합섭식생물들은 그들의 조직 속에 공생하는 조류(황록공생조류)를 지닌다. 그들은 150m 깊이에서도 발견되지만, 파랑에너지가 커지는 표면 근처에 더 많이 존재한다. 치명적인 산호초의 백화현상은 해수면 수온의 상승으로 인한 공생조류의 제거나 추방으로 초래된다.

(a) 몸속의 황록공생조류에 의해 영양물질을 공급받거나 그들의 촉수를 내밀어 물속에 있는 작은 플랑크톤을 잡아 먹는 산호폴립

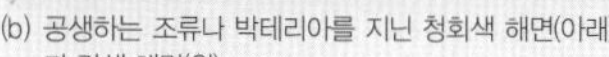

(b) 공생하는 조류나 박테리아를 지닌 청회색 해면(아래)과 갈색 해면(위)

(c) 그들의 몸속에 살고 있는 공생조류에 의존하는 거대 조개

심화 학습 문제

산호와 조류 사이의 관계에 대해 토의하라. 조류와 공생함으로써 산호가 얻는 유익은 무엇인지 설명하라.

능동 학습 훈련

같이 수강하는 다른 학생과 함께 작업하여 다음의 질문에 답하라. "산호가 발견되는 곳의 어떤 환경이 산호와 조류의 공생관계를 서로 불가피하게 만들었는가?" 그리고 자신의 답을 다른 학생과 비교하라.

15.4 심해저에는 어떤 군집이 존재할까?

- 심해저의 물리 조건은 얕은 곳과 크게 다르다. 그곳은 빛이 없고, 물이 균일하게 차다. 주된 먹이의 원천은 바로 위의 표층으로부터 오는데, 이 먹이의 양이 심해 생물의 생물양을 제한한다. 하지만 심해의 종다양도는 과거에 생각했던 것보다 훨씬 높다.
- 심해 열수공 근처 열수공 군집의 일차생산은 화학합성에 의해 이루어진다. 일부 증거는 개별 열수공의 수명은 짧지만, 열수공이 지구상의 생명이 처음 출현한 장소일 가능성이 있음을 제시한다. 고염수 분출공, 탄화수소 분출공, 섭입대 분출공 등 낮은 온도의 분출공 생물군집에서도 화학합성이 일어나고 있음이 확인되었다. 깊은 곳 생물권의 연구는 수많은 미생물이 심해저 암반과 퇴적물 속에 서식하고 있음을 밝혔다.

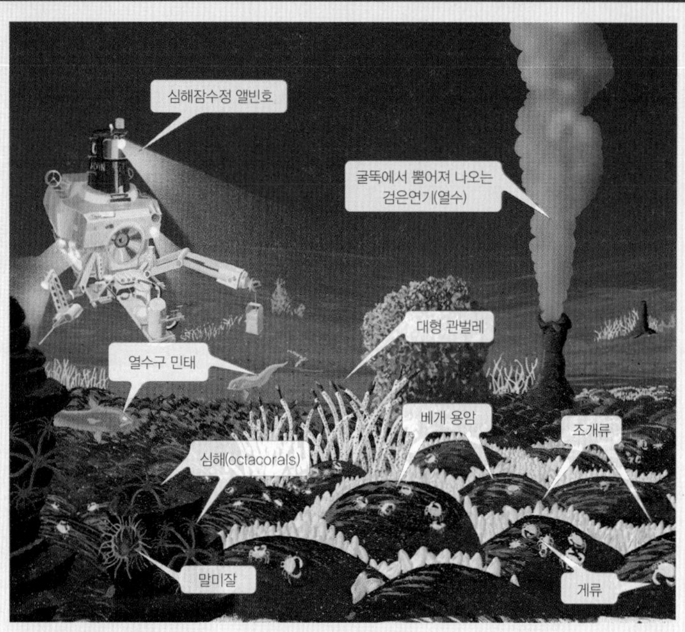

심화 학습 문제

그림 15.28을 이용하여 화학합성과 광합성의 주요 차이점이 무엇인지 토의하라.

능동 학습 훈련

같이 수강하는 다른 학생과 함께 작업하여 다음 두 종류의 열수공에서 방출되는 온도와 특징적인 양상을 비교해보고, 두 열수공이 발견되는 장소를 말하라. (1) 열수공 (2) 대서양의 Lost City와 같은 지역. 이 중 어떤 것이 지구상 초기 생명의 발달을 위한 환경을 조성했으리라 생각되는가?

굴뚝이 사람이 내는 연기를 대기로 내뿜고 있다. 발전소, 자동차와 공장에서 화석연료 연기가 대기로 배출된다. 사람들이 내놓은 이러한 연기는 모든 환경 구성원, 특히 해양에 영향을 준다.

16

방증 되먹임고리
이산화탄소 온실기체 고기후학
해양산성화 열수지 온실효과
유엔정부간기후변화협의체(IPCC)
철 가설 생물펌프 교토의정서 수온약층
메테인 식물플랑크톤
기후계 지구공학
지구온난화

이 장을 읽기 전에 위에 있는 용어들 중에서 아직 알고 있지 못한 것들의 뜻을 이 책 마지막 부분에 있는 용어해설을 통해 확인하라.

해양과 기후변화

기후변화와 지구온난화는 최근 언론에서 주목하는 주제이다. 이런 주제는 여론조사나 대중 매체의 머리기사에 단골로 등장하며 그 결과 기후변화가 자연적인지 아니면 인위적인지 그리고 미래에 어떤 변화가 닥쳐올 것인지를 놓고 열띤 논쟁을 불러 일으켰다. 한편으론 이를 주제로 한 국제회의도 여러 차례 열렸으며 언론인들과 과학자들이 갑론을박 중이다. 기후변화와 관련해서 인간에서 비롯된 기후변화는 가장 연구가 많이 된 분야이다.

Climate Connection

지구는 오랜 역사를 거치면서 오늘날의 기후와 비교할 때 전 지구적으로 더 덥거나 더 서늘한 기후를 겪었다. 실제로 화석, 해저 퇴적물 그리고 육상 암석에서 나온 증거에 따르면 지구상의 여러 지역들이 지질시대를 거치며 극적인 기후변화를 겪었다. 예를 들어 일부 지역은 고위도의 서늘한 곳에 있었던 것으로 알려졌지만 (지판이 시간에 따라 움직인 것까지 감안해서) 따뜻했던 온도를 지시하는 산호 화석이나 탄광이 나타난다. 그런가 하면 저위도 지역에 위치했던 것으로 알려진 다른 곳에선 빙하에 의해 만들어졌을 것으로 여겨지는 퇴적물이 나타난다.

과거에 기후변화를 주도했던 것은 자연적인 요인이었다. 여러 기후과학 연구에 따르면 오늘날의 기후변화는 인간의 활동에서 비롯된다. 과학자들로 하여금 작금의 기후변화를 자연 변동성이 아니라 인위적 활동이 주도한다고 신뢰하게 만든 것은 관측된 변화가 워낙 큰 데다가 지나치게 빠르기도 해서 지구의 기후에 영향을 미치는 자연 요인의 울타리를 넘어서기 때문이다. 게다가 이들 변화는 앞으로 적어도 일천 년 동안은 이어질 것이다. 특히 몇몇 과학자들이 예측한 대로 변화가 빠르게 일어나게 되면 기후변화는 인류뿐만 아니라 여러 다른 생물에게도 위협적이다. 예를 들어서 인간이 배출한 물질은 해양의 근본적인 화학을 바꾸어놓기 시작했다.

이 장에서는 지구의 기후계와 최근 지구에 일어난 극적인 기후변화를 지시하는 과학, 온실효과의 작동 원리, 요즘 해양에서 감지되는 영향과 시급한 문제에 대한 대책에 대해 살펴볼 것이다.

16.1 지구 기후계의 구성원은 무엇인가?

기후(climate)는 특정 지역에 대해 장기에 걸쳐 지배적인 온도, 강수량, 바람 등을 포함하는 대기의 상태로 정의되어 있다.

단지 대기만 공부해서는 지구의 기후를 제대로 이해할 수 없다. 지구의 기후는 대기권, 수권, 지

핵심 개념

이 장을 학습한 후 다음 사항을 해결할 수 있어야 한다.

16.1 지구 기후계의 구성원을 구체적으로 찾으라.
16.2 지구의 최근 기후변화가 자연적 주기가 아니라 인간 활동의 결과라는 증거를 검토하라.
16.3 대기의 온실효과과 작동 원리에 대한 이해를 검토하라.
16.4 지구온난화의 결과로 비롯된 해양의 변화를 구체적으로 찾아보라.
16.5 온실기체 감축 방안을 평가하라.

"Human-induced climate change is a reality, not only in remote polar regions and in small tropical islands, but everyplace around the country, in our own backyards. It's happening. It's happening now. It's not just a problem for the future. We are beginning to see its impacts in our daily lives. More than that, humans are responsible for the changes that we are seeing, and our actions now will determine the extent of future change and the severity of the impacts."

—Jane Lubchenco, marine ecologist and NOAA chief administrator (2009)

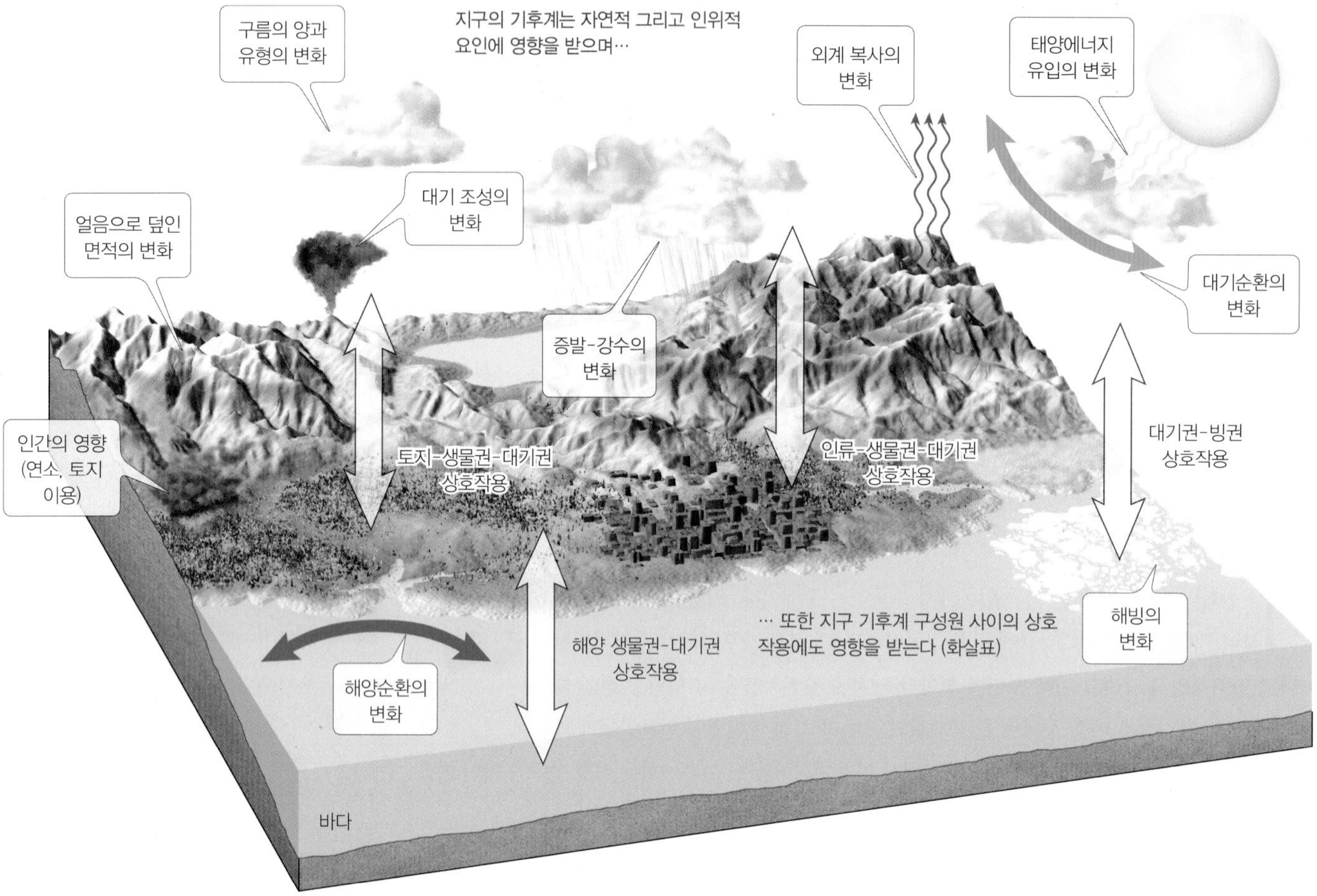

그림 16.1 지구 기후계의 주요 구성원. 지구 기후계의 주요 구성원과 이들의 상호작용을 포함한 개략도.
https://goo.gl/Vfr9hO

권, 생물권과 빙권[1], 이 다섯 권역이 상호작용하는 복잡계이다. 지구의 **기후계**(climate system)에서는 다섯 권역 사이에서 에너지와 수분 교환이 일어난다. 이들 교환은 대기로 하여금 나머지 권역과 연결되게 하여 모든 권역은 마치 하나처럼 기능한다. 기후계에서 변화는 한 군데에 국한되지 않는다. 반대로 한 군데가 달라지면 나머지도 이에 반응한다. **그림 16.1**에 지구 기후계의 주요 구성원을 보였다. 여기서 해양이 덩치가 가장 큰 구성원임에 주목하자.

지구 기후계에서의 변화는 규모가 크고 복잡하며, 초기의 변화를 바꾸어 놓는 프로세스인 **되먹임고리**(feedback loop)가 여럿 끼어들고 있다. 예를 들어 **그림 16.2**(왼쪽)에서는 지표 온도가 따뜻하면 증발이 더 활발해짐을 보여준다. 따라서 대기에 수증기 양이 늘어난다. 이산화탄소와 마찬가지로 수증기는 온실기체라서 지표에서 복사되는 열을 흡수한다. 그러므로 공기에 수증기가 많을수록 열이 외계로 다시 탈출하지 못해 행성이 더워진다. 이런 부류를 **양의 되먹임고리**(positive-feedback loop) 또는 증강고리라고 부르는데 처음 변화를 더해주거나 강화시키기 때문이다. 즉 A는 B를 더 만들고 다음엔 B가 A를 더 만들어내는 것이다.

그와 달리 **음의 되먹임고리**(negative-feedback loop) 또는 감쇠고리는 처음 변화를 상쇄시키거나 빼주어서 효력을 줄여준다. 이런 예로 구름이 만들어지는 것을 들 수 있다(그림 16.2의 오른쪽). 지구온난화로 예상되는 결과로 대기에 늘어난 수증기로 인해 구름이 더 끼는 것이 있다. 대다수의 구름은 들어오는 햇빛을

---

1 빙권(cryosphere: *kruos* = icy cold, *sphere* = globe)은 지표의 얼음과 눈을 가리킨다.

잘 반사하므로 지표와 대기를 데우는 태양에너지를 줄인다. 이 경우에 A는 B를 더 만들고 그다음엔 B가 A를 덜 만들어낸다.

앞의 두 예는 대기에 늘어난 수증기가 양과 동시에 음의 되먹임고리일 수 있다는 것을 보여준다(그림 16.2). 어느 효과가 우세할까? 연구에 따르면 빛 반사율을 높이는 음의 되먹임이 더 강해서 전반적으로는 냉각효과를 낸다. 그러므로 대기에 수증기가 늘어난 것의 알짜 효과는 냉각이다. 그런데 기후계의 다른 구성원에 의한 양의 되먹임을 모두 합한 것에는 못 미치는 것 같다. 따라서 대기에 수증기가 늘어난 것이 지구온난화를 얼마간 덜어주기는 하지만 기후 모형은 알짜로는 여전히 온도를 높인다고 알려준다. 실제로 기후 측정 결과로 지지를 받는 기후 모형들은 인위적[2] 배출 수위가 높아질수록 지구가 더워지며 현재 기후 양상의 분포를 바꾸어 놓을 것이라고 지적한다.

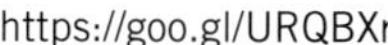

그림 16.2 **기후 되먹임고리의 예.** 왼쪽은 초기의 변화를 증폭시키는 양의 되먹임고리이고 오른쪽은 초기의 변화를 줄이는 음의 되먹임고리를 개략적으로 보인 그림이다. 구름이 양과 음의 되먹임고리 둘 다의 일부가 될 수 있음에 주목하자.
https://goo.gl/URQBXr

미래의 기후에서는 다른 되먹임고리가 더 강세를 보일 전망이다. 예컨대 기온이 오르는 것은 북극해의 해빙을 녹일 것이며 그 결과로 빛 반사도가 높은 얼음 덮개가 벗겨지게 되면 북극해는 입사하는 태양에너지를 더 많이 흡수하게 될 것이다. 이는 양의 되먹임고리로 작용해서 따뜻해진 해양은 해빙을 더 녹게 할 것이다.

지구의 기후계는 고도에 따른 구름의 역할, 에어로졸[3]이라 부르는 미세한 대기 입자의 존재, 대기 오염물질에 의한 가림 효과, 대기의 수증기 증가, 얼음의 빛 반사도, 해양의 열 흡수와 같은 여러 가지 되먹임으로 점철되어 있다. 게다가 대다수의 되먹임은 나머지 되먹임에 영향을 준다. 지구 기후와 되먹임고리의 제대로 된 모형화는 가장 강력한 컴퓨터를 동원해도 여전히 과학적 난제로 남아 있다.

요약

지구의 기후계는 대기, 수권, 지권, 생물권과 빙권 사이의 에너지와 수분 교환으로 이루어져 있다. 지구 기후계는 여러 복잡한 되먹임고리로 얽혀 있다.

개념 점검 16.1 | 지구 기후계의 구성원을 구체적으로 찾으라.

1 지구 기후계의 구성원 다섯을 나열하라.
2 기후 되먹임고리의 두 부류는 무엇인가? 각각의 예를 들어보라.
3 되먹임고리의 예는 눈이 녹으면서 더 짙은 색 바닥이 드러나면 열을 더 흡수해서 눈을 더 녹이는 예에서 드러난다. 이 예는 양 또는 음 중 어떤 되먹임고리인가? 판단 근거를 설명하라.

학생들이 자주 하는 질문

날씨와 기후의 차이는 뭐죠?

날씨는 특정 장소에서 특정 시간의 대기의 상태인데 반해 기후는 날씨의 장기에 걸친 평균이다. 예를 들어 어느 날짜의 일기예보는 그날에 짧은 속옷을 입을지 보온 내의를 입을지를 결정하는 데 도움을 준다. 반면에 미닫이 안에 있는 짧은 속옷과 보온 내의의 비율은 그 지역의 기후를 반영한다. 마크 트웨인이 이 둘의 차이라고 말한 것으로 알려진 바와 같이 "기후는 우리가 바란 것이고, 날씨는 닥친 상황이다."

2 인위적인 영향을 가리키는 용어로 인류기원(anthropogenic: *anthro* = human, *generare* = to produce)이란 표현을 쓰기도 한다.

3 에어로졸은 인위적 · 자연적 요인으로 발생한다. 전자의 예로는 화력발전소와 생물 연소가 있고 후자의 예로는 비산 해염, 먼지, 화산 분출이 있다.

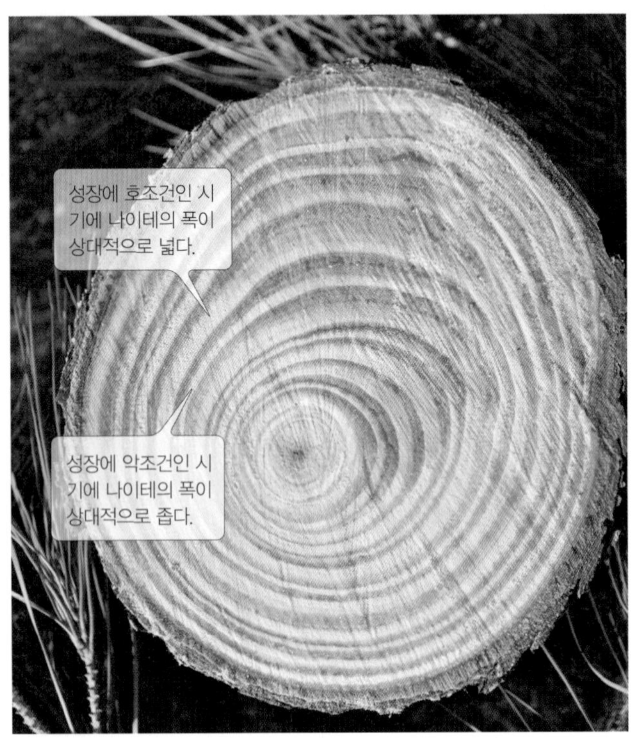

그림 16.3 기후 방증 자료인 나무의 나이테. 나이테는 성장에 호조건일 때에는 폭이 넓고 아니면 좁다. 과학자들은 나이테 연구와 다른 기후 방증 자료 연구를 묶어서 과거 수백 년에서 수천 년의 지역과 전 지구 기후를 추정할 수 있었다.

그림 16.4 연구원들이 굴착관에서 얼음 기둥을 빼내고 있다.

16.2 최근 지구의 기후변화 : 자연 변동인가 인간의 영향 때문인가?

과거 기후변화에 대한 기록은 지구의 전 역사를 통해 자연적 사건들이 영향을 주어 왔음을 알려준다. 기후변화에 대해 회의적인 사람들은 과거에도 지구의 기후가 요동쳤으므로 최근에 관측된 변화 또한 자연적인 사건이라 지적한다. 과학자들은 이런 주장이 맞는지 어떻게 판정할까?

고기후 판독 : 방증 자료와 고기후학

과학자들이 기후의 거동을 이해하고 미래의 기후변화를 예측하기 위해서는 과거에 기후가 어떻게 변했는지를 식별할 수 있어야 한다. 기후학자들은 지구 기후의 변화를 이해하는 데 세 가지 서로 밀접히 관련된 방법을 쓴다. (1) 고기후 증거와 기록을 판독해서 어떻게 왜 기후변화가 있었는지를 살피고 (2) 수치모형을 만들어서 기후가 어떻게 작동하는지를 이해하고 (3) 각종 장비를 동원해서 현재 지구의 핵심 기후변수들을 밀착 감시하고 있다. 지구의 기후와 날씨를 감시하는 데는 기상관측 풍선, 지표 온도계, 심해 온도계, 지구 궤도 위성 그리고 기타 장비까지 동원된다.

계기로 측정한 자료는 기껏해야 두 세기를 거슬러 올라갈 뿐이며 보다 이전으로 갈수록 자료는 불충분하며 신뢰도도 떨어진다. 과거에 대한 직접 측정 자료가 없는 것을 극복하고자 과학자들은 간접 자료를 이용해서 과거의 기후를 복원하고 변화를 읽어내야 한다. **방증**(proxy: *proxum* = nearest) 자료는 해저 퇴적물(제4장 참조), 나무의 나이테(**그림 16.3**) 빙하의 얼음의 나이 띠에 갇힌 공기 방울(**그림 16.4**), 화석 꽃가루, 산호초, 동굴 퇴적물과 같은 자연적인 기록물에서 그리고 심지어는 역사 서적에서조차 추출된다. 자료는 여러 가지 방법으로 교차 검토되며 또한 정확성을 기하고자 자료가 겹치는 부분은 최근에 기기로 측정한 값과 맞추어 본다. 방증 자료를 분석하여 고기후를 복원하는 학문을 **고기후학**(paleoclimatology: *paleo* = ancient, *ology* = the study of)이라고 한다. 이 학문의 주목표는 과거의 기후를 이해해서 현재와 미래의 기후에 대한 통찰을 높이는 데 있다. 예를 들면 기후학자는 얼마 전에 춥고 따뜻한 적이 있었다는 것을 찾아냈다. 이들이 중세온난기(Medieval Warm Period, 약 950~1250년 사이)와 소빙하기(Little Ice Age, 약 1400~1850년 사이)이다. 뒤에 살펴보겠지만 기후학자들은 방증 자료를 이용해서 지난 수십 만년 전의 기후도 상세하게 복원할 수 있다.

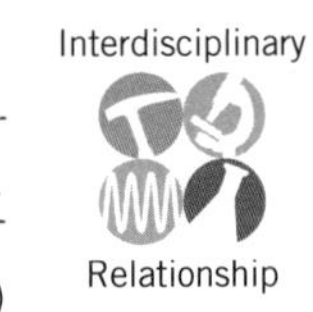

기후변화의 자연적인 요인

지구의 기후를 바꾸는 자연적인 요인으로는 태양에너지와 지구 공전궤도의 변동, 화산 분출 심지어 지판의 움직임도 포함된다. 하나씩 살펴보도록 하자.

태양에너지의 변화 기후변화에 대해 줄기차게 제기된 가설 가운데 태양이 내는 에너지가 시간에 따라 달라진다는 것에 기반한 것이 있다. 요점은

(a) 흑점을 보여주는 HMI(Helioseismic and Magnetic Imager)의 가시광역대 영상

(b) 태양 입자의 방출을 보여주는, 왼편 영상과 짝을 이루는 AIA(Atmospheric Imaging Assembly)의 자외선역대 영상

그림 16.5 태양의 흑점. 흑점을 보인 영상과 흑점이 입자를 쏘아대는 영상, 2012년 3월 5일에 찍은 것임.

태양이 내놓는 에너지가 늘면 전 지구적으로 온난화가, 줄면 냉각이 일어난다는 것이다. 이 가설은 태양의 활동이 지구의 온도에 영향을 준다는 사실이 알려져 있는데다 어떤 크기나 지속 시간을 갖는 기후변화도 설명할 수 있어서 매력적이다. 하지만 최근의 증가는 온난화를 설명하는 데 역부족이다. 지구 궤도 위성은 1980년대부터 태양이 내는 에너지를 정밀하게 재왔는데 태양은 아주 조금(0.04%)만 밝아져서 같은 시기에 실측된 온난화를 제대로 설명하지 못한다. 또한 지난 1,000년 동안 태양의 밝기에 대한 방증 자료는 기후변화와 상관관계를 보이지 않았다.

기후변화에 대한 제안 가운데 몇몇은 태양의 표면(**그림 16.5a**)에 주기적으로 출현하는 온도가 낮아 어두운 **흑점**(sunspots)과 관련된 태양의 변동성에서 원인을 찾는다. 태양의 밝은 반점인 **백반**(faculae: *facula* = bright torch)은 흑점이 가장 활발할 때 또한 더 많다. 흑점과 백반은 태양의 내부에서 외부까지 이어지는 거대한 자력 폭풍과 연관이 있으며 태양이 입자를 방출하게 만든다(**그림 16.5b**). 이 입자들은 위성 통신을 방해할 수 있으며, 지구의 자기장과 하전된 태양 입자와 상호작용의 결과로 하늘에 빛을 만들어서 **극광**(*aurora* = Roman goddess of dawn)을 연출한

학생들이 자주 하는 질문

대중적인 용어로 프락시(proxy)란 무엇입니까?

프락시는 어떤 것을 대신하거나 또는 근사하게 나타내는 대체물이다. 프락시의 좋은 예는 비디오 게임에서 본인을 대리해서 경쟁하는 사이버 인물인 아바타이다. 학교에도 프락시가 있다. 예를 들어 부재 중에 나 대신 수업에 참석하도록 누군가를 보내면 그 사람은 대리인 역할을 한다. 헌데 이는 양방향이어서 대체 교사는 정규 교사가 없을 때 수업을 진행하는 프락시이다.

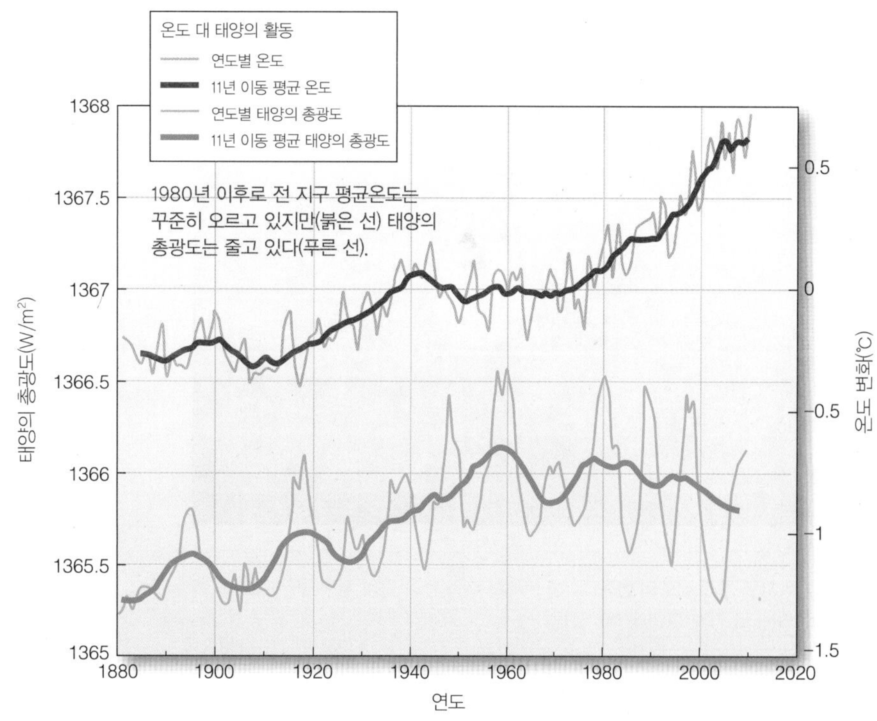

그림 16.6 1880년 이후 지구의 온도와 태양의 활동. 지구의 온도(붉은 선)과 지구를 비추는 빛의 양으로 측정한 태양의 총광도(푸른 선)의 그래프. 붉은 선과 푸른 선은 11년 평균값으로 평활화시킨 자료를 보인 것이다. 총 태양 광도(푸른 선)의 11년 주기 변동에 주목하자. 이는 흑점에 영향을 받은 것이다. 태양의 총광도의 단위는 1m²당 와트이다.

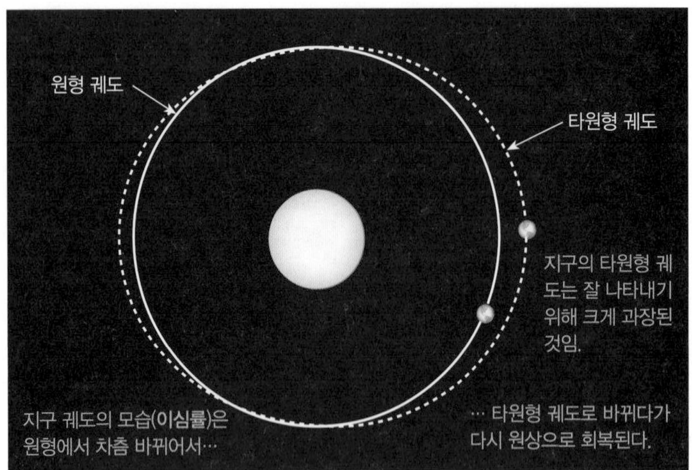

(a) 이심률 주기 : 100,000년

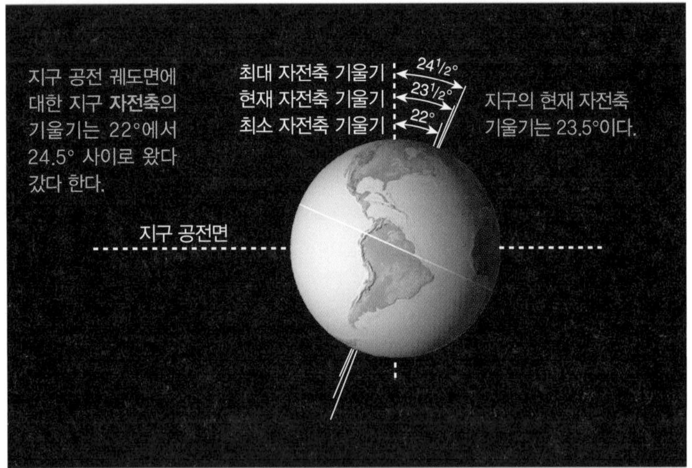

(b) 자전축 경사 주기 : 41,000년

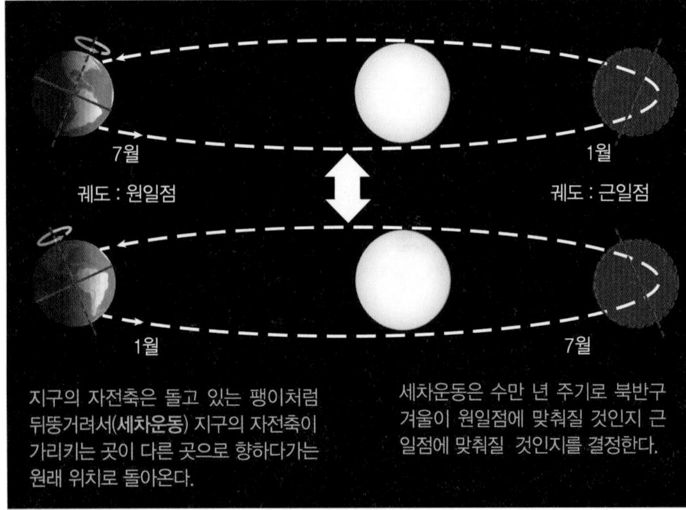

(c) 세차운동 주기 : 23,000년

그림 16.7 지구 공전 궤도의 변동. 수천 년에서 수만 년에 걸쳐 지구 공전 궤도의 변동을 일으키는 세 가지 요인에 대한 그림

다. 북반구에서는 **북극광**(aurora borealis)이라 하고 남반구에 보이는 짝은 **남극광**(aurora australis 또는 southern lights)이라 한다.

태양의 활동은 약 11년 주기로 커지는데, 흑점과 백반의 수도 늘어난다. 그런데 최대 활동기에 백반의 밝기가 흑점의 침침함을 능가한다. 흑점과 백반의 수는 **태양의 총 밝기**(total solar irradiance)에 영향을 주는데, 이는 지구에 입사하는 태양에너지의 양이기도 하다(**그림 16.6**, 푸른 선). 예를 들면 2014년도는 흑점 최대기였는데 흑점의 수가 평균에 못미쳐서 사상 최소 계열에 들었다. 2001년도에 있었던 보다 강력했던 흑점 최대기에서는 흑점들이 강력한 홍염을 내뿜어서 지자기가 교란을 크게 받았으며 우주 장비와의 교신이 장애를 겪기도 하였다.

그런데 그림 16.6의 그래프는 태양 활동(푸른색 곡선)과 1880년 이후의 지구 평균 온도 사이에 상관관계가 없음을 보여준다(붉은색 곡선). 1980년부터 평균 태양 활동은 감소하고 있다. 그에 더해 여러 연구들이 이런 단기적인 기후와 태양의 활동과는 유의한 상관관계가 없다고 보고하였다.

지구 공전 궤도의 변화 지구 공전 궤도의 변동은 자연적인 기후 변화를 불러온다. (1) 공전 궤도 모양(**이심률**, eccentricity)의 변화 (2) 공전면과 자전축이 이루는 각도(**자전축의 기울기**, obliquity)의 바뀜 그리고 (3) 자전축 자체의 회전(**세차운동**, precession)은 지표에 도달하는 태양 복사량에 계절과 위도에 따른 변동을 불러온다(**그림 16.7**). 각각의 변동은 10만 년, 41,000년, 23,000년의 주기를 가지고 있다. 주기가 겹쳐지면 보강 간섭을 일으켜 기후변화를 불러온다. 이것은 육지가 더 많고 따라서 대륙 빙하의 발달에 영향력이 더 큰 북반구에서 특히 탁월하다. 예를 들어 지구 궤도의 다음과 같은 집합 효과는 빙하기가 시작될 조건을 만들어 놓는다. (1) 북반구 겨울 동안에 지구를 태양으로부터 더 멀리 떨어지게 만드는 타원형 궤도(이심률) (2) 북반구가 태양으로부터 더 멀리 기울어지게 하는 최대 기울기(자전축 기울기) 그리고 (3) 북반구의 여름과 근일점[4]을 일치시키는 지구 축의 흔들림(여름이 더 덥긴 하지만 겨울은 더 춥게 만드는 세차운동). 이 세 가지 요인이 모두 겹치면 지구의 북반구가 받는 태양 복사가 줄어서 북반구 육상에서 수만 년 또는 그 이상 지속되는 대형 빙하가 만들어지는 경향이 있다. 이런 착상은 세르비아의 천문학자 밀란코비치가 처음 제안하였으며, **밀란코비치 주기**(Milankovitch cycle)라 부른다. 지금은 지난 몇 백만 년 동안에 있었던 최근의 빙하기와 간빙기가 거듭되는 기후 사건이 밀란코비치 주기 때문이었다고 널리 인정받고 있다.

현재 세 공전궤도 변동 주기를 합성한 요인은 지구 기후에 대해

4 지구의 공전 궤도와 근일점에 대해서는 제9장의 9.2절을 참조하라.

냉각 조건이다. 비록 최근 빙하기와 관련된 장기적인 기후변화를 밀란코비치 주기가 주도했었다는 것은 잘 정립되었지만 변화가 나타나기까지는 수천 년이 걸렸었다. 그에 비교해서 현재 진행되고 있는 극단적이며 매우 빠른 기후변화는 지구 궤도의 장기적인 변화로는 설명되지 않는다.

화산 분출 폭발적인 화산 분출은 대기로 가스와 미세 입자 부스러기를 엄청나게 내놓는다(**그림 16.8**). 초대형 분출은 물질을 고공으로 쏘아 올려서 분출물들은 몇 달간 또는 몇 년간 상공에 머무르면서 지구 전역으로 퍼져나간다. 인도네시아의 탐보라(1815), 인도네시아의 크라카토아(1883), 멕시코의 엘치촌(1982), 필리핀의 피나투보(1991) 같은 역사적인 화산 분출에서 보았듯이 대기로 분출된 화산재는 햇빛을 가려서 지구를 냉각시킨 바 있다. 1815년에 탐보라 화산이 폭발한 이듬 해에 화산이 북미와 유럽의 날씨에 영향을 주어 여름이 없던 해로 기록되었다. 그러나 배출된 가스는 기후계의 다른 성분들과 반응하고 분진은 결국 내려앉기 때문에 아무리 큰 화산 분화라 하더라도 영향은 비교적 작고 단기간에 그친다.

그림 16.8 화산 분화는 화산 쇄설물과 가스를 대기로 분출한다. 사진의 1991년도 필리핀 피나투보 분화는 화산 분화가 대규모로 화산 먼지와 가스를 대기로 분출해서 이들이 지구를 돌며 햇빛을 가려서 지구를 냉각시키는 능력을 가졌음을 보여주었다.

지구의 화산과 인간 활동 가운데 어느 것이 열을 붙드는 이산화탄소를 더 많이 배출하는가? 지난 수십 년 동안 전 세계적으로 인간과 화산의 배출을 분석해본 결과, 인간 활동이 화산보다 이산화탄소를 최소 130배 더 많이 대기로 방출한다는 것을 알게 되었다(**그림 16.9**). 이 장의 뒷부분에서 설명하듯이 이산화탄소 배출은 지구 대기의 온난화에 인간이 가장 크게 기여한 부분이다.

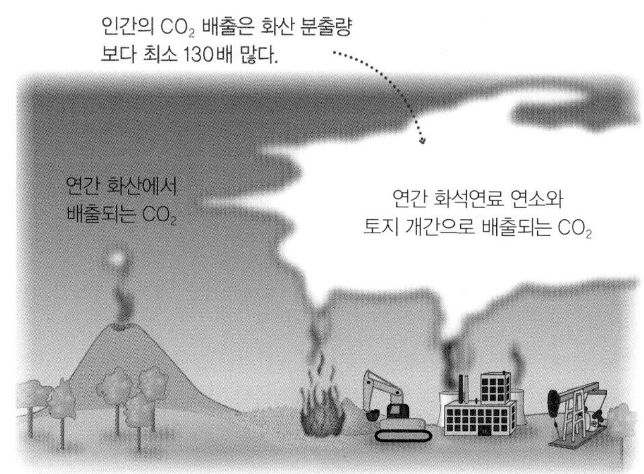

그림 16.9 인간과 화산의 이산화탄소 배출 비교. 지난 수십년 동안에 인간이 배출한 이산화탄소는 화산이 분출한 것보다 최소 130배 많다. 인간에서 비롯된 이산화탄소가 지구의 대기를 데우는 데 가장 크게 기여했음에 주목하자.

만약 화산의 영향이 장기적으로 지속되려면 화산이 연이어 분화해야 한다. 그러면 상층 대기의 조성이 바뀌게 되고 화산 분진은 지표에 도달하는 햇빛을 크게 줄이게 된다. 지난 몇 백년 동안에 연쇄 화산 분화는 없었기 때문에 최근의 기후변화와는 무관해 보인다. 하지만 먼 과거에 있었던 대형 연쇄 화산 분화는 기후계를 바꾸어놓을 만큼 영향력을 행사했던 것으로 여겨진다. 예를 들어 인도의 데칸 트랩은 약 6천 6백만 년 전에 시작된 한 화산 활동으로 생겨났으며, 공룡의 멸절에 기여한 전 지구 기후변화를 일으켰을지도 모른다.

지판의 움직임 제2장에서 설명한 바와 같이 지판은 아주 먼 거리를 이동했다. 지판의 움직임은 지질사 내내 땅덩어리들이 서로 자리를 바꾸고 다른 위도로 옮겨 다니게 해서 이것은 여러 차례에 걸친 극적인 기후변화를 일으켰다. 땅덩이가 움직이면 해양순환이 따라서 바뀌면서 열과 수분의 운반이 달라져서 결국 기후변화를 불러온다. 예를 들어 약 4,100만 년 전에 남미와 남극대륙 사이에 드레이크 해협이 열리면서 남반구의 해류가 전면 개편되어 남극이 고립되고 훨씬 추워져서 영구적인 빙상이 발달하게 되었다. 그러나 판의 움직임은 아주 느려서 1년에 겨우 몇 cm이므로 대륙의 위치가 바뀌는 데에는 장구한 지질학적 시간이 걸린다. 그러므로 판의 자리바꿈으로 촉발되는 기후변화는 지극히 점진적이며 백만 년 규모의 시간에서 일어난다.

기후 요인의 자연적인 변동으로 최근의 기후변화를 설명할 수 있는가? 과거에 자연적인 요인으로 기후가 변한 것과 미래에도 그럴 것이라는 것은 틀림이 없다. 예를 들어 플라이스토세의 빙하기, 중세온난기, 소빙하기 같은 지구 규모 기후 반전은 자연적인 기후변화와 확실하게 관련이 있다.

지난 수백만 년 동안 지구상에서 온도를 가장 크게 출렁이게 한 것은 빙하기였다. 빙하기가 끝나서 행성이 4~7°C 사이로 따뜻해지는 데 약 5천 년이 걸렸다. 비교하자면 20세기 단독으로만 해도 지구의 평균

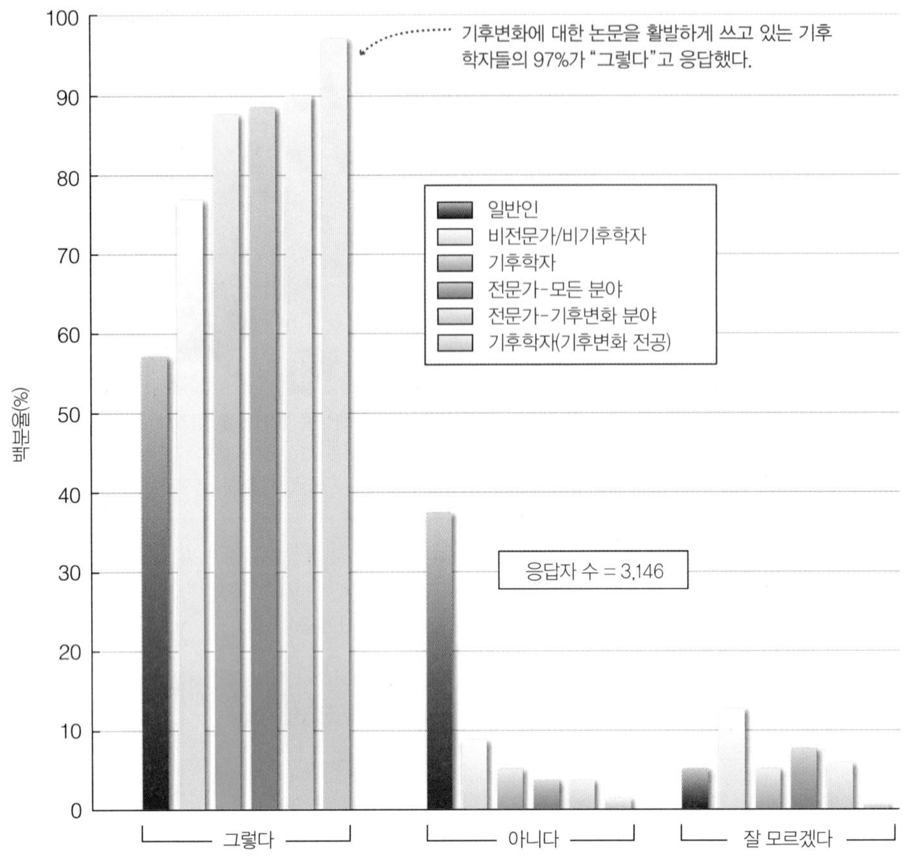

출처 : Doran & Zimmerman, 2009, *Examining the Scientific Consensus on Climate Change*, Eos Transactions American Geophysical Union Vol. 90 Issue 3, 22; DOI: 10.1029/2009EO030002.

그림 16.10 인간 기인 기후변화에 대한 과학적인 설문 조사. 막대 그래프는 "지구 평균 온도의 변화에 인간의 활동이 심각하게 기여하고 있다고 생각하십니까?"라는 설문에 대한 각계 각층의 반응을 보인 것이다. 기후변화에 대한 논문을 활발하게 쓰고 있는 기후학자들이 가장 그렇다고 답한 것에 주목하자.

기온은 약 0.7°C 상승하여 이전의 온난화보다 약 여덟 배 더 빠르다. 사실 방증 자료 연구에 따르면 인류는 과거 지구에서 가장 빨랐던 자연 온난화 에피소드의 속도보다 지구의 기후를 5,000배 빠르게 변화시키고 있다.

지난 세기 동안 전 세계의 과학자들은 태양의 밝기 변화, 지구 궤도의 변동, 주요 화산 분출과 기타 요인과 같은 기후에 영향을 미치는 자연적 요인에 대한 자료를 수집해 왔다. 이러한 관측은 장기적 변화 요인으로는 최근의 급속한 온난화를 충분히 설명할 수 없음을 보여주었다. 과학자들은 최근 수십 년 동안 관측된 온난화가 자연적 요인으로 설명할 수 있는 것보다 더 빠르고 더 큰 규모로 발생하고 있음에 동의한다. 간추리자면 인위적인 배출은 지표의 평균 기온 상승을 포함하여 기록되고 관찰 가능한 최근의 기후변화에 대해 기각되지 않은 유일한 설명이다.

인위적 기후변화에 대한 과학적 합의 지구에서 관측된 온난화에 인위적인 배출이 책임이 있다는 점에 대해 요즘에는 분명한 과학적 합의가 이루어졌다. 사실 1950년 이후에 관찰된 온난화 추세는 인위적 배출을 고려하지 않고는 설명할 수 없다.

인간에서 비롯된 기후변화는 (미국의) 주요 과학기구로부터 폭넓게 지지를 받고 있다[NAS(the U.S. National Academy of Sciences), NRC(the U.S. National Research Council), NSF(the U.S. National Science Foundation), AMS(the American Meteorological Society), NCAR(the National Center for Atmospheric Research), AAAS(the American Association for the Advancement of Science) 미국 연방정부 기관인 NOAA와 NASA]. 실제 전 세계적으로 200개가 넘는 과학단체가 인간이 기후변화를 일으키고 있다는 입장을 취하고 있다.

인간 활동이 기후변화를 일으킨다는 과학적 합의는 20여 년 전에 명확히 확립되어 그 이후로 바뀌지 않았다. 그러나 최근의 한 여론 조사(**그림 16.10**)는 대다수의 과학자, 특히 기후학자가 인간이 불러온 기후변화를 수용한다 해도 미국의 일반 대중이 이 주장을 사회적 합의로 받아들이는 것은 한참 뒤떨어져 있음을 보여준다. 그림 16.10은 또한 기후과학 분야의 최고 전문가(기후변화에 대한 논문을 자주 발표하는 이들)가 인간 활동이 지구 기후의 최근 변화를 초래하고 있다고 가장 확신하고 있음을 보여준다.

인간에서 비롯된 기후변화가 실체인지를 놓고 과학자들 간에 의견 차이가 있음을 제시하는 뉴스 기사가 관심을 끌기도 하지만, 인위적 배출이 지구 기후를 변화시키고 있다는 과학적 합의가 압도적이다. 작금의 과학적 의견 차이는 실제로는 이러한 기후변화의 미래 피해와 결과에 관한 특정 내용에 대한 것이다.

유엔정부간기후변화협의체(IPCC) : 인류로 비롯된 기후변화 기록물 제작

유엔환경계획(UNEP)과 세계기상기구(WMO)는 1988년도에 **유엔정부간기후변화협의체**(International Panel on Climate Change, IPCC)를 출범시켰다. 이 기구는 전 세계 대기과학자와 기후학자의 모임으로 기후변화와 지구온난화에 대한 인간의 영향을 연구하기 시작했다. IPCC는 기후변화의 전반—과학, 피해, 적응, 저감에 대해 동료 심사를 거친 논문을 활용해서 기후변화에 대한 독립적인 조언을 내놓는다. 1990년부터는 평가보고서를 정기적으로 출간하고 있는데(**그림 16.11**) 과학자와 정책입안자 양 진영으로부터 신뢰를 높게 받고 있으며 기후변화에 대한 전 세계적 운동에 불을 지폈다.

IPCC 평가보고서 1990년도에 배포된 IPCC의 첫 번째 평가보고서는 서명국이 대기의 온실기체를 줄이기로 합의한 유엔기후협약(United Nation's Framework Convention on Climate Change, UNFCCC)의 기초가 되었다. 1995년도에 발행된 두 번째 평가보고서에서는 "증거들을 면밀히 검토한 결과 기후변화에 대한 인간의 영향이 뚜렷하다."고 했으며 지구온난화가 "전적으로 자연적인 원인에 의한 것은 아니다."라고 말했다.

2001년도의 3차 보고서는 과학자 426명이 참여해서 작성했고 100개국의 160명이 넘는 대표단으로부터 전원 지지 승인을 받아 채택되었다. 보고서는 "지난 50년간의 지구온난화는 인간의 행위에 의한 것이라는 새롭고 강력한 증거들이 나왔다."고 밝혔다. 보고서는 최근의 지역적 기후변화가 이미 지구의 물리적 · 생물학적 체계에 영향을 주기 시작했으며 예상되는 기후변화는 극단적인 기후의 변동과 함께 심각한 결과를 불러올 수 있다고 적시했다. 보고서는 1990년부터 2100년까지의 예상되는 온도 증가분을 수정해서 발표했다. 이전 추정값은 1.0~3.5°C 사이였는데, 새 보고서에서는 새 기후 모형에 근거해서 1.4~5.8°C로 상향 수정했다.

2005년도에는 미국 과학원(National Academy of Sciences)을 포함하는 국제학술원 연합이 "기후변화에 대한 과학적 이해는 이제 각국으로 하여금 조치를 취하는 데 당위성을 부여할 만큼 충분히 명확하다 …. 유엔기후협약이 인지한 바와 같이 기후변화의 일부 측면에 대한 과학적 불확실성은 즉각적인 대응—감당할 수 있는 비용으로 인간의 기후체계에 대한 위험한 간섭을 금지함—을 늦출 만한 사유가 될 수 없다."고 선언했다.

2007년도의 4차 평가보고서는 40개국 600여 명의 저자의 연구물을 포함하였으며, 600명이 넘는 전문가의 문안 검토를 거쳐 발표되었다. 보고서는 113개국의 대표로부터 승인을 받았다. 4차 보고서는 인간이 일으킨 기후변화가 이미 지구를 바꾸는 중이라는 것을 확인했다. 실제로 "기후변화 모형들은 인간의 배출을 고려해주어야만 현재의 기후를 모사할 수 있다."고 선언했다. 보고서가 각별히 언급한 변화로는 육지와 해양의 온난화, 극단적인 온도, 눈과 얼음의 녹음, 바람장의 바뀜, 강수 양상 변화, 각종 생물에 대한 다양한 변화가 포함되었다. 보고서는 또한 20세기 중반부터 두드러진 온도 증가는 인간의 배출 때문으로 보며 그럴 확률을 90% 이상 확신한다고 발표했다. IPCC 보고서는 인간이 방출한 것이 대기에 더해져서 인간이 기후를 변화시키고 있으며 전 세계적으로 물리적 · 생물학적 시스템에 대해 심각하게 피해를 주고 있다고 못을 박았다.

2014년에는 5차 보고서가 발간되었다. 여기에는 기상학, 물리학, 해양학, 공학과 생태학 분야에서 831명의 과학 분야 전문가가 참여하였다. 보고서는 동료 평가를 거쳐 게재된 9,200편의 기후변화에 관한 과학적 연구논문을 요약했으며 대기와 해양 시스템의 온난화가 "이론의 여지없음"이라고 결론 내렸다. 이 보고서는 해수면 상승과 전 지구 온도 상승과 같이 관련된 여러 영향이 1950년부터 역사적으로 전례를 찾을 수 없는 빠른 속도로 진행했다고 명시했

학생들이 자주 하는 질문

최근에 전 지구 평균온도의 증가가 멈추었다는 새로운 보고를 들은 바 있는데, 이는 지구온난화를 전면 부인하는 것입니다. 보고서는 사실인가요?

아니다. 실제로 과학적 연구는 결코 줄지 않았다고 보고하고 있다. 지난 수십 년 동안 이어졌던 지구의 평균 표면 온도의 상승이 일시 중지(또는 거짓 중지)한 것을 지구온난화 휴지기라고도 불렀었는데 이는 측정 편향의 결과로 드러났다. 겉보기 중단은 지난 20년 동안 해수면 온도를 측정하는 데 부표를 더 많이 사용한 데서 비롯되었다. NOAA의 전문가에 따르면 부표는 선박에서 측정한 것보다 더 낮은 온도를 보고하는 경향이 있다. 이러한 불일치를 보정하지 않은 자료가 장기적으로 관측되오던 지구의 평균 표면 온도의 상승이 1998년 이래로 명백히 둔화되었다는 믿음을 불러왔다. 행방이 묘연했던 열 가운데 일부는 태평양의 표면은 최근에 식었지만 인도양과 남빙양의 상층이 따뜻해진 사실로 보아 해양의 열이 재분배된 것으로 설명된다. 또한 해양의 열 저장이 늘어난 것은 현재 표층수 아래의 깊은 물에서 감지된다.

겉보기 중단에도 불구하고 인간 활동의 결과로 지구온난화는 여전히 일어나고 있으며 온난화 속도는 빨라지고 있다. 사실 기후변화 연구자들은 20세기 후반부터의 지구온난화를 놓고 보면 2000년도 이후가 가장 강력하다고 말한다. 2014년에 전 지구 기온의 상승 추세가 재개되었다.

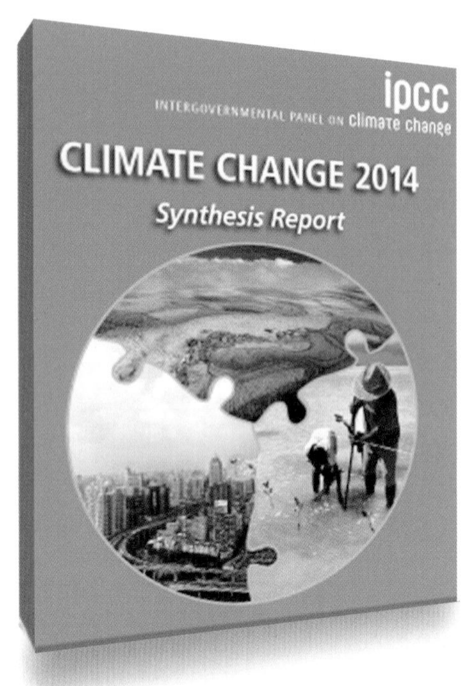

그림 16.11 **IPCC 5차 평가보고서.** 기후 과학자들의 국제 공동체인 IPCC는 1990년부터 다섯 권의 평가보고서를 발간하고 인간에서 비롯된 배출물이 지구의 기후를 바꾸어놓고 있음을 확인했다.

다. 이 보고서는 또한 기후에 대해 명백하게 인간의 영향이 있으며 인간 활동이 1950년 이래로 관측된 온난화의 주원인이었을 가능성이 지극히 높아서 신뢰도 수준 95~100% 확률로 확신한다고 적었다. 또한 보고서는 배출을 줄이는 데 주저하는 시간이 길어질수록 기후변화 결과에 대처하는 데 드는 비용이 더 불어난다고 지적했다.

IPCC 평가보고서는 지구온난화처럼 인간이 일으킨 기후변화에 대해 권위를 가진 문서이다(그림 16.12). IPCC는 이러한 공로를 인정받아 2007년도에는 '불편한 진실(An Inconvenient Truth)'이란 다큐 영화를 제작한 미국의 전직 부통령 앨 고어 주니어와 노벨평화상을 공동 수상하였다. 노벨위원회는 IPCC를 선정한 이유로 "지난 20년간 발행한 과학보고서를 통해 인간의 행위와 지구온난화 연결고리에 대해 공감대를 형성하고 넓힌 공로"를 들었다.

요약하면 IPCC의 20여 년에 걸친 다섯 권의 보고서는 전 세계의 선도적인 기후 전문가들의 광범위한 과학적 합의를 문서화하여 인간이 빚은 기후변화의 실체를 이제 예측이 아니라 관측된 현실로 확증했다. 각 후속 평가 보고서에 새로운 데이터가 포함되면서 메시지는 점점 더 확고해졌다. 인간이 지구의 기후를 변화시키고 있으며 인간에서 비롯된 배출량을 줄이기 위한 조치를 취해야 한다. 또한 IPCC 보고서는 지구온난화는 모든 대륙의 사회와 생태계에 실제적인 위험을 부과한다고 썼다.

IPCC 발견을 확증하는 기타 과학 보고서 이어진 수많은 보고서들은 IPCC의 발견을 확증했다. 예를 들어 2009년도에 미국의 지구변화연구계획은 190쪽 분량의 '미국의 기후변화 피해'란 제목의 연구기관 공동보고서를 펴냈다. 보고서에서 "지구온난화는 두말할 나위 없이 명백하며 일차적인 원인은 사람이다."라고 일갈했다. 보고서는 또한 "지구의 평균온도는 1900년 이후로 0.8°C 올랐다. 2100년이 되면 1.1°C에서 6.4°C 사이로 오를 전망이다. 가장 낮은 전망치는 열을 붙드는 가스의 배출을 현저하게 줄였을 경우이다. 지금처럼 또는 비슷하게 배출이 늘어난다면 온도는 최대 전망치 가까이 오를 것으로 예상된다."고 썼다. 보고서는 기후변화가 수자원, 생태계, 농업, 연안역, 보건위생 그리고 다른 부문에도 여러 가지 피해를 입힐 것이라고 경고하였다.

그림 16.12 **IPCC와 앨 고어는 2007년도 노벨상을 공동수상했다.** 노르웨이의 노벨위원회는 "인류 기인 기후변화에 대한 정보를 고양하고 널리 알린 것과 이런 변화에 맞대응하는 수단에 기초를 다진 공로를 인정하여" 2007년도 노벨평화상을 IPCC와 앨 고어에게 수여했다.

2011년에 미국의 국가연구위원회(National Research Council, NRC)는 'America's Climate Choices'라는 제목의 기후변화에 관한 다섯 권으로 된 시리즈의 최종 보고서를 발표했다. 미국 의회가 요청한 보고서는 과학적 증거가 가장 신뢰도가 높다는 점을 재확인했으며, 지난 수십 년 동안 발생했던 지구온난화의 가장 큰 원인으로 특히 대기로의 이산화탄소와 기타 온실기체 배출과 같은 인간 활동이 가장 가능성이 높다고 지목했다. 이 보고서는 또한 기후변화의 크기를 억제하고 그로 인한 피해에 적응할 준비를 위한 실질적인 조치가 강력하게 필요함을 재차 강조하였다. 보고서는 즉각 조치를 취하면 "인간과 자연계에 중대한 장애를 일으킬 위험을 줄일 수 있는 반면에 이행하지 않으면, 특히 기후변화의 속도나 규모가 각별히 큰 경우에 이러한 위험이 가중된다."고 지적했다.

2014년에 미국의 국가기후평가보고서는 60명의 회원으로 구성된 연방 자문위원회의 자문을 받아 300명이 넘는 전문가 팀에 의해 발표되었다. 보고서는 연방기관과 미국과학원의 위원을 비롯한 일반 대중과 과학 전문가들에 의해 면밀하게 검토되었다. 이 보고서는 인류가 지구의 최근 기후변화의 일차적인 원인이라 확인하였으며, 미국의 모든 지역에서 기후변화의 관찰 가능한 피해를 요약하였다. 이 보고서는 "기후변화가 이미 미국인들에게 광범위하게 영향을 미치고 있다고 했다. 기후변화와 관련이 있는 극단적인 기상 현상이 보다 잦아지고 때론 강력해졌다고 했다. 여기에는 지속적인 고온 현상, 호우 그리고 일부 지역의 홍수와 가뭄이 포함된다."고 하였다. 이 보고서는 또한 이미 미국인들에게 영향을 미치는 여러 기후변화 피해들이 금세기와 그 이후로도 미 전역에 걸쳐 갈수록 더 파괴적으로 될 것이라 예상했다.

개념 점검 16.2 | 지구의 최근 기후변화가 자연적 주기가 아니라 인간 활동의 결과라는 증거를 검토하라.

1. 방증 자료란 무엇인가? 몇 가지 예를 들어보라. 고기후 연구에 왜 이런 자료가 필요한가?
2. 자연적 기후변화의 예를 몇 가지 들어보라. 자연적 기후변화 메커니즘이 최근 지구가 겪고 있는 기후변화의 원인인가? 설명해보라.
3. 인위적인 기후변화에 대해 과학적 합의가 있는가? 설명해보라.
4. IPCC는 어떤 기구인가? 인위적인 기후변화에 대한 기록을 남기는 데 있어서 이 기구의 역할은 무엇인가?

학생들이 자주 하는 질문

겨우 몇 도의 온난화가 뭔 대수인가요? 저는 하루에도 3~6°C 사이의 온도 변화를 일상적으로 겪고 있는데, 예상되는 전 지구 온도의 변화가 뭐 그리 큰 문제가 되나요?

참고로 인간은 넓은 온도 범위를 견딜 수 있는 적응력이 뛰어난 생물이다. 여러 동식물들은 정상 온도 범위보다 약간 높거나 낮은 온도에 크게 영향을 받을 수 있다(해양생물이 특히 그러함). 또한 예상되는 온도 상승은 정상 (또는 이미 오른) 온도에 더해지는 것임을 상기하자. 예를 들어 위험한 열파가 예보되었다고 치자. 몇 도의 작은 상승은 열파를 더욱 치명적이게 만든다. 열파, 태풍, 토네이도, 가뭄과 홍수와 같이 더 극단적이고 오래 가는 기상 현상이 온난화된 세상에서 예상되는 바로 그것이다.

하나 더 고려해야 할 것은 지질학적 기록이다. 마지막 빙하기에 육상의 두꺼운 빙상과 온난한 간빙기 사이의 전 지구 평균온도 차이는 불과 4~6°C에 불과했다. 전 지구적으로는 평균 기온이 단지 몇 도 정도 높아져도 빙상, 해수면과 기후의 여러 측면에 커다란 영향을 미칠 수 있다.

요약

과거에 지구의 기후는 태양의 밝기 변화, 지구 궤도의 변동, 화산 활동 또는 지판의 움직임과 같은 자연적인 원인으로 변했었다. 현재의 기후변화가 주로 열-포획 기체를 대기로 방출하는 인간 활동에 기인한다는 것을 증빙하는 자료가 한두 가지가 아니다.

16.3 대기의 온실효과 유발 원인은 무엇인가?

최근 지구가 겪고 있는 괄목할만한 기후변화, 여기에는 전 세계 평균 기온이 오르는 **지구온난화**(global warming)가 포함되는데, 원인이 사람이 배출한 것 때문이라는 과학적 연구가 여럿 있다. 지표와 대기가 데워지는 것은 **온실효과**(greenhouse effect)라고 하는 자연적인 프로세스 때문이지만 요즘에는 사람이 배출한 것 때문에 바뀌었으므로 **인위적인 온실효과**(anthropogenic greenhouse load) 또는 **강화된 온실효과**(enhanced greenhouse effect)라 지칭한다.

온실효과는 지표와 하층 대기가 마치 바깥 날씨와는 무관하게 따뜻하게 유지되는 식물을 기르는 온실과 같은 원리로 데워진다는 데서 붙여진 이름이다(**그림 16.13**). 태양이 복사하는 에너지는 전자기파 영역을 모두 포함하지만 지표에 도달하는 에너지는 주로 가시광선과 그 주변의 단파장이다. 단파인 태양광이 온실의 유리나 플라스틱 천장을 통과해서 실내로 들어오면 식물과 바닥 등 햇빛에 닿은 물체를 데우고 장파인 적외선(열)을 재복사한다. 열의 일부는 온실 밖으로 빠져나가지만 일부는 유리나 플라스틱에 붙들린다. 붙들린 열이 온실 안을 아늑하게 해주는데, 지구의 대기에서도 같은 일이 벌어진다.[5]

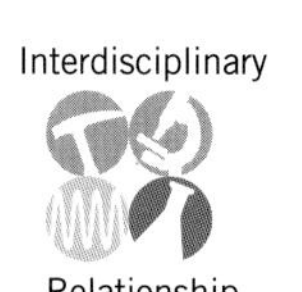

수증기, 이산화탄소와 메테인 같은 대기의 기체는 온실의 유리처럼 작용해서 들어오는 태양광은 통과시키지만 나가는 열은 붙든다.

그림 16.13 온실의 작동 원리.

5 최근의 연구는 온실이 따뜻한 이유를 하나 더 지적했다. 온실 벽체가 바깥의 찬 공기와 섞이는 것을 막아준다는 것이다. 이 점은 대기 상황과 다르지만 대기가 데워지는 현상은 여전히 온실효과라고 통용된다.

지구의 열 수지와 파장 변환

그림 16.14는 지구에 열이 들고 나는 모든 방법을 설명하는 지구의 **열 수지**(heat budget)의 여러 가지 성분을 보여준다. 지구의 대기는 태양 복사의 특정 대역의 빛은 차단하지만 가시광선역에 대해서는 투명해서 가시광선은 온실 유리를 통해 들어오는 햇빛처럼 대기를 투과할 수 있다. 그러나 지구로 향하는 태양 복사의 약 47%만이 지표에 도달해서 해양과 대륙에 흡수된다. 육지 또는 물에 흡수되지 않는 태양 복사의 53% 중 약 23%는 대기, 먼지와 구름에 들어 있는 분자들에 흡수되고, 약 30%는 대기의 후방 산란, 구름과 지표의 반사하는 지역들에 의해 외계로 되돌려진다.

단파장인 가시광선이 지구의 대기를 통과하면서 지표에 닿기 전에 입사하는 태양복사(100단위)는 공기, 구름 그리고 먼지와 상호작용을 일으킨다.

만일 이 적외선이 지구를 빠져나가지 않으면 지구온난화가 일어나게 된다.

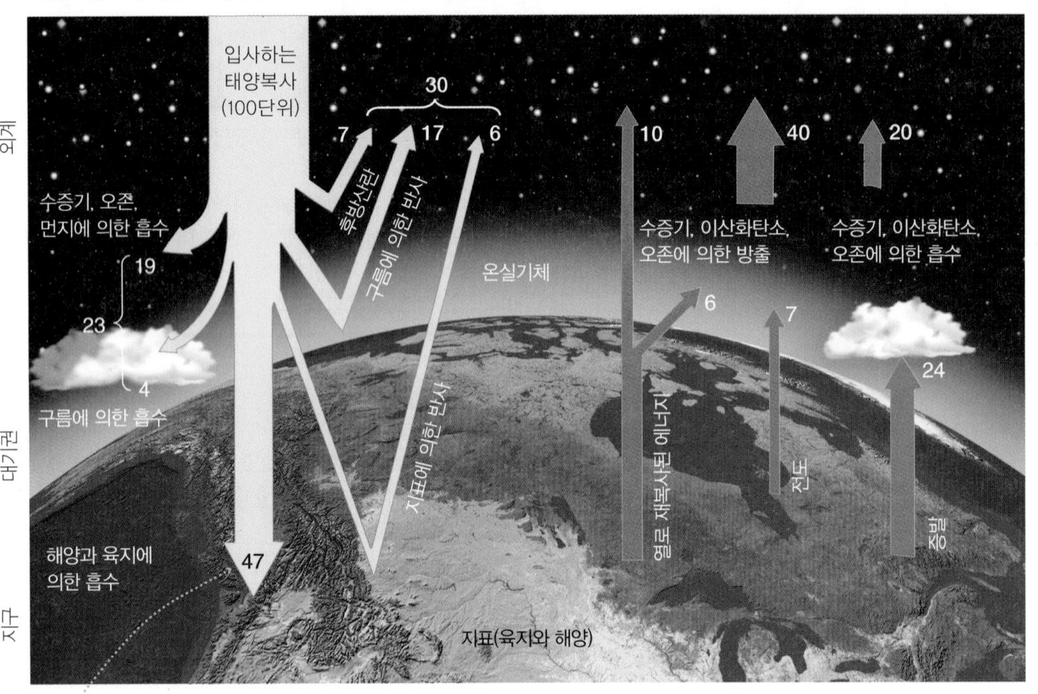

대기를 투과할 수 있는 태양복사 가운데 단지 47%만 지표와 해양에 흡수된다.

보다 장파장인 적외선은 외계로 복사되던가 아니면 지구 대기에 붙들린다.

그림 16.14 지구의 열 수지. 이 예에서 100단위의 태양복사(주로 단파장인 가시광선)가 지구-대기 시스템의 여러 구성원에 의해 반사되고, 산란되고, 흡수된다. 흡수된 에너지는 장파인 적외선(열)으로 외계로 다시 복사된다. 만일 이 적외선이 지구를 빠져나가지 않으면 지구온난화가 일어나게 된다.

태양에서 지구로 오는 에너지는 대부분이 가시광선 대역이고 파장이 0.48μm인 빛이 가장 우세하다(**그림 16.15**).[6] 빛이 지표의 물이나 돌에 일부가 흡수되면 흡수한 물체들은 데워지고 지표에서 외계로 향하는 파장이 긴 적외선(열)을 내놓는데 10μm 파장의 복사가 가장 많다. 대기에 들어 있는 기체 가운데 수증기, 이산화탄소 등은 외계로 빠져나가려는 열 복사를 가로채서 대기를 데워 놓는다. 이렇듯 열 복사를 붙들어서 대기를 가열하는 것을 온실효과라 한다.

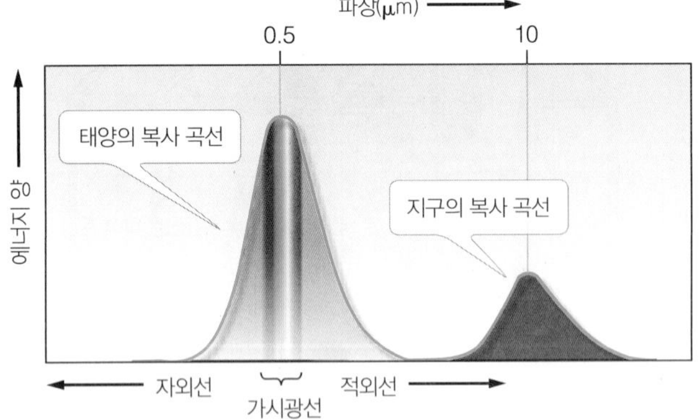

그림 16.15 태양과 지구의 복사에너지. 태양 복사에너지의 강도는 파장이 0.48μm인 가시광선 영역에서 최대를 보인다. 태양복사의 일부는 흡수되거나 반사되며 한편 지구복사로 가장 많이 내는 빛의 파장은 10μm로 적외선(열) 대역에 있다.

요약하면 외계로 반사되지 않은 태양에너지는 대기를 투과하여 지표에 흡수된다. 한편 지표는 받은 것에 비해 긴 파장을 가진 적외선(열)을 방출한다. 이 가운데 일부는 대기에 있는 열을 붙드는 기체에 흡수되어 온실효과를 일으키게 된다. 따라서 지표에서 가시광선에서 적외선으로 파장으로 바뀌는 것이 온실효과를 이해하는 데 핵심이다.

온실기체의 종류

지구에서 온실효과를 내는 기체는 대기에 여러 종류가 있으며 그 가운데

---

6 마이크로미터(μm) = 10^{-6}미터

여럿은 자연적인 기원과 인위적인 기원을 함께 가지고 있다. 수증기를 예로 들면 이것의 온실효과는 다른 어떤 기체도 능가한다. 실제 수증기는 단일 기체로는 가장 중요한 열 흡수자로 온실효과의 36~66%를 차지하며 구름을 포함시키면 75%의 온실효과를 낸다.

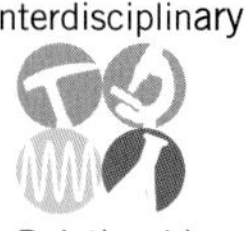

수증기의 대부분은 증발이나 기타 자연 과정을 통해 대기로 들어간다. 대기의 수증기 양은 지역에 따라 다르지만 연구에 따르면 인간의 행위는 관개를 해준 농지처럼 국지적인 규모 말고는 수증기 양에 심각하게 영향을 주지 않는다. 영향을 좀 주더라도 수증기는 대기에 오래 머무르지 않는다. 요점을 말하자면 인간의 행위는 지구 규모의 수증기 양에 직접 영향을 주지는 않는다는 것이다. 그러나 인간은 간접적으로 대기 중 수증기의 양에 영향을 줄 수 있다. 대기 중 수증기에 대한 위성 측정은 1970년 이후로 해수면에서 전 지구 습도가 4% 증가한 것을 보였는데 연구자들은 인간이 일으킨 기후변화와 관련이 있다고 본다.

그래도 대기의 수증기는 온난화에 중요한 역할을 한다. 예를 들어 최근의 연구에 따르면 1980년에서 2000년 사이에 자연적인 과정으로 성층권 수증기가 증가해서 그 기간의 급격한 온난화를 30%까지 증폭했을 수도 있다. 반대로 2000년 이후로 성층권 수증기의 양이 10% 줄면서 인위적 (온실기체) 배출이 지속적으로 늘었음에도 불구하고 상쇄시키는 작용을 해서 지구온난화를 둔화시켰다.

온실기체의 농도는 **표 16.1**에서 확인할 수 있다. **온실기체**(greenhouse gas)라는 이름은 열을 붙드는 능력에서 비롯되었으며 인간의 활동으로 인해 증가하고 있다. 놀랍게도 대기에서 이들의 양은 얼마 되지 않는데도 가열에 커다란 영향력을 발휘한다. 대기에 잠시 머무르는 수증기와 달리 온실기체 대다수는 대기에 오래 머무르면서 계속해서 열을 붙든다. 몇몇 온실기체는 사람과 자연이 함께 내놓는다. 나머지는 자연적인 기원이 전혀 없어서 모두 사람이 내놓은 것이다.

이산화탄소 사람이 내놓은 온실기체 가운데 강화된 온실효과에 가장 크게 기여하는 것은 이산화탄소이다(표 16.1). 이산화탄소가 대기로 들어오게 된 것은 탄소화합물을 산소로 태운 결과이다. 이산화탄소는 우리가 숨을 내쉴 때 내놓는 것과 똑같은 것으로 색과 냄새가 없다. 자동차, 공장, 발전소에서(석탄, 석유, 천연가스) **화석연료**(fossil fuel)를 에너지로 바꾸면서 나오는 것이 사

Web Animation
지구온난화
http://goo.gl/Uz8rmm

Web Animation
대기의 에너지 수지
http://goo.gl/imdsCN

학생들이 자주 하는 질문

내 친구들과 가족 중 몇몇은 인간이 초래한 기후변화에 회의적입니다. 인간이 불러온 기후변화를 뒷받침하는 증거가 실제로 너무 강력하기 때문에 그들은 정말로 '부정주의자'라고 불러도 되나요?

어떻게 부르느냐가 중요하다. 회의론자란 실제로 사실이라고 주장하는 무언가의 타당성이나 진위성을 캐묻는 사람이다. 실제로 묻는 것은 좋은 일이다. 예를 들어 우리가 들어 본 일확천금 방법을 죄다 믿는다면 우리는 잘 속아넘어가는 사람이라 치부될 것이다. 사실 과학적 방법의 원칙은 적절한 회의론에 기반한다. 반면에 부정주의자는 불쾌하거나 고통스러운 것이 사실임을 받아들이기를 거부하는 사람이다. 예를 들어 중병 환자는 자신의 병세가 심각하다는 사실을 부인할 수 있다. 인간이 불러온 기후변화의 경우에는 많은 다른 상황에서와 마찬가지로 압도적인 증거를 받아들이고 전문가의 의견에 귀를 기울여야 한다. 그렇지 않으면 잘 정립된 과학적 사실을 부인하는 무리로 몰리게 된다.

표 16.1 인위적인 온실기체와 강화된 온실효과에 대한 이들의 기여도.
https://goo.gl/m78XyV

표 16.1 인위적인 온실기체와 강화된 온실효과에 대한 이들의 기여도

대기 기체	인간에 의한 기체 배출 원인	산업혁명(서기 약 1750년) 이전의 농도(ppbv[a])	현재 농도 (ppbv[a])	현재 증감률 (%/년)	온실효과 증가에 대한 상대적 기여도(%)	이산화탄소 대비 분자 하나당 적외선 흡수 능력
이산화탄소(CO_2)	화석연료 연소	280,000	401,000	+0.5	60	1
메테인(CH_4)	누출, 축산, 논농사	700	1825	+1.0	15	25
산화이질소(N_2O)	화석연료 연소, 산업공정	270	315	+0.2	5	200
대류권 오존(O_3)	화석연료 연소 부산물	0	10~80	+0.5	8	2000
염화불화탄소(CFC-11)	냉매, 산업적 이용	0	0.26	-1.0	4	12,000
염화불화탄소(CFC-12)	냉매, 산업적 이용	0	0.54	0.0	8	15,000
총계					100	

[a] ppbv = 질량이 아니라 부피로 10조 분의 일

학생들이 자주 하는 질문

이산화탄소는 대기 중에 아주 조금 들어 있는데 어째서 지구온난화에 책임이 있나요?

때로는 소량의 물질도 극적인 효과를 나타낼 수 있다. 예를 들어 많은 사람들은 혈액에서 콜레스테롤이 조금만 올라가도 건강에 심각한 문제를 일으킬 수 있다는 것을 알고 있다. 대기에서도 마찬가지다. 열을 붙드는 기체가 미미하게 늘어도 전 세계적으로 기온이 오를 수 있다. 대기에 들어있는 열을 붙드는 기체는 실로 막강하다!

람이 배출한 이산화탄소의 대부분을 차지하며 선진국이 주로 기여한다. 인간의 활동으로 인해 지난 250년 동안에 대기의 이산화탄소 농도는 40% 넘게 올랐다(**그림 16.16**). 대기 중 이산화탄소 농도를 직접 측정하는 것은 1958년에 찰스 데이비드 키일링에 의해 시작되었으며 현재에는 아들 랠프 키일링에 의해 이어지고 있다. 대기 중 이산화탄소의 꾸준한 증가를 보여주는 이 시대를 대표하는 곡선에는 이제 그 가문의 이름이 붙여졌다(**심층 탐구 16.1**).

과학자들이 우려하는 부분은 지난 250년 동안에 특히 최근 50년 동안에 온실기체의 농도가 갈수록 더 높아진 것이 인간 활동 때문이란 점이다. 엄청난 숫자를 제시하자면 2016년 현재 대기의 이산화탄소 농도는 401ppm이고 매년 2ppm가량씩 늘고 있는데, 이는 50년 전에 비해 두 배나 빠른 속도이다. 현재 인류는 1년에 330억 톤이 넘게 이산화탄소를 대기로 방출하고 있다.[7] 요즘만큼 이산화탄소가 높았던 최근의 시기는 지금보다 온도가 3~ 5°C 사이로 높았던 1,500만 년 전 마이오세 중기이다.

메테인 메테인은 사람이 배출하는 온실기체 가운데 두 번째로 양이 많다(표 16.1). 쓰레기 매립지에서 분해되며 만들어진 것이 새나오거나, 가축이 메테인 가스를 내놓거나, 농사(특히 논)를 짓는 과정에서 발생한다. 대기에서 농도는 이산화탄소보다 낮지만 분자 수준에서 온난화 능력은 훨씬 크다. 산업혁명이 시작된 1750년 무렵에 대기의 메테인 농도는 700ppb(부피로)이던 것이 250% 이상 늘어서 1,825ppb가 되

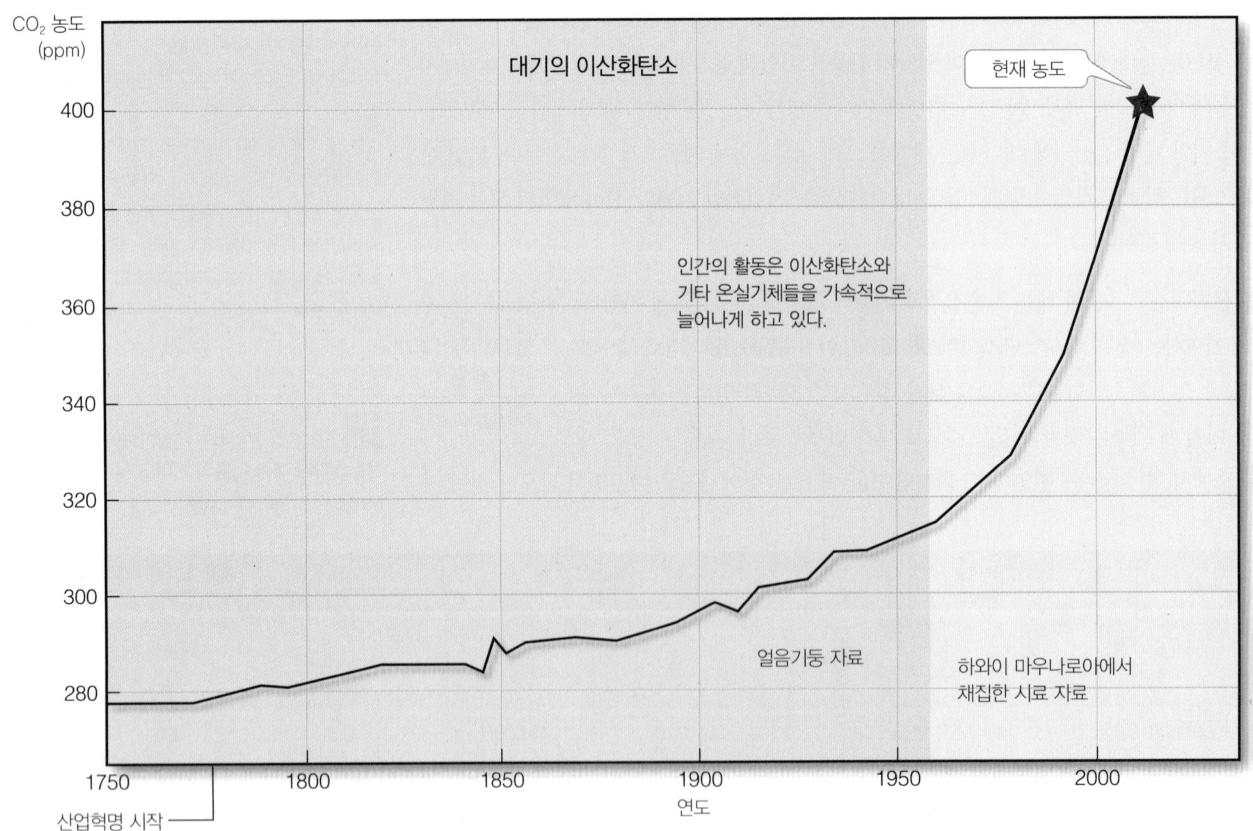

그림 16.16 1750년 이후 대기 중 이산화탄소의 농도. 그래프는 1700년대 후반에 시작된 산업혁명 이래로 대기의 이산화탄소 농도의 전 세계 평균값이 극적으로 증가한 것을 보여준다. 1958년도부터 현재에 이르는 자료는 하와이의 마우나 로아 관측소에서 기기로 측정한 값이고 그 이전 값들은 극지방의 얼음 기둥에 보존된 공기 방울에서 추정한 것이다.

7 평균적으로 한 사람마다 1년에 이산화탄소를 4.9톤 넘게 배출한다. 또한 산업화된 국가(예 : 미국)의 주민은 개발도상국(예 : 중국)의 주민보다 훨씬 많이 배출한다.

해양학 연구 방법

심층 탐구 16.1

아버지와 아들의 대를 이은 대기의 이산화탄소 측정으로 시대의 상징이 된 키일링 곡선

20세기 초반에 화석연료를 태워대니까 대기의 이산화탄소(CO_2) 농도가 올라갈 것 같다고 의심되었다. 그러나 정작 이 중요한 온실기체에 대한 측정은 비교적으로 적었으며 그마저 측정값은 천차만별이었다. 1958년도에 찰스 데이비드 키일링은 깨끗한 고위도 공기를 쉽게 구할 수 있는 하와이의 마우나 로아 화산 정상에서 대기의 이산화탄소를 측정하기 시작했다. 이 측정은 지금도 지속되고 있으며, 대기 중 이산화탄소를 연속 감시한 세계적으로 가장 장기적인 자료 모음이다. 대기 이산화탄소 그래프는 인간이 유발한 지구온난화를 지지하는 가장 상징적인 그림 가운데 하나이며 그의 업적을 기려 본인의 이름이 붙여졌다(그림 16A).

미국 기상청(현재 NOAA 소속)과 스크립스 해양연구소의 지시에 따라 키일링은 1958년 3월에 하와이의 마우나로아 관측소에 기체 분석기를 설치했다. 관측 첫날에 이산화탄소 농도는 313ppm을 기록했다. 키일링을 놀라게 한 것은 1958년 4월 마우나로아의 이산화탄소 농도는 1ppm 올랐고 다음 5월에는 조금 더 높아졌다가는 줄기 시작해서 10월에 최저치에 도달했던 것이다. 다음 달부터는 농도는 다시 오르기 시작해서 동일한 계절 패턴을 반복했다. 이는 키일링 곡선만의 차별적인 구성 요소로서, 여름에는 광합성을 통해 성장하기 위해 대기에서 CO_2를 빼쓰고 같은 해 겨울에는 분해를 통해 되돌려주는 북반구 식물의 자연적인 주기로 설명된다. 키일링은 이것을 전 지구 규모의 계절적인 '호흡 주기'라고 설명했다.

키일링의 측정 결과는 대기 중 이산화탄소 농도가 급격히 증가하고 있다는 첫 번째 중요한 증거가 되었다. 과학자들은 키일링의 그래프가 대기의 이산화탄소의 증가에 대해 처음으로 세계적 이목을 끈 업적으로 인정한다. 또한 연구자들은 대기 중 이산화탄소의 꾸준한 증가가 인간이 배출한 결과라는 것을 증빙했다.

키일링은 2005년에 사망할 때까지 마우나로아의 스크립스 실험실에서 대기 CO_2 측정을 계속 지휘했다. 측정 프로젝트의 지휘권은 스크립스의 지구화학 교수인 그의 아들 랠프 키일링에게 전해졌다. 데이비드 키일링이 시작하고 오늘날 그의 아들 랠프 키일링으로 이어진 대기 중 이산화탄소의 장기적 측정은 인간이 어떻게 기후변화에 기여하는지를 명확하게 보여주는 중요한 기후 자료이다. 키일링 부자의 업적을 기념하고 키일링 곡선의 중요성을 기리고자 미국화학학회는 2015년에 이를 미국 화학사의 획기적인 업적에 이름을 올렸다.

오늘날 전 세계적으로 100여 개의 관측소가 대기 CO_2를 감시하지만 키일링의 마우나로아 관측소만큼 긴 연속 기록을 가진 곳은 없다. 무엇보다 중요한 것은 이 자료에 따르면 1958년에 장기 모니터링이 시작된 이래 현재의 400 ppm을 넘는 값이 대기의 이산화탄소 측정값 가운데 최고값이라는 점이다.

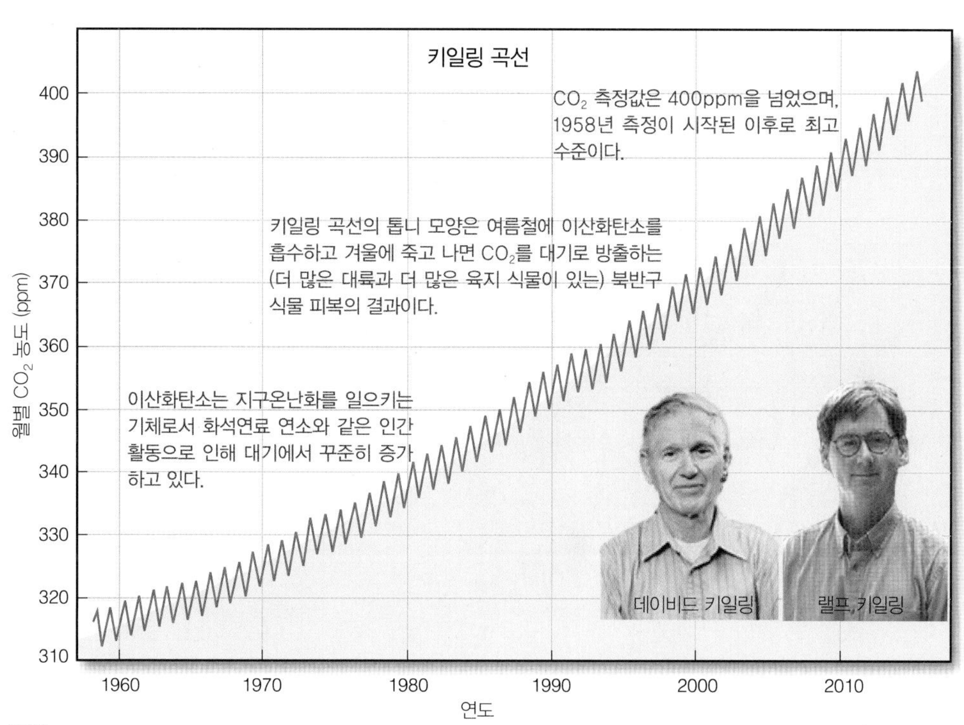

그림 16A **키일링 곡선.** 키일링 곡선은 하와이의 마우나로아 화산에서 1958년에 시작된 최장기 대기의 이산화탄소 측정 연속 기록이다. 데이비드와 랠프 키일링(삽입 사진) 부자 연구진이 이러한 측정 자료를 수집했다.

https://goo.gl/ffsCXD

생각해보기

1. 수십 년 동안 대기의 이산화탄소 농도가 꾸준히 상승해온 것을 보인 키일링 곡선이 1년의 전반부에서는 증가하고 후반부 반년 동안에는 감소하는 계절적 양상을 나타내는 이유는 무엇인가?

었다. 비록 메테인이 대기 중에 아주 작은 양으로 있다고 해도 기후변화에 미치는 메테인의 상대적 효과가 100년 시간 규모에서 같은 무게의 이산화탄소보다 25배나 크기 때문에 과학자들은 이런 극적인 증가를 걱정하고 있다.

기타 온실기체 표 16.1에 나와 있는 나머지 미량기체인 산화이질소, 대류권 오존, 염화불화탄소(CFCs)는 대기에 아주 조금 들어 있다. 그럼에도 이들은 개별 분자의 열을 붙드는 능력(표 16.1의 마지막 열)이 이산화탄소나 메테인보다 훨씬 강력하기 때문에 지구온난화에 크게 기여할 수 있다. 하지만 농도가 아주 낮아서 실제로 온실효과에 대한 기여는 작은 편이다. 그래도 전체 온실효과를 따질 때에는 이들을 반드시 포함시켜야 한다.

학생들이 자주 하는 질문

천연 온실효과가 없었더라면 지구의 온도는 어땠을까요?

한마디로 꽁꽁 얼어붙었을 것이다! 지구 표면의 평균온도는 약 15°C이다. 대기가 열을 붙드는 온실기체나 데워주는 구름 층을 가지고 있지 않는다면 전 세계 평균온도는 약 영하 18°C가 될 것이다. 이 온도에서 우리 행성의 표면은 대부분 얼어붙을 것이다. 실제론 그렇지 않고 대기의 천연적인 온실기체가 지구를 거주 가능할 만큼 온화한 기온을 조성하고 유지시키는 데 도움을 준다.

온실기체의 과거와 미래 2005년에 남극대륙에서 연구진은 길이가 3.2km에 이르는 얼음기둥을 회수하였는데, 그 속에는 두 주요 온실기체, 이산화탄소와 메테인이 눈이 얼음으로 다져질 때 갇혀서 과거 대기의 농도를 간직하고 있었다. 분석은 80만 년 전까지 거슬러 올라가는데(그림 16.17) 결과를 보면 이산화탄소의 수준은 자연적으로 180~ 280ppm 사이로 오르내린다(붉은 선). 동 시기에 메테인은 이산화탄소와 시기를 맞추어 350~750ppb 사이를 오르내린다(푸른 선). 또한 얼음의 화학적 조성은 지구의 과거 평균기온(그림 16.17, 검정 선)에 대한 방증 자료를 제공하는데 온도와 대기의 메테인과 이산화탄소 농도는 강한 상관관계를 보인다. 이산화탄소와 메테인이 낮을 때 지구는 더 서늘하고(빙하기를 겪고), 높을 때는 더 온난한 기후 (간빙기)를 맞는다. 그래프는 지구가 약 10만 년마다 한 번 꼴로 빙하기와 간빙기 주기를 거쳐왔으며 이산화탄소와 메테인이 보조를 같이 하며 변동했다는 것을 보여준다. 이것은 모두 지구의 자연적인 기후변동 주

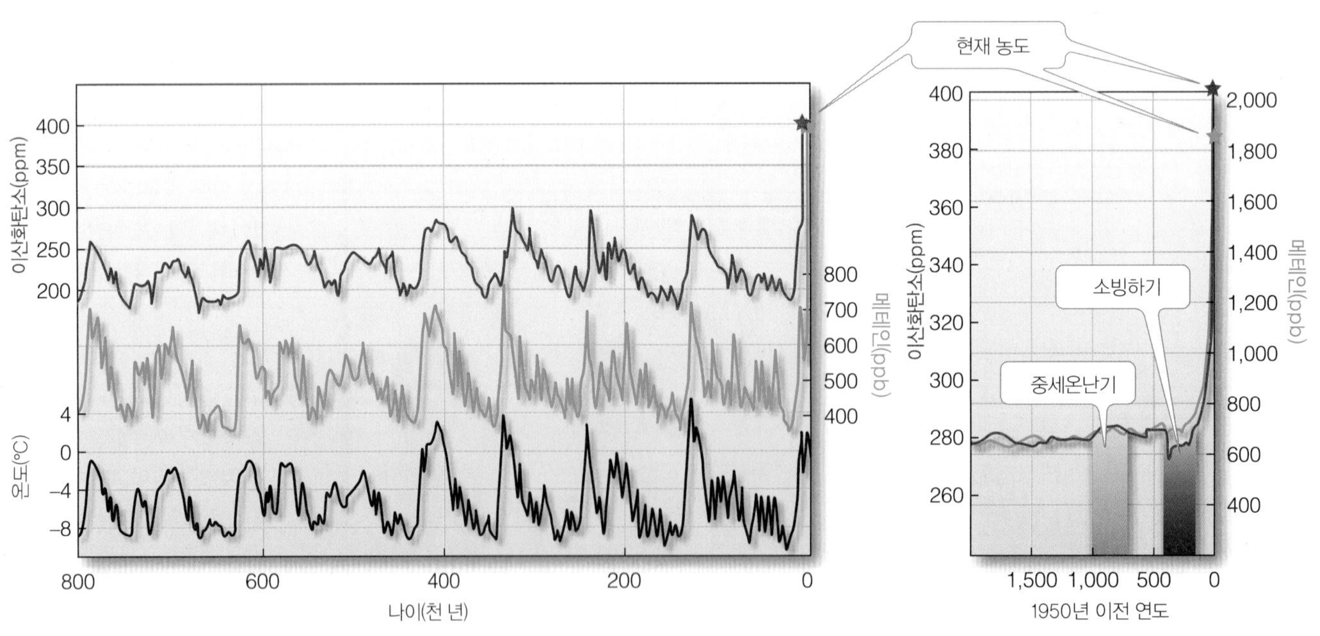

그림 16.17 대기의 조성과 전 지구 온도에 대한 얼음기둥 자료. (a) 남극의 얼음기둥에서 추출한 과거 80만 년 동안의 대기의 이산화탄소 농도(붉은 선), 메테인 농도(푸른 선)와 전 지구 평균온도(검정 선). 이산화탄소와 메테인의 현재 농도는 붉은 별과 녹색 별로 표시되어 있다. 대기의 조성은 얼음에 갇힌 공기방울을 분석하여 얻는 것이고 온도는 얼음의 동위원소 조성에서 복원한 것이다. (b) 오른쪽에 확대한 그림은 최근 2,000년에 대한 자료이다. 중세온난기와 소빙하기도 함께 보였다.
https://goo.gl/eyqrTr

기의 일부이다.

그래프가 오늘날의 대기(**색칠한 별표**)에서 비정상적으로 높은 수준의 이산화탄소와 메테인을 보여준다는 것이 중요한 점이다. 사실 현재 대기 중 이산화탄소(401ppm)와 메테인(1,825ppb)의 농도는 과거 80만 년 동안 최고 수준이며 지질학적 증거에 따르면 아마도 지난 수백만 년 동안에 최고인 듯하다.

지구의 지질학적 과거에 대한 방증 자료를 분석해보면 지구가 현재보다 훨씬 높은 평균 지표 온도를 겪은 적이 있었다. 가장 잘 알려진 그런 사건 중 하나는 지구 기후가 오늘날보다 훨씬 더 따뜻했던 **팔레오세-에오세 최고온기**(Paleocene-Eocene Thermal Maximum 또는 PETM)로 약 5,200만 년 전에 있었다. 화학적 지표는 지구를 적어도 수천 년 동안 5°C 이상 따뜻하게 만들었던 이산화탄소와 메테인의 엄청난 방출이 있었음을 가리킨다. PETM은 해양 온도의 상승으로 인한 해양 생태계의 거대한 변화가 특징인데, 이는 따뜻한 물이 산소를 많이 지닐 수 없기 때문에 표층수에서 용존산소가 고갈된 것이 원인이다. 또한 대기의 이산화탄소가 해양에 더 많이 녹아들어서 산성화시켰다(이는 지금 벌어지고 있으며 이 장의 뒷부분에서 다루고 있음). 결과적으로 PETM과 같은 고대의 따뜻한 기간은 전형적으로 해양생물의 대멸종 기록을 남긴다.

Interdisciplinary Relationship

지구 대기에서 열을 가두는 능력을 가진 이산화탄소의 수준은 미래에 얼마가 될까? 정교한 컴퓨터 모형을 기반으로 IPCC는 다양한 시나리오에 맞춰 2100년까지 예측을 내놓았다(**그림 16.18**). 예측은 온실기체 배출 시나리오를 기반으로 하였는데 이는 인구 증가, 경제 발전, 기술 변화와 사회문화적 상호작용과 같은 요인에 영향을 받는다. 예를 들어 시나리오 A2(그림 16.18, 붉은 선)에서 인구는 자급자족과 지역 정체성의 보전이라는 경제적 틀에 맞춰 현재 성장률로 증가한다. 이런 '관행 유지' 시나리오에서 이산화탄소는 최고 수준에 도달하고 지구 표면 온도는 4°C 상승할 것으로 예상된다. 10,000년 전에 마지막 빙하기가 물러난 이래로 이 시나리오가 100년 이내에 오를 것이라 예측한 만큼의 극적인 온도 변화는 아직까지 없었다.

A1B 시나리오(그림 16.18, 파란 선)에서는 경제 성장이 매우 빠르며, 세계 인구는 세기 중반에 고점을 찍고 이후에는 감소하고, 오늘날의 화석연료 연소를 대체하는 새롭고 보다 효율적인 기술(예 : 연료 전지, 태양 전지, 풍력 에너지)이 급속하게 도입된다. 이런 '중도' 시나리

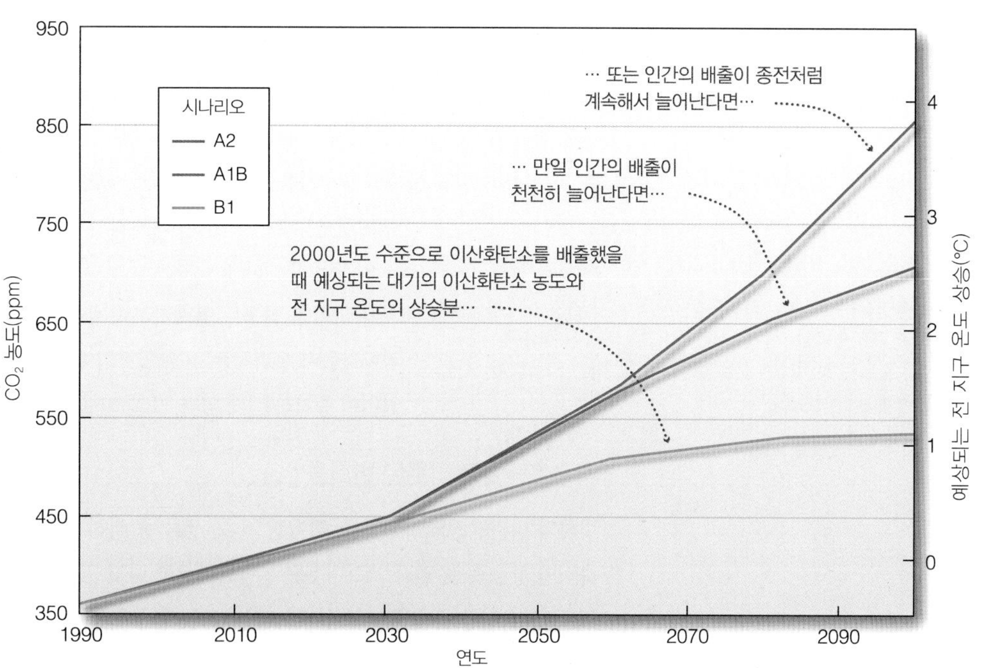

그림 16.18 미래의 대기 중 이산화탄소 수준과 이에 상응하는 전 지구 온도 상승 시나리오. 다양한 시나리오로 예측된 대기 이산화탄소 수준과 예상되는 지구 온도 상승을 보여주는 그래프. 가장 높은 이산화탄소와 온도는 A2 시나리오(붉은 선)에 따른 것이며, 이는 인간의 배출량의 증가를 가정했다. 중간 이산화탄소 수준과 온도는 온실 가스 배출이 천천히 증가할 것으로 가정하는 A1B 시나리오(파란 선)에 따른 것이다. 가장 낮은 이산화탄소와 온도는 온실기체가 2000년 수준으로 유지될 것이라고 가정하는 B1 시나리오(푸른 선)를 따른 것이다.
https://goo.gl/mGGvn6

학생들이 자주 하는 질문

이산화탄소가 오존구멍을 만드나요?

짧게 말해 절대 아니다! 오존층은 대기의 성층권에 있으며 태양광의 자외선을 거의 다 흡수하는 오존(O_3)으로 이루어져 있다. 이 층이 없다면 지표에서 건강에 해로운 자외선이 세져서 식물의 생존이 거의 불가능해질 것이다. 큰 오존구멍(실제론 계절적으로 오존층이 얇아지는 것임)은 남극 상공에 작은 것은 북극 상공에서 나타난다. 오존구멍은 자연적 또는 인위적 화합물과의 화학반응 때문에 만들어지는데, 주범은 현재 사용이 금지된 CFC-11과 CFC-12이지 이산화탄소가 아니다. 한편 CFC는 강력한 온실기체이기도 해서(표 16.1) 환경에 두 번이나 위협을 가한다. 대기에 CFC가 늘면 오존층을 파괴하고 동시에 온실효과를 일으킨다. 대류권 오존은 연소 부산물로 나오는데 표 16.1을 보고 온실효과를 강하게 내는 점에 주목하자. 과학자들은 CFC 사용금지가 엄하게 지켜진다면 오존층은 21세기 중엽이면 회복될 것이라 예상한 바 있다. 그런데 새 연구에 따르면 요즘엔 인간이 배출한 산화이질소가 성층권 오존을 위협하는 가장 위험한 물질로 떠오르고 있다.

요약

온실효과는 햇빛이 대기를 투과하도록 해 주지만 열 에너지가 와계로 다시 복사되기 전에 이를 포획하는 기체에 의해 발생한다. 대기의 열 포획 능력을 증가시켜 놓은 인간 활동에서 비롯된 한 무리의 기체 가운데 이산화탄소는 단연 으뜸이다.

오에선 이산화탄소 배출이 얼마간 줄어서 약 2.5°C의 온난화를 일으키게 된다.

B1 시나리오(그림 16.18, 초록 선)에서 세계 인구는 A1B 시나리오와 동일하지만 서비스와 정보화로 경제 구조가 신속하게 개편되어 물질 의존도가 줄고 청정하고 효율적인 기술이 널리 보급된다. 이 시나리오에서 국가들은 배출량을 줄이기 위해 기술과 종합 환경 제어를 공동으로 사용한다. 이 '최상' 시나리오에서 대기 중 이산화탄소의 양이 가장 적고 온난화도 약 1.0°C에 불과하다.

추가적인 증가가 없게 온실기체 농도를 오늘 동결시키더라도, 지구의 기후계가 온실기체의 증가에 대한 반응을 마치기까지 오래 걸리므로 (다양한 되먹임고리에 의한 안정화 포함) 지구는 다음 세기 동안 약 0.6°C까지 계속 더워지게 된다. 이 미래의 온난화는 종종 **저질러진 지구온난화**라 불린다. 무엇보다 중요한 것은 지금의 결정이 틀림없이 21세기에 남아 있는 시간과 그 이후에 대기 중 이산화탄소의 양과 이에 따르는 온난화 크기를 결정하게 된다는 점이다.

학생들이 자주 하는 질문

불과 몇십 년 전만 하더라도 과학자들은 빙하기가 올 것이라 예상하였다던데 달라진 이유가 무엇인가요?

지구온난화에 회의적인 이들은 1970년대에 기후학자들이 빙하기가 곧 닥쳐올 것을 경고했음을 지적하곤 한다. 언론 매체에서 매우 호들갑을 떠는 바람에 유명세를 타기는 했지만 빙하기 도래에 대해서 실제로 과학적 공감대가 형성되지는 못했다. 1950년부터 1970년 사이에 전 지구적 냉각 추세는 확실했다. 이런 사실과 빙하기가 주기적으로 찾아온다는 것 그리고 지구의 궤도가 앞으로 몇천 년간 냉각 추세에 놓이게 된 것이 맞물려서 빙하기로 돌입한다는 아이디어가 제시되었다. 하지만 근자의 냉각 추세는 아마도 입사하는 햇빛을 더 잘 반사하게 만드는 에어로졸의 현저한 증가에 따른 것으로서 이것이 당시의 지구온난화 신호를 가린 것 같다고 알려졌다. 냉각기 이후에 전 지구 온도의 장기적 추세를 보면 최근의 온난화 추세는 확연하게 드러난다.

기타 고려 사항 : 에어로졸

에어로졸(aerosol)은 대기에 떠 있는 입자로 대기의 반사도와 열을 붙드는 능력에 영향을 주어 기후변화에 기여한다. **블랙 카본**(검댕)은 가장 중요한 인위적 에어로졸 중 하나로 떠다니는 공기 중의 탄소 입자로 이루어져 있고 보통 그을음이라고 한다. 블랙카본은 취사용 화로에 넣은 나무 같은 유기물, 발전소의 석탄, 자동차와 트럭의 디젤 연료 또는 산불로 숯이 된 나무 같은 유기물의 불완전 연소를 통해 대기로 유입된다. 블랙카본은 일단 대기로 들어가면 몇 주나 떠 있게 돼서 열을 흡수하는 대기의 능력을 높일 수 있다. 블랙카본 1g의 온난화에 대한 기여도는 같은 양의 이산화탄소보다 100~2,000배 사이로 높은 것으로 추산된다. 또한 블랙카본은 때로는 구름이 끼는 것을 돕고 때로는 방해하기 때문에 기후모형은 기후에 대한 블랙카본의 영향을 예측하는 데 어려움을 겪는다. 그러나 육상에 내려앉은 블랙카본의 영향은 예측 가능하다. 지표 물체의 **빛반사율**(albedo: *albus* = white)을 낮추어주는데, 특히 눈이나 얼음에 떨어지면 그을음의 어두운 색이 데워지는 것을 도와서 더 잘 녹게 만든다.

요약

고대 얼음에 갇힌 기포는 지난 80만 년 동안 열-포획자인 이산화탄소와 메테인의 현재 수준이 최근 80만 년의 어느 시기보다 높다는 것을 밝혀주었다. 시나리오는 인간의 배출이 계속해서 지구온난화를 일으킬 것이라는 것을 보여주는데, 다만 그 크기는 지금 우리의 선택에 달려 있다.

인간이 생산한 블랙카본의 상당 부분이 해양에 유입되며 결국엔 해저에 가라앉지만 과학적 연구는 블랙카본이 수천 년 동안 바다를 떠돌 수 있다는 것을 밝혔다. 과학자들이 우려하는 것은 인간의 활동을 통해 환경으로 배출되는 그을음의 양이 끊임없이 증가하는 데 있다. 또한 그을음을 흡입하게 되면 인체 건강에 상당히 해롭다.

지구온난화로 비롯된 변화들

빙하와 빙관(ice cap)의 녹음, 짧아진 겨울, 생물 종 서식지의 이동, 지구 평균온도와 해수 표면 온도의 지속적인 상승 등은 인간으로 비롯된 온난화가 일어나고 있음을 지시하는 것의 일부에 지나지 않는다. 지구의 온도에 대한 관측을 예로 살펴보자. 온도는 육상의 기상 관측소와 위성 자료에 근거한 것이며 과거 자료는 방증 자료이거나 선박에서 측정한 자료이다.

- 지표의 평균온도는 지난 30년 동안에 0.6°C, 1865년 이래로는 0.8°C 올랐다(**그림 16.19**).
- 지난 50년 동안의 온난화 속도는 지난 100년 동안 속도의 두 배이다.
- 1998년을 빼곤 기온을 측정한 이래 가장 더웠던 10년은 모두 2000년 이후에 몰려 있다.
- 2000~2010년 기간이 기록상 가장 더운 순년이었다.
- 기록적으로 가장 더웠던 해는 2016년이었다.

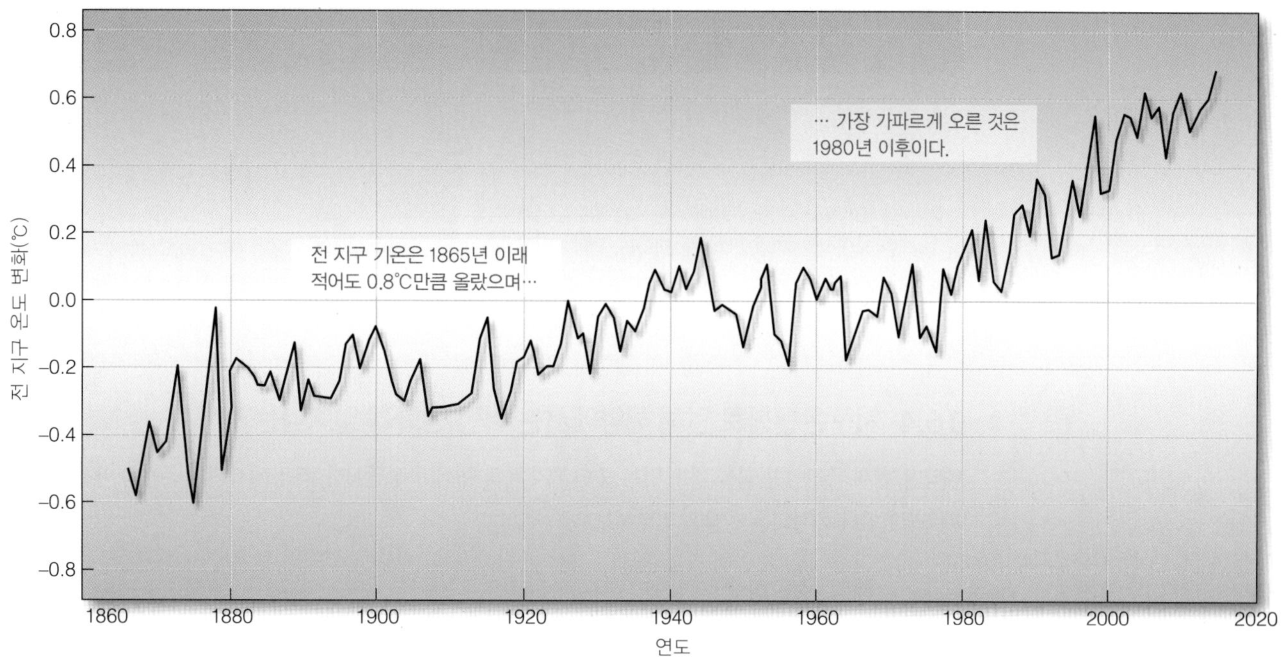

그림 16.19 1865년부터 오른 지표 기온의 온도계 기록. 온도계로 읽은 전 지구 지표의 평균온도 기록은 1865년부터 적어도 0.8°C만큼의 지구온난화가 있었음을 나타낸다. 온도의 마루와 골은 해마다 자연 변동이 있었음을 알려준다.

- 지난 세기에 지구는 지난 1,300년 동안에 가장 높은 표면 온도 상승을 경험했다.
- 해수면 온도는 전 세계적으로 올랐다(다음 절 참조).
- 2,300명이 넘는 사망자를 낸 2014년 인도 열파, 미국의 2012년 열파(기록적으로 뜨거웠던 7월과 함께)와 2010년 동유럽과 러시아 열파(지난 500년간 이 지역에서 가장 강한 열파였음) 같은 열파가 빈번해지고 있다. 이러한 극단적인 사건은 과학적으로는 인간이 일으킨 기후의 온난화와 관련이 있으며, 모형은 앞으로 열파가 더 잦아질 것으로 예상하고 있다.

지구 전체의 온도가 올라가자 과학자들은 정교한 기후 모형을 써서 앞으로 일어날 변화를 예측하고 있다. 기후계가 복잡하고 되먹임고리가 있기 때문에 모형들은 변화의 종류와 강도에 대해 모두 일치하는 예측을 내놓지는 않는다. 그러나 모형들이 일관성 있게 지적하는 점이 있다 — 북반구 고위도의 온도 상승이 크고, 중위도는 보통, 저위도에서는 상대적으로 변화가 작다. 예상되는 다른 변화는 다음과 같으며 일부는 이미 진행 중이다.

- 여름의 시작이 빨라지고, 최고 온도도 올라가고, 열파가 더 강하고 여러 날 나타날 것이다.
- 강수 현상이 양극화되어서 일부 지역은 가뭄이 더 심해지고 다른 지역에서는 홍수가 잦아질 것이다.
- 전 세계적으로 얼음 덮인 면적과 산악 빙하가 줄 것이다. 이는 이미 관측되고 있다.
- 물 오염은 말라리아, 황열, 뎅기열 등 수인성 전염병의 대규모 창궐을 불러올 것이다.
- 동식물 군집의 서식지 이동은 전 생태계에 영향을 주며 몇몇 생물이 멸종 위기에 내몰리게 될 것이다.

하지만 예상되는 것이 모두 피해만은 아님에 유의하자. 예컨대 온난화는 일부 작물에게는 성장 기간을 늘려주고 대기에 늘어난 이산화탄소는 식물의 생물 **생산력**(productivity)을 촉진하며, 얼음이 사라진 북극해의 해양 생산력이 오를 전망이다. 그러나 대다수 연구는 부정적인 영향이 긍정적인 것을 압도한다고 한다. 게다가 기후변화의 지역적 영향에 대한 이해에는 불확실성이 여럿 남아 있고 기후계의 여러 구성원은 이런 변화에 대해 예상 밖으로 놀랍게 반응할 수도 있다.

학생들이 자주 하는 질문

지구온난화라면서 이번 겨울은 왜 이리 추웠나요?

세상이 더워지면 온도와 강수량의 극단값의 변동이 커진다는 보고가 있다. 이 말은 기후가 더워지면서 온도차(가장 더울 때와 추울 때의 차이) 그리고 가물 때와 홍수가 났을 때의 차이뿐만 아니라 열파, 한파, 폭풍, 가뭄, 호우, 폭설, 겨울 가뭄 등 극단적인 기후 현상이 일어날 확률이 커진다는 것으로서 여러 과학자들은 'global weirding(전 지구 이변화)'이란 표현을 즐겨 쓴다.

한편 기후란 장기에 걸친 날씨의 평균이라는 점에 유념하자. 그래서 어느 한철 춥더라도 기후는 온난화 중일 수 있다. 중요한 것은 어느 날이나 계절에 벌어진 것이 아니라 수년간에 걸친 동향이다. 이에 대한 자료는 명확하다. 지구는 장기적인 지구온난화를 겪는 중이다.

개념 점검 16.3 | 대기의 온실효과와 작동 원리에 대한 이해를 검토하라.

1 지구 표면에 흡수된 태양 복사와 지구의 대기를 가열하는 주요 원인으로 작용하는 복사 사이의 근본적인 차이를 설명하라.
2 온실기체의 대기 중의 상대적 농도와 지구온난화에 대한 상대적인 기여에 대해 논의하라.
3 대기의 이산화탄소 수준이 150년 넘게 상승한 이유는 무엇인가? 저질러진 온난화가 무엇인지 그 의미를 설명하라.
4 미래에 지구는 어떤 저질러진 온난화를 겪게 될 것인가?
5 이산화탄소 수준이 계속 증가함에 따라 대기 온도와 다른 요인들이 어떻게 변할 수 있는지 설명해보라.

16.4 지구온난화로 인해 해양에서는 어떤 변화가 일어나는가?

해양은 현재 극적인 변화를 겪고 있는 중인 기후계의 핵심 구성원이다. 해양에서 지구온난화 때문에 이미 관측되었거나 예상되는 영향을 검토해보자.

Web Video
1880~2010년 기간의 전 지구 온도
https://goo.gl/rmPn8E

해양 온도 상승

연구에 따르면 해양은 대기에서 늘어난 열의 대부분을 흡수하였다. 실제로 수백만 번의 수심별 온도 측정은 표면 온도가 전반적으로 올랐음을 보여준다(**그림 16.20**). 측정 자료는 해수 표면온도가 지구온난화로 말미암아 0.6°C 올랐으며 주로 1970년대 이후에 집중되었음을 보여준다. 그런데 온난화는 해양 전체에 고르게 일어나지 않았다. 온도가 가장 많이 오른 곳은 북극해, 남극반도 주위 그리고 열대 해역이었다. 심지어 심해수의 온도도 올라가는 징후를 보이고 있다. 곳에 따라서 온난화는 수심 800m 깊이 아래에서까지 기록되었다. 심해의 온난화는 예상보다 빠르다. 해양이 온난화를 겪는 범위를 알아내고자 과학자들은 해양의 소리 전파 능력을 이용해서 해양 온도를 감시하는 연구 계획을 수행했다.

그림 16.20 전 지구 온도 변화. 2014년도의 육지와 해양 표면의 온도 변화를 나타낸 지도로서 1950~1980년 기준 시기에 비교되었다. 대부분의 지역이 지구온난화의 결과로 정상을 벗어나 더워졌는데(붉게 채색된 지역), 특히 북극해, 알래스카, 시베리아, 서부 남극반도에서 온도 상승이 가장 두드러졌다. 회색으로 칠해진 구역은 자료가 없는 곳을 나타낸다.

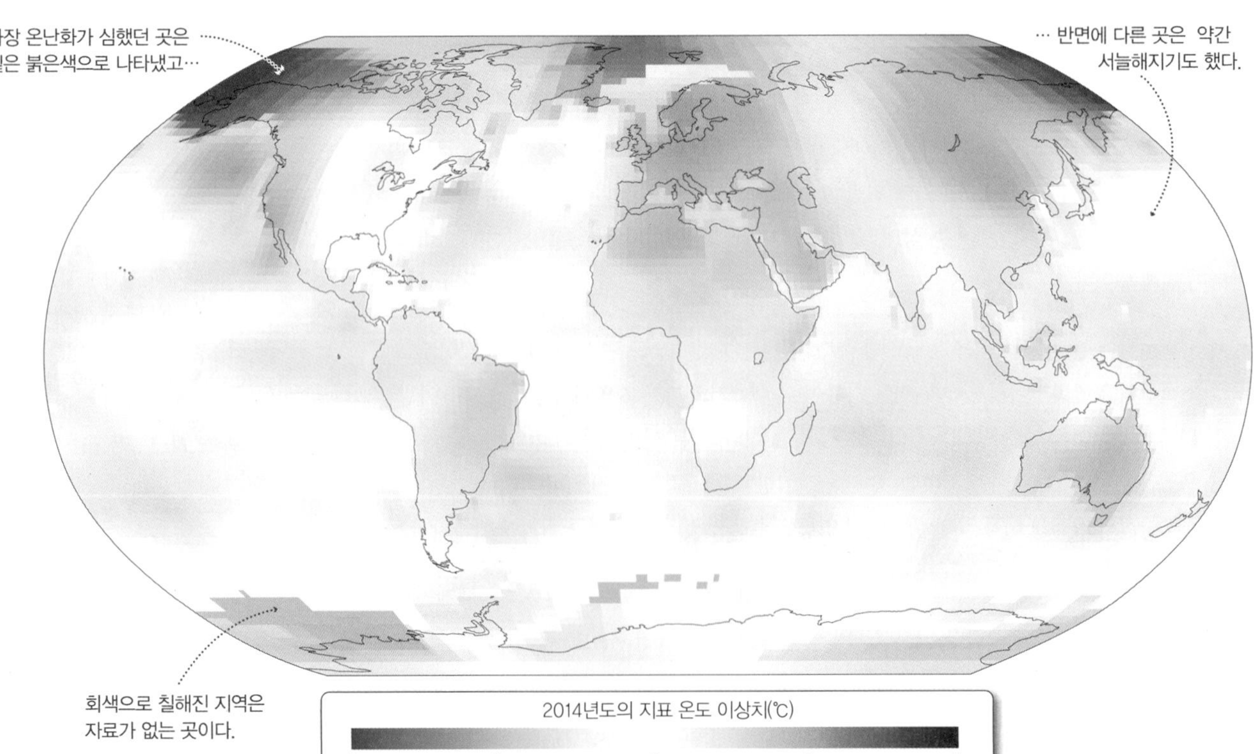

더워진 해양의 영향은 광범위하게 그리고 수 세기에 걸쳐 지속될 것이다. 예컨대 해수 온도의 상승은 온도에 민감한 산호충과 같은 생물에 영향을 줄 것이다. 제15장에서 다루어진 바와 같이 해수 표면온도의 상승은 만연한 산호의 백화현상과 연관이 있다. 따뜻해진 물은 또한 산호의 산란 주기를 바꾸거나 방해할 수 있다. 또한 산호 분포에 대한 연구에 따르면 따뜻한 바닷물이 퍼지면서 몇몇 산호는 이미 이전에는 없었던 지역으로 이동하고 있는 것으로 나타났다.

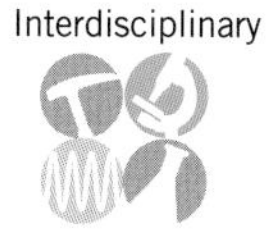

다른 연구들은 더워진 해수가 어떻게 해양의 물리적 특성을 변화시키는지를 찾아보았다. 예를 들어서 Argo 연구계획은 자유 표류 부체를 사용한 연구(제7장의 7.1절 참조)를 통해 지구온난화가 해수 표면의 증발을 가속화하여 해양 염분에 영향을 미침에 따라 세계의 수문순환이 가속되고 있음을 보여주었다. 이 장의 앞부분에서 언급했듯이 해빙이 녹는 것은 얼음이 없는 물이 빛을 잘 반사하는 해빙보다 태양 복사를 훨씬 많이 흡수하기 때문에 고위도에서 해양 온난화를 가속화시키는 양의 되먹임고리를 이룬다. 또한 해수 온도가 상승하면 해양 심층수 순환 패턴에 영향을 미칠 것으로 보여 엘니뇨 현상의 더운 물을 강화시키고(그리고 라니냐의 찬물을 약화시키고) 허리케인의 발달을 돕는다.

해양 온도 상승과 태풍 여러 과학자들은 해양이 데워지면 태풍의 에너지원인 증발이 가속화되어 태풍이 강해질 것이 분명하다고 주장한다. 또한 태풍의 궁극적인 강도는 폭풍이 지나갈 때 위로 휘저어져 올라온 심층수의 온도(역시 증가했음)에 크게 좌우된다. 그러나 지구온난화와 태풍 활동 사이의 상호작용은 상승하고 있는 해수 온도, 바뀌고 있는 에너지 분포와 달라진 대기 역학의 영향 때문에 복잡하다. 예를 들어 대기 온도가 상승하면 대기의 안정성도 강화되어서 대류에 의한 이동이 억제되어 열대성 저기압의 형성을 줄인다.

최근에 허리케인의 빈도와 세기로 볼 때, 특히 대서양의 경우(제6장의 6.5절 참조)에 지구온난화가 이미 허리케인의 발생을 강화시키는 것으로 추정된다. 예컨대 최근에 2005년도의 카트리나와 2012년도의 샌디처럼(**그림 16.21**) 대형 허리케인이 육지에 상륙한 것을 보면 허리케인의 발생이 잦아진 것처럼 보이지만 학술 논문에서는 서로 상반된 주장이 나오고 있다. 어떤 논문에서는 허리케인의 강도, 빈도, 풍속, 강수량의 증가가 해수 표면의 온도가 올라갔기 때문이라고 하고 또 다른 논문은 이런 추세는 자료 수집 방법과 기기가 달라져서 그렇다고 주장한다. 또 다른 연구들은 겉보기엔 잦아진 것처럼 보이지만 통계적으로는 정상값의 통계적 한계 범위 안에 들어 있다고 주장한다.

과학자들은 지구온난화 때문에 전 세계적으로 열대 폭풍의 개수는 늘었다고 단언하기 어렵지만 세기는 강해졌다는 데에는 동의한다. 지금까지 태풍의 동향을 심층 분석한 연구 논문들에서 연구자들은 1970년부터 전 세계적으로 태풍의 세기와 지속 기간이 유의하게 늘어났으며, 이는 해수 표면온도가 올라간 것과

학생들이 자주 하는 질문

웹에서 지구온난화에 대한 신뢰할만한 정보를 찾으려면 어디를 방문해야 하나요?

다음은 기후변화에 대한 자세한 정보를 제공하는 과학적으로 정확한 권장 웹 사이트이다.

- RealClimate : 실제 기후 과학자들이 만든 웹(www.realclimate.org)
- Skeptical Science : 기후과학을 설명하고 지구온난화에 대한 잘못된 정보를 반박함(www.skepticalscience.com)
- NOAA의 ClimateWatch : 미국 정부의 기후 과학 포털(www.climate.gov/#climateWatch)
- CO_2 Now : 업데이트 된 대기 이산화탄소 수준을 게시함(www.CO2Now.org)
- Berkeley Earth Surface Temperature : 온도 기록에 대한 비판을 해소하는 데 도움을 주고 기후 과학을 이해하는 데 장벽을 낮추는 데 목적을 둠(http://berkeleyearth.org)
- This Is Climate Change : 대중의 기후변화에 대한 소양을 높이고 교육을 위해 시각 교재를 사용함(www.thisisclimatechange.org)
- NCSE(The National Center for Science Education) : 교실에서 진화론을 가르치는 것과, 최근에는 기후변화를 가르치는 것을 옹호하는 새로운 계획을 시작했음(http://ncse.com)

그림 16.21 2012년 허리케인 샌디로 물에 잠긴 뉴저지. 허리케인 샌디의 폭풍해일의 파고가 2.8m를 넘어 미국 동부 해안에 심한 홍수가 발생했다. 허리케인 샌디의 피해는 총 750억 달러 이상으로 허리케인 카트리나 이후 미국 역사상 두 번째로 큰 피해를 입힌 허리케인으로 기록되었다.

밀접하게 관련되어 있다고 밝혔다. 지난 1,500년 동안에 발생했던 역사적인 대서양 허리케인을 분석한 논문은 허리케인의 발생이 잦은 시기는 해수면 온도가 높은 것과 관련이 있으며 라니냐와 닮은 기후 조건이 강화시킨다고 보고하였다. 또 다른 연구에서는 4, 5등급의 가장 강력한 태풍이 북대서양과 북인도양에서 이미 뚜렷이 잦아졌다고 주장했다. 또 다른 연구들은 인간이 일으킨 기후변화의 결과로 열대성 저기압이 지난 30년 동안에 최대 강도에 이른 평균 위도가 뚜렷하게 극지방 쪽으로 이동했음을 파악했다. 또한 정교한 기후 모형은 폭풍의 전체 수의 감소에도 불구하고 서부 열대 대서양에서 4와 5등급 폭풍의 수가 세기 말까지 두 배가 될 수 있다고 제안했다.

심해수 순환의 변화

심해 퇴적물에서 얻은 증거와 수치 모형은 심해수 순환 양상이 바뀌면 기후에 극적인 급반전이 일어날 수 있다고 지적한다. 심해수를 공급하는 데 크게 기여하고 있는 북대서양의 순환(**그림 16.22**)은 특히 변화에 민감하다. 심해 해류를 일으키는 것은 고위도 해역, 특히 북대서양에서 차고, 짜서 무거운 고위도 표층수가 침강하는 것이다. 만약에 표층수가 덜 차거나 얼음 녹은 물로 희석되어(그리하여 밀도가 낮아져서) 침강이 중단되면 해양이 태양 복사에 의한 열을 재분배하는 효율이 크게 떨어지게 된다. 그러면 표층수의 온도가 더 오르게 만들고 육지의 온도는 현재에 비해 크게 오르게 될 것이다.

여러 과학자들은 대기에 온실기체가 쌓이게 되면 해양순환이 바뀔 것이라고 제시한다. 이를 가능케 하는 방법 가운데 하나는 데워진 공기가 그린란드 빙하의 녹는 속도를 가속시켜 북대서양 표층을 얼음이 녹은 민물, 즉 밀도가 낮은 물로 채우는 것이다. 이 민물이 북대서양 심층수를 생성하는 침강을 저지하여 전 지구적 순환 양상을 재편성하고 이에 맞추어 기후가 바뀌게 될 것이다. 여러 기후 전문가들은 그린란드에서 민물이 대량으로 쏟아져 들어오게 되면 현재의 북대서양 체계를 전복시켜 심해 해류가 급하게 재편성되고 이에 따른 기후변화가 일어날 것이라 경고하고 있다. 실제로 증거에 따르면 12,000년 전에 북미의 얼음 둑이 터지면서 북대서양으로 민물이 대량으로 유입되어서 급작스런 전 지구 기후변화가 일어난 적이 있다. 이 사건은 강수량이 늘고 얼음이 녹게 되면 북대서양이 다시금 겪게 될지도 모른다는 시나리오와 닮은 꼴이다.

Web Animation
북대서양 심층수 순환
https://goo.gl/bXwxdY

녹고 있는 극지 얼음

수치 모형은 지구온난화가 극지를 극적으로 바꾸어놓을 것이라는 전망을 제시했다. 두 극지의 근본적인 차이는 북극은 북극해가 주도하며 유빙으로 덮여 있는 데(육지로 둘러싸인 해양) 반해 남극은 남극대륙과 바다로 확장된 빙붕을 포함한 두꺼운 빙관이 주도한다는 데 있다(해양으로 둘러싸인 육지).

그림 16.22 북대서양의 해양순환. 북대서양의 개략적인 순환을 보면 멕시코만류가 엄청난 양의 열을 북쪽으로 가져가서 북대서양 지역을 데워준다. 이 물이 식으면서 차고 염분이 높은 무거운 북대서양 심층수가 대량으로 만들어진다. 이 물은 심해저로 가라앉고 남쪽으로 흐른다. 이런 순환 양상이 방해를 받게 되면 전 지구의 기후에 영향을 주게 된다.

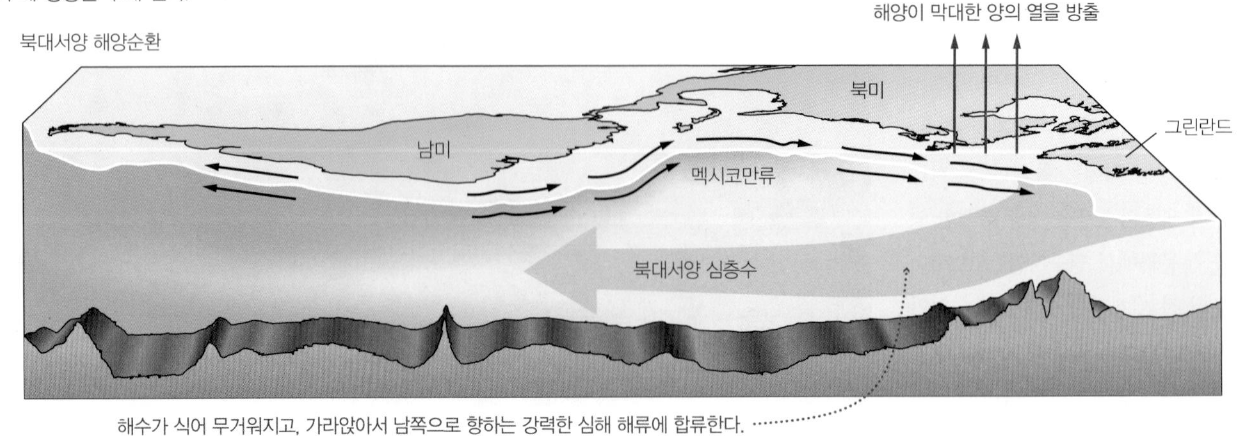

북극은 지구온난화가 뚜렷하게 느껴지는 곳이며(그림 16.20 참조) 앞으로도 변화가 아주 현저할 것이다 — 이를 **북극 증폭**(arctic amplification)이라 부른다. 1978년부터 북극해의 얼음 덮인 면적을 위성으로 감시해왔는데 갈수록 빠른 속도로 줄고 얼음의 두께도 얇아지고 있다(**그림 16.23**). 지난 10년간만 해도 북극해에서 200만 km^2 면적의 얼음이 사라졌다. 실제 2012년도 여름철에 북극해 해빙의 면적은 위성 감시가 시작된 이래 최소로서 30년 전에 비해 절반으로 줄었다. 또한 북극에서 두꺼운 다년생 얼음은 사라지고 여름철 녹는 계절을 넘길 가능성이 적은 보다 얇은 단년생 얼음으로 대체되고 있다. 결과적으로 북극의 얼음은 현재 비정상적으로 얇고 펼쳐져 나가서 여름이면 심지어 북극점에서조차 얼음이 사라지는 등, 얼음이 없는 넓은 빈터가 나타나게 한다. 최근의 방증 자료 연구에 따르면 현재의 북극 해빙의 감소는 적어도 지난 1,450년 동안 유례가 없는 것으로 나타났다.

기후 모형들은 지구온난화로 벌어지게 될 가장 확실한 사건으로 북극해 얼음이 사라질 것이라는 데에 대개 동의한다. 실제로 지난 15년 동안에 북극해의 얼음은 모형이 제시한 것보다 훨씬 더 빠르게 줄어들었다. 사실상 북극은 북반구 평균보다 두 배나 빨리 온난해졌다. 북극해의 얼음 덮인 면적은 주기적인 자연 변동에 의해서도 바뀌지만 지난 20년간 크게 줄어든 것은 이것만으로는 설명되지 않는다. 북극해 얼음의 녹음이 가속화된 것은 북반구의 대기 순환 양상이 바뀌면서 비정상적으로 빠른 온난화를 겪고 있는 것과 관련이 있다. 그 결과로 북극해의 수온도 올라서 얼음을 밑에서부터 녹이고 있다. 해빙이 사라지면 온난화를 부추길 수 있다. 왜냐하면 얼음이 줄면 외계로의 빛 반사도 줄어드는 양의 되먹임을 일으켜 새로 열린 해양에 열이 흡수되면서 사태를 악화시키기 때문이다. 연구자들은 북극해가 이제는 계절적 얼음으로만 덮이게 되는 전환점 또는 전적인 변화의 기로에 서 있는 것이 아닌지 두려워하고 있다. 예를 들어 일부 모형은 이르게는 2030년이면 여름에는 북극해가 얼음이 전혀 없는 곳이 될 것이란 전망을 내놓고 있다.

(a) 위성 자료에 바탕을 둔 북극해의 전망으로 30년 평균(노란 선)과 2012년 8월의 해빙 면적을 비교해 보여주고 있다. 얼음이 없는 새 북서항로가 열린 것에 주목하자.

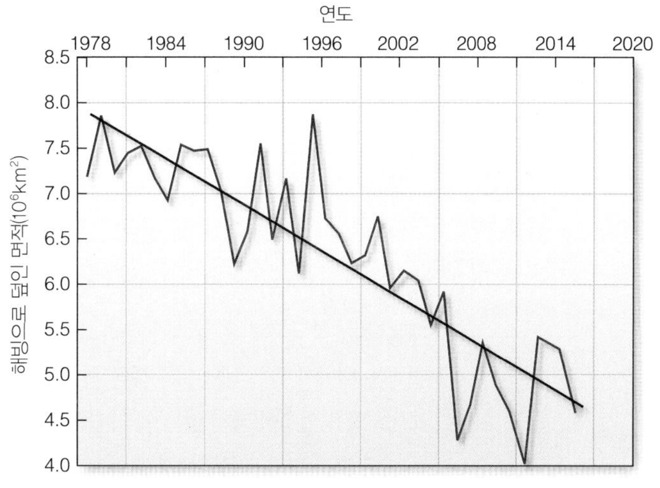

(b) 위성 자료를 바탕으로 북극해의 해빙 면적이 줄고 있음을 보인 그래프

그림 16.23 줄고 있는 북극해 해빙. 북극해 해빙의 두께와 해빙 면적이 눈에 띄게 줄어든 이유는 인간에서 비롯된 북극해 온난화 때문이다.

Web Animation
북극해 해빙 감소
https://goo.gl/ynv8dU

Web Video
사라지는 북극해 해빙
https://goo.gl/ziV50U

북극 해빙의 감소는 이미 북극 생태계에 중대한 영향을 주고 있다. 예컨대 북극곰(*Ursus maritimus*, **그림 16.24**)은 헤엄을 잘 치지만 물속에서 사냥을 하지는 않는다. 그 대신 유빙과 같은 단단한 바닥 위에서 주 먹잇감인 턱수염물범과 고리무늬물범을 사냥한다. 북극해의 얼음이 녹으면서 서식지가 줄어 북극곰은 적절한 먹이를 찾고 굴을 파는 것이 차츰 어려워지고 있다. 그 결과 북극곰은 출생률과 생존율이 개체군 수를 유지하지

학생들이 자주 하는 질문

남극대륙에 얼음이 실제로 늘고 있다고 들었습니다. 사실인가요?

꼼꼼히 따져보면 그렇긴 한데 오래 가지 않을 수도 있다. 남극 해빙이 2014년 9월에 최고 기록을 갱신했음에도 불구하고 세계 해빙은 여전히 전 세계적으로 감소하고 있다. 그것은 북극해 해빙의 큰 감소가 남극해 얼음의 작은 증가를 훨씬 초과하기 때문이다. 전반적으로 극지방의 얼음은 대기와 해양의 온도가 높아짐에 따라 여전히 줄어들고 있다. 그런데 미래에 서부 남극대륙의 대형 빙붕(얇아지고 부피가 줄고 있음)의 일부를 급격하게 잃게 된다면, 양 극지방은 빠른 얼음 유실 상태에 놓이게 될 것이다.

그림 16.24 서식지 파괴로 생존을 위협받고 있는 북극곰. 북극곰은 떠 있는 해빙에 의존해서 먹이도 잡고 굴도 짓는다. 북극의 해빙이 줄면서 서식지가 파괴됨에 따라 북극곰은 2008년도에 멸종위기종으로 지정되었다.

못할 정도로 떨어질 수도 있게 되었다. 서식지 파괴가 심각해서 2008년도에 북극곰은 미국 멸종위기종법에 따라 멸종위기종으로 등록되었다. 연구에 따르면 이번 세기 중반에 이르면 북극곰의 여름 서식처인 해빙이 반으로 줄어들어서 곰의 수도 현재의 25,000마리에서 2/3로 줄 것이라 한다.

그에 더해 자급자족에 의존하는 북극의 주민도 해빙이 준 것에 영향을 받는다. 주민의 식량원 가운데 몇몇은 지금은 구하기가 어려워졌는데, 이는 바닷가에서 잡히던 것들이 얼음을 좇아 먼바다로 가버렸기 때문이다. 북극 주민은 날씨가 변하고 있다고 주장하며 최근의 연구는 그들의 관찰을 뒷받침한다. 연구 결과는 해빙이 적은 해일수록 북극 폭풍이 훨씬 세다는 것을 보였다. 하나 새로 생긴 기회는 북태평양과 북대서양을 얼음이 거의 없는 북극해를 통해 연결시키는 북서항로가 열리는 것이다(그림 16.23a).

이런 모든 변화가 북극에서 벌어지고 있는 한편에 남극 대륙에서도 특히 남극반도가 있는 서부 남극에서 종류는 다르지만 역시 극적인 변화가 일고 있다. 제6장에서 소개한 바와 같이 남극 빙하는 다수의 빙산을 만들어낸다. 최근에 남극에서는 미국의 작은 주만큼이나 큰 빙산이 만들어지는 수가 불어났다. 예를 들어 남극반도의 라르센 빙붕은 2002년도에 두 달 만에 3,250km²에 달하는 얼음이 깨진 것을 포함해서 지난 10년 동안에 40%나 줄었다(그림 6.27d 참조). 남극은 2006년도에는 2,000억 톤에 가까운 얼음을 잃었다. 2008년도에 윌킨스 빙붕은 열흘 만에 400km²의 얼음을 잃었다. 서부 남극에서 빠르게 움직이는 빙하 가운데 가장 큰 파인 섬의 빙하가 얇아지는 속도는 1995~2006년 사이에 네 배로 빨라졌다. 지난 30년 사이에 남극대륙에서는 열 차례에 걸쳐 대형 빙붕 유실 사건이 벌어졌다. 근 400년 동안에 안정세를 보였던 존스, 라르센 A, 뮐러 그리고 워디 빙붕이 사라졌다. 과학자들은 이러한 재앙적인 빙붕 후퇴를 남극의 온난화 탓으로 돌리고 있다 — 서부 남극과 남극반도는 전 세계적으로도 높은 온난화를 겪는 중이다(그림 16.20 참조). 실제로 남극대륙은 1957년 이후로 10년에 0.12°C 속도로 온도가 올라서 평균해서 0.5°C가 올랐다(**그림 16.25**). 서부 남극의 일부 지역은 몇 배나 더 빨리 온난화되고 있다. 예를 들어 서부 남극의 버드 관측소에서 1958년 이래로 계속 재오고 있는 온도 기록을 분석한 결과 온도가 2.4°C 올라서 지구온난화가 가장 빠른 곳 중 하나로 드러났다.

해양산성화

인간이 대기에 이산화탄소 양을 늘려 놓은 것이 해양의 화학과 해양생물에 심각한 피해를 불러올 수 있다. 최근의 연구에 따르면 화석연료를 태워 내보낸 이산화탄소의 절반에 조금 못 미치는 양이 대기에 머

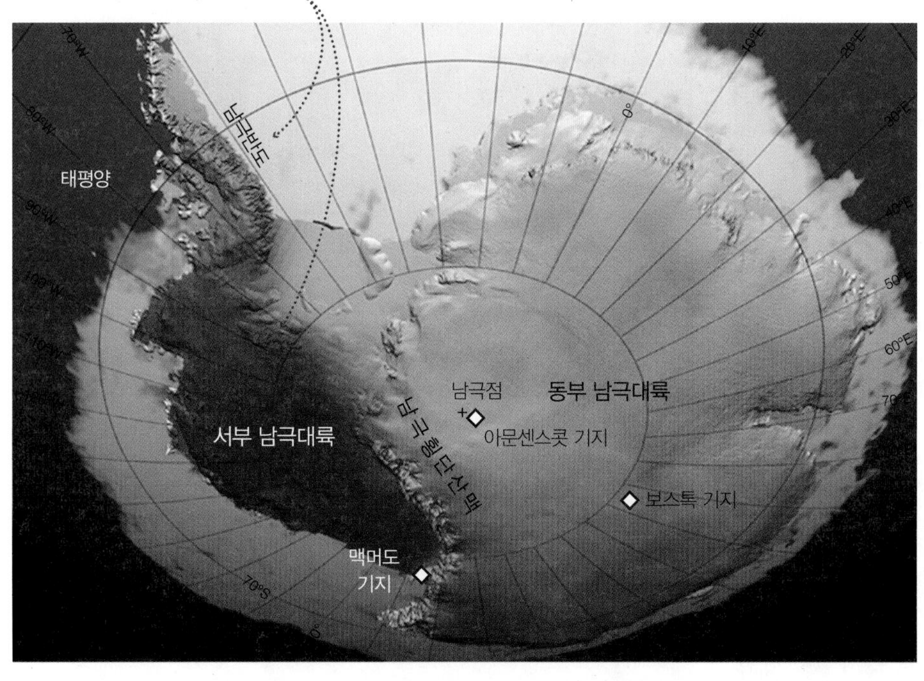

그림 16.25 남극 대륙의 온난화 추세. 위성 영상은 1957년 이후로 남극대륙이 온난화된 정도를 보여준다. 위성으로 얻은 자료를 기상관측소 측정값으로 보정한 것이다.

무르고 있고 1/3가량은 표층 해수에 쉽게 녹아 들어서 현재 해양에 갇혀 있다. 이러한 '제거'는 지구온난화를 줄여주지만 그 대가로 해양은 산성화되고 있다.

이산화탄소가 대량으로 해양에 들어오면 해수가 지닌 자연적인 완충 능력을 초과한다.[8] 흡수된 이산화탄소는 해수 안에서 비교적 약산인 탄산(사람들이 탄산 음료를 줄곧 마셔대는 이유임)을 만든다. 하지만 탄산이 만들어지면 해양의 pH를 낮추고[즉 **해양산성화**(ocean acidification)라 부르는 과정을 통해 산도를 높임] 탄산이온과 중탄산이온 사이의 균형이 바뀌게 된다. 표층 해수는 산업혁명 이래 상당량의 이산화탄소를 흡수해서 이미 pH가 0.1 눈금만큼 줄었다. 0.1 눈금은 적게 들리지만 pH 눈금은 로그 척도여서(지진의 강도를 표시하는 리히터 눈금도 로그 척도임) 수소이온이 30% 많아진 것에 해당한다—pH가 한 눈금이 작아질 때마다 수소이온의 농도는 열 배씩 불어난다. 연구에 따르면 북태평양은 지난 20년 사이에 pH가 0.04 눈금만큼이나 줄었다.

산도가 높아지고 뒤따라서 해양의 화학적 성질이 바뀌면서 쉽게 녹게 된 탄산칼슘으로 단단한 부위를 만들어내던 생물이 어려움에 봉착하게 되었다.[9] pH가 낮아짐에 따라 석회질을 분비하는 여러 종류의 생물이 위협을 받게 되었는데, 여기에는 석회비늘편모조, 유공충, 익족류 달팽이, 석회질 조류, 성게, 연체류와 산호충이 포함된다(**그림 16.26**). 이들 생물은 다른 생물에게 먹이가 되며 서식지를 제공하기 때문에 이들이 몰사하면 생태계 전반이 흔들리게 된다. 예를 들어 연구 결과에 따르면 미래에 예상되는 해양 산도는 남극의 크릴새우가 부화하는 것을 방해해서 남극의 먹이망 전체에 영향을 줄 듯하다. 다른 연구에 따르면 지난 20년 동안에 해양산성화로 말미암아 호주의 대보초에서 산호의 성장이 15%나 줄어들었다고 한다. 그리고 해양의 미래 산도를 모방

Interdisciplinary Relationship

8 해양의 완충 시스템과 pH 척도에 대해서는 제5장 5.5절을 참조하라.

9 화학적으로 산도가 높은 물에는 탄산이온과 결합할 수소이온이 많다. 이것은 석회질 분비 해양생물이 껍데기를 만들 때 쓸 탄산이온이 줄게 됨을 뜻한다.

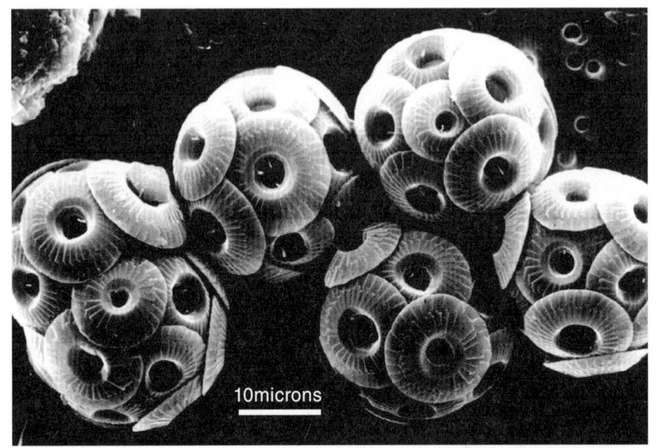

(a) 석회비늘편모조, 식물플랑크톤의 한 부류

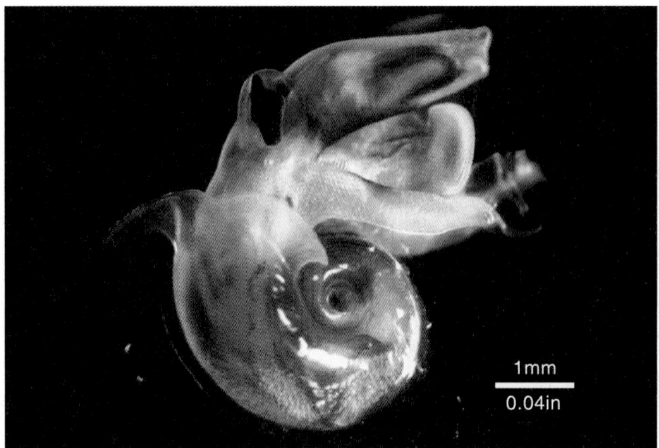

(b) 익족류, 껍데기를 지닌 작은 헤엄치는 달팽이로 동물플랑크톤의 일원임

(c) 성게, 해저를 기어다님

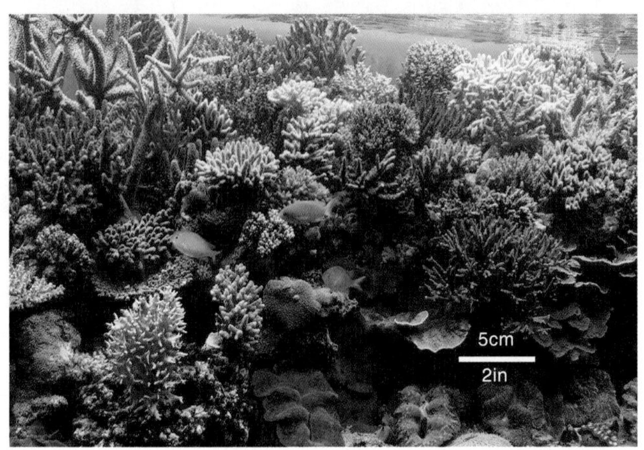

(d) 산호, 열대 해역에서 자람

그림 16.26 해양 산성화로 영향을 받는 생물의 예. 여러 종류의 생물이 해수에 잘 녹는 탄산칼슘으로 골격이나 껍데기를 만든다. 해양 산성화가 진행되면 이들과 다른 여러 생물들이 석회질로 딱딱한 몸체를 만들고 유지하기가 점점 어려워질 것이다. https://goo.gl/ywiOoA

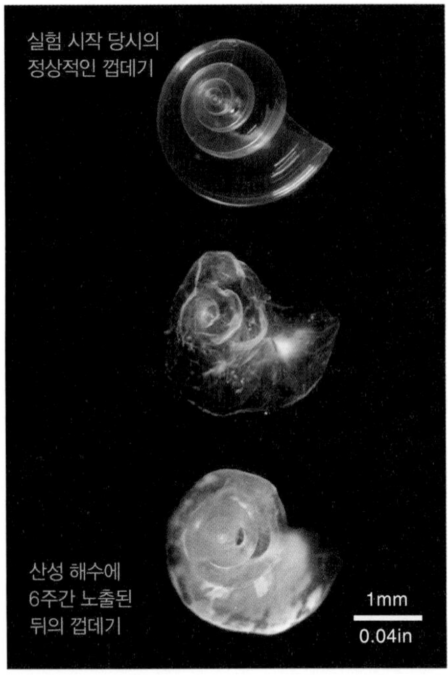

한 조건에 생물을 노출시키는 실험실 실험은 방해석-분비 생물의 껍데기에 부정적인 영향을 주는 것을 분명히 보여준다(**그림 16.27**).

해양 산성화는 탄산칼슘으로 단단한 부위를 만드는 생물 말고도 많은 생물에 영향을 준다. 연구에 따르면 해양 산도가 증가하면 껍데기를 갖든 그렇지 않든 모든 해양 동물의 기본적인 신체 기능을 방해할 수 있다. 예를 들어서 산성수에 노출된 대서양 대구(*Gadus morhua*)의 유생은 여러 내부 장기에 심한 조직 손상을 입어 사망률이 증가한다는 연구 결과가 있다. 산호초에 서식하는 동가리와 자리돔에 대한 다른 연구 결과에 따르면, 이산화탄소가 주입된 물에 노출되면 물고기는 학습 장애와 포식자의 냄새를 찾아 나서는 등 이상한 행동을 보인다. 산성수에 노출된 해양생물에 대한 또 다른 연구는 번식 성공률의 감소를 보여주었다. 해양산성화는 성장, 행동, 생식과 같은 원천적인 프로세스를 방해함으로써 해양 동물의 건강과 심지어 종의 생존을 위협한다.

Interdisciplinary Relationship

그림 16.27 산성인 물에 용해된 익족류. 이산화탄소 배출이 지속될 때 2100년에 예상되는 표층수의 산도를 가진 해수에 남극산 익족류를 넣고 6주간 껍데기가 녹는 경과를 관찰한 결과

Web Animation
또 다른 이산화탄소 문제 — 해양산성화
https://goo.gl/OOAagg

해양에서 이산화탄소의 예상되는 증가와 그에 따른 산도의 강화(pH 감소)는 **그림 16.28**에 보였다. 그래프는 인간에 의한 이산화탄소 배출이 현재 추세대로 이어진다면 2100년이 되면 pH는 0.3 눈금만큼 줄어들 것으로 예상되는데, 일부 연구에서는 0.6 눈금만큼 줄 수도 있다고 보고하였다. 적은 예상값만큼만 변하더라도 그 정도 해양 pH의 감소는 산업화 이전 시대의 수소 이온 농도의 100% 증가에 해당한다. 이에 더해 우려되는 사실은 심해 순환 때문에 궁극적으로는 심해조차 산성화될 것이라는 데 있다. 심해 생물은 변화가 거의 없는 안정한 서식지에 적응하고 살고 있기 때문에 변화에 대한 대비가 부실하다.

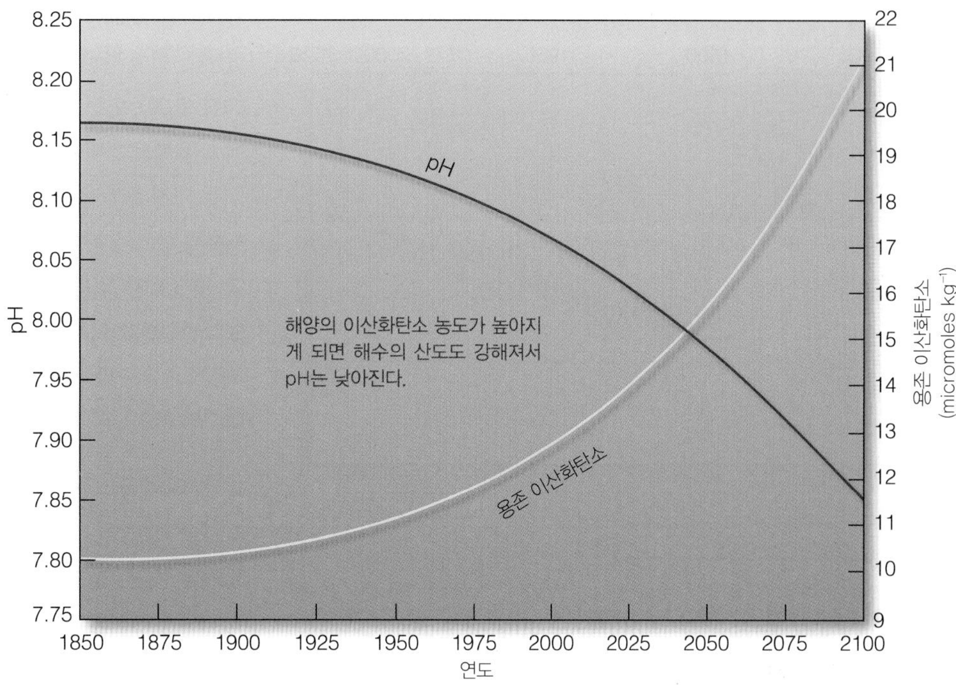

그림 16.28 해양의 용존 이산화탄소와 pH의 과거와 예상되는 미래.

지질학적 증거는 예상되는 것과 크기가 비등한 해양 pH 변화가 많은 생물 종, 특히 바닥에 사는 생물을 몰살시켰다는 것을 보여준다. 과학적 연구에 따르면 오늘날 해양 화학의 변화는 지구상에서 전례가 없는 것이다—지난 3억 년간의 지구의 역사를 분석해본 결과 해양 화학이 오늘날처럼 빠르게 변하는 시기를 찾지 못했다.

몇 가지 요인이 해양에 이산화탄소가 흡수되는 양과 대기에 남는 양에 영향을 준다. 해양과 대기는 이산화탄소의 양대 저장고인데 이 둘에 고르게 배분되지는 않는다. 그 까닭은 이산화탄소는 해수에 쉽게 녹아들어서 그 결과로 해양에 들어 있는 이산화탄소의 양이 대기보다 월등하게 많다.[10] 대기에서 해양에 녹아드는 이산화탄소의 양은 해수의 화학적 성질에 따라 달라지는데, 여하튼 양의 되먹임에 의해 조절된다. 양의 되먹임 예 하나를 들어보면 해수가 이산화탄소 포화에 가까워지면 흡수가 줄게 되어 대기에 남는 이산화탄소가 늘게 되는 것이다. 다른 양의 되먹임은 해양이 온난화되면 기체를 용해하는 능력이 줄어들어서 해양으로 가는 이산화탄소의 양도 줄게 되는 것이다. 또 다른 양의 되먹임으로 심해의 해수가 표층 해수와 섞이는 속도가 있다—혼합 속도가 빠를수록 대기로부터 이산화탄소의 흡수가 촉진될 것이다. 예상대로 심해 순환이 느려진다면 이산화탄소의 흡수도 더뎌질 것이다. 또한 또 다른 양의 되먹임은 해양산성화가 해양생물이 탄산칼슘으로 된 단단한 조직을 만드는 능력을 억제하므로 생물에 의해 탄산칼슘 형태로 이산화탄소가 생물에 저장되고 환경으로부터 효율적으로 제거되는 것이 줄어든다는 것이다. 이러한 모든 양의 되먹임고리들은 현재 방출되는 이산화탄소 가운데 더 많은 부분으로 하여금 대기에 머물게 해서 추가로 인위적 온난화를 일으킬 수 있다.

해수면 상승

전 세계 조위 자료를 분석한 결과를 보면 지난 100년 동안에 해수면이 10~25cm만큼 높아졌다. 조위 관측이 19세기까지 거슬러 올라가는 관측소의 자료를 분석해보면 지난 150년 동안에 40cm나 올라간 곳도

10 이산화탄소가 머무는 세 장소—대기, 해양, 생물권 가운데 약 93%가 해양에서 발견된다. 이에 비해 대기에는 가장 조금 들어있다.

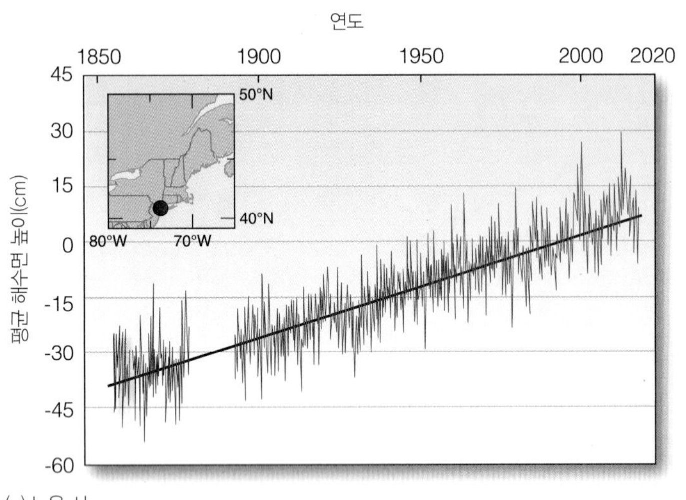

(a) 뉴욕 시

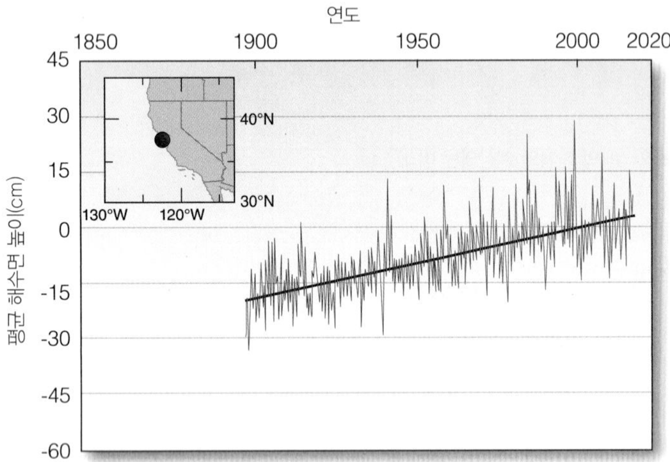

(b) 샌프란시스코, 캘리포니아

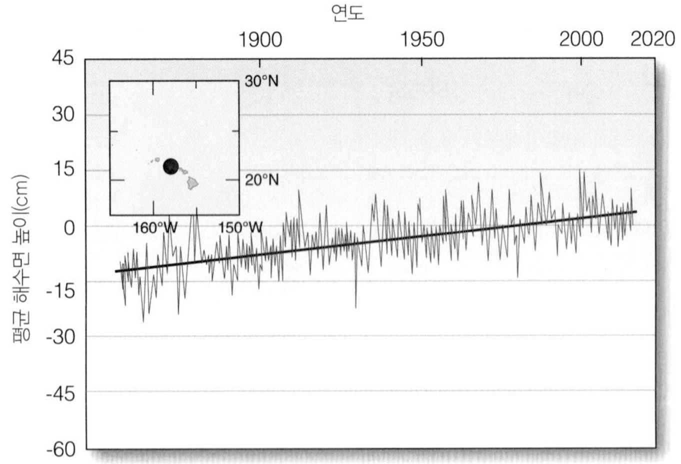

(c) 호놀룰루, 하와이

그림 16.29 조위계 자료에서 추출한 상대적인 해수면 상승. (a) 뉴욕 시 (b) 샌프란시스코 (c) 하와이의 호놀룰루의 해수면 자료는 모두 해수면이 상승한 것을 보여준다. 상승분의 일부는 지역적 요인 때문이지만(지판의 이동에 따른 지판의 고도 변화나 지각 평형 조절에 따른 것) 대부분은 육지의 빙관과 빙하가 녹아서 물이 불어난 것과 해수의 온난화에 따른 열 팽창이 주원인이다.

있다(**그림 16.29**). 1993년부터는 위성에 탑재한 고도계로 관측하고 있는데, 이에 따르면 지구의 평균 해수면 상승률은 1년에 3mm이다(**그림 16.30**). 연구 결과로 보면 현재 상승 속도는 지난 4,000년 동안에 가장 빠르며 더 온난화되면 속도는 더 빨라질 전망이다.

두 가지 요인이 해수면 상승을 주도하고 있다. (1) 온난화에 따른 해수의 열 팽창과 (2) 육상 얼음이 녹아 해수의 양이 증가한 때문이다. 바다에 떠 있는 해빙(북극해)이나 빙붕(남극대륙)은 이미 바다에 있기 때문에 녹아도 해수면을 올리지 않는다는 점에 유의하자. 더 구체적으로 해수면을 상승시키는 요인을 크기대로 열거하면 다음과 같다(**그림 16.31**).

1. 남극대륙과 그린란드 빙상의 녹음
2. 대양 표층수의 열 팽창
3. 육상 빙하와 소규모 빙관의 녹음
4. 심해 해수의 열 팽창

전 지구 해수면 높이에 영향을 주는 추가적인 요인이 육상 담수 저장고의 크기이다. 최근의 연구에 따르면 이 저장고의 크기는 변동성이 큰데, 대체로 1900년 이후에 커졌다 — 만약 그렇지 않았다면 해수면은 더 높이 올라갔을 것이다.

현재 해수면의 상승 속도는 대수롭지 않아 보이지만 해안의 기울기가 완만한 곳에서는 조금만 올라도 영향이 심각하다. 미국의 대서양 연안이나 멕시코만 연안이 그런 곳이다. 놀랍게 들릴지 모르겠으나 해수면 상승은 어디서나 같은 것이 아니다. 예를 들어서 최근의 연구에서 케이프 코드에서 케이프 해터러스까지 미국 동부 해안을 따라서 1950년 이후 전 지구 평균보다 서너 배 높은 해수면 상승률을 겪은 지역이 확인됐다. 해수면 상승과 관련된 위험으로는 해변 침수, 해안 침식의 가속화, 소규모와 영구적인 내륙 침수, 연안 생태계의 변화, 해안 보호 습지의 유실, 파괴적인 폭우로 인한 피해 증가가 있다. 또한 지구온난화로 인해 허리케인의 강도가 세지면(앞에서 논의한 바와 같이) 홍수가 범람하고 연안 지역의 피해가 더욱 커질 수 있다. 예를 들어 해수면 상승은 2012년에 미국 동부 해안을 엄습한 허리케인 샌디에 의한 폭풍 해일을 더욱 악화시켜서 지구온난화와 폭풍 피해가 직결됨을 보여주었다.

현재의 해수면 상승 속도는 느리지만 그린란드와 남극의 빙상이 온난화를 겪게 되면 빨라질 것이다. 실제로 남극 빙상의 두께를 면밀히 측정한 바에 따르면 1990년대 이후에 연안에서 빙상이 얇아지는 속도가 두 배로 빨라졌다. 2100년이 되어도 그린란드와 남극의 빙상이 다 사라지지는 않을 테지만 지구온난화가 재앙적인 대규모로 얼음을 쏟아낼 위험이 있다. 최근 연구에서 만약에 서부 남극의 빙상이 붕괴되면 해수면이 3.2m나 오를 것이라 추정하였다.

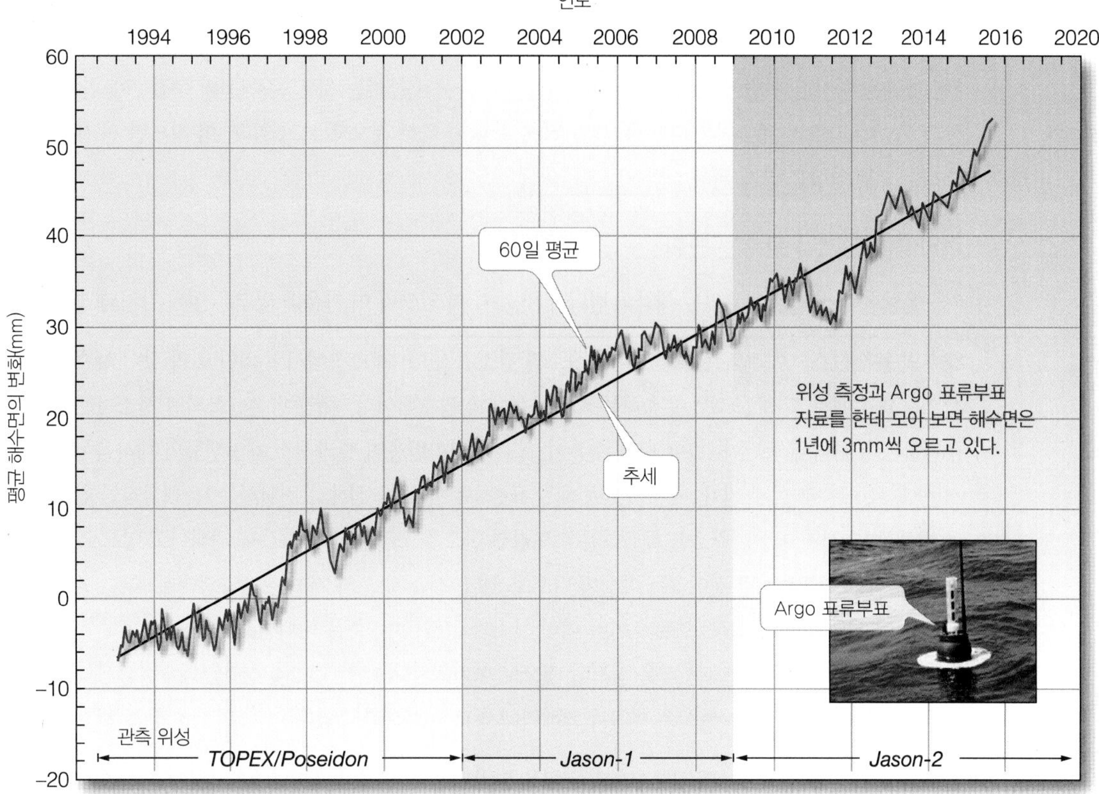

그림 16.30 위성으로 측정한 해수면 상승. TOPEX/Poseidon, Jason-1, Jason-2 인공위성의 레이더 고도계 자료와 Argo 표류부표(삽입 사진, 제7장 참조) 자료를 합쳐본 결과 1993년 이래 해수면이 연간 3mm 상승한 것으로 나타났다. 과학자들은 얼음이 녹은 것과 해양이 대기로부터 넘치는 열을 흡수함에 따라 일어난 열 팽창이 상승에 각각 절반 정도 기여한 것으로 보고 있다.

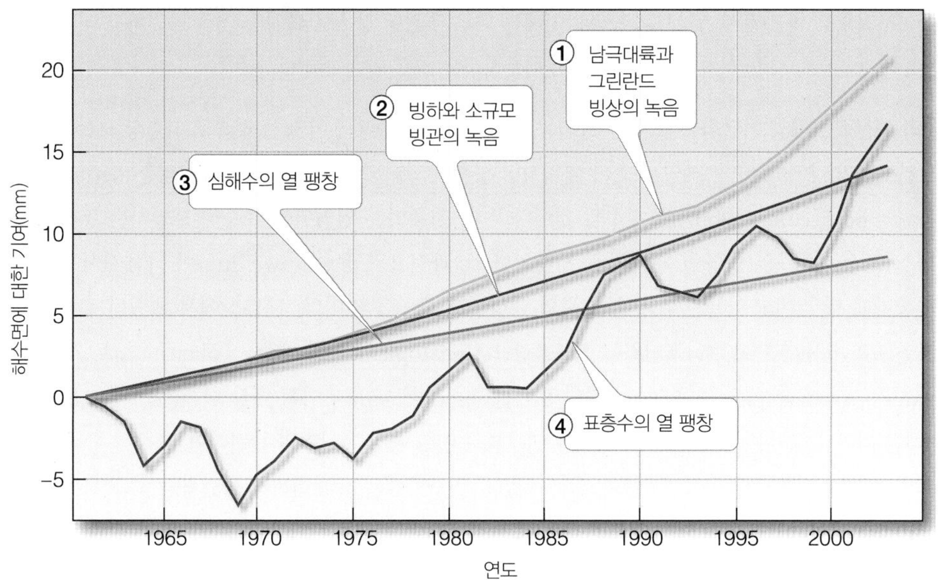

그림 16.31 전 지구 해수면 상승에 기여하는 주 성분. 그림의 각 선은 네 가지 요인이 각각 해수면 상승에 기여한 정도를 나타낸다. 네 성분은 (1) 남극과 그린란드 빙상의 녹음(옅은 파란 선) (2) 빙하와 소규모 빙관의 녹음(짙은 파란 선) (3) 심해수의 열 팽창(갈색 선) (4) 표층해수의 열 팽창(붉은 선)이다. 그림에 빠진 것은 육상의 담수 저장이 늘어난 부분으로 이는 해수면 상승을 줄여준다.

요약
지구온난화로 인한 해양의 변화에는 해수 온도 상승, 태풍 활동의 강화, 심층 해수 순환의 변화, 극지방의 얼음 융해, 해수의 산도 증가, 해수면 상승 등이 포함된다.

모형에 따르면 지구온난화가 강화됨에 따라 해수면 상승도 빨라질 것이다. 열 팽창과 빙상의 영향을 함께 고려한 연구는 2100년까지 0.6~1.6m 사이로 해수면이 상승할 것이라는 전망을 내놓았다. 이 정도면 저지대에는 심각한 위협이 된다. 연안역이 개발되어 사람이 몰리는 것도 문제를 더 복잡하게 만든다. 더 장기 전망에 따르면 해수면은 다음 두 세기 뒤엔 수 m 올라갈 것으로 보고 있다. 이 정도면 전 세계 임해 도시는 모두 영향을 받게 된다.

기타 예상되거나 관측된 변화

지구온난화의 결과로 예상되는 해양의 변화가 몇 가지 더 있으며 이 가운데 몇몇은 벌써 감지되고 있다.

해수의 용존산소 예견되는 변화로 용존산소의 감소가 있다. 제12장에서 논의한 바와 같이 해수의 용존산소는 해수에서 직접 산소를 추출하는 해양동물에게 필수적이다. 해양이 온난화되면 산소를 보관하고 운반하는 능력이 위축된다. 그에 반해 수온이 오르면 화학반응이 빨라져서 해양생물의 대사율이 높아져서 산소 요구는 더 늘게 된다. 게다가 따뜻해진 표층수는 산소를 심해로 전달하는 데 핵심적인 침강 과정을 방해한다. 현재 이산화탄소를 배출하는 속도라면 산소가 고갈된 곳이 표층에 나타나고 앞으로 수천 년에 걸쳐 심층으로 진행될 것이라는 예상이 나오고 있다. 산소 수준의 저하는 해양생태계에 극적인 결과를 몰고 올 것으로 보이며 이미 산소가 고갈되어 '죽은 바다(dead zone)'를 경험한 바 있는 연안역에선 더욱 심각할 것으로 여겨진다(제13장 13.2절 참조). 해수에서 용존산소가 감소하는 현상은 연안과 외해역에서 모두 기록되고 있다.

풍속과 파고 풍속과 파고도 기후변화의 영향을 받았다. 최근에 23년간의 위성 고도계 측정을 분석한 비에 따르면 전 세계적으로 바람이 많아지고 있고 특히 센 바람이 가장 잦아졌다. 연구에 따르면 파고가 전 세계적으로 높아지지는 않았지만 큰 파도의 파고는 고위도에서 약간 증가했다.

홍수림의 서식지 이동 플로리다의 홍수림도 이동 중에 있다. 1984년부터 2011년까지 위성 영상을 비교한 연구에 따르면 플로리다의 맹그로브는 미국 동부 해안을 따라 북쪽으로 약 12km만큼 이동했다. 홍수림의 번창으로 염습지가 희생을 치렀는데 이는 보통 맹그로브에게는 너무 추운 곳에서 번성한다. 연구자들은 역사적으로 겨울에 맹그로브가 생존하기에는 너무 추웠던 장소로 확장한 것을 발견하고 이제 겨울 추위도 맹그로브의 성장을 지지하기에 충분히 따뜻하다는 것을 알게 되었다.

해양의 생산력 해양 온난화의 또 다른 효과는 해양의 생산력을 바꾸어 놓는 것으로 사실상 모든 해양생물의 분포가 영향권에 든다. 해양 표층이 데워지면 성층이 강화되어 보다 강력한 **수온약층**(thermocline: *thermo* = heat, *cline* = slope)이 형성될 것이다.[11] 이 성층화는 영양염이 표층에 도달하는 것을 어렵게 만들고 심층수와의 영양염 재순환을 제한한다. 결과적으로 **용승**(upwelling)이 약해져서 생산력이 떨어지게 될 것이고 표층으로 용승한 물의 영양염도 줄어들 것이다. 제13장에서 배웠던 것을 돌이켜 보면 **규조**나 **석회질편모조**를 포함하는 **식물플랑크톤**(phytoplankton: *phyto* = plant, *planktos* = wandering)은 해양 먹이그물의 토대를 이루어서 나머지 어획 대상 어류를 포함하는 커다란 생물을 먹여 살린다. 실제로 연구들은 이미 해양 온난화와 관련하여 전 지구의 식물플랑크톤 생체량이 줄었음을 보여주었다. 연구자들은 2100년까지 산업혁명 이전에 비해 생산력이 많게는 20% 정도 줄 것으로 예측한다.

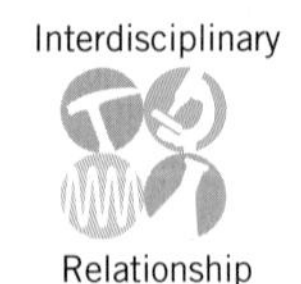

해양생물에 주는 영향 수온이 오르는 것은 생물에 직접 영향을 주게 된다. 여러 부류의 식물플랑크톤을

11 온도가 가파르게 바뀌는 수온약층에 대한 상세한 내용은 제5장의 5.7절을 참조하라.

비롯하여 많은 생물들이 온도 변화에 민감하다. 예를 들어 북대서양의 식물플랑크톤에 대한 대규모 연구는 온난화가 예전의 냉수역에서는 식물플랑크톤의 양을 늘리고 난수역에서는 줄였다는 결과를 보여주었다. 최근의 캘리포니아 외해역 연구에서는 지난 1,400년 동안에는 관측되지 않던 온난화가 심층수로 깊이 침투하는 바람에 냉수종이 줄어든 것으로 나타났다. 지난 수십 년 동안에 표층수가 찬물에서 따뜻한 물로 바뀌면서 난수성 어류가 25종이나 추가되었다.

해양 온난화에 따라 해양생물은 깊은 곳이나 극 지역으로 이주하기 시작했다. 이를 입증이라도 하듯이 북해에 서식하는 어종 조사에서 대구, 민대구와 아귀처럼 상업적으로 중요한 어종 다수가 멀게는 북쪽으로 800km나 이주했다고 보고했다. 보고서는 만약 기후변화의 추세가 이어진다면 몇 종은 2050년이면 북해에서 완전히 자취를 감출 것이라고 강조했다. 다른 보고서는 예상대로 진행된다면 해양 어업에서 고위도 지방은 이득을 보게 될 것이고 따뜻한 열대 해역은 아마도 어군이 줄어드는 피해를 입을 듯하다고 하였다. 다른 사례를 보면 난수종들이 수백만 년 동안 이전에는 접근할 수 없었던 찬물로 이동하고 있다. 예를 들어 왕게(*Neolithodes yaldwyni*)는 남극 해역에 침입하여 해삼, 바다나리와 거미불가사리 같이 집게발을 가진 포식자에 대해 거의 저항하지 못하는 연약한 생물을 먹어 치우고 있다. 이 같은 변화는 해양 생태계의 건강과 해양 어업의 지속 가능성에 심각한 영향을 미친다.

요약

기후변화는 해양 생태계 전반을 포함하여 해양의 물리적 특성을 확실히 근본적으로 바꾸어놓고 있다. 과학계는 인위적인 온실효과가 해양 시스템의 갑작스럽고 예기치 못한 변화와 같은 좋지 못한 놀라움을 가져다주지 않을까 크게 우려하고 있다.

개념 점검 16.4 | 지구온난화의 결과로 비롯된 해양의 변화를 구체적으로 찾아보라.

1. 지구온난화 때문에 이미 해양에서 발생하고 있는 변화를 몇 가지 기술하라.
2. 북극 지역에선 왜 지구온난화의 영향이 가장 민감하게 느껴지는가? 북극곰들이 지구온난화로 위협받는 이유는 무엇인가?
3. 대기 중의 과량의 이산화탄소가 해수의 pH에 미치는 영향을 설명하라. 해양 산도가 증가하는 것이 문제가 되는 이유는 무엇인가?
4. 전 세계적인 해수면 상승에 기여하는 요인은 무엇인가? 조위 측정 결과로 보면 지난 150년간 해수면이 얼마나 상승했는가?

16.5 온실기체를 줄이기 위해서 어떤 조치를 취해야 하는가?

수많은 과학적 연구가 인간이 배출한 온실기체 때문에 지구가 더 뜨거워졌다는 데 동의한다. 최근에는 인간에서 비롯된 지구온난화와 그에 따르는 부작용에 맞대응하기 위해 인위적으로 기후계를 조작하는 방안에 대해 심각하게 논의하고 있다. **지구공학**(global engineering 또는 geoengineering)에 대해서는 말이 많다. 종류에 관계없이 지구공학에 대한 공통적인 우려로 지구 규모로 지구 시스템을 의도적으로 바꾸어놓는 것에 대한 정당성 여부, 만에 하나 있을지 모르는 위험하고 예측을 벗어난 부작용 촉발, 지속적 조작 필요성 여부, 시행 비용의 부담 주체 등이 지적됐다. 게다가 지구공학을 회의적으로 보는 진영에서는 당장 대기로 내뿜는 온실기체를 줄이는 것이 인위적인 기후변화를 줄이는 가장 시급한 사안인데, 지구공학이 그럴 필요가 없게 하는 것을 못마땅하게 여기고 있다.

지구공학의 제안은 대개 두 부류에 속한다. (1) 지구로 입사하는 햇빛을 줄이기 아니면 (2) 대기에서 온실기체를 추출해서 다른 곳에 장기 저장하기이다. 첫 번째 제안의 예로 대기에 황산염 에어로졸을 뿌려서 대형 화산이 지구를 냉각시키는 것을 흉내내거나 수천 개의 반사체를 궤도에 올려놓아 햇빛을 가리자는 것이 있다. 두 번째 제안의 예로는 대기에서 이산화탄소를 뽑아내서 땅속이나 심해에 묻자는 것이 있다. 전체적으로 제법 효과적이고 이득이 된다 할지라도 지구공학은 온실기체 배출 증가로 인한 심각한 영향을 모두 경감할 것 같지는 않다. 예를 들어

16.1 Squidtoons

https://goo.gl/273oTP

지구에 도달하는 햇빛의 양을 줄이려는 노력은 해양산성화의 피해를 줄여주지는 않을 것이다.

기후변화의 위협은 여전히 심각하다. 인위적인 배출을 줄이기 위한 협약이 논의되고 있으며, 대체로 최후의 수단으로 간주되기는 하지만 지구공학적 제안도 나왔다. 예를 들어 2014년에 발간된 다섯 번째 IPCC 평가보고서는 국가가 기후변화의 영향을 완화하려면 기후 피해에 적응하고 극한 기후 관련 사건을 피하기 위해 지구공학과 같은 가능한 비상 대책을 고려해보도록 권고했다.

이 절에서는 지구온난화를 감소시키는 해양의 역할, 해양이 관여된 몇몇 지구공학적 제안 그리고 인위적 배출을 줄이기 위한 국제적 합의에 대해 알아보자.

지구온난화를 줄이는 해양의 역할

해양은 스스로 이산화탄소를 대기로부터 엄청나게 흡수하기 때문에 지구온난화를 줄이는 데 큰 몫을 한다. 실제로 해양-대기 시스템에 있는 이산화탄소 거의 모두가 해양에 있는데, 이산화탄소가 물과 반응을 일으켜 탄산을 만들어내서 용액에서 물에 녹은 이산화탄소를 제거하는 것이 주원인으로서, 그 결과로 이산화탄소는 물에 더 녹아들게 된다. 실제로 이산화탄소는 다른 기체보다 물에 30배가량 더 잘 녹는다. 현재 인간이 배출한 이산화탄소 가운데 절반에 조금 못 미치는 양이 대기에 머물고 있고 1/3은 해양이 흡수했으며 나머지는 육상 식물이 흡수했다.

해양의 생물펌프 해양으로 들어온 이산화탄소에게 어떤 일이 벌어질까? 대부분은 광합성이나 석회질 분비를 거쳐서 생물의 몸을 이룬다. 게다가 이산화탄소는 대기에서 해양으로 아주 효율적으로 순환한다. 실제로 과거에 화산이 내뿜은 이산화탄소의 99%가 넘게 해양으로 제거되어 생물기원 탄산칼슘이나 화석연료로 해저에 묻혀 있다. 그러니까 해양은 이산화탄소를 빨아들이고 환경에서 제거해서 해저의 퇴적물로 묻어버리는 보관소(제거자) 역할을 한다. 이런 방식으로 진광층(euphotic zone)에서 심해로 물질을 제거하는 것을 **생물펌프**(biological pump)라 한다. 이산화탄소와 영양염을 표층에서 심층수와 해저 퇴적물로 강제로 수송하기 때문에 '펌프'라 불리게 되었다(**그림 16.32**). 그러나 이 장의 앞에서 지적했듯이 해양이 더워지고 산성화되면 이산화탄소를 제거하는 생물펌프는 약화될 것이다.

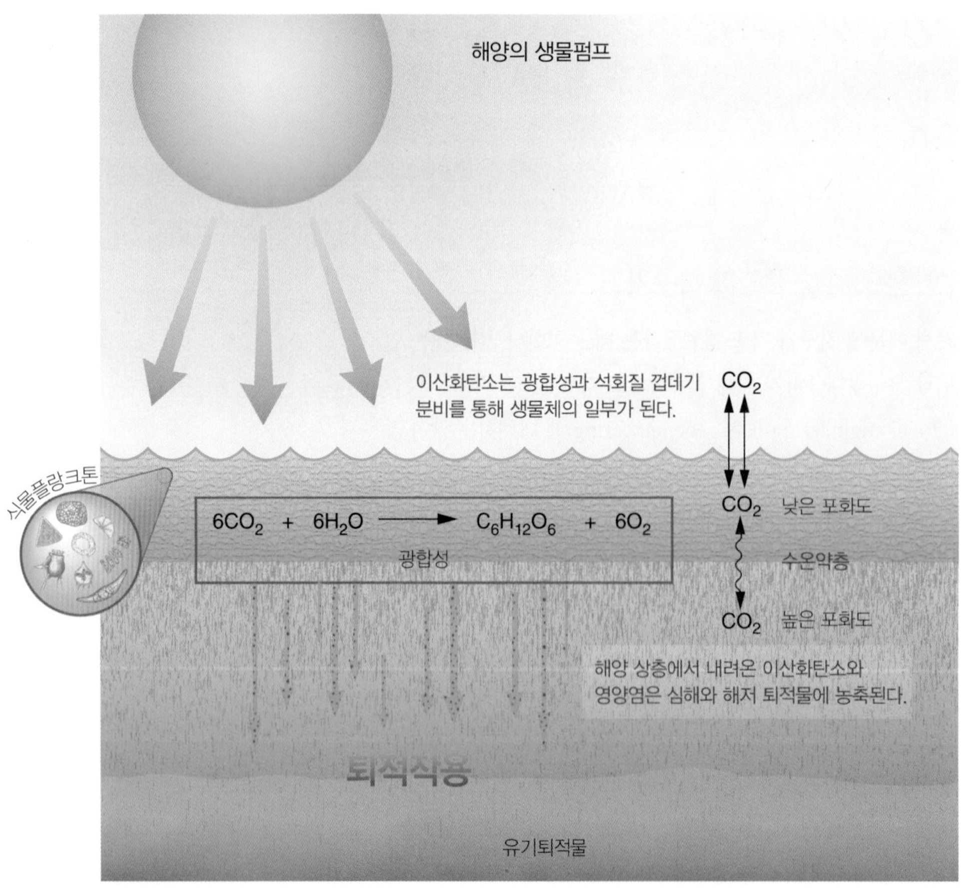

그림 16.32 해양의 생물펌프. 대기의 이산화탄소를 제거하는 생물펌프의 개략적인 그림

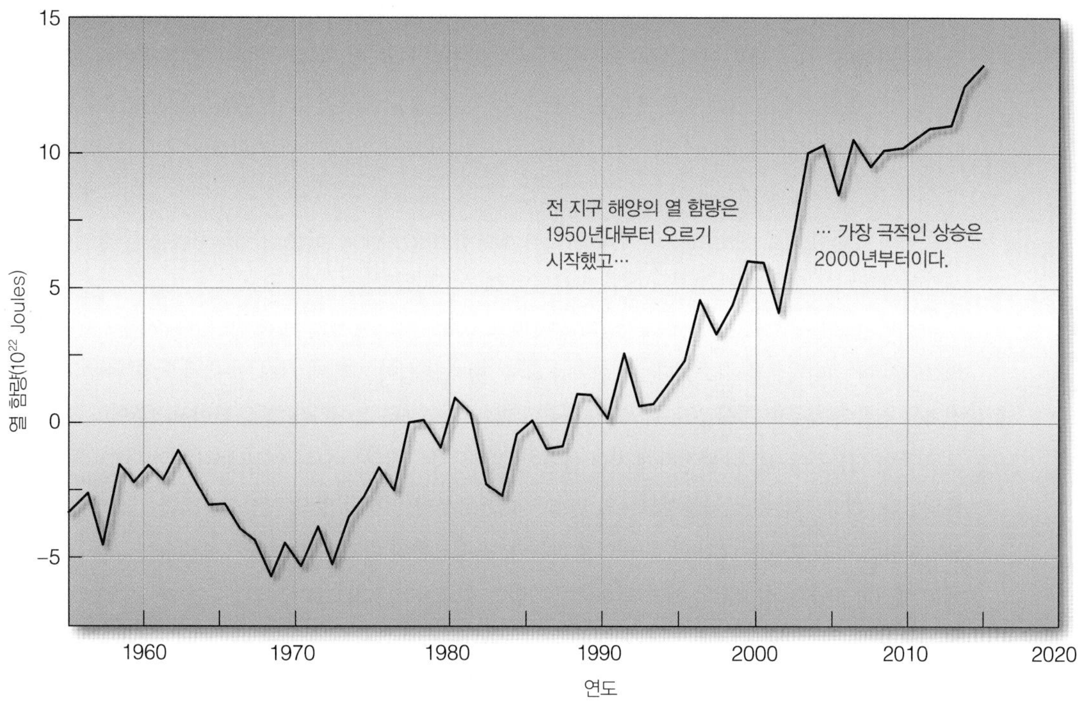

그림 16.33 해양의 열 함량. 1950년대 이래 해양의 열 함량이 어떻게 증가했는지를 보인 그래프. 곡선의 단기 변동성은 해양 열 함량의 자연적 변화를 보이는데 엘니뇨/라니냐 현상과 같은 요인에 영향을 받는다.

해양의 열 흡수 물은 특별한 열 속성[12] 때문에 온도가 크게 달라지지 않으면서도 열을 많이 흡수할 수 있다. 따라서 해양의 열 속성은 지구온난화를 줄이는 데 이상적이다. 거기에 더해 해양은 여분의 에너지를 담아두고 있는 최대 저장고이다. 해양이 없다면 온도 증가를 더욱 크게 겪게 될 것이다. 해양은 '열 스펀지'처럼 열을 흡수하는 역할을 하되 온도는 별로 오르지 않아서 체감하는 온난화를 줄여준다. 그렇다 해도 최근의 연구에 따르면 해양의 열량은 계속 늘고 있다(**그림 16.33**).

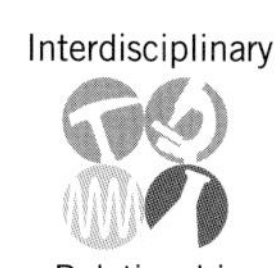

요약

해양은 생물펌프를 통해 대기 온실기체를 줄이는 데 핵심적인 역할을 한다. 또한 열 스펀지 역할을 하여 지구온난화를 최소화한다.

온실기체 감축 방안

늘고 있는 대기로의 인위적 배출을 줄이는 방안을 놓고 논쟁이 활발하다. 물론 제안 가운데 하나는 대기로 내보내기 전에 제거하는 것이다. 2015년에 백악관은 2025년까지 미국의 온실기체 배출량을 2005년 수준 대비 26~28%만큼 감축한다는 목표를 공식화했다. 그러나 여러 가지 이유로 인위적인 배출량 줄이기는 이행하기도 또 유지하기도 어려웠다. 대신에 많은 사람들이 온실기체 온난화를 막을 대체 수단을 요청하고 있다. 대기에서 인위적 배출량을 줄이기 위해 해양을 사용하자고 제안하는 두 가지 지구공학적 제안을 살펴보자.

철 가설 해양의 생산력을 촉진시켜주면 대기의 이산화탄소를 제거하는 것이 입증되었다. 규조와 같은 식물플랑크톤은 해수에 녹아 있는 이산화탄소를 흡수하여 광합성을 거쳐 탄수화물과 산소를 만들어낸다. 해양이 이산화탄소를 더 포획하여 제거하게 되면 해양은 대기에서 열을 붙드는 이산화탄소를 흡수하게 되므로 행성을 식혀준다.

열대 해역과 같이 생산력이 비교적 낮은 곳은 생산력을 촉진시켜 대기의 이산화탄소를 끌어내리기에

---

12 잠열과 같은 물의 독특한 열 속성에 대해서는 제5장의 5.2절을 참조하라.

마땅한 장소이다. 해양학자 존 마틴은 1987년에 열대 해역에는 필수 영양소인 철이 부족해서 생산력이 낮다고 판단했다. 철은 세포 안의 여러 과정에서 필요로 한다. 광합성, 호흡, 영양염 흡수가 이에 포함되는데, 하지만 철의 화학적 성질 때문에 해수에는 지극히 낮은 농도로 들어 있다. 마틴은 철을 비료로 주어 생산력이 늘어나면 대기에서 이산화탄소를 제거해서 지구온난화를 줄일 수 있다고 제안했다. 곧 바로 이 제안은 **철 가설**(iron hypothesis)이라 알려지게 되었다(**그림 16.34**). 성공을 확신한 마틴은 유명한 말을 남겼다. "내게 유조선 절반 분량의 철을 주면 다음번 빙하기를 선물하겠소." 불행히도 마틴은 외양에서 그의 제안이 시험되는 것을 미처 보지 못하고 1993년에 세상을 떠났다.

마틴의 동료들은 1993년 말에 태평양의 갈라파고스 제도 인근에서 곱게 간 철의 현탁액을 군데군데 뿌려보아서 마틴의 가설을 검증했다. 이 실험과 그 후 행해진 십여 차례에 걸친 전 세계 외양역에서의 실험 결과는 철을 뿌려주면 식물플랑크톤의 생산력이 많게는 30배나 늘어나는 것을 확인시켜주었다. 철을 비료로 주어 식물플랑크톤이 왕성하게 자란 물덩어리는 심지어 지구를 도는 위성에서도 관측되었다. 외양 실험은 식물플랑크톤의 번성이 대기로부터 엄청난 양의 이산화탄소를 제거한다는 것을 보여준 데서 더 큰 의미를 갖는다. 플랑크톤이 죽고 나면 이들이 표층수에서 제거한 탄소는 심해수와 해저 퇴적물에 가라앉게 되어 실질적으로 수세기 동안 가둬두게 된다.

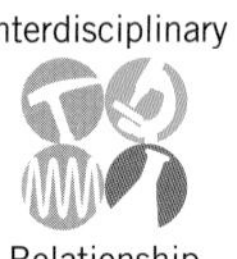

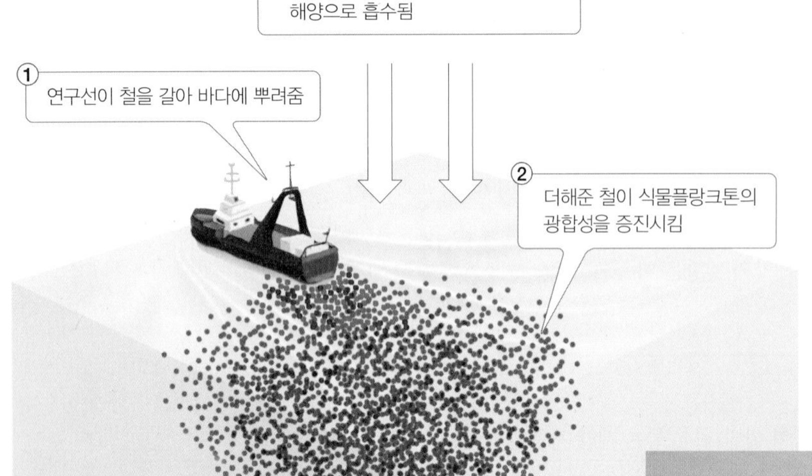

곱게 간 철을 해양에 뿌리면 식물플랑크톤의 광합성을 촉진해서 대기의 CO_2를 빨아들인다.

그림 16.34 철 가설. 해양에 필수 양분인 철을 뿌려주면 생산력이 향상되서 대기에서 열을 붙드는 이산화탄소를 빨아드린다. 이산화탄소 가운데 일부는 생체 조직, 탄산광물 껍데기나 분립으로 해저로 침강하여 주위에서 이산화탄소를 제거한다.
https://goo.gl/B6kCQE

소규모의 외양역 실험이 철을 뿌려주면 실제로 대기에서 이산화탄소를 제거함을 입증해보였지만 과학자들에게는 철을 아주 곱게 갈아서 잘 분산시키고 용액 상태로 충분히 오래 머무르도록 해서 생물이 쓸 수 있게끔 하는 임무가 남겨졌다. 그런데 보다 심각한 것은 생산력을 높여주고 해양에 이산화탄소를 많이 넣어주었을 때 생겨나는 장기적인 환경 문제이다. 예를 들어서 철을 비료로 뿌려준 곳에서 크게 번성한 식물플랑크톤이 결국은 죽어서 분해되면서 산소 고갈을 일으키기도 한다. 게다가 분해되면서 이산화탄소와 산화이질소가 방출되는데 둘 다 주요 온실기체이다. 앞서 논의한 바와 같이 해양에 이산화탄소가 많아지면 해양생물과 생태계에 문제가 되는 산성화가 벌어진다. 또 다른 문제로 해양에서 대규모의 자연 생태계의 교란을 들 수 있는데, 관련된 영향으로는 미생물 종 분포의 바뀜, 기타 영양염의 고갈, 어군의 감소가 있다. 게다가 되먹임고리를 여럿 지닌 복잡한 해양 생태계를 바꿔놓게 되면 예상 밖의 일이 벌어질 수 있다. 그럼에도 더욱 큰 규모의 실험이 제안되었으며 몇몇 민간기업은 상업적 규모로 철 시비(fertilization)를 실행하고자 관련 기술에 대해 특허를 출원했다.

잉여 이산화탄소의 해양 저장 이산화탄소를 배출하기 전에 또는 대기에서 직접 포집하여 펌프로 지하나 심해로 폐기하는 실험에 성공했다. 이산화탄소 **저장**(sequestering: *sequester* = depository)이라 부르는 이 과정은 대기의 이산화탄소를 제거해서 지구온난화를 줄이고자 하는 것이다. 그러나 매장지로 심해가 쓰일 경우에 심해 해수의 화학에 일으키는 변화와 이에 따라 생태계가 입게 될 피해가 걱정거리이다. 그에 더해 심해에도 순환이 있기 때문에 얼마나 오래 저장이 될지도 의문시된다. 하지만 이미 전 세계적으로 몇 군데 시험 장소에서 배출된 이산화탄소를 포집해서 해저의 지중 저장소에 주입하여 처분하는 것을 몇 군데서 시행 중이다.

교토의정서 : 온실기체 배출 규제

지구온난화와 그에 따르는 부작용에 대한 과학적 증거가 쌓여감에 따라 인간의 온실효과에 대한 책임을 다루기 위한 국제적 모임이 활발해졌다. 일련의 국제회의의 결과로 약 60개 나라가 자발적으로 온실기체를 줄이자는 데 합의했다. 이 합의는 **교토의정서**(Kyoto Protocol)라 불리는데(1997년 일본의 교토에서 개최된 국제회의였기 때문임), 각국의 감축 목표를 설정하고 있다. 예를 들어(인구는 5%를 차지하지만 이산화탄소 배출량에서는 16%에 이르는 미국과 같은) 선진국[13]은 2012년까지 여섯 가지 온실기체 총배출량을 1990년도 수준에 대비에 최소한 5%를 줄이도록 명시하고 있다. 2012년도는 지나갔지만 감축은 이루어지지 못했으며 조약이 준수될 수 있도록 장려하기 위해 조약은 5년에서 8년 연장되었다.

모든 국가가 조약의 목표에 동의하지는 않는다. 예를 들어 (전 세계 이산화탄소 배출량의 44%를 차지하는) 122개국이 조약을 비준했지만 미국 정부는 세계 경제에 잠재적인 해가 된다는 이유를 들어 지금까지 공식적으로 전혀 지지하지 않았다. 또한 미국은 온실기체 배출 감축에 있어 다른 국가들에 비해 뒤떨어져 있다. 그러나 미국뿐이 아니다 — 캐나다는 2011년에 교토의정서에서 탈퇴한 첫 번째 국가가 되었다.

학생들이 자주 하는 질문

철 가설은 해양에 위험한 변화를 불러올 수도 있어 보입니다. 그런데도 과학자들은 왜 이 제안을 지지하나요?

철 가설은 논쟁의 소지가 있는 제안이며, 그 영향이 광범위하고 알려지지 않은 여타 제안들과 마찬가지로 일부 과학자는 그것을 지지하고 나머지는 강하게 반대한다. 예를 들어 해양 투기를 관장하는 국제조약인 런던협약의 당사국은 철 시비를 심의하고서, 과학적 지식의 틈새를 고려할 때 아직 정당화되지 않았다고 합의했다. 또한 2008년에 유엔의 CBD(생물 다양성 협약)는 외양 시비 행위의 금지를 요청하였고, 그 여파로 2009년 독일 연구선의 해양 시비 실험이 연기되었다(프로젝트는 결국 진행되었지만, 지원 기관은 더 이상의 해양 시비 연구를 하지 않는 데 동의했다). 2010년에 CBD 국제회의 참석자들은 '뒤따르는 위험에 대한 적절한 심사숙고와 그러한 행위를 정당화할 수 있는 적절한 과학적 토대가 마련될 때까지' 지구공학적 접근에 대한 유예를 지지했다. 그러나 CBD는 통제된 여건에서 수행되는 소규모 연구에 대해서는 유예에 예외를 허락했다.

반대에도 불구하고 많은 과학자들은 지구온난화가 가속화되고 재앙적인 결과를 초래한다면 지구공학의 제안을 최후의 수단으로 동원하는 방안을 모색하는 것이 바람직하다고 생각한다. 2014년도에 발행된 5차 IPCC평가보고서에 동료평가를 거친 지구공학적 제안들을 망라하여 분석한 내용이 실렸다 — 여기에 포함된 것으로는 우주 차양으로 지구로 들어오는 태양광을 차단하기, 빛 반사 에어로졸을 대기에 주입하기, 지표의 빛반사율 높이기, 이산화탄소를 포집하여 깊은 우물 또는 심해로 주입하기가 있다.

요약

온실기체 감축안으로는 철을 더해주어서 해양의 생산성을 높여 대기로부터 이산화탄소를 흡수하기, 심해에 잉여 이산화탄소를 저장하기, 온실기체 배출을 규제하기가 포함된다.

---

13 인구가 많고 경제가 급속하게 성장하고 있는 중국의 이산화탄소 배출량은 2008년도에 미국을 제치고 선두에 올라섰다. 현재 미국이 2위, 그 뒤를 인도와 러시아가 따르고 있다.

교토의정서에 대한 후속 합의를 도출하기 위해 2009년도 말에 코펜하겐에서 개최된 유엔기후변화협약 회의에서 선진국과 주요 신흥국 대표단이 만나 인류 기원 온실기체 배출 규제의 의무화를 공식화하는 국제협약이 맺어졌다. 코펜하겐협약서에서 전 지구 평균온도 상승분을 2°C에서 멈추게 하기로 명시하였다. 그러나 장기적인 감축 방안, 인위적인 배출량 감소, 배출 감축 목표설정이나 각국이 채택하도록 하는 방안에 대해서는 명시하지 않았다. 결과적으로 이 협약은 법적 구속력이 없기 때문에 의미 있는 결과를 내게 될지 의문시된다.

2011년도에 국제 대표단은 남아프리카 공화국의 더반에서 만났고 2015년에 새로운 기후협약을 협상하기로 한 더반 플랫폼(Durban Platform)에 합의했다. 결정적으로 이 조약은 가장 큰 배출국 두 국가인 중국과 미국을 포함해서 모든 국가로 하여금 아직은 구체화되지 않은 배출 목표를 달성하도록 법적으로 요구하게 될 전망이다.

이 책의 인쇄를 앞둔 2015년 말에 유엔기후변화회의가 프랑스 파리에서 열릴 예정이다. 이 회의의 가장 중요한 목표는 온실기체 배출 감축을 설정하고 산업혁명 이전 온도보다 2°C 높게 지구온난화를 제한하는 것이다. 그러나 회의의 공식대변인은 다음과 같이 말했다 "교토의정서 제2차 약정 기간 아래 현재의 서약은 온도 상승을 2°C 이내로 유지하는 것을 보장하기에 명백히 부족하며 국가의 이행과 과학이 알려주는 것 사이의 격차가 점차 벌어지고 있다."

현 시점에서 인위적으로 유발된 배출량을 줄이기 위한 협약은 온실기체 발생을 실질적으로 줄이는 데 제한적으로만 성공적인 것이 분명하다. 그렇지만 예컨대 화석연료의 연소와 배출, 토지 이용 변화와 같은 인간 활동이 전 지구 규모로 환경을 변화시키고 있다는 과학적 공감대가 존재한다. 변화를 완전히 피할 수는 없지만 사람의 영향은 크게 줄일 수 있다. 예를 들어 화석연료의 고소비와 잇따른 유해한 배출과 같이 환경에 가장 심각한 영향을 미치는 활동을 줄일 필요가 있다. 대기로부터 인간의 배출물을 흡수하는 중요한 역할을 하는 식물 군집과 해양 생태계도 보호되어야 한다. 또한 지구의 기후 시스템의 작동에 대한 이해를 높이는 연구에 우선 순위를 부여해야 한다.

궁극적으로 지구온난화는 여러 가지로 지구의 생명체에 영향을 미치지만, 변화의 범위는 대체로 우리에게 달려 있다. 과학자들은 인류의 온실기체 배출이 지구의 기온을 높이고 있으며, 기후의 여러 측면들이 과학자들이 예측했던 대로 온난화에 반응하고 있다고 밝혔다. 이것은 희망을 준다. 사람들이 지구온난화를 일으키고 있기 때문에, 때에 맞춰 행동한다면 사람들은 또한 지구온난화를 줄일 수 있다. 온실기체는 수명이 길기 때문에 행성은 계속 따뜻해질 것이고 변화는 앞으로도 지속될 것이다. 그러나 지구온난화가 지구의 생명을 변화시키는 정도는 지금 우리의 결정에 달려있다.

학생들이 자주 하는 질문

지구온난화 문제를 해결하기 위해 나는 어떤 일을 해야 하나요?

지구온난화는 전 세계적인 문제이지만 온실기체 배출을 저지하기 위해 이를 걱정하는 개인이 할 수 있는 일도 여럿 있다.

1. 똑똑하게 운전하기 : 엔진을 제때 정비하고 타이어 압을 맞추기
2. 정치가에게 편지 쓰기 : 차량의 에너지 효율을 높이자고 촉구하기
3. 친환경화 : 청정, 재생, 비화석연료 에너지 지지하기
4. 전구 교체 : 전통적인 백열등을 에너지 효율이 높은 할로겐 형광등이나 작은 형광등으로 바꾸기
5. 집안 점검 : 단열 처리하기와 문풍지 붙이기, 전력회사에게 무료 에너지 감사 요청하기
6. 물 아껴 쓰기 : 온수기의 온도를 낮추고 절수형 수도꼭지 쓰기
7. 에너지 효율 등급이 높은 전자제품과 가전제품 쓰기 : 효율이 낮은 낡은 냉장고나 에어컨을 교체하기
8. 나무 심기와 숲을 보호하기 : 이산화탄소를 흡수하는 식물 군집을 보호하기
9. 줄이고 다시 쓰고 재활용하기 : 재활용을 실천하고 재활용품을 골라 쓰기
10. 교육시키고 투표하기 : 타인을 교육시키고 에너지 절약 수단을 장려하기

이러한 지침은 모두 환경을 보존하는 데 건전한 수단이므로 지구온난화와 상관없이 실행하도록 하자.

개념 점검 16.5 | 온실기체 감축 방안을 평가하라.

1. 해양의 생물펌프는 어떻게 작동해서 지구온난화를 줄이는가?
2. 해양이 어떻게 열 스펀지로 작용하여 지구온난화를 최소화하는 데 도움을 주는가?
3. 미래의 온난화를 줄이기 위한 전략은 무엇인가?
4. 교토의정서는 무엇인가? 미국은 왜 그것을 지지하기로 동의하지 않았는가?
5. 인간의 배출량을 줄이기 위해 교토의정서 이후에 맺어진 국제협약은 무엇인가?

핵심 개념 정리

16.1 지구 기후계의 구성원은 무엇인가?

▶ 지구의 기후계는 대기, 수권, 지권, 생물권과 빙권(지구 표면에 존재하는 얼음과 눈)을 포함한다. 이 시스템은 다섯 권역 사이에서 일어나는 에너지와 수증기의 교환에 관여한다. 지구의 기후계는 변화를 강화시키는 양의 되먹임고리와 변화를 감쇠시키는 음의 되먹임고리에 의해 수정된다.

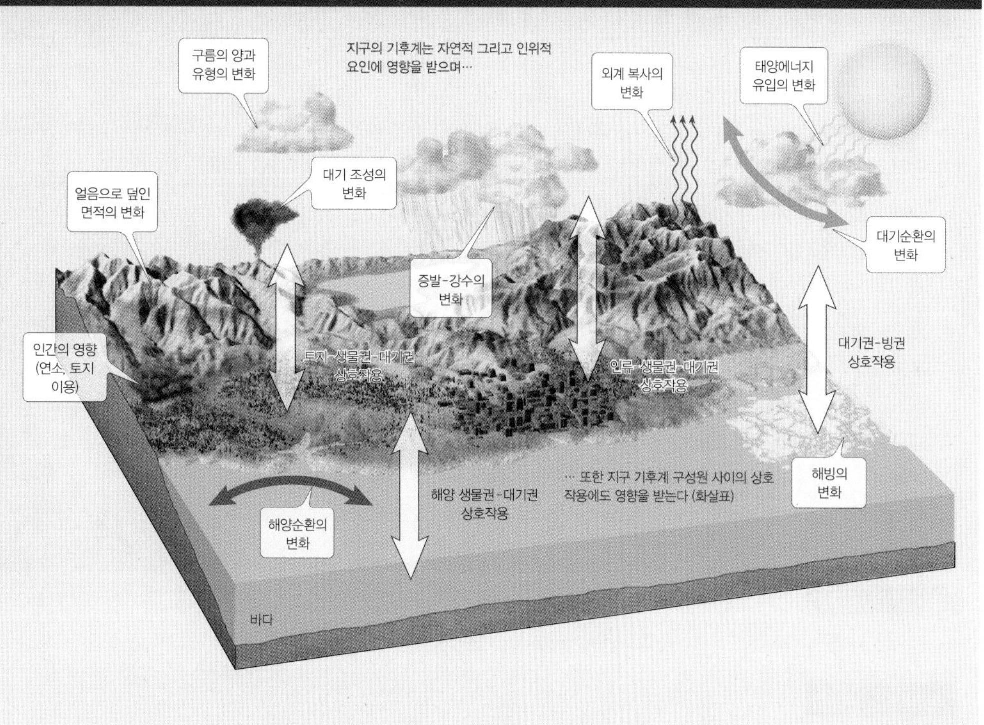

심화 학습 문제

지구 기후계에 대한 지식을 강화시키기 위해 기억만으로 그림 16.1과 닮은 그림을 그리고 이름표를 붙여보라.

능동 학습 훈련

수업을 듣는 다른 학생과 함께 지구의 해양과 또는 대기와 관련된 양과 음의 되먹임고리를 각각 하나씩 골라보자. 다만 이 교과서에서 언급한 예는 사용할 수 없다. 결과를 수업에서 발표하자.

16.2 최근 지구의 기후변화 : 자연 변동인가 인간의 영향 때문인가?

▶ 지구의 과거 기후를 연구하는 고기후학은 해저 퇴적물, 나무의 나이테, 빙하 얼음에 포획된 기포, 화석 꽃가루, 산호 화석, 동굴 퇴적물과 사서에 적혀 있는 정보를 포함한 과거 기후의 자연 기록계로 구성된 방증 자료를 사용한다.

▶ 지구의 기후변화에 대한 몇 가지 설명이 제시되었다. 기후변화가 자연적 요인(인간 활동과 무관한 요인)에 의한다는 현재 가설에는 태양의 에너지 복사와 관련된 흑점, 지구 궤도의 변동, 화산 활동과 지판의 움직임이 포함된다. 자연 매커니즘이 과거의 기후를 바꾸어왔음에도 불구하고, 최근의 기후변화는 어떤 자연적인 요인으로 설명할 수 있는 것보다 크다.

▶ IPCC가 발행한 평가보고서들은 지구에서 관측되는 현재의 기후변화가 열을 붙드는 온실기체를 대기로 방출하는 인간 활동에 주로 기인한다고 명시하고 있다.

심화 학습 문제

몇몇 친구들은 지구가 겪고 있는 최근의 기후변화가 자연 주기의 일부에 지나지 않는다고 들었다고 말했다. 이 장의 그림을 사용하는 것을 포함하여 그들에게 그렇지 않다는 것을 설득하기 위해 무엇을 설명해주겠는가?

능동 학습 훈련

수업을 듣는 다른 학생과 함께 인간이 유발한 기후변화에 대해 회의적인 이와 부정하는 이의 차이점에 대해 토론하라. 둘을 비교한 목록을 작성하라. 인간이 초래한 기후변화에 대한 본인의 개인적인 견해는 무엇인지 밝히고 수업에서 결과를 발표하라.

16.3 대기의 온실효과 유발 원인은 무엇인가?

- 전 세계 평균기온이 오르는 것을 지구온난화라 한다. 지구의 표면과 대기가 데워지는 것은 온실효과에 의해 제어되는 자연스러운 과정이지만, 인간이 내놓는 온실기체 방출에 의해서도 바뀌고 있으며 이런 현상은 종종 강화된 온실효과라고 불린다.
- 들어오는 햇빛의 파장이 바뀌면서 온실효과가 생겨서 지구를 가열한다. 태양에서 지구에 도달하는 에너지는 대부분이 전자기 스펙트럼에서 자외선과 가시광 영역에 있다. 반면에 지구에서 우주로 방사되는 에너지는 주로 적외선 (열) 영역에 있다. 수증기, 이산화탄소, 메테인과 기타 미량 기체가 적외선을 흡수하여 대기를 데운다.
- 대기에 있는 열을 붙드는 기체들이 이미 저질러진 온난화의 주범이며 다양한 시나리오를 사용하여 미래의 온난화 크기를 예측할 수 있다. 지금의 선택이 남아 있는 21세기와 그 이후에 대기 중 이산화탄소의 양과 그에 따르는 온난화의 크기를 결정하게 된다.
- 지구의 평균 표면 온도는 지난 150년 동안에, 특히 지난 30년 동안 따뜻해졌다. 이 온난화가 주로 인위적으로 배출한 이산화탄소와 메테인 같은 특정 열 포획 기체의 증가로 인한 것이라는 강력한 증거가 있다. 모형들은 북반구 고위도 지방에서는 강력한 온난화, 중위도에선 무난한 온난화, 저위도 지방에는 비교적 미약한 온난화를 예측한다. 지구온난화로 인한 예측된 다른 변화로는 계절 길이의 변화, 열파의 심화, 온도와 강수량의 평균과 극단값의 변화, 산악 빙하의 후퇴, 전염병 감염 지역의 바뀜과 동식물 분포의 달라짐이 있다.

수증기, 이산화탄소와 메테인 같은 대기의 기체는 온실의 유리처럼 작용해서 들어오는 태양광은 통과시키지만 나가는 열은 붙든다.

심화 학습 문제

지구의 온실효과가 일어나는 것을 보이는 그림을 그리고 각 부분에 이름을 붙여보라.

능동 학습 훈련

수업을 듣는 다른 학생과 함께 인터넷을 사용해서 금성의 대기의 특성을 지구와 비교하여 목록을 만들어라(예컨대 대기에 이산화탄소가 너무 많은 경우처럼) 행성에서 일방적인 온실효과가 일어날 경우에 무슨 일이 벌어질지를 설명하라. 또한 온실효과가 없다면 지구는 어떨지 탐구해보라. 그리고 수업에서 결과를 발표하라.

16.4 지구온난화로 인해 해양에서는 어떤 변화가 일어나는가?

- 지구온난화로 인해 해양에서 관찰된 변화로는 해수 온도 상승, 강해진 태풍 활동, 심층수 순환의 변화, 극지방의 얼음 녹음, 해양 산도 증가와 해수면 상승이 있다. 이러한 해양의 변화는 앞으로 수 세기 동안 지속될 것이다.
- 해양은 이산화탄소를 해저 퇴적물로 내려보내는 생물펌프로 대기로부터 이산화탄소를 제거한다. 해양은 또한 대기의 넘쳐나는 열을 빨아들이는 열 스펀지 역할을 하여 온난화를 최소화시킨다.

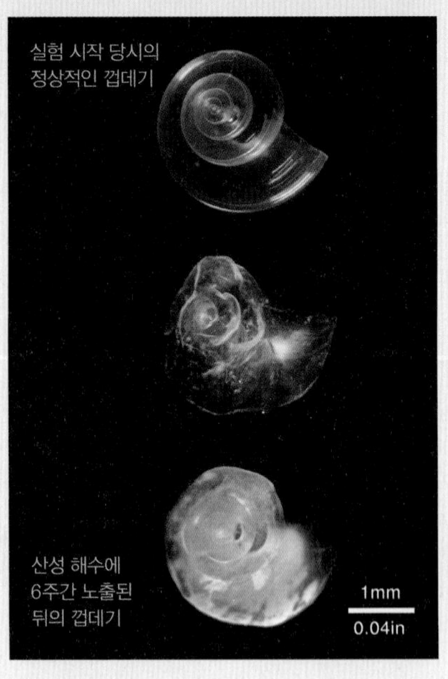

심화 학습 문제

지구온난화로 비롯된 해양의 여러 변화 가운데 해양 생태계에 가장 커다란 위협을 주는 것은 어느 것인가?

능동 학습 훈련

수업을 듣는 다른 학생과 함께 지구온난화가 태풍의 활동을 증대시키게 될 것이라는 점을 탐구해보라. 이 아이디어를 지지하거나 반박하는 증거의 목록을 만들어보라. 의사 표명에 지나지 않는 글은 무시하고 오직 잘 정립된 과학 연구만을 사용하라. 결과를 수업에서 발표하자.

16.5 온실기체를 줄이기 위해서 어떤 조치를 취해야 하는가?

- 해양은 이산화탄소를 해저에 침적물로 내려 보내는 생물펌프를 통해서 대기의 이산화탄소를 제거한다. 해양은 또한 대기의 넘치는 열을 빨아들이는 열 스펀지 역할도 한다. 이들을 통해 실제로 겪는 온난화를 줄여준다.
- 곱게 간 철을 뿌려주어 식물플랑크톤의 생산력을 촉진시켜주자는 철 가설이나 또는 여분의 이산화탄소를 직접 심해에 보관하는 방법을 통해서 해양은 인간 사회가 배출한 이산화탄소의 일부를 저장하는 공간으로 쓰일 수 있다. 그러나 이런 제안이 해양에 미칠 영향에 대해서는 대체로 알려져 있지 않다.
- 교토의정서는 온실기체 배출을 규제하고 있지만 미국은 경제에 미치는 잠재적인 위험을 빌미로 들어 비준을 거부했다.

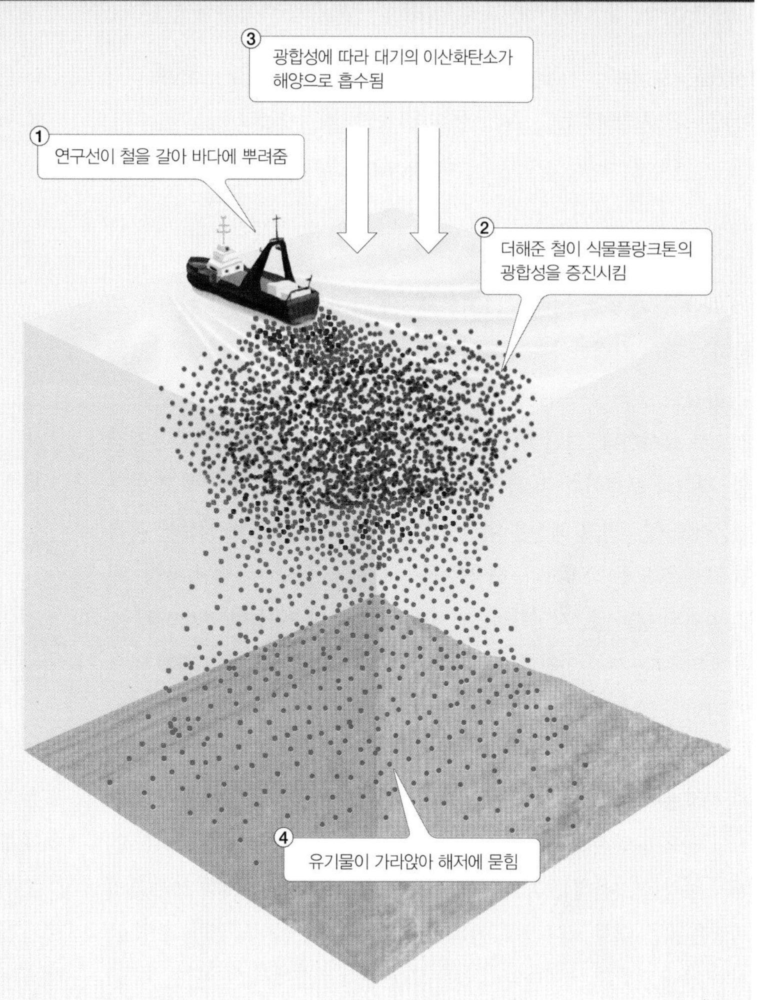

심화 학습 문제

철 가설을 설명하고, 전 세계적으로 환경에 극적인 변화를 빚을 수 있는 이런 종류의 지구공학 프로젝트를 수행할 때 상대적인 득과 실을 토의해보라.

능동 학습 훈련

수업을 듣는 다른 학생과 함께 본인의 이산화탄소 '발자국'(즉 본인의 행위로 매년 대기로 내보낸 이산화탄소의 양)을 줄이기 위해 기꺼이 실천하고자 하는 개인적인 선택에 대해 토론해보라.

맺는말

"마지막에 우리는 오직 우리가 사랑하는 것만을 지켜주게 될 것이다. 우리는 단지 이해한 것만 사랑하게 된다. 우리는 생각해본 것만 이해하게 된다."

—Baba Dioum, 세네갈의 환경운동가(1968)

이 책을 함께 읽는 여행을 마치면서 사람들의 해양에 대한 인식을 조사하는 것이 적절하다는 생각이 든다. 많은 사람이 해양을 '강력하고', '경외감을 불러일으키는', '움직이는', '고요한', '풍요로운', '장엄한' 것으로 묘사한다. 다른 이들은 바다를 '광활한', '무한한' 또는 '무진장한' 것이라 표현한다. 비록 인간이 수세기 동안 해양을 탐사하고 연구했음에도 불구하고 해양은 여전히 많은 비밀을 품고 있기 때문에 이러한 표현은 모두 적절하다. 해양은 물속 세계에 존재하는 별난 특징, 새로 발견된 생물 종, 지질학적 불가사의 등으로 연구자들을 계속해서 놀라게 만든다. 사실 인간이 직접 눈으로 본 곳은 해양의 5%도 되지 않으며 과학적으로 탐사된 곳은 이에 훨씬 못 미친다.

해양은 어마어마하게 큰 데도 불구하고 인간 활동의 영향이 감지되기 시작했다. 예를 들어 모든 해양에는 떠다니는 플라스틱이 넓게 자리잡고 있으며 외진 해변조차도 쓰레기가 널려 있다. 해양생물들 또한 인류가 해양을 사용하는 효과를 느낀다. 예를 들어서 19세기와 20세기의 포경은 많은 대형 고래 개체군을 거의 멸종 위기로 몰아넣었다. 포경 금지와 고래 제품의 대체품의 개발은 고래가 이 위협에서 살아남는 데 도움이 되었지만 현재는 먹이 장소와 번식지가 파괴되고 있다. 남획은 전체 해양 생태계를 훼손시켰고, 인간이 초래한 기후변화는 지구 규모로 해양 화학을 변화시키고 있다. 해양은 돌이킬 수 없고, 잠재적으로 파국적인 변화에 다다랐다. 해양은 대다수의 사람들이 믿는 '광활한', '무한한' 또는 '무진장한' 것이 아니라는 것을 시사한다.

인간은 지구상에서 가장 중요한 변화의 매체가 되었다. 이것은 대체로 기하급수적으로 증가하고 인구의 급격한 팽창에 기인한다(**그림 Aft.1**). 오늘날 72억이 넘는 인구가 지구를 점령하고 있으며, 출생은 이제 사망의 2.5배를 능가한다. 현재 인구 증가율은 1.1%로 충분히 작게 들리지만 실제로는 엄청난 수치이다. 인구는 초당 지구상에 2명이 넘게 또는 시간당 약 9,000명이 더 불어난다. 매년 인구는 약 7,700만 명이 더 불어나는데, 이는 세계 6대 도시(뭄바이, 상하이, 카라치, 델리, 이스탄불, 상파울루)의 인구를 합친 것과 맞먹거나 그 이상이다. 최근 연구에 따르면 2100년에 세계 인구가 96~123억 명으로 늘어날 확률은 80%에 이른다. 실제로 일부 과학자들은 지구 시스템의 생명 유지 기능을 저하시키는 인간 활동과 지질기록으로 보존될 피해의 증거를 인정

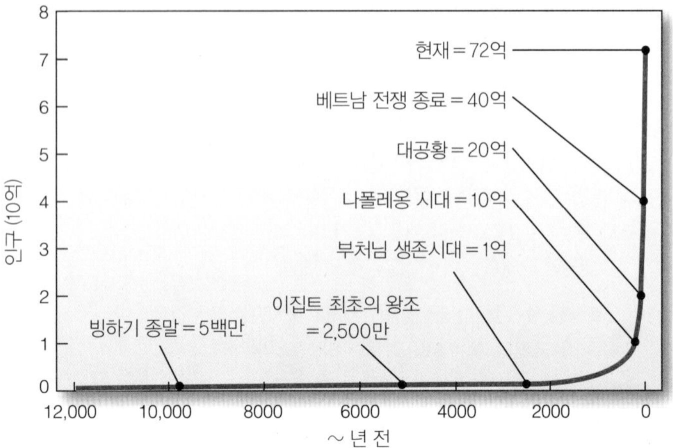

그림 Aft.1 인구 증가. 최근 수십 년 동안 빠르게 성장한 세계 인구를 보여주는 그림. 지구상 인구가 20억에 도달하는 데는 4백만 년이 걸렸지만 여기서 두 배로 증가하는 기간은 50년에 불과했다. 현재 세계 인구는 72억을 돌파했으며 연간 1% 이상 증가하고 있다.

하여 이 시대를 인류세(Anthropocene: *anthro* = human, *cene* = new) 또는 '제6차 대량멸종기'라고 부른다. 분명히 쑥쑥 불어나는 인구는 모두에게 가장 큰 환경적 위협이다.

인간에서 비롯된 해양환경의 변화는 광범위하고 멀리 파급된다. 예로서 오염, 해안선 개발, 남획, 외래종 도입, 생물 종다양성 감소, 생태계 훼손 그리고 아마도 가장 심각한 기후변화가 있다. 육지와 해양에서 기인한 가장 시급한 17건의 위협이 세계 해양생태계에 미치는 누적된 영향에 관한 2008년도 연구에 따르면 해양의 어느 곳도 인간 활동의 영향에서 자유롭지 못하다. 이 연구에 따르면 해양의 1/3은 다중 요인에 의해 강하게 영향을 받았으며 가장 크게 충격을 받는 생태계는 대륙붕, 암초, 산호초, 해초장과 심해 해산이라는 사실이 밝혀졌다. 더욱 최근의 2012년도 연구에 따르면 산호초를 이루는 산호의 1/3을 포함하여 전 세계적으로 무척추동물의 1/5이 멸종 위기에 처해 있다고 한다.

몇몇 위원회는 해양환경을 보호할 수 있는 방안을 제안했다. 예를 들어 2003년에 퓨해양위원회는 연방정부가 미국의 해양환경을 관리해야 하는 방안에 대한 지침으로 중대한 변화를 권고했다. 2004년에 미국 해양위원회는 포괄적인 국가 해양 정책을 위해 잘 조율된 212건의 권고안을 제출했다. 2008년에 미국 합동 해양위원회는 2007년 국가해양정책에 대한 총체적인 수행평가 성적표를 발급했다(전체 등급 : 'C', 일부 영역에선 'D'를 받음). 전 세계 해양의 건강과 혜택에 대한 2012년도 연구는 식량 공급, 탄소 저장, 관광 가치와 생물 다양성과 같은 요인들을 포함하여 통합 평가하는 건강하게 결합된 인간-해양 시스템을

위한 열 가지 다양한 공공 목표 지수를 제작했다. 이 연구는 세계 해양에 100점 만점에 60점을 부여했으며 선진국은 일반적으로 개발도상국보다 나은 성과를 보였다(미국은 63점을 받았다). 이 보고서는 해양환경의 건강과 자원의 지속 가능성을 지원하기 위한 통합적인 연구와 교육, 생태기반 관리 접근 방식을 촉구하였다. 다른 권고 사항은 해양보호구역 지정이다.

해양보호구역

해양의 건강과 지속성에 대한 우려는 생물, 무생물, 문화 그리고/또는 유물을 보호하기 위해 광범위한 해역을 대상으로 어느 정도의 제약이 가해지는 **해양보호구역**(MPA)을 지정하도록 하였다(**그림 Aft.2**). MPA는 특정 생물종 보호, 수산자원 관리 개선, 전면적인 생태계 보호, 희귀한 서식지 또는 어류의 성육장을 보호하는 등 다양한 이유로 지정할 수 있다. 또한 MPA는 난파선과 같은 사적지와 원주민의 고기잡이 터와 같은 중요한 문화 유적지를 보호하기 위해 지정할 수도 있다. MPA는 매우 클 수도 있고(예 : 호주의 2,000km에 달하는 대보초) 아주 작을 수도 있다(예 : 이탈리아 해안의 13,500ha 면적의 Marina Protetta Capo Rizzuto). MPA라는 용어는 전 세계적으로 널리 사용되기 때문에 어느 한 지역에서의 의미가 다른 지역과 크게 다를 수 있다. MPA는 해양보존구, 해양보전지, 특별보호구, 해양공원, 채취 금지 보호구나 특별보존구를 포함하여 관리기구가 각 구역에 맞게 제정한 법에 따라 특정한 제약이 가해지는 다양한 수준의 보호가 제공된다.

MPA는 적지가 지정되고 관리가 잘되면 생물 다양성을 높이고, 서식지를 보호하고, 어군의 회복을 도울 수 있다는 연구 결과가 있다. MPA는 해양의 여러 부문을 위협하는 모든 문제를 다 해결할 수는 없지만 지역 규모에서 해양 생태계를 복원하고 대규모 충격에 대한 완충 역할을 하는 것으로 드러났다.

1972년에 미 의회는 해양의 핵심적인 거점이 더 이상 훼손되지 않도록 보호하기 위해 **국가해양보호구역**(national marine sanctuary)이라는 유형의 MPA를 지정하기 시작했다. 현재 14개 국가해양보호구역의 연면적은 47,000km^{2}에 이르는데 플로리다 키, 매사추세츠 주의 스텔웨건 뱅크, 중부 캘리포니아의 몬테레이만(미국의 최대 해양 보호구), 남부 캘리포니아의 채널 제도, 멕시코만의 플라워 가든 뱅크와, 하와이 제도가 포함되어 있다(**그림 Aft.3**). 그러나 해양환경을 악화시키는 많은 활동들, 예컨대 낚시, 여흥으로 보트타기, 일부 광물자원 채취가 해양보호구역에서 여전히 허용되고 있다.

핵심적인 해양 서식지를 보존하는 것의 중요성을 인식한 많은 과학자들은 정부가 넓은 해역을 채취금지 해양보호구역으로 지정해서 어획을 비롯한 여러 행위를 금지시켜 해역을 보다 완벽하게 보호할 것을 촉구했다. 이러한 조치는 심하게 남획된 어군의 회복을 돕고 저인망으로 해저를 훑어 몰살 위기에 처한 해저 생물군을 보호할 것이다. 2006년에 미국은 360,000km^2 면적의 북서 하와이제도 해양풍치구를 설정하여

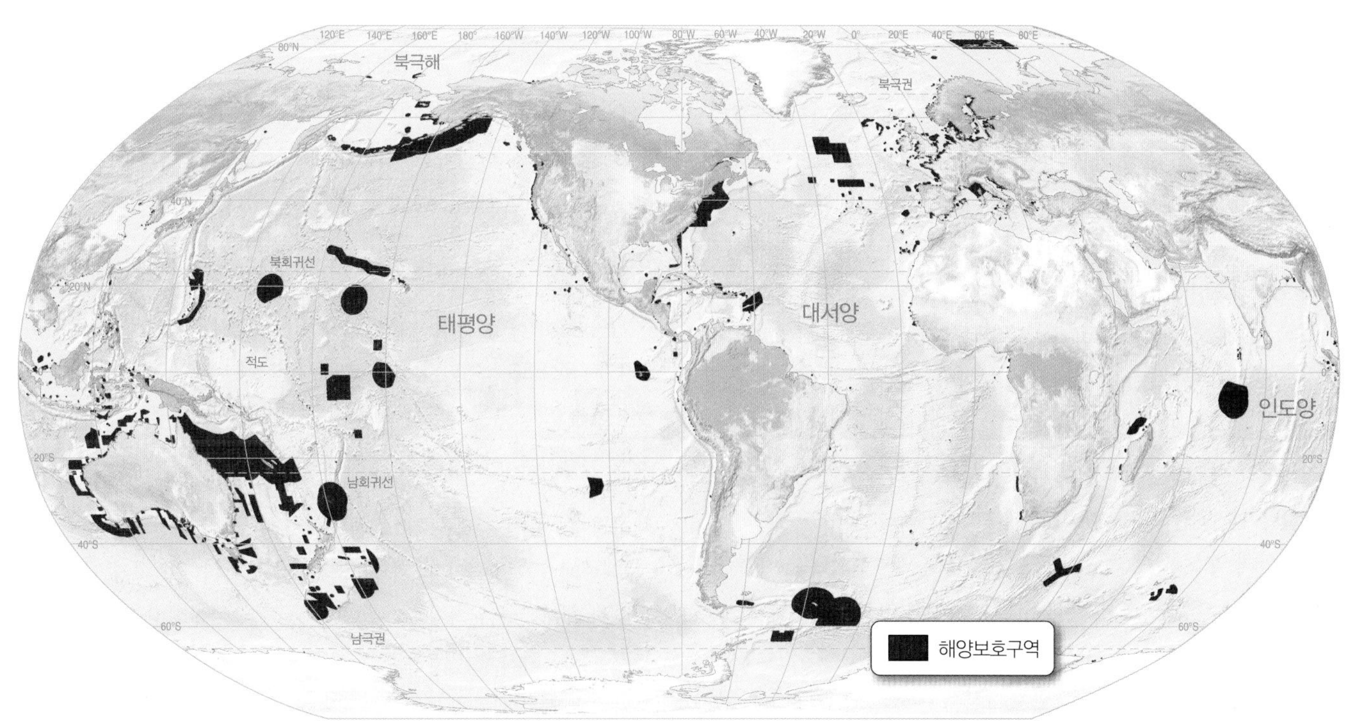

그림 Aft.2 해양보호구역. 전 세계적으로 생물 및 비생물 자원의 보호와 문화와 역사 자원의 보호 등 여러 등급의 해양보호구역이 4,000여 곳 이상 설정되어 있으나, 이는 전 해양 대비 2.8%에 지나지 않는다.

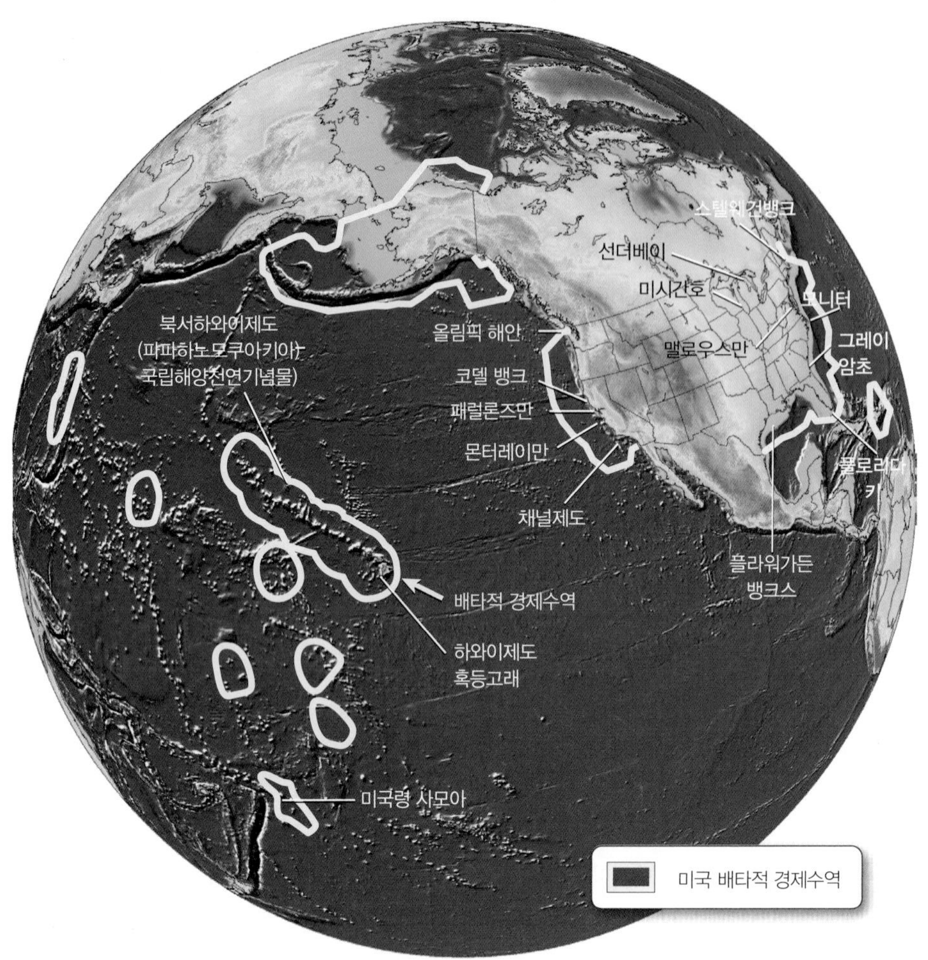

그림 Aft.3 미국 국립 해양보호구. 미국은 자연 및/또는 문화 자원을 보호하는 14곳의 국가 해양보호구를 설정했다. 또한 황색선은 200해리 배타적경제수역 경계를 표시한다.

당시 세계 최대의 해양보호구역을 지정했다. 2006년에 파파하노우쿠아키아 해양천연기념물로 개명된 이 보호구는 태평양의 362,073km^{2}를 차지하는데 이것은 모든 미국 국립공원을 합한 것보다도 더 넓다.

다른 나라들도 해양 자원을 전면적으로 보호하는 것의 경제적 이점을 깨닫기 시작했다. 예를 들어 건강한 산호초는 해산물 제공자로서 가치보다 관광객 유치 가치가 더 높다. 사례를 들어보면 호주와 하와이의 거의 중간에 있는 중부 태평양의 해양 국가인 키리바시 공화국은 2008년도에 캘리포니아 주와 크기가 거의 같은 피닉스 아일랜드 보호구역을 지정하였는데 이는 태평양에서 가장 큰 해양보호구역이다.

오늘날 전 세계적으로 4,000개가 넘는 해양보호구역이 존재하지만, 세계 해양의 약 2.8%에 지나지 않는다(2010년 유엔생물다양성협약은 2020년까지 10% 해양을 보호하겠다는 의욕적인 목표로 설정했다). 상업적 어획과 여흥 낚시는 역사적으로 해양보호구역을 지정하는 것에 반대해왔지만 연구 결과에 따르면 해양보호구역은 '낙수효과'를 일으켜 주위로 확산시킴으로 해서 혜택을 제공한다고 지적했다. 물고기 자치어의 보육장 역할을 해서 나중에 해류를 타고 퍼지게 되어 울타리 밖에서 수산업적으로 주요 어군을 증대시킨다. 예를 들어 바하 캘리포니아 반도 남단의 작은 멕시코 해양보호구역인 카보 풀모에서 20년 동안 낚시를 금지시킨 결과, 해양생물의 총량은 다섯 배로 증가하여 서식처 보호가 가진 엄청난 잠재력을 보여주었다. 다른 연구는 DNA 분석을 통해 해양보호구역이 그 바깥에 사는 모든 어린 물고기의 약 절반을 공급한다는 것을 보여주었다. 해양보호구역은 또한 건강하고 자생적 생태계의 자연적 포식자-피식자 관계를 회복시키는 데 도움이 되는 대형 어류를 보호하는 데 중요하다. 그러나 문제는 여전히 남아 있다. 예를 들어 밀렵꾼들이 이들 '채취금지' 보호구에서 불법적으로 물고기를 잡으려는 유혹이 여전하며 적절한 강제 집행이 중요하다.

해양은 인간 활동의 영향을 받고 있지만, 거대한 크기와 특성으로 인해 복원성이 뛰어나고 변화에 견딜 수 있는 엄청난 능력을 가지고 있다. 예를 들어 인간의 영향이 줄어들면 자연적인 해양 과정이 결국 많은 종류의 오염물질을 분산시키고 제거하기 때문에 해역은 거의 원시 상태로 되돌아간다. 그러나 해양의 자연적인 저항은 심각하게 손상되기 시작했다. 오염, 서식지 파괴와 남획은 각각도 위험한 위협이지만, 이런 요인들이 한데 모이면 해양 생태계를 파괴할 수 있다.

필요한 행동

해양은 광활해서 많은 물질을 받아들일 수 있기 때문에 별별 사회 폐기물의 투기장으로 쓰여왔다. 오늘날에도 인간은 해양에 엄청나게 오염물질을 더해주고 있다. 해양을 도우려면 우리 각자는 어떻게 행동해야 하는가? 일반적으로 환경, 특히 해양을 돕는 몇 가지 방법은 다음과 같다.

- **환경에 가하는 충격을 최소화하자.** 현명한 소비자 선택을 통해 발생하는 폐기물을 줄이자. 과대 포장된 제품을 피하고 환경 기록이 양호한 회사를 지원하자. 집 주변에서는 독성이 없거나 덜 위험한 제품을 사용하자. 자원을 보존하자. 재사용과 재활용하고 또한 재활용 재료로 만든 제품을 구입함으로써 재활용을 장려하자. 환경에 긍정적인 영향을 주는 간단한 일들을 하자(**심층 탐구 Aft.1**).

심층 탐구 AFT.1 환경 특집

해양오염 방지를 위한 열 가지 간단한 일

"자신이 기껏해야 조금밖에 할 수 없다고 해서 일을 외면한 사람은 가장 큰 실수를 범한 것이다."

— Edmund Burke(1790 무렵)

해양오염을 방지하기 위해 일상에서 할 수 있는 간단한 일이 다음과 같이 많다.

1. **플라스틱 6캔 묶음 고리 자르기.** 플라스틱 6팩 고리는 많은 해양생물을 옭매므로 쓰레기통에 넣기 전에 가위로 각 원의 테두리를 자르자. 더 나은 방법은 원래 캔 또는 병과 함께 재활용하는 것이다. 해변에서 이런 것을 보면 주워서, 자르고, 재활용하자.
2. **잔디 비료, 농약과 세제를 소량 사용하기.** 잔디 비료에는 질산염과 인산염이 들어 있어 배수관을 타고 육지로부터 해양으로 유입되면 유해조류 대번식을 일으킨다. 세제에도 인산염이 들어 있을 수 있으므로 세제 설명서를 읽어 무인산염 세제를 고르고 권장량보다 적게 사용하자. 꼭 필요한 경우에만 농약이나 제초제와 같은 농약을 쓰자.
3. **애완 동물 배설물 치우기.** 개와 고양이 똥은 박테리아 수치가 높다. 이것들이 하천이나 배수관을 타고 결국 바다로 흘러들면 질산염과 인산염을 공급해서 유해조류 대번식을 일으킨다.
4. **차의 기름이 새지 않도록 하기.** 자동차에서 누출된 오일은 해양에 들어가는 기름의 상당 부분을 차지한다. 매년 빗물 배수구를 통해 해양에 유입되는 도로 기원(비점원오염) 기름의 양은 대형 기름유출사고의 물량보다 많다. 자동차 윤활유를 본인이 교체하는 경우에는 반드시 폐유를 적절한 재활용 센터에서 재활용시키도록 한다.
5. **차량 운행을 줄이고 카풀을 더 이용하기.** 사용하는 휘발유의 양을 줄이면 바다를 건너 수송해야 하는 기름의 양이 줄어들어 유출 가능성이 낮아진다.
6. **식품점에 각자 백을 가지고 가기.** 종이 봉투는 생분해성이지만 비닐 봉지는 아니며 플라스틱은 해양에서 점점 더 문제가 되고 있다. 특히 바다거북과 같은 동물은 해파리와 헷갈려서 플라스틱 봉지를 먹어서 문제가 된다. 그래서 비닐 봉지는 스티로폼 용기와 함께 특정 국가나 해안 지역 공동체에서 사용 금지되었다.
7. **풍선 날리지 말기.** 바다에서 먼 곳에서 날린 풍선이라도 바다에 올 수 있어서 바람이 빠지고 나면 그 자리에서 금세 탈색되어 표류하는 해파리처럼 보여 해양 동물이 먹는다.
8. **쓰레기를 버리지 말기.** 대지에 부주의하게 버려지는 물질은 종류를 막론하고 씻겨져서 빗물 배수구를 타고 하천 그리고 결국 바다로 흘러들어서 비점원오염을 일으킬 수 있다.
9. **해변 쓰레기를 줍거나 등록된 해변 정화 모임에서 자원 봉사하기.** 해변에 쓸려 올라온 쓰레기를 줍는 일은 해양생물을 위협하는 것을 제거하므로 중요하다. 해변 쓰레기는 비점오염원, 선박, 놀이 보트 승객, 해변 방문객과 기타 출처에서 나온다. 인간 활동의 결과로 결국 해변까지 온 것이 무엇인지 들여다보면 정말 놀랍기도 하다(또한 좀 소름끼치기도 한다).
10. **다른 이에게 알리고 교육하기.** 많은 사람들이 자신의 행동이 환경, 특히 해양 환경에 부정적인 영향을 미친다는 사실을 모르고 있다.

그림 Aft.4 **캘리포니아만(멕시코)의 해넘이.**

- **정치에 관심을 갖자.** 많은 해양 관련 문제는 대중 앞에 불쑥 던져지고는 법안이 제정되기도 전에 유권자로 하여금 제안을 다수가 승인하도록 종용한다. 소위 '다수결 원리'란 정치적 수사로서 이런 상황은 지역 문제뿐만 아니라 국내 문제와 국제 문제에서도 마찬가지이다.

  예컨대 우리는 살아 있는 동안에 대기에서 이산화탄소의 양을 줄이기 위해 미세하게 분쇄된 철을 바다에 뿌리는 데 많은 돈을 쓸 것인지를 결정할 수 있다. 미래의 많은 정치적 문제는 해양과 관련이 있을 것이다.

- **바다가 어떻게 작동하는지를 각자 공부하자.** 최근 설문 조사에 따르면 미국 대중의 90% 이상이 자신이 과학적으로 문맹이라고 생각한다. 우리 사회가 보다 과학적으로 진보함에 따라 사람들은 과학이 어떻게 작동하는지 이해할 필요가 생겼다. 과학은 소수의 엘리트만 철저히 이해하면 되는 것이 아니다. 오히려 과학은 모두를 위한 것이다. 이 책을 읽는 독자들은 바다가 어떻게 작동하는지 이해하기 시작했을 것이다. 우리 저자들은 이 책을 읽는 독자들이 오래도록 해양학도가 되길 바란다.

부록 I 단위

표 A1.1 미터 단위계에서 많이 쓰이는 접두사

수값	영어 의미	접두사
10^{12} = 1,000,000,000,000	trillion	tera
10^{9} = 1,000,000,000	billion	giga
10^{6} = 1,000,000	million	mega
10^{3} = 1000	thousand	kilo
10^{2} = 100	hundred	hecto
10^{1} = 10	ten	deka
10^{-1} = 0.1	tenth	deci
10^{-2} = 0.01	hundredth	centi
10^{-3} = 0.001	thousandth	milli
10^{-6} = 0.000001	millionth	micro
10^{-9} = 0.000000001	billionth	nano
10^{-12} = 0.000000000001	trillionth	pico

길이	
1 micrometer (micron)	0.001 millimeter 0.0000394 inch
1 millimeter (mm)	1000 micrometers (microns) 0.1 centimeter 0.001 meter 0.0394 inch
1 centimeter (cm)	10 millimeters 0.01 meter 0.394 inch
1 meter (m)	100 centimeters 39.4 inches 3.28 feet 1.09 yards 0.547 fathom
1 kilometer (km)	1000 meters 1093 yards 3280 feet 0.62 statute mile 0.54 nautical mile
1 inch (in)	25.4 millimeters 2.54 centimeters
1 foot (ft)	12 inches 30.5 centimeters 0.305 meter
1 yard (yd)	3 feet 0.91 meter
1 fathom (fm)	6 feet 2 yards 1.83 meters
1 statute mile (mi)	5280 feet 1760 yards 1609 meters 1.609 kilometers 0.87 nautical mile
1 nautical mile (nm)	1 minute of latitude 6076 feet 2025 yards 1852 meters 1.15 statute miles
1 league (lea)	5280 yards 15,840 feet 4805 meters 3 statute miles 2.61 nautical miles

넓이	
1 square centimeter (cm^2)	0.155 square inch 100 square millimeters
1 square meter (m^2)	10,000 square centimeters 10.8 square feet
1 square kilometer (km^2)	100 hectares 247.1 acres 0.386 square mile 0.292 square nautical mile
1 square inch (in^2)	6.45 square centimeters
1 square foot (ft^2)	144 square inches 929 square centimeters

질량	
1 gram (g)	0.035 ounce
1 kilogram (kg)	2.2 pounds[†] 1000 grams
1 metric ton (mt)	2205 pounds 1000 kilograms 1.1 U.S. short tons
1 pound † (lb)	16 ounces 454 grams 0.454 kilogram
1 U.S. short ton (ton; t)	2000 pounds 907.2 kilograms 0.91 metric ton

† pound는 원래 무게 단위이지 질량 단위가 아니지만 자주 질량 단위로 사용된다.

부피	
1 cubic centimeter (cc;cm^3)	1 milliliter 0.061 cubic inch
1 liter (l)	1000 cubic centimeters 61 cubic inches 1.06 quarts 0.264 gallon
1 cubic meter (m^3)	1,000,000 cubic centimeters 1000 liters 264.2 gallons 35.3 cubic feet
1 cubic kilometer (km^3)	0.24 cubic mile 0.157 cubic nautical mile
1 cubic inch (in^3)	16.4 cubic centimeters
1 cubic foot (ft^3)	1728 cubic inches 28.32 liters 7.48 gallons

압, 압력	
1 kilogram per square centimeter (at sea level)	1 atmosphere (atm) 760 millimeters of mercury 101,300 Pascal 1013 millibars 14.7 pounds per square inch 29.9 inches of mercury 33.9 feet of freshwater 33 feet of seawater

속도, 속력	
1 centimeter per second (cm/s)	0.0328 foot per second
1 meter per second (m/s)	2.24 statute miles per hour 1.94 knots 3.28 feet per second 3.60 kilometers per hour
1 kilometer per hour (kph)	27.8 centimeters per second 0.62 mile per hour 0.909 foot per second 0.55 knot
1 statute mile per hour (mph)	1.61 kilometers per hour 0.87 knot
1 knot (kt)	1 nautical mile per hour 51.5 centimeters per second 1.15 miles per hour 1.85 kilometers per hour

해양학 관련 자료	
Velocity of sound in 34.85‰ seawater	4945 feet per second 1507 meters per second 824 fathoms per second
Seawater with 35 grams of dissolved substances per kilogram of seawater	3.5 percent (%) 35 parts per thousand (‰) 35,000 parts per million (ppm) 35,000,000 parts per billion (ppb)

온도	
Exact formula	**Approximation(easy way)**
$°C = \frac{(°F - 32)}{1.8}$	$°C = \frac{(°F - 32)}{1.8}$
$°F = (1.8 \times °C) + 32$	$°F = (2 \times °C) + 30$
Some useful equivalent temperatures	
100°C = 212°F	boiling point of pure water
40°C = 104°F	heat wave conditions
37°C = 98.6°F	normal body temperature
30°C = 86°F	very warm—almost hot
20°C = 68°F	room temperature
10°C = 50°F	a warm winter day
3°C = 37°F	average temperature of deep water
0°C = 32°F	freezing point of pure water
In degrees centigrade	
Thirty is hot, twenty is pleasing; Ten is not, and zero is freezing.	

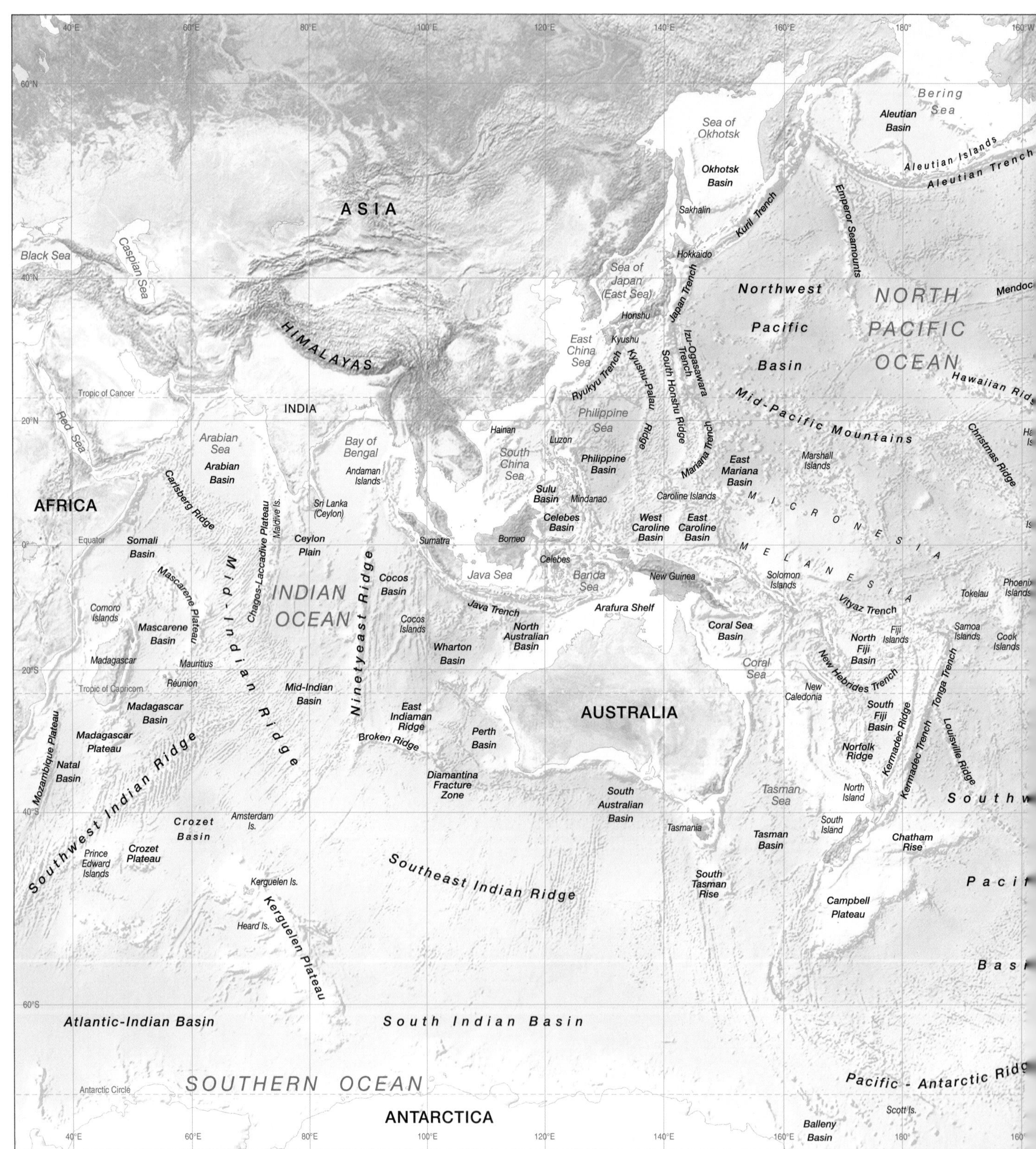
ASIA
HIMALAYAS
INDIA
AFRICA
AUSTRALIA
ANTARCTICA
INDIAN OCEAN
NORTH PACIFIC OCEAN
SOUTHERN OCEAN
Black Sea
Caspian Sea
Red Sea
Arabian Sea
Arabian Basin
Bay of Bengal
Andaman Islands
Sri Lanka (Ceylon)
Ceylon Plain
Maldive Is.
Chagos-Laccadive Plateau
Carlsberg Ridge
Somali Basin
Mascarene Plateau
Mid-Indian Ridge
Comoro Islands
Mascarene Basin
Madagascar
Mauritius
Réunion
Madagascar Basin
Madagascar Plateau
Mozambique Plateau
Natal Basin
Southwest Indian Ridge
Crozet Basin
Crozet Plateau
Prince Edward Islands
Amsterdam Is.
Kerguelen Is.
Kerguelen Plateau
Heard Is.
Mid-Indian Basin
Ninetyeast Ridge
Cocos Basin
Cocos Islands
Wharton Basin
East Indiaman Ridge
Broken Ridge
Perth Basin
Diamantina Fracture Zone
Southeast Indian Ridge
Atlantic-Indian Basin
South Indian Basin
Sumatra
Java Sea
Java Trench
Borneo
Celebes
Banda Sea
North Australian Basin
Arafura Shelf
New Guinea
Sea of Okhotsk
Okhotsk Basin
Sakhalin
Kuril Trench
Hokkaido
Sea of Japan (East Sea)
Japan Trench
Honshu
Kyushu
East China Sea
Ryukyu Trench
Kyushu-Palau Ridge
South Honshu Ridge
Izu-Ogasawara Trench
Philippine Sea
Philippine Basin
Hainan
Luzon
South China Sea
Sulu Basin
Mindanao
Celebes Basin
Mariana Trench
East Mariana Basin
Caroline Islands
West Caroline Basin
East Caroline Basin
Northwest Pacific Basin
Emperor Seamounts
Bering Sea
Aleutian Basin
Aleutian Islands
Aleutian Trench
Mendocino
Hawaiian Ridge
Mid-Pacific Mountains
Christmas Ridge
Marshall Islands
MICRONESIA
MELANESIA
Solomon Islands
Vityaz Trench
Tokelau
Phoenix Islands
Coral Sea Basin
Coral Sea
Fiji Islands
North Fiji Basin
Samoa Islands
Cook Islands
New Hebrides Trench
New Caledonia
South Fiji Basin
Tonga Trench
Louisville Ridge
Kermadec Ridge
Kermadec Trench
Norfolk Ridge
North Island
South Island
Tasman Sea
Tasman Basin
South Australian Basin
Tasmania
South Tasman Rise
Chatham Rise
Campbell Plateau
Pacific - Antarctic Ridge
Scott Is.
Balleny Basin
Tropic of Cancer
Equator
Tropic of Capricorn
Antarctic Circle

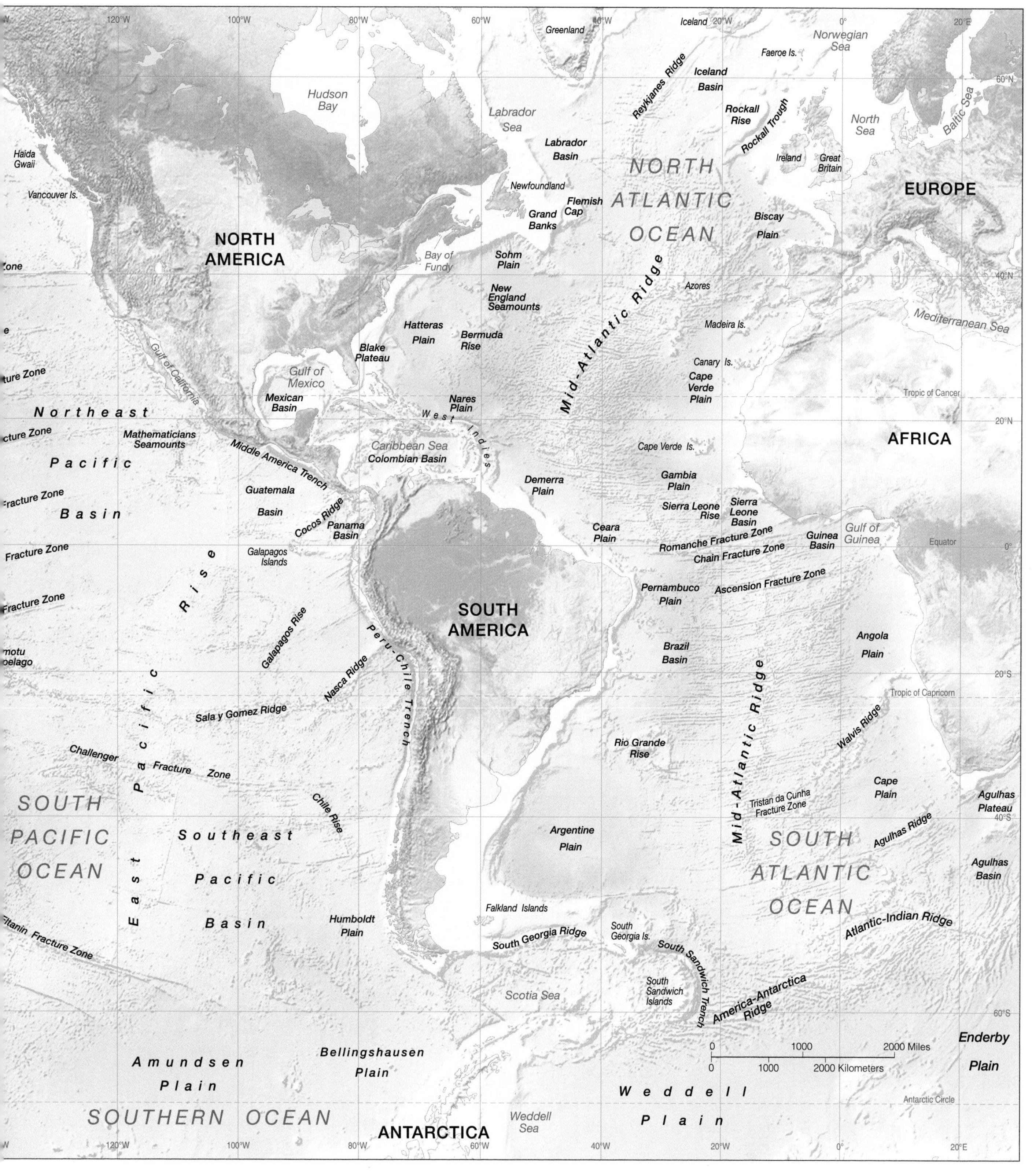
NORTH AMERICA
SOUTH AMERICA
EUROPE
AFRICA
ANTARCTICA
NORTH ATLANTIC OCEAN
SOUTH ATLANTIC OCEAN
SOUTH PACIFIC OCEAN
SOUTHERN OCEAN
Hudson Bay
Labrador Sea
Labrador Basin
Newfoundland
Grand Banks
Flemish Cap
Greenland
Iceland
Iceland Basin
Reykjanes Ridge
Faeroe Is.
Norwegian Sea
Rockall Rise
Rockall Trough
Ireland
Great Britain
North Sea
Baltic Sea
Biscay Plain
Azores
Madeira Is.
Mediterranean Sea
Canary Is.
Cape Verde Plain
Tropic of Cancer
Cape Verde Is.
Gambia Plain
Sierra Leone Rise
Sierra Leone Basin
Romanche Fracture Zone
Chain Fracture Zone
Guinea Basin
Gulf of Guinea
Equator
Ascension Fracture Zone
Pernambuco Plain
Ceara Plain
Demerra Plain
Mid-Atlantic Ridge
Haida Gwaii
Vancouver Is.
Bay of Fundy
Sohm Plain
New England Seamounts
Hatteras Plain
Bermuda Rise
Blake Plateau
Gulf of California
Gulf of Mexico
Mexican Basin
Nares Plain
West Indies
Caribbean Sea
Colombian Basin
Northeast Pacific Basin
Mathematicians Seamounts
Middle America Trench
Guatemala Basin
Cocos Ridge
Panama Basin
Galapagos Islands
East Pacific Rise
Galapagos Rise
Nasca Ridge
Peru-Chile Trench
Sala y Gomez Ridge
Challenger Fracture Zone
Chile Rise
Southeast Pacific Basin
Humboldt Plain
Eltanin Fracture Zone
Brazil Basin
Angola Plain
Tropic of Capricorn
Walvis Ridge
Rio Grande Rise
Tristan da Cunha Fracture Zone
Cape Plain
Agulhas Plateau
Agulhas Ridge
Agulhas Basin
Argentine Plain
Falkland Islands
South Georgia Ridge
South Georgia Is.
South Sandwich Trench
South Sandwich Islands
Atlantic-Indian Ridge
America-Antarctica Ridge
Scotia Sea
Enderby Plain
Amundsen Plain
Bellingshausen Plain
Weddell Plain
Weddell Sea
Antarctic Circle
0 1000 2000 Miles
0 1000 2000 Kilometers
120°W
100°W
80°W
60°W
40°W
20°W
0°
20°E
60°N
40°N
20°N
20°S
40°S
60°S

부록 III 경위도

바다에서 멋진 낚시터나 바닥에서 난파선을 발견했다고 가정해보자. 만일 그곳이 육지에서 멀리 떨어진 곳이라면 나중에 다시 찾아오기 위해 위치를 어떻게 기억해야 하겠는가? 뱃사람들은 바다에서 어떻게 길을 찾아가는가? GPS와 같은 정교한 장비를 사용하여 위치를 측정한다고 해도 이를 어떻게 기록할 것인가?

이러한 문제를 해결하기 위하여 지구 전체를 가로 세로로 가로 지르는 격자망이 사용된다. 격자망의 원점이 정해지면 모든 장소는 격자망에서의 좌표로 표시할 수 있다. 예를 들어, 어떤 도시에서는 격자망처럼 거리 번호를 부여한다. 뉴욕의 4번가와 42번가 교차로에 한 번도 가본 적이 없다 하더라도 지도 위에 그 위치를 정확히 표시할 수 있다. 그리고 지금 10번가와 42번가 교차로에 있다면 그곳으로 쉽게 찾아갈 수 있을 것이다. 오늘날 많은 격자망(좌표계) 체계가 사용되고 있지만, 가장 널리 사용되는 것은 경위도 체계이다.

육지든 바다든 지구상의 위치를 표시하기 위해 남북-동서로 교차하는 격자체계가 사용된다. 격자체계에서 극에서 극으로 이어지는 남북 방향의 선을 자오선 또는 경도선이라 한다(**그림 A3.1**). 자오선은 양 극에서 모두 만나며 적도에서 가장 많이 벌어진다. 격자체계의 동서 방향의 선은 서로 평행하기 때문에 평행선 또는 위도선이라 한다. 평행선은 적도에서 가장 길며(따라서 지구를 남북 양 반구로 나눈다), 양 극에서는 한 점으로 줄어든다(그림 A3.1).

북극
90°N
75°N
60°N
45°N
30°N
15°N
자오선
본초자오선
← 서
동 →
적도
75° 60° 45° 30° 15° 0° 15° 30° 45° 60° 75° 0°
15°S
30°S
45°S
60°S
75°S
90°S
남극
평행선(위도선)

그림 A3.1 지구 좌표계. 지구 좌표계는 동서로 나란하며 적도로부터 남북으로 측정되는 평행선과 본초자오선으로부터 동서로 측정되는 경도선으로 구성되어 있다. 평행선은 위도라 하며 자오선은 경도라 한다. 모든 경도선은 길이가 같은데 반하여 위도선은 적도에서 가장 길며 고위도로 갈수록 짧아진다.

위도와 경도

위도는 지구 중심에서 적도로부터 남이나 북으로 측정한 각거리이다. 한 평행선 위의 모든 지점들은 적도로부터 같은 거리에 있으며 같은 위도에 있다고 한다. 적도는 0°이며 남극과 북극은 각각 남 또는 북으로 90°이다. **그림 A3.2**는 뉴올리언스의 위도가 적도로부터 북으로 각거리 30°임을 보여준다.

Web Animation
경도와 위도
https://goo.gl/MMxrN7

Web Video
경도와 위도
https://goo.gl/6fBMFO

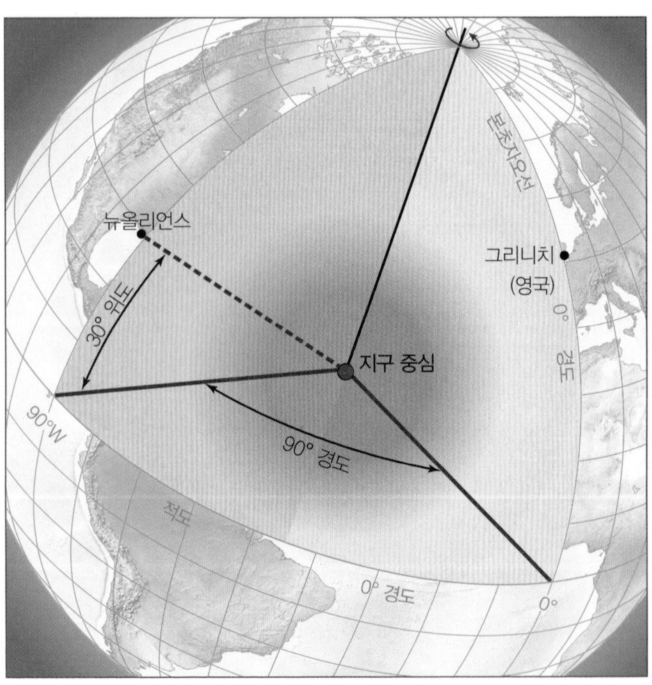

그림 A3.2 뉴올리언스의 위치. 뉴올리언스는 북위 30° 서경 90°에 위치한다. 각도는 모두 지구 중심에서 측정한 값임을 유의하라.

경도는 지구 중심에서 측정한 동쪽 또는 서쪽으로 측정한 각거리이다. 모든 경도선은 길거나 짧지 않고 길이가 같으며 양 극을 지나기 때문에 경도의 시작은 임의로 정해도 된다. 각국 간의 합의가 성사되기 전에는 각국은 저마다의 경도 0° 기준—카나리 제도, 아조레스, 로마, 예루살렘, 페테르부르크, 피사, 파리, 필라델피아 등—을 정하여 사용했다. 1884년 국제 경도회의에서 영국 그리니치의 왕립 천문대를 지나는 선을 경도의 기준, 즉 0°로 정하였다. 이 0° 선을 본초자오선이라 하고 지구상의 어느 곳이든 이곳으로부터 동쪽 또는 서쪽으로 각거리를 측정하도록 했다. 경도는 본초자오선으로부터 동쪽이나 서쪽으로 지구의 반을 돌아 180°까지 측정되며 180° 선을 국제 날짜 변경선이라 한다. 그림 A3.2에서 보는 바와 같이 뉴올리언스는 본초자오선으로부터 서쪽으로 90°에 있다.

특정의 경도와 위도는 지구상의 단 한 곳만을 지정하게 된다. 예를 들어 북위 42° 서경 120°는 단 한 곳뿐이며, 남위 42° 서경 120°나 북위 42° 동경 120°는 다른 곳이다.

경위도의 도 단위 아래 단위도 표시한다. 각도 1도(°)는 60분(′)이며, 1분(′)은 60초(″)이다. 소축척 지도나 전지구 지도에서는 경위도 1~2°의 차이를 구분하기 힘들겠지만, 대축척 지도에서는 분 단위 아래만으로도 구분이 가능하다.

경도와 위도의 측정

오늘날에는 위도와 경도는 지구 주위 궤도에 있는 인공위성을 이용하여 매우 정확하게 측정할 수 있지만, 이 신기술이 나오기 전의 뱃사람들은 자신의 위치를 어떻게 측정했을까?

위도는 특정의 별을 관측하여 결정하였다. 북반구에서는 수평선에서 북극 바로 위에 있는 북극성까지의 각을 측정하여 위도를 확인하였다. 북반구의 위도는 두 시선의 사이 각이다(**그림 A3.3**). 남반구에서는 남극 바로 위에 있는 남십자성과 수평선과의 사이 각을 측정한다. 정확한 시계가 출현한 뒤에는 수평선으로부터 태양까지의 각도를 날짜와 시간에 따라 수정한 값도 사용되었다.

18세기 말 시간에 따른 측정법이 나오기 전까지는 직접적인 경도 측정법은 없었다. 지구는 자전축을 축으로 하여 24시간에 360° 자전한다(**그림 A3.4a**). 따라서 지구는 한 시간에 경도 15° 자전하는 셈이다. 결과적으로 항해자는 현재 배의 위치에 태양이 남중했을 때에 본초자오선(**그림 A3.4b**)에서의 정확한 시간을 알 필요가 있다. 이렇게 하여, 배 위의 선원들은 매일의 정오에 배의 위치를 계산할 수 있게 된다. 이것이 바로 해리슨의 시간 계측기(제1장의 심층 탐구 1.1 참조)가 항해의 필수품이 된 이유이다.

유럽에서 대서양을 서쪽으로 가로질러 나아간다면 매일 현지 시간 정오에 배의 위치를 확인할 수 있다. 어느 날 현지 시간으로 정오에 시간 계측기가 16시 18분을 가리키고 있다면, 현재 이 배의 경도는 얼마인가(**그림 A3.4c**)?

만약 해리슨의 시간 계측기처럼 시계가 정확하다면, 현재 배의 위치는 그리니치 시간보다 4시간 18분 뒤(서쪽)에 있다는 뜻이 된다. 경도를 확정하기 위해서는 시간을 경도로 환산해야 한다. 지구의 자전 속도를 감안하면 한 시간은 경도 15°에 해당한다. 따라서 4시간은 경도 60°를 뜻한다(4시간 × 경도 15° = 60°). 1°는 60분이므로 지구는 분당 ¼°(15′) 자전하는 셈이다. 따라서 18분 동안에는 18분(시간) 곱하기 15분(각도) 하면 각도 270분이 나오며 이는 4.5°에 해당한다. 따라서 현 위치는 60°에 4.5°를 더하여 경도는 서경 64.5°가 된다.

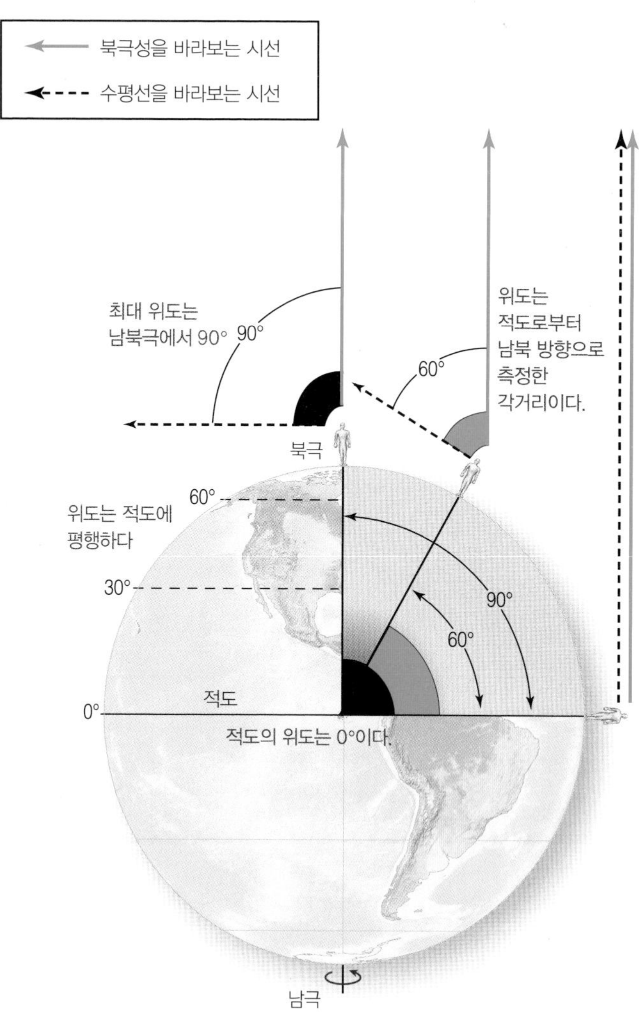

그림 A3.3 북극성을 기준으로 위도 측정하기. 위도는 수평선과 북극 바로 위에 있는 북극성 사이의 각도 차이를 측정하여 결정할 수 있다.

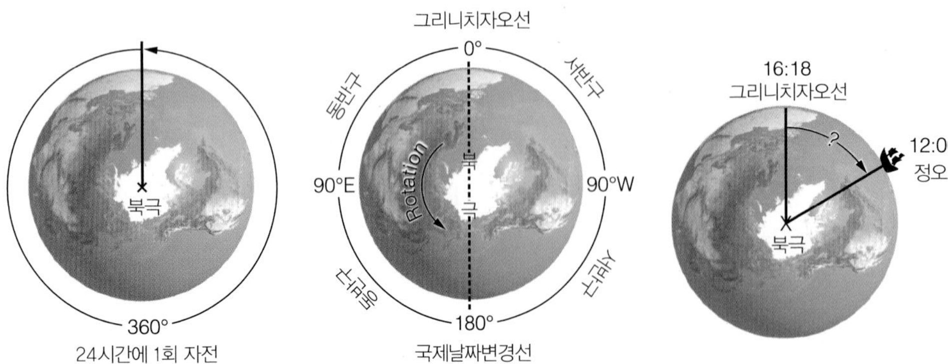

그림 A3.4 시간을 바탕으로 경도 측정하기. 북극 상공에서 내려다본 지구. (a) 지구는 24시간에 1회 자전한다. (b) 그리니치자오선은 0°이며 지구는 이를 기준으로 동서 양 반구로 나누어진다. (c) 바다 위의 배에서 시간 기준으로 경도를 확인하는 방법의 보기.

부록 IV 화학적 배경 지식 : 물 분자는 왜 수소 2개와 산소 1개로 되어 있을까?

원소(element: *elementum* = a first principle)란 화학적 수단으로는 더 이상 작게 쪼갤 수 없는 입자들 가운데 똑같은 것끼리로만 이루어진 물질을 일컫는 말이다. 원소를 이루는 가장 작은 단위인 원자(atom)의 어원은 atomos(*a* = not, *tomos* = cut)로서 다른 원소의 원자들과 결합하여 화합물을 만들어낸다. 그림 A4.1에 보인 원소의 주기율표는 원소를 나열하고 이들 원자를 설명하고 있다. 화합물(compound: *compondre* = to put together)은 둘 또는 더 많은 원소가 일정한 비율로 결합한 물질이다. 분자는 원소나 화합물로 된 자유로운 상태에서는 물성을 지닌 최소 입자이다.

이들 술어들을 살펴보는 예로서 험프리 데이비 경이 했던 물의 전기분해로 수소와 산소로 쪼갠 것을 살펴보자. 물을 만들려면 수소와 산소 원소가 원자수 2:1로 결합한다. 물에 전류를 흘리면 음전극(cathode)에는 수소가 양전극(anode)에는 산소가 모인다. 이때 원자가 2개씩 결합해서 기체인 수소(H_2)와 산소(O_2)를 만든다. 물에는 수소가 두 배 들어 있으므로 수소 발생량은 산소 발생량의 두 배가 된다. 동일한 압력과 온도 조건에서 기체의 부피는 기체 입자의 수에 비례하므로 수소의 부피는 산소의 두 배가 된다.

원자를 들여다보기

이전의 발견을 토대로 덴마크의 물리학자 닐스 보어(1884~1962)는 태양계 축소판인 원자 모형을 개발했다. 양성자를 태양의 자리에 그리고 주위를 도는 행성의 자리에 음전하를 지닌 전자로 나타냈다. 나중에 모델의 그림에 손질이 가해졌지만 지금도 이 모형은 원자 안에서 핵과 전자의 배치를 설명하는 데 자주 쓰인다.

보어가 처음에 관심을 가진 것은 양성자(proton: *protos* = first)와 그 주위를 도는 전자(electron: *electro* = electricity)가 각각 하나뿐인 수소였다. 전자의 질량은 양성자의 1/1,836에 지나지 않으므로 원자의 질량을 따질 때에는 무시해도 된다.

보어 모형에 따르면 양성자 또는 핵의 양전하의 단위의 수는 원소의 원자번호와 일치한다. 그러므로 원자번호가 1인 수소의 핵(nucleus: *nucleos* = a little nut)은 달랑 양성자 하나로 되어 있어야 한다. 다음으로 무거운 원소인 헬륨은 원자번호가 2이므로 양성자가 2개라야 하며, 이런 방식은 계속 이어진다. 이 원자번호는 또한 특정 원소의 정상적인 원자의 전자 개수를 가리킨다. 왜냐하면 양성자와 전자의 개수가 같기 때문이다(그림 A4.2).

동위원소(isotope: *isos* = equal, *topos* = place)는 같은 원소들과 질량이 다른 원소이다. 앞으로 다룰테지만 원자의 화학적 성질은 핵을 둘러싼 전자의 배열에 달려 있다. 한편 이런 배열은 핵 안의 양성자 수에 달려 있다. 동위원소의 화학적 성질은 같지만 질량이 다르다는 것은 핵 속에 양성자가 아닌 다른 입자가 들어 있지만 전자의 배치에는 영향을 주지 않는다는 것이다(그림 A4.3).

핵 안에 더 들어 있는 입자인 중성자(neutron: *neutr* = neutral)를 핵 연구로 찾아냈다. 이의 존재는 어니스트 러더포드가 1920년도에 예상했고 제임스 채드윅이 1932년도에 처음으로 검출했다. 질량은 양성자와 비슷하지만 전하를 지니고 있지 않다. 중성자의 전하를 띠지 않는 성질은 뒤에 새 핵 입자를 계속해서 찾고자 했던 핵물리학자들에게 긴요하게 쓰이게 된다. 그런데 원자의 화학적 성질과는 무관하므로 더 이상 깊이 언급하지는 않겠다.

전자를 붙이거나 떼어내면 그 원소의 이온이 되고, 중성자를 붙이거나 떼어내면 그 원소의 동위원소가 만들어진다. 양성자를 붙이거나 떼어내면 아예 다른 원소가 되어버린다.

원자는 두 부위로 나누어 볼 수 있는데, 중성자와 양성자를 지닌 핵과, 화학반응에 관여하는 핵을 둘러 싼 전자 구름이다. 제멋대로인 전자의 움직임 때문에 어느 순간에 전자의 정확한 위치는 알 수 없고 단지 전자 구름에서 가장 가능성이 높은 장소를 지목할 수 있을 나름이다. 전자가 있을 법한 구역은 핵 주위에 동심을 가진 공(껍질, shell이라고 부름)처럼 보인다(그림 A4.2 참조).

화학결합

원자가 참여하는 화학반응을 따질 때에는 외각 전자의 배열이 주요 고려 요소가 된다. 원자들이 결합해서 화합물을 만들 때에는 주로 다음 두 가지 화학 결합을 통한다.

1. 이온(*ienai* = to go) 결합, 이때 전자는 잃거나 얻는다.
2. 공유(*co* = with, *valere* = to be strong) 결합, 이때 전자는 두 원자가 공유한다.

이온결합은 이온을 만드는 데 전하를 띤 원자는 원래 원소의 중

원소의 주기율표

원자 번호 / 원소 기호 / 원자량 / 원소 이름: 1 / H / 1.0080 / 수소

비활성기체 / 기체 / 액체

경금속 (I A – II A) · 전이원소 — 중금속 (III B – II B) · 비(非)금속 (III A – VII A)

	I A	II A	III B	IV B	V B	VI B	VII B	VIII B	VIII B	VIII B	I B	II B	III A	IV A	V A	VI A	VII A	VIII A
1	1 H 1.0080 수소																	2 He 4.003 헬륨
2	3 Li 6.939 리튬	4 Be 9.012 베릴륨											5 B 10.81 붕소	6 C 12.011 탄소	7 N 14.007 질소	8 O 15.994 산소	9 F 18.998 플루오르	10 Ne 20.1863 네온
3	11 Na 22.990 나트륨	12 Mg 24.31 마그네슘											13 Al 26.98 알루미늄	14 Si 28.09 규소	15 P 30.974 인	16 S 32.064 황	17 Cl 35.453 염소	18 Ar 39.948 아르곤
4	19 K 39.102 칼륨	20 Ca 40.08 칼슘	21 Sc 44.96 스칸듐	22 Ti 47.90 타이타늄	23 V 50.94 바나듐	24 Cr 52.00 크로뮴	25 Mn 54.94 망가니즈	26 Fe 55.85 철	27 Co 58.93 코발트	28 Ni 58.71 니켈	29 Cu 63.54 구리	30 Zn 65.37 아연	31 Ga 69.72 갈륨	32 Ge 72.59 저마늄	33 As 74.92 비소	34 Se 78.96 셀레늄	35 Br 79.909 브로민	36 Kr 83.80 크립톤
5	37 Rb 85.47 루비듐	38 Sr 87.62 스트론튬	39 Y 88.91 이트륨	40 Zr 91.22 지르코늄	41 Nb 92.91 나이오븀	42 Mo 95.94 몰리브데넘	43 Tc (99) 데크네튬	44 Ru 101.1 루테늄	45 Rh 102.90 로듐	46 Pd 106.4 팔라듐	47 Ag 107.870 은	48 Cd 112.40 카드뮴	49 In 114.82 인듐	50 Sn 118.69 주석	51 Sb 121.75 안티모니	52 Te 127.60 텔루륨	53 I 126.90 아이오딘	54 Xe 131.30 제논
6	55 Cs 132.91 세슘	56 Ba 137.34 바륨	57 TO 71	72 Hf 178.49 하프늄	73 Ta 180.95 탄탈럼	74 W 183.85 텅스텐	75 Re 186.2 레늄	76 Os 190.2 오스뮴	77 Ir 192.2 이리듐	78 Pt 195.09 백금	79 Au 197.0 금	80 Hg 200.59 수은	81 Tl 204.37 탈륨	82 Pb 207.19 납	83 Bi 208.98 비스무트	84 Po (210) 폴로늄	85 At (210) 아스타틴	86 Ra (222) 라돈
7	87 Fr (223) 프랑슘	88 Ra 226.05 라듐	89 TO 103															

란타넘족 원소	57 LA 138.91 란타넘	58 Ce 140.12 세륨	59 Pr 140.91 프라세오디뮴	60 Nd 144.24 네오디뮴	61 Pm (147) 프로메튬	62 Sm 150.35 사마륨	63 Eu 157.25 유로퓸	64 Gd 158.92 가돌리늄	65 Tb 158.92 터븀	66 Dy 162.50 디스프로슘	67 Ho 164.93 홀뮴	68 Er 167.26 어븀	69 Tm 168.93 툴륨	70 Yb 173.04 이터븀	71 Lu 174.97 루테튬
악티늄족 원소	89 Ac (227) 토륨	90 Th 232.04 프로탁티늄	91 Pa (231) 프로탁티늄	92 U 238.03 우라늄	93 Np (237) 넵투늄	94 Pu (242) 플루토늄	95 Am (243) 아메리슘	96 Cm (247) 퀴륨	97 Bk (249) 버클륨	98 Cf (251) 캘리포늄	99 Es (254) 아인슈타이늄	100 Fm (253) 페르뮴	101 Md (256) 멘델레븀	102 No (256) 노벨륨	103 Lw (257) 로렌슘

그림 A4.1 원소의 주기율표.

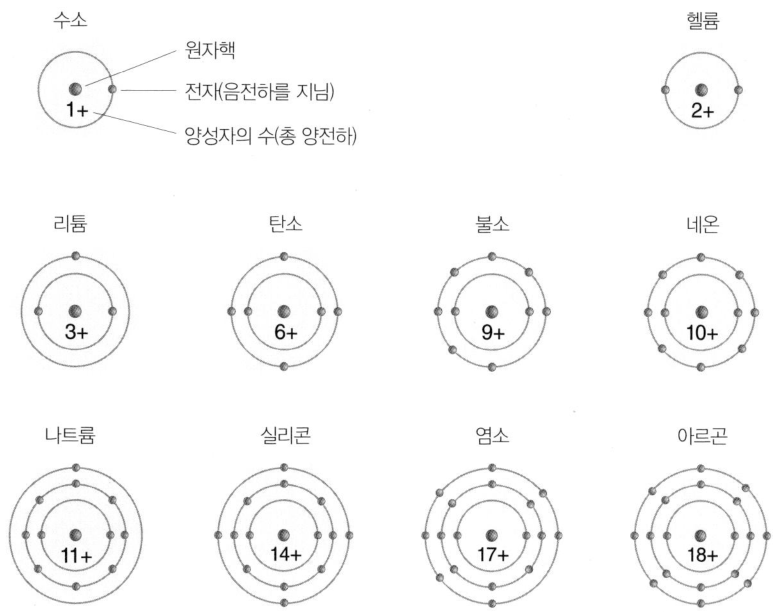

그림 A4.2 보어-스토너의 원자의 궤도 모형. 각 원자는 양전하를 띤 양성자와 그 주위에 음전하를 띤 전자로 이루어져 있다. 극히 작은 공간을 차지하는 핵은 질량의 대부분을 가지고 있다. 원자번호는 핵에 있는 양성자의 수와 같다. 첫 번째 전자각에는 단지 전자가 2개만 들어가며 그 바깥의 전자각에는 8개 또는 그 이상 들어갈 수 있음에 유의한다.

성 원자와 성질이 아예 다르다. 양전하를 띤 양이온(cation: *kation* = something going down)은 원자 외각의 전자를 잃은 것으로 전자를 잃은 수만큼 양전하를 띤다. 음전하를 띤 음이온(anion: *anienai* = to go up)은 원자의 외각에 전자를 받은 것으로 받은 개수만큼 음전하를 띠게 된다.

이온결합으로 만들어진 화합물의 예로 소금(NaCl)을 들 수 있다(**그림 A4.4**). 소금이 만들어질 때 외각에 전자를 하나 가지고 있던 소듐은 전자를 잃게 되어 하나의 양전하를 띠게 된다. 외각에 7개의 전자를 가진 염소 원자는 전자를 받아들여 전자 껍질을 채우게 되고 하나의 음전하를 띠게 된다. 이 두 이온은 전하량이 같고 부호가 반대이므로 정전기적 끌림에 따라 가까이 자리하여 서로 붙게 된다.

게다가 개별 원자의 바깥 전자 껍질이 비활성기체처럼 꽉 채워지게 되는(헬륨처럼 2개, 네온과 아르곤처럼 8개) 화학 반응은 잘 일어난다(그림 A4.2 참조). 대체로 전자를 한두 개 공유하거나 잃거나 얻음으로써 바깥 전자 껍질이 채워지는 원자는 활발하게 화학 반응을 일으킨다. 그에 비해 서너 개의 전자가 관여하는 경우에는 화학 반응이 훨씬 더디게 일어난다.

원자가(valence: *valentia* = capacity)는 어느 원자가 이온결합이나 공유결합을 통해 몇 개의 수소 원자와 결합할 수 있는지를 나타낸 것이

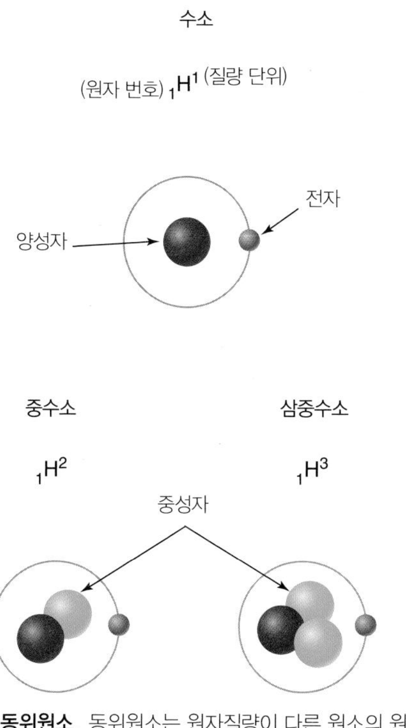

그림 A4.3 수소 동위원소. 동위원소는 원자질량이 다른 원소의 원자들을 일컫는다. 수소원자(1H[1])는 핵에 단지 양성자 하나만 가진 것으로 지구에 있는 수소의 99.98%를 차지한다. 중수소(1H[2])는 핵에 양성자와 중성자를 하나씩 가지고 있으며 산소와 결합해서 분자량이 20인 중수를 만든다. 삼중수소(1H[3])는 매우 드문 방사성 동위원소로서 핵에 양성자 1개와 중성자 2개를 지니고 있다.

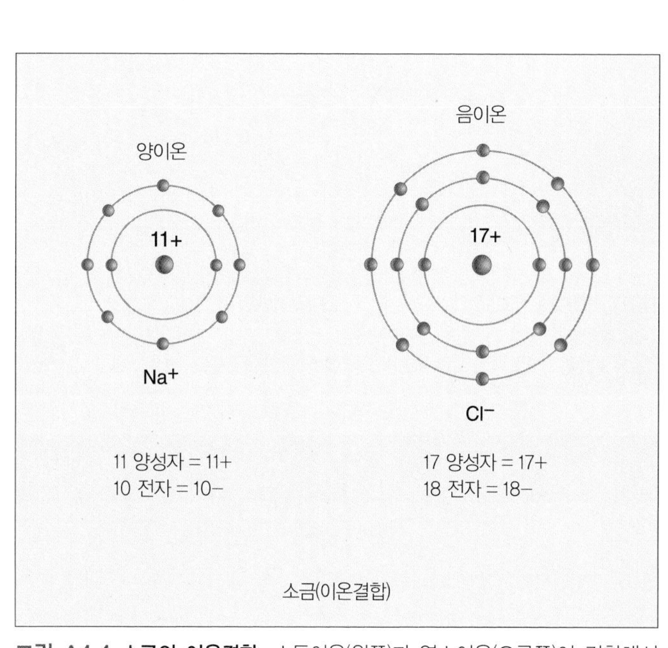

그림 A4.4 소금의 이온결합. 소듐이온(왼쪽)과 염소이온(오른쪽)이 결합해서 양념으로 쓰이는 소금을 만들어낸다. 두 이온의 바깥쪽 전자각을 그림 A4.2와 대조하여 보라.

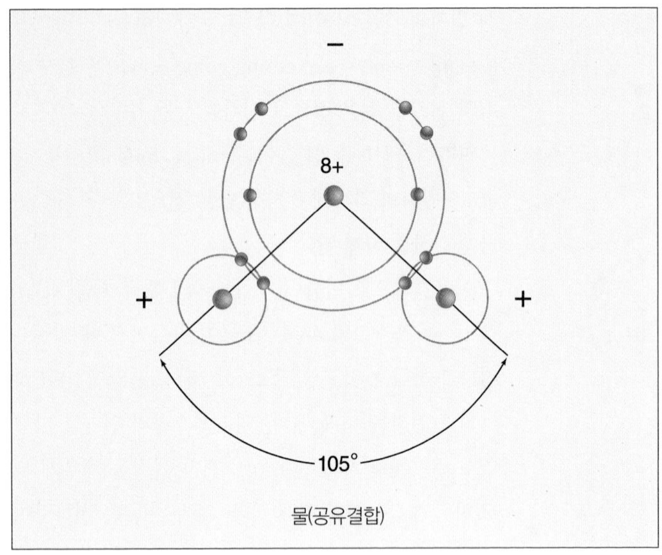

그림 A4.5 물 분자 안의 공유결합. 물 분자는 수소 원자 2개와 산소 원자 하나가 공유결합으로 결속되어 있다.

다. 원자가가 1이나 2인 원소는 그보다 원자가가 높은 원소보다 반응을 훨씬 잘 일으킨다. 원자가가 높은 원소의 반응은 낮은 원소에 비해 격렬하지 않은 반면 다른 원소를 여럿 모을 수 있다.

물 분자에서 수소와 산소가 전자를 공유하는 것을 공유결합의 예로 들만하다(**그림 A4.5**). 물 분자를 만들 때 수소와 산소는 모두 원하는 바대로 전자를 비활성기체처럼 채우게 된다.

용어해설

ㄱ

가설(hypothesis) 관측된 자연 현상에 관하여 검증 가능하게 서술한 임시 설명

가스하이드레이트(gas hydrate) 심해퇴적층처럼 고압과 저온 환경에서 만들어진 물과 천연가스(주로 메테인)로 된 격자 형태의 화합물. 새장 형태의 구조를 빗대어 '망'이라고도 한다.

가시광선[(visible) light] '빛' 참조

가오리류(ray) 몸이 종편되고, 눈과 비공이 위쪽 면에 있고, 아가미 구멍이 아래쪽에 있는 연골어류. 꼬리가 회초리 모양으로 변형되어 있다. 전기가오리, 쥐가오리, 색가오리류가 속한다.

가을 대발생(fall bloom) 중위도 식물플랑크톤은 가을에 대발생하며, 햇빛의 가용성에 의해 제한된다.

각, 껍데기, 돌말껍데기(test) 많은 무척추동물의 골격 또는 껍데기

갈라파고스열곡(Galapagos Rift) 갈라파고스제도에서 남아메리카를 향해 동쪽으로 뻗어나간 확장형 판 경계부. 1977년에 이곳에서 최초로 심해열수공의 생물군집이 발견되었다.

갈조소(fucoxanthin) 푸코크산틴. 적갈색의 색소로 갈조류의 특징적인 색을 띠게 한다.

갈조식물문(Phaeophyta) 갈조류는 카로틴계 색소 갈조소(fucoxanthin)가 특징이다. 해조 군집의 가장 큰 거대 조류를 포함한다.

감쇠거리(decay distance) 불규칙한 형태의 풍랑이 전파하면서 비교적 규칙적인 형태의 너울로 변해가는 데 필요한 거리

감압병(decompression sickness) 물속에서 잠수부가 빠른 속도로 올라올 때 생기는 병으로, 피 속에 녹아있던 질소가 기포를 형성하여 모세혈관을 막아 큰 고통을 주며 심하면 사망을 초래한다.

갑각(carapace) '등딱지' 참조

갑각강(Crustacea, **갑각류**) 따개비, 요각류, 바닷가재류, 게류, 새우류를 포함하는 절지동물문의 분류군(강)

갑상선종(goiter) 아이오딘 부족 등으로 해서 목 앞 부위에 있는 갑상샘이 부어오르는 질병

강수(precipitation) 기상의 관점에서 대기의 물이 비, 눈, 우박, 진눈깨비의 형태로 지표로 배출되는 현상

강장동물문(Coelenterata) 자포동물문의 과거 명칭

강한 성층 하구만(highly stratified estuary) 상당량의 해수가 저층류로 들어오는 비교적 깊은 하구만. 많은 양의 하천 담수가 들어와서 넓게 퍼지는 표층 저염 조건을 만들고 하구만 대부분의 지역에서 잘 발달된 염분약층을 만든다.

개체군(population) 일정한 지역에 모여 사는 같은 생물종 개체들의 집단

갯물(의)(brackish) '기수' 참조

갯민숭달팽이류, 나새류(nudibranch) 성체가 되었을 때 몸을 보호하는 덮개가 없는 복족류. 호흡은 아가미나 등 표면의 돌출물에 의해 일어난다.

거초(fringing reef) 섬이나 대륙에 붙어서 성장한 초. 해안에서 1km 이상 뻗어 있다. 외곽은 물속에 잠겨있고 주로 조류로 된 석회암, 산호초 암반, 살아있는 산호 등으로 되어 있다.

건착망, 선망(purse seine net) 표층에 무리 지어 있는 어군을 그물로 둘러싼 뒤 바닥을 당김줄로 닫아서 어획하는 그물

검은 열수공(black smoker) 금속성 입자들이 녹아 있는 뜨거운 물을 검은 연기처럼 내뿜는 해저의 열수공

겨울 해빈(wintertime beach) 겨울 동안의 특징적인 해빈. 전형적으로 좁은 암반 해빈 둔덕과 평탄한 해빈면을 갖는다.

결빙(freezing) 어는점에서 액체가 고체로 바뀌는 현상

결빙분리(freeze separation) 해수를 얼림과 녹임을 거듭해서 담수로 만드는 방법

결빙잠열(latent heat of freezing) 물질 1g을 녹는점에서 액체로 바꾸어주려면 반드시 더해주어야 하는 열량. 물의 경우에 80cal이다.

경계해류(boundary current) 아열대환류의 서쪽 혹은 동쪽 편에서 북쪽 혹은 남쪽으로 흐르는 해류

경랍 기관(spermaceti organ) 향유고래의 머리 부분에 있는 큰 지방질의 기관. 음향탐지에 사용되는 소리의 초점을 모으는 역할을 한다. 음파를 집중하여 발사하는 데 쓰인다.

경석고(anhydrite) 무색, 흰색, 회색, 청색 또는 라일락색의 증발광물로서 석고층에 많다.

계절수온약층(seasonal thermocline) 중위도-고위도 해역에서 표층이 가열되어 생기는 수온약층으로서 대개 해면에서 200m 이내에서 형성된다.

계절풍(monsoon) 아랍어로 계절을 뜻하는 *mausim*에서 유래된 이름으로 처음에는 아라비아해에 여름에는 남서풍, 겨울에 북동풍이 부는 바람에 해당되었다.

고기압(anticyclone) 압력이 높은 중심부에서 하강하여 바깥으로 나가는 대기 시스템으로 북반구에서는 시계 방향으로, 남반구에서는 반시계 방향으로 돈다.

고기압성 흐름(anticyclonic flow) 고기압 지역을 도는 대기의 흐름으로 북반구에서 시계 방향이다.

고기후학(paleoclimatology) 지구의 과거 기후를 연구하는 학문

고래목(Cetacea) 고래류, 돌고래류, 쇠돌고래류를 포함하고 있는 해양포유류의 분류군(목)

고래수염(baleen) 수염고래류의 위턱에 걸려있는 케라틴으로 된 섬유질 부분

고리(ring) 표층의 해수가 원형으로 회전하는 흐름으로 난핵고리는 중앙부에 더운 물이 있으며 냉핵고리의 중앙부에는 찬물이 있다.

고세균(Archaea) 생명체의 세 가지 주요 영역 중 하나이다. 이 영역은 극한 조건의 온도 및(또는) 압력 환경을 선호하는 단순한 미세한 세균성 생물(심해 열수공 및 침출수에 서식하는 메탄세균 및 황세균 포함) 및 기타 미세한 생명 형태로 구성된다.

고세균계(Archaebacteria) 세포 내 핵물질이 핵막으로 구분되어 있지 않고 퍼져 있는 생물이 속하는 분류군(계). 고세균(Archaea)을 포함한다.

고염수 분출공 생물군집(hypersaline seep biocommunity) 메탄과 황산화박테리아에 의존하는 고염수 분출공과 연관된 저서생물 군집. 박테리아는 물속이나 해저에 살며, 일부 동물의 조직 속에 공생하기도 한다.

고염수(hypersaline) 매우 높은 염분의 물

고장액성(hypertonic) 삼투압이 생길 수 있는 반투막으로 분리되어 다른 수용액보다 높은 삼투압(염분)을 갖는 수용액 성질. 고장액 액체는 반투막을 통하여 다른 액체로부터 물 분자를 얻는다.

고조정조(high slack water) 하구나 만 등에서 고조 근처에서 해수의 흐름이 거의 없어 보이는 시점

고지리학(paleogeography) 대륙과 바다의 형태와 위치 변화를 연구하는 분야

고지자기학(paleomagnetism) 과거의 지구자장을 연구하는 분야

고착성(sessile) 기질에 부착되어 있어 이동성이 없는

고체상(solid state) 물질의 부피와 모양이 고정되어 있는 상태를 일컬음. 물질이 결정화되어 있는 상태이다.

고해양학(paleoceanography) 해양 환경의 과거 변화를 연구하는 분야

곤드와나랜드(Gondwanaland) 남반구에 존재했다는 과거의 대륙. 인도의 곤드와나 지역에서 유래하였으며 아프리카, 남극, 오스트레일리아, 인도, 남아메리카를 포함한다.

골, 파곡, 파의 골(trough) 파에서 가장 낮은 부분

골편(spicule) 해면동물, 방산충류, 군부류, 극피동물에서 발견되는 작고 가시 같은 석회질 또는 규산질 구조물로 조직을 보호하거나 보호 덮개를 제공한다.

공극률(porosity) 전체 체적에 대한 빈 공간의 비율

공생(symbiosis) 한쪽 혹은 모두가 이익을 얻거나 아무도 손해를 보지 않거나 어느 한쪽이 손해를 보는 서로 다른 두 생물 종 사이의 상관관계. 예로서 편리공생(commensalism), 상리공생(mutualism), 기생(parasitism)이 있다.

공유결합(covalent bond) 원자들 사이에서 전자를 공유하는, 특히 전자쌍을 이루는 형태의 화학결합

공통중심(barycenter) 계의 질량 중심

곶(headland) 바다 쪽으로 돌출한 급경사면을 가진 해안의 굴곡

과염(hypersaline) 높은 혹은 지나치게 높은 염분을 가진

과학적 방법(scientific method) 자연과학에 의해 정형화되고 계획적인 관찰, 측정, 실험, 일반화, 시험 및 가설의 검정과 수정 등의 과정으로 이루어진 연구 방법

관성(inertia) 정지한 물체는 정지해 있으려 하고 움직이는 물체는 외력이 작용하지 않는 한 일직선상의 등속운동을 하려는 성질

관측(observation) 인간의 감각으로 측정하는 행위

관해파리목(Siphonophora) 폴립과 메두사를 포함한 표영성 군체를 형성하는 히드로충류에 속하는 자포동물의 분류군(목)

광물(mineral) 자연적으로 형성된 무기물로서 물리 · 화학적 특성이 있으며 화학식으로 표기할 수 있는 화학조성이 있다. 석탄과 석유처럼 유기물을 포함하기도 한다.

광세포, 발광포(photophore) 빛을 내는 세포. 중층대나 상부심층대에 서식하는 어류와 오징어류에서 흔히 발견된다.

광염성(euryhaline) 광범위한 염분 조건(변화)에 대해 높은 내성을 가진 생물을 설명하는 용어

광온성(eurythermal) 광범위한 온도 조건(변화)에 대해 높은 내성을 가진 생물을 설명하는 용어

광합성 보상수심(compensation depth for photosynthesis) 순광합성량이 '0'이 되는 수심. 광합성 생물은 이 깊이보다 깊은 곳에서는 생존할 수 없다. 이 수심은 빛 투과를 제한하여 탁도가 높은 연안역보다 외양역에서 더 깊다(100m).

광합성(photosynthesis) 엽록소를 가진 식물과 조류가 태양에너지를 흡수하여 이산화탄소와 물로 탄수화물을 만들고 산소를 방출하는 과정

교란력(disturbing force) 파도를 일으키는 에너지 형태

교란채색(disruptive coloration) 먹이를 혼란스럽게 하는 표식 또는 색채 패턴

교토의정서(Kyoto Protocol) 60개 국가가 1997년도에 일본의 교토에서 자발적으로 온실기체 배출을 줄이자는 데 합의한 이행 협정

구심력(centripetal force) 공전하고 있는 물체에 공전의 중심으로 작용하는 힘

국제포경위원회(International Whale Commission, IWC) 대형고래류의 유지와 상업적 포경을 관리하기 위해 1946년 설립된 국제기관. 1986년 국제포경위원회는 대형고래류를 보호하기 위해 상업적 포경 금지안을 통과시킴

군도(archipelago) 많은 섬들의 무리

군체성동물(colonial animal) 서로 붙어 있거나 독립된 개체가 그룹(무리)을 형성하는 동물. 개체의 그룹은 특별한 기능을 지니는 경우가 있다.

궤도파(orbital wave) 밀도가 서로 다른 경계층을 따라 에너지가 전파되는 파의 한 종류

귀신고래(gray whale) '회색고래' 참조

규산염(silicate) SiO_4 결정구조를 가진 광물

규산질(silica) SiO_2

규조류, 돌말류(diatom) 규조강(Bacillariophyceae)에 속하는 조류로서 서로 겹쳐지는 규산질 배각(背殼)으로 된 세포벽을 갖고 있다.

규조토(diatomaceous earth) 주로 돌말류 껍데기와 점토가 섞여 형성된 퇴적물. 규조토(diatomite)라고도 한다.

균계(Fungi) 엽록소와 혈관 조직이 없으며, 단세포에서부터 특수한 자실체를 생성하는 분지된 사상체 구조 몸체에 이르기까지 균류에 속하는 다양한 진핵생물 분류군(계)이다. 균계는 이스트, 곰팡이, 지의류, 버섯 등을 포함한다.

그루니온(grunion) 봄과 여름철 고조 시 밤에 해안을 따라 모래사장에 산란하는 캘리포니아와 멕시코 연안의 소형 어류(*Leuresthes tenuis*)

그림자 지우기, 대응조명(counterillumination) 상부 태양광의 비슷한 색과 광도에 맞는 생물 발광으로 그림자를 지우는 위장

극동풍대(polar easterly wind belt) 각 반구의 극지방으로부터 위도 약 60°의 극전선 쪽으로 부는 바람의 지역. 이 바람은 북반구에서는 북동풍, 남반구에서는 남동풍이다.

극미소 플랑크톤, 피코플랑크톤(picoplankton) 크기가 0.2~2μm 사이의 아주 작은 플랑크톤. 주로 박테리아가 속한다.

극성(polarity) 전극 또는 자극의 예에서 보이듯 주로 물성의 고유한 특성으로 양극으로 분리, 배치 또는 정렬

극세포(polar cell) 각 반구의 위도 60~90° 사이에 있는 커다란 대기 순환 세포

극순환류(circumpolar current) 표층에서 저층까지 동쪽으로 흐르면서 남극 대륙 주위를 도는 해류

극전선(polar front) 각 반구의 약 60°에 위치하는 극동풍과 편서풍 사이의 경계로서 상승기류와 많은 강수가 특징이다.

극피동물문(Echinodermata) 유생기에는 좌우대칭이나 성체는 5방사형인 동물 분류군(문). 이 동물문에는 불가사리, 거미불가사리, 성게, 연잎성게, 해삼 등이 포함된다.

근안(nearshore) 저조선으로부터 바다 쪽으로 쇄파가 시작되는 곳까지의 연안역

근일점(perihelion) 행성이나 혜성의 궤도상에서 태양과 가장 가까운 지점

근지점(perigee) 달의 궤도상에서 지구와 가장 가까운 지점

근지점조(proxigean) 근지점에서 일어나는 대조로 조차가 매우 큰 조석

글로비게리나 연니(*Globigerina* ooze) 글로비게리나 유공충 함량이 높은 석회질연니

금속황화물(metal sulfide) 1개 이상의 금속과 황으로 된 화합물

급경사면(scarp) 완경사 또는 평탄한 해저면과 만나는 해저의 급경사면

기각류(Pinnipedia) 지느러미발을 지닌 해양포유류. 바다사자, 모피물개, 물범, 바다코끼리 등이 포함된다.

기단(air mass) 거의 균일한 온도, 습도, 밀도를 갖는 커다란 공기 덩어리

기상, 날씨(weather) 특정 지역과 시간에서의 기온, 습도, 풍속, 기압 등의 변수에 대한 대기의 상태

기생(parasitism) 다른 생물을 희생시키면서 한 생물은 이득을 얻는 공생관계

기수, 갯물(의)(brackish) 담수와 해수의 혼합으로 인한 저염수

기억상실성 패독(amnesic shellfish poisoning) 돌말류에 의해 생성된 독성 성분인 도모산(domoic acid)의 농축된 조개류를 먹음으로써 발생하는 식중독 현상으로 일부 혹은 완전한 기억상실을 초래한다.

기요(guyot) '평정해산' 참조

기우는 그믐달(waning crescent) 하현과 초승 사이의 달

기우는 반달(waning gibbous) 보름과 하현 사이의 달

기조력(tide-generating force) 지구상에서 질량이 같은 입자가 동일한 원운동을 하기 위해서는 동일한 구심력이 필요한데 이 힘은 달 또는 태양의 인력으로 유지된다. 그러나 달 또는 태양의 인력은 지구의 중심에서는 필요한 구심력과 같지만 중심을 제외한 다른 곳에서는 약간씩 차이가 나는데 이 차이가 나는 힘의 수평 분력이 조석을 일으키는 힘이다. 수평 분력이 해수를 달 방향과 반대 방향으로 밀어 바다의 조석을 일으킨다.

기질(substrate) 생물이 붙어서 살아가거나 성장하는 기반

기체상(gaseous state) 물체의 상태 가운데 하나로 분자들은 움직일 수

있고 상호작용은 충돌을 통해서만 가능

기파대(surf zone) 쇄파가 있는 근안 지역

기파력(disturbing force) 파랑을 일으키는 힘

기파박동(surf beat) 크고 작은 파들의 복합간섭으로 일어나는 불규칙한 파랑의 한 패턴

기화숨은열(latent heat of vaporization) '기화잠열' 참조

기화잠열, 기화숨은열(latent heat of vaporization) 끓는점에 놓인 물질 1g이 기체로 바뀌면서 가져가는 열에너지. 물의 경우 540cal.

기후(climate) 어느 지역의 장기간에 걸친 평균적인 기상조건으로 기온, 강수, 특정 지역의 탁월한 바람 등을 포함한다.

기후계(climate system) 지역의 기후에 영향을 미치는 모든 요소를 일컫는다. 여기에는 요소 간의 상호작용과 기후변화를 일으키는 자연적 · 인위적 요인이 모두 고려된다.

긴수염고래(rorqual whale) 수염고래과(family Balaenopteridea)에 속하는 대형 고래. 밍크고래, 보리고래, 참고래, 대왕고래 혹등고래 등이 포함된다.

깊은 곳 생물권(deep biosphere) 해저 밑의 미생물이 풍부한 곳

껍데기(test) '각' 참조

끓는점(boiling point) 주어진 압력에서 물질이 액체에서 기체로 바뀌는 온도

ㄴ

나새류(nudibranch) '갯민숭달팽이류' 참조

낙조(ebb tide) 조석의 한 부분으로 고조에서 저조로 가면서 해면이 낮아지는 동안을 이르는 말

낙조류, 썰물(ebb current) 조위가 낮아지는 동안 밖으로 흘러 나가는 조류

난센채수기(Nansen bottle) 노르웨이의 과학자이자 탐험가인 난센에 의해서 20세기 초에 완성된 해수를 채집하는 장치

날씨(weather) '기상' 참조

남극 저층수(Antarctic Bottom Water) 주로 남반구의 겨울 동안에 남극의 웨들해에서 주로 생성된 후에 해저에 가라앉아 모든 해양의 바닥으로 퍼지는 수괴

남극권(Antarctic Circle) 남위 66.5°

남극발산대(Antarctic Divergence) 서쪽으로 흐르는 동풍피류와 동쪽으로 흐르는 남극순환류를 갈라놓는 발산대

남극수렴대(Antarctic Convergence) 남극순환해류의 북쪽 경계를 따라 형성되는 수렴대로서 아열대환류의 남향하는 흐름이 남극의 찬물과 만나서 수렴한다.

남극순환해류, 서풍피류(Antarctic Circumpolar Current) 남극대륙의 주위들 돌며 표면에서 바닥까지의 물이 모두 동쪽으로 흐르는 해류. 수송량이 가장 큰 해류이며 서풍피류라고도 한다.

남극중층수(Antarctic Intermediate Water) 남극수렴대에서 침강하여 남대서양 아열대환류의 밑으로 약 900m까지 가라앉는 남극해의 수괴

남극해(Antarctic Ocean) 남극대륙을 둘러싸고 남위 약 50°에 위치하는 바다. 남빙양(Southern Ocean)이라고도 한다.

남대서양 아열대환류(South Atlantic Subtropical Gyre) 남대서양에 있는 반시계 방향으로 도는 거대한 아열대환류

남방경계류(southern boundary current) 남반구 아열대환류의 남쪽 경계에 있는 표층해류

남방진동(Southern Oscillation) 태평양 남동부의 고기압과 열대 서태평양의 저기압 사이에 생기는 기압차가 주기적으로 변동하는 것으로 엘니뇨의 원인이 된다.

남서계절풍 해류(Southwest Monsoon Current) 남서계절풍 기간에 동쪽으로 흐르는 표층해류로서 인도양에서 서쪽으로 흐르는 북적도해류를 대신하게 된다.

남서계절풍(Southwest Monsoon) 여름 동안에 발달하는 남서풍. 인도양에서 아시아 대륙으로 분다.

남태평양 아열대환류(South Pacific Subtropical Gyre) 남태평양에 있는 반시계 방향으로 도는 거대한 아열대환류

남회귀선(Tropic of Capricorn) 남위 23.5°에서 적도와 평행인 가상적인 선으로서 동지에 태양이 바로 위에서 비친다.

남획(overfishing) 한 개체군의 성어가 자연 번식률보다 빠르게 어획될 때 일어나는 상황

낫 모양(falcate) 낫처럼 생긴 모습

내부파(internal wave) 유체의 표면 아래 밀도 차이가 있는 경계면에서 형성되는 파. 밀도 차이가 급격한 곳뿐 아니라 완만한 곳에서도 발생한다.

내생동물, 내서동물(infauna) 부드러운 기질(모래 또는 진흙) 속에 사는 동물

내서동물(infauna) '내생동물' 참조

내측 조하대(inner sublittoral zone) 진광대 수심과 만나는 위쪽으로 대륙붕 안에 있으며, 부착 식물이 자라는 곳이다.

냉핵와동(cold-core ring) 중심부에 찬물을 끼고 북반구에서 반시계 방향으로 도는 원형의 소용돌이

냉혈동물, 변온동물(ectothermic, poikilothermic) 주변 환경 온도에 따라 체온이 변하는 동물

너울, 놀(swell) 바람 에너지를 받아 형성된 풍랑이 에너지를 거의 잃지 않고 대양을 넘어 대륙 주변부까지 전파되는 자유파로 대부분의

에너지를 연안의 쇄파대에서 잃는다.

넵튠(North-East Pacific Time-series Undersea Networked Experiments, NEPTUNE) 북동태평양 후안 데 푸카를 따라 판구조운동을 관찰하기 위한 첨단의 해저관측시스템

노르웨이해류(Norwegian Current) 영국과 아이슬란드 사이를 통해서 노르웨이해로 들어가는 멕시코만류의 지류

노출해안선(emerging shoreline) 해수면에 대하여 상대적으로 해저면이 올라와서 노출된 결과로 생성된 해안선

노트(knot, kt) 시간당 1.85km의 속도

노플리우스(nauplius) 요각류, 패충류, 십각류와 같은 갑각류의 플랑크톤 유생

녹는점(melting point) 물질이 고체 상태에서 액체 상태로 바뀌는 온도

녹조식물문(Chlorophyta) 녹조류, 엽록소 및 기타 색소를 가진 특징으로 분류된 분류군(문)

놀(swell) '너울' 참조

눈(eye) ① 동물의 시각을 담당하는 감각기관 ② 태풍이나 허리케인 중심부의 비교적 조용한 저기압 지역

뉴턴의 만유인력의 법칙(Newton's law of universal gravitation) 두 물체 사이의 만유인력의 크기를 서술하는 식. 만유인력의 크기는 두 물체의 질량의 곱에 비례하며 거리의 제곱에 반비례한다.

니가타(Niigata) 1960년대에 오염된 수산물 섭취로 수은 중독이 일어났던 일본의 지방

니메타스, 화산열도, 선형 해산군(nemetath) 섬과 해산이 일렬로 연결된 것으로, 나이는 한 방향으로 증가한다. 암석판이 열점 위를 통과할 때 만들어진다.

ㄷ

다 자란 풍랑(fully developed sea) 특정 풍속의 바람이 한계 지속시간 이상 그리고 한계 풍역대 이상의 해역에 계속 불 때 생겨날 수 있는 최대 파고

다모강(Polychaeta) 해양성 갯지렁이류가 포함된 환형동물의 분류군(강)

단각목(Amphipoda) 갯가톡톡벌레(beach hopper)와 같이 측편된 몸을 지닌 갑각류의 분류군(목)

단백질(protein) 매우 복잡한 유기합성물(고분자 유기화합물)로 수많은 아미노산으로 구성되어 있다. 단백질은 모든 생물의 건조중량의 많은 부분을 차지한다.

단열(adiabatic) 외부와의 열 교환 없이 차단된 상태에서 팽창이나 수축에 의해서만 일어나는 온도 변화

단열대(fracture zone) 해저의 긴 선형의 불규칙한 지형으로서 대형 해산, 비대칭의 급경사 산맥과 골짜기 등이 있다. 일반적으로 비활성 변환단층이 많다.

단층(fault) 지표에 균열이 생겨 이동이 되는 현상

달 조석(lunar tide) 달의 기조력으로 발생하는 조석

달 조석해면(lunar bulge) 달의 기조력으로 발생하는 조석의 해면을 전 지구적으로 본 것

대기방출(outgassing) 지구 내부에 갇혔던 기체가 지표로 나오는 과정

대기파(atmospheric wave) 대기 중에 일어나는 파의 한 종류

대류(convection) 기체나 액체의 순환하는 흐름에 의해서 열이 이동하는 것

대류권(troposphere) 지상에서 약 12km 높이까지의 대기 중 가장 낮은 부분으로 모든 기상현상이 일어나는 곳이다.

대류환(convection cell) 대류운동에 의해서 물질이 원형의 고리 형태로 움직이는 것

대륙(continent) 지구 표면 약 1/3 정도의 넓이로 해수면 위에 노출되어 있으며 해양 지각을 이루는 현무암보다 밀도가 작은 화강암질 화성암으로 되어 있다.

대륙대(continental rise) 대륙사면 하부의 경사가 완만한 퇴적지

대륙부가성장(continental accretion) 지각이 외부에서 달라붙어 대륙이 커지는 현상

대륙붕(continental shelf) 대륙이나 섬에서 완만하게 연장된 해저퇴적지. 경사가 급격히 변하는 곳에서 끝난다.

대륙사면(continental slope) 대륙붕 하부의 경사가 비교적 급한 지역

대륙성 효과(continental effect) 해양의 영향을 적게 받아서 하루나 1년 동안 온도의 변화가 심한 곳을 일컫는다.

대륙연변지(continental borderland) 대륙주변부 해저의 심하게 불규칙한 지형으로 대륙붕보다 더 깊다.

대륙이동설(continental drift) 대륙이 지표면을 따라 이동했다는 초기 학설

대륙주변부(continental margin) 대륙 외측의 수면하부 지역으로서 대륙붕, 대륙사면, 대륙대로 이루어져 있다.

대비음영(countershading) 빛에 노출된 곳은 어두운 색채를, 그림자가 생기는 아랫부분은 밝게 보이는 동물의 보호 착색

대서양(Atlantic Ocean) 남미, 북미, 유럽, 아프리카의 사이에 있는 바다. 세계에서 두 번째로 크다.

대서양자오선순환(Atlantic meridional overturning circulation, AMOC) 북대서양의 표층해류와 심층해류를 포함한 컨베이어벨트 순환의 일부

대서양형 대륙주변부(Atlantic-type margin) 비활성 대륙주변부. 판의 경계부에 위치하지 않아서 판구조활동이 거의 없는 대륙주변부

대양, 해양(ocean) 지구 표면의 70.8%를 차지하고 있는 해수의 덩어리

대양저산맥(mid-ocean ridge) 선형의 화산산맥으로서 전 대양에 분포한다. 해저면에서의 높이는 1~3km이고 폭은 평균 1,500km이다. 중심축에는 열곡이 있으며 새로운 해양지각이 만들어진다.

대응조명(counterillumination) '그림자 지우기' 참조

대조, 사리(spring tide) 삭망 근처에서 조차가 큰 조석

대항해 시대(Age of Discovery) 유럽인들이 남북 아메리카를 비롯하여 전 지구를 향해 탐험한 1492년부터 1522년까지의 30년 동안의 기간

대형 플랑크톤(macroplankton) 최소 크기가 2cm 이상인 플랑크톤

데이비드슨해류(Davidson Current) 많은 담수 유입이 편향력의 효과로 워싱턴-오리건 연안을 따라 북쪽으로 흐르는 해류

델타(delta) 강의 어귀에 있는 저지대의 퇴적체로, 보통 위에서보면 삼각형의 모양을 하고 있다.

독립영양생물(autotroph) 무기물로부터 유기물을 합성할 수 있는 조류, 식물 그리고 박테리아

독성 화합물(toxic compounds) 특히 화학적인 수단으로 상해나 사망을 일으킬 수 있는 독성을 지닌 물질

돌말껍데기(test) '각' 참조

돌말류(diatom) '규조류' 참조

돌발중첩파(rogue wave) 통상적인 파도 상태에서 예상치 못하게 갑자기 나타나는 큰 파도. 슈퍼파(super wave), 괴물파도(monster wave), 숨겨진 파(sleeper wave), 변덕파(freak wave) 등으로 불리기도 한다.

돌제(jetty) 항구나 항로가 연안 이동물질의 퇴적에 의해 막히지 않도록 해안에서 바다쪽으로 설치한 구조물

돌진자(lunger) 먹이가 나타날 때까지 해저 바닥에 움직이지 않고 기다리는 어류. 그들은 먹이를 잡기 위해 짧은 거리를 빠른 속도로 뛰쳐나간다.

돌핀(dolphin) ① *Coryphaena* 속에 속하는 밝은 색채를 띤 어류 ② 참고래과(Delphinidae)에 속하는 작고, 주둥이가 있는 돌고래류

동물계(Animalia) 다세포 동물로 구성된 분류군(계)

동물상(fauna) 특정 지역이나 특정 시간에 출현하는 동물들

동물플랑크톤(zooplankton) 부유동물

동안경계류(eastern boundary current) 모든 아열대환류의 동쪽 경계에서 적도 쪽으로 흐르는 한류

동오스트레일리아해류(East Australian Current) 남태평양 아열대환류의 따뜻한 서안경계류

동위원소(isotope) 같은 원소이면서 중성자의 수가 다른 원자들을 일컬음.

동지점(winter solstice) 태양이 남회귀선에 위치하는 시기로서 대략 12월 21일이다.

동태평양 쓰레기 더미(East Pacific Grabage Patch) 부유 플라스틱과 기타 쓰레기가 모여있는 북태평양(거북이) 환류의 동쪽 부분에 있는 지역으로 크기는 텍사스의 두 배 정도 된다.

동태평양해저융기부(East Pacific Rise) 캘리포니아만에서 남태평양의 동부해역으로 연장된 빠르게 확장하는 판 경계부

동풍피류(East Wind Drift) 남극 대륙 근처에서 극동풍에 의해 서쪽으로 느리게 흐르는 표층 해류

되먹임고리, 양의 되먹임고리, 음의 되먹임고리(feedback loop) 초기 변화를 바꾸어놓는 자가 반복적인 과정으로서 양의 되먹임고리는 초기 변화를 증폭시키고 음의 되먹임고리는 감소시킨다.

두족강(Cephalopoda, **두족류**) 잘 발달된 한 쌍의 눈과 입 주위를 둘러싸고 있는 다리를 지닌 연체동물의 분류군(강). 조가비는 없거나 내부에 있다. 오징어류, 문어류, 낙지류, 앵무 조개류가 포함되어 있다.

등각목(Isopoda) 청소식자이거나 다른 갑각류나 어류에 기생하며, 몸과 배 방향으로 평평한 갑각류의 분류군(목)

등딱지, 갑각(carapace) ① 일부 갑각류의 두흉부를 덮고 있는 키틴질이나 석회질의 딱지 ② 거북의 등갑

등밀도(isopycnal) 밀도가 같은

등염분(isohaline) 염분이 같은

등온(isothermal) 온도가 같은

등온선(isotherm) 온도가 같은 점을 이은 선

등장액(isotonic) 같은 삼투압을 갖는 특성에 관한 것. 만일 두 용액이 반투막으로 분리되어 삼투가 일어날 수 있다면, 막을 통과하는 물 분자의 순 이동은 없을 것이다.

등조시선(cotidal line) 고조가 동시에 일어나는 곳을 이은 선

떼 짓기(schooling) 어류, 오징어류, 갑각류들의 큰 집단. 생존에 도움을 준다.

ㄹ

라구나마드레(Laguna Madre) 텍사스 연안 남부 파드리 섬의 육지 쪽에 위치한 초염 석호

라니냐(La Niña) 정상적인 열대 태평양의 대기와 해양의 순환이 강화되는 사건으로서 태평양 동부의 수온이 평균치 이하로 하강한다.

래브라도해류(Labrador Current) 북서 대서양에서 래브라도 해안을 따라 남하하는 한류

로라시아(Laurasia) 북반구에 위치했던 고대대륙. 북미의 캐나다 순상지를 뜻하는 Laurentia와 Eurasia를 합친 지역이라는 의미에서 유래한 이름

로이히(Loihi) 하와이 섬 남동쪽에 위치한 해저 활화산의 이름

로터리류(rotary current) 조석 주기 동안 흐름의 방향이 완전히 한 바퀴 바뀌는 외양에서의 조류 형태

루윈해류(Leeuwin Current) 동인도제도로부터 호주 서해안으로 남하하는 난류

린네(Linnaeus, Carolus) 분류학의 아버지로 생물의 분류체계와 명명법을 창안했다. 스웨덴 식물학자 Carl von Linné의 라틴명

ㅁ

마그마(magma) 용융된 암석으로서 식으면 화성암으로 된다.

마루, 파봉, 파의 마루, 파정(crest) 해파의 가장 꼭대기 부분

마비성 패독(Paralytic shellfish poisoning, PSP) 독성 와편모조류 *Gonyaulax* 종으로 독화된 패류를 먹은 결과로 나타나는 식중독 마비 증상

마이오글로빈(myoglobin) 근육 조직에서 발견되는 산소를 저장하는 붉은 색소

막대해도(stick chart) 초기 항해자들이 대나무를 엮어 표시한 해도

만년설(ice cap) 영구히 얼음으로 덮인 것. 공식적으로는 육지의 꼭대기에 얼음에 한정되지만, 비공식적으로는 북극해에 떠다니는 얼음에 적용되기도 한다.

만울타리(bay barrier) 양쪽 끝이 육지에 붙어 있고 만 입구를 가로 질러 만과 외양을 분리하는 해양 퇴적체. '만 입구 사주'라고도 함

만유인력(gravitational force) '중력' 참조

말미잘(sea anemone) 밝은 색채와 촉수들과 일반적인 모습이 꽃을 닮은 Anthozoa 강에 속한 생물

망가니즈단괴(manganese nodule) 망간, 철, 구리, 코발트, 니켈의 산화물로서 해저에 흩어져 분포한다.

매질파(body wave) 매질 자체를 통하여 에너지를 전하는 파로 횡파와 종파가 있다.

맨틀(mantle) 코어와 지각 사이의 층

맨틀플룸(mantle plume) 지구 맨틀에서 솟아오르는 마그마 기둥

먹이그물(food web) 상호 연관된 먹이 사슬의 그룹

먹이사슬(food chain) 생산자에서 초식동물과 점차적으로 연결된 몇 단계 육식동물을 거쳐 에너지 물질이 이동하는 경로

메두사(medusa) 자유롭게 움직이는 종 모양의 자포동물의 몸 형태로 입이 중앙 돌출 끝부분에 위치하며 촉수가 몸 가장자리를 둘러싸고 있다.

메소사우루스(mesosauruss) 약 2억 5천만 년 전에 살았던 수생 파충류로 멸종되었음. 이 동물의 화석 분포는 판구조론을 지지한다.

메테인하이드레이트(methane hydrate) 물과 메테인으로 된 얼음 형태의 고체. 가스하이드레이트의 가장 흔한 형태

멕시코만류(Gulf Stream) 미국 동해안 근처에 있는 북대서양 아열대 환류의 강한 서안경계류

멜론(melon) 이빨고래류의 호흡공 앞에 위치해 있는 지방질로 된 기관으로 음향탐지용 소리의 초점을 맞추는 데 사용된다.

멸치류(anchovy, anchoveta) 은빛의 작은 어류(*Engraulis ringens*)로서 먹이를 잡기 위해서 입을 벌리고 물속을 헤엄쳐 다닌다.

모네라계(Monera) 핵 물질이 핵막 속에 갇혀 있지 않고 세포 전역에 퍼져 있는 분류군(계). 박테리아, 남세균과 고세균류가 속한다.

모래(sand) 직경 0.0625~2mm의 입자. Wentworth의 기준에 의하면 실트와 자갈의 사이에 해당되는 크기이다.

모래톱, 사취(spit) 연안류에 의해 쌓인 좁은 둑 같은 모양의 모래 퇴적체로서 한쪽 끝은 본토에 연결되어 있으며, 바다 쪽에서 끝나는 다른 한쪽은 뾰족하거나 혀 모양이기도 하다.

모세관 현상(capillarity) 좁은 관을 물과 같은 액체 속에 넣었을 적에 표면장력으로 액체가 관 속을 따라 올라가는 현상

모세관파(capillary wave) 파장이 1.74cm 이하인 작은 파도로서 복원력이 표면장력이다. 바람이 불면 맨 처음에 생기는 파도

모자반(*Sargassum*) 덤불형이며 부착할 경우 크고 단단한 부착부를 가진 대형 갈조류이며 황갈색, 녹황색, 주황색이다. 사르가소해의 대형 갈조류의 우점종으로 *S. fluitans*와 *S. natans* 두 종이 있다.

모피물개(fur seal) 두껍고 부드러운 모피와 바깥귀(외이)를 지닌 기각류

모호불연속면(Mohorovicic discontinuity, Moho) 지각과 맨틀 사이의 조성성분이 뚜렷이 차이 나는 경계부. 해저에서는 5km 정도로 얕은 곳도 있고 산맥 하부에서는 60km 정도로 깊은 곳도 있다.

무광층(aphotic zone) 빛이 없는 구역. 일반적으로 해양에서 1,000m보다 깊은 곳이 무광층이다.

무산소 호흡(anaerobic respiration) 산소(O_2) 없이 수행되는 호흡. 일부 박테리아와 원생 동물들이 이 방식으로 호흡을 한다.

무산소의(anaerobic) '혐기성' 참조

무산소 환경(anoxic) 산소가 없는 환경의 또는 조건

무생물 환경(abiotic environment) 생태계의 무생물적인 구성 요소

무생물의, 비생물의(abiotic) 생물이 아닌, 비생물에 관한 것

무역풍(trade winds) 약 60°에 있는 아열대고압대에서 적도지역으로 부는 풍대로서 북반구에서는 북동풍, 남반구에서는 남동풍이 분다.

무조점(amphidromic point) 외양에서 조석 주기 동안 조석파가 한 번 돌아가는 중심점으로 조차가 없다.

무척추동물(invertebrate) 등뼈가 없는 동물

물개류(seal) ① 비교적 짧은 목과 작은 앞지느러미발을 지니며 외이가 없는 물범류 ② 물범과(Phocidae)와 바다사자과(Otariidae)에 속하는 육식성 해양포유류를 통칭하는 일반적인 명칭

뭉침, 응집(cohesion) 분자끼리 들러붙는 현상

미끄럼쇄파(spilling breaker) 쇄파의 한 형태로 바닥의 경사가 완만한 곳에서 일어난다. 파랑에너지는 서서히 소멸되며 파봉이 공기가 섞인 물보라를 만들며 파의 전면으로 미끄러져 내린다.

미나마타 병(Minamata disease) 수은이 들어있는 산업용 폐수가 흘러든 해역의 수산물에 들어있는 수은 화합물 때문에 발병된 퇴행성 신경질환

미나마타만(Minamata Bay, Japan) 일본에서 1950년대에 수은이 들어있는 수산물을 섭취한 주민이 중독되어 집단 질병에 걸린 장소

미세 플라스틱(microplastics) 위생용품이나 기타 용도로 사용된 세립질 플라스틱

미세플랑크톤(nannoplankton, nanoplankton) 길이가 2~20μm인 플랑크톤. 플랑크톤 네트로 채집이 되지 않으며, 원심분리기나 미세여과지에 의해 농축될 수 있다.

밀도 성층화(density stratification) 밀도에 따라 층을 이루는 것. 아래에 있는 층의 밀도가 더 크다.

밀도(density) 단위 부피당 물질의 질량으로서 보통 g/cm^3으로 나타낸다.

밀도약층(pycnocline) 연직적으로 높은 밀도 변화율을 나타나는 수층 구역

밀물(flood current) '창조류' 참조

밀물쇄파(surging breaker) 바닥 경사가 매우 급한 곳에서 일어나는 연안 쇄파의 한 형태로 해수의 벽이 밀려오는 듯하다.

ㅂ

바다 양식(mariculture) 해양생물의 생산과 재배에 농업의 원천 기술을 적용한 것

바다(sea) '해' 참조

바다가재류(lobster) 맛이 좋은 큰 해양성 갑각류. 미국 바다가재(*Homarus americanus*)는 2개의 큰 집게발을 지녔으며 래브라도에서 노스캐롤라이나 사이의 근해에서 발견된다. 가시바다가재류(*Panulirus*)는 집게발을 지니고 있지 않지만 포식자를 효과적으로 막기 위해 긴가시 안테나를 지니고 있다. *P. argus*는 플로리다와 서인도제도 해안 근처에서 발견되며, *P. interruptus*는 캘리포니아 남부해안에서 흔하다.

바다거북류(sea turtle) 따뜻한 바다에 널리 분포하는 바다거북목(Testudinata)에 속하는 파충류

바다뱀류(sea snake) 코브라와 유사한 독을 지닌 바다뱀과(Hydrophiidae)에 속하는 파충류. 그들은 주로 인도양과 서태평양의 연안에서 발견된다.

바다사자류(sea lion) 비교적 긴 목과 큰 앞지느러미발과 외이를 지닌 기각류. 북태평양에 서식하는 캘리포니아 바다사자가 속한다. 모피물개와 함께 'eared seal'로 알려져 있다.

바다수달(sea otter) 바다에 사는 수달로 모피 사냥꾼들에 의해 북태평양 연안을 따라 거의 멸종 단계까지 갔으나 최근에 개체 수가 회복되었다. 전복, 성게, 갑각류를 먹는다.

바다얼음, 해빙(sea ice) 해수가 얼어서 생긴 얼음

바다코끼리류(walrus) 극지방에서 사는 대형 해양포유류이며, 기각류(Pinnipedia)에 속한다. 2개의 큰 엄니(길고 강하게 발달한 포유류의 송곳니)와 단단하고 두껍게 주름 잡힌 표피, 4개의 지느러미 발을 갖고 있다.

바다해빈(ocean beach) 울타리섬의 외양 쪽에 있는 해빈

바람(wind) 기압의 차 때문에 발생하는 공기의 움직임

바이러스 플랑크톤(virioplankton) 부유 바이러스, 플랑크톤으로 사는 바이러스

박광층(disphotic zone) 대략 중층대에 해당되며, 빛이 희미하게 비치는 층으로 광합성 생물을 유지시키기에는 빛이 부족하다. 때때로 박광대, 여명대(twilight zone)로도 불린다.

박테리아(Bacteria) '세균' 참조

박테리아 플랑크톤, 부유세균(bacterioplankton) 부유생활을 하는 박테리아

박테리아식자, 세균식자(bacteriovore) 박테리아를 먹는 생물

반달(quarter moon) 달의 위상이 현일 때 보이는 달. 상현과 하현이 있다.

반데르발스힘(van der Waals force) 분자들이 가진 전자들 사이의 상호 작용으로 발생하는 약한 인력

반사율, 빛반사율(albedo) 표면이 입사하는 전자파 복사를 반사하는 비율

반일주조형 조석(semidiurnal tidal pattern) 하루에 두 번의 고조와 두 번의 저조가 있으며 일조부등이 매우 작은 조석 형태

발광포(photophore) '광세포' 확인

발산(divergence) 물이 서로 벌어지는 수평적인 흐름으로 용승을 일으킨다.

방사대칭동물(Radiata) 자포동물문과 유즐동물문처럼 방사 대칭을 지닌 동물집단

방사성 연대측정(radiometric age dating) 방사성 원소의 반감기를 이용하여 암석의 연령을 결정하는 기술

방사제 구역(groin field) 좁은 간격으로 설치된 일련의 방사제들

방사제(groin) 퇴적물의 연안 이동을 막아 모래를 가두고 상류쪽 해빈을 넓히기 위해 고안되고 해안에 수직하게 설치된 낮은 인공 구조물

방산충목(Radiolaria) 규산질 외각을 지닌 원생동물의 목(目)

방증(proxy) 값이나 측정을 대리하는 증거물

방파제(breakwater) 바다의 파력으로부터 연안역을 보호하기 위해서 고안된 해안에 대체로 평행하게 건설된 인공 구조물

방해석(calcite) $CaCO_3$ 성분의 광물

방해석보상수심(calcite compensation depth) 표층에서 생물이 합성한 방해석($CaCO_3$)의 생산량과 용해되는 양이 같아지는 수심. 이 수심 이하에서는 방해석이 퇴적되지 않는다. 평균 4,500m 정도이다.

배타적 경제수역(exclusive economic zone, EEZ) 일반적으로 해안에서 200해리까지 연장되는 연안역으로 광물 자원, 어류 자원, 오염 등을 포함한 연안국의 관할권을 설정한다. 만약 대륙붕이 200해리 EEZ를 넘어서 연장되면 EEZ는 해안에서 350해리까지 연장된다.

백악(chalk) 방해석이 굳어진 비교적 부드러운 물질. 일반적으로 회백색이나 황백색이며 미세화석이 주성분이다.

백악기-제3기 사건(K-T event) 6,500만 년 전 공룡이 멸종한 대사건으로서 지질시대 백악기(K)와 제3기(T)의 경계부에 해당한다.

백워시(backwash) 앞에 부서진 파도로부터 해빈면을 따라 바다로 흘러가는 물

법선(orthogonal line) 파봉선에 수직으로 그은 선으로 이 선들 사이의 에너지는 일정하다. 해안에서 법선의 분포를 통해 파의 에너지가 어떻게 분포하는지를 알 수 있다.

베개용암(pillow lava) 용암이 해저에서 분출하거나 해저로 흘러 들어가서 급격히 식으면서 만들어진 베개 형태

베개현무암(pillow basalt) 베개 형태의 현무암. '베개용암' 참조

벵겔라해류(Benguela Current) 남대서양 아열대환류의 차가운 동안 경계류

변성암(metamorphic rock) 고체의 암석이 온도, 압력, 화학 변화 등을 통해 재결정이 일어난 것

변온동물(ectothermic, poikilothermic) '냉혈동물' 참조

변환단층(transform fault) 옆으로 이동하여 대양저산맥을 절단하는 단층

변환단층작용(transform faulting) 변환단층면을 따라 인접한 지괴가 어긋나게 이동하는 현상

변환형 판 경계부(transform plate boundary) 변환단층으로 된 판 경계부

보름달(full moon) 달과 태양이 지구를 중심으로 반대편에 있을 때의 달의 위상

보어(bore) '조석 보어' 참조

보퍼트 풍력 계급(Beaufort wind scale) 평온에서부터 싹쓸바람까지 12단계로 구분되어 각 단계에 해당하는 해면 상태와 같이 표시된 계급표

복(antinode) 정상파에서 마루와 골이 번갈아 나타나는 곳으로 연직 운동이 최대가 되는 곳

복각(magnetic dip, magnetic inclination) 해수면에 대한 지각의 자철석이 이루는 각도. 대략 위도를 지시한다.

복족강(Gastropoda) 비대칭이며 나선형의 1개의 패각을 지니며, 잘 발달된 편평한 발을 지닌 연체동물의 분류군(강). 잘 발달된 머리에는 보통 2개의 눈을 지니며, 1개나 2개의 촉수를 지닌다. 고둥류, 삿갓조개류, 전복류, 군소 등을 포함한다.

복합간섭(mixed interference) 생성간섭과 소멸간섭이 섞여 일어나는 파의 간섭의 한 현상

봄 대발생(spring bloom) 중위도 해역에서 봄철에 일어나는 식물플랑크톤의 대발생(증식) 현상으로 영양염의 활용도에 의해 제한된다.

부가대(terrane) 판의 섭입대에서 한 판에서 떨어져 나온 지각물질의 일부가 다른 판에 부가되어 봉합된 조각

부레, 헤엄부레(swim bladder) 많은 어류에서 중성 부력을 얻는 데 도움을 주는, 공기로 차 있는 유연한 시가 형태의 기관

부레관(pneumatic duct) 일부 어류에 있는 부레와 식도 사이를 연결하는 관. 이 관을 통해서 부레의 공기를 빠르게 방출할 수 있다.

부력(buoyancy) 유체 속에서 뜨는 능력

부빙(floe, ice floe) 빙산이 아닌 떠다니는 얼음조각. 수평적인 크기의 범위는 20cm에서 1km 이상이다.

부빙(ice rafting) 얼음 내부나 상부에 갇힌 퇴적물이 부유 상태로 이동하는 것

부수어획(bycatch, incidental catch) 수산업 어종을 잡는 어부들이 우연히 잡은 해양 생물

부영양화(eutrophication) 이전에는 영양염이 부족했던 수괴가 영양염이 풍부해진 것. 인간에 의해 야기된 경우 '문화적 부영양화'라 한다.

부영양화의(eutrophic) 생산력이 높은 해역과 관련된

부유 상태 침전(suspension settling) 세립물질이 물속에 부유 상태로 있으면서 천천히 바닥에 쌓이는 작용

부유 섭식(suspension feeding) '여과섭식' 참조

부유생물(plankton) '플랑크톤' 참조

부유세균(bacterioplankton) '박테리아 플랑크톤' 참조

북극권(Arctic Circle) 북위 66.5°

북극수렴대(Arctic Convergence) 남극수렴대와 비슷하지만 북극해에 있는 수렴대

북극해(Arctic Ocean) 북반구의 극지방에 있는 바다로서 해양 중에서 가장 작다.

북대서양 심층수(North Atlantic Deep Water) 노르웨이해에서 형성되

어 북대서양의 해저 위로 흐르는 차고 무거운 수괴

북대서양 아열대환류(North Atlantic Subtropical Gyre) 북대서양에서 시계 방향으로 도는 커다란 아열대환류

북대서양해류(North Atlantic Current) 북대서양 아열대환류의 북쪽을 흐르는 표층해류

북동계절풍(northeast monsoon) 겨울에 아시아 대륙에서 인도양으로 부는 북동풍

북방경계류(northern boundary current) 북반구 아열대환류의 북쪽을 흐르는 경계해류

북태평양 아열대환류(North Pacific Subtropical Gyre) 북태평양에서 시계방향으로 도는 커다란 아열대환류

북태평양해류(North Pacific Current) 북태평양 아열대환류의 북쪽을 흐르는 해류

북회귀선(Tropic of Cancer) 북위 23.5°에서 적도와 평행인 가상적인 선으로서 하지에 태양이 바로 위에서 비친다.

분급(sorting) 퇴적물 조직. 분급이 양호하면 입자 크기가 일정하다는 의미

분류학(taxonomy) 자연적인 계통 연관관계를 나타내는 체계적인 분류체계에 따른 생물의 구분

분립(fecal pellat) 부유성 갑각류의 배설물. 퇴적물 입자와 결합하여 더 큰 입자가 되어 퇴적물 입자의 침강속도를 증가시킨다.

분자 간 결합(intermolecular bond) 분자들 사이에 생기는 약한 결합. 수소 결합과 반데르발스 결합이 이에 해당된다.

분자(molecule) 원자들이 이온 결합이나 공유 결합으로 결합하여 만들어낸 물질

분자운동(molecular motion) 분자의 움직임은 떨기, 돌기, 이동하기로 구분된다.

분출구(vent) 뜨거운 물과 용존 금속을 해저면 밖으로 뿜어내는 구멍. 수온에 따라 열수공과 온수공이 있다.

분해자(decomposer) 주로 박테리아이며, 죽은 유기 물질을 분해하고, 필요에 따라 분해 산물의 일부를 추출하고, 일차 생산에 필요한 화합물을 사용할 수 있게 만든다.

붉은색 근육조직(red muscle fider) 순항형 어류에 많은 마이오글로빈 속에 풍부한 가는 근육 섬유

붕단(shelf break) 완만한 대륙붕의 경사가 상당히 급해지는 수심. 대륙붕과 대륙사면의 경계가 된다.

브라질해류(Brazil Current) 남대서양 아열대환류의 따뜻한 서안경계류

비말대(spray zone) 조간대 상부에서 해안선까지 구획으로 태풍 시기만 물에 잠긴다.

비생물의(abiotic) '무생물의' 참조

비열(specific heat) 물질 1g의 온도를 1°C 올리는 데 드는 열량. '비열용량'이라고도 한다.

비점원오염(non-point source pollution) 식별되는 단일 배출원, 지점 또는 구역이 아닌 복합적인 원천에서 바다로 들어오는 모든 형태의 오염. 예로는 도시의 유수, 쓰레기, 애완동물 배설물, 잔디비료, 그 외에도 여러 복합적인 원천에 의한 다른 형태의 오염 등이 있다.

비토착종(non-native species) 수역에 들어온 외래종으로 종종 토착종을 밀어내어 심각한 문제를 일으킨다. 외래종, 침입종 등으로도 부른다.

비활성 주변부(passive margin) 전형적인 대서양 주변부처럼 판의 경계부가 없고 지각운동이 아주 적은 대륙 주변부

빈영양의(oligotrophic) 아열대 환류 중심 해역과 같이 생물 생산력이 낮은 곳에 해당하는

빗해파리(comb jelly) 유즐동물문(Ctenophora)에 속하는 생물의 일반 명칭이다.

빙붕(shelf ice) 남극대륙으로부터 남극해로 밀려나가는 빙하의 두꺼운 층. 이 빙붕의 끝부분에서 커다란 탁상형 빙산이 분리된다.

빙산(iceberg) 빙하의 끝부분에서 분리되어 바다에 떠있는 커다란 얼음 덩어리

빙상(ice sheet) 넓고 비교적 평평하게 쌓인 얼음

빙퇴석(moraine) 빙하 끝자락에 퇴적된 분급이 불량한 퇴적물. 해수면 상승으로 침강되어서 수산업에 유용한 곳으로 활용되기도 한다.

빙하(glacier) 오랫동안 쌓인 눈이 다져져 결정을 이루고 있는 거대한 얼음 덩어리. 축적이 일어나고 있는 높은 곳으로부터 얼음이 녹아 나가는 낮은 곳으로 흐른다.

빙하시대(ice age) 플라이스토세(Pleistocene period)에서 수온이 낮아진 기간

빙하의 분리(calving) 빙하의 가장자리가 잘라져서 떨어져 나가는 과정

빙하퇴적층(glacial deposit) 빙하에 의한 퇴적층으로서 분급이 불량하다.

빛, 가시광선(light) 약 400(자색)~770(적색)nm 범위의 파장을 가지며 정상적인 인간의 육안으로 인지할 수 있는 전자기 방사선으로, 가시광선이라고도 한다.

빛 반사율(albedo) '반사율' 참조

ㅅ

사르가소해(Sargasso Sea) 북대서양 버뮤다의 남동쪽에 있는 해류의 수렴 지역으로 매우 맑아서 짙은 청색을 띠며 *Sargassum*이라는 식물이 대량으로 떠 있다.

사리(spring tide) '대조' 참조

사실(fact) 존재를 증명하여 보여줄 수 있는 것. 과학적 사실이라 함은 반복적으로 출현 가능해야 한다.

사이드스캔소나(side scan sonar) 조사선의 양쪽으로 보내는 음파 신호와 컴퓨터를 사용해서 약 폭이 60km까지 되는 긴 지역을 따라 해저의 지형을 조사하는 방법

사주기원하구만(bar-built estuary) 울타리섬과 같은 사주 퇴적으로 인하여 바다와 분리된 얕은 하구만(석호). 이런 하구만의 물은 보통 수직 혼합이 일어난다.

사취(spit) '모래톱' 참조

사피르-심프슨 등급(Saffir-Simpson sacle) 허리케인 세기의 등급. 풍속과 피해 정도를 기준으로 열대저기압을 구분하였다.

사해 구역(dead zone) 도망갈 수 없는 대부분의 해양 생물을 죽이는 저산소층 해역. 이는 일반적으로 육상 기원 시비에서 흘러나온 유수로 인한 부영양화의 결과이다.

사행(meander) 해류의 경로가 뱀처럼 굽어서 돌아가는 것

삭망(syzygy) 달의 궤도상에서 달, 지구, 태양이 일직선이 되는 두 지점

산(acid) 용액으로 수소이온(H^+)을 내놓는 물질

산소 보상수심(oxygen compensation depth) 해양식물이 기초 대사과정에 필요한 에너지를 충족시키기에 충분한 태양복사(햇빛)를 받는 수심으로 보통 진광대의 수심이다.

산소최소층(oxygen minimum layer, OML) 수심 700~1,000m 사이의 용존 산소 농도가 매우 낮은 구역

산호(coral) 홀로 존재하거나 군체를 형성하며, $CaCO_3$의 외부 골격을 형성하는 저서성 산호충류. 적합한 조건에서 산호는 자신의 골격과 다양한 조류가 분비하는 $CaCO_3$와 함께 산호초를 형성한다.

산호 백화현상(coral bleaching) 산호초 생물들이 탈색되는 현상. 이 현상은 수온이 상승하거나 다른 나쁜 조건으로 인해 산호 몸속에서 공생하는 황록공생조류가 산호 몸 밖으로 방출되면서 일어나는 현상이다.

산호초(coral reef) 석회질의 유기물이 만든 초로서 고체의 산호와 산호모래가 주성분이다. 탄산칼슘으로 된 초의 반 이상이 조류에 의해 만들어졌으며 수온 18°C 이상 해역에서 발견된다.

산호초평원(reef flat) 산호초의 석호 쪽에 산호 부스러기나 모래가 쌓며 만들어진 편평한 부분으로 간조 때 드러난다.

살파(*Salpa*) 원통형이며, 투명하고 모든 대양에서 발견되는 부유성 피낭류의 속(genus)명

삼각주(delta) '델타' 참조

삼투압(osmotic pressure) 삼투현상이 일어나는 경향성의 척도. 농축된 용액에서 농도가 낮은 용액으로 물 분자가 이동하는 현상을 저해하는 현상에서 나타나는 압력이다. 농도가 다른 두 액체를 반투막으로 막아 놓았을 때 용질의 농도가 낮은 곳에서 용질의 농도가 높은 곳으로 용매가 옮겨가는 현상에 의해 나타나는 압력

삼투조절(osmotic regulation) 체액과 살고 있는 수환경 사이의 삼투압의 차이에서 일어나는 삼투 영향에 대응하여 체액의 농도 유지를 위해 활용되는 물리적 · 생물학적 조절 과정

삼투현상(osmosis) 물 분자가 높은 물 분자 농도(낮은 염분)에서 낮은 물 분자 농도(높은 염분)로 반투막을 통해 이동하는 과정

삿갓조개류(limpet) 복족강에 속하는 낮은 원뿔형 패각을 지닌 생물

상리공생(mutualism) 두 생물이 서로 이득을 얻는 공생관계

상부조간대(high tide zone) 가장 낮은 고조선과 가장 높은 고조선 사이의 조간대 구역

상층수(upper water) 해양에서 표면 가까이에 있는 해수로 혼합층과 영구수온약층을 포함하며, 약 1,000m 수심까지의 해수를 말한다.

색줄기멸치(grunion, *Leuresthes tenuis*) 캘리포니아와 멕시코 해안에 서식하는 작은 물고기. 봄과 여름 대조기에 해안 모래사장에 산란하는데 산란주기가 조석주기와 정확히 일치한다. 물 바깥에 산란하는 유일한 어류이다.

샌안드레아스 단층대(San Andreas Fault) 캘리포니아만 북쪽 끝에서 샌프란시스코 포인트아레나까지 연장된 단층선

생물구역(biozone) '생물대' 참조

생물군집(biotic community) 생태계에 서식하는 살아있는 생물 집단

생물기원퇴적물(biogenous sediment) 동식물에 의해 생성된 물질을 포함하는 퇴적물

생물농축(bioaccumulation) 생물체 내 다양한 조직에 독성 화학물질이 축적되는 현상

생물대, 생물구역(biozone) 독특한 생물 특성을 갖고 있는 환경 구역

생물량(biomass) 특정 군집 또는 해양 전체에서 확인된 생물 또는 생물 집단의 총질량

생물량 피라미드(biomass pyramid) 피라미드형 영양단계가 점점 높아질수록 총생물량이 점차적으로 감소하는 것을 보여주는 영양단계 모식도

생물발광(bioluminescence) '생체발광' 참조

생물정화(bioremediation) 독극물 유출사고를 정화하는 생물로 미생물을 사용하는 방법

생물조간대(littoral zone) 해안의 최고조와 최저조 사이의 저서 생물 구역으로 '조간대'라고도 한다.

생물증폭(biomagnification) 동물을 먹으면, 불순물이 농축되고, 불순물은 먹이사슬을 통해 이동한다.

생물펌프(biological pump) 광합성, 석회질 분비, 섭식과 사망에 의

해 CO_2가 대기에서 해양에 들어와 수괴를 거쳐 해저 바닥 퇴적물로 이동하는 생물 과정

생물필름(biofilm) 모래입자 위에 발견되는 것과 같은 유기물의 코팅

생산력(productivity) '일차 생산력' 참조

생산자(producer) 생태계의 독립영양 구성원으로 생물군집을 유지시키는 먹이를 생산한다.

생성 간섭(constructive interference) 두 파가 같은 위상으로 만나 파고가 높아지는 파랑간섭의 한 종류

생지화학 순환(biogeochemical cycle) 생태계의 살아있는 구성 요소와 무생물 구성 요소 간의 물질의 자연 순환

생체발광, 생물발광(bioluminescence) 생물체에서 화학반응에 의해 유기적으로 생성되는 빛. 박테리아, 식물플랑크톤과 다양한 어류(특히 심해어)에서 발견된다.

생태(적) 지위(niche) 생물의 생태학적 역할과 이들이 차지하는 생태계 내의 위치

생태계(ecosystem) 생물군집 내 모든 생물과 서로 상호작용을 하는 무생물 환경을 포함하는 포괄적 개념

서식처(habitat) 특정 식물이나 동물이 사는 장소. 일반적으로 환경보다는 더 작은 규모이다.

서안강화(westward intensification) 각 아열대환류의 따뜻한 서안경계류가 강해져서 동안경계류에 비해 빠르고 좁고 깊게 흐르게 되는 것

서안경계류(western boundary current) 아열대환류의 서쪽에 있는 해류로서 강하고 따뜻하며 집중되어 빠르게 흐른다.

서오스트레일리아해류(West Australian Current) 인도양 아열대환류의 동쪽 경계를 형성하는 한류. 엘니뇨 기간이 약해지는 시기를 제외하면 대개 따뜻한 류윈해류 때문에 해안으로부터 멀리 위치한다.

서풍피류(West Wind Drift) '남극순환해류' 참조

석고(gypsum) 무색, 백색 또는 노란색을 띠는 증발암, $CaSO_4 \cdot 2H_2O$.

석영(quartz) 규산질(SiO_2)로 된 매우 단단한 광물

석유(petroleum) 자연적으로 산출되는 액체 탄화수소

석호(lagoon) 외해와 사주나 울타리섬처럼 좁고 긴 육지로 인해 부분적 혹은 완전히 나눠는 얕고 길쭉한 해수역

석회비늘, 코콜리스(coccolith) 석회비늘편모조류(coccolithophores)의 세포벽을 형성하는 평균 직경이 약 3μm인 작은 석회질 원반

석회비늘편모조류, 원석조류(coccolithophore) 부유성 미세 조류로서 미세한 석회비늘(코콜리스)로 싸여있다.

석회암(limestone) 탄산염(칼슘 혹은 마그네슘) 함량이 최소 80% 이상인 퇴적암. 수성기원과 생물기원이 있다.

선망(purse seine net) '건착망' 참조

선형해산군(nemetath) '니메타스' 참조

섬 효과(island effect) 표층해류가 섬을 지나갈 때 표층수가 섬을 지나 하강하는 해류로 이동하는 효과를 말한다. 이 물은 일부가 하강해류 쪽 수괴의 용승으로 대체된다.

섬모(cilium) 하등동물에서 흔히 볼 수 있는 짧은 털 모양 구조. 섬모는 일치된 행동으로 움직여 물의 흐름을 형성하여 입으로 먹이를 가져오거나 이동하는 수단으로 이용한다.

섭입(subduction) 판이 서로 만나 다른 판 밑으로 들어가는 현상

섭입대 분출공 생물군집(subduction zone seep biocommunity) 섭입대 분출공과 연관된 생물군집. 생산자 역할을 담당하는 황산화 박테리아에 의존하는 군집이다.

섭입대(subduction zone) 섭입이 일어나는 길고 좁은 지역

성게류(sea urchin) 융합된 껍데기와 잘 발달된 가시를 지닌 성게강(Echinoidea)에 속하는 극피동물

성운(galaxy) 우주를 이루는 수십 억 개의 별로 이루어진 집단

세균, 박테리아(Bacteria) 세 가지 주요 생물영역 중 하나. 다양한 형태, 산소와 영양학적 요구, 운동성을 가진 단세포 원핵세포의 미생물로 구성되어 있다.

세균식자(bacteriovore) '박테리아식자' 참조

세키원반, 투명도판(Secchi disk) 밝은색(흰색) 원반으로 수중에 내려 물의 투명도를 측정하는 도구

소구체, 텍타이트(spherule) 미세한 외계기원 물질로서 규산질 물질(텍타이트) 나 철, 니켈로 되어 있다.

소나(sonar) 'sound navigation and ranging'의 축약어로 음파를 사용해서 해양에서 물체의 거리를 측정하는 방법

소말리해류(Somali Current) 남서계절풍 기간에 아프리카의 소말리아 해안을 따라 북상하는 표층해류

소멸간섭(destructive interference) 두 파가 반대 위상으로 만나 파고가 낮아지는 파랑 간섭의 한 종류

소비자(consumer) 생태계 내에서 생산자가 만든 유기물을 소비하는 동물

소상회유(anadromous) '오름 회유' 참조

소용돌이(eddy) '와동' 참조

소용돌이(whirlpool) 급하게 회전하는 흐름. '볼텍스' 또는 '와류'라고도 한다.

소조, 조금(neap tide) 상 · 하현 근처에서 조차가 매우 작아지는 조석

소파 채널(SOFAR channel) 'sound fixing and ranging'의 머리글자 조합으로 음속이 낮은 층을 가리키며 중저위도 해역에서는 영구 수온약층과 일치한다.

소형 플랑크톤(microplankton) 맨눈으로는 잘 안 보이나 플랑크톤 네트의 도움으로 쉽게 채집할 수 있다.

쇄석(rip-rap) 연안 구조물을 방호하기 위해 사용되는 큰 덩어리로 된 물질

쇄파대(breaker zone) 기파대의 바다 쪽 끝부분에서 파도가 부서지는 지역

수괴(water mass) 수온이나 염분 또는 다른 화학적 성질에 의해 식별되는 물의 덩어리

수렴(convergence) 다른 방향에서 모여드는 작용. 해양에는 한대, 열대, 아열대 지역에서 상이한 특징의 수괴들이 수렴한다. 수렴선을 따라서 무거운 물질이 다른 것 아래로 가라앉는다.

수렴형 판 경계부(convergent plate boundary) 서로 만나는 판의 경계로서 해구-호상열도, 해구-호성화산, 습곡산맥 등을 만든다.

수문학적 순환(hydrologic cycle) 대기, 해양, 육지 사이에서 증발과 강수 흐름과 침투 현상을 통한 연속적인 물 교환 과정. 물 순환이라 부르기도 함

수산업 관리(fishery management) 장기적인 수산업을 유지하는 목표하에 어업 활동을 규제하는 조직화된 노력

수성기원퇴적물(hydrogenous sediment) 해수에 녹아 있던 성분의 침전이나 퇴적물과 해수 사이의 이온 교환으로 생성된 퇴적물(예 : 망간 단괴, 금속 황화물, 증발암 등)

수소결합(hydrogen bond) 물 분자의 극성으로 인한 인력으로 생기는 물 분자 사이의 결합

수심 측량(bathymetry) 바다 수심의 측정

수염고래아목(Mysticeti) 수염고래류가 속한 분류군(아목)

수온-염분도[Temperature-Salinity(*T-S*) diagram] 수온과 염분의 수심에 따른 관계를 보여주는 도표

수온약층(thermocline) 해양의 혼합층 아래에서 연직으로 수심에 따라 급격한 수온 변화가 측정되는 층

수은(mercury) 은백색 유독 금속 원소. 실온에서는 액체 상태이고 온도계, 기압계, 증기램프, 배터리 등에 사용되고 화학적인 살충제를 만드는 데에도 사용된다.

수화(hydration) 물 분자가 물체를 에워싸는 현상. 물질을 녹일 때 일어난다.

순일차생산량(net primary production) 총 일차 생산량에서 생산자가 자신의 신진대사를 위해 사용한 것을 제외한 생산량

순항자(cruiser) 먹이를 찾기 위해 표층수를 지속적으로 이동하는 어류

숨은열(latent heat) '잠열' 참조

스베드럽(Sverdrup, S_v) 매 초당 백만 입방미터의 물이 흐르는 유량의 단위. 해양학자 Harald Sverdrup을 기리기 위해 이름을 붙였다.

스워시(swash) 파도가 해안에서 부서지면서 노출된 해빈으로 올라오는 얇은 물의 층

스쿠바(scuba) 잠수용 수중 호흡 장치. 'Self Contained Underwater Breathing Apparatus(자급식 수중호흡기)'의 약어로서, 수중 호흡에 사용되는 압축 공기가 포함 된 휴대용 장치이다.

스트로마톨라이트(stromatolite) 조류에 의해 포획된 퇴적물이 돔 형태를 이루기도 하는 탄산칼슘 퇴적구조. 천해에서만 만들어진다.

스펀지(sponge) '해면동물' 참조

습지(marsh) 주기적으로 염수에 잠기고 석호의 일부분에 흔한 부드럽고, 물에 젖어 있는 평평한 땅으로 이루어진 지역

시구아테라 어독(ciguatera) 자연적으로 생성된 와편모조류 독소를 많이 가진 특정 열대 산호초 서식 어류[바라쿠다(barracuda), 적도미(red snapper), 그루퍼(grouper, 큰농어)]를 먹었을 때 일어나는 해산물 식중독

시원세균(Archaebacteria) '원시세균' 참조

시윕스(SeaWiFS) 1997년에 발사된 SeaStar 인공위성에 탑재된 복사계 장비로서 복사계로 바다의 색을 측정하여 이틀에 한 번씩 전 지구 해양의 엽록소 수준과 육지의 생산력에 관한 정보를 제공한다.

식물계(Plantae) 다세포 식물이 속하는 분류군(계)

식물상(flora) 특정 지역이나 특정 기간에 출현하는 식물들

식물플랑크톤, 조류 플랑크톤(phytoplankton) 해양의 일차 생산자로서 가장 중요한 군집 중의 하나

식육목(Carnivora) 바다수달, 북극곰, 기각류를 포함하는 포유류의 분류군(목)

실(sill) 피오르드나 바다의 물을 외양 혹은 서로 간에 부분적으로 나누어 주는 해저산맥

실트(silt) 크기 0.008~0.0625mm 사이의 입자. 모래와 점토의 중간 크기이다.

심층수(deep water) 영구 수온약층(그리고 이에 수반하는 밀도약층)의 아래에 분포하여 수온이 균일하게 낮은 수괴

심층해류(deep current) 밀도를 증가시키는 수온과 염분의 조건 때문에 해양 표면에서 시작되는 밀도 순환으로서 침강하여 심층에서 천천히 퍼지는 해류

심해 쓰나미 평가 및 보고체계(Deep-ocean Assessment and Reporting of Tsunami, DART) 쓰나미에 의해 발생하는 미약하지만 특별한 형태의 해면 수압 변동을 감지하기 위해 심해저에 설치한 센서와 감지한 신호를 육상의 센터로 전송하기 위한 해상 부이와 위성 통신체계

심해구릉, 해릉(abyssal hill) 퇴적률이 매우 낮아 심해평원이 형성되지 못하고 구릉들로 뒤덮인 심해역. 특히 태평양에 발달

심해분지(deep-ocean basin) 수심이 깊고, 육지에서 멀고, 현무암 지각 위에 놓여 있는 해저 지역

심해산란층(deep scattering layer, DSL) 외양에서 해양생물이 밀집되어 있는 층으로 음향측심기 신호를 산란시킨다. 심해산란층은 밤에는 수심 100m에서 형성되나 낮에는 800m 이하로 이동한다.

심해선상지, 해저선상지(deep sea fan) 보통 아마존, 인더스, 혹은 갠지스-브라마푸트라 등과 같이 퇴적물을 운반하는 강의 바다 쪽에 있는 대륙대 위에서 발견되는 부채꼴 모양의 퇴적체

심해어(deep-sea fish) 무광층에 사는 어류. 이들은 어둠 속에서 먹이를 찾고 포식자를 피하기 위해 특수한 적응을 보임

심해저구릉(abyssal hill) 해저면에서 1km 이내로 솟은 화산 봉우리

심해저대(abyssal zone) 수심 4,000~6,000m의 저서환경

심해저시추사업(Deep Sea Drilling Project, DSDP) 심해저의 주상시료를 얻기 위해 1968년에 시작된 시추사업. ODP(해저굴착계획)를 거쳐 현재 IODP(국제해양공동시추사업)의 형태로 계속되고 있다.

심해저환경(deep-sea system) 점심해저대, 심해저대, 초심해저대를 포함한 환경

심해점토, 적점토(abyssal clay) 생물기원퇴적물 함량이 30% 이내인 심해퇴적물. 산화되면 붉은 색을 띄게 되어 적점토(red clay)라고도 한다.

심해층(abyssopelagic) 수심 4,000m보다 깊은 외양역 표영계 환경

심해파(deep-water wave) 수심이 파장의 반 이상 되는 수심의 바다에서 전파되고 있는 해파의 한 종류. 파속은 수심과 관계없다.

심해평원(abyssal plain) 대륙대나 해구로부터 연장된 평탄한 해저면

심해폭풍(abyssal storm, benthic storm) 마치 대기의 폭풍에 비유될 정도로, 심해저에 큰 영향을 미치며 빠른 속도로 흐르는 심층류. 해양 표층의 와류(냉핵 와류 또는 온핵 와류)로 인해 발생한다고 믿어지며, 국지적인 지형요인에 의해서도 발생할 수 있다.

심화해저굴착계획(Integrated Ocean Drilling Program, IODP) 해저굴착계획(ODP)의 후속 프로그램. 새로운 시추선으로 지구 내부의 깊은 코어를 채취하기 위하여 2003년부터 시작되었다.

쌍극자(dipolar) 극을 둘 가진, 물 분자는 한쪽에 양전하가 더 많고 반대쪽에는 음전하가 더 많은 전기적 쌍극을 지닌다.

썰물(ebb current) '낙조류' 참조

쓰나미, 지진해일(tsunami) 지진해파. 해저지진, 해저화산 등에 의해 발생하는 주기가 긴 중력파. 외해에서는 거의 느끼지 못하나 수심이 얕은 연안에서 파고가 매우 높아진다.

ㅇ

아가미(gill) 물속 환경에서 호흡을 위해 몸의 일부에서 돌출된 얇은 벽의 돌출물

아굴라스해류(Agulhas Current) 아프리카 남단을 돌아서 대서양으로 인도양의 물을 운반하는 난류

아라고나이트(aragonite) 방해석보다 불안정한 $CaCO_3$ 성분의 광물. 주로 익족류 껍데기를 만든다.

아르고(argo) 모든 해양에서 수심 2,000m까지 내려가면서 수온과 염분 같은 성질을 측정하면서 자유롭게 떠다니는 뜰개

아미노산(amino acid) NH_2와 COOH 그룹을 포함하는 화합물. 자연계에서 20개의 아미노산이 출현하며, 아미노산이 모여 단백질을 형성한다.

아열대(subtropical) 남북위 약 30°의 해양에 속하는

아열대고압대(subtropical high) 남북위 약 30°에 위치한 고기압 지역

아열대수렴대(subtropical convergence) 에크만 수송이 아열대환류의 가운데로 물을 이동시켜서 수렴하는 지역

아열대의(subtropical) 열대지방의 극 쪽으로 향하는 지역으로 약 30°에 해당한다.

아열대환류(subtropical gyre) 무역풍과 편서풍에 의해서 약 30°를 중심으로 하는 거대한 원형의 순환 고리. 모두 5개의 아열대환류가 있으며 북반구에서는 시계방향, 남반구에서는 반시계방향으로 돈다.

아열대무풍대(horse latitude) 바람이 약하고 변화가 심한 남 · 북위 30~35° 부근의 지역으로서 하강하는 기류로 덥고 건조한 기후를 만들며 육지에는 사막이 형성된다.

아한대의(subpolar) 겨울에 바다가 얼음에 덮이고 여름에는 녹는 지역에 해당하는

아한대저압대(subpolar low) 반구의 남북위 약 60°에 위치한 저기압의 띠로서 상승기류와 많은 강수가 특징이다.

아한대환류(subpolar gyre) 각 반구의 약 60°를 중심으로 원형으로 움직이는 해류의 순환. 북반구에서는 반시계방향, 남반구에서는 시계방향으로 흐른다.

안산암(andesite) 사장석이 주성분인 회색의 세립질 화산암

알래스카해류(Alaskan Current) 알래스카만에서 반시계방향으로 흐르는 한류

암권, 암석권(lithosphere) 지각과 상부맨틀의 일부를 포함한 지구 외곽층(약 100km 두께), 판구조운동을 유발하는 판에 해당한다.

암석권(lithosphere) '암권' 참조

암석기원 퇴적물(lithogenous sediment) 암석의 풍화로 생긴 광물입자들이 다양한 매체(유수, 중력, 바람, 빙하 등)에 의해 바다로 운반된 퇴적물

암염(halite) 무색 또는 흰색의 증발광물(NaCl)로서 등축정계 결정으로 되어 있으며 식탁염으로 사용된다.

압력등성이(pressure ridge) 표류하는 바다얼음이 바람의 수평 압력이

나 얼음의 운동 때문에 충돌하고 겹쳐져서 생긴 등성이

액체상(liquid state) 물체의 부피는 일정하되 위치는 바뀌는 상태를 가리킨다.

앤틸리스해류(Antilles Current) 대서양의 북적도해류에서부터 Lesser Antilles를 거쳐 북쪽으로 흘러 플로리다해류와 합쳐지는 해류

약권(asthenosphere) 상부 맨틀 80~200km에 위치한 유동성이 있는 층. 암석권을 수평이동시키고 지각평형을 이룬다.

양성자(proton) 핵을 이루는 아원자 입자 가운데 하나로 양전하를 띠고 있으며 중성자보다 약간 가볍다.

양의 되먹임고리(positive-feedback loop) '되먹임고리' 참조

양이온(cation) 전자를 잃어 양전하를 띤 이온

어는점(freezing point) 주어진 조건에서 액체가 고체로 바뀌는 온도. 물의 어는 온도는 1기압에서 0°C이다.

어란석(oolite) 직경 0.25~2mm의 작은 구체로 된 퇴적물. 주로 동심원 형태의 방해석으로 되어 있다.

어스름에 활동하는(crepuscular) '여명 황혼성'의 참조

어업(fishery) 수산어업 종사자가 바다에서 어획하는 어류 또는 어장

얼룩줄무늬 담치(zebra mussel) 미국과 캐나다의 오대호 유역에 유입된 외래종

에어로졸(aerosol) 대기에 부유하는 입자로 대기의 빛 반사나 열 흡수에 영향을 미친다.

에크만 나선(Ekman spiral) 물의 점성이 일정하며 무한히 깊고 넓은 해양에 부는 바람이 일으키는 물의 흐름에 대한 이론적인 모델. 코리올리 효과 때문에 표층은 풍향에 대해서 북반구(남반구)에서는 오른쪽(왼쪽)으로 45° 편향되어 이동한다. 그 밑의 물은 차례로 더욱 편향되며 유속은 감소해서 약 100m에서는 풍향의 반대 방향으로 흐른다.

에크만 수송(Ekman transport) 에크만 나선에 의한 각 층의 운동을 모두 합한 총수송. 이론적인 에크만 수송은 북반구(남반구)에서는 풍향의 오른쪽(왼쪽) 90° 방향으로 일어난다.

엔트로피(entropy) 시스템의 무작위성 또는 무질서의 정도

엘니뇨(El Niño) 남미의 에콰도르 해안에서 크리스마스 즈음해서 남쪽으로 흐르는 영양염이 부족한 난류. 가끔 페루 해안까지 확장하면서 플랑크톤, 어류, 물고기를 먹고 사는 해양 포유류들의 대량폐사를 유발한다.

엘니뇨-남방진동(El Niño-Southern Oscillation, ENSO) 남동 태평양의 고기압과 동인도제도의 저기압이 진동하면서 엘니뇨를 일으키는 현상

여과섭식, 부유섭식(filter feeding) 생물이 부유 생물을 섭취하여 먹이를 수집하기 위해 해수를 여과하여 먹이를 얻는 과정. 부유섭식이라고도 한다.

여과식자, 현탁물식자(filter feeder) 해수를 여과시켜 먹이를 얻는 생물. 현탁물식자(suspension feeder)라고도 부른다.

여름해빈(summertime beach) 여름 동안에 나타나는 특징적인 해빈. 전형적으로 넓은 모래 해빈 둔덕과 경사가 급한 해빈면을 갖는다.

여명 황혼성의, 어스름에 활동하는(crepuscular) 주로 해질녘(새벽과 해질녘)에 활동하는 동물의

역삼투(reverse osmosis) 해수 담수화의 한 방법으로 압력을 가해 물 분자를 물 투과막을 통해 빼내는 방식

역학적 고저도(dynamic topography) 흐름이 없는 기준 수심으로부터 쌓인 해수의 높이의 분포로서 밀도에 따라 달라지므로 이에 대한 지도를 만들면 지형류의 상태를 파악하는 데 유용하다.

연니(ooze) 생물체 유해가 30% 이상인 원양성퇴적물. 유기물 화학조성에 따라 규질연니, 석회질연니로 나누고, 생물에 따라 규조류연니, 유공충연니 등으로 구분한다.

연안(coast) 해안에서 내륙 쪽으로 바다의 영향이 지형에 남아 있는 곳까지 이어지는 육지의 띠

연안류(longshore current) 파도가 해안에 비스듬히 와서 부서지는 결과로 기파대 안에서 해안에 평행하게 흐르는 해류

연안사곡(longshore trough) 해빈면과 연안사주를 나누는 깊은 지역

연안사구(coastal dune) 해빈의 육지쪽에 있는 사질의 연안 퇴적체. 바람에 의해 날려온 해빈 모래가 쌓인 것

연안사주(longshore bar) 기파대 안이나 바로 바깥에 연안에 평행하게 만들어진 퇴적물의 퇴적체

연안선(coastline) 해안에서 가장 높은 폭풍이 영향을 미치는 한계

연안수송, 연안이동(longshore drift) 연안류에 의해 쇄파대에서 스워시대 사이의 해빈을 따라 발생하는 퇴적물의 이동

연안수역(coastal waters) 육지나 섬에 붙어 있는 비교적 수심이 얕은 수역

연안습지(coastal wetland) 하구만이나 그 외 보호된 연안역에서 생물의 생산력이 높은 지역. 전형적으로 위도가 30° 이상인 곳에서는 염습지로, 저위도에서는 홍수림 소택지로 되어 있다.

연안역(neritic province) 해안선에서부터 수심 200m에 이르는 표영계 환경 구획

연안용승(coastal upwelling) 바람에 의해 연안의 표층수가 외해로 이동함에 따라 영양염이 풍부한 깊은 곳 냉수가 표층으로 올라오는 현상

연안이동(longshore drift) '연안수송' 참조

연안저서역(subneritic province) 해안선에서 대륙붕을 거쳐 대륙붕단에 이르는 저서 환경. 표영계 구역의 연안역 아래이다.

연안퇴적물(neritic sediment) 주로 암석 기원 입자들이 대륙붕과 대륙

사면, 대륙대에 비교적 빠른 속도로 퇴적된 퇴적물

연안평야 하구만(coastal plain estuary) 연안 강의 계곡에 해수면 상승으로 물이 들어와 만들어진 하구만

연체동물문(Mollusca) 석회질의 패각을 지니며, 이동하기 위한 발을 지니고 있는 부드럽고 체절이 없는 동물의 분류군(문)

연해(marginal sea) 대륙 주변의 반폐쇄성 바다로서 물속으로 가라앉은 대륙지각으로 되어 있다. '주변해'라고도 한다.

열 수축(thermal contraction) 온도가 낮아지면서 부피가 줄어드는 현상

열(heat) 고온인 물체에서 저온인 물체로 이동하는 에너지의 형태. 열을 얻으면 온도가 오르거나 일을 하게 된다.

열개(rifting) 발산경계를 따라 2개의 판이 반대 방향으로 이동하는 것

열곡(rift valley) 대양저산맥의 꼭대기를 따라 뻗어 있는 폭이 약 25~50km 정도 되는 갈라지거나 깨진 깊은 곳

열대 해역(tropical ocean area) 아열대수렴대에서 적도 쪽의 더운 중심부로서 표층 수온이 거의 항상 20°C 이상이다.

열대(tropics) 북회귀선과 남회귀선 사이의 지역

열대수렴대(Intertropical Convergence Zone, ITCZ) 무역풍이 수렴하는 적도지역. 기상적도에 위치하며 적도무풍대(doldrums)라고도 부른다. 평균적으로 태평양과 대서양에서 북위 5°, 인도양에는 남위 7°에 위치한다.

열대의(tropical) 열대지역에 속하는

열대저기압(tropical cyclone) '허리케인' 참조

열대저압대(equatorial low) 적도를 따라 지구 둘레에 형성되어 있는 저기압의 띠

열수공 생물군집(hydrothermal vent biocommunity) 열수공과 관련 있는 심해 저서생물 군집. 이 생물군집은 물속에 살거나 바닥에 살거나 동물 조직에 공생하는 황산화박테리아의 유기물 생산에 의존한다.

열수공(hydrothermal vent) 새로 만들어진 해저 균열부에 침투한 해수가 하부의 마그마에 의해 가열되어 나오는 구멍. 대양저산맥 해저확장축 부근에 주로 분포한다.

열수샘(hydrothermal spring) '열수온천' 참조

열수온천, 열수샘(hydrothermal spring) 주로 대양저산맥과 해저융기부의 확장축을 따라 열수가 분출되는 곳

열수지(heat budget) 어느 기간 동안에 지구가 흡수한 에너지와 반사와 복사에 의해서 외계로 내보낸 에너지의 평형

열에너지(heat energy) 분자의 운동에너지. 계 안에서 복사나 기계적인 에너지의 변환은 계의 열에너지를 증가시키고 온도를 높인다.

열염순환(thermohaline circulation) 수온과 염분의 변화에 따른 밀도 차에 의해서 생기는 해수의 연직운동으로 심층해류를 만든다.

열용량(heat capacity) 물질 1g의 온도를 1°C 상승시키는 데 필요한 열의 양

열 전달(플럭스)[heat flow (flux)] 지표에서 단위 시간에 단위 면적당 수송되는 열에너지

열점(hotspot) 대부분 고정된 점으로서 용융된 맨틀물질을 표층으로 올려 보낸다.

염(salt) 물에 수소이온이나 수산 이온을 제외한 이온을 내놓는 물질. 산의 수소이온을 금속으로 대체하면 만들어진다.

염기성(alkaline, basic) 용액의 PH가 7을 넘게 용액에 수산화이온이 남아돌도록 내놓는 물성을 가진

염분(salinity) 해수에 녹아 있는 고체를 측정한 양. 공식적으로는 모든 탄산염은 산화물로 대체되고, 브롬과 아이오드 이온은 염소로 치환하고 모든 유기물은 산화시켰을 때에 해수에 들어 있는 용존고체의 총량으로 ppt(‰)로 나타낸다. 일반적으로 전기전도도, 굴절률 또는 염소도로 측정한다.

염분약층(halocline) 수심에 따라 염분이 급격히 변하는 층

염분측정기(salinometer) 전기전도도를 이용하여 염분을 재는 장비

염소도(chlorinity) 해수에 들어 있는 염소이온 및 할로겐족 이온의 양으로 ppt(‰)로 나타낸다.

염소이온(chloride ion) 전자를 하나 받은 염소 원자의 이온, Cl^-

염수쐐기 하구만(salt wedge estuary) 많은 양의 담수가 유입되는 대단히 깊은 하구로 밑으로는 바다에서 염수가 쐐기 형태로 들어온다. 예로는 미시시피강이 있다.

염습지(salt marsh) 세립질의 퇴적물이 쌓이고 염분에 강한 풀들이 자라는 비교적 편평한 해안 지역. 지구상에서 가장 생산력이 높은 곳 중 하나이다.

염하구(estuary) '하구만' 참조

엽록소(chlorophyll) 식물이 광합성을 할 수 있도록 하는 녹색 색소 그룹

영양단계(trophic level) 먹이사슬에서 영양 수준. 식물 생산자는 가장 낮은 수준을 구성하고, 다음 초식동물 그리고 점차 높은 수준 차례로 육식동물이 뒤따른다.

영해(territorial sea) 육지에 인접한 12해리 폭의 바다 띠로 연안국이 선박 통행의 통제권을 갖는다.

오름 회유, 소상회유(anadromous) 태어난 강을 따라 올라가서 담수에서 산란하고, 성장과 성숙을 위해 해양으로 회유하는 어류의 행동

(해양)오염[(marine) pollution] 해양의 생물자원이나 이를 사용하는 인간에 유해한 물질을 투입하는 행위

오팔(opal) 무정질의 규산질($SiO_2 \cdot nH_2O$) 물질로서 보통 3~9% 정

도의 수분이 포함되어 있다. 방산충과 규조류의 껍데기에서 만들어진다.

옥덩굴(*Caulerpa taxifolia*) 열대산 해조로서 수족관 업계에서 도입한 냉수 품종이 지중해와 남부 캘리포니아로 번져가게 되었다. 지중해에서 계속 전파되고 있지만, 캘리포니아 남부 해역에서는 제거되었다.

온난전선(warm front) 더운 기단이 한랭기단 위로 올라가면서 조용히 비를 내리는 넓은 전선 지역.

온대의(temperate) 뚜렷한 계절 변화가 있는 지역에 속하는(약 40~60°에 해당한다). 중위도라고도 한다.

온대지역(temperate zone) 북회귀선과 북극권 사이, 남회귀선과 남극권 사이의 중위도 지역

온도제어 효과(thermostatic effect) 지구의 온도를 제어하는 천연 장치를 일컫는 것으로 대체로 물의 속성에서 비롯된다.

온실기체(greenhouse gases) 대기에 존재하는 온실효과를 일으키는 모든 기체 성분

온실효과(greenhouse effect) 수증기, 이산화탄소, 메테인과 같은 온실기체가 지표면에서 방출되는 적외선 복사를 흡수하여 대기가 가열되는 것

온혈동물(warm blooded) '항온동물' 참조

와동, 소용돌이(eddy) 원형으로 회전하는 유체의 운동. 해류가 장애물을 통과하는 곳이나 서로 반대방향으로 흐르는 2개의 인접한 해류의 사이, 혹은 영구적인 해류의 가장자리에서 주로 발생한다.

와편모조류(dinoflagellate) 현미경으로 볼 수 있는 미세한 단세포 부유 생물로서 엽록소를 가진 독립영양생물인 와편모조식물문(Pyrrophyta)에 속하거나, 먹이를 소화하는 종속영양생물인 원생동물문의 편모충강(Mastigophora)에 속할 수 있다.

와편모조식물문(Pyrrophyta) 운동성 있는 편모를 가진 와편모조류가 속하는 분류군(문)

완충작용(buffering) 용액에 산이나 염기가 첨가되었을 때 pH의 변동을 줄여주는 작용

외딴바위(sea stack) 파도의 침식으로 곶에서 분리되어 홀로 떨어져 있는 기둥 같은 암석 섬

외안(offshore) 쇄파선에서 대륙붕단까지 연장되는 다양한 폭의 물에 잠겨 있는 비교적 평탄한 지역

외양 저서역(suboceanic province) 대륙붕에서 외해쪽으로 위치한 저서 환경

외양역(oceanic province) 수심 200m보다 더 깊은 곳의 표영계 환경 구획

외측 조하대(outer sublittoral zone) 대륙붕에서 진광대 수심보다 더 깊은 곳으로 바닥에 부착 식물이 자라지 않는다.

요각강, 요각류(Copepoda) 소형 갑각류의 분류군(강). 온대와 아한대 해역에서 중요한 동물플랑크톤이다.

요각류(Copepoda) '요각강' 참조

용매(solvent) 물질을 녹이는 액체

용승(upwelling) 표층수의 발산에 의해서 깊은 곳의 차고 영양이 풍부한 물이 표면으로 올라오는 과정

용암(lava) 지표면으로 나오는 액상의 마그마 또는 그것이 굳어진 것

용액(solution) 용질이 액체상 용매와 함께 고르게 섞여 있는 상태이다. 물은 해수 용액의 용매이다.

용존산소(dissolved oxygen) 물에 녹아 있는 기체 산소

용질(solute) 용액에 녹아 있는 물질. 소금은 해수에 녹아 있는 용질이다.

용해비약수심(lysocline) 탄산칼슘이 용해되기 시작하는 수심. 약 4,000m. 이보다 하부에서는 수심 증가에 따라 탄산칼슘 용해도가 증가하여 방해석보상수심(CCD)에 도달한다.

우주기원퇴적물(cosmogenous sediment) 외계 물질로 구성된 퇴적물

운동에너지(kinetic energy) 움직이는 물체가 갖는 에너지. 질량이나 속도가 늘면 커진다.

운석(meteorite) 외계에서 지구에 낙하한 철질 또는 석질 물질

울타리섬 벌판(barrier flat) 울타리섬의 염습지와 사구 사이에 나타나는 지역으로 오랫동안 쓸려가지 않으면 보통 풀이나 나무로 덮이게 된다.

울타리섬(barrier island) 석호에 의해 본토와 떨어져 있는 파도에 의해 만들어진 길고 좁은 섬

워커순환세포(Walker Circulation Cell) 동인도제도에 위치한 저기압의 상승기류와 칠레 근해에 있는 남동태평양 고기압의 하강기류가 만드는 대기순환의 패턴. 이 순환이 약해지면서 엘니뇨가 발생하는데, 이로부터 ENSO라는 용어가 생겼다.

원궤도 운동(circular orbit motion) 파가 물속에서 전파될 때 일어나는 물 입자의 운동

원생동물문(Protozoa) 핵 물질이 핵막으로 둘러싸인 단세포 동물의 분류군(문)

원생생물계(Protista) 단세포 진핵 생물과 그 후손인 다세포 생물을 포함하는 분류군(계). 단세포 및 다세포 해조류와 원생생물이라고 불리는 단세포 동물을 포함한다.

원석조류(coccolithophore) '석회비늘편모조류' 참조

원소(element) 같은 부류의 원자들을 일컫는다. 원자는 화학적인 방법으로는 쪼갤 수 없다.

원시세균, 시원세균(Archaebacteria) 세 가지 주요 생물영역 중 하나.

이 영역은 단순한 박테리아 유사생물(심해 열수공과 냉수공에 서식하고 있는 메테인 생성 생물과 황산화 생물을 포함)과 극단적인 온도나 압력 조건 환경을 선호하는 미생물을 포함한다.

원시지구(protoearth) 초기에 성장 중인 지구를 일컫는다.

원시행성(protoplanet) 초기에 성장 중인 행성을 일컫는다.

원일점(aphelion) 행성이나 혜성의 궤도에서 태양으로부터의 거리가 가장 먼 곳

원자(atom) 물질을 이루는 원소의 최소 단위로 중앙에 질량이 집적되고, 양전하를 가진 핵이 있고 그 바깥은 전자(들)로 둘러싸여 있다.

원자가(valence) 원소가 수소원자를 결합시킬 수 있는 수

원자량(atomic mass) 원자의 질량, 통상 원자 질량 단위로 표시된다.

원자번호(atomic number) 원자핵 안의 양성자 수

원지점(apogee) 달이나 인공위성의 궤도에서 지구로부터의 거리가 가장 먼 곳

원형질(protoplasm) 모든 유기체를 구성하는 자기 영속성 생체 물질로서 주로 탄소, 수소 및 산소가 결합된 다양한 화합물로 구성되어 있다.

웬트워스 입도척도(Wentworth scale of grain size) 퇴적물 입자 크기를 로그척도로 분류한 것

위도(latitude) 지구 표면에서의 위치를 적도로부터 남북으로 각거리로 나타낸 값

위락 해빈(recreational beach) 해빈 둔덕, 해빈 둔덕 머리, 해빈면의 노출 부분 등을 포함하는 해안선 위의 해빈 지역

위족(pseudopodia) 유공충류와 방산충류와 같은 아메바형 단세포 동물이 움직이거나 먹이를 섭취할 때 사용하는 원형질의 돌출부

위치 에너지(potential energy) 운동 이외의 위치나 다른 조건에서 창출되는 에너지

윌리엄 페렐(William Ferrel, 1817~1891) 각 반구의 중위도 순환세포를 발견한 미국의 과학자

윌슨윤회설(Wilson cycle) 판구조운동을 이용하여 해저분지의 형성, 성장, 소멸을 설명하는 모델

유공충류(foraminifer) 부유성과 저서성 원생동물로서 단단한 석회질의 껍데기로 둘러싸여 있다.

유광층(photic zone) 감지할 수 있을 정도의 햇빛이 있는 해양의 표층부. 진광대(euphotoic zone)와 박광대(disphotic zone)를 포함한다.

유기쇄설물(detritus) ① 암석이 풍화되면서 직접 형성된 물질 ② 고사 유기물이 분해된 물질

유령어업(ghost fishing) 버려진 후에도 해양 생물을 계속해서 포획하는 분실되거나 버려진 어구

유생(larva) 그 종의 성체의 특성을 다 갖추기 전의 발육단계

유선형(streamlining) 유체를 통해 움직이는 동안 난류가 최소화되도록 몸을 만든다. 물방울 모양은 가장 높은 수준의 유선형을 보여준다.

유성체(meteor) 유성이 지구대기권에서 마찰에 의해 만든 밝은 꼬리

유수(runoff) 지표를 흐르는 물 또는 그 과정을 가리킨다.

유엔정부간기후변화협의체(Intergovernmental Panel on Climate Change, IPCC) 기후변화와 지구온난화에 대한 인위적 영향에 대한 연구 결과를 집대성하고 정책을 자문하는 대기과학과 기후과학자의 국제적 모임

유엔해양법협약(United Nations Conference on the Law of the Sea, UNCLOS) 해양에 대한 법적 권리, 특히 해저 채광을 다룬 일련의 국제회의

유영생물(nekton) 성체 오징어류, 어류, 포유류와 같이 활발히 유영하여 자신이 위치를 결정할 수 있는 표영계 동물

유영성 저서동물(nektobenthos) 활발히 유영하며 많은 시간을 바닥에서 보내는 저서동물

유자망, 흘림그물, 자망(driftnet) 생물을 얽히게 하여 포획하는 단일 섬유사(모노 필라멘트)로 만들어진 그물

유즐동물문(Ctenophora) 공 모양이며 젤라틴 타입의 동물 분류군(문). 이들은 모두 해양성 종이며, 이동을 위해 8열의 섬모빗을 지니고 있다. 대부분 먹이를 잡기 위해 2개의 촉수를 가지고 있다.

유해조류대발생(harmful algal blooms, HABs) '적조' 참조

육계사주(tombolo) 섬과 다른 섬이나 본토와 연결되는 모래나 자갈로 이루어진 퇴적체

육성기원퇴적물(terrigenous sediment) 지표에서 기원한 퇴적물. 'Lithogenous sediment'의 동의어.

육식 섭식(carnivorous feeding) 생물이 전적으로 또는 주로 다른 동물을 먹이로 섭취하는 과정

육식동물(carnivore) 먹이를 주로 또는 거의 다른 동물에 의존하는 동물

육풍(land breeze) 육지가 더 빨리 냉각되어 대기가 하강하면서 육지로부터 바다 쪽으로 부는 바람

융해잠열(latent heat of melting) 녹는점에 놓인 물질 1g이 액체로 녹으면서 가져가는 열에너지. 물의 경우에 80cal이다.

음의 되먹임고리(negaitive-feedback loop) '되먹임고리' 참조

음이온(anion) 전자를 하나 또는 여러 개 획득하여 음전하를 띤 이온

음향 측심기(echo sounder) 배의 선체에서 해저로 음파를 발신하고 그것이 반사되어 수신기에 돌아오도록 하는 장치. 물속에서 음파의 속도를 알기 때문에 음파 신호의 주행 시간으로부터 수심을 결정할 수 있다.

음향탐지(echolocation) 이빨고래의 감각계로 음파를 방출한 뒤 반사

되는 음향을 해석하여 주변 물체의 방향과 거리를 결정함

응결(condensation) 수증기가 이슬로 바뀌는 현상. 이때 기화열이 나오면서 대기를 데워준다. 그 열량은 20°C에서 약 585cal이다.

응결잠열(latent heat of condensation) 끓는점 아래의 어느 온도에서 물질 1g이 이슬이 맺히면서 내놓는 열에너지. 물의 경우에 20°C에서 585cal이다.

응집(cohesion) '뭉침' 참조

이론(theory) 자연현상에 대하여 객관적 사실, 법칙(특정 자연현상에 대한 서술적인 일반화), 논리적 추론, 검증된 가설 등을 이용하여 서술한 구체적인 설명

이르밍거해류(Irminger Current) 멕시코만류에서 분리되어 아이슬란드 서해안을 따라 북상하는 난류

이매패강(Pelecypoda) 2개의 패각으로 되어 있는 연체동물의 분류군(강). 이 여과식자는 입수관으로 빨아들인 해수를 아가미를 통과시킨 뒤 출수관으로 내뿜는다. 일부 이매패류는 손도끼 모양의 발이 있어 이동하거나 퇴적물속으로 잠입할 때 사용한다.

이매패류(bivalve) 2개의 패각을 지닌 연체동물로 굴과 조개류가 속함

이빨고래아목(Odontoceti) 이빨고래류가 속한 분류군[아목(亞目)]

이산화규소(silica) 무수규산(SiO_2)의 통상적인 명칭

이슬점(condensation point) 응결이 시작되는 온도

이안류(rip current) 해안에 거의 직각 방향으로 쇄파대를 통과해서 짧은 시간 동안 큰 속력으로 바다로 흐르는 표층 혹은 표층 바로 밑의 강하고 좁은 흐름. 들어오는 파도에 의해 해안에 쌓인 물이 바다로 돌아가는 것이다(제10장 역자 주 참조).

이온(ion) 전자를 얻거나 잃어서 전하를 띤 원자. 전자를 잃으면 양이온 얻으면 음이온이 된다.

이온가(valence) 원소의 결합 능력으로서 수소 원자를 몇 개와 결합할 수 있는가로 결정한다.

이온결합(ionic bond) 이온끼리 전기적인 끌림으로 만든 결합

이탄층(peat deposit) 습지나 늪 등에서 발견되는 부분적으로 탄화된 유기물로 비료와 연료로 사용할 수 있다.

익족목(Pteropoda) 발이 부력 유지에 적합하게 변형된 부유성 플랑크톤에 속하는 연체동물 분류군(목)

인도양 아열대환류(Indian Ocean Subtropical Gyre) 인도양에서 반시계 방향으로 흐르는 커다란 아열대환류

인도양(Indian Ocean) 아프리카, 인도, 오스트레일리아 사이에 있는 바다로서 대부분 남반구에 있고 세계에서 세 번째로 크다.

일사(insolation) 지표의 단위 면적이 단위 시간에 받는 태양 복사에너지

일시플랑크톤(meroplankton) 저서생물과 유영생물의 부유성 유생

일정 성분비의 원리(principle of constant proportions) 염분에 무관하게 해수의 주성분 사이의 비율은 같다는 원리

일주리듬(circadian rhythm) 하루 주기와 관련 있는 생물의 행동학적 또는 생리학적 리듬으로 잠이 들고, 잠에서 깨어나는 양상이 한 예이다.

일주조형 조석(diurnal tidal pattern) 하루에 한 번의 고조와 한 번의 저조가 일어나는 조석 형태

일차 생산력, 생산력(primary productivity) 태양 방사(광합성) 혹은 화학반응(화학합성)에서 얻은 에너지를 사용하여 탄소를 기반으로 하는 유기 화합물 형성을 통해 생물이 에너지를 축적하는 효율(속도). 간단히 생산력이라고도 한다.

입구(inlet) 둘러싸인 석호(lagoon), 항구 혹은 만이 외해와 연결되는 통로

입도(grain size) 시료 중 입자의 평균 크기

ㅈ

자기이상(magnetic anomaly) 지각에 포함된 강자성체 광물에 의해 규칙적인 지자기 양상에서 벗어난 상태

자력계(magnetometer) 지구자기를 측정하는 장비

자망(gill net) '유자망' 참조

자연선택(natural selection) 환경에 잘 적응한 생물은 생존하며 자신의 유전자를 전달한 자손을 많이 번식시킬 수 있지만 환경에 적응하지 못한 생물은 제거되는 과정

자장(magnetic field) 자석이나 전류 주위의 지역으로서 자력이 감응되는 곳

자철석(magnetite) 검은색의 철산화물로 된 광물(Fe_3O_4)로서 마그네슘, 아연, 망간 등과 함께 출토되며 철광석이다.

자포(nematocyst) 자포동물문 생물에서 볼 수 있는 독침 발사 기작으로서 자포 세포 안에 있다.

자포동물문(Cnidaria) 주머니 모양의 몸과 입구를 둘러싸고 있는 촉수에 자포를 지닌 동물 분류군(문). 약 10,000종이 있으며, 대부분이 해양성종이다. 두 가지 몸의 형태가 있다. 메두사(medusa)형은 해파리로 대표되는 표영성이다. 반면 폴립(polp)형은 말미잘과 산호처럼 대부분이 저서성이다. 과거에는 강장동물문으로 불렸다.

자포세포(cnidoblast) 자포동물문 생물이 방어와 먹이를 잡을 때 쓰는 독침세포이며 독침 발사기작을 하는 자포가 안에 들어있다.

잔류 해빈(relict beach) 해수면 상승에 의해 수면 아래에 잠겨있는 해빈퇴적물. 대륙붕 표면에서 해빈퇴적물이 확인된다는 것은 현재 그 위치에서 퇴적이 일어나고 있지 않음을 의미한다.

잔류퇴적물(relict sediment) 현생의 퇴적물 하부에 퇴적된 과거 퇴적

환경의 퇴적물. 예를 들면 해수면이 하강했을때 만들어진 대륙붕 끝에 있는 해빈퇴적물

잠열, 숨은열(latent heat) 물질의 단위 질량이 주어진 온도와 압력에서 상변화를 일으킬 때 (예를 들어 액체에서 고체로) 얻거나 잃는 열의 양

잡식동물(omnivore) 식물과 동물을 모두 섭취하는 동물

재생산(regenerated production) 생태계 내에서 생산된 총일차 생산에서 재순환된 영양염에 의해 유지되는 부분

저기압(cyclone) 압력이 낮은 중심부 쪽으로 공기가 빠르게 돌면서 상승 기류를 동반하는 대기의 시스템. 저기압은 북반구에서는 반 시계방향으로, 남반구에서는 시계방향으로 돌며 대개 폭풍을 동반하며 가끔 파괴적인 기상을 초래한다.

저기압성 흐름(cyclonic flow) 북반구에서 반시계 방향으로 도는 저기압 지역 주위를 도는 대기의 흐름

저서계(benthic) 바다 밑바닥에 속하거나, 해저와 관련된

저서생물(benthos) 바다 밑바닥에 사는 해양생물

저장(sequester) 국지적 환경에서 특정 물질을 추출하여 가두어놓거나 제거하는 행위

저장액성(hypotonic) 삼투압이 생길 수 있는 반투막으로 분리되어 다른 수용액보다 낮은 삼투압(염분)을 갖는 수용액 성질. 저장액은 반투막을 통해 다른 액체(고장액)쪽으로 물 분자를 잃게 된다.

저조선대(low tide zone) 조간대 역에서 최저 저조선과 해안의 최고 저조선 사이 구획

저조정조(low slack water) 저조 시 잠시 동안 해수의 움직임이 없는 때

저탁류(turbidity current) 물의 탁도가 증가해서 생긴 밀도의 증가로 발생하는 중력류. 지진 같은 어떤 갑작스런 힘으로 시작되고 혼탁한 덩어리는 중력에 의해 해저사면 아래로 내려간다.

적도(equator) 지구 자전축에 수직이며 양 극으로부터 동일 거리에 있는 지구 표면상의 가상적인 대원. 지구는 적도를 중심으로 남반구와 북반구로 나눈다.

적도무풍대(doldrums) 적도 근처에서 가벼운 공기가 상승하여 약하고 변화가 심한 바람이 있는 지역으로 비가 많이 내린다.

적도반류(equatorial countercurrent) 적도무풍대에서 동쪽으로 흐르는 해류로서 북적도해류와 남적도해류의 사이에 위치하는데, 특히 태평양에 잘 발달되어 있다.

적도용승(equatorial upwelling) 적도를 따라 흐르는 해류의 발산으로 영양염이 풍부한 깊은 곳 냉수가 표층으로 올라오는 현상

적도의(equatorial) 적도지역에 해당하는

적도저압대(equatorial low) 적도를 따라 지구 둘레에 형성되어 있는 저기압의 띠

적도해류(equatorial current) 무역풍에 의해서 서쪽으로 흐르는 해류. 북적도해류와 남적도해류가 있다.

적외선 복사(infrared radiation) 파장이 0.8~1,000μm인 전자기파 가시광선과 마이크로파의 중간에 자리한다.

적위(declination) 태양이나 달이 지구의 적도면과 이루는 각도

적점토(red clay) '심해점토' 참조

적조, 유해조류대발생(red tide) 표층수가 적갈색으로 변하는 현상으로, 흔히 연안역에서 현미경으로 관찰되는 미세한 생물, 주로 와편모조류가 고농도로 집적되어 발생한다. 보통 특정 영양염의 활용성이 증가한 결과로 발생한다. 와편모조류에서 생성된 독소는 어류를 직접 폐사시킬 수 있으며, 부패하는 식물과 동물의 잔해 또는 식물이 풍부한 해역으로 이동하는 동물의 대규모 집단들이 또한 표층의 산소를 고갈시키고 결과로 많은 동물을 질식시킬 수 있다.

전기전도도(electrical conductivity) 전기를 전달하는 능력

전기투석법(electrolysis) 해수를 물 불투과성 막을 통과시켜 상반된 전하를 띤 전극으로 보내 염이온을 걸러내는 공정

전도(conduction) 입자에서 입자로 에너지가 통과하여 열이 전달되는 것

전안(foreshore) 고조선과 저조선 사이의 해안. '조간대'라고도 함

전이파(transitional wave) '중간수심파' 참조

전자(electron) 원자핵의 주위를 도는 아원자입자로 음전하를 띠고 있다.

전자구름(electron cloud) 원자의 핵 바깥에서 전자가 발견되는 산재된 공간

전자기 스펙트럼(electromagnetic spectrum) 100만 분의 1μ 이하의 파장을 가진 우주선에서부터 100km(60mi)를 초과하는 파장을 가진 매우 장파에 이르기까지 항성에서 방출되는 복사 에너지의 스펙트럼

점도, 점성(viscosity) 내부 마찰에 의한 흐름에 저항하는 물질의 특성

점심해저대(bathyal zone) 수심 200~4,000m 사이의 저서 환경. 대륙사면과 해양 융기 및 상승을 포함한다.

점심해층(bathypelagic zone) 수심 200~4,000m 사이의 표영계 환경

점이층리(graded bedding) 아래에서 위로 갈수록 입자의 크기가 점진적으로 작아지는 층들이 쌓여있는 층리구조

점토(clay) ① 실트와 콜로이드 사이 크기의 입자 ② 다양한 수산화알루미노규산질 광물로서 소성, 팽창성이 있으며 이온 교환이 잘 일어난다.

정상파(standing wave) 진행하지 않고 제자리에서 진동만 하는 해파의 한 형태. 최대 진폭은 복에서 일어나며 마디에서는 연직 진동은 없고 수평 진동만 있다.

정수면(still water level) 바다에서 파도가 없을 때의 해면으로 평균해면이며, 해파에서 마루와 골 사이의 반이 되는 곳

정온동물(homeothermic) '항온동물' 참조

정전기력(electrostatic force) 대전된 입자 사이에 작용하는 힘으로 전하의 종류가 같거나 다름에 따라 끌림 또는 밀침이 일어남

제트기류(jet stream) 약 10km 높이에서 동쪽으로 강하게 부는 바람. 풍속은 300km/h 이상이며 중위도에서 파동처럼 움직이면서 한대 기단이 저위도로 확장하도록 영향을 준다.

조간대(intertidal zone) 저조선과 고조선 사이 해저 구역

조금(neap tide) '소조' 참조

조류(algae, 藻類) 주로 물에 서식하는 진핵 광합성 생물로 진정한 의미의 뿌리, 줄기, 잎 체제를 갖고 있지 않다. 미세한 현미경적 크기이거나 큰 것도 있다.

조류(tidal current, 潮流) 조석에 수반되어 일어나는 해수의 수평 흐름

조류 플랑크톤(phytoplankton) '식물플랑크톤' 참조

조상대(supratidal zone) 최고조선 상부에 위치한 비말대 또는 물보라 구역

조석 보어(tidal bore) 조석파가 강을 거슬러 올라갈 적에 조석파의 전면이 가파르게 되는 현상

조석 주기(tidal period) 조석에서 잇단 고조 사이의 시간으로 약 12시간 25분

조석(tide) 지표상의 각 지점에 미치는 달과 태양의 인력의 차이로 일어나는 해면의 주기적인 오르내림

조석해면(tidal bulge) 기조력으로 달 또는 태양의 방향과 그 반대 방향으로 부풀어 오르는 이론적 해면

조직(texture) 외부에 나타나는 물리적 형태

조직(tissue) 특정 기능을 수행하기 위해 생물이 발달시킨 세포의 집합체 혹은 이들의 산물

조차(tidal range) 일정 기간, 예를 들면 조석일 동안의 고조와 저조의 해면 차이

조초산호(hermatypic coral) 산호초를 만드는 데 기여하는 산호로 외피조직에 공생하는 조류를 가짐

조하대(subtidal zone) 저조선부터 수심 200m 사이의 저서 구역. 대륙붕 해저에 해당된다.

종(species) 분류학적 분류의 기본 범주로 속(genus) 또는 아속(subgenus)의 하위 순위이며, 상호 교배가 가능한 관련 생물로 구성된다.

종다양도(species diversity) 해양환경의 소구역에서 발견되는 종 수. 해양환경의 범위 안에 발견되는 다양한 종들의 종류 수

종생 플랑크톤(holoplankton) 종생부유생물. 전 생애(생활사)를 부유생물로 사는 생물

종속영양생물(heterotroph) 다른 생물들이 생산한 유기물에 먹이를 의존하는 동물과 박테리아. 광합성으로 자기 스스로 먹이를 생산할 수 없는 생물

종자식물(Anthophyta) 씨(종자)를 맺는 식물

주기, 파의 주기(wave period, *T*) 마루와 마루 또는 골과 골과 같이 파의 같은 위상이 한 지점을 통과하는 데 걸리는 시간으로 주파수의 역수.

죽음의 바다(dead zone) 빈산소 조건의 수괴로서 도망갈 수 없는 대부분의 해양생물이 폐사한다. 흔히 육상의 비료 사용의 결과 유수에 의한 부 영양화의 결과로 일어난다.

중간수심파, 전이파(transitional wave) 수심이 파장의 반보다는 얕고 1/20보다는 깊은 바다에 전파되는 해파. 수립자 운동이 바닥의 영향을 받기 시작한다.

중력, 만유인력(gravitational force) 두 물체 사이에 작용하는 인력으로 두 물체의 질량의 곱에 비례하고 거리의 제곱에 반비례한다.

중력파(gravity wave) 주요 복원력이 중력인 해파로 파장이 1.74cm보다 길며 전파 속도도 중력에 의해 결정된다.

중부조간대(middle tide zone, mid-tidal zone) 가장 높은 저조선과 가장 낮은 고조선 사이의 조간대 구역

중성(neutral) 용액에서 수소이온과 수산이온의 양이 균형을 이룬 상태

중성자(neutron) 핵을 이루는 아원자입자 가운데 하나로 전기적으로 중성이며 양성자보다 약간 무겁다.

중앙대서양산맥(Mid-Atlantic Ridge) 대서양 남북을 가로지르는 느리게 벌어지는 확장형 판 경계부

중층대(mesopelagic zone) 수심 200~1,000m 사이의 표영계 구역. 박광대와 거의 일치한다.

중탄산 이온(bicarbonate ion) 탄산(H_2CO_3)이 해리하여 수소이온(H^+)을 내놓고 생성된 음이온(HCO_3^-)

중형저서동물(meiofauna) 해저 퇴적물의 입자 사이에 서식하는 작은 저서동물

증기(vapor) 평상시 액체나 고체인 물질의 기체 상태

증류(distillation) 물질을 끓여서 증기를 식혀서 순수한 물질을 가려내는 공정

증발(evaporation) 물질이 끓는점 아래에서 액체 상태에서 기체 상태로 바뀌는 과정

증발암(evaporite) 물이 증발하고 남은 퇴적층으로서 석고, 방해석, 암염 등이 있다.

증발잠열(latent heat of evaporation) 끓는점 아래의 어느 온도에서 물질 1g이 증발하면서 가져가는 열에너지. 물의 경우에 20°C에서 585cal이다.

지각 반등(isostatic rebound) 지각평형을 맞추고자 지각이 올라오는 현상

지각 평형 조절(isostatic adjustment) 부력에 따른 지각 물질의 조절

지각(crust) ① 지구의 최상부층으로서 현무암질 해양지각(평균 두께 8km)과 화강암질(평균 두께 35km) 대륙지각으로 구성된다 ② 수성기원퇴적물의 단단한 외각 부분

지각운동기원 하구만(tectonic estuary) 연안역에서 지각 변형에 관련된 기원으로 만들어진 하구만

지각평형(isostacy) 부력에 대하여 균형을 맞추는 것으로서 이 원리로 유동성의 맨틀에 단단한 지각이 떠 있을 수 있다.

지구공학(global engineering, geoengineering) 인간의 이익을 위해 지구 시스템의 일부를 고의적으로 개조하는 수단

지구온난화(global warming) 대기에서 열을 붙드는 성분들로 인해 전지구 지표의 평균 온도가 오르는 현상. 주류 과학계에서는 최근의 온난화가 사람에서 비롯되었다고 보고 있다.

지방(fat) 알코올, 글리세롤, 지방산으로부터 형성되는 유기물질. 대기 온도에서는 굳어 있다.

지브롤터 해협(Strait of Gibraltar) 대서양과 지중해를 연결하는 유럽과 아프리카 사이의 좁은 해협

지열류량(heat flow) 단위 시간 동안 지구 표면을 통해 열전도에 의해 방출되는 지열의 양

지점(solstice) 태양이 회귀선 바로 위를 비추는 시기. 북반구에서는 6월 21~22일에 태양이 북회귀선에 위치할 때 하지점이 되고 12월 21~22일 남회귀선에 위치할 때 동지점이 된다.

지중해 순환(mediterranean circulation) 지중해와 비슷하게 증발이 강수에 비해 많아서 해양과의 순환이 제한을 받는 수괴의 특징적인 순환. 지중해와 대서양 사이에 있는 것과 같이 표층 흐름은 제한된 수괴로 저층에서는 반대 방향의 흐름이 있다.

지진(earthquake) 단층이나 화산에 의해 서서히 축적된 변형에 의한 급작스러운 지구 진동

지진규모척도(seismic moment magnitude, M_w) 지진의 에너지 방출을 이용한 지도 측정하는 척도

지진의(seismic) 지진 또는 인공지진에 관련된

지진해일(seismic sea wave) '쓰나미' 참조

지형(topography) 표면의 모양. 해양학에서는 해저나 주어진 특성을 갖는 수괴의 표면을 말한다.

지형류(geostrophic current) 압력경사와 코리올리 효과가 균형을 유지하는 해류

진광대(euphotic zone) 해양 표면에서 광합성을 하기에 충분한 빛이 있는 깊이로 수심 100m보다 더 깊은 경우는 드물다.

진앙(epicenter) 지진이 실제로 발생한 진원(focus) 바로 위의 지표면

진정세균계(Eubacteria) 세포 내 핵 물질이 핵막으로 구분되어 있지 않고 퍼져 있는 생물이 속하는 속하는 분류군(계). 박테리아 및 남조류(남세균)를 포함한다. 이전에 모네라계(Monera)로 불렸음.

진핵생물(Eukarya) 생명체의 세 주요 영역 중 하나. 진핵생물영역은 단세포 또는 다세포 생물을 포함하며, 세포는 통상적으로 핵막으로 싸인 핵을 포함한다.

진화(evolution) 시간이 지나면서 주로 자연 선택에 의해 일어나는 생물 개체군의 변화로 후손이 조상과 형태나 생리적으로 달라지는 현상

질소중독증(nitrogen narcosis) 잠수부가 잘 걸리는 질병. 혈액 속에 질소 가스가 너무 많이 녹아 조직으로 가는 산소의 흐름을 감소시킬 때 발생한다.

ㅊ

차오르는 반달(waxing gibbous) 상현과 보름 사이의 달

차오르는 초승달(waxing crescent) 초승과 상현 사이의 달

참고래(right whale) 긴수염고래과(family Balaenidea)에 속하는 표층섭식 고래. 초기의 포경업자들이 선호했던 고래이다.

창조(flood tide) 저조에서 고조로 가는 동안의 조석

창조류, 밀물(flood current) 저조에서 고조로 해면이 높아지는 동안 흐르는 조류. 해안에서는 대체로 해안에 접근하는 방향으로 흐른다.

척추동물아문(Vertebrata) 잘 발달된 뇌와 경골이나 연골의 골격을 지닌 동물이 포함된 척색동물의 분류군(아문). 어류, 양서류, 파충류, 조류, 포유류가 속해 있다.

천분율(‰, parts per thousand) 염분을 표기할 때 쓰이는 단위. 무게로 1천분의 1을 가리킴. 1‰=0.1%=1,000ppm

천수효과(shoaling) '해안효과' 참조

천저(nadir) 천구상에서 천정의 반대편으로 관측자의 아래쪽

천정(zenith) 천구에서 관측자의 머리 위

천해파(shallow-water wave) 파장이 수심의 20배보다 더 긴 상태의 해파. 바닥이 물 입자의 운동에 영향을 끼치며 파속은 수심에 의해 결정된다.

철 가설(iron hypothesis) 미량 원소인 철분만 부족한 해역에 철을 비료로 뿌리면 해양의 생산력이 높아져서 그 결과로 대기의 이산화탄소를 줄일 수 있다는 가설

청소식자(scavenger) 죽은 생물들을 먹고 사는 동물

청포(otocyst) 메두사 종(bell)의 주변에 존재하는 중력에 민감한 기관

체류시간(residence time) 해양에 유입된 물질이 해양에 머무르는 평균 시간. 해양에 있는 총량을 연간 해양에 유입되는 양 또는 제거되는 양으로 나누어서 구한다.

초(reef) 바다 표면 근처에 솟아 나온 바위, 모래, 산호초 또는 인공물

로 항해에 위험을 발생시킨다.

초미세 플랑크톤(ultraplankton) 크기가 5μm보다 작은 플랑크톤. 이들을 플랑크톤 네트를 이용해 바닷물로부터 분리하기란 쉽지 않다.

초승달(new moon) 달과 태양이 삭의 위치에 있을 때의 달의 위상

초식동물(herbivore) 먹이를 주로 또는 전적으로 식물에 의존하는 동물

초심해대(hadal) 심해 표영계 환경으로 특히 수심 6km보다 깊은 해구 등을 포함한다.

초심해저대(hadal zone) 가장 깊은 해양 저서환경과 관련된 곳으로 특히 6km보다 깊은 해구환경을 포함한다.

초염 석호(hypersaline lagoon) 조석 씻김 작용이 거의 없고, 증발률이 높고, 담수 유입이 적어서 염분이 높은 수준에 달하는 얕은 석호

총생태효율(gross ecological efficiency) 한 영양단계에서 그다음 단계로 전달된 에너지양을 이전 단계에서 받은 에너지양으로 나눈 값

총일차생산(gross primary production) 독립영양군집에 의해 광합성 혹은 화학합성을 통하여 유기분자로 만들어진 총탄소량

최대밀도온도(temperature of maximum density) 물질이 최대밀도를 보이는 온도. 물의 경우에는 4°C이다.

최대지속가능생산량(maximum sustainable yield, MSY) 수산 생태계를 유지시키면서 매년 어획할 수 있는 최대 어획 생물량

추분점(fall equinox, autumnal equinox) 태양이 북반구에서 남반구를 향해 적도를 막 지나는 시점으로 9월 23일경으로 밤과 낮의 길이가 같다.

춘분점(vernal equinox) 태양이 남반구에서 북반구로 옮겨가면서 적도상에 위치하는 시기로서 대략 3월 21일이다. 이 시기에 세계의 모든 곳에서 밤과 낮의 길이가 같아진다.

측심(sounding) 선박으로부터 측정한 수심

침강(downwelling) 에크만 수송이 표층의 물을 수렴시키거나 해안에 쌓이게 함으로써 아래 방향으로 가라앉는 흐름

침수 하곡(drowned river valley) 해수면의 상승이나 연안의 침강으로 물에 잠긴 강의 계곡 아랫부분

침수 해빈(drowned beach) 해수면의 상승이나 연안의 침강으로 지금은 연안 바다 아래에 있는 옛날의 해빈

침수되는 해안선(submerging shoreline) 육지의 상대적인 침강에 의해 만들어진 해안선으로 해안선이 대기 중에서 만들어진 지형에 위치하게 된다. 만이나 곶 등이 있는 특징이 있고 노출되는 해안선에 비해 더 불규칙적이다.

침수된 사구지형(submerged dune topography) 해수면 상승이나 연안의 침강에 의해 현재의 해안선 밑에 침수되어 발견되는 옛날 연안 사구 퇴적체

침식(erosion) 풍화, 용해, 삭마, 융식, 운반 등을 포함한 자연현상으로서 물질이 지표에서 다른 곳으로 이동하게 되는 것

침식형 해안(erosional-type shore) 해안에(절벽, 외딴바위 등과 같은) 침식지형을 만드는 작용이 우세한 해안선

침전(precipitation) 용액에서 고체가 분리되어 나오는 현상. 물리적 · 화학적 조건의 변화로 비롯된다.

ㅋ

카나리해류(Canary Current) 북대서양 아열대환류의 차가운 동안경계류

카로틴(carotin) 식물에서 나타나는 주황색 색소

카리브해류(Caribbean Current) 카리브해를 통해서 멕시코만으로 열대의 물을 운반하는 난류

칼로리(calorie) 열의 단위로 물 1g을 1°C 올리는 데 드는 열량을 1칼로리(cal)로 정의한다.

캘리포니아해류(California Current) 북태평양 아열대환류의 차가운 동안경계류

컨베이어벨트 순환(conveyor-belt circulation) 커다란 컨베이어벨트를 닮은 순환 패턴으로서 표층해류와 심층해류를 종합적으로 포함한다.

켈프(kelp) 갈조류에 속하는 대형 해조류

켈프숲(kelp forest) 여러 종의 대형갈조류(켈프)가 숲을 이룬 상태. 켈프숲은 다양한 해양생물을 위한 서식지를 제공한다.

코리올리 효과(Coriolis effect) 지구의 자전에 의해 북반구에서는 오른쪽으로, 남반구에서는 왼쪽으로 편향되게 만드는 겉보기 힘

코어(core) ① 철과 니켈이 주성분인 지구 중심부. 액체인 외핵은 2,270 km 두께이며 고체의 내핵은 반경이 1,216 km이다. ② 시추에 의해 채취되는 원통형의 퇴적물이나 암석

코콜리스(coccolith) '석회비늘' 참조

쿠로시오(Kuroshio) 북태평양아열대환류의 서안경계류

크릴(krill) 갑각류 난바다곤쟁이목(Euphausiaceae)에 속하는 생물에게 흔히 사용되는 일반명

ㅌ

탁도(turbidity) 현탁물질의 존재로 인한 액체 투명도가 감소한 상태

탄산염(calcareous) 탄산칼슘이 포함된 것

탄산이온(carbonate ion) CO_3^{2-} 이온

탄산칼슘(calcium carbonate) 백악 형태의 생물합성물로서 껍데기, 골격 등이다(성분 : $CaCO_3$).

탄성파 반사단면(seismic reflection profile) 인공적인 폭발에너지를 이용하여 파악한 해저면 하부구조의 단면

탄성파 탐사(seismic surveying) 음파를 발생시켜 해저면 하부의 특성을 밝히는 기술

탄수화물(carbohydrate) 탄소, 수소, 산소로 이루어진 유기화합물로 일반 화학식은$(CH_2O)_n$이다.

탄화수소 분출공 생물군집(hydrocarbon seep biocommunity) 해저의 탄화수소분출공과 관련있는 심해 저서생물 군집

탄화수소(hydrocarbon) 수소와 탄소만으로 구성된 유기화합물. 원유는 탄화수소 혼합물이다.

태양 조석해면(solar bulge) 태양의 기조력으로 발생하는 조석의 해면을 전 지구적으로 본 것

태양계(solar system) 태양과 이를 도는 행성, 소행성, 혜성으로 이루어진 천체 집단

태양열 증류법(solar distillation, solar humidification) 해수를 담수화하는 기법의 일종으로 태양열에 의해 증발한 수증기를 용기에 뚜껑을 씌워 수증기를 응결시켜 모은다.

태양의 백반(faculae) 태양에서 자기폭풍과 관련해서 나타나는 주위보다 밝은 반점

태양의 흑점(sunspots) 태양에서 자기폭풍과 관련해서 나타나는 주위보다 어두운 반점

태양일(solar day) 24시간, 지구가 한 바퀴 자전함.

태양조석(solar tide) 태양의 기조력으로 발생하는 조석

태음일(lunar day) 한 지점에서 달의 남중시에서 다음 남중시까지의 시간으로 약 24시간 50분. '조석일'이라고도 한다.

태평양 불의 고리(Pacific Ring of Fire) 화산과 지진이 활발한 곳으로 대략 태평양 주변과 일치한다.

태평양난수층(Pacific Warm Pool) 열대 태평양 서쪽에 위치하는 표층 더운물의 지역

태평양순년진동(Pacific Decadal Oscillation) 태평양에서 20~30년간 지속되면서 표층수온에 영향을 주는 해양-대기 변동의 패턴

태평양형 대륙주변부(Pacific-type margin) '활성 주변부' 참조

태풍(typhoon) '허리케인' 참조

태형동물문(Bryozoa) 흔히 하나의 체강을 공유하는 군체를 형성하는 동물 분류군(문). 이 생물은 자신을 보호하기 위해 석회질이나 키친질의 집을 만든다.

터비다이트 퇴적체(turbidite deposit) 수평적 수직적 양쪽으로 점이층리를 갖는 특징이 있는 저탁류에 의해 퇴적된 퇴적물이나 그것으로 만들어진 암석

테티스해(Tethys Sea) 북쪽의 라우라시아와 남쪽의 곤드와나랜드로 분리된 고대의 바다. 원래의 위치는 현재의 알프스-히말라야산맥 부근이다.

텍타이트(tektite) '소구체' 참조

퇴적물 섭식(deposit feeding) 유기쇄설물과 다양한 유기쇄설물로 쌓인 침전물이 포함된 퇴적물을 먹이로 먹는 생물의 섭식 형태

퇴적물(sediment) 느슨한 형태의 유기물 또는 무기물 입자의 집적

퇴적물식자(deposit feeder) 유기쇄설물(detritus)과 다양한 유기쇄설물이 코팅된 퇴적물을 먹는 생물

퇴적성숙도(sediment maturity) 퇴적층에서 원마도와 분급의 증가, 점토함량 감소 등이 나타나는 환경

퇴적암(sedimentary rock) 느슨한 퇴적물이나 암석이 화학작용 등으로 고화된 암석. 사암이나 석회암이 대표적인 예이다.

퇴적형 해안(depositional-type shore) 해안에(사주나 울타리섬 같은) 퇴적체를 만드는 작용이 우세한 해안선

투명도판(Secchi disk) '세키원반' 참조

투수율(permeability) 다공질의 퇴적물이나 암석에서 액체가 투과할 수 있는 지표

ㅍ

파고(wave height, H) 해파의 골에서 마루까지의 수직 거리

파곡(trough) '골' 참조

파도타기(surfing) 파도타기 널판 위에 서거나 엎드려 파도의 마루나 휘말리는 파도의 전면부를 타고 내려오는 해양 스포츠의 한 종류

파동열(wave train) '파열' 참조

파랑 경사, 파의 기울기, 파의 첨도(wave steepness) 파고(H)/파장(L)의 비로, 이 값이 1/7을 넘으면 파는 깨진다.

파랑한계, 파한(wave base) 파랑에서 원궤도 운동이 무시할만한 수준으로 떨어지는 수심으로 정수면으로부터 반파장되는 수심

파봉(crest) '마루' 참조

파속(wave speed, S) 해파가 전파되는 속도로, 파장(L)/주기(T)로 표시된다.

파식대지(wave-cut bench) 파식절벽 아래에서 외해 지역까지 이어지는 파도의 침식에 의해 만들어진 완만한 경사를 가진 면

파식절벽(wave-cut cliff) 파도의 육지 쪽 침식에 의해 만들어진 절벽

파열, 파동열(wave train) 한 방향으로 전파되는 파의 연속

파의 간섭(interference wave) 여러 해파가 같은 위상이나 또는 다른 위상으로 중첩되어 파고가 더 커지거나(생성간섭), 작아지거나(소멸간섭) 또는 복합적으로(복합간섭) 되는 현상

파의 골(trough) '골' 참조

파의 굴절(wave refraction) 천해에서 해파의 한 부분의 파속이 늦어지면서 발생하는 파가 휘어지면 전파하는 현상으로 최종적으로는 해안에 나란하게 접근한다.

파의 기울기(wave steepness) '파랑 경사' 참조

파의 마루(crest) '마루' 참조

파의 반사(wave reflection) 해파가 반사면에 부딪쳐 그 에너지가 반대쪽으로 되돌아 나가는 현상

파의 분산(wave dispersion) 파속이 빠른 파가 먼저 전파되고 파속이 늦은 파가 늦게 전파됨에 따라 파랑이 흩어지는 현상

파의 주기(wave period, T) '주기' 참조

파의 첨도(wave steepness) '파랑 경사' 참조

파장(wavelength, L) 파에서 골과 골 또는 마루와 마루같이 연이은 같은 위상 사이의 거리

파정(crest) '마루' 참조

파한(wave base) '파랑한계' 참조

판게아(Pangaea) 지구의 모든 대륙이 모인 초대륙

판구조론(plate tectonics) 지구 표면을 덮은 조각들이 이동하는 지구 전체의 운동. 경계부에서 지진, 화산이 발생한다. 판구조운동의 결과 대륙의 지리적 위치가 바뀌고 바다의 모양과 크기도 변한다.

판내의 지형(intraplate feature) 판의 경계부가 아니고 판의 안에서 나타나는 지형

판탈라사(Panthalassa) 과거에 판게아를 둘러싸고 있던 바다

패덤(fathom, fm) 바다 깊이를 재는 단위로 영국 단위계에서 사용되며 1.83m(6ft)에 해당한다.

패충목(Ostracoda) 작고 측편되어 있고, 2개의 껍데기를 지닌 갑각류의 분류군(목)

팬케이크얼음(pancake ice) 새로 형성된 직경 0.3~3m의 동그란 얼음 조각으로 극지방에서 가을 초기에 만들어진다.

펄(mud) 주로 실트와 점토로 구성된 퇴적물

페렐세포(Ferrel cell) 각 반구의 중위도인 30~60° 사이에 위치하는 대기순환세포

페루해류(Peru Current) 남태평양 아열대환류의 차가운 동안경계류

편리공생(commensalism) 한 생물은 이익을 얻지만, 다른 생물은 영향을 받지 않는 공생관계

편모(flagellum) 일부 세포가 이동을 위해 사용하는 채찍형의 구조

편서풍(westerlies) 45°에 중심을 둔 페렐 세포 내부의 표면 바람으로서 북반구에서는 남서쪽, 남반구에서는 북서쪽으로부터 분다.

편서풍대(prevailing westerly wind belt) 각 반구의 위도 약 30°에 있는 아열대고압대에서 약 60°에 있는 극전선 쪽으로 부는 바람의 지역. 북반구에서는 남서풍, 남반구에서는 북서풍이 분다.

평정해산, 기요(tablemount) 해저화산의 한 형태로서 해산과 비슷하지만 정상부가 비교적 평평하다.

폐포(alveoli) 산소와 이산화탄소의 교환이 일어나는 허파 속의 작고 벽이 얇은 주머니

포클랜드해류(Falkland Current) 남미의 남동해안에서 북쪽으로 흐르는 한류

폭풍(storm) 강한 바람과 때로는 강수를 동반하는 대기의 국지적인 교란

폭풍해일(storm surge) 열대저기압에 수반되는 강한 바람이나 저기압의 결과 발생하는 비정상적인 해수면의 상승. 만조와 중첩되면 피해가 커진다.

폴립(polyp) 부착해 있는 자포동물의 한 개체

표면장력(surface tension) 액체에서 분자끼리의 끌림에 의해 표면적을 줄이려는 경향

표면장력파(capillary wave) 복원력이 주로 표면장력인 해파의 한 종류로 파장이 1.74cm 이하이다.

표면혼합층(mixed surface layer) 해양의 표층으로서 파도와 조석의 혼합으로 잘 섞여서 상대적으로 등온, 등염분 상태를 보인다.

표생동물, 표재생물(epifauna) 해저 표면에 고착해 있거나 해저표면을 기어다니는 사는 동물

표영계 환경(pelagic environment) 바닥이 아닌 물 환경으로 연안역(수심 200m 이하의 곳)과 외해역(수심 200m보다 더 깊은 곳)으로 구분된다.

표재생물(epifauna) '표생동물' 참조

표준해수(standard seawater) 유리병에 밀봉한 해수로서 이 해수의 염소도는 영국 웜리 소재 Institute of Oceanographic Services에서 측정한 것이다. 전 세계 해양연구기관에 보내 염분계를 보정하는 데 쓰인다.

표해수층(epipelagic zone) 해수면에서 수심 200m까지의 표영계

풍덩파(splash wave) 바다 표면에 떨어지는 거대한 물체의 충격으로 일어나는 긴 파장의 해파. 쓰나미 발생의 한 형태이다.

풍랑(sea) 풍역대에서 바람에 의해 만들어지고 있는 해파

풍성순환(wind-driven circulation) 바람에 의해서 생기는 해류의 순환 대부분 상층수의 수평적인 이동을 포함한다.

풍화(weathering) 암석이 화학적 · 기계적 작용에 의해 파쇄되는 것

플라스틱 과립(nurdles) 과립형 플라스틱 원자재

플라스틱(plastics) ① 가소성 ② 플라스틱 제품

플랑크톤 네트(plankton net) 전형적으로 실크 재질의 원뿔형 플랑크톤 채집 도구. 물속에서 끌거나, 바닥에서 수직으로 끌어 올려 50μm 크기의 플랑크톤까지 채집할 수 있다.

플랑크톤 대발생(plankton bloom) 고위도 해역에서 봄철 동안에 생육 조건이 적당하여 빠른 속도로 번식이 일어난 결과로 식물플랑크톤의 농도가 매우 높아지는 현상. 뚜렷하지 않은 원인으로 해로운 결

과를 초래하는 대발생이 다른 해역에서 일어날 수 있다.

플랑크톤 생물(plankter) 부유생물 개체의 일반 명칭

플랑크톤, 부유생물(plankton) 수동적으로 떠다니거나, 미약하게 유영하는 생물로 물의 흐름에 따라 떠다닌다. 주로 미세 조류, 원생동물, 동물의 유생을 포함한다.

플로리다해류(Florida Current) 플로리다 동해안을 따라 북쪽으로 흐르는 난류로서 멕시코만류와 합쳐진다.

플룸(plume) 열점과 연계된 용융된 맨틀 물질이 지각을 뚫고 나온 것

피에스테리아 피시키다(*Pfiesteria piscicida*) 독성와편모조류 종의 하나로 어류 폐사의 원인종으로 알려져 있다.

피오르드(fjord) 보통 빙하가 녹은 후 부분적으로 물에 잠긴 빙하계곡의 바다 쪽 끝부분을 나타내는 길고, 좁고, 깊은 U 모양을 한 만

피코플랑크톤(picoplankton) '극미소 플랑크톤' 참조

핑(ping) 많은 음파 장비의 발신기에서 만들어지는 날카롭고 높은 음파

ㅎ

하구만 순환 형태(eatuarine circulation pattern) 저염수는 표층에서 바다 쪽으로 순흐름이 있고 해수는 저층에서 반대로 하구만 머리 쪽으로 순흐름이 있는 하구만의 특징적인 흐름 형태

하구만, 염하구(estuary) 염분이 있는 해양수가 육지에서 유입하는 담수로 상당히 희석되는 반 폐쇄 연안 수괴. 예로는 하구, 만, 내만, 소만, 협만 등이 있다.

하부조간대(low tide zone) 가장 낮은 저조선과 가장 높은 저조선 사이에 놓여있는 조간대 구역

하수 오니(sewage sludge) 오수 처리로 침전된 반 고형물질

하수처리(treatment) 하수처리장의 기준에 따르면 1차처리는 고형물을 침전 제거시키는 것이고, 2차처리는 염소 폭기나 다른 방법으로 소독하는 것이다.

하지점(summer solstice) 북반구에서 태양이 북회귀선에 위치하는 시기로서 대략 6월 21일

한대(polar) 극지방에 해당하는

한대고기압(polar high) 양 반구의 극지방에 있는 고기압 지역

한랭전선(cold front) 찬 기단이 더운 기단의 밑으로 이동할 때 생기는 전선으로서 강한 강수대가 좁게 형성된다.

합(conjunction) 두 천체가 태양 방향으로 일렬로 정렬된 상태. 그믐의 경우 달은 태양의 방향으로 지구와 합의 위치에 있다고 할 수 있다. 반대 개념으로 충(opposition)이 있다.

합력(resultant force) 지구상의 각 지점에 작용하는 구심력(인력)과 공전에 필요한 구심력과의 차이. 이 힘의 수평 분력이 조석을 일으키는 힘이다.

항온동물, 온혈동물(homeothermic) 자기 스스로 내부 가열 및 냉각 기작을 이용하여 정확하게 조절되는 체온을 유지하는 생물

해, 바다(sea) 육지로 둘러싸여 있으며 대체로 해수로 채워져 있는 해양의 한 부분. 여러 개의 해가 모여 하나의 해를 구성하는 지중해와 직접 해양과 연결되는 연해의 두 종류로 구분한다.

해구(trench) 판의 수렴에 의해 발달하는 비교적 가파른 사면을 가지는 좁고 긴 해저의 움푹 꺼진 지형

해들리세포(Hadley cell) 적도에서 각 반구의 약 30° 사이에 있는 대기순환 세포

해록석(glauconite) 녹색의 수성기원광물군으로서 칼륨과 철이 포함된 수산화규소가 주성분이다.

해류(current) 물의 물리적인 흐름으로서 해양에서는 표층해류와 심층해류로 구분된다.

해류병(drift bottle) 표층 해류의 운동을 연구하기 위해 해류를 따라 떠다니도록 만든 장치

해릉(seaknoll) '심해구릉' 참조

해면동물문, 스펀지(Porifera) 해면류로 구성된 분류군(문). $CaCO_3$나 SiO_2 골편으로 구성된 지지구조를 지닌다.

해빈 고갈(beach starvation) 퇴적물 공급을 차단해서 해빈을 좁아지게 하는 것

해빈 구획(beach compartment) 퇴적물을 연안으로 보내고, 연안을 따라서 이동시키고, 그리고 1개 이상의 해저협곡 아래로 운반하는 데 관계된 일련의 강, 해빈, 해저협곡으로 이루어진 지역

해빈 둔덕 머리(berm crest) 해빈에서 해빈 둔덕과 해빈면이 나누어지는 부분. 해빈 둔덕 머리는 종종 해빈 둔덕에서 가장 높은 부분이다.

해빈 보충(beach replenishment) 없어지거나 부족한 해빈 퇴적물을 넣어 주는 것, '양빈'이라고도 한다.

해빈(beach) 해안과 기파대 내에서 이동하는 연안선에서 바다 쪽으로 기파대까지의 퇴적물

해빈둔덕(berm) 해빈의 후안에서 연안 절벽이나 사구의 아랫부분에 후안의 건조하고 완만하게 경사진 지역

해빈면(beach face) 해빈 둔덕에서 해안선까지 이어져 있는 물에 젖고 경사진 면. 저조 대지로도 알려져 있다.

해빙(sea ice) '바다얼음' 참조

해산(seamount) 주변 대양저에서 1,000m 이상 솟은 화산 봉우리

해삼(sea cucumber) 해삼강(Holothuroidea)에 속하는 극피동물의 일반명

해수 담수화(desalination) 해수에서 염 이온을 제거하여 담수를 생산하는 공정

해식동굴(sea cave) 파도의 침식으로 생긴 바다절벽 밑의 동굴

해식아치(sea arch) 파도의 침식으로 생긴 돌출부를 통과하는 구멍. 보통 바다 동굴이 돌출부의 한쪽 혹은 양쪽으로 연장되면서 생긴다.

해안(shore) 폭풍 시에 파도의 작용이 미치는 가장 높은 곳에서부터 저조선까지 이어지는 연안의 바다 쪽 지역

해안단구(marine terrace) 파도에 의한 침식으로 형성된 후 융기하여 해수면 위에 노출된 바다쪽으로 약간 경사진 평탄한 대지

해안선(shoreline) 해수면과 해안이 만나는 경계선. 조석에 따라 이동

해안효과(shoaling) 바닥이 점점 얕아져서 일어나는 효과

해양(ocean) '대양' 참조

해양공통수(Oceanic Common Water) 태평양과 인도양에서 발견되는 심층수로서 남극저층수와 북대서양심층수의 혼합으로 형성된다.

해양단구(marine terrace) 해수면 위로 노출된 파식대지

해양보존구역(marine reserve) MPA의 하나로 모든 생물종과 서식처가 완전하게 보호되는 해역이다.

해양보호구역(Marine Protected Area, MPA) 생물, 무생물, 문화, 역사적인 자원을 보호하기 위해 어느 정도 수준의 개발 제한이 적용되는 해역

해양산성화(ocean acidification) 표층 해수의 산도가 높아지는 현상

해양성 효과(marine effect) 기후를 온화하게 해주는 해양의 혜택을 받는 곳을 가리킨다. 통상 연안이나 섬이 해당된다.

해양오염방지협약(Marine Pollution, MARPOL) 플라스틱 투기를 전면 금지하고 기타 대부분 쓰레기의 해양 투기를 규제한 국제협약

해양제한구역(Marine sanctuary) MPA의 하나로 생물학적 혹은 문화적 자원이 보호되는 해역이다. 일부 MS에서는 어획, 레크리에이션, 뱃놀이와 광물 채굴이 허용된다.

해양지각(oceanic crust) 약 5km 두께의 현무암질 암석으로 된 지구 표면

해양퇴적물(oceanic sediment) 심해저에 서서히 퇴적되는 무기성 심해성 점토와 유기성 연니

해양포유동물보호법(Marine Mammals Protection Act) 미국 수역 내 해양포유류를 보호하기 위해 1972년에 미국 의회가 제정한 법

해우목(Sirenia) 몸이 크고 초식성인 해양포유류의 분류군(목). 바다소로 알려져 있는 듀공과 매너티가 속해 있다.

해저산맥(oceanic ridge) 느린 확장속도와 급경사가 특징인 대양저산맥

해저선상지(submarine fan) '심해선상지' 참조

해저융기부(oceanic rise) 빠른 확장속도와 완경사가 특징인 대양저산맥

해저지각시추프로그램(Ocean Drilling Program) 1983년부터 심해시추계획(DSDP) 후속 프로그램으로서 시추선 JOIDES Resolution호를 이용하여 대륙주변부 굴착에 주안점을 두었다.

해저협곡(submarine canyon) 대륙붕이나 대륙사면에 파인 급경사의 V 모양의 협곡

해저확장설(sea floor spreading) 대류에 의해 상승한 마그마에 의해 새로운 해양저가 만들어지고 확장축을 중심으로 2~12 cm/y의 속도로 확장한다는 설

해파(ocean wave, sea wave) 바다에서 일어나는 파의 한 종류

해파리(jellyfish) ① 해파리강에 속하는 우산 모양의 메두사형 자포동물 ② 흔히 다른 자포동물의 메두사형에도 적용된다.

해파리강(Scyphozoa) 메두사형이 우세하고 폴립형이 축소되거나 전혀 없는 자포동물의 분류군(강). 해파리류가 속한다.

해풍(sea breeze) 육지의 공기가 더 빨리 가열되어 상승함에 따라 바다에서 육지 쪽으로 부는 바람

핵(nucleus) 원자에서 양전하를 띤 부분으로 양성자와 중성자로 이루어져 있으며 원자 질량의 대부분을 차지한다.

허리케인, 열대저기압, 태풍(hurricane) 북대서양, 카리브해, 멕시코만과 동태평양에서 발생하는 열대저기압으로 풍속은 120km/h 이상이다. 서태평양에서는 태풍으로, 인도양에서는 사이클론이라 부른다.

헤모글로빈(hemoglobin) 허파에서 조직까지 산소를 운반하고, 조직에서 허파까지 이산화탄소를 운반하는 적혈구에서 발견되는 붉은 색소

헤엄부레(swim bladder) '부레' 참조

현(quadrature) 달과 태양이 지구를 중심으로 직각을 이룰 때의 달의 위상

현무암, 현무암질 화성암(basalt) 해양지각을 이루는 검은 색의 화산암. 철과 마그네슘의 함량이 높다.

현무암질 화성암(basalt) '현무암' 참조

현열(sensible heat) 열의 획득이나 손실이 온도계나 다른 센서로 탐지할 수 있는 열

현장(in situ) 원래의 장소에서(측정한)

현존량(standing stock) 주어진 시점에 생태계에 존재하는 생물의 생물량

현탁물식자(suspension feeder) '여과식자' 참조

혐기성(anaerobic) 자유 산소가 없거나 또는 필요한 조건과 관련된 혹은 조건의

협염성(stenohaline) 작은 염분 변화에만 견딜 수 있는 생물과 관련된

협온성(stenothermal) 좁은 온도 변화에만 견딜 수 있는 생물과 관련된

호상열도(island arc) 주로 화산기원의 길게 늘어진 화산군도로서 바다 방향으로 볼록렌즈 형태로 굽어 있으며 대륙과 바다를 분리하고 있다. 외곽에는 해구가 있다.

호상화산(continental arc) 수렴형 활성 대륙주변부에 섭입하여 만들어진 활 모양의 활화산의 배열

호안(seawall) 파도로부터 연안 재산을 보호하기 위해 해안에 평행하게 건설한 벽

호흡(respiration) 생물이 에너지의 원천으로 유기물을 이용하는 과정. 에너지가 방출되면서 산소가 사용되고 이산화탄소와 물이 생성된다.

혼합식자(mixotroph) 필요한 에너지를 충족시키기 위해 독립영양 행동과 종속영양 행동을 모두 하는 생물. 많은 산호 종이 이같은 행동을 보인다.

혼합형 조석(mixed tidal pattern) 일조부등이 매우 큰 반일주조형 조석 형태. 연안에서 일주조와 반일주조가 번갈아 일어나기도 하며, '혼합형 반일주조형 조석'이라고 불리기도 한다.

홍수림 소택지(mangrove swamp) 맹그로브 나무가 우점하는 습지 환경. 위도 30° 이하에 제한된다.

홍조소(phycoerythrin, **피코에리스린**) 홍조식물문의 특징적인 붉은 색소

홍조식물문(Rhodophyta) 피코에리스린(홍조소) 색소체로 특이한 붉은 색을 보여주는 주로 작은 식물체로서 바닥을 덮고 자라거나, 분지하거나 또는 사상체 체형으로 구성된 조류의 분류군(문)이다. 전 세계적으로 분포하여 다른 조류보다 더 깊은 곳에서 발견된다.

홑눈(ocelli) 메두사 종(bell)의 기저에 존재하는 빛에 민감한 기관

화강암(granite) 대륙지각의 주성분을 이루는 밝은 색의 화성암. 장석이나 석영이 풍부하다.

화산열도(nemetath) '니메타스' 참조

화산호(volcanic arc) 섭입대 바로 상부에 위치한 활 모양의 활화산대. 섬(호상열도)이나 대륙의 산맥(호성화산)이 된다.

화석(fossil) 지표에 보존된 생물 유해, 자국, 자취 등

화석연료(fossil fuel) 석유, 가스, 석탄 등 과거 지질시대 동안 살았던 생물체의 유해로부터 생성된 천연 연료

화성암(igneous rock) 암석의 3대 분류(화성암, 변성암, 퇴적암)의 하나로서 용융 또는 부분용융된 물질(용암)이 식어서 만들어진다.

화학에너지(chemical energy) 화합물의 화학결합에 들어 있는 위치에너지

화학합성(chemosynthesis) 박테리아 혹은 고세균 등이 화학물질(H_2S)의 산화에서 방출되는 화학 에너지를 이용하여 무기 영양염류에서 유기물 분자를 합성하는 과정

화합물(compound) 복수의 원소가 일정비로 결합하여 이뤄진 물질

확산(diffusion) 고농도 영역에서 저농도 영역으로 물질이 유체를 통해 무작위로 분자가 이동하는 과정으로 균등하게 분배된다.

확장대(spreading center) 확장형판경계부

확장속도(spreading rate) 확장중심에서 판이 벌어지는 속도

확장중심(spreading center) 발산형 판 경계부

확장형 판 경계부(divergent plate boundary) 판이 서로 벌어지는 경계로서 대양저산맥을 형성한다.

환경 생물학적 검증(environmental biological assay, environmental bioassay) 특정 시험대상 생물로 하여금 50% 치사율에 이르게하는 오염물질의 농도를 결정하는 환경 평가 기법

환경(environment) 생물이나 군집에 영향을 주는 모든 물리 · 화학 · 생물 요인의 합

환류(gyre) 수평적으로 크게 원형으로 움직이는 고리 모양의 해류 운동. 주로 각 해양의 아열대 고기압을 중심으로 하는 원형의 순환을 지칭한다.

환초(atoll) 침강한 화산도 주변으로 성장한 고리 모양의 산호초. 산호로 된 낮은 섬을 만들기도 한다.

환형동물문(Annelida) 길쭉하고 체절을 가진 벌레형의 동물 분류군(문)

활성 주변부, 태평양형 대륙주변부(active margin) 전형적인 태평양 주변처럼 지각운동이 매우 활발한 대륙주변부. 활성 주변부의 형태로는 수렴형 활성 주변부(판의 수렴이 나타남)와 변환형 활성 주변부(변환단층이 나타남)가 있다.

황갈조식물문(Chrysophyta) 규조류(돌말류)를 포함하는 중요한 부유성 조류 분류군(문). 카로틴 색소가 엽록소를 가려서 황금색으로 보인다.

황도(ecliptic) 지구-달 체계가 태양 주위를 공전하는 면

황록공생조류(zooxanthellae) 산호나 다른 산호초 동물의 조직 속에 공생하며 숙주에게 영양분을 공급하는 조류

황산화세균(sulfur-oxidizing bacteria) 물질의 산화로 방출되는 에너지를 이용하여 유기물을 화학합성하여 심해 열수공과 냉수공 생물 군집을 유지하는 박테리아

회색고래, 귀신고래(gray whale) 북태평양 연안에서 서식하며 천천히 이동하는 고래. 가장 긴 회유경로를 보인다.

회유(migration) 섭식과 번식을 위해 많은 동물이 이동하는 장거리 여행

회전시추(rotary drilling) 길고 속이 비어있는 파이프 아래에 연결된 시추기를 회전시켜 원통형의 암석 시료를 얻는 방법

회절(diffraction) 파가 전파하는 도중 장애물을 지날 적에 방향과 세기가 변하는 현상으로 반사나 굴절로 설명되지 않는 부분

횡파(transverse wave) 파의 한 종류로 입자의 운동이 전파 방향과는 90°를 이룬다.

후안 데 푸카 해저산맥(Juan de Fuca Ridge) 오리건-워싱턴 외부에

있는 확장형 판 경계부

후안(backshore) 평균 대조 고조선의 육지 쪽에 있는 해안의 안쪽 부분. 예외적으로 높은 조석과 폭풍 시에만 바다의 작용을 받는다.

휘말림쇄파(plunging breaker) 비교적 완만한 해안에서 파봉이 휘말리면서 깨어지는 형태의 쇄파

흘림그물(driftnet) '유자망' 참조

흰 열수공(white smoker) 검은 열수공과 유사하지만 덜 뜨거운 흰색 열수를 뿜어내는 분출구

흰색근육조직(white muscle fiber) 상대적으로 적은 농도의 마이오글로빈을 갖고 있는 두꺼운 근육 섬유로 돌진형(lunger type) 어류 근육의 많은 부분을 차지한다.

히드로충강(Hydrozoa) 고착성의 폴립 군체와 부유성의 메두사형을 세대 교번하는 자포동물문의 분류군(강)

기타

ATOC(Acoustical Thermometry of Ocean Climate) 저주파의 음향을 주고받음으로써 해양 내부의 수온과 같은 성질의 분포 구조를 측정하는 방법

Bathyscaphe 특수 제작된 심해 잠수정

DDT 1950년대와 1960년대에 바닷새에 피해를 입힌 살충제로서 화학명은 dichlorodiphenyltrichloroethane이다. 현재 대다수의 국가에서 사용이 금지되었다.

ENSO **지수**(ENSO index) 엘니뇨와 라니냐 조건의 상대적인 세기를 평가하기 위한 지수

LIMPET500(Land Installed Marine Power Energy Transform) 육상기반 해양 에너지 변환 시설. 2000년 11월 스코틀랜드 서해안 아일레이 섬에 세워진 세계 최초의 상업 파력 발전소로 500kW 규모이다.

PCB(polychlorinated biphenyls, PCBs) 용도가 다양한 화합물 계열로 화학명은 폴리염화바이페닐(polychlorinated biphenyle)이다. 연안 생태계에 여러 가지 피해를 입힌 사례가 보고되었다.

pH **척도**(pH scale) 7이면 중성이고 그보다 낮으면 산성, 높으면 염기성(알카리성)

TAO(Tropical Atmosphere and Ocean) 엘니뇨가 어떻게 발달하는지를 연구하기 위해서 열대 태평양을 모니터링하는 과학 프로그램

TOGA(Tropical Ocean-Global Atmosphere) 엘니뇨가 어떻게 발달하는지를 연구하기 위 해서 열대 태평양을 모니터링하는 과학 프로그램으로 TAO 프로그램에 앞서서 1985년에 시작되었다.

크레디트

크레디트가 없는 모든 그림 : International Mapping/Pearson Education, Inc.

제1장

장 도입부 사진 NASA. **그림 1A** Alan P. Trujillo. **그림 1B** Alan P. Trujillo. **그림 1C** Science and Society/Superstock. **그림 1D (왼쪽 삽입)** HIP/Art Resource, NeYwork. **그림 1D (오른쪽 삽입)** David Parry/PA Photos/Landov. **그림 1.1** NASA. **그림 1.6** Office of Naval Research, US Navy. **그림 1.7** Mark Thiessen/AFP/ Getty Images/ Newscom. **그림 1.9** AP Images. **그림 1.10** World History Archive/Alamy. **그림 1.13** US Naval Historical Center. **그림 1.16** Masa Ushioda/AGE Fotostock. **그림 1.18** NASA, ESA & Mohammad Heydari.Malayeri (Observatoire de Paris, France). **그림 1.20** Stocktrek Images, Inc./Alamy. **그림 1.26b** Reuters. **그림 1.30** After Zimmer, C., 2001, How old is it? *National Geographic* 200:3, 92. **그림 1.31** Based on Tarbuck, E. J. and Lutgens, F. K., *The Earth: An Introduction to Physical Geology*, 7th ed. (Fig. 8.15), Prentice Hall, 2002. Data from the Geological Society of America, the U.S. Geological Survey, and the International Commission on Stratigraphy. Pearson Education, Inc. **인용, 3쪽** Loren Shriver, NASA astronaut (2008). **인용, 30쪽** Dobzhansky, Theodosius. "Nothing in BiologyMakes Sense Except in the Light of Evolution", *American Biology Teacher* vol. 35 (March 1973).

제2장

장 도입부 사진 Alan P. Trujillo. **그림 2A** Based on Tarbuck, E. J. and Lutgens, F. K., *Earth Science*, 8th ed. (Fig. 7.17), Prentice Hall, 1997. **그림 2.1** Bpk Berlin/Art Resource. **그림 2.2** Based on Dietz, R. S. and Holden, J. C., 1970, Reconstruction of Pangaea: Breakup and dispersion of continents, Permian to present, *Journal of Geophysical Research* 75:26, 4939–4956. **그림 2.3** Based on Continental Drift by Don and Maureen Tarling, 1971 by G. Bell & Sons, Ltd. **그림 2.4** Based on Tarbuck, E. J. and Lutgens, F. K., *Earth Science*, 8th ed. (Fig. 7.6), Prentice Hall, 1997. **그림 2.5** Based on Tarbuck, E. J. and Lutgens, F. K., *Earth Science*, 8th ed.(Fig. 7.4), Prentice Hall, 1997. **그림 2.6** Based on Tarbuck, E. J. and Lutgens, F.K., *Earth Science*, 8th ed. (Fig. 7.4), Prentice Hall, 1997. **그림 2.7** Reprinted by permission from Tarbuck, E. J. and Lutgens, **F. K.**, *The Earth: An Introduction to Physical Geology*, 3d ed. (Fig. 18.8 and Fig 18.9), Merrill Publishing Company, 1990. **그림 2.11** Based on Tarbuck, E. J. and Lutgens, F. K., *The Earth: An Introduction to Physical Geology*, 3d ed. (Fig. 19.16), Merrill Publishing Company, 1990. After The Bedrock Geology of the World, by R. L. Larson et al., Copyright © 1985 by W. H. Freeman. **그림 2.13** NASA/ Goddard Space Flight Center. **그림 2.15** Based on Tarbuck, E. J. and Lutgens, F. K., *Earth Science*, 8th ed. (Fig. 7.10), Prentice Hall, 1997. **그림 2.16 (삽입)** Alan P. Trujillo. **그림 2.18** Based on Tarbuck, E. J. and Lutgens, F. K., *Earth Science*, 8th ed. (Fig. 7.11), Prentice Hall, 1997. **그림 2.18c** Copyright © 2013 Cornelis Klein and Tony Philpotts. Reprinted with the permission of Cambridge University Press. **그림 2.19.1** Anthony R. Philpotts. **그림 2.19.2** Scripps Institution of Oceanography, UCSD. **그림 2.19.3** US Geological Survey Library (USGS). **그림 2.21.2** US Geological Survey Library (USGS). **그림 2.22c** Frank Bienewald/ImageBroker/ AGE Fotostock. **그림 2.24** Peter Essick/Aurora Photos/Alamy. **그림 2.29.1** Google Earth. **그림 2.29.2** Google Earth. **그림 2.29.3** Google Earth. **그림 2.31** Plate tectonic reconstructions by Christopher R. Scotese, PALEOMAP Project, University of Texas at Arlington. **그림 2.32** Based on Dietz, R. S. and Holden, J. C., 1970, The breakup of Pangaea, *Scientific American* 223: 4, 30–41. **그림 2.33** Adapted from Wilson, J. T., *American Philosophical Society Proceedings* 112, 309–320, 1968; Jacobs, J. A., Russell, R. D., and Wilson, J. T., *Physics and Geology*, McGraw. Hill, New York, 1971. **인용, 39쪽** Wegener, Alfred. The Origins of Continents and Oceans. Friedrich Vieweg & Sohn, Braunschweig. 1929.

제3장

장 도입부 사진 Planetary Visions, Ltd./Science Source. **그림 3A** After Tarbuck, E. J. and Lutgens, F. K., Earth Science, 6th ed. (Fig. 10.2), Macmillan Publishing Company, 1991. **그림 3B** Woods Hole Oceanographic Institution. **그림 3B (삽입)** Woods Hole Oceanographic Institute. **그림 3.2** Erika Mackay/National Institute of Water and Atmospheric Research. **그림 3.1** Courtesy Peter A. Rona, Hudson Laboratories of Columbia University. **그림 3.2** Erika Mackay/National Institute of Water and Atmospheric Research. **그림 3.3a** Courtesy Daniel J. Fornari, Lamont. Doherty Geological Observatory, Columbia University. Reprinted with permission of the American Geophysical Union. **그림 3.3b** American Geophysical Union. **그림 3.4** After Gross, M. G., *Oceanography*, 6th ed. (Fig. 16.10), Prentice Hall, 1993. **그림 3.5** Scripps Institution of Oceanography, UCSD. **그림 3.6** Scripps Institution of Oceanography, UCSD. **그림 3.7** Courtesy of the Deep Sea Drilling Project, Scripps Institution of Oceanography, UCSD; with thanks to Jerry Bode. **그림** 3.8 After Tarbuck, E. J. and Lutgens, F. K., *The Earth: An Introduction to Physical Geology*, 5th ed. (Fig. 19.3), Prentice Hall, 1996. **그림** 3.12a After Tarbuck, E. J. and Lutgens, F. K., *The Earth: An Introduction to Physical Geology*, 5th ed. (Fig. 19.6), Prentice Hall, 1996. **인용, 79쪽** Maury, Matthew Fontaine. 1855. *The Physical Geography of the Sea*. New York: Harper & Brothers. **그림 3.12b** Martin Strmiska/Alamy. **그림 3.12c** Alan P. Trujillo. **그림 3.14B** James V. Gardner/University of New Hampshire. **그림 3.20** ALCOA Aluminum Company. **그림 3.21b** Scripps Institution of Oceanography, UCSD. **그림 3.21c** Jeffrey Grover. Cuesta College. **그림 3.22a (삽입)** Verena Tunnicliffe. **그림 3.22b** Fred N. Spiess. **그림 3.25** Atsushi Taketazu/AP Images.

제4장

장 도입부 사진 Alfred Wegener Institute for Polar and Marine Research. **그림 4A**

World Minerals Inc. **그림 4.1** NOAA. **그림 4.2a** Courtesy of the Ocean Drilling Program, Texas A&M University. **그림 4.2** Ocean Drilling Program. . **그림 4.3** Alan P. Trujillo. **그림 4.4** Alan P. Trujillo. **그림 4.5** Integrated Ocean Drilling Program. **그림 4.6a** NASA. **그림 4.6b** Marine Corps University. **그림 4.6c** Alan P. Trujillo. **그림 4.6d** Alan P. Trujillo. **그림 4.7** Mack Walker. **그림 4.8** NASA. **그림 4.9a** CSIRO Plant Industry. **그림 4.9b** Scripps Institution of Oceanography. **그림 4.9c** World Minerals Inc. **그림 4.10a** CSIRO Plant Industry. **그림 4.10b** CSIRO Plant Industry. **그림 4.10c** Scripps Institution of Oceanography. **그림 4.10d** Scripps Institution of Oceanography. **그림 4.11** David Hughes/Robert Harding World Imagery. **그림 4.11 (삽입)** Steve Gschmeissner/Science Source. **그림 4.12b** Jarrod Boord/Shutterstock. **그림 4.12c** Francois Gohier/Science Source. **그림 4.16** After Biscaye, P. E., et al., 1976; Berger, W. H., et al., 1976; and Kolla V. and Biscaye, P. E., 1976. **그림 4.17a** Charles D. Winters/Science Source. **그림 4.17b** Charles D Winters/Getty Images. **그림 4.17c** Institute of Oceanographic Sciences/NERC/Science Source. **그림 4.18** Alan P. Trujillo. **그림 4.19** Integrated Ocean Drilling Program. **그림 4.21** After Sverdrup, H. U., et al., 1942. **그림 4.22** Modified after Sverdrup, H. U., et al., 1942. **그림 4.23** Woods Hole Oceanographic Institute. **그림 4.24** Divins, D. L., NGDC Total Sediment Thickness of the World's Oceans & Marginal Seas, Retrieved date 4/10/2006, http://www.ngdc.noaa.gov/mgg/http://www.ngdc.noaa.gov/mgg/sedthick/sedthick.html. **그림 4.25** Scott Gibson/Corbis. **그림 4.26a** Alan P. Trujillo. **그림 4.26b** Alan P. Trujillo. **그림 4.28** Alan P. Trujillo. **그림 4.29** Sunoco, Inc. **그림 4.30** After Cronan, D. S., 1977, Deep sea nodules: Distribution and geochemistry, in Glasby, G. P., ed., *Marine Manganese Deposits*, Elsevier Scientific Publishing Co. **인용, 103쪽** Wolf, Berger: Oceans: Reflections on a Century of Exploration (c) 2009 by the Regents of the University of California. Published by the University of California Press. **인용, 113쪽** Darwin, Charles. 1859. *Origin of the Species*. London: John Murray.

제5장

그림 5.1 After Tarbuck, E. J. and Lutgens, F. K., *The Earth: An Introduction to Physical Geology*, 5th ed. (Fig. 2.4), Prentice Hall, 1996. **그림 5A** Bruce Coleman Inc./Alamy. **그림 5.4** Rafael Ben.Ari/Chameleons Eye Witness/Newscom. **그림 5.11** After data from Jet Propulsion Laboratory, NASA. **그림 5.13** Electron Microscopy Laboratory, Agricultural Research Service, USDA. **그림 5.14** Martin F. Chillmaid/Science Source. **그림 5.17** Howard Shooter/Getty Images. **그림 5.18** Rafael Ben. Ari/Chameleons Eye Witness/Newscom. **그림 5.24** After Sverdrup, H.U., Martin W. Johnson and Richard H. Fleming. The oceans, their physics, chemistry, and general biology. New York, Prentice.Hall, inc., 1942. ASIN: B00103AKBK. **그림 5.25** Norman Kuring, Goddard Space Flight Center/NASA. **그림 5.26** After Pickard, G. L., *Descriptive Physical Oceanography*, Pergamon Press Ltd., 1963. **인용, 135쪽** Caglioti, Luciano. 1985. *The Two Faces of Chemistry*. MIT Press.

제6장

장 도입부 사진 Justin Hoffman/Pearson Education, Inc. **그림 6A** Morgan P. Sanger/The Columbus Foundation, British Virgin Islands. **그림 6.7** Chris James/Alamy. **그림 6.20a** NASA. **그림 6.21b** Michelle McLoughlin/Reuters. **그림 6.22** Communications and Education Division. **그림 6.23** US Air Force photo/Master Sgt. Mark C. Olsen. **그림 6.24a** Communications and Education Division. **그림 6.24b** Vincent Laforet/Pool/EPA/Newscom. **그림 6.26a** Alan Trujillo. **그림 6.26b** Alan Trujillo. **그림 6.26c** Sue Flood/Nature Picture Library. **그림 6.27a** William Bacon/Science Source. **그림 6.27c** Josh Landis/National Science Foundation. **그림 6.27d** NASA Earth Observatory. **그림 6.28** NASA Earth Observatory. **그림 6.29** Chris James/Alamy. **시, 169쪽** Samuel Taylor Coleridge, about ships getting stuck in the horse latitudes, Rime of the Ancient Mariner (1798).

제7장

장 도입부 사진 NASA Earth Observatory. **그림 7A** Courtesy of Eos Transactions AGU 73: 34, 361 (1992). Copyright by the American Geophysical Union. **그림 7A.1** Rachel Youdelman/Pearson Education, Inc. **그림 7A.2** Reuters. **그림 7A.3** Jack Sullivan/Alamy. **그림 7A.4** Alan P. Trujillo. **그림 7B.1** Benjamin Franklin, 1706.1790,Library of Congress Prints and Photographs Division [LC. USZ62.41888]. **그림 7B.2** Communications and Education Division. **그림 7.1** Alan P. Trujillo. **그림 7.1a** Scripps Institution of Oceanography, UCSD. **그림 7.1b** Dann S Blackwood/USGS, U.S. Geological Survey Library. **그림 7.2** NASA. **그림 7.3a** Based on data collected and made freely available by the International Argo Program and the national programs that contribute to it. (http://www. argo.ucsd.edu, http://argo.jcommops.org). The Argo Program is part of the Global Ocean Observing System. **그림 7.03b** Alan P. Trujillo. **그림 7.06** Siemens Press Pictures. **그림 7.17** Communications and Education Division. **그림 7.20a** NASA Earth Observatory. **그림 7.20b** NASA Earth Observatory. **그림 7.23 a–b** International Research Institute for Climate and Society. **그림 7.24** Communications and Education Division. **그림 7.26** International Research Institute for Climate and Society. **그림 7.30** Siemens Press Pictures. **인용, 205쪽** Anonymous, but often attributed to Mark Twain; said in reference to San Francisco's cool summer weather caused by coastal upwelling.

제8장

장 도입부 사진 Rebecca Jackrel/Danita Delimont/Newscom. **그림 8B** Mainichi Shimbun/Reuters. **그림 8.1b** NASA. **그림 8.4a** Based on the Tasa Collection: Shorelines. Published by Macmillan Publishing Co., New York. Copyright © 1986 by Tasa Graphic Arts, Inc. **그림 8.6** Kyodo/AP Images. **그림 8.6.2** Pelamis Wave Power. **그림 8.11** NASA. **그림 8.13** National Archives and Records Administration. **그림 8.17a.b** Project Michelangelo. **그림 8.19** Based on the Tasa Collection: Shorelines. Published by Macmillan Publishing Co., New York. Copyright © 1986 by Tasa Graphic Arts, Inc. **그림 8.20a** EpicStockMedia/Shutterstock. **그림 8.20b** Irabel8/Shutterstock. **그림 8.20c** SweetParadise/Alamy. **그림 8.21** Rich Reid/Getty Images. **그림 8.22** Mark Rightmire/Newscom. **그림 8.24** US Geological Survey Library (USGS). **그림 8.25a.d** Joanee Davis/Newscom. **그림 8.26** Corbis. **그림 8.28a–b** US Geological Survey Library (USGS). **그림 8.29** CNES, NOAA, EUMETSAT/NASA. **그림 8.31** Alan P. Trujillo. **그림 8.32** Wavegen. **그림 8.33** Pelamis Wave Power. **그림 8.30** Communications and Education Division. **표 8.1** US Government Printing

Office. **인용, 245쪽** Fanny Crosby.

제9장

장 도입부 사진 Laszlo Podor/Alamy. **그림 9A** New Brunswick Department of Tourism. **그림 9B** Jurgen Skarwan/Landov. **그림 9.5** Peter McBride/Getty Images. **그림 9.6.2** De Agostini Editore/C Sappa/AGE Fotostock. **그림** 9.11 Based on the Tasa Collection: Shorelines. Published by Macmillan Publishing Co., New York. Copyright © 1986 by Tasa Graphic Arts, Inc. **그림 9.11 a–b** NASA. **그림 9.12** NASA. **그림 9.15** NASA. **그림 9.20a** Laszlo Podor/Alamy. **그림 9.22** Peter McBride/Getty Images. **그림 9.23** Visual&Written SL/Alamy. **그림 9.24** De Agostini Editore/C Sappa/AGE Fotostock. **인용, 279쪽** Sir Isaac Newton.

제10장

장 도입부 사진 Alan P. Trujillo. **그림 10.A1** Alan P. Trujillo. **그림 10.A2** Alan P. Trujillo. **그림 10.2** Alan P. Trujillo. **그림 10.3a.b** Alan P. Trujillo. **그림 10.4** University of Washington Libraries. **그림 10.6c** USDA/FSA. **그림 10.7** Travel Picture/Alamy. **그림 10.7.2** Ethan Daniels/Getty Images. **그림 10.8** University of Washington Libraries. **그림 10.9** University of Washington Libraries. **그림 10.11a** USDA/FSA. **그림 10.11b** Martin Beebee/Stock Photo/Alamy. **그림 10.12c** USDA/FSA. **그림 10.15b** NASA's Earth Observatory. **그림 10.15a** NASA Earth Observatory. **그림 10.15b** NASA. **그림 10.21** University of Washington Libraries. **그림 10.22** Pearson Education, Inc. **그림 10.23** US Army Corps of Engineers. **그림 10.24** Peter Titmuss/Alamy. **그림 10.25** Kevin Steele/Getty Images. **그림 10.26a** Fairchild Aerial Photography Collection. Whittier College Collection. **그림 10.26b** Fairchild Aerial Photography Collection. Whittier College Collection. **그림 10.28a** Alan P. Trujillo. **그림 10.28b** Alan P. Trujillo. **그림 10.29** Alan P. Trujillo. **그림 10.33a** NASA. **그림 10.33b** Glow Images. **그림 10.33c** USDA/FSA. **그림 10.33d** M Sat Ltd/Science Source. **그림 10.40b** Alan P. Trujillo. **그림 10.40c** Alan P. Trujillo. **그림 10.41** Ethan Daniels/Getty Images. **인용, 305쪽** Lord Byron. 1922. The Works of Lord Byron: Letters and Journals. John Murray.

제11장

장 도입부 사진 Newscom. **그림 11.1** Sam Chadwick/Shutterstock. **그림 11A.2** Chuck Cook/AP Images. **그림 11A2** Newscom. **그림 11.2b** Natalie B. Fobes/National Geographic Stock. **그림 11.2c** NOAA Central Library Photo Collection. **그림 11.4** Tony Freeman/PhotoEdit, Inc. **그림 11.4b** Bob Jordan/AP Images. **그림 11.5** Alan P. Trujillo. **그림 11.5** National Oceanic and Atmospheric Administration. **그림 11.6** Pearson Education, Inc. **그림 11.7** Charlie Riedel/AP Images. **그림 11.10** John Trever. **그림 11.11** Jack Smith/AP Images. **그림 11.14** Age fotostock/SuperStock. **그림 11.15** AP Images. **그림 11.18** Alan P. Trujillo. **그림 11.20** International Mapping/Pearson Education, Inc. **그림 11.21** David W. Leindecker/Shutterstock. **그림 11.22a** National Marine Fisheries Service. **그림 11.22b** Photoshot. **그림 11.22c** David Liittschwager/National Geographic/Getty Images. **그림 11.22d** Photo by Susan Middleton © 2005. **그림 11.23** Tony Freeman/PhotoEdit, Inc. **그림 11.24** Alan P. Trujillo. **그림 11.25** Brendan Bannon/Polaris/Newscom. **그림 11.26** International Mapping/Pearson Education, Inc. **그림 11.27** Alan P. Trujillo. **그림 11.28** Tony Souter/Dorling Kindersley, Ltd. **그림 11.29** AFP/Getty Images. **인용, 347쪽** Jane Lubchenco, marine ecologist (2002). **인용, 348쪽** United Nations Department of Public Information.

제12장

장 도입부 사진 Jeff Rotman/Alamy. **그림 12.A** Scripps Institution of Oceanography, UCSD. **그림 12.2** The Art Archive/Stock Photo/Alamy. **그림 12.8** Newscom. **그림 12.13** CSIRO Plant Industry. **그림 12.19** Cbimages/Alamy. **그림 12.20** Aaltair/Shutterstock. **그림 12.21a** Eugene Sim/Fotolia. **그림 12.21b** Alan P. Trujillo. **그림 12.23** Alan P. Trujillo. **그림 12.27** Peter David/The Image Bank/Getty Images. **그림 12.28** Woods Hole Oceanographic Institute. **인용, 375쪽** E.O. Wilson.

제13장

장 도입부 사진 Robinson Ed/Getty Images. **그림 13A.1** Monroe County Public Library. **그림 13A.2** Monroe County Public Library. **그림 13A.3** Scripps Institution of Oceanography. **그림 13.2** Alan P. Trujillo. **그림 13.2a** Scripps Institution of Oceanography, UCSD. **그림 13.2b** Peter Parks/Image Quest Marine. **그림 13.4** Patricia Deen. **그림 13.5** GeoEye Inc. **그림 13.7** Alan P. Trujillo. **그림 13.8a** Alan P. Trujillo. **그림 13.8b** Alan P. Trujillo. **그림 13.8c** Harold V. Thurman. **그림 13.8d** Alan P. Trujillo. **그림 13.9** Ng Han Guan/AP Images. **그림 13.10a** CSIRO Plant Industry. **그림 13.10b** Scripps Institution of Oceanography, UCSD. **그림 13.10c** CSIRO Plant Industry. **그림 13.10d** CSIRO Plant Industry. **그림 13.11** Photoshot Holdings/Alamy. **그림 13.13** Everett Collection. **그림 13.15** NASA. **그림 13.17** Claire Ting/Science Source. **그림 13.19b** Scripps Institution of Oceanography, UCSD. **그림 13.23** Justin Hoffman/Pearson Education, Inc. **그림 13.26** Walter E Harvey/Science Source/Getty Images. **그림 13.34** National Marine Fisheries Service. **그림 13.35** Stefan Jacobs/Alamy. **그림 13.39** Trujillo, *Essentials of Oceanography*, 12th Ed., Pearson Education, Inc. **그림 13.40** Trujillo, *Essentials of Oceanography*, 12th Ed., Pearson Education, Inc. **인용, 403쪽** Anonymous.

제14장

장 도입부 사진 Image Source/Alamy. **그림 14.A** Michael Patrick O'Neill/Alamy. **그림 14.2** Justin Hoffman. **그림 14.3a** Kozo Takahashi, Kyushu University, Fukuoka, Japan. **그림 14.3b** Kozo Takahashi, Kyushu University, Fukuoka, Japan. **그림 14.3c** Kozo Takahashi, Kyushu University, Fukuoka, Japan. **그림 14.3d** Kozo Takahashi, Kyushu University, Fukuoka, Japan. **그림 14.4** Siim Sepp. **그림 14.4c** Alan P. Trujillo. **그림 14.5** Wilhelm Giesbrecht. **그림 14.6.1** Peter Parks/Image Quest Marine. **그림 14.6.2** Alan P. Trujillo. **그림 14.7b** WaterFrame/Alamy. **그림 14.9** Justin Hoffman. **그림 14.10** Justin Hoffman. **그림 14.11a** Tania Zbrodko/Shutterstock. **그림 14.11b** lioneldivepix/Fotolia. **그림 14.11c** Stephan Kerkhofs/Fotolia. **그림 14.11d** NaturePL/SuperStock. **그림 14.11e** Cbpix/Fotolia. **그림 14.12a** Amar/Isabelle Guillen/Alamy. **그림 14.12b** Mark Conlin/Alamy. **그림 14.13h** Phil Hastings/Scripps Institution of Oceanography, UCSD. **그림 14.15** Science Source. **그림 14.16a** Jonathan Bird/Getty Images. **그림 14.16b** Cbpix/Fotolia. **그림 14.16c**

Image Quest Marine. **그림 14.18a** Photoshot. **그림 14.18b** Elvele Images Ltd/Alamy. **그림 14.18c** Photoshot/Alamy. **그림 14.18d** M. Delpho/Arco Images/Alamy. **그림 14.18e** Irina Mos/Shutterstock. **그림 14.20a** Cornforth Images/Alamy. **그림 14.20b** Helmut Corneli/Image Broker/Alamy. **그림 14.23** Alan P. Trujillo. **그림 14.24** Justin Hoffman. **그림 14.26c** Alan P. Trujillo. **그림 14.26d** Alan P. Trujillo. **그림 14.27** NaturePL/SuperStock. **그림 14.28a** Christian Valle/Robert Harding World Imagery. **그림 14.28b** Justin Hofman/Pearson Education, Inc. **그림 14.31** Justin Hoffman/Pearson Education, Inc. **인용, 445쪽** © Robert "Pete" Pederson. Used by permission. **인용**(Benchley 2000) **454쪽** National Geographic World. **인용**(Benchley 2005) **454쪽** Smithsonian Magazine.

제15장

장 도입부 사진 Joel Rogers/Corbis. **그림 15A** Robert R. Hessler. **그림 15.2b** Harold V. Thurman. **그림 15.2c** Harold V. Thurman. **그림 15.2d** Alan P. Trujillo. **그림 15.2e** Harold V. Thurman. **그림 15.2f** Suzanne Long/Alamy. **그림 15.2g** Alan P. Trujillo. **그림 15.2h** Harold V. Thurman. **그림 15.2i** Alan P. Trujillo. **그림 15.2j** Alan P. Trujillo. **그림 15.2k** Alan P. Trujillo. **그림 15.2l** Alan P. Trujillo. **그림 15.3a** Alan P. Trujillo. **그림 15.3b** PhotoShot. **그림 15.5a** James R. McCullagh. **그림 15.5b** Harold V. Thurman. **그림 15.6** Alan P. Trujillo. **그림 15.7a** Alan P. Trujillo. **그림 15.7b** Premaphotos/Alamy. **그림 15.9** Justin Hoffman. **그림 15.10** Science Source. **그림 15.11** Justin Hoffman. **그림 15.12a** Howard J. Spero. **그림 15.12b** Howard J. Spero. **그림 15.12c** Howard J. Spero. **그림 15.13** Blickwinkel/Woike/Alamy. **그림 15.14a** Justin Hoffman. **그림 15.14b** Justin Hoffman/Pearson Education, Inc. **그림 15.15a** Alan P. Trujillo. **그림 15.15b** Andrew J. Martinez/Science Source. **그림 15.16** Justin Hoffman. **그림 15.17** Shin Okamoto/Shutterstock. **그림 15.19a** Peter Leahy/123RF. **그림 15.19b** PhotoShot. **그림 15.19c** Sebastien Burel/Shutterstock. **그림 15.19c** Sebastien Burel/Shutterstock. **그림 15.21a** Kerry L. Werry/Shutterstock. **그림 15.21b** Charles Stirling/Alamy. **그림 15.22** Franco Banfi/Steve Bloom Images/Alamy. **그림 15.23b** XL Caitlin Seaview Survey. **그림 15.27a** J. Frederick Grassle. **그림 15.27b** Woods Hole Oceanographic Institute. **그림 15.27c** Scripps Institution of Oceanography. **그림 15.29** National Oceanic and Atmospheric Administration (NOAA). **그림 15.30c** Scripps Institution of Oceanography. **그림 15.31b** Charles R. Fisher, Pennsylvania State University. **그림 15.31c** Charles R. Fisher, Pennsylvania State University. **그림 15.32b** Japan Agency for Marine. Earth Science and Technology (JAMSTEC). **인용, 481쪽** Thomas Dahlgren.

제16장

장 도입부 사진 Corbis Premium RF/Alamy. **그림 16.1** Source: Reprinted with the kind permission of Dennis Tasa; modified from Tarbuck, E. J. ed. and Lutgens, F. K., *Earth: An Introduction to Physical Geology*, 9th (그림. 21.2), Pearson Prentice Hall, 2008. **그림 16A** Pearson Education, Inc. **그림 16A.1** Scripps Institution of Oceanography, UCSD. **그림 16A.2** Scripps Institution of Oceanography, UCSD. **그림 16.2** British Antarctic Survey/Science Source. **그림 16.3** Alan P. Trujillo. **그림 16.4** NASA Goddard Space Flight Center. **그림 16.4 (삽입)** British Antarctic Survey/Science Source. **그림 16.5.2** Woods Hole Oceanographic Institute. **그림 16.5a-b** NASA. **그림 16.7** Source: Reprinted with the kind permission of Dennis Tasa; from Tarbuck, E. J. and Lutgens, F. K., *Earth: An Introduction to Physical Geology*, 9th ed. (그림. 18.33), Pearson Prentice Hall, 2008. **그림 16.8** InterNetwork Media/Getty Images. **그림 16.10** Based on Doran & Zimmerman, 2009, Examining the Scientific Consensus on Climate Change, *Eos Transactions American Geophysical Union* Vol. 90 Issue 3, 22; DOI: 10.1029/2009EO030002. **그림 16.11** IPCC. **그림 16.12** Akademie/Alamy. **그림 16.21** Tim Larsen/State of New Jersey Office of the Governor. **그림 16.23a** NASA. **그림 16.23** Fritz Poelking/Alamy. **그림 16.24** Kerstin Langenberger. **그림 16.25** NASA. **그림 16.26a** CSIRO Plant Industry. **그림 16.26b** Sinclair Stammers/Science Source. **그림 16.26c** Jeff Rotman/Alamy. **그림** 16.26d Dobermaraner/Shutterstock. **그림 16.27a** David Liittschwager/Getty Images. **그림 16.29** NOAA. **그림 16.30** NOAA. **그림 16.30 삽입** Alan P. Trujillo. **그림 16.33** NOAA. **그림 16.34** Woods Hole Oceanographic Institute. **인용, 515쪽** Source: Dr. Jane Lubchenco, marine ecologist and Under Secretary of Commerce for Oceans and Atmosphere and NOAA Administrator (2009), at a White House news conference announcing the release of the report Global Climate Change Impacts in the United States. **인용 (지난 50년간의 …), 523쪽** The National Academies of Sciences, **Engineering, and Medicine. 인용 (기후변화에 대한 …), 523쪽** Nobel Media. **인용 (지구온난화는 두말할 나위 없이 …), 524쪽** Global Climate Change Impacts in the United States. U.S. Global Change Research Program. 2009. **인용 (인간과 자연계에 …), 524쪽** SOURCE: America's Climate Choices, U.S. National Research Council. **인용 (기후변화가 이미 …), 525쪽** US Global Change Research Program. **인용 (뒤따르는 위협에 대한 적절한 …), 549쪽** Climate.related **Geoengineering and Biodiversity, https://www.cbd.int/climate/geoengineering/. 인용 (교토의정서 제2차 약정 기간 아래 …), 550쪽** United Nations Climate Change Conference.

맺는말

첫 페이지 사진 Ken Ilio/Getty Images. **그림 Aft.4** Alan P. Trujillo.

찾아보기

ㄱ

가설 18
가스하이드레이트 127
가시광선 406
가을 대발생 423
각 112
간섭 유형 256
감쇠거리 255
감압병 467
갑각류 491
강수 142
강한 성층 하구만 333
갯물 149
거대생물기원퇴적물 111
거대플랑크톤 381
거초 69
검은 열수공 97, 504
겨울 해빈 308
결빙잠열 142
경계면파 248
경랍 468
경성 안정 322
계절풍 226
고기압성 흐름 183
고기후학 518
고래목 463
고세균 377, 505
고세균계 377
고염수 분출공 생물군집 509
고장액 391
고지자기학 45
고착성 486
고해양학 71, 106
골 248
공생 458
공유결합 136
공통중심 279
곶 310
과염 149
과학적 방법 17
광세포 455
광염성 390
광온성 390
광합성 29, 403
광합성 보상수심 406
교란 채색 394
교토의정서 549
구심력 281
구획 395
국제포경위원회 476
궤도파 248
규산염 112
규조류 112
규조토 112, 413
규질연니 114
균계 378
극 45
극동풍대 181
극성 136
극세포 180
극전선 181
근안 306
금속황화물 121
기각류 460
기단 186
기상 183
기생 459
기요 68
기조력 282
기파력 245
기파박동 256
기화잠열 141
기후 183, 515
기후계 516
긴수염고래류 473
깊은 곳 생물권 511
깊은 해구 48
껍데기 446
끓는점 139

ㄴ

난핵와동 223
남극권 171
남극발산대 221
남극수렴대 220
남극저층수 235
남극중층수 236
남대서양 아열대환류 221
남동무역풍 181
남방경계류 210
남방진동 230
남적도해류 221
남회귀선 171
남태평양 아열대환류 228
남획 430
낫 모양 468
내부파 246
내생동물 382, 489
내측 조하대 399
내핵 23
냉핵와동 224
냉혈동물 453
너울 254
노르웨이해류 225
노출해안선 319
녹는점 139
고세균 377
뉴턴의 만유인력의 법칙 280
니메타스 67

ㄷ

다 자란 풍랑 254
단열대 98
담수화 162
대기방출 25
대기의 흡수 172
대기파 246
대류권 174
대류환 174
대륙대 88
대륙부가성장 71
대륙붕 86
대륙사면 87

대륙성 변환단층 61
대륙성 효과 143
대륙연변지 87
대륙이동설 40
대륙주변부 85
대륙지각 24
대보초 69
대비음영 393
대서양자오선순환 239
대서양 적도반류 221
대양저산맥 48, 85
대응조명 456
대항해 시대 13
데이비드슨 해류 330
데트리터스 455
델타 317
독립영양 380, 425
독립영양생물 29
독성 화합물 354
돌말류 413
돌발중첩파 256
돌제 323
돌진형 452
동물계 378
동물플랑크톤 381
동안경계류 212
동오스트레일리아해류 228
동지점 171
동태평양 쓰레기 더미 366
동태평양 해저융기부 55
동풍피류 220
되먹임고리 516
드러먼드 매슈스 48
등밀도 162
등염분 328
등온 329, 421
등온도 162
등장액 391
떼 457

ㄹ

라니냐 231
래브라도해류 225
로이히 68
루윈해류 228

ㅁ

마루 248
마이오글로빈 452
만 울타리 313
만 입구 사주 313
망가니즈각 130
망가니즈단괴 120
망상암 127
매질파 247
맨틀 22
맨틀 대류환 46
맨틀플룸 65
먹이망 428
먹이사슬 428
메소사우루스 42
메테인하이드레이트 127
멕시코만류 222
멜론 468
모자반 381
모피물개 462
무광층 397
무산소 상태 335
무생물 424
무역풍 181
문화적 부영양화 416
물범 462
물에 잠긴 사구 319
미끄럼쇄파 260
미나마타 병 359
미세생물기원퇴적물 112
미세플라스틱 365
미소플랑크톤 114
밀도 21
밀도 성층화 22
밀도약층 161, 246, 419
밀물쇄파 260

ㅂ

바다 3
바다수달 460
바다얼음 196
바다코끼리 462
바람 175
바르톨로뮤 디아스 14
바스코 누에스 데 발보아 14
바이킹 13
박광대 397
박테리아식자 425
박테리아플랑크톤 381
반감기 33
반데르발스 힘 138
반사능 172
방사제 322
방사제 구역 322
방산충 112
방산충류 447
방증 518
방파제 324
방해석 112
방해석보상수심 117
배타적경제수역 370
백반 519
백악 115
백워시 307
범수면 변화 320
베개용암 94
베개 현무암 94
벵겔라해류 221
변온동물 453
변환단층 61, 98
변환단층운동 61
변환형 판 경계부 53
변환형 활성 주변부 86
보초 69
보퍼트 풍력계급표 253
복각 45
복합간섭 256
봄(철) 대발생 422
부가대 72
부레 395, 446
부빙 110, 196
부수어획 434
부영양 408
부영양화 405
부유바이러스 381
부유 상태의 침강 90
부유성 112
북극곰 461
북극권 171
북극수렴대 236
북대서양심층수 235
북대서양 아열대환류 221

북대서양해류 225
북동무역풍 181
북방경계류 210
북적도해류 222
북태평양 아열대환류 228
북태평양해류 228
북회귀선 171
분급 109
분류학 378
분자 136
분쟁 중재 370
분출공 509
분해자 425
붉은 수염 에릭 13
붕단 86
브라질해류 221
비말대 482
비열 140
비점원오염 362
비토착종 367
비활성 주변부 85
빈영양 408
빙분리 164
빙붕 198
빙산 196
빙하기 41
빙하퇴적물 110
빛반사율 532

ㅅ

사르가소해 223
사이클론 188
사주기원 하구만 331
사취 313
사해 구역 416
사행운동 223
산 154
산소 최소층 397
산호 백화현상 500
산호초 422
산호초 68, 495
삼투 391
삼투압 391
상리공생 458
상부 조간대 482
상층수 162
샌안드레아스단층대 65
생물군집 424
생물기원퇴적물 111
생물농축 360
생물량 380, 403, 445, 481
생물량 피라미드 429
생물발광 455
생물정화 355
생물종 29
생물증폭 360
생물펌프 419, 546
생산력 218, 533
생산자 425
생성간섭 256
생지화학 순환 425
생체발광 397
생태계 424
서안강화 214
서안경계류 210
서오스트레일리아해류 228
서풍피류 220
석영 107
석유 127, 349
석호 335
석회비늘편모조류 413
석회암 115
석회질연니 115
선박 항행 370
섭입 48
섭입대 48
섭입대 분출공 생물군집 510
섭입판 52
성운설 20
세균 376
세키원반 408
세포 호흡 404
소결합 137
소구체 122
소나 81
소말리해류 226
소멸간섭 256
소비자 425
소판 114
쇄석 322
쇄파대 258
수렴형 판 경계부 53
수렴형 활성 주변부 85
수문학적 순환 151
수산업 430
수산업 관리 436
수성기원퇴적물 119
수심측량 79
수염고래류 472
수염고래아목 470
수온약층 161, 329, 419, 544
수온-염분도 235
수은 359
수직혼합 하구만 333
수화 137
순항형 452
스워시 307
스탠리 밀러 28
스트로마톨라이트 116
습지 338
시구아테라어독 415
시웝스 404
식물계 378
식물플랑크톤 380, 404, 544
식육목 460
실 336
심층수 162
심층해류 205
심프슨 등급 188
심해 광물자원 370
심해구릉 91
심해구릉대 92
심해분지 85
심해산란층 394
심해선상지 89
심해 쓰나미 평가 및 보고 체계 271
심해어류 455
심해 열수공 503
심해저대 399
심해저시추계획 105
심해점토 111
심해층 397
심해파 250
심해평원 90
심해폭풍 502
쓰나미 263

ㅇ

아가미 392

아굴라스해류 228
아라고나이트 121
아르고 208
아열대 195
아열대고기압 181
아열대무풍대 181
아열대 수렴대 214
아열대환류 210
아이작 뉴턴 279
아한대 196
아한대저기압 181
아한대환류 212
알래스카해류 228
알렉산드리아 도서관 12
알프레드 베게너 40
암석권 23, 52
암석화 103
압력등성이 196
앤틸리스해류 222
약권 23, 52
약한 성층 하구만 333
양성자 136
양의 되먹임고리 516
얕은 조하대 493
어는점 139
어란석 121
얼룩줄무늬 담치 368
에라토스테네스 12
에어로졸 532
에크만 213
에크만 나선 213
에크만 수송 214
엔트로피 425
엘니뇨 230
엘니뇨-남방진동 230
여과섭식 426
여름 해빈 308
여명황혼성 394
역삼투 163
연니 112
연대측정법 33
연안 305
연안국의 관할권 370
연안류 309
연안사곡 306
연안사주 306
연안선 305
연안수송 310
연안 수역 328
연안역 397
연안용승 219, 422
연안이동 310
연안절벽 311
연안 지형류 330
연안침강 220
연안퇴적물 109
연안평야 하구만 331
연체동물 490
열 138
열개 54
열곡 54, 93
열대 195
열대수렴대 181
열대저기압 187
열대지방 171
열수공 94
열수공 생물군집 503
열 수지 526
열 수축 143
열염순환 235
열용량 140
열점 65
열핵융합 반응 20
염기 154
염분 145
염분약층 159, 328
염분측정기 148
염소도 147
염수 쐐기 하구만 333
염습지 338
염퇴적층 129
엽록소 29, 404
영양단계 427
영해 369
오염 348
온난전선 186
온대 195
온도 138
온도제어 효과 142
온수공 97
온실기체 527
온실효과 525
온혈동물 453
와편모조류 414
완충 작용 155
외딴바위 311
외안 306
외양역 397
외측 조하대 399
외핵 23
요각류 447
용승 119, 218, 409, 544
용암 44
용해비약수심 117
우주기원퇴적물 122
운동에너지 138
운석 122
울타리섬 314
워커순환세포 229
원궤도 운동 249
원생동물 112, 378
원생생물계 378
원시지구 20
원시행성 20
원양퇴적물 109
원자 135
원형질 386
웬트워스 입도척도 108
윌슨윤회설 72
유공충 114, 447
유기쇄설물 398, 425
유령어업 435
유선형 388
유성체 122
유수 150
유엔정부간기후변화협의체 523
유엔해양법협약 369
유영동물 382
유자망 434
유해조류대발생 414
육계사주 313
육성기원퇴적물 107
육식동물 425
육식섭식 426
육풍 186
융해잠열 141
음의 되먹임고리 516
음향신호 80
음향측심기 80
음향탐지 468
응고잠열 142

응집 137
이르밍거해류 225
이매패류 490
이빨고래아목 467
이슬점 139
이온결합 137
이전 328
인도양 아열대환류 226
인산염 121
인회석 129
일시플랑크톤 381
일정 성분비의 원리 147
일차생산력 403
입도 108

ㅈ

자기이상 46
자력계 46
자망 434
자연선택 29
자철석 44
자포 487
자포동물 448
잔존 해빈 퇴적체 319
잡식동물 425
저기압성 183
저서계 환경 385
저서생물 382
저서유영생물 382
저장 549
저장액 391
저탁류 88, 109
적도 195
적도무풍대 181
적도반류 212
적도용승 218
적도용승 해역 422
적도저기압 181
적도해류 210
적위 171
적점토 111
적조현상 414
적층 89
전기투석법 163
전안 306
전자기 스펙트럼 406
점도 24
점성 386
점심해저대 399
점심해층 397
점이층리 88
정밀음향측심기 81
정상파 262
정설 18
정수면 248
정온동물 453
정전기적 끌림 137
제임스 쿡 15
제트기류 186
조간대 399, 482
조간대 상부 399
조류 112
조상대 483
조석 279
조직 103
조초산호 497
조하대 399
존 캐벗 14
종 379
종생플랑크톤 381
종속영양 381, 425
종속영양생물 29
종파 247
주파수 249
중간권 23
중간 수심파 251
중력 280
중력파 252
중부 조간대 482
중성 154
중성자 136
중심해층 397
중앙대서양산맥 55
중형저서동물 491
증기 139
증류 163
증발 141
증발광물 121
증발잠열 141
지각 22
지각 반등 25
지각운동기원 하구만 331
지각 평형 조절 25
지구공학 545
지구온난화 525
지열류량 50
지자기장 44
지중해 336
지중해 순환 338
지진규모 59
지진파 반사 단면 83
지질연대표 33
지형류 214
진광대 397, 406
진정세균계 377
진핵생물 377
진화 29
질소중독증 467

ㅊ

찰스 다윈 68
천분율 146
천저 281
천정 281
철 가설 548
체류시간 152
초식동물 425
초심해저대 399
총생태효율 427
최대지속가능생산량 430
추분점 171
춘분점 171
측심 80
침강 54, 218
침수하곡 319
침수해빈 319
침수해안선 319
침식 107
침식해안 310
침전 97, 119

ㅋ

카나리해류 225
카리브해류 222
칼로리 138
캘리포니아해류 228
컨베이어벨트 순환 237
켈프 494

켈프숲 494
코리올리 효과 176
코어 104
코콜리스 114, 414
콘티키호 10
쿠로시오해류 228
크리스토퍼 콜럼버스 14
크릴 427, 448
큰 연해 336

ㅌ

탄산염 115
탄산칼슘 112
탄화수소 353
탄화수소 분출공 생물군집 510
태양계 19
태양열 증기화 163
태양열 증류 163
태평양난수층 229
태평양 불의 고리 93
태평양순년진동 232
태평양쓰나미경보센터 271
태풍 188
태풍의 눈 189
터비다이트 109
테티스해 40
텍타이트 122
토르 헤위에르달 10
톨레미 12
퇴적물 103
퇴적물섭식 426
퇴적암 45
퇴적해안 310

ㅍ

파고 248
파도타기 260
파랑경사 248
파랑한계 249
파속 250
파식대지 306
파열 255
파의 굴절 261
파의 기울기 248
파의 반사 262
파의 법선 262
파의 분산 255
파의 주기 248
파의 첨도 248
파장 248
판게아 40
판구조론 39
판내부 65
판탈라사 40
팬케이크 얼음 196
페니키아인 11
페렐세포 180
페루해류 228
페르디난드 마젤란 14
편리공생 458
편모 414
편서풍대 181
평정해산 68, 91
폭풍 186
폭풍해일 191
폴립 495
표면장력 137
표면장력파 252
표면파 247
표면혼합층 161
표생동물 481
표영계 385
표재동물 382
표층해류 205
표해수층 397
풍덩파 263
풍랑 252
풍화 107
플라스틱 363
플라스틱 과립 364
플랑크톤 380
플랑크톤 네트 404
플랑크톤생물 380
플로리다해류 222
피오르드 331
피코플랑크톤 381
피테아스 12

ㅎ

하구만 331
하구만 순환 형태 333
하부 조간대 482
하수 오니 357
하와이제도-엠페러해산군도 67
하지점 171
한대 196
한대고기압 181
한랭전선 186
합력 282
항해자 엔리케 왕자 14
해구 92
해들리세포 180
해령 94
해류 205
해릉 91
해빈 306
해빈 고갈 318
해빈 구획 317
해빈둔덕 306
해빈면 306
해빈 보충 327
해산 68, 82, 91
해수면에서의 반사 172
해식동굴 311
해식아치 311
해안 305
해안단구 311
해안선 306
해양공통수 236
해양산성화 539
해양성 변환단층 61
해양성 효과 143
해양지각 24
해양포유동물보호법 434
해우목 463
해저산맥 55
해저선상지 89
해저융기부 55, 94
해저지각시추심화프로그램 105
해저지각시추프로그램 105
해저협곡 87
해저확장설 46
해파 245, 246, 251
해파리류 449
해풍 186
핵 22, 136
햇빛의 범위 171
허리케인 188

헤르욜프슨 13
헤리 헤스 46
헤모글로빈 466
현무암 45
현무암질 화성암 24
현존량 430
현탁물섭식 426
혐기성 29
협염성 390
협온성 390
호상대륙 92
호상열도 61, 92
호상화산 59, 92
호안 326
호흡 29
혼합식자 497
홍수림 소택지 338
화강암질 화성암 24
화산호 59
화석연료 527
화성암 44
화학합성 29, 403, 505
확산 산란 388
확장대 48
확장형 판 경계부 53
환경 생물학적 정량 348
환류 210
환초 69
환형동물 491
활성 주변부 85
황도면 170
황록공생조류 496
회색고래류 472
회전시추 104
횡파 247
후안 306
후안 세바스티안 델카노 14
휘말림쇄파 260
흑점 519
흰 열수공 97
히드로충류 448

기타

1차 처리 357
2차 처리 357
AMOC 239
Carolus Linnaeus 378
CCD 117
DART 271
DDT 358
DSDP 105
DSL 394
ENSO 230, 231
fathom 80
HABs 414
IODP 105
IPCC 523
ITCZ 181
IWC 476
LIMPET 500 272
MARPOL 366
MSY 430
M_w 59
ODP 105
OML 397
PCB 358
PDO 232
PDR 81
pH 척도 154
PTWC 271
Seabeam 81
SeaWiFS 404
TAO 234
terrigenous sediment 107
TOGA(Tropical Ocean-Global Atmosphere) 234

역자 소개(가나다순)

이상룡(대표역자)
부산대학교 해양학과 명예교수/물리해양학
srlee@pusan.ac.kr

김대철
부경대학교 에너지자원공학과 명예교수/지질해양학
dckim@pknu.ac.kr

김석윤
부경대학교 해양학과 교수/지질해양학
yunk@pknu.ac.kr

이동섭
부산대학교 해양학과 교수/화학해양학
tlee@pusan.ac.kr

이재철
부경대학교 해양학과 (전)교수/물리해양학
jcl7157@gmail.com

정익교
부산대학교 해양학과 명예교수/생물해양학
ikchung@pusan.ac.kr

허성회
부경대학교 해양학과 명예교수/생물해양학
shhuh@pknu.ac.kr

해양생물의 계통수

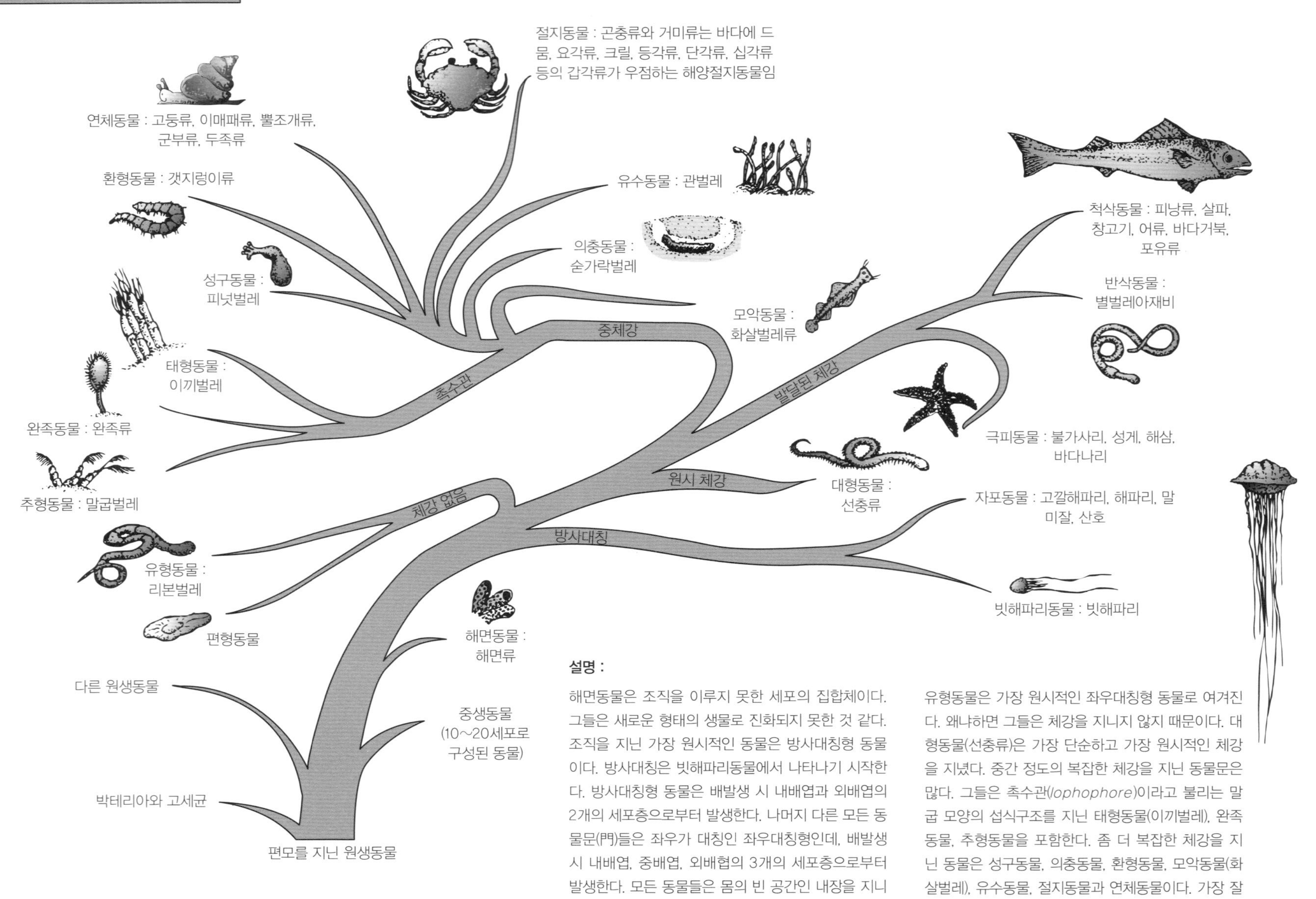

설명 :

해면동물은 조직을 이루지 못한 세포의 집합체이다. 그들은 새로운 형태의 생물로 진화되지 못한 것 같다. 조직을 지닌 가장 원시적인 동물은 방사대칭형 동물이다. 방사대칭은 빗해파리동물에서 나타나기 시작한다. 방사대칭형 동물은 배발생 시 내배엽과 외배엽의 2개의 세포층으로부터 발생한다. 나머지 다른 모든 동물문(門)들은 좌우가 대칭인 좌우대칭형인데, 배발생 시 내배엽, 중배엽, 외배협의 3개의 세포층으로부터 발생한다. 모든 동물들은 몸의 빈 공간인 내장을 지니고 있다. 좌우대칭형 동물문들의 상대적인 위치는 체강(coelom)이 있는지 여부로 구분된다. 편형동물과 유형동물은 가장 원시적인 좌우대칭형 동물로 여겨진다. 왜냐하면 그들은 체강을 지니지 않지 때문이다. 대형동물(선충류)은 가장 단순하고 가장 원시적인 체강을 지녔다. 중간 정도의 복잡한 체강을 지닌 동물문은 많다. 그들은 촉수관(*lophophore*)이라고 불리는 말굽 모양의 섭식구조를 지닌 태형동물(이끼벌레), 완족동물, 추형동물을 포함한다. 좀 더 복잡한 체강을 지닌 동물은 성구동물, 의충동물, 환형동물, 모악동물(화살벌레), 유수동물, 절지동물과 연체동물이다. 가장 잘 발달된 체강은 극피동물, 반삭동물과 척삭동물에서 발견된다.

자주 사용되는 단위의 환산

길이	
1 millimeter (mm)	1,000 micrometers (microns) 0.1 centimeter 0.001 meter 0.0394 inch
1 centimeter (cm)	10 millimeters 0.01 meter 0.394 inch
1 meter (m)	100 centimeters 39.4 inches 3.28 feet 1.09 yards 0.547 fathom
1 kilometer (km)	1000 meters 1093 yards 3280 feet 0.62 statute mile 0.54 nautical mile
1 inch (in)	25.4 millimeters 2.54 centimeters
1 foot (ft)	12 inches 30.5 centimeters 0.305 meter
1 fathom (fm)	6 feet 2 yards 1.83 meters
1 statute mile (mi)	5280 feet 1760 yards 1609 meters 1.609 kilometers 0.87 nautical mile

넓이	
1 square centimeter (cm^2)	0.155 square inch 100 square millimeters
1 square meter (m^2)	10,000 square centimeters 10.8 square feet
1 square kilometer (km^2)	100 hectares 247.1 acres 0.386 square mile 0.292 square nautical mile
1 square inch (in^2)	6.45 square centimeters
1 square foot (ft^2)	144 square inches 929 square centimeters

온도	
Exact formula	Approximation (easy way)

부피	
1 cubic centimeter (cc; cm^3)	1 milliliter 0.061 cubic inch
1 liter (l)	1000 cubic centimeters 61 cubic inches 1.06 quarts 0.264 gallon
1 cubic meter (m^3)	1,000,000 cubic centimeters 1000 liters 264.2 gallons 35.3 cubic feet
1 cubic kilometer (km^3)	0.24 cubic mile 0.157 cubic nautical mile
1 cubic inch (in^3)	16.4 cubic centimeters
1 cubic foot (ft^3)	1728 cubic inches 28.32 liters 7.48 gallons

질량	
1 gram (g)	0.035 ounce
1 kilogram (kg)	2.2 pounds† 1000 grams
1 metric ton (mt)	2205 pounds 1000 kilograms 1.1 U.S. short tons
1 pound† (lb) (mass)	16 ounces 454 grams 0.454 kilogram
1 U.S. short ton (ton; t)	2000 pounds 907.2 kilograms 0.91 metric ton

† The pound is a weight unit, not a mass unit, but it is often used as such

속도, 속력	
1 centimeter per second (cm/s)	0.0328 foot per second
1 meter per second (m/s)	2.24 statute miles per hour 1.94 knots 3.28 feet per second 3.60 kilometers per hour
1 kilometer per hour (kph)	27.8 centimeters per second 0.62 mile per hour 0.909 foot per second 0.55 knot
1 statute mile per hour (mph)	1.61 kilometers per hour 0.87 knot
1 knot (kt)	1 nautical mile per hour 51.5 centimeters per second 1.15 miles per hour 1.85 kilometers per hour